U0809753

德智®

始于1987年，专注润滑油脂添加剂35年

★ 中南地区润滑油脂添加剂专业生产企业

★ 年生产能力2000吨

★ 具备自主研发能力

中国石油　SINOPEC 中国石化

长期合作伙伴

产品名称	产品组成	外 观
T323抗氧极压剂	硫代氨基甲酸酯	浅黄色透明液体
T351极压抗磨剂	二烷基二硫代氨基甲酸硫化氧钼	黄色粉末
T451摩擦改进剂	含磷的酯类化合物	无色至微红色透明液体
T551金属减活剂	杂环衍生物	黄色透明液体
T552金属减活剂	杂环衍生物	黄色透明液体
T553金属减活剂	杂环衍生物	浅黄色透明液体
T571金属减活剂	杂环衍生物	黄色透明液体
T561金属减活剂	噻二唑衍生物	黄色透明液体
CWEP5961金属减活剂	噻二唑衍生物	浅黄色透明液体
CWHP3323抗氧极压剂	亚甲基双（二烷基二硫代氨基甲酸酯）	浅黄色透明液体
CWOL3852极压抗磨剂	二烷基二硫代氨基甲酸锑油剂	黄色透明至略浑液体
NANO-MOLY 2020G 胶体有机钼复合剂	胶体有机钼和高硫化合物的复合剂	亮黄色半流体膏状物

长沙望城石油化工有限公司
Changsha Wangcheng Petrochemical Co., Ltd.

地址：长沙市望城经济开发区铜官循环经济工业基地白杨路123号　电话：0731-8849 1781

传真：0731-8849 1389　E-mail: changwsh88@sina. com　网址：http://www.cwsh.cn

上海森帝润滑技术有限公司

地址：上海市嘉定区高石公路2699号2幢

电话:(+86)-21-59953989 59953676

传真:(+86)-21-59953626

Http://www.synnexoil.com

Email: hotline@synnexoil.com

ZG-10

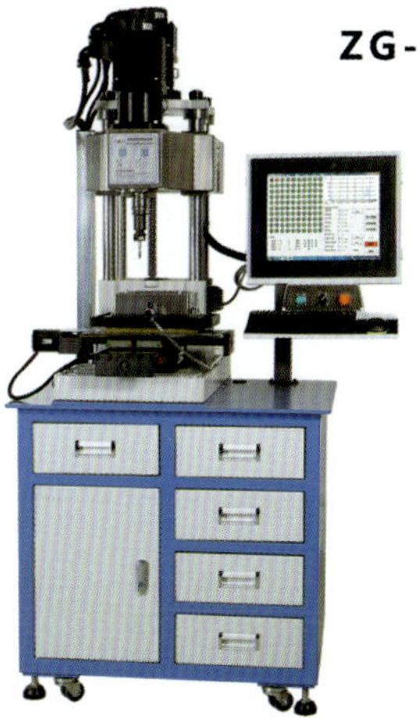

钻孔/攻丝双功能试验机
Drilling&Tapping Tester

- 钻孔和攻丝双功能模拟试验机应用于润滑介质、螺纹加工刀具及涂层功效评估的多元化开发工具。
- 有真实的切削和挤压动作，与金属加工实际工况对应性比其他试验机好。
- 通过仿真钻孔和攻丝切削过程来对润滑介质、螺纹加工刀具及涂层功效进行评估，代表性地应用于各种形式扭矩受控制的、过程受检测的螺纹制造的机械切削加工及成型加工,通过对扭矩的采集对重要加工参数的实际验证进行图表可视化分析。

TENKEY 厦门天机自动化有限公司

四球摩擦试验机
Four ball Tester

润滑油质量与成本的控制专家

MS-10J

MS-10A

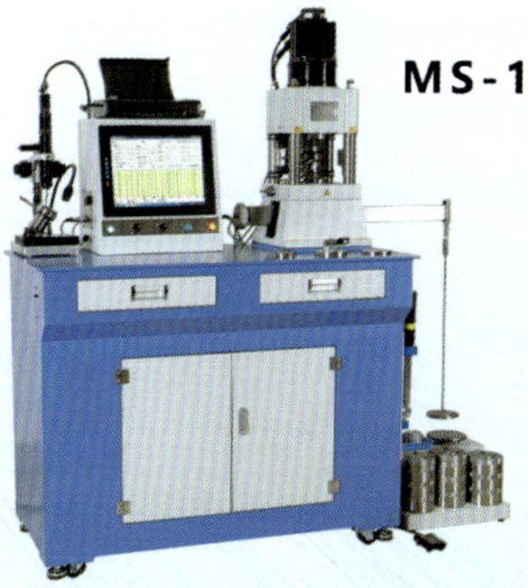

- 评定润滑油、润滑脂、切削液的PB、PD、ZMZ、D值。
- 采用磨斑与摩擦系数两种评定方法，实现在线检测，时间用时短，效率高。
- 应用工业计算机与NI高端控制卡，实现精细摩擦曲线等。
- 软件自行判定PB、PD，并计算ZMZ。
- 杠杆-砝码加载，与Falex、Hansa、Seta四球机一致。

圆锥滚子轴承剪切试验机
KRL Tapered Roller Bearing Shear Tester

- 采用圆锥滚子承载试验机，在类似于齿轮箱的试验条件下，使润滑油经过机械剪切应力的作用，造成永久性的黏度损失，并根据试验润滑油试验前后运动黏度的下降率来表示润滑油的黏度剪切安定性。
- NB/SH/T 0845-2010
- CEC L-45-A-99

KRL-10A

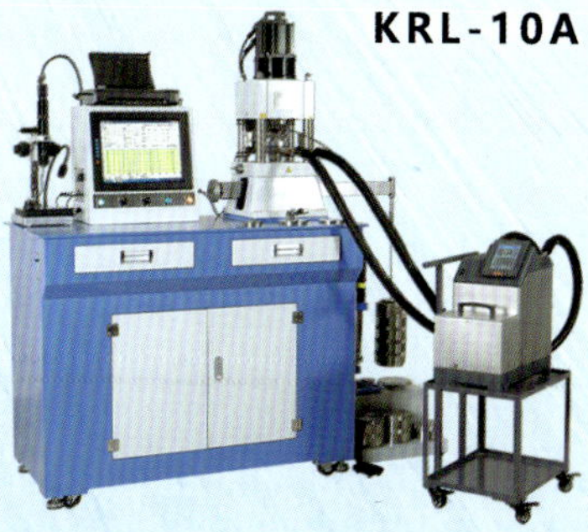

KRL-10A-TC

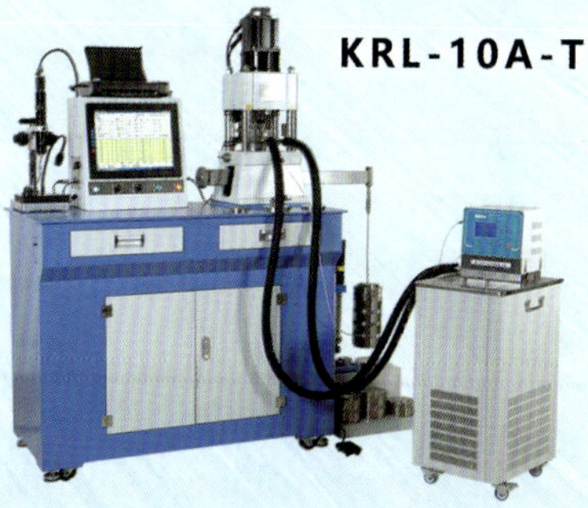

联系人：陈东毅　手机：13306004000
地址：厦门火炬高新区火炬园光业楼东二层　邮编：361006
电话：0592-2080901　传真：0592-2080903
网址：www.tenkey.com.cn　电子邮箱：tenkey@tenkey.com.cn

研润科技

武汉研润科技发展有限公司

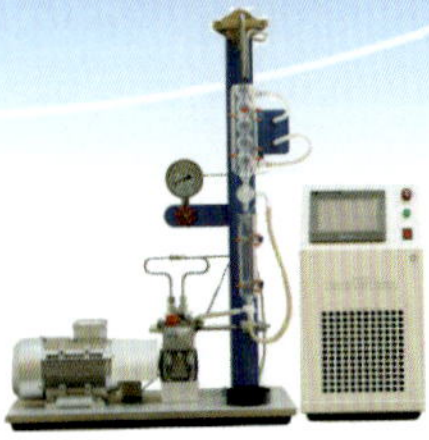

ST0103-1A 含聚合物油的剪切安定性测定仪（柴油喷嘴）

标准：SH/T0103
喷射器喷嘴：Bosch DN 8 S2
喷嘴支架：Bosch KD 43 SA 53/15
柴油双活塞喷射泵：Bosch PE 2A 90D 300/3S 2266
电动三相马达：1.1kW，925±25r/min
喷嘴开口压力：13~18MPa
制冷方式：进口压缩机制冷
控温范围：10 ~ 40℃
控温方式：进口数显 PID 温控仪
专利号：ZL201520564853.8

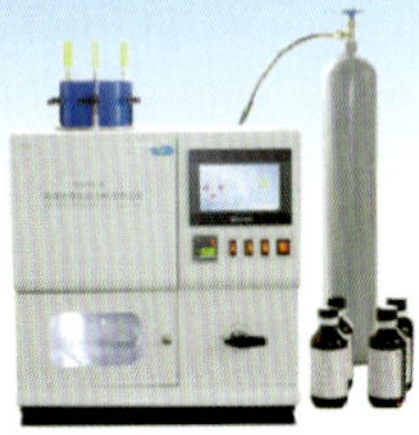

ST0703-3A 高温高剪切动力黏度测定仪

标准：SH/T 0703 ASTM D5481 SAE J300
温度控制精度：150℃ ±0.1℃
测试单元：3 单元
压力气源：氮气及其他惰性气体
显示方式：进口 7 寸全彩触摸屏显示测量温度、压力和流经时间；
专利号：201711240655.6
软著登记号：2016SR066921

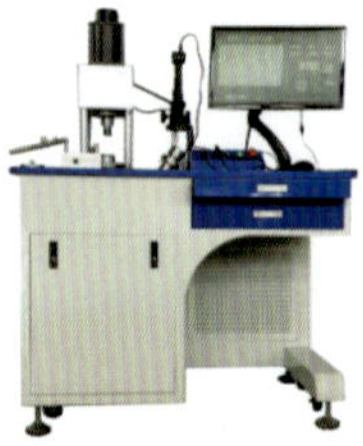

ST3142-10A 润滑油和润滑脂抗磨损性能测定仪

标准：GB/T 3142
试验力范围（无级可调）：60N~10kN
主轴转速误差：±1r/min
摩擦副温度控制误差：±1℃
试验时间控制范围：1s~999h
主轴转速控制范围：1~99999999r

ST6538-3A 自动发动机油表观黏度测定仪

标准：GB/T 6538
控制方法：商用计算机、工控板卡
试验范围：1600 ~ 13000MPa · s
清洗方式：试样油自吸循环清洗
冷浴温度：常温 ~ -40℃ ±0.1℃
专利号：ZL 201510459856.X
软著登记号：2016SR066937

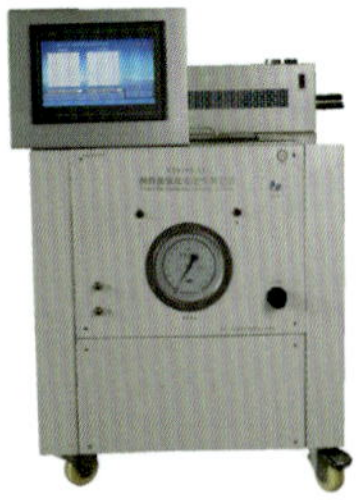

ST0193-3A 自动润滑油氧化安定性测定器（旋转氧弹法）

标准：SH/T 0193 ASTM D2272-10
控温方式：计算机程序控温
油浴容积：450×375×450mm
油浴温度：常温 ~ 150℃，精度 ±0.1℃
测压范围：0 ~ 1500kPa
显示方法：WINDOWS 中文界面，人机对话
记录方法：计算机记录，处理结果
旋转速度：100±3r/min

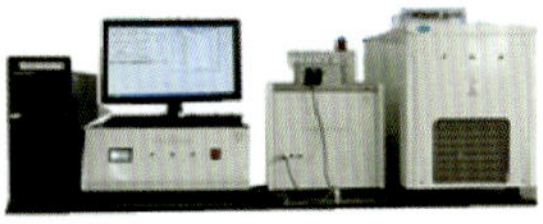

ST9171-3A 发动机油边界泵送温度测定仪

标准：SH/T 0103 ASTM D4684
操作界面：中文界面，WINDOWS 操作系统
工作单元：9 孔
控温方式：计算机程序控制，自动计算并处理结果
制冷方式：进口压缩机半导体复合制冷
温度范围：80 ~ -40℃ ±0.2℃
检测方式：光电检测
软著登记号：2016SR066935

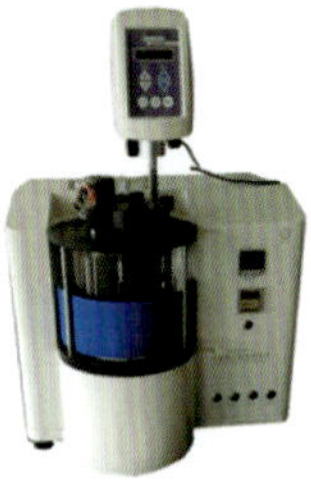

ST11145-1A 自动勃式黏度测定仪

标准：GB/T 11145 ASTM D2983
水浴制冷方式 / 范围：单压缩机制冷，常温 ~-40℃
水浴控温方式：采用日本富士机电 PID 温控器控温
黏度计控制 / 显示方式：采用美国博勒飞 DVS 数显液晶屏黏度计
黏度计单位：P、cP、Pa.s、mPa · s
测量精度：所使用量程范围的 ±1%

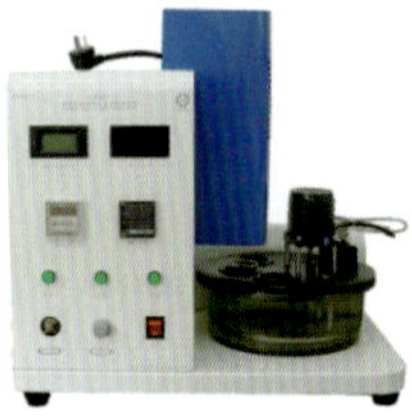

ST0505-1 含聚合物油的剪切安定性测定器（超声波法）

标准：SH/T 0505
工作方式：单片机控制
显示方式：液晶屏数显
位移方式：自动定位升降
谐振功率：>250W
共振频率：20±1 kHz
工作电源：AC220V 50Hz ≤ 80W

ST3536-3A 全自动开口闪点和燃点测定仪

标准：GB/T 3536 ASTM 92
工作方式：计算机控制，自动记录，自动打印，存储测定结果
检测方式：自动电点火，自动检测闪点和燃点
测定范围：80~360℃
点火气体：液化石油气或煤气
冷却方式：自动强制风冷
工作电源：AC220V±10% 50Hz

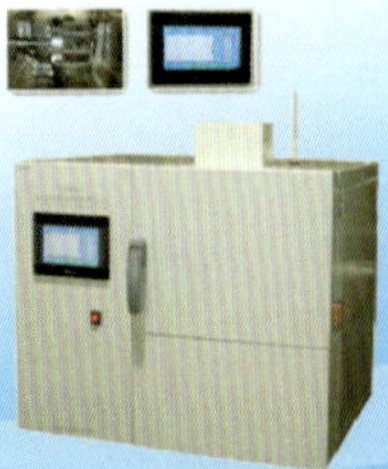

ST0338-2A 自动润滑脂低温转矩测定仪

标准：SH/T 0338
制冷方式：双压缩机制冷
搅拌方式：电机搅拌
控温方式：进口数显 PID 温控
控温精度：±0.5℃
工作温度：常温 ~ -70℃
显示方式：进口 7 寸全彩触摸屏示直观显示测量压力、温度和时间

电　话：027-65653265/13971288238
联系人：向际高
E-Mail：13971288238@139.com
地　　址：武汉市黄陂区横店街富智路 8 号
联系电话：13971288238
官　　网：http://www.cn-yr.cn

中国洛阳乳化油复合剂生产基地
洛阳润得利金属助剂有限公司
洛阳石油应用技术研究所

RDL

润得利产品能帮助客户解决乳化、防锈、极压、润滑等方面的技术问题。

乳化复合剂系列：

1. R806A乳化油复合剂
适宜石蜡基加氢精制矿物油，黏度指数在90以上的油品。大庆、大连、茂名、高桥石化公司生产的150SN、200SN等基础油都可使用。带钢乳化轧制油、铝带热轧乳化油、乳化切削油
配方：85%的基础油，加15%-17%的R806A.均匀搅拌即可。

2. R806B半合成微乳液复合剂
浓缩液的配制方法：R806B、R806B1同城市自来水按1:1进行配制，就是一款高性能微乳浓缩液产品；工作液按1：20稀释使用。

3. R806C 乳化油复合剂
适宜非标矿物油即：小型炼油厂的酸碱精制油、黏度指数较低、颜色很浅的油品。
配方：15%的R806C + 85%的非标油均匀搅拌即成高性能乳化油。

4. R806D乳化油复合剂
适宜低凝环烷基基础油，例如10、25变压器油料油。添加量15%。

5. R806F多功能乳化复合剂
可以乳化各类油品。节能环保，可用于纺织、玻璃纤维、植物软化、麻类软化及农药乳化等工艺。添加量7%左右，具有良好的清洗性，不污染成品，易冲洗。

6. R806F1乳化复合剂
是一款复合型环保乳化剂，外观无色透明，主要用于生产无色乳化针织油，和白油有很好的溶合性，具有很好的抗磨、抗氧、清洗等功能。

7. R806H脱模乳化复合剂
适合高负荷挤压乳化油膏用，用于冲压成型工艺。

8. R806N全合成切削液复合剂
复合剂同水按1：1质量比进行调配，搅拌均匀后可得到全合成浓缩液。

9. R806F5 冲压拉伸膏复合剂
外观呈乳白色膏状，在金属挤压、冲压成型、脱模等一些要求润滑性较强类工艺中使用，使用时需加温成液体，在产品中用量为15%-25%。

防锈复合剂系列：

1. F606-1防锈油复合剂
脱水防锈油配方：8%的F606-1+92%的（D60环保溶剂油或煤油），用此配方做成的产品置换性很好。薄层防锈油配方：8%-28%不同的添加剂量+矿物油。成品防锈油抗盐雾性好，油膜附着较强。

2. F606-4乳化型防锈剂
一款乳化油专用防锈剂，添加量5%-10%，可以加入到乳化油或微乳液里，提高防锈效果。

3. F606-6水性防锈剂
节能环保，对黑色金属尤其是铸铁类金属具有优异的防锈、润滑、清洗等性能。使用浓度2%左右。

4. F606-8水性防锈剂（绿色环保产品）
棕红色的外观，呈黏稠状的液体，无毒、无味、环保，工作液的添加量2%即可达到满意的防锈效果。本产品适合黑色金属尤其是铸铁类金属的防锈，在金属表面吸附能力较强。

复合剂：

1. F-900高效防锈添加剂
是一款浅色复合型高效防锈剂，耐高温、有效期长。适合多种金属材料的防锈。

2. MJ6000高效润滑剂
主要用于乳化油、微乳浓缩液等金属加工油中作为极压、油性添加剂，尤其适合铝镁合金加工工艺，其添加量一般为3%-8%。

3. 聚合酯MJ-900
是一款多功能水溶性酯，耐硬水，适合全合成和半合成切削液。具有优异的界面润滑、防锈和清洁效果，能提高产品的光洁度。

4. RC800淬火油复合剂
可以调配光亮淬火油，能快速光亮淬火油及真空淬火油产品，用量4%-7%。

5. R3000乳化型极压复合剂
可用于乳化切削油、乳化轧制油、可溶性金属加工油剂中，有很好的减摩性和极压性。

地址：洛阳市瀍河区中窑工业园
联系电话：0379-62320020
联系人：薛光锐　手机：13937900530/18237982699
传真：0379-62320020
QQ：490431907　邮箱：490431907@qq.com
网址：lyrdl.com或 www.lyrundeli.com

苯并三氮唑、甲基苯并三氮唑标准的制定参与者、忠实执行者

苯并三氮唑、甲基苯并三氮唑全球最大的生产商、供应商、出口商

公司积极引进先进技术和设备、注重人才培养和技术创新，已形成对产品的设计、生产、销售一体化模式。70% 出口欧美及东南亚。公司产品广泛用于石油化工、水处理、金属表面防腐、汽车、电子等行业。并能根据客户需要，生产各种特殊规格和要求的苯并三氮唑、甲基苯并三氮唑。

主要产品：	苯并三氮唑≥99.8%	苯并三氮唑钠盐≥40%
	甲基苯并三氮唑≥99.5%	甲基苯并三氮唑钠盐≥50%

公司已通过 ISO 9001、14001、45001 等体系认证，并拥有自己的进出口部

地址：南京市溧水区和凤镇和凤北路 218 号（211218）　联系人：董佩军　13905196970

电话：025-57464600/02/03　传真：025-5746 4601　网址：www.BTA-TTA.com　邮箱：sales@bta-tta.com

昆山书豪仪器科技有限公司

SOOHOW

昆山书豪仪器科技有限公司是以实验室仪器、光学分析仪器及其软件研发、生产、销售为主导的高新技术企业。书豪仪器成立于2012年，书豪产业化大楼建筑面积约12300平方米，具有约3000平方米的研发中心，智能化的生产车间，并成立苏州市原子发射光谱仪工程技术研究中心。书豪仪器自成立以来始终坚持科技创新，先后通过江苏省企业信用贯标，江苏省知识产权贯标，ISO9001质量管理体系认证，ISO14001环境管理体系认证，并获得了“高新技术企业”“昆山市研发机构”等荣誉。公司授权知识产权47项，其中发明专利4项。

公司具备原子发射光谱仪的核心技术及相关配套技术研发能力。已成功研发多项应用于材料成分检测技术产品，有空心阴极光谱仪、火花直读光谱仪、全谱直读光谱仪；油液监测系列产品包括：油料光谱仪PO100、铁磁磨损仪PQ100、铁量仪PF100、分析式铁谱仪PA100。培养和锻炼了一批高水平的光谱技术研制型人才，打造了一个专业的光谱开发平台，配备了各类先进的开发设备，为项目技术的顺利实现提供有力的软硬件保障。

产品广泛应用于军工、航天、航发、冶金、船舶、电力、风电、核电、铁路等领域。

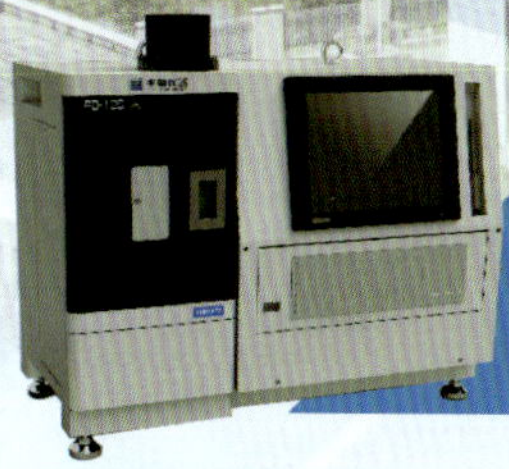

PO100
油料分析光谱仪

PA100
双联分析式铁谱仪

产品特点
1. 满足 ASTM D6595(NB/SH/T 0865)，ASTM D6728 标准。
2. 采用高分辨率固态 CCD 检测器光学系统，单个像素 3648 位，像素尺寸8*200μm，更高像素，可探测更多有效的光谱强度。
3. 单台式仪器，计算机系统和电极磨削器内置于仪器，仪器整机体积小，便于运输。
4. 热机时间短，可靠性高，适用于舰艇环境。
5. 检测精度高，单次检测时间短。
6. 无需气体及其他化学试剂辅助激发，油样无需预处理，直接置于样品杯中即可测试。

应用领域
军事、各部队、航空、铁路、远洋船队、矿山、炼油厂、电厂、油料回收、制造厂、商业实验室、赛车队等任何用到润滑油的、且精度要求高行业。

产品特点
1. 符合 ASTM D7690、ASTM 7684 和 SH / T 0573 标准
2. 一旦油样准备好并插入，操作自动进行，操作员可做其他工作。
3. 方便直观的按键操作。
4. 可调整控制样本流速，保证一致的谱片沉积和重复性。
5. 在小于 20 分钟的时间内同时制作 2 个谱片。
6. 透明谱片方便检测，可区分金属、有机物和非金属颗粒。
7. 颗粒按其磁化系数和大小进行排列，便于对颗粒进行迅速分析。
8. 极少发生颗粒堆积，便于观察对反映机器状态重要的颗粒。
9. 油中水分对谱片制作几乎无影响。

应用领域
双联分析式铁谱仪广泛地应用于各类机器系统的磨损监控和润滑油油品评定，也可用来进行摩擦状态及磨损机理的研究，是实现机器工况监测和进行微粒摩擦学研究的重要仪器。

PQ100
铁磁指数仪

PF100
铁量仪

产品特点
1. 适用标准：ASTM D8184。
2. 采用专利的传感器及信号处理电路，稳定性好，灵敏度高。
3. 油样传送、测量自动进行、5 秒即可测量一个数据。
4. 油样无需处理，可直接注入油瓶中进行测量。
5. 中文及图形界面，用户操作使用方便。
6. 可输入任意数字及字母，方面用户给文件命名。

应用领域
可分析各种在用矿物油，合成油，液压油，齿轮油及润滑脂等样品中的铁磨粒含量。

产品特点
1. 适用标准：ASTM D8120。
2. 主要是用来检测从气缸磨擦油中提取的油样中的金属颗粒。
3. 简单的图形用户界面。
4. 快速测量铁磁性磨损颗粒的 ppm 浓度值。
5. 每个样品测试时间小于 3 秒。

应用领域
PF100 是理想的测试和分析油样现场，例如船上或在偏远的位置无法进行完整的实验室分析。

厂址：江苏省苏州市昆山市千灯镇石浦中节路 419 号
公司网址：http://www.soohow.com/

徐荣网、总经理
电话：13776312896
邮箱：xrw@soohow.com

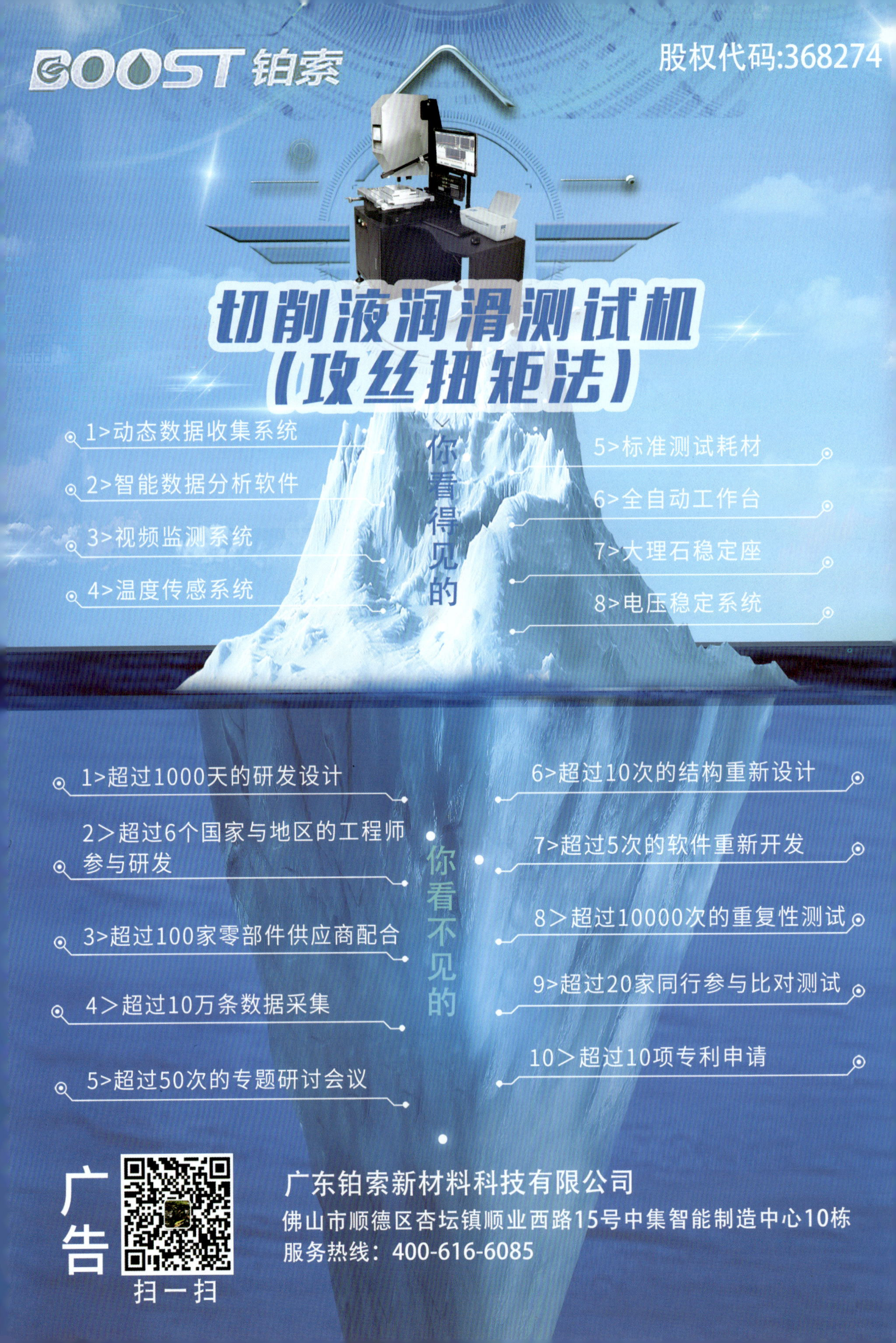

BOOST 铂索
股权代码:368274
切削液润滑测试机
(攻丝扭矩法)
你看得见的
1>动态数据收集系统
2>智能数据分析软件
3>视频监测系统
4>温度传感系统
5>标准测试耗材
6>全自动工作台
7>大理石稳定座
8>电压稳定系统
你看不见的
1>超过1000天的研发设计
2>超过6个国家与地区的工程师参与研发
3>超过100家零部件供应商配合
4>超过10万条数据采集
5>超过50次的专题研讨会议
6>超过10次的结构重新设计
7>超过5次的软件重新开发
8>超过10000次的重复性测试
9>超过20家同行参与比对测试
10>超过10项专利申请
广告
扫一扫
广东铂索新材料科技有限公司
佛山市顺德区杏坛镇顺业西路15号中集智能制造中心10栋
服务热线：400-616-6085

润滑油脂性能试验技术应用与管理

张晨辉　陈　东　戴瑞群　编著

中国石化出版社

内 容 提 要

本书较为全面地收集了润滑油脂性能试验方法，并将试验方法与科研、生产、应用相结合，阐述了性能试验在产品研发、生产、应用中的相关知识，并增加了试验方法的建立与应用和实验室建设与管理知识的章节。

本书适用于从事润滑油脂研发、生产、应用及售后服务的工程技术人员，也适用于大专院校科研、教学人员参考。

图书在版编目(CIP)数据

润滑油脂性能试验技术应用与管理 / 张晨辉，陈东，戴瑞群编著．—北京：中国石化出版社，2022.4
ISBN 978-7-5114-6619-8

Ⅰ.①润… Ⅱ.①张… ②陈… ③戴… Ⅲ.①润滑油-性能试验 Ⅳ.①TE626.3

中国版本图书馆 CIP 数据核字(2022)第 042293 号

未经本社书面授权，本书任何部分不得被复制、抄袭，或者以任何形式或任何方式传播。版权所有，侵权必究。

中国石化出版社出版发行
地址：北京市东城区安定门外大街 58 号
邮编：100011 电话：(010)57512500
发行部电话：(010)57512575
http://www.sinopec-press.com
E-mail：press@sinopec.com
北京艾普海德印刷有限公司印刷
全国各地新华书店经销

*

787×1092 毫米 16 开本 42 印张 8 彩页 1058 千字
2023 年 4 月第 1 版　2023 年 4 月第 1 次印刷
定价：158.00 元

前　言

任何产品都有性能试验，产品的性能试验技术是产品研发、生产、贸易和应用的关键手段和保证条件，可以说，没有先进的产品性能试验技术，就不可能有先进的产品。润滑油脂产品也是，没有先进、科学的性能试验技术，产品就无法研发成功；在产品生产管理中，没有规范、正确的性能试验技术、正确的检测方法，就生产不出符合标准的产品，产品质量也就无法保证；同样在产品贸易(交割、仲裁)及应用中，没有规范、正确的性能试验技术，其过程无法进行和正常发挥效用。产品性能试验技术代表着国家的先进技术水平和生产力水平。

润滑油脂性能试验技术也代表着润滑油脂产品先进技术水平，润滑油脂性能试验技术包括：理化性能试验、模拟性能试验、台架性能试验、族组成和元素分析、操作人员的技能和实验室管理等。

近几十年来，我国润滑油脂产业已经有了很大发展，其产量和技术也已经走在世界前列，我国的润滑油脂性能试验技术也有了很大发展，出现了许多优秀的润滑油脂企业和品牌。但是，在我国润滑油脂行业，其性能试验技术在产品开发、生产、应用和管理方面还存在很多问题，如：测试仪器设备配备不规范，对试验方法技术掌握不够，试验技术不符合规范，不按产品标准技术要求检测产品试验项目，实验室建设、管理不符合规范，产品应用中没有跟踪检测等，这些都阻碍了我国润滑油脂产品技术的发展。

为了促进我国润滑油脂行业的性能试验技术发展，笔者根据自己从事润滑油脂的研发、生产、检测、应用及实验室管理几十年的经验和知识积累，结合行业的需求和最新的技术，经过几年时间的努力，编写了《润滑油脂性能试验技术应用与管理》一书，力求使从事润滑油脂的研发、生产、检测和应用工程技术人员、管理人员、市场营销人员能够全面了解、掌握润滑油脂的性能试验技术以及这些技术的应用和试验方法的建立、实验室的管理等的要求，力求做到专业和通俗相结合，理论和实践相结合。

由于作者的水平有限，本书一定存在不足，敬请读者批评指正！

作者

目　　录

第一章　绪　　论

一、产品试验技术的应用与发展

产品试验技术是人类一门远古的技术，在人类社会，从有产品生产、贸易的年代开始，为了界定商品的质量、数量等指标，就开始有了检测质量、数量的简单试验技术，如度量衡：购买鞋、布、衣服长度、宽度的测量，还有按照产品的品质优劣简单将其划分为一级、二级、三级等；随着人类社会经济规模和科学技术的发展，产品的科技含量越来越高，产品的品种越来越多，商品交换贸易也越来越频繁，产品试验技术已经是检验、评定产品数量、质量、性能的唯一有效工具。无论从初级的农副产品、手工艺产品到现代的化工、食品、医药、机械、电子等产品都离不开试验技术；随着科技的不断进步，各种现代化产品试验技术，包括检测工具、设备、仪器得到了不断发展；试验技术的科技含量也越来越高，产品试验技术成了现代技术学科的重要组成部分。可以说没有现代化的试验技术，就没有现代化的科学研究、产品生产、商品交换、国际贸易，就没有现代化人类的社会生活。

然而，既然产品试验技术是检验产品数量、质量、性能的唯一有效工具，这一技术就必须是规范化、标准化的技术；现代试验技术，就是依据已有的产品标准(国际标准、国家标准、团体标准、行业标准、企业标准等)去验证材料、零部件、产品是否达到标准(如型式试验标准)。这里所说的产品标准，就是规定产品的技术属性和技术指标的标准，也包括评定产品是否达到技术指标的试验方法——试验技术。任何一个国家在市场中流通的产品，都必须通过标准规定的试验方法的检测试验，达到产品标准的技术要求，这是各国的标准法、质量法所赋予的。

世界各国均有自己的国家标准和行业标准，第二次世界大战以后，国际贸易有了巨大的发展。为了国际标准化，又建立了国际标准化组织(ISO)。ISO 由世界 50 多个国家的国立标准团体组成。ISO 的标准化工作由 5 个或更多国家订立协议建立的技术委员会来实施。ISO 和国际电工委员会(IEC)分别是世界上规模最大、影响较广的标准文件和国际标准化机构。各国标准机构、符号和编号见表 1-1。

表 1-1　各国或组织标准代号

各国标准	符　号	编　号
国际标准	ISO	ISO+顺序号+制定年号
国际电工委员会	IEC	IEC+顺序号+制定年号
英国标准	BS	BS+顺序号+制定年号
德国标准	DIN	DIN+顺序号+制定年号
法国标准	NF	NF+顺序号+制定年号
美国国家标准	ANSI	ANSI+顺序号+制定年号

续表

各国标准	符　号	编　号
美国联邦标准	FS	FS+顺序号+制定年号
美国材料与试验协会标准	ASTM	ASTM+顺序号+制定年号
苏联标准	ГОСТ	ГОСТ+顺序号+制定年号
日本工业标准	JIS	JIS+顺序号+制定年号

自改革开放以来，我国的标准化事业有了很大发展，通过标准化改革，我国构建了政府主导制定的标准和市场自主制定的标准协同发展、协调配套的新型标准体系。

根据《中华人民共和国标准化法》规定，我国的标准体系由五个层级的标准构成，分别是国家标准、行业标准、地方标准、团体标准和企业标准。其中国家标准、行业标准和地方标准属于政府主导制定的标准，团体标准和企业标准属于市场自主制定的标准。各级标准的范围对象是：国家标准是对需要在全国范围内统一的技术要求；行业标准是对没有国家标准，而又需要在全国某个行业范围内统一的技术要求；地方标准是对没有国家标准和行业标准，而又需要在省、自治区、直辖市范围内统一的工业产品的安全、卫生要求；企业标准是对企业生产的产品没有国家标准和行业标准，而又需要在厂内统一的技术要求，以作为组织生产的依据。

这些标准又分为强制性标准和推荐性标准两种。强制性标准，必须执行，不符合强制性标准的产品，禁止生产销售和出口。推荐性标准，国家鼓励企业自愿采用。

为了确保产品标准的落实及执行，规定了以产品性能与质量方面的试验方法为对象而制定的标准称为试验方法标准。如：检验产品的长度、重量、检验产品的物质成分含量、检验产品的机械强度、检验产品的耐久性能等，不同领域、不同材料、不同性能、不同用途的产品层出不穷，关于产品标准中的试验方法的标准越来越多，已经是一门非常专业的技术学科。

我国的试验标准近几十年来发展较快，但大都是引进欧美等发达国家先进的试验方法和技术，特别是美国材料与试验协会 ASTM 的试验方法。ASTM 是世界上最有影响的非营利性的标准学术组织，经过一个世纪的发展，ASTM 的会员遍布世界 100 多个国家和地区，其会员总数超过 33669 个(个人和团体)，其中有 22396 个主要委员会会员在其各个委员会中担任技术专家工作。它建立各种材料、产品、系统和服务的特征和操作标准体系，包括检验方法、定义、推荐实践、分类和技术指标；标准涉及 100 多个领域，达 10000 项，其中有 40% 的标准被世界各国广泛采用。由于我国许多试验方法，都是等效采用或参照 ASTM 和其他先进国家的试验方法，试验技术和测试水平也达到了国外先进水平，在与世界各国的产品贸易、交流、使用等方面，有了共同的检验、评判手段和标准，我国成了国际上认可的制造大国。

二、润滑油脂性能与试验技术

润滑油脂是非常重要的工业产品，掌握和应用好润滑油脂性能与试验技术，对于润滑油脂的研发、生产、应用有着深远的意义。

1. 润滑油脂的性能

润滑剂的基本功能可归纳为：润滑、冷却、清洁、密封、防锈、减震、传递动力七个方面。根据机械的使用条件的不同，对这些基本功能的要求又各有侧重。为了满足各种机械设备的不同结构、不同用途、不同工作环境，润滑油脂的性能各有侧重，各组别产品都有各自的性能特点，其共同的性能和独特的性能归纳起来可以分为：

（1）满足润滑性能的：黏度、黏温性能、低温流动性性能、高温稳定性、清洁性能（包括清净分散性能）、抗泡和抗乳化性能、减磨性能等；

（2）保护摩擦表面的：抗磨性能、防锈防腐性能、清净分散性能、抗乳化性能、抗泡沫性；

（3）保护润滑油脂稳定性：抗氧化安定性、热稳定性、蒸发性能、抗乳化性能、水解性能等；

（4）密封性能：黏度、黏温性能、密封材料适应性等；

（5）传递动力性能：黏度、黏温性能、抗磨性能、摩擦性能等；

（6）冷却清洗性能：黏度、清净分散性能等。

根据 GB/T 7631.1—2008/ISO 6743—99—2002 润滑剂、工业用油和相关产品（L 类）的分类（根据应用场合划分）见表 1-2，根据不同应用场合，共分为 18 个组别，即有 18 大类不同应用场合的产品。

表 1-2　润滑剂、工业用油和相关产品（L 类）的分类

组　别	应用场所	已制定的国家标准号
A	全损耗系统	GB/T 7631.13
B	脱模	—
C	齿轮	GB/T 7631.7
D	压缩机（包括冷冻机和真空泵）	GB/T 7631.9
E	内燃机油	GB/T 7631.17
F	主轴、轴承和离合器	GB/T 7631.4
G	导轨	GB/T 7631.11
H	液压系统	GB/T 7631.2
M	金属加工	GB/T 7631.5
N	电器绝缘	GB/T 7631.15
P	气动工具	GB/T 7631.16
Q	热传导液	GB/T 7631.12
R	暂时保护防腐蚀	GB/T 7631.6
T	汽轮机	GB/T 7631.10
U	热处理	GB/T 7631.14
X	用润滑脂的场合	GB/T 7631.8
Y	其他应用场合	—
Z	蒸汽气缸	—

不同分组润滑剂，它们的性能就完全不同，如：

C 组齿轮油的性能是：

适宜的黏度和良好的黏温特性、优良的极压抗磨性、良好的热氧化稳定性、良好的防锈防腐能力、良好的抗乳化能力、良好的抗泡沫性。

E 组内燃机油(发动机油)的性能是：

适宜黏度和良好黏温性能、清净分散性能、抗氧化安定性性能、抗磨性能、冷却密封性能、低温流动性性能、中和性能、防腐性能、低蒸发性能、其他性能。

H 组液压油的性能是：

适宜的黏度和良好的黏温性能、优良的润滑性、良好的热稳定性、与各种材料良好的适应性、良好的抗乳化性能、良好的抗泡沫性和空气释放性、良好的水解安定性和可过滤性、其他性能。

可以看出，所有润滑油脂都需要合适的黏度和良好的黏温性能，抗氧化性能、润滑性能、防锈防腐性能、抗泡性能；这是最基本性能，在这基础上，不同工作场所再突出其独有性能，如：齿轮油比较突出极压抗磨性能、抗乳化能力；发动机油比较突出清净分散性能、低温流动性能、中和性能、低蒸发性能；液压油比较突出良好的热稳定性、与各种材料良好的适应性、良好的抗乳化性能、抗泡沫性和空气释放性、良好的水解安定性和可过滤性等。

因为现代化机械设备产品越来越多，这些机械设备采用不同的材料、不同结构，应用于不同目的、不同使用场所、不同工况、不同摩擦状况、不同负荷、不同工作温度等，需要这18 组别(大类)润滑油脂、几千个品种牌号的产品来满足，这些产品都有共同的性能和独有的性能。当今的润滑油脂产品，是涉及石油化工、精细化工、机械工程、摩擦磨损、物理化学、实验科学等多门学科交叉技术的高技术产品。润滑油脂的性能是多门学科的技术结晶。

2. 润滑油脂性能试验技术

润滑油脂的性能都需要进行产品标准化的规定，在产品标准中，规定了产品技术指标的同时，也规定了试验方法。润滑油脂的性能是否达到标准要求，其技术指标的检测、评定就是关键，因此试验方法的应用就是关键环节，试验方法的应用就是试验技术，包括仪器设备、试验环境、操作技术、试验管理等。

(1) 润滑油脂性能试验分类及关联。

润滑油脂性能试验的方法很多，根据性能类别可分为：第一类，物理化学性能试验，如：黏度、密度、闪点、倾点、滴点、酸值、碱值等，这一类都是用物理化学的方法进行试验测试，这些指标与使用性能都有一定关系，如黏度过大或过小，会造成润滑性能、冷却性能、密封性能不良或故障；第二类，模拟性能试验，就是模拟实际使用性能的试验，如：抗泡沫性能试验、腐蚀性能试验、锈蚀性能试验、氧化安定性试验、四球机抗磨试验、FZG 抗磨试验等，这些性能试验与实际使用有直接关系，如：抗泡沫试验不合格，在实际使用中就会出现润滑故障；模拟性能试验，一般都是一些模拟实际工况的仪器设备；第三类，台架性能试验，这是一种机械设备强化使用性能的试验，把使用润滑油脂的机械设备按全尺寸原机搬到实验室，零部件、燃料都必须是标准化的，根据使用的机械设备实际工况条件，加以强化，如负荷、温度、压力等会比实际强化，在规定的运行时间，然后结束试验，检验机械设备摩擦表面的变化和试验油的变化，评定试验是否合格通过；台架性能试验接近使用实际，试验的难度大，所耗费用就高。

润滑油脂性能试验的独特性和关联性。每一种润滑油脂产品都有若干产品性能的试验项目，有些试验项目反映产品在某一方面效用，如：防锈防腐性能，它体现了润滑油脂产品在工作时不会对摩擦润滑表面的金属材料产生锈蚀腐蚀，还会在出现锈蚀腐蚀环境条件时，阻止锈蚀腐蚀，但是防锈防腐性能具有恰当性——刚刚好，过好会影响其他性能；黏度和黏温性能，是产品润滑性能、冷却性能、密封性能、适应温度变化等性能的综合体现，是最基本的性能；润滑油脂的物理化学性能是最基本的性能，如果这些试验性能都达不到要求，就不能再进行模拟性能试验和台架性能试验；而模拟性能试验是第二个层次的试验，与实际应用性能接近了一步，模拟性能试验通不过，也不能进行台架性能试验；一个润滑油脂产品全部性能试验，就必须先通过理化性能试验，再通过模拟性能试验，最后通过台架性能试验。

(2) 润滑油脂性能试验技术的有效应用。

如何才能有效地应用润滑油脂性能试验技术，这是本书要具体阐述的内容，这里简要地介绍。

① 方法的掌握理解。试验方法是一种检测试验的标准方法，使用者必须深刻地领会、掌握，如：适用范围、规范的仪器设备、标准样品和标准试件、试验步骤、结果判断、精密度等，方法中的每一条规定都要严格落实、执行。

② 设备仪器、环境条件。合格的试验设备仪器、环境条件是实现试验技术的决定条件，没有合格的试验设备仪器、环境条件，就无法有效地执行试验方法，准确可靠地测试试验产品的技术指标；因此，建设符合规范的实验室、购置配备符合规范的检测仪器设备和辅助材料，是试验技术应用的一个重要环节，也是通常所说的硬件条件。

③ 操作技术。有了仪器设备，如何正确、熟练地操作测试试验，检测出可靠的试验数据，这是我们通常所说的软件条件，包括人员的招聘、培训、训练，严格按照试验方法、操作规程试验等，具体后面章节有论述。人员及操作技术是试验技术的重要部分。如：有的企业，检测试验人员没有经过正规培训，没有掌握试验方法标准和设备仪器的操作规程，就随便上岗做试验，做的数据自己都不重复，这样的检测是没有意义的。

④ 实验室管理。实验室管理是高层次的试验技术，无论是硬件的试验设备仪器还是软件的人员及操作技术，都需要管理；管理能够更好地发挥这些硬件、软件的作用，能够确保实验室成为一个有公信力的可靠实验室。实验室管理包括人员管理、质量控制与质量保证、规范化管理、安全管理、实验室的认证等。可以说，一个管理得好的实验室是公司的品牌，反之一个生产出名品牌润滑油脂产品的公司，一定有一个管理规范、可靠的实验室，实验室已经是公司产品品牌和实力的展示。本书第八章就专门阐述实验室的建设与管理。

3. 润滑油脂性能试验技术的应用和发展趋势

润滑油脂性能试验技术在整个润滑油脂的研发、生产、应用和售后服务过程中，都是十分重要的；每个环节都离不开正确使用好性能试验技术，根据不同的试验目的对试验技术应用要求有所不同，可分为：

(1) 在产品开发过程的应用。

每个企业都离不开产品开发，无论是自主开发(从单剂做起)，还是使用添加剂公司的成品复合剂生产，都必须进行性能试验，试验技术的掌握程度决定研发或引用的产品的质量水平。

(2) 在生产控制环节的应用。

从原材料进厂、生产调和、包装出厂，都需要按照原材料和产品标准进行测试试验；在全部生产过程中，哪一个环节没有把好检测试验技术关，哪一个环节的质量就没有把控好，那么你的产品一定会出问题。如：车用润滑油包装过程的首件检测，对包装产品的质量保证尤为重要；性能试验技术在生产控制每个环节中都是非常重要的。

(3) 在贸易的应用。

润滑油脂产品最重要的是满足客户的需求；在市场推广、客户接受购买、使用过程中，客户会按照产品标准来签订合同，验收产品，使用产品；在使用过程中体验、评定你的产品质量；好的产品离不开客户对产品质量水平的确认和信任，从确认到信任、依赖，这就是品牌；这当中离不开客户对产品性能试验技术的检验和使用体验；客户相信你的试验技术，相信你的产品质量，相信你的品牌，你的产品就获得了市场和客户的认可。

(4) 在售后市场和设备润滑管理的应用。

润滑油脂的性能试验技术的应用，已经不仅仅限于生产企业的应用，在售后服务市场，采用试验技术为终端客户监控润滑油脂产品的稳定性和质量变化，为客户提供价值服务已经广泛应用；还有工业终端客户也广泛采用性能试验技术进行设备运行状态的油液监控，油液监控技术在我国工业企业的设备管理领域已经得到了广泛的应用，通过油液监控，可监控机械设备运行的状况，可为设备故障的预防、分析诊断提供有效参数和依据，在确保工业企业安稳长满运转方面提供有效保证，收到很好的经济效益和社会效益。

(5) 润滑油脂性能试验技术的发展趋势。

随着现代科学技术的高速发展，所有的润滑油脂性能试验技术也不断得到发展，特别是近二十多年来，光电仪器、光谱仪器、自动化仪器、自动化设备，再加上信息智能化、互联网技术，如一台光谱仪测试出来的数据，可以替代原来许多理化试验和模拟试验；新一代试验技术已经向着自动化、智能化、网络化发展；随着 5G 和物联网技术的发展、大数据和模拟软件应用，有的试验数据已经可以用共享信息或模型测算，这些较大地减少了实验室的测试工作，极大地提高了工作效率和可靠性，还有在线监测、遥感技术等的应用，润滑油脂试验技术正开始新的变革。

第二章 理化性能试验及应用

第一节 黏度、黏度指数

一、黏度

黏度就是液体的内摩擦力。润滑油受到外力作用而发生相对移动时，油分子之间产生的阻力使润滑油无法顺利流动，其阻力的大小称为黏度。它是润滑油流动性能的主要技术指标。绝大多数的润滑油是根据其黏度大小来分牌号的，因此，黏度是各种机械设备选油的主要依据。

润滑油的黏度对润滑油的流动性和它在摩擦表面形成油膜的厚度有很大影响。黏度较大的润滑油其流动性就差，不易流到摩擦面之间，而在摩擦面之间形成的油膜较厚，在较大负荷情况下润滑效果比较好。黏度较大时润滑油的冷却和冲洗作用较差，摩擦面的温度较高。反之，润滑油的黏度较小，其流动性较好，容易流到间隙小的摩擦面之间，可保证润滑效果，机械克服摩擦阻力消耗的功率也较少，润滑油的冷却和冲洗作用较好。但如润滑油的黏度过小，在较大负荷下，润滑油膜变薄而容易被破坏，使摩擦面容易产生磨损和擦伤。因此，在选择润滑油时首先必须考虑其黏度大小是否合适。

（一）黏度的分类及试验

黏度的度量方法分为绝对黏度和相对黏度两大类。绝对黏度分为动力黏度和运动黏度两种；相对黏度有恩氏黏度、赛氏黏度和雷氏黏度等几种表示方法。

1. 动力黏度（η）

在流体中取两面积各为 $1m^2$，相距 1m，相对移动速度为 1m/s 时所产生的阻力称为动力黏度，单位 Pa · s（帕 · 秒）。过去使用的动力黏度单位为泊（Poise）或厘泊，泊或厘泊为非法定计量单位。

$$1Pa \cdot s = 1N \cdot s/m^2 = 10P（泊）= 10^3 cP（厘泊）$$

ASTM D445 标准中规定用运动黏度来计算动力黏度。

即：

$$\eta = \rho\nu$$

式中 η——动力黏度，Pa · s；

ρ——密度，kg/m^3；

ν——运动黏度，m^2/s。

2. 运动黏度（ν）

流体的动力黏度 η 与同温度下流体的密度 ρ 的比值称为运动黏度。它是这种流体在力作用下流动阻力的度量。在国际单位制（SI）中，运动黏度的单位是 m^2/s。过去通常用厘斯（cSt）作运动黏度的单位，它等于 $10^{-6}m^2/s$，（即 $1cSt = 1mm^2/s$）。常见的玻璃毛细管黏度计

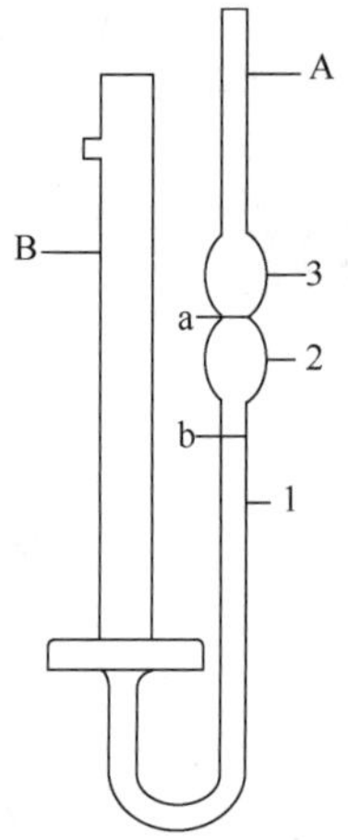

图 2-1　玻璃毛细管黏度计
1—毛细管；2，3—扩张部分；
A，B—计时区域

见图 2-1。

测定运动黏度的试验方法有 GB/T 265—1988 石油产品运动黏度测定法和动力黏度计算法、GB/T 11137—1989 深色石油产品测定运动黏度法(逆流法)及 GB/T 30515—2014 透明和不透明液体石油产品运动黏度测定法及动力黏度计算法。

由于 GB/T 265 与 GB/T 11137—1989 发布较早且广泛用于测定石油产品运动黏度，因此，本文将重点介绍 GB/T 265 与 GB/T 11137—1989。

(1) 石油产品运动黏度测定方法(GB/T 265—1988)。

运动黏度通常用毛细管黏度计测定。方法概要：

在某一恒定温度下，测定一定体积的液体在重力作用下流过标定好的毛细管黏度计的时间，单位为 s。黏度计的毛细管常数与流动时间的乘积，即为该温度下液体的运动黏度。在温度 t 时运动黏度用符号 v_t 表示。

为了测准运动黏度，首先必须控制好被测流体的温度，测温精度要求达到 0.01℃；其次必须选择合适的内径毛细管(黏度计系数)，毛细管黏度计一组，毛细管内径(mm)为 0.4，0.6，0.8，1.0，1.2，1.5，2.0，2.5，3.0，3.5，4.0，5.0 和 6.0，应根据试验的温度选用适当的黏度计，务必使试样的流动时间不少于 200s，内径 0.4mm 的黏度计流动时间不少于 350s，保证流过计时区域的时间不能太长也不宜太短，即黏稠液体用稍粗些的毛细管，较稀的液体则用稍细的毛细管，流动时间应不小于 200s；须定期标定黏度管常数，而且安装黏度管时必须保持垂直。这些都是引起试验误差的因素。

注意：进行试样运动黏度测定时，必须从 A 位置上方的入口吸入待测样品，到刻度线 b 时停止，吸入液体时不允许中间有气泡产生。

为了测定温度高于 150℃以上的润滑油的高温黏度，必须采用硬质玻璃的乌氏黏度计，见图 2-2。这种黏度计可保证恒定液体流动落差，消除了试油量对流动时间的影响。

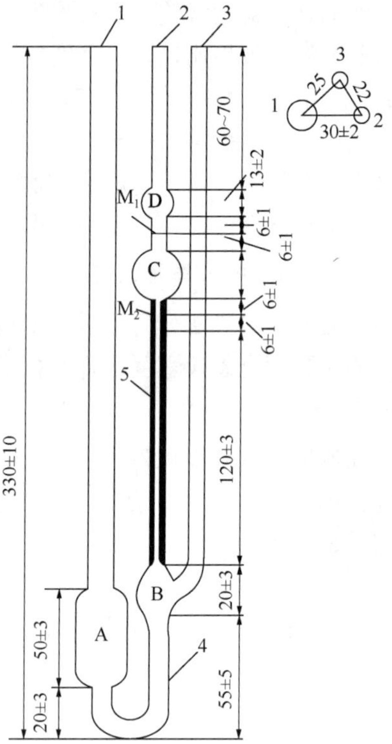

图 2-2　乌氏黏度计(单位：mm)
A—$\phi_{外}$28±1；B—椭球，$\phi_{外}$16±1，悬挂水平贮器；C—体积(3±0.3) mL；D—$\phi_{外}$13±2；M_1、M_2—环形刻线；1—上开口，外径 13~14.6，厚 1~1.6；2—上开口，外径 6.5~7.5，内径 3.5~4.5；3—上开口，外径 6.5~7.5，内径 4.5~5.5；4—外径 7.5~8.5，厚 2~3；5—毛细管，外径 6.5~7.5，内径 0.4±0.05

在测定高温黏度时，流动时间应控制在 100s 以上，流动时间过短对测定结果有影响，重复测定结果最大偏差不超过算术平均值的±0.5%。

精密度：

重复性(r)：同一操作者，用同一试样重复测定的两个结果之差，不应超过表 2-1 数值。

表 2-1 运动黏度测定方法重复性

测定黏度的温度/℃	重复性/%	测定黏度的温度/℃	重复性/%
100~15 低于 15~-30	算术平均值的 1.0 算术平均值的 3.0	低于-30~-60	算术平均值的 5.0

再现性(R)：由不同操作者，在两个实验室提出的两个结果之差，不应超过表 2-2 的数值。

表 2-2 运动黏度测定方法再现性

测定黏度的温度/℃	再现性/%
100~15	算术平均值的 2.2

由于 GB/T 265 标准制定时间较早，且得到广泛应用，对于部分石油产品或者别的产品测试时，其精密度可能不合适。因此，在使用 GB/T 265 标准测定石油产品运动黏度时，可使用 GB/T 30515—2014 的精密度要求，也参考 ASTM D445—2015 精密度要求。

ASTM D445—2015 透明和不透明液体运动黏度（和动黏度的计算）的标准试验方法的精密度划分较细，根据不同类型的产品进行了详细的划分，具体如下：

重复性(r)：同一操作者，使用同一设备，用相同、正确的方法对同一试样连续测试，20 次测试结果中仅允许一次超过表 2-3 的数值要求。

再现性(R)：不同操作者，使用不同设备，用相同方法对同一试样多次测试，20 次测试结果中仅允许一次超过表 2-3 的数值要求。

表 2-3 ASTM D445—2015 方法的重复性与再现性要求

样品类型	重复性	再现性
基础油		
40℃	0.0101X(1.01%)	0.0136X(1.36%)
100℃	0.0085X(0.85%)	0.0190X(1.90%)
全配方润滑油		
40℃	0.0074X(0.74%)	0.0122X(1.22%)
100℃	0.0084X(0.84%)	0.0138X(1.38%)
150℃	0.0056X(0.56%)	0.018X(1.8%)
石油蜡		
100℃	0.0141X	0.0366X
残渣燃料油		
80℃及 100℃	0.013(X+8)	0.04(X+8)
渣油		
50℃	0.015X(1.5%)	0.074X(7.4%)
添加剂		
100℃	0.00192X	0.00862X
瓦斯油		
40℃	0.0043(X+1)	0.0082(X+1)
喷气燃料		
-20℃	0.007X(0.7%)	0.019X(1.9%)
煤油、柴油、生物柴油及生物柴油调和油	0.0056X(0.56%)	0.0224X(2.24%)

注：X 为结果比较后的平均值。

（2）GB/T 11137—1989 深色石油产品测定运动黏度法（逆流法）。

对于需要测定深色、不透明的液体石油产品采用坎龙-芬斯克不透明黏度计，即采用逆流黏度计法。标准号为 GB/T 11137—1989，标准参照 ASTM D445—1986。

方法概要：测定一定体积的液体在重力作用下流过一个经过校准的玻璃毛细管黏度计（逆流黏度计）的时间来测定深色石油产品的运动黏度。由测定的运动黏度与其密度的乘积，可得到液体动力黏度。

逆流法测定油品的运动黏度广泛运用在设备监控、油品质量跟踪中。坎龙-芬斯克黏度计见图 2-3，尺寸和运动黏度范围见表 2-4。

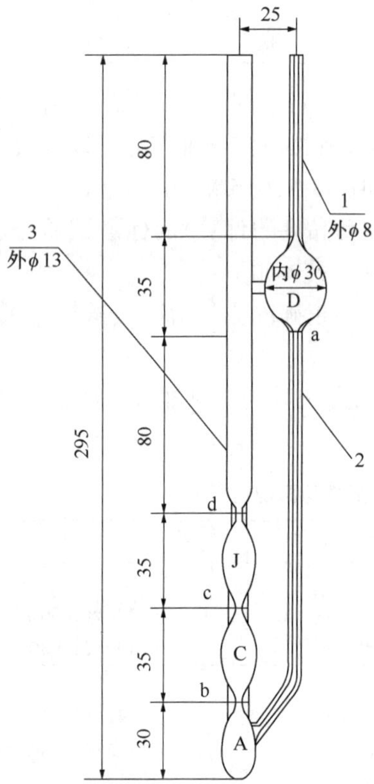

图 2-3　坎龙-芬斯克不透明黏度计（单位：mm）
1，3—管身；2—毛细管；
b、c、d—标线；D、A、C、J—球

表 2-4　坎龙-芬斯克不透明黏度计尺寸和运动黏度范围

尺寸号	黏度计常数/（mm^2/s^2）	运动黏度范围/（mm^2/s）	毛细管内径/mm
25	0.002	0.4~2	0.31
50	0.004	0.8~4	0.42
75	0.008	1.6~8	0.54
100	0.015	3~15	0.63
150	0.035	7~35	0.78
200	0.1	20~100	1.02
300	0.25	50~200	1.26
350	0.5	100~500	1.48
400	1.2	240~1200	1.88
450	2.5	500~2500	2.20
500	8	1600~8000	3.10
600	20	4000~20000	4.00

注：最小流动时间全部为 200s。

使用逆流黏度计进行运动黏度测定时，需控制好吸入样品的量及确保在恒温期间待测试样不会进入测定计时的区域。

方法的精密度如下：

重复性（r）：同一操作者，用同一试样重复测定的两个结果之差，不应超过表 2-5 的数值。

再现性（R）：由不同操作者，两个实验室测试同一样品的两个结果之差，不应超过表 2-5 的数值。

表 2-5 逆流法测定运动黏度的精密度

温度/℃	重复性(*r*)/(mm^2/s)	再现性(*R*)/(mm^2/s)
50	$1.5\%X_1$	$7.4\%X_2$
80 和 100	$1.3\%(X_1+8)$	$4.0\%(X_2+8)$

其中：X_1为重复测定两个结果的算术平均值；X_2为不同实验室提出的两个结果的算术平均值。

(3) GB/T 30515—2014 透明和不透明液体石油产品运动黏度测定法及动力黏度计算法。

GB/T 30515—2014 修改采用 ISO 3104—1994 透明及不透明液体石油产品运动黏度测定法及动力黏度计算法。标准使用玻璃毛细管运动黏度计测定液体石油产品运动黏度，及其动力黏度的计算。适用于透明与不透明液体石油产品。对于 GB/T 30515—2014 标准中涉及精密度方面的确定性、重复性与再现性，具体见表 2-6。

确定性(*d*)：在同一实验室，由同一操作者，使用同一仪器操作，对得到一个试验结果进行连续性测定的测定值之差不应超过表 2-6 的要求。

重复性(*r*)：在同一实验室，由同一操作者，使用同一仪器，在相同条件下对同一试样进行连续测定，得到的两个试验结果之差不应超过表 2-6 的要求。

再现性(*R*)：在不同的实验室，由不同的操作者，使用不同的仪器，对同一试样进行测定，得到的两个单一、独立的试验结果之差不应超过表 2-6 的要求。

表 2-6 GB/T 30515—2014 方法的确定性、重复性与再现性要求

样品	确定性	重复性	再现性
基础油 40℃和 100℃	$0.0020y$ 或 $0.20\%y$	$0.0011x$ 或 $0.11\%x$	$0.0065z$ 或 $0.65\%z$
调和润滑油 40℃和 100℃	$0.0013y$ 或 $0.13\%y$	$0.0026x$ 或 $0.26\%x$	$0.0076z$ 或 $0.76\%z$
调和润滑油 150℃	$0.0015y$ 或 $0.15\%y$	$0.0056x$ 或 $0.56\%x$	$0.018z$ 或 $1.8\%z$
石油蜡 100℃	$0.0080y$ 或 $0.80\%y$	$0.014x^{1.2}$	$0.0366z^{1.2}$
残渣燃料油 80℃和 100℃	$0.011(y+8)$	$0.013(x+8)$	$0.04(z+8)$
残渣燃料油 50℃	$0.017y$ 或 $1.7\%y$	$0.015x$ 或 $1.5\%x$	$0.074z$ 或 $7.4\%z$
润滑油添加剂 100℃	$0.00106y^{1.1}$	$0.00192x^{1.1}$	$0.00862z^{1.1}$
瓦斯油 40℃	$0.0013(y+1)$	$0.0043(x+1)$	$0.0082(z+1)$
煤油 -20℃	$0.0018y$	$0.007x$	$0.019z$

注：*y* 为所比较的两次测定值的平均值；

x 为所比较的两个重复测定运动黏度试验结果的算术平均值，单位为 mm^2/s；

z 为所比较的两个单一独立运动黏度试验结果的算术平均值，单位为 mm^2/s。

3. 恩氏黏度($°E_t$)

我国测定石油产品恩氏黏度采用 GB/T 266—1988 石油产品恩氏测定法。

恩氏黏度是过去常用的相对黏度，现在恩氏黏度很少使用了。恩氏黏度是在规定温度下，200mL 液体流经恩氏黏度计所需时间(s)，与同体积的蒸馏水在 20℃时流经恩氏黏度计所需时间(s)之比。恩氏黏度计见图 2-4。

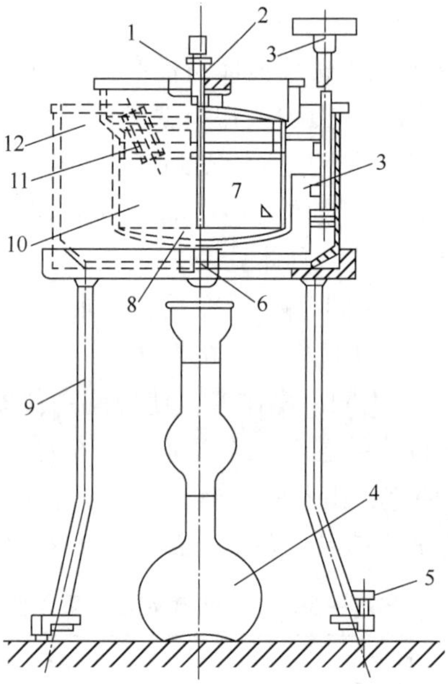

图 2-4　恩氏黏度计

1—木塞插孔；2—木塞；3—搅拌器；4—接受瓶；5—水平调节螺钉；6—流出孔；7—小尖钉；8—球面形成；9—铁三脚架；10—内部器；11—温度计插孔；12—外容器

恩氏黏度的精密度为：

重复性(r)：同一操作者重复测定两个流出时间之差不应大于表 2-7 数值。

表 2-7　恩氏黏度重复性

流出时间/s	重复性/s	流出时间/s	重复性/s
≤250	1	501~1000	5
251~500	3	>1000	10

4. 雷氏黏度(Redwood)

雷氏黏度是用雷德乌德黏度计测定的。在规定温度[70℉(21.1℃)、140℉(60℃)]或 212℉(100℃)下，从雷德乌德黏度计流出 50mL 试样样品所需的时间，以 s 为单位。根据黏度计的孔径，可分为雷氏 1#(用 Rt 表示，测定轻质油品)和雷氏 2#(用 RAt 表示，测定重质油品)两种。雷氏黏度主要在英国和日本用。

5. 赛氏通用黏度(Saybolt Universal Viscosity)

赛氏黏度用赛波尔特黏度计测定，美国多习惯用这种黏度单位。赛氏黏度定义为在某规定温度[100℉(37.8℃)、210℉(98.9℃)]或 212℉(100℃)下从赛氏黏度计流出 60mL 测试液体所需时间，单位为 s。根据黏度计孔径不同，可分为通用黏度(用 SUS 或 SSU 表示)和重油黏度[又称为赛氏费罗黏度(用 SFS 表示)]两种。

6. 黏度的换算

在相同温度下，运动黏度、恩氏黏度、雷氏黏度、赛氏黏度可用下列公式进行换算，或用查表法直接换算。

(1) 运动黏度与恩氏黏度的换算：

当 $1.35 \leqslant {}^{\circ}E_t \leqslant 3.2$ 时为：

$$运动黏度\ \vartheta(mm^2/s) = 8.0{}^{\circ}E_t - \frac{8.64}{{}^{\circ}E_t}$$

当 ${}^{\circ}E_t > 3.2$ 时为：

$$运动黏度\ \vartheta(mm^2/s) = 7.6{}^{\circ}E_t - \frac{4.0}{{}^{\circ}E_t}$$

(2) 运动黏度与雷氏黏度的换算：

运动黏度与雷氏黏度 1#：

当 $34s \leqslant t \leqslant 100s$ 时为：

$$运动黏度\ \vartheta(mm^2/s) = 0.260t - \frac{172}{t}$$

当 $t > 100s$ 时为：

$$运动黏度\ \vartheta(mm^2/s) = 0.470t - \frac{50}{t}$$

运动黏度与雷氏黏度 2#：

当 $32s \leqslant t \leqslant 90s$ 时为：

$$运动黏度\ \vartheta(mm^2/s) = 2.46t - \frac{100}{t}$$

$t > 90s$ 时为：

$$运动黏度\ \vartheta(mm^2/s) = 2.45t$$

(3) 运动黏度与赛氏黏度的换算：

赛氏通用黏度：

当 $32s \leqslant t \leqslant 100s$ 时为：

$$运动黏度\ \vartheta(mm^2/s) = 0.266t - \frac{195}{t}$$

当 $t > 100s$ 时为：

$$运动黏度\ \vartheta(mm^2/s) = 0.260t - \frac{135}{t}$$

赛氏重油黏度：

当 $25s \leqslant t \leqslant 40s$ 时为：

$$运动黏度\ \vartheta(mm^2/s) = 2.24t - \frac{184}{t}$$

当 $t>40s$ 时为：

$$运动黏度\ \vartheta(mm^2/s)=2.16t-\frac{60}{t}$$

根据上述黏度之间的换算关系式，在已知某种黏度数值的情况下可以较容易得到另外一种黏度的数据。

利用黏度换算表，已知某种黏度可从表上查出另外一种黏度数值，在商业上运用较广泛。此外也可以利用黏度换算图，如：GB/T 265—1988 运动黏度和恩氏黏度换算表，优点是查图方便，缺点是数值较粗。

（二）黏度试验的应用

（1）黏度是产品技术标准的重要参数，大部分润滑油的牌号都是由润滑油的黏度来划分的，基础油、成品润滑油的第一个主要参数就是黏度；用于润滑油的黏度试验方法主要是动力黏度和运动黏度试验，如工业润滑油用 40℃运动黏度，车用润滑油用 100℃运动黏度，低温表观黏度用动力黏度。

恩氏黏度、雷氏黏度、赛氏黏度在我国应用较少，在国外有应用；恩氏黏度、雷氏黏度、赛氏黏度、运动黏度、动力黏度之间可以通过换算公式(或图表)换算。

（2）黏度指数必须通过测定不同温度的运动黏度来计算。

（3）黏度检测是润滑油产品生产主要的控制指标，也是质量检测、仲裁的主要指标；润滑油的热氧化安定性试验也需要通过检测黏度变化来衡量。

（4）润滑油在使用过程中，通过对黏度指标跟踪检测，判断其质量是否稳定、变质和老化，是否需要更换；所有的润滑油换油指标，都有黏度变化率这个重要参数。

在设备油液监控、油品质量跟踪中，由于多种原因导致油品是深色或者不透明，应采用 GB/T 11137—1989(逆流法)或 GB/T 30515—2014 测定监测油品的运动黏度。

（5）黏度是机械设备润滑设计的重要参数，也是润滑油产品储运、输送设计的重要参数。

（6）运动黏度是润滑油及基础油的主要技术指标，无论是基础油，还是润滑油产品的生产控制、产品出厂、贸易、使用、质量监控都需要检测运动黏度。

（7）运动黏度是生产控制、出厂批次检验、售后服务等必做的检验项目。

二、黏度指数(VI)

润滑油的黏度随着温度的升高而变小，随着温度的降低而变大，这就是润滑油的黏温特性。因此，对黏度的报告值必须指明测定时的温度。评价油品的黏温性能有黏度比与黏度指数。国际上通用表示润滑油黏温特性的指标为黏度指数，即用黏度指数来准确表征油品的黏温性能。黏温性能好的润滑油其黏度指数高。

（一）黏度指数的测算方法

为评价油品的黏度指数，1935 年 Dean 和 Davis 提出一种办法，人为地选定了两种原油作为标准原油，一种是当时已知的，被认为黏温性质最优的原油(石蜡基)，规定它的黏度指数为 100；另一种为黏温性质最差的原油(沥青基)，规定它的黏度指数为 0。将所试验润滑油的黏温性质同标准油做比较，即在 98.9℃（210℉），试验油与标准油都具有相同的黏度，然后比较它们在 37.8℃（100℉）下黏度的差异。设好油的黏度为 H，差油的黏度为 L，试验用润滑油黏度为 U，黏度指数（VI）即按下式计算：

$$黏度指数=\frac{L-U}{L-H}\times 100$$

为了计算石油产品和有关材料的黏度指数，国际标准化组织（ISO）石油产品技术委员会专门制订了石油产品黏度指数计算法 ISO 2909—1975，最新的版本号为 ISO 2909—2002（2014）。

我国计算黏度指数的标准为 GB/T 1995—1998 石油产品黏度指数计算法，等效采用 ASTM D2270—1993 利用 40℃和 100℃运动黏度计算黏度指数。这个标准规定了从石油产品的 40℃和 100℃运动黏度计算黏度指数的两个方法。

1. 方法 A

适用于黏度指数低于 100 和等于 100 的石油产品。

如果石油产品 100℃的运动黏度小于或等于 70mm²/s，从表 2-8 选取合适的 L 和 H 值。如果测定值没有列出但在表 2-8 的范围内，则可以从表 2-8 通过线性内插法得到。如果试样在 100℃运动黏度小于 2mm²/s，则其黏度指数可以不说明或不报告。

表 2-8 运动黏度按 40℃、100℃分级的 L 和 H 的基准值

100℃运动黏度/（mm²/s）	L	H	100℃运动黏度/（mm²/s）	L	H	100℃运动黏度/（mm²/s）	L	H
2.00	7.994	6.394	3.90	24.19	18.77	5.80	54.42	36.26
2.10	8.640	6.894	4.00	25.32	19.56	5.90	56.20	37.23
2.20	9.309	7.410	4.10	26.50	20.37	6.00	57.97	38.19
2.30	10.00	7.944	4.20	27.75	21.21	6.10	59.74	39.17
2.40	10.71	8.496	4.30	29.07	22.05	6.20	61.52	40.15
2.50	11.45	9.063	4.40	30.48	22.92	6.30	63.32	41.13
2.60	12.21	9.647	4.50	31.96	23.81	6.40	65.18	42.14
2.70	13.00	10.25	4.60	33.52	24.71	6.50	67.12	43.18
2.08	13.80	10.87	4.70	35.13	25.63	6.60	69.16	44.24
2.90	14.63	11.50	4.80	36.79	26.57	6.70	71.29	45.33
3.00	15.49	12.15	4.90	38.5	27.53	6.80	73.48	46.44
3.10	16.39	12.82	5.00	40.23	28.49	6.90	75.72	47.51
3.20	17.26	13.51	5.10	41.99	29.46	7.00	78.00	48.57
3.30	18.18	14.21	5.20	43.76	30.43	7.10	80.25	49.61
3.40	19.12	14.93	5.30	45.53	31.40	7.20	82.39	50.69
3.50	20.09	15.66	5.40	47.31	32.37	7.30	84.53	51.78
3.60	21.08	16.42	5.50	49.09	33.34	7.40	86.66	52.88
3.70	22.09	17.19	5.60	50.87	34.32	7.50	88.85	53.98
3.80	23.13	17.97	5.70	52.64	35.29	7.60	91.04	55.09

续表

100℃运动黏度/(mm^2/s)	L	H	100℃运动黏度/(mm^2/s)	L	H	100℃运动黏度/(mm^2/s)	L	H
7.70	93.20	56.20	12.0	201.9	108.0	16.3	342.9	169.2
7.80	95.43	57.31	12.1	204.8	109.4	16.4	346.6	170.7
7.90	97.72	58.45	12.2	207.8	110.7	16.5	350.3	172.3
8.00	100.0	59.60	12.3	210.7	112.0	16.6	354.1	173.8
8.10	102.3	60.74	12.4	213.6	113.3	16.7	358.0	175.4
8.20	104.6	61.89	12.5	216.6	114.7	16.8	361.7	177.0
8.30	106.9	63.05	12.6	219.6	116.0	16.9	365.6	178.6
8.40	109.2	64.18	12.7	222.6	117.4	17.0	369.4	180.2
8.50	111.5	65.32	12.8	225.7	118.7	17.1	373.3	181.7
8.60	113.9	66.48	12.9	228.8	120.1	17.2	377.1	183.3
8.70	116.2	67.64	13.0	231.9	121.5	17.3	381.0	184.9
8.80	118.5	68.79	13.1	235.0	122.9	17.4	384.9	186.5
8.90	120.9	69.94	13.2	238.1	124.2	17.5	388.9	188.1
9.00	123.3	71.10	13.3	241.2	125.6	17.6	392.7	189.7
9.10	125.7	72.27	13.4	244.3	127.0	17.7	396.7	191.3
9.20	128.0	73.42	13.5	247.4	128.4	17.8	400.7	192.9
9.30	130.4	74.57	13.6	250.6	129.8	17.9	404.6	194.6
9.40	132.8	75.73	13.7	253.8	131.2	18.0	408.6	196.2
9.50	135.3	76.91	13.8	257.0	132.6	18.1	412.6	197.8
9.60	137.7	78.08	13.9	260.1	134.0	18.2	416.7	199.4
9.70	140.1	79.27	14.0	263.3	135.4	18.3	420.7	201.0
9.80	142.7	80.46	14.1	266.6	136.8	18.4	424.9	202.6
9.90	145.2	81.67	14.2	269.8	138.2	18.5	429.0	204.3
10.0	147.7	82.87	14.3	273.0	139.6	18.6	433.2	205.9
10.1	150.3	84.08	14.4	276.3	141.0	18.7	437.3	207.6
10.2	152.9	85.53	14.5	279.6	142.4	18.8	441.5	209.3
10.3	155.4	85.51	14.6	283.0	143.9	18.9	445.7	211.0
10.4	158.0	87.72	14.7	286.4	145.3	19.0	449.9	212.7
10.5	160.6	88.95	14.8	289.7	146.8	19.1	454.2	214.4
10.6	163.2	90.19	14.9	293.0	148.2	19.2	458.4	216.1
10.7	165.8	91.40	15.0	296.5	149.7	19.3	462.7	217.7
10.8	168.5	92.65	15.1	300.0	151.2	19.4	467.0	219.4
10.9	171.2	93.92	15.2	303.4	152.6	19.5	471.3	221.1
11.0	173.9	95.19	15.3	306.9	154.1	19.6	475.7	222.8
11.1	176.6	96.45	15.4	310.3	155.6	19.7	479.7	224.5
11.2	179.4	97.71	15.5	313.9	157.0	19.8	483.9	226.2
11.3	182.1	98.97	15.6	317.5	158.6	19.9	488.6	227.7
11.4	184.9	100.0	15.7	321.1	160.1	20.0	493.2	229.5
11.5	187.6	101.5	15.8	324.6	161.6	20.2	501.5	233.0
11.6	190.4	102.8	15.9	328.3	163.1	20.4	510.8	236.4
11.7	193.3	104.1	16.0	331.9	164.6	20.6	519.9	240.1
11.8	196.2	105.4	16.1	335.5	166.1	20.8	528.8	243.5
11.9	199.0	106.7	16.2	339.2	167.7	21.0	538.4	247.1

续表

100℃运动黏度/(mm^2/s)	L	H	100℃运动黏度/(mm^2/s)	L	H	100℃运动黏度/(mm^2/s)	L	H
21.2	547.5	250.7	29.6	998.9	413.5	50.0	2618	919.6
21.4	556.7	254.2	29.8	1011	417.6	50.5	2667	933.6
21.6	566.4	257.8	30.0	1023	421.7	51.0	2717	948.2
21.8	575.6	261.5	30.5	1055	432.4	51.5	2767	962.9
22.0	585.2	264.9	31.0	1086	443.2	52.0	2717	977.5
22.2	595.0	268.6	31.5	1119	454.0	52.5	2867	992.1
22.4	604.3	272.3	32.0	1151	464.9	53.0	2918	1007
22.6	614.2	275.8	32.5	1184	475.9	53.5	2969	1021
22.8	624.1	279.6	33.0	1217	487.0	54.0	3020	1036
23.0	633.6	283.3	33.5	1251	498.1	54.5	3073	1051
23.2	643.4	286.8	34.0	1286	509.6	55.0	3126	1066
23.4	653.8	290.5	34.5	1321	521.1	55.5	3180	1082
23.6	663.3	294.4	35.0	1356	532.5	56.0	3233	1097
23.8	673.7	297.9	35.5	1391	544.0	56.5	3286	1112
24.0	683.9	301.8	36.0	142	555.6	57.0	3340	1127
24.2	694.5	305.6	36.5	1464	567.1	57.5	3396	1143
24.4	704.2	309.4	37.0	1501	579.3	58.0	3452	1159
24.6	714.9	313.0	37.5	1538	591.3	58.5	3507	1175
24.8	725.7	317.0	38.0	1575	603.1	59.0	3563	1190
25.0	736.5	320.9	38.5	1613	615.0	59.5	3619	1206
25.2	747.2	324.9	39.0	1651	627.1	60.0	3676	1222
25.4	758.2	328.8	39.5	1691	639.2	60.5	3734	1238
25.6	769.3	332.7	40.0	1730	651.8	61.0	3792	1254
25.8	779.7	336.7	40.5	1770	664.2	61.5	3580	1270
26.0	790.4	340.5	41.0	1810	676.6	62.0	3908	1286
26.2	801.6	344.4	41.5	1851	689.1	62.5	3966	1303
26.4	812.8	348.4	42.0	1892	701.9	63.0	4026	1319
26.6	824.1	352.3	42.5	1935	714.9	63.5	4087	1336
26.8	835.5	356.4	43.0	1978	728.2	64.0	4147	1352
27.0	847.0	360.5	43.5	2021	741.3	64.5	4207	1369
27.2	857.5	364.6	44.0	2064	754.4	65.0	4268	1386
27.4	869.0	368.3	44.5	2108	767.6	65.5	4329	1402
27.6	880.6	372.3	45.0	2152	780.9	66.0	4392	1419
27.8	892.3	376.4	45.5	2197	794.5	66.5	4455	1436
28.0	904.1	380.6	46.0	2243	808.2	67.0	4517	1454
28.2	915.8	384.6	46.5	2288	821.9	67.5	4580	1471
28.4	927.6	388.8	47.0	2333	835.5	68.0	4645	1488
28.6	938.6	393.0	47.5	2380	849.2	68.5	4709	1506
28.8	951.2	396.6	48.0	2426	863.0	69.0	4733	1523
29.0	963.4	401.1	48.5	2473	876.9	69.5	4839	1541
29.2	975.4	405.3	49.0	2521	890.9	70.0	4905	1558
29.4	987.1	409.5	49.5	2570	905.3			

如果在100℃时运动黏度大于70mm²/s，则按下式计算L和H值：

$$L=0.8353Y^2+14.67Y-216 \tag{2-1}$$

$$H=0.1684Y^2+11.85Y-97 \tag{2-2}$$

式中　L——与试样100℃运动黏度相同，黏度指数为0的石油产品在40℃时的运动黏度，mm²/s；

Y——试样100℃时的运动黏度，mm²/s；

H——与试样100℃运动黏度相同，黏度指数为100的石油产品在40℃时的运动黏度，mm²/s。

按下式计算石油产品的黏度指数VI：

$$VI=\frac{L-U}{L-H}\times 100 \tag{2-3}$$

式中　U——所计算黏度指数的石油产品在40℃时的运动黏度，mm²/s。

计算实例：

【例2-1】润滑油在40℃时的运动黏度为73.30mm²/s，在100℃时的运动黏度为8.86mm²/s，计算其黏度指数。

由表(通过内插法)得到$L=119.94$；

由表(通过内插法)得到$H=69.48$。

代入式(2-3)，并修约得最接近的整数：

$$VI=\frac{L-U}{L-H}\times 100=\frac{119.94-73.30}{119.94-69.48}\times 100=92.40$$

修约后：VI=92。

2. *方法B*

适用于黏度指数等于100和大于100的石油产品。

如果试样100℃运动黏度小于或者等于70mm²/s，则根据表2-7选取合适的H值。如果测定值没有列出但在表2-7的范围内，则可以从表2-7通过线性内插法得到。如果试样100℃运动黏度小于2mm²/s，则其黏度指数可以不说明或不报告。

如果试样100℃运动黏度大于70mm²/s的，H值可通过公式(2-4)得到：

$$H=0.1684Y^2+11.85Y-97 \tag{2-4}$$

式中　Y——试样100℃时的运动黏度，mm²/s；

H——与试样100℃运动黏度相同，黏度指数为100的石油产品在40℃时的运动黏度，mm²/s。

试样的黏度指数VI由公式(2-5)和式(2-6)得到：

$$VI=\frac{(\text{antilg}N)-1}{0.00715}+100 \tag{2-5}$$

$$N=(\lg H-\lg U)/\lg Y \tag{2-6}$$

式中　U——试样40℃时的运动黏度。

注：antilg$N$表示反lg$N$。

计算实例：

【例2-2】某润滑油在40℃时的运动黏度为22.83mm²/s，在100℃时的运动黏度为

5.05mm²/s，试计算其黏度指数。

用内插法查表得 H=28.97，代入式(2-6)：

$$N=\frac{\lg 28.97-\lg 22.83}{\lg 5.05}=0.14708$$

代入式(2-5)并修约成最接近整数：

$$VI=\frac{(\text{antilg}N)-1}{0.00715}+100=\frac{(\text{antilg}0.14708)-1}{0.00715}+100=\frac{1.40307-1}{0.00715}+100=156.37=156$$

【例 2-3】某润滑油在 40℃ 时的运动黏度为 53.47mm²/s，在 100℃ 时的运动黏度为 7.80mm²/s，试计算其黏度指数。

利用表 2-7 得到：H=57.31，代入公式(2-6)有：

$$N=\frac{\lg 57.31-\lg 53.47}{\lg 7.80}=0.03376$$

代入公式(2-5)并修约为整数，则该润滑油的黏度指数为：

$$VI=\frac{\text{antilg}N-1}{0.00715}+100=\frac{(\text{antilg}0.03376)-1}{0.00715}+100=\frac{1.08084-1}{0.00715}+100=111$$

说明：在标准的附录 A 中列出了在某种情况下测试条件无法满足标准温度 40℃ 和 100℃ 时，而又需要了解油品的黏度指数时，可通过其他温度的运动黏度估算出 40℃ 和 100℃ 的数值，可以通过 GB/T 8023 中适当的方程得到。

用于测定运动黏度的两个非标准温度应尽可能地接近标准黏温度，且差值应尽可能大。

（二）黏度指数的应用

（1）黏度指数是润滑油黏温特性的主要指标，润滑油的黏温特性不好，当温度低时，黏度过大，就会造成启动困难，而且启动后润滑油不易流到摩擦面上，造成机械零件的磨损。温度高时，黏度变小，则不易在摩擦面上形成适当厚度的油膜，失去润滑作用，易使摩擦面产生擦伤或胶合。因此要求油品的黏温特性要好，即油品黏度随工作温度的变化越小越好。

（2）黏度指数是划分基础油类别的主要指标，API 基础油分类中，最主要的三个项目指标之一就是黏度指数。

（3）黏度指数是润滑油产品主要技术指标之一，为了确保润滑油对机械设备的润滑性能，润滑油产品质量指标都有规定黏度指数不小于某一数值。

（4）黏度指数是润滑油产品出厂批次检测报告的项目之一(个别产品除外)，必须计算填写。

第二节　密度、色度、折光指数

一、密度与相对密度

（一）密度试验

密度：在规定温度下，单位体积内所含物质的质量，kg/m³或 g/cm³(g/mL)。一般而言在报告密度时通常需注明密度的单位和温度。

相对密度：物质在给定温度下的密度与参比温度下标准物质的密度之比。一般采用纯水为标准物质，参比温度通常为标准温度。在报告相对密度时需注明温度。

测定石油产品密度的标准方法主要有 GB/T 1884—2000、GB/T 2013—2010、GB/T 13377—2010、SH/T 0604—2000 等，这里重点介绍 GB/T 13377—2010 与 GB/T 2013—2010。

1. GB/T 13377—2010 原油和液体或固体石油产品　密度或相对密度的测定　毛细管塞比重瓶和带刻度双毛细管比重瓶法

标准规定了液体状态下的原油和石油产品的密度和相对密度的测定方法。

标准修改采用 ISO 3838—2004 原油和液体或固体石油产品　密度或相对密度的测定　毛细管塞比重瓶和带刻度双毛细管比重瓶法(英文版)。

毛细管塞比重瓶法适用于测定固体和煤焦油产品，包括道路沥青、木馏油和焦油沥青，或是与石油产品的混合物，不适合测定按照 GB/T 8017 测得雷德蒸汽压超过 50kPa(0.5bar)或初馏点低于 40℃的高挥发性液体的密度和相对密度。毛细管塞比重瓶见图 2-5。

带刻度双毛细管比重瓶法适合于除高黏性产品以外的所有产品的密度和相对密度的精确测定，并特别适合于样品量很少的试验。方法只限于测定按照 GB/T 8017 测得雷德蒸汽压不超过 130kPa(1.3bar)及在试验温度下运动黏度低于 $50mm^2/s$ 的液体。带刻度双毛细管比重瓶见图 2-6。

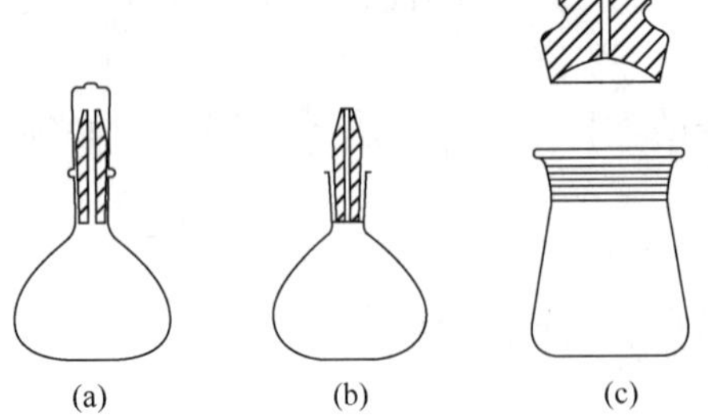

图 2-5　毛细管塞比重瓶

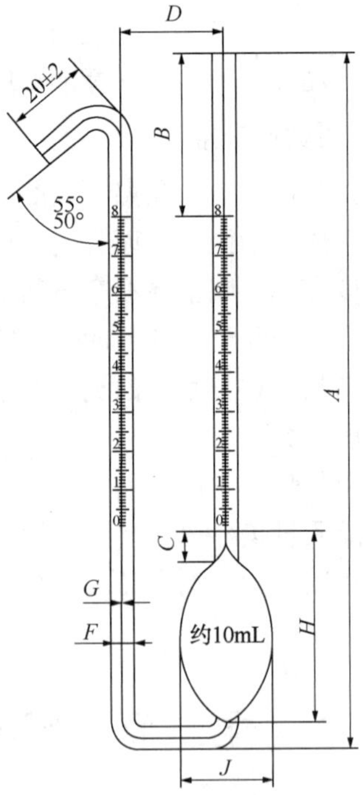

图 2-6　带刻度双毛细管比重瓶(里普金型)
(详细参数见 GB/T 13777—2010)

毛细管塞比重瓶的精密度：

重复性(r)：同一操作者使用同一仪器，对同一样品进行测定，所得连续结果之差不应超过表 2-9 数值。

再现性（R）：不同操作者在不同实验室对同一样品进行测定，两个独立结果之差不应超过表 2-9 数值。

对于挥发性和很黏稠物质与精密度标准见表 2-9。

表 2-9　毛细管塞比重瓶法的精密度

类　型	重复性（r）		再现性（R）	
	常规	挥发性及黏稠	常规	挥发性及黏稠
密度				
kg/m^3	0.6	3	0.6	5
g/mL	0.0006	0.003	0.0006	0.005
相对密度	0.0006	0.003	0.0006	0.005

带刻度双毛细管比重瓶法的精密度：

重复性（r）：同一操作者使用同一仪器，对同一样品进行测定，所得连续结果之差不应超过表 2-10 数值；

再现性（R）：不同操作者在不同实验室对同一样品进行测定，两个独立结果之差不应超过表 2-10 数值；

对于挥发性和很黏稠物质与精密度标准见表 2-10。

表 2-10　带刻度双毛细管比重瓶法的精密度

类　型	重复性（r）	再现性（R）
密度范围		
777.0～892.0kg/m^3	0.7	1.0
0.7770～0.8920g/mL	0.0007	0.0010
相对密度	0.0007	0.0010

在进行试验报告时要求精确到 0.1kg/m^3或 0.0001g/mL，相对密度精确到 0.0001，报告最终结果需要报告的内容包括：

（1）采用标准名称、测定方法、测定温度、密度或者相对密度、测定数值；

（2）若是报告相对密度，需要注明两者的温度。

2. GB/T 2013—2010 *液体石油化工产品密度测定法*

GB/T 2013—2010 由密度计法、U 形振动管法和比重瓶法组成。标准与 ASTM D891—1995 液体化学工业品视比重测定法非等效，在 ASTM D891 中只有密度计法和比重瓶法两种。

（1）试验方法 A——密度计法。适用于测定易流动的透明液体的密度，对于不易流动的黏稠液体，可以使用恒温浴，在高于室温的情况下测定密度。密度计法也可以用于测定不透明液体的密度，但读数方法与透明液体不同。

方法概要：使试样处于规定温度，将其倒入温度大致相同的密度计量筒中，选取合适的密度计放入已调好温度的试样中，让密度计静止。当温度达到平衡后，读取密度计的读数和试样的温度，根据需要换算密度或标准密度。如果需要，可以将装有试样的密度计量筒置于恒温浴中，以避免测定期间温度波动过大。

对于测定过程中测定透明与不透明石油液体产品的读数方法如下：

测定透明液体时，先使眼睛稍低于液面的位置，慢慢地升到表面，先看到一个不正的椭圆，然后变成一条与密度计刻度相切的直线，见图 2-7，密度计读数为液体主液面与密度计刻度相切的那一点。

测定不透明液体时，先使眼睛稍高于液面的位置观察，见图 2-8，密度计读数为弯月面上缘与密度计刻度相切的那一点。

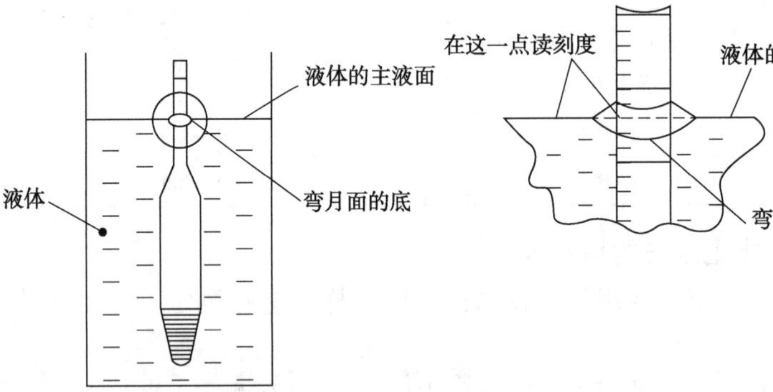

图 2-7　透明液体的密度计刻度读数

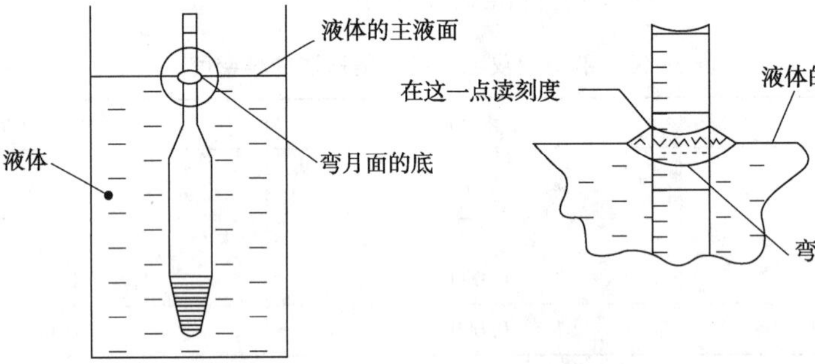

图 2-8　不透明密度计刻度读数

精密度：

重复性(*r*)：同一操作者使用同一仪器，对同一样品进行测定，所得连续结果之差不应超过表 2-11 数值。

再现性(*R*)：不同操作者在不同实验室对同一样品进行测定，两个独立结果之差不应超过表 2-11 的数值。

表 2-11　密度计法的精密度

温度范围/℃	重复性(*r*)		再现性(*R*)	
	透明低黏度	不透明	透明低黏度	不透明
-2~24.5	0.5kg/m³ 或 0.0005g/cm³	0.6kg/m³ 或 0.0006g/cm³	1.2kg/m³ 或 0.0012g/cm³	1.5kg/m³ 或 0.0015g/cm³

(2) 试验方法 B——U 形振动管法。适用于在试验温度和试验压力下可处理为单相液体

的石油化工产品；本方法适用于任何蒸汽压的液体，但需要采取适当措施，确保样品在处理和测定期间始终为单相，同时没有轻组分损失以及组成和密度的改变。

U 形振动管密度测定法是 20 世纪 60 年代出现的一种密度测定方法。其原理是测量 U 形管在磁场中的振动周期（每一个 U 形玻璃管都有其特征振动频率，见图 2-9）。当 U 形玻璃管内充满待测试样后其特征振动频率会发生变化，不同密度试样的频率变化会有所不同，其频率为管内试样质量的函数（见图 2-10），质量增加，频率降低，振动周期增加。测量时选择某物质作为标准物质，测量频率后通过被试样与标准物质之间振动频率的差值可计算得到试样的密度值。计算公式如下：

$$\rho = At^2 - B \tag{2-7}$$

式中 t——振荡周期，s；

A，B——U 形管常数。

方法概要：

把少量样品（一般少于 1mL）注入可控温的试样管中，记录振动频率或周期，用事先得到的仪器罐常数计算试样的密度。试样管常数是试样管充满已知密度标定液时的振动确定的。新型仪器在样品注入试样管后会直接显示密度值。

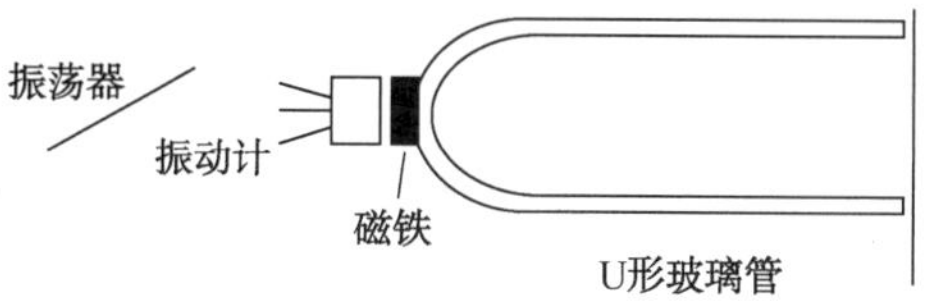

图 2-9 振动管示意图

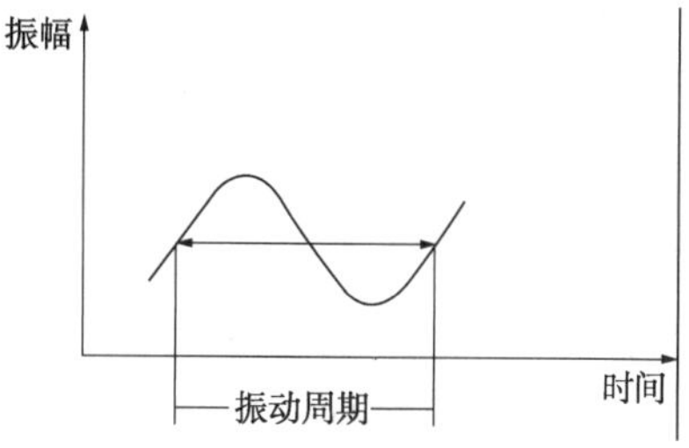

图 2-10 振动曲线图

精密度：

重复性（r）：同一操作者使用同一仪器，对同一样品进行测定，所得连续结果之差不应超过表 2-12 数值。

再现性（R）：不同操作者在不同实验室对同一样品进行测定，两个独立结果之差不应超过表 2-12 数值。

表 2-12 U 形振动管法的精密度

液体石油化工产品	重复性（r）	再现性（R）
透 明	0.2kg/m^3 或 0.0002g/cm^3	0.5kg/m^3 或 0.0005g/cm^3
不透明	0.4kg/m^3 或 0.0004g/cm^3	1.5kg/m^3 或 0.0015g/cm^3

（3）试验方法 C——比重瓶法，在 GB/T 13377—2010 中已有阐述，这里不再重复。

就 GB/T 2013—2010 标准中给出密度的三种测量方法中，U 形振动管法可以达到很高的准确度和精密度，缺点是仪器的成本高；比重瓶法可以达到较高的准确度和精密度，精度与准确度低于U形振动管法，适用性强但测量速度慢；密度计法的准确度和精密度低于前面两种，但可以满足多数密度测量的需要，且快速、简单。

（二）密度试验的应用

（1）密度是一个能大致区分烃油结构的实质性参数。

碳氢化合物的密度随着其相对分子质量的增加而增加；相对分子质量相同时，其密度为：正构烷烃<异构烷烃<环烷烃<芳香烃；带稠芳香环的化合物的密度最大。分子中含硫，其密度明显增大。

根据油品密度，可以简单地判别属于哪一类烃类的基础油。

（2）密度是物质一项非常重要的基础数据，广泛运用在生产、储运、计量及产品验收等方面。

（3）在用润滑油进行质量检测时，随着润滑油密度的增加，说明其氧化产物、油泥、积炭增加，到了一定指标，必须更换。还有发动机若受到燃油稀释，其密度也会下降，是油品指标监控的重要参数。

（4）有的润滑油产品的技术标准上没有密度项目和指标，但出厂报告为了贸易计量方便，可增加密度报告项目。

二、色度

（一）色度试验

常用测定石油产品颜色的标准方法有GB/T 6540—1986(1991)石油产品颜色测定法、SH/T 0168—1992(2000)石油产品色度测定法及GB/T 3555—1992石油产品赛波特颜色试验法(赛波特比色计法)。最常用的是GB/T 6540—1986。

1. GB/T 6540—1986(1991)*石油产品颜色测定法*

规定用目测法测定各种润滑油、煤油、柴油、石油蜡等石油产品的颜色，标准等效采用ASTM D1500—1982石油产品颜色测定法。

方法概要：将待测试样注入专用的玻璃容器中后放入比色计中，用一个标准光源以0. 5~8. 0值排列的颜色玻璃圆片(标准色板)作对比，当标准玻璃比色板和试样颜色相同时，将其作为试样的色号。如果试样颜色找不到确切匹配的颜色，而是介于两个标准之间时，就采取相邻颜色较深的标准玻璃比色板号作为试样的颜色。

如果样品混浊不清，则加热样品到高于浊点6℃，并在此温度下观测颜色。如果样品的颜色深于8，则将15体积的样品和85体积的溶剂煤油混合，观察此混合物的颜色。

精密度：

重复性：同一操作者用同一台仪器得到的两个结果之差不得大于0. 5颜色号。

再现性：两个实验室对同一试样得到的结果之差不得大于0. 5颜色号。

2. SH/T 0168—1992(2000)*石油产品色度测定法*

标准适合于测定各种润滑油、煤油及柴油等石油产品。

方法概要：将测试样注入专用的玻璃容器中后放入比色计中，然后与标准玻璃色片比较，以其相当的色号作为该试样的色度。本标准中将色号划分为25个。

SH/T 0168—1992 石油产品色度测定法的精密度则稍差，其重复性为：同一操作者重复测量两个结果之差不应大于 1 个色号。

GB/T 6540 色号(ISO 色号)与 SH/T 0168 色号之间互换标准见图 2-11。

(二) 色度试验的应用

(1) 润滑油的颜色深浅也反映其精制深度和内在质量，故许多润滑油的质量指标中列有色度(或颜色)这个指标。基础油的颜色越浅越好。

(2) 成品润滑油由于加入了添加剂，所以不能以颜色定质量标准的优劣；还有的油品特意添加一些颜色染料来显示油品的颜色(如：变速箱油、刹车油)，这种颜色与油品的质量无关，只是一种识别颜色。

(3) 在用油通过色度外观检查的历次对比，可粗略判断油品的氧化、进水、受异物污染等情况。

(4) 部分产品的换油标准，有色度这一项目，但大部分没有以色度作为换油指标，也没有把色度作为出厂检验项目，所以成品润滑油和大部分在用润滑油不能以色度深浅和色度变化(个别有规定的除外)来区别其质量。

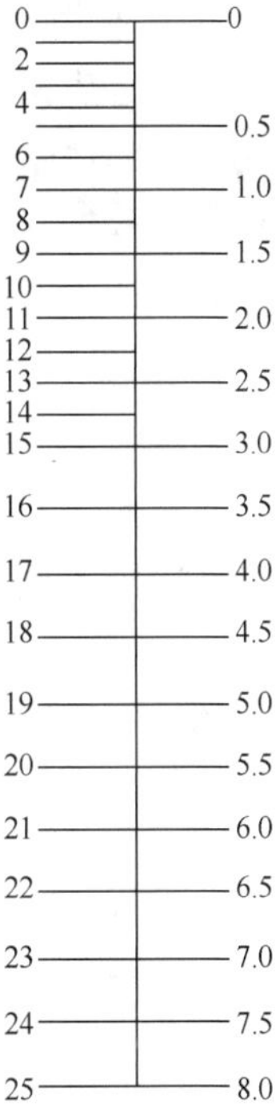

图 2-11 SH/T 0168 色号与 GB/T 6540 色号(ISO 色号)对照图

三、折光指数

(一) 折光指数试验

折光指数也叫折射率或者折光率。

折光指数的定义为光在真空中的传播速度与在某介质中传播速度之比，也称之为绝对折光指数。将任意两介质中光速之比定义为相对折光指数，即 $n_2^1=\dfrac{\vartheta_1}{\vartheta_2}$，其中$\vartheta_1$与$\vartheta_2$分别为光在第一介质与第二介质的传播速度。工程上一般不用绝对折光指数，而取第一媒质为空气，空气的绝对折光指数为 1.00029。由于折光指数与波长有关，所以必须注明是何种波长下的折光指数。平均折光指数是介质对钠黄光($\lambda=589.3$nm)的折光指数，或对氦黄光($\lambda=587$nm)的折光指数。

液体的折光指数的数值随着波长和温度的变化而作相反的变化。

由于折光指数 n 取决于物质的结构，故比折光 $R=d\times\dfrac{n^2-1}{n^2+1}$有时用作结构研究指标，特别是对快速鉴定硅油的结构最为有效。此外利用折光指数可以判断高分子材料的纯度并能控制其产品质量，如环氧光学胶黏剂，只有其折光指数与被粘材料一致时，才不致影响光路的正确传播。如硅油测其折光指数可判断其相应的纯度及质量稳定性。

润滑油的折光指数测定按 SH/T 0205—1992(2004)电气绝缘液体的折光指数和比色散测定法进行，标准参照采用 ASTM D1807—1984(1989)电气绝缘液体折光指数和比色散测定法中常规部分。

测定时使用阿贝折射仪，用干净的圆头玻璃棒蘸取 1 滴试样，滴在折射棱镜表面上，注意不要有气泡，合拢两棱镜面。待温度恒定 2min 后进行测定。转动棱镜手轮，使目镜视场中明暗分明，界面清晰。读出折光指数n_D^{25}至 3 位小数，并估计出第 4 位小数。如此反复测定 3 次，取 3 次数据的算术平均值作为试样的折光指数。

方法的重复性为：同一操作者重复测定的两个结果之差不应大于 3×10^{-4}。

（二）折光指数试验的应用

（1）折光指数是液体有机物最重要的物理常数，是衡量液体有机物纯度的标准；可以用于通过折光指数检测、衡量浓度变化的油液。

（2）标准适用于透明、浅色的用于变压器、电容器、充油电缆、断路器等设备的电气绝缘液体。

（3）折光指数也用于金属加工油液、清洗液、冷却液的浓度检测，以确定需要及时调整浓度或更换。

第三节　倾点(凝点)、浊点、冰点

一、倾点与凝点

（一）倾点与凝点试验

1. 倾点

油样在标准规定的条件下冷却时，能够继续流动的最低温度称为倾点。

倾点测定按 GB/T 3535—2006 石油产品倾点测定法标准进行，该标准修改采用 ISO 3016—1994。标准规定了测定石油产品倾点的方法，同时在标准中叙述了测定燃料油、重质润滑油基础油和含残渣燃料组分的产品倾点的试验步骤。

方法概要：试样经预热后，在规定的速率下冷却，每间隔 3℃ 检查一次试样的流动性，将观察到的试样能流动的最低温度作为倾点。

精密度：

重复性(r)：同一操作者，使用同一设备，用相同的方法对同一试样测得的两个连续试验结果之差不应超过 3℃；

再现性(R)：不同操作者，使用不同设备，用相同方法对同一试样测得的两个连续试验结果之差不应超过 6℃。

2. 凝点

油样在规定的试验条件下冷却到液面不移动时的最高温度称为凝点。

凝点的测定方法按 GB/T 510—2018 规定的方法进行。测定时，将试样装在规定的试管中，按照规定的降温速率，冷却到预期的温度时，将试管倾斜 45°，经过 1min，观察液面是否移动，记录试管内液面不移动时的最高温度作为凝点。

精密度：

重复性(r)：同一操作者，在同一实验室，使用同一仪器，按相同的方法，对同一试样进行连续测定得到的两个试验结果之差不应超过：手动法 2℃；自动法 1℃。

再现性(*R*)：不同操作者，在不同实验室，使用不同仪器，按相同的方法，对同一试样进行两个单一、独立试验结果之差不应超过：手动法 4℃；自动法 2.4℃。

显然凝点测定法的精密度较倾点测定法好。由于倾点与凝点的定义和测试条件不同，所以同一个试样的倾点比凝点高 3℃左右。

目前测定倾点的润滑油越来越多。

（二）倾点与凝点试验应用

（1）倾点与凝点是润滑油技术指标的主要项目，几乎所有的润滑油的技术指标都有倾点(或凝点)这一指标；是润滑油出厂批次检验项目。

（2）倾点与凝点是润滑油使用环境温度的重要参考指标，一般规定润滑油的倾点必须比设备使用的最低环境温度低 5~7℃。

（3）润滑油的储存、输送、运输作业也考虑润滑油的倾点(或凝点)，否则无法进行。

（4）润滑油的倾点(或凝点)是衡量润滑油低温流动性的重要指标之一，低温使用的油品，还要测定影响低温流动性更重要的项目——低温表观黏度。

二、浊点

（一）浊点试验

在规定的试验条件下，清澈透明的液体石油产品、生物柴油及生物柴油调和燃料由于蜡晶体的出现而首次呈雾状或浑浊时的最高温度叫浊点，以℃表示。

浊点的测定按照 GB/T 6986—2014 石油浊点测定法进行。标准适合在 40mm 层厚时透明且浊点低于 49℃的石油产品、生物柴油和生物柴油调和燃料。标准规定了石油产品、生物柴油和生物柴油调和燃料的手动和自动两种测定方法，其中手动方法为仲裁方法，本标准修改采用 ASTM D2500—2011。

1. 方法概要

将清澈透明的试样放入仪器中，以分级降温的方式冷却试样。通过目测或光学系统的连续监控来判断试样是否有蜡晶体的形成。当试管底部首次出现蜡晶体而呈现雾状或浑浊的最高试样温度，即为试样的浊点，测定时以规定的冷却速度冷却试样，并定期观测，当在试管底部开始看到浑浊时的温度，即为该试样的浊点。

2. 精密度

在精密度方法中手动方法与自动方法是不一致的。

重复性(*r*)：同一操作者，使用同一设备，用相同的方法对同一试样测得的两个连续试验结果之差不应大于表 2-13 的数值。

再现性(*R*)：不同操作者，使用不同设备，用相同方法对同一试样测得的两个连续试验结果之差不应大于表 2-13 的数值。

表 2-13　石油浊点测定方法的精密度

试　样	手动法		自动法	
	重复性(*r*)/℃	再现性(*R*)/℃	重复性(*r*)/℃	再现性(*R*)/℃
馏分燃料和润滑油	2	4	2.2	3.9
生物柴油和生物柴油调和燃料	2	3	1.2	2.7

(二) 浊点试验的应用

(1) 润滑油浊点试验，是检测润滑油中微晶含量的指标，当温度降到一定温度后，微晶析出就是浊点，浊点是特定用途时能有效使用的最低温度指标，太多的蜡结晶会堵塞润滑系统的过滤器。

(2) 浊点是Ⅱ、Ⅲ类基础油的重要技术指标，浊点高于技术指标的限值就是不合格的基础油。

(3) 浊点是冷冻机油的主要质量指标，当温度降低到某一数值时，冷冻机油中开始析出石蜡，冷冻机油开始变得混浊，这个温度就是浊点；制冷压缩机中所使用的冷冻机油，其浊点应低于制冷剂的蒸发温度，溶解于制冷剂中的冷冻机油随制冷剂流到制冷系统各处，若油中有石蜡析出，会造成系统堵塞。

三、冰点

(一) 冰点的试验

冰点就是在没有过冷的情况下，发动机冷却液开始出现结晶的温度；或者过冷的情况下，冷却液最初形成结晶后迅速回升达到的最高温度。

冰点的测定按照 SH/T 0090—1991(2000)发动机冷却液冰点测定法进行，参照采用 ASTM D1177—1988 发动机冷却液冰点测定法。

1. 方法概要

取 75~100mL 试样，注入一个带搅拌装置的冷却管中，用制冷剂或其他方法使试样降温，记录试样每分钟的温度，画出时间-温度曲线图(见图 2-12，较陡部分为冷却曲线，平缓部分为结晶曲线)。冷却曲线与结晶曲线的交点在纵轴上的投影点，即为试样的冰点，见图 2-12(a)。如果试样出现过冷现象，则试样过冷后温度回升所达到的最高温度即是试样的冰点，见图 2-12(b)。

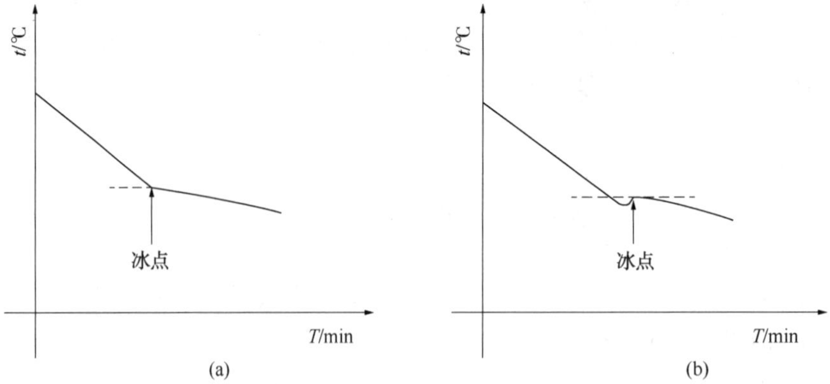

图 2-12　时间-温度曲线图

2. 冰点测定装置

见图 2-13，由冷却浴、冷却管(见图 2-14)、搅拌装置、铁支架等组成。

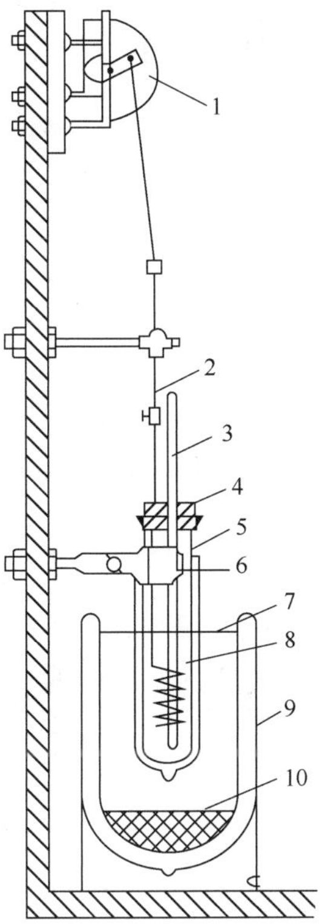

图 2-13 冰点测定仪

1—驱动马达；2—搅拌装置；3—温度计；
4—软木塞(或橡胶塞)；5—冷却管；
6—夹子；7—制冷剂；8—试样；
9—冷却浴；10—玻璃棉或金属网

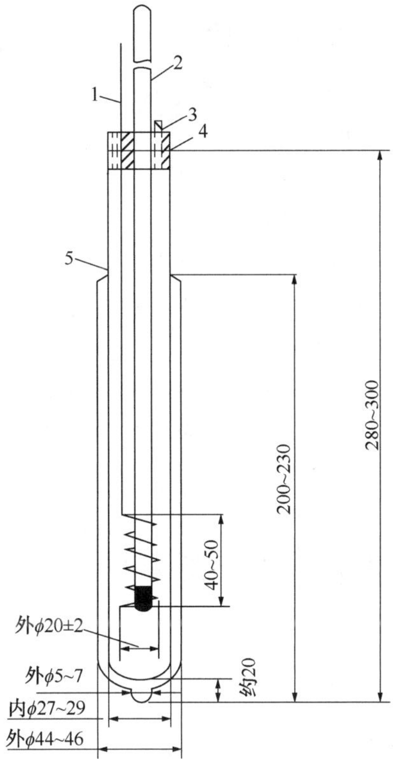

图 2-14 冷却管

1—搅拌装置；2—温度计；
3—引导结晶用塞孔；
4—软木塞(或橡胶塞)；
5—冷却管

3. 精确度

重复性(r)：同一操作者，使用同一设备，用相同的方法对同一试样测得的两个连续试验结果与其算术平均值之差不应超过 0.3℃。

再现性(R)：不同操作者，使用不同设备，用相同方法对同一试样测得的两个连续试验结果与其算术平均值之差不应超过 0.6℃。

(二) 冰点试验的应用

(1) 冰点是发动机冷却液最重要的技术指标，是发动机冷却液生产质量控制的必检测项目，出厂批次检测项目。

(2) 冰点是发动机冷却液选用的主要指标，由于汽车发动机使用地域宽，温差大，为保证发动机正常工作，不至于因为现场温度过于寒冷导致发动机的水箱胀裂，因此选取合适的冰点发动机冷却液对发动机的使用至关重要，确保经济与可靠。选用冷却液的冰点要比使用地区最低气温低 5~10℃。

第四节　杂质、不溶物、清洁度与水分

一、机械杂质

（一）机械杂质试验

石油及其产品中的机械杂质是指存在于油品中所有不溶于所用溶剂（如溶剂汽油、苯、乙醇-乙醚混合液、乙醇-苯混合液等）的沉淀状或悬浮状物质，其组成有沙子、尘土、金属磨屑、矿物盐及炭青质等。

机械杂质的测定标准为 GB/T 511—2010，标准修改采用苏联标准 ГОСТ 6370—1983（1997）石油、石油产品和添加剂机械杂质测定法。

1. 方法概要

称取一定量的试样，溶于所用的溶剂中（称取的试样量范围及稀释比例见表 2-14），用已经恒重的滤纸或微孔玻璃过滤器过滤，被留在滤纸或微孔玻璃过滤器中的杂质即为机械杂质。

表 2-14　称量范围及稀释比例

试　样	样品量范围		溶剂体积与样品质量的比例
	样品质量/g	称准至/g	
石油产品：100℃运动黏度			
≤20mm²/s	100	0.05	2~4
>20mm²/s	50	0.01	4~6
石油：含机械杂质			
≤1%	50	0.01	5~10
锅炉燃料：含机械杂质			
≤1%	25	0.01	5~10
>1%	10	0.01	≤15
添加剂	10	0.01	≤15

2. 精密度

重复性（r）：同一操作者，使用同一设备，用相同的方法对同一试样测得的两个连续试验结果之差，不应大于表 2-15 的数值。

再现性（R）：不同操作者，使用不同设备，用相同方法对同一试样测得的两个单一、独立的结果之差，不应大于表 2-15 的数值。

表 2-15　机械杂质方法的精密度

机械杂质/%	重复性/%	再现性/%
≤0.01	0.0025	0.005
>0.01~0.1	0.005	0.01
>0.1~1.0	0.01	0.02
>1.0	0.10	0.20

为保障油品的正常使用，防止机械杂质的混入是必不可少的。关键在于要控制生产的过程(包装物干净、灌装过程的过滤)、运输(散装的槽罐车的清洁程度)、使用及管理的各个环节，避免机械杂质及其他外来物质的污染。

（二）机械杂质试验的应用

润滑油中混入机械杂质(尤其是坚硬的固体颗粒，如钢铁、金属合金磨屑、沙石等会擦伤摩擦副)，会增加零件磨损和过滤系统的堵塞。使用中的润滑油，除含沙子、尘土等杂质外，还存在炭渣、金属磨屑等。机械杂质的多少与设备制造水平、设备使用年限、设备润滑状态、设备管理水平、润滑油自身的清洁程度和润滑油质量有关。因此，在实际应用中必须强调：

（1）润滑油中不容许存在机械杂质；国外润滑油的指标多没有机械杂质这个项目，就是不容许机械杂质的存在。

（2）按照我国目前的储运、输送、过滤、包装技术，达到没有机械杂质是完全做得到的。

（3）在润滑油的使用过程中，防止机械杂质的混入，并做油液的过滤净化工作是非常重要的，不仅可以防止设备磨损，还能延长润滑油的使用寿命。

二、不溶物

（一）不溶物试验

对于在用油而言，测得的不溶物可帮助评价在用油的性能，或帮助查找、确定引起设备故障的原因。

在用润滑油中的不溶物测试标准为 GB/T 8926—2012，修改采用 ASTM D893—2005 在用的润滑油不溶物测定法。标准规定了测试在用的润滑油中正戊烷不溶物和甲苯不溶物的两种方法。方法 A 适用于在用润滑油不加凝聚剂的正戊烷不溶物和甲苯不溶物的测定，采用离心的办法将油-溶剂混合物不溶物分开；方法 B 适用于含有清净分散剂的在用润滑油，测定加入凝聚剂凝聚后正戊烷不溶物和甲苯不溶物。除方法 A 分离的物质外，方法 B 还可以分离一些细小的可能悬浮在油中的物质。

由于方法 A 和方法 B 之间存在差异使得测试结果可能存在明显差异，因此，采用方法 A 和方法 B 得到的结果不适于互相比较。当需要对一个在用油品进行长期监控或者定期测定结果进行比较，或比较两个或多实验室的测定结果时，应使用同一方法。

1. 方法概要

方法 A：将一份具有代表性的在用润滑油试样与正戊烷混合，离心分离后，倾倒出上层油溶液，用正戊烷洗涤沉淀 2 次，对沉淀进行干燥后称重，得到正戊烷不溶物。

测甲苯不溶物时，把另一份试样与正戊烷混合并离心分离，将沉淀物用正戊烷洗涤沉淀 2 次，再用甲苯-乙醇溶液洗涤 1 次，最后用纯甲苯洗涤 1 次，然后对不溶物进行干燥并称量，得到甲苯不溶物。

方法 B：将一份具有代表性的在用润滑油试样与正戊烷-凝聚剂溶液混合，离心分离后，用正戊烷洗涤沉淀 2 次，对沉淀进行干燥后称重，得到凝聚后正戊烷不溶物。

测凝聚后甲苯不溶物时，把另一份试样与正戊烷-凝聚剂溶液混合并离心分离；将沉淀物用正戊烷洗涤沉淀2次，再用甲苯-乙醇溶液洗涤1次，最后用纯甲苯洗涤1次，然后对不溶物进行干燥并称量，得到凝聚后的甲苯不溶物。

2. 精密度

重复性(r)：同一操作者，使用同一设备，用相同的方法对同一试样测得的两个连续试验结果之差，不应超过下列的数值。

（1）方法A正戊烷不溶物和方法B凝聚后正戊烷不溶物测重复性见表2-16A。

（2）方法A甲苯不溶物和方法B凝聚后甲苯不溶物测重复性见表2-16B。

再现性(R)：不同操作者，使用不同设备，用相同方法对同一试样测得的两个连续试验结果之差，不应该超过下列数值。

（1）方法A正戊烷不溶物和方法B凝聚后正戊烷不溶物测再现性见表2-16A。

（2）方法A甲苯不溶物和方法B凝聚后甲苯不溶物测再现性见表2-16B。

表2-16A　正戊烷和凝聚后正戊烷不溶物的精密度

不溶物/%	重复性/%	再现性/%
0.0~1.0	0.07	0.10
>1.0	平均值的10%	平均值的15%

表2-16B　甲苯和凝聚后甲苯不溶物的精密度

不溶物/%	重复性/%	再现性/%
0.1	0.068	0.14
0.2	0.097	0.20
0.3	0.12	0.24
0.4	0.14	0.28
0.5	0.15	0.31
0.6	0.17	0.34
0.7	0.18	0.37
0.8	0.19	0.39
0.9	—	0.42
1	—	0.42
1.1	—	0.46

（二）不溶物试验的应用

（1）正戊烷不溶物可以包括某些从油和（或）添加剂分解产生的油不溶物和某些油不溶胶质。

（2）甲苯不溶物可能来自：①外部污染；②从燃料、油品和添加剂分解产生的碳和高度碳化的物质；或③发动机磨损和腐蚀的物质。

（3）正戊烷不溶物、甲苯不溶物（加或不加凝聚剂）和不溶胶质的显著变化，是导致润滑系统出现的原因之一。

（4）氧化试验过程和结果不溶物增加，说明油品氧化到一定程度；在用润滑油特别是柴油机油的不溶物增加说明了油品老化生成沥青质的程度；定期对运行设备进行监控、测定润滑油的不溶物是一个非常重要的分析项目，通过对监控设备进行正戊烷或苯不溶物的测量，结合其他分析项目从而可以获得机油质量的准确信息，预测润滑设备的清洁状况及磨损，确定润滑油是否需要进行更换。

相关的试验在发动机油、液压油、汽轮机油等循环用油的质量监控中最为常见，在用油的质量变化、换油指标都会通过检验不溶物的指标来判断。

三、清洁度

（一）清洁度试验

1. 清洁度等级标准

（1）NAS 1638 污染分级标准。

NAS 1638 污染等级由美国宇航协会提出。依据 100mL 液压介质中 5 个尺寸范围（5～15μm，15～25μm，25～50μm，50～100μm 及>100μm）颗粒浓度极限划分等级，将污染度分为 14 级，见表 2-17。

表 2-17　NAS 1638 颗粒污染度分级标准（每 100mL 液体颗粒数）

污染度等级	5～15μm	15～25μm	25～50μm	50～100μm	>100μm
00	125	22	4	1	0
0	250	44	8	2	0
1	500	89	16	3	1
2	1000	178	32	6	1
3	2000	356	63	11	2
4	4000	712	126	22	4
5	8000	1425	253	45	8
6	16000	2850	506	90	16
7	32000	5700	1012	180	32
8	64000	11400	2025	360	64
9	128000	22800	4050	720	128
10	256000	45600	8100	1440	256
11	512000	91200	16200	2880	512
12	1024000	182400	32400	5760	1024

（2）GB/T 14039—2002 清洁度等级标准。

GB/T 14039—2002 液压传动油液固体颗粒污染等级代号规定了确定液压系统的油液中固体颗粒污染等级所采用的代号。

代号的目的：通过将单位体积油液中的颗粒数转换成较宽范围的等级或代码，以简化颗粒计数数据的报告形式。油液的污染等级代号由代码组成。代码每增加一级，颗粒数一般增加一倍。

代号组成：

① 使用自动颗粒计数器计数所报告的污染等级代号由三个代码组成，该代码分别代表如下的颗粒尺寸及其分布：

第一个代码代表每毫升油液中颗粒尺寸≥4μm(c)的颗粒数。

第二个代码代表每毫升油液中颗粒尺寸≥6μm(c)的颗粒数。

第三个代码代表每毫升油液中颗粒尺寸≥14μm(c)的颗粒数。

② 用显微镜计数所报告的污染等级代号，由≥5μm 和≥15μm 两个颗粒尺寸范围的颗粒浓度代码组成。

代码的确定：

代码是根据每毫升液样中的颗粒数确定的(见表 2-18)。

每毫升液样中颗粒数的上、下限之间，采用了通常为 2 的等比级差，使代码保持在一个合理的范围内，并且保证每一等级都有意义。

表 2-18 污染度代码的确定表

每毫升的颗粒数		代码
大于	小于	
2500000		>28
1300000	2500000	28
640000	1300000	27
320000	640000	26
160000	320000	25
80000	160000	24
40000	80000	23
20000	40000	22
10000	20000	21
5000	10000	20
2500	5000	19
1300	2500	18
640	1300	17
320	640	16
160	320	15
80	160	14
40	80	13
20	40	12
10	20	11
5	10	10
2. 5	5	9
1. 3	2. 5	8
0. 64	1. 3	7
0. 32	0. 64	6
0. 16	0. 32	5
0. 08	0. 16	4
0. 04	0. 08	3
0. 02	0. 04	2
0. 01	0. 02	1
0. 00	0. 01	0

注：代码小于 8 时，重复性受液体样品中所测的实际颗粒的影响。原始计数值应大于 20 个颗粒，如果不可能，该尺寸范围的代码前应标注“≥”符号。

用自动颗粒计数器计数的代号确定：

自动颗粒计数器计数由三个代码组成，三个代码按次序书写，相互间用一条斜线分隔。具体为：

第一个代码代表每毫升油液中颗粒尺寸≥4μm(c)的颗粒数。

第二个代码代表每毫升油液中颗粒尺寸≥6μm(c)的颗粒数。

第三个代码代表每毫升油液中颗粒尺寸≥14μm(c)的颗粒数。

例如：代号 22/18/13，其中第一个代码 22 表示每毫升油液中≥4μm(c)的颗粒数为20000~40000(包括 40000 在内)；第二个代码 18 表示≥6μm(c)的颗粒数为 1300~2500(包括 2500 在内)；第三个代码 13 表示≥14μm(c)的颗粒数为 40~80(包括 80 在内)。

在应用时，可用“ * ”(表示颗粒数太多而无法计数)或“-”(表示不需要计数)两个符号来表示代码。

例 1：*/19/14 表示油液中≥4μm(c)的颗粒数太多而无法计数。

例 2：-/19/14 表示油液中≥4μm(c)的颗粒不需要计数。

当其中一个尺寸范围的原始颗粒计数值小于 20 时，该尺寸范围的代码前应标注“≥”符号。

例如：代号 14/12/≥7 表示在每毫升油液中，≥4μm(c)的颗粒数为 80~160(包括 160在内)；≥6μm(c)的颗粒数为 20~40(包括 40 在内)；第三个代码≥7 表示每毫升油液中≥14μm(c)的颗粒数为 0.64~1.3(包括 1.3 在内)，但计数值小于 20。这时，统计的可信度降低。由于可信度较低，≥14μm(c)部分的代码实际上可能高于 7，即表示每毫升油液中的颗粒数可能大于 1.3 个。

显微镜计数的代号确定：

按照 ISO 4407 进行计数。

第一个代码按≥5μm 的颗粒数来确定。

第二个代码按≥15μm 的颗粒数来确定。

为了与用自动颗粒计数器所得的数据报告相一致，代号由三部分组成，第一部分用符号“-”表示。例如：-/18/13。

在标准的附录中列出了利用图示法划分代码，见图 2-15。

在用自动颗粒计数器分析确定污染等级时，根据≥4μm(c)总颗粒数确定第一个代码，根据≥6μm(c)的总颗粒数确定第二个代码，根据≥14μm(c)的总颗粒数确定第三个代码，然后将这三个代码依次书写，并用斜线分隔。例如：参见图 2-15 的 22/18/13。

在用显微镜进行分析时，用符号“-”替代第一个代码，并根据≥5μm 和≥15μm 的颗粒数分别确定第二个和第三个代码。

允许内插，但不允许外推。

2. 测定污染度的测定方法

目前国内测定污染度方法有三个。具体如下：

(1) GB/T 20082—2006 液压传动　液体污染　采用光学显微镜测定颗粒污染度的方法。

GB/T 20082—2006 液压传动　液体污染　采用光学显微镜测定颗粒污染度的方法等同采用 ISO 4407：2002 液压传动　液体污染　采用光学显微镜测定颗粒污染度的方法(英文版)。

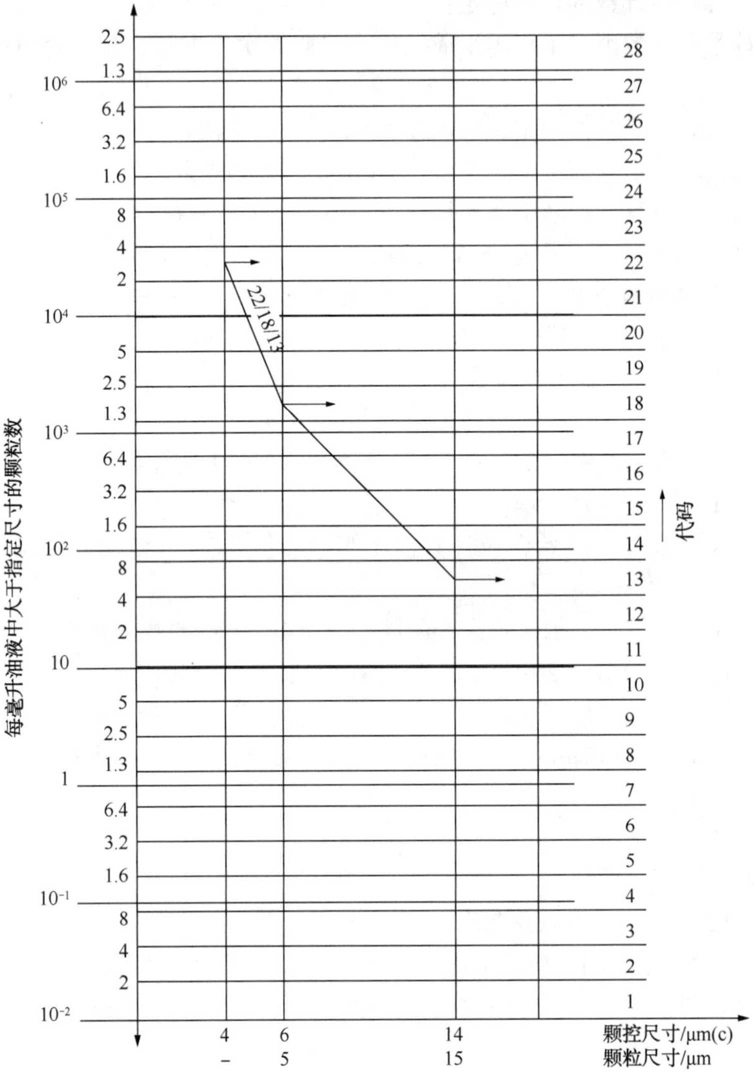

图 2-15　颗粒代码图示法

注：采用自动颗粒计数器法，列出在 4μm(c)、6μm(c)和 14μm(c)的等级代码；采用显微镜计数法，列出在 5μm 和 15μm 的等级代码。

本标准规定了采用光学显微镜通过对收集在滤膜表面的污染物颗粒计数，测定液压系统液体的颗粒污染度的方法，包括应用透射或入射光学系统，人工进行颗粒计数和图像分析两种方式。本方法适合污染物颗粒尺寸>2μm 的液压介质分析，所有液压系统液体的污染度等级都可根据本标准进行分析。对于有细的沉淀物或高颗粒浓度的液样，如果为了使更小尺寸的颗粒能够被计数而减少过滤体积，将会增加大尺寸颗粒计数的不确定度。

要求分析环境按 GB 50073—2001 要求的空气清洁度等级，洁净度应达到 5 级或者更好，否则无法精确计数。

方法的计数原理：

已知体积的液样通过真空过滤，将颗粒污染物收集到滤膜上，制备成不透明或透明的试片。

通过显微镜入射光或透射光进行颗粒计数，按照颗粒的最长尺寸统计出颗粒的尺寸和数量。

在报告污染度工作表中详细记录所有的试验结果。报告至少应包括如下信息：

① 液压介质名称；

② 每 100mL 液样所有被计数尺寸的颗粒数；

③ 空白试验中每 100mL 液样计数的颗粒数；

④ 滤膜的有效过滤面积及孔径；

⑤ 统计方法(手动或图像分析)和所用光源类型(入射光或透射光)；

⑥ 分析所用的液压介质体积，mL；

⑦ 其他说明(包括操作者、设备信息、测试时间、取样地点等)。

注：当选择使用本标准时，可在试验报告、产品样本及销售文件中作如下说明："用显微镜入射光或透射光测定固体颗粒污染度的方法，符合 GB/T 20082—2006/ISO 4407—2002 液压传动 液体污染 采用光学显微镜测定颗粒污染度的方法。"

(2) GB/T 27613—2011 液压传动 液体污染 采用称重法测定颗粒污染度。

GB/T 27613—2011 液压传动 液体污染 采用称重法测定颗粒污染度修改采用 ISO 4405—1991 液压传动 液体污染 采用称重法测定颗粒污染度(英文版)。

标准规定了测定液压系统工作介质颗粒污染度的两种称重法(双滤膜法和单滤膜法)，其中双滤膜法的检测结果更加精确。适合于检测颗粒污染度大于 0.2mg/L 的液压系统工作介质。过滤装置见图 2-16。

测定工作原理：在真空条件下，通过一片滤膜或两片同样的重叠滤膜过滤已知体积的液体。采用一片滤膜时，过滤后滤膜增加的质量相当于该体积液体中杂质的含量；采用两片滤膜时，过滤后这两片滤膜分别增加的质量之差相当于该体积液体中杂质的含量。

注意：为了保证测试液体不受环境污染影响，所有的操作要求在符合 GB 50073—2013 规定的洁净度 7 级以上的环境中进行。

方法精密度中只有重复性要求，再现性未确定。

对于同一液样，同一操作者两次测定结果进行比较，如果存在下列任一情况，应重新进行测试：

① 双膜法，两次测定结果差值的绝对值大于每 100mL 液体杂质含量的 5%；

② 单膜法，两次测定结果差值的绝对值大于每 100mL 液体杂质含量的 7%。

注：当选择 GB/T 27613—2011 标准进行液压系统介质污染度测试完成后，可在试验报告、产品样本及销售文件中作如下说明："测定液压系统液体颗粒污染度采用的称重法符合 GB/T 27613—2011 液压传动 液体污染 采用称重法测定颗粒污染度。"

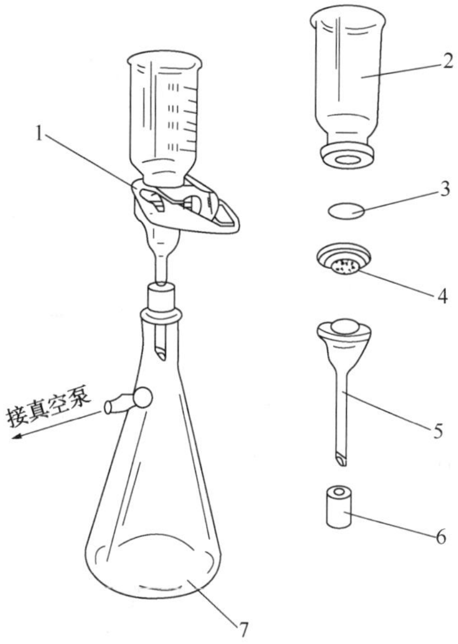

图 2-16 过滤装置结构示意图

1—夹紧装置；2—漏斗上部件；3—滤膜；4—支撑盘；5—漏斗下部件；6—橡胶塞；7—抽滤瓶

(3) DL/T 432—2018 测定电力用油颗粒污染度。

DL/T 432—2018 电力用油中颗粒污染度测量方法适合测定磷酸酯抗燃油、汽轮机油、变压器及其他辅机用油的颗粒污染度。在标准中规定了具体用自动颗粒计数和显微镜测定磷酸酯抗燃油、汽轮机油、变压器及其他辅机用油的颗粒污染度的要求与步骤。

现将标准中的自动颗粒计数仪法和显微镜测定法分别进行阐述：

① 自动颗粒计数仪法。

方法概要：自动颗粒计数仪法依据遮光原理来测定油的颗粒度，适用于无可见颗粒样品的测试。

测试用的自动颗粒计数仪与传感器必须每年按照 ISO 11171 校准一次；更换传感器元件时，也必须按照 ISO 11171 重新校准。

测试报告的内容有：依据所选颗粒度分级标准进行判断，至少应包括下列部分或全部尺寸：ISO 4402 校准时为 1μm、5μm、15μm、25μm、50μm 及 100μm，ISO 11171 校准时为 4μm、6μm、14μm、21μm、38μm 及 70μm，并以三次测量结果的平均值按进位法修约到整数报告。

精密度：三次平行测量中大于 5μm 或者 6μm(ISO 4402 校准时为 5μm，ISO 11171 校准时为 6μm)的最大允许误差百分数 A 计算如下：

$$A=\frac{X_{max}-X_{min}}{X}\times 100\%$$

式中 A——最大允许误差百分数,%；

X_{max}——颗粒总数最大值；

X_{min}——颗粒总数最小值；

X——平均值。

三次平行测试结果之间允许误差的最大百分数见表 2-19。

表 2-19　三次平行测试结果之间允许误差的最大百分数

三次平行测试结果 X	最大允许误差百分数 A/%	三次平行测试结果 X	最大允许误差百分数 A/%
$X\geqslant 10000$	11.0	$200\leqslant X<500$	19.3
$5000\leqslant X<10000$	11.3	$100\leqslant X<200$	27.5
$2000\leqslant X<5000$	11.9	$50\leqslant X<100$	37.4
$1000\leqslant X<2000$	13.4	$20\leqslant X<50$	51.8
$500\leqslant X<1000$	15.6		

② 显微镜法：

方法概要：将油样经真空过滤，使油样的颗粒平均分布于微孔滤膜上，在油污染度比较显微镜的投射光下，与油污染度分级标准模板进行比较，确定油样的颗粒污染度等级。

显微镜法对环境要求：仪器的校准、样品的准备和测试应在洁净室中或净化工作台上进行。测试环境洁净度应大于 GB 50073 规定的 5 级或更好。

样品过滤：在进行显微镜对比法操作时需要对待测油样有一个预判，样品过滤的注意事项如下：

油样黏度过大影响过滤速度时，可预先用清洁液将测试油样稀释，或者加热试样后再进行过滤；

若测试油样的颗粒污染度超过 11 级(标准模板颗粒污染度最大级)，可减少取样量，即采取倍减过滤测试油样的办法，如过滤 50mL、25mL 或者 12.5mL。

若油样颗粒污染度低于4级(标准模板颗粒污染度最小级)，则增加取样量，即采取增大过滤油样量的方法，如过滤200mL或400mL的油样。

报告：测试结束后需要根据样品量的多少适当修正后报告结果，具体如下：

测试油样为100mL时，直接将该油样的污染等级测量值作为报告值。

测试油样少于100mL时，如为50mL、25mL或12.5mL，则将测试污染等级测量值加上1级、2级或3级后作为报告值。

测试油样多于100mL时，如为200mL或400mL，则将该试样的污染等级测量值减去1级或2级后作为报告值。

精密度：不同实验室的测量误差不大于1.5级。

(二) 清洁度试验的应用

(1) 润滑油的污染度则是指润滑油外来的机械杂质、水分、铁渣、设备磨损金属屑及自身氧化产物等对润滑油造成污染的程度。运行中的润滑油受到污染将加速润滑油的变质，降低润滑油的润滑性能从而加速设备零部件摩擦副的磨损，导致设备性能降低、寿命下降，严重的会造成设备事故，显然控制润滑油的清洁度是十分必要的。

(2) 润滑油的清洁度通过润滑油生产、包装过程的过滤设备来达到，同时也必须注意包装物的清洁度，必须使用清洁度合格的包装物，否则，前功尽弃。

(3) 为了保证在用油品的清洁度，必须强化在用油品的过滤净化工作。

(4) 目前液压油、汽轮机油等循环润滑油有清洁度的要求。在液压传动系统中，液压油不仅是一种润滑剂，也是一种传递能量与控制的介质。液压操作就是通过密闭管道中的液压介质来实现操作控制和能量传递。由于液压元件日益精密，摩擦副间隙小，特别是那些带有伺服阀的液压系统，固体污染颗粒将导致控制的阀系失效，因此液压油的污染程度将直接影响液压系统的性能和可靠性，显然控制油品的污染是非常必要的。对于电力系统中的汽轮机油等油品亦是如此。

四、水分

(一) 水分试验

水分的测定方法主要有GB/T 260—2016、GB/T 7600—2014、GB/T 7601—2008、GB/T 11133—2015。

1. 石油产品水含量的测定蒸馏法

GB/T 260—2016修改采用ISO 3733—1999。GB/T 260—2016是将被测试样和水不相溶的试剂按照一定的比例混合后共同加热回流，溶剂将试样中的水携带出来。不断冷凝下来的溶剂和水在接收器中分开，水沉积在带刻度的接收器中，溶剂流回蒸馏器中。通过接收器中的体积数得到试样的水含量体积分数或质量分数。

GB/T 260—2016可采用带旋塞接收器蒸馏装置或不带旋塞接收器蒸馏装置进行石油产品的水含量测定。不带旋塞接收器蒸馏装置见图2-17。

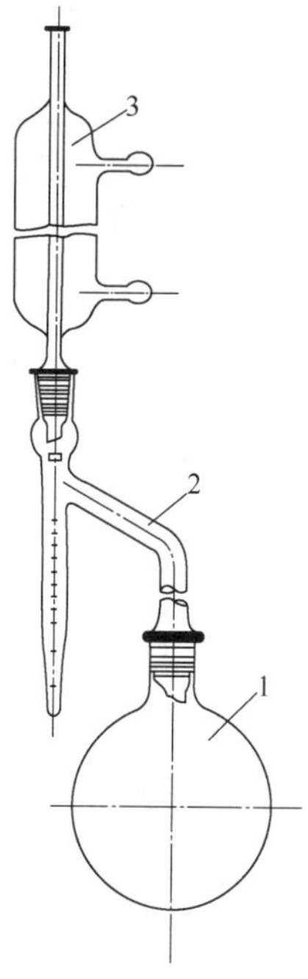

图2-17 水分测定装置

1—圆底烧瓶；2—接收器；3—冷凝管

标准中对各种测试样所匹配的抽提溶剂进行了规定，详情见表 2-20。

表 2-20　被测试样与其匹配的抽提溶剂

抽提溶剂的种类	被测样品
芳烃溶剂	焦油、焦油制品
石油馏分溶剂	燃料油、润滑油、石油磺酸盐、乳化油品
石蜡基烃溶剂	润滑脂

报告水含量结果以体积分数或质量分数表示。

（1）对 100mL 或 100g 的试样，若使用 2mL 或 5mL 的接收器，报告水含量的测定结果精确至 0.05%；若使用 10mL 或 25mL 的接收器，则报告结果精确至 0.1%。

（2）使用 10mL 精密锥形接收器时，水含量小于（含等于）0.3%时，报告水含量的测定结果精确至 0.03%；水含量大于 0.3%时，则报告结果精确至 0.1%。试样的水含量小于 0.03%，结果报告为“痕迹”，在仪器拆卸后接收器中没有水存在，结果报告为“无”。

水分精密度要求如下：

重复性（r）：同一操作者，在同一实验室，使用同一仪器，按相同的方法，对同一试样进行连续测定得到的两个试验结果之差不应大于表 2-21 的数值。

使用 10mL 精密锥形接收器测定水含量时，接收器的接收水量在 0.3mL（含）以下时，所得两个测量结果之差，不应超过接收器的一个刻度。

再现性（R）：不同操作者，在不同实验室，使用不同仪器，按相同的方法，对同一试样进行两个单一、独立试验结果之差不应大于表 2-21 的数值。

表 2-21　精密度

接收的水量/mL	重复性/mL	再现性/mL
0~1.0	0.1	0.2
1.1~25	0.1mL 或接收水量平均值的 2%，取两者之中的较大者	0.2mL 或接收水量平均值的 10%，取两者之中的较大者

注：使用 10mL 精密锥形接收器测定水含量时，接收器的接收水量在 0.3mL（含）以下时，所得两个测量结果之差，不应超过接收器的一个刻度

2. GB/T 7600—2014 运行中变压器油和汽轮机油水分含量测定法（库仑法）

GB/T 7600—2014 规定了用库仑法测定运行中的变压器油和汽轮机油的水分方法，适用于测定运行中变压器油和汽轮机油水分含量，也可用于测定磷酸酯抗燃液压油水分含量。

库仑法测定水分工作原理如下：基于有水时，碘被二氧化硫还原，在吡啶和甲醇存在的情况下，生成氢碘酸吡啶和甲基硫酸氢吡啶。反应式如下：

$$H_2O+I_2+SO_2+3C_5H_5N \longrightarrow 2C_5H_5N \cdot HI+C_5H_5N \cdot SO_3$$

$$C_5H_5N \cdot SO_3+CH_3OH \longrightarrow C_5H_5N \cdot HSO_4CH_3$$

在电解过程中，电极反应如下：

阳极：$2I^- -2e \longrightarrow I_2$

阴级：$2H^+ +2e \longrightarrow H_2\uparrow$

$I_2+2e \longrightarrow 2I^-$

产生的碘又与试样中的水分反应生成氢碘酸，直到全部水分反应完毕为止，反应终点用一对铂电极所组成的检测单元指示。在整个过程中，二氧化硫有消耗，其消耗的量与水的摩尔数相等。

遵循法拉第电解定律，电解所用的电量与碘的物质的量成正比，即电解 1mol 碘，消耗 1mol 水，需要 2 倍的 96493C(库仑)电量。试样中的水分含量按式(2-8)计算。

$$\frac{m\times10^{-6}}{18}=\frac{Q\times10^{-3}}{2\times96493}$$

即：

$$m=\frac{Q}{10.722} \tag{2-8}$$

式中 m——试样中的水分，μg；

Q——电解电量，mC；

18——水的相对分子质量。

以两次平行结果的算术平均值作为测试结果。

方法的精密度：两次平行测试结果的差值不得超过表 2-22 中的数值。

表 2-22 库仑法测定运行中变压器油与汽轮机油的精密度

试样含水范围/%	允许差/(mg/L)	试样含水范围/%	允许差/(mg/L)
10 以下	2	21~40	4
10~20	3	>41	10%

3. GB/T 7601—2008 运行中变压器油和汽轮机油水分含量测定法(气相色谱法)

GB/T 7601—2008 规定了变压器油、汽轮机油和氢冷发电机组用密封油中水分含量的气相色谱测定法。标准适用于变压器油、汽轮机油和氢冷发电机组用密封油中水分的测定，也可以将标准用于测量其他油品中的微量水。

方法概要：按照 GB/T 7597 的规定办法采集待测试样，然后用专用气相色谱仪对样品进行检测、记录并与标准试样比较进行结果计算，结果以 mg/L 表示。

以两次平行结果的算术平均值作为测试结果。

方法的精密度：两次平行测试结果的差值不得超过表 2-23 中的数值。

表 2-23 气相色谱法测定运行中变压器油与汽轮机油的精密度

试油含水范围/%	允许差/(mg/L)	试油含水范围/%	允许差/(mg/L)
<10	2	21~40	4
11~20	3	>40	10%

4. GB/T 11133—2015 石油产品、润滑油和添加剂中水含量的测定 卡尔费休库仑滴定法

GB/T 11133—2015 规定了使用自动滴定仪直接测定石油产品和烃类化合物中水含量的方法。标准中包括直接滴定法测定法和间接测定样品水含量的方法。标准修改采用 ASTM D 6304—2007 石化产品、润滑油及添加剂水分标准测试方法。

间接测定样品水含量的方法是通过加热的方法，分离出试样中的水分，并由干燥的惰性气体载入到卡尔费休滴定仪中分析。

通过选取合适的试样进样量，水含量测定范围从 mg/kg 水平到质量百分含量水平。直

接滴定法测定水含量范围为10~25000mg/kg。

采用卡尔费休法测定水含量时，许多物质和混合物因发生缩合或氧化还原反应会干扰测定。在测定石油产品时，最常见的干扰来自于硫醇和硫化物。当试样水含量的质量分数大于0.02%时，若这些化合物以硫计的含量小于500mg/kg时，则对水含量测定的干扰是微不足道的。但若水含量在较低水平时(如10~200mg/kg)，如果硫醇和硫化物以硫计的浓度大于500mg/kg时，则会对测定产生显著影响。

方法概要：

(1) 将一定量的试样加入到卡尔费休库仑仪的滴定池中，滴定池阳极生成的碘与试样中的水按1∶1的比例发生卡尔费休反应。当滴定池中所有的水反应消耗完后，滴定仪通过检测过量的碘产生的电信号，确定滴定终点并终止滴定。依据法拉第定律，滴定出的水的量与总积分电流成一定比例关系。

(2) 黏度大或者存在干扰反应的试样可使用水分蒸发器进行测量，将试样加入到水分蒸发器中加热蒸发出的水由干燥的载气带入卡尔费休滴定池中进行滴定分析。

说明：试样进样量的计量单位可以是质量单位或体积单位。

基于试样中水含量情况，进行试验时需要合理称取试样量，称取试样按表2-24进行。

表2-24　基于试样预计水含量的试样进样量

预计水含量	试样进样量/g(或mL)	预计滴定出的水的质量/μg
10~100mg/kg(或μg/mL)	3.0	30~300
100~500mg/kg(或μg/mL)	2.0	200~1000
0.02%~0.1%	1.0	200~1000
0.1%~0.5%	0.5	500~2500
0.52%~2.5%	0.25	1250~6250

在GB/T 11133—2015中步骤有试验步骤A(质量直接滴定法)、试验步骤B(体积直接滴定法)、试验步骤C(水分蒸发器间接滴定法)。三个操作步骤的详细操作要点见GB/T 11133—2015。

计算水含量如下：

① 按式(2-9)或式(2-10)计算试样中的水含量：

$$X_1 = \frac{W_1}{W_2} \tag{2-9}$$

$$X_2 = \frac{V_1}{V_2} \tag{2-10}$$

式中　X_1——试样中的水含量，mg/kg；

X_2——试样中的水含量，μL/mL；

W_1——滴定出的水的质量，μg；

W_2——试样的进样量，g；

V_1——滴定出的水的体积，μL；

V_2——试样的进样量，mL。

② 按式(2-11)或式(2-12)计算试样中水含量的质量分数(%)或体积分数(%)：

$$X_3=\frac{W_1}{10000}\times W_2 \tag{2-11}$$

$$X_4=\frac{V_1}{10000}\times V_2 \tag{2-12}$$

式中 X_3——试样中的水含量的质量分数,%;

X_4——试样中的水含量的体积分数,%。

其他同上。

(3) 可用式(2-13)和式(2-14)计算不同单位标识的试样中的水含量，用质量分数求体积分数，或反之。

$$X_4=\frac{X_3\times\rho_1}{\rho_2} \tag{2-13}$$

$$X_3=\frac{X_4\times\rho_2}{\rho_1} \tag{2-14}$$

密度的测量可以采用GB/T 1884或SH/T 0604，如果试样密度的单位是g/mL，而在试验温度下得到的水的密度近似为1g/mL，式(2-13)和式(2-14)可以简化为式(2-15)和式(2-16)。

$$X_4=X_3\times\rho_1 \tag{2-15}$$

$$X_3=\frac{X_4}{\rho_1} \tag{2-16}$$

式中 ρ_1——在试验温度下试样的密度，g/mL;

ρ_2——在试样试验温度相同温度下水的密度，g/mL。

其他同前。

方法精密度要求如下：

重复性(r)：同一操作者，在同一实验室，使用同一仪器，按照相同方法，对同一试样连续测得的两个试验结果之差不应超过表2-25中对应的数值。

再现性(R)：不同操作者，在不同实验室，使用不同仪器，按照相同的方法，对同一试样连续测得的两个单一、独立的试验结果之差不超过2-25中对应的数值。

表2-25 GB/T 11133—2015精密度要求

精密度	以体积单位计量进样	以质量单位计量进样
重复性	$0.008852X^{0.7}$	$0.03813X^{0.6}$
再现性	$0.5248X^{0.7}$	$0.4243X^{0.6}$

注：其中X为两个试验结果的平均值，体积分数(%)或质量分数(%)。

报告：

首先，在报告中需要指明采用GB/T 11133标准中的试验步骤A、B、C中哪个试验步骤测定得到的结果。其次，试样中水含量，精确到1mg/kg或0.01%；或精确到1μL/mL或0.01%(体积分数)。

(二) 水分试验的应用

(1) 润滑油中是不能有水分存在的，水分的存在将使油品性能下降，影响使用寿命及使用性能。如电器用油有水分进入后，其电性能将降低；液压油、汽轮机油等有水分进入后，可能会降低其抗乳化性能、润滑性能，并加速油品氧化，会产生锈蚀腐蚀。

（2）润滑油在生产、储运与使用过程中，由于原材料带入、冷凝水等多种因素导致水分进入润滑油后，水分以游离水、乳化水与溶解水三种方式存在于润滑油中。在生产、储运和使用过程，要防止水分的进入。基础油的储罐、在用油的油箱(罐)要定期排放沉淀的游离水。

（3）电器用油、电动车润滑油对水分含量要求很严格，必须使用专门的脱水机脱除微量水分。

第五节　酸值、碱值、储备碱度、水溶性酸碱

一、酸值

润滑油的酸值是表征润滑油中有机酸总含量(在大多数情况下，油品不含无机酸)的质量指标。

酸值：在指定溶剂中将试样滴定到指定终点时所用的碱的量，以 KOH 计，单位 mg/g。

强酸值：中和 1g 试样中强酸性组分所需要的碱的量，以 KOH 计，单位 mg/g。

（一）酸值试验

润滑油酸值的测定按 GB/T 264—1983(2004)、GB/T 4945—2002、SH/T 0163—1992(2006)或 GB/T 7304—2014(电位滴定法)等标准进行。

1. 电位滴定法(GB/T 7304—2014 或 ASTM D664—11a)

石油产品酸值的测定(电位测定法)，标准号为 GB/T 7304—2014(参照修改 ASTM D664—11a)。适合于测定石油产品、润滑剂、生物柴油以及生物柴油调和燃料酸值的测定方法，包括 A 法和 B 法。A 法适用于能够溶解和基本溶解于甲苯和无水异丙醇混合溶剂中的石油产品和润滑剂的酸值测定，B 法适用于测定具有较低酸性和溶解性差异较大的生物柴油和生物柴油调和燃料的酸值。

将试样溶解于滴定溶剂中，以氢氧化钾异丙醇标准溶液为滴定剂进行电位测定，所用的电极对为玻璃指示电极及参比电极或者复合电极。手动绘制或自动绘制电位 mV 值对应滴定体积的电位滴定曲线，并将明显的突跃点作为终点，如果没有明显突跃点则以相应的新配酸和碱缓冲溶液的电位值作为滴定终点。

电位滴定酸值属于非水溶液滴定的范畴，只有纯物质、单一物质和电离常数比较大的化合物，在滴定时有电位突跃，突跃点大多数在 pH＝11～12。一些含添加剂的混合物，大多无电位突跃，因此用电位滴定法测定润滑油酸值的终点只是用电位突跃来判断滴定终点有局限性，故在方法标准化时常人为地规定终点的 pH 值，如美国合成航空润滑油军用标准 MIL-L-7808 和 MIL-L-23699 中，都规定用电位滴定法测酸值时，滴定终点为 pH＝11。

GB/T 7304—2014 中滴定溶剂为甲苯：异丙醇：水按体积比 500：495：5 混合(对于难溶解的试样可以使用三氯甲烷替代甲苯)，滴定溶液为氢氧化钾-异丙醇溶液，在标准的附录 B 中规定合成润滑油可以采用石油醚(90～120℃，化学纯)：无水乙醇(分析纯)为 1：1 的混合溶剂作滴定溶剂，但仲裁试验仍用甲苯：异丙醇：水滴定溶剂。

酸值与试样的取样量见表 2-26。

表 2-26 试样酸值与取样量

酸值/(mgKOH/g)	试验量/g	称量精度/g
0.05~<1.0	20.0±2.0	0.10
1.0~<5.0	5.0±0.5	0.02
5.0~<20	1.0±0.1	0.005
20~<100	0.25±0.02	0.001
100~<260	0.1±0.01	0.0005

在试样进行酸值测试过程前必须对所使用的电极进行处理。其原因是电位滴定法所使用的玻璃电极随着使用时间增加而发生疲劳，引起测定值偏低。这就是为什么每次在样品测定前，要用标准缓冲溶液进行终点 pH 值标定。

玻璃电极容易污染，每周应处理一次，可将电极在玻璃洗液中浸泡 15s，然后在蒸馏水中浸泡 24h，即可使用。甘汞电极同样容易受到污染，也需每周处理一次，可将电极内饱和 KCl 溶液倒出，换上新鲜的饱和 KCl 溶液。

方法 A 的精密度：

酸值重复性：同一操作者，在同一实验室，用同一台仪器，对同一样品进行连续两次测定，所得两个结果之差不应超过表 2-27 的要求。

酸值再现性：不同操作者，在不同实验室，对同一样品进行连续两次测定，所得到的两个单一、独立测定结果之差不应超过表 2-27 的要求。

表 2-27 GB/T 7304—2014 精密度(A 法) mgKOH/g

项目	重复性	再现性
新油	0.044(X+1)	0.141(X+1)
用过油(以缓冲溶液电位值为滴定终点)	0.117X	0.44X

注：X 为两次试验结果的平均值。

由于 GB/T 7304—2014 方法 B 用于生物柴油，因此其精密度这里不做介绍。

2. GB/T 264—1983(2004)石油产品酸值测定法(指示剂法)

用沸腾乙醇抽提试样中的酸性成分，然后用氢氧化钾乙醇溶液进行滴定，指示剂为碱性蓝 6B(或甲酚红)。滴定至颜色显著变化即为终点。

精密度：

重复性：同一操作者，在同一实验室，对同一样品进行连续两次测定，所得两个结果之差不应超过表 2-28 中的数值。

再现性：不同操作者，在不同实验室，对同一样品进行连续两次测定，所得到的两个单一、独立测定结果之差不应超过表 2-28 的数值。

表 2-28 GB/T 264—1983(2004)精密度 mgKOH/g

酸值范围	重复性	再现性
0.00~0.1	0.02	0.04
>0.1~0.5	0.05	0.10
>0.5~1.0	0.07	平均值的 15%
>1.0~2.0	0.10	平均值的 15%

3. GB/T 4945—2002 石油产品和润滑剂酸值和碱值测定法(颜色指示剂法)

本方法适合于测定能在甲苯和异丙醇混合溶剂中全溶或几乎全溶的石油产品和润滑剂的酸性或碱性组分，用于测定在水中离解常数大于 10^{-9} 的酸。离解常数小于 10^{-9} 的极弱酸或碱不影响测定，若盐类水解常数大于 10^{-9}，则有影响。GB/T 4945—2002 与 ASTD D974—1997 等效。

将试样溶解在含有少量水的甲苯或异丙醇混合溶剂中，使其成为均相体系，在室温下分别用标准的碱或酸的醇溶液滴定。通过加入的对-萘酚苯溶液颜色的变化来指示终点(在酸性溶液中显橙色，在碱性溶液中显暗绿色)。

测定强酸时，用热水抽提试样，以甲基橙为指示剂，用氢氧化钾醇标准溶液滴定抽提的水溶液。

方法的称取试样量见表 2-29。

表 2-29　试样量取量范围

酸值或碱值/(mgKOH/g)	试样量/g		称量精度/g
	新油或浅色油	用过的或深色油品	
0.0~3.0	20.0±2.0	2.0±0.2	0.05/0.01①
>3.0~25.0	2.0±0.2	2.0±0.2	0.01
>25.0~250.0	0.2±0.02	0.2±0.02	0.001

①说明：用过的或深色油品在酸值为 0.0~3.0 时，称量精度为 0.01g。

精密度：

重复性：同一操作者，在同一实验室，用同一台仪器，对同一样品进行连续两次测定，所得两个结果之差不应超过表 2-30 的要求。

再现性：不同操作者，在不同实验室，对同一样品进行连续两次测定，所得到的两个单一、独立测定结果之差不应超过表 2-30 的要求。

表 2-30　GB/T 4945—2002 精密度　　mgKOH/g

酸(强酸)值或碱值范围	重复性	再现性
0.00~0.1	0.03	0.04
>0.1~0.5	0.05	0.08
>0.5~1.0	0.08	平均值的 15%
>1.0~2.0	0.12	平均值的 15%

4. SH/T 0163—1992(2006) 石油产品总酸值测定法(半微量颜色指示剂法)

本标准系参照采用 ASTM D3339—1980 制定。

该标准适用于测定新的和使用过的石油产品和润滑剂中溶解或近于溶解在甲苯和异丙醇混合液中的酸性成分。该标准特别适用于试样量少的情况。该标准适用于测定在水中离解常数大于 10^{-9} 的酸。离解常数小于 10^{-9} 的极弱酸不会发生干扰，水解常数大于 10^{-9} 的盐会起反应。

用该标准可确定油品在氧化条件下酸值所发生的相对变化。由于滴定是在规定的平衡条件下进行，因此不能给出酸的绝对含量去预测油品在使用条件下的性能。已知轴承腐蚀和酸值之间无一定相关关系。

由于该标准(每测定一次酸值)所消耗的试样较少，受到的干扰较小，因此该标准提供了一个通过总酸值来控制氧化试验的较好方法。

按该标准进行测定时，将试样0.1~5g(根据其总酸值含量来确定取样量)溶解在甲苯、异丙醇和少量水组成的溶剂中，在室温及氮气保护下，用氢氧化钾-异丙醇标准滴定溶液滴定至加入的α-萘酚苯基甲醇指示液由红色变成稳定的绿色为终点。

方法试样称取范围及精度要求见表2-31。

表2-31 试样总酸值与取样量

总酸值/(mgKOH/g)	试验量/g	称量精度/g
<0.01	2.0~5.0	0.0001
0.01~0.1	1.5~2.0	
0.1~0.5	1.0~1.5	
0.5~3.0	0.2~1.0	
>3.0	0.1~0.2	

方法精密度要求见表2-32或采用图2-18曲线要求。

重复性：同一操作者，在同一实验室，对同一样品进行连续两次测定，所得两个结果之差不应超过表2-32中的数值。

再现性：不同操作者，在不同实验室，对同一样品进行连续两次测定，所得到的两个单一、独立测定结果之差不应超过表2-32的数值。

表2-32 SH/T 0163—1992(2006)精密度 mgKOH/g

总酸值范围	重复性	再现性
0.05~20.0	$0.08\overline{X}^{\frac{1}{2}}$	$0.27\overline{X}^{\frac{1}{2}}$

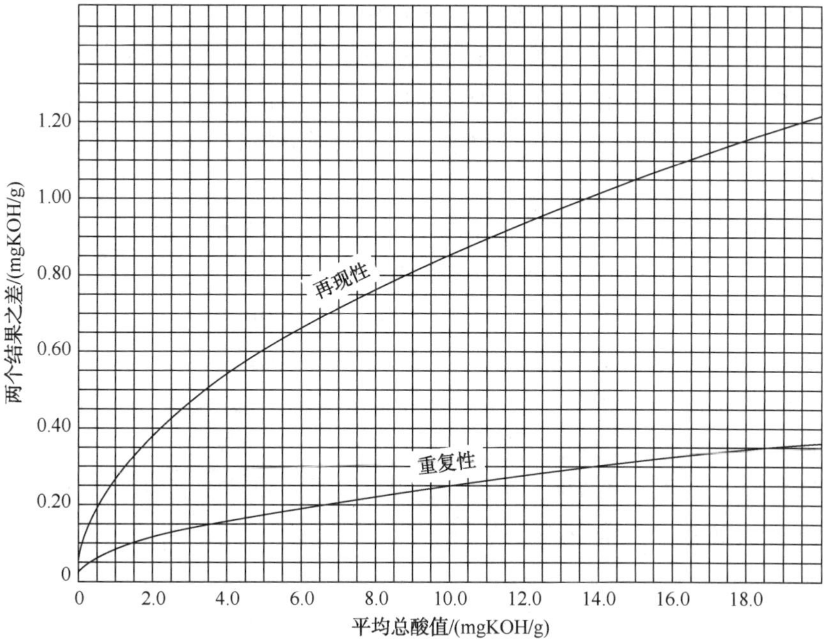

图2-18 SH/T 0163—1992(2006)精密度曲线

（二）酸值试验的应用

（1）润滑油的酸值大小对其使用有很大影响。润滑油酸值大，表示油中的有机酸含量高，有可能对与其接触的机械零件造成腐蚀，尤其是有水存在时，这种腐蚀作用可能更明显。另外使用过程中被氧化变质时，酸值也逐渐增大，常用酸值的变化大小来衡量润滑油氧化稳定性和储存稳定性，或作为换油指标之一。因此，酸值是润滑油的重要质量指标之一。

（2）基础油的酸值越小越好，表示其精制深度深。

（3）对于成品润滑油，有的加有酸性添加剂，酸值也较大，这是正常现象，并不影响润滑油的使用。所以没有限制酸值大小技术指标的成品润滑油，不以酸值大小论优劣。

（4）对于在用润滑油，其酸值增大表示其氧化程度加深，润滑油氧化安定性试验就是要测定酸值的增加值，所有的润滑油的监控质量变化、换油期指标，都是以酸值变化的增加值来衡量的。

（5）对于新的或氧化过的汽轮机油或液压油，用 SH/T 0163—1992(2006)与 GB/T 4945 测量能得到符合两个方法精密度要求的相近结果。对切割油、防锈油及相类似组分的油品，或颜色太深太黑的抽样，因终点显色难以分辨，用 SH/T 0163—1992(2006)测量较为困难。遇到这种情况时，可选用电位滴定法测定。

二、碱值、储备碱度

（一）碱值、储备碱度试验

1. 碱值

碱值为中和 1g 样品到滴定终点时所需要酸的用量，mgKOH/g。

强碱值为中和 1g 样品中的强碱性组分所需要酸的用量，mgKOH/g。

总碱值表示润滑油中含有有机碱和无机碱、氨基化合物、弱酸盐如皂类、多元酸的碱性盐和重金属的盐类。内燃机油的总碱值则可间接表示所含清净分散剂的多少，故为内燃机油的重要质量指标。在内燃机油的使用过程中，经常取样分析其总碱值的变化，可以反映出润滑油中添加剂的消耗情况。

在规定的条件下滴定时，中和 1g 试样中的全部碱性组分所需高氯酸的量，以相当的氢氧化钾毫克数表示，称为润滑油或添加剂的总碱值。

石油产品总碱值测定方法有 SH/T 0251—1993(2004)和 SH/T 0688—2000。

SH/T 0251—1993(2004)是参照采用 ASTM D2896—1988 石油产品碱值测定法(高氯酸电位滴定法)而制订的。该标准规定了用高氯酸定试样碱值的方法。标准规定的方法包括正滴定和返滴定两种类型，每种类型又分为 A 法和 B 法。试验表明，对于添加剂，新的和使用过的油，这两种方法测定的结果，从统计学观点讲是一致仲裁试验，以 A 法为准。

方法 A 和方法 B 基本操作相同，其差别在于试样量和滴定溶剂量不同。

（1）正滴定方法：试样溶解于滴定溶剂中，以高氯酸-冰乙酸标准滴定溶液为滴定剂，以玻璃电极为指示，甘汞电极为参比电极进行电位滴定，用电位滴定曲线的电位突跃判断终点。

① 方法 A。测定总碱值取样量及称量要求可按照下面关系式及表 2-33 进行。

$$X_1=\frac{28}{BN_1} \tag{2-17}$$

式中 X_1——称取量；

BN_1——预估总碱值，mgKOH/g。

注：如果预估的碱值不知道，则可以用一简单的试验粗略地估计。称取 0.2～0.3g 试样，滴定到 570mV 作为终点，计算试样碱值，此值可作为预估碱值。

表 2-33 试样量与精度要求 g

试 样 量	称量精度	试 样 量	称量精度
>10～20	0.05	>0.25～1.0	0.001
>5～10	0.02	0.1～0.25	0.0005
>1～5	0.005		

② 方法 B。测定总碱值取样量及称量要求可按照下面关系式及表 2-34 进行。

$$X_2=\frac{10}{BN_2} \tag{2-18}$$

式中 X_2——称取量；

BN_2——预估总碱值，mgKOH/g。

注：如果预估的碱值不知道，则可以用一简单的试验粗略地估计。称取 0.1～0.15g 试样，滴定到 570mV 作为终点，计算试样碱值，此值可作为预估碱值。

表 2-34 试样量与精度要求 g

试 样 量	称量精度	试 样 量	称量精度
>5～10	0.02	>0.25～1.0	0.001
>1～5	0.005	0.1～0.25	0.0005

（2）返滴定方法。试样溶解于滴定溶剂中，加入过量的高氯酸-冰乙酸标准滴定溶液，反应完成后，用乙酸钠-冰乙酸标准滴定溶液进行滴定，以电位滴定曲线的电位突跃判断终点。

返滴定方法 A 称样量与表 2-33 一致，但通常最大称样量为 5g；方法 B 与表 2-34 一致，通常最大称样量为 2.5g。

SH/T 0251 标准的重复性与再现性要求见表 2-35。

表 2-35 SH/T 0251—1993(2004)精密度

方法	滴定方法	重复性(平均值的百分数)	再现性(平均值的百分数)
A	正滴定	3	7
	返滴定	24	32
B	正滴定	5	7

在 SH/T 0251—1993(2004)标准的附录中为高氯酸指示剂法。将试样溶解在滴定溶剂中，用高氯酸-冰乙酸标准滴定溶液进行滴定，以对-萘酚苯甲醇为指示剂，滴定终点为试

样溶液颜色由橙黄色变为绿色。

高氯酸指示剂法中的试样量与表 2-33 一致，但精密度与电位滴定法有较大差异。具体见表 2-36。

表 2-36　SH/T 0251—1993(2004)附录 A 高氯酸指示剂法精密度要求

碱值/(mgHOH/g)	重复性(平均值的百分数)	再现性(平均值的百分数)
<60	5	11
≥60	3	7

此外，还有采用 SH/T 0688—2000 测定石油产品与润滑剂碱值的。标准等效采用 ASTM D4739—1996 标准。将试样溶于甲苯、异丙醇、三氯甲烷和微量水组成的混合溶剂中，用盐酸异丙醇标准溶液作为滴定剂，在玻璃电极-甘汞电极或银/氯化银电极组成的电极体系中进行电位滴定，以电位计读数对滴定剂消耗量作图。并从滴定曲线上确定滴定终点，计算得到碱值。

2. 储备碱度

储备碱度：用浓度为 $c(HCl)=0.1000mol/L$ 的盐酸标准滴定溶液滴定 10mL 试样至 pH 为 5.5 时所需要的毫升数(精确到 0.1mL)。

储备碱度损耗百分数：指在同等的基础上，从相类似的冷却液的一系列同等试验中，对所得到的储备碱度数据进行比较。

储备碱度采用 SH/T 0091—1991(2006)发动机冷却液和防锈剂储备碱度测定法测定，方法规定了用电位滴定计来测定试样储备碱度的方法。

方法概要：

将 10mL 试样用水稀释至约 100mL，再用浓度为 $c(HCl)=0.1000mol/L$ 的盐酸标准滴定溶液滴定至 pH 为 5.5。记录滴定所消耗的盐酸标准滴定溶液的毫升数，并精确到 0.1mL。必要时，为了计算储备碱度在性能试验中的消耗，应记录下冷却液或添加剂在冷却液中的浓度。

测试结束后试样储备碱度 V(mL)及储备碱度损耗百分数的计算：

储备碱度 V(mL)计算公式如下：

$$V=\frac{c_1\times V_1}{c_2} \tag{2-19}$$

式中　V——储备碱度，mL；

c_1——盐酸标准滴定溶液的实际浓度，mol/L；

V_1——试验所消耗的盐酸标准滴定溶液的体积，mL；

c_2——盐酸标准滴定溶液的规定浓度，即 0.1000mol/L。

储备碱度损耗百分数计算公式如下：

在模拟的或实际的冷却液使用中，储备碱度的损耗百分数 X(%)计算如下：

$$X=[(RA_1/C_1-RA_2/C_2)/RA_1/C_1]\times 100 \tag{2-20}$$

式中　RA_1——初始的冷却液储备碱度，mL；

RA_2——最终的冷却液储备碱度，mL；

C_1——初始的冷却液或添加剂体积分数,%;

C_2——最终的冷却液或添加剂体积分数,%。

关于储备碱度的报告：测试结束后将重复测定的两个结果的算术平均值作为报告值，精确到0.1mL。

精密度：

重复性(r)：同一操作者重复测定的两个结果之差不应大于0.2mL。

再现性(R)：不同实验室各自测出的两个结果之差不应大于0.2mL。

（二）碱值、储备碱度试验应用

（1）碱值试验是发动机油、船用柴油机油重要的技术指标；发动机油燃烧的副产物呈酸性，需要高碱值添加剂起中和作用。

（2）用于柴油机油、船用油的碱值测定；新油通过测定碱值，区分不同品牌的产品；TBN衡量油品的中和能力；旧的碱值是柴油机油的主要换油指标，通过碱值监控确定是否需要更换。

（3）碱值试验是柴油机油出厂批次检验和在用油质量监控的检验项目。

（4）SH/T 0688测定石油产品及润滑剂碱值时由于滴定速度较慢且只适合测定碱值小于70，特别适用于行车试验的旧油。总碱值一般可按SH/T 0251—1993(2004)标准测定。

SH/T 0251方法测定的碱值偏高，SH/T 0688方法测定的碱值偏低。主要是SH/T 0251方法测定的总碱值包括有机碱、无机碱，SH/T 0688方法测定的总碱值不包含有机碱。而无机碱正是柴油机油的有效碱值。

（5）SH/T 0091—1991(2006)适用于发动机冷却液和冷却液浓缩液、防锈剂的浓缩液，也可以适用于用过发动机冷却液、防锈剂浓缩液的稀释液以及固体防锈剂的水溶液。标准参照采用ASTM D1121—1988发动机冷却液和防锈剂储备碱度标准试验法。

三、水溶性酸或碱

润滑油的水溶性酸是指润滑油中能溶于水的低分子有机酸和无机酸(硫酸及其衍生物磺酸及酸性硫酸酯等)。润滑油中的水溶性碱是指润滑油中能溶于水的碱和碱性化合物，如氢氧化钠与碳酸钠。

（一）水溶性酸或碱试验

润滑油中水溶性酸和碱测定按GB/T 259—1988石油产品水溶性酸及碱测定法进行。适用于测定液体石油产品、添加剂、润滑脂、石蜡、地蜡及含蜡组分的水溶性酸或水溶性碱。标准参照采用苏联标准ГОСТ 6307—1975石油产品水溶性酸及碱测定法。

1. 方法概要

用一定体积的中性蒸馏水(去离子水)或乙醇水溶液和试样在一定温度下相混合、振荡，抽提其中的水溶性酸或碱，然后将水层或者乙醇-水层分别用甲基橙或酚酞指示剂检查抽出液颜色的变化情况，或用酸度计测定抽提物(水层或者乙醇-水层)的pH值，或用精密试纸进行定性测定，以判断有无水溶性酸或碱的存在。抽提液酸碱范围与pH值关系见表2-37。

表 2-37　抽提液酸碱范围与 pH 值关系

石油产品水(或乙醇水溶液)抽提物特性	pH 值	石油产品水(或乙醇水溶液)抽提物特性	pH 值
酸性	<4.5	弱碱性	>9.0~10.0
弱酸性	4.5~5.0	碱性	>10.0
无水溶性酸或碱	>5.0~9.0		

注：有争议时采用酸度计法。

2. 酸度计进行测定的精密度

同一操作者所提出的两个结果之差，不应大于 0.05。

(二) 水溶性酸或碱试验应用

润滑油的水溶性酸和碱也是一项质量指标。润滑油的水溶性酸和碱不合格，将腐蚀设备零件。对于汽轮机油，水溶性酸和碱的存在，使其抗乳化性降低。对于变压器油，水溶性酸和碱不合格时，不仅会腐蚀设备，而且会使变压器油电气性能显著下降，严重的将导致设备事故。

(1) 原油及馏分油中几乎不含水溶性酸、碱，油品中的水溶性酸、碱多是油品精制过程中加入的酸、碱残留物。

由于过去基础油的加工(或废油再生)工艺采用酸碱精制，因此该项试验还有意义。但目前基础油的加工工艺大部分采用加氢工艺，该项试验在基础油的指标项目中，已经不做了。

(2) 新油中如有水溶性酸和碱，则可能是润滑油中添加剂水解的倾向；储存和使用过程中的润滑油如含有水溶性酸和碱，则表明润滑油被污染、水解或氧化分解。

(3) 在润滑油的跟踪检测中，若在用润滑油检测出水溶性酸和碱，则说明润滑油已经被金属加工液或其他清洗液、冷却液污染。

第六节　残炭、灰分与硫酸灰分

一、残炭

(一) 残炭试验

石油产品的残炭是指将试验油品放入残炭测定仪器中，在隔绝空气的条件下，加热使其蒸发与发生热裂解后所剩余的黑色炭质残余物，表述方式为质量分数。

测定润滑油残炭的方法有 SH/T 0170—1992(2000)石油产品残炭测定法(电炉法)、GB 268—1987(2004)石油产品残炭测定法(康氏法)、GB/T 17144—1997 石油产品残炭测定法(微量法)。

1. 石油产品残炭测定法(电炉法)

SH/T 0170 石油产品残炭测定法(电炉法)，适用于润滑油、重质液体燃料或其他石油产品的测定。标准参照苏联国家标准 ГОСТ 8852—1974 石油产品残炭测定法(电炉法)。

方法概要：在规定的试验条件下，用电炉来加热[控制温度在(520±5)℃]蒸发润滑油、重质液体燃料或其他石油产品的试样，并测定燃烧后形成的焦黑色残留物(残炭)的质量分数。设备图见图 2-19。

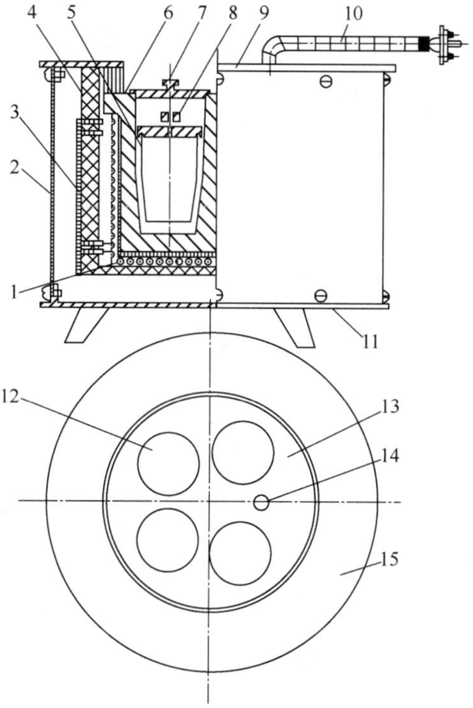

图 2-19 电炉法残炭试验装置

1—电热丝(300W)；2—壳体；3—电热丝(600W)；4—电热丝(1000W)；5—瓷坩埚；6，13—钢浴；7—钢浴盖；8—坩埚盖；9，15—加热炉盖；10—热电偶；11—加热炉座；12—空穴；14—热电偶插孔

精密度：在本方法只有重复性无再现性。

重复性(r)：同一操作者重复测定的两个结果之差不应大于表 2-38 的数值。

表 2-38 电炉法残炭的重复性

残炭/%	重复性(r)/%	残炭/%	重复性(r)/%
柴油 10%残留物	较小结果的 15%	重质燃料油及渣油沥青	较小结果的 5%
润滑油	较小结果的 10%		

2. 石油产品残炭测定法(康氏法)

GB 268—1987 石油产品残炭测定法(康氏法)用于测定石油产品经蒸发和热裂解后留下的炭质残余物，以提供石油产品相对生焦倾向的指标。适用于常压蒸馏时易部分分解、相对地不易挥发的石油产品。标准参照采用 ISO 6615—1983 石油产品残炭测定法(康氏法)。

方法概要：在规定的试验条件下，用电炉来加热[控制温度在(520±5)℃]蒸发润滑油、重质液体燃料或其他石油产品的试样，并测定燃烧后形成的焦黑色残留物(残炭)的质量分数。设备图见图 2-20。

把已经称重的试样置于坩埚内进行分解蒸馏。残余物经强烈加热一定时间即进行裂化和焦化反应。在规定的加热时间结束后，将盛有炭质残余物的坩埚置于干燥器内冷却并称重，得到残炭值，即残余物的质量百分数。试样称量范围见表 2-39，康氏残炭装置见图 2-20。

表 2-39 康氏残炭法试样称量范围

预计残炭/%	试样量/g	预计残炭/%	试样量/g
<5	10±0.5	>15	3±0.1
5~15	5±0.5		

注：10%蒸余物的试样量均取(10±0.5)g。

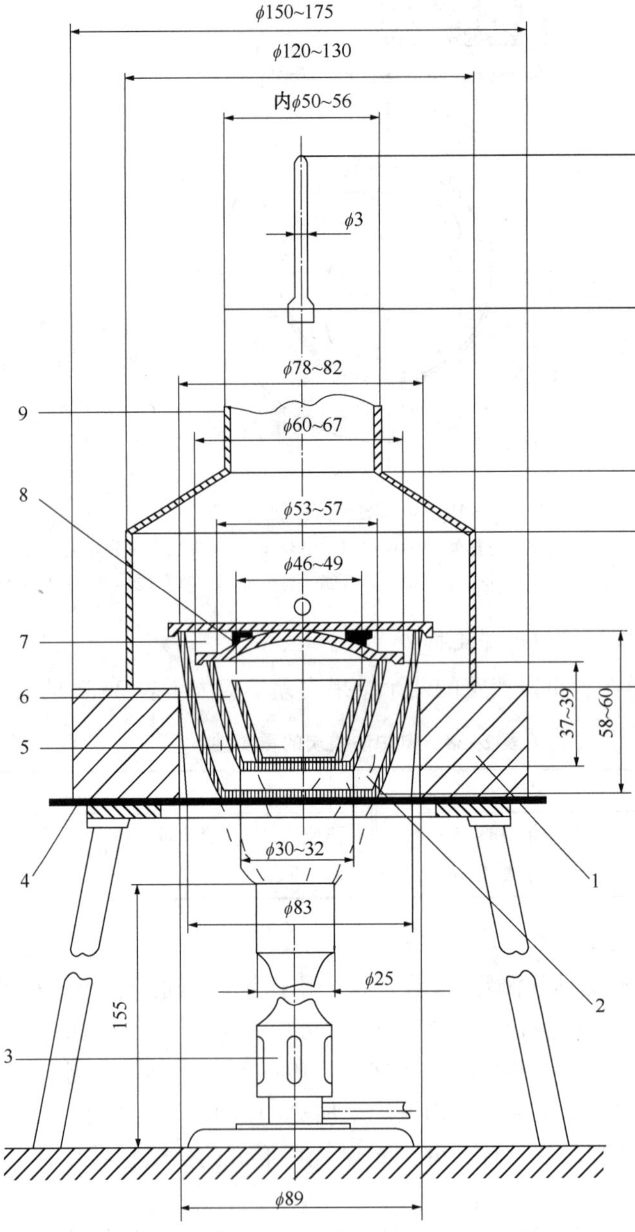

图 2-20 康氏残炭测试装置

1—遮焰体；2—干沙子；3—喷灯；4—镍铬丝三角架；5—瓷坩埚；6—内铁坩埚；7—外铁坩埚；8—水平孔；9—圆铁罩

康氏法的精密度：

重复性：同一操作者对同一试样测定的两个结果之差，不应超过图 2-21 所示的重复性数值。

再现性：由两个实验室提供的同一试样的两个测定结果之差，不应超过图 2-21 所示的重复性数值。

从方法操作过程来看，康氏法操作复杂，控制要求高，即要严格控制预热期、燃烧期和强热期三个阶段的加热时间和加热强度，技术性较强，火焰不易控制，数据重复性不好。

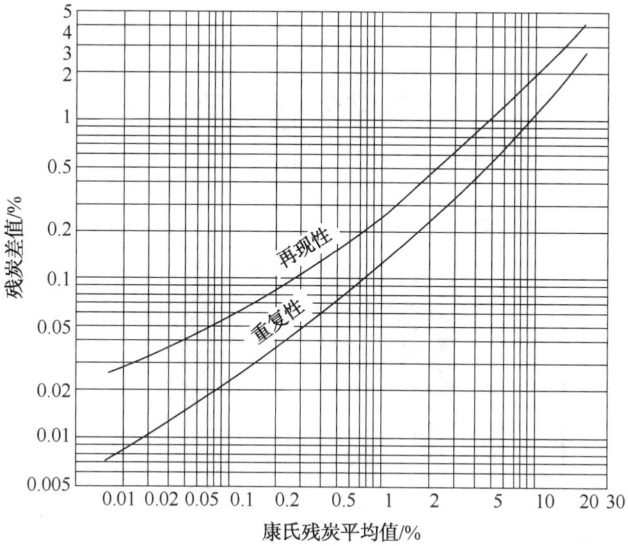

图 2-21 康氏残炭精密度

3. 微量残炭法

GB/T 17144 石油产品残炭测定法(微量法)规定了用微量法测定石油产品残炭的方法，适用于测定残炭值的质量分数在 0.10%~30.0%的石油产品。对于残炭值的质量分数超过 0.10%的石油产品其测定结果与康氏残炭法(GB 268)结果等效；对于由馏分油组成其残炭值的质量分数低于 0.10%的石油产品，需用 GB/T 6536 方法制备体积分数为 10%蒸馏残余物，然后再按本标准测定残炭值。标准等效采用 ISO 10370—1993 石油产品残炭测定法(微量法)。

微量残炭法试验周期短，试验条件易控制，样品用量少(0.10~3.5g)，自动化程度高，可以同时测定 12 个样品(含参比样品)。

方法概要：将已称重的试样放入一个样品管中，在惰性气体(氮气)气氛中按照规定的升温程序升温，将试样加热到 500℃，在反应过程中生成的易挥发物质由氮气带走，留下的炭质型残渣以占原样品的质量百分数报告微量残炭值。

微量法测定残炭时，样品质量比较重要。样品质量较小，在实验操作中带来的偶然性误差较大；相反当样品量大时，实验样品在高温下会从试管中溢出，所产生的残炭也会随之溢出，导致测定结果也偏低。微量残炭称量范围见表 2-40，微量残炭试验装置见图 2-22。

表 2-40　微量残炭样品称量范围

样品种类	预计残炭值/%	称样量/g
黑色黏稠或固体	>5.0	0.15±0.05
褐色或黑色不透明液体	>1.0~5.0	0.50±0.10
透明或透明液体	0.2~1.0	1.50±0.50
透明或透明液体	<0.2	1.50±0.50 或 3.00±0.50

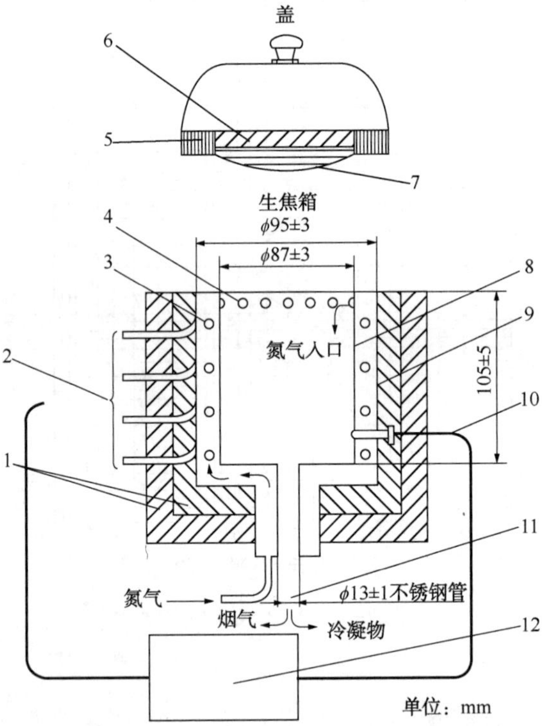

图 2-22　生焦箱和盖

1—绝缘材料(两层)；2—圆形加热盘管，700W 两组；3—加热管剖面；4—12 个直径为 1mm 的进气口；5—陶瓷圆环；6—保温层；7—预塞(OCr18Ni9 不锈钢)；8—厚 1.6mm 的内圆柱形壳体；9—厚 1.6mm 的外圆柱形壳体；10—热电偶导线；11—不锈钢管；12—微信号处理机

精密度：

重复性(r)：同一操作者对同一样品测得的两个结果之差不应超过式(2-21)计算的数值或图 2-23 中所示的重复性数值。

$$r=0.0770\overline{X}^{2/3} \quad (2-21)$$

式中　$\overline{X}$——两次测定结果的算术平均值,%。

再现性(R)：

由两个实验室提供同一样品测得的两个独立结果之差不应超过式(2-22)计算的数值或图 2-23 中所示的再现性数值。

$$R=0.2451\overline{X}^{2/3} \quad (2-22)$$

式中　$\overline{X}$——两次测定结果的算术平均值,%。

微量残炭法试验周期短，试验条件易控制，样品用量少(0.10~3.5g)，自动化程度高，可以同时测定12个样品(含参比样品)。微量法测定残炭是目前国际通用标准，并逐渐替代康氏法残炭与电炉法残炭。

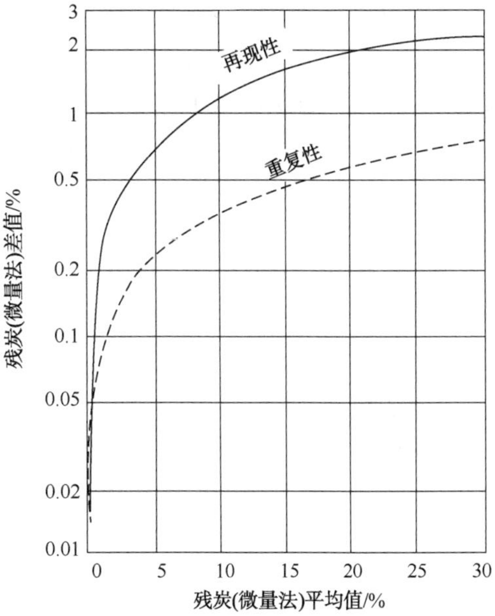

图2-23 残炭(微量法)精密度数据

(二) 残炭试验的应用

(1) 残炭值可以间接表明润滑油基础油精制的程度。深度精制的基础油，其重芳烃和胶质的含量较低，残炭值也较低。一般而言重质润滑油基础油的残炭值高于轻质润滑油基础油。基础油的残炭指标越小越好。

(2) 可运用润滑油的残炭值大小来预测润滑油在使用过程中形成结炭倾向的大小，一般而言，残炭值高，其结炭倾向性大。部分润滑油在产品技术指标上要求控制其残炭值，如过热汽缸油、空气压缩机油、冷冻机油等。

(3) 发动机油旧油残炭检测，可以判断发动机油的老化程度，并作为换油周期的指标。

二、灰分与硫酸灰分

(一) 灰分与硫酸灰分试验

灰分指在规定的条件下，油品在高温下被炭化后残留物经煅烧后所得到的残留物，这些残留物一般为无机物。灰分分为普通灰分与硫酸盐灰分。

1. 灰分

测定灰分的标准为GB/T 508—1985(2004)石油产品灰分测定法，不适合含有生灰(包括某些含磷化合物的添加剂)的石油产品，也不适合于含铅的润滑油和用过的发动机润滑油。标准参照采用ISO 6245—1982石油产品灰分测定法。

方法概要：用无灰滤纸作引火芯，点燃放在灰分陶瓷坩埚中的试样使其燃烧到只剩下灰分和残留的炭，碳质残留物再移入(775±25)℃高温炉中加热转化成灰分，然后冷却并称重。

精密度：

重复性(r)：同一操作者，对同一试样测定的两个结果之差，不得大于表2-41数值。

再现性(R)：由两个实验室，对同一试样测定的两个结果之差，不得大于表2-41数值。

表2-41 GB/T 508—1985精密度

灰分范围/%	重复性(r)	再现性(R)
<0.001	0.002	未确定
0.001~0.079	0.003	0.005
0.080~0.180	0.007	0.024
>0.180	0.01	未确定

2. 硫酸盐灰分

测定硫酸盐灰分的标准为 GB/T 2433—2001(2004)润滑油硫酸灰分测定法，标准规定了测定未经使用的含添加剂的润滑油和用于调和润滑油的添加剂浓缩物中硫酸盐灰分质量分数的方法。这些添加剂通常含有一种或多种金属：钡、钙、镁、锌、钾、钠和锡元素。而元素硫、磷和氯则以化合物的形式存在。标准确定的硫酸盐灰分的质量分数下限为 0.005%；当硫酸盐灰分小于 0.02%时，仅适用于只含有无灰添加剂润滑油。

方法概要：用无灰滤纸作引火芯，点燃放在灰分陶瓷坩埚中的试样使其燃烧到只剩下灰分和残留的炭。待灰分和炭质残留物冷却后再用硫酸处理，处理后再移入(775±25)℃高温炉中加热转化成灰分，然后冷却并称重，即可得到润滑油硫酸盐灰分。

精密度：

重复性(r)：同一操作者使用相同的仪器，在相同的操作条件下，对相同试验材料进行测定的两个结果之差，不得超过表 2-42 数值。

再现性(R)：不同操作者在不同实验室中，对同一种试验材料进行测定的两个单独或者独立的结果之差，不得大于表 2-42 数值。

表 2-42　GB/T 2433—2001 精密度

硫酸盐灰分范围/%	重复性(r)	再现性(R)
$0.005 \leqslant X \leqslant 0.100$	$0.047X^{0.85}$	$0.189X^{0.85}$
$0.11 \leqslant X \leqslant 25.0$	$0.060X^{0.75}$	$0.142X^{0.75}$

注：X 是进行比较的两个结果的平均值。

灰分的组成和含量随原油的种类、性质和加工方法的差异而改变。原油的灰分主要是少量的无机盐和金属的有机化合物以及一些外面混入的沙土、金属磨粒、焊渣等。灰分大的油品在使用中会增加机件的磨损、腐蚀和结垢积炭，限制其量是十分必要的。此外部分发动机油(燃气发动机油)将硫酸盐灰分限制在一个较窄的范围内。

(二) 灰分与硫酸灰分试验的应用

(1) GB/T 2433 不适用于测定用过的含铅添加剂的发动机油，也不适合不含添加剂润滑油。

(2) 硫酸盐灰分可以用来表明新润滑油中已知的含金属添加剂的浓度。当不含磷时，钡、钙、镁、钠、钾转变为硫酸盐，锡和锌转变为它们的氧化物，硫和氯并无干扰。但是当磷与金属添加剂同时存在时，它以金属磷酸盐的形式部分或全部保留在硫酸盐灰分中。

硫酸盐灰分对现代汽车的排放系统中颗粒捕捉器的过滤性有影响，不允许其含量超过标准限定值。

(3) 灰分与硫酸灰分是一个区别不同配方或不同油品重要的参考指标；发动机油由于加入较多的清净分散剂，都含有一定数量的灰分；在生产过程，配方固定后，其硫酸盐灰分就是一个相对的固定值；可以通过检测硫酸灰分的含量来判别添加剂加入的数量；在技术服务中可以通过硫酸灰分的检测来判别是否是自己品牌的产品。

(4) 基础油不应该含有灰分，新基础油含有灰分可能是再生或其他污染的油品。

(5) 有硫酸灰分技术指标要求的发动机油，在原料配方没有变动情况下，硫酸灰分检验可作为出厂周期检验项目。

第七节　蒸发性、安全性

一、闪点与燃点

闪点就是在规定的条件下，试验火焰引起试样蒸气着火，并使火焰蔓延至液体表面的最低温度，修正到101.3kPa下。

燃点就是在规定的条件下，试验火焰引起试样蒸气着火且至少持续燃烧5s的最低温度，修正到101.3kPa下。

(一) 闪点与燃点试验

测定石油产品闪点方法根据闪点高低与设备分为开口杯法闪点和闭口杯法两种，其中开口杯法有两种，GB/T 267—1988(2004)石油产品闪点和燃点测定法(开口杯法)和GB/T 3536—2008石油产品闪点和燃点的测定　克利夫兰开口杯法；闭口杯法有一种，GB/T 261—2008闪点的测定　宾斯基-马丁闭口杯法。

GB/T 3536—2008修改采用ISO 2592—2000闪点和燃点测定法(克利夫兰开口杯法)(英文版)；GB/T 267—1988修改采用苏联标准ГОСТ 4333—48润滑油和深色石油产品闪点和燃点开口杯测定法(布林克法)。GB/T 261—2008修改采用ISO 2719：2002闪点测定宾斯基-马丁闭口杯法(英文版)。

一般闪点在150℃以下的轻质油品用闭口杯法测闪点，重质润滑油和深色石油产品用开口杯法测闪点。对于同一个油品，其开口闪点较闭口闪点高20~30℃，但也有例外。

1. 开口杯试验法测定石油产品闪点与燃点

(1) GB/T 3536—2008石油产品闪点和燃点的测定　克利夫兰开口杯法。

本标准规定了用克利夫兰开口杯仪器测定石油产品闪点和燃点的方法。适用于除燃料油以外、开口杯闪点高于79℃的石油产品。

按照GB/T 3536—2008测定开口闪点时，将试样装入试验杯。开始以14~17℃/min给试样升温，当试样温度达到预期闪点前约56℃时降低升温速率，使试样在达到闪点前的最后(23±5)℃时升温速率为5~6℃/min。在预期闪点前(23±5)℃时，开始用火焰直径为3.2~4.8mm的小火球在试验杯上划过，划过时间约为1s，温度每升高2℃就扫划一次，每次划过的方向相反。当在试样液面上的任何一点出现闪火时，记录此温度为观察闪点。

需要注意：如果观察闪点与最初点火温度相差少于18℃，则此结果无效，需更换试样重新测定。

如果需要测定燃点，在测定闪点之后以5~6℃/min的速度继续升温。试样每升高2℃就扫划一次，直到试样着火，并至少持续燃烧5s。记录此温度作为观察燃点。

在环境大气压下测得的闪点和燃点用公式修正到标准大气压下的闪点和燃点。

精密度：

重复性(r)：同一操作者，使用同一设备，用相同的方法对同一试样测得的两个连续试验结果之差对于闪点与燃点不应大于表 2-43 的数值。

再现性(R)：不同操作者，使用不同设备，用相同方法对同一试样测得的两个连续试验结果之差对于闪点与燃点不应大于表 2-43 的数值。

表 2-43　方法精密度

闪　点		燃　点	
重复性(r)/℃	再现性(R)/℃	重复性(r)/℃	再现性(R)/℃
8	17	8	14

（2）GB/T 267—1988(2004)石油产品闪点和燃点测定法(开口杯法)。

按 GB/T 267—1988(2004)标准进行开口杯闪点试验时，将试样装入内坩埚到规定的刻线。首先迅速升高试样的温度，当试样到达预计温度前 60℃降低升温速率，使试样温度达到闪点前 40℃时升温速率为(4±1)℃/min，试样温度到达预计闪点前 10℃时将焰长度为 3~4mm 的火焰放到距离试样液面 10~14mm 处水平面上沿着坩埚内径做直线运动，从坩埚的一边运动到另一边 2~3s，每 2℃重复一次。试样液面上方出现蓝色火焰时，记录温度为观察闪点。

如果需要测定燃点，在测定闪点之后以(4±1)℃/min 的速度继续升温。试样每升高 2℃就扫划一次，直到试样着火，并至少持续燃烧 5s。记录此温度作为观察燃点。

GB/T 267—1988 方法的精密度中仅列出了重复性。

重复性(r)：同一操作者，使用同一设备，用相同的方法对同一试样测得的两个连续试验结果之差对于闪点与燃点不应大于表 2-44 的数值。

表 2-44　方法精密度

闪　点	燃　点
重复性(r)/℃	重复性(r)/℃
4(闪点≤150℃) 6(闪点>150℃)	6

2. 闭口杯法测定石油产品闪点

方法规定了用宾斯基-马丁闭口闪点试验仪测定可燃液体、带悬浮颗粒的液体、在试验条件下表面趋于成膜的液体和其他液体闪点的方法，本标准试验包括步骤 A 和步骤 B。适用于闪点高于 40℃的样品。

注意：虽然煤油的闪点在 40℃以上，也可使用本标准，但一般情况下要求闪点按照 ISO 13736方法进行；闪点 40℃以上的喷气燃料也可使用本标准，但精密度未确定。

将试样倒入试验杯中，在规定的速率下连续搅拌，并以恒定速率加热试样，以规定的温度间隔，在中断搅拌的情况下，将火源引入试验杯开口处，使样品蒸气发生瞬间闪火，且蔓延至液体表面的最低温度，此温度为环境大气压下的闪点，再用公式修正到标准大气压下的闪点。

宾斯基-马丁闭口闪点试验仪见图 2-24。

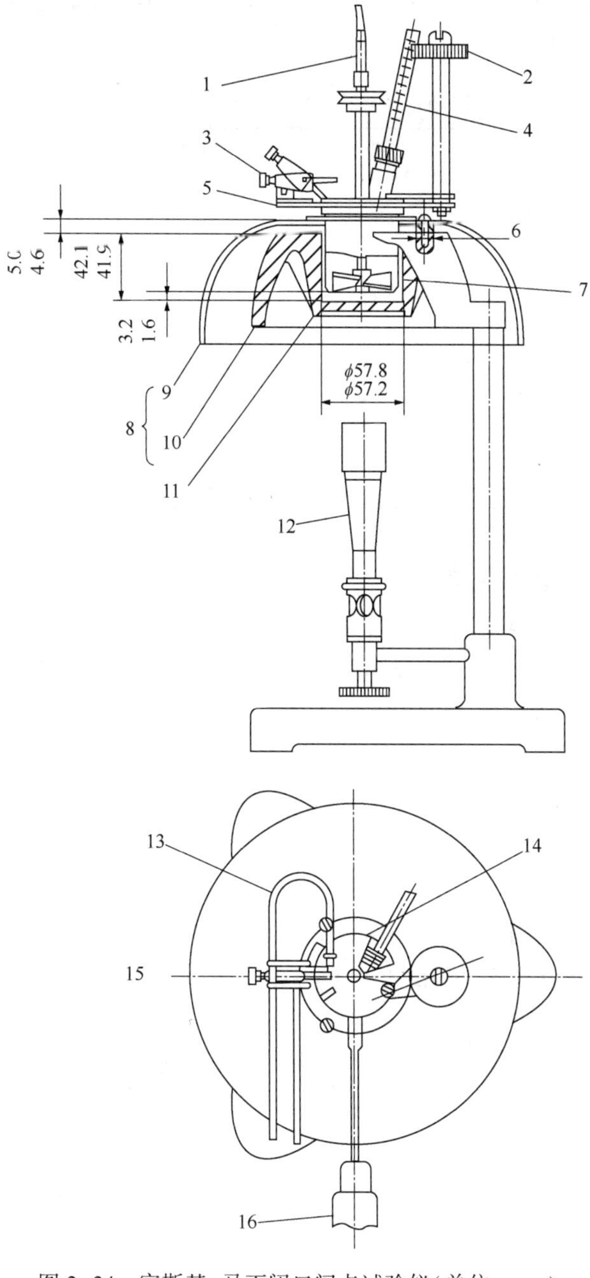

图 2-24 宾斯基-马丁闭口闪点试验仪(单位：mm)

1—柔性轴；2—快门操作旋钮；3—点火器；4—温度计；5—盖子；6—片间最大距离 ϕ9.5mm；7—试验杯；8—加热室；9—顶板；10—空气浴；11—杯表面厚度最小 6.5mm，即杯周围的金属；12—火焰加热型或电阻元件加热型(图示为火焰加热型)；13—导向器；14—快门；15—表面；16—手柄(可选择)

注：盖子的装配可以是左手，也可是右手。

方法的精密度中步骤 A 与步骤 B 有明显差异，具体见表 2-45。

重复性(r)：同一操作者，使用同一设备，用相同的方法对同一试样测得的两个连续试验结果之差对于闪点与燃点不应大于表 2-45 的数值。

再现性(R)：不同操作者，使用不同设备，用相同方法对同一试样测得的两个连续试验结果之差对于闪点与燃点不应大于表 2-45 的数值。

表 2-45 GB/T 261—2008 方法的精密度

试样种类	闪点范围/℃	步骤 A		步骤 B	
		重复性/℃	再现性/℃	重复性/℃	再现性/℃
油漆和清漆		1.5			
馏分油和未使用过的润滑油	40~250	$0.029X_1$	$0.071X_2$		
残渣燃料油和稀释沥青	40~110			2.0	6.0
用过润滑油	170~210			5.0	16
表面趋于成膜的液体、带悬浮颗粒的液体或高黏稠材料				5	10

注：X_1 为两个连续试验结果的平均值；X_2 为两个独立试验结果的平均值。

(二) 闪点与燃点试验的应用

(1) 我国将石油产品按其闪点的高低分为闪点在 45℃以下的油品为易燃品，如汽油的闪点为-60~-50℃，煤油的闪点为 40℃，故汽油和煤油均属易燃品；闪点在 45℃以上的油品为可燃品，如柴油的闪点为 60℃，润滑油的闪点较高，因此柴油和润滑油均属可燃品。

(2) 在润滑油的生产、储运及选用时必须考虑其闪点问题。在某些特种工艺加工的润滑油生产时，如电火花油、挥发性铝翅片处理油等，由于使用的原料挥发性高且闪点低，生产与储运时必须有必要的保护措施来确保安全。在选用时应根据使用温度考虑润滑油闪点的高低，一般要求润滑油的闪点温度高 20~30℃，以保证使用过程中的安全并减少挥发损失。一旦发现润滑油在使用过程中闪点突然降低，须引起高度重视，查找原因，确保安全生产。

(3) 闪点的高低也代表着润滑油组分的轻重、馏分宽窄和蒸发倾向；组分轻、馏分宽、闪点低则蒸发倾向大；反之，则相反；因此，许多企业在采购基础油时，非常关注闪点这一指标。

(4) 在润滑油使用质量跟踪过程，检测发现闪点发生变化，则有其他油品的混入。

(5) 闪点是润滑油产品出厂的批次检验项目。

二、自燃点

物质通常在没有外界着火源(火焰或火花)的情况下由于放热氧化反应而在空气中进行的燃烧现场，称为自燃。

自燃点就是在规定的试验条件下自燃发生时的最低温度。自燃点也称为自发着火温度、自身着火温度或者自动着火温度。

(一) 自燃点试验

自燃点试验是物质在大气压下的空气中，没有外界着火源(如火焰或火花)帮助下，其易燃混合气体因放热氧化反应放出热量的速率高于热量散发速率而使温度升高引起着火的最低温度。

SH/T 0642—1997(2004)为液体石油和石油化工产品自燃点测定法，标准修改采用ASTM E659—78(1989)液体化学品自燃点标准试验方法。标准适用于热传导液、难燃液压液、难燃汽轮机油和难燃变压器油等液体石油和石油化工产品。试验设备见图2-25。

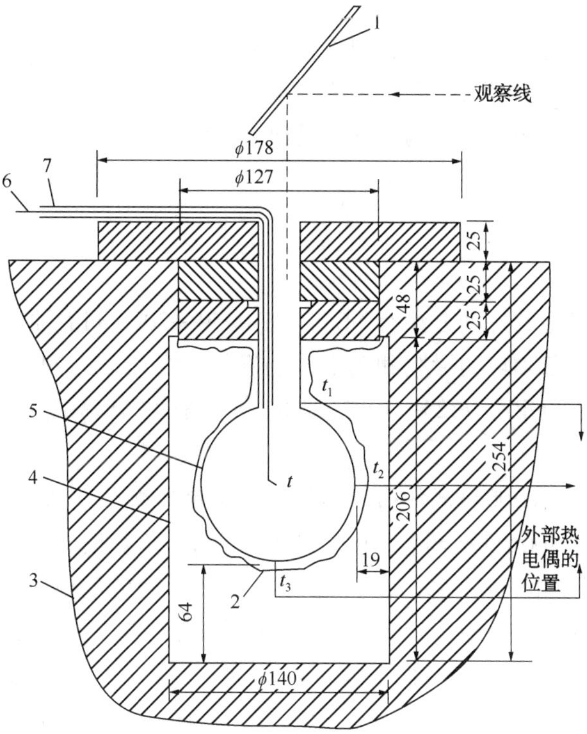

图2-25 自燃点测定设备(单位：mm)

1—镜子；2—铝箔；3—炉壁；4—控制热电偶；5—500mL烧瓶；6—内部热电偶；7—玻璃管

1. 方法概要

量取少量试样加入恒定在预定温度下并含有空气的500mL玻璃烧瓶中，观察烧瓶内容物10min，或到自燃发生时为止。自燃是由烧瓶里的火焰突然出现和气体混合物的温度突然升高来判定。当测定规定体积的试样发生着火时，烧瓶内部的气体混合物的最低温度(T)作为试样的自燃点(AIT)，同时记录着火延迟时间。记录试验温度、大气压力、所用试样的体积、着火延迟时间和自燃点。

2. 精密度

重复性：同一操作者重复测定所得两个自燃点结果之差不应大于其算术平均值的2%；

再现性：两个实验室各自所得自燃点结果之差不应大于其算术平均值的5%。

(二) 自燃点试验的应用

(1) 在测定自燃点时，影响因素很多，如混合气的性质、蒸气或气体-空气混合物的组成百分比，测定仪器的构造、加热物质的容器表面状态、点火发生空间的形式和大小，加热速度、发热的强度和时间、点火源的种类和温度，外界压力，氧的浓度等。

（2）当燃料空气混合气的成分改变时，可燃物的自燃点也随之而变化，混合气成分接近理论混合比（$\alpha=1$）时，可燃物的自燃点最低；当 α 小于 1 或大于 1 时，自燃点均升高；当混合气中氧的浓度增大时，可燃物的自燃点也随之降低。自燃点随着压力的增减而变化，受压越大，自燃点越低；受压越小，自燃点越高。故测定自燃点时必须控制这些影响因素。

（3）对石油产品来讲，油品越轻，闪点就越低，但其自燃点就越高；油品越重，闪点就越高，自燃点越低。因此，从自燃角度来说，重质油比轻质油的火灾危险性大。自燃点并不是物质固有的常数，它与物质固有闪点常数是根本不同的。

三、蒸发性

（一）蒸发性试验

测定润滑剂的蒸发性的标准方法有 NB/SH/T 0059—2010 润滑油蒸发损失的测定 诺亚克法和 GB/T 7325—1987（2004）润滑脂和润滑油蒸发损失测定法。NB/SH/T 0059—2010 修改采用 ASTM D5800—08；GB/T 7325—1987（2004）等效采用 ASTM D972—56（81）润滑脂和润滑油蒸发损失测定法。

1. GB/T 7325—1987（2004）润滑脂和润滑油蒸发损失测定法

GB/T 7325—1987（2004）适合测定润滑脂和润滑油的蒸发损失，蒸发损失试验在温度范围 99~150℃的任一温度下进行。大致为将试验的样品（润滑油或者润滑脂）放置在蒸发皿上，置于规定温度下的恒温浴中，让热空气通过试样表面 22h，根据试样的失重计算蒸发损失。实验装置见图 2-26，润滑脂及润滑油组合试样杯见图 2-27、图 2-28。

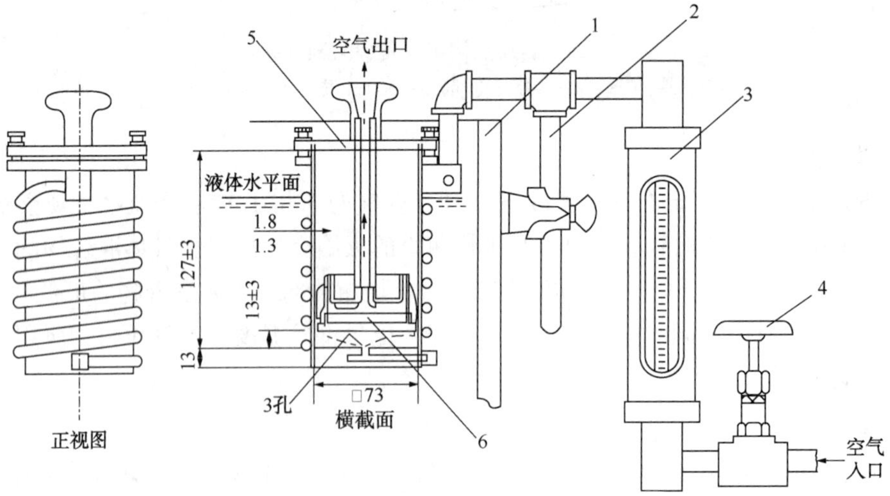

图 2-26　蒸发器及附件

1—浴壁；2—支撑杆；3—转子流量计；4—针形阀；5—环槽盖；6—试样杯组合件

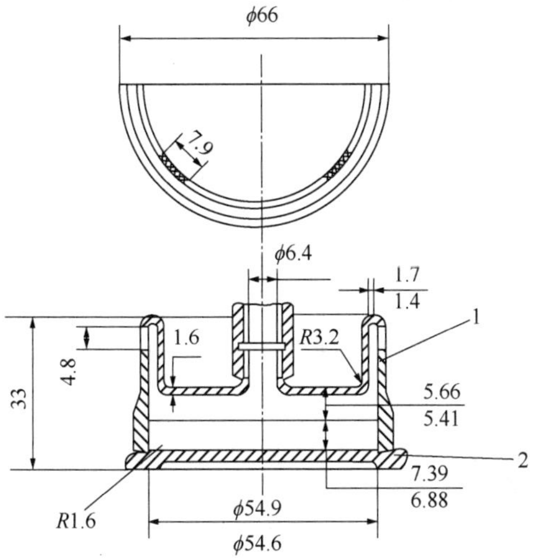

图 2-27 润滑脂试样杯组合件

1—罩子；2—试样杯

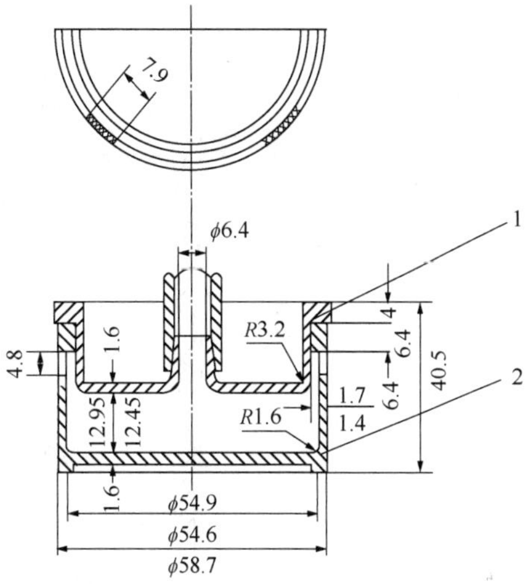

图 2-28 润滑油试样杯组合件

1—罩子；2—试样杯

注：润滑油及润滑脂试样杯组合件除另有规定外所有尺寸的公差均为±0. 4mm。

试验结果报告两次结果的平均值。

精密度：

重复性：同一操作者，使用同一台仪器，在规定的操作条件下，对同一试样重复测定两个结果与其平均值之差不应大于平均值的 2. 5%。

再现性：由两个操作者，在两个实验室，对同一试样，在规定的操作条件下所得到两个结果与其平均值之差不应大于平均值的 10%。

2. NB/SH/T 0059—2010 润滑油蒸发损失的测定 诺亚克法

NB/SH/T 0059—2010 适合测定润滑油基础油和润滑油在 250℃内的蒸发损失。

试样在特定的仪器(见图 2-29)中，在试验温度(250±0. 5)℃，压力为(196±2)kPa [(20±0. 2)mmH_2O]下加热 1h，试样加热蒸发出的油蒸气由空气流携带出去。根据加热前后试样量之差测定润滑油的蒸发损失。

NB/SH/T 0059—2010 规定了测定润滑油(特别是内燃机油)蒸发损失的两种方法。A 法采用伍德合金诺亚克蒸发损失测定仪，B 法采用自动的非伍德合金诺亚克蒸发损失测定仪。A 法和 B 法的测定结果存在差异。对全配方内燃机油，A 法的测定结果略低于 B 法的测定结果；对基础油，A 法的测定结果略高于 B 法的测定结果。

诺亚克蒸发损失的精密度是在试验温度(250±0. 5)℃下，试验 1h 测得的试样蒸发损失为 10%~20%的试验结果，经过统计试验而得到的。

精密度：

重复性(r)

A 法：r=5. 8%m(m——两次试验结果平均值,%，质量分数)

B 法：$r=0.095X^{0.5}$(X——两次测定结果平均值,%，质量分数)

再现性(R)

A 法：R=18. 3%m(m——两次试验结果平均值,%，质量分数)

B 法：$R=0.26X^{0.5}$(X——两次测定结果平均值,%，质量分数)

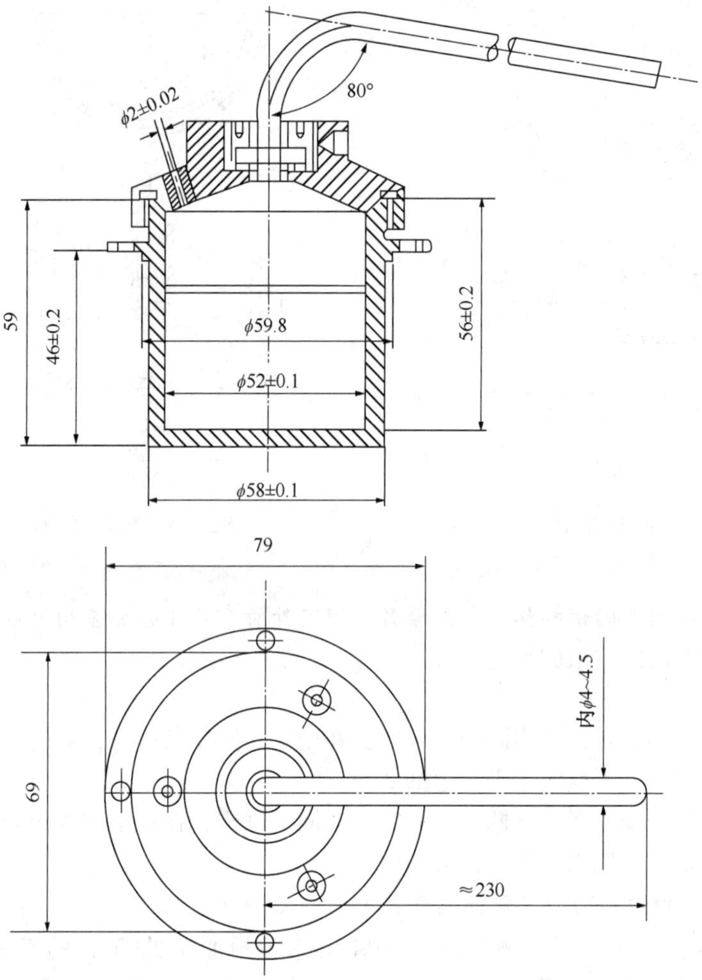

图 2-29 诺亚克试验蒸发损失坩埚

现行的 ASTM D5800 为 ASTM D5800—21。标准共有 A、B、C、D 四种方法，使用含伍德合金设备或不使用伍德合金设备进行测试，详见 ASTM D5800—21。

(二) 蒸发性试验的应用

(1) 蒸发性试验是基础油和部分润滑油产品的重要技术指标。

(2) 蒸发损失与润滑油基础油的组分轻质和馏程宽窄有关，没有添加剂能够改善、改变基础油的蒸发性能。

(3) 基础油的蒸发损失合格了，做出来的产品蒸发损失才能合格，高等级的发动机油需要蒸发性能好的、低蒸发损失的Ⅱ、Ⅱ、Ⅳ类基础油。

(4) 所有液体在受热时都会蒸发。液体的蒸发度(或称蒸发损失)表示在给定的压力和温度下的蒸发程度和速度。润滑油在使用过程中蒸发损失，造成润滑系统中润滑油量逐渐减少，需要补充，黏度增大，影响供油。液压油(液)在使用中蒸发，还会产生气穴现象和效率下降，可能给液压泵造成损害。因此，必须对润滑油和液压油(液)的蒸发性进行测定和控制。

（5）在实验室做测试操作，诺亚克试验对避风环境要求苛刻，必须严格按照方法中描述的试验环境进行操作。

（6）蒸发损失是基础油、发动机油出厂批次检验项目。

四、馏程

纯净液体物质在一定温度下具有恒定的蒸气压。当饱和蒸气压与外界压力相等时液体表面和内部同时出现汽化现象，此时的温度称为该液体在此压力下的沸点。在标准大气压下的沸点即标准沸点。

石油产品是一个由多种烃类及少量烃类衍生物组成的复杂混合物，因此没有恒定的沸点，其沸点表现为一个较宽的温度范围。因此，为掌握石油产品组成情况，将油品在规定的条件下进行蒸馏，从初馏点到终馏点的这一温度范围称为馏程。

（一）馏程试验

测量石油或石油产品馏程的标准方法很多，有 GB/T 255—1977(2004)石油产品馏程测定法、GB/T 6536—2010 石油产品常压蒸馏特性测定法、GB/T 9168—1997 石油产品减压蒸馏测定法、GB/T 17280—2017 原油蒸馏标准试验方法 15-理论板蒸馏柱、GB/T 17475—2020 重烃类混合物蒸馏试验 真空釜式蒸馏法。这些标准中 GB/T 255—1977(2004)、GB/T 6536—2010 主要用于轻质油品，GB/T 17280—2017、GB/T 17475—2020 用于原油评定，因此上述四个标准在这里就不做介绍了。

GB/T 9168—1997(2004)石油产品减压蒸馏测定法规定了在减压下测定液体最高温度达400℃，能部分或全部蒸发的石油产品的沸点范围。标准等效采用 ASTM D1160—95 石油产品减压蒸馏测定法。

减压蒸馏利用抽真空装置降低系统内的压力，利用各组分相对挥发度的不同，使混合物在低于正常沸点的情况下得到分离的过程。

1. 方法概要

在0.13~6.7kPa(1~50mmHg)某个准确控制的规定压力下，用约一个理论板的分馏装置蒸馏试样，可以得到初馏点、终馏点和回收体积百分数与常压等同温度相关的曲线。

2. 报告

试验结束后报告的内容有：

（1）接收器中与回收液体的体积分数相对应的常压等同温度(查标准中对应表)；

（2）测试样品的密度；

（3）在接收器中回收液体体积与连接真空系统冷阱中液体体积的总和；

（4）在试验中出现的事件及为各种校正而进行的测量。

3. 精密度

重复性(r)：同一操作者重复测定的两个结果之差不应大于表 2-48 所列数值。

再现性(R)：不同实验室各自提出的两个结果之差不应大于表 2-48 所列数值。

表 2-48 的精密度数据是由下列方程式算得的。这个方程式可算出没有列出温度变化率 S[℃(AET)/V%]值的精密度值。

(1) 重复性(r)可按式(2-23)计算:

$$r=M[e^{a+b\ln(1.8S)}]/1.8 \quad (2-23)$$

式中 r——重复性,℃(AET);

e——约2.718281828自然对数的底数;

a, b, M——系数,由表2-46得出;

S——每回收体积分数的温度变化率,℃(AET)/V%。

表2-46 重复性(r)相关系数

系数	回收体积分数							
	0.13kPa(1mmHg)				1.3kPa(10mmHg)			
	初馏点	5%~50%	60%~95%	终馏点	初馏点	5%~50%	60%~95%	终馏点
a	2.372	0.439	0.439	0.718	2.246	0.240	0.240	1.521
b	0	0.241	0.241	0	0	0.350	0.350	0
M	2.9	2.9	3.0	2.9	2.8	2.8	2.9	2.8

(2) 再现性(R)可按式(2-24)计算:

$$R=M'[e^{a'+b'\ln(1.8S)}]/1.8 \quad (2-24)$$

式中 R——再现性,℃(AET);

e——约2.718281828自然对数的底数;

a', b', M'——系数,由表2-47得出;

S——每回收体积分数的温度变化率,℃(AET)/V%。

表2-47 再现性(R)相关系数

系数	回收体积分数							
	0.13kPa(1mmHg)				1.3kPa(10mmHg)			
	初馏点	5%~50%	60%~95%	终馏点	初馏点	5%~50%	60%~95%	终馏点
a'	3.512	1.338	0.815	2.931	3.424	1.415	1.190	2.815
b'	0	0.639	0.639	0	0	0.409	0.409	0
M'	3.0	3.3	3.3	3.0	2.9	3.2	3.1	2.9

表2-48 精密度

	重复性				再现性			
标准压力	0.13kPa(1mmHg)		1.3kPa(10mmHg)		0.13kPa(1mmHg)		1.3kPa(10mmHg)	
初馏点	17		15		56		49	
终馏点	3.3		7.1		31		27	
回收体积分数	5%~50%	60%~90%	5%~50%	60%~90%	5%~50%	60%~90%	5%~50%	60%~90%
℃(AET)/V%								
0.5	2.4	2.5	1.9	2.0	6.5	3.9	7.0	5.4
1.0	2.9	3.0	2.4	2.5	10	6.0	9.3	7.2
1.5	3.2	3.3	2.8	2.9	13	7.8	11	8.5
2.0	3.4	3.5	3.1	3.2	16	9.4	12	9.6
2.5	3.6	3.7	3.3	3.5	18	11	14	11

续表

	重复性				再现性			
标准压力	0.13kPa(1mmHg)		1.3kPa(10mmHg)		0.13kPa(1mmHg)		1.3kPa(10mmHg)	
初馏点	17		15		56		49	
终馏点	3.3		7.1		31		27	
回收体积分数	5%~50%	60%~90%	5%~50%	60%~90%	5%~50%	60%~90%	5%~50%	60%~90%
3.0	3.8	3.9	3.6	3.7	21	12	15	11
3.5	3.9	4.0	3.8	3.9	23	13	16	12
4.0	4.0	4.2	3.9	4.1	25	15	16	13
4.5	4.1	4.3	4.1	4.3	27	16	17	13
5.0	4.2	4.4	4.3	4.4	29	17	18	14
5.5	4.3	4.5	4.4	4.6	30	18	19	15
6.0	4.4	4.6	4.5	4.7	32	19	19	15
6.5	4.5	4.7	4.7	4.8	34	20	20	16
7.0	4.6	4.8	4.8	5.0	35	21	21	16
7.5	4.7	4.8	4.9	5.1	37	22	21	16
8.0	4.8	4.9	5.0	5.2	38	23	22	17
8.5	4.8	5.0	5.1	5.3	40	24	22	17
9.0	4.9	5.1	5.2	5.4	41	25	23	17
9.5	5.0	5.1	5.3	5.5	43	25	23	18
10.0	5.0	5.2	5.4	5.6	44	26	24	19
10.5	5.1	5.2	5.5	5.7	46	27	24	19
11.0	5.1	5.3	5.6	5.8	47	28	25	19
11.5	5.2	5.4	5.7	5.9	48	29	25	20
12.0	5.2	5.4	5.8	6.0	50	30	26	20
12.5	5.3	5.5	5.9	6.1	51	30	26	20
13.0	5.3	5.5	6.0	6.2	52	31	27	21
13.5	5.4	5.6	6.0	6.3	54	32	27	21
14.0	5.4	5.6	6.1	6.3	55	33	27	21
14.5	5.5	5.7	6.2	6.4	56	33	28	22
15.0	5.5	5.7	6.3	6.5	57	34	28	22

（二）馏程试验的应用

（1）油品的馏程直接与黏度、蒸气压、蒸发性能、闪点、热值、平均相对分子质量以及许多其他的化学、物理和机械性质有关，这些性质对产品的使用起决定因素，因此减压蒸馏可为油品生产确定合适进料以及有关工程计算提供依据。

（2）馏程试验在基础油和大部分润滑油产品技术标准中没有直接要求，但间接通过蒸发损失和闪点等关联流程，流程窄的馏分蒸发损失会相对较低。

（3）部分润滑油产品，如真空泵油、金属加工的轧制油需要窄馏分的基础油。

（4）在特种溶剂油产品中，馏程是重要的技术指标。

五、真空油脂饱和蒸气压测定法

(一) 试验方法

SH/T 0293—1992(2004)真空油脂饱和蒸气压测定法规定了测定试样的饱和蒸气压的方法。标准中有两种测定方法，即 A 法——悬摆法，B 法——蒸发法。标准适用于真空泵油(脂)、扩散泵油(脂)和扩散泵用硅油测定饱和蒸气压。

第一部分：A 法——悬摆法

1. 方法概要

在规定的试验条件下，用悬摆法测得的饱和蒸气压结果，以在 20℃时 mmHg 表示。悬摆器见图 2-30。

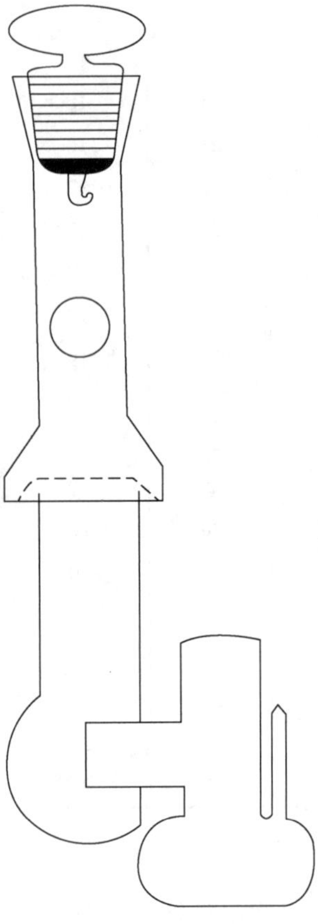

图 2-30　悬摆器

2. 计算

根据偏角 θ 测量装置原理，每个温度下的蒸气压 P_{μ}(μmHg)按式(2-25)计算

$$P_{\mu}=\frac{m}{0.00136\times A}\times\frac{n}{2\times d} \tag{2-25}$$

式中　m——铝片的质量，g；

A——悬摆器喷口的面积，cm^2；

n——某一温度下的读数 S 减去原点 S_0的值，mm；

d——小镜到标尺的距离，mm；

0.00136——将压力单位“bar，巴”换算为 μmHg 的系数。

根据公式 $\lg=A-\frac{B}{T}$(式中：A 和 B 为常数；T 为热力学温度)需将各个温度换算成热力学温度的倒数，用求出的蒸气压在半对数坐标纸上作图(横坐标 $1/T$，纵坐标为 P)。

将各点连成直线，在直线上将蒸气压相差一个数量级的任意两点所对应的 $1/T$ 值相减，相减差值的倒数得 B 值。将直线上任意一点的 P 及对应的 T 求得的 B 值代入 $\lg=A-\frac{B}{T}$中，求得 A 值。

将 A、B 及 20℃时的 T 代入 $\lg=A-\frac{B}{T}$，求出 20℃时的饱和蒸气压 $P_{20℃}$，以 mmHg 表示。

3. 测试结果报告

取重复测定两个结果的算术平均值，作为试样的测定结果。

4. 精密度

重复测定两个结果(外推至 20℃的饱和蒸气压)间的差值，不应大于一个数量级；重复测定两个结果间的差值如大于一个数量级，则需要进行第三次测定。以不大于一个数量级的两个结果的算术平均值，给出一位有效数字作为测定结果。

第二部分：B 法——蒸发法

1. 方法概要

在规定的试验条件下，用真空油脂饱和蒸气压测定仪测得结果，以 20℃下 mmHg 表示。

2. 测试结果报告

取重复测定两个结果的算术平均值，作为试样的测定结果。

3. 精密度

重复测定两个结果(外推至 20℃的饱和蒸气压)间的差值，不应大于一个数量级；重复测定两个结果间的差值如大于一个数量级，则需要进行第三次测定。以不大于一个数量级的两个结果的算术平均值，给出一位有效数字作为测定结果。

（二）应用

（1）真空油脂饱和蒸气压的测定，是保证真空设备安全运行的重要指标；如果饱和蒸气压达不到指标，会影响真空设备运行的参照参数，甚至造成设备故障。

（2）真空油脂饱和蒸气压是选择真空油脂原材料的依据，合格的真空油脂饱和蒸气压需要合格的原材料，如果基础油脂的饱和蒸气压都是不合格的，是制造不出合格的产品的。

第八节 其　他

一、苯胺点

苯胺点是指在标准试验条件下，石油产品与等体积的苯胺互溶成为单一液相所需的最低温度。苯胺点与其他物理常数一样，也是石油产品的一个特性。

（一）苯胺点试验

GB/T 262—2010 石油产品和烃类溶剂苯胺点和混合苯胺点测定法规定了石油产品和烃类溶剂苯胺点的测定法，以及当样品苯胺点低于苯胺-试样混合物中苯胺结晶温度时上述产品的混合苯胺点的测定方法。标准修改采用 ISO 2977：1997 石油产品和烃类溶剂 苯胺点和混合苯胺点的测定(英文版)。

在标准中列出三种测定苯胺点的方法，具体如下：

方法一：适用于测定初馏点高于室温，且苯胺点低于苯胺-试样混合物的泡点，而高于其凝点的透明样品。

方法二：适用于采用自动仪器测定方法一所适用的样品，以及方法一无法测定颜色很深的样品。

方法三：适用于测定在苯胺点温度时会明显挥发的样品，如航空汽油。

1. 方法概要

将规定体积的苯胺与试样或苯胺与试样加入正庚烷置于试管中，搅拌混合物，以控制的速度加热混合物，直到混合物中的两相完全混溶，然后按控制的速度将混合物冷却，记录混合物两相分离时的温度，作为试样的苯胺点或混合苯胺点。

2. 报告

试验结束后报告的内容有：

(1) 注明对本标准的引用；

(2) 被测样品的类型和标识；

(3) 试验结果；

(4) 注明按协议或其他条件，与规定试验步骤存在的任何差别；

(5) 试验日期。

3. 精密度

重复性(r)：同一操作者重复测定的两个结果之差不应大于表 2-49 所列数值。

再现性(R)：不同实验室各自测出的两个结果之差不应大于表 2-49 所列数值。

表 2-49 精密度

测定项目	液体透明程度	重复性(r)/℃	再现性(R)/℃
苯胺点	浅色透明样品	0.2	0.5
	深色样品	0.3	1.0
混合苯胺点	浅色透明样品	0.2	0.7
	深色样品	0.3	1.0

在进行苯胺点试验时一定要注意的几个问题：

(1) 苯胺属于剧毒产品，容易通过皮肤吸收，因此试验前必须做好必要的防护措施；

(2) 苯胺容易氧化或者受潮，在使用前应对其进行蒸馏处理，舍弃前 10%(体积分数)和后 10%(体积分数)。或者将按照上述方法处理后的苯胺装在安瓿瓶中置于真空或干燥氮气保护下。

(二) 苯胺点试验的应用

(1) 通过苯胺点测定结果可以大致判断油品中各类烃类含量的多少。芳烃的苯胺点最低，链烷烃的苯胺点最高，环烷烃和烯烃的苯胺点处于芳烃与链烷烃之间，同系物中苯胺点随烃类相对分子质量增加而增加。对于润滑剂而言，芳香烃含量越高苯胺点就越低，芳香烃含量越低苯胺点就越高。

在Ⅰ类基础油技术指标中有苯胺点的报告指标项目。

(2) 苯胺点是基础油溶解性能的重要指标，基础油的苯胺点的指标越低，其溶解性能越好，苯胺点的指标越高，其溶解性能越差。

(3) 不少润滑剂有苯胺点指标要求，这与使用场合、密封部件等要求有关，如在橡胶操作油中需要将苯胺点控制在一定范围内，保证操作油正常使用。

二、碘值

(一) 碘值试验

GB/T 5532—2008 动植物油脂　碘值的测定，规定了动物脂肪和植物油中碘值的测定方法。标准修改采用 ISO 3961：1996 动植物油脂　碘值的测定(英文版)。

碘值：一定质量的样品在本标准规定的操作条件下吸收卤素的质量。用每 100g 油脂吸收碘的克数表示。

1. 方法概要

在溶剂中溶解试样，加入韦氏(Wijs)试剂反应一定时间后，加入碘化钾和水，用硫代硫酸钠溶液滴定析出的碘。

根据对试样碘值的预估，称取合适的试样量，见表2-50。

表2-50 试样称取范围

预估碘值/(g/100g)	试样质量/g	溶剂体积/mL
<1.5	15.00	25
1.5~2.5	10.00	25
2.5~5	3.00	20
5~20	1.00	20
20~50	0.40	20
50~100	0.20	20
100~150	0.13	20
150~200	0.10	20

注：试样的质量必须能保证所加入的韦氏(Wijs)试剂过量50%~60%，即吸收过量的100%~150%。

2. 碘值的计算

试样的碘值按式(2-26)计算：

$$W_1 = \frac{12.69 \times c \times (V_1 - V_2)}{m} \tag{2-26}$$

式中 W_1——试样的碘值，用每100g样品吸收碘的克数表示，g/100g,；

c——硫代硫酸钠标准溶液的浓度，mol/L；

V_1——空白溶液消耗硫代硫酸钠标准溶液的体积，mL；

V_2——样品溶液消耗硫代硫酸钠标准溶液的体积，mL；

m——试样的质量，g。

结果取值要求见表2-51。

表2-51 测定结果的取值要求

W_1/(g/100g)	结果取值到	W_1/(g/100g)	结果取值到
<20	0.1	>60	1
20~60	0.5		

3. 精密度

重复性(r)：在同一实验室，由同一操作者使用相同的设备，按相同的测试方法，并在短时间内对同一被测对象相互独立进行测试获得的两次独立测试结果的绝对差值不超过表2-52中规定的重复性(r)限值。

再现性(R)：在不同的实验室，由不同的操作者使用不同的设备，按相同的测试方法，对同一被测对象相互独立进行测试获得的两次独立测试结果的绝对差值不超过表2-52中规定的再现性(R)限值。

表 2-52　方法的精密度

W_1/(g/100g)	重复性(r)	再现性(R)
<20	0.2	0.7
20~50	1.3	3.0
50~100	2.0	3.0
100~135	3.5	5.0

4. 报告结果

报告的内容要详细，包括以下的内容：

(1) 若已知采样方法，则注明；

(2) 采用的检验方法；

(3) 测定结果；

(4) 如验证了结果的重复性，提出最终测定结果。

(二) 碘值试验的应用

(1) 碘值的大小在一定范围内反映了油脂的不饱和程度，碘值越高，表明不饱和脂肪酸的含量越多。反之，不饱和脂肪酸就越少。因此可以根据油脂的碘值判断油脂的干性程度。碘值大于 130g/100g 的油脂属于干性油；小于 100g/100g 的油脂属于不干性油；在 100~130g/100g 的油脂属于半干性油脂。

(2) 碘值是合成酯基础油重要的氧化安定性质量指标，合成酯基础油(循环油用)的碘值指标越小越好，而金属加工(全损耗型)需要碘值较高的合成酯。

(3)合成酯的碘值说明合成酯中还有没有反应的不饱和脂肪酸。

三、皂化值

(一) 皂化值试验

皂化值就是每 1g 试样在试验条件下消耗的氢氧化钾的毫克数。

GB/T 8021—2003 适用于测定在试验条件下，石油产品(如润滑油、添加剂、传动液等)中可皂化的组分含量。标准包括两种测定方法：方法 A——颜色指示剂法和方法 B——电位滴定法。标准修改采用 ASTM D94—00 石油产品皂化值测定法。

1. 方法概要

将一定量的试样溶解在适宜的溶剂中，如丁酮(甲基乙基酮)、二甲苯、溶剂油或它们的混合溶剂中，并与定量的氢氧化钾乙醇溶液一起加热。过量的碱用酸标准溶液进行滴定，用颜色指示剂法(方法 A)或电位滴定法(方法 B)来确定滴定终点，最后计算出试样的皂化值。

方法 A 与方法 B 试样取样推荐范围见表 2-53。

表 2-53　推荐称取试样量范围

皂化值/(mgKOH/g)	试样量/g	皂化值/(mgKOH/g)	试样量/g
181~400	1	31~70	5
111~180	2	16~30	10
71~110	3	0~15	20

2. 结果的报告

测试结果报告的内容有：

（1）对于皂化值低于 50mgKOH/g 的试样，报告结果精确到 0. 5mgKOH/g。

（2）对于皂化值大于或等于 50mgKOH/g 的试样，报告结果精确到整数。

（3）对于电气绝缘油，报告结果准确到 0. 1mgKOH/g。

（4）报告皂化值结果时，要注明采用的方法，如：GB/T 8021—2003 的方法 A 或方法 B。

3. 精密度

（1）方法 A——颜色指示剂法：

重复性(r)：同一操作者用同样的仪器、在相同的试验条件下对同一试样进行重复测定，所得的两个结果之差不能超过图 2-31 所示数据。

再现性(R)：不同的操作者在不同的试验室对同一试样进行测定，其中所得的两个独立的结果之差不能超过图 2-31 所示数据。

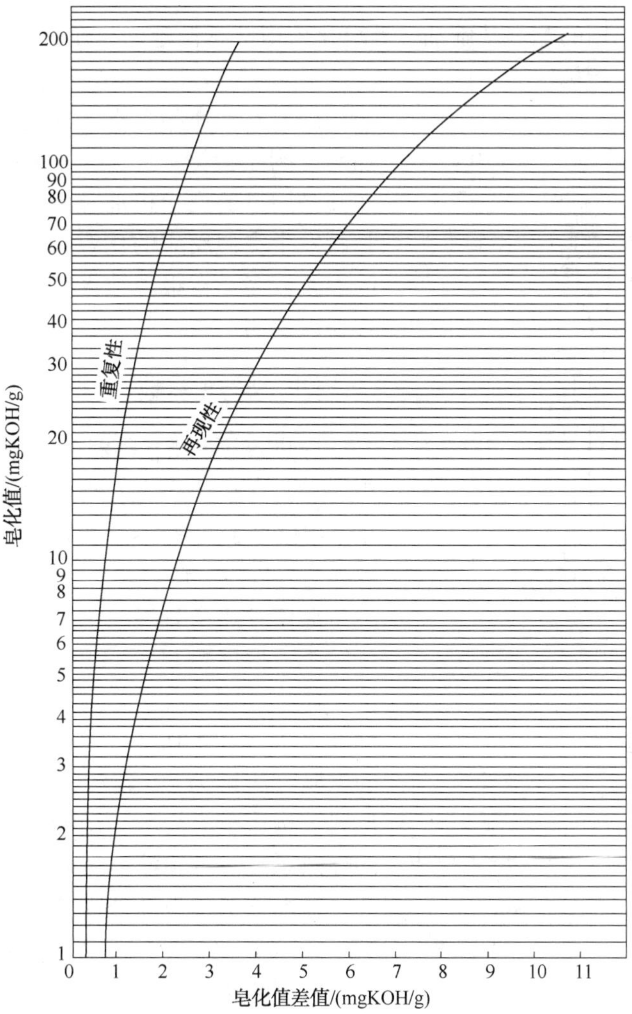

图 2-31 精密度图

注：在图 2-31 中并没有给出深颜色的新油、旧油或在皂化过程中溶液颜色变深的油品的精密度数据。因为深色油品会干扰滴定终点的判断。对于这类油样，可以用电位滴定法(方法 B)测定。

(2) 方法 B——电位滴定法：

重复性(*r*)：同一操作者用同样的仪器、在相同的试验条件下对同一试样重复测定，所得两个结果之差不超过 2. 76mgKOH/g。

再现性(*R*)：不同操作者在不同的试验室对同一试样进行测定，其中所得两个独立结果之差不超过 10. 4mgKOH/g。

(二) 皂化值试验

(1) 润滑油和添加剂的产品规格中，有的产品规定了皂化值的指标；皂化值的大小间接反映油脂中脂肪酸组成及甘油含量；同时利用油脂皂化值可计算出以油脂为基础的相关生物技术参数。油脂中皂化物包括脂肪酸甘油酯和游离脂肪酸，一般来说，脂肪酸甘油酯相对分子质量愈小，皂化值愈高。

(2) 作为合成油用的酯类基础油，其皂化值指标越低越好。作为某一添加剂使用的则要求皂化值不小于某一指标。

(3) 石油产品含有一些能与碱形成金属皂的添加剂，例如脂类。此外，有些用过的机械润滑油，尤其是用过的汽轮机油和内燃机油，也含有一些能与碱发生类似反应的化合物。显然测定皂化值影响的因素较多，在报告结果时一定要对外界的影响因素加以说明。

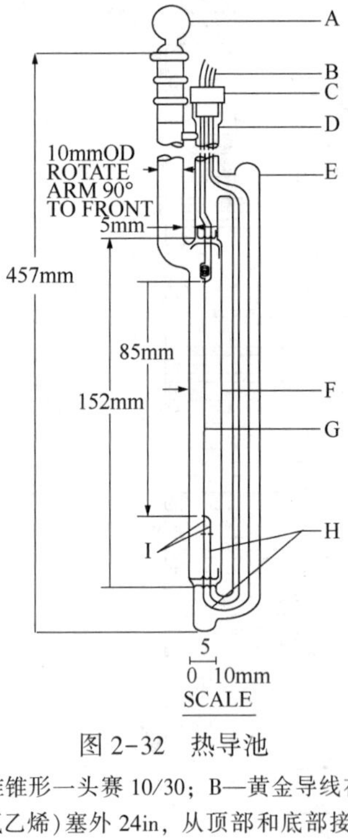

图 2-32　热导池

A—标准锥形一头赛 10/30；B—黄金导线在 PTFE(聚四氟乙烯)塞外 24in，从顶部和底部接触导线的长度相等，顶部过剩导线必须定位至管侧而不是向电导池顶部延伸；C—PTFE(聚四氟乙烯)插头上电线孔；D—9mm 外径的硼硅玻璃；E—顶盖和侧管装满同样高度的 350～500cSt 硅油；F—在硼硅玻璃管上，内径(10. 744±0. 0127)mm 精准孔；G—直径为 0. 0584mm 铂金丝；H—用 0. 502mm 铂金丝通过玻璃，增加长度 0. 502mm 的金导线；I—0. 203mm 直径铂

四、导热系数

导热系数是指在等温面单位垂直距离处其温度差为1℃时，由于传导而在单位时间内穿过单位面积的热量。单位是 J/(cm · s · ℃)或 W/(cm · ℃)。油品的导热系数与其组成、结构、密度、压强和温度有关。

液体导热系数的测定方法可分为相对法和绝对法两类，根据测试元件的结构形式又可分为平板法、球法、圈筒法、盘法和热-丝法等数种。美国标准方法 ASTM D2717—95(2009)液体的导热系数的试验方法即为热-丝法，它是圆筒法的一种特殊形式。构造较为简单，用油量少，适用于测定液体的导热系数。试验液体对硼硅玻璃和铂不起化学反应，适度透明或有红外吸收并在试验温度下蒸气压低于 26. 6kPa(200Torr，200mmHg)。

该方法所用热导池是将一个直的四线铂电阻温度计元件同心地固定在一支长的小直径的经过精密钻孔的硼硅玻璃管中制成，见图 2-32。

通过精密测量池的尺寸和测定铂元件的温度-电阻特性，对热导池进行校正。然后通电加热铂元件，将一个已知能量引入热导池内，测量跨越液体样品的温度梯度，便测得导热系数(表2-54，表2-55)。

液体的导热系数按下列关系式计算：

$$K_L=\frac{A}{4.19\Delta T/I^2R}-B \tag{2-27}$$

$$A=\frac{\ln\left(\frac{r_i}{r_f}\right)}{2\pi L},\ \mathrm{cm^{-1}}$$

$$B=\frac{\ln\left(\frac{r_o}{r_i}\right)}{2\pi LK_G},\ \mathrm{s\cdot ℃/cal}$$

式中 T_f——热丝温度,℃；

T_b——恒温浴温度,℃；

$\Delta T=T_f-T_b$,℃；

r_f——热丝半径，cm；

r_i——管子的内半径，cm；

r_o——管子的外半径，cm；

L——管子有效长度，cm；

R——热丝的电阻，Ω；

I——通过热丝的电流，A；

K_L——液体的导热系数，cal/(s·cm·℃)；

K_G——硼硅玻璃管子的导热系数，cal/(s·cm·℃)。

表2-54 导热系数的单位互换系数

	W/(cm·℃)	cal/(s·cm·℃)	kcal/(m·h·℃)	Btu·in/(ft²·h·℉)
W/(cm·℃)	1	0.2389	86.00	693.7
cal/(s·cm·℃)	4.184	1	360	2903
kcal/(m·h·℃)	0.01163	0.002778	1	8.064
Btu·in/(ft²·h·℉)	0.001442	0.0003445	0.1240	1

注：1Btu(英国热单位)=1055.07J；1cal=4.1868J。

表2-55 水在不同温度下的导热系数

温度/℃	导热系数/[J/(s·cm·℃)]	温度/℃	导热系数/[J/(s·cm·℃)]
25	610.7×10^{-5}	75	666.3×10^{-5}
50	644.2×10^{-5}		

数据来自：Jamieson D T，Tudhope J S. A Simple Device for Mearsuing the Themal Conductivity of Liquids with Moderate Accuracy[J]. Journal of the Institute of Petroleum，50，164：150-153.

按照ASTM D2717—95(2009)初步估计同一操作者的重复性为两个结果的平均值

的 10%。

油品的导热系数是热力机械设计计算中不可缺少的物理参数。

五、比热容

比热容(Specific Heat Capacity)，即单位质量物体改变单位温度时吸收或放出的热量。又称比热容量，简称比热(Specific Heat)，是单位质量物质的热容量。

物质的比热容与所进行的过程有关。在工程应用上常用的有定压比热容 C_p、定容比热容 C_v 和饱和状态比热容三种。

定压比热容 C_p 是单位质量的物质在压力不变的条件下，温度升高或下降 1℃或 1K 所吸收或放出的能量。

定容比热容 C_v 是单位质量的物质在容积(体积)不变的条件下，温度升高或下降 1℃或 1K 吸收或放出的能量。

饱和状态比热容是单位质量的物质在某饱和状态时，温度升高或下降 1℃或 1K 所吸收或放出的热量。

当前 ASTM E1269—11(R2018)用差式扫描量热仪(DSC)测定比热容。ASTM E1269—11(R2018)标准试验方法可测试温度范围在-100~600℃内，固体样品或液体样品的比热容详见 ASTM E1269—11(R2018)。

第三章　润滑油脂的模拟性能试验与应用

第一节　氧化安定性

润滑油在加热和金属的催化作用下抵抗氧化变质的能力称为润滑油的氧化安定性。

润滑油的氧化安定性是润滑油最重要的质量指标之一，关系到油品的使用寿命、设备运行寿命及相关的经济性能等。润滑油的氧化安定性差，在使用时就容易氧化变质，生成的有机酸增多，酸值增大，可能腐蚀机械零件，特别是有低分子有机酸和水存在的情况下，腐蚀更为严重。润滑油氧化的结果是黏度逐渐增大(聚醚油除外)，流动性变差，同时还产生沉淀、胶质和沥青质，这些物质沉积于机械零件表面上，恶化散热条件，阻塞油路，增加摩擦磨损，造成一系列恶果。若抗磨液压油、涡轮机油等循环系统用油的氧化安定性差，油品就容易氧化变质和乳化。变压器油的氧化安定性差，油品容易氧化而使其绝缘强度下降，黏度增大，使其冷却散热作用变差，而且产生的沉淀沉积在变压器的线圈表面，堵塞线圈冷却的通路，造成过热甚至烧坏设备。所以对这些润滑油必须严格测定其氧化安定性。氧化安定性是所有润滑油都必须具备的性能，氧化安定性是反映润滑油在实际使用、储存和运输过程中氧化变质或老化倾向的重要特性，是润滑油非常重要的质量指标，也是评判润滑油使用寿命或老化程度的一个关键指标。

润滑油的氧化安定性主要决定于其化学组成。此外也与使用条件如温度、氧压、接触金属、接触面积、氧化时间等有关。因而评价各种润滑油的氧化安定性的氧化试验条件各不同，均需根据被测润滑油的使用情况来选择合适的试验条件。

氧化安定性试验方法，根据使用仪器设备的不同，可以分为：旋转氧弹试验法、氧化管试验法、设备模拟试验法和仪器分析试验法；根据试验油数量与氧的接触程度又可以分为：厚油层氧化试验法和薄油层氧化试验法。

润滑油的氧化试验一般是在一定量的试验油品中，放入某种(或多种)特定金属片(丝)作催化剂，在一定温度下，通入一定量的空气(或氧气)，经过规定的试验时间后，测定试油氧化后的酸值、黏度和金属片(丝)的质量和表观变化以及沉淀物的生成量，或者测定黏度、酸值达到规定值所经过的试验时间。

不同类型润滑剂的氧化性试验方法条件存在显著差异，它们之间部分方法可以直接或修改条件用于评定不同润滑剂产品，有些方法则不适用。因此在进行试验时必须按照产品的属性，选取合适的氧化试验方法。

一、基础油、汽轮机油、液压油氧化试验

(一) 基础油、汽轮机油、液压油氧化安定性试验方法

1. 旋转氧弹法 SH/T 0193—2008(容量氧化——RPVOT)

SH/T 0193—2008 润滑油氧化安定性的测定 旋转氧弹法，修改采用 ASTM D2272—02 涡

轮机油氧化安定性测定法——旋转氧弹法。

标准利用一个氧压力容器(氧弹)，在水和铜催化剂存在的条件下，在150℃评定具有相同组成(基础油和添加剂)新的和使用中的涡轮机油的氧化安定性。

(1) 方法概要。将试样、蒸馏水和铜催化剂线圈一起放到一个带盖的玻璃盛样器内，置于装有压力表的氧弹中。氧弹在室温下充入620kPa氧气，放入规定的恒温油浴中(涡轮机油150℃，矿物绝缘油140℃)，使其以100r/min的速度与水平面成30°角轴向旋转。试验达到规定的压力降(一般为从最高点下降超过175kPa)所需的时间(min)即为试样的氧化安定性。

(2) 试验曲线。试验曲线见图3-1。在图中典型试验曲线为曲线A，预计最大压力在30min内达到，形成一个压力平稳阶段，然后可以观察到诱导期的快速压降。曲线B中，诱导期法转折点到达之前，压力有一个平缓降低，对此比较难评价。虽然一些合成液体会产生此类型的曲线，但是压力的逐渐降低也可能是因氧弹装置泄漏造成的。若怀疑装置有泄漏，可用另外一个氧弹装置重新试验。若重复试验仍是相同类型的曲线，则认为试验结果是有效的。

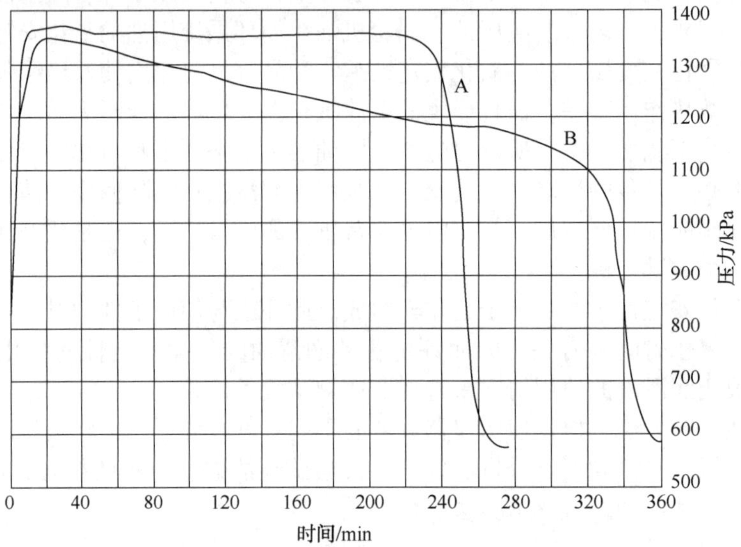

图3-1 两个旋转氧弹试验的压力和时间关系曲线

(3) 试验结果的报告。根据图3-1曲线A，观察记录的压力-时间曲线并确立曲线中的平稳压力。记录压力从平稳压力下降175kPa的时间。若重复试验，两个平稳压力之差不应超过35kPa。

根据图3-1曲线B，观察记录的压力-时间曲线并确立试验在初始30min内达到最大的压力。记录压力从平稳压力下降175kPa的时间。若重复试验，两个平稳压力之差不应超过35kPa。

(4) 精密度。重复性(r)：同一操作者，使用同一仪器对同一样品进行测定，所得连续测定结果之差，不应超过表3-1的数值。

再现性(R)：不同操作者，在不同实验室对同一样品进行测定所得到两个独立的结果之差，不应超过表3-1的数值。

表 3-1 SH/T 0193—2008 标准精密度

油品类型	重复性/min	再现性/min
矿物绝缘油	23	43
涡轮机油	0.12 $\overline{X}_1$	0.22 $\overline{X}_2$

注：$\overline{X}_1$——重复测定结果的算术平均值，min。

$\overline{X}_2$——两个独立测定结果的算术平均值，min。

2. SH/T 0124—2000 含抗氧剂的汽轮机油氧化安定性测定

对于含抗氧剂的涡轮机油采用 SH/T 0124—2000 含抗氧剂的汽轮机油氧化安定性测定法。标准规定了未使用过的含抗氧剂的矿物汽轮机油抗氧化能力的测定方法，该方法也适用于其他类型的润滑油，如液压系统用油。该标准等效采用 IP 280—1996 石油产品及润滑剂-含抗氧剂的矿物汽轮机油氧化安定性测定法而制订。

(1) 方法概要：将装有试样(试样中含有油溶性环烷酸铁、环烷酸铜催化剂)的氧化管放入温度为 120℃的加热浴中通氧 164h，试验结束后测定挥发性酸值、可溶性酸值及油泥含量。如需要测定挥发性酸逸出速率达到显著增高的时间(诱导期)，可每日测定挥发性酸值，绘制酸值-时间曲线。

(2) 装置情况：SH/T 0124—2000 由氧化管与吸收管(见图 3-2)、铝合金加热浴(见图 3-3)组成。

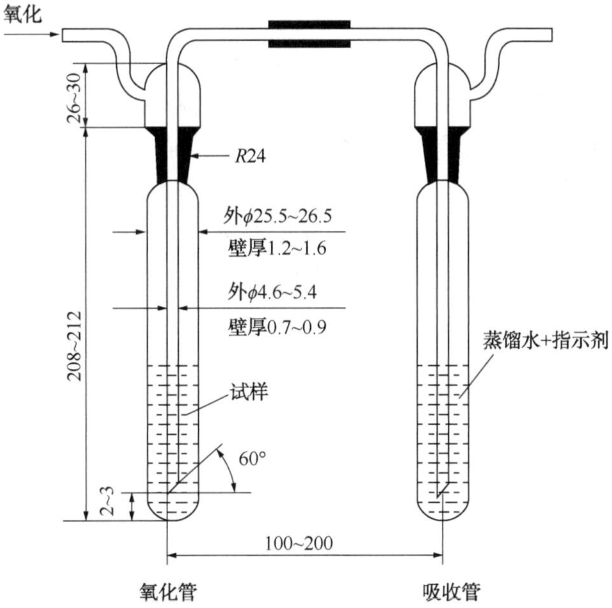

图 3-2 氧化管与吸收管

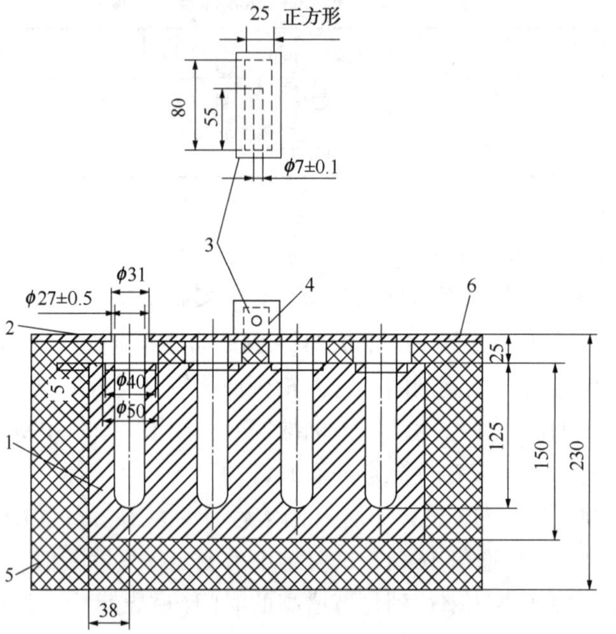

图 3-3 典型铝合金加热浴

1—铝合金加热块；2—铝合金环；3—铝合金温度测量块；4—绝热盖；5—绝热层；6—顶盖

（3）试验后的计算：挥发性酸值 X_1(mgKOH/g)按式(3-1)计算：

$$X_1 = \frac{V_1 \times c \times 0.0561 \times 1000}{25} \tag{3-1}$$

式中 V_1——滴定挥发性酸时，所消耗的氢氧化钾-乙醇标准滴定溶液的体积，mL；

c——氢氧化钾-乙醇标准滴定溶液的实际浓度，mol/L；

25——试样的质量，g；

0.0561——与 1.00mL 氢氧化钾-乙醇标准滴定溶液 c(KOH) = 1.000mol/L 相当的以克表示的挥发性酸(以氢氧化钾表示)的质量。

总油泥含量 D[%(m/m)]按式(3-2)计算：

$$D = 4(m_1 + m_2) \tag{3-2}$$

式中 m_1——不溶于正庚烷的油泥质量，g；

m_2——二氯甲烷回收的油泥质量，g；

4——变换百分数的系数。

可溶性酸值 X_2(mgKOH/g)按式(3-3)计算：

$$X_2 = \frac{V_2 \times 0.0561 \times c \times 1000}{25 \times V_3 \times 500} \tag{3-3}$$

式中 V_2——中和氧化油/正庚烷溶液所消耗的氢氧化钾-乙醇标准滴定溶液的体积，mL；

c——氢氧化钾-乙醇标准滴定溶液的实际浓度，mol/L；

25——试样的质量，g；

V_3——实际取用的氧化油/正庚烷溶液的体积，mL；

500——氧化油用正庚烷稀释后的体积；

0.0561——与 1.00mL 氢氧化钾-乙醇标准滴定溶液 $c(KOH)=1.000mol/L$ 相当的以克表示的挥发性酸(以氢氧化钾表示)的质量。

总酸值 X(mgKOH/g)按式(3-4)计算:

$$X=X_1+X_2 \tag{3-4}$$

总氧化产物 TOP[%(m/m)]按式(3-5)计算:

$$TOP=D+180X/561 \tag{3-5}$$

式中 D——总油泥含量;

X——总酸值;

180——氧化酸性产物以 g/mol 为单位的平均相对摩尔质量;

561——氢氧化钾以 g/mol 为单位的摩尔质量的 10 倍。

(4) 报告试验结果:试验结束后,报告的内容有:

氧化后的总酸值,精确到 0.01mgKOH/g;

总油泥含量与总氧化产物含量以质量分数表示,精确到 0.01%;

总油泥含量与总氧化产物之比,精确到整数。

(5) 精密度。重复性:同一操作者对同一试样重复测定的两个结果之差不应大于表 3-2 所列数值。

再现性:不同实验室对同一试样各自提出的两个结果之差不应大于表 3-2 所列数值。

表 3-2 SH/T 0124—2000 标准精密度

	重复性	再现性
总酸值/(mgKOH/g)	$0.228\,\overline{X}^{0.8}$	$0.747\,\overline{X}^{0.8}$
总油泥含量/%	$0.283\,\overline{X}^{0.666}$	$0.821\,\overline{X}^{0.666}$
总氧化产物(TOP)/%	$0.192\,\overline{X}$	$0.685\,\overline{X}$

注:$\overline{X}$——两个测定结果的平均值。

3. GB/T 12581—2006(TOST)加抑制剂矿物油的氧化特性测定

测定标准 GB/T 12581—2006 加抑制剂矿物油的氧化特性测定法,本标准修改采用 ASTM D943—04a 加抑制剂矿物油的氧化特性测定法。

在高温下并有氧气、水、金属铜和铁存在时,评价加抑制剂的多种润滑油氧化安定性的方法,适用于相对密度小于水并含有防锈剂和抗氧剂的油品,目前广泛用于评价如液压油、涡轮机油和其他循环油的氧化安定性能。

(1) 方法概要:试样在水和铁-铜催化剂存在下,在 95℃与氧反应,试验连续进行直到试样的酸值达到或者超过 2.0mgKOH/g。使试样酸值达到 2.0mgKOH/g 所需要的试验时间就是“氧化寿命”。

试验在 500h 开始取样,以后每 168h 取样一次,每次取 3mL 化验酸值;试验时间达到 3000h 以后,采样时间变更为每(500±25)h 采样一次,方法限定最长试验时间为 10000h,超过 10000h 以后,由于不断采样导致金属催化剂线圈暴露在空气中。这种暴露对油品氧化寿命的影响还没有确定。

(2) 试验设备:加抑制剂矿物油的氧化特性测定法试验设备见图 3-4。

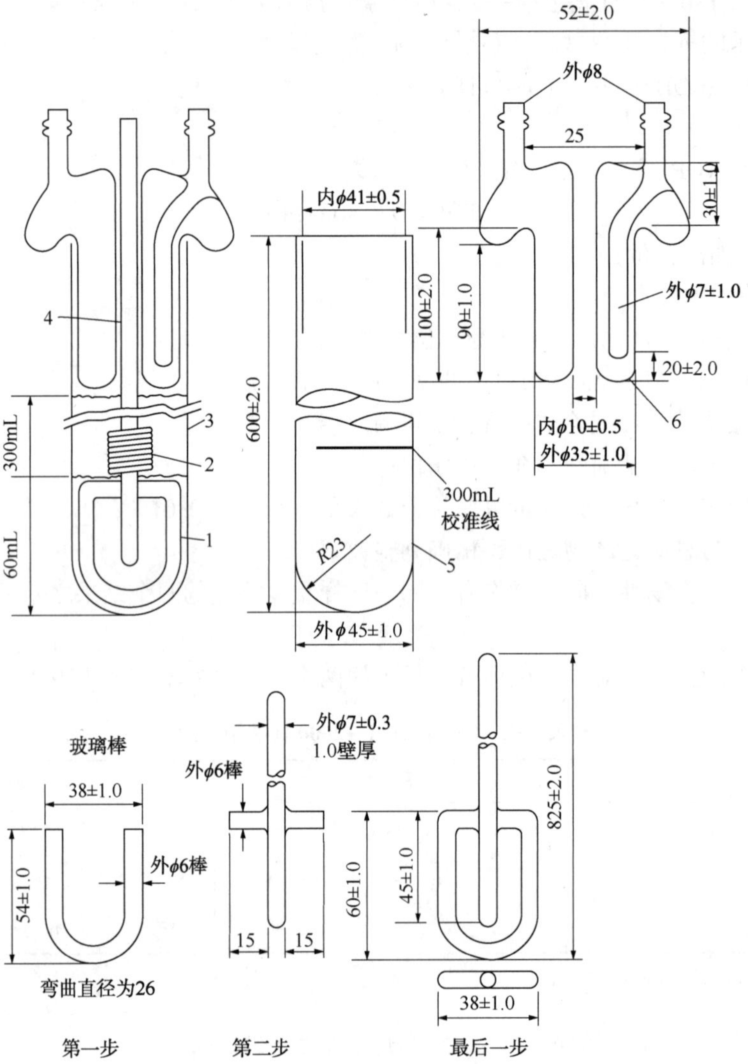

图 3-4　氧化管(单位：mm)

1—蒸馏水；2—催化剂线圈；3—试样；4—氧气导管；5—试管；6—冷凝管

(3) 计算：

计算酸值，达到 2. 0mgKOH/g 时的时间(氧化寿命)H，按式(3-6)进行：

$$H=A+\left[\frac{2.0-C}{D-C}\right]\times(B-A) \tag{3-6}$$

式中 A——最后测定酸值低于 2. 0mgKOH/g 的时间，h；

B——测定酸值高于 2. 0mgKOH/g 的时间，h；

C——在 A 小时的酸值，mgKOH/g；

D——在 B 小时的酸值，mgKOH/g。

(4) 报告：试验结束后报告试样氧化至酸值达到 2. 0mgKOH/g 时计算的小时数(氧化寿命)，h。

需要注意的是在报告试验结果时若试验时间超过 10000h，酸值仍未达到 2.0mgKOH/g，则要以大于 10000h(酸值=×.××)的形式报告氧化寿命和酸值。

(5) 精密度：试验时间在 700~3900h 范围时，重复性与再现性指标见表 3-3。

重复性：同一操作者，使用同一仪器，按相同的试验方法对同一试样测定的两个连续结果之差不应大于表 3-3 所列数值。

再现性：不同操作者，在不同实验室，使用不同的仪器，用系统的方法对同一试样测得的两个单一、独立试验结果之差不应大于表 3-3 所列数值。

表 3-3 GB/T 12581—2006 标准精密度

重复性/h	再现性/h
$0.192\,\overline{X}_1$	$0.332\,\overline{X}_2$

注：$\overline{X}_1$——重复测定结果的算术平均值，h。

$\overline{X}_2$——两个独立测定结果的算术平均值，h。

4. SH/T 0565—2008 加抑制剂矿物油的油泥和腐蚀趋势测定

油品在使用过程中由于有一定的温度且有水和氧气存在，并在金属的催化作用下，油品被氧化而形成不溶物。SH/T 0565—2008 标准是对 GB/T 12581—2006 的修改，试验中所用的氧化管、催化剂材料以及催化剂处理、烧制与 GB/T 12581—2006 一致。

SH/T 0565—2008 加抑制剂矿物油的油泥和腐蚀趋势测定法规定了高温下，在氧气、水、金属铜和铁存在时，评价加抑制剂的矿物油型汽轮机油和矿物油型抗磨液压油对铜催化剂金属腐蚀并形成油泥的趋势。

完成 1000h 氧化试验后，进行相关项目的测定时分为步骤 A 和步骤 B。其中步骤 A 测定和报告油泥的质量以及油、水和油泥中铜的重量；步骤 B 仅要求测定油泥的质量。两个步骤中酸值的测定都是可选的。

标准修改采用 ASTM D4310—06b 加抑制剂矿物油的油泥和腐蚀趋势测定法。

(1) 方法概要：试样在 95℃并有水和铁-铜催化剂存在的情况下，与氧接触 1000h。用 5μm 孔径滤膜过滤氧化管内的不溶物，用重量法测定不溶物的质量。并测定在油、水和油泥相中铜的总量。

注：有时某些试验者可以随意选择试验内容：(a)评价催化剂线圈的质量变化，或(b)测定样品氧化 1000h 的酸值，或以上两项都做。酸值测定可以作为确定不溶物测定是否可靠的依据。通常，对高度氧化的油品(酸值大于 2.0mgKOH/g)不建议做进一步试验。

(2) 试验设备：SH/T 0565—2008 方法试验设备见图 3-4。

(3) 测试结果报告：报告试验使用的试验方法号(步骤 A 或步骤 B)。

步骤 A：

不溶物的质量，mg；

油、水和不溶物中铜的总质量，mg；

如果催化剂金属的腐蚀等级也作要求，使用标准附录 B 提供的方法；

试验结束时试样的酸值，mgKOH/g，以及使用的测定方法(可选)。

步骤 B：

不溶物的质量，mg；

试验结束时试样的酸值，mgKOH/g，以及使用的测定方法(可选)。

(4) 精密度：

重复性(r)：同一操作者用同样的仪器、在相同的试验条件下对同一试样重复测定，所得两个结果之差不超过表3-4的数值。

再现性(R)：不同操作者在不同的实验室对同一试样进行测定，其中所得两个独立结果之差不超过表3-4的数值。

表3-4 方法的精密度

	重复性(r)/mg	再现性(R)/mg
不溶物(油泥)质量	$4.6\overline{X}_1^{\frac{2}{3}}$	$6.3\overline{X}_2^{\frac{2}{3}}$
铜总质量	$1.2\overline{X}_1^{\frac{4}{5}}$	$3.3\overline{X}_2^{\frac{4}{5}}$

注：$\overline{X}_1$为两个重复测定结果的平均值；$\overline{X}_2$为两个测定结果的平均值。

(二) 基础油、汽轮机油、液压油氧化安定性试验的应用

(1) SH/T 0193—2008、SH/T 0124—2000、GB/T 12581—2006、SH/T 0565—2008属于厚油层氧化，只适用于如厚油工况下的汽轮机油、液压设备工况下的涡轮机油、液压油等的氧化试验；而发动机油、空压机油工况属于薄油层氧化，其试验方法不适用采用厚层油氧化试验的大部分工业润滑油。

(2) SH/T 0193—2008 润滑油氧化安定性的测定 旋转氧弹法只适用于快速测定加抗氧剂的基础油、涡轮机油、液压油等的氧化安定性，可在140℃条件下快速评定含2,6-二叔丁基对甲酚和(或)2,6-二叔丁基对苯酚抗氧剂的新矿物绝缘油的氧化安定性，但不适用于测定40℃时运动黏度大于12mm²/s的含抗氧剂的矿物绝缘油。

特别强调，不能用于测定发动机油和含有极压抗磨剂的润滑油的氧化试验。

(3) SH/T 0124—2000 含抗氧剂的汽轮机油氧化安定性测定法(等效采用IP 280—1996试验方法)，适用于含抗氧剂的涡轮机油、液压系统循环油的氧化性能测试，试验结果与油品使用寿命有一定关联。

(4) GB/T 12581—2006(ASTM D943—04a)广泛用于产品规格及评价润滑剂，特别是易被水污染的润滑剂的氧化安定性，如，汽轮机油、抗磨液压油、螺杆式空气压缩机油、造纸机循环油等用于循环系统的油品。

该试验方法的结果与油品的使用寿命有较好的关联性。

但需要指出的是，测试结果与现场使用的润滑剂的氧化安定性之间的相关性随着使用条件、环境和润滑剂的不同而有显著差异。

随着APIⅡ、Ⅲ类基础油及合成润滑油基础油在工业润滑油中的广泛使用，用其生产的润滑油产品抗氧化能力显著提高，可能会出现试验结果超过10000h，因此在进行试验时要特别注意。

对于使用APIⅡ、Ⅲ类基础油及合成润滑油基础油生产的润滑剂，可采取减少取样次数或者延长采样时间的办法进行试验，超过10000h建议终止试验。

(5) SH/T 0565—2008标准是对GB/T 12581—2006的修改，适合测定相对密度小于水并含有防锈剂和抗氧剂的循环油。可以选用测试。

二、内燃机油氧化试验

（一）内燃机油氧化试验方法

1. SH/T 0299—1992(2004)内燃机油氧化试验

SH/T 0299—1992(2004)内燃机油氧化试验方法规定了测定内燃机油的方法。主要用于模拟评定、发动机油应用研究及配方筛选等。

（1）方法概要：将40mL试样与处理后称量好的铜片、铅片及铁片一起置于试验玻璃管内，选择强化或非强化试验条件将试样氧化，用氧化前后试样中金属片质量变化、50℃运动黏度变化、氧化后正戊烷不溶物及试样蒸气的酸碱性进行评分，以其之和的总评分来表示试样的氧化安定性。总评分越低说明其氧化安定性越好。

试验条件分为强化与非强化试验两种，具体如下：

非强化试验条件——氧化温度160℃、通氧量(200±10)mL/min，氧化时间6h。

强化试验条件——氧化温度165℃、通氧量(200±10)mL/min，氧化时间12h。

（2）结果计算：试样的氧化安定性以六个单项指标评分总和计算。六个单项指标的评分分别按照各自规定的计算标准进行。

铜片评分 X 按照式(3-7)计算：

$$X=\frac{X_1}{1} \tag{3-7}$$

式中 X_1——铜片失重或增重，mg；

1——计算标准，mg。

铅片评分 Y 按式(3-8)计算：

$$Y=\frac{Y_1}{10} \tag{3-8}$$

式中 Y_1——铅片失重或增重，mg；

10——计算标准，mg。

50℃运动黏度评分 Z 按式(3-9)计算：

$$Z=\frac{Z_1}{5} \tag{3-9}$$

式中 Z_1——50℃运动黏度增长率，%；

5——计算标准，%。

50℃运动黏度增长率 Z_1(%)按式(3-10)计算：

$$Z_1=\frac{\vartheta_2-\vartheta_1}{\vartheta_1}\times100 \tag{3-10}$$

式中 ϑ_1——试验前50℃运动黏度，mm^2/s；

ϑ_2——试验后50℃运动黏度，mm^2/s。

颜色评分 E 按式(3-11)进行：

$$E=\frac{E_1}{30} \tag{3-11}$$

式中　E_1——试样氧化前后透光率之差；

30——计算标准。

以上各式计算精确至小数点后两位。

正戊烷不溶物评分：氧化后正戊烷不溶物达到和超过0.1%才评分。0.1%计5分，每增加0.1%递加1分。

（3）报告：重复测定两个试验结果的算术平均值作为内燃机油氧化安定性测定结果进行报告。

（4）精密度：

重复性：对总评分50分以下的试样同一操作者重复测定的两个结果与其算术平均值的差值，不应大于其算术平均值的15%。

2. SH/T 0074—1991 汽油机油薄层吸氧氧化试验方法　薄膜氧化试验TFOUT方法（ASTM D4742—88）

SH/T 0074—1991 汽油机油薄层吸氧氧化试验方法规定了用高温薄层吸氧模拟评定法测定汽油机油的氧化安定性。适合评定100℃运动黏度在4～21mm²/s的汽油机油在高温条件下的氧化安定性，可作为MS程序ⅢD方法的筛选试验。标准参照采用ASTM D4742—88汽油机油薄层吸氧氧化安定性测定法(TFOUT法)。

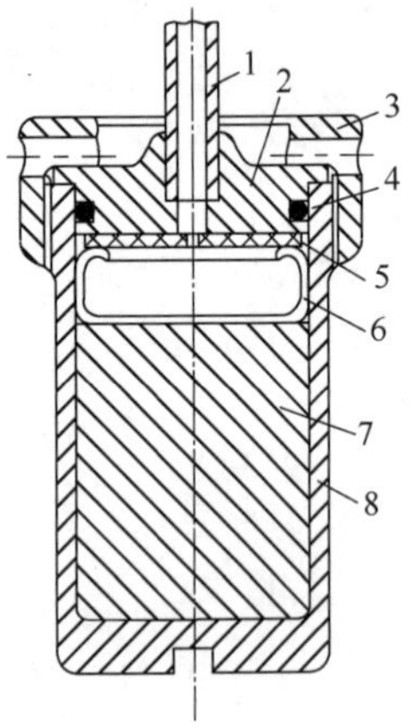

图3-5　改造后旋转氧弹仪装配图

1—弹柄；2—平盖；3—锁环；4—O形密封圈；5—聚四氟乙烯盖；6—盛样器；7—填充铝锭；8—弹体

本方法是使用改进后的旋转氧弹仪，盛样器、填充铝锭及装配图见图3-5～图3-7；使用氧化/硝化过的燃料、复合的环烷酸盐及水为催化剂。

（1）方法概要：将试样[(1.50±0.01)g]、两种催化剂(燃油组分催化剂80μL，可溶性金属催化剂70μL)及蒸馏水(30μL)混合于专用玻璃容器内，放入一个装有压力表的氧弹中。氧弹在室温下充入620kPa(90psi)压力的氧气后，将弹体放置于(160±0.1)℃的恒温油浴中，与水平成30°，以(100±5)r/min的速度轴向旋转。试样在容器中形成油薄膜，油和氧气进行有效接触。当试验达到规定的压力降(从最高压力点下降超过172kPa)时，记录所用时间。根据试验时间来评定汽油机油的高温氧化安定性。

（2）试验仪器：汽油机油薄膜氧化试验仪器见图3-5～图3-7。

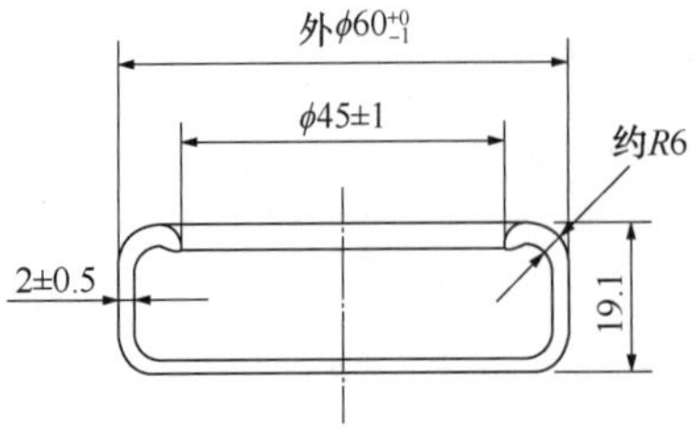

图3-6　玻璃盛样器

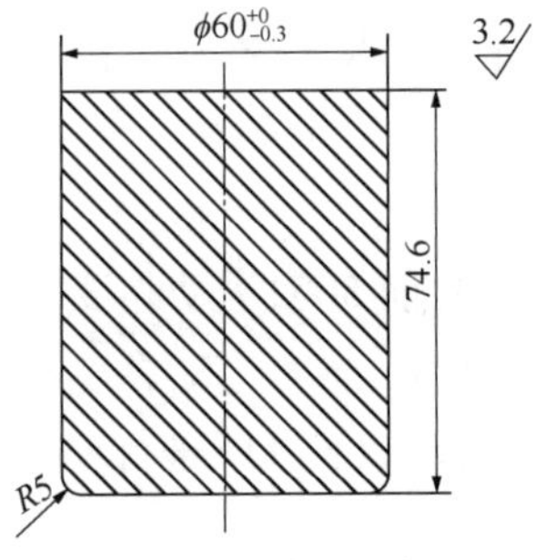

图3-7　填充铝锭

(3) 报告：试验结束后，报告汽油机油的氧化诱导期。

汽油机油氧化诱导期为从氧弹开始试验到压力从最高点下降172kPa(25psi)的时间，单位为min。最后报告两次试验结果的平均值，单位为min。

(4) 精密度：

重复性：同一操作者使用同一台仪器和相同试验材料，按照测试方法正常准确地操作，且仪器运行稳定的状况下连续测定20次结果，只允许一次超过表3-5的数值。

再现性：由不同操作者在不同的实验室使用相同的试验材料，按照正常准确的测试方法测定20次试验结果，只允许一次超过表3-5的数值。

表3-5 SH/T 0074—1991精密度 min

重复性	再现性
$0.10(\overline{X}_1+5)$	$0.22(\overline{X}_2+5)$

注：$\overline{X}_1$为重复测定的平均值，min；

$\overline{X}_2$为两个实验室的平均结果，min。

3. Penn State微氧化试验

Penn State微氧化试验是美国宾夕法尼亚大学(University of Pennsylvania)Klaus教授等人于1979年发明的，所以称为Penn State微氧化试验方法。本方法是一种薄层膜试验，与发动机中润滑油氧化最严重的区域条件相近，可提供润滑油在初始氧化、蒸发、聚合及不溶物的形成等多方面信息。

Penn State微氧化试验是一种非常有效且简单的实验室评价方法，润滑油用量少，评价时间短，可半定量分析氧化产物及其组成。目前，国内外一些润滑油及添加剂公司将该方法作为评价发动机润滑油氧化的方法之一。

按照发动机油程序ⅢD的评定条件，Penn State微氧化试验结果与程序ⅢD有较好的对应性。模拟汽油机油试验在225℃和空气流速20mL/min条件下，将20μL样品装于面积为$214mm^2$的试验杯中，以薄膜的形式暴露于空气中，催化剂油杯直径为19mm，深度为1mm，材质为低碳钢，20μL样品在催化剂油杯中形成约80μm厚的油膜。Penn State润滑油微氧化试验装置见图3-8。

通过试验前对催化剂油杯与试样质量称量，试验后用四氢呋喃清洗前称量试验杯，清洗后经真空干燥后称量。

Penn State润滑油微氧化试验的结果表明，形成高分子氧化产物的趋势与发动机试验具有较好的相关性。在试验中戊烷不溶物作为润滑油降解的评定标准，这样的结果与发动机试验结果更为一致。

Penn State润滑油微氧化试验也可用于评价润滑脂的氧化性能。Klaus等人的试验结果表明润滑脂的厚度在其氧化过程中是一个重要因素，润滑脂的厚度越厚，其氧化安定性就越差，也就

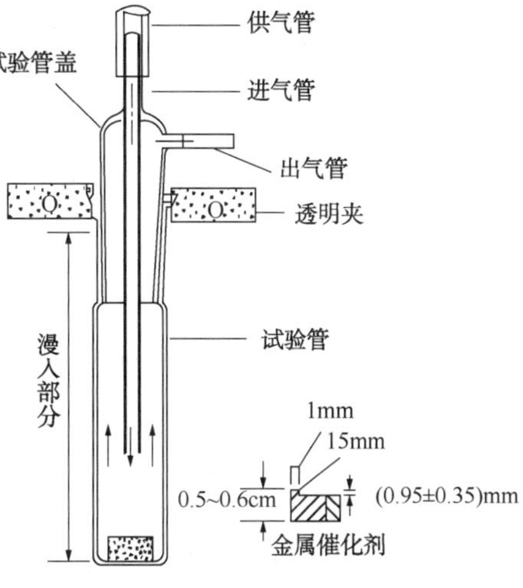

图3-8 Penn State润滑油微氧化试验装置

是说润滑脂的厚度越厚其初始后的氧化加速度越快。

4. SH/T 0719—2002 润滑油氧化诱导期测定法(压力差示扫描量热法)

SH/T 0719—2002 等效采用 ASTM D6186—98。标准规定了用压力差示扫描量热法(PDSC 法)测定润滑油的氧化诱导期，氧气压力为 3.5MPa，温度在 130～210℃。在此条件下测得的氧化诱导期，可以用来表征润滑油的氧化安定性。SH/T 0719—2002 较其他润滑油的氧化试验方法迅速且使用的试样量少。它可以用作产品的研究和开发、质量控制和其他特定的用途。然而，方法的结果和润滑油使用性能之间的相关性还未建立。

(1) 方法概要：用样品皿称取少量试样，放在 PDSC 仪测试池中。加热 PDSC 仪测试池至规定的温度，平衡后通入一定压力的氧气。PDSC 仪测试池保持在规定的温度(210℃，180℃，155℃或者 130℃)和氧气压力下直至氧化放热反应发生。测定外推拐点时间，以此作为润滑油在规定试验温度下的氧化诱导期。

(2) 仪器：压力差示扫描量热仪(PDSC 仪)见图 3-9。

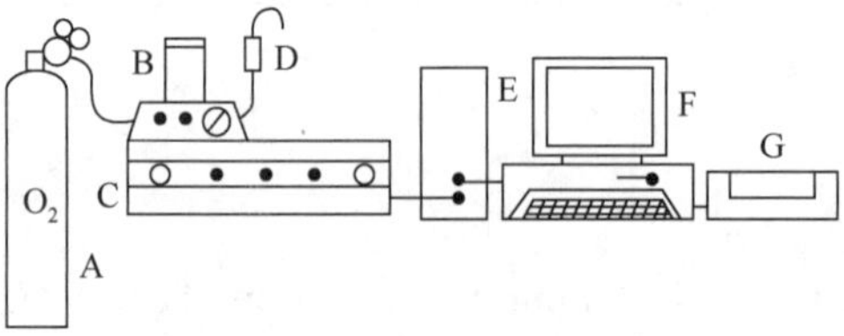

图 3-9 PDSC 仪测试单元

注：不锈钢或铜管对氧气均适用。

A—氧气瓶；B—PDSC 仪测试池；

C—差示扫描量热仪(DSC 仪)；D—流量计；

E—标准接口；F—计算机；G—绘图仪

配备以下单元：

铝质样品皿：密闭后能在 210℃下承受(3.5±0.2)MPa 压力，压力表分度值为 200kPa 或更小。也可使用铝 SFI(Solid Fat Index)样品皿。

(3) 报告：报告试样的氧化诱导期，精确至 min。

报告试验温度。

(4) 精密度和偏差：

精密度：本试验方法的精密度在 8 个实验室采用 4 个不同的温度(130℃、155℃、180℃和 210℃)，对 13 个试样进行统计试验，氧化诱导期的范围从 10min 到 119min。

重复性：同一个操作者使用同一台仪器，对同一样品重复测定得到的两个结果之差，不应超过下列数值(95%置信水平)：

$$r=0.17X$$

式中 X——两个试验结果的平均值。

再现性：不同操作者在不同实验室，对同一样品测定得到的两个结果之差，不应超过下列数值(95%置信水平)：

$$R=0.35X$$

式中 X——两个试验结果的平均值。

偏差：本试验方法无偏差，因为氧化诱导期的值只能由试验方法来定义。

5. SH/T 0300—1992 曲轴箱模拟试验

SH/T 0300—1992 曲轴箱模拟试验方法(QZX 法)规定了用曲轴箱模拟试验机评定内燃机油热氧化安定性的具体方法。适合于评定添加剂和含添加剂内燃机油的热氧化安定性，是润滑油工作者开发、评定、评选清净剂、抗氧剂和油品配方研发的一种模拟试验法。

(1) 方法概要：将 250mL 试验油样装入试验机的油箱中，用玻璃挂钩挂好称量好的铝片，使其 2/3 浸入油中，按照要求将处理并称量好的金属铝板安装在试验机上。当油温达到(100±5)℃时，加热金属板，要求 30min 内油温达到(150±2)℃，金属板温度达到试验温度

(310℃或 320℃或 330℃)后开始计时，控制试验温度在 2℃范围内，试验时间为 6h。

(2) 试验设备示意图：曲轴箱模拟试验机如图 3-10 所示。

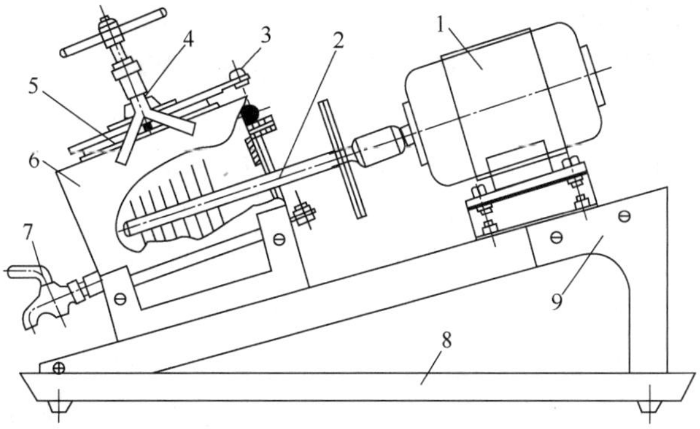

图 3-10 曲轴箱模拟试验机

1—电机；2—溅油棒；3—加热器；4—紧固装置；5—铝板；6—油箱；7—放油阀门；8—油箱底盘；9—底座

(3) 漆膜评分与结果报告：

漆膜评分标准：试验板漆膜评分标准见表 3-6。

表 3-6 漆膜评分标准

评级	文字描述	评级	文字描述
1	试板本色或光亮彩色花纹	6	棕色带有部分深棕色
2	淡黄色漆膜	7	深棕色部分褐色
3	浅棕色局部带有黄色	8	大部分褐色带轻微黑色
4	浅棕色或带有轻微棕色	9	大部分黑色局部深褐色
5	大部分棕色或带有轻微深棕色	10	黑色、光亮黑色或炭黑色

注：积炭加级：上述试验板上积炭面积每增加五分之一加一级，不足五分之一加半级。

报告内容：试验结果报告包括试验温度、溅油间隔、漆膜评级、胶重。

(4) 精密度：

漆膜评级的重复性：同一操作者，使用同一仪器，采用同一条件重复测定同一试样油品两次结果的差不得超过 0.5 级。

胶重的重复性：同一操作者，使用同一仪器，采用同一条件重复测定同一试样油品两次结果的差不得超过以下数值：

胶重小于或等于 10mg，不大于 1.5mg；

胶重为 10~30mg，不大于 3mg；

胶重大于 30mg，不大于 5mg。

腐蚀的重复性尚未取得可靠数据。根据现有资料下述的腐蚀重复性数值，可作为评价参考。

小于或等于 10mg，不大于 2mg；

10~25(含)mg，不大于 3mg；

25~100(含)mg，不大于 8mg；

大于 100mg，不大于 15mg。

注：腐蚀指铅片失重，单位为 mg。

(二) 内燃机油氧化试验应用

(1) 目前内燃机油氧化模拟试验方法，仍然不能有效代替内燃机油台架氧化试验方法，上述五个试验法，都没有写到内燃机油产品技术标准的项目，只能作为内燃机油实验室配方筛选、质量评定的参考方法，不是产品生产标准的试验项目。

(2) 五个试验法中，SH/T 0074—1991 薄膜氧化试验 TFOUT 方法、SH/T 0719—2002 润滑油氧化诱导期测定法(PDSC 法)与程序ⅢD、ⅢE 台架试验有一定的对应性。特别是 SH/T 0719—2002 润滑油氧化诱导期测定法(PDSC 法)，与内燃机油的台架试验的关联性较好，目前广泛应用在配方研究、产品质量评定、行车试验中，也广泛用于评定其他油品。

(3) SH/T 0074—1991 汽油机油薄层吸氧氧化试验方法，设备简便，试验容易操作，与台架试验也有一定关联，也可用于内燃机油的实验室评定参考。

(4) SH/T 0300—1992 曲轴箱模拟试验方法(QZX 法)是使含添加剂内燃机油飞溅到高温金属板表面形成漆膜，以此模拟曲轴箱油在活塞工作时的成漆情况，并用在试验机油箱内挂铅片的方法模拟曲轴箱油在气液相氧化状态下时发动机零部件的腐蚀。通过测定金属板上的漆膜评级和所成的胶重，得到试验油品的热氧化安定性。

主要用于开发新添加剂、产品开发时配方的初步筛选等。与内燃机油应用实际氧化安定性关联性较差，一般不能用于平均内燃机油产品的氧化安定性；仅用于研发时，添加剂配方筛选试验的参考。

三、极压润滑油氧化试验

(一) 极压润滑油氧化安定性试验方法

SH/T 0123—1993(2004)极压润滑油氧化安定性试验规定了测定极压润滑油氧化性能的方法，适合于测定极压润滑油，如工业齿轮油等。标准参照采用 ASTM D2893—88 极压润滑油氧化安定性试验。

1. 方法概要

试样在(95±0.2)℃下，通入恒压干燥的空气，空气流量(167±8.3)mL/min，试验 312h，试验结束后通过测定试样 100℃运动黏度的增长值和沉淀值的变化，表示油品的氧化安定性。

对一些新型极压润滑油用此方法不能合理测定油品优劣时，可在(121±0.2)℃进行测定。

2. 计算

(1) 运动黏度的增长值。

运动黏度的增长值 X_1(%)的计算按式(3-12)进行：

$$X_1=\frac{\vartheta_2-\vartheta_1}{\vartheta_1}\times 100 \tag{3-12}$$

式中 ϑ_1——氧化试验前试样的 100℃运动黏度，mm^2/s；

ϑ_2——氧化试验后试样的 100℃运动黏度，mm^2/s。

（2）沉淀增长值 X_2(mL) 的计算按式（3-13）进行：

$$X_2 = B - A \tag{3-13}$$

式中 A——氧化试验前试样的沉淀值，mL；

B——氧化试验后试样的沉淀值，mL。

3. 报告

报告的内容为试样 100℃ 运动黏度增长值（%）及试样沉淀值增长值（mL）。

4. 精密度

重复性（r）：同一操作者，重复测定两个结果之差，不得大于图 3-11 中所示重复性最大允许差值。

再现性（R）：同一试样由两个实验室各自测定的两个结果之差，不得大于图 3-11 所示再现性最大允许差值。

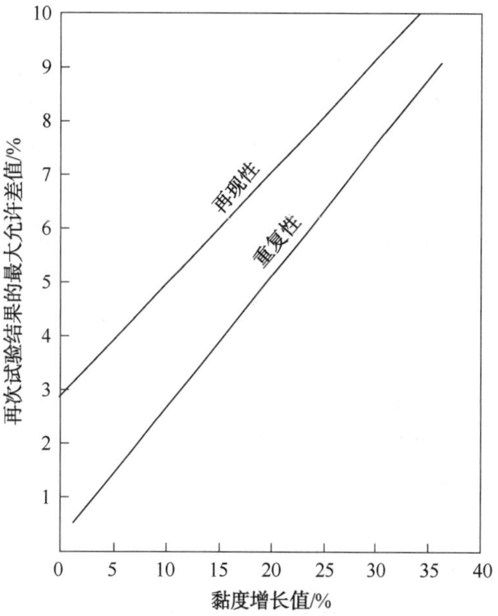

图 3-11 黏度增长值精密度数据

（二）极压润滑油氧化安定性试验应用

该方法属于厚油氧化试验，其工况条件较适合加有极压剂的工业润滑油，特别适用于工业齿轮油，如果在一些高温环境（如钢铁、建材）工作的工业齿轮油，或一些新型的极压齿轮油在（95±0.2）℃下不能测定真实结果时，需要在（121±0.2）℃进行测定。该方法也存在试验时间较长（312h）的缺点。

该方法作为 CKC、CKD 工业齿轮油的产品生产的型式检验项目。

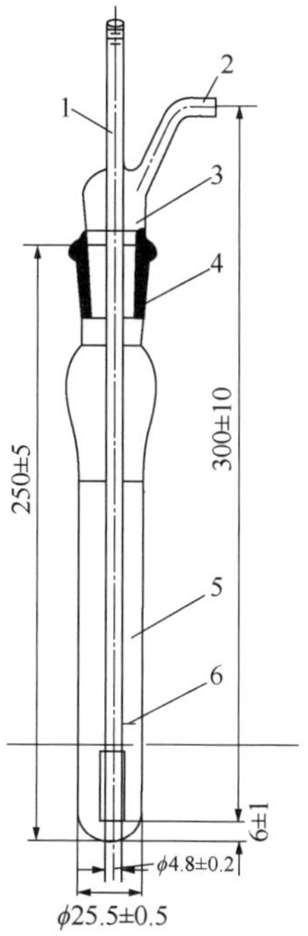

图 3-12 润滑油老化特性试验装置

1—空气导入管；2—排气管；3—附件；4—锥形磨口；5—老化管；6—40mL 刻度线

四、润滑油老化特性试验

（一）润滑油老化特性试验方法

SH/T 0192—1992（2000）润滑油老化特性测定法（DIN 51352），有 A 法——通空气老化后康氏残炭增值法，B 法——在三氧化二铁存在下通空气老化后的康氏残炭法两种方法。标准参照采用 DIN 51352（1976）第一部分“润滑油老化特性的测定——通空气老化后康氏残炭增值”及第二部分“润滑油老化特性的测定——通空气并有三氧化二铁存在下老化后的康氏残炭”。

测量仪器见图 3-12。

第一部分：A 法——通空气老化后康氏残炭增值法

A 法适用于测定过程中蒸发损失不大于 15%（质量分数）含金属和非金属添加剂的石油基润滑油，也适用于含抗氧化添加剂和含金属盐清净分散剂类型的润滑油。

1. 方法概要

在(200±0.5)℃温度下，向玻璃试管中装入40mL试验油品，分两次通入流量为(250±4)mL/min的空气，每次6h。按照GB/T 268—1987测定老化前、后试样残炭，以残炭增值来表示润滑油的老化特性，增值越小说明其性能越好。

2. 计算及结果报告

取同一试样两个测定结果的平均值与未经老化的试样残炭值对比，以残炭的绝对增加值表示测定的结果。

3. 精密度

重复性：同一操作者，使用同一设备，用同一试样，进行两次试验结果的差值不应超过表3-7的数值。

再现性：不同操作者在不同实验室，使用不同的设备，用同一试样，两个结果之差不应超过表3-7的数值。

表3-7 SH/T 0192—1992(2000)A法精密度

重复性		再现性	
含金属添加剂润滑油	含非金属添加剂润滑油	含金属添加剂润滑油	含非金属添加剂润滑油
占结果平均值的百分数/%		占结果平均值的百分数/%	
20	25	30	60

第二部分：B法——在三氧化二铁存在下通空气老化后的康氏残炭法

B法适用于测定过程中蒸发损失不大于20%(质量分数)的润滑油。

1. 方法概要

在三氧化二铁[质量为(0.4±0.005)g]存在下及试验温度为(200±0.5)℃时，向玻璃试管中装入40mL试验油品，通入流量为(250±4)mL/min的空气24h。按照GB/T 268—1987测定老化前、后试样残炭，以残炭增值来表示润滑油的老化特性，增值越小说明其性能越好。

2. 计算

(1) 试样蒸发损失：试样的蒸发损失X_1(%)按式(3-14)计算：

$$X_1=\frac{m_1-m_2}{m_3}\times 100 \tag{3-14}$$

式中 m_1——老化前老化管、附件和试样的质量，g；

m_2——老化后老化管、附件和试样的质量，g；

m_3——试样的质量，g。

(2) 残炭变化率：试样老化后的残炭X_2(%)按式(3-15)计算：

$$X_2=\frac{m_5-m_6}{m_4-m_6}\times 100 \tag{3-15}$$

式中 m_4——用于测定残炭的试样质量，g；

m_5——残炭和三氧化二铁的质量，g；

m_6——三氧化二铁的质量，g。

注：取同一试样两次测定结果的平均值作为残炭的测定结果，精确到 0.01%。

3. 报告

报告的内容包括蒸发损失与试样老化后的残炭值。

4. 精密度

重复性：同一操作者，使用同一设备，用同一试样，进行两次试验结果的差值不应超过平均值的百分数，见表 3-8。

再现性：不同操作者在不同实验室，使用不同的设备，用同一试样，两个结果之差值不应超过平均值的百分数，见表 3-8。

表 3-8 SH/T 0192—1992(2000) B 法精密度

重复性	再现性
占结果平均值的百分数	占结果平均值的百分数
20%	40%

（二）润滑油老化特性试验的应用

润滑油老化特性试验方法 SH/T 0192—1992(康氏残炭法)是一项快速、全面评定润滑油老化性能的试验方法，特别是内燃机油和空气压缩机油。

该方法也是空气压缩机油质量指标的重要试验项目，对空气压缩机油的性能控制非常重要；该试验方法也是内燃机油和其他高温环境下工作的润滑油的实验室配方评定测试，以判定其老化趋势；该方法作为空气压缩机油产品生产的型式检验项目。

该试验方法的操作技能要求较高，操作人员要严格按照操作规程进行操作。

五、航空液压油热氧化试验

（一）航空液压油热氧化安定性试验方法

SH/T 0208—1992(2004)航空液压油热氧化安定性及腐蚀测定法规定了测定航空液压油的热氧化安定性及腐蚀的方法。标准适用于航空液压油测定其热氧化安定性及腐蚀程度。

1. 方法概要

将试验用的金属片(钢片-30CrMnsi、铜片-T2、铝片-LY12、镁片-ZM5)组，放入装有试样的氧化管中，在规定的条件下[温度由试样油品规定，空气流量(5±0.1)L/h]进行试验。根据试样热氧化前后的酸值、运动黏度和金属片腐蚀的变化来评定其热氧化安定性及腐蚀程度。

试验装置中氧化管测定器及试验装配图见图 3-13A、图 3-13B。

2. 计算

试验结束并对试验金属片处理后，需要对金属片的腐蚀情况、油品黏度变化率进行计算。

（1）金属片腐蚀：试验的金属片腐蚀 X(mg/cm^2)按式(3-16)计算：

$$X=\frac{m_1-m_2}{S}\times 1000 \qquad (3-16)$$

式中 m_1——氧化前金属片的质量，g；

m_2——氧化后金属片的质量，g；

S——金属片的六个表面积之和，cm^2。

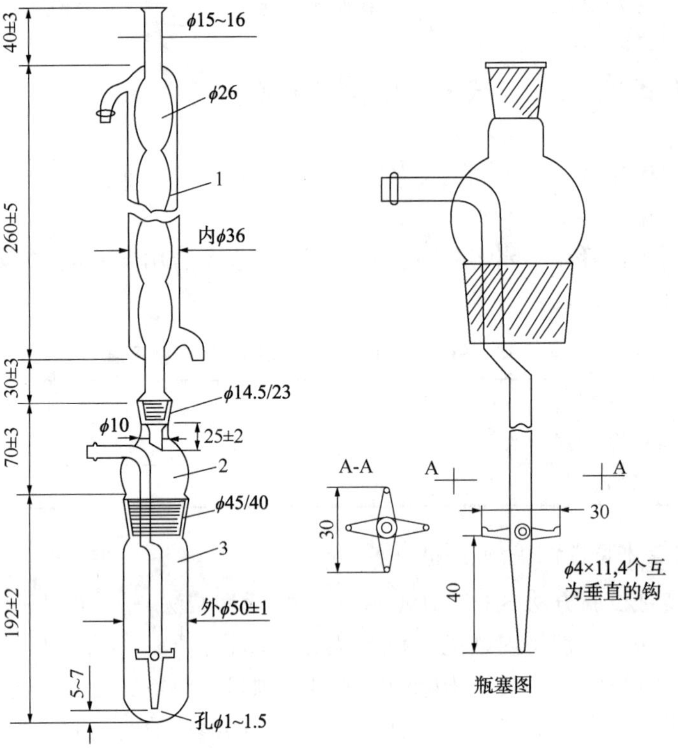

图 3-13A　氧化管测定器

1—五球冷凝管；2—瓶塞；3—氧化管

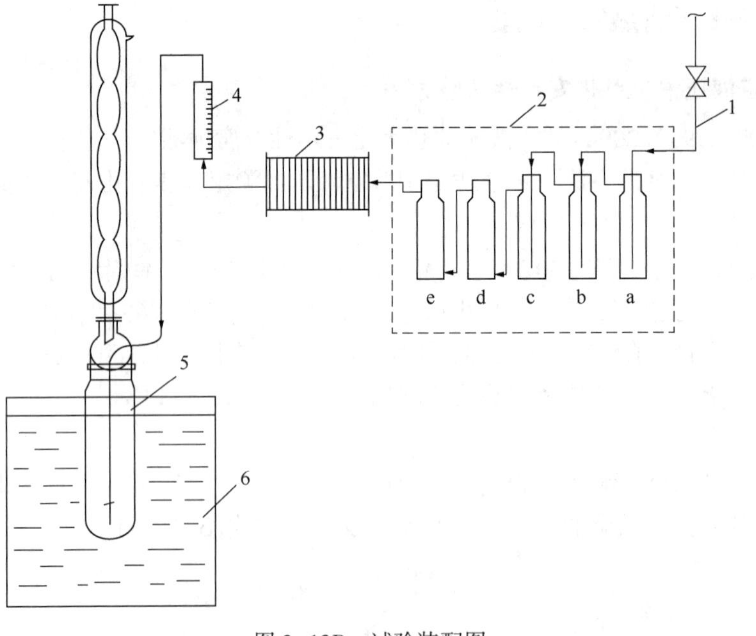

图 3-13B　试验装配图

1—空气线；2—气体干燥系统；a，c—缓冲瓶；b—硫酸；d—活性炭；e—无水氯化钙和变色硅酸；3—空气过滤器；4—流量计；5—氧化管测定器；6—恒温浴

（2）黏度变化率：试样氧化前后50℃运动黏度变化率η（%）按式（3-17）计算：

$$\eta=\frac{\upsilon_2-\upsilon_1}{\upsilon_1}\times 100 \qquad (3-17)$$

式中 υ_1——试样氧化前50℃运动黏度，mm^2/s；

υ_2——试样氧化后50℃运动黏度，mm^2/s。

3. 结果报告

报告内容有金属片腐蚀、50℃运动黏度变化率，取重复测定两个结果的算术平均值作为试验结果。

4. 精密度

重复性：同一操作者重复测定的两个结果之差不应大于下列数值。

各金属片腐蚀之差不应超过0.05mg/cm^2。

50℃和-50℃运动黏度按GB/T 265—1988中精密度规定。

酸值按GB/T 264—1983中精密度规定。

（二）航空液压油热氧化安定性试验的应用

该试验方法主要模拟航空液压设备的工况而建立，其金属催化剂、工作温度等都是适合航空液压油的实际工作状况，因此该试验方法主要应用于评价航空液压油的质量指标。

该项目是航空液压油的配方研制试验项目和产品生产的型式检验项目。

六、有机热载体热氧化安定性试验

（一）有机热载体热氧化安定性试验方法

有机热载体氧化安定性试验方法见GB 23971—2009附录C。方法适用于矿物油和合成型的各种液相有机热载体，测定其在自然对流条件下的热氧化安定性。用来模拟有机热载体传热系统中膨胀罐与空气接触的状态，以评价在开式传热系统中使用的有机热载体的热氧化安定性。

1. 方法概要

试样在钢棒催化剂存在下，在不低于175℃的温度下加热至少72h。通过对热试验前后试样40℃运动黏度变化百分率与酸值变化的差值的计算，来评定试样的热氧化安定性。

2. 有机热载体试验设备

试验设备见图3-14。

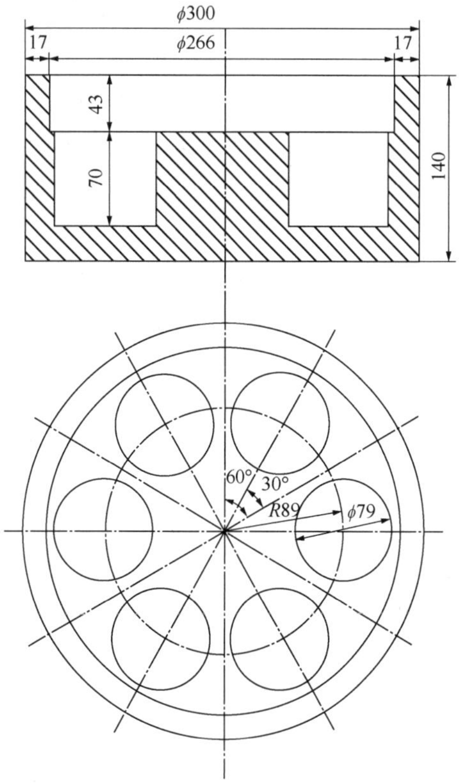

图3-14 铝浴结构示意图（单位：mm）

3. 计算

（1）总沉渣重：总沉渣重X_1（g）的计算按式（3-18）进行：

$$X_1=m_2-m_1 \qquad (3-18)$$

式中 m_1——砂芯漏斗加快速定量滤纸质量，g；

m_2——砂芯漏斗加快速定量滤纸加氧化后沉渣质量，g。

（2）运动黏度变化率：试样在热试验前后 40℃运动黏度变化率 Z_1(%)按式(3-19)计算：

$$Z_1=\frac{v_2-v_1}{v_1}\times 100 \tag{3-19}$$

式中 v_1——试样氧化前 40℃的运动黏度，mm^2/s；

v_2——试样氧化后 40℃的运动黏度，mm^2/s。

（3）酸值差值：试样在热试验前后酸值的差值按式(3-20)计算：

$$Z_2=A_2-A_1 \tag{3-20}$$

式中 Z_2——试样在热试验前后酸值的差值，mgKOH/g；

A_1——试样在热试验前的酸值，mgKOH/g；

A_2——试样在热试验后的酸值，mgKOH/g。

4. 报告

有机热传导液热稳定性试验报告结果的内容包括总沉渣重、40℃运动黏度变化率和酸值的差值三项内容。取两次结果的平均值进行最终的报告。

本标准无精密度规定。

（二）有机热载体热氧化安定性试验的应用

该法仅用于评定 L-QB 280 与 L-QB 300 两个牌号的有机热载体，因为 L-QB 280 与 L-QB 300 两个牌号的有机热载体有热氧化安定性的指标要求，其余规格没有要求。

该方法可作为有机热载体 L-QB 280 与 L-QB 300 两个牌号的型式检验项目。

七、热处理油热氧化试验

（一）热处理油热氧化安定性试验方法

SH/T 0219—1992(2004)热处理油热氧化安定性测定法，主要用于评定淬火油等热处理油的氧化安定性能。标准参照采用日本工业标准 JIS K2242—1980 热处理油中 5.3 条“安定性试验方法”。

试验装配图见图 3-15。

1. 方法概要

在低碳钢丝(符合 GB 1300—1997 中 H08，直径 1.6mm，长 3m)和铜(电解铜丝，符合 GB 466—1982 中 2 号铜直径 1.6mm，长 3m)催化剂存在下，向试验设备的热处理油中通入干燥空气[空气流量为(10±0.1)L/h]，在(165±0.5)℃的温度下，连续氧化 24h，测定热处理油在氧化前后的运动黏度和残炭，用黏度比和残炭增加值来判断热处理油的氧化程度。

2. 计算

要求每个热处理油装 3 支测试管。试样氧化前 40℃运动黏度小于 $100mm^2/s$，测定 40℃运动黏度；大于 $100mm^2/s$，则测定 100℃运动黏度。

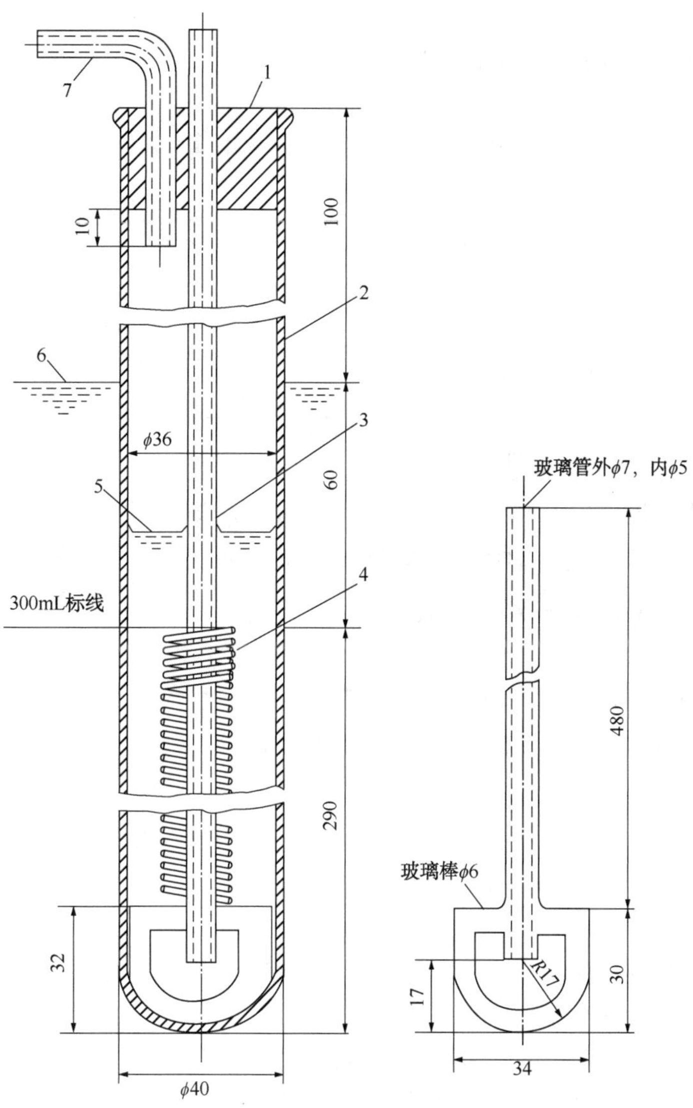

图 3-15 热处理油热氧化安定性试验装配图

1—软木塞；2—试验管；3—空气吹入管；4—催化剂线圈；5—试样液面；6—恒温浴液面；7—空气排出管

（1）黏度比 R 的计算按式(3-21)进行：

$$R=\frac{v_1}{v_0} \tag{3-21}$$

式中 v_0——试样氧化前在规定温度下的黏度，单位 mm^2/s；

v_1——试样氧化后在规定温度下的黏度，单位 mm^2/s。

（2）残炭增加值 $X(\%)$ 按式(3-22)计算：

$$X=X_2-X_1 \tag{3-22}$$

式中 X_1——试样氧化前的残炭,%；

X_2——试样氧化后的残炭,%。

3. 报告

热处理最后报告的内容：黏度比和残炭增加值。

4. 精密度

重复性：三支氧化管中分别得到的黏度比和残炭增加值，每个值与三个结果的算术平均值之差，不应大于下列数值。

黏度比	重复性/%
<1.5	7
残炭增加值/%	重复性/%
<1.0	7
1.0~2.0	10

（二）热处理油热氧化安定性试验的应用

SH/T 0219—1992(2004)热处理油热氧化安定性测定法仅适用于热处理油的热氧化性能测试；该方法作为热处理油配方研制的试验项目，也是热处理油产品生产的型式检验项目。

八、机动车辆制动液氧化安定性试验

（一）机动车辆制动液氧化安定性试验方法

机动车辆制动液氧化安定性试验方法见 GB 12981—2012 附录 J。

1. 方法概要

将制动液、过氧化苯甲酰与水配制成试样，在试样中放入铝片、铸铁片和 1/8 个橡胶皮碗。在(70±2)℃烘箱中保持(168±2)h 后取出检查试验片有无坑蚀、粗糙不平等腐蚀现象，并计算试片的质量变化。

2. 机动车辆制动液热氧化试验结束后报告的内容

(1) 铝片、铸铁片的外观。

(2) 铝片、铸铁片的质量变化(取两组中同一试片结果的平均值)，以 mg/cm 表示。

注意：若试验结果临近指标或重复样中 1 个不合格，则重复 1 次试验。重复试验结果都必须满足 GB 12981—2012 标准中的要求。

（二）机动车辆制动液氧化安定性试验的应用

该方法仅适用于机动车辆制动液氧化安定性试验；机动车辆制动液氧化安定性是机动车辆制动液的技术指标。该方法可作为配方研制试验项目和产品生产的型式检验项目。

第二节　热稳定性

一、液压油热稳定性试验

（一）液压油热稳定性试验

SH/T 0209—1992(2004)液压油热稳定性试验方法规定了测定液压油热稳定性的方法。

1. 方法概要

试样在(135±1)℃并在钢棒、铜棒催化作用下，保持 168h 后，通过测定加热前和加热后的试样 100℃运动黏度变化百分数及酸值变化百分数、200mL 试样的铜棒与钢棒失重及 200mL 钢棒沉积物重、100mL 试样总沉渣重，从而评判出液压油热稳定性好坏。

2. 试验设备

液压油热稳定性试验设备见图 3-13。

3. 计算

液压油热稳定性能评价情况如下：

（1）铜棒失重：200mL 试样铜棒失重 X_1(mg/200mL)按式(3-23)计算：

$$X_1=(m_1-m_6)\times1000 \tag{3-23}$$

式中 m_1——试验前铜棒质量，g；

m_6——试验后铜棒质量，g。

（2）钢棒失重：200mL 试样钢棒失重 X_2(mg/200mL)按式(3-24)计算：

$$X_2=(m_2-m_8)\times1000 \tag{3-24}$$

式中 m_2——试验前钢棒质量，g；

m_8——试验后钢棒质量，g。

（3）钢棒沉积物质量：200mL 试样钢棒上沉积物重 Y_1(mg/200mL)按式(3-25)计算：

$$Y_1=(m_7-m_8)\times1000 \tag{3-25}$$

式中 m_7——钢棒加沉积物质量，g；

m_8——试验后钢棒质量，g。

（4）100mL 试样的总沉渣重：100mL 试样的总沉渣重 Y_2(mg/100mL)按式(3-26)计算：

$$Y_2=\left[\frac{m_9-m_3}{2}+(m_{10}-m_4)\times4+\frac{m_5-m_6}{2}\right]\times1000 \tag{3-26}$$

式中 m_3——称量瓶加滤纸质量，g；

m_4——玻璃微孔滤器质量，g；

m_5——钢棒加沉淀物质量，g；

m_6——试验后铜棒质量，g；

m_9——称量瓶加滤纸加沉渣质量，g；

m_{10}——玻璃微孔滤器加沉渣质量，g。

（5）运动黏度变化率：热稳定性试验前后试样运动黏度变化百分率 Z_1(%)按式(3-27)计算：

$$Z_1=\frac{v_2-v_1}{v_1}\times100 \tag{3-27}$$

式中 v_1——热试验前试样 100℃的运动黏度，mm^2/s；

v_2——热试验后试样 100℃的运动黏度，mm^2/s。

（6）酸值变化率：热稳定性试验前后酸值变化百分率 Z_2(%)按式(3-28)计算：

$$Z_2=\frac{A_2-A_1}{A_1}\times100 \tag{3-28}$$

式中 A_1——试验前试样的酸值，mgKOH/g；

A_2——试验后试样的酸值，mgKOH/g。

4. 报告

报告液压油热稳定性试验结果时，分别取试样及催化剂测定项目的重复测定两个结果的算术平均值，完整的液压油热稳定性试验报告除应包括钢棒失重、铜棒失重、沉积物重、沉渣重、运动黏度变化百分率、酸值变化百分率外，还需要报告铜棒、钢棒外观。

（二）液压油热稳定性试验的应用

（1）该方法仅适用于以矿物油、合成油为基础油的各种液压油的热稳定性试验。

（2）液压油的热稳定性主要取决于配方的组成，在液压油的基础油都选用优质的Ⅱ、Ⅲ类基础油的前提下，热稳定性能主要取决于添加剂的配方组成；复合添加剂的配方都是通过热稳定性试验进行评定的，在生产过程严格按照配方的基础油和复合剂生产，热稳定性试验一般作为型式检验项目。

（3）液压油热稳定性试验完成后，黏度与酸值分析需在24h内完成；催化剂分析需在48h内完成。

二、有机热载体热稳定性试验

（一）有机热载体热稳定性测定法（导热油 GB/T 23800—2009）

有机热载体是作为传热介质使用的有机物质的统称。有机热载体包括热传导液、导热油、有机传热介质、热媒等用于间接传热的所有有机介质。

GB/T 23800—2009 有机热载体热稳定性测定法规定了未使用过的有机热载体热稳定性的试验方法，包括常压下最高使用温度高于其沸点的有机热载体，但未对有机硅类热载体的适用性作出评价。

标准修改采用 DIN 51528：1998 未使用过的热传导液热稳定性测定法（英文版）。GB/T 23800—2009 与 DIN 51528：1998 最大的差别是试验时间与玻璃安瓿容积不一致，GB/T 23800—2009 试验时间为720h，玻璃安瓿容积为15mL；DIN 51528：1998 试验时间为480h，玻璃安瓿容积为5mL。

1. 方法概要

将未使用过的有机热载体密封放置在金属保护管中的玻璃安瓿中，或者加入钢制试验器中并进行密封。装有玻璃安瓿的金属保护管或钢制试验器在规定的试验温度下加热至规定时间，试验温度最好处于被试验样品使用温度范围的上限之内。加热至规定的时间后，打开玻璃安瓿或钢制试验器，采用 NB/SH/T 0558—2016 气相色谱方法测定高沸物和低沸物的质量分数。采用球管蒸馏器测定不能蒸发产物含量。然后对有机热载体加热前后的试验结果进行比较。

在 GB 23971—2009 产品标准中规定 L-QB、L-QC 系列在接近产品牌号上限的温度下，试验时间为720h；L-QD 系列在接近产品牌号上限的温度下，试验时间为1000h。

2. 有机热载体热稳定性评价

（1）试样气相分解产物含量的计算：

按式（3-29）计算试样的气相分解产物质量分数 G。

$$G=\frac{m_3-m_4}{m_2-m_1}\times 100 \tag{3-29}$$

式中 m_1——空玻璃安瓿或钢制试验器质量，g；

m_2——装有未加热试样的空玻璃安瓿或钢制试验器质量，g；

m_3——密封后玻璃安瓿或钢制试验器质量，g；

m_4——打开后玻璃安瓿或钢制试验器质量，g。

注：试样气相分解产物质量分数在0.5%以下可忽略不计。

(2) 试样不能蒸发产物含量计算：

按式(3-30)计算试样不能蒸发产物质量分数 U。

$$U=\frac{m_7-m_5}{m_6-m_5}\times 100 \tag{3-30}$$

式中 m_5——空尾球质量，g；

m_6——尾球加热后试样质量，g；

m_7——试验后尾球(含残余物)质量，g。

注：试样不能蒸发产物质量分数在0.5%以下可忽略不计。

(3) 试样低沸物含量(质量分数)N(%)和高沸物含量(质量分数)H(%)的计算：

第一步：图3-16给出了试样加热前后的两种模拟蒸馏曲线，其中图3-16(a)是试样加热后产生低沸物和高沸物的模拟蒸馏曲线，图3-16(b)是试样加热后只产生低沸物的模拟蒸馏曲线。现以图3-16(a)为例，计算加热后试样未校正的低沸物含量 N'(%)和未校正的高沸物含量 H'(%)。

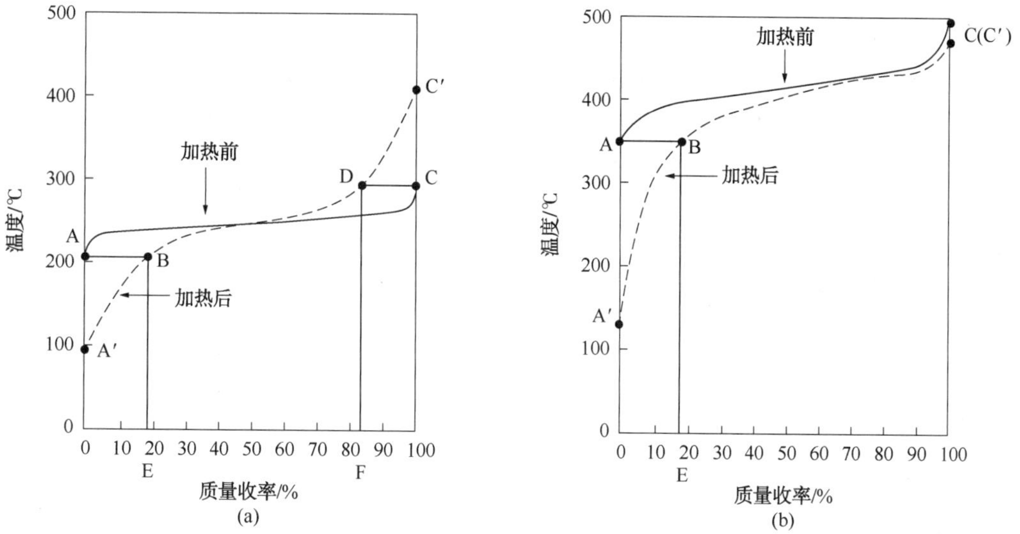

图3-16 加热前后试样的模拟蒸馏曲线

A—加热前试样的初馏点；A′—加热后试样的初馏点；C—加热前试样的终馏点；
C′—加热后试样的终馏点；AB—未校正的低沸物含量；CD—未校正的高沸物含量

在图3-16(a)中，A点为加热前试样的初馏点，过A点作水平线与加热后试样的模拟蒸馏曲线交于B点；过B点作垂线与收率轴交于E点，则试样未校正的低沸物含量 N'(%)

为 E 点所对应的百分数。

C 点为加热前试样的终馏点，过 C 点作水平线与加热后试样的模拟蒸馏曲线交于 D 点；过 D 点作垂线与收率轴交于 F 点，则试样未校正的高沸物含量 H'(%)为 100%减去 F 点对应的百分数。

第二步：考虑到采用气相色谱法无法测定气相分解产物的含量和不能蒸发产物的含量，所以必须经过式(3-31)和式(3-32)对未校正的低沸物含量 N'(%)和未校正的高沸物含量 H'(%)进行校正：

$$N=\frac{N'\times(100-G-U)}{100} \tag{3-31}$$

式中 N——校正后试样的低沸物含量,%；

N'——通过试样模拟蒸馏曲线确定的低沸物含量,%；

G——试样的气相分解产物含量,%；

U——试样不能蒸发产物含量,%。

$$H=\frac{H'\times(100-G-U)}{100} \tag{3-32}$$

式中 H——校正后试样的高沸物含量,%；

H'——通过试样模拟蒸馏曲线确定的高沸物含量,%；

G——试样的气相分解产物含量,%；

U——试样不能蒸发产物含量,%。

(4) 试样变质率计算：

试样变质率 Z(%)按式(3-33)计算：

$$Z=G+N+H+U \tag{3-33}$$

式中 G——试样的气相分解产物含量,%；

N——校正后试样的低沸物含量,%；

H——校正后试样的高沸物含量,%；

U——试样不能蒸发产物含量,%。

3. 结果报告

在报告有机热载体热稳定性的时候，报告的内容有：

(1) 有机热载体的类型；

(2) 试验时间，h；

(3) 试验温度,℃；

(4) 试验后试样的外观；

(5) 气相分解产物和低沸物含量,%；

(6) 高沸物和不能蒸发产物含量,%；

(7) 变质率,%；

(8) 试验前后的初馏点和终馏点,℃。

此外，若在进行试验时采用与标准不一致的条件，需要同时注明具体条件。

(二) 有机热载体热稳定性试验的应用

该试验反映有机热载体的主要性能，也是有机热载体产品的重要质量指标；试验方法需要专门的仪器设备和较高的测试技术，试验时间较长，一般企业的实验室难以完成测试；目前国家委托专业机构负责测试，必须经过该机构测试才是有效的；该试验项目也是有机热载体产品的型式检验项目。

第三节 防护性能

一、工业润滑油的锈蚀、腐蚀试验

(一) 工业润滑油的锈蚀、腐蚀试验方法

腐蚀试验是测定油品在一定温度下对金属产生腐蚀的可能性。

1. 石油产品铜片腐蚀试验法

GB/T 5096—2017 石油产品铜片腐蚀试验法适用于测定航空汽油、喷气燃料、车用汽油或在 37.8℃时蒸气压不大于 124kPa(930mmHg)的其他烃类、溶剂油、煤油、柴油、馏分燃料油、润滑油和其他石油产品对铜的腐蚀程度。标准参照采用 ASTM D130—83 制订。

一般工业润滑油采用 GB/T 5096—2017 方法进行腐蚀试验。

(1) 方法概要：把一块磨光好的铜片浸没在一定量的试样中，并按产品标准要求加热到指定的温度，保持一定的时间。待试验周期结束时，取出铜片，经洗涤后与腐蚀标准色板进行对比确定腐蚀级别。

注：在整个试验过程中不能用手直接接触试验铜片；试验的精度决定于铜片的磨光和清洗，必须严格按照标准规定的制备程序和要求进行。

(2) 腐蚀标准色板：本标准采用试验后试片与腐蚀标准色板(市面有售，ASTM D130—83 规格)进行比对的办法。腐蚀标准色板的分级情况见表 3-9。

表 3-9 腐蚀标准色板的分级

分级	名称	级别说明①
新磨光的铜片		②
1	轻度变色	a. 淡橙色，几乎与新磨光的铜片一样 b. 深橙色
2	中度变色	a. 紫红色 b. 淡紫色 c. 带有淡紫蓝色，或银色，或两种都有，并分别覆盖在紫红色上的多彩色 d. 银色 e. 黄铜色或金黄色
3	深度变色	a. 洋红色覆盖在黄铜色上的多彩色 b. 有红和绿显示的多彩色(孔雀绿)，但不带灰色
4	腐蚀	a. 透明的黑色、深灰色或仅带有孔雀绿的棕色 b. 石墨黑色或无光泽的黑色 c. 有光泽的黑色或乌黑发亮的黑色

① 铜片腐蚀标准色板是由表中这些说明所表示的色板组成的。

② 此系列中所包括的新磨光铜片，仅作为试验前铜片的外观标志。即便是一个不腐蚀的试样经过试验后也不可能重现这种外观。

(3) 试验结果的表示与评判：试验结束后，对铜片进行清洗后按照腐蚀标准色板进行对比从而将试片进行腐蚀分级。

对照腐蚀标准色板，对应上某一腐蚀级表示试样的腐蚀性就属于这个级别。

当铜片介于两种相邻的标准色板之间的腐蚀级时，则按试样的腐蚀级归属于变色严重的腐蚀级。当铜片出现有比标准色板中1b还深的橙色时，则认为铜片仍属1级；但是，如果观察到有红颜色，则所观察的铜片判断为2级。

2级中紫红色铜片可能被误认为黄铜色完全被洋红色的色彩所覆盖的3级。为了区别这两个级别，可以把铜片浸没在洗涤溶剂中。2级会出现深橙色，而3级不变色。

为了区别2级和3级中多种颜色的铜片，把铜片放入试管中，并把这支试管平躺在315~370℃的电热板上4~6min。另外用一支试管，放入一支高温蒸馏用温度计，观察这支温度计的温度来调节电炉的温度。如果铜片呈现银色，然后再呈现为金黄色，则认为铜片属于2级。如果铜片出现如4级所述透明的黑色及其他各色，则认为铜片属于3级。

注：如果沿铜片的平面的边缘棱角出现一个比铜片大部分表面腐蚀级还要高的腐蚀级别的话，则需重新进行试验。这种情况大多是在磨片时磨损了边缘而引起的。

如果重复测定的两个结果不相同，则重新进行试验。当重新试验的两个结果仍不相同时，则按变色严重的腐蚀级来判断试样。

(4) 报告：报告试验结果时，按表3-9中所列的一个腐蚀级别报告试样的腐蚀性。按下述格式报告试验时间和试验温度：

$$\text{腐蚀铜片}(X\text{h}/Y℃)，\text{级别} Z_{\text{P}}$$

式中 X——试验时间，h；

Y——试验温度，℃；

Z——分级(例如1、2、3或者4)；

P——对应Z分级的具体说明。

GB/T 5096—2017在工业润滑油中运用最广，多数工业润滑油腐蚀试验温度为100℃(少数黏度较大的润滑油试验温度为121℃)，试验时间为3h。

2. 润滑油腐蚀试验法

SH/T 0195—1992(2000)润滑油腐蚀试验法规定了润滑油对金属片的腐蚀性方法，适合于润滑油的腐蚀试验(若无特殊说明，金属片材料为铜或钢)。标准参照采用苏联TOCT 2917—45而制定。

(1) 方法概要：将磨光并露出新鲜金属面的金属片浸入试验油品中，在规定的温度下(一般为100℃)经过一定的试验时间(一般为3h)，然后观察金属片的颜色是否发生变化来确定润滑油对金属的腐蚀性。

(2) 结果判断：除了钢针或电刻字仪所圈划过的地方及距孔或边缘1mm以内的地方外，用肉眼观察，在金属片上没有铜绿、斑点或小点时，则认为试样合格。

在铜和铜合金试验时，不应有绿色、深褐色或铜灰色的斑点或薄膜，但允许这种金属片的颜色有轻微的变色。

若仅在一块金属片上发现有腐蚀痕迹，则应重新试验，第二次试验时，在一个金属片上再度出现上述的腐蚀情况，认为试样不合格。

3. 机动车制动液进行金属叠片腐蚀试验

在GB 12981—2012机动车辆制动液标准的附录F中规定了评价机动车制动液金属的腐

蚀性试验。

（1）方法概要：将规定的金属片（金属试片要求见表 3-10）磨光、清洗、称量后，以一定形式组合（见图 3-17），放入腐蚀试验杯（见图 3-18）内的皮碗中，加入含水制动液，淹没试验金属片，加盖后放入（100±2）℃烘箱中，（120±2）h 后取出在（23±5）℃冷却 60～90min，按机动车制动液标准要求分别对金属片、皮碗和制动液进行检验。

表 3-10 金属试片的技术要求

材料名称		镀锡铁皮	钢片	铝片	铸铁片	黄铜片	紫铜片	锌片
材料规格及要求		镀锡铁皮（马口铁）	10 号冷轧低碳钢	LY12 精炼铝合金	HT200 灰铸铁	H62 精炼辊轧薄板	T2 冷轧铜板或片	YZZnAl4Cu1Y 铝合金
国内对应材料规格		GB/T 2520—2017	GB/T 710—2008	GB/T 3190—2020	GB/T 9439—2009	GB/T 5231—2022	GB/T 5231—2022	GB/T 13818—2009
硬度 HB			40～72	75	86～98	57～74	35～56	85～105
材料尺寸/mm	长	80						
	宽	13						
	高	0.35	2.5～3.0					
其他要求		距一端 6mm 中心处钻一孔 ϕ4～5mm						

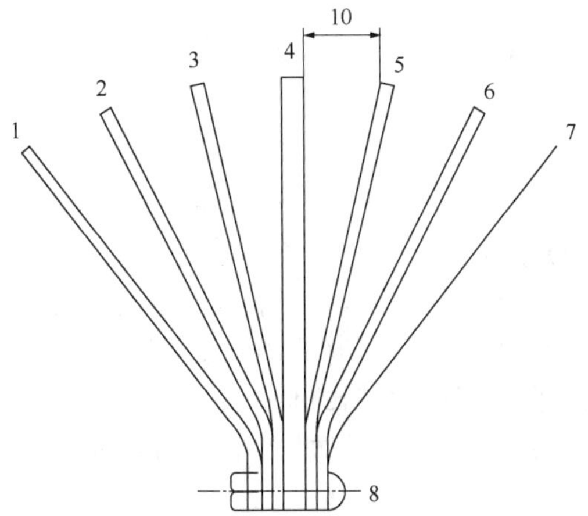

图 3-17 腐蚀片组合件

1—锌片；2—紫铜片；3—黄铜片；4—铸铁片；5—铝片；6—钢片；7—镀锡铁皮；8—螺栓和螺帽

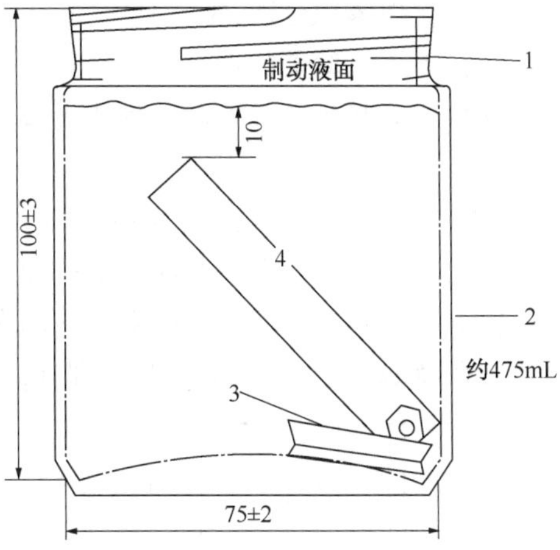

图 3-18 制动液金属叠片装置（单位：mm）

1—镀锡钢盖；2—腐蚀试验杯；3—橡胶皮碗；4—试片组件

（2）计算金属试片单位面积的质量变化。

金属试片单位面积的质量变化 ΔM（mg/cm^2）按式（3-34）计算：

$$\Delta M=\frac{m_1-m_2}{S} \tag{3-34}$$

式中 m_1——试验前金属片的质量，mg；

m_2——试验后金属片的质量，mg；

S——金属片的总表面积（小孔忽略不计），cm^2。

皮碗根部直径增值 Δd（mm）按式（3-35）计算：

$$\Delta d=d_2-d_1 \tag{3-35}$$

式中　d_1——试验前皮碗根部直径，mm；

d_2——试验后皮碗根部直径，mm。

皮碗的硬度变化值 ΔH(IRHD)按式(3-36)计算：

$$\Delta H = H_1 - H_2 \tag{3-36}$$

式中　H_1——试验前皮碗硬度，IRHD；

H_2——试验后皮碗硬度，IRHD。

(3) 报告：试验结束后，按照下列内容进行报告：

各金属试片的外观和质量变化。

皮碗变化：

—外观；

—根部直径增值；

—硬度变化值；

—体积变化值。

试验完成后制动液的变化：

—外观；

—pH 值；

—沉淀物体积分数,%。

注：若试验结果临近机动车制动液指标限定值或重复样中 1 个不合格，则重复此试验。重复试验结果都应该满足制动液技术指标中相应的规定。

4. 防锈油脂腐蚀性试验

SH/T 0080—1991(2000)防锈油脂腐蚀性试验规定了防锈油脂对金属腐蚀性的试验方法。标准参照采用日本工业标准 JIS K2246—1989 防锈油中 5. 28 条腐蚀性试验方法。

(1) 方法概要：将产品规格要求的多种金属试片组合后浸入待试验的防锈油脂中，其中防锈油在(55±2)℃保持 7d，防锈脂在(80±2)℃保持 14d，根据试片的质量变化和颜色变化，评定试样对金属的腐蚀性。

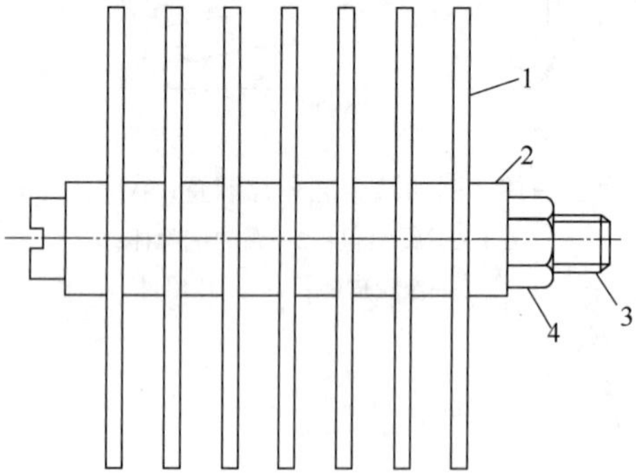

图 3-19　试片组合图

1—试片(由左向右依次为钢、黄铜、锌、铝、镁、镉、铬)；2—垫圈；3—圆柱头螺钉；4—螺母

(2) 试片组合及试片腐蚀分级：试片组合见图 3-19。

试片腐蚀分级：

试片颜色变化(与新打磨试片比较)共分为四级：

0 级—光亮如初；

1 级—均匀轻微变色；

2 级—明显变色；

3 级—严重变色或明显腐蚀。

(3) 计算：试片腐蚀质量变化 C(mg/cm^2)按式(3-37)计算：

$$C = \frac{m_2 - m_1}{A} \tag{3-37}$$

式中　m_1——试验前金属片的质量，mg；

m_2——试验后金属片的质量，mg；

A——试片减去与组合件接触部分的表面积，cm^2。

（4）报告：试验结束后，按照质量变化、试片颜色分级进行报告。

三块试片取颜色变化系统的两块定级，如各不相同则需要重新试验。

5. 锈蚀试验

金属表面生锈，主要是由于和空气中的氧、水分或腐蚀性物质接触，如使金属表面和这些锈蚀性物质隔绝，在金属表面形成隔膜，就可以达到防锈目的。故润滑油有一定的防锈性，但一般矿物油和金属吸附力不强，形成的油膜不牢固，而且易于吸收并溶解部分水分和氧，容易浸透油膜，因而所起到的防锈隔膜作用是十分微弱的。为了弥补这些缺点，通常加入防锈剂。在防锈油中防锈剂分子一端与金属表面紧密地吸附，另一端则和基础油分子相吸附，以形成比较坚固的吸附膜，以达到防锈，即隔绝水分、氧及其他锈蚀性物质的目的。

GB/T 11143—2008 加抑制剂矿物油在水存在下防锈性能试验法，标准适用于评价加抑制剂矿物油，特别是涡轮机油在与水混合时对铁部件的防锈能力，还适用于液压油、循环油等其他油品及比水密度大的液体。标准修改采用 ASTM D665—2003 加抑制剂矿物油在水存在下防锈性能试验法。

（1）试验概要：将 300mL 试样和 30mL 蒸馏水（A 法）或合成海水（B 法）混合，把圆柱形的试样钢棒全部浸入在油水（或合成海水）中，在(60±1)℃下，以(1000±50)r/min 速度搅拌。建议试验周期为 24h，也可根据合同双方的要求，确定适当的试验周期。试验周期结束后观察试验钢棒锈蚀的痕迹和锈蚀的程度。

注：在 ASTM D665—03 中指出，1999 年之前，ASTM D665—03 建议的试验周期一直采用 24h，采用不同的试验周期进行对比联合实验，统计结果表明，对于试验周期 4h 与 24h 的试验钢棒，未发现锈蚀等级差异，故 ASTM D665—03 建议试验周期为 4h。

除方法 A 与方法 B 以外，还有方法 C，方法 C 适用于密度比水大的液体。方法 A 与方法 B 所使用的搅拌器不能使蒸馏水与比水密度大的液体完全混合，需要增加辅助搅拌器，此外建议使用聚四氟乙烯的手柄与聚三氟氯乙烯烧杯盖。在试验报告中要注明采用的是合成海水还是蒸馏水。

（2）锈蚀程度分级：关于锈蚀程度的表述，GB/T 11143—2008 建议按下述的锈蚀程度进行分级：

轻微锈蚀：限于锈蚀点不超过 6 个，每个锈蚀点直径不大于 1mm。

中等锈蚀：锈蚀点超过 6 个，但小于试验钢棒表面积的 5%。

严重锈蚀：锈蚀面积超过试验钢棒表面积的 5%。

（3）试验结果判断：液相锈蚀试验结束后需要按照腐蚀程度分级标准及以下规则，对试验钢棒的锈蚀程度进行分级。

试验结束时，试验钢棒的所有检查均不使用放大镜，并应在普通光线（照度 650lx）下进行。凡在试验钢棒上出现任何肉眼可见的锈点的条纹即为锈蚀的试验钢棒。

试验中，锈蚀是指发生锈蚀的试验面积，可以通过颜色的变化判断，或用无绒棉布或薄纸擦拭后，在试验钢棒表面可判断出的坑点及凹凸不平。在试验钢棒本身不褪色或不存在斑点的情况下，如果表面褪色或斑点可被无绒棉布或薄纸很容易擦掉，则不应认为是锈蚀。

为了报告某种试样合格与否，必须进行平行试验。如在试验周期结束时，两根试验钢棒均无锈蚀，那么试样为“合格”。如两根试验钢棒均锈蚀，那么试样为“不合格”。

若一根试验钢棒锈蚀而另外一根试验钢棒不锈蚀，则应重新进行试验。如重新做的试验两根试验钢棒中任何一个出现锈蚀，则应报告试验为不合格；重新做的试验两根试验钢棒均无锈蚀，则应报告试样为合格。

(4) 报告：试验结束并对钢棒的锈蚀分级后，在进行试验报告时需要包括以下内容：

测试产品的型号和名称；

试验日期；

指明采用 A、B、C 中哪种方法，如用方法 C，应注明是用蒸馏水还是合成海水；

试验周期；

试验结果，如需要，报告中应指出锈蚀程度的等级。

(二) 工业润滑油的锈蚀、腐蚀试验的应用

(1) 工业润滑油的锈蚀、腐蚀试验，是工业润滑油的最基本模拟性能试验，也是工业润滑油的重要技术指标，无论是实验室配方筛选试验，还是产品生产都需要检测锈蚀、腐蚀试验项目；

(2) 工业润滑油锈蚀、腐蚀试验操作较为简单，关键按方法要求选好标准试件，并按要求打磨制作，按方法步骤进行试验和评判；

(3) 每个工业润滑油生产企业，都需要建立工业润滑油锈蚀、腐蚀试验；工业润滑油的产品出厂试验项目都需要检测锈蚀、腐蚀试验指标。

二、发动机油锈蚀试验

(一) 汽油机油防锈性评定法(BRT 法)

SH/T 0763—2005 汽油机油防锈性评定法(BRT 法)，规定了使用球锈蚀试验(BRT)来评价液体润滑剂防锈性能的试验程序。SH/T 0763—2005 修改采用 ASTM D6557—00 评价汽油机油防锈性能的标准试验方法。

1. 方法概要

试验由多个试验管组成，其中每个试验管内装有试验油和试件，将试验管置于试管架上，并整体固定于机械式振荡台上，设定试验温度[(48±0.1)℃]和振荡速率为规定值(300r/min)。在 18h 的试验周期内，空气[流量：(40.0±0.5)mL/min]和酸液[供给速量：(0.193±0.002)mL/h]连续供给每个试验管，以提供一个锈蚀的环境。试验结束后，移走试件并清洗，用一套光学图像系统分析试验油的防锈能力。

2. 试验装置及装配

BRT 试验装置包括 3 个系统：空气供给系统、酸液供给系统和锈蚀形成振荡器。试验装置情况见图 3-20~图 3-22。

配备球锈蚀评分系统，用来分析测试试验结果，包括 1 台金相显微镜、高分辨率相机、摄像机、计算机、显示器。金相显微镜(放大倍数为 5×)用来观察球表面，摄像机将其输送到计算机控制系统，录像系统用来观察球表面和调整分析区域。

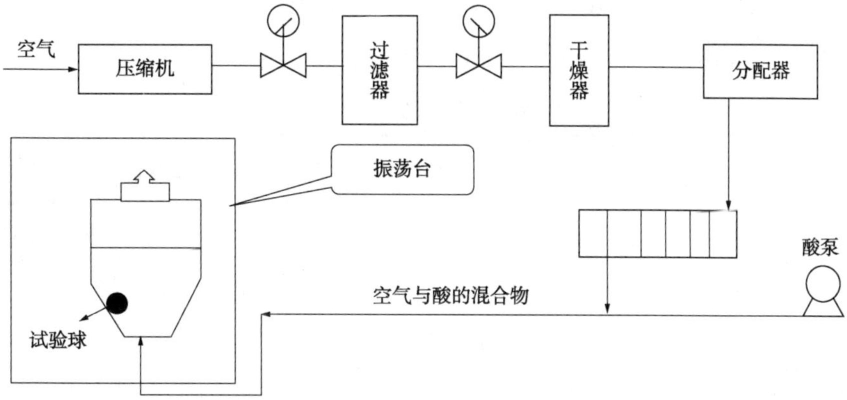

图 3-20　BRT 试验机结构示意图

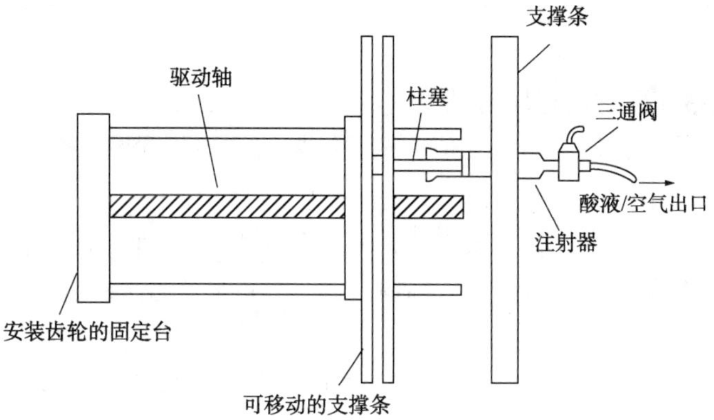

图 3-21　酸液供给系统示意图

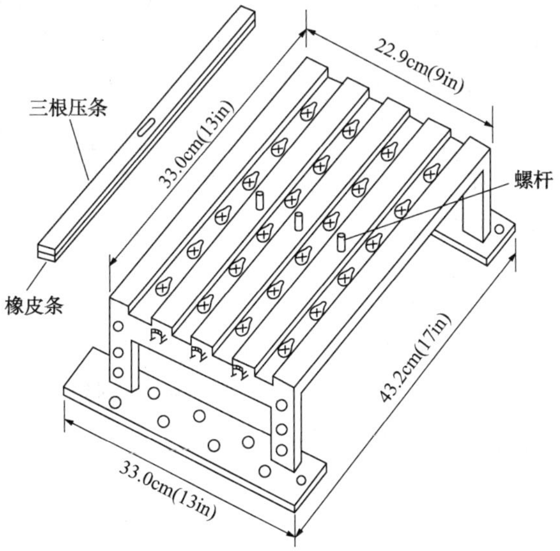

图 3-22　试验管组件示意图

3. 酸液配制及有机溶剂组成

试验用的酸液配制及有机溶剂组成见表 3-11 和表 3-12。

表 3-11 酸液配制表

成 分	数量(精确至 0.2%以内)	成 分	数量(精确至 0.2%以内)
乙酸	6.646g	盐酸(1.0mol/L)	103.232g
氢溴酸	4.892g	蒸馏水或去离子水	加至 1000mL 刻度

注:本配方中的氢溴酸浓度为 48%,如达不到 48%,应换算成与 48%浓度所含纯物质相当的量加入。

表 3-12 有机物配制表

试 剂	组成(体积分数)/%	试 剂	组成(体积分数)/%
乙酸乙酯	37.5	正丁醇	5.0
变性酒精(95%乙醇+5%异丙醇)	27.5	四氢呋喃	30.0

4. 试验报告

试验结束后,按照要求的程序对试验件清洗并用氮气吹干,用分析系统评价试验结果。每个球采集 20 个数据点,最后取平均值,试验结果用平均灰度值(AGV)表示。

5. 精密度

重复性(r):同一操作者在同一设备上、在相同的操作条件下使用相同的原材料,在使用正确和标准的操作方法的情况下,对同一试验所得两个结果之间的差值不超过 15.15(AGV)。

再现性(R):不同操作者在不同实验室的不同设备上,在使用正确和标准的操作方法的情况下,对同一试验所得两个结果之间的差值不超过 18.89(AGV)。

汽油机油的锈蚀和腐蚀保护性能是油品要求的使用性能之一。研究表明油品的碱值对 BRT 试验结果有很大影响,高碱值的油品有利于通过 BRT 试验。文献表明油品的碱值大于 5.5mgKOH/g 有利于通过 BRT 试验。

(二) 汽油机油防锈性评定法(BRT 法)的应用

该方法适合评价汽油机油在低温、酸性环境下的防锈性能。标准适用于评价 API SG+、API SL/ILSAC GF-3 及 ILSAC GF-4 等规格汽油机油的防锈性能。标准修改采用 ASTM D6557—00 评价汽油机油防锈性能的标准试验方法(由乙基公司和通用汽车公司联合开发的 BRT 球锈蚀试验,ASTM 接受此试验并标准化)。

该方法可以作为 SH/T 0512—1992 的一种替代方法。SH/T 0512—1992 试验方法是用来确定发动机油保护阀系组件,抵抗其在低温、短途条件下的锈蚀或腐蚀能力,并与美国 1978 年以前使用的车型相对应。标准与 SH/T 0512—1992 有较好的相关性。

三、防锈油脂防锈试验

(一) 防锈油脂防锈试验方法

1. 防锈油脂湿热试验方法

GB/T 2361—1992 防锈油脂湿热试验法规定了用湿热试验箱评定防锈油脂对金属防锈性

能的方法。标准参照采用日本工业标准 JIS K2246—1989 防锈油中 5. 34 条湿润试验方法。

(1) 方法概要：涂覆试样的金属试片，置于温度(49±1)℃、相对湿度 95%以上的湿热试验箱内，经按产品规格要求的试验时间后，取出检查，以试片表面有效区锈点的数量和大小来判断试油的防锈性能。

(2) 试验设备：湿热试验箱由试片旋转架、空气输送装置、温度调控装置、过滤器及气体流量计等构成，其技术要求为：

① 试片架转速：$\frac{1}{3}$r/min；

② 试片悬挂处温度：(49±1)℃；

③ 箱内相对湿度：95%以上；

④ 空气通入量：每小时约 3 倍于箱内容积；

⑤ 箱体底部水层：200mm 深的蒸馏水，其 pH 值为：5. 5~7. 5；

⑥ 试片旋转架上挂片槽间距：不小于 35mm；

⑦ 箱内水滴不能落在试片上，试片上淌下的油脂也不能落在箱底的水面，应有一个接收盘；

⑧ 湿热箱应设置在清洁，无二氧化碳、硫化氢、氯气、氨气等腐蚀性气体影响的地方，环境温度保持在 15~35℃。

(3) 试片锈蚀判断：湿热试验箱在达到各项规定的试验条件时，记录时间，连续运转 8h，然后停止运转(停止加热、通气和旋转)，使试片在箱内静置 16h，作为 1 个试验周期。试验完毕后，取出试片，用石油醚或溶剂油擦洗，除去试片表面油脂，按 SH/T 0217—1998(2004)标准仔细观察并记录试片表面锈蚀情况，具体见表 3-13。

该试验方法的关键技术在于试片制备，必须严格按 SH/T 0218—1993(2004)标准防锈油脂试验试片制备法的规定进行。

表 3-13 试片锈蚀级别

锈蚀级别	锈蚀度(有效面积)/%	锈蚀级别	锈蚀度(有效面积)/%
A	0	D	26~50
B	1~10	E	51~100
C	11~25		

(4) 结果报告：最终报告结果时取三片试片锈蚀度的算术平均值，修约到整数(按 SH/T 0217—1998 以锈蚀等级表示)。

2. 防锈油脂盐雾试验

SH/T 0081—1991(2000)防锈油脂盐雾试验法规定了用盐雾试验箱评定防锈油脂对金属的防锈性能的方法。标准系参照采用日本工业标准 JIS K2246—1989 中 5. 35 条制订。

(1) 方法概要：将涂覆试样的试片置于规定试验条件的盐雾试验箱内，经按产品规格要求的试验时间后，评定试片的锈蚀度。

(2) 试样设备组成及要求：盐雾试验箱由箱体、盐水贮罐、空气供给装置、喷雾嘴、试片支架、加热调节装置等组成，其技术条件为：

① 盐雾箱内温度：(35±1)℃；

② 空气饱和器温度：(47±1)℃；

③ 盐水溶液浓度：(5±0.1)%；

④ 喷嘴空气压力：(98±10)kPa；

⑤ 盐雾沉降液的液量：1.0~2.0mL/(h·80cm^2)；

⑥ 盐雾沉降液的 pH 值：(35±1)℃为 6.5~7.2；

⑦ 盐雾沉降液的密度：20℃为 1.026~1.041g/cm^3。

注：盐雾不得直接喷射至试片表面上，已经喷过的盐水不得再次用于喷雾。

(3) 结果判断：完成规定时间的试验后，取出试片，先用水冲洗，用热风吹干，再用溶剂油洗净涂覆油膜，最后用热风吹干。按 SH/T 0217—1998 判断三块试片评定面的锈蚀度，或按 SH/T 0533—1993 判断试片的锈蚀度。

(4) 报告：试验结束后，报告试片的锈蚀度。报告时按三块试片锈蚀度的算术平均值进行。

3. 防锈油脂耐候试验

SH/T 0083—1991(2000)防锈油耐候试验法规定了防锈油耐候试验方法，是在模拟光照、温度、湿度、降雨等气候条件下试验防锈油的耐老化和防锈性能的方法。适用于溶剂稀释型硬膜防锈油。标准参照采用日本工业标准 JIS K2246—1989 中 5.36 条耐候性试验方法而制订。

(1) 方法概要：将涂有试样的试片置于耐候试验机中，经规定的试验时间后，取出试片检查油膜的耐老化和防锈性能。

(2) 耐候试验机装置：试验所用耐候试验机应具有光源、温度、湿度、降雨、旋转试片架等自动调控装置(见图 3-23)，以模拟适宜的人工气候条件，其技术要求为：

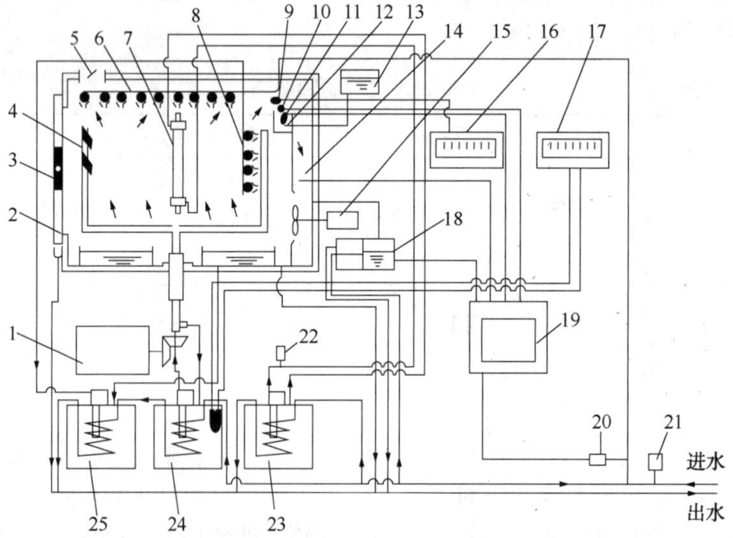

图 3-23 耐候试验机示意图

1—减速器；2—门；3—观察窗；4—试片架；5—排风门；6—喷水器；7—氙灯；8—降雨器；9—感光元件；10—干球铂电阻；11—湿球铂电阻温度计；12—湿球水箱；13—湿球补给水箱；14—加热器；15—风机；16—光能指示表；17—水温指示控制仪表；18—加温水箱；19—干、湿球记录仪；20—电磁阀；21—进水压力继电器；22—氙灯水压力继电器；23—氙灯水箱；24—水箱；25—降雨水箱

① 光源：
氙灯规格：6kW 水冷式氙灯，使用 600h 后必须更换新灯；
光源与样板距离：(37±2)cm；
氙灯冷却水：用蒸馏水循环冷却，以防止灯管结垢。
② 温度：
试片温度：以黑板温度计(63±3)℃为标准，黑板温度计放在与试片相同的位置；
工作温度：干球为(49±1)℃。
③ 相对湿度：(80±5)%。
④ 降雨：
降雨时间：12min/h；
喷嘴：共 4 个，能对试片作均匀的喷雾；
降雨水压：78~118kPa；
降雨水量：2.0~2.2L/min；
降雨水质：蒸馏水或干净自来水，其 pH 值在 6.0~8.0。
⑤ 试片架：
试片架用铝合金制造；
试片架转速：1r/min，使试片均匀地承受照射和雨淋。
⑥ 环境：放置耐候试验机的环境应保持良好，严格防止腐蚀性气体(如二氧化硫、硫化氢、氨气等)污染。

(3) 结果判断：试片按规定的时间进行试验，到达规定的时间后取出，用工业滤纸吸干表面水珠，用肉眼检查和记录光照面膜裂痕、脱落等情况。

用石油醚和橡胶工业用溶剂油清洗试片表面油膜，并干燥光照面，按 SH/T 0217—1998 规定评定锈蚀度。

(4) 报告：试验结束后，以三片试片锈蚀度的平均值进行报告。

(二) 防锈油脂防锈试验的应用

防锈油脂产品的基本性能就是防锈，防锈油脂产品都必须通过防锈性能试验；针对不同工况和不同使用性能的防锈油脂产品，选用不同的试验方法；GB/T 2361—1992 防锈油脂湿热试验法适用于湿热环境下的一般防锈油脂产品的防锈性能测试、SH/T 0081—1991(2000)防锈油脂盐雾试验法适用于盐雾环境下的防锈油脂产品的防锈性能测试、SH/T 0083—1991(2000)防锈油耐候试验法适用于露天环境下的长期防锈的防锈油脂产品的防锈性能测试。

四、机动车制动液防锈试验

机动车制动液国家标准 GB 12981—2012 中附录 M 为机动车制动液防锈性试验方法。评定方法大致为：接触过制动液的铸铁试片在(35±1)℃的饱和蒸汽下(湿热试验箱或者恒温试验箱)，放置 24h 后，根据试片表面状况来判断制动液的防锈能力。

报告试验片的外观，无锈点为合格。

该试验仅适用于机动车制动液的防锈性试验。

第四节　泡沫稳定性、空气释放性

一、泡沫稳定性、空气释放性试验方法

(一) 泡沫性能试验

抗泡性是润滑油的一项重要使用性能，润滑油产品不能出现稳定的泡沫；润滑油的泡沫倾向与润滑油的基础油质量和添加剂配方有关，其泡沫稳定性随其黏度和表面张力而变化。根据斯托克(Stokes)定律，空气泡的分离速度与气泡直径的平方成正比，与润滑油的黏度成反比。相应地，随着温度的上升，泡沫的稳定性下降。黏度较小的润滑油形成大而容易消失的气泡，高黏稠润滑油中产生的是分散而稳定的气泡。

目前测定润滑油的标准方法有 GB/T 12579—2002 与 SH/T 0722—2002。

1. GB/T 12579—2002 润滑油泡沫特性测定法

GB/T 12579—2002 润滑油泡沫特性测定法，标准规定了在中等温度下测定润滑油泡沫特性的方法，标准适用于加或未加用以改善或遏制形成稳定泡沫倾向的添加剂的润滑油，标准等效采用 ISO 6247—1998 石油产品-润滑油泡沫特性测定法。

(1) 方法概要：将预热而后又冷却到 24℃的试样，注入两个泡沫试验量筒中，各注入规定的量，分别在(24±0.5)℃和(93±0.5)℃下恒温，插入干净的标准气体扩散头，并与通空气管接通，通入已净化的空气(94±5)mL/min，5min 后关闭空气源，立刻记下量筒中的泡沫体积。量筒静置 10min 后，再记录泡沫体积。

当完成(93±0.5)℃的通气试验并记录完毕后，取出量筒，在室温下静置冷却到 43℃再放入(24±0.5)℃恒温浴中，测其在该温度下的形成泡沫倾向和泡沫稳定性，整个试验必须在 3h 内完成。

该试验方法的可靠性取决于扩散头的质量，必须按照标准试验方法对其进行最大孔径和渗透性试验，以选择符合质量要求的扩散头。

(2) 试验设备：抗泡试验设备见图 3-24。

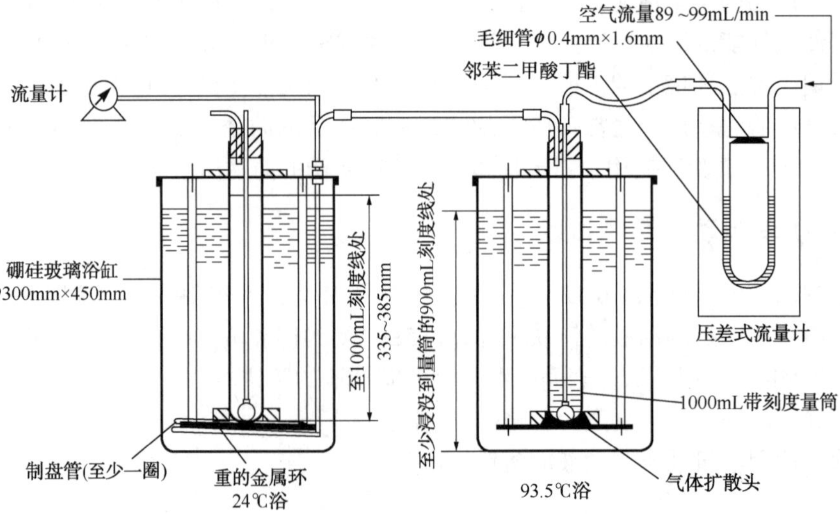

图 3-24　抗泡试验设备

（3）报告：报告结果精确到5mL，表示为“泡沫倾向”（在吹气周期结束时的泡沫体积，mL），和（或）“泡沫稳定性”（在静止周期结束时的泡沫体积，mL）。每个结果要注明程序号以及试样是直接测定还是经过搅拌后测定的。

当泡沫或气泡层没有完全覆盖油的表面，且可见到片状或“眼睛”状的清晰油品时，报告泡沫体积为“0mL”。

（4）精密度：

重复性（r）：同一操作者使用同一仪器，在恒定的实验条件下，对同一试样重复测定的两个结果之差不能超过式（3-38）和式（3-39）的值，见图3-25。

$$r(\text{程序 I 和程序 II}) = 10+0.22X \tag{3-38}$$

$$r(\text{程序 III}) = 15+0.33X \tag{3-39}$$

式中　X——两个测量结果的平均值，mL。

再现性（R）：不同操作者，在不同的实验室对同一试样得到的两个独立结果之差不能超过式（3-40）和式（3-41）的值，见图3-26。

$$R(\text{程序 I 和程序 II}) = 15+0.45X \tag{3-40}$$

$$R(\text{程序 III}) = 35+1.01X \tag{3-41}$$

式中　X——两个测量结果的平均值，mL。

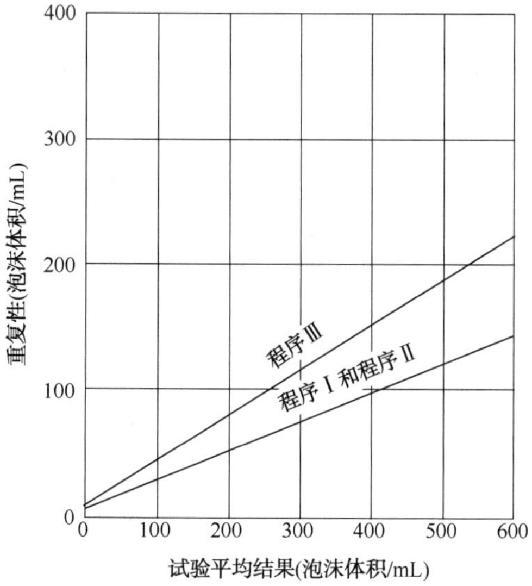

图3-25　重复性曲线

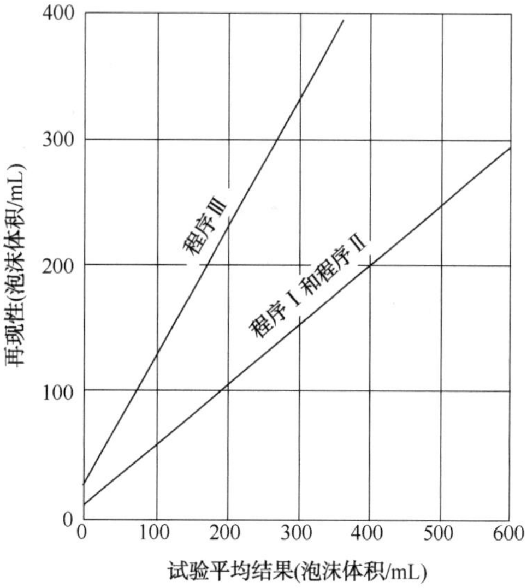

图3-26　再现性曲线

2. SH/T 0722—2002 润滑油高温泡沫特性测定法

SH/T 0722—2002 润滑油高温泡沫特性测定法，本标准主要用于发动机油与传动液在150℃泡沫性能测试。等效采用ASTM D6082—00润滑油高温泡沫特性测定法。

（1）方法概要：将试样加热到49℃，恒温30min后冷却至室温，然后将试样转移至带刻度的1000mL抗泡量筒内，并置于（150±1）℃的恒温浴中，确保试样达到（150±1）℃后恒温5min，通入流量为（200±5）mL/min的空气，时间为5min±10s，测定停止通气前瞬间的静态泡沫量、运动泡沫量以及停止通气后规定时间的静态泡沫量、泡沫消失的时间和总体积增加百分数。

（2）试验装置：测量高温抗泡试验装置见图 3-27。

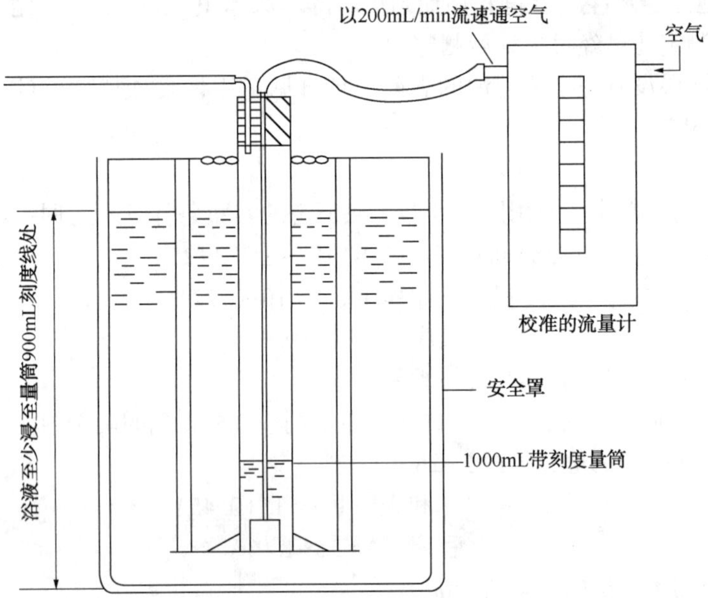

图 3-27　高温抗泡试验装置

（3）计算：试验结束后，需对总体积增加 ΔV(mL)与总体积增加百分率 $\Delta V\%$进行计算。

总体积增加 ΔV(mL)按式(3-42)计算：

$$\Delta V=V_2-V_1 \tag{3-42}$$

式中　V_2——试验得到的最终总体积，mL；

V_1——试验时初始的总体积，mL。

总体积增加百分率 $\Delta V\%$按式(3-43)计算：

$$\Delta V\%=\frac{V_2-V_1}{V_1}\times 100 \tag{3-43}$$

（4）报告。报告以下内容：

是否选择搅拌；

泡沫倾向性(停止通气前瞬间，静态泡沫的体积)，精确至 10mL；

运动泡沫的体积(停止通气前瞬间，动态泡沫的体积)，精确至 10mL；

最终总体积(V_2)，精确至 10mL；

泡沫稳定性(停止通气前瞬间，在规定时间的静态泡沫的体积)，精确至 10mL；

泡沫消失时间，s；

总体积增加(ΔV)，mL；

总体积增加百分率($\Delta V\%$)，%。

（5）润滑油高温泡沫的精密度：

重复性(r)：同一操作者使用同一仪器，在恒定的实验条件下，对同一试样重复测定的两个结果之差不能超过表 3-14 的数值。

再现性(R)：不同操作者，在不同的实验室对同一试样得到的两个独立结果之差不能超过表 3-14的数值。

表 3-14 润滑油高温泡沫试验的重复性和再现性

	重复性	再现性	范围
泡沫倾向性(5min)/mL	$3.0X^{0.5}$	$8.2X^{0.5}$	8~400
总体积增加/mL	$0.82X^{0.8}$	$1.8X^{0.8}$	17~270
总泡沫体积(泡沫倾向性与运动泡沫体积之和)/mL	$2.3X^{0.5}$	$10X^{0.5}$	99~530
泡沫稳定性			
5s(切断空气后)/mL	$2.3X^{0.5}$	$10X^{0.5}$	11~480
15s(切断空气后)/mL	$2.3X^{0.5}$	$10X^{0.5}$	0~400
1min(切断空气后)/mL	$2.3X^{0.5}$	$10X^{0.5}$	0~300
泡沫消失时间/s	$0.34X$	$0.83X$	9~460

注：X 为两次测定结果的平均值。

说明：表 3-14 中数值仅适用于乘用车发动机油。

（二）空气释放性能试验

空气释放性即润滑油分离雾沫空气的能力。

所谓空气释放值即在规定的试验条件下，试样中雾沫空气的体积减少到 0.2%时所需的时间，此时间为气泡分离时间，以 min 表示。

SH/T 0308—1992(2004)润滑油空气释放值测定法规定了测定润滑油分离雾沫空气能力的方法。标准参照采用 ASTM D3427—1975 石油油品气泡分离时间测定法。

1. 方法概要

将试样加热到 25℃、50℃或 75℃，通过对试样吹入过量的压缩空气，使试样剧烈搅动，空气在试样中形成小气泡，即雾沫空气。停气后记录试样中雾沫空气体积减到 0.2% 的时间。

2. 试验设备

空气释放值试验设备装配见图 3-28。

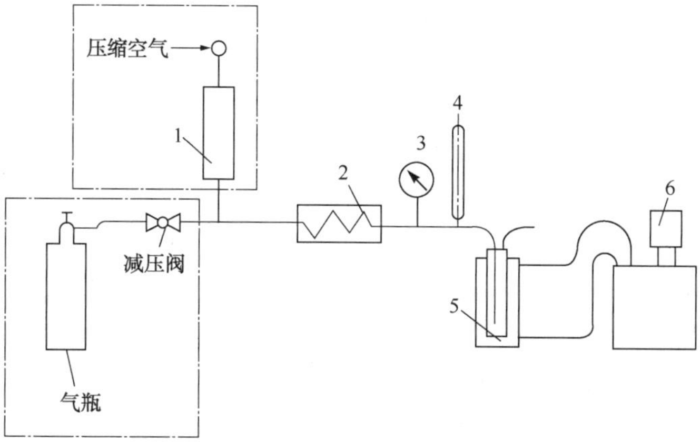

图 3-28 空气释放值试验设备示意图

1—空气过滤器；2—空气加热炉；3—压力表；4—温度计；5—耐热夹套玻璃试管；6—循环水浴

3. 报告

试验结束后，报告试验在某个温度下的气泡分离时间，以 min 表示，此时间即为该温度下试样的空气释放值。

4. 精密度

空气释放值精密度如表 3-15 所示。

重复性(r)：同一操作者，使用同一仪器重复测定的两个结果之差，不应超过表 3-15 的数值。

再现性(R)：不同操作者在不同实验室测定的同一试样的两个结果之差，不应超过表 3-15的数值。

表 3-15　空气释放值精密度　　min

空气释放性	重复性	再现性
<5	0.7	2.1
5~10	1.3	3.6
>10~15	1.6	4.7

在试验过程中需要注意的是：当密度计的值变化到空气体积减少到 0.2%处，计 $d_1=d_0-0.0017$ 时，记录停气到此点的时间。若气泡分离在 15min 内，记录时间准确到 0.1min；15~30min，准确到 1min；若停气 30min 后密度值还未达到 d_1 值，则停止试验。

空气释放性能差将严重影响设备的使用，对设备造成伤害，例如在液压油中夹杂气泡，会造成驱动系统压力不足和传动迟缓，严重时产生异常的噪声、气穴、振动等，因此，要求液压油应具有良好的消泡性能和空气释放性能。

二、泡沫稳定性、空气释放性试验的应用

(1) 润滑油在运输与使用中，由于受到振荡、搅动等作用，以及空气进入润滑油中，以致形成气泡；如果油品的抗泡性不好，在润滑系统中形成很多泡沫，而且不能迅速破除，将影响润滑油的全面性能：泡沫会使油膜破坏，使摩擦面发生烧结或增加磨损；增加与氧接触，促进润滑油氧化变质；隔热使油散热变差，加速老化；还会使润滑系统气阻，影响润滑油循环，影响加工精度，甚至造成安全事故。因此抗泡性是润滑油等的重要质量指标。要求润滑油发泡趋势小，泡沫稳定性差，起泡小，消泡快。

大部分润滑油产品都有抗泡沫性能指标，而且都是出厂批次检测项目。

(2) 发动机油产品的抗泡沫性能在实际应用和试验中表明，用 GB/T 12579—2002 润滑油泡沫特性测定法测定的抗泡性能是合格的，在高温环境下使用出现抗泡沫性能不合格；因此，高端发动机油需要测试高温条件下的抗泡沫性能；SH/T 0722—2002 润滑油高温泡沫特性测定法主要适用于发动机油与传动液在 150℃泡沫性能测试。

(3) 空气释放性能差将严重影响设备的使用，对设备造成伤害，例如在液压油中夹杂气泡，会造成驱动系统压力不足和传动迟缓，严重时产生异常的噪声、气穴、振动等，因此，要求液压油、汽轮机油应具有良好的消泡性能和空气释放性能。

SH/T 0308—1992(2004)润滑油空气释放值测定法适用于测定液压油、汽轮机油等石油产品的空气释放性能。空气释放性能主要受基础油的空气释放性能影响，基础油空气释放性能合格，生产出来的产品才可能合格；目前没有改善空气释放性能的添加剂，部分添加剂会使空气释放性能变差，如硅油抗泡剂，加入量多一点会使油品的空气释放性能试验不合格。

第五节　抗乳化性能试验

一、润滑油抗乳化性能试验方法

测定油品与水混合后分离的能力称为抗乳化性试验。

1. GB/T 7305—2003 石油和合成液水分离性测定法

润滑油的抗乳化性测定按 GB/T 7305—2003 石油和合成液水分离性测定法进行试验。

适用于测定 40℃运动黏度为 28.8～90mm²/s 的石油和合成液的水分离性，试验温度为(54±1)℃。对于 40℃运动黏度超过 90mm²/s 的油品，试验温度为(82±1)℃。对于更高黏度的油品，无法使油和水充分混合，建议用 GB/T 8022—2019 试验方法。其他试验温度如 25℃也可以使用。

标准修改采用 ASTM D1401—98 石油和合成液水分离性能测定法。

GB/T 7305—2003 提供了测定混入水和受湍流影响的油与水的分离特性的依据，可用于新油的规格试验与验收试验，也可用于监测使用中的油品。

(1) 方法概要：在量筒中装入 40mL 试样和 40mL 蒸馏水，并在 54℃或 82℃下以(1500±15)r/min 的搅拌速率搅拌油水混合物 5min，搅拌结束后记录乳化液分离所需的时间。静置 30min 或 60min 后，如果乳化液没有完全分离，或乳化层没有减少为 3mL 或更少，则记录此时油层(或合成液)、水层和乳化层的体积。

(2) 报告：油水分离表述：

试验结束后，记录达到产品水分离性能要求或超出了水分离性能要求的试验范围的时间[通常(54±1)℃时为 30min，(82±1)℃时为 60min，乳化液为 3mL，或更少]，且每隔 5min 记录试验结果，油层报告的最大体积数为 43mL。结果的报告格式见表 3-16。

表 3-16　油水分离性能结果描述

表示法	详细说明
40-40-0(20)	完全分离时间为 20min，15min 时，残留的乳化层超过 3mL
39-38-3(20)	没有出现完全分离，但乳化层降至 3mL，试验结束
39-35-6(60)	60min 后，残留的乳化层超过 3mL，即 39mL 的油，35mL 的水，6mL 的乳化层
41-37-2(20)	没有出现完全分离，但乳化层在 20min 后减少到 3mL 或更少
43-37-0(30)	30min 后，乳化层减少到 3mL 或更少。25min 时，乳化层超过 3mL，例如，0-36-44 或 43-33-4

油层-水层-乳化层外观描述：GB/T 7305—2003 方法试验中各层外观描述见表 3-17。

表 3-17　油水分离试验中各层外观描述

油(富油)层	水(富水)层	乳化层
a)透明 b)雾状 c)浑浊(或乳白状) d)a，b 和 c 的组合现象	a)透明 b)花边状或有水泡，或两者均有 c)雾状 d)浑浊(或乳白状) e) a，b，c 和 d 的组合现象	a)模糊的花边 b)浑浊(或乳白状) c)奶油状 d)a，b 和 c 的组合现象

试验结束后，对油/乳化层和水/乳化层界面外观表述为：

界面清楚，明显。

界面不清楚，有泡。

界面不清楚，有花边。

此外，报告除 54℃以外的试验温度和除蒸馏水以外的溶液介质。

(3) 精密度：试验方法的精密度是以 40℃的运动黏度为 28.8～90mm²/s 的汽轮机油为试验油而取得的，试验完成时，乳化层为 3mL，或更少。精密度如图 3-29 所示。该图表明油品的平均乳化层的测试结果所允许的重复性和再现性(95%置信水平)的最大偏差。但这也许不适用于其他油品或合成液。

精密度测定图(图 3-29)使用说明：以 min 为单位，计算平均测定结果。从纵坐标上的零点 A 向右移到横坐标上的 B 点，根据试验的平均结果，计算并找出误差点 C^+ 和 C^-。如果误差点落在重复性区域内，则表明结果在精密度范围内。

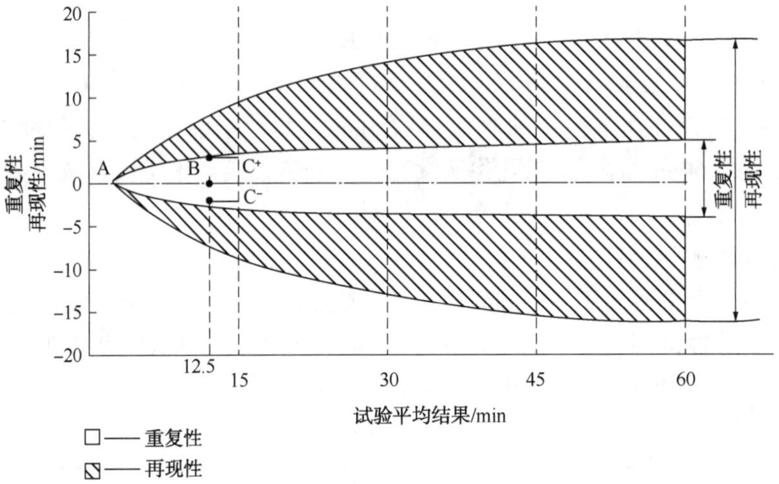

图 3-29　精密度测定图

例如：有一个油样的乳化性为 40-40-0(10min)和 40-40-0(15min)，试验的平均时间结果为 12.5min(B)，误差为+2.5(C^+)和-2.5(C^-)。这些点落在重复性区域内。

该图同样适用于不同实验室间的再现性结果测定。

2. 润滑油抗乳化性能测定法(GB/T 8022—2019)

GB/T 8022—2019 润滑油抗乳化性能测定法适用于测定中、高黏度润滑油的油和水互相分离的能力。对易受水污染和可能遇到泵送及循环湍流而产生油包水型乳化液的润滑油抗氧化性能的测定具有指导意义。GB/T 8022—2019 与 ASTM D2711—74 润滑油抗乳化性能测定法具有一定的相关性。

对于工业齿轮油(闭式)这样的中、高黏度润滑油，按 GB/T 8022—2019 润滑油抗乳化性能测定法进行。

(1) 方法概要：

方法 A：在专用分液漏斗中加入 405mL 试样和 45mL 蒸馏水，在(82±1)℃，以(4500±500) r/min 转速搅拌 5min，静置 5h 后测量，并记录从油中分离出来的水的体积、乳化液的体积及油中水分的百分数。

方法 B：在专用分液漏斗中加入 360mL 试样和 90mL 蒸馏水，在(82±1)℃，以(2500±250) r/min 转速搅拌 5min，静置 5h 后测量，并记录从油中分离出来的水的体积、乳化液的体积及油中水分的百分数。

方法 A 适用于不含极压剂的润滑油，方法 B 适用于含有极压剂的润滑油。

(2) 报告：报告试验所使用的程序为方法 A 或 B；按照下式计算油中水分百分数，X(%)：

$$X=(V/50)\times 100$$

式中 X——油中水分的百分数,%；

V——离心管中可见水的体积，mL。

当油中水分的百分数小于 0.1%时，报告“0.1%”或“痕迹”；

报告每次测定结果和各次测定结果的平均值，包括“油中水分的百分数,%”、“分离水总体积”、分离水与离心分离出来的“乳化液总体积”。“分离水总体积”指 50mL(方法 A)或 100mL(方法 B)量筒收集的水和用离心法分离出来的水的体积的和。

(3) 精密度：

重复性(r)：同一操作者的重复两次测定结果的差值不应超过表 3-18 中的数值。

再现性(R)：两个实验室各自提供的结果的差值不应超过表 3-18 中的数值。

表 3-18(A) 方法 A：精密度表

类型	重复性 r/mL	再现性 R/mL
总分离水	4	8
乳化液	0.2	0.2

表 3-18(B) 方法 B：精密度表

抗乳化等级	分类界限			重复性 r			再现性 R		
	分离水百分数/%	分离水总体积/mL	乳化液体积/mL	油中水百分数/%	分离水总体积/mL	乳化液体积/mL	油中水百分数/%	分离水总体积/mL	乳化液体积/mL
A	≤1.4	≥79	≤0.2	0.4	3.6①	0.1	0.8	5.1	0.2①
B	≤6.0	≥60	≤4.0	4.0	11	1.6	4.2	23	3.5
C	>6.0	<60	>4.0	5.6	18	~23	22	57	~96

①检查数据后所得的估值。

3. 汽轮机油抗乳化试验

SH/T 0191—1992(2000)汽轮机油破乳化值测定法规定了润滑油破乳化值的方法。标准适用于汽轮机油及其他润滑油。使用过的汽轮机油也可以使用，但由于油品氧化及污染，因此精密度要比规定的值小。

标准等同采用 BS 2000 part 19：1982。

（1）方法概要：将 20mL 试样在 90℃左右与水蒸气进行乳化，然后把乳化液置于约 94℃的浴中，测定分离出 20mL 油所需的时间。可以看出，这个方法完全模拟汽轮机油的工作条件，是测定汽轮机油抗乳化性的最为有效方法。

（2）试验设备：汽轮机油破乳化值测定法试验设备见图 3-30。

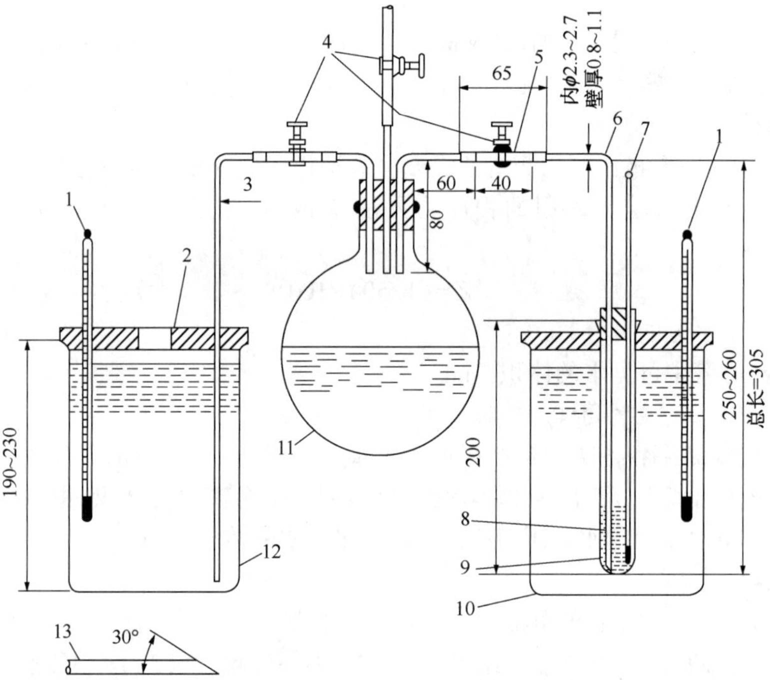

图 3-30　破乳化值测定仪示意图

1—温度计(0~100℃)；2—木制或金属盖子；3—辅助蒸汽管线；4—螺旋夹；5—橡胶管；6，8—蒸汽导管；7—温度计(-1~105℃)；9—盛油器；10—乳化浴；11—水蒸气发生器，容量最小 1L；12—分离浴；13—蒸汽导管末端详图

（3）报告：试验结束后，计算两次测定结果的平均值。如果两个结果与其平均值之差大于 15s，或大于平均值的 10%(如果此值更大)，则进行第三次试验。

报告平均值，取至 15s，作为测定结果。若在 20min 内没有分离出 20mL 油，则报告大于 1200s。

（4）精密度：对未使用过的油两次测定结果之差不应大于下列数值：

重复性　30s 或平均值的 20%(取较大者)

再现性　60s 或平均值的 30%(取较大者)

二、抗乳化性能试验的应用

（1）润滑油在使用过程中很可能与水相接触。抗乳化性好的润滑油遇水后，虽经搅拌振荡，也不易形成乳化液，或虽然形成乳化液，但不稳定，易于迅速分离。

润滑油的抗乳化性与其洁净度关系较大，若润滑油中的机械杂质较多，或含有皂类、酸类及生成的油泥等，在有水存在的情况下，润滑油就容易乳化而生成乳化液。抗乳化性差的油品，其氧化稳定性(安定性)也差。

抗乳化性是汽轮机油、抗磨液压油、造纸机循环油、工业齿轮油等工业循环油的一个非常重要质量指标。这是因为这些润滑剂在使用过程中必然要与水接触。如润滑油的抗乳化性不好，在使用中容易形成乳化液，必然降低润滑油的润滑性能，增加磨损，产生腐蚀锈蚀，生成沉淀，阻碍润滑油的循环，造成供油不良等恶果。

螺杆式空气压缩机油等压缩机油类也应具有良好的抗乳化性，否则会影响压缩机油油气分离能力，造成堵塞、加速机油的氧化等。

(2) 不同油品的抗乳化试验方法是不一样的，GB/T 7305—2003 石油和合成液水分离性测定法适用于测定 40℃运动黏度为 28.8~90mm^2/s 的石油和合成液的水分离性。

GB/T 8022—2019 润滑油抗乳化性能测定法适用于测定中、高黏度润滑油(如工业齿轮油)的油和水互相分离的能力，方法 A 适用于不含极压剂的润滑油，方法 B 适用于含有极压剂的润滑油。

GB/T 7305—2003、SH/T 0191—1992(2000)适用于汽轮机油及其他润滑油。

(3) 影响润滑油抗乳化性能的主要是基础油和复合添加剂的抗乳化性能，调和储罐、管线系统、包装容器等污染都会影响抗乳化性能的结果；也要注意采样器、检测用的烧杯量筒的洁净。

第六节　水解安定性

一、水解安定性试验方法

润滑油，特别是某些合成油如酯类油、硅酸酯、磷酸酯等与水接触时容易发生反应，称为水解反应，防止这种反应的能力称为水解安定性。水解安定性对液压油的使用特别重要，因此在其规格标准中规定了这项质量指标。

NB/SH/T 0301—2022 液压液水解安定性的测定　玻璃瓶法标准，与 ASTM D2619—09(R2014)液压液水解安定性的测定法(酒瓶法)有一定的相关性。

NB/SH/T 0301—2022 液压液水解安定性的测定　玻璃瓶法适合矿物油型和合成型液压液的水解安定性试验。标准同样适用于评定水基或水乳化的液压液，但应该在原始状态(未进行稀释)评定，试样量规定为 100g。

1. 方法概要

将 75g 试样、25g 水(或 100g 含水液压液)和铜片(符合 GB/T 5231—2012 中 T1 的要求，铜片厚度 0.65~1.29mm，长度 51mm，宽度 13mm)一起密封在耐压玻璃瓶内，然后将其放在(93±0.5)℃的油品水解安定性试验箱内，按头尾颠倒方式旋转 48h 后，将油、水分离，分别测定试样的酸值变化、水层总酸度和铜片质量变化，并记录铜片外观。

注意：在 93℃的试验条件下，使用能耐约 200kPa 的空气和水蒸气的玻璃瓶，操作中需戴上防护面罩和耐热手套。

2. 计算

需要计算酸值变化、水层总酸度。

(1) 按式(3-44)、式(3-45)和式(3-46)计算试样的酸值变化 X_1，mgKOH/g。

$$X_1 = Y_1 - Y_0 \tag{3-44}$$

$$Y_0 = \frac{V_0 \times 0.0561 \times c \times 1000}{m_0} \tag{3-45}$$

$$Y_1 = \frac{V_1 \times 0.0561 \times c \times 1000}{m_1} \tag{3-46}$$

式中 Y_0——试验前试样的酸值，mgKOH/g；

Y_1——试验后试样的酸值，mgKOH/g；

V_0——试验前滴定试样所消耗氢氧化钾-异丙醇标准滴定溶液的体积，mL；

V_1——试验后滴定试样所消耗氢氧化钾-异丙醇标准滴定溶液的体积，mL；

c——氢氧化钾-异丙醇标准滴定溶液的实际浓度，mol/L；

0.0561——与 1.00mL 氢氧化钾-异丙醇标准滴定溶液[c(KOH)= 1.000mol/L]相当的以克表示的酸(以氢氧化钾表示)的质量；

m_0——试验前试样的质量，g；

m_1——试验后试样的质量，g。

(2) 按式(3-47)计算水层总酸度 X_2，mgKOH/g：

$$X_2 = (V_2 - V_3) \times 0.0561 \times c_1 \times 1000 \tag{3-47}$$

V_2——滴定水层试样所消耗氢氧化钾标准滴定溶液的体积，mL；

V_3——滴定空白试样所消耗氢氧化钾标准滴定溶液的体积，mL；

c_1——氢氧化钾标准滴定溶液的实际浓度，mol/L。

(3) 按式(3-48)计算铜片质量变化 X_3，mg/cm^2：

$$X_3 = \frac{m_2 - m_3}{A} \times 1000 \tag{3-48}$$

式中 m_2——试验前铜片的质量，g；

m_3——试验后铜片的质量，g；

A——铜片的表面积，在规定条件下为[(1.3×5.1×2)]cm^2。

3. 报告

报告应包括以下信息：

(1) 试样酸值变化，以 mgKOH/g 计；

(2) 水层总酸度，以 mgKOH/g 计；

(3) 铜片质量变化，以 mg/cm^{2}计；

(4) 铜片外观。

4. 精密度

NB/SH/T 0301—2022 的精密度判断方法引用 ASTM D2619—09 标准中的精密度要求。

重复性(r)：同一操作者，在同一实验室，使用同一仪器，按照相同的方法，对同一试样进行测定得到的两个试验结果之差不应超过表 3-19(A)规定的数值。

表 3-19(A) NB/SH/T 0301—2022 重复性要求

试样①	试样酸值变化/(mgKOH/g)			水层总酸度/(mgKOH/g)			铜片质量变化/(mg/cm²)		
	平均值	重复性标准差 S_r	重复性	平均值	重复性标准差 S_r	重复性	平均值	重复性标准差 S_r	重复性
1	-0.0030	0.0750	0.2100	2.3267	0.5684	1.5916	-0.0219	0.0156	0.0438
2	0.0130	0.0708	0.1983	0.3458	0.2156	0.6038	-0.0742	0.0438	0.1226
3	0.4460	0.1403	0.3927	15.2358	1.4479	4.0542	-0.5283	0.0748	0.2093
4	0.5155	0.0904	0.2530	0.6025	0.3282	0.9190	-3.6439	0.6490	1.8172
5	0.0220	0.0479	0.1342	0.6533	0.2929	0.8202	-0.0161	0.0157	0.0441

①试样 1~5 依次为合格无灰矿物液压油、合格含锌矿物液压油、不合格无灰矿物液压油、不合格含锌矿物液压油、合格含锌合成液压油(PAO 和酯类)。

再现性(*R*)：不同操作者，在不同实验室，使用不同仪器，按照相同的方法，对同一试样进行测定得到的两个单一、独立的试验结果之差不应超过表 3-19(B)规定的数值。

表 3-19(B) NB/SH/T 0301—2022 再现性要求

试样①	试样酸值变化/(mgKOH/g)			水层总酸度/(mgKOH/g)			铜片质量变化/(mg/cm²)		
	平均值	再现性标准差 S_r	再现性	平均值	再现性标准差 S_r	再现性	平均值	再现性标准差 S_r	再现性
1	-0.0030	0.0750	0.2100	2.3267	1.1103	301088	-0.0219	0.0180	0.0505
2	0.0130	0.0895	0.2505	0.3458	0.4694	1.3143	-0.0742	0.0438	0.1226
3	0.4460	0.1403	0.3927	15.2358	3.6158	10.1244	-0.5283	0.2051	0.5741
4	0.5155	0.1095	0.3066	0.6025	0.5146	1.4409	-3.6439	0.8274	2.3166
5	0.0220	0.0639	0.1788	0.6533	0.4413	1.2355	-0.0161	0.0193	0.0540

①试样 1~5 依次为合格无灰矿物液压油、合格含锌矿物液压油、不合格无灰矿物液压油、不合格含锌矿物液压油、合格含锌合成液压油(PAO 和酯类)。

二、水解安定性试验的应用

SH/T 0301—2022 液压液水解安定性测定适用于矿物油型和合成型液压液的水解安定性试验，也用于测定合成酯、磷酸酯的水解安定性。

该法用于评定水基或水乳化的液压液，评定时应该在原始状态(未进行稀释的样品)评定，试样量规定为 100g。

第七节 剪切安定性

剪切安定性主要用以评价含高分子聚合物润滑油(多级发动机油、车辆齿轮油、低温液压油等)的聚合物在高温、高剪切应力情况下的能力，也是评定添加高分子聚合物油的永久性黏度下降的指标。润滑油的抗剪切能力越强，经剪切后黏度损失百分数越小，剪切安定性就越好。剪切性能良好的润滑油在现场使用时可提供稳定的黏度，确保设备的正常使用。

一、剪切安定性试验方法

评价剪切安定性试验方法有 SH/T 0103—2007 含聚合物油剪切安定性的测定 柴油喷嘴法、NB/SH/T 0505—2017 含聚合物油剪切安定性的测定 超声波剪切法、SH/T 0200—1992(2006)含聚合物润滑油剪切安定性测定法(齿轮机法)、SH/T 0618—1995(2004)高剪切条件下的润滑油动力黏度测定法(雷范费尔特法)、NB/SH/T 0703—2020 润滑油在高温高剪切速率条件下表观黏度的测定 多重毛细管黏度计法、SH/T 0751—2005 高温和高剪切速率下黏度测定法(锥形塞黏度计法)、NB/SH/T 0845—2010 传动润滑剂黏度剪切安定性的测定 圆锥滚子轴承试验机法等。

1. *超声波剪切试验*

NB/SH/T 0505—2017 规定了用超声波剪切法测定含聚合物油剪切安定性的方法。标准适用于测定含聚合物液压油和内燃机油的抗剪切性能。油在聚能器(超声波振荡器)中受超声波剪切作用所引起的黏度损失，以油的黏度下降率来评定油品的剪切安定性。

(1) 方法概要：将适量的含聚合物的试样，置于聚能器触棒中，使其经受一次或多次固定时间的超声波剪切处理，并用 GB/T 265—1988 标准测定试验前后的黏度，然后计算试样的黏度下降率。

(2) 计算：试样的黏度下降率 X(%)按式(3-49)计算：

$$X=\frac{\vartheta_0-\vartheta}{\vartheta_0}\times 100 \qquad (3-49)$$

式中 ϑ_0——试验剪切前温度 37.8℃(100℉)或 40℃(104℉)的运动黏度值，mm^2/s；

ϑ——试验剪切后温度 37.8℃(100℉)或 40℃(104℉)的运动黏度值，mm^2/s。

(3) 报告：取重复测定两个结果的算术平均值作为试样的超声波剪切黏度下降率。

(4) 精密度：

重复性(r)：同一操作者，在同一实验室，使用同一仪器，对同一试样进行测定所得到的两个连续试验结果之差不应超过式(3-50)的计算值：

$$r=0.38\overline{X}^{0.095} \qquad (3-50)$$

式中 $\overline{X}$——两个重复试验结果的平均值。

再现性(R)：不同操作者，在不同实验室，使用不同的仪器，按照相同的方法，对同一试样分别进行测定得到的两个单一、独立的试验结果之差不应超过式(3-51)的计算值：

$$R=1.15\overline{X}^{0.047} \qquad (3-51)$$

式中 $\overline{X}$——两个独立试验结果的平均值。

注：本标准的黏度下降率小于6%时，其精密度未确定；精密度是在 37.8℃下统计试验取得的。

2. *柴油喷嘴剪切试验*

SH/T 0103—2007 规定了测定含聚合物油的剪切安定性的方法，是用欧洲柴油喷嘴试验仪测定 100℃时含聚合物油的运动黏度损失。黏度损失反映了聚合物在喷嘴剪切作用下的降解程度。标准修改采用 ASTM D6278—02 含聚合物油剪切安定性标准测试方法(欧洲柴油喷嘴设备法)。

（1）方法概要：含聚合物油在一定的剪切速率下通过柴油喷嘴时会引起聚合物分子的降解，降解会导致试样的运动黏度降低，用黏度损失百分数表示含聚合物油的机械剪切安定性。

（2）柴油喷嘴剪切试验设备：柴油喷嘴剪切安定性试验装置及分配板见图 3-31，喷嘴见图 3-32。

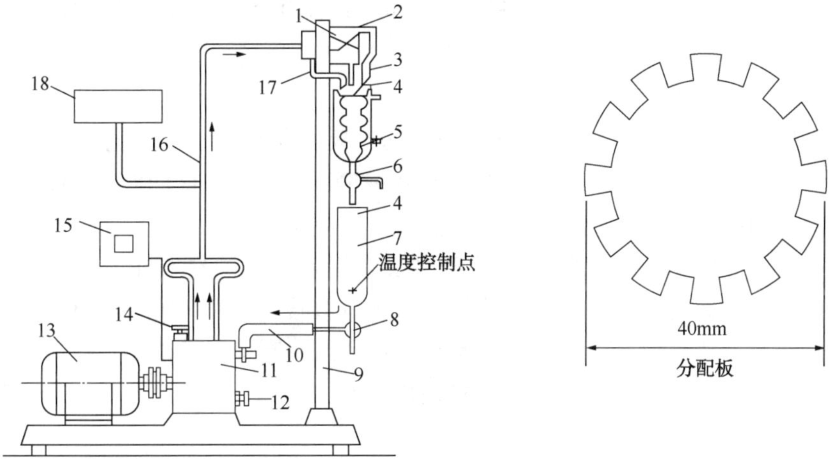

图 3-31　柴油喷嘴剪切安定性试验装置及分配板

1—喷嘴；2—雾化室；3—雾化室出口；4—分配板；5—冷却器；6—冷却器出口的三通活塞；7—贮液槽；8—贮液槽出口的三通活塞；9—支架；10—与泵吸入口连接的管；11—双活塞式喷射泵；12—泵速调节螺丝；13—电动机；14—泵排气螺丝；15—冲程式计数器；16—从泵到喷射器的耐高压管线；17—过剩液体的回流管线；18—压力传感装置

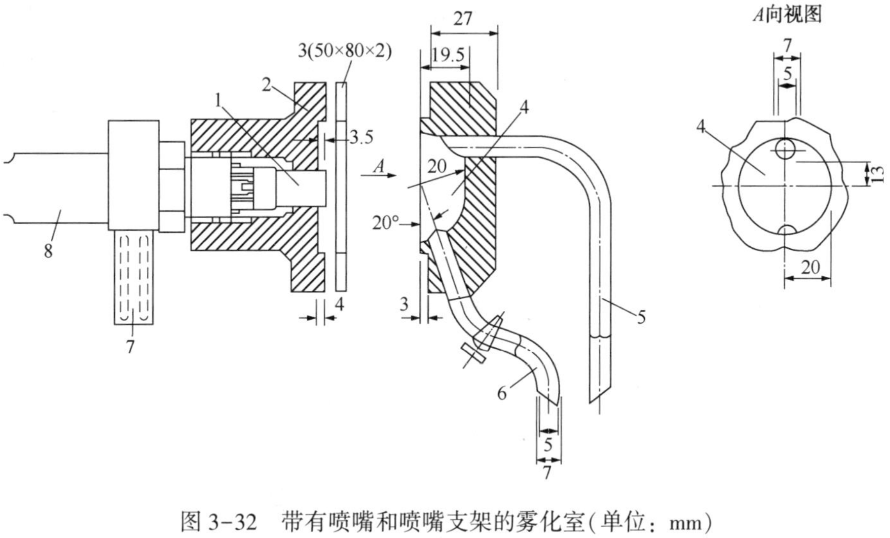

图 3-32　带有喷嘴和喷嘴支架的雾化室(单位：mm)

1—喷嘴；2—40mm 宽凸缘加有螺纹的套筒；3—密封圈；4—雾化室；5—出口管；6—排空管；7—过滤筒；8—喷嘴支架

(3) 报告：试验结束后，通过对试验前后黏度数值的变化计算得到黏度损失百分率。报告的内容包括：

校准压力，MPa；

剪切前后试样在100℃时的运动黏度，mm^2/s；

黏度损失百分数(PVL)。

(4) 柴油喷嘴法评价聚合物剪切安定性精密度如下：

重复性(r)：由同一操作者使用同一仪器，在相同操作条件下，对同一试样进行重复测定，得到的两个连续测定结果之差不超过1.05%。

再现性(R)：由不同操作者在不同实验室，对同一试样进行测定，所得的两个独立测定结果之差不超过2.68%。

3. 发动机油高温高剪切试验

评价发动机油在高温、高剪切速率下的剪切安定性标准方法有三个，即SH/T 0618—1995(2004)、NB/SH/T 0703—2020、SH/T 0751—2005，其中SH/T 0618—1995(2004)为发动机油高温高剪切的仲裁方法。

普遍认为试验温度150℃、10^6s^{-1}剪切速率条件相当于在苛刻条件下汽车发动机轴承工作的状况，在高温高剪切速率下发动机油保持合理的黏度，为发动机提供有效的保护润滑。实验表明将发动机油的高温高剪切黏度控制在一定范围内有助于节能。

如今许多发动机制造商及发动机油规格提出了在150℃、剪切速率为10^6s^{-1}时的最小表观黏度指标。

(1) SH/T 0618—1995(2004)高剪切条件下的润滑油动力黏度测定法(雷范费尔特法)。

SH/T 0618—1995(2004)标准规定了在高剪切条件下的润滑油动力黏度测定法，即雷范费尔特法。本标准适合除发动机油外的多种润滑油测试高温剪切性能。本标准等效采用欧洲协调委员会(CEC-36-T-84)标准方法高剪切条件下的润滑油动力黏度测定法(雷范费尔特法)。

方法概要：将测试样品加入已固定的球形套筒中的转子和定子之间。转子和定子间以锥体配合，可调节它们之间的间隙，来调节剪切速率。转子在已知速度下旋转，测出反作用的扭矩值。根据其扭矩值，再从已用牛顿标准油得到的标准曲线上查出试样的动力黏度。试验温度为150℃，剪切速率为10^6s^{-1}。

完成本试验后，取两次黏度值的算术平均值作为试样在150℃、剪切速率为10^6s^{-1}条件下的动力黏度结果，单位为mPa·s。具体的试验过程、计算公式与计算过程参见标准。

精密度：

重复性(r)：由同一操作者使用同一仪器，在相同操作条件下，对同一试样进行重复测定，得到的两个连续测定结果之差不超过0.06mPa·s。

再现性(R)：由不同操作者在不同实验室，对同一试样进行测定，所得的两个独立测定结果之差不超过$0.0239(\overline{X}+2)$mPa·s。

此处的$\overline{X}$为150℃、剪切速率为10^6s^{-1}条件下的两个结果的算术平均值。

(2) NB/SH/T 0703—2020润滑油在高温高剪切速率条件下表观黏度测定法(多重毛细管黏度计法)。

NB/SH/T 0703—2020 标准规定了 150℃、管壁表观剪切速率为 $1.4×10^6s^{-1}$ 的条件下，采用具有测压、测温和计时装置的多重毛细管黏度计测定发动机油高温高剪切(HTHS)表观黏度的方法。标准通过用温度 150℃、管壁表观剪切速率为 $1.4×10^6s^{-1}$ 的试验条件下表观黏度为 1.5~5.0mPa·s 的牛顿标准油建立的标准曲线，获得待测试样的高温高剪切黏度。标准适用于发动机油评价高温高剪切性能。标准等效修改采用 ASTM D5481—96 润滑油在高温高剪切速率条件下表观黏度测定法-多重毛细管黏度计法。

方法概要：在 150℃试验条件下，在氮气(或二氧化碳)的压力作用下，使试样从毛细管黏度计中流出，由试样的流出时间及压力，可得到毛细管黏度计管壁表观剪切速率达到 $1.4×10^6s^{-1}$ 时试样的表观黏度。对各黏度计池校准即可确定与所测压力相对应的油品高温高剪切黏度。各个黏度计池校准的曲线是建立在一系列已知黏度的牛顿型标准油的压力与流速的关系上得到的。

毛细管黏度计的剪切速率随毛细管半径而变化，本标准通过增大管壁的表观剪切速率来补偿变化的剪切速率。不同黏度等级发动机油试验近似压力见表 3-20。

表 3-20 NB/SH/T 0703—2020 发动机油各黏度级别试验近似压力

SAE 发动机油黏度级别	试验压力	
	psi	kPa
16	200	1380
20	225	1500
30	250	1750
40	300	2100
50	350	2450

完成本试验后，报告在 150℃、剪切速率为 $1.4×10^6s^{-1}$ 条件下的动力黏度结果，单位为 mPa·s。

精密度：

重复性(*r*)：由同一操作者使用同一仪器，在相同操作条件下，对同一试样进行重复测定，得到的两个连续测定结果之差不超过表 3-21 的数值。

再现性(*R*)：由不同操作者在不同实验室，对同一试样进行测定，所得的两个独立测定结果之差不超过表 3-21 的数值。

表 3-21 NB/SH/T 0703—2020 精密度

重复性(*r*)/(mPa·s)	再现性(*R*)/(mPa·s)
$\overline{X}$×2.48%	$\overline{X}$×4.19%

注：$\overline{X}$为算术平均值。

ASTM D5481—20 润滑油在高温高剪切速率条件下表观黏度测定法-多重毛细管黏度计法是在 ASTM D5481—13 的基础上重新编辑修改而来的，测试黏度的范围及精密度要求基本一致。ASTM D5481—20 试验近似压力及精密度要求与 NB/SH/T 0703—2020 一致，见表 3-22和表 3-23。

表 3-22　ASTM D5481—20 发动机油各黏度级别试验近似压力

发动机油黏度级别	试验压力	
	psi	kPa
16	200	1380
20	225	1500
30	250	1750
40	300	2100
50	350	2450

表 3-23　ASTM D5481—20 精密度

重复性(r)/(mPa·s)	再现性(R)/(mPa·s)
$\leqslant \overline{X} \times 2.48\%$	$\leqslant \overline{X} \times 4.19\%$

注：重复性中的$\overline{X}$为连续两次的平均值；再现性中的$\overline{X}$为两个实验室的平均值。

(3) SH/T 0751—2005 高温和高剪切速率下黏度测定法(锥形塞黏度计法)。

SH/T 0751—2005 规定了实验室使用型号为 BE/C(单速)或 BS/C(多速)的高剪切速率锥形塞黏度计在 150℃和 $1\times10^6 s^{-1}$ 及 100℃和 $1\times10^6 s^{-1}$ 条件下测定润滑油的黏度。用牛顿型校准油对仪器进行校准，校准油在 150℃下的黏度范围为 1.8~5.9mPa·s，在 100℃下为 4.2~18.9mPa·s。在进行仪器校准时校准油黏度不准超出这个范围。标准修改采用 ASTM D4741—00 高温和高剪切速率下黏度测定法(锥形塞黏度计法)。

方法概要：将测试样品加入已固定的球形套筒中的转子和定子之间。转子和定子间以锥体配合，以调节它们之间的间隙来调节剪切速率。转子在已知速度下旋转，测出反作用的扭矩值。根据其扭矩值，再从已用牛顿标准油得到的标准曲线上查出试样的动力黏度。

完成试验后，记录在 150℃和 $1\times10^6 s^{-1}$ 或 100℃和 $1\times10^6 s^{-1}$ 时的高温高剪切黏度，单位为 mPa·s。

精密度：

重复性(r)：由同一操作者使用同一仪器，在相同操作条件下，对同一试样进行重复测定，得到的两个连续测定结果之差，在 150℃和 100℃试验条件下不超过表 3-24 的数值。

再现性(R)：由不同操作者在不同实验室，对同一试样进行测定，所得的两个独立测定结果之差，在 150℃和 100℃试验条件下不超过表 3-24 的数值。

注：此重复性与再现性结果在 150℃下的黏度范围为 2.6~4.7mPa·s；在 100℃下的黏度范围为 4.9~11.8mPa·s 中有效。

表 3-24　SH/T 0751—2005 精密度

温度/℃	重复性(r)/(mPa·s)	再现性(R)/(mPa·s)
150	$\leqslant \overline{X} \times 1.7\%$	$\leqslant \overline{X} \times 2.6\%$
100	$\leqslant \overline{X} \times 1.0\%$	$\leqslant \overline{X} \times 2.4\%$

注：$\overline{X}$为算术平均值。

实验证明，SH/T 0618—1995(CEC-36-T-84；ASTM D4683)与 SH/T 0751—2005 方法在 150℃和 100℃时的测试结果具有一致性，用上述两种方法测定相同的试验油可得到相同的高温高剪切黏度值。

4. 传动润滑剂黏度剪切安定性试验

NB/SH/T 0845—2010 传动润滑剂黏度剪切安定性的测定，采用 KRL 圆锥滚子轴承试验机评价传动润滑剂黏度剪切安定性的试验方法。适用于各类传动润滑剂黏度剪切安定性的评定。标准修改采用 CEC L-45-99(2008)传动润滑剂黏度剪切安定性的测定。

(1) 方法概要：采用圆锥滚子轴承试验机，在类似于齿轮箱的试验条件下，使润滑油经机械剪切应力的作用，造成永久性的黏度损失，并根据试验润滑油试验前和试验后运动黏度的下降率来表示润滑油的黏度剪切安定性。

(2) 试验设备、材料与条件：

试验机：带恒温控制的标准四球极压试验机。

试验头：试验头内装有圆锥滚子轴承，圆锥滚子轴承及其适配器。

试验件：SKF32008XQ 型圆锥滚子轴承。

正庚烷：分析纯。清洗试验件用。

参考油：CECRL181，也用作磨合油、CECRL209、CECRL210。

试验条件：见表 3-25。

表 3-25 试验条件

马达转速/(r/min)	1475±25	试验载荷/N	5000±200
试验油温/℃	60±1	试验周期/转数	1740000(约 19h 40min)
试验油量/mL	40±0.5		

注：试验周期或马达转数是根据理论转速为 1450r/min 的异步电机而确定的，对不同于上述转速的电机，试验时间应作相应调整。

(3) 试验评价：相对黏度变化的评价，完成试验后，按 GB/T 265—1988 测定试验油在试验前和试验后 100℃的运动黏度，并根据式(3-52)计算黏度的相对变化率 R_v(%)。

试验油的黏度剪切安定性由式(3-52)所计算出的相对黏度损失 R_v(%)表示：

$$R_v = \frac{\vartheta_{sot} - \vartheta_{eot}}{\vartheta_{sot}} \times 100 \tag{3-52}$$

式中 ϑ_{sot}——试验前试验油(100℃)的运动黏度，mm^2/s；

ϑ_{eot}——试验后试验油(100℃)的运动黏度，mm^2/s。

注：相对黏度损失值越小表示黏度稳定性越高。

结果表示——试验油的黏度剪切损失百分数(%)。

(4) 精密度：试验方法的精密度是用规定的三种参考油进行评价的，这些油品的重复性和再现性评价结果见表 3-26。

表 3-26 重复性和再现性评价结果

参考油	实验室数量	结果数量	黏度剪切损失平均值/%	重复性/%(目标值)	再现性/%(目标值)
RL181	14	201	12.284	3.847(3.5)	4.026(3.5)
RL209	9	25	8.768	2.039(2.5)	3.135(3.5)
RL210	5	12	22.027	2.83(3.5)	4.977(5.5)

5. 聚合物润滑油剪切安定性试验

SH/T 0200—1992 含聚合物润滑油剪切安定性测定法，采用齿轮机法测定含聚合物润滑油剪切安定性。标准参照采用 IP 351—81 用 FZG 齿轮试验台架评定含聚合物润滑油的剪切安定性。

测定含聚合物润滑油剪切安定性。

（1）方法概要：将一定量的试样加入试验齿轮箱内，在规定的温度、载荷、转速下，运转一定的时间。根据试样在试验过程中受到机械剪切作用所引起的永久性黏度损失，来评价试样的剪切安定性。

（2）设备与材料：

齿轮试验机（CL-100 型或 FZG）：按照本方法附录 A（补充件）进行改装。

试验齿轮：规格符合附录 B（补充件）的国产 QCL-003 型或联邦德国 FZG“A”型齿轮。每对齿轮的每一面最多可做 20 次剪切试验，齿面损坏的试验无效。

移液管：25mL，吸球，注射器：5~20mL。

溶剂油：符合 GB 1922 中 190 号要求。

石油醚：60~90℃，分析纯。

试验机的装配见图 3-33 和图 3-34。

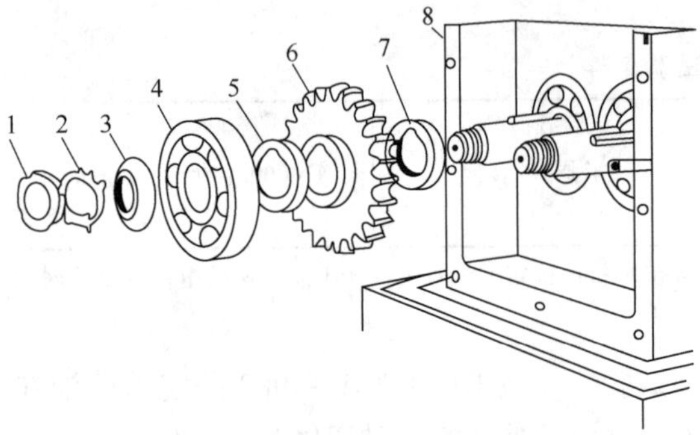

图 3-33　试验齿轮装配顺序示意图

1—螺母；2—止退垫片；3—锥形垫圈；4—轴承；5，7—垫圈；6—齿轮；8—箱体

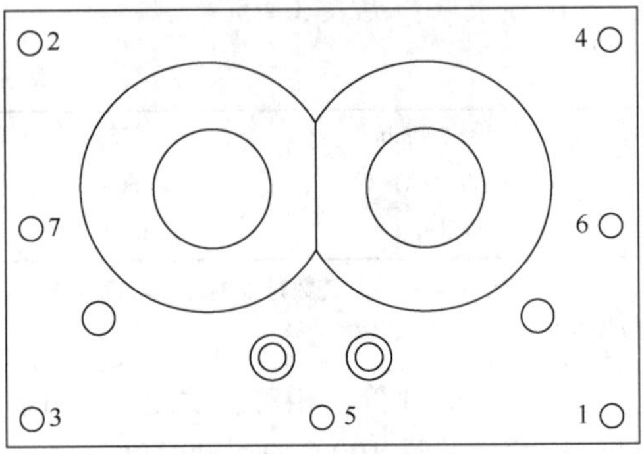

图 3-34　试验齿轮箱侧盖螺钉紧定顺序

测试条件见表 3-27。

表 3-27　测试条件

	齿轮油	液压油	内燃机油
温度/℃	90±2	60±2	90±2
载荷/级	6	3	3
油量/g	800±2	800±2	800±2
转速/(r/min)	2980±20	2980±20	2980±20
时间/h	20	14	14

（3）精密度：按表 3-28 规定判断试验结果的可靠性（95%置信水平）。

表 3-28　SH/T 0200—1992 精密度

黏度损失	重复性	再现性
0~3.0	0.20	0.20
6.0~8.0	0.48	1.76

（4）报告：报告剪切前后试样的100℃运动黏度，其差值表示该试样的剪切安定性，并注明试验所用的条件。

二、剪切安定性试验的应用

（1）不同机械设备的负荷、工况不一样，其黏度指数改进剂受剪切的程度也不一样，不同润滑油采用的剪切安定性试验方法也是不一样的。

（2）超声波剪切法（NB/SH/T 0505—2017）。因为超声波剪切法用油量少，时间短，仪器价格便宜，国内调和厂家普遍使用。超声波剪切稳定性测定法条件缓和，已经不适用于各类油品的实际工况，一般只用于配方筛选、黏指剂筛选，不用于产品性能检测评定，国内企业在测定方法上应该及时更新观念。

（3）柴油喷嘴剪切法（SH/T 0103—2007）更接近实际工况，区分性更好，适用于测定发动机油，是国内外普遍接受的方法，但是标准比较多，要注意甄别；2004 年后，ASTM 参照 CECL-14-A-93 标准，提出了 ASTM D7109，明确要求采用柴油喷嘴 30 次和 90 次循环测定含聚合物润滑油的剪切稳定性，并对试验的精密度提出了更高的要求，对仪器的校准提出了更合理的规定。

用柴油喷嘴装置来评价含聚合物油黏度损失时，热和氧化对试验的影响很小。但由于在实际应用中聚合物受到机械剪切的同时可能会受到热和氧化的影响而导致润滑油的黏度的变化。因此不能预测实际应用中的不同装置、不同使用条件下所产生的黏度损失。但当在实际使用中，聚合物降解主要或仅仅是由于进行剪切所致时，则试验结果与实际使用有一定的相关性。

（4）不少润滑油添加剂制作商和润滑油生产商、用户均使用柴油喷嘴方法来控制、评价含聚合物润滑油质量。目前，我国液压油国家标准 GB 11118.1—2011 中，将柴油喷嘴剪切试验法作为评价 L-HM、L-HV、L-HS 液压油产品的剪切安定性能的试验方法。

（5）SH/T 0618—1995（2004）高剪切条件下的润滑油动力黏度测定法（雷范费尔特法）、NB/SH/T 0703—2020 润滑油在高温高剪切速率条件下表观黏度测定法（多重毛细管黏度计法）、SH/T 0751—2005 高温和高剪切速率下黏度测定法（锥形塞黏度计法）三个试验方法都是发动机油技术指标高温和高剪切试验许可的试验方法，都可以用于发动机油产品生产的质量检测，但是质量仲裁试验则规定统一为 SH/T 0618—1995（2004）高剪切条件下的润滑油动力黏度测定法（雷范费尔特法）。

（6）用于现代车辆齿轮油工况条件非常苛刻，国家标准 GB 13895—2018 规定了重负荷车辆齿轮油（GL-5）采用 KRL 剪切安定性试验——NB/SH/T 0845—2010 传动润滑剂黏度剪切安定性的测定，NB/SH/T 0845—2010 传动润滑剂黏度剪切安定性的测定 圆锥滚子轴承试验机法剪切试验条件非常苛刻，对黏度指数改进剂的性能要求较高，确保了在极为苛刻剪切条件下工作的油品的黏度不会受到大的剪切，保持稳定状态；该方法也适用于其他苛刻条件的传动油品剪切试验。

（7）SH/T 0200—1992 含聚合物润滑油剪切安定性测定法（齿轮机法）与工业齿轮油的工况较为接近，国家标准 GB 9503—2011 工业闭式齿轮油 CKC、CKD 的剪切安定性试验采用该方法。

第八节　密封材料适应性、橡胶溶胀性

液体密封技术的可靠性在工业技术领域具有重要意义，密封介质的泄漏不仅会造成资源浪费和环境及设备污染，导致润滑设备因为缺少润滑而出现设备故障；更为严重的是如果泄漏的是易燃、易爆或其他危险品，可能引发灾难性后果。例如 1986 年美国“挑战者号”航天飞机起飞 73s 后发生爆炸就是由于密封问题引起的。

密封材料适应性要求在一定的使用环境（压力、温度）、设备运行情况（新旧程度、摩擦方式等）下所使用的润滑剂（介质）与密封材料的化学兼容性好，此外还要考虑动密封的运动速度和密封材料自身的老化问题，确保润滑剂对密封材料造成的形变、老化等控制在合理范围内。

一、密封材料适应性、橡胶溶胀性试验方法

（一）SH/T 0305—1993（2004）石油产品密封适应性指数测定法

密封适应性指数（SCI）：在规定试验条件下，由一个标准的丁腈橡胶环在试样中的直径膨胀换算得到的体积膨胀百分数。

SH/T 0305—1993（2004）石油产品密封适应性指数测定法——测定润滑剂密封适应性能的标准。标准参照采用英国石油学会标准 IP 278/72（88）石油产品密封适应性指数。

1. 方法概要

用锥形量规测量橡胶环的内径，然后将橡胶环在 100℃ 的试样中浸泡 24h，取出冷却，用锥形量规测量橡胶环内径的变化，以体积膨胀百分数表示。

要特别注意的是试验全程由一人完成，即量取膨胀前橡胶环内径（D_1）与膨胀后橡胶环内径（D_2）的尺寸，读至 0.025mm（1/4 刻度）；膨胀后的橡胶环极易变形，在测量时特别注意不要将橡胶环拉伸或扭曲。

测试结束后可以计算橡胶环体积膨胀百分数 SV（%）或橡胶环直径膨胀百分数 SD（%），若计算橡胶环直径膨胀百分数 SD（%）需通过橡胶环直径膨胀与体积膨胀的转换表转换为体积膨胀百分数，有争议时以体积膨胀百分数 SV（%）计算结果为准。计算公式如下。

2. 计算

（1）橡胶环体积膨胀百分数 SV（%）：

$$SV=\left[\left(\frac{D_2}{D_1}\right)^3-1\right]\times 100 \tag{3-53}$$

式中　D_1——试验前的橡胶环内径，mm；

D_2——试验后的橡胶环内径，mm。

计算过程中有效数值保留四位。

（2）橡胶环直径膨胀百分数 SD（%）：

$$SD=\left(\frac{D_2-D_1}{D_1}\right)\times 100 \tag{3-54}$$

3. 报告

测试完成后取重复测定两个结果的算术平均值并修约至整数，即为试样的密封适应性指数(SCI)，作为测定结果。

4. 精密度

重复性(r)：由同一操作者使用同一仪器，在相同操作条件下，对同一试样进行重复测定，得到的两个连续测定结果之差不超过表 3-29 的数值。

再现性(R)：由不同操作者在不同实验室，对同一试样进行测定，所得的两个独立测定结果之差不超过表 3-29 的数值。

表 3-29 SH/T 0305—1993(2004)方法的精密度

重复性(r)	再现性(R)
$0.62\sqrt[3]{\overline{SV}}$	$1.0\sqrt[3]{\overline{SV}}$

注：$\overline{SV}$为平均值。

(二) GB/T 14832—2008 标准弹性体材料与液压液体的相容性试验

在液体动力系统及其他液体密封系统中，弹性体作为密封件来使用。弹性体材料是变形后具有恢复到原始尺寸和形状能力的物质。液压液体是水、油或其他液体在压力作用下通过一个孔或一个密闭回路。如果弹性体材料和液体之间经过化学反应和物理溶胀后没有发生明显的变化，则把它们定义为相容。

GB/T 14832—2008 标准弹性体材料与液压液体的相容性试验规定了评价标准弹性体与液压液体相容性的试验方法，标准弹性体是按照规定的配方和工艺制作的，用于对液体进行基本比较。标准修改采用 ISO 6072：2002 液压液体传动　液体与标准弹性体材料的相容性(英文版)。

在 GB/T 14832—2008 标准中提供了四类五种弹性体胶料的配方、混炼程序和硫化程序：

(1) 丁腈橡胶(NBR1 和 NBR2)；

(2) 氟橡胶(偏二氟乙烯-六氟丙烯共聚物)(FKM2)；

(3) 三元乙丙橡胶(EPDM1)；

(4) 氢化丁腈橡胶(HNBR1)。

通过在控制的条件下，测量浸泡前后相应的试验弹性体标准试样的物理性能来评价矿物基液压液体、阻燃液压液体和可生物降解液压液体对这个弹性体的影响。

1. 方法概要

将适当的标准试验弹性体的标准试样在规定的试验条件下(见表 3-30)置于某种规定的液体中(参见 GB/T 7631.2—2003 分类)浸泡后，测量其体积、硬度、拉伸强度和拉断伸长率的变化率，从而可以确定该液体的弹性体相容性指数(ECI)。

标准试验的意义：具有代表性的各种弹性体标准配方可用来评价液压液体对该配方的影响，且可与实际使用的商品弹性体做比较。有助于添加剂和液压液体生产商开发与不同弹性体相容的液压液体。

表 3-30　测定弹性体相容指数(ECI)的试验条件

液　体	符　号	适合的试验弹性体	温度/℃ ±1	试验时间①/h ±2	
矿物油	HH、HL、HM、HR、HV	NBR1，NBR2	100	168	1000
		HNBR1	130		
		FKM2	150		
聚乙二醇水溶液	HFC	NBR1，NBR2 HNBR1 EPDM1	60	168	1000
水包油乳液	HFAE、HFAS	NBR1，NBR2 HNBR1 FKM2	60	168	1000
油包水乳液	HFB	NBR1，NBR2 HNBR1 FKM2	60	168	1000
烷基磷酸酯	HFDR	EPDM1	100	168	1000
芳基磷酸酯		FKM2	150		
		EPDM1	130		
多元醇酯	HFDU	NBR1，NBR2	60	168	1000
		HNBR1	100		
		FKM2			
生物可降解合成酯	HEES	NBR1，NBR2	60	168	1000
		HNBR1	100		
		FKM2			
基于植物油的液体	HETG	NBR1，NBR2 HNBR1 FKM2	60	168	1000
聚烷基乙二醇	HEPG	HNBR1/FKM2	100	168	1000
合成烃类	HEPR	NBR1，NBR2	100	168	1000
		HNBR1	130		
		FKM2	150		

①当评价液体与弹性体的长期相容性时，建议实验时间为 1000h。

2. 计算

(1) 体积变化率：体积变化率按式(3-55)计算：

$$\Delta V_{100}=\frac{(m_3-m_4)-(m_1-m_2)}{m_1-m_2}\times 100 \tag{3-55}$$

式中　ΔV_{100}——体积变化率；

m_1——试样在空气中的原始质量，mg；

m_2——试样在水中的原始质量，mg；

m_3——液体浸泡后试样在空气中的质量，mg；

m_4——液体浸泡后试样在水中的质量，mg。

注：取三个试样测量值的中位数。

（2）硬度变化：在浸泡前和浸泡后，在试样上的三个不同点读取硬度读数，记录中位数。硬度变化按式(3-56)计算：

$$\Delta H=H_2-H_1 \tag{3-56}$$

式中 ΔH——硬度变化；

H_1——液体浸泡前试样的硬度，IRHD；

H_1——液体浸泡后试样的硬度，IRHD。

（3）拉伸强度变化率：拉伸强度变化率按式(3-57)计算：

$$\Delta T_{100}=\frac{T_2-T_1}{T_1}\times 100 \tag{3-57}$$

式中 ΔT_{100}——拉伸强度变化率；

T_1——未浸泡试样的拉伸强度，MPa；

T_2——浸泡后试样的拉伸强度，MPa。

（4）拉断伸长率变化率：拉断伸长率变化率按式(3-58)计算：

$$\Delta L_{100}=\frac{L_2-L_1}{L_1}\times 100 \tag{3-58}$$

式中 ΔL_{100}——拉断伸长率变化率；

L_1——未浸泡试样的拉断伸长率，mm；

L_2——浸泡后试样的拉断伸长率，mm。

3. 报告

最后的测试报告必须包括以下内容：

（1）相关液体的弹性体相容性指数(ECI)；

（2）液体的类型(说明是何种介质)；

（3）试验温度和试验时间；

（4）浸泡液体颜色的变化或产生沉淀物与否；

（5）试样的外观变化(如龟裂、发黏等)。

二、密封材料适应性、橡胶溶胀性试验的应用

（1）密封材料对于设备润滑尤为重要，在所有机械设备中广泛使用，要使发动机、液压、齿轮传动、轴承等机械设备润滑保持正常、长寿命运转，密封材料的使用寿命越来越重要，这就要求所有的润滑油都需要与密封材料相适应。与密封材料适应性是高端润滑油的一个共有性能指标。

（2）SH/T 0305—1993(2004)石油产品密封适应性指数测定法，适用于石油产品，不适用于含水石油产品。

（3）GB/T 14832—2008 标准弹性体材料与液压液体的相容性试验适用于液压油，也用于拖拉机多功能传动用油的橡胶相容性试验检测。

（4）高端车用机油的密封材料适应性，目前国内仍然采用国外的试验方法，如：CI-4

柴油机油采用 ASTM D11.15、CK-4/FA-4 采用 ASTM D7216、ASTM D2240、ASTM D471、ASTM D412 试验方法，SN/GF-5 汽油机油采用 SAE J2643、ASTM D7216 试验方法，ACEA 发动机油油-弹性体兼容性采用 CEC-L-112-16 试验方法，齿轮油、变速箱油采用 ASTM D5562、ASTM D5662 试验方法。

第九节　低温流动性

一、发动机油低温流动性试验

1. 发动机油低温动力黏度试验(简称 CCS)与应用

移动式内燃发动机工作温度范围宽，不同季节与不同区域、昼夜温差大。为保障发动机正常启动与使用，要求发动机润滑油要有良好的综合使用性能。为满足节能与排放要求，现在车用发动机油多使用低黏度牌号的多级发动机油。生产低黏度牌号多级发动机油时多选用较低黏度的基础油(矿物油或合成油)，通过加入低温性能较好的黏度指数改进剂来满足高温使用性能。为评定发动机油高低温性能，美国汽车工程师协会 SAE 专门制定了发动机油黏度分级标准 SAE J300，最新的黏度牌号标准为 SAE J300—2021，见表 3-31，从表中可以看到其中有 100℃运动黏度、低温表观黏度(屈服应力)、低温冷启动黏度、高温高剪切黏度的指标要求。

表 3-31　发动机油黏度分级标准 SAE J300—2021

SAE 黏度级别	低温(℃)启动黏度/(mPa·s)(CCS)最大值	低温(℃)泵送黏度/(mPa·s)(MRV)最大值	100℃运动黏度/(mm²/s)		高温高剪切黏度/(mPa·s)，150℃(HTHS)最小值
			最小值	最大值	
0W	6200(-35)	60000(-40)	3.8	—	—
5W	6600(-30)	60000(-35)	3.8	—	—
10W	7000(-25)	60000(-30)	4.1	—	—
15W	7000(-20)	60000(-25)	5.6	—	—
20W	9500(-15)	60000(-20)	5.6	—	—
25W	13000(-10)	60000(-15)	9.3	—	—
8	—	—	4.0	<6.1	1.7
12	—	—	5.0	<7.1	2.0
16	—	—	6.1	<8.2	2.3
20	—	—	6.9	<9.3	2.6
30	—	—	9.3	<12.5	2.9
40	—	—	12.5	<16.3	3.5(0/5/10W/40)/3.7** 其余 40
50	—	—	16.3	<21.9	3.7
60	—	—	21.9	<26.1	3.7

发动机油的冷启动模拟机(简称 CCS)模拟了发动机汽缸套-活塞部分冷启动时的工况，与发动机的冷启动有良好的相关性，因而低温动力黏度可作为预示发动机在低温条件下能否顺利启动的表观黏度指标。不适合预测发动机油泵和润滑油分配系统中润滑油的低温流动性。

发动机启动性数据是通过美国协调研究委员会(CRC)L-49 使用一系列参考油试验测得的，参考油在-17.8℃下的表观黏度为 600~8400mPa·s，在-28.9℃时的表观黏度在 2000~20000mPa·s。在 1967 版的 ASTM D2602 试验方法的附录 X1 和附录 X2 及 CRC 409 报告中可以见到发动机启动性试验结果与冷启动模拟机测得的表观黏度之间的详细关系。由于 CRC L-49 试验结果远不如采用冷启动模拟机程序测得的表观黏度准确和标准，因此冷启动模拟机测得的表观黏度无须准确地预测发动机油样品在指定的发动机中的启动性能。结果表明采用冷启动模拟机测得的发动机油表观黏度与平均的 L-49 发动机启动性试验结果基本吻合。

发动机油低温动力黏度试验，采用 GB/T 6538—2010 发动机油表观黏度的测定 冷启动模拟机法，修改采用 ASTM D5293—04。适用于-35~-5℃范围内，剪切应力为 50000~100000Pa，剪切速率为 10^4~$10^5 s^{-1}$，黏度在 500~25000mPa·s 的发动机油。标准提供了自动与手动两种试验步骤。

(1) 试验步骤大致为：用直流电机驱动一个与定子紧密配合的转子，在转子和定子的空隙间充满样品，通过调节流过定子的冷却剂流量来维持试验温度，并在靠近定子内壁处测定试验温度。校准直流电机的转速使之作为表观黏度的函数，由校正的结果和直流电机的转速来确定测试样品的表观黏度。

(2) 校准曲线的准备：为了建立校准曲线，需采用不同温度下已知表观黏度、低浊点的牛顿流体，见表 3-32。通常有两种办法——双对数曲线法与计算公式法。

计算公式法：

在有限的黏度范围之内的校正数据能够很好地遵循以下方程式：

$$\eta=\frac{b_0}{N}+b_1+b_2N \tag{3-59}$$

式中 η——黏度；

b_0，b_1，b_2——用不少于 3 个校准油测定的常数；

N——转速计读数。

当有三组以上的数据可供使用时，将这些数据代回到式(3-60)的方程计算常数 b_0，b_1，b_2的值。

$$\eta N=b_0+b_1N+b_2N^2 \tag{3-60}$$

双对数曲线法：

在双对数坐标纸或者专用的线性图形上绘制转速读数与校准油黏度(表 3-32)对应关系的光滑曲线。尽可能使已建立的各点达到最佳的拟合，图 3-35 就是一张典型的 CCS 校准曲线图。

注：绘制的曲线不佳将会导致大量的错误产生，可能使结果严重偏离真实值。

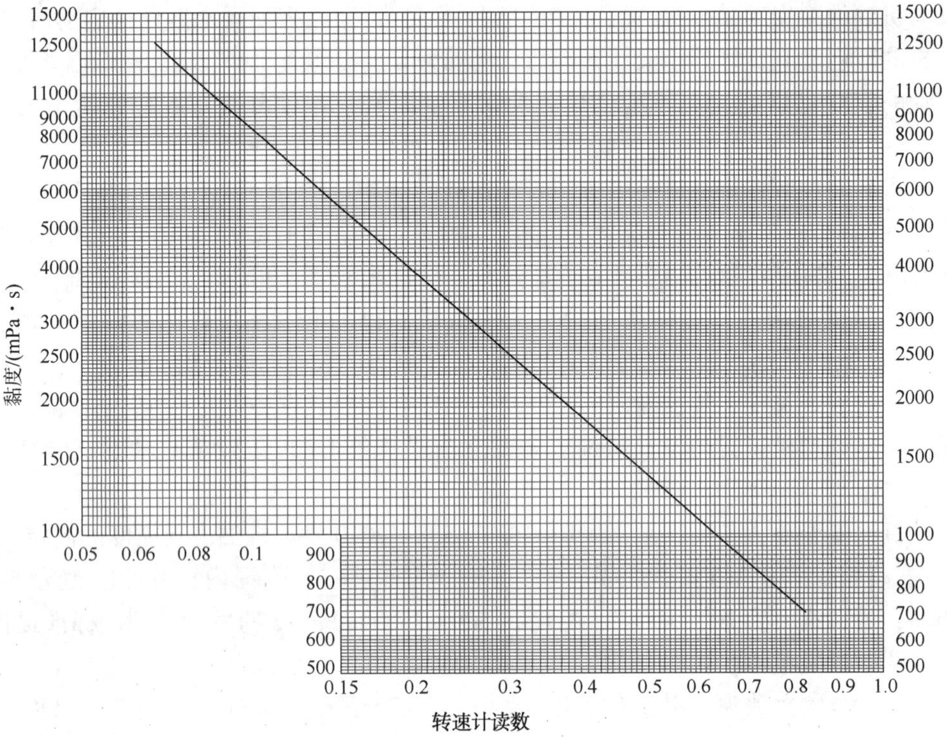

图 3-35　典型的校准曲线

表 3-32　校准油

校准油	近似的黏度/(mPa·s)						
	-5℃	-10℃	-15℃	-20℃	-25℃	-30℃	-35℃
CL-10							1700
CL-12					800	1600	3200
CL-14					1600	3250	7000
CL-16					2500	5500	11000
CL-19				1800	3500	7400	17000
CL-22			1300	2500	5100	11000	
CL-25			1800	3500	7400	17200	
CL-28		1200	2500	5000	9300		
CL-32		1800	3500	7300	15900		
CL-38		2900	5800	13000			
CL-48	2300	4500	9500	21000			
CL-60	3700	7400	15600				
CL-74	6000	12000					

注：1. 具体准确的黏度由校准油提供商提供。

2. 选取合适的校准油建立校准曲线，GB/T 6538—2010 上有具体说明。

3. 方法的精密度。

2. 发动机油屈服应力与表观黏度测定试验与应用

众所周知，发动机油由添加剂与基础油配伍而成，其中基础油占有绝对优势。基础油分矿物油型和合成型。

在低温下，发动机油中含有石蜡的基础油或者含有石蜡结构成分添加剂中的石蜡会缓慢析出，随着温度的降低及时间的增加石蜡结晶将进一步长大并形成三维网状结构，导致油品的流动性能逐步丧失。显然发动机润滑油低温流变性能的变化会影响发动机在低温环境运行时的润滑，发动机油黏度过大时影响机油泵对机油的正常输送，造成发动机曲轴箱的凸轮、挺杆、气缸与活塞等摩擦副之间处于缺油润滑或者干摩擦状态，引起润滑失效，严重的会导致发动机损坏或者报废。

为了准确预测发动机在低温条件下的泵送性能，在20世纪70年代美国研究人员发现发动机油在低温条件下出现流动性下降和气阻会导致发动机油的泵送性能不足。发动机油在低温下流动性变差主要是黏度过高使润滑油不能及时送到各润滑部位，特别是关键部位。气阻现象则是指发动机油在低温时出现凝胶而使机油泵运行时大量的空气进入机油道。无论是凝胶、黏度过大或者两者都高将导致发动机油泵送性能不足而引起故障。

经过大量的研究，美国ASTM在1979年首次引入边界泵送性能试验法用于预测多级发动机油，ASTM D3829—79预测发动机油边界泵送温度的标准方法。我国等效采用ASTM D3829—79制定了GB/T 9171—1988发动机油边界泵送温度测定法用于发动机油黏度分类中，在现行的GB 11121—2006汽油机油中SE、SF，GB 11122—2006柴油机油中CC、CD级别中还采用GB/T 9171标准测试多级油的泵送性能。

然而在20世纪80年代初寒冷的冬季中，发现不少通过ASTM D3829—79边界泵送性能的多级发动机油在现场使用中出现失效，导致发动机磨损异常。研究人员对那些“通过泵送性能但现场失效”的发动机油研究，发现ASTM D3829—79在进行发动机油泵送性能试验时，由于试验时间短，试验过程中降温速度太快以至于机油中的石蜡结晶不能析出，因此无法反映出油品的真实泵送性能。为此，ASTM发布了试验条件更加苛刻的MRVTP-1标准方法ASTM D4684—89，用于测试多级发动机油低温表观黏度与屈服应力，我国等效采用ASTM D4684—89制定了相应的试验方法SH/T 0562—1993。现行的标准为NB/SH/T 0562—2013，参照采用ASTM D4684—08标准。

NB/SH/T 0562—2013标准规定了发动机油在控制速率下冷却至少45h，最终达到-40～-10℃的试验温度下的屈服应力和表观黏度的测定方法。表观黏度在剪切应力525Pa、剪切速率0.4～15s^{-1}的范围内测定。研究表明，在此剪切应力下测得的表观黏度，在黏度到达临界值的温度和出现边界泵送故障的发动机温度之间有很好的对应性。标准中将试验方法分为A法与B法两种，不仅适用于新油，也适合用过的发动机油，包括重负荷柴油机油；方法A使用-25℃时表观黏度约为60Pa·s(60000cP)的校准油，方法B使用-20℃表观黏度约为30Pa·s(30000cP)的校准油。

(1) 方法概要：将(10±1)mL的发动机油注入黏度计池中，加热到(80±1)℃并恒温2h，然后在程序控制下以非线性速率缓慢降温，到达试验温度后，小心地在细棉线端挂上10g砝码，进行屈服应力测定。在细线上挂上150g砝码进行表观黏度测定，测定转子转动3圈的时间后得到发动机油表观黏度。

在最后的报告中需要同时报告试验方法中A法或者B法、试验温度、屈服应力与表观黏度。

(2) 试验仪器组成：小型旋转黏度计组成：一个高导热率的控温金属块中包含一个或多

个黏度计池组成器。每一个黏度计池含有一个已校准的转子固定装置。转子轴的顶端应有一个十字横杆，与锁定销相扣，限制转子转动。转子绕轴旋转是通过对绕在转子轴上的细线施加力来实现。

黏度计池单元的组成与规格如下：

转子直径：(17.06±0.08)mm

转子高度：(20.0±0.14)mm

黏度计池内径：(19.07±0.08)mm

轴半径：(3.18±0.13)mm

细线半径：0.1mm

黏度计池盖罩：

在黏度计池上方，使循环至黏度计池空气体积减少到最小的盖子。盖罩是一个阶梯状圆筒，部件中心钻孔(11±1)mm，由两半组成。长度为(38±1)mm，上半部分直径为(28±1)mm，下半部分直径为19mm。

(3) 精密度。

方法A的精密度：方法A的精密度是在屈服压力为35~210Pa，表观黏度范围为4300~270000mPa·s基础上确定的。

重复性(r)：在同一实验室由同一操作者使用相同仪器，对同一样品连续测定的两个结果之差不应超过表3-33的数值。

再现性(R)：在不同的实验室由不同操作者使用不同仪器，对同一样品所测得的两个单一、独立的结果之差不应超过表3-33的数值。

表3-33　方法A的精密度

屈服应力的精密度		
油　　品	重复性/Pa	再现性/Pa
未使用过的油品	35	70
使用过的汽油机油		
屈服应力≤35Pa	35	35
屈服应力>35Pa	70	70
表观黏度的精密度		
油　　品	重复性/(mPa·s)	再现性/(mPa·s)
未使用过的油品		
表观黏度4300~20000mPa·s	6.3%(平均值)	8.2%(平均值)
表观黏度>20000mPa·s	7.5%(平均值)	14.6%(平均值)
使用过的汽油机油		
屈服应力≤35Pa	11%(平均值)	15%(平均值)
屈服应力>35Pa	25%(平均值)	34%(平均值)

方法B的精密度：

方法B的精密度分为未使用过的油品与使用过的油品的精密度：

① 未使用过的发动机油：

屈服应力的精密度未确定。

表观黏度的精密度为：

重复性(r)：在同一实验室由同一操作者使用相同仪器，对同一样品连续测定的两个结果之差不应超过表 3-34 的数值。

再现性(R)：在不同的实验室由不同操作者使用不同仪器，对同一样品所测得的两个单一、独立的结果之差不应超过表 3-34 的数值。

表 3-34　方法 B 中未使用过的发动机油表观黏度的精密度

试验温度/℃	重复性/(mPa·s)	再现性/(mPa·s)
-15	4.2%(平均值)	8.4%(平均值)
-20	7.3%(平均值)	12.1%(平均值)
-25	11.7%(平均值)	17.5%(平均值)
-30	9.3%(平均值)	18.4%(平均值)
-35	13.2%(平均值)	35.8%(平均值)
-40	19.8%(平均值)	34.1%(平均值)

② 使用过的柴油机油精密度：

使用过的柴油机油屈服应力的精密度：

重复性(r)：在同一实验室由同一操作者使用相同仪器，对同一样品连续测定的两个结果之差不应超过表 3-35 的数值。

再现性(R)：在不同的实验室由不同操作者使用不同仪器，对同一样品所测得的两个单一、独立的结果之差不应超过表 3-35 的数值。

表 3-35　方法 B 中使用过的发动机油屈服应力精密度

试验温度/℃	重复性/Pa	再现性/Pa
-20	$1.735(X+1)$	$2.993(X+1)$
-25	$1.014(X+1)$	$2.976(X+1)$

注：X 为两次试验结果的平均值(Pa)。当观测到无屈服应力时(加 10g 砝码转动)，$X=0$。

使用过的柴油机油表观黏度的精密度：

重复性(r)：在同一实验室由同一操作者使用相同仪器，对同一样品连续测定的两个结果之差不应超过表 3-36 的数值。

再现性(R)：在不同的实验室由不同操作者使用不同仪器，对同一样品所测得的两个单一、独立的结果之差不应超过表 3-36 的数值。

表 3-36　方法 B 中使用的发动机油表观黏度的精密度

试验温度/℃	重复性/(mPa·s)	再现性/(mPa·s)
-20	14.3%(平均值)	21.1%(平均值)
-25	10.3%(平均值)	20.8%(平均值)

二、齿轮油、传动用油的低温流动性

(一) 润滑剂低温黏度的测定——勃罗克费尔特(Brookfield)黏度计法

由于许多润滑剂在低温下属于非牛顿流体，因此它们的黏度值会随黏度计的芯轴转速

(剪切速率)而变化，故在不少润滑剂产品标准中都规定测低温表观黏度或称布氏(Brookfield)黏度，如多级车辆齿轮油、自动传动液、液力传动油、工业及车辆液压油等润滑剂，其低温低剪切速率温度对于正常操作相关设备极其重要。不少润滑剂的规格和标准指定使用本标准测试其黏度，测定的黏度特性用于确定油品是否符合使用要求。

根据车辆齿轮油黏度级别分类标准 SAE J306，见表 3-37，可以看出多级车辆齿轮油有低温表观黏度要求的，低温表观黏度与汽车后桥齿轮油的低温流动性有关。

表 3-37　SAE J306—2019 车辆齿轮油分类标准

黏度等级	黏度达到 150Pa·s 时的最高温度/℃	100℃时的运动黏度/(mm^2/s)	
		最低①	最高
70W	-55	4.1	—
75W	-40	4.1	—
80W	-26	7.0	—
85W	-12	11.0	—
65	—	3.8	<5.0
70	—	5.0	<6.5
75	—	6.5	<8.5
80	—	7.0	<11.0
85	—	11.0	<13.5
90	—	13.5	<18.5
110	—	18.5	<24.0
140	—	24.0	<32.5
190	—	32.5	<41.0
250	—	41.0	—

①用 CEC L-45-A-99 标准中的方法 C 进行 20h 测试后，运动黏度也必须达到限定要求。

GB/T 11145—2014 修改采用 ASTM D2983—09，由方法 A 与方法 B 组成，方法 B 为半导体冷浴法。在标准中规定了在适当扭矩条件下，采用勃罗克费尔特黏度计法测定润滑剂低剪切速率下动力黏度的试验方法。

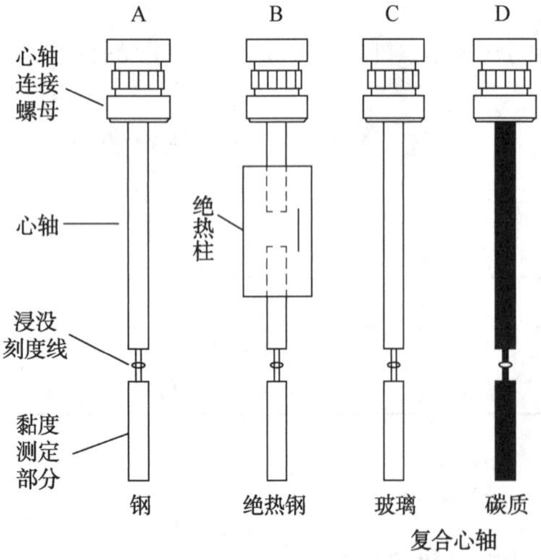

图 3-36　方法 A 中的四种心轴

适用于表观黏度范围在 500~900000mPa·s，温度范围为勃罗克费尔特黏度计允许使用温度范围。

1. *方法概要*

方法 A：将试样预热后，冷却至室温倒入试管至刻度线，把塞子装在试管上，将专用心轴通过塞子插入试管内的试样中，并用心轴夹将其固定在塞子上，使心轴悬挂在试样中。将试样连同试管、心轴、塞子和心轴夹置于恒温试样箱 16h，然后用勃罗克费尔特黏度计进行表观黏度测试。根据试验用黏度计型号不同，试验的表观黏度可由黏度计直接读取或通过读取的表盘读数计算得到。设备中的心轴、试管塞和心轴夹、试管座分别见图 3-36~图 3-38。

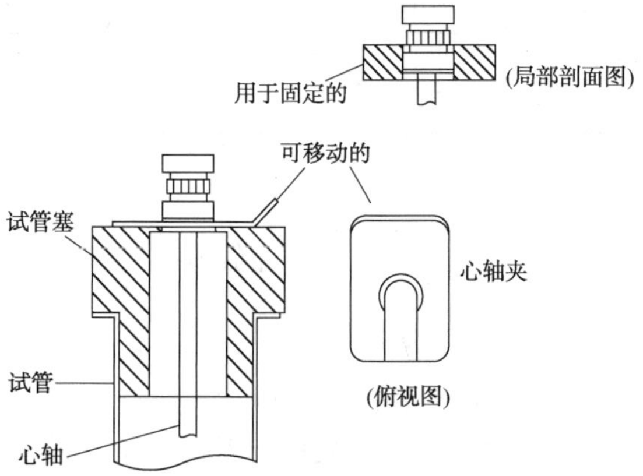

图 3-37 试管塞与心轴夹

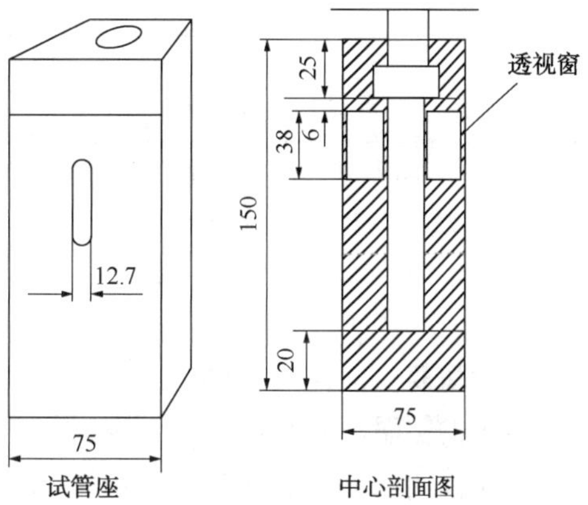

图 3-38 试管座

说明：方法包含三种冷却方式：空气冷浴、空气冷浴-恒温液体浴、程序降温液体浴。

方法 B：将试样置于达到试验温度的半导体冷浴中，连接勃罗克费尔特黏度计和心轴，选好心轴转速，恒温 2h 后测定试样的表观黏度，套管见图 3-39。

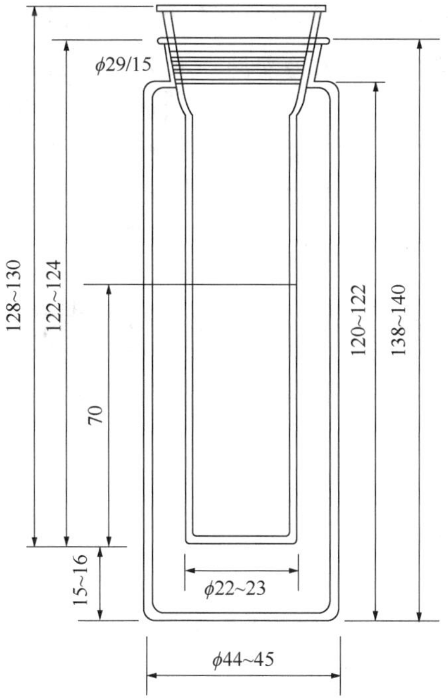

图 3-39 磨口平底玻璃试管与套管

2. 方法的精密度

重复性：同一操作者，在同一实验室，使用同一仪器，按照相同方法，对同一试样连续测定得到的两个试验结果之差不超过表 3-38 规定的数值。

再现性：不同操作者，在不同实验室，使用不同仪器，按照相同方法，对同一试验得到的两个单一、独立的试验结果之差不得超过表 3-38 规定的数值。

表 3-38 GB/T 11145—2014 方法的精密度

	重复性 r/(mPa·s)	再现性 R/(mPa·s)
	0.034X	0.206

注：X——测试结果表观黏度的平均值，单位为 mPa·s。

3. 液压油低温表观黏度测定

需要指出，在 GB/T 11145—2014 标准的附录 J 中规定了测试液压油低温表观黏度的方法及范围。

方法概要：液压油在(80±3)℃下恒温(60±5)min 后，取出在室温下冷却 60min 以上，转入给定的恒温冷却箱恒温，恒温时间不超过 7h，测试要求在 1h 内完成。

由于液压油低温表观黏度的精密度是在 500~1900mPa·s 下确定的，因此在有效表观黏度为 500~1700mPa·s 时的精密度为：

重复性(r)：同一操作者，在同一实验室，使用同一仪器，按照相同方法，对同一试样连续测定得到的两个试验结果之差不超过 44mPa·s。

再现性(R)：不同操作者，在不同实验室，使用不同仪器，按照相同方法，对同一试验得到的两个单一、独立的试验结果之差不得超过 141mPa·s。

(二) 润滑剂低温黏度的测定——勃罗克费尔特(Brookfield)黏度计法的应用

适用于自动传动液、齿轮油、液力传动油、工业及车用液压油等润滑剂，其低温剪切速率黏度对于正常操作相关设备很重要，很多润滑油剂的规格和标准指定使用 GB/T 11145—2014 方法检测其低温表观黏度，测得的低温表观黏度特性用于确定油品是否符合使用要求。

本方法采用直接测定表观黏度，避免了用外延法推算低温表观黏度值所产生的误差。用参考油校准心轴和试管时允许采用内插法，但易产生误差。

第十节 液压油过滤性

一、液压油过滤性试验方法

评价液压油的过滤性能方法为 NB/SH/T 0210—2022 液压油过滤性试验法。标准规定了测定液压油过滤性能的试验方法，适用于石油基和合成型各类液压油。

1. 方法概要

200mL 试样在规定的过滤设备中，于 18~24℃、888kPa(650mmHg)真空度时进行试验，记录从 175mL 开始到 100mL 结束，滤出 75mL 试样所需的时间(s)为无水试样的过滤性。另取 200mL 含体积分数为 2%水的试样在相同条件下试验，其试验结果为含水试样的过滤性。在理想情况下过滤速率是恒定的。试验过滤器及连接见图 3-40 和图 3-41。

2. 判断

试样无水时滤出 75mL 时间不大于 600s 为合格；试样含水 2%时滤出 75mL 时间不大于 1200s 为合格；观察圆形滤膜上除了正常的污染颗粒以外的任何残留物，并记录。

3. 报告

结果报告：试验结果以无水试样和含水 2%试样重复测定两次试验结果的平均值来报告，过滤试剂大于 600s，记作 $600s^{+}$。

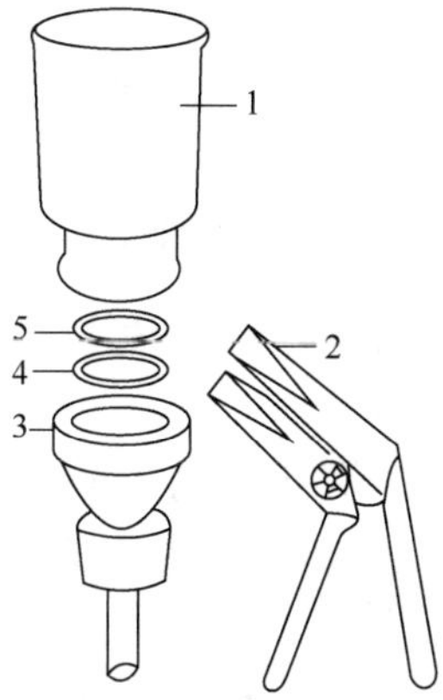

图 3-40 过滤器

1—漏斗；2—金属夹；3—漏斗座；4—垫圈；5—筛板

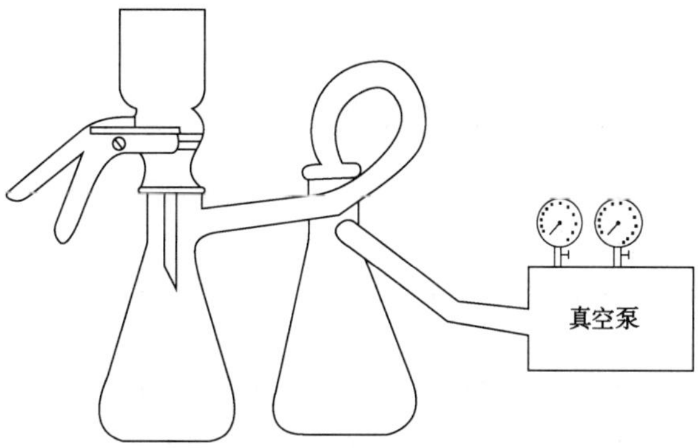

图 3-41 过滤装置连接示意图

特别需要说明的是，在 GB 11118.1—2011 液压油（L-HL、L-HM、L-HV、L-HS、L-HG）标准中规定试样为不管是含水或者不含水其过滤性指标合格标准均为 600s。

二、液压油过滤性试验的应用

由于液压设备向着小型化、高压、高速、大流量及自动化方向发展，对液压元件要求更苛刻，精度要求更高，这就增加了装置对杂质的敏感性，只要有微小的杂质颗粒都会引起设备的磨损和失灵；特别是当液压系统混入少量水，水分促使油中添加剂分解，分解产物沉积于过滤器表面，具有使过滤器堵塞趋势增大的可能，液压系统过滤器的阻塞更严重，由此引起液压传递失灵，液压泵和其他元件的磨损与损坏，因此评价液压油的过滤性能是很有必要的，也是很有价值的。

影响过滤性的因素：

（1）黏度对液压油过滤性有影响。同等实验条件下，黏度牌号越大，液压油过滤时间越长，过滤性越差。黏度是液体流动时内摩擦力的量度，其阻力大小称为黏度。黏度越大油品的流动性越差，过滤时间越长。黏度牌号低于 150 的液压油过滤性均较好，能够满足产品质量指标，而对于黏度牌号 150 的液压油由于黏度较大，过滤性结果也较接近质量指标。

（2）杂质对过滤性有较大的影响。杂质对过滤性结果影响较大，试验前经过过滤处理杂质，无水的过滤时间明显减少，因 2%水对油品的状态影响较大，有不合格的现象。

（3）NB/SH/T 0210—2022 方法中要求试验温度控制在 18~24℃，有试验证明 18℃和 24℃两个不同试验温度对过滤性的影响，结果不一样，高黏度牌号如 150 液压油尽量控制试验温度接近 24℃。

（4）不同配方液压油过滤性有影响。液压油中部分添加剂是呈分散状态而不是溶解状态，且颗粒尺寸在 5~50μm，有的大分子溶胶虽然粒径小于 1μm，但过滤原件出现搭桥现象，也会影响油品的过滤性。一般来说抗磨剂、增黏剂、降凝剂、防锈剂都可能会对过滤性有影响。

不能随便改动复合剂的配方：这里特别强调，一些企业用复合剂配方的过滤性本来是合格的，但在复合剂生产时，随便添加黏度指数改进剂，用于发动机油用的大相对分子质量的黏度指数改进剂，导致产品的过滤性不合格。

第十一节 清净性

一、清净性的热氧化模拟试验法(TEOST MHT & TEOST)

(一) NB/SH/T 0834—2010 发动机油适度高温活塞沉积物的测定 热氧化模拟试验法(TEOST MHT)

NB/SH/T 0834—2010 标准规定了在 285℃的氧化和催化条件下，用 8.5g 发动机油以薄层油膜的形式反复通过一根特殊结构的试验棒，然后测定棒上生成沉积物的方法。实验室间的研究发现，适度高温热氧化发动机模拟试验(TEOST MHT)的适用范围为 10~100mg，但经验表明，当沉积物质量在 1~150mg 或更大时也可适用。标准参考 ASTM D7907—06a 发动机油适度高温活塞沉积物的测定热氧化模拟试验法(TEOST MHT)。

TEOST MHT(MHT 是适度高温的意思)是用来模拟在接近发动机活塞环区域温度下发动机油沉积物的生成情况(SH/T 0750 模拟涡轮增压发动机中发动机油在更高温度下产生沉积物的倾向)。

1. 方法概要

将 8.4g 试样和 0.1g 有机金属催化剂的混合物充分混合均匀，通入定量的空气，在 TEOST MHT 仪器中循环，用热电偶控制加热沉积棒，使温度控制在 285℃，试样沿着沉积棒上的金属线圈螺旋流下，共循环 24h，评价发动机油在适度高温氧化条件下生成沉积物的倾向。试验前后需称量沉积棒，从金属棒上洗涤脱落的沉积物也应收集、干燥、称重。试验中通入空气的试样沿着金属线圈流下提供氧化机会。

2. 结果计算

计算原则：试验后的质量减去相应的试验前质量，计算出沉积棒上沉积物质量与过滤器上沉积物质量。

沉积棒上沉积物质量等于沉积棒最终质量减去沉积棒初始质量，并将结果值单位转换为 mg。

过滤器沉积物质量等于过滤器最终质量减去过滤器初始质量，并将结果值单位转换为 mg。

注：如要获得玻璃罩沉积物、挥发油和回收油质量，分别通过各自的最终质量减去初始质量的办法来计算。报告中玻璃罩沉积物以 mg 为单位，挥发油和回收油以 g 为单位。

影响试验精密度的主要因素有：绕有金属线圈的沉积棒的制作精度、线圈的涂层处理、空气流量、催化剂的量以及与试样的混合程度。

3. 报告

(1) 对于参比油试验，采用标准的报告表格和数据词汇来报告试验结果并汇总操作数据。

(2) 报告以下数据精确至 0.1mg：过滤器沉积物、沉积棒沉积物和总沉积物(沉积棒沉积物加上过滤器沉积物)质量。

根据需要，玻璃罩沉积物、挥发油以及回收油质量也可列入报告。

4. 精密度

重复性(r)：同一操作者，用同一台设备，在同样的操作条件下，对同一试样进行试验，所得的两个试验结果的差值，不应超过表 3-39 的计算值。

再现性(*R*)：在不同的实验室，由不同操作者对同一试样按照相同的方法与条件进行分析，所得的两个试验结果的差值，不应该超过表 3-39 的计算值。

表 3-39 NB/SH/T 0834—2010 方法的精密度

重复性(*r*)/mg	再现性(*R*)/mg
$0.15\times(\overline{X}_1+16)$	$0.35\times(\overline{X}_2+16)$

注：$\overline{X}_1$ 为重复测定两个结果的平均值，mg；$\overline{X}_2$ 为不同实验室得出的两个测定结果的平均值，mg。

(二) SH/T 0750—2005 发动机油高温氧化沉积物测定法(热氧化模拟试验法)

SH/T 0750—2005 规定了测定发动机油在高温氧化模拟试验条件下产生沉积物的方法(TEOST)。修改采用 ASTM D6335—98 用热氧化发动机油模拟试验测定高温沉积物的标准试验方法。

标准适用于预测发动机油在高温氧化条件下产生沉积物的倾向，实验室间的研究表明本标准可用于测定总沉积物在 10～65mg 的样品。经验表明本标准也适用于总沉积物在 2～180mg 的样品。

1. 方法概要

把含有环烷酸铁的发动机油加热到 100℃，与一氧化二氮(N_2O)、湿空气接触后，在一定的泵速下通过称重过的沉积棒。沉积棒的温度在 200～480℃进行周期性变化，整个试验要经过 12 次的循环，每次循环的时间为 9min30s。当 12 次循环结束后，沉积棒经清洗、干燥即可得到棒沉积物的质量。系统中放出的试样从称重的过滤器中流过。棒沉积物与过滤器沉积物之和即为总沉积物。

试验装置见图 3-42。

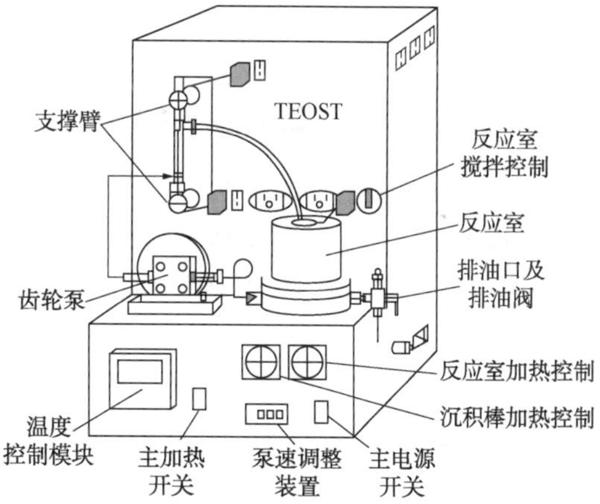

图 3-42 热氧化模拟试验机示意图

2. 计算

试验结束后，对沉积棒、过滤器进行清洗并称重，计算如下：

(1) 棒沉积物质量：棒沉积物质量 m_1 按式(3-61)计算，精确到 0.1mg。

$$m_1=A-B \tag{3-61}$$

式中 m_1——棒沉积物质量，mg；

A——试验后沉积棒质量，mg；

B——试验前沉积棒质量，mg。

(2) 过滤器沉积物：过滤器沉积物质量 m_2 按式(3-62)计算，精确到 0.1mg。

$$m_2=C-D \tag{3-62}$$

式中 m_2——过滤器沉积物质量，mg；

C——过滤后过滤器质量，mg；

D——过滤前过滤器质量，mg。

(3) 总沉积物质量：总沉积物质量 m 按式(3-63)计算，精确到 0.1mg。

$$m = m_1 + m_2 \tag{3-63}$$

3. 结果报告

试验结束后，根据称量并计算的过滤器沉积物质量、棒沉积物质量和总沉积物质量情况，进行报告，精确到0.1mg。

4. 精密度

重复性(r)：同一操作者，用同一台设备，在同样的操作条件下，对同一试样进行试验，所得的两个试验结果的差值，不应该超过表3-40的计算值。

再现性(R)：在不同的实验室，由不同操作者对同一试样按照相同的方法与条件进行分析，所得的两个试验结果的差值，不应该超过表3-40的计算值。

表3-40　SH/T 0750—2005方法的精密度

重复性(r)/mg	再现性(R)/mg
$3.058\ \overline{X}_1^{0.33}$	$4.774\ \overline{X}_2^{0.33}$

注：$\overline{X}_1$为重复测定两个结果的平均值，mg；$\overline{X}_2$为不同实验室得出的两个测定结果的平均值，mg。

该标准用于配方的筛选和质量控制。

二、热氧化模拟试验法(TEOST MHT & TEOST)的应用

(1) NB/SH/T 0834—2010发动机油适度高温活塞沉积物的测定　热氧化模拟试验法(TEOST MHT)用于预测发动机油在活塞环带和活塞顶区域的沉积趋势。TEOST MHT试验方法与评定沉积物生成的TU3MH Peugeot发动机试验具有很好的关联性，活塞环带是活塞往复运动的区域，沉积物会引起发动机操作故障和寿命缩短等诸多问题。

(2) SH/T 0750—2005发动机油高温氧化沉积物测定法(热氧化模拟试验法TEOST)可应用于评估发动机油在高温条件下生成沉积物的倾向，用于发动机油的配方筛选和产品的质量控制。

(3) 在汽油机油SJ/GF-2、SL/GF-3、SM/GF-4、SN/GF-5规格标准中，SJ/GF-2和GF-5部分黏度有TEOST试验项目，SL/GF-3、SM/GF-4、SN/GF-5都有TEOST MHT试验项目，都把热氧化模拟试验法(TEOST MHT & TEOST)列为技术指标，作为高端汽油机油的型式检验项目。

第十二节　极压抗磨性

润滑剂的主要功能是减少摩擦和磨损，防止相对运动的两个摩擦表面之间的擦伤和烧结，因此要求润滑剂具有良好的润滑性能。

润滑性能包括油性、抗磨损性和极压性三个方面。这三者既有关联，又有区别。

油性(Oilness)主要是指润滑剂减少摩擦的性能。以提高这种性能为目的而使用的添加剂称为油性剂(Oilness agents)，有时也称为减摩剂(Friction reducer)或摩擦改进剂(Friction modifier)。用作油性剂的是某些表面活性物质，如动植物油脂、脂肪酸、酯、胺等。

抗磨损性(Antiwear property)是指润滑剂在轻负荷和中等负荷条件下，即在流体润滑或混合润滑条件下，能在摩擦表面形成薄膜，防止磨损的能力。提高润滑剂的这种能力的添加

剂称为抗磨损添加剂(Antiwear additive)。

极压性(Extreme pressure)是指润滑剂在低速高负荷或高速冲击负荷条件下，即在边界润滑条件下，防止摩擦面发生擦伤和烧结的能力。为此目的而使用的添加剂称为极压添加剂(Extreme pressure agents，EP 剂)。极压添加剂多为含硫、磷、氯等活性物质，能在摩擦面上和金属起化学反应，生成剪应力和熔点都比原金属低的化合物，构成极压固体润滑膜，防止烧结。

由于机械技术的进步，使用条件日益苛刻，现代润滑油脂都或多或少含有改善其润滑性能的润滑添加剂。

为了评价或测试润滑剂的润滑性能，必须在实际的摩擦条件下进行，因而出现各种模拟实际摩擦条件的摩擦磨损试验设备和方法，简称为模拟机械试验。有数百种不同摩擦磨损试验机在用或曾经在某些时候用过。

模拟机械试验是用简单的摩擦试件模拟机械零件的实际摩擦过程(如滑动摩擦、滚动摩擦等)的试验方法，是介于理化性能试验与使用试验之间的一种重要测试手段。跟其他试验一样，该方法也有其优点和缺点。

1. 模拟机械试验的优点

(1) 试验样品量少；

(2) 相对便宜；

(3) 快速、能重复样品试验；

(4) 好的试验设计可得到良好的重复性；

(5) 灵活性——试验条件容易改变；

(6) 发生在现场的物理、化学变化如黏度增加和碱值下降等可被模拟出来。

2. 模拟机械试验的缺点

(1) 燃烧过程不能被模拟；

(2) 沉积控制不能在短期实验室模拟机械试验中有效地得到；

(3) 与不同的发动机操作情况相关的金属表面温度、压力和冶金情况可能很难或不可能在实验室机械试验中模拟出来；

(4) 现场使用情况和发动机设计的变化造成发动机工作苛刻性和负荷循环的改变，使其建立的相关性作废。

3. 模拟机械试验要考虑的问题

模拟机械试验不同于前章所述的理化分析试验，要复杂得多，因为影响试验结果的因素除润滑油的润滑性能之外，还有机械因素(如摩擦副的对偶材料、金相结构、硬度、加工精度等)、运转因素(如速度、负荷、温度等)和环境因素(如温度、湿度、粉尘等)，因此，模拟机械试验的实验误差要比理化实验的误差大得多。为了确保模拟机械试验的可靠性，进行模拟机械试验前必须考虑下面几个重要问题并根据模拟对象做出抉择。

(1) 如何选择摩擦试验类别。试验选择的一般原则是：试验水平较高，运用试验结果的安全性较大。

最高水平的试验必须回答下列问题：

① 试验方法是否相当快？

② 是否充分地可控制？

③ 是否能检查?

④ 是否能承担整个试验的高昂费用?

经过对上列问题的考虑，必须选择尽可能与实际情况接近的方法。

(2) 如何选择试验参数。试验设备选定之后，还必须确定试验参数，同样必须尽可能地与实际情况相似，必须选择相同程度的滑动速度、接触压力、接触频率、环境温度、气氛、润滑方式，通常需要进行预试验，以保证所选参数的适当。

(3) 试验相关性的判据(Critiria on test relevance)。相关摩擦试验必须满足两个要求：

第一，试验必须再现使用情况下的磨损机理；第二，试验必须再现试验材料的温度水平。

再现真实的磨损机理自然是第一位重要的，因为它将全部确定材料的摩擦磨损性质。对于一个给定的试验，其机理决定于对偶材料的性质和全部试验参数。

(4) 加速试验。通常需要增加摩擦试件的磨损速度，以加速评价过程，这可通过增加接触压力或滑动速度或者两者同时增加来达到。对于模拟具有间断接触的摩擦系统，减少非接触相的时间，如果缩短中间停顿时间而不显著升高试件温度，是加速试验的最好办法。

不幸的是，增大接触压力和滑动速度以加速试验过程，常常改变磨损机理，而且差不多总是违反温度的相似性，而不能再现真实磨损机理的加速试验的价值是很有限的。

(5) 如何评价磨损过程。必须研究磨损过程的稳定状态阶段。当确定试验是否再现实际磨损机理，必须与使用情况样本进行比较，这种样本也须在稳定工作状态下得到。不必研究完全磨损坏了的使用对象，因为造成最终失效的机理常常不同于决定平均磨损速率或零件寿命的机理。还必须比较磨损对象和其未使用过的状态，以研究哪些表面轮廓状态是由于加工过程所造成的。

(6) 参考材料。在各种比较试验中，指定一种材料作为参考材料是十分有用的。参考材料的试件必须从同一批材料中制取，而且数量必须足以完成计划的试验系列。由于经常需要做一些补充试验，因此建议准备比预期需要量更多的参考材料。

(7) 摩擦学试验。摩擦学试验的再现性通常很差，在设计一个比较试验系列时，通常遇到的一个问题是试验中应该包括多少材料组合?每种材料和参数必须重复多少次?以确保试验结果的合理意义。这可先进行预试验以评估试验结果的分散性，如果知道分散性，根据统计方法可推算出所需平行试验数目，以确定所需的水平。

总之，必须弄清模拟对象的实际工作情况，做出正确的实验设计，才能得到与实际使用情况相关性较好的试验结果。这些试验方法多数已经标准化了，但仅仅根据标准化的操作条件进行试验，往往得不到满意的结果，有时甚至得到相反的结果。因此，能否成功地使用模拟机械试验设备，关键在于能否根据模拟对象开发特殊的试验条件，以适当区分所试润滑剂，接近于使用情况。

一、四球试验与应用

四球试验是世界上目前使用最多、最普遍的一种摩擦磨损试验方法，广泛用于润滑剂、添加剂等模拟研究、新产品开发。

四球极压试验机于 1933 年由 Boerlage 设计，是研究各种类型润滑剂的承载能力的有力工具，但是缺少在低速下测累积磨损的必需灵敏度。Boerlage 和 Blok 于 1937 年改进四球极压试验机做摩擦研究，其装置称为“Four-Ball Top”，与四球极压试验机实际上是一样的，除了第四球装在一平衡了的称重的顶球夹头内，围绕垂直轴在 3 个固定球上自由旋转，4 个球形成的四面体浸于试油中，上球以一定的速度旋转。摩擦系数系由摩擦力使转动停止所需时间来换算。Beeck 和其合作者使用改进了的“Four-ball Top”机研究在未造成擦伤和烧结的负荷下的摩擦和磨损。但是这种设备不适合做常规试验。Larsen 和 Peery 于 1945 年改进 Boerlage EP 机为四球磨损机，以提供一种对低负荷 1N(0.1kgf)灵敏及可在一定速度范围和温度下进行试验的试验设备。

1962 年 ASTMG 技术委员会Ⅲ组第 7 和第 8 分组分别研究四球极压试验和四球磨损试验，并提出了相应的标准试验方法 ASTM D2783、ASTM D2596 和 ASTM D2266。

我国 20 世纪 50 年代在中国科学院大连化学物理研究所(原中国科学院大连石油研究所)即设计制造了几台四球试验机。后来相继引进和由济南材料试验机厂和厦门材料试验机厂造的几批四球试验机，因此，使用也很普遍，对四球试验方法的研究也比较多，并先后制定了标准方法 GB/T 3142、SH/T 0189。后又将 GB/T 3142 改为 GB/T 12583 润滑剂极压性能测定法。

（一）四球机的结构及原理

四球机的试件为 4 个直径相同(一般为 12.7mm)的轴承钢球，其中 3 个钢球被夹紧装于油盒中，以试油覆盖，另一钢球装在旋转的心轴上，力作用与下面 3 个球相接触。其结构简图如图 3-43 所示。故上球与下球之间一般为纯滑动摩擦。如果不将下球夹紧固定，则可改装成为滚动摩擦的接触疲劳试验机。

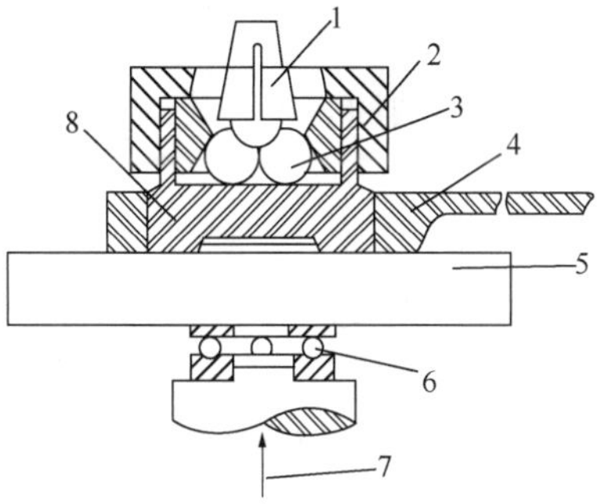

图 3-43 四球机油盒结构示意图

1—顶球夹头；2—螺母；3—试验钢球；4—摩擦力杆；5—隔板；6—止推轴承；7—负荷；8—油盒

由图 3-43 可看出，四球机的 4 个钢球形成一等边四面体，上球对下 3 球在 3 个接触点的作用力可由等边四面体来分析，如图 3-44 和图 3-45 所示。设外加负荷为 P，每个接触点的相互作用力为 P_1。

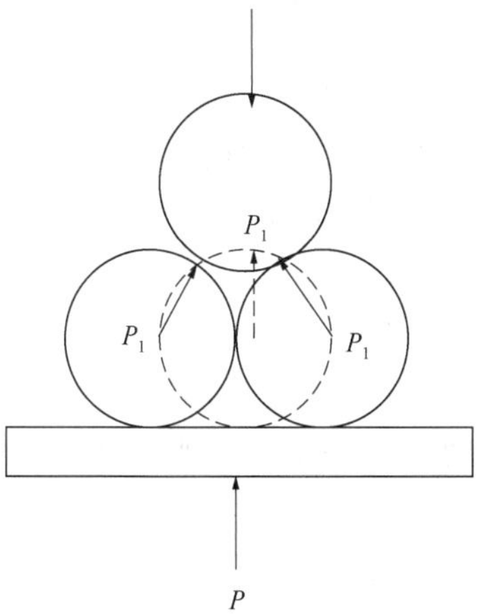

图 3-44 四球机的作用力示意图

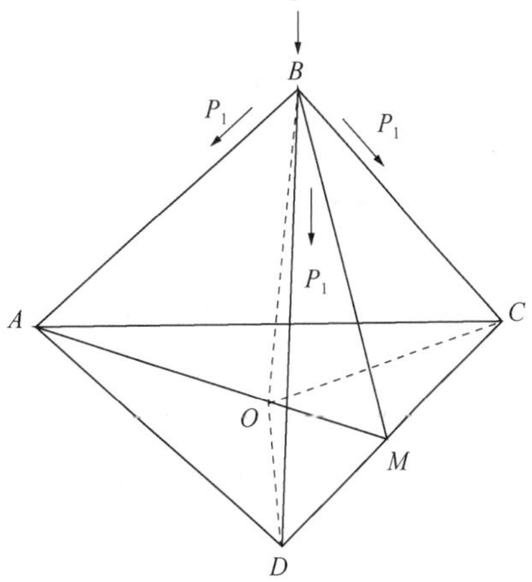

图 3-45 四球机的作用力分析示意图

进行相关的推导：

由于

$$AB=DB=DC=AD=AC=P_1$$
$$BM=BC\sin60°=0.866P_1$$
$$OM=\frac{1}{3}AM=\frac{0.866\ P_1}{3}$$

因此

$$BO=(\overline{BM}^2-\overline{OM}^2)^{1/2}=P_1\left[\overline{0.866}^2-\left(\frac{0.866}{3}\right)^2\right]^{1/2}=0.8465\ P_1$$

因 P 等分 3 个力三角形 BOA，BOC，BOD。

故 $BO=\frac{P}{3}$，得到：

$$P_1=\frac{P}{3\times0.8165}=0.408P$$

从而得到油膜压力公式：

$$油膜压力=\frac{0.408\times负荷}{磨损面积}$$

此外，在进行四球研究时可以改变 4 个球的直径(增大或者缩小)。或者将上球改为一个圆锥体或圆筒形，以便于进行不同研究或试验。

(二) 四球试验的试验方法

采用四球测定润滑剂的标准方法有：GB/T 3142—2019 润滑剂承载能力的测定　四球法、GB/T 12583—1998 润滑剂极压性能测定法　四球法、NB/SH/T 0189—2017 润滑油抗磨损试验法(四球法)、SH/T 0202—1992 润滑脂极压性能测定法(四球机法)、SH/T 0204—1992(2004)润滑脂抗磨性能测定法(四球机法)等。在此重点介绍 GB/T 12583—1998、GB/T 3142—2019、NB/SH/T 0189—2017，SH/T 0202—1992 与 SH/T 0204—1992(2004)将在润滑脂章节中介绍。

1. GB/T 12583—1998 润滑剂极压性能测定法　四球法

GB/T 12583—1998 规定了测定润滑剂极压性能的方法，可进行负荷-磨损指数 LWI、烧结点 P_D和最大无卡咬负荷 P_B三种试验。标准等效采用 ASTM D2783—88(1993)润滑剂极压性能测定法。

(1) 方法概要：四球机的一个顶球(四球机专用试验钢球。铬合金轴承钢 GCr15A，钢球直径 12.7mm，硬度 HRC64~66)，在施加负荷的条件下对着油盒内的 3 个精制球旋转。主轴转速为(1760±40)r/min。试验温度为 18~35℃。按标准的规定逐级加负荷，做一系列 10s 试验直至发生烧结。烧结点以前做 10 次试验。如果最大无卡咬负荷和烧结点之间的试验不足 10 次，且最大无卡咬负荷之前的磨痕(磨斑)直径是在不大于相应补偿线上磨痕直径的 5%范围内(见图 3-46AB 部分)，则这部分的试验不必去做，其校正负荷可查表(见 GB/T 12583—1998 表 3)得到，这时可假定最大无卡咬负荷及以前所产生的磨痕直径与补偿相等，总的推测到 10 次试验即可。假定的磨痕直径见 GB/T 12583—1998 表 1。最大无卡咬负荷和烧结点的曲线见图 3-46。

(2) 试验装置：四球极压试验机可以是液压式也可以是杠杆式，主轴转速需要满足试验条件的上限要求，负荷不低于 7845N(800kgf)。四球机油盒装置见图 3-43。

(3) 计算与报告。

最大无卡咬负荷 P_B：在试验条件下不发生卡咬的最大负荷(代表油膜强度)，在该负荷下所测得的磨痕直径不超过相应补偿线以上的数值的 5%(补偿线：在存在润滑剂而又不发生卡咬的条件下，在下面 3 个球上产生光亮的圆斑状磨痕，由下球的平均磨痕直径对所加的负荷，在双对数坐标图中做出的一条直线称为补偿线)。即初始卡咬前一级负荷。

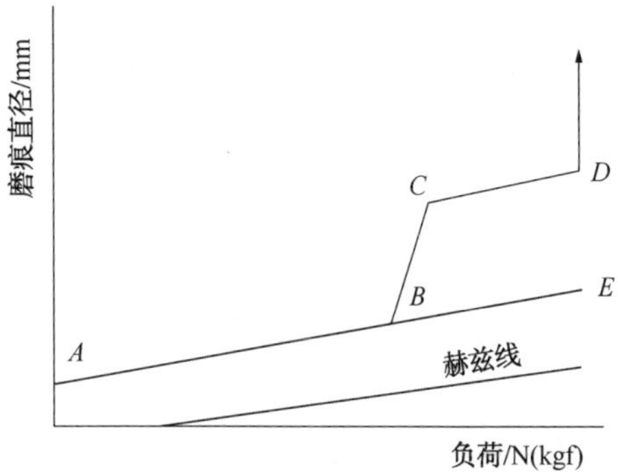

图 3-46 负荷-磨损曲线简图

ABE—补偿线；B—最大无卡咬点；BC—初期卡咬区；CD—立即卡咬区；D—烧结点

初期卡咬区：引起润滑剂油膜瞬时破坏的负荷区域。油膜瞬时破坏可由磨损直径最大和摩擦力测量值瞬时增大看出。

立即卡咬区：在磨损负荷曲线上，该区域的特征是出现卡咬、烧结或最大的磨痕。

测定最大无卡咬负荷时要求在该负荷下的磨痕直径不得大于相应补偿线上磨痕直径(补偿直径)的 5%。如果测定某负荷下的磨痕直径大于相应补偿线上磨痕直径的 5%，则下次试验就在较低一级的负荷下进行，直到确定最大无卡咬负荷为止。

在标准中提供了用以判断 P_B点的 $P \sim D_b(1+5\%)$ 数值表(见 GB/T 12583 表 2)。例如某试样在 784N(80kgf)负荷下测量的磨痕直径为 0.47mm，查表得到在 784N(80kgf)负荷下 $D_b(1+5\%)$为 0.45mm，则可判断该试样的 P_B值小于 784N(80kgf)。因此将在低一级负荷下进行试验，直到测得的磨痕直径等于或小于 $D_b(1+5\%)$，则该负荷为 P_B点。

注：1. 测定 P_B点的级别见 GB/T 12583 中的表 2。P_B点在 392N(40kgf)以下准确至 20N(2kgf)；402～784N(80kgf)准确至 29N(3kgf)；794～1177N(120kgf)准确至 49N(5kgf)；1187～1569N(160kgf)准确至 69N(7kgf)；1569N(160kgf)以上准确至 98N(10kgf)。

2. 当用摩擦力测量仪时，最大无卡咬负荷可由记录笔逐渐横向移动看出。

烧结负荷 P_D：按 GB/T 12583 中表 1 的负荷级别，一般从 784N(80kgf)开始，逐渐加负荷进行一系列的 10s 试验，记录所测得的磨痕直径，直到发生烧结。在发生烧结的负荷下进行一次重复试验。如果两次试验均烧结，则此试验负荷即为烧结点 P_D。如不发生烧结，则在较高一级负荷下进行新的试验，并重复进行直至确定烧结点。

注：当由于金属的转移影响了试验钢球所形成的磨痕表面时，其磨痕直径的测量困难的，此时应将金属转移物去掉再测定，如果磨痕边缘模糊或不规则不好测定时，则用估算法确定磨痕直径。

发生烧结时，应立即关闭电机，否则会损坏机器，试验钢球和夹头之间也会发生严重擦伤。

负荷-磨损指数 LWI：在所加负荷下润滑剂使磨损减少到最少的挤压能力指数。在GB/T 12583 标准试验条件下，它等于在烧结点以前按 0.1 对数单位负荷加在 3 个静止球上，做 10 次试验所测得的校正负荷的平均值。

负荷-磨损指数 LWI，N(kgf)，按式(3-64)进行计算：

$$LWI=\frac{A_1-A_2}{10}=\frac{A}{10} \tag{3-64}$$

式中 A——烧结点前10次试验的校正负荷总和，N(kgf)；

A_1——补偿线上的校正负荷之和，N(kgf)；

A_2——最大无卡咬负荷之后的校正负荷之和，N(kgf)。

注：如果该试验结果符合补偿线，则 A 可定义为：烧结点前补偿线上校正负荷之和 A_1 和非补偿线上校正负荷之和 A_2 相加之和，总共10次试验负荷级。

校正负荷 P_J：最大无卡咬负荷之后和烧结点之间每次试验的校正负荷 P_J，N(kgf)，按式(3-65)进行计算：

$$P_J=L\times\frac{D_h}{X} \tag{3-65}$$

式中 L——试验负荷。如果用杠杆式四球机，则 L 为砝码和砝码盘总重力乘杠杆臂之比，N(kgf)；

D_h——赫兹直径，mm；

X——由试验所测得的平均磨痕直径，mm。

如果最大无卡咬负荷及其低于最大无卡咬负荷的磨痕直径在不高于补偿线的5%范围内，可假定其磨痕直径与补偿直径相当。因此，这部分试验不必进行，其校正负荷可从GB/T 12583标准表中最大无卡咬负荷和烧结点的交叉点查得。

关于快速计算负荷-磨损指数LWI：

负荷-磨损指数LWI的快速算法参见GB/T 12583—1998附录A。

负荷-磨损指数LWI的快速算法尤其适合大批量样品的筛选。

LWI计算：

在计算时首先考虑 P_B 和 P_D 的级差。

当 P_B 和 P_D 的级差≤2时，LWI按式(3-66)计算：

$$LWI=0.230P_B+0.130P_D \tag{3-66}$$

当 $P_D\geqslant9.8\times620N$ 或 P_B 与 P_D 的级差≥8时，LWI按式(3-67)计算：

$$LWI=0.184P_B+0.092P_D+4.9 \tag{3-67}$$

当 $P_D\leqslant9.8\times620N$ 时，LWI按式(3-68)计算：

$$LWI=0.1160(P_B+P_D) \tag{3-68}$$

当 $9.8\times200N\leqslant P_D\leqslant9.8\times500N$ 时，LWI按式(3-69)计算：

$$LWI=0.116(P_B+P_D)+3.6 \tag{3-69}$$

(4) 精密度：

重复性(r)：同一操作者，用同一设备，测试同一样品，在规定的条件下，连续两次试验结果之差不得超过表3-41的数值。

再现性(R)：不同操作者，在不同的实验室，用同一试样，在规定的条件下，两个实验室的独立试验结果之差不得超过表3-41的数值。

表 3-41 精密度表

项目	重复性(r)/N(kgf)	再现性(R)/N(kgf)
最大无卡咬负荷	$\overline{X}_1\times15\%$	$\overline{X}_2\times30\%$
烧结点	一级负荷增量	一级负荷增量
负荷-磨损指数	$\overline{X}_1\times17\%$	$\overline{X}_2\times44\%$

注：$\overline{X}_1$为连续两次测量的算术平均值，N(kgf)；$\overline{X}_2$为两个实验室对同一试样测试结果的算术平均值，N(kgf)。
说明：本标准没有建立烧结点大于 3922N(400kgf)和试验结果不符合补偿线的油品的精密度。

2. GB/T 3142—2019 润滑剂承载能力的测定 四球法

(1) GB/T 3142—2019 适用于在四球极压试验机上评定润滑剂的承载能力，包括烧结点最大无卡咬负荷 P_B、烧结负荷 P_D、综合磨损值 ZMZ(或称为综合磨损指数、平均赫兹负荷、负荷-磨损指数)三项指标。

GB/T 3142—2019 与 GB/T 12583—1998 最大差别是在试验过程中的轴承转速差异，GB/T 12583—1998 的主轴转速为(1760±40)r/min，GB/T 3142—2019 的主轴转速为 1400~1500r/min。GB/T 12583—1998 的主轴转速比 GB/T 3142—2019 约多运转 50r，其他参数相当；因此在此就不再详细介绍 GB/T 3142—2019。

(2) 关于 GB/T 3142—2019 与 GB/T 12583—1998 的相关性。我国过去四球试验多数资料数据都是在 1450r/min 条件下得到的，而国外四球试验大量的资料数据则是在 1760r/min 条件下得到的；GB/T 12583—1998 与 GB/T 3142—2019 两种方法的相关性目前行业研究人员还在探索。据目前相关实验结果：

① GB/T 3142—2019 方法测得的 P_B、P_D、ZMZ/LWI 一般高于 GB/T 12583—1998 方法测定的结果。

② 转速对 P_B、P_D、ZMZ/LWI 测定结果的影响，一方面是由于滑动距离不同，另一方面是由于试验的苛刻程度，即使滑动距离相同情况下，高转速的条件下的磨痕直径要大些，即转速越高，试验苛刻程度越大，此外 ZMZ/LWI 所采用的计算方法不同。

③ GB/T 3142—2019 与 GB/T 12583—1998 两种方法得到 P_B、P_D、ZMZ/LWI 之间具有显著的相关性，其相关系数均大于 0.95。

3. NB/SH/T 0189—2017 润滑油抗磨损试验法(四球法)

NB/SH/T 0189—2017 规定了用四球式试验机测定润滑油抗磨损性能的具体方法。标准适用于测定润滑油的抗磨损性能。标准参照采用 ASTM D4172—94(2016)润滑液抗磨损试验方法(四球法)。

(1) 方法概要：3 个直径为 12.7mm 的钢球被夹紧在一油盒中，并被试样覆盖，另一个同一规格的钢球置于三球顶部，受 147N(15kgf)或 392N(40kgf)力作用，成为“三点接触”。当试样达到一定温度[(75±2)℃]后，顶球在一定转速[主轴转速(1200±60)r/min]下旋转 60min，试样抗磨损性能通过下面三个球的磨痕直径的平均值来评价。试验条件见表 3-42。

表 3-42 试验条件表

条　件	A	B
温　度	(75±2)℃ (167±4)℉	(75±2)℃ (167±4)℉
速　度	(1200±60)r/min	(1200±60)r/min
负　荷	(147±2)N (15±0.2)kgf	(392±4)N (40±0.4)kgf
时　间	(60±1)min	(60±1)min

(2) 报告：为全面掌握试验相关信息，报告的内容包括钢球的磨痕直径、试验转速、负荷、温度和试验时间。

磨痕直径为对钢球上磨痕 6 次测量的算术平均值，单位 mm，准确到 0.01mm。

(3) 精密度：

重复性(r)：同一操作者，用同一设备，相同材料和试验条件下连续测定的两次结果之差，不得大于 0.12mm。

再现性(R)：不同操作者在不同实验室，相同材料和试验条件下测量的两个单独结果之差，不得大于 0.28mm。

NB/SH/T 0189—2017 长达 60min 的四球磨损试验，一般被称为“长磨”。

国外研究者强调，用四球机测润滑油的抗磨性能时，不能在极压四球机进行，原因是极压四球机所加的负荷范围较大，精度达不到要求，应在磨损四球机上进行。原中石化兰州炼油总厂(现中国石油兰州石化公司)对国产四球机(大都是极压四球机)进行了磨损试验研究，认为国内四球机(包括进口四球机和国产四球机)可以进行磨损试验，精度可以达到 ASTM D4172 的要求，其重复性为 0.10mm，再现性小于 0.20mm(95%置信度)。

(三) 四球试验的应用与注意事项

1. 四球试验的试验方法

(1) 国内四球试验方法：

润滑剂极压性能测定四球法：GB/T 12583—1998

润滑剂承载能力测定四球法：GB/T 3142—2019

润滑油抗磨性能测定法(四球机法)：NB/SH/T 0189—2017

润滑脂极压性能测定法(四球机法)：SH/T 0202—1992

润滑脂抗磨性能测定法(四球机法)：SH/T 0204—1992(2004)

润滑油摩擦系数测定法(四球法)：SH/T 0762—2005

(2) 国外四球试验方法：

流体润滑剂极压特性测定法：ASTM D2783

流体润滑剂抗磨特性测定法：ASTM D4172

润滑脂极压特性测定法：ASTM D2783

润滑脂抗磨损特性测定法：ASTM D2266

流体润滑剂烧结负荷测定法：DIN 51350/2

流体润滑剂磨损特性测定法：DIN 51350/3

润滑脂烧结负荷测定法：DIN 51350/4

润滑脂磨损特性测定法：DIN 51350/5

含聚合物的润滑剂剪切稳定性测定：DIN 51350/6

滑动和滚动摩擦组建的点蚀性能测定(点蚀测试)：VW PV 1444

轴向力轴承温度特性测定：VW PV 1444

润滑剂极压性能测定：IP 239

(3) 不同方法的适应性与相关性问题：不同的试验方法用于不同的测试目的和适应范围，不能超出它的适应范围。

注意不同方法的相关性，如 GB/T 3142—2019 与 GB/T 12583—1998 的相关性。在采用不同方法进行磨损试验时，注意转速与试验时间的一致性。根据 Gates 的试验结果：转速在 1000~2000r/min 区间内，磨损率不随转速变化而变化；但必须注意，只有当转速相同时，其结果才有可比性，如当采用 NB/SH/T 0189 进行 60min 的试验结果，采用 1450r/min 试验机进行测试，试验时间应该是 $1200\times60\div1450=49.6$min。

温度对磨损有较大的影响，在相同温度下测定的数据才有可比性。

做磨损试验的四球机不能做极压试验。

用于磨损试验的钢球，每粒只能进行一次试验；用于极压试验的钢球，在磨损不重叠的条件下，可以重复使用 3~5 次。

2. 四球试验应用

由于四球模拟试验机的摩擦副钢球最易得，价格便宜，性能稳定，四球摩擦试验机成为最广泛应用的模拟试验机。四球机作为模拟试验的应用：

(1) 为润滑油脂通过台架试验提供技术支撑。台架试验价格昂贵，许多公司的产品在台架试验前，都会通过四球机试验等模拟试验进行评价，确保台架通过的概率高些。

(2) 是润滑剂新配方、新产品开发、日常评定及质量检测、监控润滑油产品机械性能的变化较为便利的方法。许多工业用油摩擦磨损试验最常用的就是四球试验，特别是金属加工油也采用四球试验筛选配方、评价配方。

(3) 为润滑剂和润滑理论的基础研究提供试验手段。许多新的添加剂，如极压抗磨剂、减磨剂等都是采用四球试验进行评价。

3. 四球试验结果的影响因素

(1) 四球试验机设计、制造精度及控制系统影响：四球试验机的设计、制造精度及控制系统灵敏度是影响试验结果的关键因素。四球试验机运行参数，如载荷、轴承转速、试验温度和试验时间等应选择高精度的元件进行控制，将试验系统误差降至最小：

载荷精度(包括控制精度及准确精度)；

转速精度(包括控制精度、准确精度以及转速的启动与停止时间精度)；

试验机的几何精度(如主轴的同心度、垂直度、四球位置等)；

四球摩擦副的加工精度；

温度控制精度；

时间精度。

若设计不合理，制造精度差，控制系统中的转速、温度等无法准确控制，将无法得到正确的结果。

此外，选择合理的加载方式。一般润滑剂抗磨损性能试验采用杠杆加载方式，润滑剂极压性能试验采用液压加载方式，如在同一设备进行极压试验与磨损试验，应将弹簧夹头区分开使用，最好不要在同一天在同一设备进行不同类型的试验。

（2）试验材料质量的影响：试验使用的钢球，必须符合 GB/T 308—2002 滚动轴承　钢球，Ⅱ级轴承钢球，材质 GCr15，直径 12.7mm，洛氏硬度 HRC65~66。有人曾对哈尔滨轴承厂、上海钢球厂、洛阳轴承厂等厂家生产的直径为 12.7mm 的Ⅱ级和Ⅲ级轴承钢进行过比对试验，发现不同厂家生产的钢球尽管硬度与精度差别不大，但对试验结果的影响却非常明显，同一厂家不同批次之间也有差异。故进行四球试验时，特别是进行极压性能比对试验时，建议采用同一厂家、同批次的钢球。

（3）试验条件的影响：

① 主轴转速的影响。有研究表明，磨痕直径随着心轴转速的增加而增大，直到转速上升到 1200r/min（滑动速度 46cm/s），之后磨痕直径随着转速增加而下降。当转速在 1000~1500r/min（滑动速度 35~38cm/s），磨痕直径的变化最小。在这种情况下，摩擦系数为 0.1 左右，表明试验处于混合润滑区。随着转速增加到 1500r/min 以上时，磨痕直径下降，是弹性流体动力效应增强的结果，见图 3-47。

② 载荷的影响。在 1200r/min（滑动速度 46cm/s）、75℃和运转 60min 的条件下研究载荷变化对磨痕直径的影响，发现在 110N 以上的边界润滑范围内磨痕直径变化很小，如图 3-48 所示。加载时须防止冲击载荷。

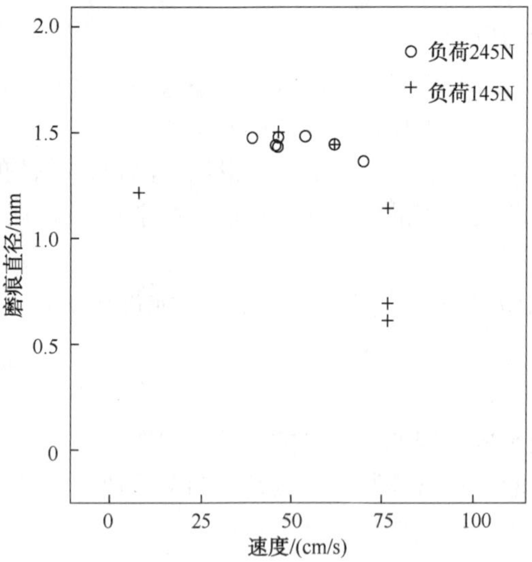

图 3-47　主轴转速对磨痕直径的影响

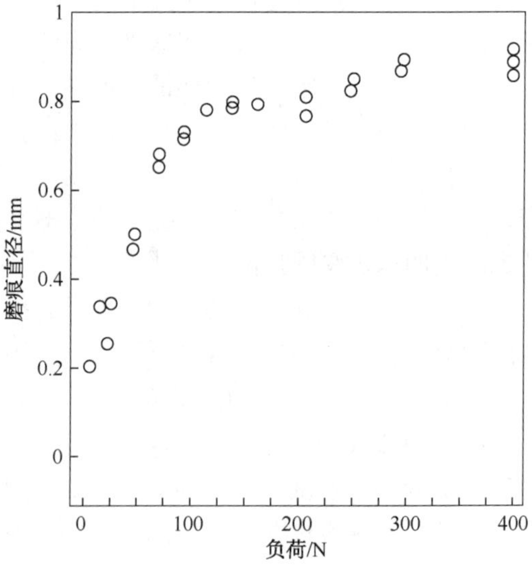

图 3-48　载荷变化对磨痕直径的影响

③ 试验温度：温度对磨损有较大的影响。润滑剂的黏度随着温度的变化而改变，因此在进行磨损试验时温度控制一定要准确。

④ 环境的影响：环境的影响包括试验场所平整、无震动、无腐蚀性介质等；实验室温度控制在 10~35℃、相对湿度低于 80%；电网电压波动小（要求不超过±10%）。

⑤ 润滑剂稳定性及洁净度：润滑剂稳定性及洁净度对试验的结果有影响。如润滑剂的稳定性不好，在进行试验时将很难重复。洁净度不佳的润滑剂，如含水、含机械杂质对四球

试验有不确定影响。

⑥ 操作者的影响：操作者水平与经验对四球试验结果影响较大。具体表现在四球摩擦副及钢球的清洗是否符合要求、四球摩擦副的安装是否无倾斜、试验前润滑剂是否充分混合均匀(液体润滑剂要注意在摇晃混合时是否有气泡产生)。操作人员自身的熟练程度、结果判断都对结果有很大的影响。

4. 四球试验与其他试验方法的相关性

四球试验一般为纯滑动摩擦的模拟机械试验，其润滑状态在混合润滑与边界润滑范围内，因此，在特定的速率和载荷条件下模拟润滑剂在一定的使用条件和场合是有可能的，也与其他试验方法存在一定的相关性。

(1) 四球机与齿轮试验的相关性。一坪高级润滑油公司(现中国石化润滑油重庆分公司)曾在国产 MQ-12 型四球试验机及中国石化石油化工科学研究院设计制造的 CH-1 型齿轮试验机上对 9 种航空润滑油(见表 3-43)进行试验。试验齿轮的主要参数见表 3-44，齿轮试验的条件见表 3-45。齿轮承载能力评定指标为齿面破坏面积的 22.5%和 60%。

齿轮试验的方法为：在规定的试验条件下运转 5min，停车，观测并记录每个齿轮的磨损擦伤面积，然后增加一级负荷，再运转 5min，再停车观测并记录，如此循环下去，直至齿轮面破坏达 60%以上为止，然后在坐标上标绘负荷-磨损擦伤面积曲线，采取规定的齿面破坏面积下所对应的载荷值作为所试润滑剂的承载能力。各种齿轮试验方法所规定的齿面破坏面积不同，Ryder 齿轮试验方法规定为 22.5%，IAE 和 CH-1 齿轮试验方法均规定为 60%。一坪高级润滑油公司进行研究时同时对两种破坏面积下的“承载能力”指标与四球试验的三种指标进行了对比。

进行四球试验所用方法为 GB/T 3142，评定指标为 P_B、P_D 和 ZMZ，试验钢球为虹山机械厂生产的Ⅱ级 GCr-15 轴承钢球。试验结果见表 3-46、表 3-47 和图 3-49、图 3-50。

表 3-43　试验油样的主要理化指标与组成

试样类型	试样名称	运动黏度/(mm^2/s)		酸值/(mgKOH/g)	主要组成
		100℃	50℃		
Ⅰ型低黏度油	4109	3.74	11.22	0.04	双酯加新戊基多元醇酯及抗磨、抗氧、抗腐蚀添加剂等
	325	3.61	10.22	0.08	癸二酸双酯加五氯联苯等添加剂
Ⅱ型低黏度油	4103	4.12	13.47	0.04	新戊基多元醇酯加抗磨、抗氧、抗腐蚀等添加剂
Ⅱ型中黏度油	4106	5.05	17.42	0.06	新戊基多元醇酯加抗磨、抗氧、抗腐蚀等添加剂
	4050	5.15	17.68	0.03	新戊基多元醇酯加抗磨、抗氧、抗腐蚀等添加剂
	2380	4.95	17.00	0.18	三羟甲基丙烷酯加三甲酚磷酸酯等添加剂
Ⅰ型高黏度油	4104	7.46	24.13	0.04	双酯加复酯加抗磨、抗氧、抗腐蚀等添加剂
	98	7.49	23.79	—	双酯加聚醇醚酯及五氯联苯等添加剂
矿物油	8号	2.79	8.81	0.04	矿物油

表 3-44　试验齿轮的主要参数

齿　　轮	小　齿　轮	大　齿　轮
齿数	16	40
齿形	渐开线直齿	
齿宽/mm	14	9
模数	2.5	
压力角	20°	
中心距/mm	70	
表面硬度(HRC)	58～60	
材料	12Cr2Ni4A	
精度	七级	

表 3-45　齿轮试验条件

项　　目	数　　值	项　　目	数　　值
转速/(r/min)	10000	运转时间/min	5
试样量/mL	2	试样流量/(mL/min)	300
载荷级别/(kg·m)	3	试验温度/℃	根据试样选定

表 3-46　齿轮试验和四球试验结果

序号	油样名称	试验温度/℃	齿轮承载能力/(kgf/cm)		临界负荷	烧结负荷	综合磨损指数
			$L_{60\%}$	$L_{22.5\%}$	P_B/kg	P_D/kg	ZMZ/kg
1	4109	200	240	167	37	100	15.9
2	4109	175	275	143	40	115	15.4
3	4109	常温	640	279	62	141	26.2
4	325	200	237	171	40	10	17.7
5	4001	200	360	200	34	126	13.5
6	4106	200	446	226	41	115	16.3
7	4050	200	478	242	32	126	13.2
8	2380	200	354	202	38	115	14.3
9	2380	175	374	210	42	126	144.8
10	4104	140	528	260	50	141	22.3
11	98	140	532	275	50	148	26.5
12	8号油	140	139	92	30	100	12.0
13	8号油	常温	185	117	40	126	17.0

表 3-47　齿轮试验与四球试验结果的相关系数

相关系数序号	回归变量	相关系数
r_1	$L_{60\%}-P_B$	0.707
r_2	$L_{60\%}-P_D$	0.786
r_3	$L_{60\%}$-ZMZ	0.667
r_4	$L_{22.5\%}-P_B$	0.659
r_5	$L_{22.5\%}-P_D$	0.747
r_6	$L_{22.5\%}$-ZMZ	0.659
$r_{0.05}$	显著水平最小值	0.553

从表 3-47 可以看出，无论是 $L_{60\%}$ 或 $L_{22.5\%}$ 与 P_B、P_D 和 ZMZ 的相关系数均大于显著性水平。当 $\alpha=0.05$ 时，相关系数达到显著的最小值 $r_{0.05}=0.553$，表明 CH-1 齿轮试验结果（$L_{60\%}$、$L_{22.5\%}$）与四球试验结果（P_B、P_D、ZMZ）之间有显著的一致性，而且与 P_D 的相关性最好。

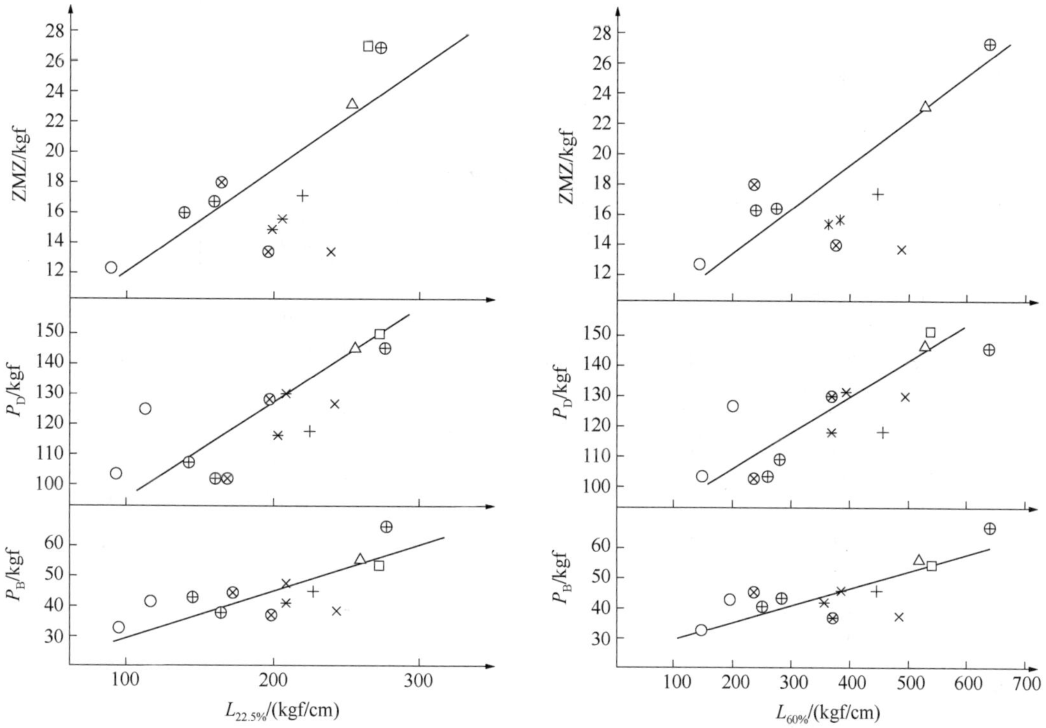

图 3-49　$L_{22.5\%}$ 与 P_B、P_D 和 ZMZ 散点图　　图 3-50　$L_{60\%}$ 与 P_B、P_D 和 ZMZ 散点图

⊕—4109；⊗—卡斯特罗 325；⊗—4001 油；+—4106；×—4050；
⋇—埃索 2380；△—4104；□—卡斯特罗 98；○—MC-80

（2）四球磨损试验与液压油泵的相关性：用四球机与全尺寸液压油泵评价了 4 种矿物油、4 种磷酸酯及 2 种水-乙二醇和 1 种白油，结果表明：四球试验结果与油泵试验结果很吻合。但四球试验方法必须采用特定的试验条件，而非标准方法。

四球试验方法：

转速 600r/min；ϕ12.7mm，52100 钢球；温度 38~82℃。

负荷和时间是按油泵实际工作来划分，即：

磨合阶段 RI（Run-in）；

稳定状态 SS（Steady-State）；

最后阶段 SF。

每阶段运转 30min，每阶段末尾进行清洗及测量磨痕直径。在第三阶段通常使用石蜡基白油，该阶段表示有效膜的形成情况。

在任何 30min 阶段如果磨痕直径增加 0.20mm 或以上，则表示擦伤（Scuffing）已经发生。

四球擦伤负荷能与油泵试验台的结果有很好的相关性，见表3-48。

全尺寸油泵试验方法：

采用Vickers 35(V35)叶片泵，试验温度65~125℃，压力0~20MPa。

试验结果表示方法：

PS—泵标准试验(Pump Stand Test)；

Pass⁺—超过要求；

Pass—符合要求；

Pass-BL—卡边。

表3-48　四球试验与油泵试验的相关性

液体		磨痕/mm RI	SS	SF	SF+SS	油泵试验
石油基	4550	0.06	0.02	0.07	0.09	$Pass^+$
	4551	0.08	0.07	0.12	0.19	Pass-BL
	4552	0.2	0.15	0.09	0.24	失效
	4553	0.16	0.18	0.08	0.26	失效
磷酸酯	4124	0.13	0.09	0.02	0.11	Pass-BL
	4123	0.13	0.06	0	0.06	Pass
参比白油	7828	0.26	0.1	0.09	0.19	—

试验条件：392N(40kgf)，75℃。

5. 四球试验与CRCL-37台架试验的关系

石油化工科学研究院曾研究四球试验与CRCL-37台架试验的相关性，结果见表3-49及表3-50。

表3-49　磨损试验结果(588N，60min)

编　号	油　样	磨痕直径d_{60}/mm	CRCL-37结果
1	6%* G521+SAE 90	0.58	通过
2	GO-8504	0.8	失败
3	GO-8505	0.66	失败
4	7.5%* A-6004A+SAE 90	0.52	通过
5	6%* A-33+SAE 90	0.97	失败
6	0.7%*亚磷酸二丁酯+SAE 90	0.46	通过
7	80W/90 GL-5车辆齿轮油	0.6	通过
8	Spirax HD 90	0.51	通过
9	6%* Hitec370+SAE 90	0.4	通过

注：*为质量分数。

表 3-50 CRCL-37 台架试验结果的预测

编　号	油　样	d_{100}/mm	d_{60}/mm	CRCL-37	
				预测	实测
1	9352	0.43	0.51	通过	通过
2	RIPP-93B	0.44	0.53	通过	通过
3	85-494	0.55	—	失败	失败
4	85-544	0.58	—	失败	失败
5	MGO-9805	0.45	—	通过	通过

由表 3-49 可见，d_{60}≤0.6mm 的试样通过 CRCL-37 的概率大。

从试验结果可以看出：四球机磨损试验(588N，60min)和(981N，10s)运转后磨痕形貌与 CRCL-37 台架试验结果有一定的相关性，显然可以将其作为配方研发时的筛选手段之一。

二、FZG 齿轮机试验与应用

FZG(the Forschungstelle für Zǻhnräder und Getriebeban)是德国慕尼黑技术大学齿轮设计研究所的缩写。20 世纪 60 年代在德国 Niemann 教授领导下设计出来的一种用于评定承载能力的齿轮试验机，被命名为 FZG 齿轮试验机。由于它有多方面的优越性及可靠性，因此用这种试验机来评定润滑油脂的承载能力在世界各国得到广泛使用并标准化，如德国的 DIN 51354，英国的 IP 334，美国的 ASTM D5182—97，我国的 NB/SH/T 0306—2013。

(一) FZG 齿轮机的结构及原理

FZG 齿轮试验机设计成有速比相同的两对齿轮，其中一对为试验齿轮，另一对为陪试齿轮。试验齿轮对的齿轮面较窄(20mm)，每试验一次要拆装一次；陪试齿轮对齿轮面较宽(30mm)，安装之后一般不经常拆除。FZG 齿轮试验机的结构原理如图 3-51A 及图 3-51B [参见 ASTM D5182—97(2014)]所示。包括一个驱动齿轮箱和一个试验齿轮箱(密闭，油浴式润滑，装试样油品约 1.25L)，用两根扭力轴将它们连接起来。由一台转速为 1500r/min、5.5kW 的电动机驱动。刚性轴上有一个刚性加载离合器。试验齿轮箱内有一个盘管加热器用以加热油样。FZG 试验机采用杠杆砝码加载，使弹性轴扭转一个角度而使齿面受力。

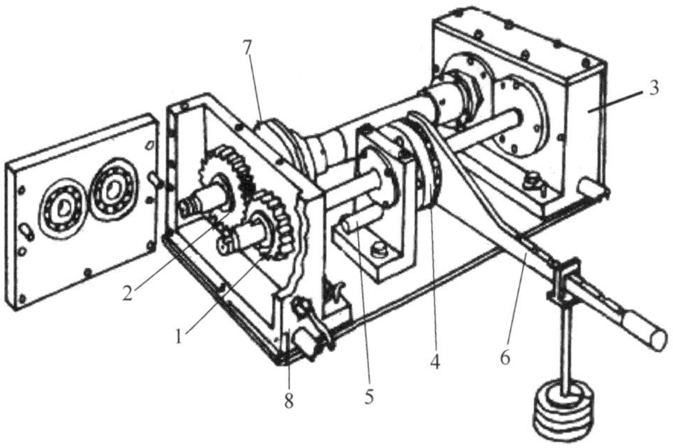

图 3-51A FZG 齿轮试验机原理图

1—小齿轮；2—大齿轮；3—驱动齿轮；4—加载联轴器；5—锁销；
6—加载臂；7—力矩测量接头；8—温度传感器

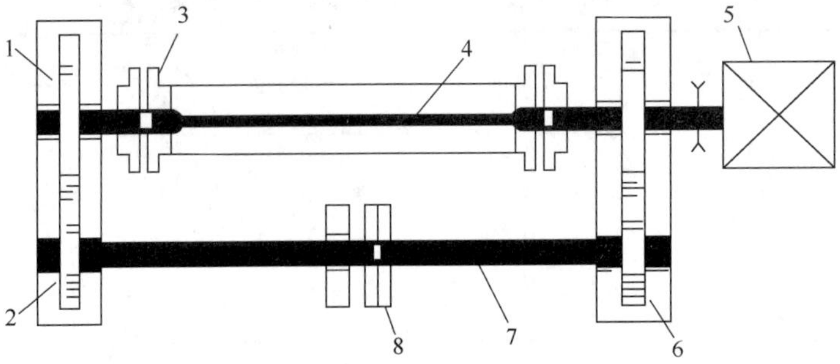

图 3-51B　试验装置功率传动系统

1—试验大齿轮；2—试验小齿轮；3—扭矩测量器；4—弹性轴；5—驱动电机；
6—驱动齿轮箱；7—刚性轴；8—加载离合器

评价齿轮存在能力的试验齿轮为直齿轮，其主要参数见表 3-51。大齿轮用模锻坯，小齿轮用轧制圆形棒料，两者都用合金钢 20MnCr5 制成。齿轮经过热处理，表面淬火深度 0.6~0.8mm，经过回火后表面硬度达到 *Rc*60~62，齿轮的加工精度达到 5 级(按德国工业标准 DIN3962)，齿面平均粗糙度指数 *Ra* 达到 0.4~0.6μm。齿面经过马格(Maag)磨齿机研磨成网纹状表面。试验齿轮需经过配对，使齿轮旋转一周的偏摆必须小于允许的误差。试验齿轮是配对供货的，每一对齿轮只能检测一种润滑油，因此试验用的配对齿轮量较大。由于进行 FZG 齿轮机试验的齿轮制作精度要求很高且很严格，可以获得较好的试验结果与精密度，因此 FZG 齿轮机试验费用较高。

进行 FZG 齿轮试验机的齿轮设计有 A、C、L 三种不同齿形，它们之间的主要区别在于齿型的变位系数不相同，因此齿面的滑动速度也有较大差距，A 型命名为标准型试验齿轮，L 型的滑动速度最大，C 型的滑动速度最小，一般标准试验采用 A 型齿轮(表 3-51)。

表 3-51　A、C、L 型齿轮参数

项目	中心距/mm	齿宽/mm	节圆直径/mm		齿顶圆直径/mm		齿轮模数	变位系数		压力角度/(°)	最大滑动速度 ϑ/(m/s)	齿顶接触长度/mm		齿顶赫兹应力/(N/mm²)		齿数	
			小	大	小	大		小	大			小	大	小	大	小	大
A 型	91.5	20	73.2	109.8	88.77	112.50	4.5	0.8635	-0.5103	20	0.67	14.7	3.3	$5.96\sqrt{P}$	$4.96\sqrt{P}$	16	24
C 型	91.5	20	73.2	109.8	82.64	118.64	4.5	0.1817	0.1817	20	0.443	9.7	9.7	$4.9\sqrt{P}$	$6.96\sqrt{P}$	16	24
L 型	91.5	20	73.2	109.8	91.20	111.92	6	0.6	-0.3283	20	0.754	16.6	2.6	$6.87\sqrt{P}$	$4.88\sqrt{P}$	12	16

注：表中 ϑ—节圆线速度，m/s；*P*—齿面的法向负荷，N。

试验齿轮的节圆线速度有三种速度可供选择，即 2.76m/s、8.3m/s 和 16.6m/s。一般标准试验采用 8.3m/s。

试验的初始温度分为 50℃、90℃、110℃、140℃等几种，一般标准试验采用 90℃。

试验方法有以下几种：

① A/8.3/90，这是标准方法，即用 A 型齿轮，节圆线速度 8.3m/s，运行 15min，初始温度 90℃。

② A/16.6/90，这是较为强化的一种方法，用 A 型齿轮，节圆线速度 16.6m/s，运行时间 7.5min，初始温度 90℃。据计算，其承载力级高于标准试验 2 个力级。

③ L/16.6/90，这是一种很苛刻的方法，用 L 型齿轮，节圆线速度 16.6m/s，运行时间 7.5min，初始温度 90℃。其承载力级高于标准试验 4~5 个力级。对比标准试验承载能力大 12 级的油品可用此法评定。

④ A/2.76/50，用 A 型齿轮，节圆线速度为 2.76m/s，运行 45min，初始温度 50℃，这种方法用于评定润滑脂的承载能力。

⑤ C/2.76/50，用 C 型齿轮，节圆线速度为 2.76m/s，运行 45min，初始温度 50℃，这种方法也用于评定润滑脂的承载能力。

（二）标准及试验方法

目前运用 FZG 评价齿轮承载能力的标准方法有 DIN 51354、ASTM D5182、IP 334、NB/SH/T 0306—2013 等。

NB/SH/T 0306—2013 润滑油承载能力的评定 FZG 目测法规定了评定硬质钢齿轮用润滑油承载能力(齿轮胶合)的试验方法。刮伤是磨粒磨损的一种形式，也是本标准规定的一种失效形式。本标准主要用于评价添加少量添加剂的润滑油(例如：工业齿轮油、变速箱油和液压油等)的承载能力，但不适用于评定高极压性能润滑油(例如：API GL-4 和 API GL-5 规格的齿轮油)的承载能力。标准修改采用 ASTM D5182—1997(2008)润滑剂承载能力测定法。

1. 方法概要

将试验齿轮(参见表 3-51 中 A 型齿轮参数)装进试验齿轮箱中，加入试样，将试样加热至(90±3)℃，恒温 10min 后(允许油温在各级试验中自由上升)，按表 3-52 加上第一级载荷，取下离合器销钉，盖上试验机防护罩。加载时加载杆要保持与水平面的夹角在±15°以内，然后启动电机，恒速运行时间为 15min。齿面的载荷按级增加。在各级载荷运转结束后，对齿面进行目测检查和评定，同时记录和绘制齿面出现的破坏图形。

表 3-52 FZG 的加载力级

力级	小齿扭矩/(N·m)	试验齿轮的齿面载荷 P/(N)	赫兹接触压力/(N/mm^2)	总传输功率/(kW·h)	加载离合器上的载荷
1	3.33	99	146	0.19	H_1
2	13.7	407	295	0.97	H_2
3	35.3	1044	474	2.96	H_2+K
4	60.8	1799	621	6.43	H_2+K+W_1
5	94.1	2786	773	11.8	$H_2+K+W_1+W_2$
6	135.3	4007	929	19.5	$H_2+K+W_1+W_2+W_3$
7	183.4	5435	1080	29.9	$H_2+K+W_1+W_2+W_3+W_4$
8	239.3	7080	1232	43.5	$H_2+K+W_1+\cdots+W_5$
9	302	8949	1386	60.8	$H_2+K+W_1+\cdots+W_5$
10	372.6	11029	1539	82	$H_2+K+W_1+\cdots+W_7$
11	450.1	13343	1691	107	$H_2+K+W_1+\cdots+W_8$
12	534.5	15826	1841	138.1	$H_2+K+W_1+\cdots+W_9$

注：H_1轻加载杆质量；H_2重加载杆质量；K 砝码托盘质量；W_1~W_9砝码质量。

2. 试验装置及试验条件

（1）试验装置：FZG齿轮试验机试验装置见图3-51A与图3-51B。

（2）试验条件：试验条件见表3-53，加载载荷级见表3-52。

表3-53 FZG试验条件

项目	试验条件	项目	试验条件
电动机转速	约1460r/min	试验初始试样温度	(90±3)℃
每一载荷级运转时间	15min，约21700转(电动机转数)		

注：初始试样温度为(90±3)℃，由加热器和毫伏计来控制。在低载荷级时通过加热器来保持试验温度不低于90℃；而在高载荷级别时试样温度将会超过90℃，当试样温度升到100℃应关闭加热器，允许试样温度自由上升，这时毫伏计用来作为测温指示。

3. 试验结果的判断及报告

（1）齿面破坏形式的判断：FZG试验机中齿面破坏形式的判断见表3-54。

表3-54 齿面破坏形式的判断

齿面破坏形式	齿轮破坏情况与特征
磨光	可用肉眼直接观察出比新齿面光滑。特征：齿面加工交叉磨纹逐渐平滑，粗糙度减小
划痕	在齿面的滑动方向出现细线，细线从不从齿顶延伸到齿根。特征：交叉磨纹未消失，粗糙度基本不变
擦伤	擦伤和划痕滑动方向相同，呈线状或带状，有轻、中、深程度之分。特征：擦伤的沟槽从齿顶延伸到齿根，粗糙度增加，擦伤处交叉磨纹消失
胶合	胶合呈线带状，或全齿面胶合。特种胶合处形貌模糊，粗糙度比交叉磨纹粗而深得多

注：FZG齿轮机上试验后齿面常见的几种典型破坏形式，参见NB/SH/T 0306—2013标准中的磨痕描述图。

（2）报告：试验报告包括以下内容：

试验方法：SH/T 0306—2013、试验条件(A/8.3/90)和试验结果(××级失效)。

4. 精密度

重复性(r)：同一操作者，使用同一台试验机，重复测定的两个结果之差，不应大于一个载荷级，且以小值作为试验结果。

再现性(R)：不同实验室，对同一试验测定的两个结果之差，不应大于两个载荷级。

（三）FZG齿轮试验机的应用

1. 评定润滑剂承载能力

按照FZG齿轮试验机的方法，当齿面出现擦伤达一个齿面宽时的最低加载负荷级的前一个载荷级别，即为润滑剂的承载能力。

常见规格润滑剂承载能力要求见表3-55。

表3-55 常见规格润滑剂承载能力要求

规格标准	FZG试验方法	质量要求
GB 11118.1—2011 液压油 L-HM(高压)、L-HM(普通)、L-HV L-HS、L-HG*	A/8.3/90	通过级为10级

续表

规格标准	FZG 试验方法	质量要求
GB 5903—2011 工业闭式齿轮油	A/8.3/90	
L-CKC 32、46		通过级为 10 级
L-CKC/CKD 68、100、150		通过级为 12 级
L-CKC/CKD 220、320、460、680**		通过级为 12 级以上
GB 11120—2011 涡轮机油	A/8.3/90	
L-TSA(A)/TSE(A)/TGE/TGSE 32		失效级为 8 级
L-TSA(A)/TSE(A)/TGE/TGSE 46		失效级为 9 级
L-TSA(A)/TSE(A)/TGE/TGSE 68		失效级为 10 级
NB/SH/T 0467—2010	A/8.3/90	
L-SCKC		失效级为不小于 9 级
L-SCKD/GCKD		失效级为不小于 12 级
US Steel 224	A/8.3/90	通过级为 11 级，两级之间的最大磨损量 10mm
US Steel 222	A/8.3/90	通过级为 9 级
DIN 51573—3：2009	A/8.3/90	通过级为 12 级
ANSI/AGMA 9005—E02(EP)	A/8.3/90	
32、46		通过级为 10 级
68、100、150		通过级为 12 级
220、320、460、680~3200		通过级为 12 级以上
BS ISO 12925：1996(2005)	A/8.3/90	通过级为 12 级
DIN 51525	A/8.3/90	失效级为 10 级

2. 评定齿轮抗点蚀能力

FZG 齿轮试验机除评价润滑剂的承载能力外还可以评价齿轮或润滑剂的抗点蚀能力。因此可以改变试验齿轮的齿形，尽量减少齿面的滑动，使其不易产生擦伤，从而达到评价齿轮或润滑剂的抗点蚀能力。

3. 评价不同材质齿轮的承载能力

利用 FZG 齿轮试验机，经过标准齿轮评价的润滑剂来评价不同材质齿轮的承载能力。

三、梯姆肯试验机法试验与应用

梯姆肯试验机也被广泛应用于评定润滑剂的极压性能水平和规格试验。梯姆肯试验机于 1932 年诞生，1948 年 ASTM 开始对其进行研究，于 1966 年公布了测试润滑脂的标准试验方法 ASTM D2509，后于 1969 年公布了测试润滑油的标准试验方法 ASTM D2782。我国于 1982 年也制订了石油部标准 SY 2685—1982 润滑油抗擦伤能力测定法(梯姆肯法)，1992 年变更为石化行业标准 SH/T 0532—1992。

(一) 梯姆肯试验机的结构及原理

梯姆肯试验机又称环块试验机，主要由测定系统、主轴驱动系统、试样循环系统和加载系统组成。测定系统主要由试环、试块、试块架、双杠杆组成。测定时试环旋转、固定，测定系统如图 3-52 所示。

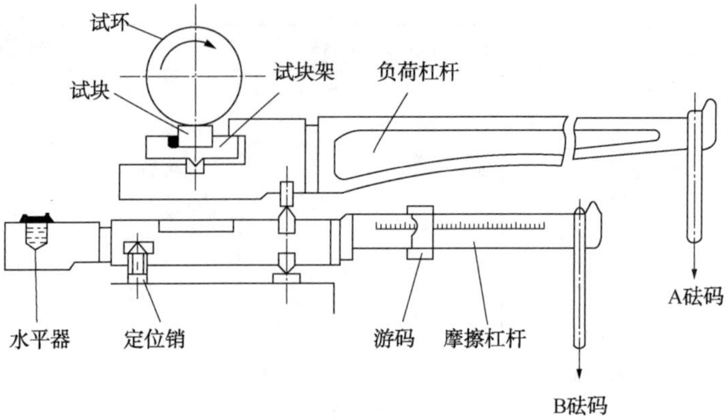

图 3-52　梯姆肯(Timken)试验机测定系统示意图

试环为具有硬度 HRC58～62(或 HV653～746)的钢试环，其宽度为(13.06±0.05)mm，有效宽度为(12.7±0.025)mm；直径为$49.22^{+0.025}_{-0.127}$mm；最大半径偏心率为 0.0131mm；表面粗糙度应在 0.51～0.76μm 的均方根值之间。

试块的试验表面宽为(12.32±0.05)mm，长为(19.05±0.41)mm，硬度 HRC 为 58～62(或 HV653～746)的钢块。表面粗糙度在 0.51～0.76μm 的均方根值之间。磨皱方向应为横向。试验表面之间垂直度及平行度不大于 0.005μm。

(二) 标准及试验方法

SH/T 0532—1992 润滑油抗擦伤能力测定法(梯姆肯法)规定了使用梯姆肯润滑油试验机或者环块试验机测定润滑油抗擦伤能力的方法。标准适用于区分润滑油低、中、高抗擦伤能力，并适用于 40℃、运动黏度在 4500mm²/s 以下的润滑油。抗擦伤能力用 OK 值表示。

梯姆肯常用概念如下：

润滑油的抗擦伤能力：润滑油防止钢/钢运动摩擦表面擦伤的最高负荷。

OK 值：是在本标准试验机上钢制试件纯滑动摩擦面上不出现擦伤时负荷杠杆砝码盘上的最大负荷。

卡咬：试件摩擦表面上金属的局部熔合。

磨损：因机械或化学作用，或者机械与化学的联合作用下金属从本体上损坏的现象。

擦伤：卡咬所造成的金属摩擦面的损伤，擦伤的状态取决于卡咬的程度。

1. *方法概要*

试样在(38±2)℃时由贮油罐流到试验环上，试验机上主轴带动试验环在静止的试验块上转动，主轴转速为(800±5)r/min，试验时间为 10min±5s。试验环和试验块之间承受压力，通过观察试验表面磨痕，得出不出现擦伤时的最大负荷 OK 值。

2. *操作要领*

全开试样阀(试样的流出管口距环约 1.6mm)，当油池内有适量试样，启动电机，在 15s 内使主轴转速达到(800±5)r/min，然后开动加载器，在 15s 内刚好开始加负荷。这时开始计时，如果在此试验负荷下估计无擦伤发生，则运转 10min±15s。运转周期结束时，立即关闭主电机，卸去载荷，取出试块，用 4 倍放大镜观察试块磨斑，以判断擦伤是否出现，然后用显微镜测量磨斑的平均宽度，如磨斑不规则，应采用割补法测定。如在试验中间已有明显擦伤发生，则应立即停止此负荷下的试验。

在 133.4N(30lb)以上无擦伤发生时，则应以 44.5N(10lb)的增量往上试验，直到出现擦伤，然后再减少 22.2N(5lb)做最后判断，若无擦伤，则此负荷就是 OK 值。若出现擦伤，则把此负荷减少 22.2N(5lb)作为 OK 值。

在 133.4N(30lb)以下出现擦伤时，则应以 26.7(6lb)的减量往下试验，直到无擦伤出现，然后再把负荷增加 13.3N(3lb)做最后判断，若无擦伤，则此负荷就是 OK 值，若出现擦伤，则把负荷增加 13.3N(3lb)作为 OK 值。

3. 擦伤判断与结果

（1）擦伤判断：在试验中试件发生擦伤时主要表现为异常的噪声和振动；主轴转速的下降；试验环表面出现明显的刻痕。试验结束后，擦伤与否用试块上的磨斑来判断，最严重的擦伤特征是试块上形成皱纹状深而宽的磨斑；最常见的擦伤特征是在比较光滑的磨斑上有局部的损伤，并且单方向超出磨斑(俗称出头)，其出头的位置必须在润滑剂流出侧，出头点一般有熔合特征；OK 值磨斑就是临界负荷下无擦伤即无此出头损伤的较光滑的磨斑。具体的各种擦伤图片见 SH/T 0532。

在判断擦伤时要注意排除不属于擦伤的情况，如磨斑内部的局部损伤(不出头)；磨粒磨损造成的划痕，这种划痕一般表现为细长发亮，长度往往在磨斑两侧都有超出。此外，试块磨斑的润滑油流出侧因高温或化学反应而产生的变色现象。

此外，还有不属于上述情况而难以确定是否擦伤时，按可疑处理。可疑状态主要有：磨损量小而出现的不整齐磨斑有时擦伤较难确定；含有某些添加剂的油品，在较低负荷下极压作用还没有很好发挥，这时可能出现可疑状态，但随着负荷的增加，极压作用逐渐发挥，磨斑变为正常。

（2）报告：梯姆肯(Timken)试验结束后，通过对擦伤的判断，最后进行结果报告，报告的内容见表 3-56。

表 3-56 梯姆肯(Timken)记录及报告表

送样单位										
试样组成										
试验条件	转速： r/min；时间： min；试样流量： mL/min；室温： ℃									
序号	试环		试块		A	$T_{始}$	$T_{终}$	b	磨斑	备注
	材质	HRC	材质	HRC	N(lb)	℃(℉)	℃(℉)	mm	状况	
试验结果报告 OK：______N(lb) 说明： MCP：______N/mm²										

试验人员：__________ 检查者：__________ 年 月 日

表中 A——负荷杠杆加载盘上砝码质量，N(lb)；

$T_{始}$——试样起始温度,℃(℉)；

$T_{终}$——试样终止温度,℃(℉)；

b——磨斑宽度，mm；

HRC——洛氏硬度；

MCP——OK 负荷下磨斑平均接触压力，N/mm^2。

$$MCP=\frac{98.1(A+C)}{L\cdot b'}$$

式中 A——砝码质量，N；

C——负荷杠杆常数，N；

L——OK 磨斑长度，mm；

b'——OK 磨斑平均宽度，mm。

4. 精密度

重复性(r)：同一操作者在同一台试验设备上，在连续时间内，测定同一个试样结果间的差值不得大于 2 级负荷增量。

再现性(R)：两个实验室对同一试样测定结果之差值不得大于 4 级负荷增量。

从梯姆肯(Timken)精密度可以看出，本方法的再现性不佳。

(三) 与其他试验的关联性

研究表明，梯姆肯 OK 值的高低只是反映了润滑剂在 2m/s 纯滑动线接触条件下，防止试件金属材料擦伤的能力，该能力不仅与极压性有密切关系，而且还与其他性能有关。

平田等人的研究表明，梯姆肯试验时其摩擦磨损润滑过程一般可分为两个阶段，在试验的前一个阶段是磨损速率高和摩擦系数不稳定的阶段，而试验的后一个阶段是磨损及摩擦系数趋于稳定的阶段。因此，不同添加剂类型的润滑剂其梯姆肯试验 OK 值结果与实际的对应性存在显著差异。倪高增的试验也验证了平田的研究。

在《梯姆肯润滑试验四十年》的文章中，卡尔普(Culp)认为梯姆肯试验对于极压润滑剂的筛选和质量控制是一种经济、快速、准确的方法。同时也指出基于添加剂的发展，不能说梯姆肯 OK 值越高，实际轴承和齿轮的抗擦伤能力也就越高。ASTM 认为梯姆肯 OK 值可以用于确定润滑剂的规格及区分润滑剂极压性的高、中、低的级别，但其结果不一定与实际使用有关联。

1. 梯姆肯 OK 值与 FZG 和 IAE 齿轮试验相关性

由于梯姆肯试验所用试件比较好加工，所得结果与 FZG 和 IAE 齿轮试验结果有一定的相关性，能够按高、中、低大致区分润滑油脂的承载能力，所以国外使用得比较普遍。见表 3-57、表 3-58。

表 3-57 梯姆肯试验与 FZG 齿轮试验的关系

润滑剂类型	梯姆肯 OK 值/N(lb)	FZG 级/负荷级
S-Pb	490~686(50~70)	9~12
S-P	392~588(40~60)	$10\sim12^+$
合成烃(SHC)	<294(<30)	12^+

表 3-58 梯姆肯试验与 IAE 齿轮试验的关系

试样样品	梯姆肯 OK 值/N(lb)(800r/min)	IAE/[N/cm(lb/in)](6000r/min)
SAE80 号基础油	49(5)	77.2(20)
SAE80 号基础油+硫化烯烃 1.5%	245(25)	386(100)
S-P 型 90 GL-5	441(45)	540(140)

2. 梯姆肯 OK 值与四球试验机的相关性

石油化工科学研究院的洪善真进行了梯姆肯 OK 值与四球试验机试验结果相关性的研究，研究结果表明，梯姆肯 OK 值与四球试验机试验结果不存在相关性。

(四) 梯姆肯的应用

1. 评价工业齿轮油极压性能的指标

由于梯姆肯 OK 值的再现性及与实际使用的相关性不够好，所以在 20 世纪 60 年代汽车工业停止使用常规的梯姆肯 OK 负荷。车辆齿轮油的承载能力的评定也几乎都采用实际齿轮台架试验，只有福特汽车公司某些齿轮油规格中还有梯姆肯磨损及 3600r/min 高速梯姆肯 OK 负荷的标准要求。然而在工业齿轮油的标准中，梯姆肯 OK 值一直受到重视，具有代表性的美国钢铁公司(US. Steel)、美国齿轮制造协会(AGMA)、美国润滑工程师协会(ASLE)等都把梯姆肯 OK 值作为工业极压齿轮油的规格标准的质量指标。

2. 科学研究

(1) 混合型轴承的摩擦机理

作为一种研究手段，梯姆肯试验机还是很有用的。如王宗英等利用梯姆肯试验机研究混合型轴承的摩擦机理。他们以圆柱形滚子代替滑块(静止)，其直径为 10mm，长 15mm，材质为热静等压氮化硅陶瓷(HIP-Si_3N_4)，其表面粗糙度达到 0.5~0.7μm。轴承外围 M50 高速合金钢(0.8%C，0.3%Mn，0.25%Si，4%Cr，1%V，4.25%Mo)尺寸 ϕ35mm×8.74mm，型号为 A4138。

试验室温为 22℃，相对湿度(50±5)%，额定压力为 37.4N。试验研究分以下几个步骤：①干摩擦；②水润滑(蒸馏水+防冻液)；③油脂润滑。干摩擦与水润滑时，动速度为 0.2m/s，滑动距离 500m。油脂润滑时，速度分别为 0.5m/s 和 1.0m/s，滑动距离 5000m。

试验观察及计算的数据包括摩擦系数、磨损系数、速率及磨损表面结构形态。摩擦力及磨损是由力和位移传感器不间断地测量的。静止的滚子紧压在旋转的钢轴承外圈表面上。滚子的端面顶紧力传感器的触头，圆周与位移传感器触点接触。力、位移的信号由触点送至放大器放大、调节、记录。

(2) 油膜测量：王斌球等人用梯姆肯试验机对油膜动态观测，获得了梯姆肯试验全过程的润滑状态。

在一个试验全过程中(运转时间：10min，试验负荷：OK 负荷或 OK 负荷接近)梯姆肯试验的润滑状态是不同的，明显分为四个阶段：

第一阶段：前 20s，流体润滑；

第二阶段：20s 的一瞬间，为混合润滑；

第三阶段：边界润滑，20s 到 3min 之间；

第四阶段：极压润滑，时间最长。

早期的擦伤出现在第三阶段的可能最大，主要是此时为边界润滑。

以上是梯姆肯试验机的研究应用实例。

四、FALEX 法莱克斯试验机试验与应用

法莱克斯(FALEX)试验机也是被广泛应用于评价润滑剂的摩擦、磨损和极压性能的试验机之一。世界上第一台法莱克斯销与 V 形块试验机于 1932 年建立和销售。

法莱克斯润滑油试验机、法莱克斯销与 V 形块试验机的试件组成如图 3-53 和图 3-54 所示。

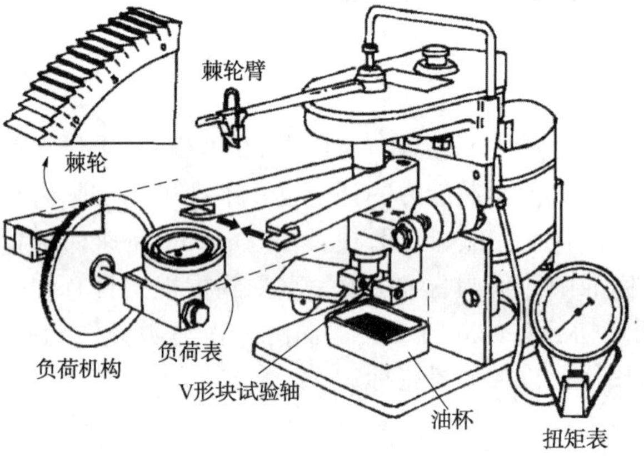

图 3-53　法莱克斯润滑油试验机示意图

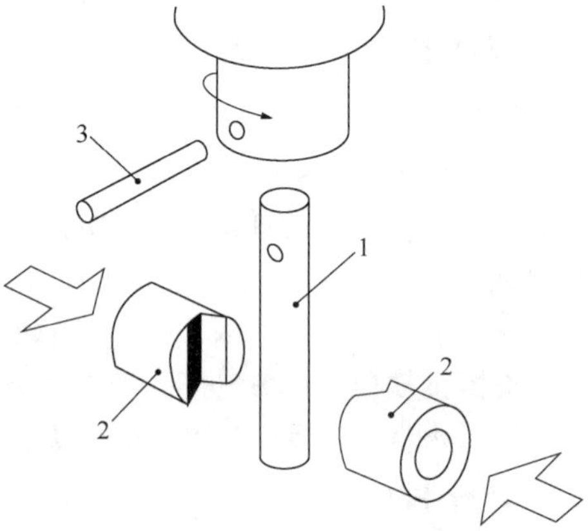

图 3-54　试验件组成示意图

1—试验销；2—V 形块；3—剪切销

试件为一个钢制轴和两个钢制 V 形块，V 形块通过棘轮装置将以(290±10)r/min 旋转速度转动的钢轴夹住，并施加压力，试油在油盒中将 V 形块浸没，在规定的负荷和试验时间下测定试油摩擦系数、磨损和极压性能。

对试件的标准要求：标准精压 V 形块：夹角 96°±1°；材料 AISIC-1137 钢；硬度 HRC20~24；表面粗糙度 0.13~0.25μm 均方根值。

试验轴：外圆直径 6.35mm(1/4in)，长度 31.75mm($1\frac{1}{4}$in)，材料 AISI 3135，磨光平面的洛氏硬度 HRB 87~91，表面粗糙度 0.13~0.25μm 均方根值。

锁紧销：材料 1/2H 黄铜，符合 ASTM B16 螺钉机用快速切削黄铜条、棒及型材规格。

我国对法莱克斯(FALEX)试验制定了 3 个石化行业标准。

(一) 润滑油极压性能测定法(法莱克斯法)SH/T 0187—1992

SH/T 0187—1992 润滑油极压性能测定法(法莱克斯法)规定了用法莱克斯试验机评定润滑油极压性能的具体方法，适合于评定润滑油的极压性能。标准等效采用 ASTM D3233—73(1978)液体润滑剂极压性能测定法。

1. 方法概要

本标准包括两种试验方法，均为将钢制的试验轴浸没在试样里，并被两个静止的 V 形块夹住，以(290±10)r/min 的转速旋转。通过棘轮机构给 V 形块施加负荷，A 法是连续施加负荷，B 法是以 1112N(250lb)递加负荷，在每个负荷增量后恒定 1min。两种方法所得到的

试验失效负荷值是判断极压性能水平的标准。两种方法都需要对负荷进行校正，并用校正负荷而不是表负荷报告试验结果。

试验开始前需将试样加热至(52±3)℃，在1334N(300lb)校正负荷下磨合5min。

2. 试验设备

试验设备及试件组成见图3-53和图3-54。

3. 试验前准备

在进行试验前需要制作校正负荷曲线与负荷表的校正曲线。

(1) 校正负荷曲线的制作：在双对数坐标纸上，以负荷N(lb)为纵坐标，以压痕直径mm为横坐标，用表3-59的数据作一条直线，即校正负荷，见图3-55。

表3-59 校正负荷曲线数据表

负荷/N(lb)(纵坐标)	压痕直径/mm(横坐标)	负荷/N(lb)(纵坐标)	压痕直径/mm(横坐标)
2224(500)	2.62	6672(1500)	4.00
4450(1000)	3.42	8896(2000)	4.47

(2) 表负荷与校正负荷曲线的制作：通过试验，得到一系列数据。绘制表负荷与校正负荷曲线见图3-56。

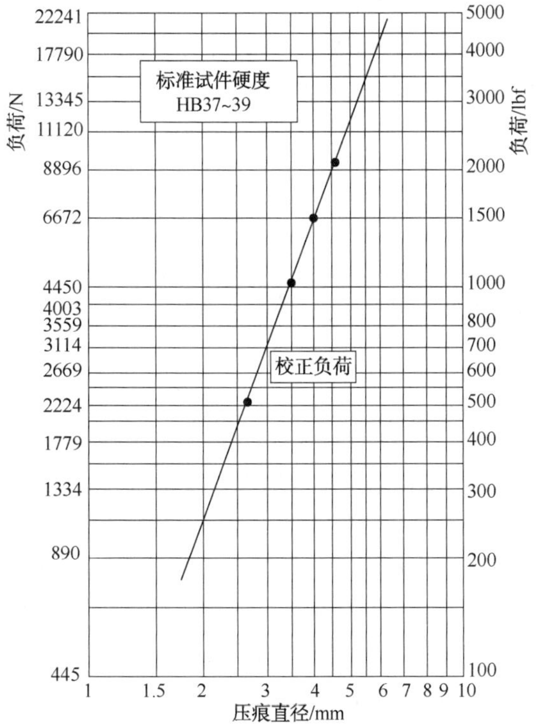

图3-55 校正负荷与压痕直径关系曲线图

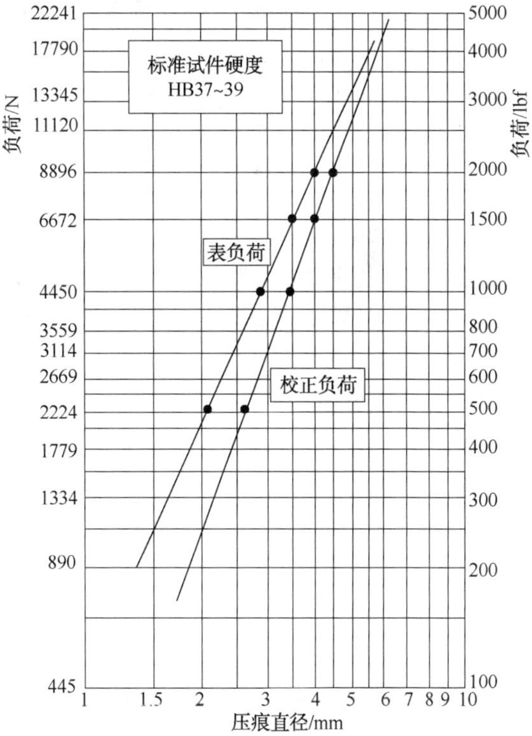

图3-56 表负荷与校正负荷的关系

4. 试验结果的判断与报告

(1) 结果判断：试验失效指试验发生卡咬、锁紧销损坏或者棘轮运转而不能使负荷增加，这种情况是由试验轴急剧磨损造成的。

若试验一直不失效，则将20000N的表负荷换算成校正负荷，并在数字的右上角加上正号(+)。

采用B法若在两个负荷增量之间发生失效，则记录较高的增量负荷级为失效负荷。

(2) 结果报告：试验结束后报告发生失效的校正负荷值；若不发生失效，则报告最后运转的校正负荷，在数字的右上角加上正号(+)。

5. 精密度

重复性(r)：由同一操作者，使用同一设备按试验规定连续进行的两次重复性试验的结果之差不大于表3-60的数值。

再现性(R)：由不同实验室(不同操作者)，用相同试验材料，按试验规定提供的两个试验结果之差不大于表3-60的数值。

表3-60 方法精密度表

重复性(r)/N(lb)		再现性(R)/N(lb)	
A法	B法	A法	B法
$\overline{X}_1 \times 17\%$	$\overline{X}_1 \times 24\%$	$\overline{X}_2 \times 40\%$	$\overline{X}_2 \times 43\%$

注：$\overline{X}_1$为两次重复试验的平均值，N(lb)；$\overline{X}_2$为两个试验结果的平均值，N(lb)。

(二) 润滑油磨损测定法(法莱克斯轴与V形块法)SH/T 0188—1992

SH/T 0188—1992润滑油磨损测定法(法莱克斯轴与V形块法)规定了用法莱克斯试验机测定润滑油磨损性能的具体方法，标准适合测定润滑油的抗磨损性能。若试验条件改变，磨损值可能改变。润滑油的相对评级也可能不同。标准等效采用ASTM D2670—81液体润滑剂磨损性能测定法。

1. 方法概要

试验是一个钢制轴被浸没在润滑油里的两个钢制V形块夹住，并以旋转速度(290±10)r/min旋转，用棘轮装置施加和维持压力。以规定的试验时间和试验加载来测定试样的磨损性能。

2. 试验大致过程

将试验轴装在试验机主轴上，并用新的锁紧销锁住。将两个V形块分别装入钳口的孔里，然后使V形块与试验轴接触，使V形槽与试验轴平行。向试验油杯内倒入约60mL试样，并将其放在试验机的加热托板上，使试样温度升至(24±3)℃后，V形块浸没在试验油中。

把带有棘轮机构的负荷表装置装在加载臂上。开动电动机，置棘轮臂于棘轮上，增加负荷直到相当于在标准试件上产生直径2.10mm压痕的表负荷值。对于3559N(800lb)或13345N(3000lb)负荷表，一般约为1112N(250lb)；若使用20000N(4500lb)负荷表，一般约为1246N(280lb)。移走棘轮臂，停止加载并在此负荷下运转5min。

重新置棘轮臂于棘轮上，加载到标准试件上产生直径3.3mm压痕的表负荷值。当达到该负荷时，脱开棘轮臂，开始计时并记录棘轮齿数。在试验期间，磨损会引起负荷下降，当3559N(800lb)负荷表下降22N(5lb)，20000N(4500lb)负荷表下降222N(50lb)时，要用棘轮上紧负荷，以保持试验期间负荷接近不变。运转15min后，使负荷降低445N(100lb)。然后用棘轮恢复到试验负荷，立即在棘轮上刻线测定磨损齿数。

3. 结果判断与测量及最后测试报告

(1) 结果判断与测量：对承载能力低的润滑剂，在试验时 V 形块与试验轴会发生卡咬，此时应停止试验。把一支铅笔横放在加载臂上，在棘轮上划线，就能迅速确定齿轮齿数。试验开始棘轮齿数与试验结束时棘轮齿数之差表示总磨损齿数。

(2) 测试报告：试验结束后如果 V 形块与试验轴发生卡咬，报告为卡咬并报告磨损齿数。

4. 精密度

重复性(r)：同一操作者使用同一设备，用相同的试验材料，规定的操作条件和试验方法，对同一试验样品两次连续试验结果的差值，不超过平均值的 22%；

再现性(R)：由不同实验室不同操作者，使用相同的试验材料，相同的操作条件和试验方法，对同一试验样品两次单独试验结果的差值，不得超过平均值的 49%。

(三) 液体润滑剂摩擦系数测定法(法莱克斯销与 V 形块法) SH/T 0201—1992

SH/T 0201—1992 液体润滑剂摩擦系数测定法(法莱克斯销与 V 形块法)规定了用法莱克斯销与 V 形块试验机测定液体润滑剂摩擦系数的方法，适合于评定各种液体润滑剂在规定的试验条件下的润滑性能。

1. 方法概要

将钢制试验销对着浸没于液体润滑剂试样里的两个静止 V 形块的 V 形槽，以(290±10) r/min 转速回转。用棘轮机构施加一定的负荷，用扭矩表测定试验销回转的摩擦扭矩，以校正的真实扭矩和真实负荷计算摩擦系数。

2. 试验设备及试验大致操作

试验设备见图 3-54，扭矩校正机构安装示意图见图 3-57。

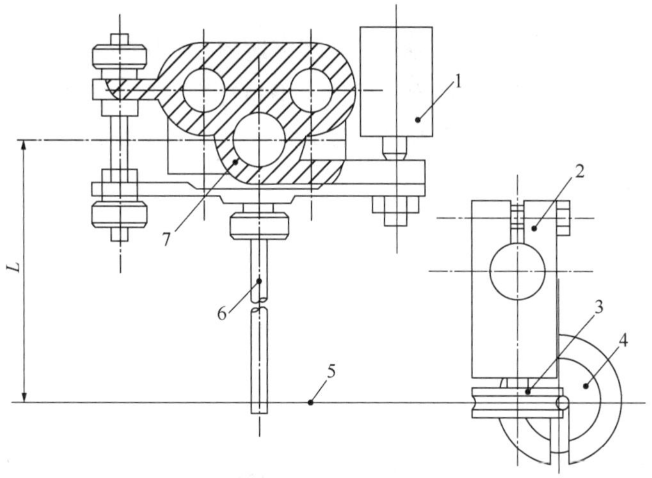

图 3-57 扭矩校正机构安装示意图

1—扭矩传感器；2—滑轮架；3—滑轮；4—砝码；5—拉线；6—力臂杆；7—转动体

试验时依次用溶剂油和石油醚彻底清洗试件、油杯和加载钳及其他与试样接触的部件，并在空气中干燥，然后进行安装，加 60mL 试油。启动电机，啮合加载棘爪与棘轮，自动增加负荷，直至真实负荷达到890N(200lb)为止，将棘爪脱开棘轮，在该负荷下磨合5min。停止电机，卸去负荷，测定试油温度，将其维持在(55±3)℃。

重新启动电机，自动加载至真实负荷1334N(200lb)为止。脱开棘爪，在该负荷下运转15min，让扭矩表自动记录扭矩，相关的计算如下：

(1) 真实扭矩值 T(N·m)：真实扭矩值 T 按式(3-70)计算：

$$T=g\times L(Q+W) \tag{3-70}$$

式中 Q——砝码托盘质量，kg；

W——砝码质量，kg；

g——重力加速度，9.81m/s²；

L——力臂，m。

(2) 摩擦系数 μ：摩擦系数 μ 按式(3-71)计算：

$$\mu=\frac{116.8\times T}{L_d} \tag{3-71}$$

式中 T——真实扭矩值，N·m；

L_d——真实负荷值，N。

由于试验用真实负荷为1334N，故式(3-71)可以简化为式(3-72)：

$$\mu=0.08765T \tag{3-72}$$

注：当负荷、扭矩使用英制单位时，分别用磅力、磅力时，则摩擦系数公式为：

$$\mu=\frac{2.9726T}{L_d}$$

3. 报告

取连续两次试验结果的算术平均值作为试验结果。

4. 精密度

重复性(r)：同一操作者使用同一设备，用相同的试验材料，规定的操作条件和试验方法，对同一试验样品两次连续试验结果的差值，不超过算术平均值的7%；

再现性(R)：由不同实验室，使用相同的试验材料，相同的操作条件和试验方法，对同一试验样品两次单独试验结果的差值，不得超过算术平均值的10%。

(四) 法莱克斯试验与四球试验的相关性

法莱克斯试验与四球试验有一定的相关性，试验结果见表3-61~表3-63。

表3-61　5种样品磨损性能测定结果

油样编号	油样名称	四球磨损/mm		法莱克斯磨损齿数
		15kgf	40kgf	
M1	100抗磨液压油	0.280	0.425	8
M2	S-P型工业齿轮油	0.300	0.443	13
M3	3号内燃机磨合油	0.290	0.455	卡咬[227kgf(500lb)]
M4	汽轮机油+T202	0.305	0.483	卡咬[272kgf(600lb)]
M5	S-Pb型工业齿轮油	0.547	0.738	49

表 3-62 7 种样品极压性能测定结果

编号	油样名称	四球试验 P_B/kgf	法莱克斯	
			失效负荷/kgf(lb)	失效时间/s
G1	20 号机械油(大连)	40	318(700)	31
G2	油酸(上海)	61	499(1100)	63
G3	季戊四醇油酸酯	66	544(1200)	70
G4	Quake 冷轧油	71	567(1250)	80
G5	酯-8	76	567(1250)	90
G6	28 号轧钢机油+Rcl+酯-8	94	1701(3750)	323
G7	0-164 拉延油	128	1996(4400)	398

表 3-63 16 种样品在三种试验机上评定结果

样品编号	样品名称	四球试验		法莱克斯		MM-200
		P_B/kgf	D_{15}^{30}/mm	失效负荷/kgf(lb)	磨损齿数	μ
1	50 号机械油	40	0.405	318(700)	卡(38s)	0.0880
2	50 号机械油+A 20%	71	0.430	704(1550)	卡(10min)	0.0892
3	50 号机械油+B 1%	128	0.320	1271(2800)	14	0.0876
4	50 号机械油+C 5%	94	0.315	522(1150)	卡(2min)	0.0883
5	50 号机械油+D 10%	82	0.305	954(2100)	卡(4min)	0.0896
6	50 号机械油+E 5%	66	0.350	499(1100)	2	0.0879
7	50 号机械油+A 20%+F 15%	76	0.410	477(1050)	卡(3min)	0.0847
8	50 号机械油+B 1%+F 15%	128	0.330	1162(3000)	1	0.0843
9	50 号机械油+C 5%+F 15%	82	0.345	681(1500)	3	0.0833
10	50 号机械油+D 10%+F 15%	76	0.313	840(1850)	57	0.0847
11	50 号机械油+E 5%+F 15%	66	0.560	454(1000)	卡(2min)	0.0837
12	50 号机械油+A 20%+B 1%+F 15%	128	0.310	2043(4500)	1	0.0849
13	50 号机械油+A 20%+C 5%+F 15%	100	0.440	1952(4300)	2	0.0851
14	50 号机械油+A 20%+D 10%+F 15%	94	0.423	2043(4500)	6	0.0863
15	50 号机械油+A 20%+E 5%+F 15%	76	0.430	568(1250)	20	0.0843
16	50 号机械油+F 15%	56	0.433	453(1000)	卡(2min10s)	0.0849

注：A—氯化石蜡；B—亚磷酸二正丁酯；C—T202；D—硼酸盐；E—T405；F—酯-8。

由于法莱克斯试验机的加负荷要通过嵌入在柔性杆中的丝杆，并且以简单的弹簧秤来称量，所以所指示的负荷经常变化，导致试验精度比较差。同样，在同一试验条件下，磨损齿数与负荷的关系，各试验机间误差也很大。虽然该试验机广泛用于多种试验，但解释结果时要特别小心。同时由于其试件 V 形块的加工比较困难，因此应用没有四球机普遍。

第十三节　电气性能

作为电器绝缘油要求测定其相对介电常数、介质损耗因数、体积电阻率和击穿电压(介电强度)等电性能。

绝缘材料的相对电容率是一电容器的两电极周围和两电极之间均充满绝缘材料时所具有的电容量 C_X 与同样电解结构在真空中的电容量 C_0 之比。

用该电极在空气中的电容量 C_a 代替 C_0，对于测量相对电容率具有足够的精确度。

绝缘材料的介质损耗因数($\tan\delta$)就是介质损耗角正切。当电容器的介质仅由一种绝缘材料组成时，损耗角是指外施加电压与由此引起的电流之间的相位差偏离的 $\pi/2$ 弧度。

体积电阻率是指绝缘材料内的直流电场强度与稳态密度的比值。实际上可将体积电阻率看作单位立方体积里的体积电阻。

电容率、$\tan\delta$ 和电阻率，无论是单一还是全部，都是绝缘液体的固有质量和污染程度的重要指标。这些参数都可以用于解释所要求的介电特性发生偏离的原因，也可以解释其对于使用该液体的设备产生的潜在影响。

当绝缘油受到外界交流电作用时，将引起部分电流的损耗。损失电流转变为热能，引起介质温度升高。这部分电流损耗由于是通过介质时所引起的，故称为介质损耗。如果没有介质损耗的存在，施于介质上的电压和通过介质的电流间的相角将准确地等于 $\pi/2$ 弧度，但实际上由于介质损耗的存在，使电压和电流之间的相角总是小于 $\pi/2$ 弧度。故常用介质损耗角正切($\tan\delta$)值来表示电介质在电场作用下单位时间内消耗的能量。所以介质损耗角正切值越大，说明油的电气性能越差。

一、介电常数、介质损耗因数和体积电阻率的测定与应用

1. 介电常数、介质损耗因数和体积电阻率的测定

GB/T 5654—2007 液体绝缘材料相对电容率、介质损耗因素和直流电阻率的测量为液体绝缘材料工频相对介电常数、介质损耗因数和体积电阻率的测量标准。等同采用国际电工标准 IEC 60247：2004 液体绝缘材料相对电容率、介质损耗因素和直流电阻率的测量(英文版)。

电气绝缘液体的电容率和介质损耗因素($\tan\delta$)在相当程度上取决于试验条件，特别是温度和施加电压的频率，电容率和介质损耗因素都是介质极化和材料电导的度量。

在工频和足够高的温度下，损耗可仅归因于液体的电导，即归因于液体中自由载流子的存在，因此，测量高纯净绝缘体的介电特性，对判别电离杂质的存在很有价值。

介质损耗与测量频率成反比，随着介质黏度的变化而变化。较大的杂质所引起的电容率变化相对较小，而其介质损耗则强烈地受到极小量的可电离溶解杂质或胶体颗粒的影响，某些液体有较大的极性，对杂质的敏感性比碳氢化合物液体要强得多。极性还导致它有较高的溶解和电离的能力，因此操作时要更加小心。取样或操作方法不适当所造成的试样污染、电极未洗净或没烘干等，均会使测试结果不可靠。体积电阻率的测量值也与温度、电场强度、充电时间及试样中所含杂质有关，必须严格按规程规定的操作方法进行。

应采用同一电极杯来同时测量相对介电常数、介质损耗因数和体积电阻率。

注意：当在同一试样上相继测量电容率、损耗因素和电阻率时，工频下测量应在对试样施加直流电压之前进行。工频试验后，应将两电极短路 1min 后再开始测量电阻率。

介质损耗因数还可按 SH/T 0268—1992(2004)电气用油介质损失角正切测定法进行。该法的精密度为：重复测定两个结果之差不应超过其算术平均值的±(10%+0.0001)。

2. 应用

GB/T 5654—2007 液体绝缘材料相对电容率、介质损耗因素和直流电阻率的测量适用于未使用过的绝缘油，如变压器油、电容器油、电缆油等新油的质量控制试验，也适合于设备监测和保养时对试样状况的评定。国家标准 GB/T 7595—2000 运行中变压器油质量标准，也作为监控试验项目。

二、绝缘油耐电压试验与应用

1. 绝缘油耐电压试验

绝缘油的击穿电压按 GB/T 507—2002 绝缘油　击穿电压测定法进行测量。该标准等效采用 IEC 156：1995 绝缘油工频击穿电压测定法。

测定方法是将被测绝缘油试样放在专门设备里，经受一个按一定速率[(2±0.2)kV/s]连续升压的 48~52Hz 的交变电场的作用直至油被击穿。击穿电压为电路自动断开(产生恒定电弧)或手动断开(可闻或可见放电)时的最大电压值。达到击穿电压至少暂停 2min 后，再进行加压，重复 6 次，每个试样进行 6 次试验，取 6 次结果的算术平均值作为该试样的击穿电压。试验油杯如图 3-58 和图 3-59 所示。

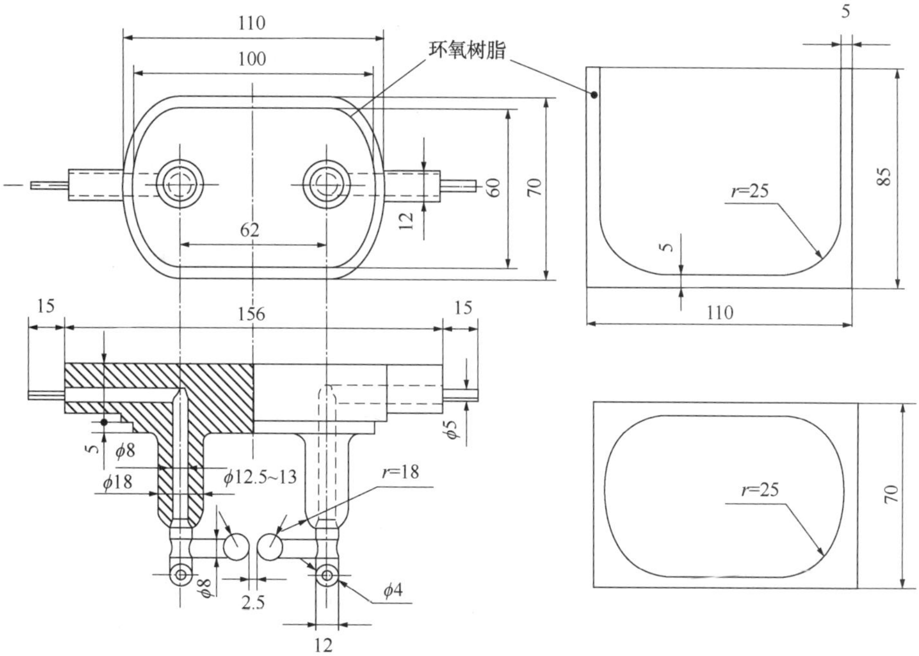

图 3-58　试样杯和球形电极(单位：mm)

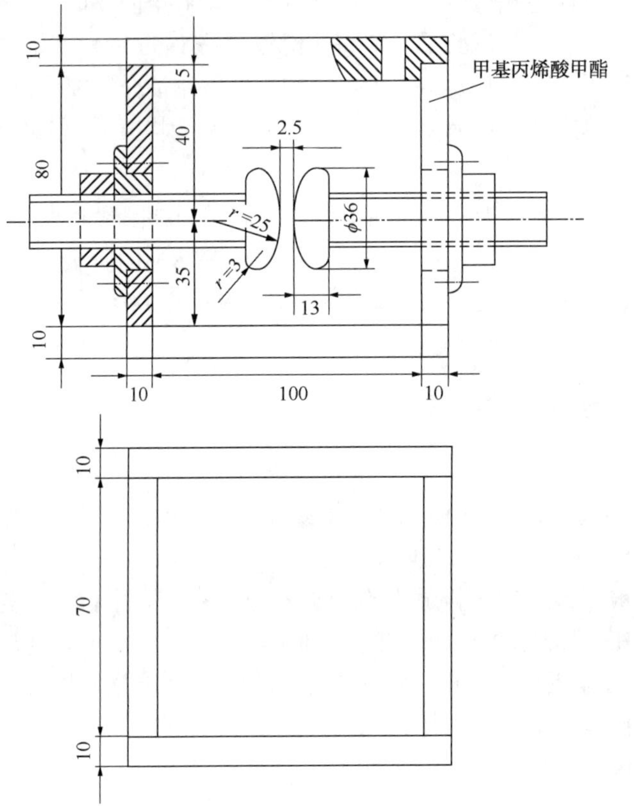

图 3-59　试样杯和球盖形电极示意图(单位：mm)

击穿电压的高低可以反映出绝缘油的洁净程度。击穿电压通常用来评价绝缘油被水和其他悬浮物质物理污染的程度，绝缘油的进厂检验以及注入设备前是否需要采取必要的措施进行干燥和过滤处理。

2. 应用

GB/T 507—2002 绝缘油　击穿电压测定法适用于测定 40℃时运动黏度不大于 350mm^2/s 的各种绝缘油，适合于未使用过的绝缘油，如变压器油、电容器油、电缆油等新油的交接试验，也适合于设备监测和保养时对试样状况的评定。

第四章　台架性能试验与应用

第一节　发动机油台架试验

发动机是将燃料燃烧而产生的热能转变为机械能的装置，通常称为热机。如内燃机、蒸汽机、汽轮机、燃气轮机，甚至火箭发动机、原子能发动机等都是热机。其中内燃机是数量最多、使用最广的一种。

内燃机是将燃料在发动机的汽缸内燃烧，通过燃气膨胀来推动活塞连杆机构输出机械功的热机。内燃机包括汽油机和柴油机。自 19 世纪后期出现以来，在农业机械(拖拉机、收割机、排灌机械等)、交通运输机械(乘用车、商用车、摩托车、船舶、内燃机车等)、工程机械(矿山、石油钻探、施工机械等)、军用机械(坦克、装甲车辆、牵引车、轻型舰艇等)、中小型电站中，内燃机几乎是唯一的动力，我们习惯把它叫发动机。正因如此，用于发动机的润滑油叫发动机油，其数量是各种润滑油中最多的一种，约占润滑油总量的一半。

发动机油中用于汽油机润滑的称为汽油机油，用于柴油机润滑的称为柴油机油，用于二冲程汽油机润滑的称为二冲程汽油机油。

1. 发动机对润滑油要求的特殊性

发动机作为一种机械，对于润滑油的要求同一般机械相比有其共同的一面，如要求有适当的黏度，一定的抗氧、低温、抗磨、防腐蚀与黏温等性能要求。但内燃机又是一种特殊的机械，它对润滑油的要求又有其特殊的一面，其特殊性主要有：

(1) 对发动机总的要求是体积要小，重量要轻，结构紧凑，而且输出功率要大，因此它的单位摩擦面上承受的负荷越来越大。

(2) 除了摩擦热之外，还要受到燃烧热的影响，所以摩擦面的温度很高，使润滑油黏度下降，油膜形成比较困难。

(3) 燃烧室内高温高压的燃烧气体会通过活塞、活塞环和缸套之间的间隙，泄漏到曲轴箱，这些燃烧气体系燃油和少量润滑油的完全燃烧和未完全燃烧的气体和某些颗粒物(烟炱)，通常称为曲轴箱窜气，它会污染润滑油，并在一定条件下会促使其氧化和硝化。

(4) 燃烧室周围需要的润滑油是通过活塞和缸套间的间隙、气门杆和气门导管间的间隙进入的，因此供油较为困难。

(5) 活塞和气门等零件在工作时做往复运动，故在上、下止点处相对速度为零，使油膜难以形成。活塞销和衬套呈摆动运动，油膜也难以形成。

(6) 发动机在停车时和长时间运转时，温度相差很大，又因零件的热膨胀和热变形，使一些摩擦副的间隙很难控制，可能会产生间隙过小而黏着烧结，也可能使间隙过大而产生冲击和振动从而损坏。

(7) 发动机有多种摩擦副，如活塞和缸套、曲轴轴颈和轴承、凸轮和随动件、齿轮等，尽管它们对润滑油的润滑性能要求是不同的，但在一台内燃机中只能用一种润滑油（大型低速船用柴油机除外），因此要照顾到多种润滑状态。

（8）车用发动机的使用环境，如气温、温度、大气压力、尘土等变化较大。同时由于燃油往往含有硫、氮等元素，会促使某种零件的腐蚀磨损。

正因为这样，内燃机油的产品规格中除了有理化指标要求外，还要通过有关的发动机台架试验，才能较好地满足不同类型的发动机对润滑油的质量要求。

2. 发动机油的性能要求

一般说来，发动机对润滑油的要求主要为：

（1）抗磨损性：如汽缸套和活塞环、凸轮和随动件、摇臂和枢轴、曲轴轴颈和轴承、气门和气门座等的磨损，会促使内燃机工作恶化，寿命缩短。

（2）防油泥产生：油泥在内燃机的油道和零件上沉积，会阻塞油道和机油滤清器，使机油不能及时和足够地供给摩擦副，造成发动机磨损加剧，最终导致其损坏。油泥堵塞油环会使机油消耗增加。PCV（曲轴箱强制通风系统）阀阻塞会使曲轴箱压力增加，从而造成机油消耗增加，机油进入进气歧管，或漏油。

（3）防止沉积物（积炭和漆膜）的产生：燃烧室内积炭过多，实际上使发动机的压缩比增大，若不使用高辛烷值的燃油就会产生爆震现象；活塞环槽内积炭过多会使环黏结而密封性变坏；活塞环台积炭过多会擦伤缸套表面；活塞内顶、活塞裙部和汽缸壁上漆膜过多会影响这些零件的热传导性能；进气门积炭过多会影响进气量；另外液力间隙调节器、机油泵压力调节阀等精密部件漆膜过多会使其黏结而失效。

（4）防锈蚀：铁锈（氧化铁）会起到研磨剂的作用，严重时会使得零件过度磨损。精密零件如液压挺杆的锈蚀会妨碍其正常工作，导致发动机噪声加大等。

（5）防高温下机油变稠：机油长期在高温下工作，会因氧化形成高分子化合物，同时也使轻馏分蒸发而使机油黏度增加，其结果是发动机启动困难，摩擦损失增加（燃油消耗率增加，经济性变差），活塞环黏结，漆膜加剧等。

3. 发动机油为什么做台架试验

以上发动机油对润滑油的这些特殊要求，仅仅通过润滑油的常规理化分析和某些模拟试验评定是不能够解决的，必须通过实际的发动机试验或行车试验才能看出润滑油能否满足发动机的使用要求。行车试验是将发动机油在实际的车辆行驶中来考核，它最接近于实际使用，但试验的费用高且试验周期很长，而且试验条件难以严格控制。因此世界各国通常都用各种各样的发动机台架试验来评定发动机油的多种使用性能。而且都已经标准化，以提高试验的重复性和可靠性。

发动机台架试验是将专门用于试验的发动机（试验机）安装在专门的测功机试验台上（室内），按标准的评定方法规定的条件运转，由计算机和仪表来严格控制发动机的运转参数、条件。试验结束后，对发动机进行拆解、测量、沉积物评分，并进行油样分析，检查发动机的有关零部件的磨损、沉积物、锈蚀等情况以及发动机油变质情况是否在要求的范围内。

试验发动机是根据试验要求专门设计的，也可能是对发动机厂生产的现成产品进行一定改造而成的。这些试验发动机应是代表当前的先进水平、大量成批生产、质量稳定可靠的，而且要能持续生产相当一段时间，生产厂能提供符合试验要求的零配件。

试验台架应能正确地控制各项参数(如发动机转速、输出功率或燃油消耗率、温度、压力、流量等)，在试验方法所规定的要求范围内，以保证试验的苛刻度和精密度。并有保证发动机正常运转所必需的进排气系统、冷却系统、润滑系统、燃油供给系统、启动系统等。计算机及仪表控制除了能保证试验运转全过程的自动控制外，还应有自动的数据采集、报警功能和自动采取某种保护措施，使发动机在安全状态运行。

由于世界各国汽车及发动机技术的不断发展和演变，各国的汽车及发动机技术出现了较大的差异，全球基本分化为美国、日本、韩国系和欧洲系这两大区域体系的汽车及发动机技术。这就造成发动机油规格标准及台架试验的差异；出现了以 API、ACEA 两大车用润滑油为代表的标准体系和台架试验方法，还有由美国汽车制造商协会(AAMA)和日本汽车制造商协会(JAMA)组成的国际润滑剂标准化及认证委员会 ILSAC 节能汽油机油标准台架试验；用于摩托车发动机的二冲程发动机油、四冲程发动机油也有自己的用油标准台架试验方法，下面将分别介绍。

一、美国发动机油的台架试验

发动机油的台架评定方法是随着内燃机油规格的发展而不断更新。发动机油的规格制定始于美国。其发展历程大致如下：

1911 年，SAE 根据黏度建立了第一个内燃机油分类。

1926 年，SAE 制定了发动机油的黏度等级共 6 个单级油，低黏度为冬用，高黏度为夏用，具体为 SAE 10、SAE 20、SAE 30、SAE 40、SAE 50 及 SAE 60。SAE 10、SAE 20 、SAE 30、SAE 40 有 130℉赛氏黏度要求；SAE 50、SAE 60 有 210℉赛氏黏度要求。

1938 年，美国通用汽车公司(General Motors，GM)底特律柴油机分部和卡特皮勒(Caterpillar)拖拉机公司共同发展了五个实验室台架试验来评定柴油机油的性能。通用公司使用 L-4 多缸汽油机和 L-5 多缸柴油机评定柴油机油轴瓦腐蚀、活塞清净性及油品的氧化安定性。卡特皮勒公司使用了 L-1、L-2 单缸柴油机和 L-3 多缸柴油机评定柴油机油的轴瓦腐蚀、清净性和氧化安定性。

1947 年，美国石油学会(API)提出了内燃机油的三个性能类别，普通的(Regular)、优质的(Premium)和重负荷的(Heavy-duty)。

1952 年，API 把发动机油进行了分类，汽油机油分为 ML(轻负荷)、MM(中负荷)、MS(重负荷)。柴油机油分为 DG(轻负荷)、DM(中负荷)、DS(重负荷)。鉴于当时无评定标准或者规范，故无法真正控制机油的质量。

1956 年，美国材料与试验协会(ASTM)提出了一套用于评定重负荷汽油机油的台架试验方法。

1958 年，ASTM 正式提出评定重负荷汽油机油的 MS 程序方法，其项目及评定时间等详细内容见表 4-1。

表 4-1　1958 年美国 MS 程序

程序	评定内容	发动机型号	试验时间/h	评定部位
Ⅰ	低温中速擦伤和磨损	Oldsmobil(1950 年 GM)	30	凸轮及挺杆
Ⅱ	低温沉积物和锈蚀	Oldsmobil(1950 年 GM)	96	挺杆

续表

程序	评定内容	发动机型号	试验时间/h	评定部位
Ⅲ	高温氧化	Oldsmobil(1950 年 GM)	36	活塞和环、凸轮、挺杆、气门组件
Ⅳ	高温高速擦伤和磨损	Desoto(1958 年 Chrysler 公司)	24	凸轮及挺杆
Ⅴ	低温沉积物、磨损和滤网堵塞	Lincoln 或 CLR 单缸机(1957 年 Ford 公司)	288	活塞、环、气门组件和滤网

注：MS 评定程序由三家美国汽车公司负责建立，具体分工为 GM 汽车公司负责 MS 程序Ⅰ、Ⅱ、Ⅲ，Chrysler 汽车公司负责 MS 程序Ⅳ，Ford 汽车公司负责 MS 程序Ⅴ。

1962 年基本完成 MS 程序的标准化工作。从 1958 年开始经过近 5 年的试运行，通过不断改进和修订，在这期间发现程序Ⅰ和程序Ⅴ的磨损评定数据相近，因此取消了程序Ⅰ。在以后还发现程序Ⅲ和程序Ⅳ的磨损评定数据相近，因此也取消了程序Ⅳ。最终 MS 程序为Ⅱ、Ⅲ、Ⅴ，加上 L-38(评定轴瓦腐蚀的方法)。

鉴于原汽油机油的分类(ML、MM、MS)和柴油机油分类(DG、DM、DS)缺少明确的质量技术定义，各汽车制造商在使用发动机油时，仍要提出各自的规格要求。汽车制造商、润滑油生产商和用户三者希望对于发动机油的性能和发动机工作分类提出行之有效的办法。因此在 1969 年和 1970 年，API、ASTM 及 SAE 合作建立了现行的分类规格，汽油机油以英文字母 S 开头(Sevice 服务)、柴油机油以字母 C 开头(Commercial 商业)。

1. 汽油机油台架试验

(1) 汽油机油台架试验的发展历程：美国首先将 MS 程序用于评定 SC 级汽油机油。随着新材料、新技术的应用，环境及节能要求的提高，对汽油机油的质量要求也在逐步提高，按照不同要求发展 SD、SE、SF、SG、SH、SJ、SL、SM、SN、SP 等级的汽油机油。虽然当前使用的发动机试验台架和操作条件也不断改进，但通常人们还是把其称为 MS 评定程序，具体见表 4-2。

表 4-2 MS 评定程序发展进程表

年份	API 质量等级	相当于 API 老分类	评定项目								备注
			轴瓦腐蚀	程序Ⅱ(锈蚀)	程序Ⅲ(高温氧化)	程序Ⅳ(磨损)	程序Ⅴ(低温油泥)	清净性	低速早燃	正时链条磨损	
—	SA	ML	—	—	—	—	—	—	—	—	不含添加剂
—	SB	MM	L4 或 L-38	—	—	Ⅳ	—	—	—	—	只加抗氧、抗磨剂
1964	SC	MS	L-38	ⅡA	ⅢA	Ⅳ	ⅤA	L-1	—	—	不适合 1967 年后生产的大多数汽车
1968	SD	MS	L-38	ⅡB	ⅢB	Ⅳ	ⅤB	L-1H 或 1H	—	—	不适合 1971 年后生产的大多数汽车
1972	SE	MS	L-38	ⅡC	ⅢC 或 ⅢD	—	ⅤC 或 ⅤD	—	—	—	不适合 1979 年后生产的大多数汽车
1980	SF	MS	L-38	ⅡD	ⅢD	—	ⅤD	—	—	—	不适合 1988 年后生产的大多数汽车

续表

年份	API质量等级	相当于API老分类	评定项目								备注
			轴瓦腐蚀	程序Ⅱ（锈蚀）	程序Ⅲ（高温氧化）	程序Ⅳ（磨损）	程序Ⅴ（低温油泥）	清净性	低速早燃	正时链条磨损	
1988	SG	MS	L-38	ⅡD	ⅢE	—	ⅤE	$1H_2$	—	—	不适合1993年后生产的大多数汽车
1993	SH	MS	L-38/Ⅷ	ⅡD	ⅢE/F/G	—	ⅤE/ⅣA+VG	—	—	—	适合1996年和年代更早的汽车
1996	SJ	MS	L-38/Ⅷ	ⅡD	ⅢE/F/G	—	ⅤE/ⅣA+VG	—	—	—	适合2001年和年代更早的汽车
2000	SL	MS	Ⅷ	BRT	ⅢF/G	ⅣA	ⅤE/VG	—	—	—	适合2004年和年代更早的汽车
2004	SM	MS	Ⅷ	BRT	ⅢG、ⅢGA	ⅣA	VG	—	—	—	适合2010年和年代更早的汽车
2011	SN	MS	Ⅷ	BRT	ⅢG	ⅣA	VG	—	—	—	于2010年引入，适合2011年和年代更早的汽车
2020	SP	MS	Ⅷ	BRT	ⅢH	ⅣB	VH	—	Ⅸ	X	适合2012年后的节能GDI发动机及其他汽油发动机

注：表4-2部分台架发动机停止生产，可选择其他台架来评定该级别的汽油机油，但评定指标同原标准是不一样的。

MS程序Ⅱ是模拟汽车低温下短时间行驶后停放工况。在这种情况下，发动机燃料燃烧气体中的水汽很容易在发动机内冷凝，导致挺杆发生锈蚀。MS程序Ⅱ是评价低温锈蚀的发动机试验。

MS程序Ⅲ是模拟汽车在高速高温下行驶的工况。在这种情况下，汽车发动机中燃烧室温度高、润滑油温度高等，并有金属与燃烧产物的存在，机油极易发生氧化，氧化产物聚合与缩合将导致机油的黏度增大。机油黏度增大到一定数值时会出现过滤困难、泵送困难，摩擦副由于缺少润滑而加剧磨损。此外，在高温高速下行驶，机油在高温及高剪切应力作用下黏度将出现下降，油膜强度降低，容易造成活塞环与缸套、凸轮与挺杆、轴瓦这三对摩擦副的磨损。即MS程序Ⅲ是评价高温氧化的发动机试验。

MS程序Ⅴ是模拟汽车城市道路特点，即开开停停的路况。在这种情况下，发动机油的温度不高，频繁启动容易导致燃料燃烧不完全，HC和CO增多，这些燃烧不完全的HC化合物含有较多的烯烃，容易与NO_x生成油泥母体，随着时间的推移会进一步发生缩合反应，并与杂质、烟炱等生成油泥，沉积在发动机机油道、发动机机油箱底壳、摇臂罩上，油泥容易堵塞机油滤网，严重时会造成机油无法输送从而引发润滑故障。显然MS程序Ⅴ就是评价发动机油清净分散性能的发动机试验。

L-38试验为发动机油轴瓦腐蚀的试验(见表4-3)。

1983年，API提出了燃料经济性的汽油机油标准，即EC-Ⅰ和EC-Ⅱ两个级别，其中与参考油比较，EC-Ⅰ要求节省燃料超过1.5%，EC-Ⅱ要求节省燃料不得低于2.7%。为了评价汽油机油的燃料经济性，专门建立了发动机台架试验 MS 程序Ⅵ。

美国汽车制造商与日本汽车制造商共同发起成立了国际润滑油标准化及认证委员会(ILASC)，于 1992 年发布了 ILSAC GF-1。实际上 ILSAC GF 规格是在 API 汽油机油质量等级的基础上强调节能效果(增加了燃料经济性发动机试验)，按照 ILSAC 提出的节能要求，目前只有五个低黏度级别可满足要求，0W-20、0W-30、5W-20、5W-30、10W-30，即 API SH/ILSAC GF-1。

1996 年 ILSAC GF-2 发布，即 API SJ/ILSAC GF-2；2000 年推出了 ILSAC GF-3/API SL；2004 年发布 API SM/ILSAC GF-4；2010 年发布 SN/ILSAC GF-5 规范。2019 年发布 APISP/ILSAC GF-6，将 GF-6 分为 GF-6A 与 GF-6B，ILSAC GF-6A 保持原 GF-5 的五个黏度等级，GF-6B 只设 0W-16 一个黏度等级。

(2) 汽油发动机油台架试验方法的 MS 程序及试验条件：随着油品质量的升级，评定汽油机油质量标准发动机台架试验操作条件与项目在不断变化，且不断提高，汽油发动机评定台架及试验方法及 SF、SG、SH、SJ、SL、SM、SN、SP 级试验条件见表 4-4~表 4-11。

表 4-3 汽油发动机油评定台架及试验方法

台架	评定性能	发动机	试验条件	等级	试验方法
L-38	轴瓦腐蚀	Labeeo CLR 单缸汽油机	转速 3150r/min， 油温 135℃或 143℃， 运转 36h		ASTM D5119—02 CRC L—38 SH/T 0256—2006
ⅡD	阀系防锈防腐	排量 5.7L Oldsmobil V8 汽油机	转速 3000r/min，30h 后为 3600r/min，2h 后评定	API SE/SF/SG/ SH/SJ	ASTM D5844—98 SH/T 0512—2006
ⅢD	高温氧化、 沉积物、磨损	排量 3.8L Buick V8 汽油机	转速 3000r/min， 油温 149℃下， 运转 64h	API SE/SF	ASTM STP 315H 第二部分 SH/T 0513—2006
ⅢE		发动机同上， 压缩比 8：1	转速 3000r/min， 油温 149℃下， 运转 50h	API SG/SH/SJ	ASTM D5533—98 SH/T 0758—2005
ⅢF		GM 3800 系列 Ⅱ V-6(213CID)	转速(3600±10)r/min， 扭矩(200±4)N·m， 油温 155℃，运转 80h， 停机时间间隔 10h， 试验中机油补加量 3304mL	API SJ/SL	ASTM D6984—08a
ⅢG			转速(3600±5)r/min， 扭矩(250±0.02)N·m， 油温 150℃，运转 100h， 停机时间间隔 20h， 试验中机油补加量 1888mL	API SM/SN	ASTM D7320—12
ⅣA	高温高速擦 伤和磨损	KA-24E 日产尼桑 2.4L 水冷喷射发动机、 四缸直排	试验 100h	GF-3	ASTM D6981—06a

续表

台架	评定性能	发动机	试验条件	等级	试验方法
ⅤD	低温沉积物、磨损和滤网堵塞	1987 年 Ford 产 2.3L 直列 4 缸化油器汽油机	每 4h 为一个循环，每个循环分 3 个阶段总共 48 个循环，192h 后评定	API SE/SF	ASTM STP 315H 第三部分 SH/T 0514—2006
ⅤE		2.3L 直列 4 缸 Ranger 卡车型汽油机，压缩比 9.5∶1	每 4h 为一个循环，每个循环分 3 个阶段总共 72 个循环，288h 后评定	API SG/SH/SJ	ASTM D5302—01 SH/T 0759—2005
ⅤG		1993 年 Ford 产 4.6L 直喷 8 缸汽油机	试验 216h，分 54 个循环，有 3 个不同操作模式	API SM/SN	ASTM D6593—08
ⅥA	燃料经济性	1992 年生产的 Ford V-8 SOHC 汽油机，排量 4.6L	见本节“三、ILSAC 汽油机油规格的台架试验”“2. 程序ⅥA 节能试验”	GF-2	ASTM D6202—02
ⅥB			见本节“三、ILSAC 汽油机油规格的台架试验”“3. 程序ⅥB 节能试验”	GF-3/GF-4	ASTM D6837—08
ⅥD		GM HFV6 高性能汽油机，排量 3.6L	见本节“三、ILSAC 汽油机油规格的台架试验”“4. 程序ⅥD 节能试验”	GF-5	ASTM D7589—12
Ⅷ	高温腐蚀	CLR6.97L 化油器单缸汽油机	转速 3150r/min，运行 40h，油温 143℃	SL、GF-3 以上等级	ASTM D6709—08

表 4-4 评定 SF 汽油机油性能台架情况

发动机测试方法	测量项目	指标要求
L-38	轴承失重/mg ≯	40
	剪切安定性	
	100℃运动黏度	在本黏度等级范围内
ⅡD	发动机锈蚀评分 ≮	8.5
	挺杆黏结评分 ≮	无
ⅢD	40℃运动黏度增长(40h)/% ≯	375
	发动机平均评分：	
	发动机油泥平均评分 ≮	9.2
	活塞裙部漆膜平均评分 ≮	9.2
	油环台沉积物平均评分 ≮	4.8
	挺杆黏结	无
	环黏结	无
	擦伤和磨损：	
	凸轮或挺杆擦伤	无
	凸轮或挺杆磨损/mm：	
	平均值	0.102
	最大值	0.203

续表

发动机测试方法	测量项目		指标要求
ⅤD	发动机油泥评分	≯	9.4
	活塞裙部漆膜平均评分	≮	6.7
	发动机漆膜平均评分	≮	6.6
	油过滤网堵塞/%	≯	7.5
	油环堵塞/%	≯	10.0
	压缩环黏结		无
	凸轮磨损/mm:		
	平均值	≯	0.25
	最大值	≯	0.064

表 4-5 评定 SG 汽油机油性能台架情况

发动机测试方法	测量项目		指标要求
L-38	轴承失重/mg	≯	40
	剪切安定性		
	活塞裙部漆膜评分	≯	9.0
	100℃运动黏度		在本黏度等级范围内
ⅡD	发动机锈蚀评分	≮	8.5
	挺杆黏结评分	≮	无
ⅢE	40℃运动黏度增长(64h)/%	≯	375
	发动机平均评分:		
	发动机油泥平均评分	≮	9.2
	活塞裙部漆膜平均评分	≮	8.9
	油环台沉积物平均评分	≮	3.5
	挺杆黏结		无
	擦伤和磨损:		
	凸轮或挺杆擦伤		无
	凸轮或挺杆磨损/μm:		
	平均值		30
	最大值		64
ⅤE	发动机油泥平均评分	≮	9.0
	摇杆盖油泥评分	≮	7.0
	活塞裙部漆膜平均评分	≮	6.5
	发动机漆膜平均评分	≮	5.0
	油过滤网堵塞/%	≯	20
	油环堵塞/%	≮	报告
	压缩环黏结		无
	凸轮磨损/μm:		
	平均值		122
	最大值		380

表 4-6 评定 SH 汽油机油性能台架情况

发动机测试方法	测量项目	指标要求
L-38	轴承失重/mg ≯	40
	剪切安定性	
	100℃运动黏度	在本黏度等级范围内
ⅡD	发动机锈蚀评分 ≮	8.5
	挺杆黏结评分 ≮	无
ⅢE	40℃运动黏度增长(64h)/% ≯	375
	发动机平均评分:	
	发动机油泥平均评分 ≮	9.2
	活塞裙部漆膜平均评分 ≮	8.9
	油环台沉积物平均评分 ≮	3.5
	挺杆黏结	无
	擦伤和磨损:	
	凸轮或挺杆擦伤	无
	凸轮或挺杆磨损/μm:	
	平均值	30
	最大值	64
ⅤE	发动机油泥平均评分 ≮	9.0
	摇杆盖油泥评分 ≮	7.0
	活塞裙部漆膜平均评分 ≮	6.5
	发动机漆膜平均评分 ≮	5.0
	油过滤网堵塞/% ≯	报告
	油环堵塞/% ≮	29
	压缩环黏结	无
	凸轮磨损/μm:	
	平均值	127
	最大值	380

表 4-7 评定 SJ 汽油机油性能台架情况

发动机测试方法	测量项目	指标要求
ⅡD	平均发动机锈蚀评分 ≮	8.5
	挺杆黏结	无
ⅢE	40℃运动黏度增长(64h)/% ≯	375
	发动机平均评分:	
	发动机油泥平均评分 ≮	9.2
	活塞裙部漆膜平均评分 ≮	8.9
	油环台沉积物平均评分 ≮	3.5
	挺杆黏结	无
	擦伤和磨损:	
	凸轮或挺杆擦伤	无
	凸轮或挺杆磨损/μm:	
	平均值	30
	最大值	64
	油环黏结	无

续表

发动机测试方法	测量项目		指标要求
ⅤE	发动机油泥平均评分	≮	9.0
	摇杆盖油泥评分	≮	7.0
	活塞裙部漆膜平均评分	≮	6.5
	发动机漆膜平均评分	≮	5.0
	油过滤网堵塞/%	≯	报告
	油环堵塞/%	≮	20
	压缩环黏结		无
	凸轮磨损/μm：		
	平均值		127
	最大值		380
L-38	轴瓦失重/mg	≯	40
	剪切稳定性		10h 后保持在原黏度等级内

表 4-8　评定 SL 汽油机油性能台架情况

发动机测试方法	测量项目		指标要求
ⅢF	40℃运动黏度增长(64h)/%	≯	275
	活塞裙部漆膜平均评分	≮	9.0
	活塞沉积物加权评分	≮	4.0
	凸轮与挺杆平均磨损/μm	≯	20
	热黏环		无
	低温黏度性能		报告
ⅣA	凸轮平均磨损/μm	≯	120
ⅤE①	凸轮磨损/μm(平均)	≯	127
	μm(最大)	≯	380
ⅤG	发动机油泥评分	≮	7.8
	摇杆盖油泥评分	≮	8.0
	活塞裙部漆膜平均评分	≮	7.5
	发动机漆膜平均评分	≮	8.9
	油过滤网堵塞/%	≯	20
	压缩环黏结(热黏结)		无
	冷黏结环		报告
	油网残留物/%	≯	报告
	油环堵塞/%	≯	报告
Ⅷ	轴承失重/mg	≯	26.4
	剪切安定性		10h 后保持原黏度级别
BRT	平均灰度值/%	≮	100

①对磷含量为 0.1%的没有要求。

表 4-9 评定 SM 汽油机油性能台架情况

发动机测试方法	测量项目		指标要求
BRT	平均灰度值	≮	100
ⅢG	40℃运动黏度增长(64h)/%	≯	150
	活塞沉积物加权评分	≯	3.5
	凸轮与挺杆磨损/μm	≯	60
	热黏环		无
	油耗		报告
ⅣA	凸轮平均磨损/μm	≯	90
ⅤG	发动机油泥评分	≮	7.8
	摇杆盖油泥评分	≮	8.0
	活塞裙部漆膜平均评分	≮	7.5
	发动机漆膜平均评分	≮	8.9
	油过滤网堵塞/%	≯	20
	压缩环黏结(热黏结)		无
	冷黏结环		报告
Ⅷ	轴承失重/mg	≯	26
	10h 后 100℃运动黏度损失		保持在原黏度级别内

表 4-10 评定 SN 汽油机油性能台架情况

发动机测试方法	测量项目		指标要求
ⅢG	40℃运动黏度增长(80h)/%	≯	150
	活塞沉积物加权评分	≮	4.0
	凸轮与挺杆磨损/μm	≯	60
	热黏环		无
ⅣA	凸轮平均磨损/μm	≯	90
ⅤG	发动机油泥评分	≮	8.0
	摇杆盖油泥评分	≮	8.3
	活塞裙部漆膜平均评分	≮	7.5
	发动机漆膜平均评分	≮	8.9
	油过滤网堵塞/%	≯	15
	压缩环黏结(热黏结)		无
	冷黏结环		报告
	油网残留物/%	≯	报告
	油环堵塞/%	≯	报告
ⅥD	SAE XW-20 黏度级别		
	FEI SUM/%	≮	2.6
	FEI 2/%(100h 后)	≮	1.2
	SAE XW-30 黏度级别		
	FEI SUM/%	≮	1.9
	FEI 2/%(100h 后)	≮	0.9
Ⅷ	轴承失重/mg	≯	26
	10h 后 100℃运动黏度损失		保持在原黏度级别内

表 4-11　评定 SP 汽油机油性能台架情况

发动机测试方法	测量项目	指标要求
ⅢH	40℃运动黏度增长/%　≯	100
	活塞沉积物加权评分　≮	4.2
	热黏环	无
ⅣB	平均进气挺杆容积损失/mm^3　≯	2.7
	试验后铁含量/(mg/kg)　≯	400
ⅤH	发动机油泥评分　≮	7.5
	摇杆盖油泥评分　≮	7.7
	活塞裙部漆膜平均评分　≮	7.5
	发动机漆膜平均评分　≮	8.6
	油过滤网污泥/%(面积)	报告
	压缩环黏结(热黏结)	无
	冷黏结环	报告
	油网残留物/%(面积)	报告
	油环堵塞/%(面积)	报告
ⅥE	SAE XW-20 黏度级别	
	FEI SUM/%　≮	3.8
	FEI 2/%(100h 后)　≮	1.8
	SAE XW-30 黏度级别	
	FEI SUM/%　≮	3.1
	FEI 2/%(100h 后)　≮	1.5
ⅥF	SAE0W-16 黏度级别	
	FEI SUM/%　≮	4.1
	FEI 2/%(100h 后)　≮	1.9
Ⅷ	轴承失重/mg　≯	26
	10h 后 100℃运动黏度损失	保持在原黏度级别内
IX(低速早燃控制)	四个周期的平均发生数　≯	5
	每个周期的发生数　≯	8
X(正时链条磨损)	增长率/%　≯	0.085

2. 柴油机油台架试验

(1) 柴油机油台架试验的发展历程。在第二次世界大战前，柴油机是压燃式、大尺寸和低速度。“二战”结束后为适应提高柴油机运转速度的要求，开发出结构紧凑且复杂的新型柴油机，但润滑油没有建立相应标准，仅依据 SAE 的黏度分类选用。

发动机制作商组织(OEMs)最早建立了自己的柴油机油性能规格。早在 1931 年 Ingersoll-R 和公司建立了自己的第一个柴油机油性能规格。美国柴油机油规格发展情况大致如下：

1941 年，美国军方发布了 2-104 规格。

1943 年，CRC 帮助建立了 MIL-L-2-104A 规格，该规格包括 5 个发动机台架试验，即 L-1～L-5。

1945 年，Caterpillar 公司协同 GM 公司，根据试验结果，为他们的发动机编制了油号，供美军选用。

1948 年，L-1 被 Cat 1D 代替。

1954 年，L-4 被 L-38 代替。

1958 年，建立了 Cat 1G。

1969~1970 年，API、ASTM 及 SAE 协作建立了柴油机商品油的 API 分类体系，引入 CA~CD 分类。

1976 年，Cat 1G 被 Cat $1G_2$代替。

柴油机油的规格情况为：

四冲程柴油机油：CA、CB、CC、CD、CE、CF-4、CG-4、CH-4、CI-4、CJ-4、CK-4/FA-4。

二冲程柴油机油：CD-2、CF-2。

美国柴油机油发动机评定方法见表 4-12。

表 4-12 API 柴油机油发动机评定情况

	CC	CD	CF	CE	CF-4	CG-4	CH-4	CI-4	CJ-4	CK-4/FA-4
轴瓦腐蚀	L-38	L-38	L-38	L-38	L-38	L-38	—	—	—	—
高温清净性	1H-2	1G-2	1MPC	1G-2	1K	1N	1K	1K/1N	1N	1N
多缸清净性				NTC-400	NTC-400				C13(EGR)	C13(EGR)
氧化性能				Mack T7	Mack T7					
机油消耗				Mack T6	Mack T6					
烟炱黏度增长						Mack T8	Mack T8E	Mack T8E	Mack T11	Mack T11
氧化性能实验						IIIE	增强 IIIE	增强 IIIF	IIIG	Volvo T-13
汽缸、环磨损							Mack T9	T10	T12	T12
阀系滑动磨损							M11	M11+EGR	ISB	ISB
两段活塞沉积							1P	1R		
滚动随动杆磨损						GM RFWT	GM RFWT	GM RFWT	GM RFWT	GM RFWT

在四冲程柴油机油中，CA、CB、CC、CD、CF 属于中功率柴油机油，CE、CF-4、CG-4、CH-4、CI-4、CJ-4、CK-4/FA-4 属于重负荷柴油机油。

（2）中功率柴油机用发动机油和评定台架：CA、CB 用于自然吸气式柴油机，是美国 20 世纪四五十年代使用的柴油机，属于轻负荷等级，这些柴油机油质量相对档次较低，机油中仅含有少量的抗氧化添加剂和清净剂。CA 和 CB 级柴油机油最大的差别是，CA 级柴油机油适用于硫含量低于 0.5%的情况，CB 级柴油机油适用于硫含量为 1%的情况。

CC 级柴油机油是 API 1970 年发布的，主要用于中等增压进气的柴油机(属于中负荷柴油机)，适用的燃料中硫含量小于 0.4%、强化系数为 30~50。

CD 级柴油机油规格最早于 1955 年提出，当时称为系列Ⅲ油。1970 年 API 对 CD 柴油机油重新进行了定义，用于高增压柴油机(属于 DS 级重负荷柴油机)，柴油机的强化系数大于 50。

强化系数的计算公式如下：

$$K=P_e \times C_m \times Z$$

式中 P_e——平均有效压力，Pa(kg/cm^2)；

C_m——活塞平均速度，m/s；

Z——冲程系数，其中二冲程为 1，四冲程为 0.5。

CF 级柴油机油，API 于 1994 年发布，使用轴瓦腐蚀 L-38、1MPC 柴油机进行台架评定。用于非移动式、使用含硫柴油的柴油机。

1MPC 台架与 $1G_2$发动机相同，只是发动机的活塞结构上有些差别且试验件精度优(试验件必须经过筛选使用)。进行发动机试验时，执行 CMA 规则，试验时间为 120h。

总体而言，CF 柴油机油与 CD 柴油机油性能较接近，稍优于 CD，油品的总碱值一般高于 CD 柴油机油。

CC、CD 级柴油机油使用的时间较长。最早的 CC 级柴油机油考虑和汽油机油通用，因此当时在进行发动机台架试验时加入了ⅡA～ⅡD 的锈蚀评定项目和 LTD 低温油泥评定项目，后被取消，保留 L-38 和 $1-H_2$，CD 级柴油机油早期允许使用两种柴油，一种是硫含量低于 0.4%的柴油，用于 $1G_2$ 台架评定，而硫含量小于 1%的柴油，用于 1-D 台架评定，后取消硫含量小于 1%的柴油。中功率柴油机油评定台架的试验条件见表 4-13。

表 4-13 中功率柴油机油评定台架的试验条件

		L-1	$1-H_2$	$1-G_2$	1-D	L-4	LTD
试验条件	发动机	单缸柴油机	单缸柴油机	单缸柴油机 1Y73	单缸柴油机	六缸柴油机	单缸柴油机
	排量/L	3.4	2.2	2.2	2.2	3.54	0.7
	转速/(r/min)	1000	1800	1800	1200	3150	1800
	平均有效压力/psi	75	110	141	134		
	燃料速率/(kcal/min)	2950	4950	5850	5600		不控制
	总试验时间/h	480	480	480	480	36	180，每次循环为 1～3h
	换油期/h	120	120	120	120	不换油	不换油
	油温/℃	64	82	96	79	137	不控制
	冷却液温度(出口)/℃	80.8	71.1	87.8	93.3	93.3	48.9～93.3
	空/燃比					14.5	14.5
	进气温度/℃	<38	77	124	93		
	柴油硫含量/%	0.35	0.35	0.4	1		
评定项目	轴瓦失重/mg					120～135	
	顶环槽充碳/%，max	25(CA) 30(CB)	45	80	75		
	活塞清净性评分(max)		140	300			
	裙部漆膜评分/min					9.0	7.5
	发动机油泥评分/min						42
	油滤堵塞(max)/%						10
	油环堵塞(max)/%						10

API在1987年将柴油机油分为三大类，第一类用于越野的中等功率的柴油机，即CC级和CD级及1994年发布的CF级柴油机油；第二类为用于二冲程大功率柴油机的二冲程柴油机油，CD-Ⅱ与后来发展的CF-2，这种柴油机油主要用于坦克、校车等；第三类用于大功率、载荷中的柴油机，主要用于高速公路上行驶的集装箱运输车和矿用装卸车等，具体有：CE、CF-4、CG-4、CH-4、CI-4、CJ-4、CK-4/FA-4。

不同级别与类型的柴油机油，其发动机评价有较大的差异，质量等级越高其评价的项目与发动机项目也越多。

二冲程柴油机油除需要评定轴瓦腐蚀(L-38)和单缸柴油机清净性外，还要用多缸二冲程柴油机评定其活塞清净性。

重负荷柴油机油除评定L-38和单缸柴油机油清净性外还要加上许多多缸大功率柴油机评定活塞清净性、磨损、油耗、润滑油黏度增长等，显然新柴油机油配方研发及评价费用大幅度增加，如今全球只有少数的添加剂公司与研究院所进行柴油机油配方研发。

(3) 二冲程大功率柴油机油评定台架试验条件：API CD-Ⅱ和CF-2二冲程柴油机油发动机台架见表4-14。

表4-14 API CD-Ⅱ和CF-2二冲程柴油机油发动机台架情况

评定内容	CD-Ⅱ	CF-2
轴瓦腐蚀	L-38	L-38
单缸活塞清净性	1-G2	1MPC
多缸活塞清净性	D. D6V53T	D. D6V92T

二冲程柴油机油台架试验条件情况见表4-15。

表4-15 二冲程柴油机油评定台架试验条件

		$1\text{-}G_2$	1MPC	6V53T	6V92T
发动机情况	发动机	单缸柴油机 1Y73	单缸柴油机 1Y73	六缸二冲程柴油机	六缸二冲程柴油机
	排量/L	2.2	2.2	5.2	9.0
	压缩比	16.4	16.4		
	缸径/冲程/(mm/mm)	ϕ130/165	ϕ130/165		
	气门，进气/排气	一进一出	一进一出		
	气环	矩形	矩形		
	活塞材质	铸铝	铸铝		
试验条件	转速/(r/min)	1800	1800	1800/2800/1000/2200	1200，8h；2300，8h，循环6次再加2/2
	平均有效压力/psi	141	141	25-133-25-150	299-156
	燃料速率/(kcal/min)	5850	5850	不限-38142-不限-31296	37326-64265
	总试验时间/h	480	480	240	100
	换油期/h	120	120	120	100

续表

		$1\text{-}G_2$	1MPC	6V53T	6V92T	
	油温/℃	96.1	96.1	79.4-100-79.4-95	102-111	
	冷却液温度(出口)/℃	87.8	87.8	76.7	84-84	
	空/燃比	23.5	23.5			
	进气温度/℃	124	124	不控-143-不控-116	35	
	进气压力/kPa	179	179			
	进气湿度	125grains/lb	125grains/lb			
	柴油硫含量/%	<0.4	<0.4	<0.4	<0.4	
评定项目	顶环槽充碳/%，max	80	一次二次三次 59 61 70		缸套擦伤面积/%	一次二次三次 45 48 50
	活塞评分(WTD)(max)	300	一次二次三次 197 227 240		排气口堵塞/%	一次二次三次 2 2 2
	顶岸重炭(TLHC)/%				活塞环评分一环二、三	一次 二次 三次 23 24 26 20 21 22
	油耗/[g/(kW·h)]				轴瓦失重/mg	一次 二次 三次 43.7 48.1 50

注：台架也用于评价其他柴油机油。

(4) 大功率重负荷柴油机油试验台架及试验条件。自 1987 年 API 开始发布大功率柴油机油的规格标准以来，每隔一段时间就发布新的重负荷、大功率柴油机油标准，具体有 CE、CF-4、CG-4、CH-4、CI-4、CJ-4、CK-4/FA-4 柴油机油规格，大功率柴油机不仅功率大，其载荷也大，排量都在 10L 以上，属重负荷柴油机。评定项目见表 4-16。

表 4-16 美国重负荷柴油机油规格要求通过的台架情况

项目	CE[①]	CF-4[①]	CG-4	CH-4	CI-4	CI-4+	CJ-4	CK-4/FA-4
轴瓦腐蚀	L-38	L-38(Ⅷ)	L-38(Ⅷ)					
高温清净性/擦伤/油耗	1-G2，T-6	1-K	1-N	1-K，1-P	1-N/1-K，1-R(EGR)	1-N/1-K，1-R(EGR)	1-N，C13	1-N，C13
活塞环-缸套磨损		T-9		T-9	T-10(EGR)	T-10(EGR)	T-12	T-12
烟炱引起黏度增长	T-7	T-8A	T-8	T-8E	T-8E	T-11(EGR)	T-11(EGR)	T-11(EGR)
用过机油低温性能					T-10A	T-10A	T-11A	T-11A
油泥/挺柱磨损/过滤性				Cummins M11(HST)	Cummins M11(EGR)	Cummins M11(EGR)		
油泥/阀系磨损/过滤性							Cummins ISM(EGR+DPF)	Cummins ISM(EGR+DPF)

续表

项目	CE①	CF-4①	CG-4	CH-4	CI-4	CI-4+	CJ-4	CK-4/FA-4
滚动及滑动阀系磨损							Cummins ISB (EGR+DPF)	Cummins ISB (EGR+DPF)
高温氧化			ⅢE	ⅢE/ⅢF/ⅢG	ⅢF/ⅢG	ⅢF/ⅢG	ⅢF/ⅢG	Volvo T13
滚动随动件磨损			RFWT	RFWT	RFWT	RFWT	RFWT	RFWT
空气释放性			EOAT	EOAT	EOAT	EOAT	EOAT	EOAT

①CE、CF-4 柴油机油最初采用 Cummins NTC 400 柴油机评定机油油耗、滚动凸轮销磨损与顶环岸积炭覆盖面积。后由于配件问题而取消。

从柴油机油(轻负荷、重负荷)性能规格中可以看出，进行发动机台架试验的柴油发动机主要有 Caterpillar 系列柴油机、Mack 系列重负荷柴油机以及 Cummins 系列柴油机。现将 Caterpillar 系列柴油机、Mack 系列柴油机以及 Cummins 系列柴油机的评价内容与操作条件列出，具体见表 4-17~表 4-20。

① Caterpillar 系列柴油机：Caterpillar(卡特皮勒)系列发动机润滑油台架试验已发展了近 60 年，为柴油机油高温清净性及机油油耗的重要评定方法。随着安全法规、节能及排放标准等不断提高，加上新技术、新材质的开发，对发动机油的性能提出了新要求，显然 Caterpillar 台架试验也在不断更新及发展。经过多年的发展，Caterpillar 柴油机台架试验已经从单缸的 Caterpillar 1-H_2、1G_2、1-K、1-N、1-P、1-R(EGR)发展到多缸并带有内部热废气循环的 Caterpillar C13。

在评价 CC 级柴油机油及 SC 级汽油机油的高温清净性时，采用 Caterpillar 1-H_2试验，在随后的 1969 年和 1990 年，先后发展了 Caterpillar 1-H_2和 Caterpillar 1-K 用于评定 CD、CD-Ⅱ、CE 和 CF-4~CI-4 级柴油机油。1994 年，引入 Caterpillar 1MPC 柴油机作为评定 API CF、CF-2 和 MIL-L-2104G 级发动机油性能的标准台架。如今 Caterpillar 1-N、Caterpillar 1-P、Caterpillar 1-R(EGR)及 Caterpillar C13 用于 API CI-4、CJ-4、CK-4/FA-4 柴油机油规格中评定高温清净性等性能。

Caterpillar 系列柴油机的操作条件与评定内容见表 4-17。

表 4-17 Caterpillar 系列柴油机台架情况

		1-K	1-N	1-P	1-R	C13
	发动机	单缸直喷四气门 1Y540	单缸直喷四气门 1Y540	单缸直喷四气门 1Y370	单缸直喷四气门 1Y370 68kW	双涡轮增压、六缸直喷四气门 320kW
发动机情况	排量/L	2.44	2.44	2.44	2.44	12.5
	压缩比	14.5	14.5	16.25	16.25	
	缸径/冲程/(mm/mm)	ϕ137/165	ϕ137/165	ϕ137/165	ϕ137/165	
	气门，进气/排气	二进二出	二进二出	二进二出	二进二出	
	气环	梯-矩	梯-矩	梯-梯	梯-梯	
	活塞材质	铸铝	铸铝	铸铁-铝	铸铁-铝	
	燃油消耗/(g/min)				240±1	1200±6

续表

		1-K	1-N	1-P	1-R	C13
试验条件	转速/(r/min)	2100	2100	1800	1800±3	1800±5
	平均有效压力/psi	180	180			
	燃料速率/(kcal/min)	7990	7990	7990		
	总试验时间/h	252	252	360	504	500
	换油期/h	252	252	360		
	油温/℃	107	107	107.2	120±3	98±2
	冷却液温度(出口)/℃	93	93	90	105±3	88±2
	空/燃比	29	29			
	进气温度/℃	127	127	60	60	
	进气歧管温度/℃				60±3	40±2
	进气歧管 CO_2 含量/%				1.55±0.05	
	排气歧管 CO_2 含量/%				10.4	
	进气流量/(kg/h)				340	
	进气压力/kPa	240	240	272	292±1	
	废气排气压力/kPa				302	
	进气湿度	125grains/lb	125grains/lb	17.8g/kg		
	柴油硫含量/%	<0.4	<0.05	<0.04	<500mg/kg	<15mg/kg
评定项目	清净性评分/min					一次 二次 三次 1000 1000 1000
	顶环槽充碳/%，max	一次 二次 三次 24 27 29	一次 二次 三次 20 23 25	一次 二次 三次 36 39 41	一次 二次 三次 52 57 59	一次 二次 三次 53 53 53
	活塞评分(WTD)(max)	一次 二次 三次 332 347 353	一次 二次 三次 286 312 323	一次 二次 三次 350 378 390	一次 二次 三次 382 396 402.2	
	顶岸重炭(TLHC)/%，max	一次 二次 三次 4 5 5	一次 二次 三次 3 4 5	一次 二次 三次 40 46 49	一次 二次 三次 31 35 437	一次 二次 三次 35 35 35
	二环上积炭/%，max					一次 二次 三次 33 33 33
	擦伤，活塞-环-缸套	一次 二次 三次 无 无 无	一次 二次 三次 无 无 无	一次 二次 三次 无 无 无	一次 二次 三次 无 无 无	
	活塞环黏结	一次 二次 三次 无 无 无	一次 二次 三次 无 无 无	一次 二次 三次 无 无 无	一次 二次 三次 无 无 无	
	油耗/[g/(kW·h)]					
	平均(0~252h)	≤0.5(每次)	≤0.5(每次)	≤12.4(每次)		
	初始				≤13.1(每次)	
	125~475h					≤31(每次)
	后期(228~252h)	≤0.27(每次)		≤14.6(每次)	≤IOC+1.8(每次)	

② 2Mack 系列柴油机：Mack 系列柴油机用于评定柴油机油台架已经超过 30 年，它是重负荷柴油机油性能的重要评定方法。Mack 系列柴油机变化与发展与用于评定柴油机油性能随排放要求、节能与材质及发动机油性能的提升一致。经过多年的变迁与发展，Mack 测试台架从 Mack T-1 发展到 T-12。

1971 年，Mack 公司用 Mack T-1 柴油机建立了评定 Mack EO-H 柴油机油(OEM)规格的标准试验，在 1974 年建立用 Mack T-4 评定 Mack EO-I 柴油机油规格和 1976 年用 Mack T-5 评定 Mack EO-J 柴油机油规格。1981 年将 Mack T-6 柴油机用于评定其 Mack EO-K 规格，被 API 引入作为评价 CE 柴油机油的标准台架(包括 Mack T-7)。此后，Mack 公司的 T-8、T-8A、T-8E、T-9、T-10、T-11、T-12 等柴油机，作为 API 柴油机油规格中不可缺少的评定台架，在不同级别柴油机油中引入，用于评定氧化(特别是高烟炱浓度下，黏度增长)、磨损等。Mack 台架测试的发展与相应评定油品的规格情况见表 4-18，Mack T-6~T-12 测试评定项目见表 4-19，Mack T-6~T-12 台架运行条件见表 4-20。

表 4-18 Mack 台架测试的发展情况与对应评定油品的规格

发布时间	Mack 台架	API 柴油机油规格
1971	T-1	None
1974	T-4	None
1976	T-5	None
1981	T-6	CE/CF-4
1986	T-7	CE/CF-4
1994/1996	T-8/T-9	CG-4
1998/1999	T-9/T-8E	CH-4
2002	T-10/T-8E	CI-4
2003	T-11/T10	CI-4+
2006/2007	T-12/T-11/T-11A	CJ-4
2016/2017	T-12	CK-4/FA-4

表 4-19 Mack T-6~T-12 柴油机的评定项目内容

测试项目	T-6	T-7	T-8	T-9	T-10	T-11	T-12
黏度增长	⊿	⊿	⊿			⊿	
环、线磨损	⊿			⊿	⊿		⊿
油品氧化				⊿	⊿		⊿
机油耗	⊿	⊿	⊿		⊿	⊿	
油中铅含量				⊿	⊿		⊿

注：1. 1998 年后，Mack T-7 柴油机的配件不再生产，但当时 CF-4 柴油机油在市场上占有相当的份额，因此就采用缩短 Mack T-8 试验时间来替代 Mack T-7 试验，试验时间缩短至 150h，即 Mack T-8A。

2. 为降低 NO_x 的排放，在开发 CH-4、CI-4 柴油机油时将 Mack T-8 试验时间延长到 300h 并将烟炱含量增加到 4.8%，强调烟炱抑制性能，即 Mack T-8E 试验。

表 4-20　柴油机油规格中 Mack 系列柴油机台架情况

			T-6	T-7	T-8	T-8A	T-8E
发动机情况	发动机		ETA I673 六缸直喷增压柴油机	EM6-285 六缸直喷增压柴油机	E7-350 六缸直喷增压柴油机	E7-350 六缸直喷增压柴油机	E7-350 六缸直喷增压柴油机
	排量/L		11	11	12	12	12
	缸径/冲程/(mm/mm)				ϕ124/165	ϕ124/165	ϕ124/165
	功率/kW				261	261	261
	活塞材质						
	燃油流量/(kg/h)			40. 8	63. 3±1. 0	63. 3±1. 0	63. 3±1. 0
试验条件	总试验时间/h		600	150	250	150	300
	转速/(r/min)		1400-1800-2100	1200	1800	1800	1800
	平均有效压力/psi		222-206-183	240			
	燃料速率/(kcal/min)		29756-35762-39641	29235			
	每循环运转时间/h		4-4-4				
	进气歧管温度/℃				43±3	43±3	43±3
	夹套冷却出口温度/℃		87. 8	85	85±3	85±3	85±3
	燃油进口温度/℃				40±1	40±1	40±1
	进气温度/℃		29. 4	29. 4	25±3	25±3	25±3
	进曲轴箱压力/kPa				0. 5±0. 25	0. 5±0. 25	0. 5±0. 25
	进气压力/kPa				2. 5±0. 25	2. 5±0. 25	2. 5±0. 25
	排气背压/kPa				3. 1±0. 4	3. 1±0. 4	3. 1±0. 4
	机油油温/℃		112. 8	112. 8	100~107	100~107	100~107
	换油期/h		不换油	不换油	360		
	扭矩/(N·m)			1464	1369~1398	1369~1398	1369~1398
	排气温度/℃	涡轮前			602~632	602~632	602~632
		排气尾管			455~474	455~474	455~474
	进气歧管压力/kPa				186~199	186~199	186~199
	主油道压力/kPa				372~441①	372~441①	372~441①
	中冷器压差 ΔP(max)/kPa				13. 6	13. 6	13. 6
	机油滤清器压差 ΔP(max)/kPa				138	138	138
	烟炱质量比/%				3. 8	2. 9	4. 8
	柴油含硫量/%		0. 1~0. 3	<0. 4	0. 03~0. 05	0. 03~0. 05	0. 03~0. 05

①SAE 15W-40 机油的压力范围，其他黏度级别的压差会有差异。

续表

		T-9		T-10		T-11	T-12	
发动机情况	发动机	E7-350V-MACⅡ 六缸直喷、电控 增压柴油机		改进的 E7E-460 六缸直喷 增压柴油机		VMACⅢ 六缸直喷 增压柴油机	试验机 六缸直喷 增压柴油机	
	排量/L	12				12	12	
	缸径/冲程/(mm/mm)	ϕ124/165						
	功率/kW	261						
	活塞材质							
	燃油流量/(kg/h)	Ⅰ阶段	Ⅱ阶段	Ⅰ阶段	Ⅱ阶段	53.3	Ⅰ阶段	Ⅱ阶段
		63.3±0.6	55.0±0.5	59.2	63.5		59.2	63.5
试验条件	总试验时间/h	75	425	75	225	252	100	200
	燃油提前角(BTDC)/(°)	可调整	24					
	转速/(r/min)	1800±5	1200±5	1800±5	1200±5	1800	1800	1200
	进气歧管温度/℃	43±3	43±3					
	冷却液出口温度/℃	85±3	85±3	66	85	93	66	108
	燃油进口温度/℃	40±1	40±1					
	进气温度/℃	253	25±3					
	进气压力/kPa	2.50±0.25	2.50±0.25					
	排气背压/kPa	3.1±0.4	3.1±0.4					
	冷却液系统压力/kPa	103±6	103±6					
	发动机扭矩/(N·m)	1361~1457	2118~2208	1349	2576	1349	1349	2576
	排气歧管温度/℃	605~674	605~674					
	排气尾管温度/℃	428~474	514~559					
	进气歧管压力/kPa	185~201	149~164					
	曲轴箱压力/kPa	0.27~0.60	0.27~0.60					
	主油道机油油温/℃	101~109	101~109	88	116	93	88	118
	主油道机油压力/kPa	365~436	227~284					
	中冷器压差 ΔP(max)/kPa	13.6	13.6					
	机油滤清器压差 ΔP(max)/kPa	138	138					
	烟炱质量比/%	1.5~2.0	2.0~2.5	5.0±0.3	5.5~6.0	4.8~5.8	4.3±0.3	6.0
	EGR 率			16.5	2.5	17.7	35	15
	柴油含硫量/%	0.03~0.05		0.03~0.05		0.03~0.05	0.03~0.05	

续表

	NTC-400	M-11	ISM
Cummins 发动机型号	NTC-400 6 缸、涡轮增压、直喷	M-11 300-E	ISM
试验条件	油温 121℃下转速 2100r/min，运转 200h	试验时间 200h，以转速 1600r/min 运转 100h，另 100h 以转速 1800r/min 运转	试验时间 200h，用 500μg/g 的低硫燃料
评定性能	磨损、活塞沉积和油耗	顶部磨损、滤网堵塞和油泥等	烟炱抗磨损
评定的规格	API CE、CF-4	API CH-4、Cummins CES20076	APICI-4、CI-4+、CJ-4、CK-4/FA-4
试验方法	ASTM D5290—91、NTC-400 作业过程油耗、活塞沉积物和磨损试验法	ASTM D6838—04(2010) Cummins M11 高烟点试验法	ASTM D7468—16、Cummins ISM 标准试验法

二、欧洲发动机油的台架试验

1. CCMC 的台架评定方法

1983 年，欧洲 CCMC(Committee of Common Market Automobile Constructors)首次提出了汽油机油规格 G、G2、G3 与柴油机油规格 D2、D3 及 PD1。1989 年对提出的规格进行了修订，更新发布了汽油机油规格 G4、G5，柴油机油规格 D4、D5 及 PD2，在台架方面有不少是借用美国的。CCMC 汽油机油规格中台架及评定内容情况见表 4-21，轻负荷柴油机油与轿车柴油机油评定内容见表 4-22。

表 4-21 CCMC 汽油机油评定项目与内容

评定项目及内容		G1	G2	G3	G4	G5
轴瓦腐蚀/mg	≯					
L-38		40	40	40	40	40
或 Petter W-1		25	25	25	25	25
ⅡD(锈蚀)评分	≮	8.5	8.5	8.5	8.5	8.5
高温氧化 ⅢD $\Delta\vartheta_{37.8℃}<37.5\%$		40h	64h	64h		
或 ⅢE 64h 后 $\Delta\vartheta_{37.8℃}/\%$	≯				300	200
高温沉积物	≮					
Ford Cortina						
(1)冷环黏结		9.8	9.8	9.8		
(2)活塞沉积物评分		8.7	8.7	8.7	符合标准油 PL-39	符合标准油 PL-39
低温油泥						
ⅤD 评分	≮	9.2	9.4	9.4		
ⅤE 评分	≮				9.0	9.0
M102E	≮				RL140	RL140

续表

评定项目及内容		G1	G2	G3	G4	G5
预燃/h	≮					
Fiat 132		80	80	80	80	80
阀系磨损	≯					
OM616/μm		30	30	30		
TU. 3/μm					15	15

表 4-22 轻负荷柴油机油/轿车柴油机油台架评定项目

项目	试验方法	性能要求		CCMC D1	CCMC D2	CCMC D3	CCMC D4	CCMC D5	CCMC PD1	CCMC PD2
轴瓦腐蚀	L-38(ASTM-STP-509A, Ⅳ)	轴瓦失重/mg <		40	40	40			40	
	Petter-W_1	轴瓦失重/mg <		25	25	25			25	
锈蚀	ⅡD	发动机平均锈蚀评分 ≮		8.5	8.1	8.1	8.1	8.1	8.5	8.5
高温氧化	ⅢD	40℃黏度增长(40h)/% <		375						
		油泥平均评分 ≮		9.2						
		活塞裙部漆膜平均评分 ≮		9.1						
		环和挺杆黏结		无						
		凸轮和挺杆擦伤		无						
		凸轮和挺杆磨损	平均/μm ≯	102	102	102			102	
			最大/μm ≯	254	254	254			254	
		平均油环台漆膜评分 ≮		4.0						
低温油泥	VD	发动机油泥平均评分 ≮		9.2	8.7	8.7			8.7	
		活塞裙部漆膜平均评分 ≮		6.4	6.0	6.0			6.0	
		发动机漆膜平均评分 ≮		6.3	5.9	5.9			5.9	
		油过滤网堵塞/% ≮		10.0	10.0	10.0			10.0	
		油环堵塞/% ≮		10.0	10.0	10.0			10.0	
		压缩环堵塞/% ≮		无	无	无			无	
高温沉积物	1-H_2(1-G_2)或 MWM-B	(ASTM-STP-509A, Ⅱ)	顶环槽充满/%(体积) ≯	45						
			总加权评分(WTD) ≯	140						
		CEC-L-12-A-76	环黏结		无	无				
			抛光和积炭评分 ≯		55	55				
		(ASTM-STP-509A, Ⅰ)	顶环槽充碳/%(体积) ≯			80				
			总加权评分(WTD) ≯			300				

续表

项目	试验方法	性能要求			CCMC						
					D1	D2	D3	D4	D5	PD1	PD2
环黏结与活塞清净性	VW1.6TC(CEC-L-35-T-84)	环黏结								无	≥ RL148
		活塞清净性评分		≮						58	≥ RL148
磨损	OM-616(CEC-L-17-A-78)	凸轮磨损	平均/μm	≯	30	30	30	10	10	30	10
			最大/μm	≯	60	60	60	20	20	60	20
		气缸磨损	平均/μm	≯	10	10	10	10	5	10	5
			最大/μm	≯	24	24	24	24	12	24	12
缸套抛光与活塞清净性	OM 364A(CEC-L-42-T-89)	缸套抛光/%		≯			1	16	2		
		活塞清净性评分		≮			48	24	38		
黏度增长	T-7	黏度增长速度/[(mm²/s)/h]						0.04	0.04		

在CCMC汽油机油规格中，欧洲自己设置评定台架有Petter W-1、Ford Cortina、M102E、Fiat 132、OM616及TU.3。

(1) Petter W-1和L-38一样，用于评定内燃机油的铜-铅轴瓦腐蚀，均为单缸汽油机油。Petter W-1排量为0.47L，使用高含铅汽油；L-38排量为0.7L，使用异辛烷为燃料。

(2) M102E发动机试验，发动机为四缸、电喷汽油机，排量为2.3L，燃料为高辛烷值无铅汽油，主要是评定黑油泥。在20世纪80年代中期，欧洲首先发现汽车在高温高速和低温低速反复交叉运行的情况下，容易产生一种黑色的油泥，这种黑色的油泥比较硬，欧洲俗称“黑油泥”。M102E台架试验条件见表4-23。

表4-23　M102E台架试验条件

	初始阶段	恒速阶段	变速阶段(100h，100周)							
	3h	75h	3min	1min	18min	1min	7min	3min	5min	22min
转速/(r/min)	5500	3800	2200	780	3800	780	5500	2200	680	680
负荷/(N·m)	200	200(全负荷)	61	0	200	0	162	61	27	27
机油温度/℃	135	125	40~41	41~42	42~113	113~105	105~133	133~108	108~82	82~40
水温/℃	90~105	98	34~49	49~50	50~97	97~87	87~100	100~94	94~38	38~34
摇臂罩温度/℃	不要风扇	不要风扇	20~31	31~28	28~63	63~49	49~84	84~55	55~30	30~20

(3) Fiat 132用来评定油品的早燃性能。早燃，就是空气和燃料混合气在发动机压缩过程中，火花塞未点火前，由于火花塞或者燃烧室中存在沉积物，在高温高压下自燃而点燃空气/燃料混合气，这个过程发生在火花塞点火之前，显然早燃导致一部分输出功率的下降，严重时还会影响发动机正常运转。早燃与发动机燃烧室的设计、润滑油中灰分高低等有关。

欧洲早期使用汽油的汽车普遍存在早燃的问题，影响发动机功率输出和正常行驶。为评价油品早燃性能，利用Fiat 132发动机台架方法来评定早燃。

Fiat 132 为汽油发动机，四缸，排量 1.58L，功率 72.1kW，压缩比 9∶1，最大扭矩为 131.3N·m，84mm×71.4mm(缸径×冲程)。试验条件见表 4-24。

表 4-24 Fiat 132 早燃台架试验条件

项目内容	第一阶段	第二阶段	第三阶段
转速/(r/min)	2500	4000	5000
功率/kW	9.7	30.1	58.8
试验时间/min	195	25	5
燃油消耗/(L/h)	6		
空/燃比	13.5~14.5	13~14	
点火提前角/(°)	23	28	32
冷却液出口温度/℃	80	85	90
机油温度/℃	93	105	125
试验用燃料	含 2%润滑油的汽油	含 2%润滑油的汽油	含 2%润滑油的汽油

Fiat 132 试验要求在 80h 内不发生早燃。然而，在 20 世纪 90 年代早期因发动机设计的改进并限制润滑油中的硫酸盐灰分含量，使用无铅汽油，发动机早燃问题得以解决，为此 1996 年新发布的 ACEA 规范中将早燃台架取消。

(4) 高温沉积物试验——Ford Cortina。欧洲汽车与北美汽车有较大的差异，欧洲由于燃料的原因在汽车方面偏向车辆小、发动机排量小，但输出功率大，其机械负荷和热负荷比北美的高，因此发动机油所承受的苛刻度也相对更高，活塞第一环槽温度可达 240~260℃(如标致 TU·3M 发动机)，油底壳温度可达 140℃，显然在此温度下容易使汽油机活塞黏环、环岸及环槽结焦、活塞裙部生成漆膜等。因此，CCMC 开发用 Ford Cortina 台架试验方法和后来采用的标致 TU·3M 台架试验方法，来评价发动机油的冷环黏结和活塞沉积物评分。

(5) 阀系磨损——奔驰 OM616 台架。API 汽油机油规格中评价高温高速和低温低速的磨损性能分别是ⅢD/ⅢE 和ⅤD/ⅤE。欧洲 CCMC 及 ACEA 标准中，专门建立了磨损评定方法，使用奔驰 OM616 和标致 TU·3、TU·3M 台架，评定的项目包括高温磨损和低温磨损。

欧洲的车速普遍偏快，发动机的转速高(可达 5000r/min 以上)，加上发动机小、机油量小，但发动机的输出功率比大，使得机油温度高且换油期长，因此要求发动机油具有优异的耐磨性能。发动机的主要摩擦副之间的温度与摩擦情况为，活塞-缸套处于高温摩擦部位，凸轮-挺杆磨损部位的温度稍低一些，轴瓦的摩擦温度则更低一些。凸轮摩擦和活塞在上止点变向时为边界润滑，活塞环上下运动属于混合润滑，轴瓦一般是液体润滑。不同摩擦副对抗磨性能的要求是有差异的，在温度较高时发动机油将变稀，需通过抗磨剂来补强油膜以保障润滑要求，此外，发动机在冷启动时易出现干摩擦，因此需要通过添加剂来满足不同温度和不同摩擦条件下的抗磨需要。

2. ACEA 发动机油的台架试验方法

ACEA(European Automobile Manufacturers Association)于 1992 年在 CCMC 的基础上发展而来。1996 年发布了新的汽油机油和柴油机油规格，即 ACEA EUROPEAN OIL SEQUENCES，具体如下：

① 汽油机油 A1-96、A2-96、A3-96；

② 轻负荷柴油机油(小轿车柴油机油)：B1-96、B2-96、B3-96；

③ 重负荷柴油机油：E1-96、E2-96、E3-96。

ACEA 经过近 20 年的发展，到目前为止共发布了多个版本号，分别是 ACEA-1996、ACEA-1998、ACEA-1999、ACEA-2002、ACEA-2004、ACEA-2007、ACEA-2008、ACEA-2010、ACEA-2012、ACEA-2016，以及 ACEA-2021 轻负荷发动机油规范(2021 年 4 月 30 日发布规范 0 号版本，2022 年 5 月 1 日发布 1 号版本)、ACEA-2022 重负荷发动机油规范(2022 年 5 月 1 日发布 0 号版本)。

ACEA 规格从 2004 开始，对规范进行了适当修订，将汽油机油与轻负荷柴油机油规格进行了合并，即变更为 A_X/B_Y，此外，增加了低黏度、要求与催化剂有很好相容性的油品规格，即 C 系列机油。

ACEA 油品规格的发布、起止时间见表 4-25，规格内容见表 4-26。

表 4-25　ACEA 油品规格的发布与起止时间表

版本号	首次启用日期	新要求日期	停用日期
ACEA-1996	1996.3.1	1997.3.1	2000.3.1
ACEA-1998	1998.3.1	1999.3.1	2002.3.1
ACEA-1999	1999.9.1	2000.9.1	2004.2.28
ACEA-2002	2002.2.1	2003.2.28	2006.11.1
ACEA-2004	2004.11.1	2006.11.1	2009.12.31
ACEA-2007	2007.2.28	2008.2.28	2010.12.22
ACEA-2008	2008.12.22	2009.12.22	2012.12.22
ACEA-2010	2010.12.22	2011.12.22	2014.12.22
ACEA-2012	2012.12.14	2013.12.14	2018.12.1
ACEA-2016	2016.12.1	2017.12.1	2023.5.1①
ACEA-2021 轻负荷发动机油	2021.5.1①	2022.5.1①	
ACEA-2022 重负荷发动机油	2022.5.1	2023.5.1	

①仅适用于轻负荷发动机油。

表 4-26　ACEA 油品规格的详细情况

	ACEA-1996	ACEA-1998	ACEA-1999	ACEA-2002	ACEA-2004	ACEA-2007	ACEA-2008	ACEA-2010	ACEA-2012	ACEA-2016	ACEA-2021/2022
A	A1-96	A1-98	A1-98	A1-02							
	A2-96	A2-96 第二版	A2-96 第二版	A2-96 第三版							
	A3-96	A3-98	A3-98	A3-02	A1/B1-04	A1/B1-04	A1/B1-08	A1/B1-10	A1/B1-12		
				A5-02	A3/B3-04	A3/B3-04	A3/B3-08	A3/B3-10	A3/B3-12	A3/B3-16	
B	B1-96	B1-98	B1-98	B1-02	A3/B4-04	A3/B4-04	A3/B4-08	A3/B4-10	A3/B4-12	A3/B4-16	
	B2-96	B2-98	B2-98	B2-98 第二版	A5/B5-04	A5/B5-04	A5/B5-08	A5/B5-10	A5/B5-12	A5/B5-16	
	B3-96	B3-98	B3-98	B3-98 第二版							
		B4-98	B4-98	B4-02							A3/B4-21
				B5-02							A5/B5-21
											A7/B7-21

续表

	ACEA-1996	ACEA-1998	ACEA-1999	ACEA-2002	ACEA-2004	ACEA-2007	ACEA-2008	ACEA-2010	ACEA-2012	ACEA-2016	ACEA-2021/2022
C					C1-04	C1-04	C1-08	C1-10	C1-12	C1-16	
					C2-04	C2-04	C2-08	C2-10	C2-12	C2-16	C2-21
					C3-04	C3-07	C3-08	C3-10	C3-12	C3-16	C3-21
						C4-07	C4-08	C4-10	C4-12	C4-16	C4-21
										C5-16	C5-21
											C6-21
E	E1-96	E1-96 第二版									
	E2-96	E2-96 第二版	E2-96 第三版	E2-96 第四版	E2-96 第五版	E2-96 第五版					
	E3-96	E3-96 第二版	E3-96 第三版	E3-96 第四版							
		E4-98	E4-99	E4-99 第二版	E4-99 第三版	E4-07	E4-08	E4-08 第二版	E4-12	E4-16	E4-22
			E5-99	E5-02							
					E6-04	E6-04 第二版	E6-08	E6-08 第二版	E6-12	E6-16	E8-22
					E7-04	E7-04 第二版	E7-08	E7-08 第二版	E7-12	E7-16	E7-22
							E9-08	E9-08 第二版	E9-12	E9-16	E11-22

注：1. 参见 ACEA EUROPEAN OIL SEQUENCES。

2. ACEA-2021 重负荷柴油机油规范暂未发布。

（1）ACEA 发动机油中汽油机油与轻负荷柴油机油的评定规范。ACEA-1996～ACEA-2002 规格中，A 系列汽油机油台架试验项目与通过标准，具体见表 4-27；ACEA-1996～ACEA-2002 规格中 B 系列轻负荷柴油机油台架试验项目与通过标准见表 4-28；ACEA-2004～ACEA-2021 规格中 A_X/B_X 系列轻负荷柴油机油台架试验项目与通过标准见表 4-29；ACEA-2004～ACEA-2021 规格中 C 系列发动机油台架试验项目与通过标准见表 4-30。

表 4-27 ACEA-1996～ACEA-2002 规格中 A 系列汽油机油台架试验项目与通过标准

项目	试验方法	性能要求		ACEA-1996		
				A1-96	A2-96	A3-96
高温氧化	ASTM D5533（程序ⅢE）	40℃黏度增长率/%	≯	200	200	100
		裙部漆膜评分	≮	8.9	8.9	8.9
		环岸沉积评分	≮	3.5	3.5	3.5
		油泥平均评分	≮	9.2	9.2	9.2
		环黏结		无	无	无
		挺杆黏结		无	无	无
		凸轮挺杆平均磨损/μm	≯	30	30	30
		凸轮挺杆最大磨损/μm	≯	60	60	60
		油耗/L	≯	5.1	5.1	5.1

续表

项目	试验方法	性能要求	ACEA-1996		
			A1-96	A2-96	A3-96
高温沉积物	CECL-55-T-95（TU·3M HT）	环黏结评分 ≮	9.0	9.0	9.0
		活塞漆膜评分 ≮	60	60	65
		40℃黏度增长率/% ≯	40	40	40
		40℃黏度增加值/(mm^2/s) ≯			
		油耗/kg			
低温油泥	ASTM D5302（程序ⅤE）	发动机油泥平均评分 ≮	9.0	9.0	9.0
		摇臂罩油泥评分 ≮	7.0	7.0	7.0
		活塞裙漆膜平均评分 ≮	6.5	6.5	6.5
		发动机漆膜平均评分 ≮	5.0	5.0	5.0
		压缩环热黏结	无	无	无
		油滤堵塞率/% ≯	20	20	20
		凸轮平均磨损/μm ≯	130	130	130
		凸轮最大磨损/μm ≯	380	380	380
阀系磨损	CECL-38-A-94（TU·3M VTW）	凸轮平均磨损/μm ≯	10	10	10
		凸轮最大磨损/μm ≯	15	15	15
		垫增磨损评分 ≮	7.5	7.5	7.5
黑油泥	CECL-53-T-95（M111E）	发动机油泥平均评分 ≮	RL140	RL140	RL140
		凸轮平均磨损/μm			

项目	试验方法	性能要求	ACEA-1998/1999		
			A1-98	A2-96(2)	A3-98
高温氧化	ASTM D5533（程序ⅢE）	40℃黏度增长率/% ≯	100	200	100
		裙部漆膜评分 ≮	8.9	8.9	8.9
		环岸沉积评分 ≮	3.5	3.5	3.5
		油泥平均评分 ≮	9.2	9.2	9.2
		环黏结	无	无	无
		挺杆黏结	无	无	无
		凸轮挺杆平均磨损/μm ≯	30	30	30
		凸轮挺杆最大磨损/μm ≯	64	64	64
		油耗/L ≯	5.1	5.1	5.1
高温沉积物	CECL-55-T-95（TU·3M HT）	环黏结评分 ≮	9.0	9.0	9.0
		活塞漆膜评分 ≮	RL149减5点	RL149减10点	RL149减5点
		40℃黏度增长率/% ≯			
		40℃黏度增加值/(mm^2/s) ≯	1.5×Vk RL149	2.5×Vk RL149	1.5×Vk RL149
		油耗/kg	实测	实测	实测

续表

项目	试验方法	性能要求	ACEA-1998/1999		
			A1-98	A2-96(2)	A3-98
低温油泥	ASTM D5302（程序ⅤE）	发动机油泥平均评分 ≮	9.0	9.0	9.0
		摇臂罩油泥评分 ≮	7.0	7.0	7.0
		活塞裙漆膜平均评分 ≮	6.5	6.5	6.5
		发动机漆膜平均评分 ≮	5.0	5.0	5.0
		压缩环热黏结	无	无	无
		油滤堵塞率/% ≯	20	20	20
		凸轮平均磨损/μm ≯	130	130	130
		凸轮最大磨损/μm ≯	380	380	380
阀系磨损	CECL-38-A-94（TU·3M VTW）	凸轮平均磨损/μm ≯	10	10	10
		凸轮最大磨损/μm ≯	15	15	15
		垫增磨损评分 ≮	7.5	7.5	7.5
黑油泥	CECL-53-T-95（M111E）	发动机油泥平均评分 ≮	RL140	RL140	RL140
		凸轮平均磨损/μm			
经济性	CECL-54-T-96（M111）	燃料经济性对参考油 RL191(15W-40) ≮	2.5		

项目	试验方法	性能要求	ACEA-2002			
			A1-02	A2-96(3)	A3-02	A5-02
高温沉积物	CECL-88-T-xx（TU5JP-L4）72 hour test	环黏结评分 ≮	9.0	9.0	9.0	9.0
		活塞漆膜评分 ≮	RL216	RL216	RL216	RL216
		40℃黏度增长率/% ≯				
		40℃黏度增加值/(mm^2/s) ≯	RL216	1.5×RL216	0.8×RL216	0.8×RL216
		油耗/kg	报告	报告	报告	报告
低温油泥	ASTM D6593-00（Sequence VG）	发动机油泥平均评分 ≮	7.8	7.8	7.8	7.8
		摇臂罩油泥评分 ≮	8.0	8.0	8.0	8.0
		活塞裙漆膜平均评分 ≮	7.5	7.5	7.5	7.5
		发动机漆膜平均评分 ≮	8.9	8.9	8.9	8.9
		压缩环热黏结	无	无	无	无
		油滤堵塞率/% ≯	20	20	20	20
阀系磨损	CECL-38-A-94（TU·3M VTW）	凸轮平均磨损/μm ≯	10	10	10	10
		凸轮最大磨损/μm ≯	15	15	15	15
		垫增磨损评分 ≮	7.5	7.5	7.5	7.5
黑油泥	CECL-53-T-95（M111）	发动机油泥平均评分 ≮	RL140	RL140	RL140	RL140
		凸轮平均磨损/μm				
燃料经济性	CECL-54-T-96（M111E）	燃料经济性对参考油 RL191(15W-40) ≮	2.5			2.5

表 4-28　ACEA-1996～ACEA-2002 规格中轻负荷柴油机油（B 系列）台架试验项目与通过标准

项目	试验方法	性能要求		ACEA-1996		
				B1-98	B2-96	B3-96
环黏结与活塞清净性	CECL-46-T-93（VW 1.6 TC D）	环黏结评分	≮	RL148	RL148	RL148
		活塞漆膜评分	≮	RL148	RL148	RL148
中温分散性	CECL-56-T-95（XUDⅡATE）	在 3%烟炱下 100℃黏度增长率/%	≯	200	200	200
		活塞清净性评分	≮	43	43	43
凸轮磨损	CECL-51-T-96（OM602A）	凸轮磨损/μm	≯	RL148	RL148	RL148

项目	试验方法	性能要求		ACEA-1998/1999			
				B1-98	B2-98	B3-98	B4-98
环黏结与活塞清净性	CECL-46-T-93（VW 1.6 TC D）	环黏结评分	≮	RL148	RL148	RL148	
		活塞漆膜评分	≮	RL148	RL148	RL148	
中温分散性	CECL-56-T-95（XUDⅡATE）	在 3%烟炱下 100℃黏度增长率/%	≯	0.9×RL197	0.9×RL197	0.5×RL197	0.9×RL197
	CECL-56-T-95（XUDⅡBTX）	活塞清净性评分	≮	RL197 加 6 点	RL197 加 6 点	RL197	RL197 减 6 点
凸轮磨损	CECL-51-T-96（OM602A）	凸轮磨损/μm	≯	RL148	RL148	50% RL148	RL148
		40℃黏度增长率/%	≯	90	90	90	90
		缸套抛光/%	≯	7	7	7	7
		活塞清净性评分		实测	实测	实测	实测
		发动机油泥平均评分		实测	实测	实测	实测
		缸套磨损/μm	≯	15	15	15	15
		油耗/（kg/试验）	≯	10	10	10	10

项目	试验方法	性能要求		ACEA-2002				
				B1-02	B2-98（2）	B3-98（2）	B4-02	B5-02
环黏结与活塞清净性	CECL-46-T-93（VW 1.6 TC D）	环黏结评分	≮	RL148	RL148	RL148		
		活塞清净性评分	≮	RL148	RL148	RL148		
中温分散性	CECL-56-T-98（XUD11BTE）	在 3%烟炱下 100℃黏度增长率/%	≯	0.5×RL197	0.9×RL197	0.5×RL197	0.5×RL197	0.5×RL197
		活塞清净性评分	≮	RL197 减 6 点	RL197 减 6 点	RL197	RL197	RL197
凸轮磨损	CECL-51-T-96（OM602A）	凸轮平均磨损/μm	≯	50	50	50	50	50
		40℃黏度增长率/%	≯	90	90	90	90	90
		缸套抛光/%	≯	7.0	7.0	7.0	7.0	7.0
		缸套磨损/μm	≯	20	20	20	20	20
		油耗/（kg/试验）	≯	10	10	10	10	10

续表

项目	试验方法	性能要求		ACEA-2002				
				B1-02	B2-98(2)	B3-98(2)	B4-02	B5-02
直喷柴油机环黏结与活塞清净性	CECL-78-T-99 (VW DI)	活塞清净性评分 ≮					RL206 减3点	RL206
		环黏结(1环与2环)	平均8环/ASF				1.2	1.2
			任何第一环/ASF，max				2.5	2.5
			任何第二环/ASF，max				0.0	0.0
燃料经济性	CECL-54-T-96 (M111E)	燃料经济性对参考油RL191(15W-40) ≮		2.5				2.5

表4-29 ACEA-2004~ACEA-2021规格中A_X/B_X系列轻负荷柴油机油台架试验项目与通过标准

项目	试验方法	性能要求	ACEA-2004/2007			
			A1/B1-04	A3/B3-04	A3/B4-04	A5/B5-02
高温沉积物与环黏结与活塞清净性	CECL-88-T-02 (TU5JP-L4) 72 hour test	环黏结评分 ≮	9.0	9.0	9.0	9.0
		活塞漆膜评分 ≮	RL216	RL216	RL216	RL216
		40℃黏度增加值/(mm^2/s) ≯	RL216	0.8×RL216	0.8×RL216	0.8×RL216
		油耗/(kg/试验) ≯	报告	报告	报告	报告
低温油泥	ASTM D6593-00 (Sequence VG)	发动机油泥平均评分 ≮	7.8	7.8	7.8	7.8
		摇臂罩油泥评分 ≮	8.0	8.0	8.0	8.0
		活塞裙漆膜平均评分 ≮	7.5	7.5	7.5	7.5
		发动机漆膜平均评分 ≮	8.9	8.9	8.9	8.9
		压缩环热黏结	无	无	无	无
		油滤堵塞率/% ≯	20	20	20	20
阀系擦伤磨损	CECL-38-A-94 (TU3M)	凸轮平均磨损/μm ≯	10	10	10	10
		凸轮最大磨损/μm ≯	15	15	15	15
		垫增磨损评分 ≮	7.5	7.5	7.5	7.5
黑油泥	CECL-53-T-95 (M111)	发动机油泥平均评分 ≮	RL140	RL140	RL140	RL140
燃料经济性	CECL-54-T-96 (M111)	燃料经济性对参考油RL191(15W-40) ≮	2.5			2.5
中温分散性	CECL-093 (DV4TD)	在6%烟炱下100℃黏度增长率/% ≯	0.60×RL223	0.60×RL223	0.60×RL223	0.60×RL223
		活塞清净性评分 ≮	RL223 减2.5点	RL223 减2.5点	RL223 减2.5点	RL223 减2.5点
环黏结与活塞清净性	CECL-46-T-93 (VW 1.6 TC D)	环黏结评分 ≮	RL148	RL148		
		活塞清净性评分 ≮	RL148	RL148		

续表

项目	试验方法	性能要求		ACEA-2004/2007			
				A1/B1-04	A3/B3-04	A3/B4-04	A5/B5-02
直喷柴油机环黏结与活塞清净性	CECL-78-T-99 (VW DI)	活塞清净性评分 ≮				RL206 减3点	RL206
		环黏结 (1环与2环)	平均8环/ASF			1.2	1.2
			任何第一环/ASF, max			2.5	2.5
			任何第二环/ASF, max			0.0	0.0
凸轮磨损	CECL-51-T-96 (OM602A)	凸轮平均磨损/μm ≯		50	50	50	50
		40℃黏度增长率/% ≯		90	90	90	90
		缸套抛光/% ≯		7	7	7	7
		缸套磨损/μm ≯		20	20	20	20
		油耗/(kg/试验) ≯		10	10	10	10

项目	试验方法	性能要求	ACEA-2008			
			A1/B1-08	A3/B3-08	A3/B4-08	A5/B5-08
高温沉积物与环黏结与活塞清净性	CECL-88-T-02 (TU5JP-L4) 72 Hour test	环黏结评分 ≮	9.0	9.0	9.0	9.0
		活塞漆膜评分 ≮	RL216	RL216	RL216	RL216
		40℃黏度增加值/(mm^2/s) ≯	0.8×RL216	0.8×RL216	0.8×RL216	0.8×RL216
		油耗/(kg/试验) ≯	报告	报告	报告	报告
低温油泥	ASTM D6593-00 (Sequence VG)	发动机油泥平均评分 ≮	7.8	7.8	7.8	7.8
		摇臂罩油泥评分 ≮	8.0	8.0	8.0	8.0
		活塞裙漆膜平均评分 ≮	7.5	7.5	7.5	7.5
		发动机漆膜平均评分 ≮	8.9	8.9	8.9	8.9
		压缩环热黏结	无	无	无	无
		油滤堵塞率/% ≯	20	20	20	20
阀系擦伤磨损	CECL-38-A-94 (TU3M)	凸轮平均磨损/μm ≯	10	10	10	10
		凸轮最大磨损/μm ≯	15	15	15	15
		垫增磨损评分 ≮	7.5	7.5	7.5	7.5
黑油泥	CECL-53-T-95 (M111)	发动机油泥平均评分 ≮	RL140	RL140+4σ 或者9.0	RL140+4σ 或者9.0	RL140+4σ 或者9.0
燃料经济性	CECL-54-T-96 (M111)	燃料经济性对参考油RL191(15W-40) ≮	2.5			2.5
中温分散性	CECL-093 (DV4TD)	在6%烟炱下100℃黏度增长率/% ≯	0.60×RL223	0.60×RL223	0.60×RL223	0.60×RL223
		活塞清净性评分 ≮	RL223 减2.5点	RL223 减2.5点	RL223 减2.5点	RL223 减2.5点
环黏结与活塞清净性	CECL-46-T-93 (VW 1.6 TC D)	环黏结评分 ≮	RL 148	RL 148		
		活塞清净性评分 ≮	RL 148	RL 148		

续表

项目	试验方法	性能要求	ACEA-2008			
			A1/B1-08	A3/B3-08	A3/B4-08	A5/B5-08
直喷柴油机环黏结与活塞清净性	CECL-78-T-99 (VW DI)	活塞清净性评分 ≮	RL206 减4点	RL206 减4点	RL206	RL206
		环黏结(1环与2环) 平均8环/ASF			1.2	1.2
		环黏结(1环与2环) 任何第一环/ASF，max			2.5	2.5
		环黏结(1环与2环) 任何第二环/ASF，max			0.0	0.0
		EOT TBN(ISO 3771)/(mgKOH/g) ≮	4.0	4.0	4.0	4.0
		EOT TAN(ASTM D664)	报告	报告	报告	报告
磨损	CECL-099-08 (OM646LA)	凸轮磨损，出口/μm ≯	140	140	140	140
		凸轮磨损，入口/μm ≯	110	110	110	110
		气缸磨损/μm ≯	5.0	5.0	5.0	5.0
		缸套抛光(13mm)/% ≯	3.5	3.5	3.5	3.5
		挺杆磨损(平均8个凸轮)，出口/μm ≯	报告	报告	报告	报告
		挺杆磨损(平均8个凸轮)，入口/μm ≯	报告	报告	报告	报告
		活塞清净性评分(平均4缸) ≮	报告	报告	报告	报告
		发动机油泥平均评分 ≮	报告	报告	报告	报告

项目	试验方法	性能要求	ACEA-2010			
			A1/B1-10	A3/B3-10	A3/B4-10	A5/B5-10
高温沉积物与环黏结与活塞清净性	CECL-88-T-02 (TU5JP-L4) 72 Hour test	环黏结评分 ≮	9.0	9.0	9.0	9.0
		活塞漆膜评分 ≮	RL216	RL216	RL216	RL216
		40℃黏度增加值/(mm^2/s) ≯	0.8×RL216	0.8×RL216	0.8×RL216	0.8×RL216
		油耗/(kg/试验) ≯	报告	报告	报告	报告
低温油泥	ASTM D6593-00 (Sequence VG)	发动机油泥平均评分 ≮	7.8	7.8	7.8	7.8
		摇臂罩油泥评分 ≮	8.0	8.0	8.0	8.0
		活塞裙漆膜平均评分 ≮	7.5	7.5	7.5	7.5
		发动机漆膜平均评分 ≮	8.9	8.9	8.9	8.9
		压缩环热黏结	无	无	无	无
		油滤堵塞率/% ≯	20	20	20	20
阀系擦伤磨损	CECL-038-94 (TU3M)	凸轮平均磨损/μm ≯	10	10	10	10
		凸轮最大磨损/μm ≯	15	15	15	15
		垫增磨损评分 ≮	7.5	7.5	7.5	7.5
黑油泥	CECL-53-T-95 (M111)	发动机油泥平均评分 ≮	RL140+4σ	RL140+4σ	RL140+4σ	RL140+4σ
燃料经济性	CECL-054-96 (M111)	燃料经济性对参考油RL191(15W-40) ≮	2.5			2.5

续表

项目	试验方法	性能要求	ACEA-2010			
			A1/B1-10	A3/B3-10	A3/B4-10	A5/B5-10
中温分散性	CECL-093-04 (DV4TD)	在6%烟炱下100℃黏度增长率/% ≯	0.60×RL223	0.60×RL223	0.60×RL223	0.60×RL223
		活塞清净性评分 ≮	RL223减2.5点			
直喷柴油机环黏结与活塞清净性	CECL-078-99 (VW TDI)	活塞清净性评分 ≮	RL206减4点	RL206减4点	RL206	RL206
		环黏结(1环与2环) 平均8环/ASF	1.2	1.2	1.0	1.0
		环黏结(1环与2环) 任何第一环/ASF, max	2.5	2.5	1.0	1.0
		环黏结(1环与2环) 任何第二环/ASF, max	0.0	0.0	0.0	0.0
		EOT TBN(ISO 3771)/(mgKOH/g) ≮	4.0	4.0	6.0	4.0
		EOT TAN(ASTM D664)	报告	报告	报告	报告
磨损	CECL-099-08 (OM646LA)	凸轮磨损，出口/μm ≯	140	140	120	120
		凸轮磨损，入口/μm ≯	110	110	100	100
		气缸磨损/μm ≯	5.0	5.0	5.0	5.0
		缸套抛光(13mm)(max)/% ≯	3.5	3.5	3.5	3.5
		挺杆磨损(平均8个凸轮)，出口/μm ≯	报告	报告	报告	报告
		挺杆磨损(平均8个凸轮)，入口/μm ≯	报告	报告	报告	报告
		活塞清净性评分(平均4缸) ≮	报告	报告	报告	报告
		发动机油泥平均评分 ≮	报告	报告	报告	报告

项目	试验方法	性能要求	ACEA-2012			
			A1/B1-12	A3/B3-12	A3/B4-12	A5/B5-12
高温沉积物与环黏结与活塞清净性	CECL-88-T-02 (TU5JP-L4) 72 Hour test	环黏结评分 ≮	9.0	9.0	9.0	9.0
		活塞漆膜评分 ≮	RL216	RL216	RL216	RL216
		40℃黏度增加值/(mm^2/s) ≯	0.8×RL216	0.8×RL216	0.8×RL216	0.8×RL216
		油耗/(kg/试验) ≯	报告	报告	报告	报告
低温油泥	ASTM D6593-00 (Sequence VG)	发动机油泥平均评分 ≮	7.8	7.8	7.8	7.8
		摇臂罩油泥评分 ≮	8.0	8.0	8.0	8.0
		活塞裙漆膜平均评分 ≮	7.5	7.5	7.5	7.5
		发动机漆膜平均评分 ≮	8.9	8.9	8.9	8.9
		压缩环热黏结	无	无	无	无
		油滤堵塞率/% ≯	20	20	20	20

续表

项目	试验方法	性能要求	ACEA-2012			
			A1/B1-12	A3/B3-12	A3/B4-12	A5/B5-12
阀系擦伤磨损	CECL-038-94（TU3M）	凸轮平均磨损/μm ≯	10	10	10	10
		凸轮最大磨损/μm ≯	15	15	15	15
		垫增磨损评分 ≮	7.5	7.5	7.5	7.5
黑油泥	CECL-53-T-95（M111）	发动机油泥平均评分 ≮	RL140+4σ	RL140+4σ	RL140+4σ	RL140+4σ
燃料经济性	CECL-054-96（M111）	燃料经济性对参考油 RL191（15W-40） ≮	2.5			2.5
中温分散性	CECL-093-04（DV4TD 被 DV6C 代替）	在 6%烟炱下 100℃黏度增长率/% ≯	0.60×RL223	0.60×RL223	0.60×RL223	0.60×RL223
		活塞清净性评分 ≮	RL223 减 2.5 点			
直喷柴油机环黏结与活塞清净性	CECL-078-99（VW TDI）	活塞清净性评分 ≮	RL206	RL206 减 4 点	RL206	RL206
		环黏结（1 环与 2 环） 平均 8 环/ASF	1.0	1.2	1.0	1.0
		环黏结（1 环与 2 环） 任何第一环/ASF，max	1.0	2.5	1.0	1.0
		环黏结（1 环与 2 环） 任何第二环/ASF，max	0.0	0.0	0.0	0.0
		EOT TBN（ISO 3771）/（mgKOH/g） ≮	4.0	4.0	6.0	4.0
		EOT TAN（ASTM D664）	报告	报告	报告	报告
磨损	CECL-099-08（OM646LA）	凸轮磨损，出口/μm ≯	120	140	120	120
		凸轮磨损，入口/μm ≯	100	110	100	100
		气缸磨损/μm ≯	5.0	5.0	5.0	5.0
		缸套抛光（13mm）（max）/% ≯	3.5	3.5	3.5	3.5
		挺杆磨损（平均 8 个凸轮），出口/μm ≯	报告	报告	报告	报告
		挺杆磨损（平均 8 个凸轮），入口/μm ≯	报告	报告	报告	报告
		活塞清净性评分（平均 4 缸） ≮	报告	报告	12	12
		发动机油泥平均评分 ≮	报告	报告	8.8	8.8
生物柴油的影响	CECL-104	活塞清净性评分 ≮			报告	报告
		环黏结 ≮			报告	报告
		油泥评分 ≮			报告	报告

续表

要求项目	测试方法	性能	单位	指标		
				A3/B3-16	A3/B4-16	A5/B5-16
清净性测试	CECL-111-16（EP6CDT）	活塞清净性	评分	≥RL259		
		涡轮增压器沉积物，C、D、E 和 F 区的平均值	评分	≥6.0		
低温油泥	ASTM D6593-00（程序 VG）在 API 的协议和要求下	发动机油泥平均值	评分	≥7.8		
		摇杆盖油泥	评分	≥8.0		
		活塞裙漆膜平均值	评分	≥7.5		
		发动机漆膜平均值	评分	≥8.9		
		压缩环(热黏环)	%	无		
		油滤网堵塞	%	≤20		
气门机构磨损						
黑色油泥	戴姆勒 M271	发动机油泥平均值	评分	≥RL140+4σ		
燃油经济性	CECL-054-96（M111）	燃油经济性改善率	%			≥2.5
中温度分散性	CECL-106-16（DV6C）	在 100℃和 5.5%烟炱下绝对黏度增加值	mm^2/s	≤0.9×RL248		
		活塞清净性	评分	≥2.5		
磨损	CECL-099-08（OM646LA）	出口凸轮磨损(8 个凸轮磨损最大平均值)	μm	≤140		≤120
		进气凸轮磨损(8 个凸轮磨损最大平均值)	μm	≤110		≤100
		气缸磨损(4 个气缸平均值)	μm	≤5.0		≤5.0
		缸径抛光(13mm)(4 缸最大值)	%	≤3.5		≤3.0
		进口挺杆磨损(8 个凸轮磨损最大平均值)	μm	报告		报告
		出口挺杆磨损(8 个凸轮磨损最大平均值)	μm	报告		报告
		活塞清净性(4 个活塞平均值)	评分	报告		≥12
		发动机油泥平均值	评分	报告		≥8.8

续表

要求项目	测试方法	性能	单位	指标		
				A3/B3-16	A3/B4-16	A5/B5-16
活塞清净性和环黏结	CECL-078-99（大众 TDI）	活塞清净性	评分	≥RL206-2	≥RL206	≥RL206
		环黏结(1 环与 2 环)：				
		所有 8 个环的平均值	ASF	≤1.2	≤1.0	≤1.0
		任何最大第一环	ASF	≤2.5	≤1.0	≤1.0
		任何最大第二环	ASF	0.0	0.0	0.0
		EOT TBN(ISO 3771)	mgKOH/g	≥4.0	≥6.0	≥4.0
		EOT TAN(ASTM D664)	mgKOH/g	报告	报告	报告
生物柴油的影响	CECL-104-16（OM646LA Bio）	活塞清净性	评分		≥RL255+2	
		环黏结	ASF		报告	
		油泥	评分		报告	

要求项目	测试方法	性能	单位	指标		
				A3/B4-21	A5/B5-21	A7/B7-21
清净性测试	CECL-111-16（EP6CDT）	活塞清净性	评分	≥RL259		
		涡轮增压器沉积物，C、D、E 和 F 区的平均值	评分	≥6.0		
低温油泥	ASTM D8256（程序 VH，FORD）	发动机油泥平均值	评分	≥7.6		
		摇杆盖油泥	评分	≥7.7		
		活塞裙漆膜平均值	评分	≥7.6		
		发动机漆膜平均值	评分	≥8.6		
		压缩环(热黏环)	%	无		
		油滤网堵塞	%	报告		
气门机构磨损	ASTMD D8350（程序ⅣB，Toyota 2NR-FE）	平均进气挺杆容积损失(8 个活塞平均值)	mm^3	≤3.3	≤3.3	≤2.7
		试验结束后油中铁含量	ppm	≤400	≤400	≤400
黑色油泥	CECL-107-19（M271 EVO）	发动机油泥平均值	评分	≥8.3		
燃油经济性	CECL-54-96（M111）	燃油经济性改善率	%		≥2.5	≥2.5
中温度分散性	CECL-106-14（DV6C）	在 100℃和 5.5%烟炱下绝对黏度增加值	mm^2/s	≤0.9×RL248		
		活塞清净性	评分	≥2.5		
活塞清净性和环黏结	CECL-117-20（大众 TDI）	活塞清净性	评分	≥RL276-5		
		气缸延展极限	评分	≤13		
		无环黏结，任何环的最大值	ASF	0		

续表

要求项目	测试方法	性能	单位	指标		
				A3/B4-21	A5/B5-21	A7/B7-21
涡轮增压器压缩机沉积物(柴油)	CECL-114-19 (Toyoya 1KD-FTV)	涡轮增压器压缩机等级	评分			≥25
低速涡轮汽油直喷发动机提前点火试验	ASTM D8291 (程序Ⅸ, Ford)	提前点火事件	4次重复的平均事件数			≤5
			每次重复的事件数			≤8
直喷汽油机链磨损	ASTM D8279 (程序Ⅹ, Ford)	正时链伸长	%			≤0.0085

表 4-30 ACEA-2004~ACEA-2021 规格中 C 系列发动机油台架试验项目与通过标准

项目	试验方法	性能要求		ACEA-2004		
				C-04	C2-04	C3-04
高温沉积物与环黏结与活塞清净性	CECL-88-T-02 (TU5JP-L4) 72 Hour test	环黏结评分	≮	9.0	9.0	9.0
		活塞漆膜评分	≮	RL216	RL216	RL216
		40℃黏度增加值/(mm^2/s)	≯	0.8×RL216	0.8×RL216	0.8×RL216
		油耗/(kg/试验)	≯	报告	报告	报告
低温油泥	ASTM D6593-00 (Sequence VG)	发动机油泥平均评分	≮	7.8	7.8	7.8
		摇臂罩油泥评分	≮	8.0	8.0	8.0
		活塞裙漆膜平均评分	≮	7.5	7.5	7.5
		发动机漆膜平均评分	≮	8.9	8.9	8.9
		压缩环热黏结		无	无	无
		油滤堵塞率/%	≯	20	20	20
阀系擦伤磨损	CECL-038-94 (TU3M)	凸轮平均磨损/μm	≯	10	10	10
		凸轮最大磨损/μm	≯	15	15	15
		垫增磨损评分	≮	7.5	7.5	7.5
黑油泥	CECL-53-T-95 (M111)	发动机油泥平均评分	≮	RL140	RL140	RL140
燃料经济性	CECL-054-96 (M111)	燃料经济性对参考油 RL191(15W-40)	≮	2.5	2.5	1.0(XW-30)
中温分散性	CECL-56-T-98) (XUD11BTE) 或 CECL-093-04 (DV4TD)	在6%烟炱下100℃黏度增长率/%	≯	0.50×RL197	0.50×RL197	0.50×RL197
		活塞清净性评分	≮	RL223 减2.5点	RL223 减2.5点	RL223 减2.5点
		在6%烟炱下100℃黏度增长率/%	≯	0.60×RL223	0.60×RL223	0.60×RL223

续表

项目	试验方法	性能要求			ACEA-2004		
					C-04	C2-04	C3-04
直喷柴油机环黏结与活塞清净性	CECL-078-99（VW TDI）	活塞清净性评分		≮	RL206	RL206	RL206 减 2 点
		环黏结（1 环与 2 环）	平均 8 环/ASF		1.2	1.2	1.2
			任何第一环/ASF，max		2.5	2.5	2.5
			任何第二环/ASF，max		0.0	0.0	0.0
磨损	CECL-51-A-98（OM602A）	凸轮磨损，平均/μm		≯	50	50	45
		40℃黏度增长率/%		≯	90	90	70
		气缸磨损/μm		≯	20	20	15
		缸套抛光(max)/%		≯	7	7	4.5
		机油油耗/(kg/测试)		≯	10	10	10

项目	试验方法	性能要求			ACEA-2008			
					C1-08	C2-08	C3-08	C4-08
高温沉积物与环黏结与活塞清净性	CECL-88-T-02（TU5JP-L4）72 Hour test	环黏结评分		≮	9.0	9.0	9.0	9.0
		活塞漆膜评分		≮	RL216	RL216	RL216	RL216
		40℃黏度增加值/(mm^2/s)		≯	0.8×RL216	0.8×RL216	0.8×RL216	0.8×RL216
		油耗/(kg/试验)		≯	报告	报告	报告	报告
低温油泥	ASTM D6593-00（Sequence VG）	发动机油泥平均评分		≮	7.8	7.8	7.8	7.8
		摇臂罩油泥评分		≮	8.0	8.0	8.0	8.0
		活塞裙漆膜平均评分		≮	7.5	7.5	7.5	7.5
		发动机漆膜平均评分		≮	8.9	8.9	8.9	8.9
		压缩环热黏结			无	无	无	无
		油滤堵塞率/%		≯	20	20	20	20
阀系擦伤磨损	CECL-38-A-94（TU3M）	凸轮平均磨损/μm		≯	10	10	10	10
		凸轮最大磨损/μm		≯	15	15	15	15
		垫增磨损评分		≮	7.5	7.5	7.5	7.5
黑油泥	CECL-53-T-95（M111）	发动机油泥平均评分		≮	RL140+4σ 或者 9.0	RL140+4σ 或者 9.0	RL140+4σ 或者 9.0	RL 140+4σ 或者 9.0
燃料经济性	CECL-54-T-96（M111）	燃料经济性对参考油 RL191(15W-40)		≮	3.0	2.5	1.0（XW-30）	1.0（XW-30）
中温分散性	CECL-093（DV4TD）	在 6%烟炱下 100℃黏度增长/%		≯	0.60×RL223	0.60×RL223	0.60×RL223	0.60×RL223
		活塞清净性评分		≮	RL223 减 2.5 点	RL223 减 2.5 点	RL223 减 2.5 点	RL223 减 2.5 点
直喷柴油机环黏结与活塞清净性	CECL-78-T-99（VW DI）	活塞清净性评分		≮	RL206	RL206	RL206	RL206
		环黏结（1 环与 2 环）	平均 8 环/ASF		1.0	1.2	1.0	1.0
			任何第一环/ASF，max		1.0	2.5	1.0	1.0
			任何第二环/ASF，max		0.0	0.0	0.0	0.0
		EOT TBN(ISO 3771)/(mgKOH/g)		≮	报告	报告	报告	报告
		EOT TAN(ASTM D664)			报告	报告	报告	报告

续表

项目	试验方法	性能要求		ACEA-2008			
				C1-08	C2-08	C3-08	C4-08
磨损	CECL-099-08 (OM646LA)	凸轮磨损，出口/μm	≯	120	120	120	120
		凸轮磨损，入口/μm	≯	100	报告	100	100
		气缸磨损/μm	≯	5.0	5.0	5.0	5.0
		缸套抛光(13mm)/%	≯	3.5	3.5	3.5	3.5
		挺杆磨损(平均8个凸轮)，出口/μm	≯	报告	报告	报告	报告
		挺杆磨损(平均8个凸轮)，入口/μm	≯	报告	报告	报告	报告
		活塞清净性评分(平均4缸)	≮	报告	报告	报告	报告
		发动机油泥平均评分	≮	报告	报告	报告	报告

项目	试验方法	性能要求		ACEA-2010			
				C1-10	C2-10	C3-10	C4-10
高温沉积物与环黏结与活塞清净性	CECL-88-T-02 (TU5JP-L4) 72 Hour test	环黏结评分	≮	9.0	9.0	9.0	9.0
		活塞漆膜评分	≮	RL216	RL216	RL216	RL216
		40℃黏度增加值/(mm^2/s)	≯	0.8×RL216	0.8×RL216	0.8×RL216	0.8×RL216
		油耗/(kg/试验)	≯	报告	报告	报告	报告
低温油泥	ASTM D6593-00 (Sequence VG)	发动机油泥平均评分	≮	7.8	7.8	7.8	7.8
		摇臂罩油泥评分	≮	8.0	8.0	8.0	8.0
		活塞裙漆膜平均评分	≮	7.5	7.5	7.5	7.5
		发动机漆膜平均评分	≮	8.9	8.9	8.9	8.9
		压缩环热黏结		无	无	无	无
		油滤堵塞率/%	≯	20	20	20	20
阀系擦伤磨损	CECL-38-A-94 (TU3M)	凸轮平均磨损/μm	≯	10	10	10	10
		凸轮最大磨损/μm	≯	15	15	15	15
		垫增磨损评分	≮	7.5	7.5	7.5	7.5
黑油泥	CECL-53-T-95 (M111)	发动机油泥平均评分	≮	RL 140+4σ	RL 140+4σ	RL 140+4σ	RL 140+4σ
燃料经济性	CECL-54-T-96 (M111)	燃料经济性对参考油RL191(15W-40)	≮	3.0	2.5	1.0 (XW-30)	1.0 (XW-30)
中温分散性	CECL-093 (DV4TD)	在6%烟炱下100℃黏度增长率/%	≯	0.60×RL223	0.60×RL223	0.60×RL223	0.60×RL223
		活塞清净性评分	≮	RL223减2.5点	RL223减2.5点	RL223减2.5点	RL223减2.5点

续表

项目	试验方法	性能要求		ACEA-2010			
				C1-10	C2-10	C3-10	C4-10
直喷柴油机环黏结与活塞清净性	CECL-78-T-99 (VW DI)	活塞清净性评分 ≮		RL206	RL206	RL206	RL206
		环黏结(1环与2环)	平均8环/ASF	1.0	1.2	1.0	1.0
			任何第一环/ASF，max	1.0	2.5	1.0	1.0
			任何第二环/ASF，max	0.0	0.0	0.0	0.0
		EOT TBN(ISO 3771)/(mgKOH/g) ≮		报告	报告	报告	报告
		EOT TAN(ASTM D664)		报告	报告	报告	报告
磨损	CECL-099-08 (OM646LA)	凸轮磨损，出口/μm ≯		120	120	120	120
		凸轮磨损，入口/μm ≯		100	报告	100	100
		气缸磨损/μm ≯		5.0	5.0	5.0	5.0
		缸套抛光(13mm)/% ≯		3.5	3.5	3.5	3.5
		挺杆磨损(平均8个凸轮)，出口/μm ≯		报告	报告	报告	报告
		挺杆磨损(平均8个凸轮)，入口/μm ≯		报告	报告	报告	报告
		活塞清净性评分(平均4缸) ≮		报告	报告	报告	报告
		发动机油泥平均评分 ≮		报告	报告	报告	报告

项目	试验方法	性能要求	ACEA-2012			
			C1-12	C2-12	C3-12	C4-12
高温沉积物与环黏结与活塞清净性	CECL-88-T-02 (TU5JP-L4) 72 Hour test	环黏结评分 ≮	9.0	9.0	9.0	9.0
		活塞漆膜评分 ≮	RL216	RL216	RL216	RL216
		40℃黏度增加值/(mm^2/s) ≯	0.8×RL216	0.8×RL216	0.8×RL216	0.8×RL216
		油耗/(kg/试验) ≯	报告	报告	报告	报告
低温油泥	ASTM D6593-00 (Sequence VG)	发动机油泥平均评分 ≮	7.8	7.8	7.8	7.8
		摇臂罩油泥评分 ≮	8.0	8.0	8.0	8.0
		活塞裙漆膜平均评分 ≮	7.5	7.5	7.5	7.5
		发动机漆膜平均评分 ≮	8.9	8.9	8.9	8.9
		压缩环热黏结	无	无	无	无
		油滤堵塞率/% ≯	20	20	20	20
阀系擦伤磨损	CECL-38-A-94 (TU3M)	凸轮平均磨损/μm ≯	10	10	10	10
		凸轮最大磨损/μm ≯	15	15	15	15
		垫增磨损评分 ≮	7.5	7.5	7.5	7.5
黑油泥	CECL-53-T-95 (M111)	发动机油泥平均评分 ≮	RL140+4σ	RL140+4σ	RL140+4σ	RL140+4σ
燃料经济性	CECL-54-T-96 (M111)	燃料经济性对参考油 RL191(15W-40) ≮	3.0	2.5	1.0 (XW-30)	1.0 (XW-30)

续表

项目	试验方法	性能要求		ACEA-2012			
				C1-12	C2-12	C3-12	C4-12
中温分散性	CECL-093（DV4TD 被 DV6 取代）	在6%烟炱下100℃黏度增长率/% ≯		0.60×RL223	0.60×RL223	0.60×RL223	0.60×RL223
		活塞清净性评分 ≮		RL223 减2.5点	RL223 减2.5点	RL223 减2.5点	RL223 减2.5点
直喷柴油机环黏结与活塞清净性	CECL-78-T-99（VW DI）	活塞清净性评分 ≮		RL206	RL206	RL206	RL206
		环黏结（1环与2环）	平均8环/ASF	1.0	1.2	1.0	1.0
			任何第一环/ASF，max	1.0	2.5	1.0	1.0
			任何第二环/ASF，max	0.0	0.0	0.0	0.0
		EOT TBN（ISO 3771）/（mgKOH/g）≮		报告	报告	报告	报告
		EOT TAN（ASTM D664）		报告	报告	报告	报告
磨损	CECL-099-08（OM646LA）	凸轮磨损，出口/μm ≯		120	120	120	120
		凸轮磨损，入口/μm ≯		100	报告	100	100
		气缸磨损/μm ≯		5.0	5.0	5.0	5.0
		缸套抛光（13mm）/% ≯		3.5	3.5	3.5	3.5
		挺杆磨损（平均8个凸轮），出口/μm ≯		报告	报告	报告	报告
		挺杆磨损（平均8个凸轮），入口/μm ≯		报告	报告	报告	报告
		活塞清净性评分（平均4缸） ≮		报告	报告	12	12
		发动机油泥平均评分 ≮		报告	报告	8.8	8.8
生物柴油的影响	CECL-104	活塞清净性评分 ≮				报告	报告
		环黏结 ≮				报告	报告
		发动机油泥评分 ≮				报告	报告

要求项目	测试方法	性能	单位	ACEA-2016				
				C1-16	C2-16	C3-16	C4-16	C5-16
发动机清洁度测试	CECL-111-16（EP6CDT）	活塞清净性	评分	≥RL259				
		涡轮增压器沉积物，C、D、E和F区的平均值	评分	≥RL259				
低温油泥	ASTM D6593—00（程序VG）在API的协议和要求下	发动机油泥平均值	评分	≥7.8				
		摇杆盖油泥	评分	≥8.0				
		活塞裙漆膜平均值	评分	≥7.5				
		发动机漆膜平均值	评分	≥8.9				
		压缩环（热黏环）		无				
		油滤网堵塞	%	≤20				
气门机构磨损								

续表

要求项目	测试方法	性能	单位	ACEA-2016				
				C1-16	C2-16	C3-16	C4-16	C5-16
黑色油泥	戴姆勒 M271	发动机油泥平均值	评分	≥RL140+4σ				
燃油经济性	CECL-054-96（M111）	燃油经济性改善率	%	≥3.0	≥2.5	≥1.0（仅适用 xW-30，xW-40 无指标）		≥3.0
中温分散性	CECL-106-16（DV6C）	在 5.5% 烟炱下 100℃ 绝对黏度增加值	mm^2/s	≤0.9×RL248				
		活塞清净性	评分	≥2.5				
磨损	CECL-099-08（OM646LA）	出口凸轮磨损（8 个凸轮最大平均磨损）	μm	≤120		≤120		
		进气凸轮磨损（8 个凸轮最大平均磨损）	μm	≤100		≤100		
		气缸磨损（4 个气缸平均值）	μm	≤5.0		≤5.0		
		缸径抛光（13mm）（4 个气缸最大值）	%	≤3.0		≤3.0		
		进气挺杆磨损（8 个缸最大平均值）	μm	报告		报告		
		排气挺杆磨损（8 个缸最大平均值）	μm	报告		报告		
		活塞清洁度（4 个活塞平均值）	评分	≥12		≥12		
		发动机油泥平均值	评分	≥8.8		≥8.8		
活塞清净性和环黏结	CECL-078-99（大众 TDI）	活塞清净性	评分	≥RL206	≥RL206	≥RL206		
		环黏结（1 环和 2 环）：						
		所有 8 个环的平均值	ASF	≤1.0	≤1.2	≤1.0		
		任何第一环（max）	ASF	≤1.0	≤2.5	≤1.0		
		任何第二环（max）	ASF	0.0	0.0	0.0		
		EOT TBN（ISO 3771）	mgKOH/g	报告	报告	报告		
		EOT TAN（ASTM D664）	mgKOH/g	报告	报告	报告		
生物柴油的影响	CECL-104-16（OM646LA Bio）	活塞清净性	评分	≥RL255+2				
		环黏结	ASF	报告				
		发动机油泥	评分	报告				

续表

要求项目	测试方法	性能	单位	ACEA-2021				
				C2-21	C3-21	C4-21	C5-21	C6-21
发动机清洁度测试	CECL-111-16（EP6CDT）	活塞清净性	评分	≥RL259				
		涡轮增压器沉积物，C、D、E 和 F 区的平均值	评分	≥6.0				
低温油泥	ASTM D8256（程序ⅤH）	发动机油泥平均值	评分	≥7.6				
		摇杆盖油泥	评分	≥7.7				
		活塞裙漆膜平均值	评分	≥7.6				
		发动机漆膜平均值	评分	≥8.6				
		压缩环（热黏环）		无				
		油滤网堵塞	%	报告				
气门机构磨损	ASTM D8350（程序ⅣB，Toyota 2NR-FE）	进气挺杆容积损失（8个活塞平均值）平均值	mm^3	≤3.3				≤2.7
		试验结束后油中铁含量	ppm	≤400				≤400
黑色油泥	CECL-107-19（M271 EVO）	发动机油泥平均值	评分	≥8.3				
燃油经济性	CECL-54-96（M111）	燃油经济性改善率	%	≥2.5	≥1.0（仅适用 xW-30，xW-40 无指标）		≥3.0	
	JASO FE M366（Toyota 2ZR-FXE）	燃油经济性改善率	%					≥0.0
中温分散性	CECL-106-14（DV6C）	在 5.5% 烟炱下 100℃ 绝对黏度增加值	mm^2/s	≤0.9×RL248				
		活塞清净性	评分	≥2.5				
活塞清净性和环黏结	CECL-117-20（大众 TDI）	活塞清净性	评分	≥RL276-5				
		气缸延展极限	评分	≤13				
		无环黏结，任何环的最大值	ASF	0				
涡轮增压器压缩机沉积物（柴油）	CECL-114-19（Toyoya 1KD-FTV）	涡轮增压器压缩机等级	评分	≥25				
低速涡轮汽油直喷发动机提前点火试验	ASTM D8291（程序Ⅸ，Ford）	提前点火事件	4 次重复的平均事件数	≤5				
			每次重复的事件数	≤8				
直喷汽油机链磨损	ASTM D8279（程序Ⅹ，Ford）	正时链伸长	%	≤0.085				

（2）ACEA发动机油中重负荷柴油机油的评定规范。ACEA重负荷柴油机油评定标准与项目内容见表4-31。

表4-31 ACEA-1996~ACEA-2022规格中E系列机油台架试验项目与通过标准

项目	试验方法	性能要求		ACEA-1996		
				E1-96	E2-96	E3-96
缸套抛光及清净性	CECL-42-92（OM364A）	缸套抛光面积/%	≯	14	8	2.5
		活塞清净性评分	≮	24	31	35
		平均缸套磨损/μm	≯	8	7	6
		发动机油泥评分	≮	9	9	9.5
		油耗/（kg/试验）	≯	25	18	12
磨损	CECL-51-T-95（OM602A）	凸轮磨损，平均/μm	≯	RL148	RL148	RL148
		40℃黏度增长率/%	≯	实测	实测	实测
		缸套抛光面积/%	≯	实测	实测	实测
		活塞清净性评分	≮	实测	实测	实测
		发动机平均油泥评分	≮	实测	实测	实测
		平均缸套磨损/μm	≯	实测	实测	实测
		机油油耗/（kg/测试）	≯	实测	实测	实测
油中烟炱	ASTM D4485（Mark T-8）	试验时间/h				
		3.8%烟炱时黏度增加值 第一次试验/（mm^2/s）	≯		评分与报告	11.5
		3.8%烟炱时黏度增加值 第一次试验/（mm^2/s）	≯		评分与报告	12.5
		3.8%烟炱时黏度增加值 第一次试验/（mm^2/s）	≯		评分与报告	13.0
		过滤器堵塞压力差/kPa	≯		评分与报告	138
		机油油耗/[g/（kW·h）]	≯		评分与报告	0.304

项目	试验方法	性能要求		ACEA-1998			
				E1-96（2）	E2-96（2）	E3-96（2）	E4-98
缸套抛光及清净性	CECL-42-92（OM364A）	缸套抛光面积/%	≯	RL134	A	RL133	
		活塞清净性评分	≮	RL134	A	RL133	
		平均缸套磨损/μm	≯	RL134	A	RL133	
		发动机油泥评分	≮	RL134	A	RL133	
		油耗/（kg/试验）	≯	RL134	A	RL133	
		注		A=0.5×（RL133+RL134））			
缸套抛光及清净性	CECL-52-T-97（OM 441LA）	缸套抛光面积/%	≯				2
		活塞清净性评分	≮				40
		增压涡轮沉积物/mg	≯				实测
磨损	CECL-51-T-95（OM602A）	凸轮磨损，平均/μm	≯	RL148	RL148	RL148	0.5×RL148
		40℃黏度增长率/%	≯	实测	实测	实测	0.9
		缸套抛光面积/%	≯	实测	实测	实测	0.7
		活塞清净性评分	≮	实测	实测	实测	实测
		发动机平均油泥评分	≮	实测	实测	实测	实测
		平均缸套磨损/μm	≯	实测	实测	实测	15
		机油油耗/（kg/测试）	≯	实测	实测	实测	10

续表

项目	试验方法	性能要求		ACEA-1998			
				E1-96(2)	E2-96(2)	E3-96(2)	E4-98
油中烟炱	ASTM D4485 (Mark T-8)	试验时间/h			250	250	300(烟炱 4.8%)
		3.8%烟炱时黏度增加值	第一次试验/(mm²/s) ≯		实测	11.5	11.5(烟炱 4.8%)
			第一次试验/(mm²/s) ≯		实测	12.5	12.5(烟炱 4.8%)
			第一次试验/(mm²/s) ≯		实测	13	13(烟炱 4.8%)
		过滤器堵塞压力差/kPa ≯			实测	138	138(烟炱 4.8%)
		机油油耗/[g/(kW·h)] ≯			实测	0.304	0.304(烟炱 4.8%)
	ASTM D5967 (Mark T-8E)	试验时间/h					300
		4.8%烟炱，相对黏度	第一次测试				2.1
			第二次测试平均				2.2
			第三次测试平均				2.3

项目	试验方法	性能要求	ACEA-2002			
			E2-96(4)	E3-96(4)	E4-99(2)	E5-02
缸套抛光及清净性	CECL-42-T-99 (OM364LA)	缸套抛光面积/% ≯	3.5	1.0		
		活塞清净性评分 ≮	40	45		
		平均缸套磨损/μm ≯	3.5	3.0		
		油泥评分 ≮	9.4	9.5		
		油耗/(kg/试验) ≯	16.0	12.0		
缸套抛光及清净性	CECL-52-T-97 (OM441LA)	缸套抛光面积/% ≯			2.0	2
		活塞清净性评分 ≮			40	25
		400h 后升压压力损失/% ≯			4	4
		油耗/(kg/试验) ≯			40	40
磨损	CECL-51-T-95 (OM602A)	凸轮磨损，平均/μm ≯	50	50	50	50
		40℃黏度增长率/% ≯			90	90
		缸套抛光面积/% ≯			7.0	7.0
		平均缸套磨损/μm ≯			20	20
		油耗/(kg/测试) ≯			10	10

续表

项目	试验方法	性能要求			ACEA-2002			
					E2-96(4)	E3-96(4)	E4-99(2)	E5-02
磨损（衬环-轴承）	ASTM D6483（Mack T-9）	烟炱 1.75% 下平均衬垫磨损	第一次/μm	≯				25.4
			第二次平均/μm	≯				26.6
			第三次平均/μm	≯				27.1
		顶环平均失重	第一次/mg	≯				100
			第二次平均/mg	≯				115
			第三次平均/mg	≯				130
		测试后油中铅含量/10^{-6}		≯				20
		测试过程中，400~500h 油中铅含量增加值/10^{-6}		≯				10
油中烟炱	ASTM D4485（Mark T-8）	试验时间/h				250		
		3.8%烟炱时黏度增加值	第一次试验/(mm^2/s)	≯		11.5	11.5	11.5
			第一次试验/(mm^2/s)	≯		12.5	12.5	12.5
			第一次试验/(mm^2/s)	≯		13	13	13
		过滤器堵塞压力差/kPa		≯		138	138	138
		油耗/[g/(kW·h)]		≯		0.304	0.304	0.304
	ASTM D5967（Mark T-8E）	试验时间/h					300	300
		烟炱 4.8%，相对黏度	第一次测试				2.1	2.1
			第二次测试平均				2.2	2.2
			第三次测试平均				2.3	2.3
烟炱诱导磨损	ASTM RR：D-2-1440（Cummins M11）	4.5%烟炱时，平均丁字压板失重	第一次测试/mg	≯				6.5
			第二次测试平均/mg	≯				7.5
			第三次测试平均/mg	≯				8.0
		油过滤压差 EOT	第一次测试/kPa	≯				79
			第二次测试平均/kPa	≯				93
			第三次测试平均/kPa	≯				100
		发动机油泥评分	第一次测试	≮				8.7
			第二次测试平均	≮				8.6
			第三次测试平均	≮				8.5

项目	试验方法	性能要求		ACEA-2004			
				E2-96(5)	E4-99(3)	E6-04	E7-04
缸套抛光及清净性	CECL-42-T-99（OM364LA）	缸套抛光面积/%	≯	3.5			
		活塞清净性评分	≮	40			
		平均缸套磨损/μm	≯	3.5			
		发动机油泥评分	≮	9.4			
		油耗/(kg/试验)	≯	16.0			

续表

项目	试验方法	性能要求		ACEA-2004			
				E2-96(5)	E4-99(3)	E6-04	E7-04
缸套抛光及清净性	CECL-52-T-97 (OM 441LA)	缸套抛光面积/% ≯			2.0	2.0	2
		活塞清净性评分 ≮			40	40	25
		400h 后升压压力损失/% ≯			4	4	4
		油耗/(kg/试验) ≯			40	40	40
磨损	CECL-51-T-95 (OM602A)	凸轮磨损，平均/μm ≯		50	50	50	50
		40℃黏度增长率/% ≯			90	90	90
		缸套抛光面积/% ≯			7.0	7.0	7.0
		平均缸套磨损/μm ≯			20	20	20
		油耗/(kg/测试) ≯			10	10	10
磨损(缸套-环-轴承)	Mack T-10	评分 ≮				1000	1000
		缸套磨损/μm ≯				32	32
		平均顶环失重/mg ≯				158	158
		测试后油中铅含量/10^{-6} ≯				35	35
		测试过程中，250~300h 油中铅含量增加值/10^{-6} ≯				14	14
		油耗(第二阶段)/(g/h) ≯				65	65
油中烟炱	ASTM D4485 (Mark T-8)	试验时间/h					
		3.8%烟炱时黏度增加值	第一次试验/(mm^2/s) ≯		11.5	11.5	11.5
			第一次试验/(mm^2/s) ≯		12.5	12.5	12.5
			第一次试验/(mm^2/s) ≯		13	13	13
		过滤器堵塞压力差/kPa ≯			138	138	138
		机油油耗/[g/(kW·h)] ≯			0.304	0.304	0.304
	ASTM D5967 (Mark T-8E)	试验时间/h			300	300	300
		烟炱 4.8%，相对黏度	第一次测试		2.1	2.1	2.1
			第二次测试平均		2.2	2.2	2.2
			第三次测试平均		2.3	2.3	2.3
烟炱诱导磨损	ASTM RR:D-2-1440 (Cummins M11)	4.5%烟炱时，平均丁字压板失重	第一次测试/mg ≯				6.5
			第二次测试平均/mg ≯				7.5
			第三次测试平均/mg ≯				8.0
		油过滤压差 EOT	第一次测试/kPa ≯				79
			第二次测试平均/kPa ≯				93
			第三次测试平均/kPa ≯				100
		发动机油泥评分	第一次测试 ≮				8.7
			第二次测试平均 ≮				8.6
			第三次测试平均 ≮				8.5

续表

项目	试验方法	性能要求		ACEA-2007			
				E2-96(5)	E4-07	E6-04(2)	E7-04(2)
缸套抛光及清净性	CECL-42-T-99 (OM364LA)	缸套抛光面积/%	≯	3.5			
		活塞清净性评分	≮	40			
		平均缸套磨损/μm	≯	3.5			
		发动机油泥评分	≮	9.4			
		油耗/(kg/试验)	≯	16.0			
缸套抛光及清净性	CECL-52-T-97 (OM 441LA)	缸套抛光面积/%	≯		2.0	2.0	2
		活塞清净性评分	≮		40	40	25
		400h 后升压压力损失/%	≯		4	4	4
		油耗/(kg/试验)	≯		40	40	40
磨损	CECL-51-T-95 (OM602A)	凸轮磨损，平均/μm	≯	50	50	50	50
		40℃黏度增长率/%	≯		90	90	90
		缸套抛光面积/%	≯		7.0	7.0	7.0
		平均缸套磨损/μm	≯		20	20	20
		油耗/(kg/测试)	≯		10	10	10
磨损(缸套-环-轴承)	ASTM D6987 (Mack T-10)	评分	≮			1000	1000
		衬里磨损/μm	≯			32	32
		平均顶环失重/mg	≯			158	158
		测试后油中铅含量/10^{-6}	≯			35	35
		测试过程中，250~300h 油中铅含量增加值/10^{-6}	≯			14	14
		油耗(第二阶段)/(g/h)	≯			65	65
	Mack T-12	评分	≮			1000	1000
		缸套磨损/μm	≯			26	26
		平均顶环失重/mg	≯			117	117
		测试后油中铅含量/10^{-6}	≯			42	42
		测试过程中，250~300h 油中铅含量增加值/10^{-6}	≯			18	18
		油耗(第二阶段)/(g/h)	≯			95	95
油中烟炱	ASTM D4485 (Mark T-8)	试验时间/h					
		3.8%烟炱时黏度增加值：第一次试验/(mm^2/s)	≯		11.5	11.5	11.5
		3.8%烟炱时黏度增加值：第一次试验/(mm^2/s)	≯		12.5	12.5	12.5
		3.8%烟炱时黏度增加值：第一次试验/(mm^2/s)	≯		13	13	13
		过滤器堵塞压力差/kPa	≯		138	138	138
		油耗/[g/(kW·h)]	≯		0.304	0.304	0.304
	ASTM D5967 (Mark T-8E)	试验时间/h			300	300	300
		烟炱 4.8%，相对黏度：第一次测试			2.1	2.1	2.1
		烟炱 4.8%，相对黏度：第二次测试平均			2.2	2.2	2.2
		烟炱 4.8%，相对黏度：第三次测试平均			2.3	2.3	2.3

续表

项目	试验方法	性能要求		ACEA-2007			
				E2-96(5)	E4-07	E6-04(2)	E7-04(2)
烟炱诱导磨损	Cummins ISM	4.5%烟炱时，平均丁字压板失重	第一次测试/mg ≯				7.5
			第二次测试平均/mg ≯				7.8
			第三次测试平均/mg ≯				7.9
		油过滤压差EOT	第一次测试/kPa ≯				55
			第二次测试平均/kPa ≯				67
			第三次测试平均/kPa ≯				74
		发动机油泥评分	第一次测试 ≮				8.1
			第二次测试平均 ≮				8.0
			第三次测试平均 ≮				8.0

项目	试验方法	性能要求		ACEA-2008/2010			
				E4-08/E4-08(2)	E6-09/E6-08(2)	E7-08/E7-08(2)	E9-08/E9-08(2)
磨损	CECL-099-08 (OM646LA)	凸轮磨损(8个最大磨损平均值)/μm ≯		140	140	155	155
缸套抛光及清净性	CECL-101-08 (OM501LA)	平均缸套抛光面积/% ≯		1.0	1.0	2.0	2.0
		活塞清净性评分 ≮		26	26	17	17
		发动机油泥评分 ≮		R&R	R&R	R&R	R&R
		油耗/(kg/试验) ≯		9	9	9	9
磨损(缸套-环-轴承)	Mack T-12	评分 ≮			1000	1000	1000
		平均缸套磨损/μm ≯			26	26	24
		平均顶环失重/mg ≯			117	117	105
		测试后油中铅含量/10^{-6} ≯			42	42	35
		测试过程中，250~300h油中铅含量增加值/10^{-6} ≯			18	18	15
		油耗(第二阶段)/(g/h) ≯			95	95	85
油中烟炱	ASTM D5967 (Mark T-8E)	烟炱4.8%，相对黏度	第一次测试	2.1	2.1	2.1	
			第二次测试平均	2.2	2.2	2.2	
			第三次测试平均	2.3	2.3	2.3	
	Mack T11	TGA烟炱含量(4.0mm²/s)	第一次测试/%				3.5
			第二次测试平均/%				3.4
			第三次测试平均/%				3.3
		TGA烟炱含量(12.0mm²/s)	第一次测试/%				6.0
			第二次测试平均/%				5.9
			第三次测试平均/%				5.9
		TGA烟炱含量(15.0mm²/s)	第一次测试/%				6.7
			第二次测试平均/%				6.6
			第三次测试平均/%				6.5

续表

项目	试验方法	性能要求		ACEA-2008/2010			
				E4-08/ E4-08(2)	E6-09/ E6-08(2)	E7-08/ E7-08(2)	E9-08/ E9-08(2)
烟炱诱导磨损	Cummins ISM	评分 ≮					1000
		3.9%烟炱时，平均丁字压板失重	第一次测试/mg ≯			7.5	7.1
			第二次测试平均/mg ≯			7.8	7.1
			第三次测试平均/mg ≯			7.9	7.1
		油过滤压差 EOT	第一次测试/kPa ≯			55	19
			第二次测试平均/kPa ≯			67	19
			第三次测试平均/kPa ≯			74	19
		发动机油泥评分	第一次测试 ≮			8.1	8.7
			第二次测试平均 ≮			8.0	8.7
			第三次测试平均 ≮			8.0	8.7
		阀调节螺丝平均失重/mg ≯					49

项目	试验方法	性能要求	ACEA-2012			
			E4-12	E6-12	E7-12	E9-12
磨损	CECL-099-08 (OM646LA)	凸轮磨损(8个最大磨损平均值)/μm ≯	140	140	155	155
缸套抛光及清净性	CECL-101-08 (OM501LA)	平均缸套抛光面积/% ≯	1.0	1.0	2.0	2.0
		活塞清净性评分 ≮	26	26	17	17
		发动机油泥评分 ≮	R&R	R&R	R&R	R&R
		油耗/(kg/试验) ≯	9	9	9	9
磨损(缸套-环-轴承)	Mack T-12	评分 ≮		1000	1000	1000
		平均缸套磨损/μm ≯		26	26	24
		平均顶环失重/mg ≯		117	117	105
		测试后油中铅含量/10^{-6} ≯		42	42	35
		测试过程中，250~300h 油中铅含量增加值/10^{-6} ≯		18	18	15
		油耗(第二阶段)/(g/h) ≯		95	95	85

续表

项目	试验方法	性能要求		ACEA-2012			
				E4-12	E6-12	E7-12	E9-12
油中烟炱	ASTM D5967 (Mark T-8E)	烟炱 4.8%，相对黏度	第一次测试	2.1	2.1	2.1	
			第二次测试平均	2.2	2.2	2.2	
			第三次测试平均	2.3	2.3	2.3	
	Mack T11	TGA 烟炱含量 (4.0mm²/s)	第一次测试/%				3.5
			第二次测试平均/%				3.4
			第三次测试平均/%				3.3
		TGA 烟炱含量 (12.0mm²/s)	第一次测试/%				6.0
			第二次测试平均/%				5.9
			第三次测试平均/%				5.9
		TGA 烟炱含量 (15.0mm²/s)	第一次测试/%				6.7
			第二次测试平均/%				6.6
			第三次测试平均/%				6.5
烟炱诱导磨损	Cummins ISM	评分 ≮					1000
		3.9%烟炱时，平均丁字压板失重	第一次测试/mg ≯			7.5	7.1
			第二次测试平均/mg ≯			7.8	7.1
			第三次测试平均/mg ≯			7.9	7.1
		油过滤压差 EOT	第一次测试/kPa ≯			55	19
			第二次测试平均/kPa ≯			67	19
			第三次测试平均/kPa ≯			74	19
		发动机油泥评分	第一次测试 ≮			8.1	8.7
			第二次测试平均 ≮			8.0	8.7
			第三次测试平均 ≮			8.0	8.7
		阀调节螺丝平均失重/mg ≯					49

项目	试验方法	性能要求	单位	ACEA-2016			
				E4-16	E6-16	E7-16	E9-16
磨损	CECL-099-08 (OM646LA)	出口凸轮磨损(8 个凸轮最大平均磨损)	μm	≤140	≤140	≤155	≤155
油中烟炱	ASTM D5967 (Mark T-8E)	试验时间 300h，4.8%烟炱和剪切损失 50%，1 次/2 次/3 次测试相对黏度		≤2.1/2.2/2.3			
缸径抛光活塞洁净	CECL-101-08 (OM501LA)	活塞洁净性平均值	评分	≥26		≥17	
		缸径抛光平均值	%	≤1.0		≤2.0	
		油耗	kg/试验	≤9		≤9	
		发动机油泥平均值	评分	报告		报告	

续表

项目	试验方法	性能要求	单位	ACEA-2016			
				E4-16	E6-16	E7-16	E9-16
烟炱诱导磨损	ASTM D7468 (Cummins ISM)		评分				≥1000
		3.9%烟炱时摇臂平均损重 1/2/3次试验平均	mg			≤7.5/7.8/7.9	≤7.1
		油压过滤器压差，150h 1次/2次/3次测试平均值	kPa			≤55/67/74	≤19
		发动机油泥 1次/2次/3次测试平均值校准网的损重	评分 mg			≥8.1/8.0/8.0	≥8.7 ≤49
磨损(衬垫-环-轴承)	ASTM D7422 (Mack T12)		评分		≥1000		≥1000
		平均衬里磨损(CLW)	μm		≤26		≤24
		顶环质量损失(TRWL)	mg		≤117		≤105
		试验结束测铅	10^{-6}		≤42		≤35
		Delta铅含量250~300小试	10^{-6}		≤18		≤15
		油耗(Ⅱ段)	g/h		≤95		≤85
生物燃料影响活塞环清净性和发动机油泥	CECL-104-16 (OM646LA Bio)	活塞清净性(平均)	评分		≥RL255+4		≥RL255+2
		环黏结	ASF		报告		报告
		发动机油泥	评分		报告		报告

项目	试验方法	性能要求	单位	ACEA-2022			
				E4-22	E8-22	E7-22	E11-22
磨损	CECL-099-08 (OM646LA)	出口凸轮磨损(8个凸轮最大平均磨损)	μm	≤140	≤140	≤155	≤155
油中烟炱	ASTM D 5967 (Mack T-8E)	试验时间300h，4.8%烟炱和剪切损失50%		≤2.1			
活塞清净性	CECL-118-21 (OM471)	活塞洁净性(凹槽和活塞底冠)(平均)	%	≥ 74		—	
		油耗	g/h	报告		—	
活塞清净性	ASTM D6750 (CAT 1N)	缺点加权(WDN)	缺点			≤286.2	
		顶部凹槽填充(TGF)	%			≤20	
		顶岸积炭(TLHC)	%			≤3	
		油耗(0~252h)	g/kWh			≤0.54	
		活塞、环，以及缸套擦伤				无	
		活塞环卡滞				无	

续表

项目	试验方法	性能要求	单位	ACEA-2022			
				E4-22	E8-22	E7-22	E11-22
活塞清净性	ASTM D7549 (CAT C13)	优点评分	优点				≥1000
		热黏环					无
烟炱诱导磨损	ASTM D7468 (Cummins ISM)	优点评分	评分	—			≥1000
		顶环质量失重	mg				≤100
		十字头失重	mg			≤7.5	≤7.1
		油压过滤器压差，150h	kPa			≤55	≤19
		发动机油泥平均值	评分	—		≥8.1	≥8.7
		阀调节螺丝平均失重	mg				≤49
磨损（衬垫-环-轴承）	ASTM D7422 (Mack T12)	优点评分	评分	—	≥1000	≥1000	≥ 1000
		平均衬里磨损(CLW)	μm		≤24.0	≤26	≤24.0
		顶环质量损失(TRWL)	mg		≤105	≤117	≤105
		试验结束测铅	ppm		报告	≤42	报告
		Delta 铅含量，250~300h	ppm		报告	≤18	报告
		油耗(Ⅱ段)	g/h		报告	≤95	报告
生物燃料影响活塞环清净性和发动机油泥	CECL-104-16 (OM646LA Bio)	活塞清净性(平均)	评分		≥RL255+6		≥RL255+4
		环黏结	ASF		报告		报告
		发动机油泥平均值	评分		报告		报告
氧化安定性	ASTM D8048 (Volvo T-13)	运动黏度增长率(300~360h)	%		≤75		≤75
		氧化物峰高	A/cm		≤125		≤125
		硝化物峰高	A/cm		报告		报告
		油耗(48~192h)	g/h		报告		报告
透气性	ASTM D8047 (COAT)		%		≤ 11.8		≤ 11.8

三、ILSAC 汽油机油规格的台架试验

ILSAC(International Lubricant Standardization and Approval Committee)，即国际润滑剂标准化及认证委员会。

ILSAC 由美国汽车制造商协会(AAMA)和日本汽车制造商协会(JAMA)联合一些大的润滑油和添加剂公司共同成立，对润滑油产品规格进行认证的机构，其认证委托美国石油学会(API)发布。到目前为止，ILSAC 发布的具有节能要求的汽油机油规格有 GF-1、GF-2、GF-3、GF-4、GF-5、GF-6，其质量水平与 API 汽油机油规格 SH、SJ、SL、SM、SN 相对应，除满足 API 汽油机油的要求外，还需要满足节能台架的要求，见表 4-32。黏度牌号共五个，即 SAE 0W-20、SAE 0W-30、SAE 5W-20、SAE 5W-30、SAE 10W-30，随着 SAE J300-2015 的发布，在新发布的 ILSAC GF-6 规格中其黏度牌号进一步增多。

表 4-32 ILSAC 规格的发展历程与 API 汽油机油规格的关系

ILSAC 规格	发布时间	与 API 质量级别的关系
GF-1	1992	SH+节能要求
GF-2	1996	SJ+节能要求
GF-3	2000	SL+节能要求
GF-4	2004	SM+节能要求
GF-5	2010	SN+节能要求+与生物燃料的抗乳化+磷保持能力
GF-6	2019	SP+节能要求

由于 ILSAC GF 系列汽油机油与 API 汽油机油的质量等级的对应性，因此 ILSAC GF-1～GF-6 汽油机油发动机评定只列出需要进行的节能测试(其余发动机的试验参见相应级别的 API 汽油机油)，具体见表 4-33。

表 4-33 ILSAC GF 系列汽油机油燃料经济性指标

ILSAC 质量等级	试验方法	黏度级别	燃料经济性 FEI/%		
			FEI 1	FEI 2	FEI 1+FEI 2
GF-1	程序Ⅵ(SH/T 0757)	全部	≥2.7		
GF-2	程序ⅥA (ASTM D6202)	SAE XW-20	≥1.7		
		SAE XW-30	≥1.3		
		SAE 10W-30 及其他黏度级别	≥0.6		
GF-3	程序ⅥB (ASTM D6837)	SAE XW-20	≥2.0	≥1.7	
		SAE XW-30	≥1.6	≥1.3	≥3.0
		SAE 10W-30 及其他黏度级别	≥0.9	≥0.6	≥1.6
GF-4	程序ⅥB (ASTM D6837)	SAE XW-20	≥2.3	≥2.0	
		SAE XW-30	≥1.8	≥1.5	
		SAE 10W-30 及其他黏度级别	≥1.1	≥0.8	
GF-5	程序ⅥD(ASTM D7589)	SAE XW-20		≥1.2	≥2.6
		SAE XW-30		≥0.9	≥1.9
		SAE 10W-30 及其他黏度级别		≥0.6	≥1.5
GF-6A	程序ⅥE(ASTM D8114)	SAE XW-20	3.8	1.8	
		SAE XW-30	3.1	1.5	
		SAE 10W-30	2.8	1.3	
GF-6B	程序ⅥF(ASTM D8226)	SAE 0W-16	4.1	1.9	

1. 程序Ⅵ节能试验

燃料经济性(节能)的程序Ⅵ试验实际上是一个用试验油与多个参考油(基准参考油为 SF 20W-30 全配方汽油机油)进行多阶段试验，通过测定试验过程中的燃油耗，得出试验油节能效果。

程序Ⅵ节能试验由 ASTM 于 1987 年开发，使用 GM 公司 1982 年生产 Buick V6(排量 3.8L，双腔化油器)汽油发动机，即与程序ⅢE 使用同一发动机。试验时转速为 1500r/min，负荷为5.88kW(8马力)，空燃比为14∶1，试验时间为64h。程序Ⅵ试验由两个独立阶段组成，根据两个阶段的加权节能率计算试验油的综合节能率EFEI，试验条件及使用燃料技术指标分别见表4-34，表4-35。

表4-34 程序Ⅵ试验条件

项　　目	程序Ⅵ	
	阶段1	阶段2
油温/℃	65.6	135
转速/(r/min)	1500	1500
扭矩/(N·m)	38	38

表4-35 程序Ⅵ使用燃料主要技术指标

项　　目	指　　标	试验方法
辛烷值(研究法)(min)	96	ASTM D2699
馏程/℃		ASTM D86
初馏点	23.9~35	
10%	48.9~57.2	
50%	93.3~110	
90%	148.9~162.8	
终馏点	212.8	
硫含量(max)/%	0.10	ASTM D4296
磷含量(max)/(mg/L)	1.32	ASTM D3231
有机铅含量/(mg/L)	13.2	ASTM D3237
烃组成/%		ASTM D1319
烯烃(max)	10	
芳烃(max)	35	
饱和烃(max)	余量	

程序Ⅵ整个试验过程如下：

(1) 先用参考油A(不含添加剂的SAE 50)在65.6℃运转1h，在30min内测6次燃油耗，取平均值。

(2) 冲洗后，换用参考油C(含黏度指数改进剂和摩擦改进剂的SAE 20W-30)在135℃运转2h，再测6次燃油耗，取平均值。

(3) 冲洗后，换用参考油B(含黏度指数改进剂的SAE 20W-30)在135℃运转2h，再测6次燃油耗，取平均值。

(4) 降温到107℃，运转2h，测6次燃油耗，取平均值。

(5) 冲洗后，换用试验油，运转31.5h，在107℃测6次燃油耗，取平均值。

(6) 降温到65.6℃，运转1h，测6次燃油耗，取平均值。

(7) 升温到107℃，运转1h，测6次燃油耗，取平均值。

(8) 降温到65.6℃，运转1h，测6次燃油耗，取平均值。

(9) 冲洗后，换用参考油B(含黏度指数改进剂的SAE 20W-30)在135℃运转2.5h后降温到65.6℃运转1h，测6次燃油耗，取平均值。

(10) 升温到 135℃，运转 1h，测 6 次燃油耗，取平均值。

(11) 降温到 65.6℃，运转 1h，测 6 次燃油耗，取平均值。

(12) 升温到 135℃，运转 1h，测 6 次燃油耗，取平均值。

(13) 降温到 65.6℃，运转 1h，测 6 次燃油耗，取平均值。

程序Ⅵ节能试验中节能效果计算方法见式(4-1)。

$$\text{试验油燃料经济性(EFEI)}\% = \frac{\text{WT}(65.6)+\text{WT}(135)-[0.34\times \text{C}(65.6)\text{响应值}]+2.76}{1.45} \tag{4-1}$$

式中：

$$\text{WT}(65.6)=0.66\times\frac{B(65.6)-\text{试验油}(65.6)}{B(65.6)}\times 100$$

$$\text{WT}(135)=0.34\times\frac{B(65.6)-\text{试验油}(135)}{B(65.6)}\times 100$$

$$C(65.6)\text{响应值}=\frac{C(135)}{B(65.6)}\times 100$$

$B(65.6)$为参考油 B 在 65.6℃测定的平均燃油耗；

$C(135)$为参考油 C 在 135℃测定的平均燃油耗；

试验油(135)为试验油在 135℃测定的平均燃油耗。

试验油在评定节能试验时模拟了两种润滑状态，一种是模拟流体润滑的状态，油温为 65.6℃，冷却液温度为 54℃；另外一种是模拟边界润滑状态，此时的油温为 135℃，冷却液温度为 110℃。在 SAE 的研究论文 SAE 961914 中报道，边界润滑与流体润滑在整个程序Ⅵ试验过程中占 52%。

需要指出的是不同发动机的流体润滑和边界润滑的温度条件是有差异的。

本试验用于评价 ILSAC GF-1 汽油机油的燃料经济性。

2. 程序ⅥA 节能试验

随着低摩擦性能的发动机的生产及使用，原用于评定 ILSAC GF-1 燃料经济性的程序Ⅵ试验所用的发动机已无法满足评定节能性能的要求，因此 GM 公司开发出新的试验程序ⅥA 代替程序Ⅵ。用于评定 ILSAC GF-2 汽油机油的燃料经济性。

程序ⅥA 试验使用 1992 年生产的 Ford V-8 SOHC 汽油机，排量 4.6L，装有自动过载电子(AODE)变速箱。基准参比油为 SG 5W-30 全配方汽油机油，燃料类型与程序Ⅵ一致。试验时间为 50h，分为 6 个阶段，程序ⅥA 试验相关条件见表 4-36。

表 4-36 程序ⅥA 试验操作条件

阶　段	1	2	3	4	5	6
转速/(r/min)	800	800	1500	1500	1500	800
功率/kW	2.18	2.18	5.81	15.39	15.39	2.18
扭矩/(N·m)	26	26	37	98	98	26
机油温度/℃	105	70	70	70	45	45
冷却液温度/℃	95	60	60	60	45	45

续表

阶　段	1	2	3	4	5	6
空燃比	14.25~15.25					
点火正时/(°)	20±2					
进气压力/kPa	0.05±0.02					
进气湿度/(g/kg)	11.4±0.8					
进气温度/℃	27±2					
燃油温度/℃	20~32					
机油加热器温度(max)/℃	205					
冷却液流量/(L/min)	130±4					
排气背压(绝对)/kPa	140.00±0.7					

燃料消耗的计算：

(1) 试验燃料消耗由BSFC×功率×时间因子而得，具体见表4-37。

表4-37　阶段燃料消耗计算情况

试验阶段	BSFC/[kg/(kW·h)]	功率/kW	时间因子	燃料消耗/(kg/h)(BSFC×功率×时间因子)
1	BSFC	2.18	0.077472	BSFC×2.18×0.077472
2	BSFC	2.18	0.008250	BSFC×2.18×0.008250
3	BSFC	5.81	0.035417	BSFC×5.81×0.035417
4	BSFC	15.39	0.078250	BSFC×15.39×0.078250
5	BSFC	15.39	0.033139	BSFC×15.39×0.033139
6	BSFC	2.18	0.045444	BSFC×2.18×0.045444
总燃料消耗	∑阶段1燃料			

注：BSFC，为Brake Specific Fuel Consumption的缩写，计算方法见式(4-2)。

$$BSFC=\frac{W(\text{燃料流量，kg/h})}{\text{bhp}(\text{制动马力})} \tag{4-2}$$

(2) 按石油燃料消耗的计算方法，计算基准标定油BC(Baseline Calibration Oil)的消耗。

(3) 计算在试验油试验前后的基准标定油的燃料消耗平均值。

(4) 最后计算燃料经济性改进率(%FEI，FEI=Fuel Economy Improvement)，见式(4-3)。

$$\%FEI=\left\{\frac{\left[\sum_{s=1}^{6}(BSFC_s\times Power_s\times Weight\text{-}Factor_s)+0.254\right]_{\text{Test oil}}}{\text{Average }\left[\sum_{s=1}^{6}(BSFC_s\times Power_s\times Weight\text{-}Factor_s)+0.254\right]_{BC}}-1\right\}\times 100 \tag{4-3}$$

程序ⅥA试验试验过程中：

阶段1：试验油品在最高油温(105℃)下运行，油的黏度和油膜厚度最小，燃油经济性由边界润滑系数决定，边界润滑占61%，弹性流体润滑约占32%，牵引系数也起较大作用，此时液体润滑只占7%，高温高剪切黏度作用不大。

阶段2：油温较低，油的黏度和油膜厚度较大，燃油经济性取决于混合润滑和流体润滑，分别占18%和49%，边界润滑占31%，高温高剪切黏度的作用加强，弹性流体润滑的牵引系数作用降低。

阶段 3：在低温高转速下运行，其油膜厚度大于阶段 2，高温高剪切黏度的作用进一步加强，流体润滑占 79%，滑动摩擦和边界摩擦的作用进一步降低，分别占 9%和 12%。

阶段 4：比阶段 3 的负荷提高，流体润滑油膜厚度降低，润滑过程向混合润滑和边界润滑状态转变，分别占 12%和 14%，滑动摩擦和边界摩擦的作用加大，流体润滑状态降至 74%，高温高剪切黏度的作用减小。

阶段 5：试验油温为 45℃，油的黏度和油膜厚度增大，流体润滑状态高达 95%，混合润滑只占 5%，高温高剪切黏度起决定性作用。

阶段 6：试验油温为 45℃，此时试验在低转速下进行，油膜厚度降低，流体润滑状态降到 80%，混合润滑增至 20%。

流体润滑、边界润滑、弹性流体润滑这三种润滑状态在程序ⅥA 试验过程中分别占 71%、24%、5%。可见黏度改变对程序ⅥA 的影响比程序Ⅵ大，滑动摩擦和边界摩擦对程序ⅥA 的影响比程序Ⅵ小。六个阶段试验结束后测定试油的燃油消耗，计算相对基准校正油 BC2 的燃油经济性改进率 FEI。据 SAE 961914 报道，边界润滑和弹性流体润滑在程序ⅥA 试验过程中占 28%。

3. 程序ⅥB 节能试验

程序ⅥB 试验使用 1992 年生产的 Ford V-8 SOHC 汽油机，排量 4.6L，装有自动过载电子(AODE)变速箱。基准参考油为 SG 5W-30 全配方汽油机油，燃料类型与程序Ⅵ一致。

程序ⅥB 试验由 5 个操作阶段和 1 个老化程序组成，分别测试试验油老化前后的燃油经济性改进率 FEI，同时评价试验油的燃料经济性和燃油经济性的保持性。程序ⅥB 试验相关条件见表 4-38。

表 4-38 程序ⅥB 的试验条件

阶段	1	2	3	4	5
转速/(r/min)	1500	800	800	1500	1500
扭矩/(N·m)	98	26	26	98	98
功率/kW	15.39	2.18	2.18	15.39	15.39
机油温度/℃	125	105	70	70	45
冷却液温度/℃	105	95	60	60	45

在程序ⅥB 中以边界润滑和混合润滑为主的阶段 1 和阶段 2 分别占总加权燃料消耗的 27%和 8%，可见，油品的边界摩擦系数和混合摩擦系数对程序ⅥB 试验结果影响之大；五个阶段 16h 试验结束后测定试油的燃油消耗，计算相对基准校正油 BC2 的燃油经济性改进率 FEI 1，之后进行延长的老化试验，在 135℃运行 80h，模拟车辆行驶 6437~9674km 的老化过程，测定试验机油老化阶段的燃料消耗，计算相对基准校正油 BC2 的燃油经济性改进率 FEI 2，并计算 FEI 1 与 FEI 2 之和。

在程序ⅥB 中的阶段 3、阶段 4、阶段 5 以流体润滑为主，燃料经济性由发动机油的流体性能决定。

程序ⅥB 试验用于评定 ILSAC GF-3、ILSAC GF-4 汽油机油的燃料经济性。

4. 程序ⅥD 节能试验

鉴于程序ⅥB 统计结果表明，程序ⅥB 台架对于油品的摩擦改进剂的作用的区分性需要改进，为评价 ILSAC GF-5 汽油机油燃油经济性，由主要的汽车制造商 GM 汽车公司等、润滑油公司 Exxon-Mobil 等、润滑油添加剂生产商 Lubrizol 公司在内的 10 家公司共同参与开发了程序ⅥD。程序ⅥD 试验使用 GM 汽车公司生产的 GMHFV6 高性能汽油机，排量为 3.6L。基准参考油为 SAE 20W-30 全配方汽油机油。

程序ⅥD 试验由 6 个操作阶段和 1 个老化程序组成，老化过程为 100h，程序ⅥD 台架模拟汽车在不同运行状态下的燃油经济性。通过测试试验油在不同操作阶段的燃油经济性指数 FEI，同时评价试验油的燃料经济性和燃油经济性的保持性。程序ⅥD 试验相关条件见表 4-39。

表 4-39　程序ⅥD 段的试验条件

阶　段	1	2	3	4	5	6
转速/(r/min)	2000	2000	150	695	695	695
扭矩/(N·m)	105	105	105	20	20	40
功率/kW	22.0	22.0	16.5	1.5	1.5	2.9
机油温度/℃	115	65	115	115	35	115
冷却液温度/℃	109	65	109	109	35	109

在程序ⅥD 试验中阶段 3、阶段 4 和阶段 6 以边界润滑和混合润滑状态为主，分别占总加权燃料消耗的 31%、17.4%、17.2%。显然程序ⅥD 试验在很大程度上改善了程序ⅥB 试验中对减摩剂不敏感的问题，提高了边界润滑和混合润滑所占的比例，降低了流体润滑的比例。

四、摩托车发动机油台架试验

（一）二冲程汽油机油台架试验

二冲程汽油机采用油雾润滑，燃料与润滑油按照一定比例混合后进入发动机，汽油首先气化而与润滑油分离，润滑油通过油雾对运动部件进行润滑。最后润滑油与汽油一起在燃烧室燃烧而使发动机做功。汽油与润滑油的混合方式有预先混合或者快速混合式(润滑油与燃料分开在不同储罐中同时喷入)，燃料与润滑油的混合比例较宽，(20∶1)~(100∶1)，也有更高的。

二冲程汽油机有空冷与水冷两种方式，一般而言空冷的功率相对较小，在 1~60kW，如剪草机、摩托车等；水冷二冲程汽油机功率较大，多在 4~150kW，如舷外机(冲锋舟)。

1. 二冲程汽油机油标准情况

(1) 风冷二冲程汽油机油：目前二冲程汽油机油的我国国家标准为 GB/T 20420—2006，本标准修改采用 ISO 13738∶2000，有三个质量等级 EGB、EGC、EGD，见表 4-40；日本 JASO M345 标准于 1994 年发布，即 FA、FB、FC 三个等级的产品，见表 4-41，在 2004 年发布的标准中废除了 FA 而增加了 FD，现在标准为 JASO M345—2004，其中 FB、FC、FD 三个质量等级见表 4-42。

表 4-40　二冲程汽油机油性能要求与测试方法(GB/T 20420—2006)

项　　目			质量指标			试验方法
			EGB	EGC	EGD	
理化性能	运动闪点黏度(100℃)/(mm²/s)	≮	6.5	6.5	6.5	GB/T 265
	闪点(闭口)/℃	≮	70	70	70	GB/T 261
	水分/%	≯	痕迹	痕迹	痕迹	GB/T 260
	机械杂质/%	≯	0.01	0.01	0.01	GB/T 511
	倾点/℃	≯	-20	-20	-20	GB/T 3535
	硫酸盐灰分/%	≯	0.18	0.18	0.18	GB/T 2433
发动机试验	润滑指数	≮	95	95	95	SH/T 0668
	初始扭矩指数	≮	98	98	98	SH/T 0668
	清净性指数	≮	85	95		SH/T 0667
					125	SH/T 0710
	活塞裙部漆膜指数	≮	85	90		SH/T 0667
					95	SH/T 0710
	排烟指数	≮	45	85	85	SH/T 0646
	排气系统堵塞指数	≮	45	90	90	SH/T 0669
	每个数值代表一个指数，把参考油 JATER-1 的性能指数定为 100					

表 4-41　二冲程汽油机油性能要求与测试方法(JASO M345—2001)

项　　目			质量指标			试验方法	
			FA	FB	FC	JIS	ASTM
理化性能	运动闪点黏度(100℃)/(mm²/s)	≮	6.5	6.5	6.5	K2283	D445
	闪点(闭口)/℃	≮	70	70	70	K2265	D93
	硫酸盐灰分/%	≯	0.25	0.25	0.25	K2272	D874
发动机试验	润滑指数	≮	90	95	95	JASO M340	
	初始扭矩指数	≮	98	98	98		
	清净性指数	≮	80	85	95	JASO M341	
	排烟指数	≮	40	45	85	JASO M342	
	排气系统堵塞指数	≮	30	45	90	JASO M343	

表 4-42　二冲程汽油机油性能要求与测试方法(JASO M345—2004)

项　　目			质量指标			试验方法	
			FB	FC	FD	JIS	ASTM
理化性能	运动闪点黏度(100℃)/(mm²/s)	≮	6.5	6.5	6.5	K2283	D445
	闪点(闭口)/℃	≮	70	70	70	K2265	D93
	硫酸盐灰分/%	≯	0.25	0.25		K2272	D874
					0.18		

续表

项目				质量指标			试验方法	
				FB	FC	FD	JIS	ASTM
发动机试验	润滑指数 ≮			95	95	95	JASO M340	
	初始扭矩指数 ≮			98	98	98	JASO M340	
	清净性	60min 评价	清净性指数 ≮	85	95		JASO M341 60min 测试	
			活塞裙部漆膜指数 ≮					
		180min 评价	清净性指数 ≮			125	JASO M341 180min 测试	
			活塞裙部漆膜指数 ≮			95		
	排烟指数 ≮			45	85	85	JASO M342	
	排气系统堵塞指数 ≮			45	90	90	JASO M343	

（2）水冷二冲程汽油机油：水冷二冲程汽油发动机因体积小、质量轻、升功率高以及良好的动力性能等优点，被广泛用作水上交通、公安缉私、抗洪抢险和旅游娱乐等用途的舷外机（也称摩托艇）发动机。

水冷二冲程汽油机油标准由 NMMA（美国船舶制造商协会）制定提出，产品标准有 TC-W、TC-W2 与 TC-W3，目前 NMMA 仅保留 TC-W3。

现行的水冷二冲程汽油机油产品标准为 SH/T 0676—2005，具体见表 4-43。

表 4-43　水冷二冲程汽油机油技术要求和试验方法（SH/T 0676—2005）

项目	质量指标		试验方法
	TC-W2	TC-W3	
运动黏度（100℃）/（mm^2/s）	6.5~9.3		GB/T 265
闪点（开口）/℃ ≮	70		GB/T 3536
倾点/℃ ≯	-28		GB/T 3535
机械杂质/% ≯	0.01		GB/T 511
水分/% ≯	痕迹		GB/T 260
锈蚀试验 锈蚀面积/% ≯	参考油锈蚀面积		SH/T 0633
滤清器堵塞倾向试验 流动速率变化/% ≯	20		SH/T 0634
早燃倾向试验，发生早燃次数 ≯	参考油的早燃次数		SH/T 0647
润滑性试验，平均扭矩降 ≯	参考油平均扭矩降		SH/T 0670
低温流动性与混溶性试验 低温流动性（-25℃）/（mPa·s） ≯ 混溶性（-25℃），翻转次数 ≯	7500 参考油的 110%		SH/T 0671
相容性试验		通过	SH/T 0697
清净性及一般性能评定	通过	通过	SH/T 0648
清净性及一般性能评定 OMC 70HP 法		通过	SH/T 0708
清净性及一般性能评定 Mercury 15HP 法		通过	SH/T 0709

2. 二冲程汽油机油台架试验要求

(1) 风冷二冲程汽油机油：风冷二冲程汽油机油的发动机试验主要评价二冲程汽油机油的润滑性、清净性、排烟与排气系统堵塞指数。

① 风冷二冲程汽油机油润滑性评定法：

方法概要：

SH/T 0668—1998 风冷二冲程汽油机油润滑性评定法采用一台排量 $49cm^3$ 单缸、风冷二冲程汽油机进行润滑性试验，试验用混合燃料油的混合比(标准燃料油/二冲程油)为 50：1(体积分数)。

发动机节气门全开、4000r/min 工况[CO 浓度调整到 6.0%±0.5%(体积分数)]下运行 60min，待运行工况稳定后，停止供给冷却风，当火花塞垫圈温度达到 200℃时，测定发动机输出扭矩值，达到 300℃时，再测定其扭矩值，并计算出扭矩降低值。

重复 5 次试验，获得一组数据。完成一组试验后，更换试验油继续试验，试验依次按照参考油-试验油-标准参考油顺序进行。

风冷二冲程汽油机油润滑性评定法包括润滑指数与初始扭矩指数两个指标。

SH/T 0668—1998 风冷二冲程汽油机油润滑性评定法，等效采用日本 JASO M340—1992。评定试验用发动机为 HONDA AF27 型摩托车用 SK50MM 型发动机，铝制气缸体，铸铁气缸套，发动机主要参数见表 4-44，使用的燃料油要求见表 4-45，试验用标准参考油(JATER-1)和校机油(JATER-1 和 JATER-3)性能见表 4-46。

表 4-44 评价风冷二冲程用发动机主要参数

发动机型号	HONDA AF27 型摩托车用(SK50MM)	发动机型号	HONDA AF27 型摩托车用(SK50MM)
缸数	1	怠速/(r/min)	2000±20
缸径(mm)×冲程(mm)	39.0×41.4	压缩比	7.0
排量/cm^3	49.4	点火方式	无触点点火系统
标定功率/kW/(r/min)	5.00/7000	火花塞	NGK BR8HSA 或 W24FR-L
最大扭矩/(N·m)/(r/min)	7.15/6500	润滑方式	分离润滑
升功率/(kW/L)	102.0	冷却方式	强制风冷

表 4-45 标准燃料油的性质

项目			质量指标	试验方法
实际胶质/(mg/100mL)		≯	4	GB/T 8019
蒸气压/kPa		≯	75	GB/T 8017
四乙基铅/(g/L)		≯	0.001	GB/T 8020
馏程	10%蒸发温度/℃	≯	70	GB/T 6536
	50%蒸发温度/℃	≯	110	
	90%蒸发温度/℃	≯	167	
硫含量/%		≯	0.03	GB/T 380
辛烷值(研究法)			89~93	GB/T 5487
烃族组成	烯烃(体积分数)/%		5~20	GB/T 11132
	芳香烃(体积分数)/%		25~35	

表 4-46　标准参考油和校机油的主要技术指标

项　　目	JATER-1	JATER-3	试验方法
运动黏度/(mm^2/s)			
40℃	58.14	60.90	GB/T 265
100℃	8.530	8.548	
黏度指数	121	112	GB/T 1995
总酸值/(mgKOH/g)	0.17	0.15	GB/T 7304
总碱值/(mgKOH/g)	1.45	1.58	GB/T 7304
硫酸盐灰分/%	0.12	0.12	GB/T 2433
残炭/%	0.35	0.19	GB/T 268

试验程序：

发动机运行记录，按表 4-47 的要求进行。

表 4-47　发动机运行工况

发动机转速/(r/min)	油门开度/%	一氧化碳浓度(体积分数)/%	耗油量/(L/h)
4000±20	100	6.0±0.5	1.5±0.5

a. 发动机按表 4-48 工况运转 30min。在此期间调节冷却风，使火花塞垫圈温度保持在(160±5)℃。

b. 停止供给冷却风，连续记录火花塞垫圈温度和扭矩值。

c. 必须特别记录火花塞垫圈温度 200℃和 300℃时的扭矩值，一经记录完毕，立即供给冷却风。

d. 供给冷却风后约 10min，并确认火花塞垫圈温度降至(160±5)℃之后，再停止供给冷却风。

采用上述方法先后对标准参比油 JATER-1、试验油、标准参比油 JATER-1 各测量 5 次，并计算出各 5 次的 200℃和 300℃时扭矩降的平均值。

表 4-48　试验过程中规定的测定项目

项　　目	连续	预运行期间
发动机转速/(r/min)	测定	
输出扭矩/(N·m)	测定	
火花塞垫圈温度/℃	测定	
一氧化碳(体积分数)/%		测定
干球温度/℃		测定
湿球温度/℃		测定
大气压力/kPa		测定

二冲程汽油机油润滑指数，按式(4-4)计算：

$$\mathrm{LIX}=\frac{\text{标准参比油修正后的扭矩降平均值}}{\text{试验油修正后的扭矩降平均值}}\times 100 \tag{4-4}$$

二冲程汽油机油初始扭矩指数，按式(4-5)计算：

$$\mathrm{ITIX}=\frac{200℃时试验油校正扭矩平均值}{200℃标准参比油校正扭矩平均值}\times 100 \tag{4-5}$$

试验油的通过标准：FA 级油 LIX≥90，FB、FC 级油 LIX≥95、ITIX≥98。

② 风冷二冲程汽油机油清净性评定法：风冷二冲程汽油机油清净性评定法标准有两个，分别是 SH/T 0667—1998 与 SH/T 0710—2001，SH/T 0667—1998 等效采用 JASO M341—1992、SH/T 0710—2001 标准等效采用欧洲协调委员会（Coordinating Euorpean Council）CECL-58-X-94 的 EGD 风冷二冲程汽油机油清净性试验方法。这两个方法均用于评价在高温下活塞环的黏结和发动机的清洁度，操作条件有较大差别。

A. SH/T 0667—1998 风冷二冲程汽油机油清净性评定法

方法概要：SH/T 0667—1998 风冷二冲程汽油机油清净性评定法采用排量 49.4cm^3单缸、风冷二冲程汽油机进行清净性试验，发动机按规定工况运行后，评定因润滑油引起的活塞环黏结、活塞与汽缸盖的沉积物的生成程度。

清净性评定法 SH/T 0667—1998（JASO M341—1992）与润滑性评定法 SH/T 0668—1998（JASO M340—1992）采用同一款发动机，即 HONDA AF27 型摩托车用 SK50MM 型发动机，铝制气缸体、铸铁气缸套。

发动机在 6000r/min、低负荷运行 10min 之后节气门全开，全负荷［排气中 CO 浓度（6.0±0.5）%（体积分数）］运行 60min。

采用 JATER-1 参比油，试验油与参比油按一定的顺序在一天内完成试验。燃油/润滑油体积混合比为 100：1。

程序试验：

a. 预运转后将油门继续开大，直至全开进行试验。标准参比油与试样油的试验在同一天内进行，以排除环境条件变化的影响。试验中最少每 10min 测量一次发动机转速 n、输出扭矩 M_e、火花塞垫圈温度 t_s、排气温度 t_r、进气温度 t_a、燃料油消耗量、排气一氧化碳浓度共 7 项参数。评定试验开始与结束，分别记录干球温度、湿球温度、试验室环境温度、大气压力共 4 项参数，见表 4-50。

影响评定试验的主要因素是一氧化碳浓度。当浓度值不在表 4-49 中规定的范围时，必须重新调整发动机，从磨合第Ⅱ阶段重新开始试验。

表 4-49 评定试验工况

持续时间/min	发动机转速/（r/min）	节气门开度/%	一氧化碳浓度（体积分数）/%	火花塞垫圈温度 t_s/℃	排气温度/ t_r/℃	燃料消耗量/（L/h）
60	6000±20	100	6.0±0.5	（235～240）	（470）	（2.60）

注：括号内参数为参考值。

表 4-50 试验过程中规定的测定项目

项 目	连续或少于 10min 间隔	试验前后
发动机转速/（r/min）	测定	
输出扭矩/（N·m）	测定	
火花塞垫圈温度/℃	测定	

续表

项　　目	连续或少于 10min 间隔	试验前后
排气温度 t_r/℃	测定	
空气进口温度 t_a/℃	测定	
燃料油消耗量/(L/h)	测定	
一氧化碳(体积分数)/%	测定	
干球温度/℃		测定
湿球温度/℃		测定
环境温度/℃		测定
大气压力/kPa		测定

b. 试验结束。自然冷却 30min 后拆机。将活塞从发动机中取出，首先评定活塞环的黏结状况，然后将活塞用 GB 1922—2006 中 NY-190 号溶剂油轻轻清洗数秒钟。

试验结果与评定：

评分：

按标准中附录规定的方法进行零件的清净性评分。

- 评分零件

零　　件	评　　分	零　　件	评　　分
活塞环(顶环、二环的黏结状况)		活塞顶部内腔	
活塞环岸(顶环岸、二环岸)		活塞顶	
活塞环槽(顶环槽、二环槽)		缸盖	
活塞裙部			

注：评定与膨胀环相接触的环槽表面时，以假定该接触的两个侧面沉积物是连续的为前提，忽略因膨胀环的运动在接触面的边界上所刮掉的沉积物。

- 加权评分：

采用清净性校正系数(加权系数)，对每个部位的评分进行校正，加权评分按式(4-6)计算。

$$加权评分=优点评分\times加权系数 \tag{4-6}$$

- 评述：

火花塞损坏状况；

排气口的堵塞状况；

活塞销和连杆小头轴承的损坏与磨损状况；

曲轴主轴承及连杆大头轴承的磨损等。

- 填表与拍照：

将评定结果及试验测量参数填入设计好的测试数据表格中。并对评定零件进行彩色拍照，其部位为：气缸盖燃烧室表面、活塞顶表面、活塞内腔、排气侧活塞表面、进气侧活塞表面、右侧活塞销孔方向活塞表面、左侧活塞销孔方向活塞表面、火花塞电极及间隙共 8 张照片，并注明试验编号、试样油、试验日期、清净性指数。

清净性指数 DIX：

清净性指数 DIX 按式(4-7)计算，并进行记录。

$$DIX=\frac{\text{试样油各零件加权评分之和}}{\text{JATRE-1 标准参比油各零件加权评分之和}}\times 100 \quad (4-7)$$

活塞裙部漆膜指数 VIX：

活塞裙部漆膜指数 VIX 按式(4-8)计算，并进行记录。

$$VIX=\frac{\text{试样油活塞裙部各侧加权评分之和}}{\text{JATRE-1 标准参比油活塞裙部各侧加权评分之和}}\times 100 \quad (4-8)$$

注：清净性指数按四舍五入取整数报告数据。

B. SH/T 0710—2001 风冷二冲程汽油机油清净性评定法(EGD 法)

方法概要：本标准程序采用排量 $49cm^3$ 单缸、风冷二冲程汽油机进行清净性试验，发动机在 6000r/min、低负荷运行 10min 之后，节气门全开，再全负荷[排气中 CO 浓度(6.4±0.1)%(体积分数)]运行 180min。发动机按运行结束后，评定因润滑油引起的活塞环黏结、活塞与汽缸盖的沉积物的生成程度。

采用 JATER-1 参比油，试验油与参比油按一定的顺序在一天内完成试验。燃油/润滑油体积混合比为 50∶1。

SH/T 0710—2001 风冷二冲程汽油机油清净性评定法(EGD 法)，即高温下活塞环的黏结趋势及发动机活塞、气缸盖、火花塞、排气口等的清洁程度。等效采用欧洲协调委员会(Coordinating Euorpean Council)CECL-58-X-94 的 EGD 风冷二冲程汽油机油清净性试验方法。

风冷二冲程汽油机油清净性评定法(EGD 法)采用的试验程序、试验条件与 CECL-58-X-94 标准试验方法相同，评定用发动机及参比油与 CECL-58-X-94 标准规定一致，测试设备、仪器仪表及辅助装置采用满足 CECL-58-X-94 标准方法规定功能、精度要求的产品。

评定试验用发动机为 HONDA AF27 型摩托车用 SK50MM 型发动机，铝制气缸体，铸铁气缸套，发动机主要参数见表 4-43，使用的燃料油与润滑指数及清净性指数在馏程上稍有差异，具体要求见表 4-51，试验用标准参比油(JATER-1)和校机油(JATER-1 和 JATER-3)性能见表 4-46。

表 4-51 标准燃料油的性质

项目		质量指标	试验方法
实际胶质/(mg/100mL) ≯		4	GB/T 8019
蒸气压/kPa ≯		75	GB/T 8017
四乙基铅/(g/L) ≯		0.001	GB/T 8020
馏程	10%蒸发温度/℃ ≯	50±5	GB/T 6536
	50%蒸发温度/℃ ≯	90±5	
	90%蒸发温度/℃ ≯	150±7	
硫含量/% ≯		0.03	GB/T 380
辛烷值(研究法)		89~93	GB/T 5487
烃族组成	烯烃(体积分数)/%	5~20	GB/T 11132
	芳香烃(体积分数)/%	25~35	

试验程序：

试运转10min后，在不停机的状态下，将节气门全开，并立即按表4-52所示的条件转入正式试验，按表4-53测量记录操作条件。由于试验精度主要受一氧化碳浓度的影响，因此，当一氧化碳浓度不在规定的范围内时，应停止试验并重新调整发动机。发动机调整完成后，从磨合第Ⅱ阶段重新开始试验。

表4-52　正式试验条件

持续时间/min	发动机转速/(r/min)	节气门开度/%	一氧化碳浓度(体积分数)/%	火花塞垫圈温度/℃	排气温度/℃	燃料消耗量/(L/h)
180	6000±20	100	6.4±0.1	260±2	(540)	(2.60)

注：括号内参数为参考值。

表4-53　试验过程中规定的测定项目

项　　目	连续或少于间隔	试验前后
发动机转速/(r/min)	测定	
输出扭矩/(N·m)	测定	
火花塞垫圈温度/℃	测定	
排气温度/℃	测定	
空气进口温度/℃	测定	
燃料油消耗量/(L/h)	测定	
一氧化碳(体积分数)/%		测定
干球温度/℃		测定
湿球温度/℃		测定
环境温度/℃		测定
大气压力/kPa		测定

试验结果与评定：

试验结束停机后，自然冷却30min后拆机。将活塞从发动机中取出，首先评定活塞环的黏结状况，然后对评定件进行清净性评分。在进行清净性评分前禁止用溶剂清洗活塞。

评分：按标准中附录C规定的方法进行零件的清净性评分。

- 评定零件

零　　件	评　　分	零　　件	评　　分
活塞环(顶环、二环的黏结状况)		活塞顶部内腔	
活塞环岸(顶环岸、二环岸)		活塞顶	
活塞环槽(顶环槽、二环槽)		缸盖	
活塞裙部			

- 加权评分

每个零件的评分乘以加权系数，得出加权评分值。

清净性指数DIX的计算：

清净性指数 DIX 按式(4-9)计算，并进行记录。

$$DIX=\frac{\text{试样油各零件加权评分之和}}{\text{JATRE-1 标准参比油各零件加权评分之和}}\times 100 \quad (4-9)$$

活塞裙部漆膜指数 VIX 的计算：

活塞裙部漆膜指数 VIX 按式(4-10)计算，并进行记录。

$$VIX=\frac{\text{试样油活塞裙部各侧加权评分之和}}{\text{JATRE-1 标准参比油活塞裙部各侧加权评分之和}}\times 100 \quad (4-10)$$

注：清净性指数按四舍五入取整数报告数据。

③ 风冷二冲程汽油机油排气烟度测定法。

方法概要：SH/T 0646—1997 风冷二冲程汽油机油排气烟度测定法，等效采用日本 JASO M342—1992 二冲程汽油发动机润滑油排气烟度试验方法，在规定的试验条件下，通过测量参比油和试验油的排气烟度，计算出烟度指数来评价试验油的排烟性能。

在同一天内，按参比油 JATER-1→一种或两种试验油→参比油 JATER-1 顺序试验，每种油各重复 3 次试验程序，各测得 3 个排气烟度最大值。

SH/T 0646—1997 风冷二冲程汽油机油排气烟度测定法采用的试验程序、试验条件与 JASO M343—1992 标准方法相同。评定用发动机及标准参 IL 油与 JASO 标准规定一致。测试设备、仪器仪表及辅助装置均满足 JASO 方法规定的功能、精度要求。

试验使用铃木 SX-800R 发电机组的发动机，主要技术参数见表 4-54，试验燃料油、标准参比油(JATER-1)和校机油(JATER-1 和 JATER-3)同润滑指数试验项目一致。

表 4-54 二冲程汽油机油排气烟度试验发动机主要技术参数

技术参数	SUZUKI SX-800R 发动机	技术参数	SUZUKI SX-800R 发动机
气缸数	1	排量/mL	69
冷却方式	强制风冷	压缩比	5.6
缸径(mm)×冲程(mm)	46.0×42.0		

试验程序：

a. 为除去消音器的残油，用保温层裹住消音器。把发电机上的频率控制杆移到 60Hz 处。启动发动机并在 750W 负荷下运转，当排气温度达到 320℃，排气烟度小于 0.5%时，停发动机。若排气烟度未能小于 0.5%，则发动机继续运转 15min 后停机。

b. 拆开保温层，吹风使发动机冷却。

将发动机冷却到火花塞垫圈温度(65±5)℃，此时排气温度通常在 50℃以下。

必须在冷却过程中对烟度计、记录仪的零点进行调整，用标准镜对烟度计进行校正。

c. 将频率控制杆推回 50Hz 处，启动发动机，在无负荷下运转 20min，记录在此过程中的排气烟度并作为参考值。

d. 将负荷切换为(670±10)W，读出排气烟度最大值，作为计算烟度指数的数据。发动机继续运转至排气烟度下降后停机。

结果评价：

a. 试验结果有效的条件：

参比油两次试验的烟度的偏差 $Y(\%)$ 在±15%范围内，试验结果有效，否则无效。计算方法：

$$Y(\%)=[(B-A)\div A]\times 100 \tag{4-11}$$

式中　A——参比油第一次试验 3 个最大烟度平均值；

　　　B——参比油第二次试验 3 个最大烟度平均值。

b. 烟度指数的计算：

$$试验油烟度指数=\frac{S_R}{S_C}\times 100 \tag{4-12}$$

式中　S_R——参比油两次试验 6 个最大烟度平均值；

　　　S_C——试验油 3 个最大烟度平均值。

烟度值保留一位小数，烟度指数取整数。

报告结果：

按表 4-55 的格式及内容报告试验结果。

表 4-55　风冷二冲程汽油机油排气烟度试验报告

试验方法					送样单位								
试验日期					试验编号								
试样名称		JATER-1									JATER-1		
试验号		1	2	3	1	2	3	1	2	3	1	2	3
排气烟度/%	50Hz，0W												
	50Hz，670W												
垫圈温度/℃	50Hz，0W												
	50Hz，670W												
排气温度/℃	50Hz，0W												
	50Hz，670W												
发动机转速/(r/min)	50Hz，670W												
	60Hz，750W												
室温/℃													
大气压/MPa													
湿度/%													
平均烟度/%		A			C			D			B		
[(*B*-*A*)÷*A*]×100%					判断是否在±15%范围内								
A 和 *B* 平均烟度/%													
烟度指数(取整数)													
备注													

试验人员：　　　　　　　　　　　　报告：　　　　　　　　　　　　　　　　审核：

④ 风冷二冲程汽油机油排气系统堵塞评定法。

SH/T 0669—1998 风冷二冲程汽油机油排气系统堵塞评定法，用于评定风冷二冲程汽油机油防止发动机排气系统堵塞倾向。等效采用日本汽车标准化组织 JASO M343—1992 评定二冲程汽油机油排气系统堵塞试验程序。

SH/T 0669—1998 采用的试验程序、试验条件与 JASO M343—1992 标准方法相同。评定用发动机及标准参比油与 JASO 标准规定一致。测试设备、仪器仪表及辅助装置均满足 JASO 方法规定的功能、精度要求。

方法概要：

试验使用一台装备有排量为 69CC 的单缸、强制风冷二冲程发动机的 SUZUKI SX-800R 发电机。由于排气系统炭沉积物的堵塞，导致发动机的输出功率下降。通过比较发动机进气负压达到规定值时持续运行的时间，来评定二冲程油防止排气系统堵塞的倾向。

试验使用分别混有标准参比油和试样油的两种混合燃料油。其混合比(标准燃料油/二冲程油)为 5∶1。两台试验发动机使用不同的混合燃料油，完成试验后，交换两台发动机的混合燃料油，然后按与第一次相同的条件进行第二次试验，从而获得试样油和标准参比油各两个试验结果。通过计算堵塞指数进行评定。

试验步骤：

a. 完成预运转后，按试验要求安装改装后的消声器，两台发动机同时开始正式试验。发动机运行 10min 后，在不停机的情况下注意观测运行状况，确认达到所规定的运行条件及控制设备可靠，则继续试验。

b. 如果没有满足运行条件，则重新从预运转开始并重新调整发动机。

c. 当进气负压达到 2kPa 时，试验结束。如果由于火花塞积炭而使发动机停止运行，则更换火花塞，继续试验，并记录发动机停机之前的运行时间作为特别说明。

d. 按照测试项目进行记录。

试验结果评价：

a. 试验有效性检验。由于两台发动机之间的某些差异，使发动机在运行时存在一定的误差。当同一试验油的试验结果满足式(4-13)条件时，试验有效。否则试验无效，需检查和调整发动机并重新确认运行条件或使用新发动机重新试验。

$$\frac{\text{同种油的较长运行时间}}{\text{同种油的较短运行时间}} \leqslant 1.75 \tag{4-13}$$

b. 堵塞指数(BIX)。堵塞指数按式(4-14)计算，指数值修约到整数。

$$\mathrm{BIX} = \frac{\text{试样油的总运行时间}}{\text{标准参比油的总运行时间}} \tag{4-14}$$

(2) 水冷二冲程汽油机油(舷外机油)。

① 水冷二冲程汽油机油润滑性评定法。水冷二冲程汽油机油润滑性评定法(SH/T 0670—1998)，用于评定舷外机等水冷二冲程汽油机油润滑性能。

标准等效采用美国材料与试验协会标准 ASTM D4863—95 评定二冲程汽油机油润滑性的标准试验方法。

方法概要：试验采用排量为 49cm^3 YAMAHA CY50-3KJ 单缸、风冷汽油机作为试验用发动机，试验中标准参比油或试验油与燃料的混合比为 1∶150(体积比)。试验中发动机节气门全开，转速恒定，稳定后断开冷却风，测量火花塞垫圈温度为 200~300℃ 时发动机扭矩，计算出扭矩降低值。扭矩下降越小，表明润滑油的润滑性能越好。交替进行参比油和试验油的试验，每组试验通常进行 5 次。

试验步骤：

a. 发动机在节气门全开、转速 4000r/min、火花塞垫圈温度为 169~171℃ 的状态下，稳定运行 20~30min 以建立热平衡。此时发动机输出功率不低于 1.4kW。断开冷却风，当火花塞垫圈温度升至 200℃时，开始记录发动机扭矩，一直至火花塞垫圈温度达到 350℃时止，即完成一次胀紧。冷却后再使火花塞垫圈温度保持在 169~171℃，稳定运转 3~4min，断开冷却风，重复上述试验过程。断开冷却风期间，应避免发动机受鼓风。为保证良好的重复性，应在环境温度为 23~30℃时进行试验。一组试验中进行 5 次胀紧。

b. 按表 4-56 的次序运转两组标准参比油和试样油的试验，每种油的试验过程不能中断。两种油之间的停机时间不能超过 1h，否则要重做整个试验，因为此时标准参比油与试样油的对比已不可靠。

表 4-56　水冷二冲程汽油机油润滑性评定次序

油　　品	胀紧数据号	组　　号
标准参比油	1~5	1
试验油	6~10	2
标准参比油	11~15	3
试验油	16~20	4

c. 扭矩降的范围。对一组试验的 5 次胀紧，比较其扭矩下降值，若最大值与最小值之差即扭矩下降的范围超过 0.085N·m，重做一次胀紧以替换超出扭矩降范围的一次，如果替换一次后扭矩降的范围仍超过 0.085N·m，则再替换一次。一组试验最多进行 7 次胀紧。如果从 7 次胀紧中去除两次后，扭矩降的范围仍超过 0.085N·m，则对发动机重新组装，重做试验。

d. 完成一组试验后，放净化油器中的混合燃料，更换或清洗输油管路。再进行下一组试验之前，用不含润滑油的试验燃料，使发动机在空负荷下以 4000r/min 转速运转 5min，然后放净化油器中的燃料油，换上另一种混合燃料油后，按前面的步骤进行下一组试验。

e. 对每个试验油和标准参比油 NMMA 93738 按上面的方法测定 5 次，再重复测定 5 次。每个油获得了 10 个 200℃和 350℃的扭矩降数据，计算出其平均值。

试验油通过标准为试验油的平均扭矩降要小于或等于标准参比油 NMMA 93738。

精密度与偏差：因为试验方法评定试验油润滑性是否好于或等于标准参比油，所以不做精密度说明。

偏差：因为二冲程汽油机油润滑性能只是根据本标准确定，所以不做偏差说明。

② 水冷二冲程汽油机油清净性及一般性能评定法。按美国 SWRI 文献的要求，TC-W3 舷外机油清净性需由三种机型来完成评定，三种机型分别用于考核清净性及拉伤的 15HP (Mercury 15HP) 评定试验、考核清净性及黏环的 70HP (OMC Johnson BJ70 TLECB) 评定试验及与评价 TC-W2 舷外机油清净性及一般性能一致的 40HP (J40ELETB) 评定试验。

用于评定水冷二冲程汽油机油清净性及一般性能的标准有三个，分别是 SH/T 0648—1997、SH/T 0708—2001 和 SH/T 0709—2001。SH/T 0648—1997 用于评定 TC-W2，TC-W3 产品评价清净性时 SH/T 0648—1997、SH/T 0708—2001 和 SH/T 0709—2001 均适用。

A. SH/T 0648—1997 水冷二冲程汽油机油清净性及一般性能评定法

水冷二冲程汽油机油清净性及一般性能评定法 SH/T 0648—1997，用于评价舷外机等水冷二冲程汽油发动机润滑油清净性及一般性能。

等效采用美国国家船舶制造商协会 NMMA-9-88 二冲程汽油机润滑油 TC-WⅡ许可证试验中第 6.2 节 NMMA 清净性和一般性能试验方法。

方法概要：试验使用经过改造的 OMC 737mL 排量的 J40ELETB 二冲程舷外机，在试验水池(箱)中，参比油与多个待评定的油分别在二台或多台舷外机上同时进行对比试验。如果条件允许也可用一台发动机，先后进行参比油与待评定油的对比试验。发动机在规定的操作条件下节气门全开运转 55min，怠速 5min 运转 7h 后，至少有 1h 停机冷却时间。这个循环重复 14 次达到总运行时间 98h。通过参比油与待评定油的评定结果比较，从而评价评定油的清净性及一般性能。

试验过程：

a. 磨合。试验用燃料和试验油样配制成 50：1(体积比)的混合燃料，部分开启节气门，按下列条件磨合：

3000r/min 运转 1h

4000r/min 运转 1h

磨合后，停机。以 25.8~27.1N·m 扭矩拧紧气缸盖螺栓。然后排尽罐、管线和化油器中的燃料。

b. 正式试验。

正式试验条件：换上同一试样混合比为 100：1(体积比)的混合燃料，启动发动机按表 4-57 条件运转。

表 4-57 正式试验条件

项　目	指　标	项　目	指　标
转速/(r/min)	4500±100	气缸盖冷却水出口温度/℃	77±3
节气门开度	全开	试验室温度/℃	14~43
燃料流量/(kg/h)	9.5~10	点火定时	上止点前 21°

试验循环：怠速(700~800r/min)运转 5min，节气门全开运转 55min。重复 7 次为一个试验循环。两个循环之间停机至少 1h，最长不超过 24h。重复循环 14 次，总试验时间 98h。

试验记录：

发动机冷却水进出口温度：连续记录。

火花塞垫圈温度：连续记录。

发动机转速：每次怠速阶段之前和之后 5min 以及怠速结束前。

燃料流量、点火定时、试验房的气温气压和湿度：每 7h 记录一次。

试验结果及报告：

a. 试验结束后 2~12h 内拆机进行试验结果评定，其顺序为：拆机、活塞环评分、拆活塞环，相关部件拍照，规定部件评分和评价。

b. 试验结果报告：将待评油与参比油的试验结果进行比较，出具试验结果报告，并附上相关部件的照片。

试验油通过标准为试验油评定结果优于或者等于标准参比油 NMMA 93738。

B. SH/T 0708—2001 水冷二冲程汽油机油清净性及一般性能评定法

水冷二冲程汽油机油清净性及一般性能评定法 SH/T 0708—2001，用于评价 TC-W3 舷外机油的清净性性能。

标准等效采用 NMMA OMC 70HP 试验程序(TC-W3)。

标准采用 OMC Johnson BJ70 TLECB 型舷外机作为试验机，属于 OMC 70HP 试验程序(TC-W3)允许使用的等效舷外机。采用的试验程序、试验条件与 NMMA OMC 70HP 试验程序(TC-W3)相同。

鉴于 NMMA OMC 70HP 试验程序(TC-W3)对试验结果没有具体的评价方法，因此 SH/T 0708—2001 参照 NMMA《TC-W3 舷外机评定法》及美国 CRC No. 19《水冷或风冷二冲程发动机沉积物外观磨损评定法和技巧》而制定。

方法概要：把经改装的 OMC 920mL 排量的 Johnson BJ70 TLECB 型舷外机作为试验机或等效型舷外机，在试验水池中，用参比油 NMMA 97378 与试验油先后在同一台舷外机上进行比对试验。发动机在规定的操作条件下，先磨合 2h，然后怠速运行 5min、节气门全开运行 55min，这个循环重复 98 次即运行 98h。最后通过比较参比油与试验油的评定结果，评价试验油的清净性，试样油引起的活塞环黏结以及其他性能。

试验过程：

a. 磨合和点火正时的调整：启动发动机并以(1000±100)r/min 运行 10min。然后提速到(5000±200)r/min 运行发动机，将点火正时调整到 19°(BTDC)，再按下列速度运行：

(3000±200)r/min　运行 1h

(4000±200)r/min　运行 1h

冷却水出口温度不高于 60℃。

用试验油来磨合发动机。

b. 正式试验：

试验循环：发动机 5min 怠速和 55min 节气门全开(W. O. T)运转为一试验循环，重复运行 98 个循环，共 98h，总的试验时间包括磨合为 100h。正式试验条件见表 4-58。

在参比油试验结束后接着进行试样油试验。

表 4-58　水冷二冲程汽油机油清净性及一般性能评定法(NMMA OMC 70HP)

项　目	控制条件	
	节气门全开(W. O. T)	怠速
转速/(r/min)	5000±200	1000±100
燃料消耗/(kg/h)	18. 0±0. 23(注)	记录
点火正时(BTDC)/(°)	19±1	记录
冷却水出口温度/℃	54±2	记录
冷却水进口温度/℃	记录	记录
冷却水进出口温差/℃	17±2	记录

注：此值以高/低参比油间的区分性试验时的油耗为基准，允许偏差±0. 23kg/h，试样油必须与参比油以同样的条件运行。在相同程序中参比油和所有试样油应以同样的给定值为目标。

试验数据的记录：

(a) 冷却水进口温度、出口温度、火花塞垫片温度，在每个怠速周期前 5min 时记录一次。

（b）节气门全开（W. O. T）时的转速：在每个怠速周期前5min和怠速周期后5min时各记录一次。

（c）怠速转速：每个怠速周期记录一次。

（d）燃料流量：每个怠速周期前5min记录一次。

（e）环境温度：每个怠速周期前5min记录一次。

（f）冷却水进口压力：每个怠速周期前5min记录一次。

（g）节气门全开（W. O. T）点火正时：每7h记录1次。

（h）怠速点火正时：每7h记录1次。

（i）大气压：每4h记录1次。

（j）湿球和干球温度：每4h记录1次。

试验结果及评定：

a. 试验结束后2~12h内拆机，24h内进行试验结果评定。其顺序为：拆机、活塞环黏结评分、相关部件拍照、规定部件评分和评价。

b. 将试样油的评定结果与参比油的结果进行比较，出具试验结果报告并附上相关的试验部件照片。

通过标准为试验油评定结果优于或者等于标准参比油NMMA 93738。

c. SH/T 0709—2001水冷二冲程汽油机油清净性及一般性能评定法

水冷二冲程汽油机油清净性及一般性能评定法（Mercury 15HP法），标准号为SH/T 0709—2001，用于评价TC-W3舷外机油的清净性能。

SH/T 0709—2001等效采用美国舷外机制造商协会NMMA“MERCURY 15HP试验程序（TC-W3）”。

SH/T 0709—2001采用MERCURY 15EL或ML型舷外机作试验机，属NMMA“MERCURY 15HP试验程序（TC-W3）”指定使用的舷外机。标准采用的试验程序、试验条件与NMMA“MERCURY 15HP试验程序（TC-W3）”相同。NMMA“MERCURY 15HP试验程序（TC-W3）”要求采用美国Howell烃类和化学品公司生产的市场上销售的HowellRSF燃料（环黏结燃料）作试验燃料。

由于NMMA“MERCURY 15HP试验程序（TC-W3）”对试验结果没有具体的评价方法，因此水冷二冲程汽油机油清净性及一般性能评定法（Mercury 15HP法）参照了美国舷外机制造商协会（NMMA）制定的《TC-W3舷外机评定法》及美国CRCNo. 19《水冷或风冷二冲程发动机沉积物外观磨损评定法和技巧》。

方法概要：把经过改装的MERCURY 15EL或ML型舷外机安放在试验水池中，舷外机磨合后，测量汽缸压缩压力，然后发动机以怠速运转5min，油门全开运转55min进行试验循环运转。在发动机循环运转中，每运行10h停机1h，并检查汽缸压缩压力，试验总共运行100h。试验后通过评定活塞环黏结、活塞沉积物、活塞环表面擦伤、活塞磨损、活塞销滚针轴承黏着、汽缸压缩压力下降等项目来评定油品的清净性能和润滑性能。

试验步骤：在进行试验油试验前，台架应用校机参比油进行校机，校机结果应满足要求。

a. 正式试验：在完成磨合、压缩检查和1h停机之后，使用100∶1的混合物燃料，开始试验运转。试验按 1h 怠速运转 5min，油门全开运转 55min 的方式连续循环运转，每运转 10h，停机 1h，总试验时间为 100h。其中每停机 1h 时检查气缸压缩压力。每次怠速运转与油门全开状态转换时间为 2～5s，运转条件见表 4-59。

表 4-59　水冷二冲程汽油机油清净性及一般性能评定法（Mercury 15HP 法）试验运转条件

项　目	怠　速	油门全开
时间/min	5	55
转速/(r/min)	800±100	5500±200
冷却液出口温度/℃	记录	54±2
冷却液进出口温差/℃	记录	17±2
冷却液流量/(L/h)	记录	记录
燃料流量/(kg/h)	最好空挡	(4.54±0.14)～(5.90±0.14)
点火正时(BTDC)/(°)	记录	36±1

b. 记录试验数据：需要记录冷却液进口温度、出口温度、火花塞垫片温度、燃料流量、环境温度、冷却液进口压力，每 1h 记录一次，每个怠速周期前 5min 时记录。

油门全开转速：在每个怠速周期前 5min 和怠速周期后 5min 时各记录一次。

怠速转速：每个怠速周期记录一次。

油门全开点火正时：每 10h 一次。

大气压：每 4h 记录一次。

湿球和干球温度：每 4h 记录一次。

c. 试验结果及评定：试验结束后，在完成试验压缩压力检查后 12h 内拆机，24h 内完成评价内容。在拆机之后，先进行环黏结评分，再对活塞、气缸盖、火花塞等评价部件或部位进行拍照，最后对评价零部件进行漆膜评分。若不能立即进行评分，把评分的零件储存在干燥环境中或者用可防蒸汽渗透的干燥的纸包裹并存放在干净干燥密封的塑料袋中。在评分之前活塞环不能受到任何外力的作用或干扰。袋子上应标上相应的油样名称、试验编号、试验日期等。

拍照部件：对活塞(包括承压面、非承压面、两侧、顶部、内顶)、缸盖、火花塞进行拍照。

沉积物、擦伤评分：出具试验结果报告并附上相关的试验部件照片。

通过标准为试验油评定结果优于或者等于 NMMA71591 高参比油。

③ 水冷二冲程汽油机油早燃倾向评定法。SH/T 0647—1997 水冷二冲程汽油机油早燃倾向评定法，评价二冲程汽油发动机润滑油早燃倾向，减少二冲程水冷汽油机油早燃的发生。

等效采用美国 ASTM D4858—92 测定二冲程汽油机润滑油加速早燃倾向性标准试验方法。根据美国船舶制造协会 NMMA 的 NMMATC-WⅡ许可证试验的要求，将 ASTM D4858 方法中早燃试验时间由 50h 改为 100h。

方法概要：试验发动机为 YAMAHA CY50-3KJ 单缸风冷二冲程汽油机油，混合比 20∶1，在节气门全开，转速 4000r/min 的条件下，运转 100h，记录燃烧室急剧升温来表示发生早燃的次数。

试验过程：

a. 磨合：试验用 ASTM 600 或待评油和燃料油样配制成 1∶20(体积比)的混合燃料，按照要求进行四个阶段(不同转速、节气门开度，其中第一阶段循环 2 次，第二阶段循环 4 次，第三阶段循环 4 次，第四阶段循环 2 次，每个循环为 10min)磨合，磨合时间为 2h。

b. 调整运转：磨合和结束检查发动机后，换上新的试验用的试样混合的燃料，混合比为 20∶1，重新启动发动机，按表 4-60 进行调整运转。

表 4-60 调整运转条件

运转时间/min	转速/(r/min)	负荷/kW	火花塞温度/℃
30	4000±30	0. 746±0. 07	174±3

c. 预热运转：正式运转前，发动机需进行 8min 的预热，预热运转条件见表 4-61。

表 4-61 预热运转条件

持续时间/min	转速/(r/min)	节气门开度	负荷/kW	火花塞温度/℃
2	2000±200	关闭	0	记录
2	3000±50	开 1/3	记录	125
2	3500±50	开 2/3	记录	185
2	4000±50	全开	记录	200

d. 正式试验：发动机预热后即按表 4-62 规定运转 100h。应连续记录燃烧室的温度及火花塞垫圈温度，连续记录的间隙不能超过 2s。每 30min 记录燃料压力、燃料流量、进气温度。每 2h 记录大气压和试验室相对湿度。并注意燃料室及火花塞垫圈温度的变化。排气温度属监测项目。

表 4-62 试验运转条件

转速/(r/min)	节气门开度	负荷/kW	火花塞温度/℃
4000±30	全开	记录	200±3

大早燃：在节气门全开，转速为 4000r/min 的任何时候，燃烧室温度急剧上升，超过稳定温度 10℃或更大，则是发生了大早燃，应立即停机，记录发生的时间，计时精确到 0. 1h。通常发生大早燃时，火花塞温度升高，扭矩下降。

停机后不能马上拆除火花塞。将排气管和气缸盖拆下，检查气缸。如果没有机械损伤，即清除燃烧室内沉积物，换上新的气缸盖垫和火花塞后继续试验。在原火花塞上标明总运转时间(h)。如果出现擦伤或卡死，即拆下气缸并检查活塞。必要时换上新活塞和气缸，磨合、调整运转及预运转后继续试验。

小早燃：如果记录仪表明燃烧室温度急剧升 7℃以上而小于 10℃，将它作为小早燃现象记录下来，同时记下发动机总运转时间、燃烧室温度最后变化时间(精确到 0. 1h)，以及由于燃烧室温度升高而伴随扭矩的减少情况。发生小早燃，不停机，直到 100h 试验结束。

试验结果报告：试验报告包括待评定油与参比油的试验结果。内容包括：试验日期、试验的详细结果，并做必要的说明。试验油的通过标准为试验结果优于或等于标准参比油 ASTM 601 或 NMMA 93738。

（二）四冲程摩托车机油台架试验

1. 四冲程摩托车的工况及用油特点

由于四冲程摩托车自身的特性要求、结构及工况不同，决定了四冲程摩托车的用油特点：

（1）四冲程摩托车发动机的润滑方式为压力润滑与飞溅润滑相结合，曲轴箱中的润滑油通过曲轴与曲柄的旋转飞溅到气缸壁上，机油泵将润滑油供应到曲轴轴承、凸轮轴承及配气机构。发动机曲轴箱与变速系统、离合系统、启动系统构成一体，离合器、变速齿轮、传动齿轮、启动系统与发动机通用一种润滑油进行润滑。四冲程摩托车发动机油既要经受曲轴的剪切还要经受10倍于曲轴的齿轮剪切；保证曲轴的磨损要求还要保证齿轮的点蚀、疲劳破坏，同时还必须保持适宜的摩擦特性以保证启动顺利、运转平稳及离合器不打滑。这要求四冲程摩托车油具有良好的抗剪切能力，还要保证优异的抗磨性能，适宜的摩擦系数，以满足曲轴箱、传动系统和变速系统的用油要求。

（2）考虑到骑手的舒适性及节能要求，道路用四冲程摩托车发动机排量125mL占主流，且以单缸为主；越野车、赛车多为大排量多缸机。考虑到尺寸小、结构紧凑性，要求具有高的强化系数，能承受高的气缸热负荷。据不完全统计，转速可达8000~13000r/min，升功率达60~120kW/L。而通常汽车用发动机最高转速范围为5200~6000r/min，升功率一般为47~62kW/L，见表4-63。通常摩托车发动机是汽车发动机转速的1.5~2.1倍，升功率是汽车发动机的1.3~1.9倍。高速、高负荷的同时，摩托车变工况运行频繁，转速变化范围大，小型化，重量轻，导致热容量小，机油运行温度高达160℃，车用机油通常低于120℃。

（3）四冲程摩托车发动机大部分是强制或自然风冷型，散热片及冷却风走向造成冷却不均匀，局部热负荷高。要求四冲程摩托车油具有好的高温氧化性能和高温清净性能，以保证摩托车发动机的润滑要求。

（4）大功率摩托车发动机的润滑方式采用压力润滑，即：依靠机油泵，将润滑油输出到配气凸轮、气门摇臂等处，然后收集回来经过过滤后循环使用，同时还能带走摩擦部件的摩擦物(如铜屑、铝屑等)。润滑油不仅润滑了运动部件，而且还对气缸头起冷却作用，更改善了润滑条件。大功率摩托车发动机工作时，配气凸轮、气门摇臂有较大的冲击负荷，这就要求发动机油有具较高的极压性能。

表4-63 发动机技术参数范围

机型	缸径/mm	排量/mL	标定功率/kW	最高转速/(r/min)	最大升功率范围/(kW/L)	机油运转温度/℃
小型汽油机(4T)	61~91	142~614	1.84~14.7	3000~3600	20~25	
摩托车汽油机(4T)	39~83	50~750	2.1~37.3	8000~13000	60~120	<160
轿车汽油机(4T)				5200~6000	47~62	<120

通过以上分析可以看出，四冲程摩托车发动机与车用发动机对油品性能的要求有较大的差异，汽车节能和低排放生产的低黏度、低凝、低摩擦系数车用油并不适合四冲程摩托车，因此四冲程摩托车发动机必须使用专用的四冲程摩托车油。

2. 四冲程摩托车机油规格标准

1996年日本摩托车四大制造公司提出建立四冲程摩托车润滑油新规格的建议，1998年日本发布了 JASO T903—1998 四冲程摩托车汽油机油标准、JASOT 904—1998 四冲程摩托车汽油机油离合器系统摩擦性能试验方法。

在 2006 年，日本 JASO 推出 JASO T903—2006 四冲程摩托车油规格，增加了产品类别并对摩擦特性进行了细分。

2011 年，日本 JASO 推出 JASO T903—2001 对四冲程摩托车油规格进行了更新，增加了部分规格的油品并对摩擦特性进行了适当修改，但理化要求与 JASO T903—2001 一致。JASO T903 不同版本更新及有效性见表 4-64。

表 4-64 JASO T903 不同版本的有效期

标准发布年号	最早允许使用时间	新标准接受后最后使用期限	标准废除时间
1998	1999 年 4 月 1 日	2006 年 4 月 30 日	2011 年 4 月 30 日
2006	2006 年 5 月 1 日	2011 年 9 月 30 日	2016 年 4 月 30 日
2011	2011 年 10 月 1 日		

（1）JASO T903—1998 规格情况：JASO T903—1998 四冲程摩托车汽油机油标准中质量情况见表 4-65，摩擦特性要求见表 4-66，理化要求见表 4-67。

表 4-65 JASO T903—1998 四冲程摩托车发动机油质量等级要求

分　类	等　级	分　类	等　级
API	SE、SF、SG、SH、SJ	ACEA	A1、A2、A3
ILSAC	GF-1、GF-2	CCMC	G-4、G-5

表 4-66 JASO T903—1998 四冲程摩托车发动机油摩擦特性要求

测试项目	指数范围		试验标准
	MA	MB	
DFI	≮1.45	<1.45	JASO T904—1998
SFI	≮1.15	<1.15	
STI	≮1.55	<1.55	

注：DFI—动摩擦特性指数，SFI—静摩擦特性指数，STI—时间制动指数。

表 4-67 JASO T903—1998 四冲程摩托车发动机油理化要求

测试项目	试验方法		要求
	JIS	ASTM	
硫酸盐灰分/%	K2272	D874	1.2max
蒸发损失/%	JPI 5S-41	D5800	20 max
泡沫倾向性/稳定性/mL 程序Ⅰ 程序Ⅱ 程序Ⅲ	K2518	D892	10/0max 50/0max 10/0max
剪切稳定性/(mm^2/s) XW-30 XW-40 XW-50	JPI 5S-29*	D6278	9.0min 12.0min 15.0min
高温高剪切黏度(150℃)	JPI 5S-36	D4683	2.9min

注：采用柴油喷嘴 30 次循环。

（2）JASO T903—2006 规格情况：质量级别要求情况见表4-68，在规格中将摩擦特性进行了细分，具体要求见表4-69，理化要求见表4-70；JASO T903—2006 根据摩擦特性划分见表4-71。

表 4-68　JASO T903—2006 四冲程摩托车发动机油质量等级要求

分　类	等　级	分　类	等　级
API	SG、SH、SJ、SL、SM	ACEA	A1/B1、A3/B3、A3/B4、A5/B5、C2、C3
ILSAC	GF-1、GF-2、GF-3		

表 4-69　JASO T903—2006 四冲程摩托车发动机油摩擦特性要求

测试项目	指数范围				试验标准
	MA	MA2*	MA1*	MB	
DFI	≥1.45 和<2.50	≥1.8 和<2.50	≥1.45 和<1.80	≥0.50 和<1.45	JASO T904—2006
SFI	≥1.15 和<2.50	≥1.70 和<2.50	≥1.15 和<1.70	≥0.50 和<1.15	
STI	≥1.55 和<2.50	≥1.90 和<2.50	≥1.55 和<1.90	≥0.50 和<1.55	

注：JASO T903—2006 中将 MA 的范围具体化，并将 MA 分为 MA1 与 MA2。

表 4-70　JASO T903—2006 四冲程摩托车发动机油理化要求

测试项目	试验方法		要　求
	JIS	ASTM	
硫酸盐灰分/%	K2272	D874	1.2max
磷含量/%	JPI-5S-38	D4951	0.08min 0.12max
蒸发损失/%	JPI 5S-41	D5800	20max
泡沫倾向性/稳定性/mL 程序Ⅰ 程序Ⅱ 程序Ⅲ	K2518	D892	 10/0max 50/0max 10/0max
剪切稳定性/(mm^2/s) XW-30 XW-40 XW-50 其他黏度等级	JPI 5S-29*	D6278	 9.0min 12.0min 15.0min 保持在原黏度级中
高温高剪切黏度(150℃)	JPI 5S-36	D4683	2.9min

注：采用柴油喷嘴 30 次循环。

表 4-71　JASO T903—2006 摩擦特性分级定义

样品	DFI	SFI	STI	MA	MA1	MA2	MB
1	≥0.50 和<1.45	≥0.50 和<1.15	≥0.50 和<1.55				√
2	≥1.45 和<1.80	≥1.15 和<1.70	≥1.55 和<1.90	√	√		

续表

样品	DFI	SFI	STI	MA	MA1	MA2	MB
3	≥1.80 和<2.50	≥1.70 和<2.50	≥1.90 和<2.50	√		√	
4	≥1.45 和<1.80	≥1.70 和<2.50	≥1.90 和<2.50	√			
5	≥1.80 和<2.50	≥1.15 和<1.70	≥1.90 和<2.50	√			
6	≥1.80 和<2.50	≥1.70 和<2.50	≥1.55 和<1.90	√			
7	≥1.45 和<1.80	≥1.15 和<1.70	≥1.90 和<2.50	√			
8	≥1.80 和<2.50	≥1.15 和<1.70	≥1.55 和<1.90	√			
9	≥1.45 和<1.80	≥1.70 和<2.50	≥1.55 和<1.90	√			
10	≥0.50 和<1.45	≥1.15 和<2.50	≥1.55 和<2.50				√
11	≥1.45 和<2.50	≥0.50 和<1.15	≥1.55 和<2.50				√
12	≥1.45 和<2.50	≥1.15 和<2.50	≥0.50 和<1.55				√
13	≥0.50 和<1.45	≥0.50 和<1.15	≥1.55 和<2.50				√
14	≥1.45 和<2.50	≥0.50 和<1.15	≥0.50 和<1.55				√
15	≥0.50 和<1.45	≥1.15 和<2.50	≥0.50 和<1.55				√

（3）JASO T903—2011 规格情况：JASO T903—2011 质量级别要求情况见表 4-72，摩擦特性要求见表 4-73，JASO T903—2011 根据摩擦特性划分情况见表 4-74。

表 4-72　JASO T903—2011 四冲程摩托车发动机油质量等级要求

分　类	等　　级	分　类	等　　级
API	SG、SH、SJ、SL、SM、SN	ACEA	A1/B1、A3/B3、A3/B4、A5/B5、C2、C3、C4
ILSAC	GF-1、GF-2、GF-3		

表 4-73　JASO T903—2011 四冲程摩托车发动机油摩擦特性要求

测试项目	指数范围				试验标准
	MA	MA2*	MA1*	MB	
DFI	≥1.30 和<2.50	≥1.85 和<2.50	≥1.30 和<1.85	≥0.50 和<1.30	JASO T904—2011
SFI	≥1.25 和<2.50	≥1.70 和<2.50	≥1.25 和<1.70	≥0.50 和<1.25	
STI	≥1.85 和<2.50	≥1.85 和<2.50	≥1.45 和<1.85	≥0.50 和<1.45	

注：JASO T903—2011 中将 MA 的范围具体化，并将 MA 分为 MA1 与 MA2。

表 4-74 JASO T903—2011 摩擦特性分级定义

样品	DFI	SFI	STI	MA	MA1	MA2	MB
1	≥0.50 和 <1.30	≥0.50 和 <1.25	≥0.50 和 <1.45				√
2	≥1.30 和 <1.85	≥1.25 和 <1.70	≥1.45 和 <1.85	√	√		
3	≥1.85 和 <2.50	≥1.70 和 <2.50	≥1.85 和 <2.50	√		√	
4	≥1.30 和 <1.85	≥1.70 和 <2.50	≥1.85 和 <2.50	√			
5	≥1.85 和 <2.50	≥1.25 和 <1.70	≥1.85 和 <2.50	√			
6	≥1.85 和 <2.50	≥1.70 和 <2.50	≥1.45 和 <1.90	√			
7	≥1.30 和 <1.85	≥1.25 和 <1.70	≥1.85 和 <2.50	√			
8	≥1.85 和 <2.50	≥1.25 和 <1.70	≥1.45 和 <1.85	√			
9	≥1.30 和 <1.85	≥1.70 和 <2.50	≥1.45 和 <1.85	√			
10	≥0.50 和 <1.30	≥1.25 和 <2.50	≥1.45 和 <2.50				√
11	≥1.30 和 <2.50	≥0.50 和 <1.25	≥1.45 和 <2.50				√
12	≥1.30 和 <2.50	≥1.25 和 <2.50	≥0.50 和 <1.45				√
13	≥0.50 和 <1.30	≥0.50 和 <1.25	≥1.45 和 <2.50				√
14	≥1.30 和 <2.50	≥0.50 和 <1.25	≥0.50 和 <1.45				√
15	≥0.50 和 <1.30	≥1.25 和 <2.50	≥0.50 和 <1.45				√

(4) JASO T903—2016 质量、摩擦特性要求及摩擦特性分级情况，分别见表 4-75～表 4-77。

表 4-75 JASO T903—2016 四冲程摩托车发动机油质量等级要求

分 类	等 级
API	SG、SH、SJ、SL、SM、SN
ILSAC	GF-1、GF-2、GF-3
ACEA	A1/B1、A3/B3、A3/B4、A5/B、5C2、C3、C4

表 4-76 JASO T903—2016 四冲程摩托车发动机油摩擦特性要求

测试项目	指数范围				试验标准
	MA	MA2	MA1	MB	
DFI	≥1.35 和<2.50	≥1.50 和<2.50	≥1.35 和<1.50	≥0.40 和<1.35	JASO T903—2016 附录 A
SFI	≥1.45 和<2.50	≥1.60 和<2.50	≥1.45 和<1.60	≥0.40 和<1.45	
STI	≥1.40 和<2.50	≥1.60 和<2.50	≥1.40 和<1.60	≥0.40 和<1.40	

表 4-77 JASO T903—2016 摩擦特性分级定义

样品	DFI	SFI	STI	MA	MA1	MA2	MB
1	≥0.40 和<1.35	≥0.40 和<1.45	≥0.40 和<1.40				√
2	≥1.35 和<1.50	≥1.45 和<1.60	≥1.40 和<1.60	√	√		
3	≥1.50 和<2.50	≥1.60 和<2.50	≥1.60 和<2.50	√		√	
4	≥1.35 和<1.50	≥1.60 和<2.50	≥1.60 和<2.50	√			
5	≥1.50 和<2.50	≥1.45 和<1.60	≥1.60 和<2.50	√			
6	≥1.50 和<2.50	≥1.60 和<2.50	≥1.40 和<1.60	√			
7	≥1.35 和<1.50	≥1.45 和<1.60	≥1.60 和<2.50	√			
8	≥1.50 和<2.50	≥1.45 和<1.60	≥1.40 和<1.60	√			
9	≥1.35 和<1.50	≥1.60 和<2.50	≥1.40 和<1.60	√			
10	≥0.40 和<1.35	≥1.45 和<2.50	≥1.40 和<2.50				
11	≥1.35 和<2.50	≥0.40 和<1.45	≥1.40 和<2.50				√
12	≥1.35 和<2.50	≥1.45 和<2.50	≥0.40 和<1.40				√
13	≥0.40 和<1.35	≥0.40 和<1.45	≥1.40 和<2.50				√
14	≥1.35 和<2.50	≥0.40 和<1.45	≥0.40 和<1.40				√
15	≥0.40 和<1.35	≥1.45 和<2.50	≥0.40 和<1.40				√

鉴于四冲程摩托车油特点，因此一般不允许使用车用低黏度、低凝、节能油。到目前为止，全球除个别地区少数机型使用离合器摩擦性能级别为 MB 以外，几乎全部为 MA 级别。

目前我国没有四冲程摩托车发动机油的国家标准或者行业标准。中国石化、中国石油属下润滑油公司及国内一些有代表性的润滑油生产企业参照日本 JASO T903—2006 规格制定出相应的企业标准来组织生产与销售。

3. 四冲程摩托车发动机油台架评定方法

由于 JASO T903 四冲程摩托车发动机油标准中的质量等级是在 API、ILSAC、ACEA 的油品的基础上进行摩擦特性的要求，因此除需要进行 JASO T904 离合器摩擦特性试验外，其他的发动机台架与相应规格的汽油机油/轻负荷柴油轿车机油台架是一致的。因此在此对四冲程摩托车汽油机油离合器摩擦特性试验方法进行介绍。

JASO T904 发展历程为 JASO T904—1998，JASO T904—2006，当前有效的标准为 JASO T904—2011。均采用 SAE NO. 2 试验机进行相关测试，不同年号标准试验的标准油有差异。

目前，我国四冲程摩托车汽油机油离合器摩擦特性试验方法为行业标准，标准号为 NB/SH/T 0840—2010，修改采用 JASO T904—2006。在此重点介绍 NB/SH/T 0840—2010（JASO T904—2006）。

方法概要：摩擦试验是用试验油和两个参考油在 SAE NO. 2 试验机（或规定的替代试验设备）上进行。试验油达到试验温度后，浸没在油中的摩擦片和钢片摩擦啮合，摩擦片达到相应转速时，测量动摩擦系数、停止时间以及静摩擦系数。对比参比油的摩擦特性和停止时间来评定试验油的摩擦特性。

SAE NO. 2 试验机是由一台电机和一组摩擦片（离合器片）组成，离合器片在加热到一定温度的试油中，由飞轮带动旋转至一定惯量，经过离开、啮合周期运行，可测得动转矩的变化。静摩擦系数是由其附加的低速摩擦装置测得。通过测定静、动转矩及中点动转矩和啮合时间来评价四冲程摩托车发动机油的摩擦特性。SAE NO. 2 试验机可用于自动传动液等油品的摩擦特性的评定。

采用 SAE NO. 2 试验机，评定四冲程发动机油的摩擦系数包括测定动摩擦试验和静摩擦试验 2 个阶段。

试验步骤：

a. 动摩擦试验：

- 控制试验油温度在（100±5）℃，摩擦片以 3600r/min 的恒定速度旋转，15s 后切断摩擦试验机电源。
- 通过加压活塞向试验件施加 785kPa 的压力，摩擦片和钢片之间产生摩擦力，使摩擦片停止旋转，2s 后去掉加载压力。
- 在此期间测量摩擦扭矩 T_d、T_o和制动时间 t，根据 T_d和 T_o计算动摩擦系数 μ_d和 μ_o。

每一次动摩擦试验循环 30s，在动摩擦试验电动机切断后等待 15s，然后再进行下一循环的测试；每次试验重复运行 1000 个循环。

动摩擦试验测量过程见图 4-1。

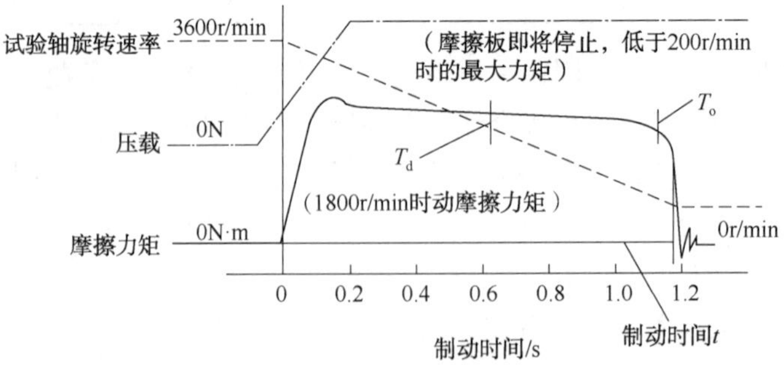

图 4-1　动摩擦试验测量示意

动摩擦系数测试条件见表 4-78。

表 4-78 动摩擦系数测试条件

项目	指标	项目	指标
飞轮惯量/(kg/m²)	0.343	试验循环/(s/循环)	30(电机开/停时间=15s/15s)
试验转速/(r/min)	3600±50	压力上升时间/s	0.10~0.15
达到试验转速的时间/s	8±2	压力持续时间/s	2
试验油温度/℃	100±5	啮合(循环)次数/次	5000
加载压力/kPa	785		

b. 静摩擦试验：分别在动摩擦试验第 1、5、10、20、50、100、200、500、10000 个循环后进行静摩擦试验，将 785kPa 的压力通过钢片施加给摩擦片，摩擦片以 0.7r/min 的恒定速度旋转，转速达到 0.7r/min 后 3s 切断静摩擦试验电机电源。在此时测定扭矩 T_t、T_s 并计算静摩擦系数 μ_t 和 μ_s。

静摩擦系数试验过程示意图见图 4-2，静摩擦系数测试条件见表 4-79。

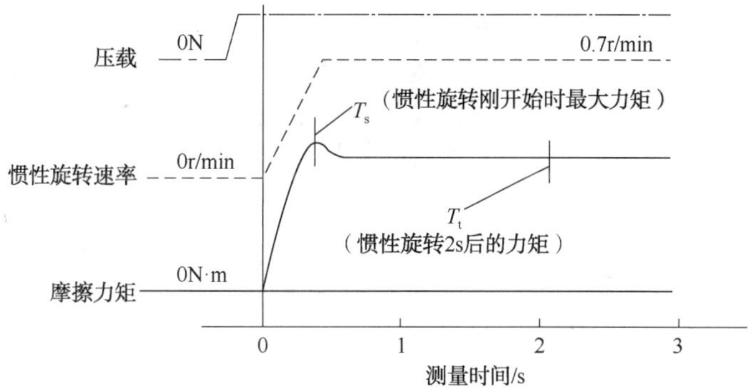

图 4-2 静摩擦系数试验过程示意图

表 4-79 静摩擦系数测试条件

项目	指标	项目	指标
试验转速/(r/min)	0.7	测试开始时间	3s 到达转速后测定
达到试验转速的时间/s	0.4±0.1	拖动开始时间	动摩擦试验的规定循环结束，油温稳定后约 60s 开始
试验油温度/℃	100±5	需测定的试验循环	第 1、5、10、20、50、100、200、500、1000、2000、3000、4000、5000 个
加载压力/kPa	785		

摩擦系数的计算：摩擦系数根据公式(4-15)进行计算。

$$\mu=\frac{T}{2\times n\times r_e\times P\times A} \tag{4-15}$$

式中 μ——摩擦系数；

T-(T_d、T_o、T_t、T_s)——摩擦力矩，N·m；

n——摩擦片数量，$n=3$；

r_e——平均有效摩擦半径，mm；$r_e=57.4$mm；

P——加载压力，kPa，$P=785$kPa；

A——摩擦面积，mm²，$A=4434$mm²。

摩擦性能指数的计算：

动摩擦性能指数 DFI 按式(4-16)进行计算：

$$DFI=1+\frac{\mu_d(S)-\mu_d(B)}{\mu_d(A)-\mu_d(B)} \tag{4-16}$$

式中 $\mu_d(S)$——试验油在 500 次与 1000 次循环测量时μ_d的平均值；

$\mu_d(A)$——参比油 JAFRE-A 在 500 次与 1000 次循环测量时μ_d的平均值；

$\mu_d(B)$——参比油 JAFRE-B 在 500 次与 1000 次循环测量时μ_d的平均值。

静摩擦性能指数 DFI 按式(4-17)进行计算：

$$SFI=1+\frac{\mu_s(S)-\mu_s(B)}{\mu_s(A)-\mu_s(B)} \tag{4-17}$$

式中 $\mu_s(S)$——试验油在 500 次与 1000 次循环测量时μ_s的平均值；

$\mu_s(A)$——参比油 JAFRE-A 在 500 次与 1000 次循环测量时μ_s的平均值；

$\mu_s(B)$——参比油 JAFRE-B 在 500 次与 1000 次循环测量时μ_s的平均值。

时间制动指数 STI 按式(4-18)进行计算：

$$STI=1+\frac{ST(S)-ST(B)}{ST(A)-ST(B)} \tag{4-18}$$

式中 ST(S)——试验油在 500 次与 1000 次循环测量时 ST 平均值；

ST(A)——参比油 JAFRE-A 在 500 次与 1000 次循环测量时 ST 的平均值；

ST(B)——参比油 JAFRE-B 在 500 次与 1000 次循环测量时 ST 的平均值。

第二节 车辆齿轮油台架试验

车辆齿轮油用于汽车传动系统中变速箱和驱动后桥的齿轮润滑。车辆齿轮油通过飞溅润滑方式到达齿轮副表面，在齿与齿之间的接触面上形成牢固的吸附膜或化学反应膜，以保证正常润滑，防止齿面间胶合，减少齿轮件摩擦，降低磨损，降低功率损耗，同时还起散热、缓蚀、减振、清洁摩擦表面污染物等作用。广义上的车辆齿轮油还包括自动变速箱所用的自动变速器油(ATF)。

车辆齿轮油标准规范随着车辆齿轮技术改进而不断变化，从螺旋伞齿轮、蜗杆齿轮到双曲线齿轮，齿面啮合部分的传递应力及相对滑移速度发生很大变化，不同传动类型以及工作条件都对应有专门的齿轮油品质规范。此外，伴随重负荷运输车辆的大量应用以及对环保的日趋重视，各国制定的车用齿轮油规范也在不断演变，以期推出最合适的油品性能，满足整车厂家和维修用户的要求，其中由美国各行业组织制定的车辆齿轮油标准尤具代表性。

我国的车辆齿轮油 GL-5 国家标准 GB 13895—2018 参照美国军用标准 MIL-L-2105B 和 MIL-L-2105D 制定。

一、车辆齿轮油黏度分类

当前国际上通用的车辆齿轮油黏度分类为 SAE J306。SAE J306 黏度分类随着车辆设备及技术的发展，从 1991 年起到现在已经多次变更，最新规格为 SAE J306—2019(见表 3-37 SAE J306—2019 车辆齿轮油黏度分类标准)。SAE J306—2005 在以前 SAE J306 黏度牌号的基础上，在 90 与 140 之间增加了 110，在 140 与 250 之间增加了 190 两个黏度牌号。SAE

J306—2019 则在 SAE J306—2005 基础上增加了 65、70、75 这三个单级车辆齿轮油的黏度牌号。SAE J306 增加多个黏度牌号主要有以下两个方面的考虑。

（1）在 SAE J306—2005 之前，如 SAE 90、SAE 140 黏度级别的黏度范围分别为 13.5~24.0mm^2/s 和 24.0~41.0mm^2/s，黏度跨度分别达到 10.5mm^2/s 和 17.0mm^2/s 之多，很容易造成虽然同属一个黏度级别，但由不同润滑油生产商提供的油品的黏度差异却较大，很难确保终端用户得到的油品在使用性能上达到 OEM 的设计要求。

（2）油品低黏化可以提高燃油经济性。部分 OEM 厂家因此提出低于 SAE 90 黏度级别油品的需求，如 SAE 80、SAE 85 的黏度级别，但是由此引发的油膜强度降低会导致对齿轮表面的保护能力变差。要兼顾这一对矛盾，需要性能优异的基础油、添加剂和先进的配方平衡技术做保障。

（3）我国参照 SAE J306—2005 黏度分类标准，制定颁布了我国汽车齿轮润滑剂黏度分类标准 GB/T 17477—2012 见表 4-80。

表 4-80 我国汽车齿轮润滑剂黏度分类标准 GB/T 17477—2012

SAE 黏度级别	动力黏度达到 150Pa·s 时的最高温度/℃ (ASTM D2983)	100℃运动黏度/(mm^2/s) (ASTM D445)	
		min	max
70W	-55	4.1	
75W	-40	4.1	
80W	-26	7.0	
85W	-12	11.0	
80		7.0	<11.0
85		11.0	<13.5
90		13.5	<18.5
110		18.5	<24.0
140		24.0	<32.5
190		32.5	<41.0
250		41.0	

二、车辆齿轮油质量规范

（一）国外车辆齿轮油规范

早在 20 世纪 30 年代，随着汽车业兴起，美国汽车业界及军方就开始研究制定车辆齿轮油使用规范。目前国际上影响较大、广泛采用的标准规范有：美国石油学会(API) API 1560，美国国防部军用齿轮油规格 MIL-PRF-2105，美国汽车工程师协会(SAE) SAE J2360，以及美国材料与试验协会(ASTM)齿轮油系列规范，见表 4-81。

表 4-81 典型车辆齿轮油规范

规范名称	分布组织
API 1560 汽车手动变速箱、驱动桥及后桥用润滑剂用途代号	美国石油学会(API)
MIL-PRF-2105 多用途齿轮润滑油性能规范	美国国防部(United States Department of Defense，DOD)
SAE J2360 多用途军用齿轮润滑油	美国汽车工程师协会(SAE)
ASTM D5760 手动变速箱齿轮油 MT-1 的性能规范标准	美国材料与试验协会(ASTM)

1. API 车辆齿轮油

美国石油学会规范 API 1560 第一版于 1966 年提出，目前在用版为第七版《汽车手动变速箱、手动驱动桥及后桥用润滑剂用途代号》(1995 年 7 月发布)。如前所述，API 1560 主要根据车辆的不同使用场合进行分类，为车辆制造商及零部件使用者提供技术依据。API 1560 所提出的车辆齿轮油用途代号已为世界各国广泛使用，具体见表 4-82。

表 4-82　API 1560 车辆齿轮油使用性能代号

级别	适用范围	状态
API　GL-1	适用于卡车、拖拉机等手动变速箱的温和操作条件。可使用直馏或精制石油，并添加抗氧剂、防锈剂和消泡剂提升油品品质。一般不加摩擦改进剂和极压抗磨剂，不适用乘用车	在用
API　GL-2	适用于带蜗轮齿轮的驱动桥，一般含抗磨剂、油膜强度增强剂用以保护蜗轮齿轮	停用
API　GL-3	适用于手动变速器在中等到苛刻条件下，以及螺旋锥齿轮驱动桥在速度及负荷温和到中等的条件下，承载能力高于 GL-1，低于 GL-4，不适用双曲面齿轮驱动桥，一些厂家使用 CC 或 CD 牌号机油替代	停用
API　GL-4	适用于螺旋锥齿轮驱动桥在速度及负荷中等到苛刻操作条件下，或者是双曲面齿轮驱动桥在中等操作条件下。该牌号虽仍在市场上流通，但一些性能评定设备已不可用，ASTM 正修订该等级产品性能认定程序	在用
API　GL-5	适用于高速冲击负荷及低速高扭矩操作条件下的齿轮，尤其是双曲面齿轮。满足军方规范 MIL-L-2105D 要求的符合 API GL-5 级别	在用
API　MT-1	适用非同步手动变速器的重卡及客车，该级别产品能防止油品组分热降解、部件磨损及油封件损坏，这些性能 GL-1、GL-4、GL-5 都不具备	在用
API　GL-6	适用于小齿轮高偏置设计的驱动桥，要求比 GL-5 更优良的齿轮保护性能，小齿轮偏置设计方式改变及原 GL-6 试验设备及方法过时大大减少了 GL-6 的市场应用	停用

GL-1 用于轻负荷齿轮传动组件，该规范未列明确的技术要求和试验方法，使用者应依照生产厂商说明。

GL-4 用于中负荷齿轮传动组件，是使用量最多的一个级别，如农用车、皮卡及厢式货车等。GL-4 的试验方法最早列在 ASTM STP 512A—86 中，但相关试验设备却在之后很长一段时间不能投入使用。因此除了一些传统添加剂配方技术外，任何 GL-4 级别新产品都不能得到有效试验验证。为了满足市场需求，多数添加剂供应商和齿轮油制造商采用“50%剂量法”，即将通过 GL-5 台架试验的添加剂，配方量减半生产 GL-4，但这个做法一直未得到 API、SAE 及 ASTM 组织认可。还有厂家选择与 ASTM STP 512A 类似的试验方法，但不同厂家的技术方法和评价设备存在巨大差异。2010 年 7 月 31 日，美国 API 润滑油技术委员会对是否取消 GL-4 牌号进行投票表决，十二票赞成、一票否决的结果基本表明 API 将要取消 GL-4 齿轮油规格，最终结论还需进一步评审后公布。否决的雪佛龙公司认同用于 GL-4 性能测试的大部分试验都无法进行，其中部分试验已经在 14 年前就不能做了，但认为 API 不能简单废弃这一规格，因为该规格的制定者是 ASTM 而不是 API，API 1560 仅仅对其分类进行了定义。

随着高负荷高偏置双曲线齿轮在车辆设计中大量应用，诸如重负荷卡车及越野车辆，API GL-5 齿轮油应运而生。API 1560 提及 GL-5 齿轮油的性能检验方法为《API GL-5 级别车辆齿轮油实验室性能评定试验》(ASTM STP 512A)。该文献共列出四阶段性能试验，分别是 L-33 试验(评定防潮防腐倾向)、L-37 试验(评定低速高扭矩条件下车辆承载能力)、L-42 试验(评定高速冲击负荷条件下车辆承载能力)、L-60 试验(评定热氧化稳定性)。通过以上四类试验的产品才能达到 APIGL-5 等级，试验要求及程序非常严格。目前该方法已经正式列为 API GL-5 级别后桥齿轮润滑油的性能标准规范(ASTM D7450)，最新的规格为 ASTM D7450—13。满足军方规范 MIL-L-2105D、MIL-L-2105E 以及 SAE J2360 规格的齿轮油均可评为 GL-5 级别。

2. 美军规范 MIL-PRF-2105

美国国防部自 20 世纪 50 年代制定军用车辆齿轮油规范 MIL-PRF-2105A，其间几经修订，最后一版《多用途齿轮润滑油性能规范》(MIL-PRF-2105E)于 1995 年发布。MIL-PRF-2105E 于 2004 年第一号修改单中确认继续有效，2005 年第二号修改单将其取消，并建议采用 SAE J2360，2008 年第三号修改单确认取消并由 SAE J2360 代替，并指定三种黏度等级。

MIL-PRF-2105 规范对军用齿轮油性能要求、试验方法、产品认证、包装及注意事项等做了全面而详细的描述。虽然不作为现行有效的标准，但其经历的各版本，代表各时期最前沿的技术水平满足 MIL-PRF-2105D 规范要求的齿轮油产品与 API 使用级别 GL-5 相当，满足 MIL-PRF-2105E 规范要求的齿轮油产品符合 API MT-1。

3. SAE 车辆齿轮油质量规范

SAE 发布了两个与车辆齿轮油质量性能有关的标准，即 J308 车辆驱动桥和手动变速器润滑油和 SAE J2360 多用途军用车辆齿轮油。

SAE J308 可视为 API 1560 细化版，其引用 API 1560 各代号，并确认 API GL-4、API GL-5 及 API MT-1 为现行有效分类，而将 API GL-1 舍弃。

SAE J308 列出车辆齿轮油应具备的重要使用性能，包括负荷承载能力、黏度、热稳定性和抗氧化性、泡沫性、腐蚀性及密封相容性等。针对三类产品，每项性能试验方法各异，如负荷承载能力评价 GL-4 采用 CRC L-20 试验，GL-5 采用 L-37 试验，MT-1 则用 ASTM D5182 方法。

1977 年美国军方将车辆齿轮油认证工作移交给 SAE，由 SAE 负责认证开展，并向军方推荐候选合格产品。SAE 随后成立润滑剂评价研究所(LRI)专门从事油品认证评价活动，SAE J2360 即在此背景下产生。1998 年 11 月发布的 SAE J2360《多用途军用齿轮润滑油》基本与 MIL-PRF-2105E 等效，已经为北美及越来越多的其他各地汽车制造商所接受。SAE J2360 适用范围较广，包括轻负荷齿轮部件、重负荷齿轮部件、传动齿轮部件、七类及八类重负荷卡车非同步手动变速器及汽车万向节等。

SAE J2360 规定齿轮油产品，按黏度等级分为 75W、80W-90、85W-140 三大品种，推荐使用温度范围：75W 型号为 -50～10℃，80W-90 型号为 -26～52℃，85W-140 型号为 -15～52℃。SAE J2360 规定产品认证试验需按照 LRI 相关程序进行，其中包括场地道路试验。由于 LRI 程序严格的要求以及评价的独立性，因此满足 SAE J2360 规格要求的产品性能要高于 API GL-5 和 API MT-1。SAE J2360 发布后，逐渐代替军方规范 MIL-PRF-2105E，成为全球通用的最新标准。

4. ASTM 车辆齿轮油性能或试验方法标准

ASTM 石油产品和润滑剂委员会(D2)下属车辆齿轮润滑剂分会(D02. B0. 03)负责开展齿轮油相关标准研究制定。目前发布的产品规范有 ASTM D5760(MT-1 等级)及 ASTM D7450—08(GL-5 车辆齿轮油)。发布 ASTM D7450—08 的原因是 API GL-5 车辆齿轮油发布时间早，为 20 世纪 80 年代早期，针对当时而言，GL-5 齿轮油等级对产品性能要求是适用的，如今有些规定已不再适用。ASTM 对 API GL-5 进行了更新和完善并发布新规格，主要改动如下：

(1) 规定用 ASTM D7450—08 标准阐述新的 API GL-5 等级，并按照 ASTM 更新程序，每 5 年至少完成一次修订。

(2) ASTM D7450—08 中对 ASTM D6121 测试有明确成绩评定值，而以前的 API GL-5 质量要求对能否通过 L-37 测试标准不明确。

(3) ASTM D7038(L-33-1)测试方法替代 L-33 方法，ASTM D5704(L-60-1)替代 L-60 方法。但是已经在校正的 L-33 和 L-60 试验台架上得到的数据仍然有效。

(4) ASTM D7450—08 标准明确规定 SAE 75W/XX 油需要通过 ASTM D6121(L-37)和 ASTM D6121(L-42)测试，而以前在这个问题上不明确。

(5) ASTM D7450—08 标准中针对 L-37 和 L-42 试验时有标准版本与加拿大版本。标准版本中 SAE 70W 和 SAE 75W 不必进行 L-37 和 L-42 试验，但加拿大版本则需要；标准版本中除 SAE 70W、SAE 75W、SAE 70W-XX 与 SAE 75W-XX(XX 可以是 80、85、90、110、140、190 或 250)外的所有牌号需要进行 L-37 和 L-42 试验，加拿大版本则不需要。

一般而言，ASTM 在车辆齿轮油标准方面侧重试验方法标准，主要有 ASTM D5579(循环台架热稳定性试验)、ASTM D5662(典型油封件密闭性试验)、ASTM D5704(L-60-1)(热氧化安定试验)、ASTM D6121(L-37 试验)、ASTM D7452(L-42 试验)、ASTM D7038(L-33-1 试验)及 ASTM D7603(储存稳定性试验)等，此外通用理化性能试验也基本源于 ASTM。

目前最新的 ASTM GL-5 车辆齿轮油的标准为 ASTM D7450—13 规格，性能要求几乎与 ASTM D7450—08 一致。

5. 其他车辆齿轮油性能或试验方法标准

欧洲没有统一的车辆齿轮油规范。OEM 或各汽车公司有自己的规格。美国较有影响的有 Mack 的 GO-H/GO-HS、Eaton-Fuller PS-081、Eaton-Fuller PS-037、Navistar international TMS 6816、欧洲奔驰公司的 B235/MB235. 6 等。这些规范侧重变速器的同步器试验以及热氧化安定性试验(GFC T021X 方法)，一般都以美国军方规范 MIL-PRF-2105E 或 SAE J2360 为基本要求，再附加各齿轮制造商/汽车厂的内部要求。这些规格都是在 GL-5 的基础上赋予油品更高的性能。

(二) 我国车辆齿轮油质量情况

我国车辆齿轮油使用性能分类及产品标准多参考或修改采用 API 或 MIL-PRF-2105 等规范，试验方法多等效采用或修改采用 ASTM 方法。

我国现行的车辆齿轮油详细分类为 GB/T 28767—2012(参考 API 1560—1995)，见表 4-83。

现行主要齿轮油标准见表 4-84。

表 4-83 我国车辆齿轮油使用性能详细分类 GB/T 28767—2012

应用范围	品种代号	使用说明
车辆齿轮	GL-3	适用于速度和负荷比较苛刻的汽车手动变速箱及较缓和的螺旋伞齿轮驱动桥
	GL-4	适用于速度和负荷比较苛刻的螺旋伞齿轮和较缓和的准双曲面齿轮，可用于手动变速器和驱动桥
	GL-5	适用于高速冲击负荷、高速低扭矩及低速高扭矩下操作的各种齿轮，特别是准双曲面齿轮
	MT-1	适用于大型客车和重型卡车上使用的非同步手动变速器。该类润滑剂对于防止化合物热降解、部件磨损及油封劣化提供保护，这些性能是 GL-4 和 GL-5 要求的润滑剂所不具有的 MT-1 没有给出乘用车和重负荷车辆中同步器和驱动桥性能的要求

表 4-84 我国车辆齿轮油产品标准

标准名称	性能说明
SH/T 0350—1992 普通车辆齿轮油	质量等级相当于 API GL-3 黏度牌号 80W-90、85W-90、90
JT/T 224—2008 中负荷车辆齿轮油	质量等级相当于 API GL-4 黏度牌号 80W-90、85W-90、90
GB 13895—2018 重负荷车辆齿轮油(GL-5)	参照 MIL-L-2105B、MIL-L-2105D、MIL-L-2105E 制定，质量等级相当于 API GL-5 黏度牌号有 75W-90、80W-90、80W-110、80W-140、85W-90、85W-110、85W-140、90、110、140

注：JT/T 224 为交通部标准。

三、车辆齿轮油台架评定

鉴于汽车后桥的双曲面齿轮或准双曲面齿轮，因此评价车辆齿轮油承载能力、腐蚀、锈蚀等性能用简单的四球、FZG 等试验是无法完成的，需要进行严苛的汽车后桥相关试验，这些试验包括锈蚀性能、承载能力、抗擦伤性能等。

评定车辆后桥的台架有：

① 车辆齿轮油锈蚀评定法(L-33-1 法)；

② 车辆齿轮油承载能力评定法(L-37 法)；

③ 车辆齿轮油抗擦伤性能评定法(L-42 法)；

④ 车辆齿轮油热氧化安定性评定法(L-60-1 法)。

现将车辆齿轮油锈蚀评定法(L-33-1 法)、车辆齿轮油承载能力评定法(L-37 法)、车辆齿轮油抗擦伤性能评定法(L-42 法)、车辆齿轮油热氧化安定性评定法(L-60-1 法)简述如下。

(一) 车辆齿轮油锈蚀评定法(L-33-1 法)

现行评价车辆齿轮油防锈评定标准为 NB/SH/T 0517—2014，标准修改采用 ASTM D7038—10。它适用于测定准双曲面齿轮驱动桥在有水存在和加温条件下，测定车辆齿轮油的抗锈蚀性能。本试验标准通常称为 L-33-1 试验。

1. 试验设备

(1) 试验台架：为美国西南研究院制造的 L-33-1 标准试验台。

(2) 喷砂机：喷砂机喷嘴直径为 3.2mm，空气压力 700kPa。26 号砂，莫氏硬度为 7，

SiO_2含量为99.8%。

2. 试验材料

美国Dana公司生产的30型非磷化准双曲面驱动桥齿轮一套，速比为4.10。

3. 试验步骤

（1）试验齿轮试验准备：试验前将试验后桥拆解，并清洗干净，用喷砂机将桥壳后盖和试验齿轮喷砂除锈。喷砂时应将轴承保护起来，以防损坏轴承。然后将所有零件清洗干净，特别在清洗后盖板内表面时，应使后盖板内表面与地面垂直，使得溶剂易于向下流动，溶剂流过后，后盖板内表面清洁无任何污迹。防止试验件上沾上汗渍，亦不得使试验件上沾上任何水渍。

（2）装试验油：装入(1.20±0.03)L的试验用油。

（3）试验过程：启动电机，使主动齿轮转速为(2500±25)r/min，接着加入(29.6±0.6)mL的蒸馏水，将压力调节阀装在加油孔上，设定压力为7kPa，此时调节阀顶部的螺塞孔是开着的，当温度达到(83±0.6)℃时，将调节阀螺塞孔堵死。在此温度下运转(4.0±0.1)h。

（4）储存期：完成(4.0±0.1)h运转后，拆除加热灯，并将试验桥置入恒温试验箱中，连接空气温度和油温控记录仪。在油温为(52±0.6)℃的条件下储存(162±0.2)h。

（5）拆解和评分：完成(162±0.2)h的储存试验后，拆解试验后桥齿轮，按下列方法要求对下列10个位置进行评分，见图4-3。

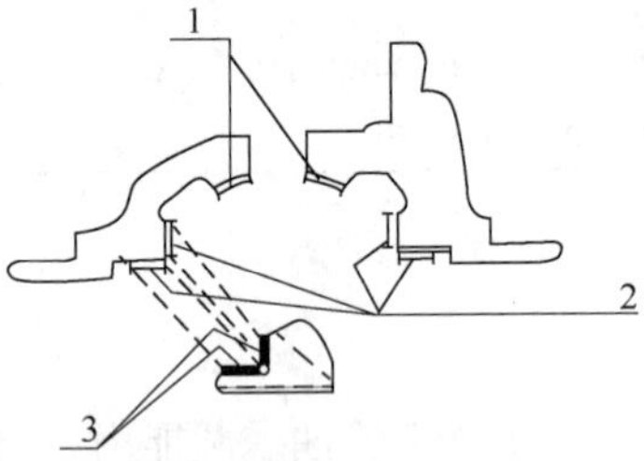

图4-3A　差速器锈蚀检测面

1—同差速箱小齿轮接触的差速器止推面；

2—同差速箱侧齿轮接触的差速器止推面和内孔面；

3—同差速器接触的差速箱侧齿轮止推面和外圆面

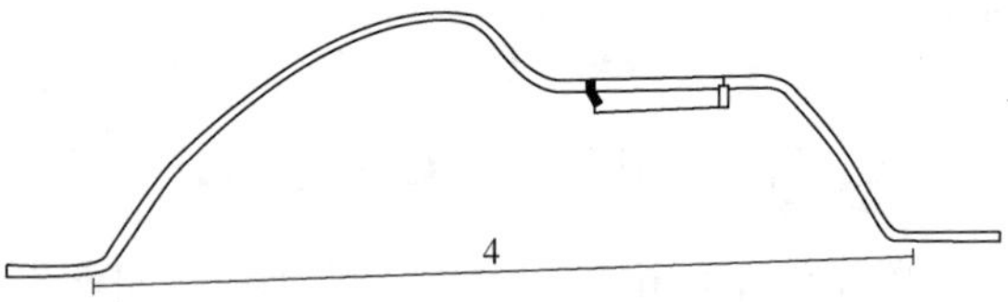

图4-3B　驱动桥后盖板检测面

4—后盖板内表面

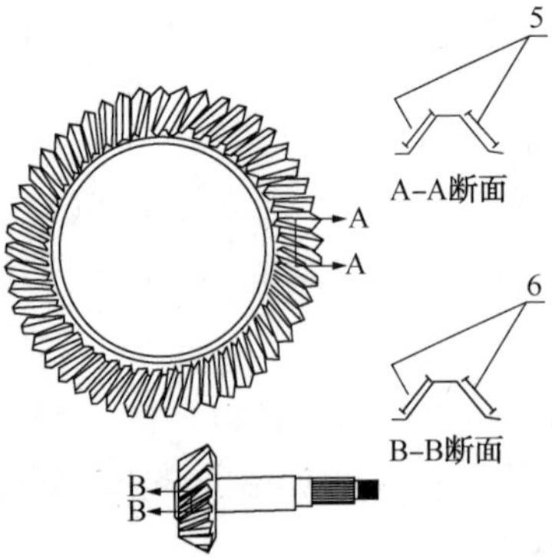

图4-3C　驱动小齿轮和驱动大齿轮锈蚀检测面

5—驱动大齿轮表面；

6—驱动小齿轮表面

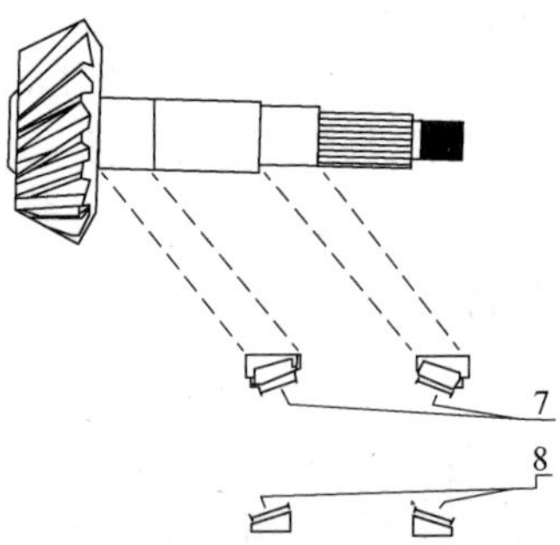

图4-3D　驱动小齿轮轴承锈蚀检测面

7—驱动小齿轮轴承滚柱表面；

8—驱动小齿轮轴承外环内表面

① 同差速箱小齿轮接触的差速器止推面；

② 同差速箱侧齿轮接触的差速器止推面和内孔面；

③ 同差速器接触的差速箱器侧齿轮止推面和外圆面；

④ 后盖板内表面；

⑤ 驱动大齿轮表面；

⑥ 驱动小齿轮表面；

⑦ 驱动小齿轮轴承滚柱表面；

⑧ 驱动小齿轮轴承外环内表面；

⑨ 差速器轴承滚柱表面；

⑩ 差速器轴承外环内表面。

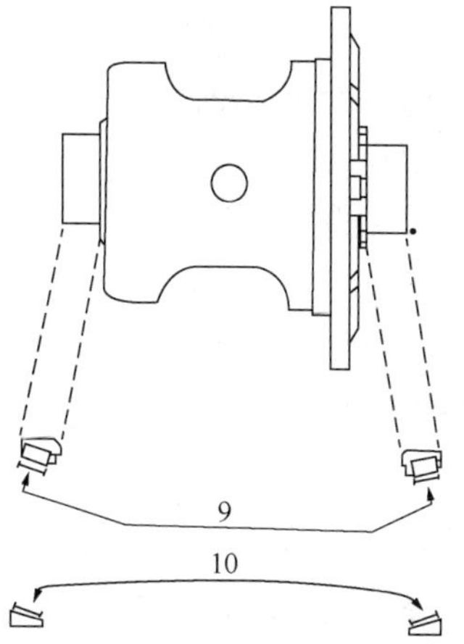

图 4-3E 驱动桥轴承锈蚀检测面
9—差速器轴承滚柱表面；
10—差速器轴承外环内表面

评分的锈蚀水平（10，9，8，5，0）：无锈：10；痕迹：9；轻锈：8；中锈：5；重锈：0。

评分计算按式(4-19)进行：

$$评分=①\times0.087+②\times0.193+③\times0.094+④\times0.169+⑤\times0.079+⑥\times0.079+⑦\times0.051+⑧\times0.083+⑨\times0.071+⑩\times0.094 \tag{4-19}$$

（二）车辆齿轮油承载能力评定法(L-37 法)

当前国外 GL-5 车辆齿轮油采用 ASTM D6121 来评定车辆齿轮油在高速低扭矩和低速高扭矩条件下的承载能力和抗磨损性能。

我国为石化行业标准 NB/SH/T 0518—2016，参照美国材料试验协会标准 ASTM D6121—14 测定车辆齿轮油承载能力的标准试验方法。

标准规定了在低速高扭矩条件下，使用准双曲面齿轮驱动桥评定车辆齿轮油的承载性能、抗磨损性能和极压性能的方法。本试验方法通常称 L-37 试验。

NB/SH/T 0518—2016 与 ASTM D6121—14 的差异：

采用国产清洗剂 GB 1922—2006 中的 4 号溶剂油替代 ASTM D6121—14 7.2 条规定的清洗材料；

台架校验改为每经过 650h 非参考油试验以后，要求对台架进行标定试验。

1. 方法概要

（1）每次运行试验前，检查并测量试验驱动桥总成，记录并核对出厂规格。

（2）在台架上安装驱动桥总成后，装入试验油。

（3）齿轮磨合阶段：

加过试验油的试验驱动桥，在转速为 440r/min，每台测功机施加 535N · m 负荷条件下运转 100min。设备运转期间，试油温度保持在 147℃。

（4）齿轮试验阶段：接下来根据后桥批号和类型规定的试验条件，运转试验 24h。

（5）当齿轮试验阶段结束时，表明整个试验已经完成，目测试验件，并记录目测结果。

拆下环形齿轮、驱动齿轮、驱动齿轮轴承，对其损伤的不同形式进行评分。根据环形齿轮和驱动齿轮面损伤情况对齿轮油的性能进行评价。

2. 试验结果评定

(1)驱动齿轮轴承评分：参照《ASTM 损伤评分手册 21》检测轴承的磨损、表面疲劳腐蚀和沉积物。

(2)齿轮评分：

① 参照《ASTM 损伤评分手册 21》和附录 D. 5 检测环形齿轮和驱动齿轮的驱动齿面损伤情况：抛光、磨损、点蚀/剥落、螺脊、波纹、擦伤、变色、腐蚀和沉积物。使用《ASTM 齿轮损伤图片》对磨损、波纹和螺脊损伤进行评分。

② 参照附录 D. 3 对每一种损伤级别进行评分。

3. 精密度

注：试验精密度是在操作有效的参考油的基础上建立的，这些参考油受到 TMC 监控。

(1)中间精密度。

① 中间精密度条件：获得试验结果的条件是在相同的实验室、使用相同的试验方法和相同的试验油，可以改变下列条件，如操作者、测量设备、试验台架、试验发动机和时间。

注：对本试验方法使用中间精密度比“重复性”更为合适，因为重复性规定了更加严格的试验条件。

② 中间精密度限值 i、p。在中间精密度的试验条件下，使用正常和正常试验方法获得两个试验结果之差，不应超过表 4-84 规定的值。

(2)再现性。

① 再现性条件。获得试验结果的条件是在不同的实验室。不同操作者、使用不同的设备，使用相同批次的驱动桥。相同的试验方法和相同的试验油。

② 再现性限值 R。在再现性条件下长时间运转，使用正常和正常试验方法获得两个单一、独立的试验结果之差，不应超过表 4-85 规定的值。

表 4-85 参考油试验精密度数据

驱动桥	评分项目	$S_{i.p.}$	$i.p.$①	S_R	R①
涂层驱动桥	驱动小齿轮螺脊，优点评分	1.430	4.004	1.430	4.004
	驱动小齿轮波纹，优点评分	0.476	1.333	0.479	1.341
	驱动小齿轮点蚀/剥落，优点评分	0.579	1.621	0.587	1.644
	驱动小齿轮磨损，优点评分	0.519	1.453	0.563	1.576
非涂层驱动桥	驱动小齿轮螺脊，优点评分	0.666	1.865	0.691	1.935
	驱动小齿轮波纹，优点评分	0.557	1.560	0.572	1.602
	驱动小齿轮点蚀/剥落，优点评分	0.847	2.372	0.847	2.372
	驱动小齿轮磨损，优点评分	0.713	1.996	0.713	1.996

注：1. 这些统计数据是通过 TMC 参考油 151-2、151-3、152-1、153、153-1 和 155 的试验结果建立的。

2. $S_{i.p.}$ 为中间精密度偏差；$i.p.$ 为中间精密度；S_R 为再现性标准偏差；R 为再现性偏差。

① 此值通过标准偏差乘以 2.8 得到。

(三) 车辆齿轮油抗擦伤性能评定法(L-42 法)

当前国外 GL-5 车辆齿轮油采用 ASTM D7452(L-42)来评定其在高速和冲击条件下的抗

擦伤性能。

我国石化行业标准 SH/T 0519—1992 系等效采用美国 ASTM STP-512A-L-42 试验方法标准(以前为 CRC L-42 试验和 FTMS 791B 6507.1)。

ASTM D7452(L-42)与 SH/T 0519—1992 有较大差异。试验过程中的转速与试验油温度是不一样的。

1. 试验设备与材料

(1) 试验设备是美国西南研究院制造的 L-37/L-42 标准试验台;

(2) 试验材料:

① 一副新的 Dana 44 试验后桥齿轮;

② 试验用参比油;

③ 试验油(1655±50)mL。

2. 试验步骤

(1) 准备:试验前将试验桥壳拆下,用洗涤煤油和溶剂汽油清洗试验后桥,按方法测量齿轮间隙和扭矩,并记录。加入(1655±50)mL 试验油。将试验后桥装好后,装在试验台上。要特别注意用水平仪调整好后桥两边固定部位的水平,同时也要使左右两个部位各面上边一个固定销,不要拧得过紧。两个活动小轴应灵活自如。

(2) L-42 试验程序:

程序Ⅰ:磨合试验

油温:(225±10)°F[(107.2±5.6)℃]

转速:(575±5)r/min

扭矩:(60±20)lb · ft[(81±27)N · m]

试验时间:(10±0.5)min

转速:(575±20)r/min ⇌(385±20)r/min;在 5min 内完成循环 4 次

油温:(225±10)°F[(107.2±5.6)℃]

转速:(815±5)r/min

扭矩:(70±20)lb · ft[(95±27)N · m]

试验时间:(20±0.5)min

转速:(815±20)r/min ⇌(670±20)r/min,在 5min 内完成循环 4 次

切换至空挡,5min 内完成齿轮驱动面和惯性面的检查

程序Ⅱ:高速试验

起始油温:(200±5)°F[(93.3±2.8)℃]

起始转速:(530±5)r/min

起始扭矩:(50±10)lb · ft[(68±14)N · m]

关闭冷却水,记录温度

转速:(530±20)r/min ⇌(1050±20)r/min 完成循环 5 次

切换至空挡

程序Ⅲ:检查后桥齿轮

5min 内完成齿轮驱动面和惯性面的检查,保持冷却水处于关闭状态

程序Ⅳ:

油温降至280℉(137.8℃)或以下

起始转速：(530±5)r/min

起始扭矩：(70±10)lb·ft[(95±14)N·m]

记录温度

转速：(530±20)r/min ⇌ (630±20)r/min；完成循环10次

切换至空挡

(3) 停机并记录：拆解试验后桥，测量齿轮间隙和扭矩，并记录。

(四) 车辆齿轮油热氧化安定性评定法(L-60-1法)

车辆齿轮油在高温条件下，通过油品黏度增长、油泥、积炭、漆膜和沉积物以及腐蚀产物的生成等多方面考察手动变速箱和驱动后桥用润滑油的衰变趋势。这种衰变会导致一系列的设备性能问题，特别是在轴封界面上由于沉积物的生成而导致的密封失效。当前国外GL-5车辆齿轮油采用ASTM D5704—00a(L-60-1法)来评定其在高速和冲击条件下的抗擦伤性能。

我国手动变速箱油和后桥用油的热氧化安定性评定法(L-60-1法)为SH/T 0755—2005，修改采用美国试验与材料协会标准ASTM D5704—00a《测定手动变速箱和后桥用润滑油热氧化安定性的标准试验方法》。下面介绍SH/T 0755—2005评定GL-5车辆齿轮油热氧化安定性试验过程。

试验大致为在一个装有两个正齿轮、一个试验轴承和铜催化剂的可加热齿轮箱中，加入待试验的润滑油样品。当油品加热到规定温度时，使齿轮在预定负荷及转速条件下运转50h。向润滑油中以一定的速率通入空气，并在整个试验过程中控制油温。试验后评定油品衰变程度的参数有油品黏度增长、废油中不溶物生成和齿轮清净性。

1. 试验设备与材料

(1) 试验设备：试验设备采用L-60-1试验机，试验设备结构见图4-4，试验齿轮箱总成见图4-5。

(2) 试验材料：

压缩空气：空气质量符合GB/T 4830要求；

铜片催化剂：冷轧电解铜，符合UNS C11000。两个铜片的尺寸约为14mm×46mm×1.6mm；

砂纸：360号水砂纸；

试验齿轮：GA-50，大；

试验齿轮：GA-34，小；

试验轴承：R-14滚柱轴承。

2. 试验步骤

(1) 准备：每次试验用一对机床圆柱齿轮，其中大齿轮GA-50齿数为50，齿宽为9.5mm；小齿轮为GA-34，齿数为34，齿宽为9.5mm。一个新的R-14滚柱轴承。两片铜催化剂。试验前需用清洗溶剂对齿轮等进行清洗，按照装配图进行组装。加入称量后的(120±5)mL试验油。

(2) 试验：

① 设定空气压力为(6.9±0.7)kPa，流量为(1.1±0.1)L/h；

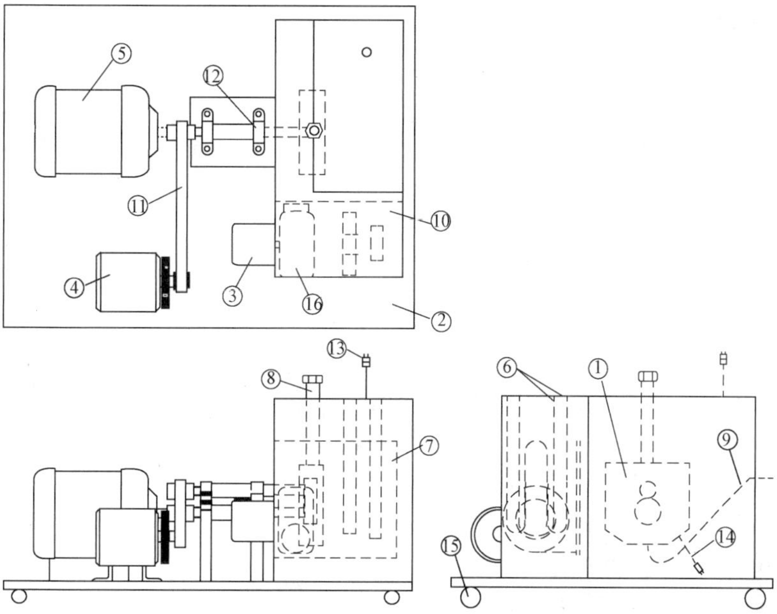

图 4-4　L-60-1 试验设备图

1—试验齿轮箱；2—底座；3—鼓风机电机；4—交流发电机；5—驱动电机；6—加热器；7—热辐射挡板；8—齿轮箱排气管；9—进气管；10—加热箱；11—V 型皮带；12—轴台；13—加热箱温度传感器；14—试验油温度传感器；15—减震基座；16—鼓风机

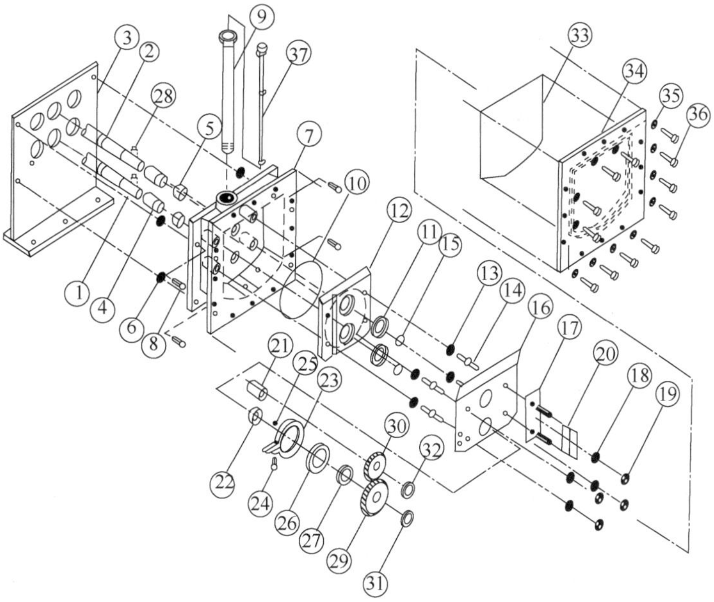

图 4-5　试验齿轮箱总成部件示意图

1—主动齿轮轴(右旋螺纹)；2—从动齿轮轴(左旋螺纹)；3—齿轮箱支架；4—锁紧衬套；5—密封套筒 CR-99026；6—垫圈；7—齿轮箱；8—内六角螺栓 5/16-24×3/4；9—排气管；10—O 形圈 NO-2-153；11—唇式密封 CR-6383；12—密封盘；13—不锈钢平垫片；14—不锈钢双头螺栓；15—不锈钢外部锁圈；16—挡油板；17—催化剂支架；18—不锈钢平垫片 5/16in；19—不锈钢六角螺母 5/16-18；20—钢片催化剂；21—上部垫片衬圈；22—下部垫片衬圈；23—轴承夹具；24—不锈钢六角螺栓 10-32×3/4in；25—不锈钢六角螺母 10-32；26—R-14 试验轴承；27—轴承套；28—轴承 1/8in×3/8in；29—GA-50 试验齿轮；30—GA-34 试验齿轮；31—齿轮轴头螺母(右旋螺纹)；32—齿轮轴头螺母(左旋螺纹)；33—O 形圈 NO-2-264；34—齿轮箱盖板；35—锁紧垫圈#10；36—内六角螺栓 10-32×3/4in；37—排气管挡流板

② 开启主驱动电机和风扇，记录启动时间，温度控制系统自动将试验油加热到(162.8±0.6)℃，记录加热时间。试验油温度从室温升至162.2℃的时间应大于45min，但不得超过60min。

③ 调节交流发动机输出功率为(128±5)W。

④ 大齿轮转速：(1750±50)r/min(在加热及试验过程中)。

⑤ 试验时间为(50.0±0.1)h，1h记录一次试验参数。

⑥ 试验油失重计算。

试验在(50.0±0.1)h后，收集30min内放出试验油并准确称量，用式(4-20)计算试验油失重。

$$M_L=\frac{M_I-M_F}{M_I}\times 100\% \tag{4-20}$$

式中 M_L——试验油失重，%；

M_I——试验前加入的试验油质量，g；

M_F——试验后排出的试验油质量，g。

注：若失重超过20%则试验无效。

⑦ 齿轮箱解体：试验机冷却(30±5)min。取下齿轮箱盖板，将齿轮箱解体(不得破坏各部件上的沉积物)。

3. 齿轮清净性评定

(1) 评分件拆卸：取出铜片催化剂、试验齿轮、试验轴承和齿轮箱内部各部件。

(2) 评分时间要求：评分前需要将评分试件放在室温条件下至少1h，试件放置与垂线方向成15°角。在试验结束后的64h内完成试件清净性评分。

(3) 齿轮油泥评定以四个齿面油泥平均评价值得出。

(4) 齿轮积炭/漆膜评价：

① 积炭/漆膜评价以大齿轮为准、小齿轮的评价值仅作参考。对齿轮前、后两面分别评价。

② 以CRC NO.14手册为指导，把齿面按不同积炭程度和漆膜等级划分区域。使用CRC NO.14手册中非摩擦部件锈蚀/漆膜评价标准确定每一个存在漆膜部位的漆膜等级。

③ 积炭程度评价，积炭系数范围从0.00(严重积炭)到0.99(痕迹积炭)。观察积炭厚度，根据表4-86确定积炭评价系数。积炭评价系数和所占面积百分数相乘计算出积炭评价值。

④ 把齿面擦净区的每个划分区域的评分进行加和，从而确定齿面的积炭/漆膜的评分值。

⑤ 齿轮的积炭/漆膜评分由大齿轮的正面和反面评分取平均值得出。

表4-86 积炭程度评价指标

目测判断积炭厚度/mm	目测判断积炭厚度/in	积炭程度	积炭评价系数范围
>0.0~0.5	>0.00~0.02	轻	0.99~0.81
>0.5~2.0	>0.02~0.08	中	0.80~0.11
>2.0	>0.08	重	0.10~0.00

4. 铜片催化剂失重的测定

用航空洗涤汽油浸泡带缺口铜片 30min，然后用脱脂棉和石油醚清洗铜片上的氧化产物，最后用石油醚冲洗，晾干。洗净铜片催化剂后称重，精确至 0.0001g。其失重以原始质量损失百分数的形式报出。铜片失重百分数按式(4-21)计算。

$$W_S = \frac{W_I - W_S}{W_I} \times 100\% \quad (4-21)$$

式中 W_S——铜片失重质量百分数,%；

W_I——铜片催化剂初始质量，g；

W_S——试验后铜片最终质量，g。

5. 试验后油样的评价

试验后结束后，在 48h 之内完成试验后油样的以下项目：

(1) 测定试验后油样的 100℃运动黏度(试样不进行过滤，GB/T 11137)，计算黏度增长率。按式(4-22)计算 100℃运动黏度增长率。

$$\Delta\vartheta = \frac{\vartheta_F - \vartheta_I}{\vartheta_I} \times 100\% \quad (4-22)$$

式中 $\Delta\vartheta$——黏度增长率,%；

ϑ_F——试验油最终运动黏度，mm^2/s；

ϑ_I——试验油初始运动黏度，mm^2/s。

(2) 测定试验后试样的总酸值(GB/T 7304)。

(3) 测定试验后试样的戊烷不溶物和甲苯不溶物(GB/T 8926 试验方法中的 A 法)。计算试验后油样的戊烷不溶物和甲苯不溶物的质量分数。

GL-5 车辆齿轮油通过 L-60-1 试验标准见表 4-87。

表 4-87 GL-5 车辆齿轮油通过 L-60-1 标准

项目		指标	项目		指标
黏度增长率/%	小于	100	平均漆膜/积炭评分	大于	7.5
戊烷不溶物/%	小于	3.0	平均油泥评分	大于	9.4
甲苯不溶物/%	小于	2.0			

(五) 手动变速箱油热安定性评定法(循环耐久试验法)

手动变速箱油热安定性评定法(循环耐久试验法)，是采用马克循环试验机评定重负荷手动变速箱油高温热安定性的试验方法。变速箱在高速、低速之间连续切换运行，通过测定变速箱同步器在失效前的换挡循环次数来评定润滑油品的性能。

我国测定手动变速箱油热安定性评定法(循环耐久试验法)为 SH/T 0756—2005，等效采用 ASTM D5579—01 手动变速箱油热安定性循环耐久试验标准方法。

手动变速箱油热安定性评定法(循环耐久试验法)用于评价车用手动变速箱油的热稳定性，因为热不稳定性将导致同步器性能恶化。

手动变速箱油热安定性评定法(循环耐久试验法)还可用于等同于以下变速箱油和齿轮油的其他规格。

- API PG-1 规格；
- 美国军用规格 MIL-L-2105；
- SAE 后桥和手动变速箱用油 J308；
- Mack 卡车齿轮油 GO—H 规格。

下面介绍 SH/T 0756—2005 手动变速箱油热安定性评定法（循环耐久试验法）大致步骤与评价内容。

1. 试验设备

（1）试验设备采用马克循环试验机。

（2）试验变速箱：试验变速箱为 MackT 2180，零件号 IIKBA51431，在用作试验变速箱前需要从变速箱中拆除及安装一些部件，需要拆除和安装的部件列于表 4-88。试验台架示意图见 4-6。

表 4-88　试验前需拆除或安装的零件

需要拆卸的零件	需要安装的零件
围栏、拨叉、弹簧和主变速箱换挡套上的球[A]	转速传感器插头(37KC12)和垫圈(37AX419)
主变速箱总成[B]	
主轴齿轮和止推垫片	连接到调节阀上的延长管，1/8NPI 和换挡阀连接孔（63A×3466）
中间轴总成	
滑动离合器	
副变速箱[C]	用组合钢制缸盖更换铸铁[E]
离合器分离器	
活塞和拨叉分离器	
钟状曲轴箱[D]	
所有与离合器相关的部件	
轴	
万向节	

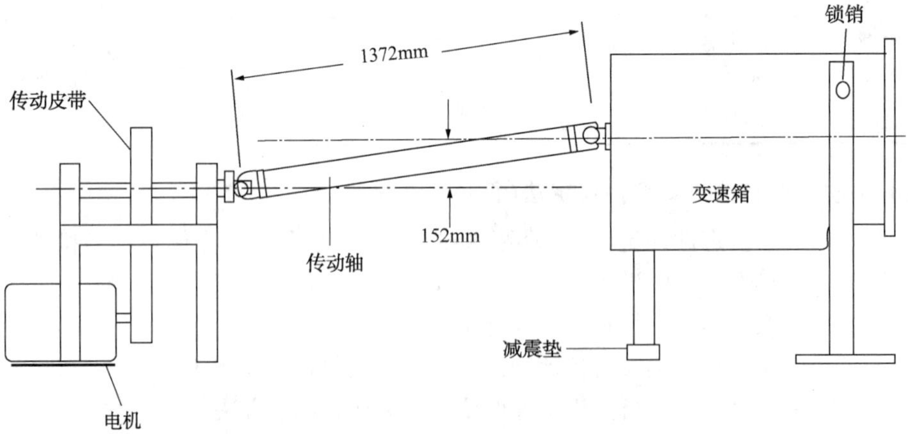

图 4-6　试验台架示意图

2. 试剂与材料

试验油：本试验需要 45.4L 试验油；

航空洗涤汽油：符合 SH 0114，用于清洗试件；

煤油：符合 GB 253，用于清洗试验油循环系统；

参比油两种。

采用两种参比油，即通过参比油(高质量油)和失败参比油(低质量油)。

3. 试验步骤

(1) 试验机的清洗：

给变速箱系统加入 19.9L 的试验油。开启试验油泵使试验油循环流经整个系统。如果试验油是一个非参比油，首先根据参比油试验结果来确定试验油可接受的结果。然后使用与参比油相同的试件进行试验。

关闭试验油加热器，使试验油在系统中循环至少 10min。

打开变速箱和加热器下面的放油阀放出清洗油约需 10min。

关闭放油阀，加入试验油 19.9L，安装变速箱顶盖，准备进行正式试验。

(2) 试验程序：

将空气压力设置为 621kPa。开启驱动电机带动传动轴转速达到 750r/min，同时变速箱在低速状态下运行。打开试验油加热器。

变速箱在低速挡运行，不进行换挡，对试验油进行预热，加热试验油使试验油温度升至(121±2.7)℃。

当试验油温度达到(121±2.7)℃操作温度时，试验机将自动开启换挡循环器，试验开始计时，试验在下述条件下操作运行(见表 4-89)。

表 4-89 试验条件

项目	试验参数	项目	试验参数
传动轴速度	(750±10)r/min	空气压力	(621±14)kPa
循环速度	(6±0.3)s(高速)	试验油温度	(121±2.7)℃
	(6±0.3)s(低速)		

1h 应对要求的试验参数记录一次。

使用记录仪和压力传感器记录换挡时的空气压力和中间轴转速，在以下循环阶段，至少记录一次从高速切换至低速以及从低速切换至高速过程中的试验参数：

30±20、25000±300、50000±300、60000±300 次循环，至少要记录到五次通过参比油试验的平均失效循环次数之前的 5000±300 次循环时的试验参数。

检查这些记录值，确保换挡阀和气缸工作正常。

(3) 停机程序：

当变速箱发生两次非同步换挡后，试验结束。非同步换挡会导致同步齿轮撞击从而产生刺耳噪声(超过 114dB)。

记录最终的操作条件，关闭试验油加热器和驱动电机，试验结束。

放出并收集 1000mL 试验后的废油，放出变速箱和加热器中的废油。

(4) 试验件的评价：

按 MAC K 服务手册拆解变速箱，检查试件有无异常磨损或损伤，测量摩擦盘、导向盘和换挡拨叉。

采用试验专用的记录表或者等效的格式记录磨损测量值及摩擦表面的目测形貌。

4. 确定试验结果

(1)通过与失败标准。同步器失效时的换挡循环次数是润滑油性能的评价准则，试验以同步器发生两次非同步换挡时的循环次数为试验结果。试验油的通过与失败标准由试验规格的要求确定。

(2) 拨叉磨损。测量变速箱拨叉磨损，并在试验结束后报告此结果。

(3) 试验的有效性。按照SH/T 0756—2005附录C计算试验有效性，如果试验操作参数的偏差百分比、试验过程中的停机时间以及平均循环时间均在附录C中的要求范围之内，则判定试验操作有效。

第三节 抗磨液压油台架试验

在GB 11118.1—2011液压油中，根据GB/T 7361.2将液压油分为L-HL抗氧防锈液压油、L-HM抗磨液压油(高压、普通)、L-HV低温液压油、L-HS超低温液压油和L-HG液压导轨油五个品种。

在液压油标准中评定L-HM抗磨液压油(高压、普通)、L-HV低温液压油、L-HS超低温液压油和L-HG液压导轨油抗磨损性能的方法，因用途与质量的差异而存在差异，具体见表4-90。

表4-90 液压油评价极压抗磨性能的方法情况

项目	L-HL	L-HM		L-HV	L-HS	L-HG	标准号
		高压	普通				
磨斑直径	√	√	√	√	√	√	SH/T 0189
齿轮机试验		√	√①	√②	√②	√	SH/T 0306
叶片泵试验			√				SH/T 0307
双泵(T6H20C)试验		√		√②	√②		NB/SH/T 0878

① 黏度22的牌号不要求。

② 黏度10、15、22三个牌号不要求。

从表4-89可以看出，L-HM抗磨液压油(高压)、L-HV低温液压油、L-HS超低温液压油进行抗磨损评定的方法有三个，即磨斑直径(条件为：392N，60min，75℃，1200r/min，NB/SH/T 0189)、齿轮机试验评定失效级(要求不小于10级，NB/SH/T 0306)、双泵台架试验(测定叶片泵的叶片和柱销总失重，评价柱塞泵总失重，NB/SH/T 0878)。

L-HM抗磨液压油(普通)评价抗磨性能的台架方法为高压叶片泵试验(SH/T 0307)，不进行双泵试验。其余方法相同。

下面就T6H20C双泵台架试验与高压叶片泵台架试验分别进行阐述。

一、NB/SH/T 0878—2014液压液性能的评定T6H20C双泵试验法

通过NB/SH/T 0878—2014，评定液压油的黏度、过滤性、热稳定性、剪切安定性、抗腐蚀性能及泵磨损特性。

方法概要：

将(190±10)L液压液试样，加入T6H20C试验泵台架系统中，试验条件为叶片泵压力25MPa及柱塞泵压力28MPa，采用28交替式压力循环加载。转速1700r/min，高温，有水和无水的条件下评价液压液。检测试样在600h内的黏度、过滤性、热稳定性、剪切安定性、抗腐蚀性的变化，以及在无水和有水条件下试验泵摩擦副的磨损情况。

1. 试验设备

试验设备采用标准的T6H20C试验台架。试验泵的序列号为R-14-10915。在下列条件下，试验台架应能正常测试T6H20C-B20泵：

(1) 试验转速为1700r/min。

(2) 试验磨合后，叶片泵压力为25MPa，柱塞泵压力为28MPa；水基油压力为21MPa，压力循环时间2s。最小压力 $p \leqslant 1$MPa，时间2s。最大压力 p 参照图4-7与图4-8。

(3) 使用锥形入口油箱，最大容积150L。油液面在泵轴中心线上300mm。试验开始时，管线中总试验优良(190±10)L。阶段Ⅱ开始时，试验油量调整到(175±5)L。

(4) 6μm分离型滤芯，Parker926845Q。

(5) 保持管路入口处循环温度：矿物油基液压油，阶段Ⅰ保持在(110±5)℃，阶段Ⅱ保持在(80±5)℃。水基液压油保持在(45±5)℃。植物油或合成型油保持在(70±5)℃。

(6) 使用阿法拉伐M6-MFG型板式热交换器。

(7) 系统采用开式循环回炉，油箱上安装6μm空气滤清器，型号Parker H 00834/04。

(8) 进入油箱前，保持管路中试验油没有混入空气。

(9) 入口处压力：相对值为 $-10\text{kPa}<p_c<10\text{kPa}$，水基液压油为10kPa。

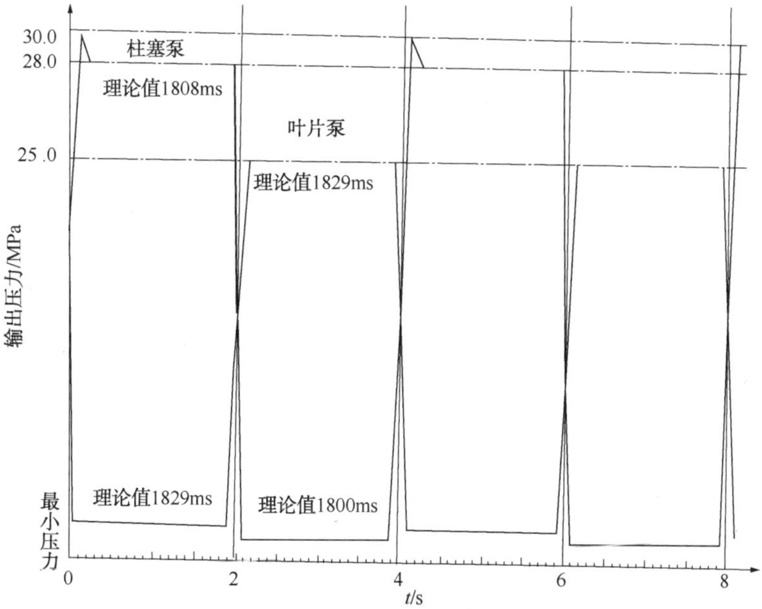

图4-7 矿物基和生物基液压油试验压力循环图

理论上，608h相当于547200个循环(540000个循环有效)

注：1. 升压速率=250MPa/s<Δp/Δt<350MPa/s

2. 降压速率=250MPa/s<Δp/Δt<350MPa/s

3. 根据SAE J745测量压力斜率。

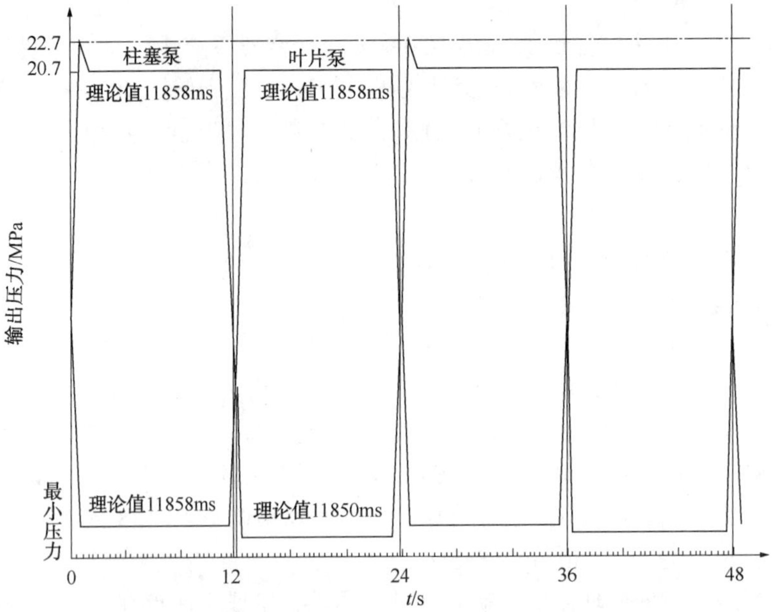

图 4-8　水基液压油压力循环图

理论上，608h 相当于 91200 个循环(90000 个循环有效)

注：1. 升压速率＝250MPa/s<$\Delta p/\Delta t$<350MPa/s

2. 降压速率＝250MPa/s<$\Delta p/\Delta t$<350MPa/s

3. 根据 SAE J745 测量压力斜率。

2. 试验阶段说明

(1) 阶段Ⅰ：阶段Ⅰ中加(190±10)L 液压油，清洁度调整到 NAS 1638 的 7~8 级。

(2) 阶段Ⅱ：阶段Ⅱ试验使用阶段Ⅰ的液压油调整到(175±5)L，在 307h 和 308h 之间添加 1%的蒸馏水。

(3) 添加水的步骤：加水阶段(阶段Ⅱ)开始时，在环境温度下，从泵的入口端添加蒸馏水(30mL/min，1h 内加入总量为 1800mL)。温度设定在 80℃。保持实验室温度在 25~35℃。叶片泵和柱塞泵循环压力为 3.9~7MPa。

整个试验过程中要保持水含量(质量分数为 0.8%~1.2%)。试验过程中，需要在最小压力条件下加入一定量的水来满足水含量的要求。

记录加水量(使用卡尔·费休方法测定含水量)。

(4) 油水分离：当发生意外时，需要把油水分离，且放掉分离出的水。如果长时间停机，最小可接受时间为 1h(停机过程中，清洁的液压油应没有任何污染)。在管线的最低点放空移走的水。

回收试验油有两种方法：

方法一：把水油混合物放入一个干净的容器中回收；

方法二：手动盘移走管路中残留的试验油，从泵入口处加 1800mL 蒸馏水。

重新启动后，确保油中水含量控制在质量分数 0.8~1.2%。

阶段Ⅰ试验结束后，拆开叶片泵和柱塞泵，判断泵损坏状况。如果叶片泵损坏，移走叶片泵，继续评定 HF-1；如果柱塞泵旋转组件损坏，移走外壳、柱塞、止推板和端口盘，继续评定 HF-2。参考表 4-91 判断如何运行试验。

表 4-91 试验结果

泵类型		通过
叶片泵	柱塞泵	
S	S	HF-0
S	U	HF-2
U	S	HF-1
U	U	失败

注：S—满意；U—不满意。

3. 试验准备

（1）拆除滤芯，安装冲洗泵，移走管线中残留的试验油，安装冲洗滤芯，用基础油冲洗 8~12h；完成后拆除滤芯，重新冲洗滤芯，用试验油在 110℃按照试验循环运行 24h；

（2）在最小压力和温度条件下，使用冲洗泵，试验油在管路中打循环，直到试验油满足 NAS 7~8 级。拆除冲洗泵，安装新过滤滤芯及试验泵。

4. 磨合程序

安装好新试验滤芯和试验泵后，设定压力补偿阀在 28MPa；将液压油按要求加入磨合试验油箱，加入液压油到容器一半(100L 后)，取第一次油样进行理化性能分析；按下列步骤运行 7h 磨合试验(以下压力均为连续变化)，进行输出流量和泄油流量测量：

（1）叶片泵和柱塞泵在最小压力 $p \leqslant 1$MPa 下运行 1h；

（2）叶片泵和柱塞泵在 5MPa 下运行 1h；

（3）叶片泵和柱塞泵在 15MPa 下运行 1h；

（4）叶片泵在最小压力 $p \leqslant 1$MPa，且柱塞泵在 21MPa 运行 1h；

（5）柱塞泵在最小压力 $p \leqslant 1$MPa，且叶片泵在 21MPa 运行 1h；

（6）叶片泵在最小压力 $p \leqslant 1$MPa，且柱塞泵在 25MPa 运行 1h；

（7）柱塞泵在最小压力 $p \leqslant 1$MPa，且叶片泵在 25MPa 运行 1h。

5. 试验程序

（1）设定压力补偿阀在 28MPa。

（2）加入液压油到容器一半(100L)后，取第一次油样分析其理化性能。

（3）磨合 7h。

（4）运行试验循环(300h)。

（5）液压油测量和第 2 次到第 10 次取样，7~107h 每 25h 测量和取样一次，108~307h 每 50h 测量和取样一次，报告叶片泵与柱塞泵在 25MPa 和最小压力时流量(L/min)；叶片泵在 25MPa 和柱塞泵在 28MPa 时的扭矩；滤芯前后的压差；清洁度(NAS 1638)级；水分含量；运动黏度(40℃与 100℃)；过滤性(无水与 2%水，SH/T 0210)等。

（6）运行完第Ⅰ阶段打开泵，对试验件进行拍照和评价。

（7）307~308h 试验过程中加水，进行第 11 次取样，报告叶片泵与柱塞泵在 25MPa 和最小压力时流量(L/min)；叶片泵在 25MPa 和柱塞泵在 28MPa 时的扭矩；滤芯前后的压差；清洁度（NAS1638）级；水分含量；运动黏度（40℃与100℃）；过滤性（无水与2%水，SH/T 0210）等。

（8）运行试验循环（300h）。

（9）液压油测量和第12~19次取样。308~408h每25h测量和取样一次，409~608h每50h测量和取样一次，报告叶片泵与柱塞泵在25MPa和最小压力时流量（L/min）；叶片泵在25MPa和柱塞泵在28MPa时的扭矩；滤芯前后的压差；清洁度（NAS 1638）级；水分含量；运动黏度（40℃与100℃）；过滤性（无水与2%水，SH/T 0210）等。

（10）拆掉试验用泵。

（11）试验部件拍照，记录目测结果。

注1：柱塞泵流量为0L/min且叶片泵压力在25MPa，叶片泵流量不加水阶段降到52L/min以下或加水阶段到68L/min以下，停止试验。

注2：柱塞泵压力在25MPa时，柱塞泵流量不加水阶段降到56L/min以下或加水阶段到58L/min以下，或两个阶段泄油流量大于6L/min，停止试验。

6. 试验测量

（1）磨合后，调整柱塞泵溢流阀压力在30MPa，压力补偿阀在28MPa，压力补偿阀调节到最小值来平衡泵流量。冲洗结束前1h将再次调节压力补偿阀。

（2）每个阶段都需要测量清洁度、水含量、液压油过滤性。阶段Ⅰ最大可以接受水含量的限值是250μg/g。清洁度为NAS 1638的8级，阶段Ⅱ过程中可以接受的水含量（质量分数）是0.8%~1.2%。

（3）启动试验时，在试验油箱中间取试验油检查新油的清洁度。

（4）系统稳定后。在下述试验过程中，对控制量进行测量，取试验油样并对试验油进行分析，然后简单描述和评价。试验步骤如下：

7h磨合结束后；

7~107h（包括7h，107h）以及308~408h，每25h测量一次；

107~307h以及408~608h，每50h测量一次；

Q 出口流量（L/min）Q_1=总柱塞泵流量+叶片泵流量；

Q 出口流量（L/min）Q_2=叶片泵流量；

Q 泄油流量（L/min）Q_3=柱塞泵泄漏流量；

Q 柱塞泵（L/min）$= Q_1 - Q_2$；

叶片泵压力在25MPa和柱塞泵压力在28MPa时的测量扭矩 T（N·m）；

叶片泵和柱塞泵出口、入口以及泄油温度；

叶片泵和柱塞泵出口压力；

通过滤芯的 Δp 测量：$(p_1 - p_2)$ 叶片泵和柱塞泵均在最小压力时，无论加水或不加水阶段已知保持在 $p_2 = (0.5 \pm 0.1)$ MPa，不加水阶段的最大 Δp 是10kPa，加水阶段是60kPa；

滤芯后液压油清洁度测量；

每个阶段安装新试验滤芯，整个试验阶段保持不变。

（5）在7h、107h、207h、307h、308h、333h、408h、508h和608h测定以下项目：

液压油黏度；

加水油中水的百分比；

油的过滤性。

测量阶段Ⅰ和阶段Ⅱ开始和结束时液压油的酸值。

7. 试验结果分析

（1）叶片泵：叶片和柱销总失重，定子失重；定子内表面检查（没有任何卡咬、抛光或波纹）；配油盘端口检查（没有卡咬或非正常磨损）。

（2）柱塞泵：柱塞失重；止推板表面检查；悬臂轴和衬套检查；外壳和配油盘端口检查。

（3）测量值和图形：试验报告需要列出的图形和测量值见表4-92。报告最后的试验结果。

表4-92 试验报告中需列出的测量值和图形

名称	试验条件
流量、扭矩损失和效率（机械、容积）曲线	稳定20s后测量：（简单表述或评价） 叶片泵最小压力，柱塞泵25MPa 叶片泵25MPa，柱塞泵最小压力 叶片泵最小压力，柱塞泵最小压力 叶片泵25MPa，柱塞泵28MPa 叶片泵最小压力，柱塞泵28MPa
放空流量曲线（以时间为横坐标）	
放空温度曲线（以时间为横坐标）	
滤芯压力下降曲线（以时间为横坐标）	
运动黏度（以时间为横坐标）	
过滤稳定性（以时间为横坐标）	
总水量（启动和加入的水之和）	
通过滤芯的压差 Δp	

在GB 11118.1—2011液压油标准中对于需要进行T6H20C双泵试验的产品（黏度级别），要求叶片和柱销总失重不大于15mg；柱塞失重不大于300mg。

二、SH/T 0307—1992石油基液压油磨损特性测定法（叶片泵法）

在T6H20C双泵试验出现之前，评定液压油的抗磨损性能的方法为高压叶片泵法，方法号为SH/T 0307—1992，本标准参照ASTM D2882—74石油基液压油叶轮泵试验法。采用高压叶片泵来测定石油基液压油磨损特性是一种非常有用的零部件试验方法。

在GB 11118.1—2011液压油（L-HL、L-HM、L-HV、L-HS、L-HG）中的L-HM（普通）液压油中采用高压叶片泵来评价石油基液压油的抗磨损性能。以下简要阐述SH/T 0307—1992大致测试过程。

方法概要：

11.4L试样通过旋转叶片泵装置，循环100h，工作条件是：工作压力为（13720±274.4）kPa,；转速为（1200±60）r/min。当试样40℃黏度是50.6mm^2/s或低于50.6mm^2/s时，试验温度为（65.6±3）℃；当黏度大于50.6mm^2/s时，试验温度为（79.5±3）℃。以泵的总磨损量（试验期间定子和叶片的质量损失毫克数）作为试验结果。一次试验用试样的总量为20L。

1. 设备与材料

设备：设备包括驱动系统（最小功率为11kW）、可拆泵芯型式叶片泵（在6860kPa，

1200r/min，49℃条件下，VICKERS 104C 或 105C 泵流量为 28.4L/min）及其他测量与辅助设备。试验示意图与泵体装配图见图 4-9～图 4-11。

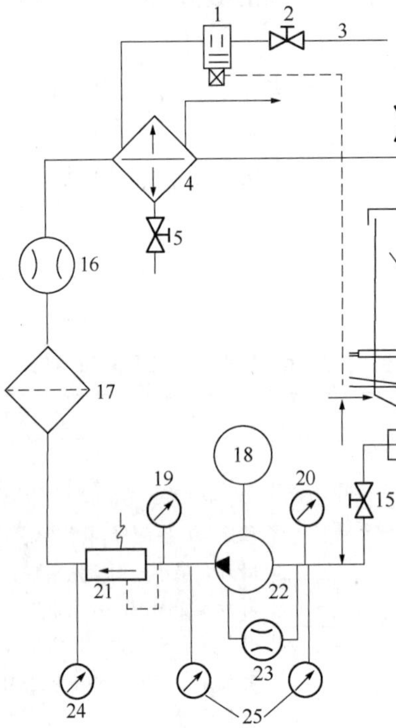

图 4-9　液压油磨损试验系统示意图

1—电磁阀；2—调节水阀；3—冷却水；4—热交换器；5—排油阀；6—进气阀；7—空气过滤器；8—受油碗；9—液位发讯器；10—油箱；11—加热器；12—温度控制传感器；13—60 目滤油器；14—排油阀；15—截止阀；16—流量计；17—25 目滤油器；18—电机；19—压力指示发讯器；20—复合压力计；21—压力调节阀；22—泵；23—流量计；24—温度指示发讯器；25—温度指示器

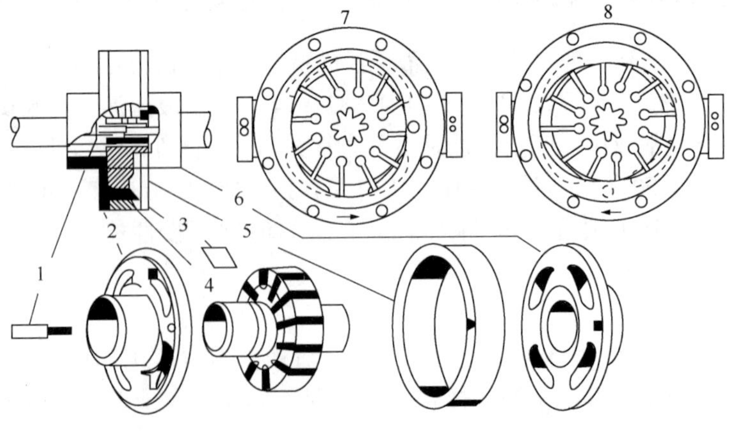

图 4-10　泵体详图

1—销钉；2—配电盘；3—叶片；4—转子；5—定子；6—配油盘；7—顺时针旋转装配；8—逆时针旋转装配

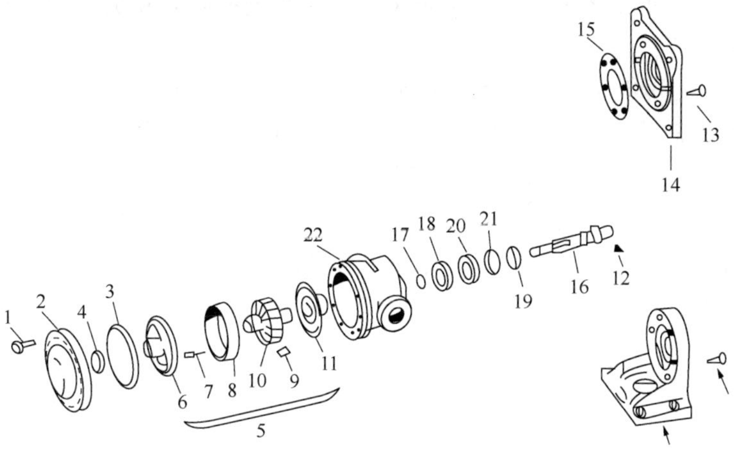

图 4-11 泵的组合体

1—泵盖螺钉；2—泵盖；3—泵盖垫圈；4—泵盖轴承；5—泵芯；6—配油盘；7—定位销钉；8—定子；9—叶片；10—转子；11—配油盘；12—轴销；13—支架螺钉；14—支架(底座/法兰盘)；15—法兰盘垫片；16—转动轴；17—弹簧圈；18—传动轴轴承；19—轴封；20—垫圈；21—O 形环；22—泵壳

2. 试验步骤

（1）进行清洗并按要求准备好试验泵芯。

（2）安装好试验泵芯，将试验油按要求装入试验油槽中。

（3）注意系统泄漏情况，排除空气，让试样返回油箱，给定低液位发讯器的位置。

（4）启动泵，排除大量空气，然后升压 1960kPa。

（5）记录启动时间。计时表复零，在六级压力水平(1960kPa，3920kPa，5880kPa，7840kPa，9800kPa，11760kPa)下各运转 10min 共计 1h。

（6）如果在运转期间听到泵有噪声，以 0.49N·m 的力矩增量，慢慢地上紧端盖螺钉，消除噪声。记录最后所施力矩的值和泵的最后流量值(对于黏度为 $32\sim43mm^2/s$ 的油，通常为 11.5~17.2N·m 和 19~22L/min)。

（7）当温度达到试验条件，又完成了在压力 11760kPa 下的走合时间后，调节泵出口压力到 13720kPa。

（8）给定电机过载保护电流、温度控制器、温度和压力上下限的位置，调节台架上的水阀使水的“通”“断”时间接近。

（9）调整好试验系统，计时表回零，试验开始。

（10）在确定的条件下连续运转 100h。

（11）试验停止和零件的检查：

① 在 100h 试验完成后，使压力和温度发讯器的低位给定指针复位，停车，关闭冷却水阀。

② 检查和记录试样及油箱表面状态，注意是否有沉积物、变色、浑浊和异常气味，打开油箱的排油阀和低位阀，使试验系统排空。

③ 拆去泵端盖，小心地拆下整个泵芯。检查泵芯零件是否有磨损、沉积物、变色和其他状态。记录检查结果。

④ 用溶剂油清洗并除去试验泵芯中定子和叶片组上的胶质和沉积物，然后在石油醚中漂洗并于空气中干燥。

⑤ 分别称量定子和叶片组的质量，精确至1mg，记录其质量和总质量。

⑥ 用试验前的总质量(定子加12个叶片)减去试验后的总质量，所得质量损失则表示试样的抗磨水平(也可用定子和叶片各自的损失来说明)。

3. 报告

报告定子和12个叶片的质量损失(以mg为单位)，并报告有关磨损、擦伤、沉积物、橡胶密封等方面的任何异常现象。

第五章　润滑油脂的族组成、元素分析与应用

第一节　概　　述

现在的润滑油脂，即便用于一种使用目的，也要求有多种效能。工业用润滑油，车用、船舶用发动机油及化学品，军事工业、航空航天工业、原子能工业等行业专用油，所要求的功能都较广，无论是矿物润滑油或是合成、半合成润滑油，往往需要借助添加剂赋予它们多种功能。所以除了必须了解润滑剂中 C、H 族组成外，还要了解 S、P、N、Cl、F、B、K、Na、Mg、Ca、Zn、Ba、Cu、Mo 等元素的含量，这对于基础油和添加剂、润滑油脂产品的研究、生产和应用工作，都是非常重要和必要的。

润滑油脂中的族组成、元素分析与其他有机化合物中的族组成、元素分析有许多相似之处，过去主要用重量法、容量法和比色法等化学方法。到 20 世纪 60 年代随着有机元素分析方法的发展，一些经典的分析方法逐渐被自动化程度较高的仪器分析所取代。70 年代一些先进技术的应用，使分析样品量可降至毫克数量级，并且可以在较短时间内获得精密度和准确度，且均不亚于常量分析的结果。至于实际工作中采用何种分析方法，则必须根据需要和实验室条件而定。

一、关于族组成分析

石油烃类组成有三种表示方法，即单体烃组成、族组成和结构族组成。

（一）单体烃组成

单体烃组成表明石油及其馏分中每一单体化合物的含量。石油及其馏分中的单体化合物数目繁多，而且随着石油馏分沸程的增大(或相对分子质量增大)，其单体化合物数目增加尤其显著。鉴于分析和分离手段等因素，目前单体烃组成表示法只限于石油气与石油低沸点馏分的组成时采用，在润滑剂方面极少使用单体烃来表示。

（二）族组成

石油烃中的族就是化学结构相似的一类化合物。

润滑油基础油 API 分类是以饱和烃含量、黏度指数、硫含量等进行划分的，没有具体要求说明饱和烃的类型。对于精制矿物油来说，少环、长侧链烷烃是润滑油基础油理想组分，但随着石油加工技术的进步，润滑油基础油的种类及来源也有明显的区别，如溶剂精制、加氢裂化、加氢异构化、GTL 基础油等，其各种烃类成分含量、结构及性能是不一样的；对于润滑油基础油分类而言，可以用烷烃、环烷烃和芳香烃的含量来区分。

（三）结构族组成

1. 结构族组成表示方法

由于高沸点馏分型润滑油基础油以及丙烷脱沥青的光亮油(来源为减压渣油)中各种类型分子的数目繁多，而且相对分子质量较大，分子结构复杂，往往在一个分子中同时含有芳香烃、环烷烃及相当长度和数目的烷基侧链，这些化合物很难用族组成的概念来准确描述它们究竟是属于烷烃族还是环烷烃族或芳香族。按照烃类结构族组成概念，不论石油烃类的结构多么复杂，它们都是由烷基、环烷基和芳香基这三种结构单元所组成。结构族组成就是确定复杂分子混合物中这些结构单位的含量，有不少关于分子中这些结构单元的结合方式的研究。

采用六个结构参数 $C_A\%$、$C_N\%$、$C_P\%$、R_T、R_A、R_N可对烃分子的结构进行描述。其中：

$C_A\%$为芳香环上碳原子占总碳原子的百分数；

$C_N\%$为环烷环上碳原子占总碳原子的百分数；

$C_P\%$为烷基侧链上的碳原子占总碳原子的百分数；

R_T为分子中的总环数；

R_A为分子中芳香环数；

R_N为分子中的环烷环数。

石油馏分中烃类的组成可用上述参数的方法进行表示，只是在此处需将整个馏分(各种烃分子的混合物)当作一个平均分子看待，此时的 $C_A\%$、$C_N\%$、$C_P\%$、R_T、R_A、R_N都是平均相对分子质量。

2. 中间馏分及高沸点馏分的结构族组成测定——$n-d-M$ 法

在石油馏分中若要直接测定 $C_A\%$、$C_N\%$、$C_P\%$、R_T、R_A、R_N这些参数，一般须在严格控制的条件下对石油馏分进行选择性加氢，将馏分中的芳香环结构全部饱和为环烷烃，而且不发生任何 C—C 键断裂。根据馏分的平均相对分子质量及加氢前后的碳、氢元素组成，求得加氢前后馏分的平均分子式，从而计算出馏分的平均结构参数。这种直接测定石油馏分平均结构参数的方法费时费力且条件苛刻，实验难度极大，一次无法用于日常分析。

通过研究发现，石油馏分的某些物理参数，如密度、折射率等与其烃类的族组成有关。在各族烃类中，芳香烃的密度和折射率最大，而且随着芳香环环数的增加其密度和折射率也增加，烷烃的密度和折射率最小，环烷烃介于二者之间。由此可见，烃类分子中的各种结构单元与烃类以及烃类混合物的物理常数之间存在着一定的关系。因此不少研究者提出利用物理常数来测定石油馏分的结构族组成。例如，以折射率、密度、相对分子质量为基础的 $n-d-M$ 法，以折射率、密度、黏度为基础的 $n-d-\gamma$ 法，以及以折射率、密度、苯胺点为基础的 $n-d-A$ 法，其中 $n-d-M$ 法最常用。在实际应用中，只要测定石油的中间馏分或高沸点馏分的密度(d)、折射率(n)和平均相对分子质量(M)(如果预期样品中的硫含量较高，则应测定硫的含量)，就可以按表 5-1 中的公式计算出馏分的 $C_A\%$、$C_N\%$、$C_P\%$及 R_T、R_A、R_N值。

表 5-1 石油馏分 *n-d-M* 法的计算公式

20℃时测定	70℃时测定
$V=2.51(n-1.4750)-(d-0.8510)$ $W=(d-0.8510)-1.11(n-1.4750)$	$X=2.42(n-1.4600)-(d-0.8280)$ $Y=(d-0.8280)-1.11(n-1.4600)$
$C_A\%$ 若 V 为正值 $C_A\%=430V+\frac{3660}{M}$ 若 V 为负值 $C_A\%=670V+\frac{3660}{M}$	$C_A\%$ 若 X 为正值 $C_A\%=410X+\frac{3660}{M}$ 若 X 为负值 $C_A\%=720X+\frac{3660}{M}$
$C_R\%$ 若 W 为正值 $C_R\%=820W-3S+\frac{10000}{M}$ 若 W 为负值 $C_R\%=1440W-3S+\frac{10600}{M}$	$C_R\%$ 若 Y 为正值 $C_R\%=775Y-3S+\frac{11500}{M}$ 若 Y 为负值 $C_R\%=1440Y-3S+\frac{12100}{M}$
$C_N\%=C_R\%-C_A\%$ $C_P\%=100-C_R\%$	$C_N\%=C_R\%-C_A\%$ $C_P\%=100-C_R\%$
R_A 若 V 为正值 $R_A=0.44+0.055MV$ 若 V 为负值 $R_A=0.44+0.080MV$	R_A 若 X 为正值 $R_A=0.41+0.055MX$ 若 X 为负值 $R_A=0.41+0.080MX$
R_T 若 W 为正值 $R_T=1.33+0.146M(W-0.005S)$ 若 W 为负值 $R_T=1.33+0.180M(W-0.005S)$	R_T 若 Y 为正值 $R_T=1.55+0.146M(Y-0.005S)$ 若 Y 为负值 $R_T=1.55+0.180M(Y-0.005S)$
$R_N=R_T-R_A$	$R_N=R_T-R_A$

注：S—含硫量，%

$C_A\%$、$C_R\%$、$C_N\%$、$C_P\%$—分别表示芳香环、总环、环烷烃及烷基侧链上碳原子的百分数；

R_T、R_A、R_N—分别表示总环、芳香环及环烷环的环数；

M—相对分子质量；

n—折射率；

d—密度。

n-d-M 法适用范围只限于符合下列条件的石油馏分：

$M>200$，不含不饱和烃；

$R_T\leq4$，$R_A\leq2$ 或者 $C_R\%\leq75(\%)$；

$C_A/C_N\leq1.5$；含 $S\leq2\%$；

含 $N\leq0.5\%$；含 $O\leq0.5\%$。

3. 重油的结构族组成测定——密度法

鉴于 *n-d-M* 法一般仅适用于相对分子质量大于 200 的中间馏分以及减压馏分油，对于重油或渣油，由于其环数较高以及杂原子较多，超出 *n-d-M* 法的适用范围。对于重油或渣油可以采用密度法测定其结构参数，在相对分子质量相近的情况下，不同类型烃类密度存在差异，因此可用密度来关联其化学结构。

在关联中引入每个碳原子计的平均相对分子质量 M_c，$M_c=\frac{M}{C_T}$，这里的 M 为平均相对分子质量，C_T表示每个平均分子中的总碳原子数。如果将参数 M_c 再除以密度（$\frac{M_c}{d}=\frac{M}{C_T \cdot d}$），则表示每个碳原子所占有的摩尔体积。对于不同结构的烃，每个碳原子所占有的摩尔体积（$\frac{M_c}{d}$）不同，$\frac{M_c}{d}$包含着烃类结构的信息，芳烃结构紧凑，$\frac{M_c}{d}$值最小，正构烷烃$\frac{M_c}{d}$值最大，环烷烃介于两者之间。

由于早重油或渣油中一般都含有杂原子，因此必须将$\frac{M_c}{d}$进行杂原子校正，将其校正为$\left(\frac{M_c}{d}\right)_c$，经验公式见式(5-1)。

$$\left(\frac{M_c}{d}\right)_c=\frac{M_c}{d}-6.0\times\left(\frac{100-C\%-H\%}{C\%}\right) \tag{5-1}$$

式中　C%——碳含量；

　　　H%——氢含量。

为了将$\left(\frac{M_c}{d}\right)_c$与重油的芳香碳率 f_A 进行关联（芳香碳率是指重油或渣油中的芳香碳原子数占总碳原子数的分率，相当于 $C_A\%$值，只是 $C_A\%$是以百分数表示，而 f_A 是以分率表示），Williams 通过实验数据提出 f_A 值与$\left(\frac{M_c}{d}\right)_c$及氢碳原子比 $R_{H/C}$ 的关联式：

$$f_A=0.09\left(\frac{M_c}{d}\right)_c-1.5R_{H/C}+0.77 \tag{5-2}$$

假定试样平均分子中整个环系均为渺位缩合（芳香结构排列为“线性排列”即渺位缩合），且环烷烃都是六元环并与芳香环并合，那么根据芳香碳率、平均相对分子质量和元素组成，可以求得其他结构的参数，见式(5-3)。

$$C_T=\frac{C\%\times M}{12} \tag{5-3}$$

$$C_A=C_T \cdot f_A \tag{5-4}$$

$$R_A=\frac{C_A-2}{4} \tag{5-5}$$

$$R_T=C_T+1-\frac{H_T}{2}-\frac{C_A}{2} \tag{5-6}$$

$$R_N=R_T-R_A \tag{5-7}$$

$$C_N=4R_N \tag{5-8}$$

$$C_P=C_T-C_A-C_N \tag{5-9}$$

式中 C_T、C_A、C_N、C_P、H_T——分别为平均分子中的总碳数、芳香碳数、环烷碳数、烷基碳数及总碳数。

R_T、R_A、R_N——分别为平均分子中的总环数、芳香环数和环烷环数。

此外，在密度法中还常用缩合指数(CI)来表示平均分子中环结构的状况，见式(5-10)。

$$\mathrm{CI}=\frac{2(R_T-1)}{C_T}=2-R_{H/C}-f_A \tag{5-10}$$

对于烷烃 $R_T=0$，CI<0；单环烃类 $R_T=1$，CI=0；多环烃类 $R_T>1$，0<CI<1。CI 值增加表示其缩合程度升高。

对于直接取得重油试样的密度值有困难时，可用下列经验公式从氢含量(H%)计算近似值，见式(5-11)。

$$d_4^{20}=1.4673-0.0431(\mathrm{H\%}) \tag{5-11}$$

因此，若知道重油的平均相对分子质量(M)，以及 C%、H%即可使用密度法得到d_4^{20}、$R_{H/C}$、$\frac{M_c}{d}$、$\left(\frac{M_c}{d}\right)_c$ 以及f_A、CI、C_T、C_A、C_P、C_N、R_A、R_T、R_N等结构参数。

密度法一般适用于计算芳香碳率f_A在 0.23~0.34 的油样。

(四) 族组成测定法的应用

(1) 目前国外测定润滑油基础油碳型组成的分析方法有 ASTM D2140、ASTM D3238、IEC 60590 和 Brandes 法，国内测定碳型组成的分析方法有 SH/T 0725(修改采用 ASTM D2140)、SH/T 0729(修改采用 ASTM D3238)、GB/T 7603(修改采用 IEC 60590)和 DL/T 929，其中 ASTM D2140(SH/T 0725)方法是通过测定基础油的密度、黏度和折射率来计算 C_A 值、C_N 值和 C_P 值；ASTM D3238(SH/T 0729)方法是通过测定基础油的密度、黏度和平均相对分子质量来计算 C_A 值、C_N 值、C_P 值和 R_A(分子中芳香环数)、R_N(分子中环烷环数)，Brandes 法则是德国科学家 Brandes 采用红外光谱，将 1610cm^{-1}处和 720cm^{-1}处的吸收与n-d-M法进行关联分别计算 C_A 值和 C_P 值，差值法计算 C_N 值。IEC 60590(GB/T 7603)方法只采用 Brandes 法中计算 C_A 值部分。DL/T 929 方法与 Brandes 法相似，只是关联系数稍有差别。

(2) 分析润滑油基础油化学组成与碳型组成的方法有经典柱色谱分析法、高效液相色谱法、薄层色谱法、红外光谱法和质谱法等。现行业已标准化的方法有，SH/T 0606—2005 中间馏分烃类组成测定法(质谱法)、SH/T 0725—2002 石油基绝缘油碳型组成计算法(修改采用 ASTM D2140)、SH/T 0729—2004 石油馏分的碳分布和结构族组成计算方法(n-d-M 法)、SH/T 0753—2005 润滑油基础油化学族组成测定法、SH/T 0793—2007 烃类油品中芳碳含量测定法(高分辨核磁共振法)、NB/SH/T 0806—2022 中间馏分芳烃含量的测定 示差折光检测器高效液相色谱法、NB/SH/T 0885—2014 润滑油基础油中总芳烃和总饱和烃含量的测定 示差折光检测器高效液相色谱法、DL/T 929—2018 矿物绝缘油、润滑油结构簇组成的红外光谱测定法等。

(3) 族组成是划分基础油类别的依据，基础油的 API 分类的主要指标之一就是饱和烃的含量。如：API 基础油分类中指标之一饱和烃含量，Ⅰ类<90%，Ⅱ类、Ⅲ类≥90%。

(4) 族组成分析可用于润滑油及基础油的生产、贸易、科研等工作过程。

通过族组成分析，在基础油装置生产过程，可以了解产品的族组成，调整工艺参数，控制产品质量；在贸易过程，可以了解基础油是否符合规定的基础油类别；在科研过程，通过族组成分析可以解剖、鉴别一个产品基础油的类型，不同成分的大致比例，在使用过程中产品质量的变化。

二、关于元素分析

(一) 关于元素分析的方法及优缺点

目前，润滑油脂元素分析方法按分析仪器的类别可划分为：化学分析法和光谱分析法等，每个方法都有各自的特点和不同的检测范围。

1. 主要的分析方法

(1) 化学分析法：

化学滴定法、比色法。

(2) 光谱分析法：

电感耦合等离子发射光谱法(ICP-AES)；

原子吸收光谱法(AAS)；

电感耦合等离子体质谱法(ICP-MS)；

微波等离子体炬原子发射光谱法(MPT-AES)；

X 射线荧光光谱法；

电弧发射光谱仪；

N、S、Cl 元素分析仪。

2. 分析方法的比较

(1) 检测能力：化学滴定法、比色法虽然简单易行，但灵敏度低，干扰因素多，同时，还存在着试剂用量大、污染严重等问题，因此，已逐渐被准确、快速的 ICP-AES、ICP-MS、AAS、MPT-AES 等仪器分析所代替。

优点是提供了更低的检出限，更宽的动态线性范围，干扰较少，分析精密度高，分析速度快等。ICP-AES 测量的是光学光谱(120~800nm)，具有 106 以上的 LDR(线性动态范围)，且抗盐分能力强(高达 30%TDS)，可进行痕量及主量元素的测定，部分样品无须稀释可直接检测。ICP-MS 测量的是离子质谱，提供在 3~250amu 范围内每一个原子质量单位的信息，还可进行同位素测定，具有超过 105 的 LDR，若采用特殊方法(预富集)可使其 LDR 扩展至 108。

由于 ICP-MS 的耐盐量较差(通常不大于 0.2%TDS)，其检出限实际上会变差多达 50 倍，一些轻元素(如 S、Ca、Fe、K)在 ICP-MS 中有严重的干扰，其实际检出限也很差。主要进行痕量/超痕量元素分析。AAS 测量的是原子光谱。石墨炉 AAS 的检出限为$(1\sim10)\times10^{-9}$，一些元素也可得到亚 10^{-9} 级的检出限。当原始样品是固体时，ICP-AES、AAS 相比 ICP-MS 需要更高的稀释倍数。

(2) 进样方式比较：X 荧光测硫仪、N/S 元素分析仪和电弧发射光谱仪可以直接进样检测。ICP-AES 与 AAS 相比在样品处理上无明显的区别，可以无机测定，也可以有机测定。

3. 几种光谱分析方法比较

（1）元素的种类和浓度：ICP-AES、ICP-MS、MPT-AES 和电弧发射光谱仪可以同时进行多元素分析。AAS 由于受光源的限制，每次仅能测定一种元素，无法完成多元素同时测定。根据分析溶液中待测元素的浓度来看，若每个样品测定 1~3 个元素，元素浓度为亚或低于 10^{-9}级，AAS 是最合适的；若每个样品测定 5~20 个元素，含量为亚 10^{-6}至 10^{-2}，则选用 ICP-AES 是最合适的；若每个样品需测 4 个以上的元素，含量为亚 10^{-9}及 10^{-9}，而且样品的数量也相当大，选用 ICP-MS 是较合适的。

（2）干扰因素：AAS 测定时，共存元素相互干扰大，在空气-乙炔火焰中，钒对钙和镍的测定有干扰，镍对铁的测定有干扰，钙对钠的测定也有干扰。常加入干扰抑制剂来消除影响。ICP-AES 测定时，样品通过雾化、送样、原子化、激发、电离等几个主要过程转化为光信号。另外，由于电子密度较大的氢等离子体本身对电子数的增减具有缓冲作用，所以电离干扰可以忽略。

（3）应用程度：在日常工作中，ICP-AES 分析技术是最成熟的，可由技术不熟练的人员应用 ICP-AES 技术人员制定的分析方法来进行工作。ICP-MS 的操作直到现在仍较为复杂，近年来尽管在计算机控制和智能化软件方面有很大的进步，但在常规分析前仍需由技术人员进行精密调整，其方法研究也是很复杂很耗时的工作。

AAS 的常规工作虽然是比较容易的，但制定方法仍需要相当熟练的技术。运用 MPT-AES 的研究很少。虽然对各种元素具有很好的检测能力，但不能分辨元素的形态。

经过分析，有机样品直接进样的方式因制备样品时间短、污染小、损失小、操作简单等优势，被越来越多的实验室和科研机构采用。但是，燃料油、易挥发油品的有机处理过程（加入合适的稀释剂），还处于摸索阶段，需要通过比对试验，解决有机溶剂的选取、仪器参数设置等问题，得出最佳的试验方案。ICP-AES 仪是目前最为准确、快捷的仪器，广泛应用于元素分析。

（二）润滑油脂中元素的来源

润滑油脂中加入添加剂元素可以增强润滑油相应的特性，例如润滑油的清洁性能、抗磨性能和抑泡性能等。按功能添加剂可分为抗氧剂、抗磨剂、清净剂、分散剂及泡沫抑制剂等。清净、分散剂主要是控制油氧化后的产物，如胶质物质、积炭等不溶于油的物质悬浮在油中，不黏结在机械设备部件上；抗氧剂的作用顾名思义就是防止或者延缓油品的氧化变质，油中添加抗氧化添加剂可以钝化金属对油品氧化催化的作用，这样可以避免油品黏度的快速增加；为了提高润滑油的抗磨性能，通常在基础油中加入例如磷类、硫类、有机金属类及硼类抗磨添加剂，这类添加剂可以在机械部件的表面形成薄膜，防止设备部件运转过程中过度接触导致金属颗粒的剥落，从而避免设备故障发生。抗泡剂是为了抑制润滑油受到震荡及搅动情况下形成气泡，气泡的形成会破坏油膜，降低润滑效果，抗泡剂的主要作用是抑制泡沫产生，快速消泡，它能在泡沫上形成不安定的膜破坏泡沫的存在，一般常用的抗泡剂是甲基硅油。

检测中除了会检测出微量添加剂元素之外，还会检测出一些磨损元素，例如铁元素、铝元素、铜元素等，这是因为机械设备在运转过程中金属颗粒脱落。当然部分元素也有既是添加剂元素又是磨损元素的可能，还有外来污染的元素也会在油中出现。

润滑油中主要元素的来源：

1. 添加剂、合成油的元素

磷——极压剂、抗磨剂、ZDDP、减磨剂等；

氯——极压剂、减磨剂；

氮——无灰剂、高温抗氧剂、抗腐剂、金属钝化剂等；

硫——极压剂、减磨剂、高温抗氧剂、清净剂、抗氧抗腐剂等；

硼——减磨剂、分散剂等；

硅——抗泡剂、合成油等；

锌——ZDDP 等；

钼——减磨剂、高温抗氧剂等；

钙、镁——清净剂、防锈剂等；

钡、钠——防锈剂、乳化剂等。

2. 设备磨损的元素

铁——所有设备部件的磨损；

铝——活塞、轴承、涡轮、泵等部件的磨损；

铅——离合器、螺杆、轴承等部件的磨损；

铜——螺杆、齿轮、轴承套、离合器等部件的磨损；

镍、铬、钒、钨、钴、硅——合金材质部件的磨损；

其他金属元素——与摩擦副相关的合金材质部件的磨损。

3. 外来污染

铁、锌、镍——容器、管道金属杂质；

硅——外来杂质、冷却液等；

氯、钠、钡、钙、硫、磷——金属加工油液；

与添加剂、摩擦材料无关的金属元素——金属加工的金属材料。

(三) 分析油脂中元素的意义

因此，分析润滑油脂中的各种因素的成分，分清它们的来源及存在状况，对润滑油脂的应用十分重要。

检测分析中锌元素的出现，可能是因为有机锌类作为内燃机润滑油的抗氧化及抗腐蚀添加剂的主要成分，主要是通过一起参加化学反应来起到抗氧化作用。另外锌元素的存在也有可能是黄铜部件、氯丁橡胶密封件、油脂磨损使得锌元素混入油品中，或者是冷却系统泄漏。一般锌元素作为添加剂存在时以微量形式存在。若以磨损形式存在，则数据上显示将增加很多并且在检测过程中锌元素在增加并不是损耗，则说明此时的锌元素应是磨损元素。

镁元素存在极有可能是清净剂添加剂引起的，因为镁元素的灰分较低，用在清净剂中也较为广泛。除用于添加剂外，镁元素的存在也有可能来自发动机材料、部件架或者油中进入海水遭受污染也会检测到镁元素。

钡、钙类元素其实是因为在汽油机和柴油机使用钙和钡的磺酸盐作为清净剂引起的，清净剂按酸根的类型又可以分为磺酸盐、硫代磷酸盐、酚盐和水杨酸盐等，主要作用是防止发动机表面上生成漆膜或者油氧化后胶质物质黏结。钙元素除了在添加剂中出现，有时候油品如果被海水污染了，也会检测出钙元素。

钼元素的大量存在也是因为活塞部件磨损及电动马达磨损。当然钼元素在添加剂中的存在也举足轻重，油溶性的有机钼通常以液态形式存在于润滑油中，在设备正常工作时有机钼在摩擦面表面形成一种具有减摩、抗磨作用的物理化学吸附膜。在极为苛刻的工作条件下，有机钼能在摩擦面表面分解成为纳米级别的二氧化钼膜，这种膜的厚度每层基本在0.625nm，层间距离为1.32nm，纳米级的二氧化钼将摩擦面的摩擦形式由滑动摩擦变成了滚动摩擦，极大地降低了摩擦系数，并且具有高温抗氧化的功效。

齿轮油中磷元素的存在很普遍，因为磷元素广泛存在于抗氧化和抗腐蚀添加剂中，例如，丁锌基硫化磷酸盐等。这些磷酸盐物质会阻碍油品氧化物质和油中的淤渣及漆膜发生连锁反应，丁锌基硫化磷酸盐的存在会先一步与初氢态的过氧化物反应，阻碍油品氧化物质和淤渣及漆膜的反应，以延缓油品的劣化。除此之外，在油品分散剂添加剂和抗磨添加剂中也会经常看到磷元素的身影。齿轮油中的抗磨添加剂一般是磷酸酯类化合物，早前研究者提出磷酸酯的作用机理是：添加剂磷酸酯会在设备运转高温环境下和接触表面的铁发生化学反应生成磷化铁，并且形成共熔合金，流动性增强，表面更加趋于平整，达到“化学抛光”的效果。后期有研究者认为磷酸酯类添加剂会在设备运转中生成一层膜以保护设备，减少设备接触面磨损。

先前的抗磨极压添加剂都是磷系极压抗磨剂、氯系极压抗磨剂等，硼酸盐作为极压抗磨剂是一种新的尝试。经过测试硼酸盐的磨损性能、热氧化安定性能和抗腐蚀性能，都较磷系和硫系极压抗磨添加剂高。很明显硼酸盐极压剂可耐150℃，高于正常磷酸系、硫系极压抗磨剂耐热温度20℃。但是无机硼酸盐不易溶于油，易溶于水，所以影响了硼酸盐的应用，有机硼酸酯抗压抗磨剂具有良好的抗磨性能，有良好的发展前景。若添加剂中没有硼元素，在油品检测分析中发现硼元素存在极有可能是因为密封件被损坏、空气带进尘土，也有可能是因为油品被水污染了，或者是冷却系统泄漏污染油品。

润滑油产品中存在硅元素，主要是因为有机硅是消泡添加剂的主要组成部分，有机硅的主链十分柔顺，分子间的作用力相较于碳氢化合物较弱，又因为它比同相对分子质量的碳氢化合物黏度低，表面张力弱，表面能小，成膜能力强，这种特性在润滑油的消泡邻域很有益处。添加剂中硅元素存在形式主要是有机硅聚合物，如带有极性基团的硅和非极性基团的烷基聚合而成的二甲基硅油。这种有机硅物质能够有效抑制泡沫的产生，以胶体的形式稳定分布在油中，增加液体同空气的表面张力，从而达到抑制泡沫生成的效果，与此同时也意味着有机硅聚合物抗泡沫剂的油品空气释放性较差。还有发动机冷却液中机油稳定剂硅，如果冷却液泄漏到润滑系统，通过硅元素的检测也能发现甲基硅油。

在检测分析过程中前期少量存在铁元素也是正常的表现，但是在元素检测过程中，润滑油的铁元素快速上升，这表明机械设备可能有机械故障产生。一般铁元素大量存在的故障是轴承、阀门、摇臂、活塞环、齿轮、轴、锁圈、螺母等机械部件的磨损。润滑油中存在铝元素一般是因为金属部件磨损，铝元素主要来自衬垫、垫片、垫圈、活塞等零件的损坏，或者是行星齿轮磨损。近年来也有将铝元素作为添加剂元素。铁铝元素属于滑动磨损元素，对其的监测是非常有必要的。

(四) 元素分析的应用

1. 产品开发及配方的解剖

润滑油脂研发工作越来越多地利用元素分析，结合模拟试验应用试验，可以确定元素与各种性能的关系，加快配方的确定和应用；也可快速解剖同类产品元素组成，参照先进配方的元素组成，加快产品配方的研发速度。国外早已经利用元素分析、模拟试验、台架试验、使用试验进行大数据开发产品，其中，元素分析是很重要的一个环节。

2. 生产监控、产品验收

元素分析是润滑油脂生产监控、产品验收、脂油液监测过程中一项非常重要且必不可少的检测项目，它贯穿于润滑油的整个生命周期。生产厂产品配方确定后，整个生产、包装过程的产品元素不可以发生变化；对生产监控、新油交割和验收而言，元素分析就是控制润滑油配方中添加剂的组分和加入量。

3. 产品应用跟踪及设备运行监控

通过对在用润滑油脂的元素分析，可监测润滑油脂的各种元素变化，判断油脂质量是否趋于稳定状态、是否变质及污染状况；通过对在用润滑油脂的元素分析，可检测设备运行状态的稳定性以及设备的磨损情况，尤其是磨损元素分析，可以提前预警设备失效，而且设备失效模式分析具有十分重要的意义和作用；根据不同分析方法的适用性，及时检测出油品的信息状况，将设备的运转情况与润滑油的检测结果综合分析，有针对性地判断设备工作状况，从而制定相应的换油周期，并对机器进行定期维护，延长机器设备的使用寿命。

对废油而言，元素分析可以为废油净化和再生工艺提供基础数据和依据。

本章将介绍润滑剂油脂研究和生产中族组成、元素分析常用的方法，按照所需要分析的因素类别进行分类，便于读者的应用，对于已收入国家标准和行业标准的方法只做简单说明或列为参考，这里着重介绍一些比同类标准方法简便快速准确，或较实用的方法。

第二节　润滑油脂的族组成分析

润滑油质量的优劣在一定程度上与其主要的原材料——基础油自身性质有关，即润滑油基础油的化学组成对成品润滑油有较大影响。碳型组成(又称为结构族组成)是将组成复杂的基础油看成是由芳香基、环烷基和烷基的结构单元组成的复杂分子混合物，其中 C_A%值是指芳香环上的碳原子占整个分子总碳原子数的百分数，C_N%值是指环烷环上的碳原子占整个分子总碳原子数的百分数，C_P%值是指烷基侧链上的碳原子占整个分子总碳原子数的百分数。C_A%值高说明基础油中芳烃含量高，C_N%值高说明基础油中环烷烃含量高，C_P%值高说明基础油中石蜡烃含量高，依据 C_A%值、C_N%值、C_P%值的高低能够判断润滑油基础油的基属。

一、NB/SH/T 0606—2019 质谱法测定润滑油基础油烃类组成

现行的标准为 NB/SH/T 0606—2019 中间馏分烃类组成测定法(质谱法)，修改采用 ASTM D2425—17。

1. 方法概要

将待测的润滑油基础油样品进行预处理(采用色层分离法或者固相萃取-气相色谱法)后

分离成饱和烃和芳烃馏分，分别进行质谱测定，根据特征质量碎片加和确定各类烃的浓度。由质谱数据估计烃类的平均碳数。根据由各类烃的平均碳数确定的校正数据进行计算。

2. 润滑油基础油的预处理

（1）色层分离法。色层分离方法采用硅胶(细孔硅胶，100~200 目)为吸附剂，以正戊烷、二氯甲烷为冲洗液将润滑油基础油试样分离成饱和烃、芳香烃两部分，分别回收溶剂、恒重，计算出饱和烃和芳烃的质量分数。色谱柱见图 5-1。

将硅胶在 150℃恒温活化 5h，放入具塞玻璃瓶中备用；称取约 2g 润滑油基础油试样(精确至 1mg)；将吸附柱垂直固定，柱的末端用脱脂棉塞紧，然后加入硅胶至刻线(确保硅胶充填紧实)，加入 30mL 正戊烷湿润色谱柱，当湿润液全部进入吸附层后，把已称好的试样转移到色谱柱中，用 30mL 正戊烷分 3 次连续冲洗装试样的锥形瓶，将冲洗液加入色谱柱中，当试样完全进入吸附层后，依次加入正戊烷 150mL、二氯甲烷 150mL 分别冲洗出饱和烃、芳香烃馏分，冲洗速度为 1mL/min，将正戊烷和二氯甲烷冲洗液分别在水浴中蒸出溶剂，恒重称量。

试样中芳烃含量 X_1，饱和烃含量 X_2 分别按式(5-12)、式(5-13)计算：

$$X_1=[m_1/(m_1+m_2)]\times100\% \tag{5-12}$$

$$X_2=[m_2/(m_1+m_2)]\times100\% \tag{5-13}$$

式中 m_1——所接收芳烃的质量，g；

m_2——所接收饱和烃的质量，g。

（2）固相萃取-气相色谱法。用固相萃取法分离润滑油基础油试样中的饱和烃和芳烃，将萃取得到的饱和烃和芳香烃溶液全部收集后，分别加入等量内标物，再分别进行气相色谱分析，通过饱和烃和芳烃的气相色谱图计算两者的质量分数。固相萃取柱见图 5-2。

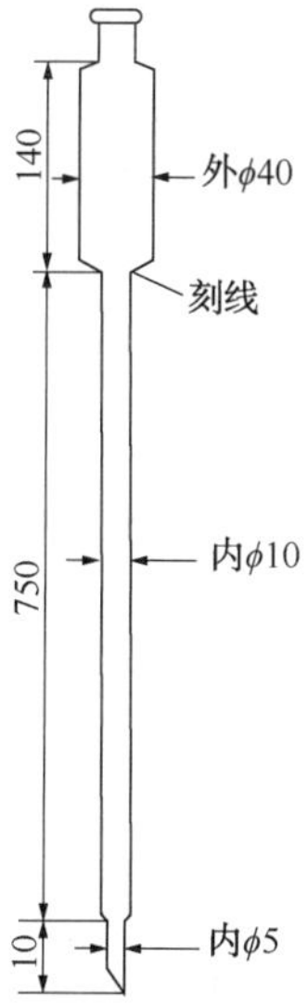

图 5-1 色谱柱

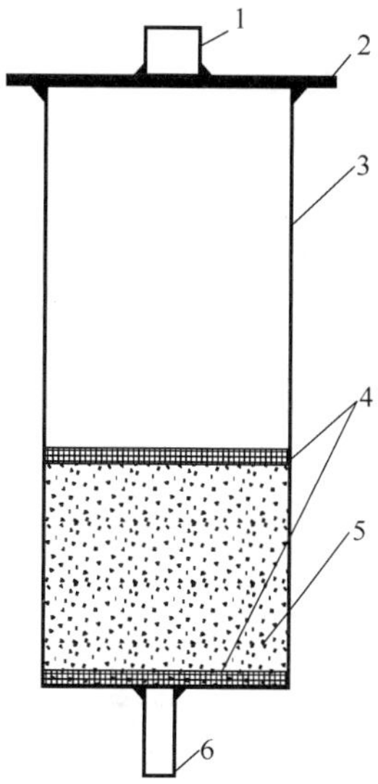

图 5-2 固相萃取柱

1—样品入口；2—压盖；3—萃取柱；
4—筛板；5—固定相；6—分离样品出口

建议的气相色谱仪器参数见表5-2。

表5-2 建议采用仪器参数

色谱柱 尺寸 固定相	石英毛细管色谱柱 柱长30m，内径0.25mm，膜厚0.25μm 非极性，如100%二甲基聚硅氧烷或5%苯基-甲基聚硅氧烷
温度 汽化室 检测器 色谱柱 载气 柱流速 分流比	 300℃ 350℃ 80℃保持3min，再以40℃/min升至300℃，保持5min 氮气或氦气 约1.0mL/min 约20：1
检测器 燃气 助燃气	火焰离子化检测器 氢气(约30mL/min) 空气(约300mL/min)
试样量	约0.5μL

注：表中为建议操作参数，可使用15~30m柱长、内径为0.15~0.32mm的色谱柱，选取合适的色谱柱升温程序，但必须确保分析试样中的溶剂、样品和内标完全分离。

3. 质谱仪与操作条件

使用满足试验要求的质谱仪，m/e^+ 40~292做质量扫描，电离电压为70eV，电离电流10~70μA。

质谱仪在进行试验之前需进行性能试验。

4. 试验步骤

(1) 按前述的方法处理后分离成的饱和烃、芳烃两部分并求出质量分数，分别进行质谱测定。

(2) 用微量进样器注入足够量的试样到进样系统中，记录m/e^+ 40~292的质谱图。

5. 计算

(1) 芳烃组分。从记录的谱图中读出m/e^+ 67~69，71，81~83，85，91，92，96，97，103~106，115~120，128~134，141~148，151~162，165~198，203~212，217~226，231~240，245，246，247~252的峰强。

按式(5-14)~式(5-22)进行计算：

$$\sum 71 = 71 + 85 \tag{5-14}$$

$$\sum 67 = 67 + 68 + 69 + 81 + 82 + 83 + 96 + 97 \tag{5-15}$$

$$\sum 91 = \sum_{N=0}^{N=6} [(91 + 14N) + (92 + 14N)] \tag{5-16}$$

$$\sum 103 = \sum_{N=0}^{N=6} [(103 + 14N) + (104 + 14N)] \tag{5-17}$$

$$\sum 115 = \sum_{N=0}^{N=5}[(115 + 14N) + (116 + 14N)] \tag{5-18}$$

$$\sum 141 = \sum_{N=0}^{N=7}[(141 + 14N) + (142 + 14N)] \tag{5-19}$$

$$\sum 153 = \sum_{N=0}^{N=7}[(153 + 14N) + (154 + 14N)] \tag{5-20}$$

$$\sum 151 = \sum_{N=0}^{N=7}[(151 + 14N) + (152 + 14N)] \tag{5-21}$$

$$\sum 177 = \sum_{N=0}^{N=5}[(177 + 14N) + (178 + 14N)] \tag{5-22}$$

按式(5-23)求出碳数为($n=10$)~($n=18$)的各烷基苯的摩尔分数：

$$\mu_n = [P_m - P_{m-1}(K_1)]/K_2 \tag{5-23}$$

式中 μ_n——每个烷基苯的摩尔分数，n 表示每个分子碎片的碳数；

m——所计算烷基苯的相对分子质量；

$m-1$——相对分子质量减 1；

P——m、$m-1$ 峰的峰强；

K_1——同位素校正因子(见表 5-3)；

K_2——n 个碳数烷基苯的摩尔灵敏度(见表 5-3)。

表 5-3 同位素校正因子和摩尔灵敏度

碳数	m/e$^+$	同位素校正因子 K_1	摩尔灵敏度 K_2
烷基苯			
10	134	0.1101	85
11	148	0.1212	62
12	162	0.1323	60
13	176	0.1434	57
14	190	0.1545	54
15	204	0.1656	51
16	218	0.1767	48
17	232	0.1878	45
18	246	0.1989	42
		L_1	L_2
萘类			
11	142	0.1201	194
12	156	0.1314	166
13	170	0.1425	150
14	184	0.1536	150
15	198	0.1647	150
16	212	0.1758	150
17	226	0.1871	150
18	240	0.1982	150

按式(5-24)计算芳烃馏分中烷基苯的平均碳数 A：

$$A = (\sum_{n=10}^{n=18} n \times \mu_n) / \sum_{n=10}^{n=18} \mu_n \tag{5-24}$$

按式(5-25)计算碳数为(n=11)~(n=18)的各萘类的摩尔分数：

$$X_n = [P_m - P_{m-1}(L_1)] / L_2 \tag{5-25}$$

式中　X_n——每个萘的摩尔分数，n 表示每个分子碎片的碳数；

m——所计算萘类的相对分子质量；

$m-1$——相对分子质量减 1；

P——m、$m-1$ 峰的峰强；

L_1——同位素校正因子(见表 5-3)；

L_2——n 个碳数萘类的摩尔灵敏度(见表 5-3)。

注：此计算步骤假设其他烃类对萘类的分子峰和分子离子减 1 峰没有贡献，相对分子质量为 128 的萘的浓度在矩阵计算中只取 m/e^+ 128 单个多同位素峰强，萘类的平均碳数从 11 (相对分子质量为 142) 至 18(相对分子质量为 240)。

按式(5-26)计算芳烃馏分中萘类的平均碳数 B：

$$B = (\sum_{n=11}^{n=18} n \times X_n) / \sum_{n=11}^{n=18} X_n \tag{5-26}$$

具体的计算模型与方法参见 NB/SH/T 0606—2019。

(2) 饱和烃组分。从记录的谱图中读出 m/e^+ 67~69，71，81~83，85，91，92，96，97，105，106，109，120，123，124，133，137，138，147~152，161~166，175~180，191~194，205~208，219~222，233~236，247~250 的峰强。

按式(5-27)~式(5-31)计算：

$$\sum 71 = 71 + 85 \tag{5-27}$$

$$\sum 67 = 67 + 68 + 69 + 81 + 82 + 83 + 96 + 97 \tag{5-28}$$

$$\sum 123 = \sum_{N=0}^{N=9} [(123 + 14N) + (124 + 14N)] \tag{5-29}$$

$$\sum 149 = \sum_{N=0}^{N=7} [(149 + 14N) + (150 + 14N)] \tag{5-30}$$

$$\sum 91 = \sum_{N=0}^{N=6} [(91 + 14N) + (92 + 14N)] \tag{5-31}$$

具体的计算模型与方法参见 NB/SH/T 0606—2019。

6. 精密度

重复性(r)：同一操作者用相同的仪器对同一样品重复测定的两个结果之差不应大于表 5-4中规定的数值。

再现性(R)：不同实验室的不同操作者对同一样品各自测定的两个结果之差不应大于表 5-4 中规定的数值。

表 5-4 方法精密度 %

化合物	含量	重复性	再现性
链烷烃	13~54	0.8	3.4
一环环烷	7~24	0.8	3.2
二环环烷	7~15	0.6	3.1
三环环烷	2~5	0.3	1.4
烷基苯	2~11	0.5	1.3
茚满/萘满类	1~23	0.5	1.0
C_nH_{2n-10}	0~8	0.3	0.9
萘类	0~8	0.3	0.7
C_nH_{2n-14}	0~3	0.2	0.5
C_nH_{2n-16}	0~3	0.2	0.5
C_nH_{2n-18}	0~1	0.2	0.3
多环芳烃	0.5~15	$0.24X^{0.28}$	$0.54X^{0.41}$
总芳烃	5~50	$0.24X^{0.45}$	$0.62X^{0.30}$

注：X 为两个测定结果的平均值，%。

二、气相色谱-质谱法测定润滑油基础油族组成

利用气相色谱-质谱联用仪的方法可测定润滑油基础油中的族组成。王丽娟等人利用GC-MS 仪器对燕山石化生产的润滑油基础油进行族组成的分析，分析结果满足相关标准。

1. 方法概要

用柱色谱将基础油分离成饱和烃与芳烃组分后，分别进入气相色谱-质谱联用仪进行分析，采集其每次扫描的质谱图后，按照 ASTM D2429 方法计算每一扫描的烃族组成。

2. 仪器与材料

(1) 仪器：Agilent 6890-59731 气相色谱-质谱联用仪；30m×0.25mm 空毛细管；吸附柱。

(2) 试剂与材料：正戊烷、二氯甲烷(纯度不低于化学纯)；100~200 目细孔硅胶(要求在 150℃下恒温活化 5h)。

3. 试验条件

(1) 色谱条件：高纯氦气 99.995%；30m×0.25mm 空毛细管；柱温：100℃(2min)；流量 1mL/min；分流进样，分流比 10∶1；进样量 1.0μL；检测器：质谱检测器；进样口温度 350℃，

(2) 质谱条件：质量范围 60~700amu；电离方式：EI；电子能源：70eV；接口温度：230℃；四级杆温度 150℃；扫描方式：scan。

4. 操作步骤

(1) 称取约 2g 润滑油基础油，准确至 1mg。

吸附柱的填装与活化：用脱脂棉将柱的一端塞紧，装入 100~200 目细孔硅胶(在 150℃下恒温活化 5h)至刻度线；加入 30mL 正戊烷，让试剂全部进入吸附层(在吸附柱活化过程中，保持吸附柱湿润)。

(2) 待测基础油中的饱和烃与芳烃的收集。

将基础油转移到色谱柱中，当试样进入吸附层后，用150mL正戊烷将基础油中的饱和烃洗脱出来并收集，洗脱速度为1mL/min，洗脱过程中不得让吸附柱变干；然后用150mL二氯甲烷，采用同样的方法与速度将基础油中的芳烃洗脱出来。

除去收集到的饱和烃馏分与芳烃馏分中的溶剂，确保回收率达到95%以上。

试样中饱和烃馏分的含量 X_1 按式(5-32)，芳烃馏分的含量 X_2 按式(5-33)进行计算：

$$X_1\% = [m_1/(m_1+m_2)]\times 100 \tag{5-32}$$

$$X_2\% = [m_2/(m_1+m_2)]\times 100 \tag{5-33}$$

式中 m_1——所接收的饱和烃的质量，g；

m_2——所接收的芳烃的质量，g。

(3) 进行GC-MS分析。用微量进样器分别取洗脱出来除去溶剂的饱和烃与芳烃馏分试样，按照试验条件设置好GC-MS仪器并进行操作。记录 m/e^+ 40~292的质谱图，按照ASTM D2429进行计算。重复性与再现性均满足标准的要求。

三、红外光谱法测定润滑油基础油结构族组成

现行的标准中采用红外光谱法测定润滑油基础油或者矿物油型绝缘油的方法有，GB/T 7603—2012矿物绝缘油中芳碳含量测定法、DL/T 929—2018矿物绝缘油、润滑油结构族组成的红外光谱测定法。

GB/T 7603—2012，适合测定相对分子质量范围为290~500，芳碳质量含量在2%~35%的矿物绝缘油的芳碳含量；DL/T 929—2018则是依据GB/T 7603—2012的原理，通过测定大量已知碳分布的油样得到的经验公式，进行未知油样各组成，要求采用干涉条纹法测定液体池厚度并规定特征峰计算各相邻峰位的切点。在此重点介绍DL/T 929—2018的原理与测定过程。

1. 方法原理

利用红外分光光度计测定润滑油基础油在波数为720cm^{-1}和1610cm^{-1}的特征吸收峰的吸光度，根据吸光度与烷烃碳、芳烃碳的函数关系测定 C_A(芳香碳)和 C_P(烷烃碳)的含量，再用差减法测定 C_N(环烷碳)的含量。

一般绝缘油和润滑油基础油中的 C_A(芳香碳)范围小于25%和 C_P(烷烃碳)的含量为40%~70%，当 C_A 大于25%需用石蜡油进行稀释后再测定。

2. 仪器、材料及试剂

(1) 仪器：红外光谱仪，要求在720cm^{-1}和1610cm^{-1}谱带的分辨率高于3cm^{-1}；液体吸收池，定光程长或可变光程的长氯化钠池窗，一般为0.1mm(采用干涉条纹法测定)。

(2) 材料及试剂：洗耳球、注射器、四氯化碳等。

3. 操作步骤

(1) 液体吸收池光程长的测定。采用干涉条纹法测定，将空的液体吸收池(可调或者固定)放置在红外光谱仪的测定光路中扫描，扫描范围为1900~600cm^{-1}，得到图5-3所示的含有极大和极小规则的干涉条纹(若得不到规则的干涉条纹，应重新安装吸收池)。根据所得的干涉条纹的个数和对应的波数，代入式(5-34)从而得到液体吸收池的光程长。

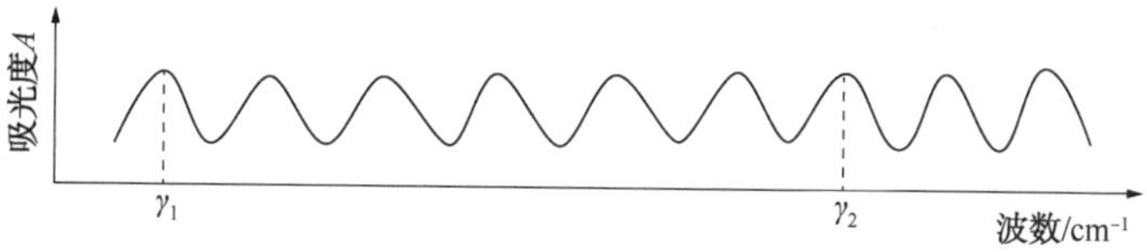

图 5-3 干涉条纹图

$$\iota=\frac{n}{2}\times\left(\frac{1}{\gamma_1-\gamma_2}\right)\times 10 \tag{5-34}$$

式中 ι——液体吸收池的光程长，mm；

n——干涉条纹的个数；

γ_1——干涉条纹对应的高波数，cm^{-1}；

γ_2——干涉条纹对应的低波数，cm^{-1}。

（2）油样的测定：用 1mL 或 2mL 玻璃注射器，将被测的润滑油基础油油样小心注入液体吸收池（在油样注入液体池过程中不得有气泡）；将装好待测油样的液体吸收池放置在光路的固定架上；记录 1900~600cm^{-1}的光谱图，见图 5-4。

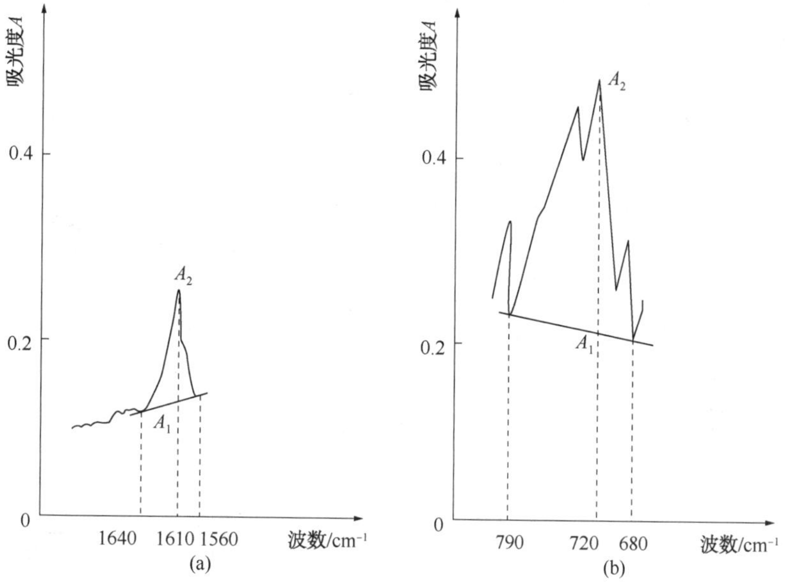

图 5-4 结构族组成的红外光谱图

4. 测定结果计算

（1）基线：从吸收谱带两翼吸光度最小点引一连线，作为吸收谱带的基线，以它来计算 720cm^{-1}和 1610cm^{-1}的吸光度。在本标准中规定如下：

求 1610cm^{-1}的吸光度时，以 1640cm^{-1}和 1560cm^{-1}的连线为基线；求 720cm^{-1}的吸光度时，以 790cm^{-1}和 680cm^{-1}的连线为基线。

（2）结果计算：根据确定的基线从红外光谱图上分别求出 A_{1610}和 A_{720}，并按式（5-35）计算：

$$A_i = A_{i2} - A_{i1} \tag{5-35}$$

式中 A_i——波数为 i 时的吸光度；

A_{i2}——波数为 $i2$ 时的吸光度；

A_{i1}——波数为 $i1$ 时的吸光度。

按式(5-36)、式(5-37)、式(5-38)分别求出 $C_A\%$、$C_P\%$、$C_N\%$：

$$C_A\% = 10.32 \times \frac{A_{1610}}{\iota} + 0.23 \tag{5-36}$$

$$C_P\% = 6.9 \times \frac{A_{720}}{\iota} + 28.38 \tag{5-37}$$

$$C_N\% = 100 - (C_P\% + C_A\%) \tag{5-38}$$

式中 $C_A\%$——基础油中芳烃碳的含量,%；

$C_P\%$——基础油中烷链碳的含量,%；

$C_N\%$——基础油中环烷碳的含量,%；

A_{1610}——在波数 1610cm^{-1}的吸光度；

A_{720}——在波数 720cm^{-1}的吸光度；

ι——液体吸收池的厚度，mm。

5. 精密度

重复性(r)：两次测定结果与其算术平均值的差值应不大于表 5-5 所列数值。

再现性(R)：两个实验室测定结果的算术平均值之差应不大于表 5-5 所列数值。

表 5-5　精密度

碳类型	重复性/%	再现性/%
C_A	≤0.54	1.67
C_P	≤1.08	6.63
C_N	≤1.49	6.89

冯亚娟等人用汽轮机油与变压器油采用红外光谱法与 RIPP 13-90 的方法进行了芳香烃与饱和烃含量对比试验，结果见表 5-6。

表 5-6　红外光谱法与 RIPP 13-90 试验结果比较

样品名称	含量	DL/T 929—2018	RIPP 13-90
32 新汽轮机油	芳香碳($C_A\%$)	4.71	4.47
	烷链碳($C_P\%$)+环烷碳($C_N\%$)	95.35	95.49
45 号新变压器油	芳香碳($C_A\%$)	5.18	4.53
	烷链碳($C_P\%$)+环烷碳($C_N\%$)	94.82	93.60

冯亚娟等人通过试验认为 DL/T 929—2018 红外光谱法测定变压器油中的芳烃碳与 GB/T 7603—2018 的精密度一致，测定基础油中的芳烃碳、链烃碳等的精密度优于 RIPP 13-90。

北京石油化工科学研究院王艳斌等人用近红外分析法测定了润滑油基础油的化学族组成。研究过程中采用 5mm 样品池，在 BOMEN MB-160 近红外光谱仪上，以空气为参比，扫描的波长范围为 1000~2000cm^{-1}，分辨率为 4cm^{-1}，扫描次数为 100 次，所得结果与硅胶吸附法进行对比，结果一致。

通过DL/T标准以及冯亚娟、王艳斌等人的研究表明，红外光谱法可快速测定基础油中的族组成，可广泛用于基础油生产与质量控制、基础油组成研究等。

研究表明，本标准测定基础油中的芳碳含量高于润滑油基础油中实际芳烃的含量，测定润滑油基础油中芳碳含量最准确的测量方式是采用^{13}C的核磁共振法，但核磁共振法设备昂贵且测定的周期较长，不适合作为常规分析。

马丙水等经过研究认为润滑油在1610cm^{-1}和815cm^{-1}处芳烃C═C伸缩振动与芳烃相连的—C—H的面外弯曲振动是鉴别润滑油中芳烃含量的重要标志(见图5-5)，也就是说润滑油中芳烃含量与$\varepsilon_{max}^{1610cm^{-1}}$和$\varepsilon_{max}^{815cm^{-1}}$都相关，采用标准中的一元线性回归无法真实关联润滑油中芳碳含量，采用二元线性回归才能有效关联润滑油中芳碳含量。马丙水采用1610cm^{-1}和815cm^{-1}处的吸收建立了润滑油基础油芳烃测定关联方程式，关联式的相关系数为0.9660，标准偏差为0.99，具体见式(5-39)。

关联的方程式为：

$$C_A = 1.50+6.91\,\varepsilon_{max}^{1610cm^{-1}}+2.21\,\varepsilon_{max}^{815cm^{-1}} \tag{5-39}$$

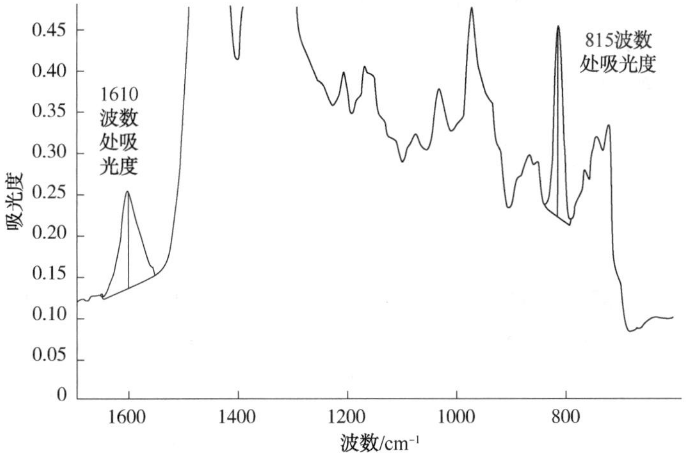

图5-5 与润滑油中芳烃含量相关吸光度

四、薄层色谱法测定润滑油基础油的化学族组成

薄层色谱法适合于测定不同加工工艺生产的润滑油基础油，以及不同加工阶段的润滑油馏分油、精制油和脱蜡油、橡胶填充油与橡胶操作油的化学族组成。

1. 方法概要

根据薄层色谱(TLC)分离原理，将试样用甲苯溶解，在硅胶棒上分别用正庚烷、甲苯展开剂展开后，利用氢火焰扫描技术进行检测，最后用面积归一法计算饱和烃、芳烃、极性化合物(胶质+沥青质)三个组分的质量分数。

2. 仪器、材料与试剂

(1) 薄层色谱仪，带氢火焰离子化检测器；电子数据采集与处理系统(具有对于窄峰和宽峰有足够的检测灵敏度，可显示色谱图、色谱峰面积数据、保留时间确认色谱图、内标物计算和数据显示、对干扰的剔除等功能)。

(2) 硅胶棒：直径小于 1mm，总长度为 150mm 的石英棒。其外表层是由孔径为 6μm、颗粒为 5μm 的硅胶和无机黏合剂烧结而成，硅胶部分长 135mm(硅胶棒储存在无溶剂和无污染的环境中，硅胶棒可通过空白扫描进行活化后重复使用)。

(3) 硅胶棒支撑架、点样板、展开槽(150mL 或 250mL)、微量进样器、具塞磨口试管(5mL、10mL)、吸量管等。

(4) 试剂：正庚烷(需进行处理，具体处理见标准附录 A)、甲苯、氢气(纯度大于 99.99%)、助燃气(空气，要求脱水)。

3. 准备工作

(1) 调节氢气流量至 160mL/min，助燃气(空气)流量至 2000mL/min；将硅胶棒安装在硅胶棒支撑架的相应位置上并固定好后，放入薄层色谱仪相应的位置并调整其水平；

(2)基线扫描：启动薄层色谱仪的数据采集系统设置相关参数，对硅胶棒进行原点扫描、空白扫描并观察基线情况。

(3) 展开剂的准备：在 150mL 或 250mL 的展开槽中加入 70mL 或 150mL 正庚烷作为一展开剂并注明正庚烷字样的标识；在另外两个 150mL 或 250mL 的展开槽中加入 70mL 或 150mL 甲苯作为二展开剂，并标上苯字样的标识。

4. 操作步骤

(1) 点样：称取 0.09~0.10g 试样至具塞磨口试管中，用吸量管量取 4mL 甲苯稀释，摇匀；取出硅胶棒支撑架并放在点样板相应的位置上；用微量进样器吸取 1μL 稀释后的试样，分 5 次均匀点在点样板刻线位置的硅胶棒上并在室温下晾干 10min(点样的斑点最好不超过 3mm)。

(2) 试样的展开：将硅胶棒放在盛有正庚烷的展开槽中展开，展开高度不应超过氢火焰的扫描区域，一般控制在(100±2)mm；取出硅胶棒在室温下晾干 10min，放在盛有甲苯的展开槽中进行展开，展开高度一般控制在 20~50mm，取出硅胶棒并在室温下晾干 20min。

(3) 样品检测：按照试样分析设定薄层色谱仪与数据采集系统的工作参数，将硅胶棒放在薄层色谱仪的相应位置上并调整其水平；启动仪器正常扫描程序进行扫描，数据采集系统采集出如图 5-6 所示的色谱图。

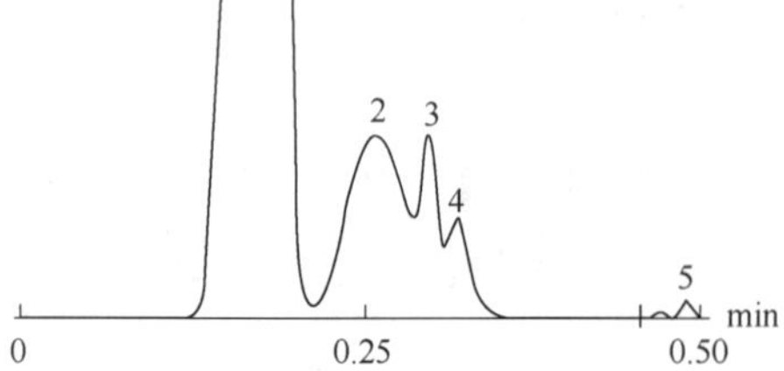

图 5-6 薄层色谱图

1—饱和烃的色谱峰；2，3，4—芳烃的色谱峰；5—极性化合物的色谱峰

5. 饱和烃、芳烃、极性化合物的划分

根据色谱图上的保留时间划分饱和烃、芳烃、极性化合物三个组分，其中保留时间不大于 0.2min 的色谱峰为饱和烃；保留时间在 0.2~0.4min 的为芳烃，保留时间大于 0.4min 的为极性化合物。

6. 计算

试样中的饱和烃、芳烃、极性化合物含量按式(5-40)计算：

$$m_i = \frac{A_i}{A_1 + A_2 + A_3} \times 100\% \tag{5-40}$$

式中 m_i——所测 i 组分的含量,%;

A_i——所测 i 组分的峰面积;

A_1——所测试样中饱和烃的峰面积;

A_2——所测试样中芳烃的峰面积;

A_3——所测试样中极性化合物的峰面积。

7. 精密度

重复性(r):同一操作者在同一实验室使用同一台仪器,对同一试样按相同的试验方法测得的两个结果之差,不应该超过表 5-7 中的重复性数值。

再现性(R):不同操作者在不同实验室使用不同的仪器,对同一试样按照系统的试样方法测得的两个结果之差,不应该超过表 5-7 中再现性的数值。

表 5-7 精密度

测定组分名称	重复性/%	再现性/%
饱和烃	1.62	3.62
芳烃	1.55	4.02
极性化合物(胶质+沥青质)	0.242X+0.164	1.37X+0.417

注:X 表示测定两个结果的算术平均值。

采用薄层色谱法(TLC-FID 法)测定润滑油基础油族组成具有快速、准确、精度高等优点,可代替传统的吸附柱洗脱色谱法测定润滑油基础油烃族组成,对基础油生产的质量控制等具有指导意义。

五、利用 *n-d-M* 法测定润滑油基础油的碳型分布与族组成

鉴于润滑油基础油中通过精制后不含烯烃的特点,可以利用测定基础油的折射率(n)-密度(d)-相对分子质量(M)法,通过计算而得到润滑油基础油的碳型分布与族组成。现行的标准有 SH/T 0729—2004,标准修改采用 ASTM D3238—95(2000)石油馏分的碳分布和结构族组成计算方法(n-d-M 法)。采用 n-d-M 法测定润滑油基础油,以下范围之外的油不适合:

碳分布——环结构中碳原子的百分数不超过 75%,且在芳香环中碳原子的百分数不大于环烷烃中的碳原子百分数的 1.5 倍;环数——每个分子最多含四个环,其中的芳香环不多于一半的。

1. 方法概要

在 20℃下测定试样的折射率和密度,相对分子质量通过试验确定或者通过测量 37.8℃和 98.9℃的黏度进行计算得到。再将这些数据代入相应的公式计算试样的碳分布(C_A%、C_N%、C_P%)或环数(R_A、R_N)。

2. 物理性质测定

(1) 在 20℃下,按照 SH/T 0724 测定试样在此温度下的折射率;

(2) 在 20℃下,按照 SH/T 0604 测定试样在此温度下的密度;

(3) 测定试样的平均相对分子质量可采用 SH/T 0730 或 SH/T 0583 方法测定。

3. 硫含量测定

试样的硫含量测定可采用 SH/T 0172、GB/T 11140 等方法进行。

4. 碳分布和环数的计算

(1) 由测量得到的密度(d)和折射率(n)，通过式(5-41)和式(5-42)计算系数 υ 和 ω：

$$\upsilon=2.51(n_{D}^{20}-1.4750)-(d_{4}^{20}-0.8510) \tag{5-41}$$

$$\omega=(d_{4}^{20}-0.8510)-1.11(n_{D}^{20}-1.4750) \tag{5-42}$$

(2) 由 υ 和相对分子质量(M)，通过式(5-43)或式(5-44)计算芳香环中碳原子百分数($C_A\%$)：

如果 υ 是正值：$C_A\%=430\upsilon+3600/M$ (5-43)

如果 υ 是负值：$C_A\%=670\upsilon+3660/M$ (5-44)

(3) 由 ω 和相对分子质量(M)，通过式(5-45)或式(5-46)计算总环(芳香环和环烷环)中碳原子百分数($C_R\%$)：

如果 ω 是正值：$C_R\%=820\omega-3S+10000/M$ (5-45)

如果 ω 是负值：$C_R\%=1440\omega-3S+10600/M$ (5-46)

式中 S——硫含量,%。

(4) 环烷烃中碳原子百分数与链烷中碳原子百分数计算：

环烷烃中碳原子百分数($C_N\%$)按式(5-47)计算：

$$C_N\%=C_R\%-C_A\% \tag{5-47}$$

链烷中碳原子百分数($C_P\%$)按式(5-48)计算：

$$C_P\%=100-C_R\% \tag{5-48}$$

(5) 由 υ 和相对分子质量(M)，通过式(5-49)或式(5-50)计算每个分子的平均芳香环数(R_A)：

如果 υ 是正值：$R_A=0.44+0.055\ M_\upsilon$ (5-49)

如果 υ 是负值：$R_A=0.44+0.080\ M_\upsilon$ (5-50)

(6) 由 ω 和相对分子质量(M)，通过式(5-51)或式(5-52)计算每个分子的平均总环数(R_T)：

如果 ω 是正值：$R_T=1.33+0.146M(\omega-0.005S)$ (5-51)

如果 ω 是负值：$R_T=1.33+0.180M(\omega-0.005S)$ (5-52)

式中 S——硫含量,%。

(7) 每个分子的平均环烷环数计算：

每个分子的平均环烷环数(R_N)按式(5-53)计算：

$$R_N=R_T-R_A \tag{5-53}$$

(8) 环数报告到 0.01 个环，碳分布报告到 0.1%。

5. 精密度

重复性(r)：同一操作者在同一实验室使用同一台仪器，对同一试样按相同的试验方法测得的两个结果之差，不应该超过表 5-8 中的重复性数值。

再现性(R)：不同操作者在不同实验室使用不同的仪器，对同一试样按照系统的试样方法测得的两个结果之差，不应该超过表 5-8 中再现性的数值。

表 5-8 精密度

符号	范围	重复性	再现性
C_A%	2.7~34.6	0.69	1.7
C_N%	23.7~47.2	1.2	3.6
C_P%	32.3~68.6	1.0	3.4
R_N	0.12~1.69	0.4	0.09
R_T	1.61~2.90	0.08	0.23
R_A	1.73~3.77	0.08	0.23

六、高效液相色谱法测定润滑油基础油化学族组成

现行国内采用高效液相色谱法测定石油产品族组成的标准有 NB/SH/T 0806—2020 中间馏分芳烃含量的测定 示差折光检测器高效液相色谱法与 NB/SH/T 0885—2014 润滑油基础油中总芳烃和饱和烃含量的测定 示差折光检测器高效液相色谱法。

NB/SH/T 0806—2020 适合测定柴油和馏程范围为 150~400℃的石油馏分中单环芳烃、双环芳烃、三环芳烃和多环芳烃含量，总芳烃含量为各类芳烃含量加和。方法修改采用 ASTM D6591—06 中间馏分芳烃含量的测定-示差折光检测器高效液相色谱法。

NB/SH/T 0885—2014 适用于不含添加剂润滑油基础油中的总芳烃和总饱和烃的含量。在样品中含有极性化合物则将极性化合物的含量计入总芳烃中的情况下，适合测定样品总芳烃的含量在 0.2%~46%的范围内的样品。方法修改采用 ASTM D7419—2007 滑油基础油中总芳烃和饱和烃含量的测定 示差折光检测器高效液相色谱法。在此重点介绍 NB/SH/T 0885 方法。

1. 方法概要

将一定量的样品用流动相稀释后，取一定体积的该样品溶液注入经过校正的高效液相色谱系统。而指定的色谱柱对饱和烃仅具有较弱的亲和力，而对芳烃和极性化合物则具有一定的保留作用。这种保留的结果是把芳烃和极性化合物从饱和烃中分离出来。当饱和烃从色谱柱中洗脱出来之后，在预先设定的时间对色谱柱进行反冲从而把芳烃和极性化合物以窄谱峰洗脱出来。

色谱柱后接有示差折光检测器来检测色谱柱中流出来的组分，用数据处理系统连续监测器的电信号。将样品中饱和烃和芳烃组分的积分信号(峰面积)用预先测得的响应因子进行校正，即可得到饱和烃及芳烃加极性化合物的质量分数。

2. 仪器

(1) 高效液相色谱(HPLC)：任何能够以 3~5mL/min 的流速泵送流动相并且精密度优于 0.5%的高效液相色谱系统均可使用。

(2) 高效液相色谱进样系统：一般情况下进样系统应保证能够进样 10μL，且重复性达到或优于 1%。

(3) 柱系统：任何装填有硅胶固定相并满足规定的分辨率与容量要求的不锈钢高效液相色谱柱均可。可以使用单根色谱柱或者连接在一起的两根，且总长为 500mm 的填装 5μm 粒

径固定相且内径为7.5~10mm的色谱柱。除硅胶柱之外，还需在硅胶柱之前连接一根以氰基固定相作为填料的色谱柱，柱长为100~250mm、柱内径为7.7~10mm、填料为5~10μm粒度固定相的色谱柱基本满足要求。典型色谱操作条件见表5-9，本标准研究中所用的色谱操作条件见表5-10。

表5-9 在NB/SH/T 0885—2014标准合作研究中所使用的操作条件实例

项　　目	实验室A	实验室B	实验室C
硅胶柱	Varian 500mm×7.5mm 5μm，Si60	Varian 500mm×7.5mm 5μm，Si60	Phenomenex，2×Si60 (250mm×10mm，5μm)
氰基柱	Alltech//YMC，100mm×10mm 10μm	Waters//YMC，100mm×10mm 10μm	YMC，100mm×10mm 10μm
示差检测器	Agilent 1200	HP1047A	Shimadzu RID-10A
正庚烷流速/(mL/min)	3.5	3.0	3.0
分辨率	5	5~6	10.3
进样体积/μL	10	10	10

表5-10 NB/SH/T 0885—2014标准研究中所使用色谱操作条件

硅胶柱	硅胶柱YMC-Park SIL-06，柱长250mm，内径10mm，填料5μm
氰基柱	氰基柱YMC-Park CN，柱长150mm，内径10mm，填料5μm
示差折光检测器	Shimadzu RID-10A
正庚烷流速/(mL/min)	3.0
分辨率	13.1
进样体积/μL	10

(4) 反冲阀：可使用任何设计用于液相色谱系统且耐压能够达到2×10^4kPa，手动或自动(气动或电动)流路切换阀。

(5) 示差折光检测器：要求折射率在1.3~1.6、满足方法要求的灵敏度、在校正范围内有线性响应，并有合适的输出信号到数据系统的示差折光检测器。若示差折光检测器具有独立的控温装置，建议将此温度设置为高于实验室温度5℃。

(6) 紫外可见光检测器：设定检测器波长为254nm并与示差折光检测器串联来帮助设置和监测饱和烃与芳烃之间的反冲时间。

(7) 操作控制软件：匹配示差折光检测器、最小采样频率为1Hz，并能准确测量峰面积与保留时间及数据处理等功能。

3. 试剂与材料

正庚烷、二氯甲烷(HPLC级)；十八烷基苯(纯度，质量分数不小于97%)；正十六烷(纯度，质量分数不小于98%)。

4. 仪器准备

(1) 按照要求对高效液相色谱仪、进样系统、色谱柱、示差折光检测器、操作控制软件等进行设置。按图5-7的要求在色谱系统中加入反冲阀，进样阀与样品溶液处于相同温度(一般情况下都是室温)。

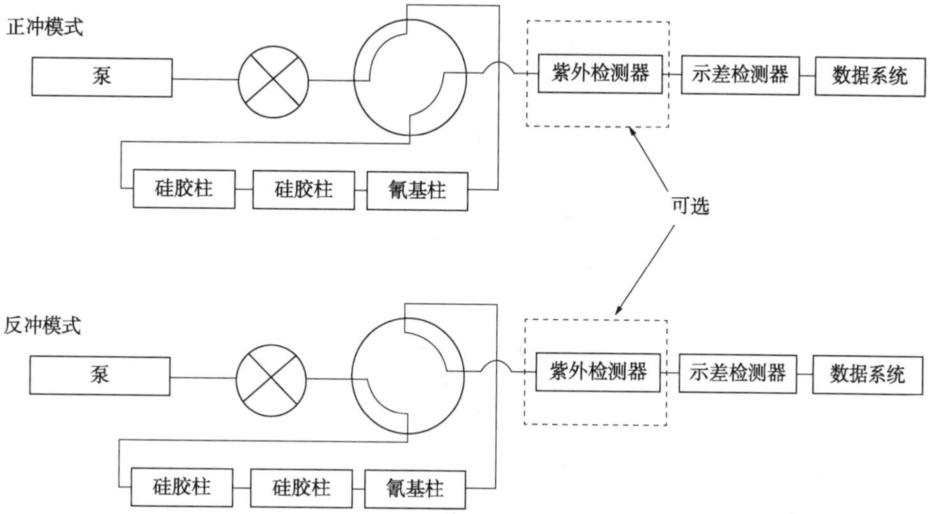

图 5-7 高效液相色谱框图

(2) 新的商品色谱柱在使用之前，先用二氯甲烷进行冲洗，再用正庚烷冲洗(其他能够将色谱柱再生到要求的分辨率的溶剂也可以使用)，如果不能达到试验要求的分辨率，需要用更多的二氯甲烷对色谱柱进行再生处理，若处理后仍无法满足试验要求的分辨率则应该更换色谱柱。

在通常的情况下，Si60 硅胶色谱柱可以满足试验分辨率的要求并可取得较好的分析效果。当进行样品分析时，色谱柱可以用较低的正庚烷流速进行冲洗。

(3) 柱分辨率和容量因子。

柱分辨率：

配制系统效能标准(SPS)溶液：在 10mL 容量瓶中分别称取(1.0±0.1)g 正十六烷、(1.0±0.1)g 十八烷基苯，然后用正庚烷稀释至刻度；当观察到示差折光检测器的基线稳定时，表明操作条件已就绪，在正冲洗模式下(关闭反冲模式)进 10μL 的系统效能标准溶液并记录色谱图，图 5-8 给出了典型的系统效能测试标准溶液的色谱图。

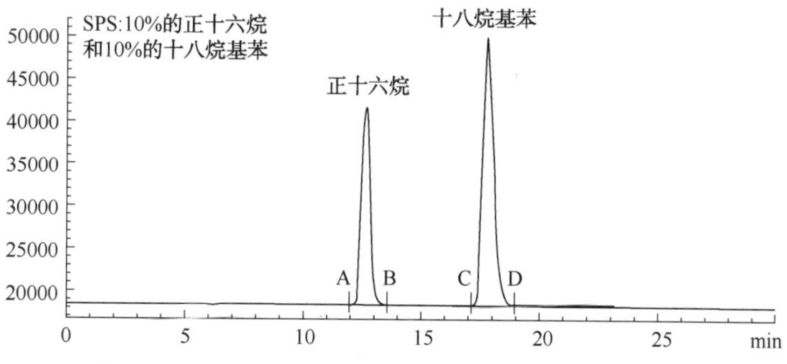

图 5-8 典型的系统效能测试标准(SPS)溶液色谱图

按照式(5-54)定义计算的分辨率，要求正十六烷与十八烷基苯之间的分辨率≥5，正十六烷与十八烷基苯之间的分辨率用式(5-54)计算：

$$R_e=\frac{2\times(t_2-t_1)}{3\times(y_2-y_1)} \tag{5-54}$$

式中 R_e——分辨率；

t_1——正十六烷色谱峰的保留时间，min；

t_2——十八烷基苯色谱峰的保留时间，min；

y_1——正十六烷色谱峰的半峰宽，min；

y_2——十八烷基苯色谱峰的半峰宽，min。

容量因子的计算：

十八烷基苯的容量因子用式(5-55)进行计算：

$$K=\frac{t_2-t_1}{t_1} \tag{5-55}$$

式中 K——容量因子；

t_1——正十六烷色谱峰的保留时间，min；

t_2——十八烷基苯色谱峰的保留时间，min。

反冲时间的确定：

利用测得的正十六烷和十八烷基苯的保留时间与式(5-56)可计算出大致的反冲时间：

$$B=t_1+0.1(t_2-t_1) \tag{5-56}$$

式中 B——反冲洗时间，min；

t_1——正十六烷色谱峰的保留时间，min；

t_2——十八烷基苯色谱峰的保留时间，min。

(4) 待反冲洗时间确定后，再进10μL的系统效能标准溶液并在确定时间进行反冲洗，并且反冲洗时间可以通过观察色谱图上饱和烃色谱峰的底部出现的信号标记，在进行实际的基础油分析时也要注意观察，如果有必要进行优化，需要再次确认分辨率以及容量因子并再次检查反冲洗时间。图5-9给出反冲洗模式下系统性能测试标样的色谱图。

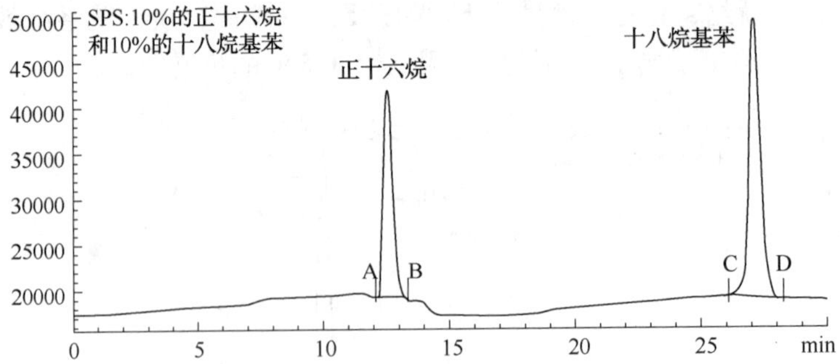

图5-9 反冲洗模式下系统性能测试标样的色谱图

(5) 配制检测限测试标样。在一个样品瓶中称取0.01g十八烷基苯并加入5.00g正十六烷，这样就得到一个芳烃含量为0.2%的标样。

在正冲洗模式下对检测限样品进行分析，保证十八烷基苯的信噪比大于8，图5-10给出了计算信噪比的方法。

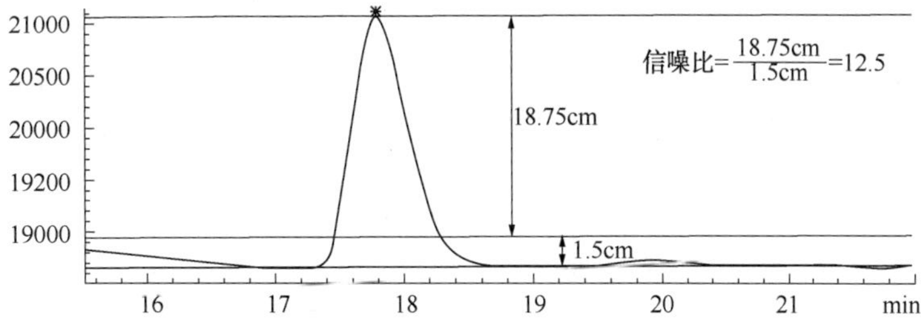

图 5-10 正十六烷中含有 0.2%十八烷基苯时信噪比的计算

注：图中显示的峰是正冲洗模式下得到的十八烷基苯的色谱峰(饱和烃峰未显示)。

5. 校正

按照表 5-11 给出的浓度配制五个校正标准溶液(A、B、C、D、E)，称量精度到 0.0001g。

表 5-11 校正组分浓度表

校正标准溶液	正十六烷/(g/10mL)	十八烷基苯/(g/10mL)
A	0.01	0.01
B	0.1	0.1
C	1	0.5
D	2	1
E	5	3

当仪器的基线稳定后，向系统中注入 10μL 的校正标准溶液 A，使用反冲洗模式，记录色谱图，测量正十六烷和十八烷基苯的色谱峰积分面积；依次用校正标准溶液 B、C、D、E，使用反冲洗模式，记录色谱图，测量正十六烷和十八烷基苯的色谱峰积分面积，见图 5-11~图 5-13。

将正十六烷与十八烷基苯的"g/10mL"浓度色谱峰积分面积作曲线(校正曲线应具有良好的线性关系并强制通过原点时的相关系数 R^2 应大于 0.999)，校正曲线的斜率用于测定响应因子。图 5-14 给出校正曲线的实例，要求响应因子达到 1.75±0.05。

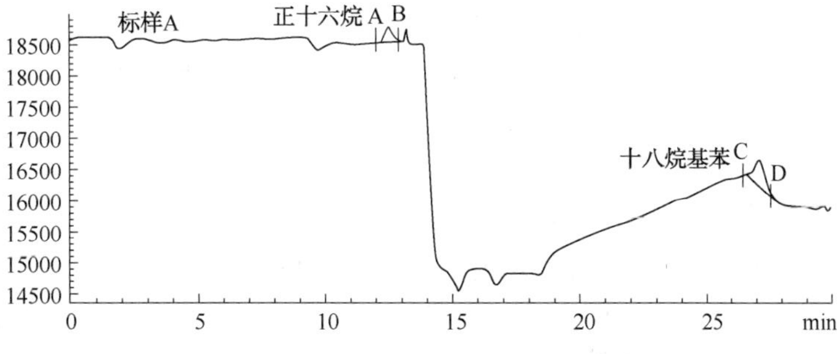

图 5-11 反冲洗模式下校正标准溶液 A 的色谱图

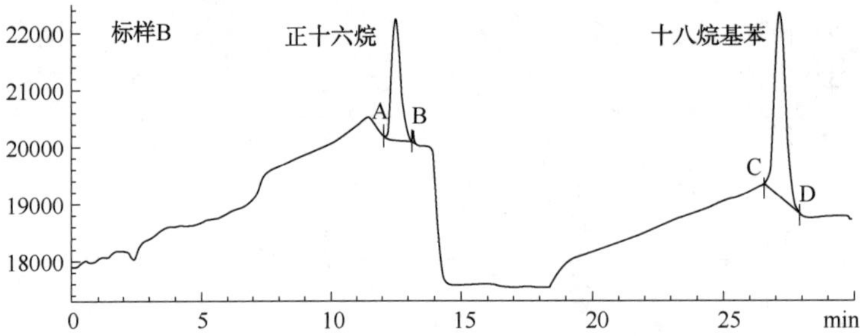

图 5-12　反冲洗模式下校正标准溶液 B 的色谱图

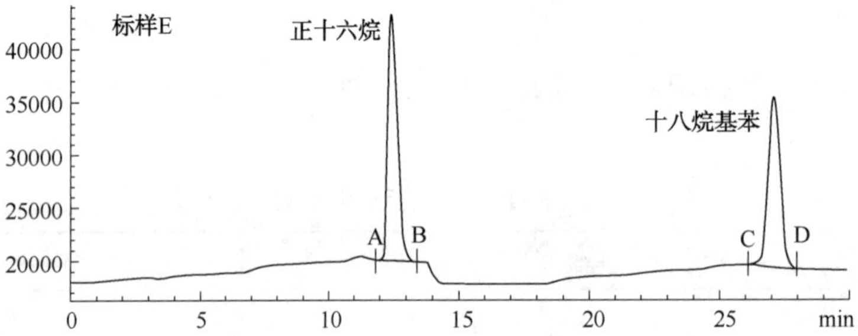

图 5-13　反冲洗模式下校正标准溶液 E 的色谱图

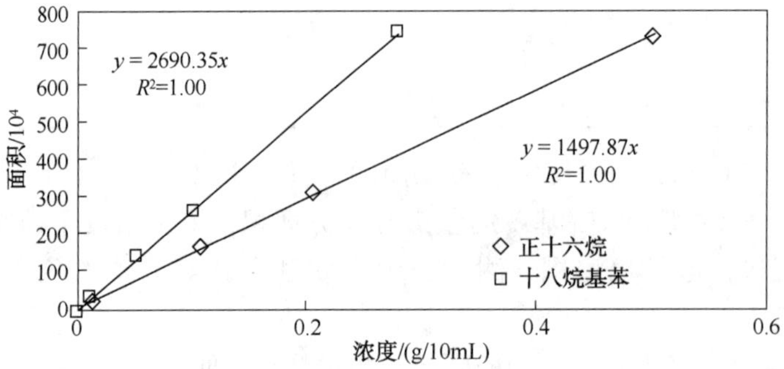

图 5-14　计算响应因子的校正曲线实例

6. 试验步骤

称取 0.5g 左右试样到 1.5mL 的样品瓶中，然后加入 1mL 正庚烷，摇匀即可(可按同样比例放大试样量)，对于那些非芳烃或芳烃含量从相对面积上判断超出校正范围的样品，需配制更浓(0.75g/0.25mL)或者更稀(0.25g/0.75mL)的样品溶液；采用与获得校正数据同样的操作条件，向色谱柱中注入 10μL 试样并开始采集数据，在预先测定的时间转动或打开反冲阀使芳烃呈一个尖峰洗脱出来，当分析结束后，反转流动相方向(关闭切换阀)(即恢复到反冲模式)，并在进行下一试样的分析之前，等待基线到达稳定。

正确识别饱和烃与芳烃峰，图 5-15、图 5-16 给出了润滑油基础油典型色谱图。

在进行样品分析时，可以用紫外-可见光检测器来监控饱和烃与芳烃之间的分离情况，检测波长为 254nm。随着样品中芳烃含量的降低，饱和烃和芳烃之间的分离情况将会变差，与芳烃的峰相比，在饱和烃洗脱过程中紫外-可见光检测器的信号非常微弱。图 5-17 为使用紫外-可见光检测器测试的实例。在色谱图上，分别在饱和烃色谱峰开始之前与反冲开始前以及芳烃色谱峰开始之前与芳烃色谱峰之后之间画出基线，就可以得到饱和烃以及芳烃加极性化合物的积分面积。

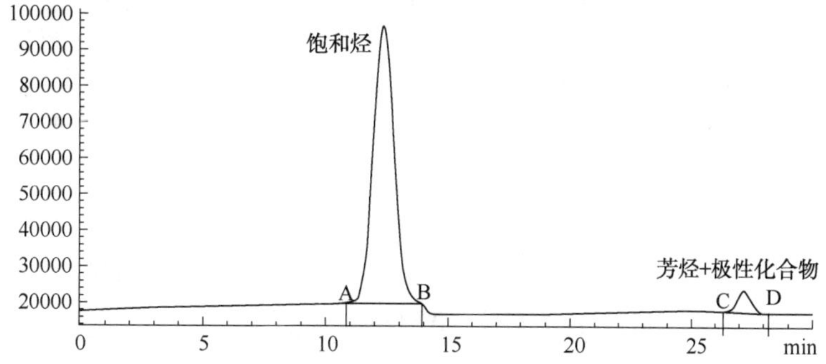

图 5-15　含 2.8%芳烃的基础油样品 1 的色谱图

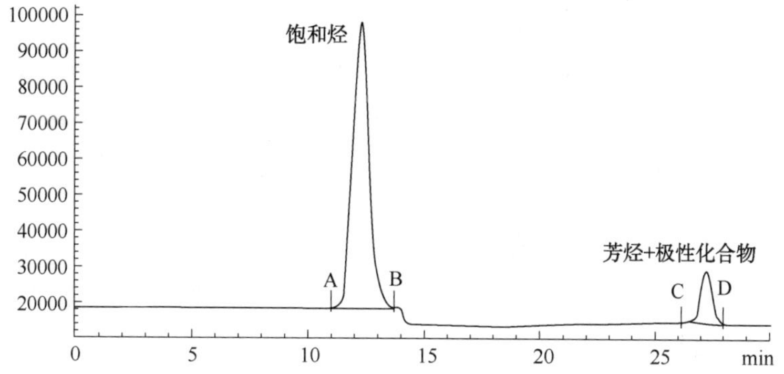

图 5-16　含 7.8%芳烃的基础油样品 2 的色谱图

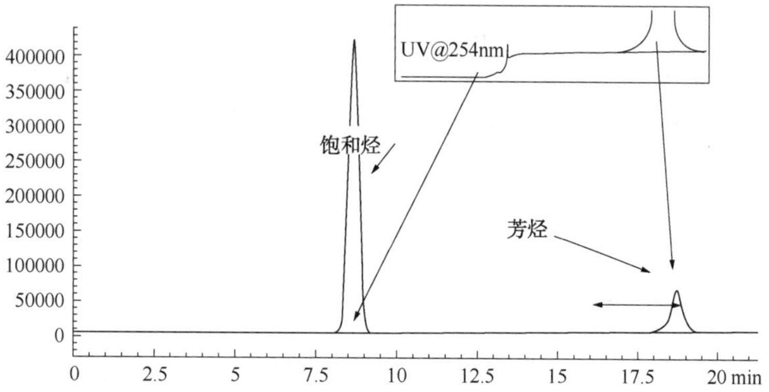

图 5-17　使用紫外-可见光检测器监控饱和烃/芳烃重叠情况的实例

7. 计算

检查得到的校正曲线，进行强制通过原点的线性回归分析，芳烃响应因子 ARF 按式(5-57)进行计算，要求 ARF 值为 1.75±0.05：

$$\mathrm{ARF}=\frac{\alpha_{\mathrm{ar}}}{\alpha_{\mathrm{na}}} \tag{5-57}$$

式中　ARF——芳烃组分的响应因子；

α_{ar}——十八烷基苯校正曲线的斜率；

α_{na}——正十六烷校正曲线的斜率。

饱和烃以及芳烃加极性化合物的含量按式(5-58)和式(5-59)进行计算：

$$\omega_{\mathrm{na}}=\left(\frac{A_{\mathrm{na}}}{A_{\mathrm{na}}+\dfrac{A_{\mathrm{ar}}}{\mathrm{ARF}}}\right)\times 100 \tag{5-58}$$

$$\omega_{\mathrm{ar}}=\left(\frac{\dfrac{A_{\mathrm{ar}}}{\mathrm{ARF}}}{A_{\mathrm{na}}+\dfrac{A_{\mathrm{ar}}}{\mathrm{ARF}}}\right)\times 100 \tag{5-59}$$

式中　ω_{na}——饱和烃含量,%；

ω_{ar}——芳烃加极性化合物含量,%；

A_{na}——饱和烃色谱峰的面积；

A_{ar}——芳烃加极性化合物色谱峰的面积；

ARF——芳烃组分响应因子。

8. 精密度

NB/SH/T 0885—2014 的精密度是在 7 个实验室和 22 个样品的基础上得到的，基础油至少包含 7 个不同的来源，其总芳烃加极性化合物的含量范围为 0.2%～46%，所有样品中极性化合物的含量用硅胶固定相萃取-称重方法测得的结果均小于 1%。

重复性(r)：同一操作者在同一实验室使用相同的仪器，按照相同方法对同一试样进行连续测定得到的两个试验结果之差不应大于式(5-60)中规定的数值：

$$r=0.22\times(X+4) \tag{5-60}$$

式中　X——两个重复试验结果的平均值,%。

再现性(R)：不同操作者在不同实验室使用不同的仪器，对同一试样进行测定得到的两个单一、独立的试验结果之差不应大于式(5-61)中规定的数值：

$$R=0.11\times(X+4) \tag{5-61}$$

式中　X——两个单一、独立试验结果的平均值,%。

第三节　碳、氢、氮的分析

润滑油脂中碳、氢、氮元素的定量分析，在润滑油脂元素分析中具有重要的意义，对于润滑油脂原材料而言，如矿物润滑油基础油，通过分析可得到其精制程度；对于某些润滑剂通过分析碳、氢、氮元素则可以推断出所含部分添加剂的信息。如今润滑剂中碳、氢、氮元素可直接使用有机微量定量分析的相应方法来获得其含量。长期以来，分析化学工作者对有机物和润滑剂中碳、氢和氮的测定做了大量工作，虽经多方面改进，但大多停留在经典的重量法基础上，使分析速度、样品量等受到局限，并且必须有很熟练的操作技术。20 世纪 60

年代后出现了应用热导分析和电分析的自动测定技术，70 年代国外已逐步过渡到应用自动化商品仪器进行测定，可以称量到千万分之一克的电子天平和计算机技术的应用，使分析试样降到毫克数量级，而且可以在较短的时间内得到准确可靠的结果。

百年来，有机元素微量分析对有机化学的发展做出了巨大的贡献，同时有机化学的发展又推动着有机元素微量分析不断向前。从整个发展过程来看主要可分为以下三个阶段：

（1）1912 年到 1940 年属于经典方法阶段，即试样在缓慢的氧气和空气流中进行燃烧分解，燃烧产物以称重方式进行定量，整个分析时间长达 1h 之久。

（2）1940 年以后的二十年左右，碳、氢微量分析主要集中于提高氧化剂的效能，加快燃烧速度等方面的改进，如加快氧气流速、提高燃烧温度以缩短燃烧分解时间。应用各种高效能的催化氧化剂以提高氧化性能和除去干扰元素。

（3）20 世纪 60 年代开始，碳、氢微量分析由于成功地采用了多种新技术、新方法，如热导检出的气相色谱、示差吸收法以及各种电化学分析法使得几十年来主要凭借手工操作的落后面貌得以彻底革新。近三十年来，随着科学技术的发展，电子计算机小型化及普及与发展，新型、智能化的元素分析设备不断推出并得到普及。

示差法：示差法又称自积分导热法，是由 Simon 等首先提出的，方法的原理是：样品燃烧分解后产生的水和二氧化碳等混合气体的浓度是时间的函数：

$$C=f(t)$$

混合气体进入检测器，用积分仪求出浓度对时间的积分：

$$A=\int_{t_0}^{t} if(t)\,\mathrm{d}t$$

自积分法是利用一个收集泵收集混合气体，使其混合均匀，从而得到一个浓度均匀的混合气体，这时进入检测器的混合气体的浓度将不随时间改变，因而取任何一点均可代表被测组分的浓度。

根据这一原理设计制造的仪器有德国 Vario MICRO cube、Vario EL cube 碳、氢、氮、硫元素分析仪，美国的 PE240 碳、氢、氮(氧)元素分析仪，后者是 PERKIN-ELMER 公司产品。国内也有碳、氢、氮(氧)元素分析仪。以 Vario MICRO cube 元素分析仪为代表，其基本测定原理介绍如下：

Vario MICRO cube 元素分析仪由四部分组成，具体如下

（1）自动进样系统：每个样品经自动进样盘掉入燃烧管中；

（2）燃烧和还原部分：经过充分燃烧和还原转化成稳定的气体；

（3）分离体系：通过特殊的专用吸附柱低温吸附-升温解析分离；

（4）检测系统：TCD(热导检测器)检测每种转化后气体的信号。

原理：在高温条件下，样品在富氧环境中经催化氧化使其充分燃烧分解，去除非检测气体(如挥发性的卤素气体)，被检测的不同组分的气体通过特殊吸附柱吸附和分离，再使用热导检测器对相应的气体分别进行检测(载气：He，助燃气：O_2)。

1831 年 J. von 李比希建立了碳、氢的燃烧方法，将样品在氧气流中燃烧，并通过填充氧化铜的高温柱管，使碳、氢分别全部转化为二氧化碳和水，然后分别以氢氧化钾溶液和氯化钙吸收，由各吸收管增加的重量分别计算碳、氢含量，这是有机元素定量分析工作之始。另

一常见元素氮的分析方法是由杜马和克达尔先后建立的燃烧法和湿法消化的测定方法。卡里尤斯建立了卤素和硫的测定法。这些方法对有机化学的发展起了很大作用，沿用了几十年。1911 年普雷格尔使用当时才研制成功的微量天平，建立起一套有机化合物中各元素的微量分析方法，从而开创了有机元素微量分析领域的工作，样品只需毫克量级，分析时间也大大缩短，极大地推动了有机化学(特别是天然有机化学)的发展。普雷格尔因此获得 1923 年的诺贝尔化学奖。其后又经各国学者不断研究改进，对各种元素都逐渐建立起简单实用的微量分析方法。至 70 年代，随着电子学的进展，又出现了自动化分析的仪器(如元素分析仪)，使元素分析更加简便迅速。

基本原理为让有机物在氧气流中燃烧，碳、氢分别氧化为二氧化碳和水，然后用无水高氯酸镁吸收水，用烧碱石棉吸收二氧化碳。由各吸收剂增加的重量分别计算碳和氢的含量。在最初的经典方法中，燃烧反应和样品分解缓慢，分析时间较长。其后不少学者研究了提高氧化能力和燃烧速度的措施，例如加大氧气流速、提高燃烧温度、使用各种氧化剂等；也研究了多种元素共存时的分析方法、去除其他元素干扰的方法、不用氧化剂的空管燃烧法等，确立了较佳的实用条件，为仪器化自动化打下了基础。现在虽然自动化仪器已普遍应用，但经典法仍为核对样品分析的基本方法。

碳、氢分析基本装置为一个密闭系统，氧气自氧气瓶中流入燃烧管，管内填充有氧化剂并保持在高温，样品放在瓷或铂制的小舟内，置于燃烧管的前端，逐渐加温燃烧，氧化产物随氧气通过管内填充剂使其氧化完全，最后进入串联的水分和二氧化碳吸收管。分析完毕后取下吸收管称量，计算出碳、氢含量。

在样品燃烧方面，研究最多的是燃烧管内填充的氧化催化剂及燃烧温度。催化剂有氧化铜、四氧化三钴、高锰酸银热解产物、氧化铬等，也有使用混合氧化剂的，或在样品舟内样品表面覆盖一层氧化剂(如氧化钨等)以帮助样品的氧化。燃烧管保持在高温，其温度根据使用的氧化剂而不同，一般为 600~1000℃。温度高对完全氧化有利，但会缩短石英燃烧管的寿命。一般来说，四氧化三钴的使用温度较低，因此用得较多。氧化铜要求的温度最高，但用作经典法的柱填充剂，效果很好，也一直沿用。燃烧管内常填充有银丝，以去除卤素和硫的燃烧产物而避免干扰。高锰酸银热解产物本身既可作氧化剂，又可有效地吸收卤素和硫，因此常用。氮的氧化物则另用一个吸收管，内装二氧化锰作吸收剂，也可用重铬酸钾的浓硫酸溶液吸收。

杜马法：1831 年由杜马建立，后由普雷格尔改为微量分析方法。此法适用于大多数有机含氮化合物。其测定原理为在高温下将样品氧化，碳、氢分别氧化为二氧化碳和水，氮则生成氧化物，另以二氧化碳气为载气，将燃烧气体带入装有金属铜丝的还原管，此管保持在 500~600°C，铜即将氮的氧化物还原为氮气。这些气体均通入氮量计内，氮量计中装满浓氢氧化钾溶液。除氮气外，其他气体均被氢氧化钾溶液吸收，因此可读取氮量计内氮气的体积，并校正至标准状态，由此求得氮含量。所用的仪器装置包括二氧化碳气体发生器，它与燃烧管连接，管前端放置装有样品的小舟，管内填装氧化剂，保持高温。其填充量和使用温度与碳、氢测定中相同。燃烧后的气体再通入填有铜丝的还原管，最后进入有刻度的氮量计内进行读数。

克达尔法：1883 年由克达尔首创，其后改为微量分析方法，适用于蛋白质、氨基酸、硝基、氨基等含氮化合物的测定。其测定原理为将样品用浓酸(如硫酸)消化，并加入适当的催化剂(如汞、乙酸汞、硫酸钾、硫酸铜等)，氮被还原为氨，并以铵盐形式存在于溶液中。然后将消化液碱化，进行水蒸气蒸馏，氨即随水蒸气蒸出，蒸馏液通入弱酸(如硼酸)溶液中。氨全部蒸出后即可用标准酸溶液滴定(见酸碱滴定法)，求出氨的量，再换算成氮。吸收液也可用稀碱标准溶液，以标准酸溶液滴定过剩的碱。此法无须特殊装置，较简便易行，一直是常用的方法。

第四节　氧的分析

氧是有机化合物中最常见的元素之一，因此其含量测定一直受到重视。但过去因为缺乏简便的测定方法，所以在有机化合物的元素分析中，大多不进行氧的测定，而只是按差值计算氧含量，即从100%中减去其他所有元素的百分含量的总和，其差值即作为氧的含量。这样做显然误差较大，影响结果的推算。至20世纪50年代以后才有较实用的方法，其基本原理为使有机化合物在高纯惰性气流(常用氮气)中高温热解，热解产物通过铂碳催化剂，含氧物质均转化成一氧化碳，再用五氧化二碘或无水碘酸将一氧化碳氧化为二氧化碳，同时释出碘，可用重量分析测定二氧化碳或碘，也可用碘量法滴定，测量释放出的碘，再折算成氧，求出含量。在分析前应进行空白试验，以确保整个分析系统中没有氧气存在。惰性气体也应先纯化，常用的方法为：使氮气通过保持在500~600°C、装有金属铜的还原管以除去氧气，并经过无水高氯酸镁和烧碱石棉管以除去二氧化碳和水分。如果样品中含有其他元素(如氮、硫、卤素等)时，在最后测定前均须将它们的燃烧产物除去以免干扰，通常使经过铂、碳还原后的气体通过烧碱石棉管即可。

最初使用的方法为将样品在密封系统(如玻璃封管或金属弹筒)内与氧化剂混合加热分解，使卤素(见卤族元素)转化为卤化物，然后加水溶解，以银量法(见沉淀滴定法)或汞量法进行滴定。也有使用燃烧管的方法，使卤化物转化为卤素，吸收后滴定，这些方法较费时费事。20世纪50年代末期舍尼格尔发明了氧瓶法破坏样品，简便易行，许多元素的测定均采用了这个方法。将瓶内放好吸收液，充满氧气，称好的样品用滤纸包好，放在瓶塞下面固定的铂丝圈内，用火点燃滤纸后立即放入瓶内塞好，使其燃烧分解。吸收液多用稀碱溶液，氯化物被吸收后即可用硝酸银或硝酸汞标准液滴定。溴和碘在吸收后尚须用还原剂处理，将氧化至高价的溴和碘还原成溴和碘的负离子后再用银量法或汞量法滴定。氟化物可用比色法测定，或用硝酸钍溶液滴定，或加入过量铈(Ⅲ)，与氟生成络合物(见配位化合物)，过量铈用乙二胺四乙酸滴定。近些年也有用离子选择性电极直接测量的。

用氧瓶法分解样品，使硫转化为硫酸根后用氯化钡或硝酸铅等滴定，求出含量。

氧瓶法分解样品时使磷转化为磷酸根，用磷钼酸比色法或使其生成磷酸镁铵沉淀后，用乙二胺四乙酸滴定过量的镁而求含量。

多用灰化法：将样品灼烧，由残渣求出金属含量。贵金属如金、银、铂等以元素形式称量，其他大多数金属可在灼烧前加入硫酸或硝酸，最后以硫酸盐或氧化物形式称量。前者有钾、钠、钙、镁、钡、锂、镉、锰、锶、铈、锌、铷、铅等；后者有铝、铬、铜、铁、汞、钼、锡、硅等。汞也可用燃烧管法，最后用金吸附汞，称重，求出含量。镍、钴样品可在氢气流中燃烧，最后以金属形式称量。

砷可按类似磷的方法测定，在氧瓶中燃烧后用砷钼酸比色法或砷酸镁铵沉淀法测定。硼化合物用氧瓶法分解，加入甘露醇使硼酸与之结合，即有足够酸性，可用标准碱溶液滴定。硒用氧瓶法分解，或用比色法测定，或使它与二氧化硫反应，生成元素硒后称量进行定量测定。硅与过氧化钠熔融后生成硅酸盐，用比色法或重量分析进行定量测定。

第五节　氮的分析

石油及石油产品中氮含量的测定，较多应用的是经典的杜马法和克氏法，这两种方法至今还列于国家或行业石油产品试验方法标准中。这两种方法灵敏度和分析速度不能满足研究或生产的要求，且氮化物结构影响克氏法测定氮含量结果，多年来虽进行过不断改进，对总氮的测定仍存在不少问题，结果不能让分析者满意。Termeuler 法虽然具有测定灵敏度高、检出限低、分析快等优点，但要求样品的沸点必须低于450℃，从而使应用的范围受到了限制。

1966 年 Martin 首先用微库仑滴定法测定了样品中的总氮，这是一个较为理想的方法，面前在国内外已得到广泛应用，应用范围已扩大到重质石油产品和固体有机物。

一、库仑分析法

库仑分析法依据法拉第电解定律，由电解过程中所消耗的电量求被测物质含量。法拉第电解定律在库仑分析中应用的前提是对要测定的反应具有100%的电流效率，以使电解时所消耗的电量能全部用于被测物质的电极反应；电解过程参与电极反应的物质必须单一，且电解反应也是唯一的。

库仑分析法包括控制电位库仑分析法、控制电流库仑分析法(库仑滴定法)和微库仑分析法。

1. 控制电位库仑分析法

在电解过程中，控制工作电极的电位为恒定值，使被测定物质以100%的电流效率进行电解，当电解电流趋于零时，表明该物质被电解完全。通过一个和工作电极串联的库仑计准确测量电解所需的电量，便可依据法拉第电解定律求出被测物质的含量。

控制电位库仑分析法不要求被测物质在电极上沉积为金属或难溶物，因此适用于测定进行均相电极反应的物质，特别是有机物的分析，也能用于测定电极反应中的电子转移数。

控制电位库仑分析法的灵敏度和准确度均较高，但电解时间较长。

2. 控制电流库仑分析法(库仑滴定法)

控制电流库仑分析法，即恒电流库仑分析，又称为库仑滴定法。

用恒定的电流，以100%的电流效率进行电解，在电解池中产生一种滴定剂，该滴定剂瞬时与被测物质进行定量的化学反应(滴定反应)，可借助指示剂或其他电化学方法来指示反应的化学剂量点。此法与容量分析有相似之处，不过滴定剂是由电解产生的，产生的滴定剂的量可由所消耗的电量求得，所以又被称为库仑滴定法。

在库仑滴定法中，一定量的被测物质需要一定量的滴定剂与之作用，而此一定量的滴定剂又是由一定量的电量电解产生的，因此被测物质与滴定剂所消耗的电量之间的关系符合法拉第电解定律。

典型的库仑滴定的基本装置见图 5-18。电解时，为了防止可能产生的干扰反应，保证

100%的电流效率，可使用多孔性套筒将阳极与阴极分开。电解时间由计时器指示。当达到滴定反应的化学计量点时，指示电极发出“信号”，指示滴定终点，断开电解电源，并同时记录时间或由仪器直接显示所消耗的电量。

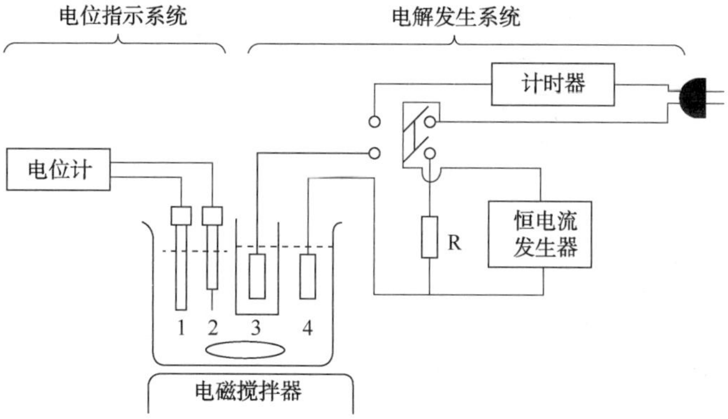

图 5-18　库仑滴定基本装置

库仑滴定的特点：

不需要制备和储备标准溶液；

相对误差较小，约为 0.5%。如采用精密库仑滴定法，通过自动控制确定终点，相对误差可小于 0.01%，适用于半微量与微量的分析。

库仑滴定法可用于酸碱、氧化还原、沉淀及配合反应等各类滴定反应。

库仑滴定是目前最准确的常量分析方法，也是高度灵敏的痕量成分测定方法。由于时间和电流都可准确地测量，库仑滴定的精密度是很高的，常量成分测定的精密度有望达到二十万分之几。该法在它能够应用的场合，比一般容量分析优越。不需要制备标准溶液，因而不存在标准溶液的稳定性问题。不需要测量体积，也不存在这方面的误差。比一般常量方法更容易自动化。可滴定很多无机和有机物质。库仑滴定最适合于分析那些在容量分析中用作基本标准的化学试剂。

3. 微库仑分析法

微库仑法又称为动态库仑法，它既不是控制电位的方法，也不是控制电流的方法。微库仑法与库仑滴定法相似，它是由电解的滴定剂来滴定被测物质的浓度，只是在滴定的过程中，电流的大小是随滴定的程度而变化的，所以又称为动态库仑滴定。

我国在 20 世纪 70 年代初较系统地开展了微库仑测定氮的研究工作，利用微库仑测定液态石油产品中的微量氮的方法后来列入石化行业标准，但应用范围限定在测定 550℃能完全气化的样品。北京石油化工科学研究院通过改进仪器、催化剂和操作方法，推荐了一个测定重质石油产品中总氮含量的方法。本方法用于测定氮质量分数在 $1\times10^{-5}\sim5\times10^{-2}$、沸点高于 550℃的液体或固体试样，样品中卤素含量不大于 20%，硫含量不大于 5%不干扰氮的测定。微库仑法测定氮示意图见图 5-19。

在镍舟上准确计量试样，上面覆盖催化剂，由固体进样器引入裂解管的气化段，由氢气流携带通过保持在 550℃的镍催化剂层，经深度裂解加氢使试样中的氮转化为氨气，其他酸性气体被氢氧化锂吸收，氨被载气带入滴定池，与池中氢离子发生反应。此时池中的氢离子

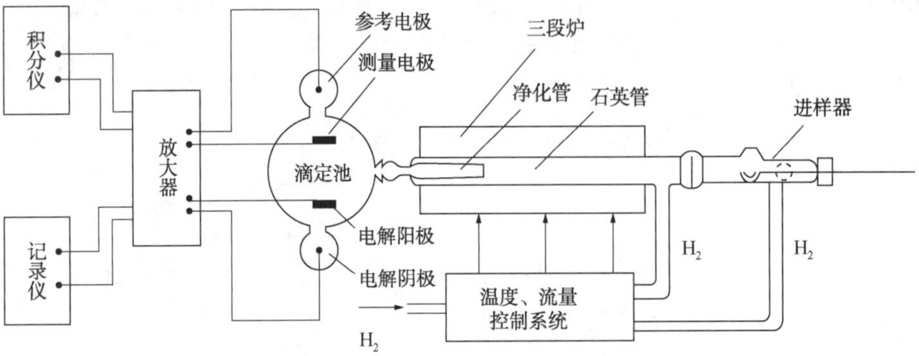

图 5-19　微库仑分析示意图

浓度降低，其变化被指示电极对检测到并输入放大器中，放大器输出一个与之匹配电压信号到电解电极对，电解电极上就电解产生 H^+，当滴定池 H^+浓度复原到初始平衡状态，电解就自动停止，根据法拉第定律，即可求出试样中氮含量。

微库仑法分析氮含量一般分析条件如下：

炉温	入口处 650~850℃	
	裂解区 500~700℃	
	稳定区 300℃	
氢气流量	湿氢	300~320mL/min
	干氢	60~80mL/min
偏压		80~120mV
增益		200~400
搅拌速率		以出现轻微漩涡为宜

氢气在微库仑法中有两种作用，即作为载气与反应气。氢气的流量影响测定峰的形状，流量大时可得到一个拖尾小、形状尖锐的峰，如果使用干燥的氢气会引起催化剂上焦炭积聚量增多，同时对氨的吸附量也增大，导致氮的回收率偏低。增加氢气含水量可减少催化剂上形成的积炭量和氨的吸附量，减少拖尾，但氢的湿度太大会引起催化剂活性下降，使氨的回收率下降。为解决上述问题，通常采用两路供氢，一路通过水洗涤器对氢气进行增湿，一路直接由气瓶引入反应管。氢气需要净化，净化后的氢气可减少在高温下可能出现的危险。一般采用两种方式净化氢气，让氢气通过装有钯分子筛的过滤器或者通过带有钯扩散膜的电解装置得到高纯氢。

对于催化剂而言，研究人员进行了大量的研究，起初人们选用镍粒催化剂、镍铂催化剂(850~900℃，干氢)、Ni-MgO 催化剂(400℃，增湿氢)等，虽能够使氮化物完全转化为氨，但前者活性仍较差，后者引起腐蚀和池平衡速度变化。中国石化石油化工科学研究院成功研制出一种新型的用于催化氮化物转化为氨的蜂窝状镍催化剂，具有耐高温、活性强、寿命长的优点。

对于低沸点液体试样，裂解管入口温度一般控制在 550℃，对于沸点高于 500℃的重质石油及石油产品试样、固体试样，使用较高的入口温度和固体舟进样技术。但入口温度也不可过高，以防止样品深度裂解，在石英管内壁形成积炭结焦而使结果偏低。对于沸点低于

350℃的液体和固体试样，使用固体舟进样技术时，入口温度可高至800℃左右，但也不宜过高，否则由于氮在催化剂上的吸附现象随温度升高而增加，使峰变宽，收率降低。

测定固体石油产品和添加剂中的氮，裂解管要有较大的样品入口，方可方便地放入或取出盛样的镍舟。入口温度维持在850℃，可使50%左右的有机物中的氮转化为氨，还可克服试样中金属离子的干扰。

对于液体试样，为方便计算，有人推荐注射同样体积的标样，取样量一般为5～10mL，当氮含量低于1×10^{-7}时，就需要注射较多的样品以提高氮的绝对量，减少分析误差。分批缓慢注射是不利的，往往试样在达到催化剂床之前即裂解形成焦炭，使氨的回收率降低。若使用较快的进样速度（如0.7～1.0μL/s）和较大的氢气流量，结果得到接近理论值的收率。若使用改良的石英裂解管，并使用“延时”技术，以1.0μL/s的进样速度连续注射30～40μL试样，氨的收率为95%～100%，其检出下限为1×10^{-7}。对于黏稠或固体试样，可以用溶剂稀释或溶解后注射进样。

根据理论计算，当电解液的pH值为6、平衡电位为14mV时得到的滴定曲线峰最窄，此时滴定池的工作状态最佳。平衡电位取决于放大器增益、电解质电导率、测量电极铂黑厚度、参考电极电位及其他操作条件。

含偶氮化合物的样品，在高温裂解时，N：N键断裂分解易形成分子态氮，减少氨的形成量，使氨的收率降低。有报道介绍，铁、钴、镍三种金属在高温下能阻止氮分子形成，其中以铁粉最好，在入口温度850℃时，偶氮类化合物中氮的回收率不大于98%，作为例子，测定结果见表5-12。

表5-12　用铁粉作为阻氮剂的测定结果

样品名	含氮量（计算值）/（μg/mL）	含氮量测定值/（μg/mL）	绝对误差/（μg/mL）
偶氮苯	52.4	52.4	0
二苯偶氮碳酰肼	75.7	75.5	−0.2
苯并三唑二胺盐	98.9	97.8	−1.1
偶氮苯胺	67.8	65.0	−2.8

多次实验表明，氮含量在40～100μg/mL范围内，绝对误差不大于2.0μg/mL，相对标准偏差不大于2.0%。

一般说，随着样品含氮量增加，氮的回收率随之下降，许多分析工作者建议，当油品含氮量过高时，用溶剂稀释后再进行分析。影响回收率的因素显然很多，但主要是催化剂和操作条件两种因素。

二、石油产品及添加剂中氮含量的测定法（克氏法）

利用克氏法或改进的克氏法测定石油产品中氮含量的标准有GB/T 9170—1988与SH/T 0224—1992。

（一）石油产品与添加剂中氮含量测定——SH/T 0224—1992（2004）石油添加剂中氮含量测定法（克氏法）

金属元素钡、钙、锌、镁，非金属元素硫、磷、氧、氯等对测定均无干扰，本方法的测定范围为0.01%～2%。

1. 方法概要

试样在硫酸中以汞为催化剂进行硝化，待试样中的氮全部转化为硫酸铵后，再加入过量氢氧化钠溶液后进行蒸馏，反应生成的氨吸收于硼酸中。用盐酸标准滴定溶液滴定吸收于硼酸中的氨，由滴定所消耗盐酸标准滴定溶液的体积求出试样中氮的含量。

图 5-20 为试验用基耶达定氮法硝解及蒸馏装置示意图。

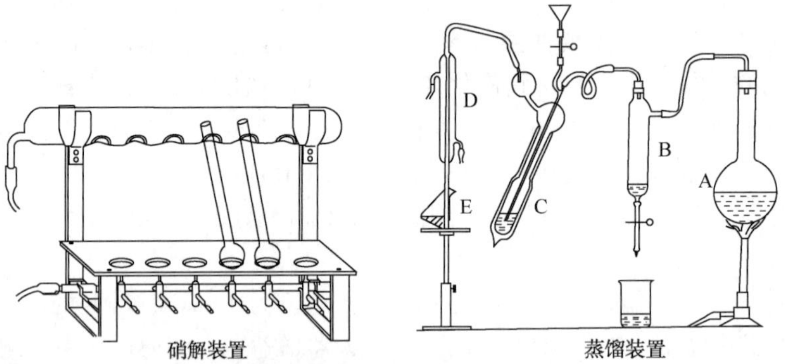

图 5-20　基耶达定氮法硝解及蒸馏装置示意图

2. 取样量范围

石油添加剂测试样品含氮量与取样量、滴定时盐酸标准滴定溶液的浓度对应表见表 5-13。

表 5-13　测试样品含氮量与取样量、滴定时盐酸标准滴定溶液浓度对应表

氮含量/%	试样量/g	滴定时盐酸标准滴定溶液的浓度/(mol/L)
≤0.03	1.0~3.0	0.02
>0.03~0.5	0.2~1.0	0.02
>0.5~1.0	0.6~1.0	0.1
>1.0	0.1~0.6	0.1

3. 试样量与硫酸硝化混合液体积对应关系

硝化液的用量将直接影响石油添加剂中氮的转化程度，石油添加剂样品量与加入的硫酸硝化混合液有一定的对应关系，具体见表 5-14。硫酸硝化混合液的加入量允许在一个小范围内波动。

表 5-14　石油添加剂样品量与硫酸硝化混合液加入量对应表

试样/g	所需硫酸硝化混合液的体积/mL	试样/g	所需硫酸硝化混合液的体积/mL
1	40	3	50
2	45		

注：硫酸硝化混合液的配制方法：将 400mL 硫酸(98%浓硫酸，相对密度 1.84)加入 10g 磺基水杨酸中。

4. 计算

试样中氮含量 X，按式(5-62)进行计算：

$$X=\frac{(V_1-V_0)\times c(\mathrm{HCl})\times 0.01401}{m}\times 100 \tag{5-62}$$

式中 V_1——试样所消耗盐酸标准滴定液体积，mL；

V_0——空白滴定时所消耗盐酸标准滴定液体积，mL；

c(HCl)——盐酸标准滴定溶液的实际浓度，mol/L；

m——试样质量，g；

0.01401——与1.00mL盐酸标准滴定溶液[c(HCl)=1.000mol/L]相当的以克表示的氮的质量。

5. 精密度

精密度(95%置信水平)见表5-15。

表5-15 克氏法测石油添加剂中氮精密度

氮含量/%	重复性	再现性
≤0.02	0.08	0.015
>0.02~0.09	0.01	0.02
>0.09~0.80	0.02	0.05
>0.80~1.33	0.04	0.11
>1.33~2.0	0.07	0.29

(二) 润滑油及燃料油中总氮测量——GB/T 9170—1988(2004)润滑油及燃料油中总氮含量测定法(改进克氏法)

该方法适应测定润滑油中含氮范围0.03%~0.1%；燃料油中氮含量0.15%~2.0%；不适用于含有氮氧键(N—O)、氮氮键(N—N)的某些物质，但可以准确测出加有含氮无灰添加剂润滑油中的氮。

1. 试验概要

试样在硫酸中以硫酸钾、氧化汞和硫酸铜为催化剂进行硝化，待试样中氮全部转化为硫酸铵后，加入硫化钠以沉淀汞，再加过量的氢氧化钠进行蒸馏，此时形成的氨吸收于硼酸溶液中，以溴甲酚绿与甲基红的混合溶液为指示剂，用硫酸标准溶液滴定，求出试样中的氮含量。

试样中氮含量X，按式(5-63)进行计算：

$$X=\frac{[(V_1-V_2)\times N_2+V_3\times N_3]\times 0.01401}{m_2}\times 100 \quad (5-63)$$

式中 V_1——试样所消耗0.01N硫酸标准溶液的体积，mL；

V_2——空白滴定时所消耗0.01N硫酸标准溶液的体积，mL；

V_3——试样所消耗0.1N硫酸标准溶液的体积，mL；

N_2——0.01N硫酸标准溶液当量浓度；

N_3——0.1N硫酸标准溶液当量浓度；

0.01401——每毫克当量氮的克数；

m_2——试样质量，g。

2. 方法的精密度

(1) 润滑油：

重复性(r)：同一操作者，用同一台仪器重复测定两个结果之差不应大于0.01%；

再现性(R)：两个不同实验室测定同一试样结果之差，应不大于0.02%。

(2) 燃料油：

重复性(r)：同一操作者，用同一台仪器重复测定两个结果之差不应大于$0.066\sqrt{M_1}$，M_1为重复测定结果的平均值。

再现性(R)：两个不同实验室测定同一试样结果之差，不应大于$0.190\sqrt{M_2}$，M_2为两个实验室测定结果的平均值。

三、杜马法

杜马法测定氮基本原理如下：

$$\text{有机氮}\xrightarrow[\text{通过氧化剂}]{\text{在 } CO_2 \text{ 气流中加热分解}} N_2\uparrow + NO_x$$

$$NO_x \xrightarrow[\text{通过灼热的金属网}]{\text{在 } CO_2 \text{ 气流中}} N_2\uparrow$$

生成的N_2收集于量氮计中，根据氮的体积换算含氮量。

1. 氧化剂

氧化剂是杜马法测氮中试样能否在二氧化碳气流中完全氧化分解的关键。由于有机氮化物结构繁多，在氧中燃烧分解表现尚且不同，在二氧化碳惰性气体介质中燃烧分解的状态更不会一致。数十年来的大量实验说明，用杜马法分析时对长链脂肪族化合物及杂环类化合物中的氮，不易燃烧完全，必须找出合适的氧化剂，同时还需要催化剂来促进各类化合物燃烧分解完全。氧化铜是杜马法创始人杜马在1831年就采用的氧化剂，对应其他的氧化剂的研究与应用，近200年来许多分析工作者进行过大量研究，较成功的有氧化镍、四氧化二钴、二氧化锰及高锰酸银热分解产物等。在加强这些催化氧化剂氧化效能时，最好在二氧化碳气流中加入少量的纯氧。氧化剂的性能与其他条件关系密切，如操作温度、用量、填充层厚度、制备方法、样品分解方法和载气流量等。

改良的杜马法装置见图5-21。

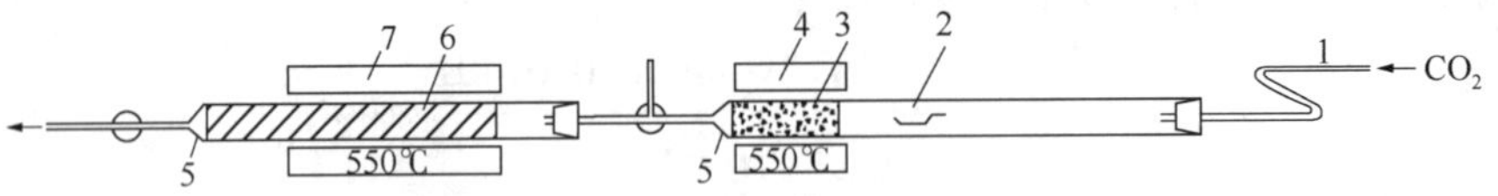

图5-21 改良的杜马法装置示意图

1—Z形管；2—铂舟；3—高锰酸银热分解产物：二氧化锰(1∶1)；4—氧化炉；5—石棉；6—还原铜；7—还原炉

2. 还原剂

由于金属铜性质稳定、安全且使用方便，可以反复再生，所以至今还是使用加热至700℃的金属铜作为还原剂。曾有研究者使用还原镍，在室温下还原氮氧化物，但试剂处理麻烦，使用不方便，因此没有得到推广。

第六节 硫的分析

测定石油产品及添加剂中硫的方法有很多，目前现行的国家标准大致有 GB/T 380 石油产品硫含量测定法(燃灯法)、GB/T 387 深色石油产品硫含量测定法(管式炉法)、GB/T 388 石油产品硫含量测定法(氧弹法)、GB/T 11140 石油产品硫含量的测定 波长色散 X 射线荧光光谱法、GB/T 17040 石油和石油产品硫含量的测定 能量色散 X 射线荧光光谱法、GB/T 17476 使用过的润滑油中添加剂元素、磨损金属和污染物以及基础油中某些元素测定法(电感耦合等离子体发射光谱法)；行业标准有 SH/T 0172 石油产品硫含量测定法(高温法)、SH/T 0253 轻质石油产品中总硫含量测定法(电量法)、SH/T 0303 添加剂中硫含量测定法(电量法)、SH/T 0631 润滑油和添加剂中钡、钙、磷、硫和锌测定法(X 射线荧光光谱法)、SH/T 0689 轻质烃及发动机燃料和其他油品总硫含量测定法(紫外荧光法)、SH/T 0742 汽油中硫含量测定法(能量色散 X 射线荧光光谱法)、SH/T 0749 润滑油及添加剂中添加剂元素含量测定法(电感耦合等离子体发射光谱法)、NH/SH/T 0842 汽油和柴油中硫含量的测定 单波长色散 X 射线荧光光谱法。

石油产品中硫的测定分为总硫和活性硫的测定，所谓活性硫的测定，即取一定量试样与铜粉在 149℃下反应 1h，试样与铜粉反应前后总硫之差即为活性硫含量，以质量百分数表示。一般在石油产品中总硫含量少于 1%时，按石油化工行业标准 SH/T 0253—1992(2004)轻质石油产品中总硫含量测定法(电量法)进行测定；大于 1%，按石油化工行业标准 SH/T 0303—1992(2004)添加剂中硫含量测定法(电量法)进行测定。在实际操作过程中，润滑剂、添加剂中硫的含量范围、存在形式以及干扰情况都是不同的，因此要有一系列的方法来适应多种要求。

一、轻质石油产品中总硫含量测定法(电量法)

SH/T 0253—1992(2004)轻质石油产品中总硫含量测定法(电量法)适用于沸点为 30~310℃的轻质石油产品。硫含量测定范围为 0.000005%~0.1%(即 $0.5\times10^{-6}\sim1000\times10^{-6}$)，硫含量大于 0.1%的，测定的样品需要进行稀释；不适合卤素含量大于 10 倍硫含量，总氮含量大于 10%，重金属含量超过 500×10^{-6}的试样。

方法概要：试样在裂解管气化段气化并与载气(氮气)混合进入燃烧段，在此与氧气混合，试样裂解氧化，硫转化为二氧化硫，随载气一并进入滴定池，与电解液中的三碘离子发生如下反应：

$$I_3^- + SO_2 + H_2O \longrightarrow SO_3 + 3\,I^- + 2\,H^+$$

滴定池中三碘离子浓度降低，指示-参比电极对指示出这一变化并与给定的偏压相比较，然后将此信号输入微库仑放大器，经放大后输出电压加到电解电极，电解阳极处发生如下反应：

$$3\,I^- \longrightarrow I_3^- + 2\,e^-$$

被消耗的三碘离子得到补充，消耗的电量就是电解电流对时间的积分，根据法拉第电解定律即可求出试样的硫含量。

仪器设备安装流程图、裂解管、滴定池分别见图 5-22~图 5-24。

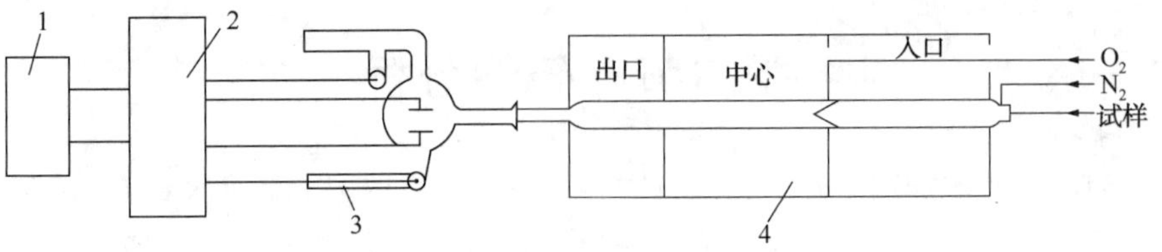

图 5-22　仪器设备流程图

1—记录器；2—微库仑仪；3—滴定池；4—裂解炉

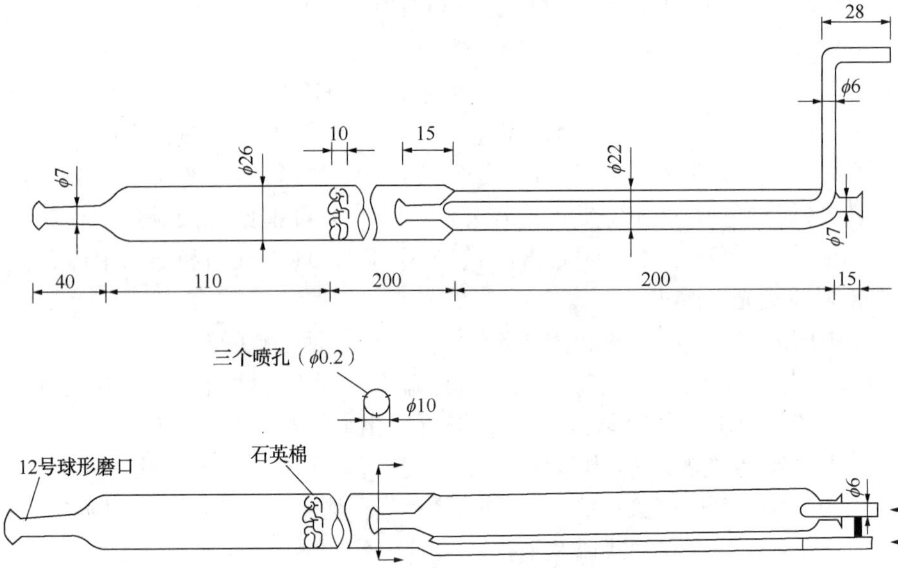

图 5-23　石英材质裂解管(单位：mm)

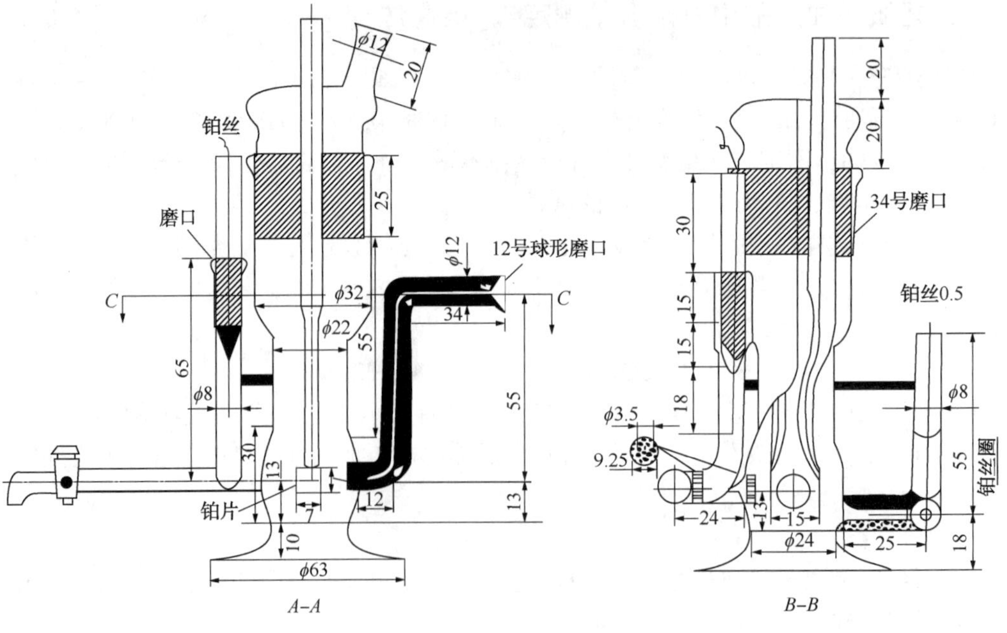

图 5-24　滴定池(单位：mm)

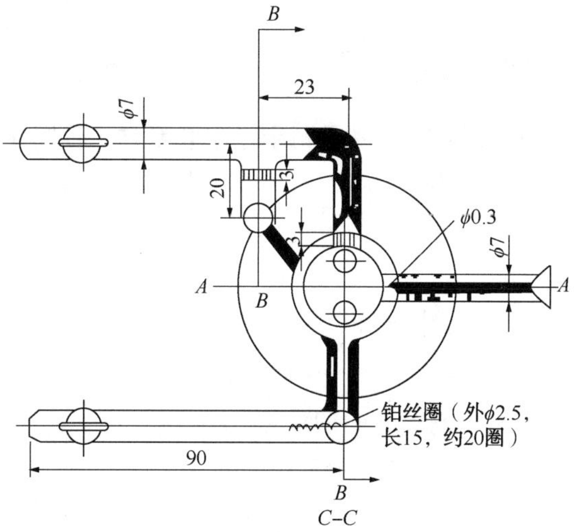

图 5-24 滴定池(单位：mm)(续)

试验过程中操作条件如下：

裂解炉温度

入口段	600～700℃
中心段	800～1000℃
出口段	700～800℃

气体流量

反应气 O_2	40～200mL/min
载气 N_2	40～200mL/min
微库仑仪器偏压	120～160mV

试样中总硫含量 $S(\times10^{-6})$ 按式(5-64)或式(5-65)计算(关于总硫计算过程公式的推导，参见 SH/T 0253—1992 的附录 A，公式的推导)：

$$S=\frac{0.166\times Q}{V\rho C}=\frac{0.166\times Q}{m_2\times C} \tag{5-64}$$

$$S=\frac{9948\times AV'S'}{RV\rho C}=\frac{9948\times AV'S'}{R\,m_2C} \tag{5-65}$$

式中 Q——测定电量，μC；

V——试样体积，μL；

ρ——取样时试样密度，g/mL；

m_2——试样质量，mg；

C——回收率,%；

A——测定峰面积，cm^2；

V'——记录器灵敏度，mV/cm；

S'——记录纸速度，cm/min；

R——微库仑仪量程选择电阻值，Ω。

如今由于仪器自动化程度的提高，可通过仪器的软件设置操作参数并直接获得石油产品的氮含量。

二、添加剂中硫含量测定法(电量法)

SH/T 0303—1992(2004)添加剂中硫含量测定法(电量法)适用于硫含量质量分数在0.5%~50%范围内的非挥发性润滑油添加剂。添加剂中所含磷、氯、氮、锌及钙、钡等元素对测定结果无干扰。

1. 方法概要

试样在1000℃高温下、在氧气流中燃烧分解，其中硫燃烧生成SO_2和SO_3：

$$S+O_2 \longrightarrow SO_2+SO_3$$

SO_2随燃烧气流进入电解池，和电解液中的I_3^-发生反应：

$$SO_2+I_3^-+2\ H_2O \longrightarrow SO_4^{2-}+3\ I^-+4\ H^+$$

使电解液中的I_3^-浓度变化。

此时阳极发生反应：

$$3\ I^- -2e \longrightarrow I_3^-$$

阴极发生反应：

$$2\ H^+ +2e \longrightarrow H_2\uparrow$$

滴定终点由双铂片电极指示和控制。达到终点后，电解停止，微库仑仪器记录所消耗的电量。

在测定试样硫含量前，需先用二硫化二苄标准试剂对仪器进行标定，测出仪器中硫的回收率，然后再进行添加剂试样硫含量的测定，并根据所消耗的电量和硫的回收率计算试样的硫含量。

2. 方法的精密度(95%置信水平)

重复性(r)：同一操作者重复测定同一试样的两个结果之差不应超过下列数值。

硫含量	重复性
0.5%~5%	算术平均值的6%
>5%~50%	算术平均值的4%

再现性(R)：由两个实验室对同一试样提出的两个结果之差，不应超过下列数值。

硫含量	再现性
0.5%~5%	算术平均值的8%
>5%~50%	算术平均值的6%

三、X射线荧光光谱法测定石油产品中硫含量

1. X射线荧光光谱分析的基本原理

当用X射线照射物质时，除发生衍射、吸收和散射现象外，还产生次级X射线，即X射线荧光。X射线荧光的波长取决于吸收初级X射线的元素的原子结构，因此，根据X射线荧光的波长就可以确定物质所含元素；根据其强度元素含量的关系，就可以进行元素定量分析。

(1) X射线荧光的产生：X射线荧光产生机理与特征X射线相同，所以X射线荧光只

包含特征谱线，而没有连续谱线。图 5-25 是 X 射线激发电子弛豫过程的示意图，当入射 X 射线使 K 层电子激化生成光电子后，L 层电子跃迁到 K 层空穴，以辐射形式释放能量 $\Delta E = E_K - E_L$，产生 K_α射线，这就是 X 射线荧光。只有当初级 X 射线的能量稍大于分析物质原子内层电子的能量时，才能激发出相应电子，因此 X 射线荧光波长总比相应的初级 X 射线的波长要长一些。

（2）Auger 效应和荧光产额：如图 5-25 所示，原子中内层（如 K 层）的一个电子被电离后出现一个空穴，L 层电子向 K 层跃迁时所释放的能量，也可能被原子内吸收后激发出较外层的另一电子，这种现象称为 Auger 效应。后来逐出的较外层的电子，相对于原先从内层逐出的第一个光电子，成为次级光电子或 Auger 电子。各元素 Auger 电子能量都有固定值，以此为基础建立了 Auger 电子能谱法。

原子在 X 射线激发的情况下，所发生的 Auger 效应和荧光辐射是两种互相竞争的过程。对于一个原子来说，激发态原子在弛豫过程中释放的能量只能用于一种发射，或者发射 X 射线荧光，或者发射 Auger 电子。对于大量原子来说，两个过程存在一个概率问题，即荧光产生额（以 ω 表示）。对于 K 能级来说，以单位时间内发出的 K 系谱线的全部光子数除以在同一时间产生 K 层空穴的原子数，称其值为 K 能级的荧光产生额 ωk；同理，可定义 L 和 M 能级的荧光产额。Auger 产额为 $1-\omega$。相对于原子序数小于 11 的元素，激发态原子在弛豫过程中主要发射 Auger 电子，而重元素则主要发射 X 射线荧光。Auger 电子产生的概率除与原子序数有关外，还随对应的能级差的缩小而增加。一般对于较重的元素，最内层（K 层）空穴的填充，以发射 X 射线荧光为主，Auger 效应不明显；当空穴外移时，Auger 效应愈来愈占优势，图 5-26 是 K、L 和 M 能级的荧光产额与原子序数的关系图，因此 X 射线荧光分析法多采用 K 系和 L 系荧光。

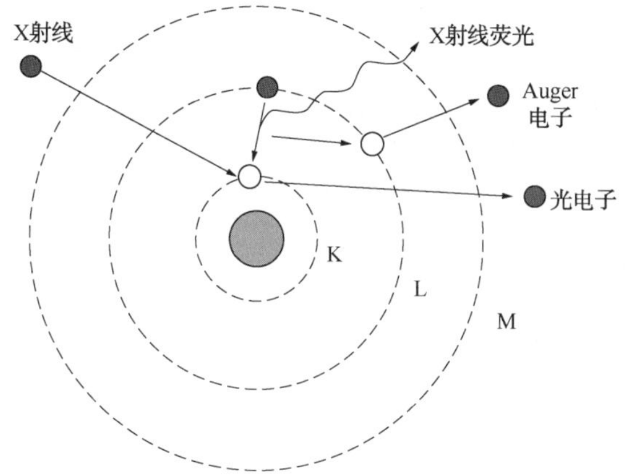

图 5-25 X 射线激发电子弛豫过程示意图

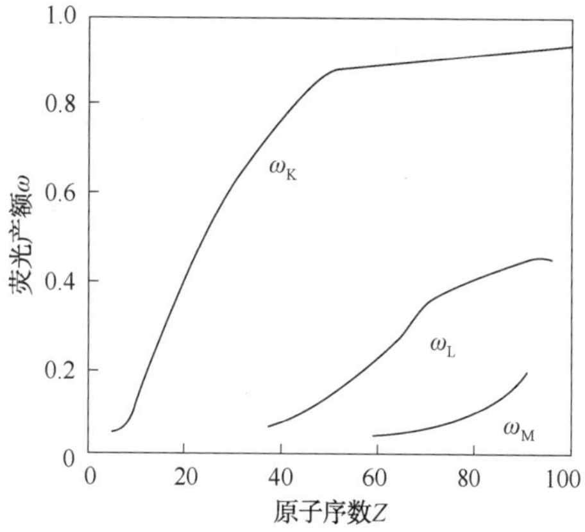

图 5-26 K、L 和 M 能级的荧光产额

2. X 射线荧光光谱仪

X 射线荧光光谱仪按照分光原理，可将 X 射线荧光光谱仪分为波长色散型（晶体分光）和能量色散型（高分辨率半导体探测器分光）两类。

（1）波长色散型 X 射线荧光光谱仪：波长色散型 X 射线荧光光谱仪由 X 光管、分光晶体和检测器三个主要部分构成，图 5-27 为波长色散型 X 射线荧光光谱仪结构示意图。

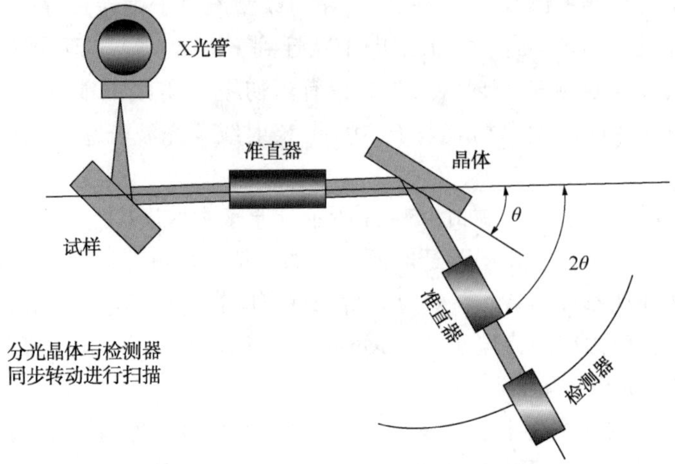

图 5-27　波长色散型 X 射线荧光光谱仪

由 X 光管发射出的 X 射线，照射在试样上，所产生的荧光将向多个方向发射，其中一部分荧光通过准直器之后得到平行光束，平行光束照射到分光晶体(或分析晶体)上。晶体将入射荧光光束按 Bragg 方程式进行色散。通常测量的是第一级光谱($n=1$)，因为其强度最大，检测器位于角度为 2θ 位置处，正好对准入射线为 θ 的光线。将分光晶体与检测器同步转动。以这种方式扫描时，可以得到以光强与 2θ 表示的荧光示意图。

X 射线激发光源：由 X 射线管所发生的一次 X 射线的连续光谱和特征光谱是 X 射线荧光分析中常用的激发源。初级 X 射线的波长应稍短于受激元素的吸收限，使能量最有效地激发分析元素的特种谱线。一般分析重元素时靶材料选钨靶，分析轻元素用铬靶。靶材的原子序数越大，X 光管的管压(一般为 50~100kV)越高则连续谱线强度愈大。

常见的靶材及适合的分析元素范围见表 5-16。

表 5-16　各种靶材及适合的分析元素范围

靶　　材	分析元素范围	使用谱线
W	$<_{32}Ge$ $<_{77}Ir$	K L
Mo	$_{32}Ge \sim _{41}Nb$ $_{76}Os \sim _{92}U$	K L
Pt	$<_{32}Ge$ $<_{77}Ir$	K L
Au	$_{72}Hf \sim _{77}Ir$	L
Cr	$<_{23}V$ 或 $_{22}Ti$ $<_{58}Ce$	K L
Rh，Ag		K
W-Cr	W$>_{22}Ti$ 或 $_{23}V$ 或同 Cr 靶的轻元素	

分光晶体器：分光晶体器有平面晶体分光器与弯曲分光器两种。常用的分光晶体材料见表 5-17。

表 5-17 常用分光晶体材料

材料名称	2d/nm	测定元素
LiF(422)	0. 1652	$_{87}Fe \sim _{29}Cu$
(420)	0. 180	$_{84}Po \sim _{28}Ni$
(200)	0. 4027	$_{58}Ce \sim _{19}K$
ADP(112)(磷酸二氢铵)	0. 614	$_{48}Cd \sim _{16}S$
Ge	0. 6532	$_{46}Pd \sim _{15}P$
PET(002)(异戊四醇)	0. 8742	$_{40}Zr \sim _{13}Al$
EDDT(020)(右旋-酒石酸乙二胺)	0. 8808	$_{41}Nb \sim _{13}Al$
LOD(硬脂酸铅)	10. 04	$_{12}Mg \sim _{5}B$

检测器：X 射线荧光光谱仪的检测器有三种，即正比计数器、闪烁计数器和半导体计算器。

(2) 能量色散型 X 射线荧光光谱仪：能量色散型 X 射线荧光光谱仪是 20 世纪 60 年代发展起来的新技术。

能量色散型 X 荧光光谱仪不采用晶体分光系统，采用高分辨率的半导体检测器，配备多通道脉冲分析器，直接测量样品 X 射线荧光的能量。能量色散型 X 射线光谱仪原理示意图见图 5-28。

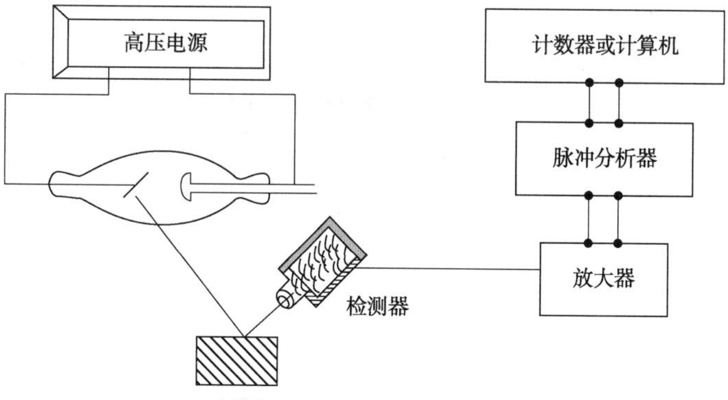

图 5-28 能量色散型 X 射线光谱仪原理示意图

来自试样的 X 射线荧光依次被半导体检测器检测，得到一系列幅度和光子能量呈正比的脉冲，经过放大器处理后送到多道脉冲幅度分析器(1000 道以上)。按脉冲幅度的大小分别统计脉冲数，脉冲幅度可以用电子能量来标度，从而得到强度随能量分布的曲线，即能谱图。

与波长色散法相比，能量色散法具有无须分光系统，检测器的位置可紧挨样品，检测灵敏度可提高 2~3 个数量级；不存在高次衍射谱线的干扰等优点。能量色散法可以一次同时测定样品中几乎所有的元素，分析不受限制，分析速度快。

3. X荧光定性定量分析

(1) 定性分析：X荧光的本质就是特征X射线，其定性分析的基础是莫斯莱定律。目前，除轻元素外，绝对多数的特征X射线均已准确测定，且已汇编成册（2θ-谱线表）。

(2) 定量分析：定量分析的依据是X射线荧光的强度与含量成正比。

影响定量分析的因素有基体效应、粒度效应与谱线干扰，需要采取相应措施使分析结果可靠。

定量的分析方法有多种，常见的有标准曲线法、内标法、增量法与数学方法等，其中数学方法是基于计算机系统，通过软件进行复杂的数学处理而开发出来的，是目前发展最快的一种定量分析方法，可以预计在今后将成为X射线荧光定量分析的主要方法。

在分析石油产品中硫含量时这两种光谱仪均有使用并已标准化。

4. X射线荧光测定石油产品中的硫

测定石油产品中的硫标准方法中，能量色散X射线荧光光谱法属于一种快速测定方法。适用于测定包括柴油、石脑油、煤油、残渣油、润滑油基础油、液压油、喷气燃料、原油、车用汽油和其他馏分油在内的碳氢化合物中的硫含量。也可以测定其他产品的硫含量，如M85和M100。硫含量测定范围为0.015%~5.00%。利用能量色散X射线荧光光谱法测定石油产品中硫含量可以做到快速、准确，样品基本上不需要处理，一般一个样品的测定时间为2~5min。

(1) 方法概要：把样品置于从X射线发射出来的射线束中，测量激发出来能量为2.3keV的硫K_α特征射线强度，并将积累计数与预先准备好的系列标准含量的二正丁基硫醚（DBS）-白油（硫含量小于1mg/kg）样品的计数进行对比，从而获得硫含量。

(2) 标准样品的组成：先用二正丁基硫醚（DBS）配制成两个硫质量分数为0.1%与5%的标准样品；按表5-18的要求配置成两组不同硫含量的系列标准样品。

表5-18 系列硫标准样品的组成

标准样品号	硫含量/%	
	1组(0.0020~0.1)	2组(0.1~5.0)
标准样品1	0.000	0.000
标准样品2	0.0020	0.100
标准样品3	0.0050	0.500
标准样品4	0.0100	1.00
标准样品5	0.0300	2.50
标准样品6	0.0600	5.00
标准样品7	0.100	

(3) 测定硫含量的计数时间：测定硫含量的计数时间见表5-19。

表5-19 测定硫含量的计数时间

硫含量/%	计数时间/s	硫含量/%	计数时间/s
0.000~0.100	200~300	0.100~5.00	100

(4) 精密度(95%置信水平):

重复性(r):同一操作者,在同一实验室,使用同一台仪器,在相同条件下对同一试样进行测定,得到的两个试验结果之差不应超过式(5-66)所得数值:

$$r=0.02894(X+0.1691) \tag{5-66}$$

式中,X为硫含量的两个实验结果的算术平均值,%。

再现性(R):不同操作者,在不同实验室,使用不同仪器,对同一试样进行测定,得到的两个单一、独立的实验结果之差不应超过式(5-67)所得数值:

$$R=0.1215(X+0.05555) \tag{5-67}$$

式中,X为硫含量的两个实验结果的算术平均值,%。

注:若石油产品的组成不同于(不含硫的)白油,则需要用与石油产品组成相同或类似的基础物质配置成标准样品。

标准的干扰问题。样品中含有水、烷基铅、硅、磷、钙、钾和卤化物时,如果含量超过硫含量的十分之一或含量超过几百毫克每千克,就会引起光谱干扰。样品中共存元素的含量变化会产生基体效应,直接影响元素特征X射线的吸收,使其测量强度发生变化。

对于含有悬浮水(游离水)的石油产品,一定要在测定前除去水或者使样品完全均质化并立即测定。如果在透明膜上面有一层水,会降低硫的X射线强度,产生很大的干扰。除水的方法是在环境密封的条件下离心分离。

四、CHNS元素分析仪测定石油产品中硫含量

用德国ELEMENT公司的CHNS元素分析仪测硫,基于杜马斯燃烧法测定有机化学品(石油及石油产品)中的C、N、H、S。在高温有氧条件下,有机物均可发生燃烧,燃烧后其中的有机元素分别转化为相应稳定形态,如CO_2、H_2O、N_2、SO_2等。具体反应如下:

$$C_xH_yN_zS_t+uO_2 \longrightarrow xCO_2+y/2H_2O+z/2N_2+tSO_2$$

1. 试验原理

试样在纯氧的条件下进行高温燃烧,生成二氧化碳、水蒸气、硫氧化物、氮氧化物及氮。将这些混合气体以氦气为载气,通过热铜管除去剩余的氧,将氮氧化物还原成氮,三氧化硫还原成二氧化硫;去除非检测气体(如挥发性的卤素气体)。然后这些混合气体通过加热的吸附解吸附柱或通过合适的吸收方法分离出N_2、CO_2、H_2O和SO_2,再通过适当的检测器检测并分别计算得出它们的含量。

目前,我国已经标准化的标准为SN/T 3005—2011有机化学品中碳、氢、氮、硫含量的元素分析仪测定法;NB/SH/T 0656—2017石油产品润滑剂中碳、氢、氮测定 元素分析法。

NB/SH/T 0656—2017规定了用元素分析仪测定石油产品及润滑剂中总碳、总氢及总氮含量的分析方法。包括方法A、方法B、方法C和方法D四种方法。

NB/SH/T 0656—2017适用于原油、燃料油、添加剂和渣油等样品中碳、氢、氮含量的测定。对于轻质油品和(或)氮含量的质量分数小于0.75%及挥发性油品的测定不合适。标准测定质量分数范围为:碳含量75%~87%,氢含量9%~16%,氮含量0.1%~2%。方法D最低可检测润滑油中质量分数为0.1%的氮含量。

2. 仪器结构

德国 ELEMENT Vario MICRO cube 或 Vario EL cube 等元素分析仪由四部分组成。

(1) 自动进样系统：每个样品经自动进样盘掉入燃烧管中(自动进样盘上有超过 100 个样品托)；

(2) 燃烧和还原部分：经过充分燃烧和还原转化成稳定的气体；

氧化剂：高温条件下，促使样品快速氧化分解，使样品完全燃烧。

还原剂：将燃烧管中生成的 NO_x 和 SO_3 等较不稳定的气体，在 Cu 还原剂的作用下，还原成 N_2 和 SO_2 的稳定气体，并将燃烧管中富余的氧气转换成 CuO。

(3) 分离体系：通过特殊的专用吸附柱低温吸附-升温解析分离；

(4) 检测：TCD(热导检测器)检测每种转化后气体的信号。

3. 燃烧管与还原管的构成与材料分别见图 5-29、图 5-30

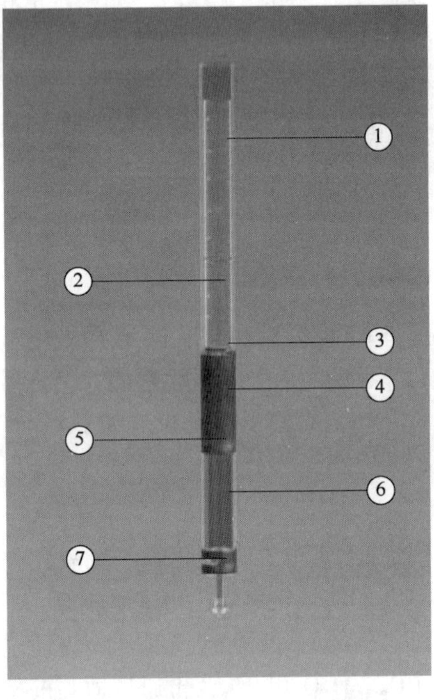

图 5-29　燃烧管构成示意图

1—保护管；2—用三氧化二铝棉做底的坩埚托；3—刚玉球(3mm)；4—三氧化钨颗粒(55mm)；5—石英棉(10mm)；6—支撑管；7—石英棉(15mm)

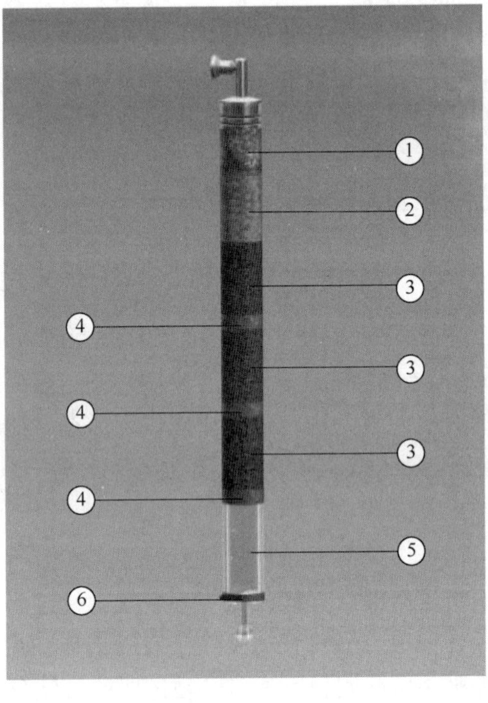

图 5-30　还原管构成示意图

1—银丝(25mm)；2—刚玉球(45mm)；3—铜，3 层(每层 50mm)，中间用石英棉隔开；4—石英棉(10mm)；5—支撑管(65mm)；6—石英棉(5mm)

4. 试验条件

NB/SH/T 0656—2017 方法 A、方法 B、方法 C 和方法 D 四种测定方法，操作条件：燃烧温度、还原温度、检测器温度；载气压力及流量、氧气和(或)空气流量、采样时间等是完全不同的。

(1) 方法 A 典型操作条件：

① 温度要求如下：

燃烧炉：950℃(主燃烧区)

燃烧炉：950℃(辅助区域)

催化剂加热器：750℃

柱箱：53℃。

② 氧气及载气氦气的压力应分别设置为275.8kPa。

③ 典型的气体流速设置如下：

氦气：400mL/min(正常流速)

70mL/min(保护流速)

氧气：7L/min

空气：6L/min

(2) 方法B典型操作条件：

燃烧温度：975℃

还原温度：640℃

检测器加热箱温度80~84℃

氦气：137.9kPa

氧气：110.3kPa

空气、氦气或氩气：413.7kPa

(3) 方法C典型操作条件：

燃烧温度：1020℃

还原温度：650℃

检测器加热箱温度60~100℃

检测器加热丝温度190℃

分析周期：420s

自动进样器进样：启动20s

自动进样器返回：停止70s

加氧气时间：70s

积分窗口延迟：2s

方法C典型的载气情况见表5-20。

表5-20 典型的气体流速设置

	线压	流速
氧气	100kPa	20mL/min
氦气	200kPa	检测器参考臂-40mL/min 检测器测量臂-80mL/min 吹扫试样-60mL/min
空气	500kPa	3.5kg/cm^3

(4) 方法D典型操作条件见表5-21。

表 5-21　方法 D 典型的仪器操作条件

参　　数	EA 模型	参　　数	EA 模型
氧化炉/℃	950~1050	氧循环/mL	10
还原炉/℃	500~980	分析周期/s	240~500
炉温/℃	60~75	开始采样/s	10~13
检测器加热丝/℃	60	采样结束/s	40
氦气流速/(mL/min)	120~140	加氧气时间/s	60
氧气流速/(mL/min)	40~100		

5. 计算结果

试样中碳、氢及氮含量，按式(5-68)计算：

$$A=\frac{B\times E\times F}{C\times D} \tag{5-68}$$

式中 A——试样中碳、氢及氮含量,%

B——扣除空白后检测器对试样中碳、氢及氮的响应值；

C——扣除空白后检测器对标准样品中碳、氢及氮的响应值；

D——试样质量，mg；

E——标准样品质量，mg；

F——标准样品中碳、氢及氮含量,%。

6. 结果表示

碳、氢及氮的试验结果以质量分数报告，试验结果一般保留到小数点后两位。

7. 精密度

(1) 重复性(r)：在同一实验室，同一操作者使用同一仪器，使用相同方法，对同一试样连续测定得到的两个试验结果之差不应大于表 5-22、表 5-23 的数值。

(2) 再现性(R)：在不同实验室，不同操作者使用不同仪器，使用相同方法，对同一试样测定得到的两个单一、独立结果之差不应大于表 5-22、表 5-23 的数值。

表 5-22　方法 A、方法 B 和方法 C 的重复性和再现性　　%

	范围	重复性	再现性
碳	75~87	$0.072(X+48.48)$	$0.18(X+48.48)$
氢	9~16	$0.01162(X^{0.5})$	$0.2314(X^{0.5})$
氮	0.75~2.5	0.1670	0.4456

X：两次试验结果的平均值。

表 5-23　方法 D 的重复性和再现性　　%

	范　　围	重复性	再现性
碳	77~85	0.5644	1.4671
氢	12~14	0.5905	1.9089
氮	0.10~1.59	$0.006897(X+3)$	$0.02967(X+3)$

X：两次试验结果的平均值。

第七节 磷的分析

润滑油及添加剂中磷含量的测定方法很多，已标准化的有：GB/T 17476 使用过的润滑油添加剂元素、磨损金属和污染物以及基础油中某些元素测定法(电感耦合等离子体发射光谱法)；SH/T 0296 添加剂和含添加剂润滑油的磷含量测定法(比色法)；SH/T 0631 润滑油和添加剂中钡、钙、磷、硫和锌测定法(X 射线荧光光谱法)；SH/T 0749 润滑油及添加剂中添加元素含量测定法(电感耦合等离子体发射光谱法)；NB/SH/T 0822 润滑油中磷、硫、钙和锌含量的测定(能量色散 X 射线荧光光谱法)；NB/SH/T 0824 润滑油中添加剂元素含量测定(电感耦合等离子体发射光谱法)。

一、电感耦合等离子体发射光谱法(ICP-AES)

原子发射光谱分析法(简称 AES)，习惯上称为原子光谱分析。它是根据待测物质的气态原子被激发时所发射的特征线状光谱的波长及其强度来测定物质元素的组成和含量的方法。

原子发射光谱分析主要分三个过程，即激发、分光和检测。第一过程是利用激发光源使试样蒸发气化、离解或分解为原子状态，原子也可以进一步电离成离子状态，原子及离子在光源中激发发光。第二过程是将光源发出的复合光经单色器分解成按波长顺序排列的谱线，形成光谱。第三过程用检测器检测光谱中谱线的波长和强度，由于待测元素原子的能级结构不同，因此发射谱线的特征不同，据此可对样品进行定性分析；而根据待测元素原子的浓度不同，发射强度不同，可实现元素的定量测定。

1. 原子发射光谱的产生

一般情况下，原子处于基态，通过电致激发、热致激发或光致激发等激发光源作用，原子获得能量，外层电子从基态跃迁到较高能态变为激发态，约经 10^{-8}s，外层电子就从高能级向较低能级或基态跃迁，多余的能量的发射可得到一条光谱线。辐射波长的大小取决于电子跃迁前后的能级差 ΔE，见式(5-69)。原子发射光谱示意图见图 5-31。

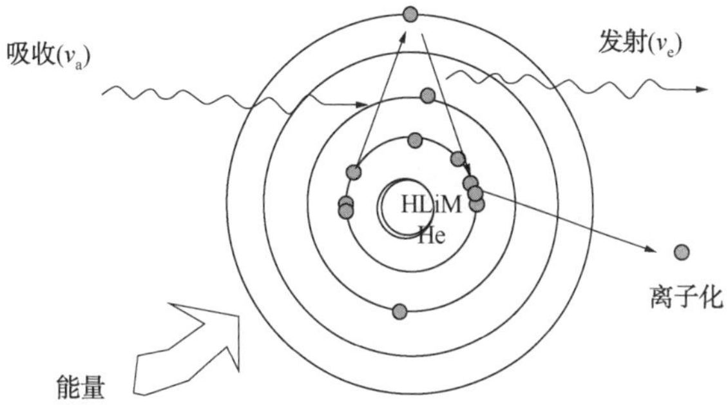

图 5-31 原子发射光谱示意图

$$\Delta E = E_j - E_0 = \hbar\gamma = \frac{\hbar C}{\lambda} \tag{5-69}$$

式中 ΔE——能级差；

E_j——激发态原子或离子能量；

E_0——基态原子或离子能量。

原子发射光谱法是根据处于激发态的待测元素原子回到基态时发射的特征谱线对待测元素进行分析的方法。

2. ICP-AES 仪器的组成

ICP-AES 仪器主要由进样系统、电感耦合高频等离子体光源、分光系统、检测与显示四大部分组成(图 5-32)。

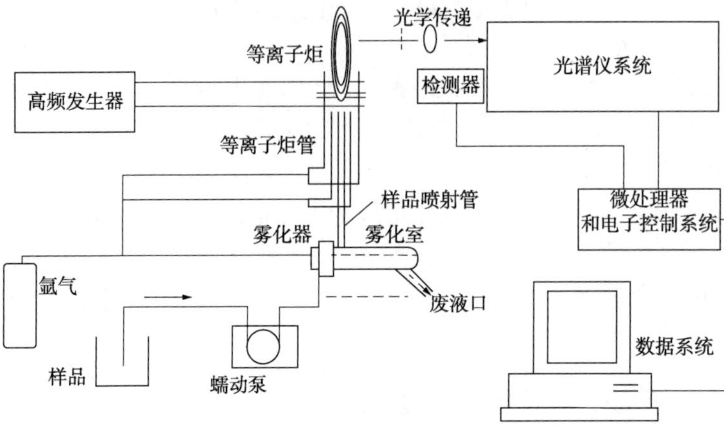

图 5-32　ICP-AES 组成示意图

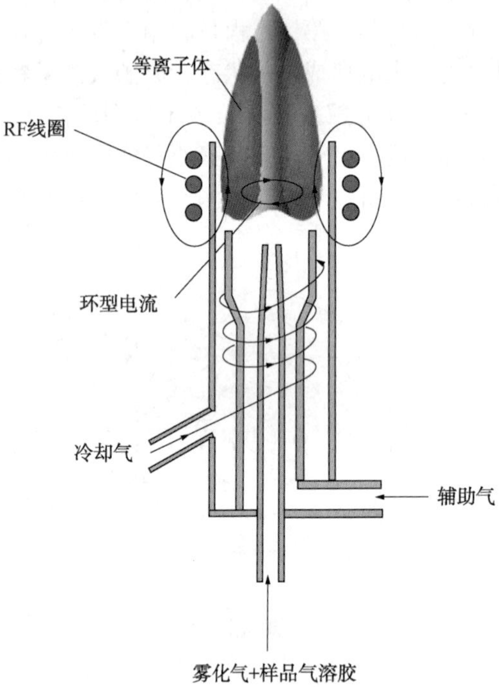

图 5-33　电感耦合高频等离子体示意图

(1) 进样系统：进样系统有两种类型，即有机溶剂直接进样系统与水溶液进样系统；核心部件为雾化器，根据材质分为耐氢氟酸型、石英玻璃雾化器等。

(2) 电感耦合高频等离子体光源：电感耦合高频等离子体装置的原理示意图见图 5-33。通常，它是由高频发生器和感应圈、等离子炬管和供气系统、试样引入系统等组成。

高频发生器的作用是发生高频磁场，供给等离子能量。频率多为 27～50MHz；最大输出功率通常为 2～4kW。

感应圈一般是以圆铜管或方铜管绕成的 2～5 匝水冷线圈。

等离子炬管由三层同心石英管构成。外管通氩气冷却，采用切向进气，使等离子体离开外层石英管内壁，以避免等离子炬烧坏石英管，利用离心作用在炬管中心产生低气压通道，以利于进样。

当高频电源与围绕在等离子炬管外的负载感应线圈接通时，高频感应电流流过线圈，产生轴向高频磁场。此时向炬管的外管内切线方向通入冷却气氩，中层管内轴向(或切向)通入辅助气体氩，并用高频点火装置引燃，使气体触发产生载流子(离子和电子)。当载流子多至使气体有足够的导电率时，在垂直于磁场方向的截面上产生环形涡电流。几百安的强大感应电流瞬间将气体加热至 10000K，在管口形成一个火炬状的稳定等离子炬。等离子炬形成后，从内管通入载气，在等离子炬的轴向形成一个通道。由雾化器供给的试样气溶胶经过该通道由载气带入等离子炬中进行蒸发、原子化与激发。

电感耦合高频等离子体光源不同部位的温度是不一样的，温度分布见图 5-34。典型的电感耦合高频等离子体是一个非常强而明亮的白炽不透明的“核”，核心延伸至管口数毫米处，顶部有一个火焰似的尾。电感耦合高频等离子炬分为焰心区、内焰区和尾焰区三部分。

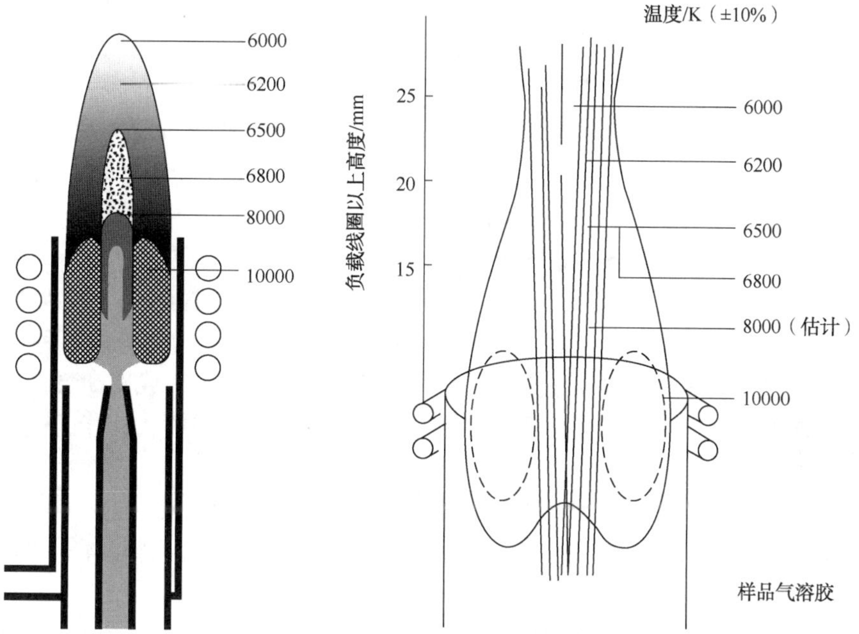

图 5-34　电感耦合高频等离子光源不同部位的温度

电感耦合高频等离子体光源具有工作温度高、稳定性好、自吸现象弱、电离干扰小、无电极污染、背景干扰小、有效消除化学干扰、线性范围宽(可达 4~6 个数量级)、检测限低(达 10^{-3}~10^{-4}μg/g)等特点。ICP 的电子密度很高，能同时测定多种元素，用 ICP 可测定的元素达 70 多种，不足之处是雾化效率较低，对气体和一些非金属等测定的灵敏度不高。在润滑剂生产与设备维护过程中得到广泛使用，如在产品控制方面通过测定发动机油中的钙、锌、钡、镁、磷、铜等含量，就可以确定产品是否达到配方要求；在对运行设备进行监控方面，可以通过磨损元素含量，如铁、铬、铜等，判断设备的润滑情况。

（3）分光系统：ICP 的分光系统多采用光栅进行分光。光栅分光系统以衍射光栅作为色散元件，利用光的衍射现象进行分光。

（4）检测与显示：在 ICP 仪器检测系统中常用有光电法。使用的元件为光电倍增管或电荷耦合器件。计算机系统将检测到的信号通过软件进行处理后可以将待测一个或多个元素直接显示出来。

3. 利用 ICP-AES 测定润滑油中磷含量

钙、锌、镁、硫、磷、钡、硼、锂、钴等元素是润滑油及润滑油添加剂中的常见元素，其含量是表明润滑油性质的重要参数。

在润滑油中用元素分析可以较准确掌握设备润滑状态和设备磨损情况。一般采用灰化法或其他方法进行样品的前处理后进行快速测定。以下对有机溶剂直接进样法与压力溶弹法测定磷含量分别进行阐述。

(1) 利用有机溶剂直接进样法测润滑油(新油、在用及使用过的润滑油)中的磷含量——GB/T 17476—1998 使用过的润滑油中添加剂元素、磨损金属和污染物以及基础油中某些元素测定法(电感耦合等离子体发射光谱法)

在国家标准试验方法 GB/T 17476—1998(2004)中，采用有机溶剂直接进样法测定使用过的润滑油添加剂元素、磨损金属和污染物以及基础油中某些元素，这些元素包括铝、硼、钡、钙、铬、铜、铁、铅、镁、钼、镍、磷等 21 种元素。本方法利用与润滑剂相似的基液作为有机溶剂，将待测样品稀释在有机溶剂中，特别是测定未使用过的润滑剂时具有快速、方便、准确等优点，但对于测定使用过的润滑剂中的磨损金属或其他外来杂质时，若颗粒(如金属颗粒)大于几个微米时，使结果偏低。

方法概要：将一份经过准备称量的充分均匀的试样，以 10 倍质量的混合二甲苯或其他溶剂(如今多采用满足 APIⅢ或Ⅱ的低黏度加氢润滑油基础油为稀释溶剂，如 70SN，甚至更低黏度，室温下黏度尽可能接近于被分析样品的黏度)进行稀释。为了补偿各种试样因导入效应而引起的误差，选择一种内标元素加入试样溶液中。用自由吸入或蠕动泵将试样溶液导入 ICP 仪器装置进行测量。通过比较试样溶液和标准溶液的发射强度，计算试样溶液中被测元素的浓度。

对于除测定磷含量外还需测定其他元素时，一般推荐使用 Conostan S-21(Conostan Division Continental Oil Co.)标准油，标准油中含有铁、镍、铜、钒、钠、铅、钙、镁、锌、钡、铝、铬、锰、钼、硅、锡、钛、镉、磷、硼和银 21 个元素。

重复性：同一操作者，使用同一仪器，对同一样品，重复测定得到的两个结果之差不应大于表 5-24 与表 5-25 的数值。

再现性：两个实验室，对同一样品，各自所取得的两个独立结果之差不应大于表 5-23 与表 5-24 的数值。

表 5-24 用 GB/T 17476—1998 测定 P 元素的精密度

元素	浓度范围/(μg/g)	重复性/(μg/g)	再现性/(μg/g)
P	10~1000	$1.3X^{0.58}$	$4.3X^{0.50}$

注：X 为平均浓度，μg/g。

表 5-25 P 元素选择浓度计算精密度

浓度范围/(μg/g)	重复性/(μg/g)	再现性/(μg/g)
1		
10	4.9	14
100	19	43
1000	71	140

若使用 GB/T 17476—1998 测定除磷以外的其他元素时，其精密度请参看 GB/T 17476—1998 标准中待测元素的精密度要求。

目前，运用电感耦合等离子体发射光谱仪，采用溶剂稀释法测定未使用与使用过的润滑油中添加剂元素、磨损金属和污染物及润滑油基础油中的某些元素，具有快速、方便等优点，广泛用于润滑油产品质量控制、润滑设备的监控等。如使用过的润滑油中添加剂元素含量与它各自的规格有明显的差别时，表明润滑油处于不正确的使用状态。如果与油中初始金属浓度数据相比较，则磨损金属浓度能够指示设备的异常磨损。如润滑油中硼、钠和钾的含量显著增加，表明该污染来自设备中冷却剂泄漏。

（2）压力溶弹法——SH/T 0749—2004 润滑油及添加剂中添加剂含量测定法（电感耦合等离子体发射光谱法）

在石油化工行业标准试验方法 SH/T 0749—2004 中，采用压力溶弹法对样品进行处理后通过 ICP-AES 测定润滑油及添加剂产品中添加元素的含量。

方法概要：润滑油样品在压力溶弹内用过氧化氢和硝酸预处理成酸性水溶液，采用灰化（易挥发性元素有损失问题）或其他前处理方式处理后，用电感耦合等离子体发射光谱仪（ICP-AES）测定试样溶液中的元素含量。

准确称取 0.1~0.5g 试样（精确至 0.1mg）于聚四氟乙烯杯内，加入硝酸 3mL，30%过氧化氢 3mL，把聚四氟乙烯杯放入压力溶弹外筒内，拧紧螺栓，放入（150±5）℃的烘箱内，恒温 5~6h。切断电源，使压力溶弹在烘箱内自然冷却至室温。从烘箱内取出压力溶弹，将已处理好的试样剂转入 25mL 的容量瓶内，聚四氟乙烯杯至少用水洗涤 3 次，洗涤液均倒入容量瓶，用水稀释到刻度。

注：压力溶弹未冷却至室温前，温度及内部压力均较高，不能从烘箱内取出或拧开螺栓，否则可能会导致烫伤或酸灼伤。

精密度（95%置信水平）：

重复性：同一操作者，使用同一仪器，对同一样品重复测定得到的两个结果之差不应大于表 5-26 的数值。

再现性：两个实验室，对同一样品各自所取得的两个独立结果之差不应大于表 5-26 的数值。

表 5-26　溶弹法预处理后测定 P 元素的精密度

元　素	浓度范围/%	重复性/%	再现性/%
P	0.03~2.92	$0.060X^{0.876}$	$0.319X^{0.827}$

注：X 为两个结果的平均值，%。

若采用溶弹法处理样品后进行 ICP 测定除磷外的其他元素含量时的精密度，参看 SH/T 0749—2004 的精密度指标。

在进行 ICP 测定前对润滑剂（使用或未使用过）的前处理除压力溶弹法之外，还有灰化法与微波消解法。

灰化法（直接灰化法或者程序灰化法）：用恒重的带盖坩埚称取一定量的润滑油试样，在润滑油试样中放入定量滤纸作为引火材料，在电炉或者控温加热板上加热并控制温度，点燃引火材料直到完全碳化，自然冷却后滴加几滴硝酸，盖上坩埚盖后将其转移进高温炉中，升温至 550℃，保温 30min 后取出冷却，加一定量的硝酸和高氯酸，在电炉或控温电热板上于加热，反应平稳后（约需 10min），升温至 200℃，待高氯酸冒白烟，盖上表面皿，保持高氯酸冒烟状态 20min 左右。待所有炭黑氧化完全，去掉表面皿，蒸干后加入硝酸，用超纯水定容。

注：若测定添加剂则高温炉需要加热到 850℃。

微波消解法：利用专用的微波消解设备，对润滑油样品进行处理后利用 ICP 仪器进行测量的方法。方法大致为，称取少量的样品(0.1~0.2g，准确至 0.0001g)于微波消解罐中，加入适量的优级纯(或电子级)硝酸与去离子水、优级纯双氧水，在微波消解仪中在一定条件下进行消解，消解结束后定容，利用标准曲线法测定润滑油中的磷。

二、X 射线荧光法测定——SH/T 0631—1996(2004)润滑油和添加剂中钡、钙、磷、硫和锌测定法(X 射线荧光光谱法)

该方法适应于测定润滑油和添加剂中磷等元素含量，也可以同时测定钡、钙、磷、硫和锌等，测量范围为 0.03%~1.0%，硫为 0.01%~2.0%。

利用已知元素含量的物质，通过稀释溶剂(白油、煤油、二甲苯等)稀释成一系列已知浓度样品(超过 20 个标准样品)，进行 X 射线光谱仪分析，用数学方法校正分析元素的测量强度，得到已知强度与浓度曲线校正系数，从而利用该曲线来获得待测润滑剂或添加剂中某元素的含量。在本标准中选用的磷含量的标准物质为磷酸(2-乙基己基)酯(或亚磷酸二正丁酯)。

X 射线荧光法测定润滑油及添加剂中所含的各种元素存在一定的干扰。一般对于润滑油而言，分析元素所辐射的 X 射线会被试样基体中的其他元素所吸收，并且，一种元素辐射的 X 射线还会进一步激发另一种元素。当较重元素浓度从 0.03%变到 1%时，对于较轻元素的这种影响是很明显的。试样中存在的其他元素对分析元素的射线强度的吸收增强，可用数学方法校正。

精密度(95%置信水平)：

重复性：由同一操作者，使用同一设备，在相同的实验条件下，正常和正确地按照试验方法操作时，对同样的被测物质相继测定的两个结果之差，不应超过表 5-27 的数值。

再现性：在不同实验室工作的不同操作者，正常和正确地按照试验方法操作时，对同样的被测物质得出的两个单一和独立的结果之差，不应超过表 5-27 的数值。

表 5-27 精密度

元素	重复性	$\overline{X}=0.1$	再现性	$\overline{X}=0.1$
P	$0.348\overline{X}^{0.92}$	0.004	$0.0642\overline{X}^{0.56}$	0.016

注：$\overline{X}$表示所测 P 元素浓度的平均值。

若采用 X 射线荧光法测定润滑油或添加剂中除磷外的其他元素含量时的精密度，参看 SH/T 0631—1996 的精密度指标。

三、能量色散 X 射线荧光光谱法——NB/SH/T 0822—2010 润滑油中磷、硫、钙和锌含量的测定 能量色散 X 射线荧光光谱法

对于未使用的润滑油测定磷含量也可以采用能量色散 X 射线荧光光谱法，即 NB/SH/T 0822—2010，P 的测定范围为 0.02%~0.3%，使用磷酸二(2-乙基)酯为标准物质。

能量色散 X 射线荧光光谱可同时测量硫、钙、锌元素的含量。测定磷、硫、钙、锌元素的含量主要用于润滑油生产过程中添加剂元素的监测，有时也用于推测油品中添加剂的含量与类型。

1. 方法概要

（1）将试样装入样品池中，然后置于X射线光路中进行测定。测定光谱的适当区域已得到磷的荧光强度，同时测定光谱的其他区域作为背景补偿。如果检测器在一次测定中不能分辨磷元素，则可以通过增加一级和二级滤光片的方法提高磷元素的选择性。在测定过程中要对光谱重叠所产生的荧光强度进行校正。使用经验校正因子和背散射率绘制校准曲线，将元素的强度和校正曲线进行对比，从而得到待测元素的浓度。

（2）使用一组标准样品，对能量色散X射线荧光光谱仪进行初始化校正。用仪器本身带有的程序对数据进行回归，得到标准工作曲线和校正因子。

（3）使用能量色散X射线荧光光谱的干扰有：

润滑油中的添加元素对磷元素的强度有影响。通常对润滑油而言，被测的P元素发出的X射线可以被自身吸收(自吸收)，也可以被样品中其他共存元素吸收。同时，磷元素发出的X射线也可以激发其他元素。元素之间的相互影响是比较显著的，对于较重元素可能会影响到0.03%，而对于较轻的元素则可能影响到1%。通过选择性激发可以使信号的干扰降至最低。被测元素的测定可以通过数学的方法对自吸收和元素间的干扰情况进行校正。如果一种元素以较高浓度存在于试样中，而又未进行元素间的干扰校正，则测定结果可能会因吸收而偏低，或因激发而偏高。

(4)测定中磷对硫的光谱叠加，从而对测定结果有影响，要求仪器必须带有校正光谱干扰的程序。

2. 精密度(95%置信水平)

重复性 r：同一操作者，使用同一台分析设备，在相同的操作条件下对同一样品进行测定，所得到的两个结果之差，不得超过表5-28中的数值。

再现性 R：不同操作者，使用不同的分析设备，对同一试样进行测试所得到的两个结果之差，不应超过表5-28中的数值。

表5-28 能量色散X射线荧光光谱法测磷的精密度

元 素	重复性/%	再现性/%
P	0.0060	0.0199

能量色散X射线荧光光谱法测磷精密度的典型值见表5-29。

表5-29 能量色散X射线荧光光谱法测磷的精密度典型值

磷含量范围/%	重复性/%	再现性/%
0.02	0.006	0.020
0.05	0.006	0.020
0.15	0.006	0.020
0.3	0.006	0.020

四、比色法——SH/T 0296—1992(2004)添加剂和含添加剂润滑油的磷含量测定法(比色法)

方法概要：在高温下，用氧化锌作捕获剂，使试样中的磷生成五氧化二磷，留在氧化锌中。然后用硝酸将氧化锌溶解，使五氧化二磷转变成磷酸根。在一定酸度范围内，磷酸根与钼酸铵-钒酸铵形成稳定的黄色络合物，在波长 460nm 处比色。

精密度：重复性测定两个结果间的差数，不应超过表 5-30 中所列的数值。

表 5-30　比色法测定添加剂与含添加剂润滑油中磷含量的精密度

磷含量范围/%	重复性/%	磷含量范围/%	重复性/%
0.005~0.01	较小结果的 10%	>5.0	3
>0.01~5.0	5		

添加剂及含添加剂润滑油、使用过的润滑油测定磷含量的方法很多，各种方法各有优缺点。其中测定润滑油及添加剂中的磷含量有比色法，实验程序比较烦琐且费时较长；X 射线荧光光谱法、X 射线荧光色散法，选择标准和样品的基体需要严格匹配，且有其他元素对待测 P 元素有干扰，影响测定结果。ICP 作为发射光谱的光源具有较高的稳定性和激发效率，可以进行多元素同时测定，并且灵敏度高，元素的谱线具有较宽的线性范围，有条件多采用 ICP 分析磷、硫及大部分添加剂中金属、部分非金属元素、设备磨损元素，但 ICP 操作费用高，设备一次性投入费用大。

第八节　卤素的分析

在添加剂及含添加剂润滑油等石油化工产品中测定卤素的方法很多，如氧瓶燃烧分解容量法、库仑法、极谱法、自动电位滴定法等。其中氧瓶燃烧分解容量法操作简单，快速准确，因此应用最普遍；库仑法滴定、极谱法也逐渐普及；微库仑滴定法具有灵敏、准确、快速的优点。

一、氧瓶燃烧-汞量法——HG/T 3017—1988 氯化石蜡中氯的含量测定法

利用氧瓶燃烧-汞量法测定氯现行标准中有 HG/T 3017—1988(替代 GB 1679—1988)、SH/T 0161—1992(2000)等方法。

HG/T 3017—1988(替代 GB 1679—1988)标准中，采用氧瓶燃烧-汞量法测定氯化石蜡中氯的含量，也可以使用该标准来测定润滑油或添加剂中的氯含量，测试氯含量的范围为 0.5%~54%。

注：氯化石蜡-52(HG/T 2092—1991)标准中采用本方法，合格品的含氯量范围为 50%~54%。

氧瓶燃烧-汞量法测定氯测定原理为：通过样品在氧中燃烧，破坏其有机结构，使样品中的氯转变为氯离子。在微酸性溶液中，用强电离的硝酸汞溶液将氯离子变为弱电离的氯化汞，用二苯偶氮碳酰肼指示剂与过量的汞离子(Hg^{2+})生成紫红色络合物来判断终点。

$$\text{有机卤素化合物}\xrightarrow[\triangle]{O_2,\ Pt}X^-+X_2+H_2O+CO_2$$

$$X_2+KOH\longrightarrow KX+H_2O$$

$$X^-+Hg^{2+}\longrightarrow HgX_2$$

式中 X 为氯。

该方法的操作步骤为：

1. 试剂与溶液

试剂为分析纯或更高，所用水满足实验室用水标准。

（1）1∶1 硝酸溶液。

（2）过氧化氢，30%溶液。

（3）氧气，高纯。

（4）10g/L 氢氧化钾溶液。

（5）溴酚蓝指示剂-0.1%溴酚蓝-乙醇溶液。

（6）二苯偶氮碳酰肼指示剂：0.5%二苯偶氮碳酰肼-乙醇溶液，当变色不灵敏时，应重新配制。

（7）0.05mol/L 氯化钠（基准试剂）标准溶液：

预先将氯化钠置于 500～600℃ 的高温炉中处理至恒重，准确称取 2.922g（称准至 0.001g）置于烧杯中，加少量水溶解，待溶解完全后转移至 1000mL 的容量瓶中，定容至 1000mL。

（8）0.025mol/L 硝酸汞标准溶液：

硝酸汞标准溶液的配制：称取 8.57g 硝酸汞[$Hg(NO_3)_2\cdot H_2O$]置于 250mL 烧杯中，加入 1∶1 硝酸溶液 7mL，加少量水，必要时需进行过滤，移入 1000mL 容量瓶中，加水定容至 1000mL。

硝酸汞标准溶液的标定：准确量取 25mL 浓度为 0.05mol/L 氯化钠标准溶液，置于 500mL 锥形瓶中，加入 100mL 水和 2～3 滴溴酚蓝指示剂，滴加硝酸溶液（1∶1）至溶液由蓝变黄，再过量 1 滴，加 1mL 二苯偶氮碳酰肼指示剂，用配制好的 0.025mol/L 硝酸汞标准溶液滴定，直至溶液颜色由黄色变成紫红色。

硝酸汞标准溶液的摩尔浓度按式（5-70）进行计算：

$$M=\frac{M_1\times V_1}{2(V-V_0)} \tag{5-70}$$

式中 M_1——氯化钠标准溶液的摩尔浓度；

V_1——所取氯化钠标准溶液的体积，mL；

V——滴定消耗硝酸汞标准溶液的体积，mL；

V_0——滴定空白消耗硝酸汞标准溶液的体积，mL。

2. 材料

（1）旗形滤纸，形状如图 5-35 所示。

（2）燃烧瓶，容量为 500mL 的带盖、磨口锥形瓶，内挂铂金丝（或镍铬丝），形状如图 5-36所示。

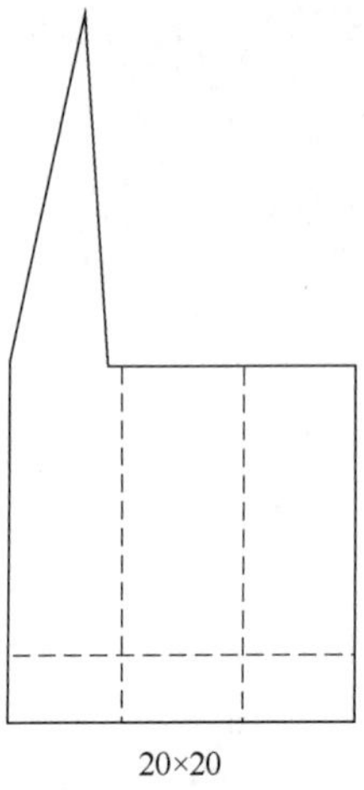

图 5-35　旗形滤纸(单位：mm)

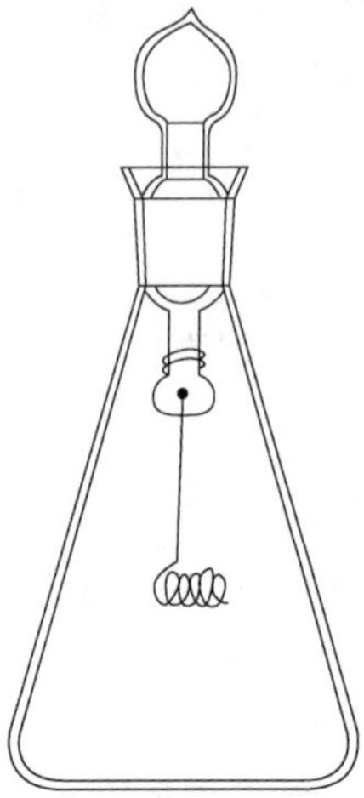

图 5-36　燃烧瓶

3. 操作步骤

(1) 试样的准备：将折叠成旗形的滤纸放入燃烧瓶塞子上的铂金丝(或镍铬丝)旋转体内，以减量法称取样品 0. 03~0. 05g(称准至 0. 0002g)于滤纸中，放好后使滤纸尾部外露。

加 20mL 氢氧化钾吸收液于空的燃烧瓶中，加 2 滴过氧化氢以中等流速的氧气在其液面上吹约 30s。

一手拿瓶子，一手拿塞子在酒精灯上点燃滤纸尾端，迅速塞紧塞子，并将燃烧瓶倾斜，使液体在塞子周围形成液封，置于安全罩内，待燃烧完全后，充分摇振使其吸收完全，放置 5~10min。

用 100mL 水冲洗塞子，洗液并入燃烧瓶中，加 2~3 滴溴酚蓝指示剂，滴加硝酸溶液(1∶1)至溶液的颜色由蓝变黄，再过量 1 滴。

(2) 滴定：向试液中加入 1mL 二苯偶氮碳酰肼指示剂，用 0. 025mol/L 硝酸汞标准溶液滴定至溶液的颜色由黄色变成紫红色。

同时进行空白试验。

4. 结果计算

氯含量(以氯计)按式(5-71)计算：

$$\mathrm{Cl}(\%)=\frac{2\times\frac{V-V_0}{1000}\times M\times 34.45}{m}\times 100=\frac{M(V-V_0)\times 7.090}{m} \tag{5-71}$$

式中　M——硝酸汞标准溶液的摩尔浓度，mol/L；

m——样品质量，g；

V——滴定样品所消耗硝酸汞标准溶液的体积，mL；

V_0——滴定空白消耗硝酸汞标准溶液的体积，mL。

石油产品中氯含量测定法(烧瓶燃烧法)，SH/T 0161 与 HG 3017 方法基本一致，适用于氯含量在 0. 25%~40%的润滑油和添加剂，但测定时必须不存在其他卤素和能生成不溶性氯化物的金属，如铅。

标准中使用的燃烧瓶为1L，滤纸旗的规格与HG 3017的规格不同，所用试剂的类型与浓度也有差异。操作步骤大致相同。

二、电感耦合等离子体发射光谱法

电感耦合-等离子体发射光谱仪(ICP-AES)具有快速、方便的特点，特别是利用有机溶剂稀释法测试润滑油中的元素得到广泛应用，而氯等卤素元素的最灵敏线均低于165nm的光谱区，因此只要ICP-AES具有合适的波长范围，测定润滑油或添加剂中的氯是有可能达到的。

当前ICP-AES仪器中，部分仪器制作商生产的ICP-AES设备波长范围较宽，如德国斯派克公司生产的水平观察型全谱直读ICP-AES，型号为SPECTRO CIROS EOP，测量波长为120~800nm(可以测定120~190nm远紫外谱线)，氯的分析谱线有134.724nm、135.165nm、136.345nm、133.573nm和139.653nm，因此用ICP-AES测定润滑油及添加剂中的氯是可行的。由于谱线强度或者干扰等原因，通常选用的分析谱线为134.724nm。范小虎等人选用134.724nm作为分析谱线，用浓度为0.500%的Conostan Cl含氯为标准油样和Conostan Cl白油配制，采用煤油为稀释剂按1∶9(质量比)进行稀释，采用有机样品直接进样的方式对各浓度标样进行ICP-AES测定建立标准工作曲线，对待测润滑油样品均化后稀释[用稀释剂按1∶9(质量比)]从而测定润滑油氯含量。所得结果与离子色谱法标准(GB/T 1679—81)进行对比，两者的相对误差小于1%。

笔者认为利用电感耦合-等离子体发射光谱仪(ICP-AES)测定润滑油或添加剂中氯含量具有快速、直接进样等优势，将逐步完善成为一个全新的测试润滑油含氯标准。

三、电位滴定法——SH/T 0621—1995(2004)机动车发动机冷却液氯含量测定法

在发动机冷却液国家标准(GB 29743—2013)中明确规定氯含量不得超过60mg/kg，采用SH/T 0621—1995(2004)方法测定。

SH/T 0621—1995适用于巯基苯并噻唑含量不超过0.6%的发动机冷却液或浓缩液，氯含量测定范围在5~200mg/kg，也适合测定含有芳基三唑的发动机冷却液或浓缩液，但可与银离子发生反应的其他物质对测定有干扰。

1. 方法概要

首先将试样的pH值调到12~13，然后加入过氧化氢溶液，把其中的巯基苯并噻唑氧化成可溶性的磺酸盐，处理后的试样先用冰乙酸溶解，然后采用电位滴定法，用0.01mol/L的硝酸银标准滴定溶液进行滴定。由于在此体系中氯化银的溶解度相当小，在很低的氯离子浓度下不能获得本试验明显的滴定拐点，故此时要往冰乙酸中加入适量的氯化物，然后用空白滴定进行校正。对于含有芳基三唑而不含巯基苯并噻唑的冷却液或浓缩液，可直接滴定，不需要用过氧化氢进行预处理。

2. 试验步骤

(1) 在250mL锥形烧瓶中加入(50±0.1)g发动机冷却液试样和大约30mL蒸馏水，加入5mL 250g/L氢氧化钠溶液，使pH值为12~13，再加入5mL 30%过氧化氢溶液，并进行搅拌，然后把冷却器安装在锥形烧瓶上，加热回流30min，待溶液冷却到室温后，全部转移到

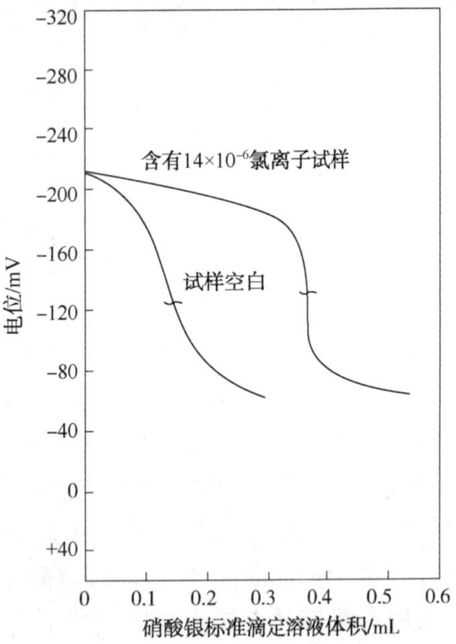

图 5-37 测定发动机冷却液中氯含量的滴定曲线

200mL 容量瓶中，并加入蒸馏水稀释到刻度。

（2）在另一个 200mL 容量瓶中，加入 5mL 250g/L 氢氧化钠溶液及 5mL 30%过氧化氢溶液，并用蒸馏水稀释至刻度，准备做空白试验。

（3）用移液管分别移取 100mL 冰乙酸，加入两个 250mL 高型烧杯中，准确地往其中一个高型烧杯中加入 20mL 经过步骤一处理过的发动机冷却液试样，往另一个高型烧杯中加入 20mL 步骤二中所配制的空白溶液，并使之混匀，在缓慢的磁力搅拌下，采用电位滴定法，用 0.01mol/L 硝酸银标准溶液分别滴定两个高型烧杯中的溶液。在接近终点时，电位平衡时间较长，应按 0.02mL 的增长量滴定，并保证足够的时间以得到稳定的读数。记录电位值(mV)和相应的滴定体积(mL)。

（4）以电位值和相应的滴定体积绘制 $E-V$ 曲线，纵坐标 E 为电位，每小格 2mV，横坐标 V 为滴定体积，每小格 0.02mL，滴定终点在曲线最陡部分中点（见图 5-37）。在曲线上分别读出到达终点时，滴定空白溶液和试样消耗的硝酸银标准滴定溶液的体积(mL)。

3. 计算

试样氯含量 X 按式(5-72)计算：

$$X=\frac{(V-V_0)\times c\times 0.0355\times 200\times 10^6}{20\times m}=\frac{(V-V_0)\times c\times 355000}{m} \tag{5-72}$$

式中 V——滴定试样所消耗硝酸银标准滴定溶液的体积，mL；

V_0——滴定空白溶液所消耗硝酸银标准滴定溶液的体积，mL；

c——硝酸银标准滴定溶液的实际浓度，mol/L；

m——试样的质量，g；

0.0355——与 1.00mL 硝酸银标准滴定溶液[$c(AgNO_3)$= 1.000mol/L]相当的以克表示的氯的质量；

200——配制试样的体积，mL；

20——试验用试样体积，mL。

4. 精密度

再现性：不同实验室对同一样品各自提出的两个结果之差不应大于 5×10^{-6}。

四、微库仑法

用微库仑法测定轻质石油产品中的氯的原理，是将试样直接在高温富氧条件下进行氧化裂解反应，将氯转化为氯化氢，并随气流进入氯离子滴定池，样品中的氯化物也随气流进入氯离子滴定池，与银离子发生沉淀反应（$Ag^++Cl^-\rightarrow AgCl\downarrow$），消化的银离子通过电解产生银离子补充，测量电解产生银离子消耗的电量，根据法拉第电解定律便可计算试样中氯含量。

1. 仪器设备

微库仑滴定仪包括裂解炉、滴定池、石英裂解管、微库仑仪和数据处理装置，见图 5-38。

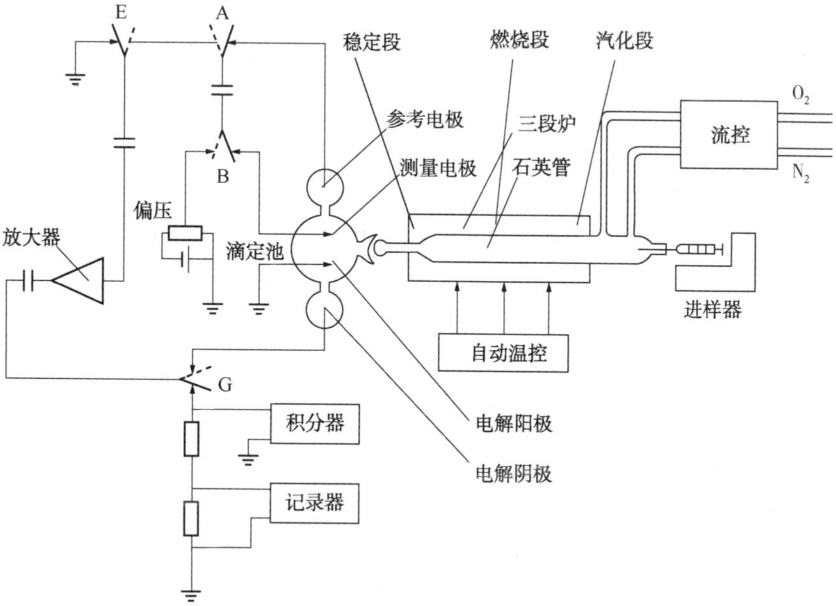

图 5-38 微库仑工作原理图

裂解炉包括能分别控制三段炉温及气体流量的装置，加热炉具有水冷套管，最高加热温度为 1000℃。

滴定池包括测量-参考电极对和电解对，具体如下：

测量电极：铂片(厚 0.1~0.2mm，面积 7mm×7mm 镀银)；

参考电极：铂丝(直径 0.5mm)镀银，插在含饱和醋酸银的电解液中；

电解阳极：铂片(厚 0.1~0.2mm，面积 7mm×7mm 镀银)；

电解阴极：铂丝(直径 0.5mm)，滴定池主室与参考侧壁由多孔毛细管束隔离，与电解池阴极由直径为 2mm 的毛细管隔开。

石英裂解管见图 5-39。

2. 试剂与材料

(1) 试验用水：去离子水或超纯水。

(2) 电解液：70%冰乙酸溶液。

(3) 氯化钠标准溶液：用氯化钠(GR 或者试剂级)配制成每微升含氯 100×10^{-9}g 和 10×10^{-9}g 的标准溶液。

(4) 有机氯化物标准油样：用二氯乙烷或二氯丙烷、氯化苄、六氯苯等配制成每微升含氯 $0.5\times10^{-9}\sim500\times10^{-9}$g 的标准油样。按式(5-73)进行计算。

$$\text{Cl 含量}=\frac{m_1\cdot K\cdot 10^6}{m_2} \tag{5-73}$$

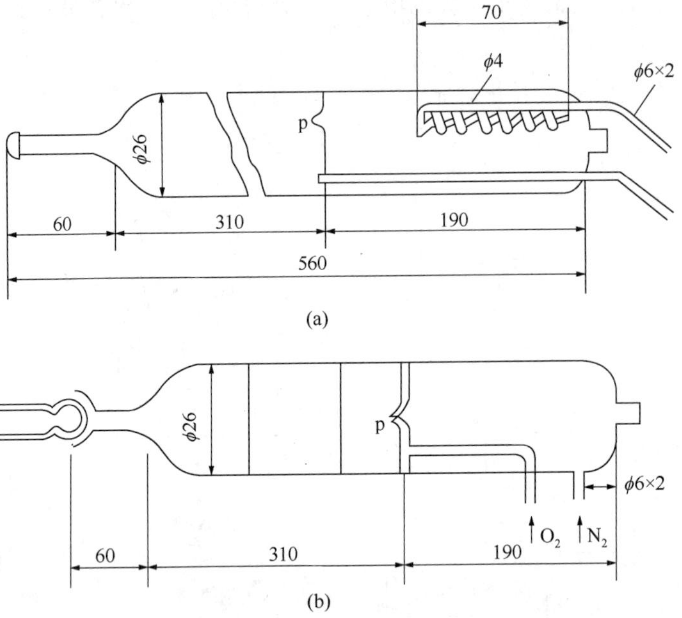

图 5-39　石英裂解管

式中　Cl 含量——10^{-6}；

m_1——有机氯化物标准物质的质量，g；

m_2——有机氯化物标准物质+溶剂的质量，g；

K——氯的相对原子质量/有机氯化物的相对分子质量。

（5）载气：工业普氮。

（6）反应气：普通氧气。

3. 操作条件

进行微库仑测定轻质石油产品氯含量的操作条件见表 5-31。

表 5-31　微库仑测氯的操作条件

仪器控制项目	范　　围	仪器控制项目	范　　围
炉温/℃			氧气：80~90
	汽化段：600	增益	2400
	燃烧段：800	偏压/mV	250~270
	稳定段：800	积分采样电阻/kΩ	0. 1~5
气体流量/(mL/min)	氮气：100~170		

注：表 5-31 推荐参数为 WK01 型微库仑测定氯的操作参数。

4. 分析与计算

用搅拌器使滴定池中电解液搅拌起轻微漩涡，按表 5-31 所给操作条件调整微库仑仪至工作状态，将记录器基线稳定后，即可用 10μL 注射器通过硅橡胶隔板将样品注入石英燃烧管，每次分析前用氯含量与待测样品相似的标准油样校正，调节增益和偏压获得满意的对称峰和回收率。按式(5-74)计算回收率，式(5-75)计算样品氯含量。

（1）回收率：

$$f=\frac{A\times100\times0.368}{R\times V\times c} \tag{5-74}$$

式中 A——积分仪读数，μV·s；

R——积分范围电阻，kΩ；

V——注入样品体积，μL；

c——标样浓度，μg/μL。

每次标准校准至少重复3次，取平均值为此方法的回收率。

（2）氯含量：

$$\mathrm{Cl}(\times10^{-6})=\frac{A\times0.368\times100}{R\cdot V\cdot\rho\cdot f} \tag{5-75}$$

式中 A——积分仪读数，μV·s；

R——积分范围电阻，kΩ；

V——样品体积，μL；

ρ——样品密度，g/mL；

f——标准油样回收率，%；

100——积分仪每个计数为100μV·s；

0.368——氯的电化当量，mμg/μC。

5. 精密度

微库仑滴定法直接进样法测定轻质石油产品中氯，具有快速、灵敏、准确等优点，测试的范围为0.2×10^{-6}~500×10^{-6}的样品其相对偏差小于±10%，小于1×10^{-6}样品其标准偏差小于$\pm0.2\times10^{-6}$。对于氯含量高于500×10^{-6}的样品可采用无氯溶剂稀释后进行测定。微库仑滴定法直接进样法测定轻质石油产品中氯精密度见表5-32。

表5-32 微库仑滴定法测定氯的精密度

氯含量/10^{-6}	标准偏差/10^{-6}	相对标准偏差/%
1	±0.1	±10
10	±0.5	±5
100	±3.2	±3.2
500	±1.5	±15

随着计算机技术的进步，相关的操作、数据处理等可以自动完成，从而可以直接获得（直读）石油产品中氯的含量。

五、离子色谱法

（一）离子色谱

离子色谱是液相色谱的一种，以无机，特别是无机阴离子混合物为主要分析对象，在20世纪70年代出现，80年代迅速发展起来的一种分析技术。

1. 离子色谱法基于三种分离机理

（1）高效离子交换色谱法（HPIC）：分离是基于发生在流动相和键合在基质上的离子交

换基团之间的离子交换过程，也包括部分非离子的相互作用。这种分离方式可用于有机和无机阴离子和阳离子的分离。

(2) 高效离子排斥色谱(HPICE)：分离是基于固定相和被分析物之间三种不同的作用——Donnan 排斥、空间排斥和吸附作用。这种分离方式主要用于弱的有机和无机酸的分离。

(3) 流动相离子色谱法(MPIC)：分离是基于被分析物在分析柱上的吸附作用。分析柱的选择性主要取决于流动相的组成和浓度。流动相除了加入有机改进剂之外，还需加入离子对试剂。这种分离方式可用于表面活性阴离子和阳离子以及过渡金属络合物的分离。

2. 离子色谱分析无机阴离子具有以下的优点

(1) 快速、方便：7 种常见阴离子(F^-、Cl^-、Br^-、NO_2^-、NO_3^-、SO_4^{2-}、PO_4^{3-})和 6 种阳离子(Li^+、Na^+、NH_4^+、K^+、Mg^{2+}、Ca^{2+})平均分析时间均小于 8min；

(2) 灵敏度高：μg/L 级别到 mg/L 级别；

(3) 选择性好：选择不同的分离柱和不同的检测方法，可以有选择性地分离和测定；

(4) 可同时分析多种离子化合物。

3. 离子色谱仪

离子色谱仪由高压泵、柱温箱、进样器、分离柱、检测器和数据处理单元等部分组成。其中分离柱是离子色谱最重要的部件之一。高效柱和特殊分离柱的成功研制是离子色谱迅速发展的关键。

离子色谱仪工作示意图见图 5-40。

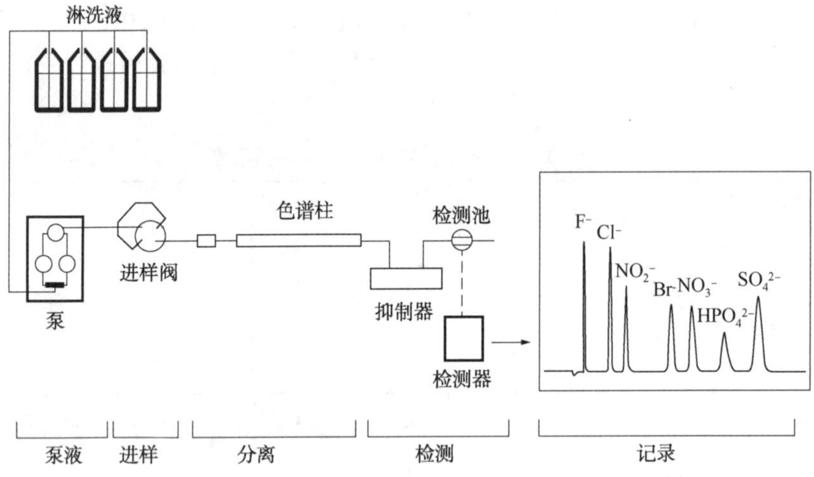

图 5-40 离子色谱仪示意图

(二) 离子色谱法测氯

利用离子色谱法测定润滑油等石油产品中的氯含量一般采用燃烧-离子色谱法。这主要是润滑油等石油产品在高压氧弹中燃烧去除有机物更完全，且不引入干扰离子。

1. 仪器

Dionex ICS-1500 型离子色谱仪；卤素测定仪中专用氧弹燃烧装置；阴离子分析柱

IonPac AS23(4mm×250mm)。

2. 试剂

NaCl、无水 Na_2SO_4为光谱级；NaOH、H_2O_2为优级纯；对氯苯磺酸，分析纯；所用水为18.2MΩ·cm 的超纯水。

3. 样品前处理

称取样品 0.5g(称准至 0.0001g)置于氧弹燃烧装置的石英坩埚中，在弹筒中加入 10mL 的 28mmol/L NaOH 和 1mL 浓度为 30%的 H_2O_2作吸收液，旋紧氧弹盖，向氧弹中充氧到2.0MPa，用专用减压阀放气，重复 3~5 次，再次充氧到 2.0MPa 后把氧弹置于水浴中，然后接通电源点火，点燃后在水浴中冷却 20min。用微量卸气阀放气，放出的气体在三角瓶中用相同的吸收液吸收。打开氧弹，观察石英坩埚中是否有残渣，如无黑色残渣表明样品中有机物已完全燃烧除去。清洗弹筒，合并吸收液，微沸 10min，用超纯水定容于 100mL 容量瓶中。处理好的样品用 0.22μm 的微孔滤膜过滤，再用 OnGuard Ⅱ Na 柱去除重金属离子，供离子色谱分析使用。同法做空白试验。

4. 分析方法与操作条件

(1) 色谱条件：抑制器类型 ASRS-4MM，抑制器电流：70mA，电导池温度 30℃；

(2) 载气：N_2，压力 0.3MPa；

(3) 淋洗液：KOH 淋洗液为由 RFC30 在线淋洗液发生器自动产生的 28mmol/L KOH；

(4) 流速：1.00mL/min；

(5) 进样量：25μL。

根据被测元素浓度稀释样品，吸取 1mL 样品溶液进行离子色谱分析，用色谱工作站进行数据处理。根据保留时间定性，外标法定量分析样品。

利用此方法可以同时测定润滑油等石油产品中的氯、硫及磷。

第九节 硅、硼的分析

一、硅的分析

有机硅化物分析中的样品分解可用水解、湿法，也可用氧瓶燃烧及镍弹、ICP 等方法。水解、湿法分解，氧瓶燃烧对挥发性强的化合物及同时含氟的有机物、难分解的化合物无法得到满意的结果，镍弹法操作麻烦且需要专用设备。目前测定润滑油(石油产品)中的硅多采用原子吸收或等离子体发射光谱法(详见第六节中的“发射光谱法 ICP-AES 测定法”)。

润滑油、添加剂及其他石油产品可以采用有机溶剂直接进样法，或采用微波消解法、灰化法等前处理后进行测定。

测定发动机冷却液中的硅含量采用 ICP-AES 进行测量时，对样品进行稀释后测试。在测定过程中需要使用乙二醇或内标物来补偿标准溶液与样品之间的基体差异，消除谱线干扰、物理干扰、背景干扰、化学干扰等，一般可选取硅的分析谱线有 251.62nm、288.158nm、252.851nm、252.411nm。

二、硼的分析

常用测硼的方法有容量法、比法色、离子电离法，光谱法的应用也比较广泛。

（一）容量法

先将碘转变为碘酸，然后与甘露醇生成络合物，用标准的氢氧化钠溶液滴定。

样品分解方法有封管法、弹筒熔融法、湿法氧化分解及氧瓶分解法，其中氧瓶分解法最快速简便。

1. 操作步骤

称取3~10mg试样，以10mL蒸馏水作吸收液，用氧瓶分解，摇振使吸收完全，用蒸馏水冲洗铂丝及瓶塞，通氮气，加一滴甲基红指示剂，用0.01mol/L盐酸调节溶液变红，继续通氮气10min，在通气情况下用0.01mol/L氢氧化钠溶液调节至被测溶液变黄色，加3滴酚酞指示剂和数克甘露醇(约1g/10mL)，用0.05mol/L氢氧化钠标准溶液滴定，溶液自红色至黄色再突变为红色即为终点。

2. 计算

$$\text{硼含量}(\%)=(c\cdot V\times 10.82/m)\times 100\%$$

式中 c——氢氧化钠标准溶液的浓度，mol/L；

V——消耗的氢氧化钠溶液体积，mL；

m——试样质量，mg。

（二）比色法

比色法测定硼常用胭脂红和蒽醌染料作显色剂，都希望在浓硫酸中显色，操作不是很方便，有人研究了甲亚胺-H酸比色法测定润滑剂中硼含量的测定法，操作简便、准确、选择性好，介绍如下。

1. 仪器

分光光度计(如721型或其他具有同等功能的型号)。

2. 试剂

(1) 硼标准溶液：准确称取0.572g硼酸(高纯)溶于蒸馏水中，转入1000mL容量瓶中，用蒸馏水稀释至刻度，硼的浓度100μg/mL。

(2) 缓冲掩蔽剂：乙酸铵(二级)280g，醋酸钾(二级)20g，乙二胺四乙酸四钠盐(二级)20g，氮三乙酸(二级)8g，溶于400mL水中，再缓缓加入125mL乙酸(二级)，搅拌使之溶解，如果不溶解可以微微加热，并滤去不溶物。

(3) 配置0.03mol/L水杨醛溶液；吸取3.0mL水杨醛(三级)溶于1000mL95%乙醇(二级)中。

(4) 0.03mol/L H酸钠溶液：称取0.5125g1-氨基-8-萘酚-3，6-二磺酸钠(三级)溶于50mL水中，加0.1g抗坏血酸(二级)，若有不溶物可稍微加热，现配现用。

3. 试验步骤

(1) 绘制工作曲线：向25mL容量瓶中加入4mL H酸钠溶液，4mL水杨醛溶液，摇匀后加入5mL缓冲掩蔽剂，然后分别加入5μg/mL标准溶液0mL、1.0mL、2.0mL、3.0mL、4.0mL、5.0mL、6.0mL，在室温下发色70min，用蒸馏水稀释至刻度，在410nm波长处用

1cm 比色皿，用试剂空白为参比，测吸光度，绘制工作曲线。

（2）样品分析：称取适量样品，以 5mL 水为吸收液，氧瓶法分解试样，摇匀使之完全吸收，然后转入 100mL 容量瓶中定容，取适量体积按工作曲线操作方法测定吸光度。

4. 计算

$$硼含量(\%)=\frac{nc\times\frac{100}{X}}{m\times1000}\times100\%$$

式中 n——工作曲线上查得的毫升数；

c——硼标准溶液的浓度，μg/mL；

X——测定时所取的试样溶液体积，mL；

m——试样质量，mg。

（三）电极法

1. 仪器

pH 计或离子计，玻璃电极或离子电极。

2. 试剂

（1）硼酸溶液：称取干燥器中干燥 24h 以上的硼酸晶体 5.719g 溶于水中，稀释到 1000mL，硼的浓度为 1.00mg/mL，贮于塑料瓶中。

（2）无硼甘露醇。

（3）0.020mol/L 标准氢氧化钠；隔绝空气贮于塑料瓶中，使用前用 100mL 浓度为 0.010mg/mL 的硼标准溶液（含硼 1.00mg）电位滴定标定，用滴定度 T 表示每毫升标准氢氧化钠溶液的硼毫克数，0.020mol/L 标准氢氧化钠溶液每毫升相当于 0.216mg 硼。标定当天有效。

3. 测定方法

试样用氧瓶法分解，定量转移到 250mL 高型烧瓶杯中（样品溶液含硼量 0.1～1mg），稀释到 100mL，电磁搅拌，用 1%盐酸调 pH 到 2.5，盖上表面皿，加热煮沸 3min，加入 1mL $KMNO_4$ 溶液，加盖煮沸，再加 10mL 0.1mol/L EDTA 3min，溶液应无色。停止加入，迅速以冷水浴冷却至室温，插入电极，中速搅拌勿使产生旋涡。用 4%NaOH 溶液调 pH 到 5，再加快以标准氢氧化钠溶液和盐酸调 pH 到 7.60±0.01，稳定 30s，加入无硼甘露醇（5±0.5）g，继续搅拌至溶液透明。如果溶液含硼，pH 将下降，用标准氢氧化钠溶液滴定，记录 pH 到 7.60±0.01 时所需的体积（pH 应能稳定 15s），计算硼含量。

锗和钒干扰测定，但它们通常在润滑剂中含量很少，硫酸盐和铵有缓冲作用，影响重点检出，如果硫酸盐含量大于 10^{-4}，可预先加入硝酸铅除去，多余的硝酸铅再用碳酸钠除去。

该方法的精密度为

$$S_t=0.0248C_x\,mg/L$$

式中 C_x——硼的浓度，mg/L。

硼还可采用原子吸收或等离子体发射光谱法来测定（详见第六节中的“发射光谱法 ICP-AES 测定法”）。

第十节 钠、钾的分析

一、钠的分析

为提高润滑剂的碱值(碱值保持性)，改善抗乳化性、抗氧化、抗磨性和防锈性能，不少新型高碱性钠盐及复合添加剂在船用润滑油及防锈油等其他润滑剂中得到广泛运用。目前测定润滑剂中钠含量的方法很多，包括 ICP AES、AAS 等，利用原子吸收光谱法测定润滑油和添加剂中钠含量也已成为标准方法[SH/T 0582—1994(2004)]，虽然不少企业或者单位利用 ICP-AES，采用有机溶剂直接进样或间接方法测定润滑油或添加剂中的钠，但未列入标准的测试方法。

1. 方法概要

试样经灰化后用盐酸溶解，配成含盐酸的试样溶液。用原子吸收光谱测定钠原子在 589.0nm 波长处的吸光度。按基体匹配原则以氯化钠水溶液作标准溶液，求出试样中的钠含量。

2. 仪器操作条件

使用原子吸收光谱仪测定润滑油及添加剂中的钠，经过灰化后仪器操作条件见表 5-33。

表 5-33 原子吸收光谱仪测定钠的操作条件

元素灯	分析线波长/nm	灯电流/mA	通带/nm	燃烧器高度/mm	空气量/(L/min)	乙炔量/(L/min)
Na	589.0	5	0.2	5	10	2.4

3. 取样量

样品经充分搅拌均匀(必要时加热到 50℃左右)，若试样中含水及杂质应进行脱水及过滤处理后才能取样。称取样品按表 5-34 的推荐量进行操作。

表 5-34 称取试样推荐量

钠含量/%	试样量/g	称量精度/g
≤0.001	25	0.05
>0.001~0.0025	10	0.02
>0.0025~0.005	5	0.01
>0.005~0.01	3	0.005
>0.01	1~0.1	0.0004

注：可根据仪器的灵敏度及试样情况，改变试样量，但要确保称量精度。

4. 精密度

采用灰化-原子吸收光谱法测定润滑油及添加剂中的钠含量，其精密度见表 5-35。

表 5-35 灰化-原子吸收光谱法测定润滑油及添加剂中的钠精密度

钠含量/%	重复性/%	再现性/%
≤0.0005	0.0001	0.002
>0.0005~0.005	0.0002	0.0004
>0.005~0.01	0.0003	0.0007
>0.01	0.10 $\overline{X}$	0.20 $\overline{X}$

注：$\overline{X}$为两个结果的算术平均值。

如今也有采用有机溶剂直接进样原子吸收光谱法测定润滑油(防锈油)或添加剂等中的钠含量。

5. ICP-AES 测定润滑油与添加剂中的钠

(1) 有机溶剂直接进样法;

(2) 灰化法;

(3) 微波消解法;

(4) 高压容弹法。

这些方法与前面利用 ICP-AES 测定润滑油或者石油产品中磷元素的含量基本类似，这里不再介绍。

二、钾的分析

润滑油与添加剂中钾的测定可采用原子吸收光谱法与等离子发射光谱法进行测定。

采用原子吸收光谱法测定钾的操作条件见表 5-36。

表 5-36 原子吸收光谱仪测定钾的操作条件

元素灯	分析线波长/nm	灯电流/mA	通带/nm	燃烧器高度/mm	空气量/(L/min)	乙炔量/(L/min)
K	766.5	5	0.5	4	7.2	1.5

注：个别设备仪器的操作参数需进行适当调整。

第十一节 钙、锌、钡、镁的分析

润滑剂及润滑剂添加剂，如发动机油、液压油及其添加剂中多含有钙、锌、钡、磷、镁、硫、氮等元素，对这些元素进行分析时，样品前处理若采用常规的高温灰化法，可能会产生难溶的物质，部分元素在灰化过程中还会有较大的损失。对于分析钙、锌、钡、镁等元素，可采用二甲苯(或甲苯)与正丁醇混合溶剂对试样进行稀释，再用盐酸萃取，这样就避免了难溶性物质产生的可能，最后用络合滴定。也可用有机溶剂将润滑油、添加剂样品进行稀释后直接用原子吸收光谱、等离子发射光谱测定；或采用微波消解、压力溶弹法对润滑油、添加剂样品进行预处理后进行原子吸收、等离子发射光谱测定；或者采用 X 荧光方法测定钙、锌、钡、镁。当然也可以采用直读式原子发射光谱仪，如 FAS-2C、MOA 等型号设备进行测定，用原子发射光谱仪测定具有快速、方便的优点，但误差较大，适合用于设备用油的快速质量监控。

一、络合滴定法测定润滑油中钙、钡、锌的含量——SH/T 0309—1992(2004)含添加剂润滑油中的钙、钡、锌含量测定法

在石化行业标准中采用络合滴定法 SH/T 0309—1992 测定含添加剂润滑油中的钙、钡、锌含量。该方法适合于未使用过的含添加剂润滑油。测定范围为锌 0.02%~1.20%，钙 0.03%~1.20%，钡 0.05%~3.00%；当润滑油中同时存在钙、钡时，钙钡比可测范围是钡与钙的物质的量之比为 0.3~1。使用络合滴定法测定含添加剂润滑油中的钙、钡、锌时，非金属元素的硫、磷、氮对测定无干扰。

1. 方法概要

试样经甲苯-正丁醇稀释后，用盐酸将试样中的钙、钡、锌抽提出来。抽提出来的试液在 pH 为 5.5 时，用二甲酚橙作指示剂测定锌含量；试样用铜试剂作沉淀剂，将锌及可能存在的重金属元素沉淀除去后，以铬黑 T 为指示剂，在 pH 为 10 时，用 EDTA 标准沉淀溶液及氯化镁标准滴定溶液返滴定，测定其钙、钡总量；试液除加铜试剂外，再加入一定量的硫酸钾除去锌、钡后，在 pH 大于 13 条件下，用钙指示剂作指示剂，测定钙含量。钙、钡总量与钙含量之差为钡含量。

2. 试验步骤

（1）在 100mL 小烧杯中，按表 5-37 规定称取试样(精确至 0.01g)，加入混合溶剂 30mL，搅拌均匀后移入 300mL 分液漏斗中，再用 50mL 混合溶剂(甲苯：正丁醇=1：1，体积比)分三次洗涤烧杯，洗涤液一并加入上述分液漏斗中。

表 5-37 络合滴定法测定含添加剂润滑油钙、钡、锌含量时称取试样的用量

锌含量/%	试样用量/g	锌含量/%	试样用量/g
0.02~0.1	20~25	>0.4~0.8	5~10
>0.1~0.4	15~20	>0.8~1.2	2~3

（2）向分液漏斗中加入 30mL 7%盐酸溶液，将其在振荡器上振荡 10min，取下。静置分层后，将下层酸液放至 250mL 的容量瓶中，先用约 40mL 热蒸馏水(70~80℃)洗漏斗中试样一次，再用 5mL 7%盐酸溶液及约 40mL 热蒸馏水洗涤漏斗一次，这两次洗涤均应将分液漏斗置于振荡器上，振荡 5min。再向分液漏斗中加入热蒸馏水 20mL，用振荡器再振荡 1min。上述三次洗涤后的洗涤液合并加入 250mL 容量瓶中，用蒸馏水定容，待用。

（3）测定锌含量测定：从定容为 250mL 的抽提液中移取 50mL 于 250mL 的三角烧瓶中，加入甲基橙指示剂 1 滴，先用氨水溶液调至黄色，再用 7%盐酸溶液调至微红色，加入乙酸-乙酸钠缓冲液 10mL，二甲酚橙指示剂约 20mg，用已知浓度的 EDTA 标准滴定溶液滴定至溶液由红色变为黄色。

试样中锌含量 X_1 按式(5-76)计算：

$$X_1=\frac{c(\mathrm{EDTA})\times V_3\times 0.06538\times 5}{m}=\frac{c(\mathrm{EDTA})\times V_3\times 32.69}{m} \tag{5-76}$$

式中 $c(\mathrm{EDTA})$——EDTA 标准滴定溶液的实际浓度，mol/L；

V_3——滴定时所消耗的 EDTA 标准溶液的体积，mL；

m——试样的质量，g；

0.06538——与 1.00mL EDTA 标准滴定溶液[c(EDTA)= 1.000mol/L]相当的以克表示的锌的质量。

(4) 钙含量的测定：从定容为 250mL 的抽提液中移取 50mL 于 100mL 的烧杯中，加入甲基橙指示剂 1 滴，用 4%氨水溶液将溶液调至黄色，然后加 50g/L 铜试剂溶液 5mL(如无锌，省去此步)，20g/L 硫酸钾溶液 5mL(如无钡，省去此步)，再加热至 80℃左右，冷却 40min 后用中速定性滤纸将溶液过滤入 250mL 三角烧瓶中，烧杯及滤纸用热蒸馏水(60~70℃)洗涤 3~4 次，洗涤液一并加入三角烧瓶中。

随后向滤液中加孔雀石绿指示液 1 滴，再用 100g/L 氢氧化钠溶液将滤液调至由蓝色变绿至无色。加入钙指示剂约 0.1g，摇匀后再加入 0.015mol/L 氯化镁标准滴定溶液 5mL，然后用已知浓度的 EDTA 标准滴定溶液滴定至溶液由红色变为蓝色。

试样中钙含量 X_2按式(5-77)计算；

$$X_2=\frac{c(\text{EDTA})\times V_4\times 0.0408\times 5}{m}=\frac{c(\text{EDTA})\times V_4\times 20.04}{m} \tag{5-77}$$

式中 c(EDTA)——EDTA 标准滴定溶液的实际浓度，mol/L；

V_4——滴定时所消耗的 EDTA 标准溶液的体积，mL；

m——试样的质量，g

0.0408——与 1.00mL EDTA 标准滴定溶液[c(EDTA)= 1.000mol/L]相当的以克表示的钙的质量。

(5) 钡含量的测定：测定钡含量时，要首先测定钙、钡的总量，再减去钙含量而求出钡含量。

从定容为 250mL 的抽提液中移取 50mL 于 100mL 的烧杯中，加入甲基橙指示剂 2 滴，用 4%氨水溶液将溶液调至黄色，然后加 50g/L 铜试剂溶液 5mL(如无锌，省去此步)，20g/L 硫酸钾溶液 5mL，再加热至 80℃左右，冷却 40min 后用中速定性滤纸将溶液过滤入 250mL 三角烧瓶中，烧杯及滤纸用热蒸馏水(60~70℃)洗涤三至四次，洗涤液一并加入三角烧瓶中。

滤液中依次加入氨-氯化铵缓冲溶液 10mL，已知浓度的 EDTA 标准滴定溶液 20~35mL 和铬黑 T 指示剂约 50mg。此时溶液呈蓝色。

用 0.015mol/L 氯化镁标准滴定溶液返滴定过量的 EDTA 标准滴定溶液，溶液由蓝绿色变为灰紫色时为滴定终点。

试样中钡含量 X_3按式(5-78)计算：

$$X_3=\frac{[c(\text{EDTA})\times(V_5-V_4)-c(\text{MgCl}_2)\times V_6]\times 0.1374\times 5}{m}\times 100=\frac{[c(\text{EDTA})\times(V_5-V_4)-c(\text{MgCl}_2)\times V_6]}{m}\times 68.7 \tag{5-78}$$

式中 c(EDTA)——EDTA 标准滴定溶液的实际浓度，mol/L；

V_5——滴定时所消耗的 EDTA 标准溶液的体积，mL；

V_4——在钙含量测定时，滴定时所消耗的 EDTA 标准溶液的体积，mL；

m——试样的质量，g；

$c(MgCl_2)$——氯化镁标准滴定溶液的实际浓度，mol/L；

V_6——返滴定时所消耗的氯化镁标准溶液的体积，mL；

0.1374——与 1.00mL EDTA 标准滴定溶液[c(EDTA) = 1.000mol/L]相当的以克表示的钡的质量。

3. 精密度

方法的精密度(95%置信水平)见表 5-37。

重复性 r：同一操作者重复测定两个结果之差不应大于表 5-38 中所列数值。

再现性 R：由两个不同实验室提出的测定结果之差不应大于表 5-38 中所列数值。

表 5-38　络合滴定法测定润滑油中钙、钡、锌的精密度

测定元素	含量/%	重复性/%	再现性/%
锌	≤0.05	0.003	0.006
	>0.05~0.2	0.008	0.010
	>0.2~0.8	0.012	0.030
	>0.8~1.2	0.05	0.10
钙	≤0.05	0.003	0.005
	>0.05~0.2	0.009	0.013
	>0.2~0.8	0.020	0.036
	>0.8~1.2	0.03	0.05
钡	≤0.05	0.015	0.020
	>0.05~0.2	0.025	0.035
	>0.2~0.8	0.04	0.09
	>0.8~1.3	0.10	0.16
	>1.3~3.2	0.13	0.36

二、原子吸收光谱法测定润滑油中的钡、钙、锌含量——SH/T 0228—1992(2004)润滑油中的钡、钙、锌含量测定法

由于络合滴定法测定添加剂中的锌、钙、钡含量的方法烦琐，且对操作者的熟练程度有一定的要求，因此多采用仪器来完成对润滑油中锌、钙、钡的测量，如原子吸收光谱法(有机溶剂直接进样或预处理后水溶液进样)、X 荧光法、ICP-AES(有机溶剂直接进样或预处理后水溶液进样)。

SH/T 0228—1992(2004)利用有机溶剂稀释进样，用原子吸收光谱测定润滑油中锌、钙、钡含量，标准适合未使用过的润滑油，浓度范围：钡为 0.1%~0.8%，钙为 0.03%~0.4%，锌为 0.02%~0.16%，不适合含铝添加剂及乙酸盐添加剂的润滑油产品。

1. 方法概要

润滑油试样按一定比例用有机溶剂稀释，将稀释后含润滑油样品的有机样品直接喷入原子吸收光谱仪的火焰中，测定各元素吸光度。将试样吸光度与参比溶液吸光度进行比较，计

算出润滑油试样中的锌、钙、钡含量。

2. 准备工作

（1）配置空白溶液：称取约0.1g苄基三甲基氯化铵和1g十二烷基磺酸钠，溶于1L溶剂油中，并在(95±5)℃的水浴中加热至饱和，使用时用澄清液。

（2）配制钡、钙、锌标准储备液：分别称取适量的钡、钙、锌标准样于100mL烧杯中(称准确至0.1mg)，加入6mL 2-乙基己酸，搅拌加热使之溶解，冷却至室温后，加入白油至50g。放在棕色玻璃瓶中保存，该溶液为5000×10^{-6}的钡、钙、锌标准储备液。

3. 试验步骤

（1）配制标准工作曲线溶液。分别取适量的钡、钙、锌标准储备液于25mL容量瓶中，用空白溶液稀释，使达到表5-39中给出的浓度。

表5-39 标准工作溶液浓度

元素	标准工作溶液的浓度/(μg/mL)				
Ba	20	40	60	80	100
Ca	2	4	6	8	10
Zn	0.4	0.8	1.2	1.6	2.0

注：标准工作溶液必须试验当天配制。钙、锌标准工作溶液可通过二次稀释达到要求的浓度。

（2）配制试样溶液：准确称取0.1~0.3g试样(准确至0.1mg)于25mL容量瓶中，用空白溶液稀释至刻度，摇匀待测。

（3）测定：推荐仪器操作参数见表5-40。

表5-40 仪器操作参数

元素	分析波长/nm	灯电流/mA	狭缝/nm	燃烧器高度/mm	空气流量/(L/min)	乙炔流量/(L/min)	扩展倍数	提取量/(mL/min)
Ba	553.5	9	0.95	7	10	1.8	5	2.6
Ca	422.7	8	0.38	10	10	2.3	1	2.6
Zn	213.9	6	0.38	6	10	2.1	1	2.6

按照仪器操作要求，按标准工作溶液由低浓度到高浓度测定吸光度，然后进行样品吸光度的测定。

4. 计算

试样中钡、钙、锌含量X，按式(5-79)计算。

$$X=\frac{A\cdot c\times25}{A_0fm\times10^{-6}}\times100 \tag{5-79}$$

式中 A——试样溶液钡、钙、锌的平均吸光度；

A_0——与试样中的钡、钙、锌浓度相近的标准工作溶液的平均吸光度；

c——与A_0相对应的标准工作溶液的浓度，μg/mL；

f——稀释倍数；

m——试样质量，g；

25——试样体积，mL。

5. 精密度(95%置信水平)

重复性 r：同一操作者重复测定的两个结果之差不应大于表 5-41 中规定的数值。

表 5-41 重复性规定值

元　素	含量/%	算术平均值的百分数/%
Ba	0.10~0.80	5
Ca	0.03~0.40	5
Zn	0.02~0.16	5

再现性 R：不同实验室各自提出的两个结果之差不应大于表 5-42 中规定的数值。

表 5-42 再现性规定值

元　素	含量/%	算术平均值的百分数/%
Ba	0.10~0.80	12
Ca	0.03~0.40	12
Zn	0.02~0.16	12

三、润滑油及添加剂中镁的测定

测定润滑油及添加剂中镁含量的方法很多，氧瓶-比色法、原子吸收光谱法、原子发射光谱法、等离子体发射光谱等方法。以下将介绍氧瓶-比色法、原子吸收光谱法与电感耦合等离子体发射光谱测定润滑油及添加剂中的镁。

(一) 氧瓶-比色法

颜志光先生采用氧瓶法对试样处理后用比色法测定润滑油及添加剂中的镁含量，获得较好的结果，镁的回收率为 97%~102%，变异系数小于 4%。颜志光先生还提出了用镍丝代替铂丝作氧瓶的样品架(同时也是催化剂)，可改进实验以获得更好的结果。

1. 仪器与试剂

(1) EGTA-Pb 溶液：称取 3.8g 乙二醇二(2-氨基乙基醚)四乙酸，加 200mL 水，滴加 10%氢氧化钠溶液使其溶解，另称取 4.8g 乙酸铅加到 300mL 水中搅拌使其溶解，混合这两种溶液，调成中性。

(2) pH 为 10.50 的硼砂缓冲溶液。

(3) 镁标准溶液：将在 800℃灼烧至恒重的氧化镁(G.R)，加入稀硝酸处理后配制成 100μg/mL 的镁标准储备溶液，再稀释成为 5μg/mL 的标准溶液。

(4) 显色剂：0.05%偶氮氯膦Ⅰ水溶液。

(5) 721 型紫外-可见分光光度计。

2. 操作过程

(1) 绘制工作曲线：取 5μg/mL 的镁标准溶液 0mL、1.0mL、2.0mL、3.0mL、4.0mL、5.0mL 分别置于 50mL 容量瓶中，加 2mL EGTA-Pb 溶液，摇匀，再加三乙醇胺(1+1)溶液、5%乙二胺溶液、硼砂缓冲液各 5mL，用水稀释至刻度，摇匀。倒入 2cm 比色皿中，将剩余的溶液倒入另一只 2cm 比色皿中，加 3 滴 0.1mol/L EDTA 溶液摇匀后作褪色参比液。在

575nm 波长处测吸光度 A，另按上述方法配制一空白试剂，同样条件下测吸光度 B。$A-B$ 为欲测标样的吸光度。以吸光度为纵坐标，对应的镁标准溶液的毫升数为横坐标，绘制工作曲线。

（2）样品测定：准确称取适量试样(镁含量在 1%～3%取样量为 20～10mg；<0.2%取样量为 30～50mg)。加 15 滴 2mol/L 盐酸到 10mL 水中作为吸收液，氧瓶法分解样品后，待完全吸收后将其调至中性，转入 100mL 容量瓶定容。取适量试样溶液，按绘制标准工作曲线的操作过程测定吸光度。利用标准曲线法得到对应的镁标准溶液体积，从而计算出样品中镁的含量。

关于干扰的问题。颜志光认为在选定的工作条件下，对 50mL 待测溶液中 12μg 镁的测定，Ba^{2+}、Cu^{2+}、Fe^{3+}、S、P、N 等基本不干扰，但 Ca^{2+} 与 Mn^{2+} 对测定结果影响较大，EGTA-Pb 用量增加到 2.5mL 可掩蔽 100μg Ca^{2+}，加 2.5mL 5%的邻菲罗啉可以允许含有 50μg 的 Mn^{2+}，而对测试干扰小，至于 Zn^{2+} 的干扰可以用乙二胺掩蔽，如加 10mL 的乙二胺可掩蔽 200μg Zn^{2+}。

（二）原子吸收法测定添加剂中镁含量——SH/T 0027—1990(2006)添加剂中镁含量测定法(原子吸收光谱法)

在石化行业标准 SH/T 0027—1990(2006)添加剂中镁含量测定法中，对试样进行高温灰分后测定。测定镁的含量范围为 1%～10%，在规定的条件下，试样中共存金属元素钙、钡、锌及非金属元素硫、磷等干扰。

1. 方法概要

试样经高温灰分，用盐酸溶解灰分物，配制成水溶液，用原子吸收分光光度计测定标准溶液和试样溶液的吸光度，通过标准曲线处理后得到被测元素的浓度，然后求出试样的镁含量。

2. 仪器工作条件

测定添加剂中镁含量原子吸收分光光度计典型操作条件见表 5-43。

表 5-43 原子吸收分光光度计典型操作条件

操作条件	数　值	操作条件	数　值
波长/mm	285.2	采样次数	3
光谱通带/mm	0.7	空气流量/(L/min)	25
灯电流/mA	10	乙炔流量/(L/min)	2.5
积分时间/s	2	燃烧头转角/(°)	30

3. 精密度(95%置信水平)

重复性(r)：同一操作者重复测定的两个结果之差不应大于表 5-44 中的数值。

再现性(R)：不同实验室各自测定出的两个结果之差不应大于表 5-44 中的数值。

表 5-44 原子吸收测定添加剂中镁含量的精密度

镁含量范围/%	重复性/%	再现性/%
1.0～2.0	0.10	0.15
>2.0～4.0	0.15	0.25
>4.0～6.0	0.20	0.35
>6.0～10.0	0.30	0.50

(三) 络合显色-分光光度计法测定润滑油中锌含量

采用分光光度计测定锌含量，1-(2-吡啶偶氮)-2-萘酚(PAN)为常用的显色剂之一。由于Zn-PAN配合物的水溶性差，常用萃取剂或乳化剂等非离子表面活性剂增溶，研究表明当用Tween-80增溶时，可使Zn-PAN配合物的稳定性、测定灵敏度比使用其他表面活性剂有明显提高，从而建立了测定锌的方法并得到广泛运用。

PAN-Tween-80显色分光光度计测定润滑油中锌含量大致过程为，用氧瓶燃烧法对润滑剂样品处理后，采用PAN-Tween-80显色，在560nm波长下进行直接测定。锌的浓度在0~15μg/25mL范围内服从朗伯-比尔定律，选择性好、灵敏度高，在560nm处的摩尔吸光系数为7.26×10^{4}L/(mol·cm)。

1. 试剂

(1) 用高纯的锌粉配制成5μg/mL的锌标准溶液；

(2) 5%NaH_2PO_4缓冲溶液，调pH为9；

(3) 10%的Tween-80水溶液；

(4) 0.05%PAN乙醇溶液。

2. 仪器

721型分光光度计，1cm石英比色皿，25mL具塞比色管及100mL容量瓶。

3. 分析步骤

(1) 标准工作曲线的建立：取一定量(0mL、0.5mL、1.0mL、2.0mL、3.0mL、4.0mL、5.0mL)锌标准溶液于25mL比色管，依次加入5% NaH_2PO_4缓冲溶液5.0mL，0.05%PAN乙醇溶液1.0mL，10%的Tween-80溶液1.0mL，加水至刻度，放置15min，用1cm石英比色皿测定其吸光度，从而建立标准工作曲线。

(2) 样品测定：称取适量的润滑剂试样，以10mL蒸馏水加10滴2mol/L盐酸为吸收液，氧瓶分解试样，吸收完全后，将溶液定量转移到100mL容量瓶中定容。将一定量定容后的样品加入25mL比色管中，依次加入5% NaH_2PO_4缓冲溶液5.0mL，0.05%PAN乙醇溶液1.0mL，10%的Tween-80溶液1.0mL，加水至刻度，放置15min，用1cm石英比色皿测定其吸光度，通过标准曲线即可计算出润滑剂中锌的含量。

除上述方法外，还有容量法测定润滑剂中的钙、重量法测定润滑剂中的钡，这两种方法操作过程烦琐，现多用原子吸收分光光度计法或者等离子体发射光谱法替代。若对容量法测定钙及重量法测定钡感兴趣或需要进行相关研究，请查看相关书籍。

第十二节　铁、钼、铅、铜的分析

一、铁的分析

润滑剂中测定铁含量的方法很多，常用的有重量法、容量法、比色法、原子吸收分光光度法、直读式原子发射光谱法、电感耦合等离子体发射光谱法等。不同方法测定范围与适用范围是有差异的。在20世纪90年代以前测定润滑剂中的铁多采用灰分-原子吸收分光计法、比色法等，如今多采用有机进样法直接测定未使用过或者使用过的润滑剂中的铁(原子吸收或等离子发射光谱法)。

SH/T 0197—1992(2004)润滑油中铁含量测定法：该方法适用于润滑油与使用过的润滑油。有三种方法：A 法——比色法、B 法——重量法和 C 法——容量法，仲裁试验采用比色法。

(一) A 法——比色法

1. 方法概要

将润滑剂试样燃烧并灰化，然后用稀盐酸溶液溶解。将稀释后的试样用分光光度计在 510nm 处测定吸光度，从标准工作曲线上得到相应的铁浓度后计算得到润滑剂中的铁含量。

2. 准备工作

(1) 铁标准溶液的制备：称取 0.1000g 纯铁丝于 100mL 的烧杯中，加入 1∶1 盐酸溶液 25mL，加热使之溶解。然后移入 1000mL 容量瓶中，再加入 1∶1 盐酸溶液 20mL，用蒸馏水(或去离子水)定容，此时溶液中铁的浓度为 100μg/mL。

取上述溶液 10mL，放在 100mL 容量瓶中，加 1∶1 盐酸溶液 5mL，用蒸馏水(或去离子水)定容至 100mL。此时溶液中铁的浓度为 10μg/mL。

注：配制铁标准溶液也可以采用硫酸铵铁(Ⅱ)六合水作为标准物来替代，但一般使用稀硫酸。

(2) 试样的处理：称取 10~20g 均匀的试样于瓷坩埚中(称准至 0.1g)，按 GB/T 508—1985 进行燃烧与灰化。冷却后用滴管沿坩埚壁加入 1∶1 盐酸溶液 10mL，放在电热板上加热溶解灰分，并浓缩至约 2mL，全部移入 25mL 或 50mL 的容量瓶中，用蒸馏水洗涤坩埚多次，一并移入容量瓶中，用蒸馏水(或去离子水)定容，充分摇匀，作为试样溶液。

注：需取上层澄清的溶液，否则进行比色将影响吸光度导致结果异常。

(3) 标准工作曲线的建立：取 6 个 50mL 的锥形瓶分别用微量滴定管或定量移液枪准确加入 0mL、0.5mL、1.0mL、1.5mL、2.0mL、2.5mL 已经制备好的浓度为 10μg/mL 铁标准溶液，用 80g/L 的氢氧化钠溶液调至刚果红试纸刚刚变红色。加入 300g/L 乙酸钠溶液 1mL，100g/L 盐酸羟胺溶液 1mL 和 100g/L 邻菲罗啉溶液 1mL，摇匀，在沸水浴中加热 2min，冷却至室温，定量地转移到 10mL 或 25mL 的容量瓶中，稀释至刻度线。用 1cm 光径石英比色皿，以蒸馏水或者去离子水作为参比液，在 510nm 处测定吸光度。按式(5-80)计算测定各点的铁含量 X_1(μg/mL)：

$$X_1=\frac{c_1 V}{V_1} \tag{5-80}$$

式中 c_1——铁标准溶液浓度，μg/mL；

V——铁标准溶液体积，mL；

V_1——显色容量瓶体积，mL。

用每个铁标准溶液所测吸光度减去空白试验的吸光度所得的净吸光度，建立吸光度 E 和铁含量 X_1 的工作曲线。

3. 试验步骤

量取经过预处理的润滑剂试样溶液 2mL 或 5mL，作为显色的试样溶液，加入 50mL 锥形瓶中，用 80g/L 的氢氧化钠溶液调至刚果红试纸刚刚变红色，加入 300g/L 乙酸钠溶液 1mL，

100g/L 盐酸羟胺溶液 1mL 和 100g/L 邻菲罗啉溶液 1mL，摇匀。在沸水浴中加热 2min，冷却至室温，定量地转移到 10mL 或 25mL 的容量瓶中，稀释至刻度线。用 1cm 光径石英比色皿，以蒸馏水或者去离子水作为参比液，在 510nm 处测定吸光度。

同一批次试样进行比色要做一空白试验。

将读数的吸光度减去空白试验的吸光度，然后从标准工作曲线上查出相应的铁含量 c，按式(5-81)计算试样的铁含量。

4. 计算

试样的铁含量 $X(10^{-6})$，按式(5-81)计算：

$$X=\frac{cV_2V_3}{mV_4} \tag{5-81}$$

式中 c——试样的吸光度减去空白试验吸光度，然后在标准工作曲线上查出相应的铁含量，μg/mL；

V_2——稀释后用于比色的溶液量，mL；

V_3——试样溶液的总量，mL；

V_4——用于显色反应所用试样溶液的量，mL；

m——试样的质量，g。

5. 精密度

重复性：同一操作者重复测定的两个结果与算术平均值之差不应大于下列数值。

铁含量/10^{-6}	重复性/10^{-6}
1~5	算术平均值的 30%
>5~10	算术平均值的 10%
>10	算术平均值的 6.5%

(二) B 法——重量法

1. 方法概要

将试样燃烧并灰化，然后用稀盐酸溶液溶解。向经蒸馏水(或去离子水)稀释后的试样溶液中加入硝酸，并在加热条件下加氨水，成絮状物沉淀的氢氧化铁经洗涤、煅烧后进行恒重称量。计算得到铁的含量。

2. 准确工作

(1) 称取 10~20g 均匀的试样于瓷坩埚中(称准至 0.1g)，按 GB/T 508—1985 进行燃烧并灰化。冷却后用滴管沿坩埚壁加入 1∶1 盐酸溶液 10mL，放在电热板上加热溶解灰分，并浓缩至约 2mL，全部移入 25mL 或 50mL 的容量瓶中，用蒸馏水洗涤坩埚多次，一并移入容量瓶中，用蒸馏水(或去离子水)定容，充分摇匀，作为试样溶液。

(2) 空坩埚在(775±25)℃的高温炉煅烧，恒重，达到连续两次差数不大于 0.0004g。

3. 试验步骤

准确移取试样溶液 25mL，注入 100mL 或 250mL 烧杯中。加入硝酸 0.5mL，加热至 70~80℃，用氨水使铁沉淀，直至稍有氨的气味为止。

当析出的氢氧化铁成絮状物沉淀时，将上述热溶液进行过滤，并用热蒸馏水洗涤沉淀至洗涤液无氯离子为止，稍干燥后，将沉淀物连同滤纸移至已恒重的坩埚中，在(775±25)℃

的高温炉煅烧1.5~2h，取出在空气中冷却3min后移入干燥器中冷却30min，进行称量(准确至0.0002g)，重复煅烧、冷却及称量，直至连续称量间的差数不大于0.0004g为止。

4. 计算

试样的铁含量X，按式(5-82)计算：

$$X=\frac{m_1V_5\times 0.6994}{25m} \tag{5-82}$$

式中 m_1——煅烧过的残留物质量，g；

V_5——试样在容量瓶中稀释后的体积，mL；

0.6994——氧化铁换算成铁的系数；

25——自容量瓶中取作测定铁用的试样溶液体积，mL；

m——试样的质量，g。

5. 精密度

重复性：同一操作者重复测定的两个结果之差，不应大于较小结果的10%。

(三) C法——容量法

1. 方法概要

将试样燃烧并灰化，然后用稀盐酸溶液溶解。加入碘化钾，用硫代硫酸钠标准滴定溶液滴定析出的碘，计算得到铁含量。

2. 准备工作

称取10~20g均匀的试样于瓷坩埚中(称准至0.1g)，按GB/T 508—1985进行燃烧与灰化。冷却后用滴管沿坩埚壁加入1∶1盐酸溶液10mL，放在电热板上加热溶解灰分，并浓缩至约2mL，全部移入25mL或50mL的容量瓶中，用蒸馏水洗涤坩埚多次，一并移入容量瓶中，用蒸馏水(或去离子水)定容，充分摇匀，作为试样溶液。

3. 试验步骤

取试样溶液10mL，加入容积为100mL或250mL具塞锥形烧瓶中，加入2~3滴酚酞指示剂，再加入100g/L氢氧化钠溶液中和，用二氧化碳置换锥形烧瓶中的空气，向锥形烧瓶中加入10%盐酸溶液(至弱酸性反应)及2~3g碘化钾，塞好烧瓶中盖，仔细摇动后静置20min。

在不断摇动下用硫代硫酸钠标准滴定溶液滴定所析出的碘，当锥形烧瓶中的液体呈现淡黄色时加入3mL的淀粉指示液，并继续滴定至蓝色消失为止。再用二氧化碳置换锥形烧瓶中的空气，并使锥形烧瓶静置，如又呈现蓝色，则应向锥形烧瓶中加1~2g碘化钾，用硫代硫酸钠标准滴定溶液滴定所析出的碘，至蓝色30min内不出现为止，并记下滴定所消耗的硫代硫酸钠标准滴定溶液的体积总数。

4. 计算

试样的铁含量X按式(5-83)计算。

$$X=\frac{V_6V_7\times 0.05585\times c_2}{10m} \tag{5-83}$$

式中 V_6——滴定试样所消耗的硫代硫酸钠标准滴定溶液的体积，mL；

V_7——试样在容量瓶中稀释后的体积，mL；

c_2——硫代硫酸钠标准滴定溶液的实际浓度，mol/L；

0.05585——与 1.00mL 硫代硫酸钠标准滴定溶液[$c(Na_2S_2O_3)$ = 1.000mol/L]相当的以克表示的铁的质量；

m——试样的质量，g；

10——自容量瓶中取作测定铁的试样溶液体积，mL。

5. 精密度

重复性：同一操作者重复测定的两个结果之差不应大于较小结果的 15%。

(四) 原子吸收光谱法测定润滑剂中的铁

利用原子吸收光谱法测定润滑剂(使用或未使用)中的铁，分为有机溶剂直接进样法和预处理后溶液进样法两类。

1. 有机进样法

利用有机溶剂对润滑剂进行稀释后直接加入原子吸收分光光度计中测量铁的吸光度，从而获得润滑剂中铁含量。该方法具有快速、方便的优点，但需要有机铁化合物标准物质，且对有机溶剂有一定的要求。

2. 间接进样法(水溶液进样法)

原来多采用高温灰化法对润滑剂进行预处理，然后用其水溶液进行铁的测定，如今多采用微波消解、压力溶弹等方法对润滑剂进行预处理后测定。

(五) 利用油液分析光谱仪测定润滑剂中的铁

油液分析光谱仪(MOA 系列或者 FAS-2C 等)实际上就是一台直读式发射光谱仪，利用直流脉冲电弧光源，具有高灵敏度(电弧光源特性)和高重复率(火花光源特性)的优点。

测试过程大致为：

将一个转动的石墨电极盘固定后，再将一根经过打磨处理的石墨电解棒置于石墨盘电极的上方后，两个电极之间有一个合适的距离，将样品置于一个专用的盛油槽后提升到合适的位置(液体润滑剂产品与盘电极接触)，在测试过程中转动盘电极而将样品带到激发位置进行测量，通过标准油样建立的工作曲线从而获得被测元素的含量。

利用油液分析光谱仪可以快速测定液体润滑剂中多种元素含量，具有快速(每次测量不超过 1min)、样品不需要预处理(如稀释，若某元素含量过高则需要稀释)等优点，缺点是误差相对较大，颗粒较大的样品无法准确测定(颗粒直径不超过 5μm)。尽管测量误差较大，但仍广泛用于润滑剂生成过程中的质量控制与润滑设备的运行状态监控。

(六) 利用等离子体测定润滑剂中的铁

利用 ICP-AES 测定润滑剂中的铁目前常用的方法与原子吸收光谱法一致，即有机溶剂直接进样法与预处理后进样，这里就不再介绍了。

ICP-AES 测量的检出限低且可以同时测定多个元素，部分 ICP-AES 还可以测定硫及部分卤素元素，但 ICP-AES 仪器购置价格较高且操作成本较高，部分 ICP-AES 设备对环境温度的要求较高，适合大批量的分析，因此 ICP-AES 的运用受到了一定的限制。

二、钼的分析

未使用过的润滑剂中的钼由钼添加剂带入，使用过的润滑剂则有可能是设备中带入或使用过含钼添加剂。

1. 含钼添加剂

在润滑油中的含钼添加剂一般为有机钼，溶于润滑油中，有机钼是具有优良减摩抗磨效果的润滑油添加剂；在润滑脂中则多为胶体或者粉末状的二硫化钼。

目前用于润滑油中的油溶性有机钼添加剂根据是否含有硫、磷元素，可分为三类。第一类为含有硫、磷两种元素的有机钼，即 MoDDP；第二类为含硫，但不含磷的有机钼，即 MoDTC；第三类为不含硫、磷的有机钼，主要为无硫磷有机钼酸酯(ME)和钼胺络合物等，这是有机钼在向无磷硫的方向发展过程中出现的新种类。

(1) 第一类：含硫磷的有机钼 MoDDP 或 MoDTP 主要是二烷基二硫代磷酸钼，以及二烷基二硫代磷酸氧钼等。一般来说，含硫、磷型的有机钼在减摩抗磨性能上，尤其是高载荷的环境下要优于不含硫、磷的有机钼，缺点是 MoDDP 的热稳定性差，易分解，这类有机钼中的磷会对油品产生一定的腐蚀性。此外，含磷会使一些内燃机中用于废气处理的催化剂中的贵金属中毒，降低催化效率，同时，磷也是一种污染物，通过排放会造成大气的污染，各项法规也因而限制了添加剂中的磷含量，因此在润滑油中添加剂将减少含磷有机钼的使用。

(2) 第二类：含硫有机钼 MoDTC 具有优良的减摩抗磨性、热稳定性好、分解温度高，但抗磨性能不如 MoDDP。MoDTC 与抗氧剂等其他添加剂也能够产生一定的协同作用，减慢氧化造成减摩性能下降的过程。MoDTC 能够极大降低摩擦系数，起到减摩的作用，同时对铜的腐蚀性较 MoDDP 低(但仍有一定的腐蚀)。在逐渐减少使用含磷有机钼的情况下，MoDTC 符合关于内燃机油的低磷标准，成为有机钼应用最广泛的类型。但是，硫元素仍然会在一定程度上影响催化剂对 CH、CO、NO_x 的吸附。并且，在内燃机中燃烧形成的硫酸盐灰分在沉积过程中会堵塞颗粒物捕捉器，因此，有机钼减摩剂中含硫量也需降低。今后 MoDTC 使用也会逐渐减少。

(3) 第三类：不含硫、磷的有机钼主要是有机钼酸盐及其他钼的配位化合物等，虽然没有硫、磷元素，但仍能起到良好的减摩抗磨的作用，同时还具备含硫磷有机钼不具备的抗腐蚀性，以及氧化稳定性等优势，因此，这类有机钼的应用潜力巨大，在低硫、磷的要求下，将会逐步取代含硫、磷的有机钼。然而不含硫、磷有机钼的抗极压性能较弱，多数情况下需要与其他抗磨剂复配才能起到极压抗磨的效果。

2. 润滑剂中钼的测定法

测定润滑剂中钼的方法有原子吸收光度计法、ICP-AES 及全差示光度法等方法，对于原子吸收或者 ICP-AES 多采用有机进样或预处理后测定。在此简单介绍原子吸收光谱法与等离子体发射光谱法，全差示光度法在本书中不做介绍，有兴趣的读者可以查阅相关的书籍及文献。

(1) 原子吸收分光光度法测定润滑油中钼——SH/T 0605—2008 润滑油及添加剂中钼含量测定原子吸收光谱度法：该方法适用于测定硫化钼(Ⅳ)添加剂及含硫化钼(Ⅳ)添加剂的矿物油和合成油。

方法概要：试样经灰化处理，用焦硫酸钾加热分解后，再用蒸馏水稀释，用空气/乙炔火焰测定其吸光度，将试样吸光度与标准工作溶液吸光度比对，求出试样中钼含量。

仪器使用 Mo 灯，测定波长为 313.3nm，用钼酸铵作为标准储备液建立工作曲线。

利用原子吸收分光光度法测定润滑油及添加剂中钼的精密度如下：

重复性(r)：同一操作者使用相同的仪器，在相同的操作条件下，对同一试样进行重复测定得到的两个连续结果之差不应大于式(5-84)的值。

$$r=0.1X \tag{5-84}$$

式中 X——重复测定的两个试验结果的算术平均值。

再现性(R)：不同操作者使用不同仪器，在相同的操作条件下，对同一试样进行测定得到的两个独立试验结果之差，不应超过式(5-85)的值。

$$R=0.3X \tag{5-85}$$

(2) ICP-AES 测定润滑油中钼：采用 ICP-AES 测定润滑油中的钼现有的标准方法有 NB/SH/T 0824—2010，GB/T 17476—1998(2004)。NB/SH/T 0824—2010 适用测定未使用过的润滑油和复合添加剂中钼等元素，GB/T 17476—1998(2004)适合测定使用过的润滑油中添加剂、磨损元素和污染物等中的钼等元素。两个标准测定钼的含量建议选取波长一致。

NB/SH/T 0824—2010、GB/T 17476—1998(2004)均采用有机溶剂直接进样法。

NB/SH/T 0824—2010 测定钼的精密度(95%置信水平)：

重复性(r)：同一操作者使用同一台仪器，在相同的操作条件下，对同一试样测定得到的两个结果之差，不应超过表 5-45 中所列数值。典型浓度下的重复性数值见表 5-45。

表 5-45　NB/SH/T 0824—2010 测定钼重复性

样品类型	浓度范围/%	重复性/%
润滑油	0.005~0.05	$0.002175X^{0.4863}$
添加剂	0.043~0.5	$0.001114X^{0.8645}$

再现性(R)：不同操作者在不同实验室，对同一试样测定得到的两个结果之差，不应超过表 5-46 中所列数值。典型浓度下的再现性数值见表 5-46。精密度数值见表 5-47。

表 5-46　NB/SH/T 0824—2010 测定钼再现性

样品类型	浓度范围/%	再现性/%
润滑油	0.005~0.05	$0.005704X^{0.4863}$
添加剂	0.043~0.5	$0.05006X^{0.8645}$

表 5-47　典型浓度下钼的精密度　　%

样品类型	浓度范围	精密度	0.01	0.05	0.1	0.5
润滑油	0.005~0.05	重复性	0.0002	0.0005		
		再现性	0.0006	0.0013		
添加剂	0.043~0.5	重复性		0.0008	0.0096	0.0061
		再现性		0.0038	0.0068	0.0275

GB/T 17476—1998(2004)测定使用过的润滑剂中钼精密度(95%置信水平)：

重复性(r)：同一操作者使用同一台仪器，在相同的操作条件下，对同一试样测定得到的两个结果之差，不应超过表 5-48 中所列数值。由选择浓度计算的精密度数值见表 5-49。

再现性(R)：不同操作者在不同实验室，对同一试样测定得到的两个结果之差，不应超过表 5-48 中所列数值。由选择浓度计算的精密度数值见表 5-49。

表 5-48 测定使用过的润滑剂中钼精密度(95%置信水平)

浓度范围/(μg/g)	重复性/(μg/g)	再现性/(μg/g)
5~200	$0.29X^{0.70}$	$0.64X^{0.71}$

注：X 为平均浓度，μg/g。

表 5-49 GB/T 17476—1998(2004)选择浓度下的精密度

浓度/(μg/g)	重复性/(μg/g)	再现性/(μg/g)
1		
10	1.5	3.3
100	7	17
1000		

三、铅的分析

润滑剂中的铅来源为含铅的添加剂或外来，外来主要为设备磨损产生。

一些含铅润滑油添加剂因其良好的摩擦性能而曾被广泛用作润滑油添加剂，如环烷酸铅和油酸铅等，但由于铅对环境有污染而逐渐被其他添加剂所取代。

近年来，该类化合物作为添加剂又重新得到了关注其原因主要在于①生产原料易得、工艺简单、成本低、性能价格比高、废机油易处理；②过去羧酸铅盐与含硫化合物配合用作极压添加剂时的添加量高，而目前用作油性剂的添加量则低得多；③与燃料油中的铅不同，润滑油中的铅在使用过程中处于相对密封和较低的温度环境下，造成的环境污染小得多；④性能全面；⑤在一些特殊领域如核电设备的润滑方面具有独特优势等。

对于润滑油中的铅多采用原子吸收光谱法或者等离子发射光谱法，可采用有机溶剂直接进样测定法与预处理后测定法。在此介绍的《润滑油中铅含量测定法(原子吸收光谱法)》SH/T 0617—1995，适合新的和使用过的润滑油。标准非等效采用德国国家标准 DIN 51827—89《润滑脂中铅含量的测定(原子吸收光谱法)》，因此也可以借用本方法测定润滑脂中的铅含量。

1. 方法概要

试样经过高温灰化(按照 GB/T 508—1985 石油产品灰分测定法要求)，用硝酸溶解灰分，制备成试样的硝酸溶液，用原子吸收光谱仪在波长为 283.3nm 处测定标准溶液和试样的吸光度。求出试样的铅含量。

2. 准备工作

(1) 空白溶液：在 1000mL 容量瓶中加入 20mL 5%硝酸溶液，用蒸馏水(或去离子水)定容。

(2) 配制铅储备溶液。用乙酸铅配制：称取 1.8310g(精确至 0.1mg)乙酸铅于 250mL 烧杯中，加蒸馏水(或去离子水)溶解后转移至 1000mL 容量瓶中，用蒸馏水(或去离子水)定容，即为铅含量为 1mg/mL 的铅标准储备液。

高纯铅粒配制：称取高纯铅粒 1.0000g(精确至 0.1mg)，用 1∶2(体积比)硝酸溶液溶解，用蒸馏水(或去离子水)溶解后转移至1000mL容量瓶中，用蒸馏水(或去离子水)定容，即为浓度为1mg/mL的铅标准储备液。

(3) 配制标准工作溶液与绘制工作曲线：用移液管或移液枪准确移取0.1mL，0.5mL，1.0mL，2.0mL和5.0mL的铅标准储备液于100mL容量瓶中，用空白溶液定容，摇匀，即为1μg/mL，5μg/mL，10μg/mL，20μg/mL和50μg/mL的铅标准工作溶液，并绘制标准工作曲线。

(4) 试样溶液的准备。

① 在称量前，将试样加热至50~60℃，并充分搅拌均匀。

② 称取2g试样于石英坩埚中(精确至0.1mg)，按GB/T 508—1985将其燃烧，燃烧后放入高温炉，在(550±25)℃温度下灰化2h左右。若遇上难灰化试样，必要时滴加几滴100g/L硝酸铵溶液。

③ 待灰分冷却后，加入5mL 5%硝酸溶液，并置于电炉上加热溶解灰分，直至完全溶解至剩余溶液约0.5mL为止。将剩余的溶液转移至100mL容量瓶中，用蒸馏水(或去离子水)洗涤几次，定容并摇匀。

3. 试验过程

(1) 原子吸收光谱仪推荐操作条件如下：分析波长：283.3nm；灯电流：7mA；狭缝宽：0.38nm；燃烧器高度：7mm；空气流量：10L/min；乙炔流量：2.5L/min；提取量：2.8mL/min。

(2) 测定空白溶液、铅标准工作溶液、试样的吸光度。

4. 计算

试样中铅含量X按式(5-86)计算：

$$X=\frac{A_x cV}{A_s m\ 10^6}\times 100 \tag{5-86}$$

式中 A_x——试样溶液的平均吸光度；

A_s——与试样溶液相近的标准工作溶液的平均吸光度；

c——与A_s相对应的标准工作溶液的浓度，mg/L；

V——稀释体积，mL；

m——试样的质量，g。

注：上述公式在铅标准工作溶液浓度-吸光度的标准工作曲线呈线性时才适用。

5. 精密度(95%置信水平)

重复性(r)：同一操作者重复测定两个结果之差不应大于表5-50中重复性的规定。

再现性(R)：不同实验室各自提出的两个结果之差不应大于表5-50中再现性的规定。

表5-50 灰化-原子吸收光谱法测定铅的精密度

铅含量范围/%	重复性/%	再现性/%
0.2~0.5	0.05	0.1
>0.5~1.0	0.1$\overline{X}$	0.2$\overline{X}$

注：$\overline{X}$为两个测定结果的算术平均值。

四、铜的分析

润滑剂中铜来源有两个方面，一是为改善或提高润滑剂的某些性能(如抗氧化或者抗磨损性能)而添加的作为添加剂的含有机化合物和金属铜的粉末，如亲油且具有良好稳定性的纳米铜粉；二是外来污染所致，如设备磨损、腐蚀等所致。未使用过的润滑剂则主要存在第一种类型，使用过的润滑剂则有可能两种都存在，因此在对设备用润滑剂进行监控时必须注意到这一点。

目前测定润滑剂中铜的方法有多种，常用的有络合滴定法、分光光度法、原子光谱法(原子吸收光谱法、电感耦合等离子体原子发射光谱法)、X 射线荧光光谱法等。下面介绍原子光谱法、分光光度法与 X 射线荧光光谱法。

(一) 原子光谱法测定润滑油及添加剂中的铜——SH/T 0102—1992 润滑油和液体燃料中铜含量测定法(原子吸收光谱法)

该方法适用于润滑油、使用过的润滑油和液体燃料，润滑油添加剂则可以采用对添加剂稀释后测定。SH/T 0102—1992 参照采用联邦德国国家标准 DIN 51404T2(85)《用原子吸收光谱法直接测定润滑油和液体燃料中铜含量》。

1. 方法概要

试样用溶剂油稀释后，直接喷入原子吸收光谱仪的火焰中，在波长 324.7nm 处测定吸光度。将试样吸光度与标准工作曲线上的吸光度比较，计算试样中铜含量。

2. 准备工作

(1) 配制铜含量为 5.000mg/kg 的铜标准储备液：称取适量的有机铜盐(精确至 0.1mg)于 100mL 烧杯中，加入 6mL 2-乙基己酸，在温热状态下(不超过 50℃)搅拌加热使之溶解，冷却至室温后加入白油至 50g，放在棕色玻璃瓶中保存。

(2) 空白溶液：油漆工业用溶剂油作为空白溶液。

3. 试验步骤

(1) 配制标准溶液：吸取适量铜标准储备液于 25mL 容量瓶中，加入 2.0g 白油，用空白溶液稀释，使其浓度为 2μg/mL、4μg/mL、6μg/mL、8μg/mL。

注意：要求标准溶液必须于试验当天配制，加入白油的量使试样黏度基本一致。此外，标准溶液可通过两次稀释达到要求的浓度。

(2) 配制试样溶液：将试样在水浴中加热 50~60℃，搅拌均匀后，称取 0.1~0.3g 试样(精确至 0.1mg)于 25mL 容量瓶中，用空白溶液稀释至刻度，摇匀待测。

(3) 测定吸光度。推荐原子吸收光谱仪工作条件为：

分析波长：324.7nm；灯电流：7mA；狭缝：0.38nm；燃烧器高度：5mm；空气流量：10L/min；乙炔流量：2L/min；提取量：2.8mL/min。

测量空白液、不同浓度下铜标准溶液在波长为 324.7nm 处的吸光度，建立工作曲线，测定待测试样吸光度(在线性范围内，符合朗伯-比尔定律)，而获得待测试样的铜含量。

4. 计算

试样中铜含量 X(mg/kg)按式(5-87)计算：

$$X=\frac{Acf\times 25}{A_0 m} \tag{5-87}$$

式中 A——试样溶液中铜的平均吸光度；

A_0——与试样中铜浓度相近的标准溶液的平均吸光度；

c——A_0对应的标准溶液的浓度，μg/mL；

f——稀释倍数；

m——试样质量，g；

25——试样溶液体积，mL。

5. 精密度(95%置信水平)

重复性：同一操作者重复测定的两个结果之差不应大于算术平均值的 10%；

再现性：不同实验室各自测定的两个结果之差不应大于算术平均值的 30%。

(二) 分光光度法测定润滑油及添加剂中的铜

1. 方法概要

润滑油试样在经过燃烧、灰化后用盐酸溶解制备成试样溶液，加入浓度为 0.1g/L 的 2-(5-溴-2 吡啶偶氮)-5-二乙氨基苯酚(5-Br-PADAP)乙醇溶液，浓度为 1.00×10^{-3}mol/L 的溴化十六烷基三甲铵(CTMAB)溶液，再加入 pH = 5.9 的乙酸-乙酸钠缓冲溶液，定容 15min 后用 1cm 比色皿在波长为 556.70nm 处以试剂空白作参比测定其吸光度。

2. 试验仪器与试剂

(1) 紫外-可见分光光度计，波长范围 190~900nm；

(2) 2-(5-溴-2-吡啶偶氮)-5-二乙氨基苯酚(5-Br-PADAP)溶液；无水乙醇；Cu^{2+}标准储备液 0.40g/L，使用时将标准储备液稀释成 2.00mg/L；溶液：1.00×10^{-3}mol/L；pH = 5.9 乙酸-乙酸钠缓冲溶液。

3. 试样溶液的制备

准确称取 10.000g 试样于石英坩埚中，将其放在电热板上加热至油样达到燃点，用明火点润滑油试样使其炭化，然后移入(675±25)℃高温炉中灼烧 1h，取出坩埚，冷却 5min 后，放入干燥器中 30min。在石英坩埚的灰化残渣中加入 6.0mol/L 盐酸溶液 10mL 使其溶解，在电炉或加热板上把溶液蒸发至近干，再往石英坩埚中加入 6.0mol/L 盐酸溶液 25mL，加热溶解。然后将溶液移入 200mL 容量瓶中，用 100mL 蒸馏水分 3 次洗涤坩埚，洗涤液并入容量瓶中，用蒸馏水定容备用。

4. 测定吸光度

(1) 移取适量 Cu^{2+}标准液于 50mL 容量瓶中，依次加入浓度为 0.1g/L 5-Br-PADAP 乙醇溶液 5.0mL，浓度为 1.00×10^{-3}mol/L CTMAB 溶液 5.0mL，pH = 5.9 的乙酸-乙酸钠缓冲溶液 5.0mL，以水定容。15min 后用 1cm 比色皿，在波长为 556.70nm 处测定其系列铜标准溶液的吸光度，以试剂空白液作参比，建立标准工作曲线。

(2) 准确移取试样溶液 10.0mL，加入 50mL 容量瓶中，依次加入浓度为 0.1g/L 5-Br-PADAP 乙醇溶液 5.0mL，浓度为 1.00×10^{-3}mol/L CTMAB 溶液 5.0mL，pH = 5.9 的乙酸-乙酸钠缓冲溶液 5.0mL，以水定容。15min 后用 1cm 比色皿，在波长为 556.70nm 处测定待测溶液的吸光度，以试剂空白液作为参比，通过计算从而获得润滑剂中的铜含量。

运用此方法可以同时测定润滑剂中的铜、锌、铁的含量。锌的测定波长为 549.30nm，铁为 589.20nm。

（三）X 射线荧光光谱法测定润滑油及添加剂中的铜

利用 X 射线荧光光谱法可以同时测定润滑剂中包括铜在内的多种元素，适合未使用过与使用过程中的润滑油。

1. 方法概要

将试样装入样品池中，然后置于 X 射线光路中进行测定。测定光谱在适当区域以得到铜的荧光强度，同时测定光谱的其他区域为背景补偿。

使用一组标准样品，对波长色散（或能量色散）X 射线荧光光谱仪进行初始化校正。用仪器本身带有的程序对数据进行回归，得到标准工作曲线和校正影子。

2. 仪器试剂

（1）波长色散 X 射线荧光光谱仪；配端窗铑靶 X 射线光管；

（2）铜标准样品；

（3）稀释溶剂：不含待测元素的矿物油（黏度 $75mm^2/s$）；液体样品盒（直径 37mm，6μm Mylar 样品支持膜）。

3. 波长色散 X 射线荧光光谱仪测定铜的工作条件

典型的用于波长色散 X 射线荧光光谱仪测定铜的操作条件见表 5-51。

表 5-51 用于测定铜的典型操作条件（Panalytical AXIOS Petro）

分析线	晶体	准直器	探测器	滤光片	电压	电流	2θ			脉冲高度范围
							峰值	背景 1	背景 2	
K_α	LiF200	300μm	流气正比计数器	Al（210μm）	60kV	40A	45.0370	-0.7212	0	38~62

4. 测定

（1）建立工作曲线：按表 5-51 所给的分析条件，测定铜的标准样品特征 X 射线荧光强度计数率（R_i），与相应的标准值按式（5-88）方程做回归分析，利用软件的理论 α 影响系数和经验系数模式校正基体效应，求出校正曲线常数 D_i 和 E_i，谱线重叠校正 LO_i 和基体校正 M_i，建立样品分析工作曲线。

$$C_i = D_i - LO_i + E_i(1+M_i) \tag{5-88}$$

式中 C_i——经校正后的定量浓度；

D_i、E_i——校正曲线常数；

LO_i——谱线重叠校正；

M_i——基体校正。

（2）测定待测试样。通过计算机处理，即可获得待测润滑剂中铜的含量。

显然，随着科技的进步，X 射线荧光光谱法可以作为一种精确的润滑油中添加剂和磨损金属检测方法，因其十分有效并拥有很低的检出限。同时 X 射线荧光光谱法还是无损技术，只需进行简单的样品配备即可提供十分稳定的数据。

由于运用本方法可以测定超过 20 种金属元素，显然运用此技术在运行设备中通过润滑油来获得设备磨损和添加剂情况的准确数据，具有操作简便、快速、准确的特点，这是一种十分有效的设备监控方法，从而有助于建立有效的专家诊断系统。

第六章　润滑脂性能试验与应用

第一节　概　　述

润滑脂是将稠化剂分散于液体润滑剂中形成的一种固体或半流体的产物，其中也可能包含为改善其特性而加入的某些添加剂。从润滑脂的定义可以看出，润滑脂的组成体系与润滑油有显著区别，因而其性能与测试方法与润滑油有明显的不同。为了满足苛刻条件下的使用要求，可以在润滑脂中添加合适种类及量的添加剂，以提高或完善润滑脂的性能。润滑脂由稠化剂、基础油、添加剂三部分组成，它们与润滑脂制备工艺条件一同决定和影响润滑脂性能。润滑脂的工艺与润滑油的工艺有很大不同，即使同样的组成成分但制备工艺的差别将导致最后润滑脂的性能明显差别。

使用润滑脂目的与润滑油一致，减少摩擦、降低磨损、减少能耗、保障润滑设备安全平稳运行并延长设备使用寿命。润滑脂使用的场合与润滑油有一定的差异，在某些使用润滑油无法满足使用要求的情况下必须使用润滑脂，如运转设备要求润滑剂除具有较好的润滑作用外还必须具有密封作用以阻止杂质的进入，或要求润滑剂保持在润滑部位等。

完善和新建润滑脂性能评价试验方法和模拟台架试验设备是实现质量优良的前提。我国润滑脂试验方法标准中模拟实际工况条件的评价润滑脂性能的试验方法和设备较少。据不完全统计，如 40 项 ASTM 润滑脂试验方法中，性能模拟项目约占 77.5%；我国 43 项润滑脂试验方法中，性能模拟项目占 23%左右。因此结合实际应用工况，建立相应的模拟台架试验设备和方法，是提升产品性能和质量的重要手段，性能模拟台架试验不但有助于研发满足应用条件需要的新产品，还可以降低研发成本和周期。

结合我国国情和实际应用工况，建立全尺寸润滑部件实物台架试验机，是一种简单、可行和有效的润滑脂使用性能评价手段，值得关注和推广，目前受到越来越多的技术人员的关注和应用。

一、润滑脂的分类

目前润滑脂分类命名方法主要有三种，即按润滑脂稠化剂类型分类和命名、按润滑脂使用性能或使用场合分类和命名、按制定的润滑脂分类体系表分类和命名。

（一）按润滑脂稠化剂类型分类和命名

润滑脂稠化剂类型命名分类是目前最方便和通用的方法。按稠化剂类型将润滑脂分为皂基润滑脂、非皂基润滑脂（无机和有机润滑脂）和烃类润滑脂三大类，润滑脂的稠化剂类型见表 6-1。

表 6-1 润滑脂稠化剂类型

皂基	碱(或碱土)金属的脂肪酸皂(单皂、混合皂和复合皂)稠化剂	钙皂、钠皂、钙-钠皂、锂皂、铝皂、复合钙皂、复合锂皂、复合铝皂等
非皂基	有机稠化剂	聚脲稠化剂、聚烯烃等
	无机稠化剂	改质硅胶、二硫化钼等
烃基	烃基稠化剂	地蜡、石蜡、凡士林等

在通常情况下，可以用稠化剂类型命名润滑脂，如钙基润滑脂(简称钙基脂)、锂基润滑脂、聚脲润滑脂。

在皂基润滑脂中，又分为单皂基润滑脂、混合皂基润滑脂和复合皂基润滑脂。单皂基润滑脂包括钙基润滑脂、锂基润滑脂、钠基润滑脂、铝基润滑脂等；混合皂基润滑脂有锂钙混合皂基润滑脂、钙钠混合皂基润滑脂等；复合皂基润滑脂有复合锂基润滑脂、复合钙基润滑脂、复合铝基润滑脂等。

在非皂基润滑脂中，又分为无机稠化剂润滑脂和有机稠化剂润滑脂。

烃基润滑脂包括用石蜡或地蜡作稠化剂生产的润滑脂。烃基润滑脂一般根据使用领域命名，如钢丝绳润滑脂、特种仪表脂等。

(二) 按使用性能和场合分类和命名

目前，不少润滑脂生产企业为了产品差异化或突出强调润滑脂某些性能或其使用场合，对润滑脂进行性能或场合分类，如减摩润滑脂、高温润滑脂、汽车轮毂脂等。

(三) 按润滑脂国家标准分类法分类和命名

国际标准化组织(ISO)在考虑到润滑脂的操作温度、水污染、极压性能等情况下，于1987 年 11 月发布了以润滑脂使用特性为基础条件的润滑脂分类方法 ISO 6743/9—1987，在分类标准中用一组 5 个字母作为润滑脂的代号。

我国等效采用 ISO 6743/9—1987 润滑剂、工业润滑油和有关产品(L 类)的分类-第 9 部分：X 组(润滑脂)的分类标准，发布润滑脂分类国家标准 GB 7631. 8—1990 润滑脂和有关产品的分类，第 8 部分 X 组(润滑脂组)。GB 7631. 8—1990 标准适用于润滑各种设备、机械部件、车辆等所有种类的润滑脂分类；不适用于特殊用途的润滑脂(例如接触食品、高真空、抗辐射等)的分类。在本标准的分类体系里，一种润滑脂仅有一个代号，这个代号应与该润滑脂在应用中的最严格操作条件(温度、水污染和负荷等)相对应。

在 GB 7631. 8—1990 中，根据润滑脂应用时的操作条件分类，每种润滑脂都有由 5 个大写字母组成的代号。润滑脂标记字母见表 6-2。

表 6-2 润滑脂代号的字母顺序

L	字母 1	字母 2	字母 3	字母 4	字母 5	稠度等级
润滑剂类	润滑脂组别	最低温度	最高温度	水污染(抗水性、防锈性)	极压性	稠度号

美国润滑脂协会(NLGI)将润滑脂锥入度按稠度分为 9 个等级，我国也采用此分级标准，具体分级见表 6-3。

表 6-3 润滑脂稠度等级划分

NLGI 稠度号	000	00	0	1	2	3	4	5	6
锥入度(1/10mm)	445~475	400~430	355~385	310~340	265~295	220~250	175~205	130~160	85~115

GB 7631.8—1990 润滑脂(X 组)的分类见表 6-4。

表 6-4 X 组(润滑脂)的分类

代号字母(字母1)	总的用途	使用要求									标记	备注
		操作温度范围				水污染③	字母4	负荷 EP	字母5	稠度		
		最低温度①/℃	字母2	最高温度②/℃	字母3							
X	用润滑脂场合	0 -20 -30 -40 <-40	A B C D E	60 90 120 140 160 180 >180	A B C D E F G	在水污染的条件下，润滑脂的润滑性、抗水性和防锈性	A B C D E F G H I	在高负荷或低负荷下，表示润滑脂的润滑性和极压性，用 A 表示非极压型脂；用 B 表示极压型脂	A B	可选用如下稠度号 000 00 0 1 2 3 4 5 6	一种润滑脂的标记是由代号字母 X 与其他 4 个字母及稠度等级联系在一起来标记的	包含在这个分类体系范围内的所有润滑脂彼此相容是不可能的。而由于缺乏相容性，可能导致润滑脂性能水平的剧烈降低，因此，在允许不同的润滑脂相接触之前，应和产销部门协商

①设备启动或运转时，或者泵送润滑脂时，所经历的最低温度。

②在使用时，被润滑的部件的最高温度。

③水污染见表 6-5。

字母 4(水污染)的确定见表 6-5。

表 6-5 水污染的确定

环境条件①	防锈性②	字母 4
L	L	A
L	M	B
L	H	C
M	L	D
M	M	E
M	H	F
H	L	G
H	M	H
H	H	I

①L 表示干燥环境；M 表示静态潮湿环境；H 表示水洗。

②L 表示不防锈；M 表示淡水存在下的防锈性；H 表示盐水存在下的防锈性。

具体分类情况及分类请参看 GB 7631.8—1990。

按照 GB 7631.8—1990 标准，润滑脂的分类需要结合标准三个表的说明，如需结合表 6-2 润滑脂代号的字母顺序、表 6-4 X 组(润滑脂)的分类、表 6-5 水污染的确定才能确定，分类不直接。为了直接掌握该标准分类，表 6-6 汇总了 GB 7631.8—1990 字母分类含义。

表 6-6 GB 7631.8—1990 字母分类含义

字母 2/3/4/5	字母 2 最低使用温度/℃	字母 3 最高使用温度/℃	字母 4 环境(抗水性、防锈性)	字母 5 极压性	稠度等级 稠度号(NLGI)
A	0	60	干燥环境/不防锈	非极压性	000
B	-20	90	干燥环境/淡水存在防锈	极压性	00
C	-30	120	干燥环境/盐水存在防锈		0
D	-40	140	静态潮湿环境/不防锈		1
E	<-40	160	静态潮湿环境/淡水存在防锈		2
F		180	静态潮湿环境/盐水存在防锈		3
G		>180	水洗环境/不防锈		4
H			水洗环境/淡水存在防锈		5
I			水洗环境/盐水存在防锈		6

字母 2：设备启动或运转时，或者泵送润滑脂时，所经历的最低温度。

字母 3：在使用时，被润滑的部件的最高温度。

二、我国现行润滑脂性能试验的发展状况

润滑脂是由稠化剂和润滑液体所组成的一种具有塑性的润滑剂，介于液体和固体之间的润滑材料，用途广。鉴于其制备工艺的特殊性，润滑脂的性能分析与评价对润滑脂在研究、生产、使用与使用过程中的质量监控等是非常重要的。润滑脂的评价试验方法及试验设备研究与开发是进行润滑脂的机理研究、润滑脂新品种开发、润滑脂新的用途与场合、润滑脂的性能改进等十分有用的手段或措施。

对研究部门而言，润滑脂的分析评定是研发开发润滑脂新品种最重要和必不可少的环节和手段；对生产部门而言，润滑脂的分析评价是保障润滑脂产品质量，确保生产过程中的质量控制、出厂产品满足产品标准或生产商的内控指标要求；对于使用部门而言，润滑脂的分析评定是确保接收的润滑脂产品满足要求或达到标准，杜绝不合格产品进入设备，从而确保润滑设备安全、平稳并正常运转。

润滑脂的分析评定包括理化性能分析和应用性能分析的标准，现行有效标准 62 个，其中国家标准 11 个，石化行业标准 51 个，具体见表 6-7。

表 6-7 现行润滑脂理化性能与模拟性能分析评定方法

序号	标准编号	标准名称	试验目的
1	GB/T 25962—2010	高速条件下汽车轮毂轴承润滑脂漏失量测定法	机械安定性
2	GB/T 269—1991	润滑脂和石油脂锥入度测定法	理化性能-稠度
3	GB/T 3498—2008	润滑脂宽温度范围滴点测定法	热安定性
4	GB/T 392—1977	润滑脂压力分油测定法	胶体安定性

续表

序号	标准编号	标准名称	试验目的
5	GB/T 4929—1985	润滑脂滴点测定法	热安定性
6	GB/T 5018—2008	润滑脂防腐蚀性试验法	防锈防腐性
7	GB/T 512—1965	润滑脂水分测定法	组成分析
8	GB/T 513—1977	润滑脂机械杂质测定法(酸分解法)	组成分析
9	GB 7325—1987	润滑脂和润滑油蒸发损失测定法	热安定性
10	GB 7326—1987	润滑脂铜片腐蚀试验法	防锈防腐性
11	NB/SH/T 0203—2014	润滑脂承载能力的测定 梯姆肯法	极压抗磨性
12	NB/SH/T 0324—2010	润滑脂分油的测定 锥网法	胶体安定性
13	NB/SH/T 0721—2016	润滑脂摩擦磨损性能的测定 高频线性振动试验机(SRV)法	极压抗磨性
14	NB/SH/T 0823—2010	润滑脂在稀释合成海水中防腐蚀性试验法	防锈防腐性
15	NB/SH/T 0839—2010	汽车轮毂轴承润滑脂低温转矩测定法	低温性和流变性
16	NB/SH/T 0850—2010	精密机械和光学仪器润滑脂流散性测定法	理化性能-流散性
17	NB/SH/T 0854—2013	润滑脂对滚动轴承振动性能的影响测量方法	理化性能-低噪声
18	NB/SH/T 0858—2013	润滑脂低温锥入度测定法	低温性和流变性
19	NB/SH/T 0864—2013	润滑脂中金属元素的测定 电感耦合等离子体发射光谱法	组成分析
20	NB/SH/T 0869—2013	润滑脂离心分油测定法	胶体安定性
21	NB/SH/T 0872—2013	水存在下润滑脂剪切稳定性测定法 水稳定性试验	机械安定性
22	NB/SH/T 0920—2016	高赫兹接触压力下润滑脂抗微动磨损能力的测定 高频线性振动试验机法	极压抗磨性
23	SH/T 0048—1991	润滑脂相似黏度测定法	低温性和流变性
24	SH/T 0109—2004	润滑脂抗水淋性能测定法	抗水性
25	SH/T 0122—1992	润滑脂滚筒安定性测定法	机械安定性
26	SH/T 0202—1992	润滑脂极压性能测定法(四球机法)	极压抗磨性
27	SH/T 0204—1992	润滑脂抗磨性能测定法(四球机法)	极压抗磨性
28	SH/T 0319—1992	润滑脂皂分测定法	组成分析
29	SH/T 0322—1992	润滑脂有害粒子鉴定法	组成分析
30	SH/T 0323—1992	润滑脂强度极限测定法	低温性和流变性
31	SH/T 0325—1992	润滑脂氧化安定性测定法	化学安定性
32	SH/T 0326—1992	汽车轮轴承润滑脂漏失量测定法	机械安定性
33	SH/T 0327—1992	润滑脂灰分测定法	组成分析
34	SH/T 0329—1992	润滑脂游离碱和游离有机酸测定法	组成分析
35	SH/T 0330—1992	润滑脂机械杂质测定法(抽出法)	组成分析
36	SH/T 0331—1992	润滑脂腐蚀试验法	防锈防腐性
37	SH/T 0335—1992	润滑脂化学安定性测定法	化学安定性
38	SH/T 0336—1994	润滑脂杂质含量测定法(显微镜法)	组成分析

续表

序号	标准编号	标准名称	试验目的
39	SH/T 0337—1992	润滑脂蒸发度测定法	热安定性
40	SH/T 0338—1992	滚珠轴承润滑脂低温转矩测定法	低温性和流变性
41	SH/T 0427—1992	润滑脂齿轮磨损测定法	极压抗磨性
42	SH/T 0428—2008	高温下润滑脂在球轴承中的寿命测定法	使用寿命
43	SH/T 0429—2007	润滑脂和液体润滑剂与橡胶相容性测定法	理化性能-与橡胶配伍性
44	SH/T 0452—1992	润滑脂储存安定性试验法	胶体安定性
45	SH/T 0453—1992	润滑脂抗水和抗水-乙醇（1：1）溶液性能试验法	抗水性
46	SH/T 0596—1994	润滑脂接触电阻测定法	理化性能-电性能
47	SH/T 0643—1997	润滑脂抗水喷雾性测定法	抗水性
48	SH/T 0661—1998	润滑脂宽温度范围蒸发损失测定法	热安定性
49	SH/T 0681—1999	润滑脂表观黏度测定法	低温性和流变性
50	SH/T 0682—1999	润滑脂在储存期间分油量测定法	胶体安定性
51	SH/T 0700—2000	润滑脂防锈性测定法	防锈防腐性
52	SH/T 0716—2002	润滑脂抗微动磨损性能测定法	极压抗磨性
53	SH/T 0773—2005	汽车轮毂轴承润滑脂寿命特性测定法	使用寿命
54	SH/T 0784—2006	润滑脂极压性能测定法（高频线性振动试验机法）	极压抗磨性
55	SH/T 0790—2007	润滑脂氧化诱导期测定法（压力差示扫描量热法）	化学安定性
56	GB/T 2361—1992	防锈油脂湿热试验法	防锈防腐性
57	SH/T 0080—1991	防锈油脂腐蚀性试验法	防锈防腐性
58	SH/T 0081—1991	防锈油脂盐雾试验法	防锈防腐性
59	SH/T 0082—1991	防锈油脂流下点试验法	热安定性
60	SH/T 0217—1998	防锈油脂试验试片锈蚀度试验法	防锈防腐性
61	SH/T 0533—1993	防锈油脂防锈试验试片锈蚀评定方法	防锈防腐性
62	SH/T 0691—2000	润滑剂的合成橡胶溶胀性测定法	理化性能-与橡胶配伍性

本章将重点介绍润滑脂常用的理化分析与模拟评定试验方法，这些分析评定性能反映出润滑脂软硬程度、机械安定、胶体稳定、氧化安定、防护性等性能。

第二节　润滑脂外观、稠度

检测润滑脂的外观可以初步区别各种不同类型的润滑脂和初步判断润滑脂质量的优劣；检测润滑脂的稠度可以判断润滑脂的软硬程度，初步了解润滑脂的抗挤压和抗剪切的能力，以及可以反映润滑脂在受外力作用下产生流动的难易程度。

分析评价方法有外观评价的目测方法，GB/T 269 润滑脂和石油脂锥入度测定法、NB/SH/T 0858润滑脂低温锥入度测定法。

润滑脂的外观是通过目测和感观来控制其质量的检查项目，主要检测润滑脂的颜色、光泽、软硬度、黏附性、均匀性及纤维状况和拉丝性等，虽然这是一个简单的带有人为经验性的直观检查项目，但却可以通过润滑脂外观初步确定润滑脂的种类牌号、推断产品质量。外观检测方法是在光线下直接用肉眼观察均匀涂抹在玻璃板上的润滑脂样品来判断润滑脂。

润滑脂锥入度是测量润滑脂稠度大小的质量指标。

在规定的质量、时间和温度的试验条件下，标准锥体垂直刺入润滑脂或石油脂胶体的深度，其单位以 0.1mm 表示。测定润滑脂锥入度的方法有 GB/T 269—1991 和 NB/SH/T 0858—2013，其中 NB/SH/T 0858—2013 测定低温下的锥入度。

一、润滑脂锥入度试验

1. GB/T 269—1991 润滑脂和石油脂锥入度测定法

(1) 方法概述：GB/T 269—1991 规定了用锥入度法测定润滑脂和石油脂稠度的方法，适用于润滑脂和石油脂(凡士林)的测定，等效采用 ISO 2137：1985 润滑脂和石油脂锥入度测定法。

测定润滑脂锥入度通常分为三种情况：

① 不工作锥入度——润滑脂样品在尽可能少搅动情况下，从盛装样品的容器转移到工作器脂杯中测定的锥入度。

② 工作锥入度——润滑脂样品在工作器中经 60 次/min 往复工作后测定的锥入度。

③ 延长工作锥入度——润滑脂样品在工作器中多于 60 次往复工作后测定的锥入度。通常延长工作锥入度按规定或商定往复工作 1 万次或 10 万次。完成对试样的工作后，立即将润滑脂工作器放在恒温的空气浴或水浴中，使试样在 1.5h 内达到(25±0.5)℃。从恒温浴中取出工作器使试样再经 60 次/min 往复工作后测定锥入度。

润滑脂锥入度锥体的尺寸有全尺寸锥体、1/2 锥体和 1/4 锥体，全尺寸锥入度与1/2锥入度、1/4 锥入度可经过公式进行换算。

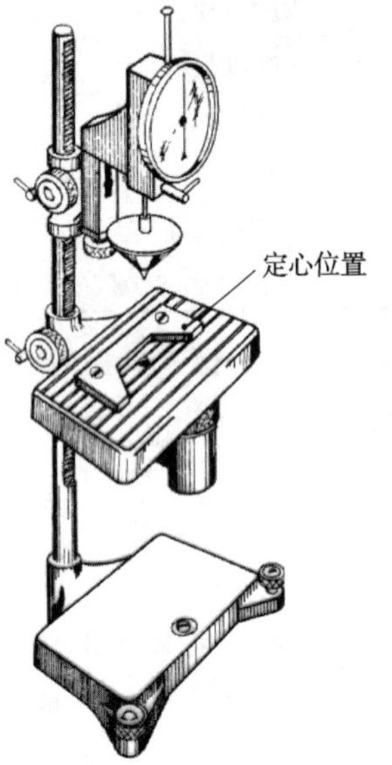

图 6-1　锥入度计

注：此为组合图通常锥体组合件或者平台能够垂直移动。

1/4 锥入度换算为全尺寸锥入度：

$$P_{全尺寸锥入度}=3.75\times P_{1/4锥入度}+24 \tag{6-1}$$

1/2 锥入度换算为全尺寸锥入度：

$$P_{全尺寸锥入度}=2\times P_{1/2锥入度}+5 \tag{6-2}$$

全尺寸锥体刺入润滑脂来测定其稠度的四种方法：不工作、工作、延长工作和块锥入度的测定步骤。锥入度值可以测至 620 单位。

1/2 或 1/4 比例锥体来测定润滑脂稠度只适用于样品量少、不能用全尺寸测定方法时，而且全尺寸锥入度值为 175～385 单位的润滑脂。虽然 1/2 和 1/4 锥入度可以换算为全尺寸锥入度，但这两个方法不是为了代替全尺寸的锥入度测试。

(2) 仪器设备。

锥入度计：典型的锥入度计如图 6-1 所示。

全尺寸锥体和锥杆：锥体由镁或其他适宜材料制造的圆锥体和可拆卸的淬火钢尖组成，其尺寸和公差如图 6-2 所示。锥体总质量为(102.5±0.05)g，锥杆质量为(47.5±0.05)g。由刚性杆组成的锥杆其上端有一“台阶”，其下端有一连接锥体的适当结构。只要锥体总的外形及质量分布不变，允许修改内部结构，以达到规定质量。外表面应抛光，使其非常光滑。

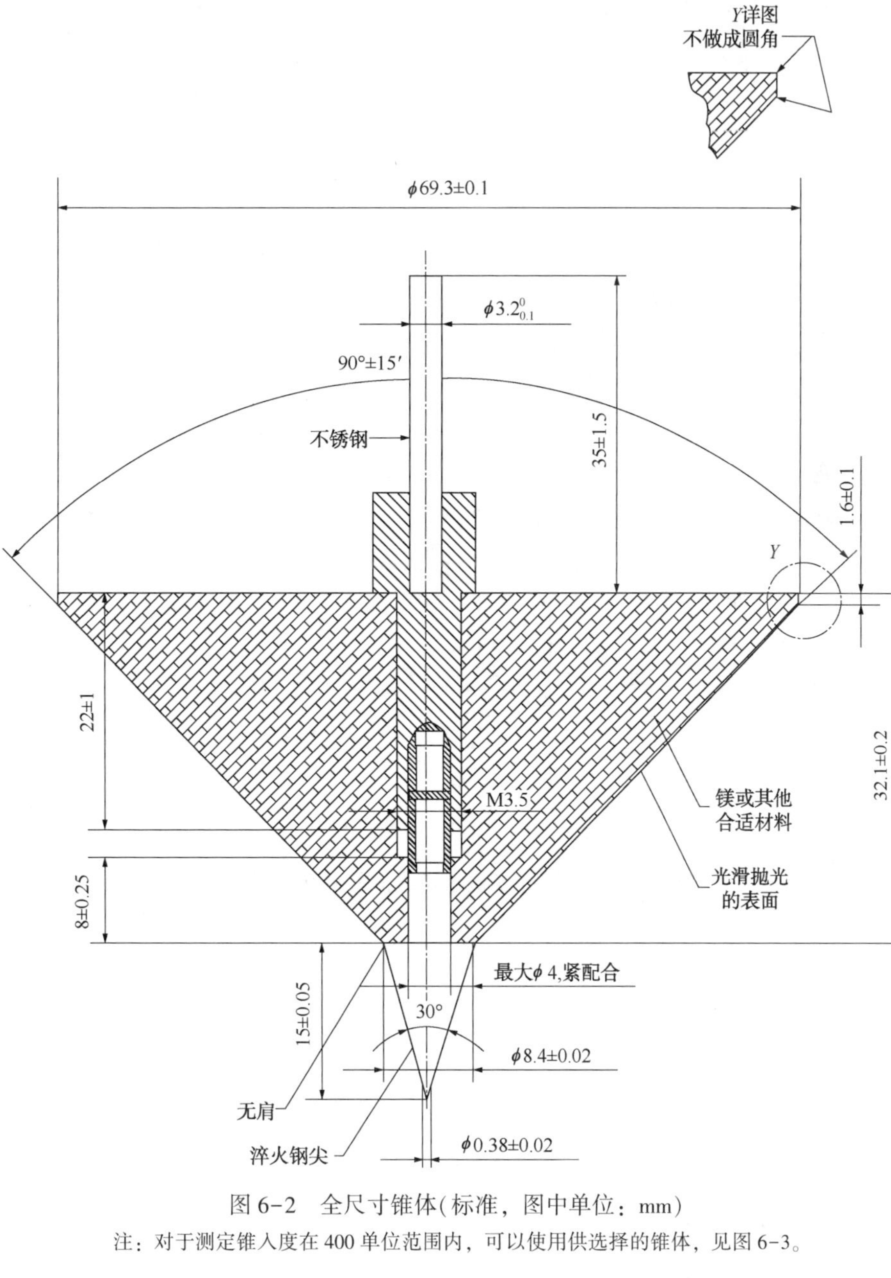

图 6-2 全尺寸锥体（标准，图中单位：mm）

注：对于测定锥入度在 400 单位范围内，可以使用供选择的锥体，见图 6-3。

1/2 比例锥体和锥杆：锥体用钢、不锈钢或黄铜制，并带有一个洛氏硬度 C 为 45～50 的淬火钢尖，其尺寸和公差如图 6-4 所示。锥杆可用不锈钢制成。锥体和锥杆的总质量为(37.5±0.05)g。锥体的质量为(22.5±0.025)g。锥杆的质量为(15±0.025)g。

1/4 比例锥体和锥杆：锥体用塑料或其他低密度材料制成，并带有一个洛氏硬度 C 为 45～50 的淬火钢尖，其尺寸和公差如图 6-5 所示。锥杆可用镁合金制成。锥体和锥杆的总质量为(9.38±0.025)g。此值可通过在锥杆的空腔中加入小弹丸进行调节。

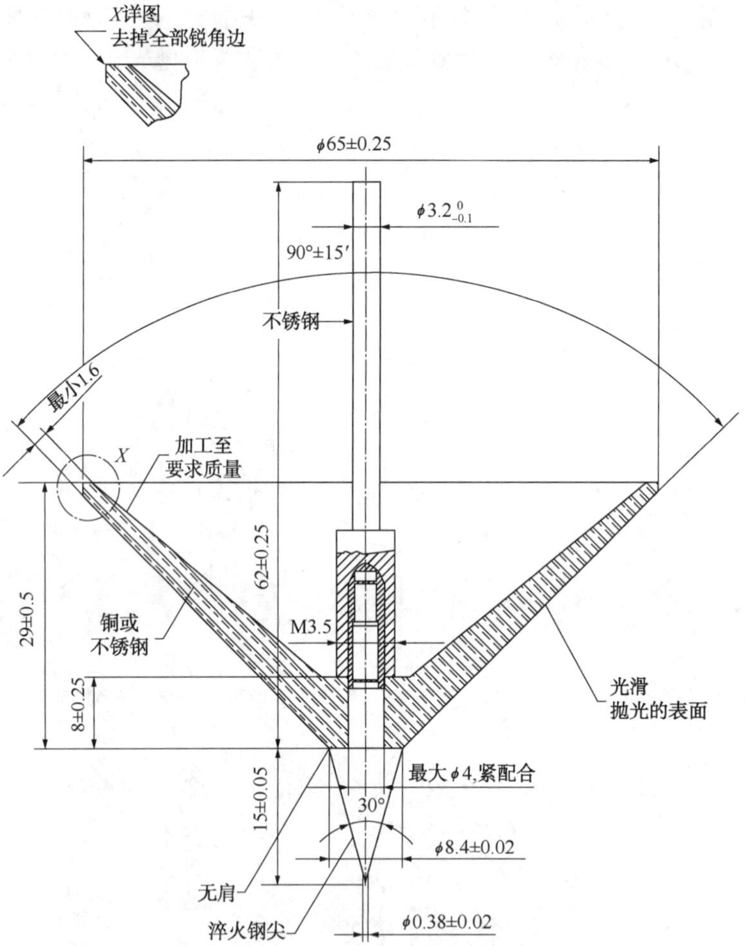

图 6-3 全尺寸锥体(供选择的，图中单位：mm)

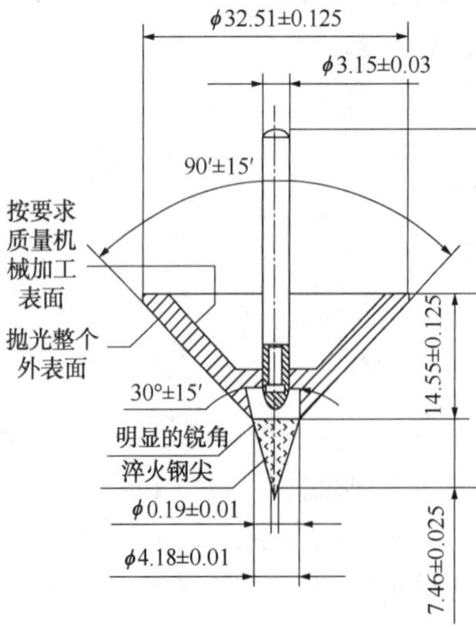

图 6-4 1/2 比例锥体(图中单位：mm)

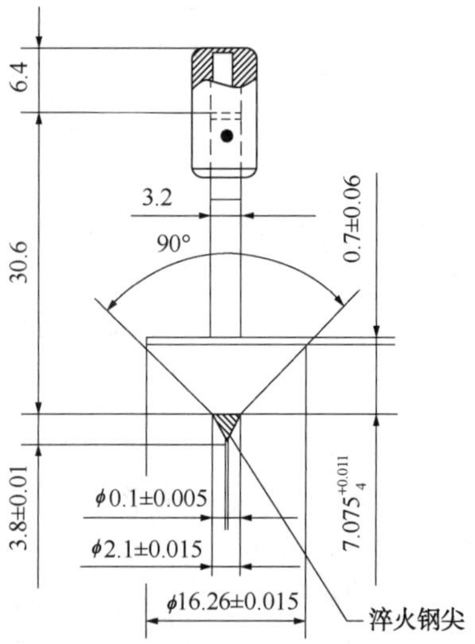

图 6-5 1/4 比例锥体(图中单位：mm)

工作器：全尺寸工作器、1/2 比例润滑脂工作器、1/4 比例润滑脂工作器等。

其他：温度计、刮刀、切割器、烘箱、计时器等。

(3) 操作步骤：

① 不工作锥入度：取足够样品(至少 0.5kg)以装满润滑脂工作器脂杯。如果试样的锥入度大于 200 单位，则取样量至少需要三倍装满脂杯的量。

将装配好的空的润滑脂工作器或者内部尺寸相同的金属容器以及装在金属容器中适量的试样置于保持在(25±0.5)℃的水浴或恒温箱中有足够长的时间，使试样温度达到(25±0.5)℃。最好是整块地从容器中将试样转移到脂杯或内部尺寸相同的金属容器中，使装样量满过容器。在转移时，应使试样尽量少受搅动。振动容器以除去混入的空气，并用刮刀压紧试样，在尽量少搅动情况下，取得一满杯没有空气穴的试样。斜持刮刀，使之移动方向呈 45°角横刮过脂杯边缘，以除去高出脂杯的多余试样，在整个测定不工作锥入度期间，对表面不需做进一步刮平或刮光滑，立即测定锥入度。

如果试样的初始温度与 25℃相差约大于 8℃或如果使用调节试样到 25℃的另外方法时，则允许适当延长时间，以保证试样在测定前达到(25±0.5)℃。此外，如果试样数量超过 0.5kg，则也允许适当延长时间以保证试样温度达到(25±0.5)℃。如果试样稳定在(25±0.5)℃，则可进行测定。

如果试样的锥入度为 200 单位或小于 200 单位，则可在同一工作器脂杯中对试样进行三次试验。三次试验的测定点位于工作器脂杯各隔 120°的三个半径(容器中心到边缘)的中点上，记录测定数据。

如果试样的锥入度超过 200 单位，则应小心地把锥体对准容器中心，一个工作器的试料只能做一次试验，在三个工作器脂杯中分别进行试验，记录测定数据。

② 工作锥入度：将足够量的实验室样品移入清洁的润滑脂工作器脂杯中，使之填满(其中心部分堆起高约 13mm)，用刮刀压紧以避免混入空气。装填过程中不时振动脂杯，以除去任何混入的空气。

装配好孔板处于提升位置的润滑脂工作器，打开排气阀，把孔板压到杯底。从排气阀插入温度计，使温度计顶端位于试样中心。将装配好的润滑脂工作器放入保持在(25±0.5)℃的水浴中，直到温度计指示出润滑脂工作器及试样的温度达到(25±0.5)℃。从水浴中取出润滑脂工作器，擦去工作器表面所沾的水，取出温度计，关上排气阀。使试样在 1min 内经受孔板 60 次全程往复工作。然后使孔板返回到其顶部位置。打开排气阀，取出顶盖和孔板，将沾在孔板上的易刮下的试样尽量刮回脂杯内。

在凳子上或地板上强烈振动脂杯，用刮刀装填试样以填满孔板留下的空穴以及除去任何空气穴，用刮刀保持倾斜 45°角沿着脂杯边移动，刮去并保留高出脂杯边缘多余的试样。立即按要求进行锥入度测定，测试二次以上时，将先前刮下的试料放回同一工作器脂杯中，填满、刮平、测定，记录得到的三次测定值。

③ 延长工作锥入度：保持实验室温度在 15~30℃，将试样放置足够时间，以使脂温度达到 15~30℃。

在干净工作器脂杯中填满试样，装好工作器，试样按规定或商定次数进行往复工作。

完成对试样的工作后，立即将润滑脂工作器放在恒温的空气浴或水浴中，使试样在1.5h内达到(25±0.5)℃。从恒温浴中取出工作器使试样60次/min往复工作，打开排气阀，取下顶盖和孔板，用刮刀将脂样尽量刮回脂杯内，斜持刮刀与运动方向呈45°角横刮过脂杯边缘，刮去并保留高出脂杯边缘多余的试样。立即按要求进行锥入度测定，在同一工作器脂杯中进行两次以上的测定，将先前刮下的试料放回同一工作器脂杯中，填满、刮平、测定，记录测定值。

④ 块锥入度的测定：要取足够数量的润滑脂样品。样品必须足够硬，以保持其形状。以便从其切出一块边长为50mm的立方体作为试样。用润滑脂切割器，在室温下把实验室样品切成边长约为50mm的立方体作为试样。按住试样，切割时使切割器刀的不倾斜的边朝着试样，在一个角接邻的三个面上各切去一层厚约1.5mm试样，为便于辨认，可以截去这个角的角顶。注意不要触动新暴露面上用作进行试验的那些部分，也不要把制备好的面放在切割器底板或切割器导向器上。把制备好的试料放入保持在(25±0.5)℃恒温空气浴中至少1h，使试料达到(25±0.5)℃。

将试料放在已调节至完全水平的锥入度计平台上，使试料的一个试验面朝上，并压其各角，使试样保持水平并稳固地放在平台上，以防试料在试验时摇动。调节测定机构使锥体处于“零位”，并仔细地调节仪器使锥尖刚好接触试样的中心表面。测定锥入度，在试样的一个暴露面上总共进行三次测定。测定点至少距边6mm，并尽可能互相远离也不碰到任何被接触动过的地方、空气孔或表面上其他明显的缺陷。如果其中任一结果与其他结果的差值超过3个单位，则应进行补充试验，直到所得的三个数值的差值不超过3个单位。将这三个数据的平均值作为受试表面的锥入度值。

⑤ 石油脂锥入度的测定：对于锥入度大于200单位的石油脂，约需1kg样品；对于锥入度等于或小于200单位的石油脂约需700g试样。

如果石油脂的锥入度大于200单位，则需要准备三份试样。若锥入度等于或小于200单位，则按规定准备一份试样。

将样品放入保持在(85±2)℃的烘箱中进行熔化，并把所需数量的试样容器与试样一起放入烘箱中使两者达到85℃。当试样熔化并达到该温度的3℃以内，取出试样和被加热了的试料容器。将试样充满所需数量的容器，满至离容器边缘6mm以内。把充满试料的容器放置在没有通风且温度控制在(25±2)℃的地方冷却16~18h。在试验前，把充满试料的容器放在水浴中2h，使其温度达到(25±0.5)℃。不要对试料表面削平或以其他方式对试料进行工作。从水浴中取出充满试料的容器，立即进行测定。

注意：如果室温与25℃偏差2℃或2℃以上，则在立即测定试料之前，把锥体放在水浴中，使其恒温在(25±0.5)℃。如果室温明显偏离25℃，则必须多次调节锥体温度。

(4) 精密度(95%置信水平)：

重复性(r)：同一操作者，重复测定两个结果之差，不应大于表6-8~表6-10中规定数值。

再现性(R)：不同实验室，各自提出的两个结果之差，不应大于表6-8~表6-10中规定数值。

表 6-8 润滑脂全尺寸锥体 0.1mm

锥入度类型	锥入度数值范围①	重复性	再现性
不工作	85~475	6	18
工作	130~475	5	14
延长工作	130~475	7②	23②
块	85 以下	3	7

注：①锥入度在 475 单位以上的精密度尚未确定。

②室温在 21~29℃，往复工作 60000 次测得的锥入度。

表 6-9 润滑脂，1/2 和 1/4 比例锥体 0.1mm

锥入度类型	锥体比例	重复性①	再现性①
不工作	1/2	5(10)	13(26)
工作	1/2	3(6)	10(20)
不工作	1/4	3(11)	10(38)
工作	1/4	3(11)	7(26)

注：①括号中数字表示相应地换算成全尺寸锥入度数值。

表 6-10 石油脂

重复性，0.1mm	2+0.05*P*	再现性，0.1mm	9+0.12*P*

注：*P* 为两个测定结果的算术平均值。

2. NB/SH/T 0858—2013 润滑脂低温锥入度测定法

NB/SH/T 0858—2013，修改采用 ISO 13737：2004 石油产品和润滑剂-润滑脂低温锥入度测定法，适合于-40~-20℃温度范围内低温下润滑脂的锥入度测定。

(1) 方法概要：在规定状态下，将试样及标准锥冷却至试验温度，采用符合 GB/T 269—1991 锥入度测定仪和全尺寸锥测定试样锥入度。

(2) 仪器设备：锥入度测定的所有设备应符合 GB/T 269—1991 第四章的规定。恒温控制试验箱：空气循环型，在-50~0℃温度范围内具有±1℃控温精度，并具有使空的试验箱在 2h 内达到试验温度的能力；温度传感器；刮刀；计时器。

(3) 试验步骤：准备两份试料，一份用于温度控制，另一份用于锥入度测定。

将温度计插入温度控制试料中，并使其终端位于试样中心深度约 30mm 处。将装有两个试样的脂杯置于已预先恒温的控制试验箱中。从刮平试样到将其置于恒温控制试验箱中的这两步骤之间的时间间隔应小于 30min。将锥入度测定仪的锥体也放入恒温控制试验箱中，使整个组件在试验温度下保持 4h±5min。此时，试样的温度和试验温度相差不大于 1℃，否则，重新进行试验。

将锥入度测定仪装置放置在恒温控制试验箱附近，确定锥杆完全垂直(竖直)，并能从释放机构中自由滑落，将表盘数字调到零位。记录温度控制试料的温度，准确至±0.5℃。

从恒温控制试验箱中迅速取出锥体及锥入度测定试样，将锥体安装在锥入度测定仪的锥杆上，试样放置于锥入度测定仪平台上。不再刮平润滑脂，按下述步骤立即进行锥入度测定：

① 将锥杆顶住表盘并调零，使锥尖对准脂杯中心刚好与试样表面接触。

② 迅速释放锥杆，并使其在(5±0.1)s 落下，轻轻地压下表盘竖杆与锥杆刚好接触，从表盘上读出锥入度值。

为避免试样和锥体的温度变化太大，从恒温控制试验箱中取出试样到测出锥入度值的过程应控制在 1min 以内。

(4) 精密度(95%置信水平)：

重复性(r)：在同一实验室，同一操作者使用同一仪器在相同的条件下按相同方法对同一试样进行连续测定两个试验结果之差不能超过 9 个单位。

再现性(R)：在不同实验室，由不同操作者按相同方法对同一试样测定的两个单一、独立结果之差不能超过 28 个单位。

二、润滑脂外观和锥入度试验的应用

(1) 虽然说润滑脂外观有主观判断因素，但是操作人员积累一定经验后对润滑脂外观的感官观察可初步确定润滑脂的种类牌号、推断产品质量。

(2) 润滑脂牌号(稠度等级)依据锥入度范围来划分，锥入度是润滑脂重要的理化指标。

(3) 锥入度是润滑脂和石油脂的稠度或软硬程度的指标，润滑脂锥入度值越大，表示其稠度越小，即润滑脂越软。润滑脂的稠度等级号数与锥入度数值是反对应。

(4) 锥入度是选用润滑脂的主要参数，也是机械设计的重要参数。如何正确选用润滑脂，工作锥入度作为选用润滑脂需要考虑的重要指标。通常根据摩擦部件的工作条件及加注润滑脂的方式来选择适宜的润滑脂稠度。

(5) 锥入度还可以间接反映润滑脂稠化剂的含量，稠化剂含量越少锥入度数值越大；反之则锥入度数值越小。

(6) 锥入度是润滑脂的主要技术指标，也是润滑脂生产控制和产品出厂的主要质量指标，是批次检验项目。

第三节　润滑脂热安定性能

润滑脂的热安定性是指润滑脂在受热环境下胶体安定性和使用寿命的评价方法，包括润滑脂的滴点、蒸发性能等。润滑脂在温度高的条件下使用时不仅会加速润滑脂基础油的蒸发，而且还会加速润滑脂的氧化和大量分油，导致润滑脂的胶体结构破坏而使润滑失效。测定润滑脂的热安定性能可以预测润滑脂在高温环境条件下的使用寿命，具有极其重要的使用意义。在高温环境条件下工作的机械设备要求所使用的润滑脂具有优异的热稳定性能，即要求润滑脂的滴点要高(在此温度下工作润滑脂不从润滑设备上滴落下来)、蒸发损失小和抗氧化性能好。不然润滑脂在高温下基础油大量蒸发和大量分油，使润滑脂的胶体结构被破坏，稠化剂由于失去基础油后逐渐变硬或形成硬块或生成积炭，引发设备润滑失败。

润滑脂的热安定性主要取决于基础油、稠化剂和添加剂种类，高温性能好的润滑脂大都选用耐热性好的基础油，使用相转变温度较高的稠化剂，以提高润滑脂的热安定性，改善其热安定性能，延长其使用寿命。常见基础油耐热性见表 6-11。

现行评定润滑脂热安定性标准有六个，三个国家标准和三个行业标准；GB/T 3498(宽温)和 GB/T 4929(油浴)润滑脂滴点测定法；SH/T 0337、GB 7325 和 SH/T 0661 润滑脂蒸发

损失测定法；SH/T 0082 防锈油脂流下点试验法，该方法在日常的品质控制中使用较少。

表 6-11 常见基础油的耐热性

基础油类型	黏度指数	耐热性
一般精制矿物油	一般	一般
深度精制矿物油	中	良
合成烃	高	良
聚醚	高	优
硅油	高	优
全氟醚	一般~高	优
聚苯醚	极差(-74~-20)	优
氟碳油	一般~中等	优
双酯	高	优
多元醇酯	高	优
全阻化酯	一般	优
植物基础油	高	一般

滴点表示润滑脂从脂杯中滴出第一滴并到达试管底部时的温度，该温度值需要修正，单位为℃。润滑脂的滴点为润滑脂热安定性评价指标之一，可以有效预测出润滑脂的最高使用温度界限，滴点越高，表明该润滑脂的高温使用性能越好。在选用润滑脂时应根据设备润滑部位的温度来进行选取润滑脂的滴点范围，通常情况下润滑脂滴点高于润滑部位 15℃ 以上是合适的。需要注意的是，滴点不是确定润滑脂最高使用温度界限的唯一参数，确定一个润滑脂的最高使用温度界限，除滴点外，还需参看其在高温下的稠度、稠化剂的抗氧化能力、高温下胶体安定性等参数。

润滑脂蒸发损失是指在高温条件下润滑脂基础油的蒸发损失程度。润滑脂的蒸发损失的大小是润滑脂热稳定性优劣的具体体现，蒸发损失越小表明其高温热稳定性越好。润滑脂的蒸发损失主要取决于润滑脂的基础油的类型、性质和馏分组成。若润滑脂的蒸发损失过大，将会造成润滑脂在使用过程中稠化剂浓度增大而使润滑脂变硬、摩擦增大、润滑效率下降，严重的将会出现润滑失败，显然选择合适的润滑脂基础油是研发、制备高质量润滑脂的关键。

一、润滑脂热安定性能试验方法

1. GB 4929—1985 润滑脂滴点测定法

（1）方法概述：GB 4929—1985 适用于测定温度不是很高时的润滑脂的滴点，此方法等效采用 ISO/DP 2176—79。

方法概要：本方法系将润滑脂装入滴点计的脂杯中，在规定的标准条件下，润滑脂在试验过程中达到一定流动性的温度。

（2）仪器与材料：测试仪器由脂杯、试管、温度计、油浴、环形支架和环、温度计夹、抛光金属棒(直径为 1.2~1.6mm；长度 150mm)、加热器与搅拌器等组成。

① 脂杯：镀铬黄铜杯。尺寸如图 6-6 所示。

② 试管：带边耐热硅酸硼玻璃试管，在圆周上有用来支撑脂杯的三个等距凹槽，其位置和尺寸如图 6-7 所示。

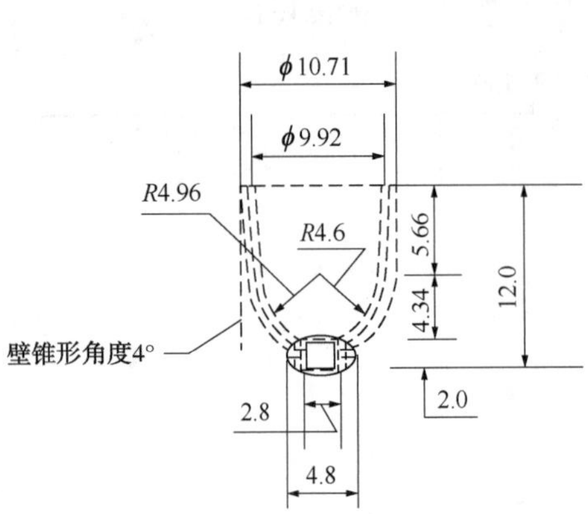

图 6-6　脂杯(单位：mm)

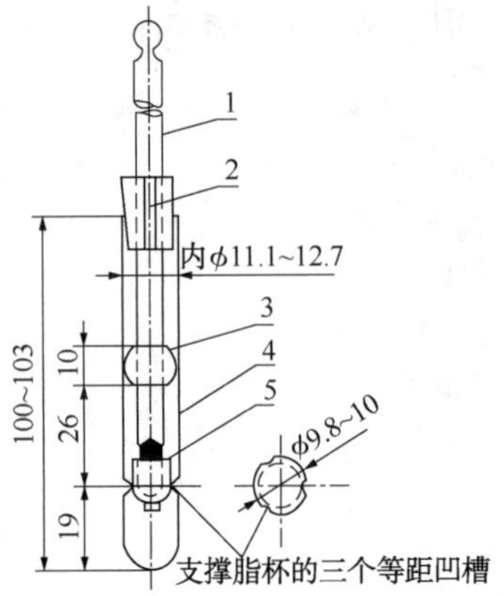

图 6-7　装配的仪器(单位：mm)

1—温度计；2—软木塞上的透气槽口；3—软木导环，环与试管之间总间隙 1.5mm；4—试管；5—脂杯

温度计：分浸，量程范围-5~300℃。

(3) 操作步骤：

① 将两个软木塞套住在温度计上，调节上面软木塞的位置，使温度计球的顶端离脂杯底约 3mm。在油浴中吊挂第二支温度计，使其球部与试管中温度计的球部位于大致一样的水平面。

② 取下脂杯，并从脂杯大口压入试样，直到杯装满试样为止，用刮刀除去多余的试样。在底部小孔垂直位置向下穿入抛光金属棒，直到棒伸出约 25mm。使棒以接触杯的上下圆周边的方式压向脂杯，保持这样的接触，用食指旋转棒上脂杯，使它螺旋状向下运动，以除去棒上附着呈圆锥形的试样，当脂杯最后滑出棒的末端时，在脂杯内侧应留下一厚度可重复的光滑脂膜。

③ 将脂杯和温度计放入试管中，把试管挂在油浴里，油面距试管边缘不超过 6mm。

④ 搅拌油浴，按 4~7℃/min 的速率升温，直到油浴温度达到比预期滴点约低 17℃，立即降低加热速度，使在油浴温度再升高 2.5℃以前，试管里的温度与油浴温度的差值在 2℃或低于 2℃的范围内，继续以 1~1.5℃/min 的速度加热油浴，使试管和油浴中温度之间的差值维持在 1~2℃。继续升温，试样逐渐从脂杯孔露出，从脂杯孔滴出第一滴流体时，立即记录两个温度计上的温度。

⑤ 以油浴温度计与试管里温度计的温度读数的平均值作为润滑脂试样的滴点。

(4) 精密度(95%精密度)：

重复性(r)：同一操作者在同一仪器上对同一试样重复测定，两次结果间的差数不应超过 7℃。

再现性(R)：不同操作者在不同实验室对同一试样进行测定，各自提出的结果之差不应超过 13℃。

2. GB/T 3498—2008 润滑脂宽温度范围滴点测定法

(1) 方法概述：GB/T 3498—2008 适用于测定润滑脂宽温度范围滴点，利用测定获得的滴点有助于润滑脂的类型鉴别和润滑脂的质量控制。修改采用 ISO 6299：1998《润滑脂滴点(宽温度范围)测定方法》。

方法概要：将润滑脂填入脂杯，放入试管中，试管放在预先设置恒温的铝块炉中。试管中放置经过校准的温度计，温度计不与润滑脂试样接触，在同试样无接触的条件下测量试管内温度。当试管内温度升高到第一滴润滑脂试样从脂杯中落到试管底部时，记录温度计显示的温度，作为观测滴点（准确到1℃），同时记录铝块炉的温度。取铝块炉的温度与试管中温度计温度差的三分之一作为修正系数，与观测滴点相加，即为润滑脂试样的滴点。

（2）仪器与材料：

① 滴点装置，见图6-8，由以下部件组成。由脂杯（镀铬黄铜杯，尺寸见图中A所示）、试管（带边缘的薄壁玻璃试管，尺寸见图中B所示）、脂杯支架（玻璃管，见图中C所示）、温度计（符合GB/T 514中的GB-29温度计的要求，见图中D所示）；辅助材料与装置有温度计夹、衬套、衬套支撑圈、温度计深度量规、金属棒、脂杯量规及铝块炉等。

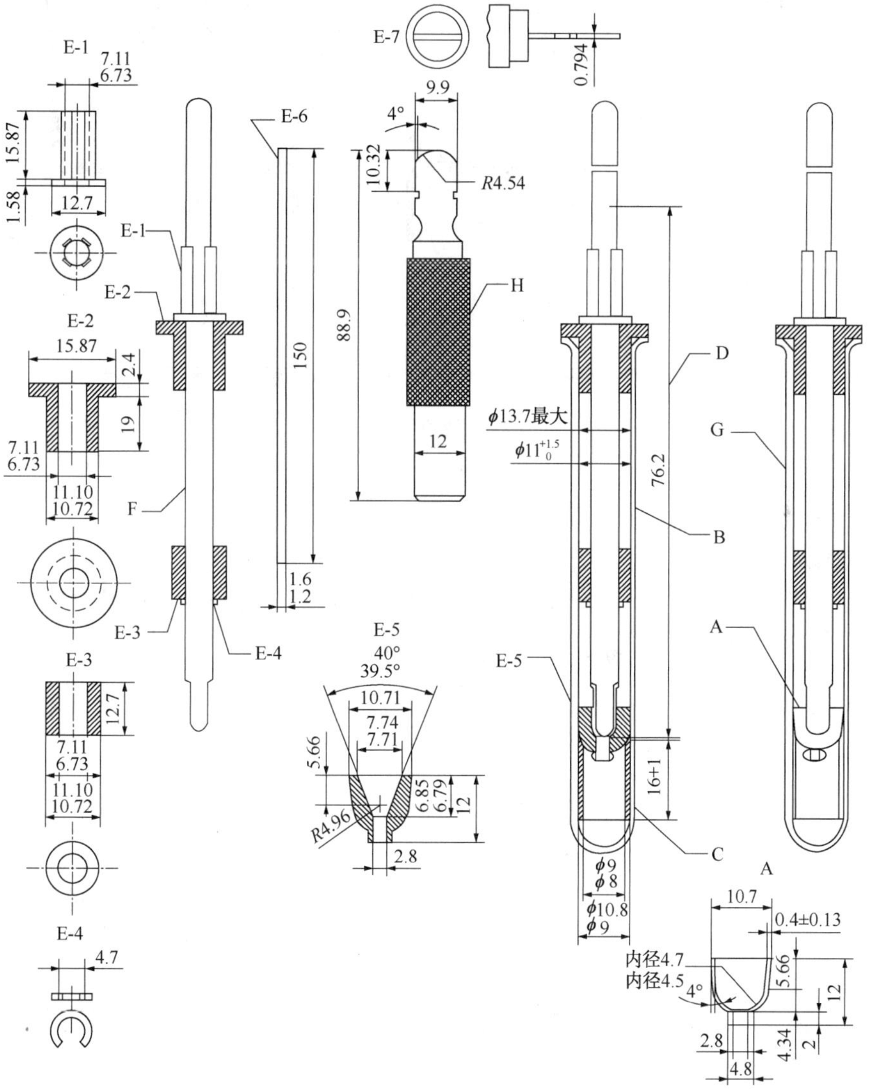

图6-8 润滑脂宽温度范围滴点装置（单位：mm）

A—脂杯；B—试管；C—脂杯支架；D—温度计；E-1—温度计夹；E-2—衬套；E-3—衬套；E-4—衬套支撑圈；E-5—温度计深度量规；E-6—金属棒；E-7—脂杯量规；F—温度计组合件；G—试管组合件；H—滚花

② 铝块炉：输出功率700W，设计尺寸见图6-9。铝块炉应具备完整的盒式加热器，通过控制加热器以获得、维持所需温度。

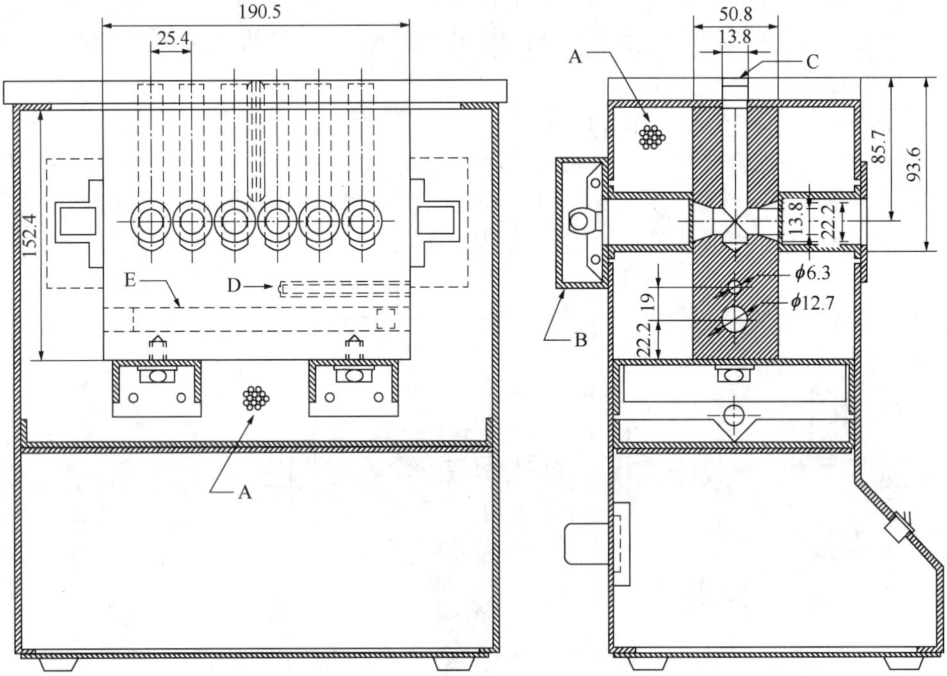

图6-9 铝块炉(单位：mm)

A—绝缘材料；B—荧光灯；C—温度计孔；D—热敏电阻探测器；E—700W加热器

(3) 操作步骤：

① 仪器组装：在铝块炉的每个试管孔和温度计孔中，分别插入空试管和温度计，按表6-12在保证测得的试样滴点不高于该炉温对应的最高滴点条件下，选择最低炉温进行试验。

表6-12 铝块炉温度对应的最高滴点

铝块炉温度/℃	最高滴点温度/℃	铝块炉温度/℃	最高滴点温度/℃
121±3	116	316±3	304
232±3	221	343±3	330
288±3	277		

选择和使用试管和附件(图6-8中E-1、E-2、和E-3)，使温度计摆动减至最小，按图6-8中F所示，从E-1到E-4逐次装配到温度计上。调整衬套和衬套支撑圈，使衬套支撑圈距离温度计感温泡端约25mm，把脂杯支架放入试管中，将温度计深度量规和温度计组合件插入试管。调整温度计，使其感温泡端嵌入脂杯量规内，调整衬套和温度计夹，使衬套凸肩压在试管口边缘上。

② 从脂杯大口压入试样，直到装满为止。用刮刀除去多余的脂，使脂面与杯口齐平，脂杯小口朝下并保持垂直位置，轻轻套入金属棒直到金属棒伸出脂杯大口约25mm为止，用金属棒同时接触杯上下圆周挤压杯中的脂，用食指使脂杯在金属棒上旋转，螺旋形地向下移动，脂的锥体部分被黏附在金属棒上而被除去。当脂杯接近金属棒的下端时，将金属棒小心

地从脂杯中滑出，杯内留下一层厚度均匀的平滑脂膜。

③ 从试管中取出温度计组合件和温度计深度量规，把脂杯放在试管中的脂杯支架上，并重新装上温度计组合件。从铝块炉中取出空试管，轻轻插入试管组合件，试管组合件在脂杯支架上确保垂直。

④ 当脂杯滴落第一滴试样，脱离杯口达到试管底部，记录此时的试样温度和炉温，精确至1℃。

（4）计算：按式(6-3)计算试样滴点：

$$D=t_0+\frac{t_1-t_0}{3} \tag{6-3}$$

式中 D——润滑脂试样滴点，℃；

t_0——从脂杯中滴落第一滴试样到试管底部时的温度，℃；

t_1——试样滴落时铝块炉的温度，℃。

（5）精密度(95%置信水平)：

重复性(r)：由同一操作者使用同一台仪器，在相同操作条件下，对同一试样进行重复测定，测得的两个连续测定结果之差不应超过表6-13的要求。

再现性(R)：由不同操作者在不同实验室对同一试样在规定的试验条件下进行试验，所得的两个独立试验结果之差不应超过表6-13的要求。

表6-13 润滑脂宽温度范围滴点的精密度要求

滴点范围/℃	重复性/℃	再现性/℃
<116	6	9
116~221	8	12
222~277	6	16
278~304	7	12
305~330	18	24

注：为得到准确数值，润滑脂的滴点低于221℃则使用厚壁玻璃耐温试管，润滑脂的滴点高于221℃则使用薄壁试管。

3. 润滑脂滴点自动测定法IP 396/14

这里简单介绍一个自动滴点测定方法IP 396/14，这个方法在国外著名润滑脂企业的滴点测试中应用普遍，用这个方法的突出好处是滴点温度范围宽，因而无论滴点高低，只用这一个自动方法测试润滑脂滴点，不像国内润滑脂产品标准根据产品滴点范围用不同的滴点测试方法，GB/T 4929—1985润滑脂滴点测定法或GB/T 3498—2008润滑脂宽温度范围滴点测定法。

这个方法还有个显著的优点，那就是自动测试滴点。润滑脂测试项目与润滑油测试项目相比，自动化测试的项目很少，也就是说绝大多数润滑脂项目是手工操作的，要求分析操作技能高。自动滴点测试是屈指可数的润滑脂自动测试项目之一。可靠的自动化可以显著提供准确性、重复性和可再现性。一键测量，可以大幅度简化分析流程，可以保证新操作人员快速使用。但特别需要注意的是样品制备过程，还是要有好的操作技能，否则其会直接影响滴点结果。

该方法按照设定的温度自动升温，图像处理技术分析液滴穿过测量杯下方的小矩形窗口时的温度，捕抓第一滴滴落的温度作为滴点结果。滴点测量杯、检测原理和滴点测定视频截图见图 6-10～图 6-12。

图 6-10　滴点测量杯

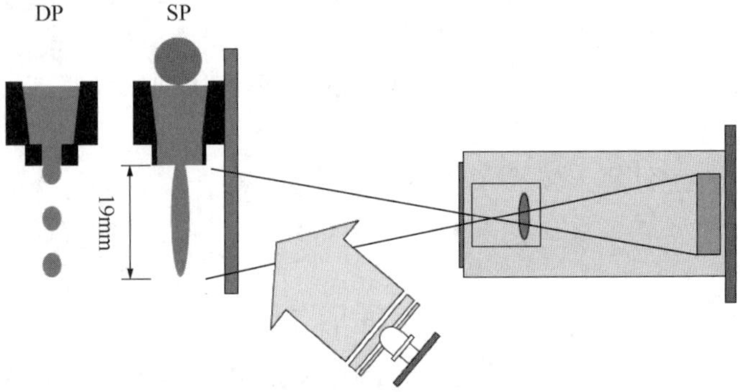

图 6-11　图解滴点及软化点的检测原理

图 6-11 中描述了检测原理。采用数字图像处理技术分析并记录整个分析过程。整个测量过程都以彩色视频形式记录下来，可以随时回放查看。在滴点测定过程中，视频图像处理技术分析液滴穿过测量杯下方的小矩形窗口时的温度(图 6-12)。仪器一旦检测到事件发生就会精确测量并记录温度。利用这种检测原理，即使是透明的、反射性的或者沥青色的样品都可以进行无错分析。

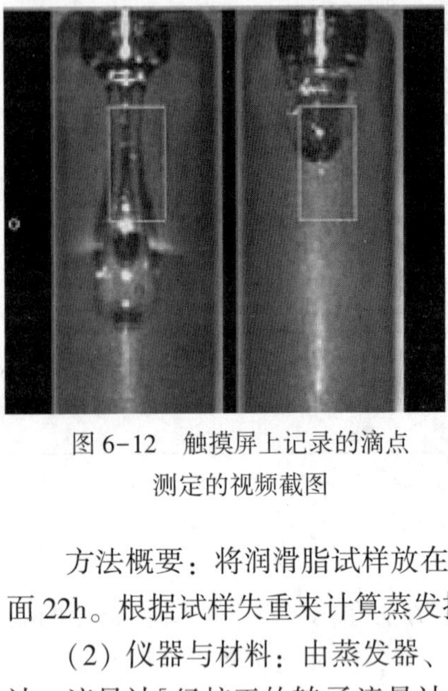

图 6-12　触摸屏上记录的滴点测定的视频截图

4. GB 7325—1987 润滑脂和润滑油蒸发损失测定法

(1) 方法概述：GB 7325—1987 适合于测定在 99～150℃之间任一温度下的润滑脂或润滑油的蒸发损失，此结果与润滑剂的高温使用性能有关。GB 7325—1987 等效采用 ASTM D972—56(81)润滑脂和润滑油蒸发损失测定法。

方法概要：将润滑脂试样放在蒸发器里，置于规定温度的恒温浴中，热空气通过试样表面 22h。根据试样失重来计算蒸发损失。

(2) 仪器与材料：由蒸发器、可供给蒸发器所需清洁空气的空气供给系统、油浴、温度计、流量计[经校正的转子流量计，在 15～30℃以(2.58±0.02)g/min 的速率供应空气]组成，蒸发器及附件见图 6-13。

(3) 试验步骤：

① 称量洁净的润滑脂试验杯和罩子，精确至 1mg(以下的称量均精确至 1mg)。将润滑脂填满整个润滑脂试验杯，防止空气混入，用直边刮刀刮润滑脂使和脂杯边缘相平，用干净的棉纱擦掉在脂杯边缘或螺纹处的润滑脂，把杯罩紧密地拧到脂杯上而不要触动已刮平的润滑脂表面。称量组合件并记录试样的净质量。

② 盖上盖子(不装罩子和试样杯)，将蒸发器浸入恒温浴中使其达到试验温度(控制到±0.5℃)。在试验开始前，让蒸发器在恒温浴中至少保持 30min，在此期间用干净的空气以(2.58±0.02)g/min 的流量流过蒸发器。然后去掉盖子，把称量过的杯罩与脂杯拧上，再盖

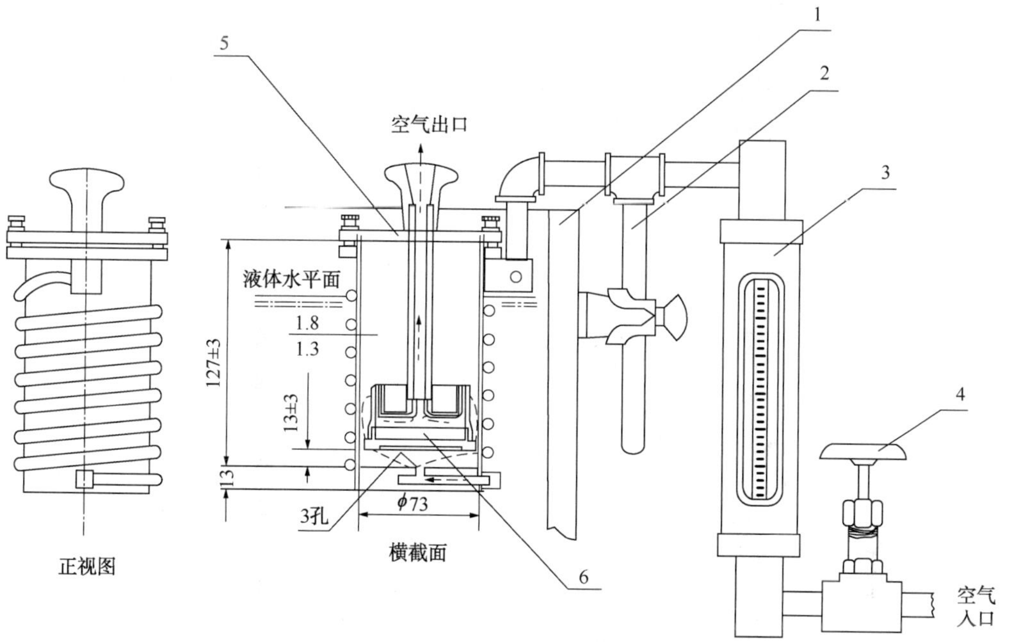

图 6-13 蒸发器及附件(单位：mm；除另有规定外所有尺寸的公差均为±0.4mm)

1—浴壁；2—支撑杆；3—转子流量计；4—针形阀；5—环槽盖；6—试样杯组合件

上盖子，上紧三个滚花的顶盖，封严螺丝以防空气从盖下漏泄。

③ 干净的空气通过蒸发器 22h±5min 后，从蒸发器上取下组合在一起的试样杯和罩子，冷却至室温，然后称重并记录样品的净质量。

(4) 计算：试样的蒸发损失 X 按式(6-4)计算：

$$X=\frac{S-W}{S}\times100 \tag{6-4}$$

式中 X——试样的蒸发损失,%；

S——试验前试样的质量，g；

W——试验后试样的质量，g。

(5) 精密度(95%置信水平)：

重复性(r)：同一操作者，使用同一台仪器，在规定的操作条件下，对同一试样重复测定两个结果与其算术平均值之差不应大于平均值的 2.5%。

再现性(R)：由两个操作者，在不同实验室，对同一试样在规定的操作条件下所得到两个结果与其平均值之差不应大于平均值的 10%。

5. SH/T 0337—1992 润滑脂蒸发度测定法

(1) 方法概述：SH/T 0337—1992，适用于在自然气流下测定润滑脂的蒸发损失。此方法等效 ГОСТ 9566—74。

方法概要：将盛满厚 1mm 润滑脂的蒸发皿，置于专门的恒温器内，在规定温度下保持 1h(或按润滑脂产品标准所规定时间)，测定其损失的质量。

(2) 仪器与材料：恒温器由带有可移动的玻璃侧门、金属外壳、加热台和电热器组成，带有手柄和顶杆，在恒温器外壳下部周围有圆孔，见图 6-14；钢饼：直径 100mm，厚度(10±0.2)mm，在钢饼上有插温度计用的凹穴，从钢饼的中心到穴孔的中心距离为 27mm，凹穴的直径为 10mm，深度为(6.4±0.1)mm，在充满伍德合金的凹穴中插入温度计；蒸发皿，为一钢制小皿(见图 6-15)，每个蒸发皿外表面按顺序打上号码；温度调节器；水银温度计：0~360℃；干燥器。

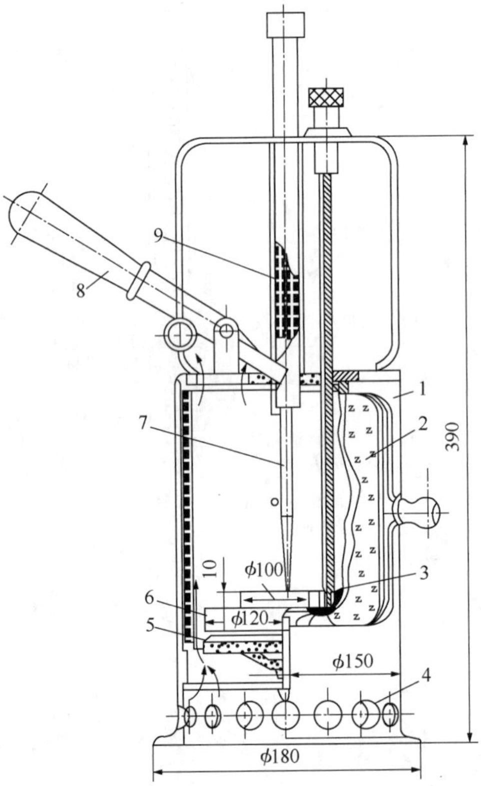

图 6-14 恒温器(单位：mm)

1—壳体；2—玻璃侧门；3—钢饼；4—圆孔；
5—电热器；6—加热台；7—顶杆；8—手柄；9—弹簧

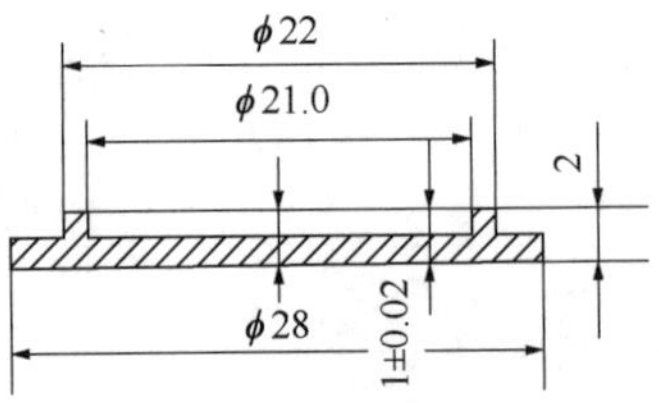

图 6-15 蒸发皿(单位：mm)

(3) 试验步骤：

① 将试样装入已经称量过(称精确至 0.0002g)、洁净的蒸发皿中，装填过程中不允许气泡进入样品，用刮刀仔细将试样表面刮平，擦净蒸发皿的外表面(每种试样至少用四个蒸发皿进行试验)进行称量(称精确至 0.0002g)，每个蒸发皿中所装试样的质量和它们的算术平均值之差不得超过±0.01g；然后将钢饼放在恒温器的加热台上压下顶杆，关好玻璃侧门，进行加热，当钢饼凹穴中的伍德合金熔化后，将温度计插入穴中。

② 当钢饼温度达到产品标准规定的温度后，保持 5min，然后把装有润滑脂试样的蒸发皿放在钢饼上，关闭侧门，记下开始试验时间，在恒温器内保持 1h(或按产品标准规定的时间)后，关闭加热器，将取出装有试样的蒸发皿放入干燥器中，冷却至室温后进行称量(精确至 0.0002g)。

③ 若试样蒸发度低于 1%，认为无蒸发；取不少于四个蒸发皿所得结果的算术平均值作

为测定结果(若四个蒸发皿中有一个试验结果超过精密度中允许差数时，放弃这个超差结果，取其余三个结果的算术平均值作为测定的结果)。

(4) 计算：试样的蒸发度 X 按式(6-5)计算：

$$X=\frac{m_1-m_2}{m_1-m_3}\times100 \tag{6-5}$$

式中 m_1——试验前试样与蒸发皿的质量，g；

m_2——试验后试样与蒸发皿的质量，g；

m_3——蒸发皿的质量，g。

(5) 精密度：每个蒸发皿的试验结果与所有蒸发皿试验结果的算术平均值之差，不应超过8%；当蒸发度小于5%时，各蒸发皿的试验结果之差不得超过0.4%(绝对值)。

6. SH/T 0661—1998 润滑脂宽温度范围蒸发损失测定法

SH/T 0661—1998 适用于测定在 93~316℃ 温度范围内润滑脂的蒸发损失，标准号为 SH/T 0661—1998，实际上是 GB 7325 方法的温度范围扩大而已，SH/T 0661—1998 等效采用 ASTM D2595—96。这里就不再阐述，感兴趣的读者请查阅相关标准或资料。

二、润滑脂热安定性能试验的应用

(1) 滴点和蒸发损失是润滑脂的主要技术指标，对于复合锂等高温润滑脂，滴点和蒸发损失是润滑脂产品出厂的批次检验项目。

(2) 滴点的温度表示润滑脂加热至滴出油时的温度，滴点越高其耐高温性能就越高。

(3) 滴点是选用润滑脂的主要参数，滴点可以确定润滑脂使用时允许的最高温度。一般来讲，润滑脂应在低于滴点 20~30℃ 温度下工作。

(4) 滴点对于帮助鉴别润滑脂的类型和确定质量控制的基准是有用的。但是由于滴点测定属于静态试验，因此认为其试验结果对于润滑脂使用性能意义有限。

(5) 根据测定的滴点再配合外观指标鉴别，大致可以判断润滑脂的品种。如普通钙基润滑脂的滴点为 75~100℃，无水钙基脂的滴点为 140~150℃，钙钠基润滑脂的滴点为 120~150℃，钠基润滑脂的滴点为 130~180℃，锂基润滑脂的滴点为 170~200℃、复合钙基润滑脂的滴点为 230~260℃、复合锂基润滑脂的滴点大于 260℃，复合铝基润滑脂的滴点为 250~260℃，滴点高于 300℃ 大多为聚脲基润滑脂、膨润土润滑脂、复合磺酸钙基润滑脂等。

(6) 滴点测试方法不同，测定滴点数据不一定是一致的，根据大量试验数据，GB 4929 与 IP 396 滴点结果相关性很好，但是 GB/T 3498 与 IP 396 滴点结果相关性并不好。

(7) 润滑脂的蒸发损失主要取决于所用基础油的类型、性质和馏分组成。如果润滑脂蒸发损失过大，则会造成润滑脂中稠化剂浓度相对增大，易导致润滑脂稠度变硬、摩擦增大和使用寿命缩短。因此选择合适的基础油是制备高温性能良好的润滑脂产品的关键。

第四节 润滑脂低温性和流变性能

润滑脂的低温性能是指润滑脂在低温环境下，其稠度和黏度增大的程度和趋势，在低温下工作运转的机械设备和车辆必须考虑其所使用的润滑脂低温性能是否良好，尤其对航空用润滑脂的低温使用要求更为严格。

润滑脂流变性能是润滑脂在受到外力作用时所表现出来的流动和变形性质，润滑脂是一个胶体结构体系，具有显著的非牛顿流体性质，润滑脂的黏度是温度和剪切力的函数，属于非牛顿流体。液体在流动时相互阻止的能力，称为黏度或内摩擦。润滑脂是由分散相及分散介质组成的两项分散体系，属于非牛顿流体，因此其黏度特性不遵循牛顿流体的规律。

当作用于润滑脂的外力低于润滑脂结构骨架的强度极限时，润滑脂体系只会产生弹性变性，而不会发生流动，当润滑脂所受外力达到或超过其强度极限时，润滑脂的结构骨架就会遭到破坏，部分基础油会从遭破坏的结构骨架中流出，润滑脂开始从不流动转变为流动。

润滑脂的流动性与其组成结构和测定时的剪速、温度有关。润滑脂低温性能和流变性能分析评价方法主要有：SH/T 0048—1991 润滑脂相似黏度测定法、SH/T 0681—1999 润滑脂表观黏度测定法、SH/T 0323—1992 润滑脂强度极限测定法、SH/T 0338—1992 滚珠轴承润滑脂低温转矩测定法。

一、润滑脂低温性和流变性能试验方法

1. SH/T 0048—1991 润滑脂相似黏度测定法

（1）方法概述：我国目前测定润滑脂相似黏度的方法为 SH/T 0048—1991，方法中使用的自动毛细管黏度计是一种变动流量式压力毛细管黏度计。参照采用苏联标准 ГОСТ 7163—63 润滑脂相似黏度测定法。

利用弹簧作用于顶杆使试样管内试样经受压力，而从毛细管流出，随着弹簧的松弛，管内的压力逐步下降，因此这种变动流量式压力毛细管黏度计一次试验，即可得到一系列平均剪切速率下的相似黏度值。其平均剪切的速率范围可根据毛细管的半径进行选择。

由连于弹簧的记录笔高度转换得到试样管内的压力，根据系统的压力和毛细管半径及长度，按式(6-7)可计算润滑脂在毛细管中受到的剪切应力。

润滑脂在毛细管中流动的平均剪切速率按式(6-8)计算。由于此黏度计的流量是变动的，在一定毛细管情况下取决于顶杆的下降速度，这个下降速度不易直接测得，利用一定线速度旋转的记录筒，记下工作曲线，曲线上的任意一点代表某一瞬间的黏度特性，由该点的切线与水平线的夹角的正切乘以记录筒的线速度即为顶杆的下降速度，根据这个原理，即可按式(6-10)计算出润滑脂在毛细管中各个瞬间的平均剪切速率。根据式(6-6)即可计算润滑脂在各个瞬间的相似黏度。

（2）计算原理：润滑脂试样的相似黏度值计算公式见式(6-6)：

$$\eta_{t^\circ}^{\overline{D}}=\frac{\tau}{\overline{D}} \tag{6-6}$$

式中 τ——试样通过毛细管时所收到的剪切应力，Pa；

$\overline{D}$——平均剪切速率，s^{-1}。

式(6-6)中的剪切应力 τ 可按式(6-7)进行计算：

$$\tau=PR/2L=K_1P \tag{6-7}$$

式中 P——试样管内压力，Pa；

R——试样管半径，cm；

L——试样管长度，cm。

对于一定毛细管，K_1是一个常数，可预先算出。压力 P 可从表 6-14 中相应的记录笔高

度查得。

试样在某个瞬间的平均剪切速率$\bar{D}$可按式(6-8)计算得出：

$$\bar{D}=\frac{4Q}{\pi R^3} \tag{6-8}$$

式中 Q——在某瞬间试样的流量，cm^3/s；

R——毛细管半径，cm。

式(6-8)中的流量 Q 可按式(6-9)计算：

$$Q=\pi R_1^2 W\tan\alpha \tag{6-9}$$

式中 R_1——顶杆半径，cm；

W——记录筒的线速度，cm/s；

α——工作曲线上代表某瞬间的点的切线与水平线之间的夹角，(°)。

将式(6-9)代入式(6-8)，得到式(6-10)计算公式：

$$\bar{D}=\left(\frac{4R_1^2}{R^3}\right)W\tan\alpha=K_2\tan\alpha \tag{6-10}$$

表 6-14 自动毛细管黏度计$\bar{D}$和 α 关系

毛细管			$K_1=\frac{R}{2L}$	$\bar{D}/s^{-1}$ α/(°) W/(cm/s)		10	50	100	200	500	1000	3000	6000	10000	30000
编号	R/cm	L/cm													
1	0.1020	11.45	4.45×10^{-3}	W_1	1.65				7.3	17.8	32.7	62.6	75.5	81.2	87.0
				W_2	0.094	6.4	29.4	48.5	66.1	80.0	84.9	88.3	89.2	89.5	
				W_3	0.0054	63.0	84.2	87.1	88.5						
3	0.0540	11.46	2.36×10^{-3}	W_1	1.65							16.0	29.8	43.6	70.7
				W_2	0.094			9.5	18.5	39.9	59.2	78.7	84.3	86.6	88.8
				W_3	0.0054	16.3	55.6	71.1	80.3	86.1	88.0				
5	0.0214	11.42	9.40×10^{-4}	W_1	1.65										
				W_2	0.094						5.9	17.3	31.9	46.1	72.2
				W_3	0.0054			10.2	19.9	42.1	61.1	79.6			

注：本表根据式(6-10)$\bar{D}=\left(\frac{4R_1^2}{R^3}\right)W\tan\alpha$，即 $\tan\alpha\ \frac{R^3}{4R_1^2W}\times\bar{D}$

当假设一系列平均剪切速率$\bar{D}$值时，即可得到相应的 α 角度。对于不同的毛细管、记录筒线速度，按上法即可得到$\bar{D}$和 α 的对应值。

对于不同毛细管和不同记录筒线速度，可预先算出相应的 K_2 值。将式(6-7)和式(6-10)代入式(6-6)，得到：

$$\eta_{t^\circ}^{D}=\frac{K_1P}{K_2\tan\alpha} \tag{6-11}$$

对于一般情况，只要求指定温度和指定平均剪切速率下的相似黏度。

为了提高测量的准确度，α 角应处于 25°~65°范围内，根据试验要求的平均剪切速率，选择适应直径的毛细管和记录筒线速度，这样，利用量角器以预先算得的 α 角与工作曲线相切，由该切点的记录笔高度利用表 6-14 和式(6-7)计算得到的剪切应力，即为平均剪切速率达到试验要求时的瞬间的剪切应力值。利用式(6-6)即可得到指定温度和指定平均剪切速率下的相似黏度。取重复测定两个结果的算术平均值，作为测定结果。

(3) 精密度：重复测定两个结果间的差数，不应超过其算术平均值的 10%。

2. SH/T 0681—1999 润滑脂表观黏度测定法

(1) 方法概述：本标准适用于测定-54~38℃温度范围内润滑脂的表观黏度，以 P(泊)表示。测定的润滑脂表观黏度范围：剪切速率为 0.1s^{-1}时 25~100000P，剪切速率为 15000s^{-1}时 1~100P。等效采用美国材料与试验协会测试标准 ASTM D1092—93 润滑脂表观黏度测定法，该 ASTM 方法最新版本号为 ASTM D1092—12，我国标准尚未相应更新。

方法概要：用液压系统带动的浮动活塞迫使样品通过毛细管。表观黏度是由预先测定的流量和在系统中所施加的力，根据泊肃叶方程式计算得到。用直径不同的 8 个毛细管和两个泵速来测定在 16 个剪切速率下的表观黏度，实验结果以表观黏度对剪切速率的双对数曲线表示。

(2) 仪器与校准标准化：

① 压力黏度计：由四个主要部分即动力系统、液压系统、润滑脂系统(见图 6-16)和一个合适的浴组成。这种类型的仪器应配有一个直径为 178mm、高为 508mm 的圆柱形保温箱。浴中的介质是用手控操作的干冰冷却的乙醇。也可以将润滑脂系统或润滑脂系统和液压系统，或三个系统同时装进空气浴中，它们应满足试验温度范围，并使润滑脂在试验温度下保持±0.25℃以内。

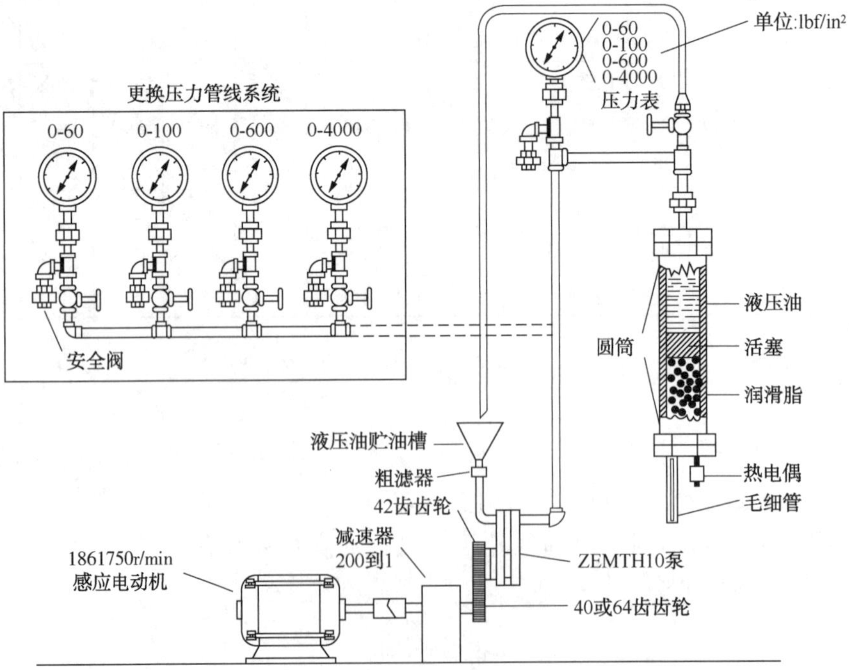

图 6-16 仪器示意图

② 校准与标准化：为校准液压系统，拆去润滑脂筒，换上针形阀。在试验温度下选择大约 $2000m^2/s$ 的液压油，用它充满液压系统并且使油进行循环，直到系统没有起泡。在压力为大气压时，迅速在出口处放置一只 100mL 的量筒，并且开始计时。测定输送 100mL 液压油的时间，以 cm^3/s 为单位计算流量(以 1mL 等于 $1cm^3$ 计算)。在 $500lbf/in^2$、$1000lbf/in^2$、$1500lbf/in^2$（3.45MPa、6.89MPa、10.4MPa）和大于 $1500lbf/in^2$(10.4MPa)下导出一条如图 6-17所示的校准曲线。这条曲线用于校准润滑脂输送时的流量。经过一定使用期后，为确定是否因磨损而改变了泵的流量，需要重新校准。

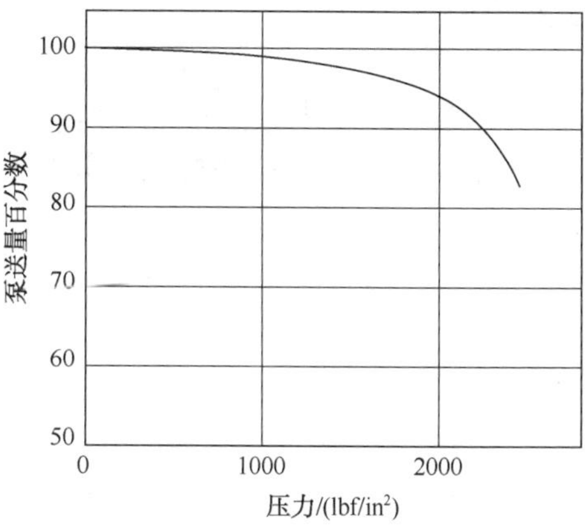

图 6-17 泵的校准曲线

（3）试验步骤：

① 装填样品时应尽量避免混入空气。柔软的润滑脂可直接注入样品筒或采用真空吸入法；黏稠的样品必须用手装填。使用真空吸入法时，拆去毛细管端盖，放入活塞，推到与打开的一端的端口相平处，然后把这一端插入样品中，在样品筒的另一端抽真空，并用木块轻敲样品筒，使易于装样，直到样品筒中全部充满润滑脂，再装上毛细管端盖，用液压油充满样品筒中活塞上面的整个空间。

② 用液压油充满整个液压系统。拆下压力表，将其倒置，并用液压油充满压力表和压力表连接件，与整个液压系统连接，用液压油全部充满。将热电偶插入毛细管端盖内测定温度，调整样品温度到试验温度±0.25℃。在连接压力表之前，开动泵直到油从黏度计上的压力表接头处流出，与黏度计装配起来。随着回流阀门的打开，液压油进行循环，直到痕量空气消失为止。

达到试验温度的时间取决于浴，在-54℃下不搅拌的液体浴中，润滑脂从准备到试验需2h，空气浴需 8h。在浴中也可使用低温温度计作为测量-54℃温度的简便辅助方法。空气浴中，温度计必须放在距毛细管 25.4mm 之处。

③ 用 1 号毛细管，同时装上 40 齿的齿轮，关闭回流阀门，启动泵直到达到平衡压力为止，记录压力。换上 64 齿的齿轮，再建立平衡，记录压力，然后解除压力。按顺序用 2 号毛细管代替 1 号毛细管，并重复上述操作，直到所有毛细管都测过两种流量。对一些较软或硬的润滑脂，所有的毛细管实际上不可能都用上。

（4）计算：试样的表观黏度 η(P)按式(6-12)和式(6-13)计算：

$$\eta = F/S \tag{6-12}$$

式中 F——剪切应力，dyn/cm^2；

S——剪切速率，s^{-1}。

$$\text{因此：}\eta = \frac{F}{S} = \frac{\dfrac{p\pi R^2}{2\pi RL}}{\left[\dfrac{\dfrac{4V}{t}}{\pi R^3}\right]} = \frac{p\pi R^4}{\dfrac{8LV}{t}} = P68948\pi R^4 / \left(\frac{8LV}{t}\right) \tag{6-13}$$

式中 p——压力，dyn/cm^2；

L——毛细管长度，cm；

P——观察压力，lbf/in^2（乘以 68948 换算成 dyn/cm^2）；

R——使用的毛细管半径，cm；

V/t——流量，cm^3/s。

（5）精密度（置信水平 95%）：

重复性：同一操作者，在规定的操作条件下用同一台仪器对同一样品所得的两次试验结果之间的差值与平均值的比值不应超过表 6-15 所列的数值。

再现性：不同操作者，在不同试验室对同一样品所得的两个单个的或独立的试验结果之间的差值与平均值的比值不应超过表 6-15 所列的数值。

表 6-15　精密度

样　　品	温度/℃	重复性/%	再现性/%
光滑的 2 号润滑脂（双酯）	-54	7	12
光滑的 2 号润滑脂（SAE20）	25	6	19
纤维状的 1 号润滑脂（SAE20）	25	6	23
黏稠的 1 号润滑脂（SAE90）	25	7	30

注：1. SAE20 油相当于我国 V100 = 5.6～9.3mm^2/s 的油；

2. SAE90 油相当于我国 V100 = 13.5～24mm^2/s 的油。

3.《润滑脂强度极限测定法》SH/T 0323—1992

（1）方法概述：本标准适用于用塑性计测定润滑脂的强度极限。在试验温度下测定润滑脂在塑性计螺纹管内发生位移时的压力，换算成强度极限值，以 Pa 表示之。

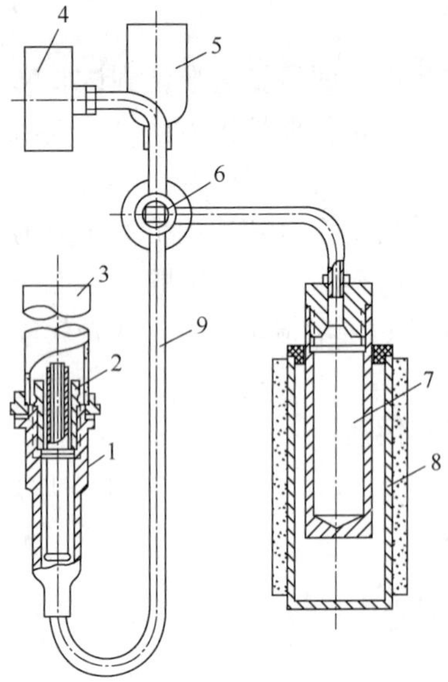

图 6-18　强度极限测定仪

1—壳体；2—螺母；3—玻璃罩；4—压力表；5—供油漏斗；6—阀门；7—贮油器；8—电炉；9—连接管

（2）仪器与材料：强度极限测定仪部件组成见图 6-18。电炉：加热贮油器用，220V，70W；贮油器；压力表：膨胀管，直径不大于 100mm；供油漏斗；阀门：能连接和切断供油漏斗和内部管系统；连接管；玻璃罩；螺母：固定螺纹管用；壳体：装螺纹管用；螺纹管（见图 6-19）和套管：分长短两套，长螺纹管为 100mm，短螺纹管为 50mm，各有两支；螺纹管是由两个正剖管密合而成，管内径为 4mm，管内壁各有螺旋齿纹，齿间距为 0.8mm；工作器：用来搅拌试样，内径 40mm，高度 60mm，工作器的盖和底可以拆卸，工作器内装有带 40 孔（孔径 3mm）的活塞，并允许使用带衬圆柱体的工作器，可使工作器的容积减少一半；刮刀；恒温浴；秒表。

（3）试验步骤：

① 将仪器的整个系统，包括压力表和管线，全部充满润滑油（40℃运动黏度为 24～90mm^2/s 和凝点低于试验温度 15℃的润滑油）。

② 凡与试样接触的塑性计部件及工作器，都用溶剂油

擦洗洁净，并干燥。

③ 用刮刀将试样装满工作器，不许形成气泡和空隙。

④ 将工作器的盖和底合起来，在拧紧顶盖之前，应将活塞中的小孔填满试样，以避免试样内引入空气。然后将底盖和顶盖拧上。

⑤ 将装有试样的工作器在(20±1)℃的恒温浴内恒温30min，然后牵引孔塞往复100次。

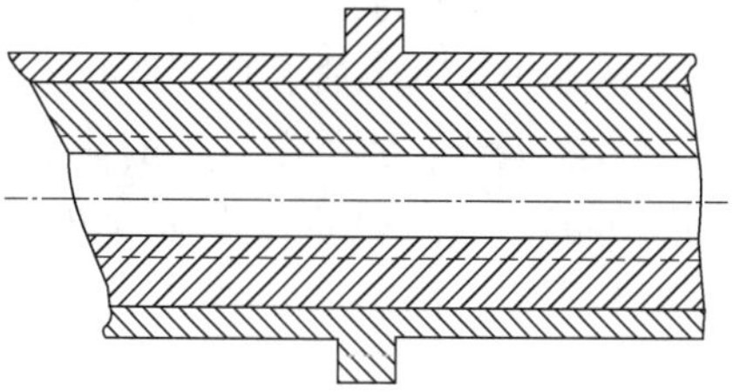

图6-19 螺纹管

⑥ 打开工作器顶盖，用刮刀将试样小心地以垂直方向抹入两个正剖管的螺纹管中。将两正剖螺纹管仔细合起来，切勿引起试样的移动，并将环套上。

⑦ 用试样或难溶润滑脂抹在螺纹管外表面和套管内表面，将螺纹管装入套管，沿轴向慢慢地旋转和推进。

⑧ 在螺纹管套管的凸出部下面套上橡皮垫圈，并将套管装到塑性计壳体内的台架上。

⑨ 打开供油漏斗的阀，使润滑油充满塑性计，当壳体内的油面达到了螺纹管突出环状物的上端时，关闭供油漏斗的阀门。

⑩ 用螺母将螺纹管固定在壳体内，在将螺母拧紧时应注意压力表。如系统在压力升高时(由于垫圈压缩)，应迅速将供油漏斗阀门打开，以便驱出过剩的润滑油。

⑪ 在壳体上端，装上保护玻璃罩。

⑫ 将塑性计壳体放入恒温浴内，恒温浴液面应超过螺纹管顶端30mm。

⑬ 按产品标准规定，使试验温度精确到±1℃恒温20min。恒温阶段，供油漏斗的阀门应一直打开。从试样搅拌完毕到开始试验的间隔时间应在30~40min。当用长螺纹管进行试验而压力超过压力表允许值时，则应使用短螺纹管。

⑭ 关闭供油漏斗的阀门，开启加热贮油器的电炉电门，同时注意压力表。在应用长螺纹管时，体系增压速度每分钟不应超过0.005MPa；在应用短螺纹管时，则每分钟不应超过0.0025MPa。增压速度通过电炉的上下移动，增加和减少贮油器受热面进行调节。

⑮ 当系统的压力达到某一个最大值后，压力开始下降，即切断电炉电源，打开供油漏斗阀门，缓慢地由壳体中取出螺纹管，然后关闭阀门。

⑯ 记下压力的最大值，精确到0.001MPa。

（4）计算：试样的强度极限τ(Pa)按式(6-14)计算：

$$\tau=\frac{PR}{2L} \tag{6-14}$$

式中 P——最大压力值，MPa；

R——螺纹管的半径0.2cm；

L——螺纹管的长度，cm。

将计算结果以四位有效数字表示。

（5）精密度：

重复性：同一操作者重复测定两个结果与算术平均值间的差数，不应大于其算术平均值的±10%。

4. SH/T 0338—1992 滚珠轴承润滑脂低温转矩测定法

（1）方法概述：SH/T 0338—1992适用于在滚珠轴承润滑脂低温转矩试验机上，测定温度为-20℃以下时润滑脂低温转矩的特性。本标准参照采用美国试验与材料协会标准 ASTM D1478—1980 滚珠轴承润滑脂低温转矩测定法。

方法概要：将一个合格的清洗干净的 D204 型轴承，用装脂杯反复填满试样，在规定的温度下静止恒温 2h 后，以轴承内环(1±0.05)r/min 速度转动，测定其作用在轴承外环上的润滑脂阻力。由于这个阻力与转矩成正比，因此以所测定的启动转矩和运转转矩来表示。

启动转矩——在开始转动时测得的最大转矩。

运转转矩——在转动规定时间(60min)后转矩的平均值。

(2) 仪器与校正：试验装置如图 6-20 所示。试验装置由以下几部分组成：

① 低温箱：可采用任一种绝热性良好的箱子，其内部容积为 0.03m³或更大一些。箱内空气温度可以控制并保持在 0~(-70±0.5)℃范围内。箱体内冷却介质出口处设有挡板，以防止试验轴承与冷却介质直接接触。

② 传动装置：传动机构如图 6-21 所示，试验轴承安装在试验轴上，轴肩的高度应不高于轴承内环的肩部，用一个厚度不小于 1.6mm 的平垫圈和一个锁紧螺钉将轴承内环压紧在 1r/min 试验轴上。

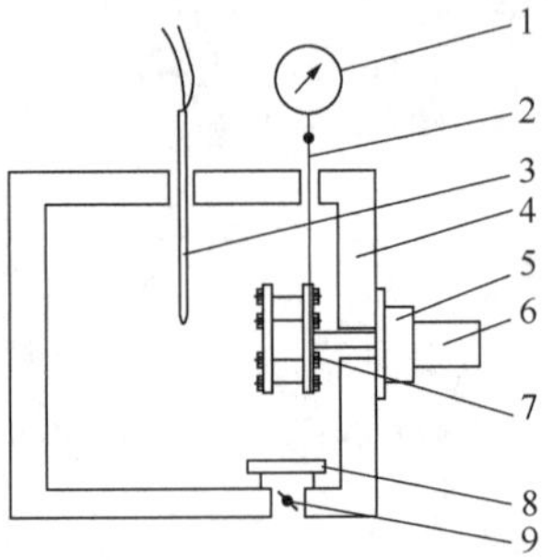

图 6-20　滚珠轴承润滑脂低温转矩试验装置

1—测力计；2—测力绳；3—温度控制热电偶；4—低温箱；5—齿轮减速器；6—电动机(186W)；7—鼠笼式负荷轴承座；8—干冰出口处挡盘；9—干冰调节活门

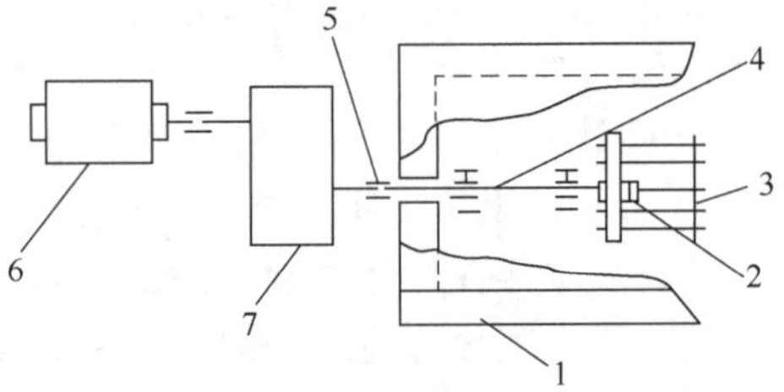

图 6-21　传动机构

1—低温箱；2—试验轴承座；3—负荷盘；4—1r/min 试验轴；5—非金属绝缘套；6—186W 电动机，1725r/min(满负荷)；7—齿轮减速器，速比 1740/1

③ 转矩试验装置：为一经平衡处理的鼠笼式负荷轴承座。轴承座总的质量调整到(454±3)g。如图 6-22 所示。

转矩测量装置：是一个标定过的，表面直径为 178mm 和量程为 0~1.8kg 或更大一些范围的测力计。精度每格 7g。

④ 专用装脂器：装脂器由脂杯、心轴及压片组成。心轴和脂杯分别如图 6-23 和图6-24 所示。

⑤ 试验装置的校正：定期对试验装置的温度控制仪表进行校正，并给出校正值，以保证试验数据的准确性。定期对试验装置的测力计用普通天平砝码进行测力校正。

(3) 操作步骤：

① 试验轴承的选择：将径向间隙检查合乎要求的 D204 型试验轴承用溶剂油清洗干净并干燥，然后用手轻轻转动，不允许出现不灵活现象。用 100℃运动黏度为 28.7~32mm²/s 润滑油检查轴承的运转转矩。检查步骤如下：在室温条件下，对被测轴承以每隔 120°方向各

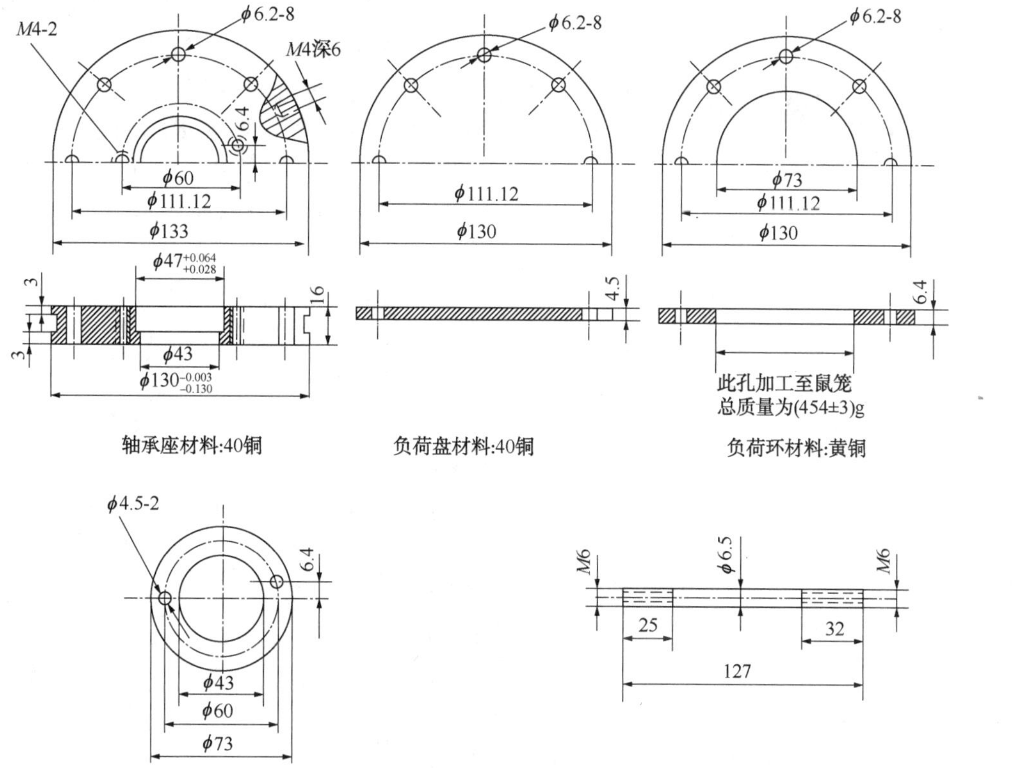

图 6-22 轴承座部件

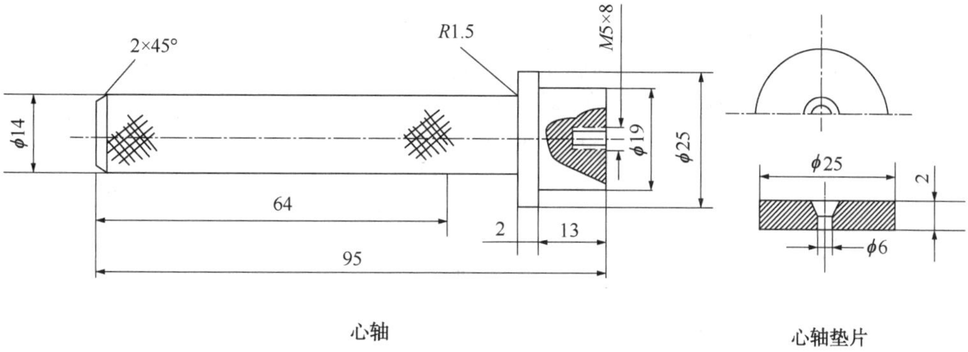

图 6-23 心轴

滴 1 滴油，共 3 滴。用手来回转动后将轴承装入试验装置的轴承座内。用测力计测定运转转矩，被测轴承共运转 3min，先预运转 2min，在第 3min 运转期间内完成测定工作。其平均转矩值不超过 2.0mN·m，最大转矩值不超过 2.5mN·m。

② 试验轴承需用溶剂油清洗两遍，再用石油醚漂洗两遍，将清洗干净的轴承放置在烘箱内，在 100℃温度下干燥 20min 或用热风机吹干。装试样前轴承必须冷却至室温，并用于转动轴承检查是否正常。

③ 将清洁、干燥的轴承安装在心轴(见图 6-23)上，用垫片和螺钉固紧轴承的内环，用干净的钢刮刀将试样装入专用装脂器的脂杯(见图 6-24)内，装满脂杯的 3/4，尽量避免混

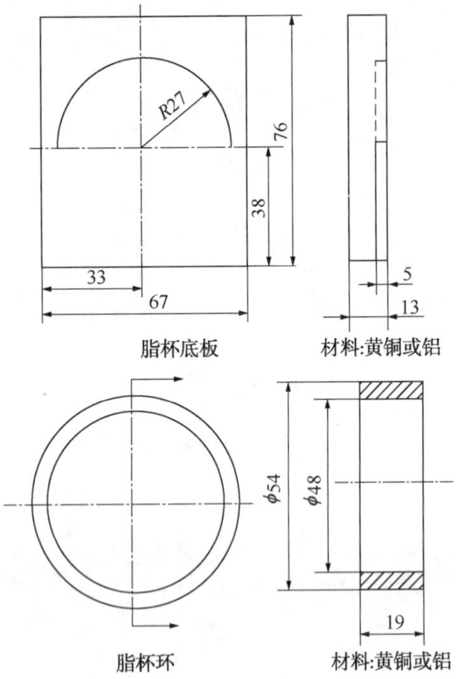

图 6-24　脂杯

入气泡。然后将轴承压入杯内的试样里，正反两个方向反复缓慢转动内环，以使试样能够进入轴承各个部位。当轴承的端面与脂杯的上端面对齐时，将轴承拔出并卸下。而后将轴承端面颠倒并重新固定，再将轴承直接压入脂杯，当轴承的端面与脂杯的上端面对齐时，慢慢地将轴承拔出；把沾在轴承边缘多余试样刮去，排除可见气泡并填满试样，然后取下心轴用刮刀刮平轴承两端。装好试样的试验轴承，在测定启动转矩以前不允许转动，以利于试验结果的重复。

注：在轴承装填试样的整个操作过程中，都应在清洁和干燥的环境中进行。

④ 将装好试样的轴承仔细安装在轴承座内。

⑤ 当低温箱内温度预冷到试验所要求的温度时，打开低温箱门，把试验轴承及轴承座安装到试验轴上并固定好，安装时注意不能转动试验轴承。

⑥ 检查测矩绳子并涂少许硅油，确保不结冰或不碰到孔壁，并保证测矩绳处于拉紧状态。冷却期间，用一个两瓣的橡皮塞塞严通孔。在启动前应拔去橡皮塞。

⑦ 将测力绳挂在轴承座外圈挂钩上，调整绳子到接近拉紧为止，此时外圈上的挂钩必须超过切点，至少向下要偏转在 90°的位置。以保证测力绳不会滑出轴承座的外圈边缘。轴承座转矩半径为 0.065m。

⑧ 关闭低温箱的门，继续冷却到试验要求温度时，开始计时，恒温 2h，试验温度的温差应保持在±0.5℃以内。在恒温期间，切勿转动试验轴承，否则试验无效。为了防止空气中湿气过多地冷凝，试验前在低温箱内放置一些干燥剂(如活性氧化铝等)。

⑨ 为确保试验的顺利进行，当试验温度要求在-50℃以上时，在恒温期间，其干冰入口处的调节活门开度应调节到约 1/3 处，挡盘应与干冰入口压盖的边缘对齐；当试验温度要求在-50℃以下时，其干冰入口处的调节活门开度要相应增大，挡盘应全部移开。

⑩ 启动转矩测试：开动驱动马达，观察测力计指针，记下达到的最大读数，这个读数出现在开始运转后的几秒钟内。将刻度读数值(lb)乘以 K 值作为启动转矩值，mN · m。

⑪ 运转转矩测试：继续转动试验轴 60min，保持试验温度的温差在±0.5℃以内，在 60min 后的 15s 内观察测力计的平均读数，将这个读数值(lb)乘以 K 值，记下这个数值作为运转转矩值，mN · m。

(4) 计算：试样的转矩值 M(mN · m)按式(6-15)计算：

$$M=KP \qquad (6-15)$$

式中　K——常数(289)；

P——测力计读数，lb。

注：K 值常数 289 是由测力计刻度读数值(lb)换算到 mN 再乘以轴承座转矩半径 0.065m 而得到的。

（5）精密度（95%置信率）。

重复性：同一操作者重复测定两个结果之差不应超过表 6-16 数值。

表 6-16　重复性

	重复性，平均值的百分数		重复性，平均值的百分数
启动转矩/（mN·m）	34	运转转矩/（mN·m）	78

再现性：两个实验室各自提供的结果之差不应超过表 6-17 数值。

表 6-17　再现性

	再现性，平均值的百分数		再现性，平均值的百分数
启动转矩/（mN·m）	79	运转转矩/（mN·m）	132

二、润滑脂低温性和流变性能试验的应用

（1）润滑脂的低温性和流变性能是润滑脂重要的基本特性，与润滑脂在机械中的使用性能有密切关系。润滑脂在轴承和其他摩擦部件上进行润滑时，是以它的内部摩擦代替机件摩擦表面之间的固体摩擦。因此，润滑脂的黏度对使用润滑脂的机械的动力消耗有很大的影响。如果使用的润滑脂的相似黏度较大，显然摩擦损失也比较大，润滑脂黏度随剪切速率变化的性质，使它在速度经常变动的机械上使用时有特殊的适应性。当设备运动速度较高时，要求润滑脂的黏度低，这时润滑脂纤维定向结构破坏得厉害，恰好黏度变低。当转速慢时要求润滑脂的黏度较大，而润滑脂在剪速低时黏度也较大。润滑脂黏度随剪速的变化基本符合机械转速变化对润滑脂黏度的要求。

（2）低温时润滑脂的稠度和黏度增大，会使机械设备难于启动，增大了运转力矩或用于集中润滑系统的润滑脂难于泵送至润滑部位。润滑脂的低温性能主要取决于基础油的性能。

（3）低温转矩是评价润滑脂低温性能的重要指标，在低温环境条件下靠电动机来带动工作的机械设备，其电动机启动时，除了克服轴承本身的重量外，还必须克服在轴承中起润滑作用的润滑脂的强度极限，如果选用的润滑脂的强度极限很大，使电动机带动的转动部分启动困难甚至不能完成启动，就会导致严重后果，因此润滑脂低温性和流变性能对在低温条件下使用的润滑脂具有很大的实际意义。

（4）润滑脂低温性和流变性能的测试如果型式检验通过，且原材料批次质量、产品配方或工艺稳定的话，可以设为出厂周期检验，检验频率需合理，每年或每半年应测试一次，在原材料批次质量、产品配方或工艺发生变化时，应加强测试。

第五节　润滑脂机械安定性

润滑脂受机械剪切后产生稠度变化的性能称为机械安定性，又称为剪切安定性。

润滑脂在工作时，受到剪切作用，皂纤维会被剪，此时润滑脂因游离油含量增大而软化。但剪切停止后，皂纤维可重新连接起来形成网状骨架，但不能恢复到原来的程度，即剪切后的润滑脂稠度变稀。如果继续剪切，稠度会继续下降。如果受到长时间的强剪切，皂纤维就会被剪得破碎，此时即使不再剪切也难以恢复网状骨架，从而变成流体。故要求润滑脂

具有良好的机械安定性。

机械作用使凝胶粒子遭到破坏，将出现两种可能：①凝胶粒子数目及分散相总比表面积增加；②出现更多的游离油。如果在机械作用后体系的分散相总比表面积的增大足够在重力下维持对所增加的游离油量时，体系的储存分油不会有很大的变动，甚至还可能减少，但是在加压下分油量大得多，说明机械作用使皂-油凝胶粒子破坏后分出游离油的假设可以成立。游离油的来源，首先是处于粒子表面的油，以及机械作用于结合力较弱的皂分子二聚体二维层烃基链末端之间释放出来的毛细管吸附油，然后是在更高的剪力作用下拆开结合力较强的皂分子羧基端而释放出来的膨化油。体系的游离油含量低，稠度就大，凝胶粒子结构强度大，稠度也大，这种体系的机械安定性通常总是比较好的。

润滑脂的机械安定性主要取决于润滑脂的皂(稠化剂)类型及制备工艺，机械安定性好，润滑脂的使用寿命就越长。稠化剂类型、用稠化剂制备润滑脂的机械安定性对照表见表6-18。

表 6-18　稠化剂类型、制备的润滑脂机械安定性对照表

稠化剂类型	机械安定性	稠化剂类型	机械安定性
钙皂	好	复合聚脲	优
复合钙皂	优	铝皂	差~良
无水钙皂	优	复合铝皂	好~优
钠皂	良	酰钠皂	优
钙钠皂	良	有机膨润土	良~优
硬脂酸锂皂	差~良	复合钛	优*
羟基酸锂皂	优	氟碳化物	良
混合锂皂	好~良	膨润土	良~优
复合锂皂	优	硅胶	良~优
聚脲	良~优		

注：复合钛的剪切具有很好的可逆性。

评价润滑脂机械安定性的方法有：GB/T 269—1991 润滑脂和石油脂锥入度测定法、SH/T 0122—1992(2004 年确认)润滑脂滚筒安定性测定方法、SH/T 0326—1992(2004 年确认)汽车轮轴承润滑脂漏失量测定法、GB/T 25962—2010 高速条件下汽车轮毂轴承润滑脂漏失量测定法。

一、润滑脂机械安定性试验方法

1. *GB/T 269—1991 润滑脂和石油脂锥入度测定法*

测定润滑脂延长工作锥入度，通过剪切试验前后锥入度的差值来判断润滑脂剪切安定性好坏，本方法借助于 GB/T 269—1991 得以实现。

润滑脂试样装入全尺寸工作器，将工作器安装在剪切试验机上，按规定或商定的次数(1 万次或 10 万次，)在剪切试验机上以 60 次/min 的速率上下往复工作后，将润滑脂工作器在给定温度下恒温 1. 5h，然后在 1min 内完成 60 次往复工作后测定锥入度，计算剪切试验前 60 次工作锥入度与剪切后 60 次工作锥入度的差值。该试验的测试介绍已在前文介绍，这里不再赘述。

2. SH/T 0122—1992 润滑脂滚筒安定性测定方法

（1）方法概述：润滑脂滚筒安定性是评价润滑脂机械安定性的项目之一，被认为是测试润滑脂在低剪切速率实验条件下机械安定性的一种度量方法。

润滑脂滚筒安定性指润滑脂在滚筒试验机内经受机械碾压抵抗稠度变化的能力。润滑脂经过滚筒试验机碾压作用后其结构体系发生变化，变化程度用润滑脂的锥入度差值表示，用样品滚动试验前后的工作锥入度差值表示润滑脂的滚筒安定性的好坏程度，锥入度差值越小，表明润滑脂的滚筒安定性越好。现行标准为 SH/T 0122—1992(2004 年确认)。

方法概要：用 50g 试样，室温(21～38℃)，在滚筒试验机上工作 2h 后，测定试验前后润滑脂的工作锥入度。

（2）仪器：滚筒试验机[转速(165±15)r/min]，见图 6-25；1/4 锥入度测定仪(符合 GB/T 269 规定)；刮刀；温度计；分析天平等。

（3）试验步骤：按 GB/T 269 中第 2 部分所述步骤测定润滑脂试样 1/4 工作锥入度；用刮刀将 50g 未工作的试样均匀地涂在洁净的试验筒内表面，然后将滚柱放入筒内，并上紧筒盖；安装滚筒，盖上箱盖，开动仪器并记录时间与室温(室温应控制在 21～38℃)；经过 2h 滚动碾压试验后，从滚筒中取出足够的试样，立即将其放入 1/4 锥入度工作器中；然后按 GB/T 269 中第 2 部分所述步骤测定工作锥入度；记录试验前后试样的工作锥入度(把测定所得的 1/4 锥入度值换算成全尺寸锥入度值)。

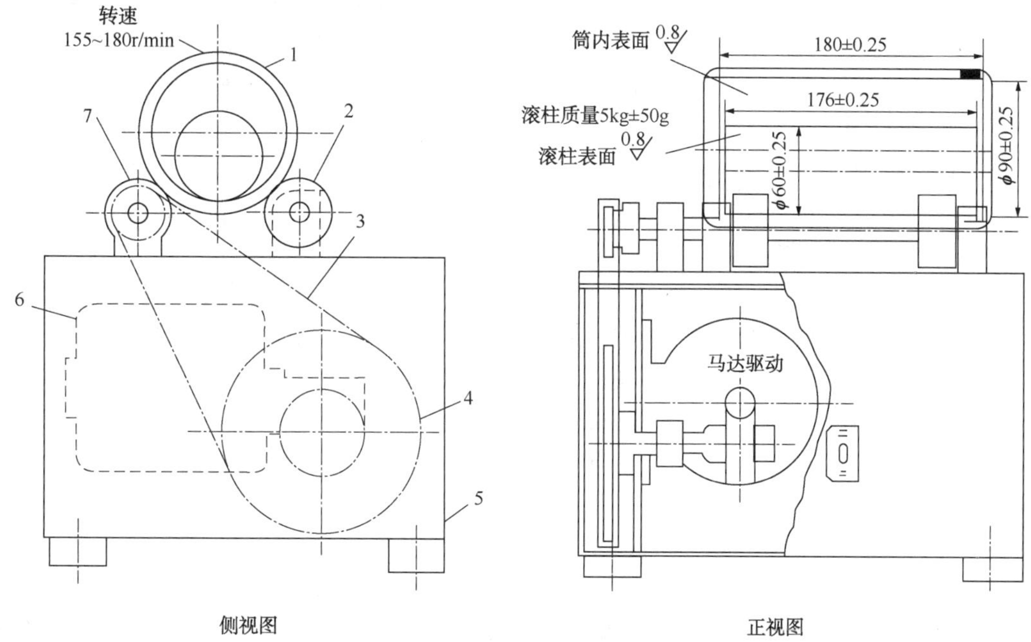

图 6-25 滚筒试验机

1—钢筒；2—空转轮；3—链条或直接驱动；4—主动皮带轮；5—箱(马达罩)；6—马达；7—从动皮带轮

（4）计算：试样稠度的变化按式(6-16)计算：

$$工作锥入度变化=P_2-P_1 \tag{6-16}$$

式中 P_2——试样试验后的锥入度值；

P_1——试样试验前的锥入度值。

(5) 精密度(95%置信水平)：

重复性(r)：同一操作者使用同一台仪器，重复测定两个结果之差不应超过 11 个单位；

再现性(R)：两个实验室各自测定的试验结果之间的差值不应超过 45 个单位。

注：重复性与再现性的规定是根据换算为 GB/T 269—1991 中第 1 部分全尺寸锥入度的数值得出的。

3. SH/T 0326—1992 汽车轮轴承润滑脂漏失量测定法

(1) 方法概述：汽车轮轴承润滑脂漏失量是模拟润滑脂在汽车轮毂轴承中的工作状态和性能，可用来区别有明显不同漏失特性的产品及筛选、评价润滑脂漏失性能，为评价润滑脂机械安定性的手段之一。

测定润滑脂的漏失量，可以评估润滑脂的机械安定性，判断润滑脂在低、中速推力轴承上使用的可能性。现行评价汽车轮轴承润滑脂漏失量测定法为 SH/T 0326—1992(2004 年确认)，参照采用 ASTM D1263—86 汽车轮轴承润滑脂漏失量测定法。

方法概要：把润滑脂试样装入经过修改的前轮轮毂及轴组合件内，轮毂在(660±30) r/min的速度，轴逐渐升温并保持在(104.5±1.5)℃的条件下共运转(360±5) min。测定润滑脂或油(或两者都有)的漏失量，并在试验结束时注意观察轴承表面状况。

(2) 设备及材料：轮轴承润滑脂试验机由一专用的前轮轮毂及轴组合件组成，轮毂由电机通过 V 形皮带带动而旋转，组合件安装在恒温箱内，箱体上装有可测箱内环境温度及轴温的装置，试验机见图 6-26。同时还需要一个适用于尺寸为 31.75mm 六角螺母的力矩扳手；温度计(-2～300℃)；正庚烷(化学纯)；石油醚：90～120℃，分析纯；橡胶工业用溶剂油。

(3) 试验步骤：称(90±1)g 润滑脂试样在一平盘上，用刮刀在小轴承内装入(2±0.1)g 试样，在大轴承内装入(3±0.1)g 试样，把剩余的试样(85g)均匀地涂在轮毂内，在轮毂内的轴承外圈上涂一薄层试样。

分别称取漏失接收器及轮毂盖的质量，精确到 0.1g，把漏失接收器及大(内部的)轴承安装在轴的合适位置上，把轮毂及小(外部的)轴承装在轴上，再装上松配合的保持器环。用力矩扳手以(6.8±0.1)N·m 的力矩拧紧固定轮毂组合件的六角螺母，然后把六角螺母退回 60°±5°(或螺母的一个平面)，再用第二个螺母将它锁在该位置。拧上轮毂盖，在皮带轮上装好 V 形皮带，然后盖上箱盖。接通电动机及两组加热器，转速为(660±30) r/min。用温度调节器或恒温装置在(15±5) min 内使箱温达到(113±3)℃(在箱内温度升至 113℃之前，允许使用辅助加热器)并在(60±10) min 内使轴温达到(104.5±1.5)℃，继续运转(300±15) min，直到试验结束[运行总时间为(360±5) min]。在 360min 试验周期结束时(从电动机及加热器接通时算起)，关闭电源并趁热拆卸仪器(带上合适的防护用品)。待仪器冷却后，分别称取漏失接收器及轮毂盖的质量(精确至 0.1g)。

在室温下，将两个轴承在正庚烷(石油醚或溶剂油)中浸泡 2min，除去试样。仔细检查轴承表面有无漆膜、胶质或漆状沉积物。已经发现有些轴承润滑脂的皂类，用溶剂不能从轴承上完全洗净，轴承上可能会留下一层皂膜，这种膜与润滑剂变质而产生的漆膜、胶质或漆状沉积物是不一样的，很容易相区别。

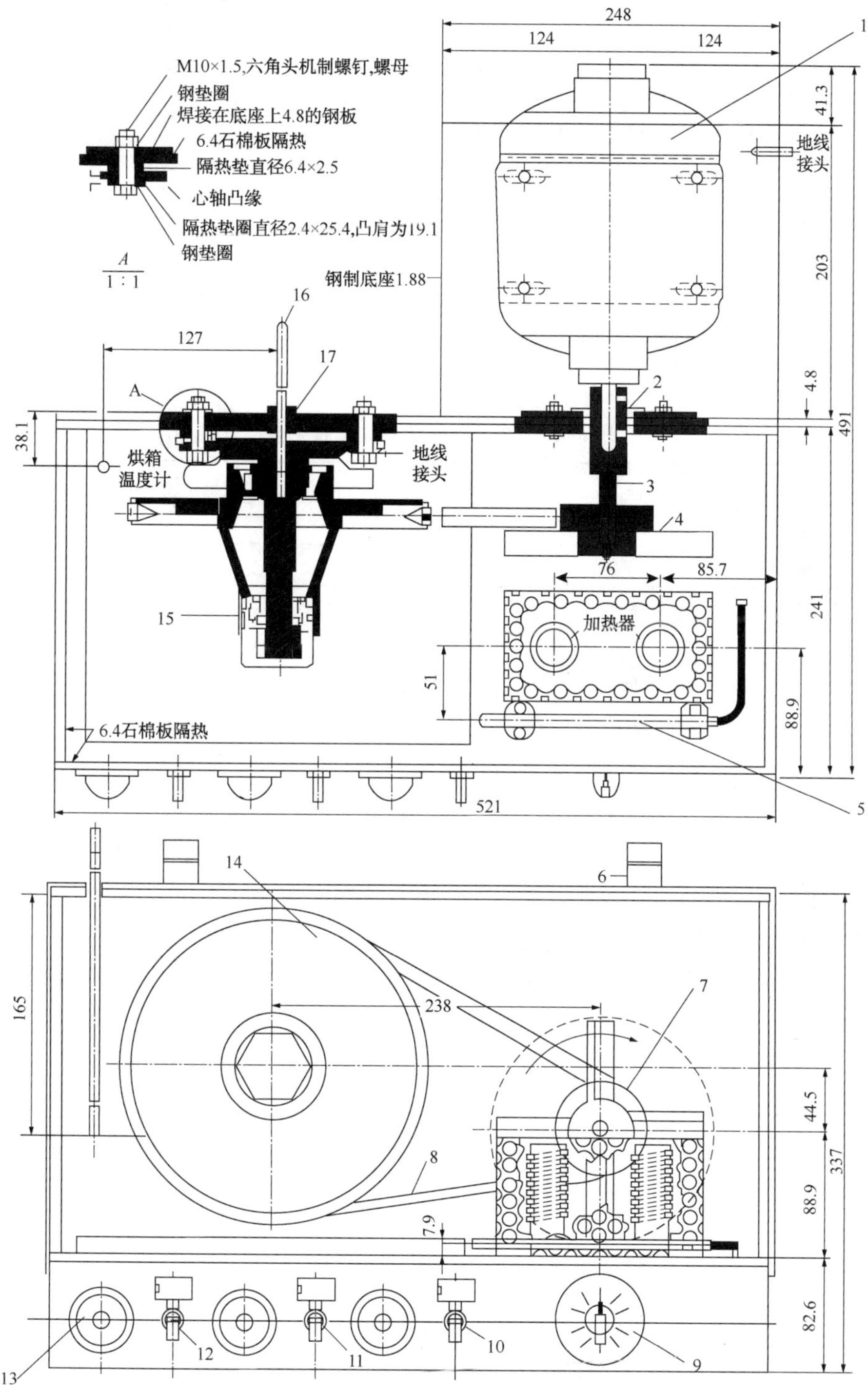

图 6-26　试验机示意图

1—电动机，转速(1750±25)r/min；2—电动机轴密封；3—电动机延长部分；4—风扇；5—液体传动式控温包；6—箱盖架；7—主动皮带轮，外径 81.3mm；8—V 形皮带；9—恒温调节器；10—电动机开关；11—控制加热器开关；12—辅助加热器开关；13—指示灯；14—从动皮带轮，外径 213mm；15—轮毂及轴组合体；16—心轴温度计；17—温度计塞孔约 19.1mm

(4) 计算：试样的漏失量总和以 X(g)表示，按式(6-17)计算：

$$X=(m_2-m_1)+(m_4-m_3) \tag{6-17}$$

式中 m_1——试验前漏失接收器质量，g；

m_2——试验后漏失接收器及油脂质量，g；

m_3——试验前轮毂盖质量，g；

m_4——试验后轮毂盖及油脂质量，g。

(5) 精密度(95%置信水平)：

重复性(r)：同一操作者重复测定两个结果之差，不应大于表 6-19 中的数值。

再现性(R)：不同实验室对同一样品各自测定的两个结果之差，不应大于表 6-19 中的数值。

表 6-19 润滑脂轴承漏失量精密度

漏失量范围/g	重复性/g	再现性/g
≤2	1.5	4
15~20	9	99

注：其他漏失量范围的精密度未确定。

二、润滑脂机械安定性能试验的应用

润滑脂的机械安定性好坏将直接影响其使用效果。通常认为采用剪切试验机剪切前后的锥入度变化±5%的润滑脂机械安定性优异，变化±15%的润滑脂机械安定性为良好。滚筒试验机试验前后锥入度变化 0~10%为优异；变化 10%~25%为良好；变化 25%~60%为一般；变化 60%以上为劣。机械安定性差的润滑脂受机械剪切时，其皂-油凝胶粒子结构体系易受到破坏而变稀，而从润滑部位流失，摩擦部位由有效润滑快速变为无效润滑的工作状态，从而使设备磨损加剧，严重的导致引发设备润滑事故。

延长工作锥入度、滚筒安定性及润滑脂轴承漏失量是在一定的试验条件下润滑脂机械安定性的表现。鉴于实际使用过程中与实验室所采用的剪切、工况及温度有显著的差异，因此不能认为实验室测试所得到的延长工作锥入度差值小、滚筒安定性好、轴承漏失量小的润滑脂的性能在现场使用的时候就一定好、使用寿命就一定长，因为润滑脂的使用寿命除受机械安定性影响外，还受到胶体安定性、抗氧化安定性、极压抗磨性、防锈与防腐蚀性和蒸发性等其他因素的综合影响。国内滚筒方法试验条件比较温和，品质区分性不大，有些企业会提高测试苛刻条件，如延长试验时间、提供试验温度、加入污染介质等。

润滑脂机械安定性能的测试如果型式检验通过，且原材料批次质量、产品配方或工艺稳定的话，可以设为出厂周期检验，检验频率需合理，每年或每半年应测试一次，在原材料批次质量、产品配方或工艺发生变化时，应加强测试。

第六节 润滑脂胶体安定性

润滑脂的胶体安定性是指润滑脂在受热和受到压力条件下保持胶体结构的稳定，不析出基础油的能力。

润滑脂是稠化剂(分散相)在润滑油(分散介质或载体)中形成相对稳定的胶体分散体系，其结构是稠化剂骨架将基础油包裹在其中(骨架内充满基础油)。在胶体体系中，由于连续相润滑油与凝胶之间的物理力，润滑油可以在稠化剂形成的结构中渗透并自由流动。润滑脂的这种结构和特性决定了在温度和压力作用下有分出润滑油的趋势，随着温度的升高以及外压力的作用，润滑脂的胶体结构逐渐被破坏，造成稠化剂和基础油的分离，皂与油分离直接导致润滑脂稠度的改变和脂的流失。润滑脂在使用时，微量的分油可以保持设备润滑，有利于润滑，然而过量的分油会使润滑脂稠度发生明显的变化(如分油量达到润滑脂原含油量的50%左右时润滑脂会明显变硬)，导致胶体结构被破坏，失去润滑功能。测定润滑脂的胶体安定性对润滑脂的储存和润滑脂在高温与受压力条件下的使用有一定的实际意义。

润滑脂的胶体安定性取决于制备润滑脂的稠化剂含量、稠化剂的种类、基础油类型与黏度以及稠化剂、基础油、添加剂之间的配伍和制备工艺。现行有效用于润滑脂胶体安定性的评价方法有三个，即 GB/T 392—1977 润滑脂压力分油测定法、NB/SH/T 0324—2010 润滑脂分油的测定 锥网法、SH/T 0682—1999 润滑脂在储存期间分油量测定法。

一、润滑脂胶体安定性试验方法

1. GB/T 392—1977 润滑脂压力分油测定法

(1) 方法概述：润滑脂的压力分油是指润滑脂在受压条件下基础油析出的趋势，本指标是反映润滑脂胶体安定性的指标之一。测定润滑脂的压力分油可以预测润滑脂在受压环境下的渗油析油趋势，是模拟润滑脂在大桶储存时的分油状态。标准号为 GB/T 392—1977(1982年确认)。

方法概要：利用加压分油器将油从润滑脂内压出，然后测定压出的油量。

(2) 仪器与材料：测定压力分油主要设备与材料有加压分油器、刮刀、温度计、秒表、水浴、定量滤纸等。

加压分油器(见图 6-27)由下列部分组成：加压分油器架子，附有玻璃板(见图 6-28)；连杆，其上有固定重锤用的凸肩；金属球，供传送压力用，直径为 8mm；盛润滑脂的皿，皿上有引出活塞柄用的套筒；插在皿中的活塞，活塞柄上有侧凹平面(防止在活塞压下时其上面形成真空)；水平仪。连杆、金属球、活塞及重锤的总质量为(1000±10)g。

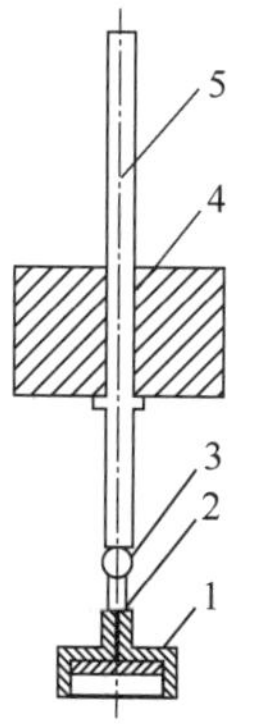

图 6-27 加压分油器

1—盛润滑脂的皿；2—活塞；3—金属球；4—重锤；5—连杆

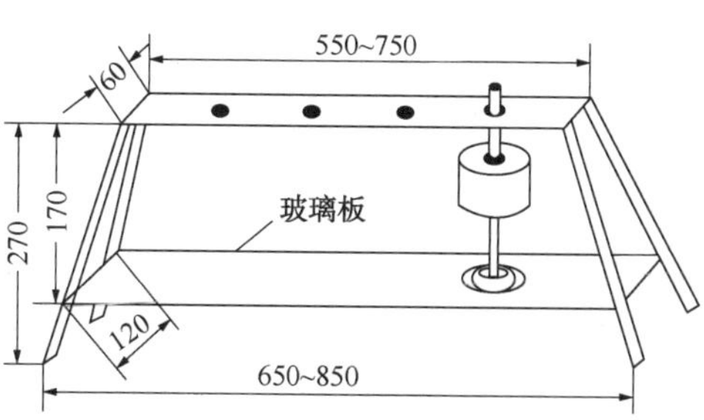

图 6-28 加压分油器架子

（3）试验步骤：将试样装入盛有润滑脂的皿中，刮平润滑脂表面，并贴上一张浸过基础油的定量滤纸，称量后放置在铺有10层滤纸的平的玻璃板上，随后垂直地施加9.8N（或其他规定的力）的压力，在15~25℃［当室温低于15℃或高于25℃时，则应在恒温水浴中进行测定，水浴的温度应保持在（20±2）℃，恒温30min后再进行测定］室温下施压30min，结束施压后进行称量，称准至0.0002g，计算出分油百分数。

（4）计算：压力下从润滑脂试样分离出来的油重量X（%）按式（6-18）进行计算：

$$X=\frac{G_2-G_3}{G_2-G_1}\times 100 \tag{6-18}$$

式中 G_1——未装润滑脂试样的皿和1张浸油滤纸的质量，g；

G_2——装有润滑脂试样的皿和1张浸油滤纸在试验前的质量，g；

G_3——装有润滑脂试样的皿和1张浸油滤纸在试验后的质量，g。

（5）精密度：重复测定的两个结果与算术平均值的差数不应超过算术平均值的±5%。

2. NB/SH/T 0324—2010 润滑脂分油的测定 锥网法

（1）方法概述：锥网法测定润滑脂的分油是指润滑脂在受热条件下基础油被析出的趋势，即在受热条件下润滑脂胶体安定性的优劣情况，这是评价润滑脂胶体安定性的重要方法。当润滑脂发生分油时，残留物的稠度发生了变化，从而影响产品的一些性能，测定润滑脂的锥网分油可以预测润滑脂在受热条件下其骨架结构的变化状态。锥网法测定润滑脂分油标准为NB/SH/T 0324—2010，修改采用美国试验与材料协会标准ASTM D6184—98（2005）润滑脂锥网分油的测定法（锥网法）。

方法概要：将已称量的试样放入一个锥形的镍丝、镍铜合金丝或不锈钢丝网中，悬挂在烧杯上，加热到规定的时间和温度。除非润滑脂规格中有特殊要求，试样的标准试验条件为（100±0.5）℃下恒温（30±0.25）h后进行测量。对分出的油进行称量，并以开始测量的试样的质量分数报告。

（2）设备与材料：组合设备、恒温箱及天平等。组合设备包括248μm的耐腐蚀丝形成的锥形网，一个200mL高型无嘴烧杯及盖（盖与烧杯紧密配合），在盖底中心处有一个挂钩，结构与尺寸见图6-29所示，锥网，烘箱，天平。

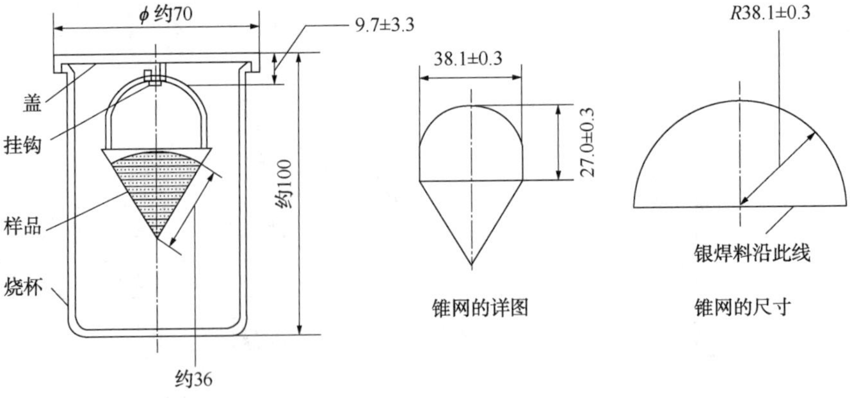

图6-29 锥网试验装置结构图（单位：mm）

(3) 试验步骤：称量烧杯(准确至0.01g)，按图6-29组装锥网、盖和烧杯，称皮重(准确至0.01g)，用刮刀将足够的润滑脂试样填入网内，尽可能地达到图6-29所示的水平，避免形成气泡，使润滑脂试样(8~12g)的顶部光滑并呈凸圆形，防止分出的油积留。对装配好的设备进行称量，称量准确至0.01g。将装配好的锥网分油设备放入控制在规定温度的恒温箱内，放置规定时间。试验结束后，从恒温箱中取出锥网分油设备，冷却至室温。从烧杯上取下盖，轻轻敲击，使锥网网尖上的油沿烧杯壁滴入烧杯内，从而避免锥网尖残留分出油。称量烧杯包括收集到分出油的质量，称量准确至0.01g。

(4) 计算：润滑脂试样的分油，X 按式(6-19)计算：

$$X=100\times\frac{W_f-W_i}{W} \tag{6-19}$$

式中 W_f——加热后烧杯与分出油的质量，g；

W_i——加热前空烧杯的质量，g；

W——润滑脂试样的质量，g。

(5) 精密度(95%的置信水平)：由八个试验参与者对八个试样的分油统计试验，所有的试验都重复进行，试样分油量的质量分数范围为0.1%~23.7%(见表6-20)。按下述规定判断试验结果的可靠性(95%的置信水平)。

表6-20 分油量测定的精密度典型值

分油量/%	重复性/%	再现性/%
1	1.15	1.51
5	2.57	3.39
10	3.64	4.79
20	5.15	6.78

重复性(r)：在同一实验室，由同一操作者使用同一台仪器，在相同操作条件下，对同一试样进行重复测定，测得的两个结果之差不应超过式(6-20)的要求。

$$r=1.151\times X^{0.5} \tag{6-20}$$

式中 X——两个重复测定结果的算术平均值。

再现性(R)：由不同操作者在不同实验室，使用不同仪器对同一试样在规定的试验条件下进行试验，所得的两个单一独立结果之差不应超过式(6-21)的要求。

$$r=1.517\times X^{0.5} \tag{6-21}$$

式中 X——两个单一独立结果的算术平均值。

3. SH/T 0682—1999 润滑脂在储存期间分油量测定法

(1) 方法概述：润滑脂在储存时分油量是指模拟经过一段储存时间后的分油趋势，可反映出润滑脂胶体安定性能。润滑脂发生了分油，剩余组分的稠度增大，会影响产品的使用性能。

测定润滑脂在储存时分油的测定方法为SH/T 0682—1999，仅适用于稠度大于0号的润滑脂，试验结果与15.88kg桶内储存的润滑脂的分油直接相关，该方法不说明动态工作条件下润滑脂的稳定性。SH/T 0682—1999等效采用ASTM D1742—94润滑脂在储存期间分油量测定法。

方法概要：将润滑脂试样装在75μm滤网上，在(25±1)℃温度，(1.72±0.07)kPa空气压力下持续试验24h后，称量分出并滴入盛油皿的油的质量。

(2) 仪器与材料：成套分油试验设备(见图6-30)与压力系统组成。成套分油试验设备由严密配合的杯子和盖子、滤网(75μm，No.200不锈钢，标记为 ϕ104.8×12.7—0.075/0.053，符合GB/T 6003.1的要求)、漏斗及盛油皿组成。

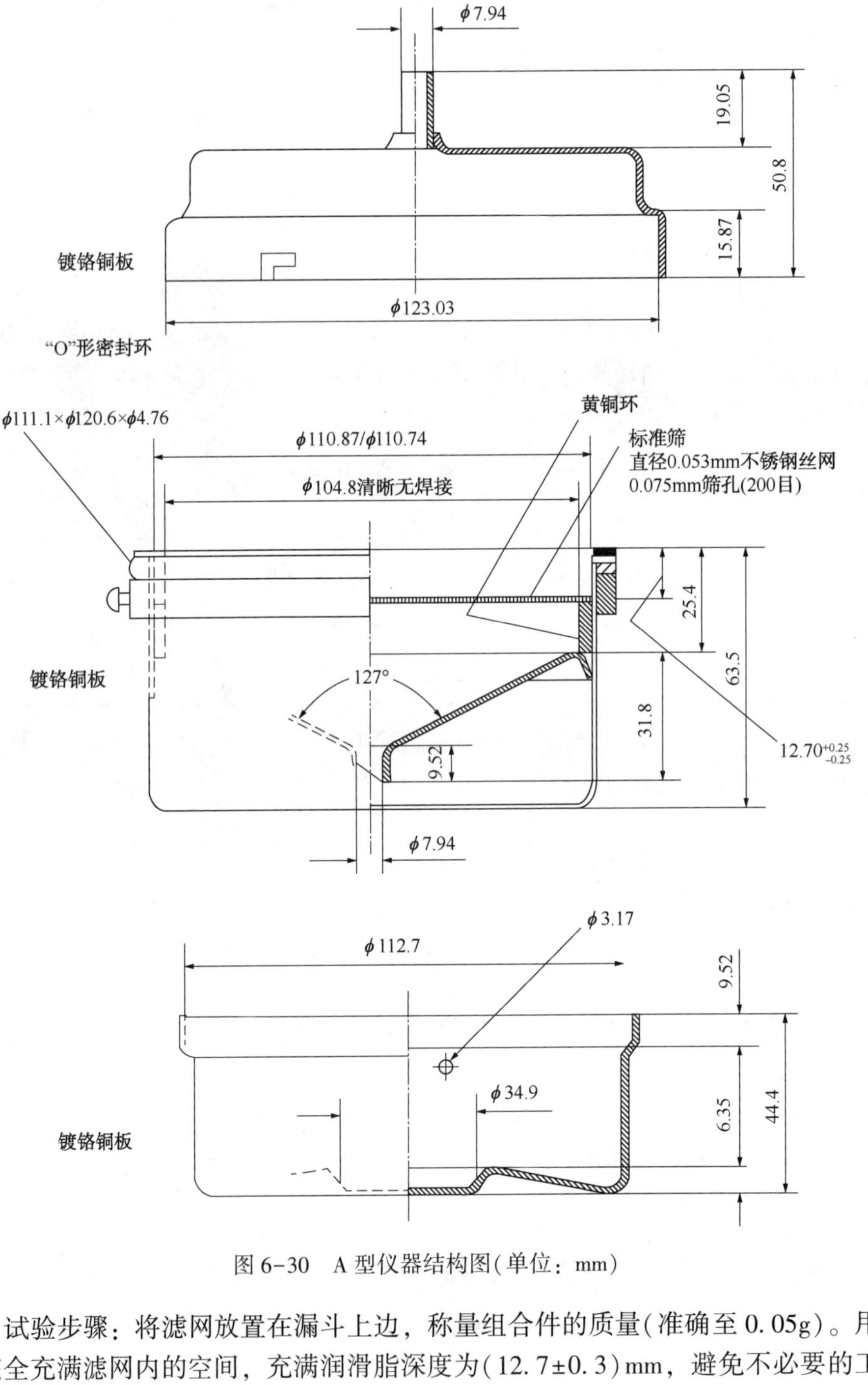

图6-30　A型仪器结构图(单位：mm)

(3) 试验步骤：将滤网放置在漏斗上边，称量组合件的质量(准确至0.05g)。用刮刀将润滑脂完全充满滤网内的空间，充满润滑脂深度为(12.7±0.3)mm，避免不必要的工作以防止混入空气。用刮刀的直边刮去多余的润滑脂并使表面平整，避免将润滑脂压过滤网。称量装样后的组合件(精确至0.05g)。称量洁净干燥的盛油皿(精确至0.05g)，将盛油皿放在底杯中心接受盘的位置上。将压缩空气用一根适当长度的橡皮管连接到盖上的空气入口处。在试验开始之前，使仪器及样品置于(25±1)℃环境中，调整空气压力为(1.72±0.07)kPa，在此温度与压力下持续试验24h。试验结束后，称量盛油皿(精确至0.05g)。重复测定两个试验结果的算术平均值作为测定结果，精确至0.1%。

(4) 计算：润滑脂的分油量 X 按式(6-22)计算：

$$X=\frac{m_4-m_3}{m_2-m_1}\times 100 \tag{6-22}$$

式中 m_1——装样前干净组合件质量，g；

m_2——装样后组合件质量，g；

m_3——装样前干净盛油皿质量，g；

m_4——试验后盛油皿质量，g。

(5) 精密度(95%置信水平)：

重复性(r)：由同一操作者用同一仪器对同一试样在规定条件下两次试验结果之差，不应超过其平均值的10%。

再现性(R)：由不同操作者在不同实验室对同一试样所得的两个单一的互相独立的结果之差，不应超过其平均值的17%。

二、润滑脂胶体安定性试验的应用

测定润滑脂的胶体安定性对润滑脂的储存和润滑脂在高温与受压力条件下的作用有一定的实际意义。润滑脂在轴承内由于发热、挤压、离心力和渗透等作用，会析出少量的油，析出的油一部分用于设备的润滑而大部分流失掉。润滑脂在使用过程中少量的油析出有利于设备润滑，但过量的分油则可能出现设备润滑不良，出现设备润滑故障，严重的会出现设备报废等。有人实验发现，当润滑脂含量损失50%时，轴承就会损坏。另外，装有润滑脂的设备在储存中，若润滑脂的分油过大，分出的油会污染设备。

当润滑脂发生分油时，残留物的稠度发生了变化，从而影响产品的某些性能。实验室测量结果与不同储存过程中的分油倾向有一定的关系，但不能表明其在动态情况下的分油倾向。

润滑脂胶体安定性能是重要的质量监控指标，通常分油项目是出厂批次检验或检验频率较高的出厂周期检验项目(例如5~10批检一次)，在原材料批次质量波动、产品配方或工艺发生变化时，应加强测试。

第七节 润滑脂化学安定性

润滑脂氧化安定性即润滑脂在储存和使用过程中抵抗氧化的能力，称为氧化安定性，也称为化学安定性。润滑脂的氧化安定性是影响润滑脂使用寿命的重要因素之一，润滑脂抗氧化性能越好，其使用寿命就越长。

润滑脂组分中的皂和基础油在长期储存中或长期受高温并与空气(氧)接触的情况下容

易被氧化，氧化的结果将导致润滑脂变质，有酸性的氧化产物、胶质物和破坏润滑脂结构的物质生成，同时润滑脂中金属皂对基础油有氧化催化作用。润滑脂被氧化后生成的低分子有机酸和胶质产物会破坏润滑脂的胶体结构，致使润滑脂变质失去应有的润滑及其他性能，无法满足设备的润滑要求；此外，产生的低分子酸还会腐蚀金属设备。鉴于润滑脂在贮存与使用过程中不可避免会发生氧化，因此，对于在高温条件下使用的润滑脂或换脂周期较长的机械设备用润滑脂及需要长期储存的润滑脂在研制与生产时都必须考虑抗氧化性能。通常情况下，要提高或改善润滑脂的抗氧化性能都采用加入抗氧化添加剂并选用更优质的基础油与之配伍。润滑脂的抗氧化性能主要取决于基础油的类型和抗氧化添加剂的种类与加入量。

评价润滑脂氧化安定性的方法很多，包括氧弹法、滚筒动态氧化试验法、加速氧化稳定性试验、差式扫描量热计(PDSC)、红外光谱法等。我国现有评价润滑脂的氧化安定性的标准方法主要有三个，即 SH/T 0325—1992 润滑脂氧化安定性测定法、SH/T 0335—1992 润滑脂化学安定性测定法、SH/T 0790—2007 润滑脂氧化诱导期测定法(压力差示扫描量热法)。

一、润滑脂化学安定性试验方法

1. SH/T 0325—1992 润滑脂氧化安定性测定法

(1) 方法概述：SH/T 0325—1992 采用氧弹法测定润滑脂的氧化安定性，适用于提高试验温度条件下测定润滑脂在静态储存于氧气密闭系统中的抗氧化性，可用于润滑脂的批次稳定性的质量控制，但不预示在动态工作条件下润滑脂的安定性和长期储存在容器里润滑脂的安定性，也不预示在轴承和马达部件上薄层润滑脂的安定性。它不应用于评价不同类型润滑脂的相对抗氧化性。。

方法概要：将试样放在一个加热到99℃并充有758kPa 氧气的氧弹中氧化，按规定时间间隔观察并记录压力。经规定时间周期后，由氧气压力的相应降低来确定润滑脂的氧化程度。

(2) 仪器与材料：氧化安定性试验仪、温度计(范围 95~103℃，分度值 0.1℃)、溶剂与氧气(纯度 99.5%以上)等，其中由氧弹(合金钢制成)以及安装在氧弹上的压力表(刻度间隔为每分度 6.89kPa，最大读数至少为 827kPa，并在 621~827kPa 范围内，精度至少为 3.45kPa)、试验皿、皿架(由 18%铬和 8%镍合金制成)和油浴等组成。氧化安定性试验仪见图 6-31。

(3) 试验步骤：在 5 个洁净的试验皿中各装入(4.00±0.01)g 润滑脂试样(要求试样均匀地分布在试验皿中，其上表面应平滑)，然后分别放在皿架的 5 个底部搁板上，留下顶部搁板作为盖子用(防止冷凝的挥发物滴入试样中)。在装配氧弹时，放一小团玻璃棉于连接压力表管底部的口内。将皿架小心放入氧弹中，垫上垫片，并缓慢而均匀地上紧螺栓密封氧弹。缓慢地输入氧气直到压力为 689kPa，然后慢慢地放掉氧气以排除氧弹中的空气。重复 4 次，使氧气压力达到表 6-21 所列数值。放置氧弹静置一夜，查明氧弹是否漏气。

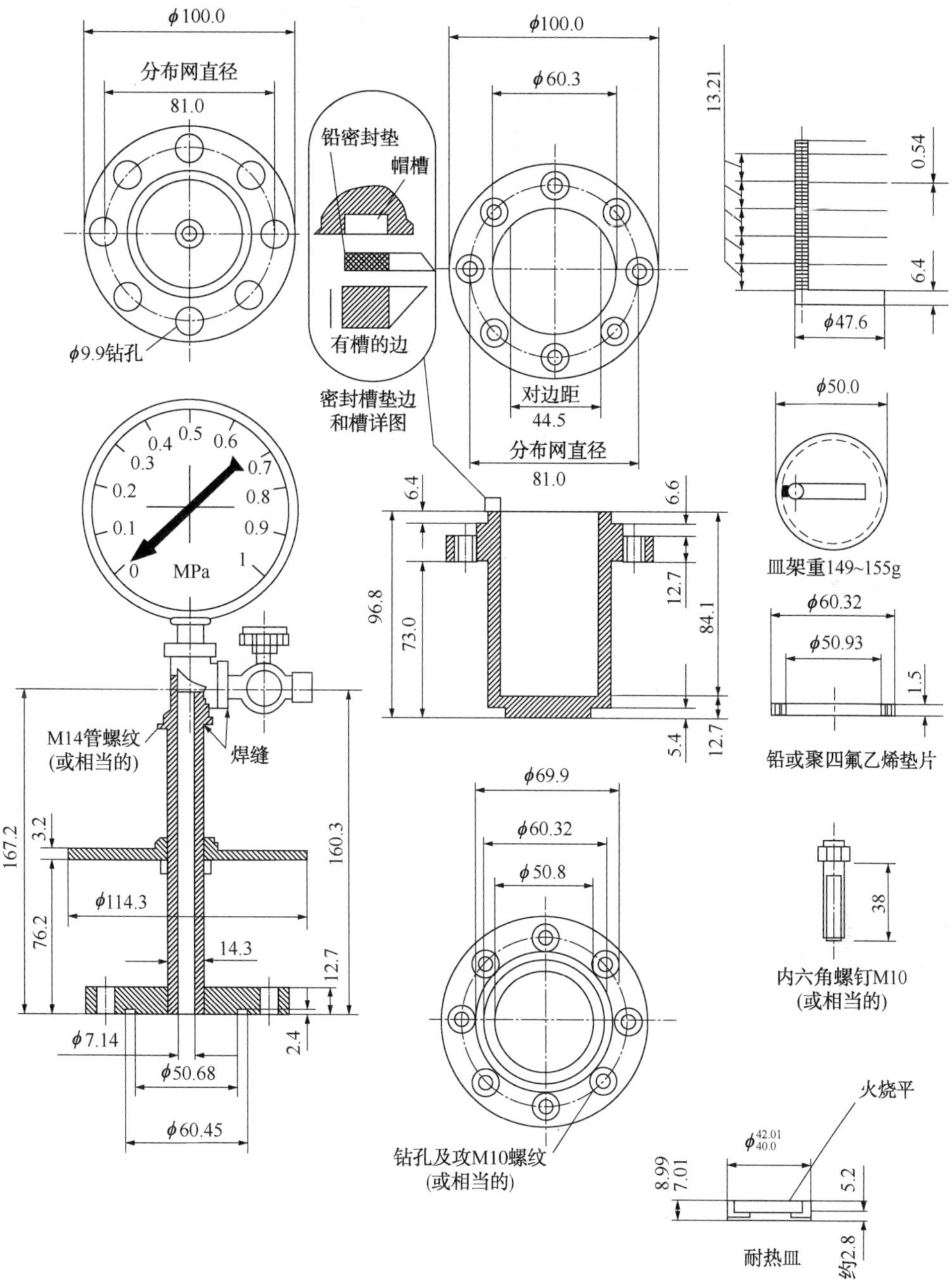

图 6-31　润滑脂氧化安定性试验仪

表 6-21　温度与氧气充填压力对应表

室温/℃	压力/kPa	室温/℃	压力/kPa
17~20	586	>30~33	614
>20~23	593	>33~37	621
>23~27	600	>37~40	627
>27~30	607		

将氧弹放入温度保持在(99±0.5)℃的油浴中，当压力上升高于(785±14)kPa时，就间歇地从氧弹中放出氧气，直到压力稳定在(785±14)kPa，并且至少保持2h(若压力逐渐下降则表明氧弹在连续漏气)。把氧弹浸入油浴中立即开始计时，并连续氧化至产品指标规定的时间周期，至少每24h观察并记录一次压力。试验结束时，记录时间与试验终结时的压力，以试验前后氧气压力降来评价润滑脂试样的抗氧化性能。重复测定两个结果的平均值，作为测定结果的压力降(kPa)。

(4) 精密度(95%置信水平)：

重复性(r)：同一操作者，对同一试样重复测定两个结果之差不应大于表6-22中的数值。

再现性(R)：不同实验室，对同一试样各自提出的两个结果之差不应大于表6-22中的数值。

表6-22 润滑脂氧化安定性精密度

平均压力降/kPa	重复性/kPa	再现性/kPa
0~34.5	13.8	20.7
>34.5~68.9	20.7	34.5
>68.9~138	41.4	55.2
>138~379	68.9	138

注：这些精密度数据仅适用于吸氧速率与时间近似成正比例，在诱导期之前的部分数据。在短的时间间隔内，氧吸收速率加速即表明到了诱导期。

2. SH/T 0335—1992(2004年确认)润滑脂化学安定性测定法

(1) 方法概述：润滑脂化学安定性是评价抗氧化性能的指标，可反映润滑脂化学安定性优劣。

方法概要：将润滑脂试样放在规定氧气压力和温度的氧弹中氧化，按规定的时间间隔，观察并记录压力。在氧化时间终了后，测定试样氧化后的酸值或游离碱，并与氧化前比较，以其变化值和压力降表示该试样的化学安定性。

(2) 仪器与材料：测定设备及配套材料包括氧弹(见图6-32)、氧气压力表、碳素钢底架、铝制垫圈、氧气气源、氧气压力表、玻璃座架、称量瓶、金属圆筒形的容器等。

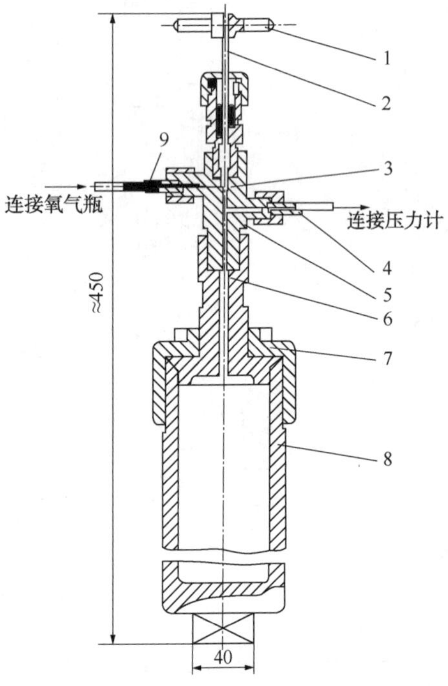

图6-32 氧弹

1—手轮；2—带针阀；3—阀；4—下侧管；5—三通管；6—弹头和菌型物；7—弹盖；8—弹体；9—上侧管

氧弹由含镍8%~11%、铬17%~20%的不锈钢或接近该牌号的不锈钢制成(氧弹由两个主要零件组成：弹体与弹盖)；氧气压力表，1.5级，压力计壳内的直径为150~200 mm，压力范围0~16MPa；盛样玻璃皿，直径(30±2)mm，高(12±1)mm，壁厚(1±0.1)mm；金属圆筒形的容器高约450mm，直径850mm。

（3）试验步骤：在五只洁净的玻璃皿中分别装入约4g的润滑脂试样，分别放在玻璃座架的每层圆玻璃上；将放有试样皿的玻璃座架小心地移入已清洗干净的氧弹弹体内，在密封处加上铝制垫圈，然后用弹盖将氧弹盖上并用工具拧紧；用高压铜管和适当的螺帽将氧弹和氧气气源连接上；把氧气送入氧弹内以排出其中的空气，在约3min内使氧弹内氧气的压力充至约0.2MPa后，停止充氧，将弹内的氧气缓慢放入大气中直到氧弹内的压力约为0.05MPa，重复操作两次，然后充入氧气达到试验要求的压力；将充满氧气的氧弹从底架上取出，小心浸入盛有温度为(20±3)℃的水的容器内，以检查氧弹的密闭性，直到完全密闭不漏气为止；弹体内的最初压力由式(6-23)计算出。

$$p_t=\frac{p_{t_3}}{1+\frac{1}{273}(t_3-t)} \tag{6-23}$$

式中 p_{t_3}——在规定的试验温度时，弹体内氧气的规定压力，MPa；

t_3——试验时规定的温度，℃；

t——室温，℃。

根据计算结果将氧弹弹体内多余的氧气放出压力，调整压力到计算的p_t值。使充满氧气并盛有试样的弹体保持其垂直位置，小心地移入加热到规定温度的水浴内，并放在座架的槽孔中，仪器放置的简图见图6-33；将氧弹放入恒温水浴内的时候，作为氧化开始时间，此时记下时间与弹体内的初压力，在试验过程中每2h记录一次压力。试验结束后将氧弹小心地移入盛有温度为(20±3)℃的水的容器内，并使弹体完全浸入水内至少15min，以冷却并检查其密闭性。若氧弹密封没有问题则将氧弹移入座架上并立即放掉氧弹中残留的氧气，拧开盖，小心地从氧弹内取出盛有试样的玻璃座架，将已氧化的试样从各玻璃杯中小心地取出，装入称量瓶，并仔细搅拌。测定润滑脂试样氧化后的酸值或游离碱，并与氧化前进行比较，以酸值或游离碱变化值和压力降表明该试样的化学安定性。酸值或游离碱的变化值及氧气压力降越小，表明试样的化学安定性越好。

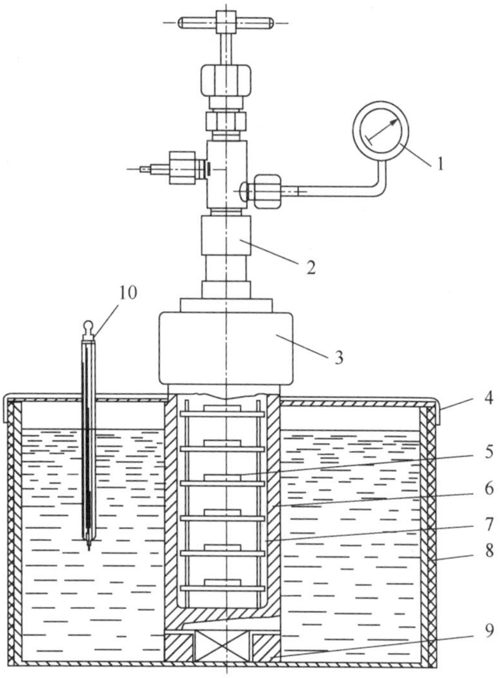

图6-33 仪器简图

1—压力计；2—弹盖顶；3—弹盖；4—水浴盖；5—盛试样的玻璃皿；6—玻璃座架；7—弹体；8—绝缘体；9—放入氧弹用的槽孔；10—温度计

3. SH/T 0790—2007 润滑脂氧化诱导期测定法(压力差示扫描量热法)

（1）方法概述：SH/T 0790—2007规定了用压力差示扫描量热法(PDSC法)测定润滑脂的氧化诱导期，氧气压力为3.5MPa，温度在155～210℃。本方法测得的氧化诱导期，可以用来表征润滑脂氧化稳定性。它可用于产品的研究开发、质量控制和其他特定的用途。然而，本试验方法的结果和使用性能之间的相关性还未建立。SH/T 0790—2007修改采用美国试验与材料协会标准 ASTM D5483—02 润滑脂氧化诱导期测定法(压力差示扫描量热法)。

方法概要：在样品皿中称取少量润滑脂，并放在测试池中。加热测试池至规定的温度，然后通入一定压力的氧气。保持测试池在规定的温度和氧气压力下直至氧化放热反应的发生。测定外推拐点时间，作为润滑脂在规定试验温度下的氧化诱导期。

结合本试验方法的动力学方程能估计在其他温度下的氧化诱导期。

(2) 仪器与材料：压力差示扫描量热仪(PDSC 仪)；铝质样品皿：能在 210℃ 下承受 3.5MPa 压力，压力表分度值 200kPa 或更小；热分析仪；流量计：量程至少为 200mL/min；氧气：纯度不低于 99.5%(体积分数)；天平：感量为 0.1mg。

(3) 试验步骤：在样品皿中称取(2.0±0.1)mg 润滑脂，使试样均匀地分布在平面上。不要使样品溅到样品皿的凹槽中去；将同一规格的空样品皿放于 PDSC 仪测试池平台上；关闭 PDSC 仪测试池和压力释放阀；从室温开始(约 22℃)，将试样以 100℃/min 的速度加热至试验温度；使试样在试验温度下平衡 2min；开启氧气阀慢慢地充压至(3.5±0.2)MPa，这需要大概 2min 的时间达到最大压力；氧化诱导期的测定是从氧气阀开启时开始计算；当压力平衡时，检查 PDSC 仪测试池的氧气流速并用出口阀调节至(100±10)mL/min；当氧气阀开启 120min 后，关闭氧气阀，开启测试池压力释放阀，慢慢地释放测试池压力；画出热曲线，测量氧化放热的外推拐点时间，报告这个时间，修约至 0.1min，作为试样的氧化诱导期。如果观察到有多个氧化放热峰，则报告最大的氧化放热峰的氧化诱导期。如果氧化诱导期小于 10min，重新试验。

如果两个测定值之差超出测定允差，舍弃这两个测定值；若两个测定值之差符合测定允差要求，则将两个测定值平均，得到一个试验结果。

(4) 其他温度的诱导期计算：当某一润滑脂的氧化诱导期被测定后，使用式(6-24)可以估计其他温度下的氧化诱导期：

$$t=A\exp\left(\frac{17500}{T}\right) \tag{6-24}$$

式中 t——估计的氧化诱导期，min；

A——试样的氧化系数；

T——温度，K(所需试验温度)。

氧化系数(A)对于一个给定的润滑脂是恒定的。报告的氧化诱导期通过式(6-25)进行计算。

$$A=\text{氧化诱导期}/\exp\left(\frac{17500}{T}\right) \tag{6-25}$$

估计出的氧化诱导期可作为选择合适的其他试验温度的指导。估计出的氧化诱导期不是这个试验方法报告结果的内容。

(5) 精密度和偏差(95%置信水平)：

① 测定允差。对同一试样进行两次测定，两次测定值之差不能超出式(6-26)规定的数值：

$$\text{测定允差}=0.59m^{1/2} \tag{6-26}$$

式中 m——两次测定值的平均值。

② 重复性。同一操作者使用同一台仪器，在相同的操作条件下，对同一试样测定得到

的两个试验结果(每个试验结果为两次测定值的平均值)之差，不能超出式(6-27)规定的下列数值：

$$重复性=0.42m^{1/2} \tag{6-27}$$

式中 m——两个试验结果的平均值。

③ 再现性。不同操作者在不同实验室，对同一试样测定得到的两个独立试验结果(每个试验结果为两次测定值的平均值)之差，不能超出式(6-28)规定的下列数值：

$$再现性=0.71m^{1/2} \tag{6-28}$$

式中 m——两个试验结果的平均值。

二、润滑脂化学安定性试验的应用

(1) 润滑脂化学安定性即氧化安定性是指润滑脂在储存期间或在高温条件下使用时抵抗氧化的能力，润滑脂的化学安定性是影响润滑脂使用寿命的重要因素之一。

(2) 润滑脂化学安定性是评价润滑脂抗氧化能力的重要指标，是反映润滑脂化学安定性优劣的状况。

(3) 改善润滑脂的抗氧化性，应选择合适的基础油和抗氧剂。常见基础油的抗氧化性见表6-23。

表6-23 常见基础油的抗氧化性

基础油	抗氧化性	基础油	抗氧化性
深度或不精制矿物油	一般~良	聚醚	优
中等精制矿物油	良	聚硅氧烷	良~优
聚烯烃合成油	良	全氟烷基醚	优
酯类油	良	氟碳油	优

(4) 润滑脂化学安定性能是重要的质量品控指标，因抗氧化项目运行时间较长，通常是出厂周期检验项目(例如半年或1年周期检)，在原材料批次质量波动、产品配方或工艺发生变化时，应加强测试。

第八节 润滑脂的润滑性能

润滑脂的润滑性能，即为极压、抗磨性能，它是润滑脂的主要功能之一。

润滑脂的极压抗磨性是指润滑脂在经受重载荷和冲击载荷的工作条件下抵抗结构破坏并保持设备润滑的能力。为了提高润滑脂的极压抗磨性，在制备润滑脂时必须加入极压添加剂和抗磨添加剂来满足润滑脂的极压抗磨性能要求。现行评价润滑脂润滑性能的方法有8个，SH/T 0202—1992润滑脂极压性能测定法(四球机法)、NB/SH/T 0203—2014润滑脂承载能力的测定 梯姆肯法、SH/T 0204—1992润滑脂抗磨性能测定法(四球机法)、SH/T 0427—1992润滑脂齿轮磨损测定法、SH/T 0716—2002润滑脂抗微动磨损性能测定法、SH/T 0721—2016润滑脂摩擦磨损性能测定法、SH/T 0784—2006润滑脂极压性能测定法(高频线性振动试验机法)、NB/SH/T 0920—2016高赫兹接触压力下润滑脂抗微动磨损能力的测定 高频线性振动试验机法。

一、润滑脂润滑性能试验方法

1. SH/T 0204—1992 润滑脂抗磨性能测定法(四球机法)

(1) 方法概述：运行中设备，其摩擦副之间的相对运动导致磨损的发生，在摩擦副之间均匀涂抹(或其他方式)润滑脂将有助于减少摩擦，降低摩擦副之间的磨损。用四球试验机可以模拟一定条件下润滑脂的抗磨损程度，其试验方法为 SH/T 0204—1992 润滑脂抗磨性能测定法(四球机法)。该方法适用于评定润滑脂在钢对钢摩擦副上的抗磨性能，它不能用来区分极压润滑脂和非极压润滑脂。SH/T 0204—1992 参照采用美国试验与材料协会标准 ASTM D2266—67 C81 润滑脂抗磨性能测定法(四球机法)。

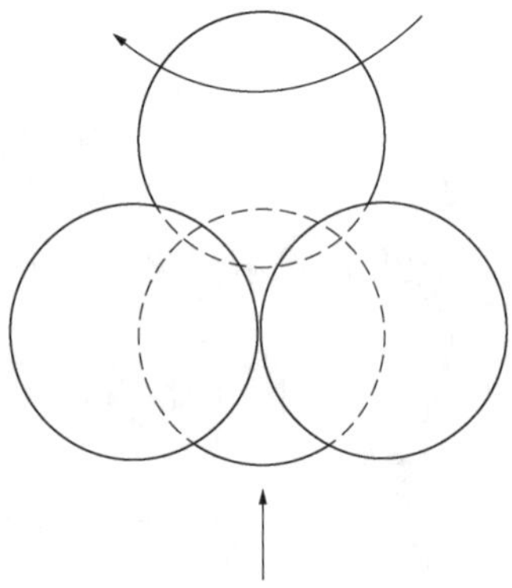

图 6-34　试验机原理示意图

方法概要：在加载的情况下，上面的一个钢球对着表面涂有试验润滑脂(试样)的下面三个静止钢球旋转。在试验结束后，测量下面三个钢球的磨痕直径，以磨痕直径平均值的大小来判断润滑脂的抗磨性能。

(2) 设备与材料：磨损四球机[四球机主轴转数不低于1200r/min，负荷不低于 392N(40kgf)，装好钢球的弹簧夹头装于试验机主轴锥孔后，其钢球的径向圆跳动不应大于0. 015mm]、显微镜(分度值 0. 01mm)、秒表、钢球(四球机专用试验钢球，铬合金轴承钢 GCr15，直径 12. 7mm，洛氏硬度 HRC64~66)、溶剂油与石油醚等。磨损试验机原理示意图见图 6-34。

(3) 试验步骤：润滑脂抗磨性试验条件见表 6-24。

表 6-24　润滑脂抗磨性试验条件

试验条件类型	数值范围	试验条件类型	数值范围
试验温度/℃	75±2	试验负荷/N	392±2
主轴转速/(r/min)	1200±50	试验时间/min	60±1

启动电机，将主轴转速调到(1200±50) r/min，空转 2~3min。将润滑脂试样装满球盒，避免气泡带入，将三个干净的钢球装入球盒中，小心地将固定环压在三个钢球上，上紧锁紧螺母，把三个钢球固定在适当位置，刮走从固定螺母压出的多余试样，使其与锁紧螺母顶面相平；然后将一个干净的钢球装入夹头，然后把夹头固定在试验机主轴上；将球盒放在试验机球盒座上并使顶球与球盒中三个钢球接触，施加试验规定的负荷；当温度到达设定的75℃时，启动电动机并运转(60±1) min，到达试验时间后，关闭电动机和加热器，降低球盒组件，取下球盒。测量试验球的磨痕直径，取重复试验两个结果的算术平均值作为测定结果。测量磨痕直径方法有 A 法与 B 法两种，具体如下。

A 法：去掉固定螺母，取出试验球擦洗干净，将球放在合适的球座上，用显微镜测量三个钢球的每个钢球两个位置(与旋转方向垂直和平行的两个方向)的磨痕直径，测准至0. 01mm。报告六次读数的算术平均值作为磨痕直径。

B 法：将试验球留在球盒中，用软布或纸擦净试验球及球盒中多余的试样，按方法 A 规程的程序用显微镜测量并报告磨痕直径。

（4）精密度（95%置信水平）：

重复性（r）：由同一操作者用同一设备在规定的操作条件下对同一试样所取得的两次试验结果之间的差值，不应超过 0.20mm。

再现性（R）：由不同操作者在不同实验室中对同一试样所取得的两个试验结果之间的差值，不得超过 0.37mm。

2. SH/T 0202—1992 润滑脂极压性能测定法（四球机法）

（1）方法概述：润滑脂的极压性能是指润滑脂在所加负载下的承载能力，是测定运动部件在点接触（四球机法）条件下润滑脂的极压性能。SH/T 0202—1992 润滑脂极压性能测定法（四球机法）适用于测定润滑脂的承载能力，即四球机法测定润滑脂的油膜强度，评定指标包括综合磨损值 ZMZ 和烧结负荷 P_D，不适合评定用硅酮、卤代硅酮或硅酮与矿物油混合物为基础油的润滑脂承载能力。SH/T 0202—1992 参照采用美国试验与材料协会标准 ASTM D2596—82 润滑脂的极压性能测定法（四球机法）。

方法概要：在规定的负荷下，上面一个钢球对着下面静止的三个钢球旋转，转速为（1770±60）r/min，润滑脂温度为（27±8）℃，然后逐级增大负荷进行一系列 10s 试验，每次试验后测量球盒内任何一个或三个钢球的磨痕直径，直到烧结为止。

与极压性能有关定义：

① 综合磨损值 ZMZ：润滑脂在所加负荷下抗极压能力的一个指数，又称为综合磨损指数。试验时负荷按 0.1 对数单位的间隔逐级加到三个静止的钢球上，取烧结负荷前十次试验结果，按式（6-32）计算得出综合磨损指数 ZMZ 值。

② 烧结负荷 P_D：在规定的试验条件下，使转动球与三个静止球发生烧结的最小负荷，即润滑脂的极限工作负荷。

③ 最大无卡咬负荷 P_B：在规定的试验条件下不发生卡咬的最大负荷，在该负荷下测得的磨痕平均直径不超过相应补偿线以上的数值的 5%。

④ 初始卡咬区：引起润滑脂油膜瞬间破坏的负荷区域。润滑脂油膜破坏可以从磨痕直径的突然增加和摩擦测量仪指针突然偏转看出来。具体见图 6-35。

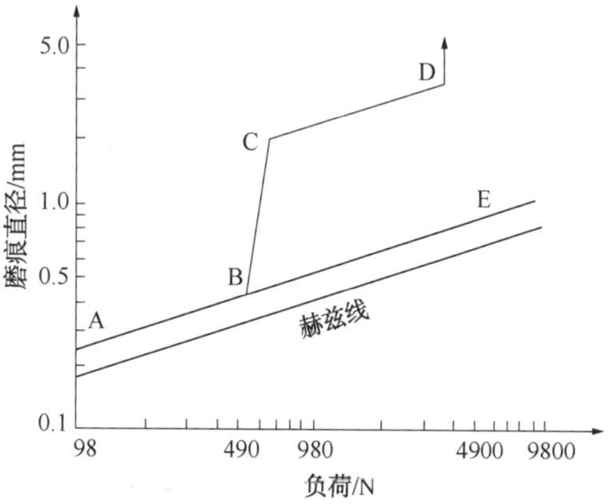

图 6-35 负荷-磨损曲线

ABE—补偿线；AB—无卡咬区；B—最大无卡咬负荷；BC—初始卡咬区；CD—直接卡咬区；D—烧结负荷

（2）仪器与材料：极压四球机[四球机主轴转数不低于 1800r/min，负荷不低于 4901N（500kgf），装好钢球的弹簧夹头装于试验机主轴锥孔后，其钢球的径向圆跳动不应大于 0.02mm]、显微镜（分度值为 0.01mm）、摩擦力记录仪、计时仪、钢球（四球机专用试验钢球，材料为优质铬合金轴承钢 GCr15，直径为 12.7mm，洛氏硬度 HRC 64~66）等。

（3）试验步骤：启动电机，将主轴转数调到（1770±60）r/min，空转 2~3min，将温度（27±8）℃

的试验润滑脂装满球盒，避免带进气泡，将三个干净的钢球嵌入球盒中，小心地将固定环压在三个球上，拧紧固定螺帽，刮走从固定螺帽压出的多余润滑脂；将一个干净的钢球装入夹头，并把夹头装在试验机主轴上，将装好的球盒放在试验机的球座上，然后使上球与球盒里的三个球接触，按规定负荷缓慢加载启动电动机，运转(10±0.2)s 后，按给出的 A 法或 B 法测量试球磨痕直径(在用 A 法和 B 法测量之前，应先用肉眼检查试球，确定各试球间磨痕直径有无明显区别；如有明显差别，必须测量三个球的磨痕直径，必要时需调整试验机)，将每次试验测量的平均磨痕直径记录在表 6-25 中。SH/T 0202—1992 标准中提供了补偿线上校正负荷总表以方便使用(详见 SH/T 0202—1992 标准)。

表 6-25　四球机试验表

试验编号：	试验条件：
样品名称：	试验材料：
样品配方：	试验日期：

负荷级别	负荷/N(kgf)	磨痕直径/mm			补偿磨痕直径/mm	PD_h 系数	矫正负荷 PD_h/D	备注
1	59(6)							查表
2	78(8)							
3	98(10)				0.21			A_1 =
4	127(13)				0.23			
5	157(16)				0.25			
6	196(20)				0.27			
7	235(24)				0.28			
8	314(32)				0.31			
9	392(40)				0.33			
10	490(50)				0.36			
11	618(63)				0.39			
12	785(80)				0.42			A_2 =
13	981(100)				0.46			
14	1236(126)				0.50			
15	1569(160)				0.54			总 A =
16	1961(200)				0.59			
17	2452(250)							
18	3089(315)							
19	3923(400)							
20	4904(500)							
21	6080(620)							
22	7846(800)							
						试验结果	P_B = N(kgf)	
							P_D = N(kgf)	
							ZMZ = N(kgf)	
						操作人员		

A 法：去掉螺母，取出试验球，擦净润滑脂，将试验球放在合适的球座上，用显微镜测量三个试球中任意一个球(与旋转方向垂直和水平的两个方向)的磨痕直径。

B 法：将试验球留在球盒中，用软布或纸擦去试验球及球盒中多余的润滑脂，按方法 A 规定的程序用显微镜测量并报告磨痕直径。

最大无卡咬负荷 P_B 的测定：测定 P_B 时要求其磨痕直径不大于相应补偿线上的磨痕直径(即补偿直径)的 5%，如果测得某负荷下的磨痕直径比相应补偿线上的磨痕直径大于 5%，则下一次试验就要在较低一级的负荷(见表 6-27)下进行试验，并再次比较磨痕直径，继续此过程，直到确定最大无卡咬负荷为止[为简化试验程序，本方法提供了用以判断 P_B 点的 $P-D_{补偿}(1+5\%)$ 表(表 6-26)，表 6-26 中的 $D_{补偿}$ 表示与负荷 P 相应的补偿直径]。

烧结负荷 P_D 的测定：按表 6-25 的负荷级别逐级加载进行一系列试验，记录所测得的磨痕直径，并更换试球和润滑脂直到发生烧结，在发生烧结的负荷下进行一次重复试验，如不发生烧结就在下一级较高的负荷下进行试验，直到烧结被核实。

表 6-26　用以判断 P_B 点的 $P-D_{补偿}(1+5\%)$

P/N(kgf)	98(10)	127(13)	157(16)	196(20)	235(24)
$D_{补偿}(1+5\%)$/mm	0.22	0.24	0.26	0.28	0.29
P/N(kgf)	274(28)	314(32)	353(36)	392(40)	441(45)
$D_{补偿}(1+5\%)$/mm	0.32	0.33	0.34	0.35	0.37
P/N(kgf)	490(50)	549(56)	618(63)	696(71)	785(80)
$D_{补偿}(1+5\%)$/mm	0.38	0.40	0.41	0.43	0.44
P/N(kgf)	883(90)	981(100)	1098(112)	1236(126)	1373(140)
$D_{补偿}(1+5\%)$/mm	0.46	0.48	0.50	0.52	0.54
P/N(kgf)	1596(160)	1765(180)	1961(200)		
$D_{补偿}(1+5\%)$/mm	0.57	0.59	0.62		

(4) 计算与报告：

① 校正负荷 P_s[N(kgf)]用式(6-29)计算并记录最大无卡咬负荷到烧结负荷之间每次所加负荷的校正负荷。

$$P_s=\frac{LD_h}{X} \tag{6-29}$$

式中 L——所加负荷，如果用杠杆式四球机则 L 为所加总重量(秤盘与砝码)乘以杠杆臂比，N(kgf)；

D_h——赫兹直径，mm；

X——平均磨痕直径，mm。

② 赫兹直径：在静态负荷下，由于钢球变形引起的压痕直径，按式(6-30)和式(6-31)计算：

$$D_h=4.08\times10^{-2}\times(P_N)^{\frac{1}{3}} \tag{6-30}$$

$$D_h=8.73\times10^{-2}\times(P)^{\frac{1}{3}} \tag{6-31}$$

式中 D_h——接触面的赫兹直径，mm；

P_N——静态负荷，N；

P——静态负荷，kgf。

③ 综合磨损值 ZMZ[N(kgf)]，用式(6-32)计算并按表 6-26 记录：

$$ZMZ=\frac{A}{10} \tag{6-32}$$

式中　A——烧结负荷前 10 次所加负荷的校正负荷总和。

注：如果试验的润滑脂符合补偿线，那么 A 为烧结点以前的补偿线上的校正负荷(查表 6-27)与非补偿线部分的校正负荷[按公式(6-29)计算]的总和，总共 10 级负荷。

表 6-27　补偿线上校正负荷总和

	kg	800	620	500	400	315	250	200	160	126	100	80
	最大无卡咬负荷	烧结负荷										
kg	N	N										
		7844.8	6079.7	4903	3922.4	3088.9	2451.5	1961.2	1569	1235.6	980.6	784.5
200	1961.2	5716.9	6266	6707.3	7060.3	7344.7	7550.6					
160	1569	4020.5	4569.6	5010.9	5363.9	5648.3	5854.2	6030.7				
126	1235.6	2645.7	3194.8	3633.1	3991	4265.6	4481.3	4648	4795.1			
100	980.6	1566	2116.1	2554.5	2909.4	3189.9	3401.7	3573.3	3706.7	3824.3		
80	784.5	702.1	1252.2	1690.6	2045.5	2326	2531.9	2709.4	2843.7	2961.4	3049.7	
63	617.8		550.1	988.4	1343.4	1623.9	1834.7	2007.3	2145.6	2259.3	2346.6	2419.1
50	490.3			438.3	793.3	1073.8	1284.6	1457.2	1595.4	1709.2	1796.5	1869
40	392.2				355	635.4	847.2	1018.8	1157.1	1270.9	1359.1	1430.7
32	313.8					280.5	492.3	663.9	802.1	915.9	1004.1	1075.7
24	235.3						211.8	383.4	521.7	635.4	723.7	795.3
20	196.1							172.6	309.9	423.6	511.9	583.5
16	156.9								138.3	252	339.3	411.9
13	127.5									113.7	202	273.6
10	98.1										88.3	159.8
8	78.4											72.6

(5) 精密度(95%置信水平)：

重复性(r)：由同一操作者用同一设备按规定的条件，对同一试样重复两次试验的结果之差不得超过表 6-28 数值。

再现性(R)：由不同操作者在不同的实验室对同一试样进行试验，两个实验室的结果之差不得超过表 6-28 数值。

表 6-28　SH/T 0202—1992 精密度

项　目	重复性	再现性
综合磨损值 ZMZ/N(kgf)	127(13)	157(16)
烧结负荷 P_D	一级负荷增量	一级负荷增量

3. SH/T 0784—2006 润滑脂极压性能测定法-高频线性振动试验机法

（1）方法概述：采用高频线性振动试验机(SRV)测定润滑脂极压性能，可以快速测定在选定温度条件下润滑脂的极压性能，尤其适用于测定在高赫兹点接触状态下，高速振动或停-开运动时润滑脂的极压性能，广泛适用于使用在前轮驱动汽车的恒速球节中润滑脂质量检验。标准号为 SH/T 0784—2006，修改采用 ASTM D5706—97(2002)润滑脂极压性能测定法[高频线性振动试验机(SRV)法]。SH/T 0784—2006 还适合进行液体润滑剂的极压特性评价。

方法概要：在高频线性振动试验机(SRV)上用一个试验钢球，以固定的频率对一个试验钢盘在润滑条件下进行往复振动试验。以 100N 为增量连续施加试验负荷直至发生卡咬，测量并报告刚好发生卡咬之前所对应的试验负荷。

（2）仪器与材料：高频线性振动试验机(SRV，仪器见图 6-36，原理见图 6-37)、试验球[52100 钢，硬度 RC 为 60±2，直径为 10mm，表面粗糙度 R_a为(0.025±0.005)μm]、试验盘(52100 钢，硬度 RC 为 60±2，直径为 24mm，研磨表面粗糙度 R_Z为 0.46~0.66μm，厚度为 7.85mm)及甲苯(分析纯)与正庚烷(分析纯)等材料。

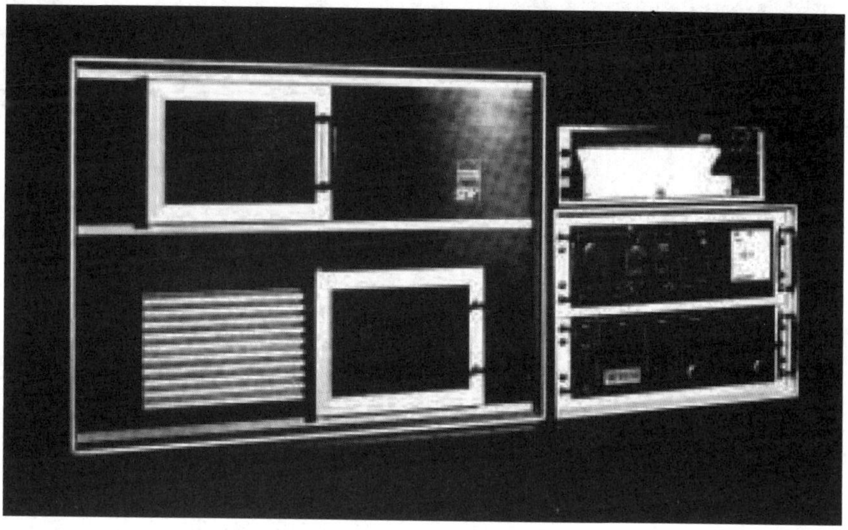

图 6-36 SRV 试验机

（3）试验步骤：用带有清洗溶剂的绸布清洗、擦拭试验球与试验盘表面，反复擦拭直至绸布上没有黑色残留物为止，将试验球与试验盘浸入盛有清洗溶剂的烧杯中，进行超声波清洗 10min 以上，然后用干净的绸布擦拭干净(试件表面无条纹出现)。将 0.1~0.2g 润滑脂试样放在干净的试验盘上(避免与以前产生的磨斑重叠)，将清洗干净的试验球装在顶部并置于润滑脂试样中间，使润滑脂在试验球和试验盘之间形成一种圆形对称的均匀薄层。在确认试验机上无负荷情况下，将装有润滑脂试样和试验球的试验盘小心地放置到试验平台区域。上紧试验球和试验盘的夹具，加载负荷到 100N，拧紧试验球和试验盘的夹具使扭矩达到 2.5N·m，

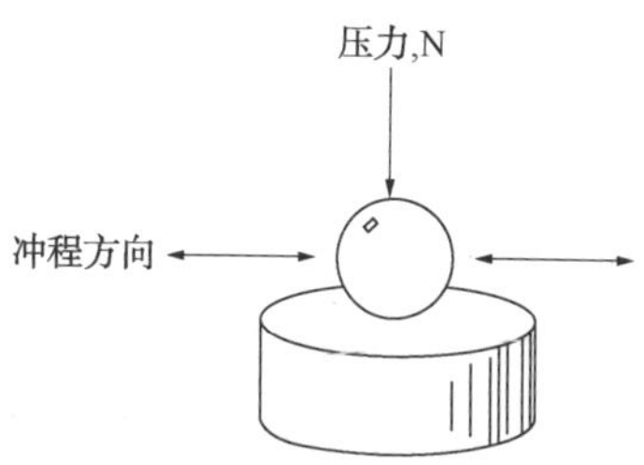

图 6-37 SRV 极压性能测定原理图

再将负荷减少到50N。设定所需的试验温度并进行加热，设定负载放大器对应400N负荷下的数值(当考察在每一个试验负荷下的摩擦系数时，应相应设置放大器对应负荷下的数值)；当温度稳定后，打开记录仪走纸记录，再压下拨动式启动开关直到计时器开始计数，然后调节冲程振幅旋钮到1.00mm。当计时器达到30s时，使用慢速挡将负荷增加到100N，保持此负荷运行2min(包括加载过程)。使用慢速挡，2min增加负荷100N直至1200N，或达到试验仪表的负荷极限，或发生失效(失效指试验机振动过程中摩擦系数上升并超过稳定态的增加量大于0.2，或产生停机)为止。当1200N负荷运行结束或达到试验仪器中的最大负荷或发生失效时，关闭加热控制器，将负荷减至最小数值，然后拆卸试验球和试验盘，清除润滑脂试样并报告试验情况，试验情况包括试验参数(润滑脂名称、试验温度、试验频率、冲程、试验球与试验盘)与没有发生卡咬的最大试验负荷。

(4) 精密度(95%置信水平)：

重复性(r)：由同一操作者使用同一仪器，在相同的操作条件下，对同一试样进行重复测定，所得两个结果之差不能超过表6-29所列数值。

再现性(R)：由不同操作者在不同实验室，对同一试样进行测定，其中所得的两个独立的结果之差不应超过表6-29所列数值。

表6-29　SH/T 0784—2006精密度

试验温度/℃	重复性/N	再现性/N
50	0.7X	1.3X
80	0.6(X+122)	1.2(X+122)

注：X为两次测定结果的平均值，N。

4. NB/SH/T 0721—2016 润滑脂摩擦磨损性能的测定 高频线性振动试验机(SRV)法

(1) 方法概述：在规定的试验温度(室温~280℃)、负载(200N)、频率(50Hz)，冲程振幅(1.00mm)，在高频线性振动试验机(SRV)上用一个涂抹均匀润滑脂试样薄层的试验钢球，在不变的负荷下，对着试验盘往复振动2h±15s，以测试钢球上的磨斑和摩擦系数来评价润滑脂摩擦系数和磨损性能。

高频线性振动试验机法适合于测定在给定温度和负载条件下润滑脂的摩擦性能。特别适用于初始高赫兹点接触压力下并长期处于高速振动或停-开运动的润滑脂磨损性能和摩擦系数的测定，适合检验使用在汽车前轮驱动的恒速球节润滑脂和用于滚柱轴承的润滑脂。SH/T 0721—2016修改采用ASTM D5707—11润滑脂摩擦磨损性能测量(高频线性振动试验机法)。

方法概要：在高频线性振动试验机(SRV)上用一个试验球，在恒定负荷下对着试验盘进行往复振动2h±15s，达到试验时间后测定试验球的磨痕和摩擦系数。

(2) 仪器与材料：高频线性振动试验机(SRV，见图6-36、图6-37)、显微镜(带目镜，刻度为0.01mm或配备可读至0.01mm的测微仪)、试验球[52100钢，硬度RC为60±2，直径为10mm，表面粗糙度R_a为(0.025±0.005)μm]、试验盘(52100钢，硬度RC为60±2，直径为24mm，研磨表面粗糙度R_Z为0.46~0.66μm，厚度为7.85mm)及异丙醇(分析纯)、甲苯(分析纯)等材料。

(3) 试验步骤：用带有清洗溶剂的绸布清洗、擦拭试验球与试验盘表面，反复擦拭直至绸布上没有黑色残留物为止，然后将试验球与试验盘浸入含清洗溶剂的烧杯中用超声波清洗10min以上后擦拭干净(试件表面无条纹出现)。将0.1~0.2g润滑脂试样放在干净的试验盘没有磨痕的区域内(避免与以前产生的磨斑重叠)，将干净的试验球置于润滑脂试样中间，使润滑脂在试验球和试验盘之间形成圆形对称均匀薄层。在确认试验机上无负荷情况下，将装有润滑脂试样和试验球的试验盘小心地放置到试验平台区域。上紧试验球和试验盘的夹具，加载负荷到100N，拧紧试验球和试验盘的夹具使扭矩达到2.5N·m，再将负荷减少到50N以便磨合。设定所需的试验温度并进行加热，当温度稳定后，打开记录仪开始记录，计时器开始计数，然后调节冲程振幅旋钮到1.00mm；计时达到30s时，使用慢速挡将负荷调至200N，保持此负荷运行2h±15s，试验机自动停止；关闭加热控制器，重新接通电源，将负荷减至-13N或-14N后拆卸SRV试验机中试验球和试验盘；把试验球放在一个合适的架子上，用显微镜测量，最小磨痕宽度读至0.01mm，然后与首次测量成90°角的方位再测量一次并从记录器曲线上读取最小摩擦系数值。

当要求进行附加的磨损分析时，可以按表面形貌仪测量说明对试验盘上的磨痕进行表面形貌测量。

(4) 报告试验结果：试验情况包括试验参数(润滑脂名称、试验温度、磨合负荷N、试验负荷N、试验频率Hz、冲程mm、试验球材料与试验盘材料)、试验球磨痕的两个测量值和平均磨痕直径、最小摩擦系数(当规格要求时，报告应包括摩擦系数试验记录的复印件)。

若进行了表面形貌的测定，则应报告试验盘上磨痕的深度。

(5) 精密度(95%置信水平)：

① 球的平均磨痕直径：

重复性(r)：由同一操作者使用同一仪器，在相同的操作条件下，对同一试样进行重复测定，所得两个结果之差不能超过0.07mm。

再现性(R)：由不同操作者在不同实验室，对同一试样进行测定，所得的单个或两个独立的结果之差不应超过表6-30所列数值。

表6-30 SH/T 0721—2016 再现性要求

试验温度/℃	再现性/mm	试验温度/℃	再现性/mm
50	0.29	80	0.24

② 最小摩擦系数：

重复性(r)：由同一操作者使用同一仪器，在相同的操作条件下，对同一试样进行重复测定，所得两个结果之差不能超过表6-31所列数值。

再现性(R)：由不同操作者在不同实验室，对同一试样进行测定，所得的单个或两个独立的结果之差不应超过表6-31所列数值。

表6-31 SH/T 0721—2016 最小摩擦系数精密度要求

试验温度/℃	重复性	再现性
50	0.012	0.031
80	0.008	0.032

5. NB/SH/T 0203—2014 润滑脂承载能力的测定-梯姆肯法

(1) 方法概述：梯姆肯试验机是评定润滑脂承载能力的方法之一，采用梯姆肯试验机测定运动部件在线接触情况下润滑脂的承载能力(极压抗磨性能)。被广泛用来做油品规格试验，用来区分具有低、中、高不同承载能力的润滑脂。试验结果与实际使用结果之间可能不存在关联性。修改采用美国试验与材料协会标准 ASTM D2509—03(2008)润滑脂承载能力测定法(梯姆肯法)。

① 方法概要：试样时，一个钢制试环紧贴着一个钢制试块转动。转动速度为(123.71±0.77)m/min，此速度相当于轴速(800±5)r/min，润滑脂的温度为(24±6)℃。

需要测定两个值：使旋转的试环和固定的试块之间的润滑膜破裂而引起磨损的最小负荷，即刮伤值。使旋转的试环和固定的试块之间的润滑膜不破裂而不引起磨损的最大负荷，即 OK 值。

② 术语与定义：

润滑脂承载能力：通常指在给定的试验条件下，摩擦副正常运转时，接触表面不产生刮伤、卡咬或者金属间的表面焊着等破坏形式的最大负荷或压力。润滑脂承载能力的值是随着不同试验方法而变化的。

刮伤：在摩擦表面滑动方向上形成广泛的沟槽和划痕的严重磨损形式。如果润滑剂能够持续地保持，试块上则得到光滑的磨痕。当润滑脂油膜破坏，则发生刮伤或试块的表面破坏，见图 6-38。最简单且容易辨认的刮伤形式是：试块上磨痕比较宽，且有犁痕产生，金属从试块上转移到试环的接触表面，这种表面破坏的形式经常会遇到。但是，也有如下的情况发生，磨痕表面比较光滑，但存在局部的破坏，即划痕延伸到磨痕之外，这种情况也视为刮伤。还有一种情况是，虽然在光滑的磨痕内有划痕产生，但未延伸到磨痕之外，在梯姆肯试验机测定润滑剂承载能力上不认为是刮伤。

图 6-38　试块上的各种典型磨痕示意图

卡咬或焊着：摩擦表面产生严重粘着或转移，使相对运动停止或断续停止的现象。或在摩擦学中，指直接接触的金属表面于任何温度下形成的键合。

磨损：固体表面和其接触的物体做相对运动时，该固体接触表面的物质不断损失，产生残余变形或其他损伤。

OK 值：在测定润滑剂承载能力过程中，没有引起刮伤或卡咬时加在负荷杠杆砝码盘上的最大质量。

刮伤值：在测定润滑剂承载能力的过程中，出现刮伤或卡咬现象时加在负荷杠杆砝码盘上的最小质量。

(2) 仪器与材料：梯姆肯试验机(见图 6-39 与图 6-40)、试样供给装置(用于给试件提供润滑脂)、加载装置(能以 8.92~13.33N/s 的均匀速率施加和卸除加载砝码)、试环[渗碳钢制，洛氏硬度 HRC 为 58~62，或维氏硬度 HV 为 653~746；试环宽度为(13.06±0.05) mm，周长为(154.51±0.23)mm，直径为$49.22^{+0.025mm}_{-0.127mm}$，最大半径偏心率为 0.013mm，表面粗糙度为 0.51~0.76μm]、试块[渗碳钢制，洛氏硬度 HRC 为 58~62，或维氏硬度 HV 为 653~746；试块表面宽度为(12.32±0.10)mm，周长为(19.05±0.41)mm，每个试块有四个试验表面，表面粗糙度为 0.51~0.76μm]、显微镜(有足够的清晰度，倍数 50~60，测量精度±0.05mm)、计时器、丙酮及清洗溶剂。

(3) 操作步骤：安装梯姆肯试验机，将梯姆肯试验环装在主轴上、试验块装在试块架上并紧固(避免过紧而变形)，调整杠杆系统，使所有刀刃全部对准(杠杆严格保持水平)，将选定的砝码放在加载装置的加载盘上，将加载盘上的弹簧挂在负荷杆末端的坡口上(避免冲击试件)。用试验脂涂抹试验块和试验环，慢慢用手或其他方法转动主轴几周。

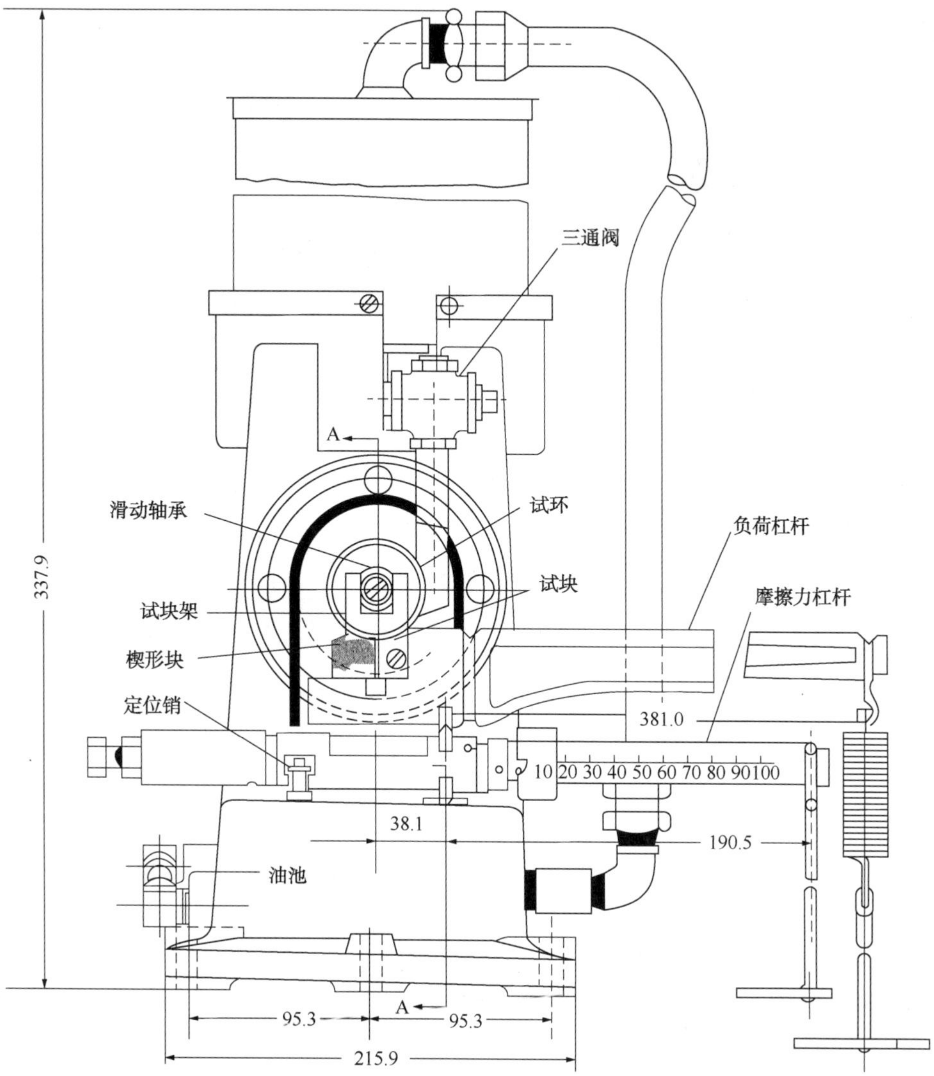

图 6-39　梯姆肯试验机(单位：mm)

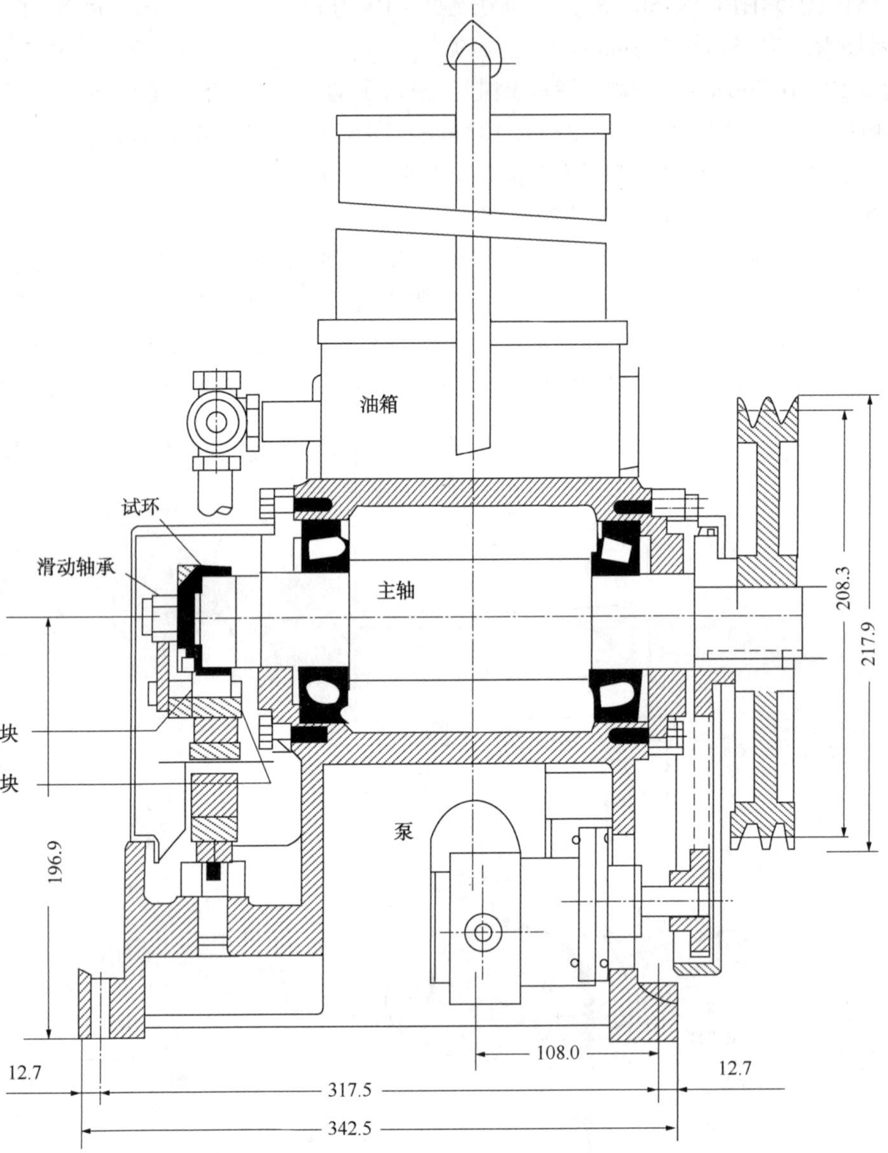

图 6-40　梯姆肯试验机(A-A)(单位：mm)

将(24±6)℃的润滑脂试样装入干净的润滑脂供给装置，避免产生气泡，用试样涂抹在试验环和试验块上，将导向衬块上抹上润滑脂，不要加热润滑脂；以(45±9)g/min 的流量供给到试块上。启动电机运行 30s 完成磨合，完成磨合后启动计时器并以(8.9~13.3)N/s 的速率施加负荷。初始化加载程序后，如试件表面不发生刮伤，让设备以(800±5)r/min 的转速运转 10min±15s，若在试验过程中出现噪声和振动，有明显的刮伤迹象，立即停机，关掉润滑脂供应，卸掉负荷。如果没有发生刮伤迹象，让试验机在初始负荷下运转 10min±15s 后，关闭加载装置，从负荷杠杆下卸下负荷，关闭主轴电机，关闭润滑脂出口阀，移开负荷杠杆，取出试验块并观察表面，只要磨痕出现任何刮伤或焊着，则试样在此一级负荷下失效。

若未发生刮伤，翻转试验块，使用其另一个接触面并换用一个新的试验环，在原负荷的基础上增加44.5N(10lbf)的负荷重复试验，若仍未发生刮伤，每次增加44.5N(10lbf)的负荷进行试验，直至出现刮伤为止。然后再由此负荷降低22.2N(5lbf)进行确认试验。如果在133.4N(30lbf)负荷下发生刮伤，在此负荷下减少26.7N(6lbf)进行试验，直到不出现刮伤，然后再由此负荷增加13.3N(3lbf)的负荷进行最后的确认试验。若某一级负荷的磨痕对于确定开始刮伤有疑问，则在此相同负荷下重复试验，若第二次试验产生刮伤，则这一级负荷为刮伤负荷；若第二次试验不产生刮伤，则此负荷为不刮伤负荷。

(4) 结果计算与报告：报告OK值和刮伤值。报告值在133.4N(30lb)以上，应报告22.2N(5lb)的倍数；报告值在133.4N(30lb)以下的，则报告13.3N(3lb)的倍数。用显微镜测量OK值下的磨痕宽度，准确到0.05mm。

接触压力的计算按式(6-33)进行：

$$C=\frac{9.81\times[L(X+0.454G)]}{YZ} \tag{6-33}$$

式中 C——接触应力，MPa；

L——负荷杠杆力臂长度比，$L=10$；

G——负荷杠杆常数，N；

X——加在砝码上的质量，kg；

Y——磨痕长，12.7mm；

Z——磨痕平均宽度，mm。

(5) 精密度(95%置信水平)：

重复性(r)：同一操作者在同一实验室使用同一仪器，按照相同的方法对同一试样连续进行测定，得到两个结果之差不应超过式(6-34)中规定的值。

$$r=23\%\overline{X} \tag{6-34}$$

式中 $\overline{X}$——两次试验结果的平均值，N。

再现性(R)：不同操作者在不同实验室使用不同的仪器，按照相同的方法对同一试样进行测定，得到的两个单一、独立试验结果之差不应超过式(6-35)中规定的值。

$$R=59\%\overline{X} \tag{6-35}$$

式中 $\overline{X}$——两次试验结果的平均值，N。

6. SH/T 0427—1992 润滑脂齿轮磨损测定法

(1) 方法概述：SH/T 0427—1992适用于测定润滑脂的齿轮磨损值，用以表明润滑脂的相对润滑性能。通过磨损值来评定润滑脂试样的相对润滑性能优劣。参照采用美国联邦试验方法标准FS 791 B 335.2齿轮磨损方法。

方法概要：将涂有试验润滑脂的已知磨损性能的试验齿轮(四对)，在规定负荷下进行往复运转，经规定周数后以铜齿轮平均质量损失作为磨损值。

(2) 仪器与材料：齿轮磨损试验机(见图6-41)、驱动轴(包括外径25.4mm的驱动皮带轮和安装铜齿轮用的装置，见图6-42)、被动轴(包括外径25.4mm载重皮带轮和安装钢齿轮用的装置，见图6-42)、齿轮对(四对，每对由一个黄铜齿轮和一个钢齿轮组成，齿轮规格见表6-32)、驱动机构(往复、正弦曲线运动，振幅79.76mm，50cy/min，带一个旋转计数器)、砝码、天平及一些清洗溶剂和工具。

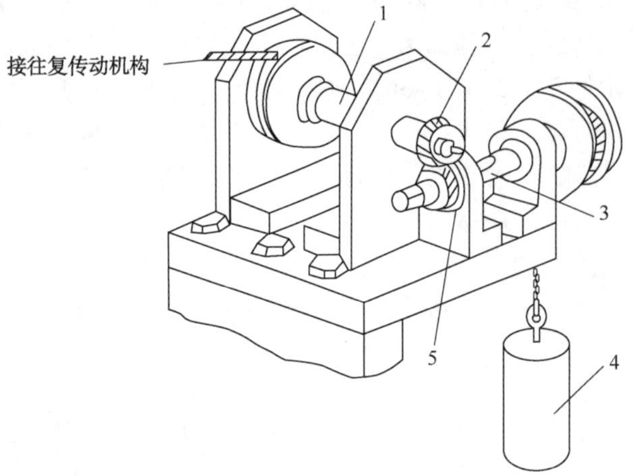

图 6-41　齿轮磨损试验机

1—驱动轴；2—黄铜试验齿轮；3—被动轴；4—重锤；5—钢试验齿轮

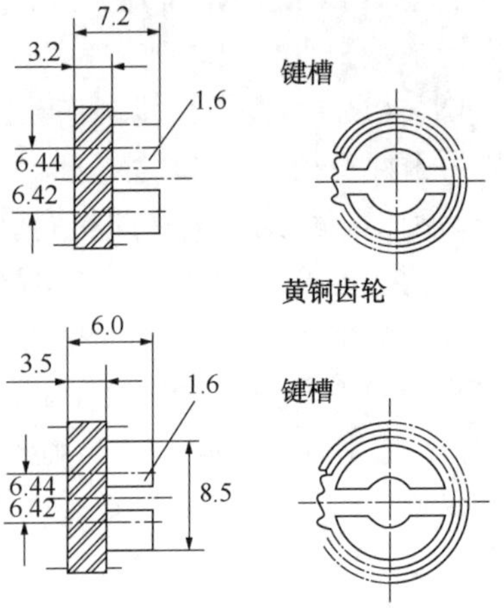

图 6-42　试验齿轮对(单位：mm)

表 6-32　试验机中试验齿轮规格

规格 \ 齿轮种类	黄铜齿轮	钢齿轮
齿形	渐开线斜齿	渐开线斜齿
螺旋角	$\beta=53°20'$右旋	$\beta=36°40'$右旋
齿数	$Z=16$	$Z=25$
法面模数	$M_n=0.4$	$M_n=0.4$
端面模数	$M_s=0.497$	$M_s=0.669$
压力角	$\alpha=20°$	$\alpha=20°$
精度等级	J-DCJB 179-60	J-DCJB 179-60
材料	H62	40Gr

(3) 试验步骤：在驱动轴上安装黄铜齿轮，在被动轴上安装钢齿轮，镶入齿轮上的标记槽，以保证齿轮试验装置每次装配在彼此相同的相对位置上；用柔软的绳缠绕滑轮，将传动轴与往复机构连接，并在被动轴上加 22.24N 的砝码；将容器安放在钢齿轮下部，将二-(2-乙基己基)癸二酸酯注入容器中，直到钢齿轮下部的齿被浸没；启动往复机构，使其往复运转 1500cy 进行磨合；在完成上述周数后停机，拆下齿轮、清洗、干燥齿轮对，并称量黄铜齿轮，如黄铜齿轮的质量损失不超过 2mg，则此齿轮对可用于试验，若质量损失超过 2mg，则将此齿轮对报废；将磨合后合格的齿轮装配好，并将润滑脂试样均匀地涂在齿轮的啮合面上，启动往复驱动机构，使其往复运转 6000cy，试验运转结束后，拆下齿轮，清洗、干燥齿轮对，并称量黄铜齿轮。

再将清洗、干燥和已经称量的黄铜齿轮安装在齿轮磨损试验机驱动轴上，在被动轴上安装钢齿轮，并将润滑脂试样均匀地涂在齿轮的啮合面上，在被动轴上加负载 44.48N，启动往复驱动机构，使其往复运转 3000cy，试验运转结束后，拆下齿轮，清洗、干燥齿轮对，并称量黄铜齿轮。进行四次完整的试验，每次用新齿轮，并对 6000cy 和 3000cy 的运转分别计算为每 1000cy 的黄铜齿轮质量损失(精确至 0.1mg)。

(4) 试验结果的表述：报告黄铜齿轮在 22.24N 力下运转 6000cy 后，每千周的平均质量损失(mg/1000cy)；

报告黄铜齿轮在 44.48N 力下运转 8000cy 后，每千周的平均质量损失(mg/1000cy)。

7. SH/T 0716—2002 润滑脂抗微动磨损性能测定法

(1) 方法概述：润滑脂抗微振动性能测定法用于评定轴承摆动时润滑脂抗微动磨损的特性，适用于规定场合及试验条件下，区分不同润滑脂低、中、高的抗微动磨损能力，已应用于预测长途运输中的汽车车轮轴承润滑脂的抗微动磨损性能。试验结果不一定与其他类型的磨损现象相关联。试验方法为 SH/T 0716—2002，等效采用美国试验与材料协会 ASTM D4170—97 润滑脂抗微动磨损标准试验方法。

微动磨损是指由摩擦面磨掉的细小颗粒做特定振幅下的振动或摇摆运动而产生的一种磨损形式。

方法概要：两套装有试验脂的推力轴承在弧度为 0.21(12°)、摆动频率为 30Hz (1800cpm)，负荷为 2450N(550lbf)，以及室温条件下做摆动运动，试验时间为 22h。以两套轴承座圈的质量损失之和的平均值(单位为 mg)作为试验润滑脂抗微动磨损性能的评定。

(2) 仪器与材料：费夫纳摩擦氧化试验机(型号为 11636，见图 6-43 和图 6-44 或法莱克斯微动磨损试验机，型号为 F-1581)、弹簧导向筒(尺寸见图 6-45)、推力球试验轴承[内径(16.00±0.025)mm，外径(35.69±0.025)mm，装配高度(15.75±0.25)mm，保持器装有 9 个直径为 7.142mm 的钢球，保持器以外的所有表面均磨削]、试验机机架、分析天平、变频器(范围 0~100Hz)、计时器、超声波清洗器及正庚烷(分析纯)。

图 6-43　费夫纳摩擦氧化试验机外形结构

(3) 试验步骤：取两套未用过、已清洗干净的轴承进行称量，将润滑脂试样装填入轴承座圈的钢球滚道中，用合适的刮刀把润滑脂涂抹成与轴承台阶相齐水平(要求轴承背面和轴承座无润滑脂和颗粒杂质)，用试验润滑脂认真填满保持架两面的钢球周围的所有空隙，刮掉保持架孔和边上多余的润滑脂，允许凹侧面保持多余的润滑脂，控制每个轴承的试验脂加量为(1.0±0.05)g范围。

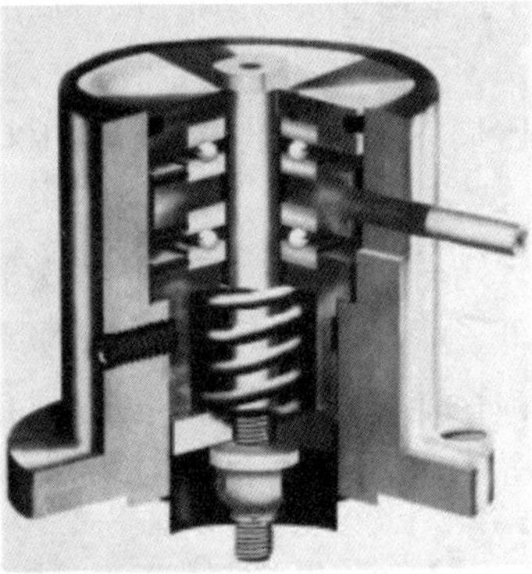

图6-44 夹具和腔体的装配结构剖面

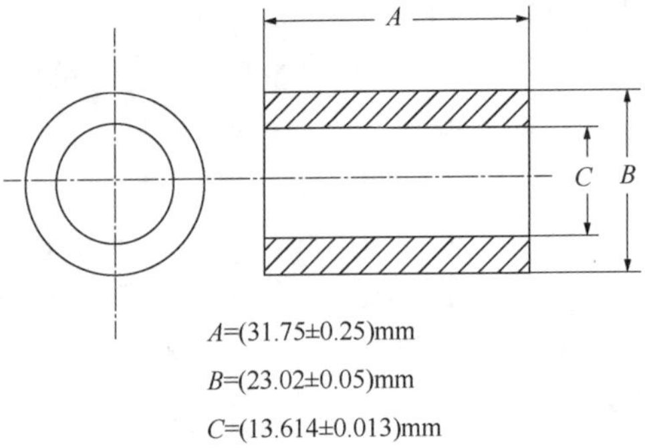

图6-45 弹簧导向筒设计尺寸

按照图6-46指定的次序进行夹具的装配，将轴承试验机安放在防振的机架上；接通电源，启动变频器和电机，开始计时，整个运转过程为(22±0.1)h；达到设定的时间后，关停变频器和电机，分解试验机，拆除夹具中所有的轴承部件。用干净的软布擦掉轴承上大部分润滑脂后进行清洗、干燥轴承，然后分别称取上、下两套轴承座圈的质量。

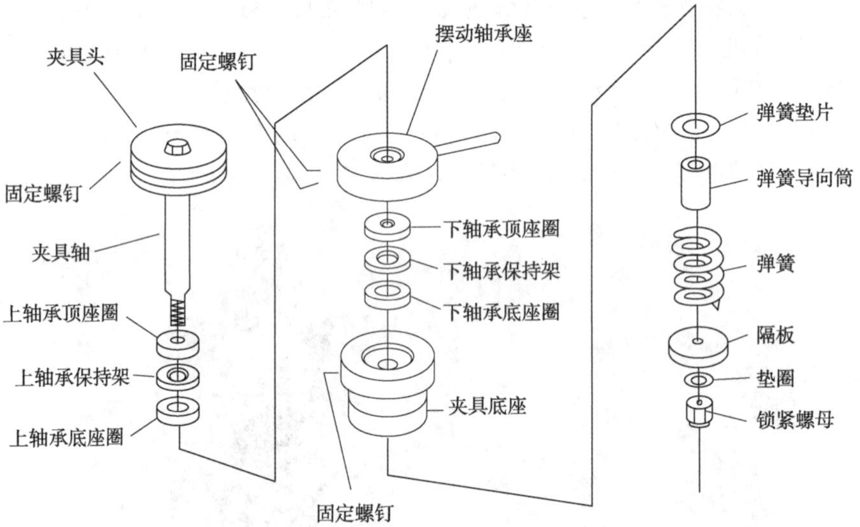

图6-46 夹具装配

(4) 计算与报告：分别计算上、下两套轴承座圈的质量损失，不包括钢球和保持架的质量损失，然后再计算上、下两套轴承座圈的质量损失的平均值。

报告上、下两套轴承座圈的质量损失平均值，以mg为单位，精确到0.1mg作为试验结果。

计算质量损失比率，即上套轴承座圈质量损失与下套轴承座圈质量损失之比。

(5) 精密度(95%置信水平)：

重复性(r)：同一操作者用同一台设备在相同的操作条件下对相同的试验材料，按照标准的试验方法进行正确操作所得的两次试验结果之差不应大于表 6-33 中数值。

$$重复性 = 1.4\sqrt{X} \tag{6-36}$$

式中 X——两次试验的质量损失的平均值，mg。

再现性(R)：不同操作者在不同实验室对相同的试验材料，按照标准的试验方法进行正确操作所得的两个单独的试验结果之差不应大于表 6-33 中数值。

$$再现性 = 3.0\sqrt{X} \tag{6-37}$$

式中 X——两次单独试验的质量损失的平均值，mg。

表 6-33 SH/T 0716—2002 精密度

平均值/mg	重复性/mg	再现性/mg
5	3.1	6.7
10	4.4	9.5
20	6.3	13.4
40	8.8	19.0

二、润滑脂抗磨极压性能试验的应用

(1) 润滑脂的抗磨极压性能是指润滑脂在经受重负荷和冲击负荷的工作条件下抵抗结构破坏并保持设备润滑的能力。

(2) 润滑脂的抗磨极压性能是极压润滑脂的重要质量指标，我们在保证极压润滑脂满足实际应用的抗磨极压性能的同时，不能一味地追求抗磨极压性能卓越，因为极压抗磨剂的活性物质尤其活性硫对铜金属具有腐蚀作用，所以在配方里添加剂的功能需要达到一个平衡。

(3) 润滑脂抗磨极压性能通常是出厂批次检验或检验频率较高的出厂周期检验项目(例如四球烧结 5~10 批检一次)，在原材料批次质量波动、产品配方或工艺发生变化时，应加强测试。

第九节 润滑脂的防护性

润滑脂的防护性是指润滑脂黏附在金属表面上防止金属锈蚀或阻止腐蚀性介质侵蚀金属表面的能力。检验润滑脂防护性能的方法有 GB/T 5018—2008 润滑脂防腐蚀性能试验法、GB/T 7326—1987 润滑脂铜片腐蚀试验法、SH/T 0331—1992(2004 年确认)润滑脂腐蚀试验法、SH/T 0700—2000 润滑脂防锈性测定法，此外防锈油脂还有多项防腐防锈性能测试。

一、润滑脂防腐防锈性能试验方法

1. GB/T 5018—2008 润滑脂防腐蚀性能试验法

(1) 方法概述：润滑脂防腐蚀性试验法规定了在潮湿条件下，用涂有润滑脂的锥形滚柱轴承模拟运行轴承在与水接触的情况下，轴承是否会出现锈蚀，通过试验结果来评定试验润滑脂的防腐蚀性能。可用来区分不同润滑脂在试验条件下的相对防腐蚀性能。修改采用美国材料与试验协会标准 ASTM D1743—05a 润滑脂防腐蚀性能试验法。

方法概要：将新的清洗净的涂有润滑脂试样的轴承在轻微负载推力下运转(60±3)s，使润滑脂如实际使用时分布。轴承在(52±1)℃和100%相对湿度的条件下存放(48±0.5)h，然后清洗并检查轴承外圈滚道的腐蚀痕迹。

(2) 仪器与材料：轴承(由LM11949轴承锥体和LM11910轴承外圈组成)、电机[转速为(1450±50)r/min或(1750±50)r/min，电机功率50W及以上]、轴承支架[一个质量为(1±0.1)kg的不锈钢压块，根据轴承锥体设定的上下两片塑料法兰，一个金属螺钉，一个轴承外圈的O形圈和一个带螺纹盖的塑料容器组成，见图6-47]、塑料容器、运转台、推力加载传动轴(见图6-48)、黄铜轴承加脂器(见图6-49)、手钳、注射器、秒表、烘箱及试剂。

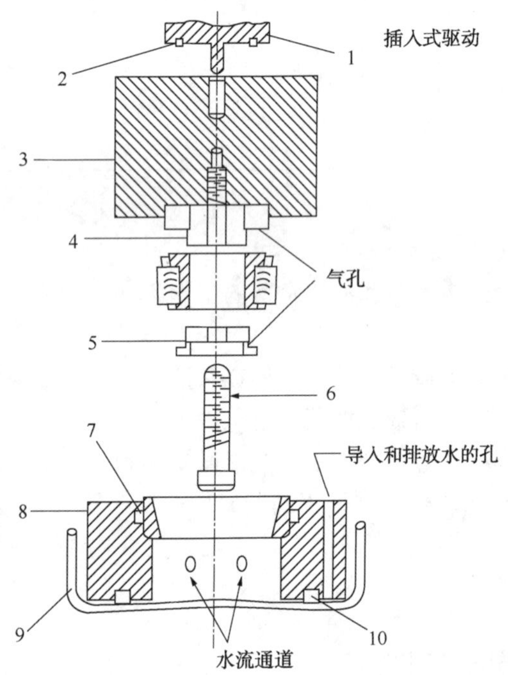

图6-47 轴承支架组合件

1—驱动活塞；2，7，10—O形圈；
3—不锈钢压块；4—上法兰；5—下法兰；
6—螺钉M6×35；8—轴承支架；9—试料容器

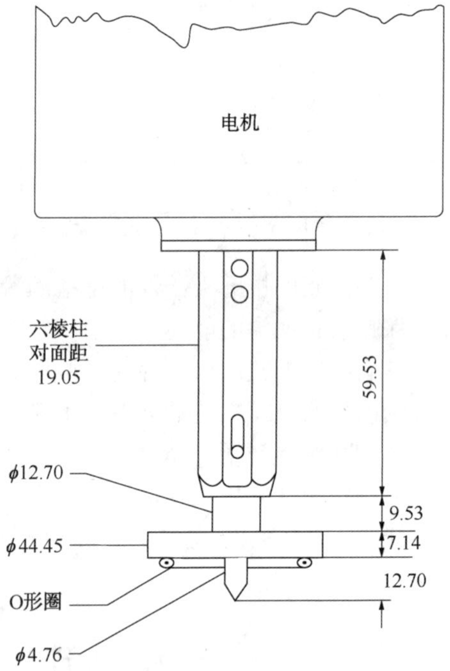

图6-48 推力加载传动轴(单位：mm)

(3) 试验步骤：将轴承加脂器的储存器放在一个干净的工作台上，将轴承外圈直径小的端面向下放入轴承加脂器的凹座中，将轴承锥体放入轴承外圈，这时保持轴承在轴承加脂器内，举起并倒置组合件整体使其放回到原来的工作台上(每次试验需要使用3个新轴承)；把储存器装满润滑脂试样，用加脂活塞将试样压进轴承，小心地从储存器中取出活塞，防止空气进入轴承、滑动轴承加脂器到工作台边缘，保持轴承固定在储存器中，在工作台上倒置其到原来的状态；用小刀刮去轴承内圈与轴承套外部和轴承加脂器间隙中多余的润滑脂、用手钳或戴上手套的手指将轴承从轴承加脂器中取出，用刮刀将轴承外多余的润滑脂除去；用戴有手套的手指夹住已装润滑脂后的轴承，使轴承外圈大内径端向下，将小直径的塑料法兰从轴承顶端插入，将大直径的塑料法兰从轴承底端插入，滑动轴承到1kg不锈钢压块上使大

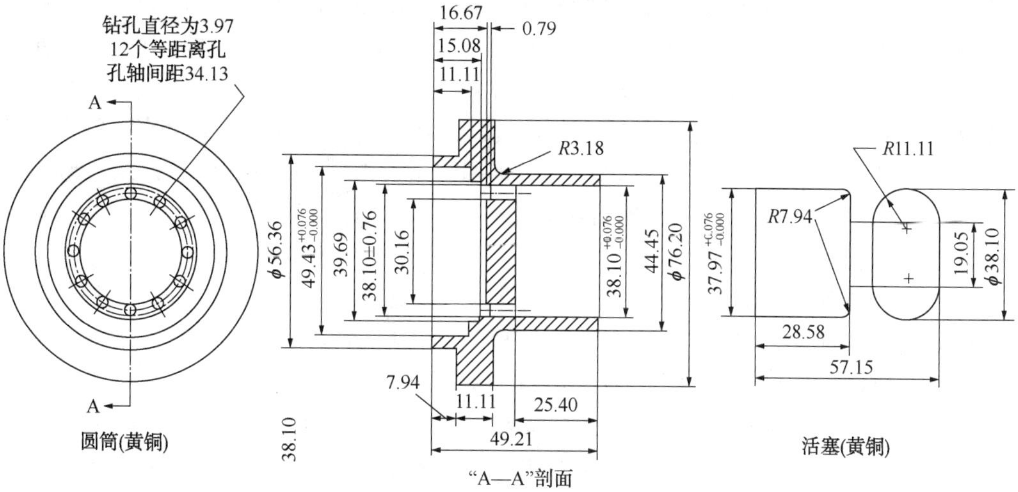

图 6-49　黄铜轴承加脂器(单位：mm)

注：除非有其他的规定，否则规定公差为 0.076mm。

直径的法兰恰好进入不锈钢压块的顶部凹槽，通过法兰插入螺钉，并将螺钉紧紧地拧入不锈钢压块，将塑料轴承支架放在轴承上面，压下轴承支架使轴承进入轴承支架内；将塑料容器扣在轴承支架上，滑动塑料容器到工作台边缘，并对着试料容器的内底用手指压不锈钢压块，倒置塑料容器并保持塑料容器内各个部件不要脱开；将塑料容器放置在驱动装置的基座上，使之位于驱动指针中心下。开动电机，使驱动指针进入 1kg 不锈钢压块的中心，加载直至螺母碰到底部为止。运转 60s，抬高驱动轴，关掉电机让轴承惯性转动停止。通过轴承支架上专用的小孔向塑料容器中运转后的轴承中注入蒸馏水[蒸馏水煮沸(10±5)min，冷却到(25±5)℃]在(20±3)s 内加(100±5)mL，当时间到(50±3)s 时开始抽出水，时间到(60±3)s，抽出(70±5)mL 水，留下(30±5)mL 的水在塑料容器中。盖紧塑料容器盖，将其放在无振动温度控制在(52±1)℃黑暗烘箱中保持 48h。到达试验时间后，将轴承从塑料容器取出，轴承外圈放到体积比 50∶50 的异丙醇和清洗溶剂的混合溶液中，清洗轴承外圈，用干净的棉布或绸布擦洗轴承；将轴承外圈从清洗溶剂中取出放置到干净的滤纸上进行风干。

(4) 评级：检查轴承外圈滚道腐蚀迹象，用合格和不合格来评价。不合格指标应是出现任何 1.0mm 的腐蚀斑点或更多的斑点，按最长的尺寸计算，不计算斑点数目；用柔软的棉纱(干的或在室温下对锈痕或钢不起反应的溶剂润湿的棉纱)轻微地擦拭即可除去的污点，在评级中不应认为是腐蚀。

(5) 报告：以合格或不合格作为评定结果，报告在 3 个轴承试验中至少 2 个一致的结果。

2. GB 7326—1987 润滑脂铜片腐蚀试验法

(1) 方法概述：润滑脂铜片腐蚀试验法适用于静态条件下测定润滑脂对铜的腐蚀性。应用润滑脂铜片腐蚀试验法对预测在润滑部件上(如含有铜或铜合金的一些轴承)可能的化学腐蚀有一定的意义。这样的腐蚀可能引起轴承的过早损坏。可是与实际使用中，通常认为在动态情况下运转的大多数润滑部件无相关性。不适用于测定除润滑脂本身外由其他因素引起的润滑脂抑制铜腐蚀的能力，也不能测定有铜存在下润滑脂的安定性。

润滑脂铜片腐蚀试验方法现行的试验标准为 GB/T 7326—1987，在标准中分为甲法与乙法，其中甲法等效采用 ASTM D4048—81 润滑脂铜片试验法，乙法等效采用日本工业规格 JIS K2220—1984 5.5 铜片腐蚀试验法。

方法概要：将一块经过打磨、抛光并用合适溶剂清洗后干净的铜片全部浸入润滑脂试样中，在烘箱或液体浴中加热一定的时间。一般采用的试验条件是(100±1)℃，24h±5min。试验结束后，取出铜片，经洗涤后，将试验铜片与铜片腐蚀标准色板进行比较，确定腐蚀级别。乙法检查试验铜片有无变色。

(2) 仪器与材料：试管(平底透明的玻璃圆柱形试管，内径为 30~33mm，高度为 115~125mm)、试管盖(50mL 烧杯，40mm×50mm；瓷坩埚或坩埚盖)、烘箱、铜片磨片夹具、观察试管、铜片腐蚀标准色板、试验铜片[长度(75±5)mm，宽(12.5±2)mm，厚 1.5~3.0mm，纯度为 99.9%以上的电解铜]、丙酮(化学纯)及清洗剂等。

(3) 试验步骤：铜片表面的处理：用粒度可满足要求的砂纸，从铜片的六个面上去掉所有表面上的疵点；用 65μm(240 粒度)砂纸或砂布最后处理，以除去在此以前用其他等级砂纸留下的全部痕迹，将铜片浸在洗涤溶剂中；从洗涤溶剂中取出铜片，操作时用无灰滤纸保护铜片防止手指接触，用一滴洗涤溶剂润湿脱脂棉，从清洁玻璃板上沾一些 105μm(150 目)的碳化硅或氧化铝砂粒，首先磨光两端，然后磨光两边；再用新脱脂棉用力擦净，此后应戴聚乙烯手套或用不锈钢镊子操作，不能用裸露的手指接触；将铜片夹在夹具上，再用沾在脱脂棉上的砂粒磨光主要表面，要沿着铜片的长轴方向磨，在返回来磨以前，使动程超出铜片的末端；用干净的脱脂棉用力地擦去铜片上全部金属粉末，直到新棉花上不再留下污物；当铜片擦干净以后，立即浸到准备好的试样中。

将大约 60mL(50~70g)润滑脂试样放入清洁的试管的底部，使润滑脂高度大约到 80mm，小心地轻拍试管使润滑脂装入试管内，把顶部弄成一个比较平的表面并将管壁多余的润滑脂擦掉；用镊子或戴 PE 手套将经过抛光、清洁的铜片插入润滑脂内直到铜片碰到管底，铜片完全浸没并至少要覆盖有 5mm 厚的润滑脂；用试管盖盖好试管；将试管垂直放置在温度为(100±1)℃的烘箱或者液体浴中，保持 24h±5min；试验结束后，从烘箱或者液体浴中取出试管，使其冷却到室温。

试验铜片的检查：戴上 PE 手套或用不锈钢镊子将试验铜片从润滑脂中取出并立即浸入洗涤溶剂中，经过洗涤后立即取出铜片，用干燥定量滤纸吸干，与铜片腐蚀标准色板进行比较以检查其表面变色和腐蚀迹象。观察时将铜片和标准色板放置成反射光线大约 45°角。乙法检查铜片有无绿色或黑色的变化。

(4) 结果的表示：根据试验铜片与铜片腐蚀标准色板上外观符合的某一级别来表示润滑脂试样的腐蚀性。

当试验铜片颜色变化介于标准色板相邻两种腐蚀级别之间时，则按变色较重的腐蚀级别来判断试样。如果试验铜片出现比标准色板中 1b 更深的暗橙色时，则认为该腐蚀仍属于 1b 级别。但是，若观察到任何红色迹象，则认为该腐蚀属于 2 级；如果 3a 的黄铜色底片被洋红色完全覆盖，紫红色的 2a 片可能被误认为 3a 片，为区别它们之间的不同，将试验铜片浸入丙酮中，2a 片将呈现出像 1b 片，而 3a 片将不变色；为区别 2c 片和 3b 片，把试验片置于 20mm×150mm 试管中，用加热板在 315~370℃加热 4~6min，将高温蒸馏温度计插入另外一支试管中将让其横卧在加热板上，观察其温度来调节电热板的温度，若是 2c 片将呈现 2d 片的颜色和相继等级的表面颜色，而3b片则将呈现4a的颜色。

需要注意，若由于手指沾污了试验铜片或试验铜片在加热处理时与小水滴或空气接触而产生污点，则需要重新试验；若沿试片平面的边缘棱角出现比试片的大部分表面更高的腐蚀等级，则需重新试验。

（5）结果判断：如果重复测定的两个结果不相同时，则应重新试验；当重新试验的两个结果仍不相同时，则按变色严重的试片来判断结果。

（6）报告：按照表6-34中所列等级之一，报告润滑脂试样的腐蚀性，同时报告试验温度与时间。

表6-34 铜片腐蚀标准色板的分级

分级	标志	说明①
新磨光的铜片②		
1	轻度变色	a. 淡橙色，几乎与新磨光的铜片一样 b. 深橙色
2	中度变色	a. 紫红色 b. 淡紫色 c. 带有淡紫蓝色或银白色或两种都有分别覆盖在紫红色上的多彩色 d. 银白色 e. 黄铜色或金黄色
3	深度变色	a. 洋红覆盖在黄铜色上 b. 由红色和绿色显示的多彩色(孔雀绿)，但不带灰色
4	腐蚀	a. 透明的黑色、深灰色或带有轻微孔雀绿的棕色 b. 石墨黑色或无光泽的黑色 c. 有光泽的黑色或乌黑发亮的黑色

①铜片腐蚀标准色板是由表中这些说明所表示的色板复制品；

②在表中包括新磨光的铜片，仅作为试验前磨光试片外表面的标志。即使完全不腐蚀的试样经试验后也不可能重新出现这样的外观。

3. SH/T 0331—1992 润滑脂腐蚀试验法

（1）方法概述：润滑脂的腐蚀试验是评定润滑脂自身因含有某些酸性或碱性物质对金属造成腐蚀的可能性或趋势。SH/T 0331—1992(2004年确认)适用于测定润滑脂对金属的腐蚀性。

方法概要：以浸入润滑脂的金属试片表面与润滑脂在一定温度下，经过一定时间作用后所发生的颜色变化，来确定润滑脂对金属的腐蚀性。

（2）试剂与材料

金属试片[圆形，直径为38~40mm、厚(3±1)mm；或正方形，边长48~50mm、厚(3±1)mm，金属牌号需根据润滑脂试样的产品标准而定，金属片带有直径为5mm的孔眼一个]、砂纸或砂布(粒度为180号或220号)、脱脂棉、溶剂油、95%乙醇(分析纯)、苯(分析纯)。

（3）试验步骤：用砂纸(或砂布)将金属试片表面磨光(无明显加工痕迹)后用苯洗涤，再用苯浸过的脱脂棉擦拭，最后用干棉花擦干并不得与手接触；将两块同牌号金属片悬挂在玻璃小钩上后再挂在杯口中央的玻璃棒的切口处，然后用滤纸轻压将其垂直插入盛满润滑脂试样(装润滑脂试样时应刮去表层)的250mL烧杯中，金属片之间不能相互接触，不接触杯边，不要有空隙，润滑脂试样层高于金属片约10mm；将盛有润滑脂试样及金属片的烧杯，移入(100±2)℃的恒温箱中，保持3h；到达试验时间后，从烧杯中取出金属片，用玻璃棒与滤纸先后去掉黏附在金属试片表面的试样，依次用溶剂油、95%乙醇-苯混合液(1∶4)洗涤金属试片，然后用95%乙醇-苯混合液冲洗金属试片并用棉花或滤纸擦干，然后仔细观察金属试片。

(4) 结果判断：用肉眼观察，在金属试片上无斑点和明显不均匀的颜色变化，即认为润滑脂试样腐蚀合格。在试验铜片和铜合金片时允许金属片有轻微的均匀的变色；若仅有一块金属片上有腐蚀痕迹，则应重新试验，第二次试验时，即使在一块金属片上再度出现上述的腐蚀情况，则认为试样不合格。

4. SH/T 0700—2000 润滑脂防锈性测定法

(1) 方法概述：润滑脂防锈性试验是模拟轴承在工作情况下评定润滑脂动态防锈性能的一种测试方法。等效采用ISO 11007∶1997石油产品和润滑剂-润滑脂防锈性测定法。

方法概要：在特制的工作试验台上，按规定的条件，以8h周期将安装了涂覆有待测润滑脂试样的轴承的轴台运行3次。结束后，检查轴台中轴承外滚道，用刻度盘测量锈蚀度。

(2) 仪器与材料：试验台(由外接动力操纵，各轴承放在一根轴上，包括一个覆着聚酰胺的钢质轴和轴台，试验台结构见图6-50)、试验轴承(经专门检验和包装以防锈蚀的圆锥孔调心球轴承，型号为1306K，尺寸为30mm×72mm×19mm，锥度为1∶12。若有争议，用SKF 1306K/236725双列自动校准滚珠轴承作为仲裁试验用轴承)、烘箱[温度能控制在(90±2)℃]、天平、布、防护手套、工业滤纸、试验液(三种类型，去离子水、合成海水及盐水，试验时根据产品标准要求选择试验液中的一种，也可以根据不同的需要选用其他的试验液，但在使用前需测定其pH值。盐水试验液为0.5mol/L的氯化钠溶液，用NaOH溶液滴定至pH值为8.0~8.2；合成海水的配制见SH/T 0700附录B)、异丙醇(分析纯)、硝酸银(分析纯)、清洗溶剂油及氨溶液等。

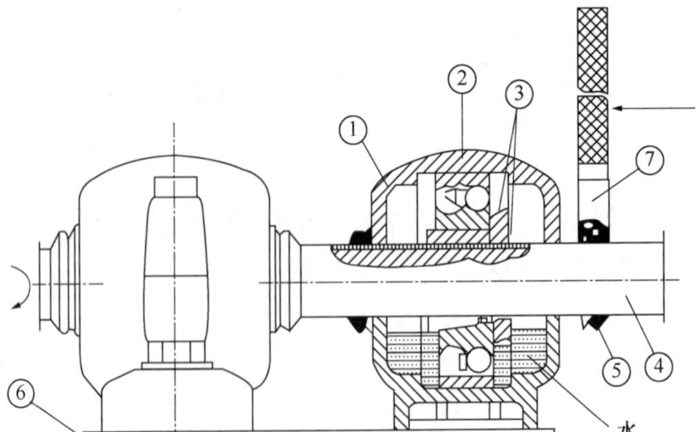

图6-50　合适的试验台

1—轴台；2—轴承；3—螺帽；4—轴；5—V形密封环；6—钢板；7—专用工具

（3）试验步骤：拆去连动轴，擦净轴台上前次试验留下的润滑脂，在溶剂漂洗中洗涤干净后，用蒸馏水洗涤，再用布擦干净；反复用加热至50~65℃清洗溶剂洗涤轴承（每次试验使用两个轴承）至彻底消除防锈剂，再将轴承从清洗溶剂中移至至少加热到65℃的新配制的溶剂漂洗液中，慢慢转动外滚道、漂洗轴承；将轴承从溶剂漂洗液中移至滤纸或布上沥干，然后放入(90±2)℃的烘箱中至少15min，然后取出冷却至室温备用（需检查轴承与外滚道，以确保所选轴承无锈蚀并可自由转动，外滚道若有蚀点或锈蚀该轴承作废）；称量清洗干净的轴承质量，称准至0.1g，然后将(10.5±0.1)mL润滑脂均匀地涂在每个轴承中，用轴承质量增加来确定，特别注意将轴承外滚道完全覆盖；将合适的套管、轴承和V形密封环安放在轴上，并拧紧套管螺帽，进行这一操作时，轴应固定在工作台上；将涂好润滑脂试样的轴承放入试验台，使轴承处于轴台的中心，安放好轴台上的上半部分，拧紧锁定螺栓；在室温为15~25℃下进行平行测定，组装完成后，立即以(8.7±0.5)rad/s[(83±5)r/min]的速度运行30min，使润滑脂分布均匀；取下轴台的上半部分，在轴台的每个端面加入10mL所选试验液（总计为20mL），重新安装好轴台上半部分拧紧锁定螺栓。

按下述给定条件进行操作：

① 试验台运转8h±10min，停转，静止16h±10min；

② 试验台接着运转8h±10min，停转，静止16h±10min；

③ 试验台继续运转8h±10min，停转，静止108h±2h。

取下轴台的上半部分，提出轴和轴承放在工作台合适的支架上；旋出轴承的外环，从保持架的孔穴中取出一定数量的滚珠，外环与滚珠保持架反方向滑动至轴承被拆开，用溶剂漂洗液清洗轴承外环，用布擦干，立即检查外环。

（4）结果判断：检查外环滚道有无锈蚀或刻蚀点，按表6-35的标准进行评级。通过污渍可清晰地看到金属表面的污斑，可忽略不计。锈蚀级别的评级标准见图6-51。

如果2个评级值相差超过规定的重复性范围，则应再进行一次重复测定，若所得结果差值仍超过规定的重复性范围时，取最差的锈蚀度，即评级中级别最大的作为测定结果。

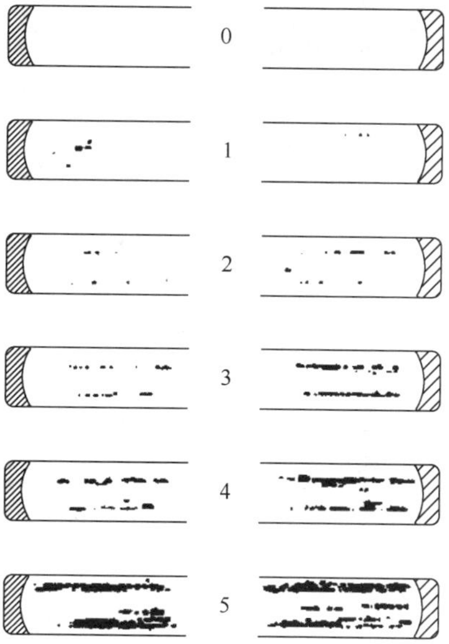

图6-51 锈蚀级别的评级标准

表6-35 锈蚀或刻蚀点的评级

锈蚀级	锈蚀度
0	无锈蚀
1	肉眼能观察到直径在1mm以下的斑点不超过3个
2	小面积锈蚀，锈蚀面占表面积($3680mm^2$)1%以下
3	锈蚀面积占表面积($3680mm^2$)1%~5%
4	锈蚀面积占表面积($3680mm^2$)5%~10%
5	锈蚀面积占表面积($3680mm^2$)10%以上

(5) 精密度(95%置信水平)：

重复性(r)：同一操作者，使用同一台仪器，采用正确的试验方法，对相同的试样连续测定的两个结果之差不应超过表 6-36 中所列数值。

再现性(R)：不同操作者，在不同实验室，采用正确的试验方法，对相同的试样所测定的两个结果之差不应超过表 6-36 中所列数值。

表 6-36 SH/T 0700—2000 精密度

试验液	重复性	再现性
水	1	1
合成海水	1	2
盐水	1	2

二、润滑脂防腐防锈性能试验的应用

润滑脂腐蚀试验是指润滑脂使金属保持不被腐蚀的能力，是润滑脂理化性质的主要指标之一。测定润滑脂对金属是否产生腐蚀作用具有重要的实际意义，润滑脂对金属产生腐蚀将会导致设备损坏。

一般情况下，金属制件容易发生锈蚀，将具有防护防锈性能的润滑脂涂在金属部件表面后，就会阻止外界的空气和水及其他一些腐蚀性气体或液体直接与金属接触，减缓空气和水及其他一些腐蚀性气体或液体渗透到金属表面，因而保护了金属表面，使暴露在大气中的金属不会迅速生锈。

润滑脂的防腐防锈性测试项目是模拟项目，模拟实际应用接触到的环境，因此其评价结果在一定程度上有实际指导意义。

润滑脂的防腐防锈性测试项目通常是出厂周期检项目，如果原材料批次质量波动、产品配方或工艺发生变化，应加强测试。

第十节 润滑脂抗水性

润滑脂的抗水性是指润滑脂在使用过程中与水或水蒸气接触不溶解、不乳化、不从周围介质中吸取水分、不被水洗掉，并不明显地改变它的性能的能力。

有时，润滑脂是在水存在的环境中使用的，像一些交通工具、汽车轮毂轴承、船舶的轴承等。如果润滑脂的抗水性差，则会在潮湿的环境中因吸水而逐渐乳化，导致润滑脂的胶体结构被破坏，引起润滑脂中的油流失或润滑脂流失而导致润滑失败，所润滑的机械设备出现腐蚀或者锈蚀而出现机器损坏，严重的将导致设备事故。显然，在潮湿和易混入水的环境中工作的机械设备在选用润滑脂时必须考虑润滑脂的抗水性能的优劣，通常情况下需选用抗水性好的润滑脂。

润滑脂的抗水性主要取决于稠化剂，其次是基础油。常见稠化脂抗水性见表 6-37。一般来说，以硅油为基础油的润滑脂抗水性最好，其次是矿物油，酯类抗水性较差。

表 6-37 常见稠化脂抗水性

稠化脂	抗水性	稠化脂	抗水性
钙皂	优	复合铝皂	良
复合钙皂	优	膨润土	良
无水钙皂	优	复合锂皂	良
聚脲	优	锂皂	好~良
钡皂	优	钙钠皂	差~好
合成钠皂	优	钠皂	差
铝皂	良		

润滑脂抗水性评定方法有 SH/T 0109—2004 润滑脂抗水淋性能测定法、SH/T 0643—1997(2005 年确认)润滑脂抗水喷雾性能测定法、SH/T 0453—1992(2004 年确认)润滑脂抗水和抗水-乙醇(1∶1)溶液性能试验法。

一、润滑脂抗水性能试验方法

1. SH/T 0109—2004 润滑脂抗水淋性能测定法

(1)方法概述：润滑脂抗水淋性能是指在试验条件下评价润滑脂抵抗从滚珠轴承中被水淋洗出来的能力，测定得到的润滑脂的抗水淋性与实际应用有着密切的关系，是机械设备在水存在或潮湿条件下合理选取润滑脂必须考虑的问题。试验方法为 SH/T 0109—2004，适用于在规定的温度[(38±2)℃或(79±2)℃]及其他试验温度条件下对润滑脂进行抗水淋试验，从而评价润滑脂抵抗被水冲出轴承的能力。该方法修改采用 ISO 11009∶2000《石油产品和润滑剂-润滑脂抗水淋性能测定法》。

方法概要：将润滑脂试样装入干净、干燥的球轴承中，然后将球轴承装入具有规定间隙要求的轴承套内，然后以(600±30)r/min 的速度转动，将控制在(38±2)℃或(79±2)℃的水以(5±0.5)mL/s 的速度喷淋在轴承套内，以(60±5)min 内被水冲洗掉的润滑脂量来衡量该润滑脂试样的抗水淋能力。

(2)设备和材料：水淋仪器(包括一个带支撑的两个球轴承的轴承套和一个用于注射水的泵，泵由电动机带动循环，见图 6-52)、球轴承(国产 204 型或进口 6204 C3H 规格)、轴承套和防护板(尺寸见图 6-53)、加热器[可控制水温在(38±2)℃或(79±2)℃]、温度计或热电偶、计时器、烘箱(自然对流型，可维持在设定温度的±3℃内)等；材料有蒸馏水和清洗溶剂等。

(3)试验步骤：用蒸馏水冲洗干净贮水槽及水流通道，擦净沉积在贮水槽表面的油污，用清洗溶剂清洗试验轴承；向称量过的球轴承内装填(4.00±0.5)g 润滑脂试样，将球轴承及称量过的防护板装入轴承套内，并将此部件装在贮水槽的轴套架上，记录防护板、球轴承和润滑脂的质量，精确至 0.01g；向贮水槽内注入不少于 750mL 的蒸馏水(保持水面低于轴承套)，在毛细管喷射口上接一段橡皮管或加一块金属板，使水不喷射在轴承上，启动水循环泵直至水温达到规定的试验温度[(38±2)℃或(79±2)℃]；当水温达到规定温度时，把橡皮管接到玻璃量筒内，调节旁通阀门使水的流速为(5±0.5)mL/s，从毛细管喷射口取下橡皮管并调节水喷嘴位置，使水刚好喷射在轴承壳开缝处以上 6mm 的轴承防护板上；开动马达，

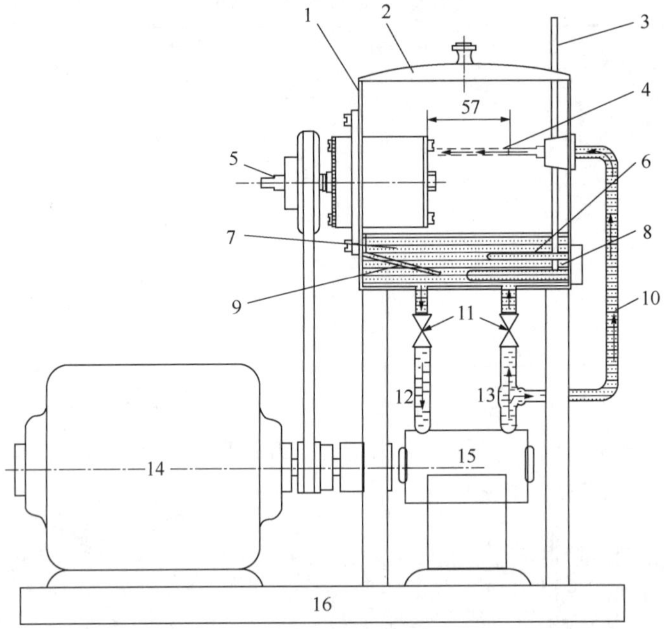

图 6-52　润滑脂抗水淋性能测定仪器

1—水槽尺寸，150mm×150mm×150mm；2—盖；3—温度计；4—水喷流速，以(5±0.5)mL/s 的速度通过直径为 1mm 的毛细管；5—球轴承，旋转速度(600±30)r/min；6—恒温器；7—储水槽(低于球轴承)中至少储存 750mL 的蒸馏水；8—加热器；9—挡板；10—供水管；11—流速控制器；12—回流；13—旁路；14—马达；15—液泵；16—底座

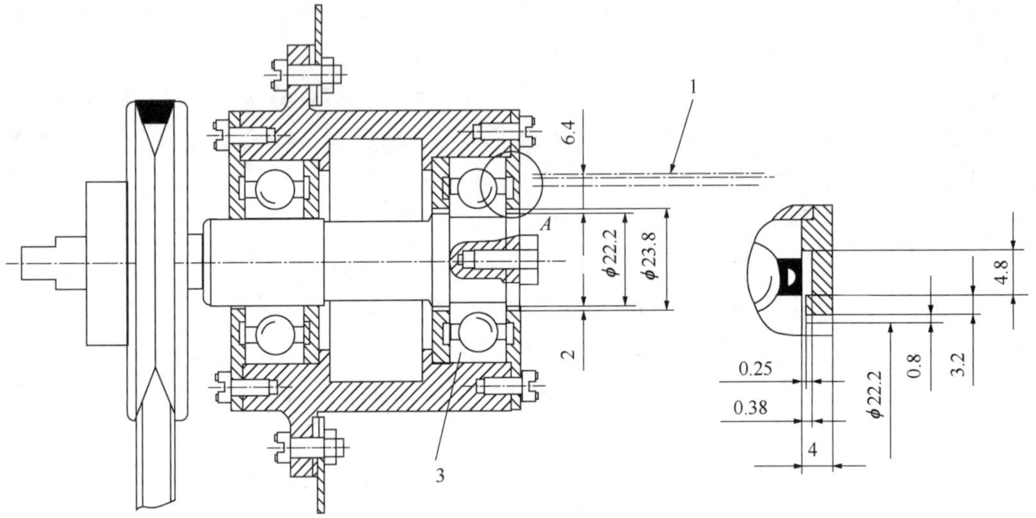

图 6-53　推力轴承组合件的典型截面图(单位：mm)

1—毛细管直径，1mm；2—环形开口，宽 0.8mm；3—试验球轴承

使轴承以(600±30)r/min 的速度连续运转(60±5)min；测试结束后关闭马达和加热器，取下试验球轴承和防护板，并将它们放在已称量过的表面皿上，将防护板和球轴承分开，并将其内表面朝上，使湿润滑脂暴露在空气中；将球轴承和防护板在(77±6)℃的烘箱中干燥 15h，冷却至室温然后称重，从而测定出润滑脂的损失量，精确至 0.01g。

(4) 计算：润滑脂的水淋损失量 W 按式(6-38)计算：

$$W=\frac{m_2-m_3}{m_2-m_1}\times 100 \tag{6-38}$$

式中 m_1——球轴承和防护板质量，g；

m_2——试验前润滑脂、球轴承和防护板质量，g；

m_3——试验后润滑脂、球轴承和防护板质量，g。

(5) 精密度(95%置信水平)：

重复性(r)：同一操作者用同一台仪器对同一样品所得到的两次重复试验结果之差不应超过表 6-38 中所给数值。

再现性(R)：在不同实验室，不同操作者对同一样品所得到的两个单个的和独立的试验结果之差不应超过表 6-38 中所给数值。

表 6-38 SH/T 0109—2004 标准的精密度

试验温度/℃	重复性/%	再现性/%
38	0.8(X+2)	1.4(X+2)
79	0.6(X+4.6)	1.1(X+4.6)

注：X——两次试验结果的平均值,%。

2. SH/T 0643—1997 润滑脂抗水喷雾性测定法

(1) 方法概述：润滑脂在直接接触水喷雾时，润滑脂对金属表面的黏附能力即为润滑脂抗水喷雾性能。润滑脂的抗水喷雾性能是模拟实际使用过程中润滑脂的使用性能之一，其结果可以预测润滑脂在直接水喷雾冲击的工作环境下的使用性能。SH/T 0643—1997(2005 年确认)用于评定润滑脂在直接水喷雾时，润滑脂对金属表面的黏附能力，所得的结果认为与直接水喷雾冲击运转有相应关系，例如轧钢机的辊颈轴承工作状况。等效采用 ASTM D4049—93 润滑脂抗水喷雾性测定法。

方法概要：将润滑脂涂在一块不锈钢板上，用在规定试验温度和压力下的水喷雾。经 5min 后，测定润滑脂的喷雾失重质量百分数，作为润滑脂抗水喷雾性的量度。

(2) 仪器与材料：不锈钢板(表面抛光)、模具、水喷雾仪(见图 6-54)、喷嘴(见图 6-55)、测温装置(温度计或热电偶)、正庚烷(分析纯)与溶剂油。

(3) 试验步骤：用毛刷和溶剂油清洗试验不锈钢后用正庚烷冲洗，并在空气中干燥后进行称量，精确至 0.1g；用水将水槽冲洗干净并擦掉水槽表面和喷雾室表面残留油层；用金属模具在不锈钢板上涂 0.794mm 厚润滑脂层，将不锈钢板上超出画线外的润滑脂清除掉并进行称量；最少加 8000mL 自来水到水槽中，当水槽中的水温达到(38±0.5)℃时，使水循环 2~3min，在向不锈钢板喷雾前使水温达到平衡；用旁通阀调节泵压力到(276±7)kPa [(40±1)psi](旁通阀必须在压力表前，而不是在压力表和喷嘴之间)；插入不锈钢板(一定要使不锈钢板放在喷嘴下方中央并呈水平)后开动电动机，向不锈钢板上喷雾 5min±15s 后关掉电动机停止喷雾，并取出不锈钢板；除去不锈钢板上画线外部和沿边以及不锈钢板底部多余的润滑脂；将不锈钢板呈水平状态置于(66±1)℃的烘箱中，1h±5min 后取出不锈钢板，让其冷却至室温，称取不锈钢板质量。

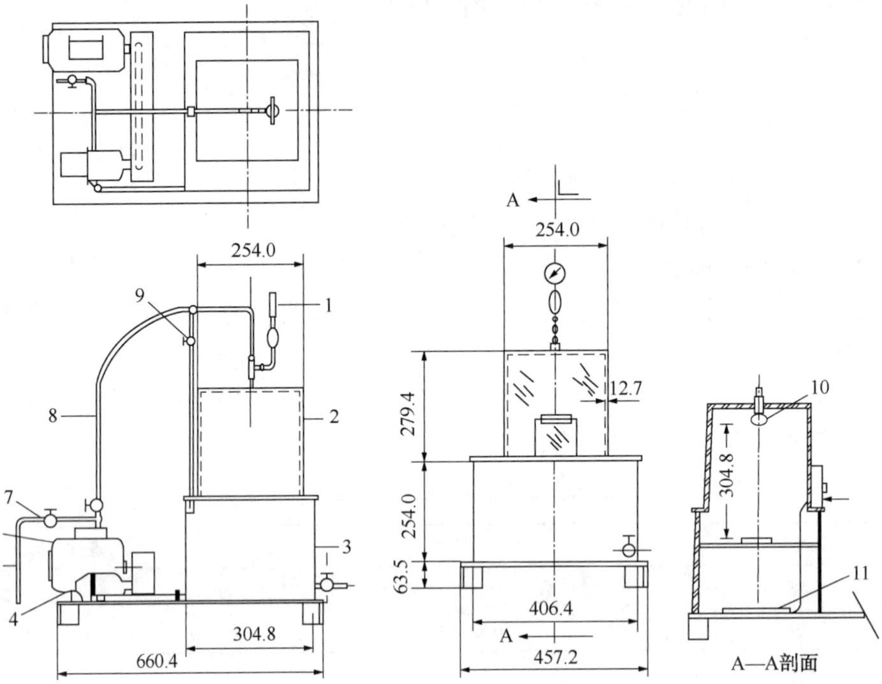

图 6-54　水喷雾仪(单位：mm)

1—压力表(0~414kPa)；2—喷雾罩(有机玻璃)；3—水槽；4—循环齿轮泵；
5—排水管；6—电动机；7—关闭阀；8—高压软管；9—旁通针形阀；10—喷嘴；11—加热器

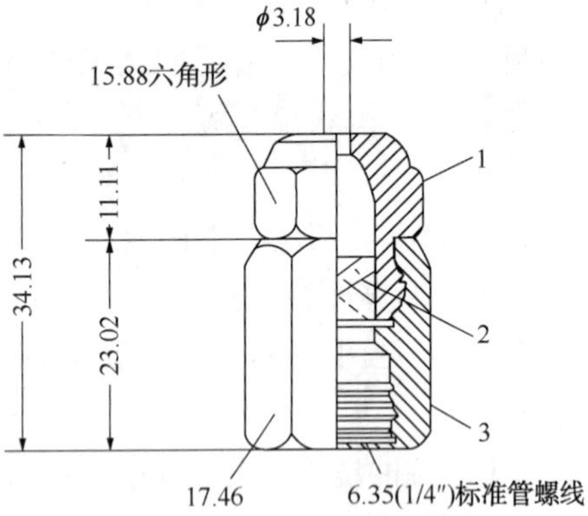

图 6-55　喷嘴(单位：mm)

1—帽；2—叶片；3—主体

(4) 计算：润滑脂的喷雾失重百分数 X 按式(6-39)计算：

$$X=\frac{m_2-m_3}{m_2-m_1}\times 100 \tag{6-39}$$

式中　m_1——干净不锈钢板的初始质量，g；

m_2——喷雾前不锈钢板与所涂润滑脂的质量，g；

m_3——喷雾后不锈钢板与所涂润滑脂的质量，g。

(5) 精密度(95%置信水平)：

重复性(r)：在长期、正常和正确地按本标准操作的情况下，同一操作者在规定的操作条件下用一台仪器对同一试验材料所得的两次试验结果之差，不应超过其平均值的 6.0%。

再现性(R)：在长期、正常和正确地按本标准操作的情况下，不同操作者在不同实验室对同一试验材料所得的两个单个的和独立的试验结果之差，不应超过其平均值的 18.0%。

3. SH/T 0453—1992 润滑脂抗水和抗水-乙醇(1∶1)溶液性能试验法

(1) 方法概述：润滑脂抗水和抗水-乙醇(1∶1)溶液溶解作用的性能的测定方法为SH/T 0453—1992(2004 年确认)，标准等同采用美国联邦试验方法标准 FS 791C 5415(1986)润滑脂抗水和抗水-乙醇(1∶1)溶液性能试验法。

方法概要：把试样分成两份，其中一份放在蒸馏水中，另一份放在水-乙醇溶液中，一周后检查试料的解体现象。

(2) 试验步骤：将200mL蒸馏水注入一玻璃容器中，将200mL乙醇-蒸馏水(体积比1∶1)注入另一玻璃容器中；将两份润滑脂试料(从试样中分出的小脂团，每份约2g)分别放入两个容器中，用塞子牢固地塞紧容器，在室温条件下静置一周；一周后，将容器摇动一二次，然后目测各容器中试料的解体程度。

(3) 试验结果的表述：报告每一容器中润滑脂试料的解体程度。

二、润滑脂抗水性能试验的应用

1. 润滑脂抗水性是指润滑脂在使用过程中与水或水蒸气接触时抗水冲洗和抗乳化能力。

2. 润滑脂抗水性测试项目均是模拟实验，即模拟水存在的情况下润滑脂所体现的抗水性能，与实际应用有着密切的关系，可以预测润滑脂在直接接触到水环境的抗水性能，这是正确选用在潮湿环境条件下机械设备用脂必须注意的问题。

3. 润滑脂的抗水性能测试项目通常是出厂周期检项目，如果原材料批次质量波动、产品配方或工艺发生变化，应加强测试。

第十一节 润滑脂橡胶相容性

润滑脂与橡胶的相容性，又称为橡胶适应性，指橡胶与润滑脂接触后橡胶出现体积、质量、硬度、抗张度等一定程度变化的性能。

润滑脂在使用过程中，许多场合会与密封元件接触，而密封元件多为橡胶材质，有时润滑脂要在金属与橡胶间起润滑与密封作用。在设备中橡胶适当溶胀对密封有利，但若溶胀程度过大，出现密封件变软发黏，若过分收缩、硬化，两者都会影响橡胶密封元件的性能。若出现上述情况，要么更换适合润滑脂的橡胶密封元件，要么更换适合橡胶密封元件的润滑脂。测定方法有SH/T 0429—2007润滑脂和液体润滑剂与橡胶相容性测定法和SH/T 0691—2000润滑剂的合成橡胶溶胀性测定法。

一、润滑脂橡胶相容性试验方法

1. SH/T 0429—2007 润滑脂和液体润滑剂与橡胶相容性测定法

(1) 方法概述：SH/T 0429—2007，采用丁腈橡胶(NBR-L)和氯丁橡胶(CR)为标准橡胶试片与润滑脂和液体润滑剂试样进行的相容性试验，试验结果适用于对与润滑脂和液体润滑剂接触的橡胶密封件、密封圈、O形环及类似产品机械性要求不苛刻的场合的评定。在与润滑脂和液体润滑剂接触的橡胶部件面临较大挠曲，温度及应力苛刻的应用场合，评价橡胶的其他性能，如拉伸强度、扯断伸长率，才能更真实地反映其与橡胶的相容性。

SH/T 0429—2007广泛用于汽车的润滑脂和液体润滑剂与橡胶试片相容性的评定。SH/T 0429—2007非等效采用美国试验与材料协会标准ASTM D4289—03润滑脂和液体润滑剂与橡胶试片相容性测定法。

方法概要：将具有规定尺寸的标准橡胶试片置于润滑脂或液体润滑剂试样中，在100℃橡胶试片(CR或类似的橡胶)与150℃(NBR-L)或润滑剂产品规格要求的其他温度下，经70h试验后，根据其体积变化和硬度变化来评价试样与橡胶的相容性。

(2) 仪器与材料：邵尔A型硬度计、天平(感量为1mg)、耐热玻璃烧杯(矮型烧杯，100mL，直径约50mm，深70mm，有体积刻线)、表面皿(直径约60mm)、刮刀、镊子、试片挂钩(直径约0.5mm的一定长度的两端带钩的不锈钢丝，用于称试片)、悬挂丝(直径0.71~0.72mm的不锈钢丝，使试片低于液体表面，结构如图6-56所示)、烘箱(空气循环型，控温精度±2.5℃)、绸布、防护手套、定性滤纸、正庚烷(化学纯)、无水乙醇(化学纯)、丁二酸二辛酯碘酸钠(润湿剂)、水(符合GB/T 6682中三级水的要求)、标准橡胶试验片[橡胶试片符合HB 5428丁腈橡胶(NBR-L)、氯丁橡胶(CR)的要求，其物理性能见表6-39，橡胶试片尺寸为直径40mm×2mm的圆形试片或50mm×25mm×2mm、35mm×35mm×2mm的矩形试片]。

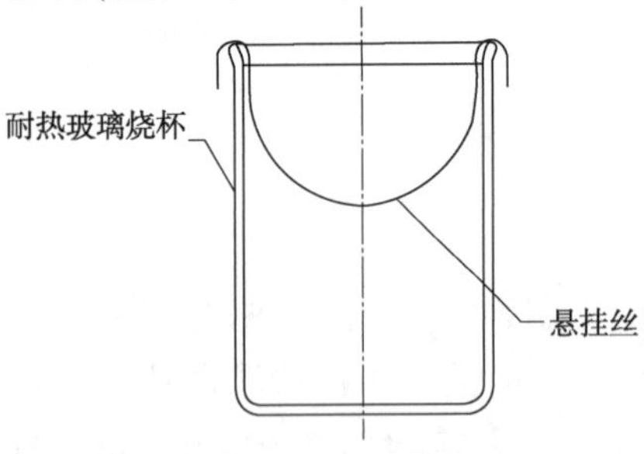

图6-56　流体样品试验时橡胶片悬挂丝

表6-39　标准橡胶的物理性能

性能项目		NBR-L	CR
密度/(g/cm^3)		1.200±0.020	1.430±0.020
硬度/度		70±5	70±5
扯断伸长率/%		≥275	≥275
拉伸强度/MPa		≥19.3	≥20.7
耐易挥发标准介质液体B(40℃，22h)	体积变化/%	+54~+62	+65~+75
	硬度变化/度	-20~-12	-25~-15

注：耐易挥发标准介质液体B，应符合HB 5428要求，组成为70%异辛烷+30%甲苯(体积分数)。

(3) 试验步骤：用邵尔A型硬度计按照GB/T 531的规定测定橡胶试验片的初始硬度；将试片挂钩在空气中和浸入水中10~15mm分别称量，称准至1mg；试片挂钩的整个挂钩部分应完全浸入水中，记录浸入深度，在烧杯的外部做一水面标记，以保证试片在水中质量测量的深度相同；用蘸有正庚烷的绸布擦去试片表面杂质并用冷风吹干试片；称量试片挂钩和试片在空气中的质量；用试片挂钩将试片依次浸入润湿剂溶液(0.5g丁二酸二辛酯碘酸钠溶于100g水中)和水中，每次浸润后迅速提起试片，使液体自然滴落；将试片挂钩和试片挂在天平吊钩上，使试片挂钩浸入水中10~15mm，去掉黏附在试片上面的空气泡沫；将试片浸入无水乙醇中，洗干净后用滤纸吸干试片上的溶剂；将大约10mL润滑脂试样涂在烧杯四周及底部，用刮刀在试片上抹一厚层试样，放在烧杯中，用刮刀在试片周围涂抹试样，填满所有间隙，注意消除气泡；当装至烧杯约80mL刻度处(或称约80g)，使试片全部被试样覆盖，然后用刮刀将试样表面刮平，盖上表面皿；为保证橡胶和试样的体积比，一个烧杯放一个试片，一次试验用两个试片；将装有试片的烧杯放入预热到(100±2.5)℃或(150±2.5)℃(或客户指定的试验温度)的烘箱保持(70±0.5)h；达到试验时间后，从烘箱中取出烧杯，取下表面皿，用镊子把试片从烧杯中取出放在表面皿上，冷却至室温(冷却时间大约30min)；

用绸布擦去试片上的润滑脂试样，再用蘸有正庚烷的绸布擦拭试片，随后将试片浸入无水乙醇中，洗净后用冷风吹干或用滤纸吸干；称量试验后试片在空气与水中的总质量，用邵尔A型硬度计测定试片试验后的硬度，按式(6-40)计算试片硬度变化，按式(6-41)计算试片体积变化，最后按式(6-42)计算试片的密度。

(4) 计算：

① 硬度变化：橡胶试片硬度变化按式(6-40)进行计算：

$$\Delta H = H_i - H_f \tag{6-40}$$

式中 ΔH——橡胶试片硬度变化，度；

H_i——橡胶试片试验前的硬度，度；

H_f——橡胶试片试验后的硬度，度。

② 体积变化：橡胶试片体积变化按式(6-41)进行计算：

$$\Delta V = \frac{(M_3 - M_4) - (M_1 - M_2)}{M_1 - M_2} \times 100 \tag{6-41}$$

式中 ΔV——试片体积变化，%；

M_1——扣除试片挂钩后，试验前橡胶试片在空气中的质量，g；

M_2——扣除试片挂钩后，试验前橡胶试片在水中的质量，g；

M_3——扣除试片挂钩后，试验后橡胶试片在空气中的质量，g；

M_4——扣除试片挂钩后，试验后橡胶试片在水中的质量，g。

③ 试片密度：试片密度按式(6-42)进行计算：

$$D = \frac{\dfrac{M_1}{M_1 - M_2}}{d_{水}} \tag{6-42}$$

式中 D——试片密度，g/cm^3；

M_1——扣除试片挂钩后，试验前橡胶试片在空气中的质量，g；

M_2——扣除试片挂钩后，试验前橡胶试片在水中的质量，g；

$d_{水}$——水的密度，g/cm^3。

(5) 报告：

报告的内容有：试片硬度变化、试片体积变化百分数(若 $\Delta V \geqslant 10\%$，保留小数点后一位，若 $\Delta V < 10\%$，保留小数点后两位，最终结果取两个重复测定结果的算术平均值，保留小数点后两位)。

(6) 精密度(95%置信水平)：

重复性(r)：同一操作者使用同一台仪器、在相同操作条件下，对同一试样进行重复测定，所得两结果之差不能超过表6-40中规定的数值。

表6-40 重复性要求

项　　目	NBR-L(150℃)	CR(100℃)
体积变化/%	0.84	1.41
硬度变化/度	1.5	1.5

再现性(R)：不同操作者在不同实验室，对同一试样进行测定，其中所得的两个独立的结果之差不能超过表6-41中规定的数值。

注：某些润滑剂的规格要求采用不同的试验条件，如延长时间，降低或提高试验温度。在这些情况下，重复性和再现性不能使用表6-40与表6-41的数值。用户和供应商应协商确定可接受的精密度。精密度值适用于与标准橡胶物理特性相符的橡胶。

表6-41　再现性要求

项　　目	NBR-L(150℃)	CR(100℃)
体积变化/%	3.45	9.87
硬度变化/度	11.5	4.5

2. SH/T 0691—2000 润滑剂的合成橡胶溶胀性测定法

(1) 方法概述：标准合成橡胶试验片与润滑脂接触后合成的橡胶试验片的外形和体积会发生变化，变化程度的大小说明润滑脂对合成橡胶试片的溶胀性的优劣。测定方法为SH/T 0691—2000润滑剂的合成橡胶溶胀性测定法，等效采用美国联邦标准FS 791C 3603.5(1986)合成橡胶溶胀性测定法。

方法概要：通过排水法测定三片标准合成橡胶试片的体积，并将试片浸没于试样中，在70℃下经过168h后再测定试片的平均体积变化。

(2) 仪器与材料

① 仪器：耐热试验皿(用于润滑脂试样，外径10cm，高5cm，带盖子)、烧杯(300mL)、天平(感量1mg，适用于橡胶片在空气及水中的称量)、烘箱[控制温度可满足(70±1)℃]、刮刀、标准试片(尺寸为2.5cm×5.1cm×0.19cm)，

② 材料：试验用标准试片(试片储存期不应超过6个月，每次试验需要三片，试片类型应按润滑剂产品标准规定准备)、滤纸。

(3) 试验步骤：在(24±3)℃下，将试片放置在空气中和蒸馏水中分别称量，精确到1mg。计算每片试片在空气中和水中的质量之差，得到每片试片的排水质量B；将约400g润滑脂试样完全充满试验皿；用滤纸擦干试片垂直完全浸没并悬挂在容器内的试样中，将橡胶试片的5.1cm一边朝上(最宽边向上)，盖好盖子后移入(70±1)℃的烘箱中放置(168±0.5)h(需要检查润滑脂试样是否与橡胶试片完全接触，用刮刀弥合试片与润滑脂试样间的空隙)；试验结束后，将试样冷却到(24±3)℃后取出试片，擦去附着的试样后浸入无水乙醇中进行洗涤，洗净后用滤纸(或软布)擦干或吸干后干燥5min，测定每片橡胶试片的排水质量A；计算试片的体积变化百分数，取测量三片试片体积变化百分数的算术平均值作为试验结果。

(4) 计算：按式(6-43)计算每片的体积变化百分数。

$$V=\frac{A-B}{B}\times 100 \tag{6-43}$$

式中　A——试验后试片的排水质量，mg；

B——浸入试样前试片的排水质量，mg。

(5) 精密度：

重复性：由同一操作者用同一台仪器对同一试样在规定条件下所得到的三个试片的测定结果，每个测定结果与其平均值之差不应超过下列数值：

当平均值为0~5%(体积分数)时：0.5%(体积分数)；当平均值为超过5%(体积分数)

时：1%（体积分数）。

二、润滑脂橡胶相容性与使用的相关性

1. 评定润滑脂橡胶相容性反映了润滑脂的使用质量情况，橡胶密封件应用非常广泛，是机电产品防止“三漏”（漏油、漏水、漏气），保证安全运行，提高性能和效率的重要基础元件。密封问题不解决，什么好油好脂都发挥不了作用，反而会造成浪费。

2. 润滑脂橡胶相容性，是指润滑脂对其接触的橡胶无侵蚀作用，橡胶也不会使脂污染变质。不相容，会产生橡胶的过分膨胀或收缩，加快脂的污染变质。这些都会缩短脂和密封圈的寿命，甚至造成运行故障。因此，在机械设备上，润滑脂必须与系统的密封橡胶材料相适应。

3. 润滑脂与橡胶密封材料相容性差，导致泄漏是一个十分严重而又未被引起重视的问题。因泄漏而引起的浪费，在工业用油脂中更是触目惊心，正常设备的补油脂量甚至超过换油脂量。

4. 润滑脂橡胶相容性测试项目通常是出厂周期检项目，如果原材料批次质量波动、产品配方或工艺发生变化，应加强测试。

第十二节　润滑脂其他性能

在控制润滑脂的质量标准中，除了上述所列项目外，还需要进行机械杂质、水分、游离酸碱、灰分、皂含量、接触电阻等的测试。

润滑脂中的机械杂质是指稠化剂和固体添加剂之外不溶于溶剂的固体物质，如沙石、尘土、金属屑、金属锈蚀产物等。如果润滑脂内混入机械杂质，对润滑设备的危害极大，会引起摩擦面的磨粒磨损。造成摩擦副表面出现严重的划痕或者擦破，增大摩擦力矩，使润滑设备在运转时产生振动、跳动、摆动等，此外，金属屑、金属锈蚀产物还会催化润滑脂氧化等。因此要严格限制机械杂质，对于精密的仪器设备尤其如此。

测定润滑脂机械杂质的方法有：酸分解法（GB/T 513—1977）、润滑脂有害粒子鉴定法（SH/T 0322—1992）、抽出法（SH/T 0330—1992）和显微镜法（SH/T 0336—1994）。

很多润滑脂被用于电器元件中，起导电或绝缘作用。润滑脂通常用于电器开关、滑线变阻、碳膜开关、音量调谐等部位，具有减少电极间的摩擦与磨损、防止电极接触部位因放电引起烧蚀、提高阻尼性、改善操作舒适度等作用。在旋转的电极等部位，润滑脂还具有导体的作用。

润滑脂的电性能包括绝缘性和导电性。通常润滑脂的电性能用电阻率表示（单位 Ω · cm），可以通过测量润滑脂体积电阻的方式得到其电阻率。

测定润滑脂电阻的方法有 SH/T 0596—1994 润滑脂接触电阻测定法。

一、润滑脂机械杂质、水分、游离酸碱、灰分、皂含量及电性能试验

1. SH/T 0329—1992 润滑脂游离酸和游离碱的测定

（1）方法概述：游离碱是制造润滑脂时加入的过量碱。大部分皂润滑脂都允许有不大于 0.2%的游离碱，用以中和润滑脂在储存和使用中生成的酸并可以抑制润滑脂中的皂水解。

若游离碱含量过大，会影响其胶体安定性，影响润滑脂的使用性能。

游离酸主要是润滑脂在储存和使用中，由于基础油的氧化和稠化剂的分解而产生的。润滑脂中含有游离酸，尤其是低分子的有机酸，会使其分油量增加，导致润滑脂的稠度变软，滴点下降。因此必须对润滑脂测定游离酸与游离碱。

方法概要：将润滑脂试样加入溶剂油(或苯)-乙醇混合溶剂中，加热回流至试样完全溶解。以酚酞为指示剂，用盐酸标准滴定溶液滴定其游离碱或以氢氧化钾-乙醇标准滴定溶液滴定其游离有机酸。

(2) 仪器、材料及试剂：磨口锥形瓶或锥形烧瓶(250~300mL)、微量滴定管(2mL，分度为0.02mL)、回流冷凝管(长约300mm)、电热板或水浴、刮刀、烧杯或瓷杯、量筒(50mL和100mL)、95%乙醇(分析纯)、氢氧化钾(分析纯)、盐酸(分析纯)、苯(分析纯)、酚酞(配制成10g/L乙醇指示液)及溶剂油。

(3) 试验步骤：用刮刀将试样的表面刮掉，然后在不靠近容器壁的至少三处，取约等量的试样，装在小烧杯中混合均匀；在清洁、干燥的磨口锥形烧瓶中称取2~3g润滑脂(对于黏稠和难溶润滑脂则称取1~1.5g，精确至0.001g；润滑脂含游离有机酸在0.1以下时，可称取4~5g，精确至0.1g)，精确至0.001g；在另一只干净、干燥的磨口锥形烧瓶中，加入30mL溶剂油和20mL 60%乙醇，用具有磨口塞的回流冷凝管，在不断摇动下将混合物煮沸5min(对难溶于溶剂油的试样，可用苯代替溶剂油，对于皂含量较高的润滑脂及深色润滑脂允许加入60mL溶剂油和40mL 60%乙醇)；向煮沸过的溶剂油-乙醇混合溶剂中，加入3~4滴酚酞乙醇指示液，在不断摇动下趁热用氢氧化钾乙醇标准滴定溶液[氢氧化钾-乙醇溶液的浓度为$c(KOH)=0.05mol/L$]中和直至淡玫瑰红色出现为止；用中和过的溶剂油-乙醇混合物，注入装有已称量过试样的磨口锥形烧瓶中，用具有磨口塞的回流冷凝管，在不断摇动下煮沸，直至试样完全溶解，再继续煮沸5min，然后从冷凝管上取下，用塞子塞住并不断摇动，用冷水冷却至室温；向混合物中加3~4滴酚酞乙醇指示液，在不断摇动下进行滴定，若乙醇-水层为玫瑰红色时用盐酸标准滴定溶液[$c(HCl)=0.05mol/L$]滴定，直至颜色消失，若乙醇-水层为无色时，用氢氧化钾乙醇标准滴定溶液滴定，直至淡玫瑰红色出现，滴定过程必须连续进行且不超过3min。

(4) 润滑脂试样游离碱的计算：

润滑脂试样游离碱X[NaOH%]按式(6-44)进行计算：

$$X=\frac{Vc\times 0.040\times 100}{m}=\frac{Vc\times 4.0}{m} \tag{6-44}$$

式中 V——滴定试样混合液所消耗盐酸标准滴定溶液的体积，mL；

c——盐酸标准滴定溶液的实际浓度，mol/L；

m——试样的质量，g；

0.040——与1.00mL盐酸标准滴定溶液[$c(HCl)=1.000mol/L$]相当的以克表示的碱(以氢氧化钠表示)的质量。

润滑脂试样的酸值的计算：

润滑脂试样的酸值K(mgKOH/g)按式(6-45)计算：

$$K=\frac{Vc\times0.0561}{m}\times1000 \tag{6-45}$$

式中 V——滴定试样混合液所消耗氢氧化钾-乙醇标准滴定溶液的体积，mL；

c——氢氧化钾-乙醇标准滴定溶液的实际浓度，mol/L；

m——试样的质量，g；

0.0561——与1.00mL氢氧化钾-乙醇标准滴定溶液[c(KOH)=1.000mol/L]相当的以克表示的酸(以氢氧化钾表示)的质量。

润滑脂试样的游离有机酸的计算：

润滑脂试样的游离有机酸 X[换算为油酸]按式(6-46)计算：

$$X=\frac{Vc\times0.2825\times100}{m}=\frac{Vc\times28.25}{m} \tag{6-46}$$

式中 V——滴定试样混合液所消耗氢氧化钾-乙醇标准滴定溶液的体积，mL；

c——氢氧化钾-乙醇标准滴定溶液的实际浓度，mol/L；

m——试样的质量，g；

0.2825——与1.00mL氢氧化钾-乙醇标准滴定溶液[c(KOH)=1.000mol/L]相当的以克表示的油酸的质量。

(5) 报告：取重复测定两个结果的算术平均值，作为试样的游离碱或游离有机酸的测定结果；当试样中游离碱含量在0.02%以下时，判断为无。

(6) 精密度：游离碱重复测定的两个结果间的差数，不应该超过0.02%；酸值重复测定两个结果间的差数，不应该超过表6-42中所给数值。

表6-42 润滑脂酸值的重复性要求

酸值/(mgKOH/g)	允许差数/(mgKOH/g)	酸值/(mgKOH/g)	允许差数/(mgKOH/g)
<0.1	0.02	>1.0	0.1
0.1~1.0	0.05		

游离有机酸重复测定两个结果间的差数，不应超过0.02%(换算至油酸)。

2. GB/T 512—1965(2004年确认)润滑脂水分的测定

(1) 方法概述：润滑脂水分是指润滑脂中含水的量。润滑脂中的水分有两种，一种为结合水分，它是润滑脂中的稳定剂，对润滑脂结构的形成和性质都有重要的影响；另外一种是游离的水分，为润滑脂中不希望有的，必须加以限制。大多数润滑脂的含水量极少，几乎没有。若水分含量超标，会影响润滑脂的质量，降低润滑脂防护性能(防锈、防腐蚀等)，对润滑设备易产生腐蚀现象，还会降低润滑脂的化学安定性和机械安定性。

方法概要：将一定量的润滑脂试样与无水溶剂混合，进行蒸馏测定其水分含量，试验结果以质量百分数表示。

(2) 仪器、材料与试剂：水分测定器(见图6-57)[含容量为500mL的圆底烧瓶，接收器、直管式冷凝管(长度为250~300mm)，接收器见图6-58]、刮刀、溶剂油(初馏点不低于90℃，干点不高于150℃的直馏汽油，试验前需用无水氯化钙干燥，并在使用前过滤)、无釉瓷片或者沸石、油酸或硬脂酸(三级纯)、无水氯化钙(化学纯)。

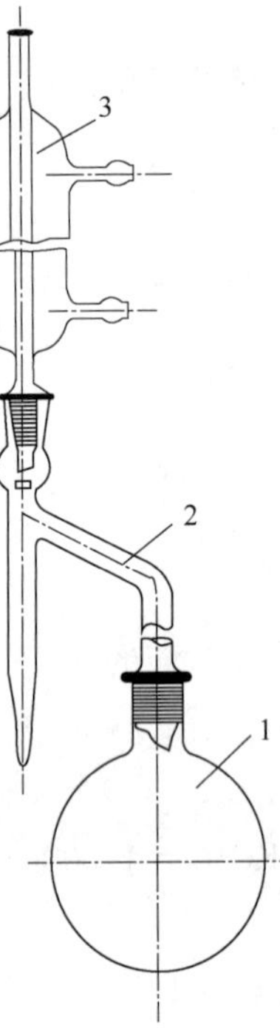

图 6-57　水分测定器

1—圆底烧瓶；2—接收器；3—冷凝管

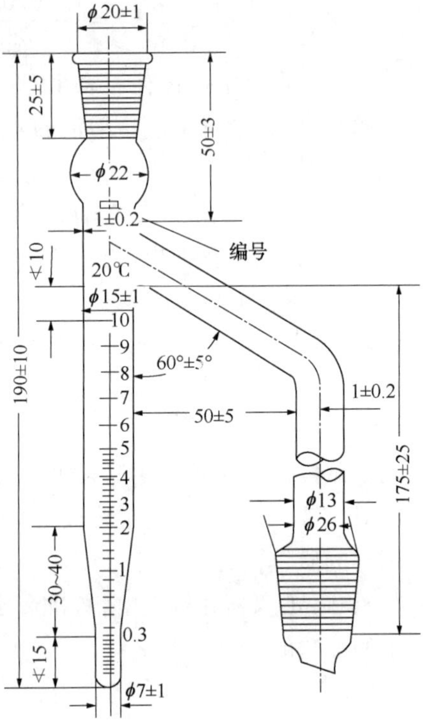

图 6-58　接收器

(3) 试验步骤：用洁净、干燥的刮刀将试样的表面刮掉，在不靠近器壁至少三处取出试样，经仔细搅拌后称取 20~25g，称准至 0.1g(若润滑脂中预测的水分在 10%以上，则试样的取样量为 10~15g)，放入预先干燥的圆底烧瓶中。然后注入 150mL 经过脱水、过滤的溶剂油，再放上几片沸石或无釉瓷片；将圆底烧瓶与洁净、干燥的接收器支管紧密安装在一起，然后使接收器与预先用棉花擦干内壁的直行冷凝管连接(冷凝管下端的斜口切面要与接收器的支管管口相对，在冷凝管的上端用棉花塞上，以免大气中水分在冷凝管内部凝结)；用电炉(或其他加热器)缓慢加热，当回流开始后，沿冷凝管终端滴入接收器的冷凝液保持在 2~4 滴/s；当接收器中水的容积不再增加及上层溶剂完全变成透明时，停止蒸馏，蒸馏时间不应超过 1h，待冷却至室温后，记录接收器中水的容积(若接收器中溶剂发生浑浊，则将接收器放在热水中 20~30min，使之澄清并重新冷却至室温)。

注：试验过程中，如果出现成团、暴沸、乳化起泡等现象，使试验无法进行时，允许加入油酸或硬脂酸 5~10g 进行试验，但此时应将试样按 SY 2707 测定游离碱(NaOH%表示)换算成测定水分试样量的总碱量，再乘 0.45 作为补正值，从刻度管水分读数中减去补正值；如补正后为负数，则认为该试样水分为“无”。

(4) 计算：可以计算出水分质量分数与体积分数。

① 试样的水分质量分数：试样的水分质量分数 X 按式(6-47)计算：

$$X=\frac{Vd}{G}\times 100 \tag{6-47}$$

式中 V——在接收器总收集水的体积，mL；

d——水在4℃时的密度，g/mL；

G——试样的质量，g。

② 试样的水分体积分数Y按式(6-48)计算：

$$Y=\frac{V\rho}{G}\times 100 \tag{6-48}$$

式中 V——在接收器总收集水的体积，mL；

ρ——润滑脂试样的密度，g/mL；

G——试样的质量，g。

(5) 报告：取重复测定两个结果的算术平均值作为试样的水分；若接收器中水的含量少于0.03mL时，则报告为痕迹。

(6) 精密度：重复测定两个结果间的差数，不应超过接收器为水占据部分上面的一个刻度。

3. GB/T 513—1977(2004年确认)润滑脂机械杂质测定法——酸分解法

(1) 方法概述：酸分解法测定润滑脂中的机械杂质是指不溶于盐酸、石油醚(溶剂汽油或苯)、乙醇-苯混合液及蒸馏水的固体杂质含量，本方法也适用于特别加入润滑脂中不溶于上述试剂的填充物含量。

方法概要：用锥形烧瓶(或烧杯)称取试样，加入10%盐酸，加入石油醚(溶剂汽油或苯)。将锥形烧瓶装上回流冷凝管在水浴或电炉上加热(或将烧杯徐徐加热，但不要沸腾，搅拌至皂块全部溶解，再加溶剂使试样全部溶解，将溶解物徐徐倒入已知质量的微孔玻璃坩埚过滤，再用乙醇-苯(体积比为1∶4)混合溶液进行洗涤，最后用热蒸馏水洗涤沉淀物呈中性。烘干至恒重，此沉淀物即为机械杂质。

(2) 仪器、材料与试剂：锥形烧瓶(250mL)、烧杯(250~400mL)、微孔玻璃坩埚(孔径4.5~15μm)、刮刀、吸滤瓶、水流泵或真空泵、回流冷凝管、水浴或加热套、盐酸(化学纯)、95%乙醇(化学纯)、苯(化学纯)、乙醇-苯混合溶液(95%乙醇∶苯=1∶4，体积比)、石油醚(沸程60~90℃)或溶剂汽油(80~120℃)。

(3) 操作步骤：用洁净的刮刀将试样的表面刮掉，在不靠近器壁至少三处取出试样收集在烧杯中，调和均匀，经仔细搅拌后称取20~25g，称准至0.1g，加入10%盐酸50mL，将烧杯徐徐加热(不要沸腾)，同时搅拌至全部皂块消失及上层澄清为止，冷却至35~40℃后加入石油醚(溶剂汽油或苯)50mL，充分搅拌调和(或在锥形烧瓶中称取20~25g，加入10%盐酸50mL及石油醚或溶剂油或苯50mL，将锥形烧瓶装上回流冷凝管在水浴或电炉上加热至试样全部溶解为止)；将锥形烧瓶或烧杯内的溶解物徐徐倒入恒重称量过的微孔玻璃坩埚进行过滤，将锥形烧瓶或烧杯内的残留物用乙醇-苯混合溶液洗至微孔玻璃坩埚上，再将有沉淀物的微孔玻璃坩埚用热乙醇-苯混合溶液洗涤，洗涤至滤液滴在滤纸上蒸发后不再留有矿物油痕迹为止。用少量95%乙醇冲洗，最后用热蒸馏水洗涤沉淀物至呈中性为止(用甲基橙检查)，再用95%乙醇洗涤1~2次；洗完后将带有沉淀的微孔玻璃坩埚转移至105~110℃恒温干燥箱中干燥至少1.5h，然后冷却30min进行称量，称准至0.0002g，重复进行干燥，干燥时间为30min，冷却30min称量，直至连续两次称量间的差数不超过0.0004g为止。

（4）计算：润滑脂试样的机械杂质含量 X 按式(6-49)计算：

$$X=\frac{G_2-G_1}{G}\times 100 \tag{6-49}$$

式中 G_1——无沉淀物的微孔玻璃坩埚质量，g；

G_2——有沉淀物的微孔玻璃坩埚质量，g；

G——润滑脂试样的质量，g。

（5）报告：取重复测定两个结果的算术平均值作为测定结果；用微孔玻璃坩埚测定结果小于0.025%时，即认为该润滑脂试样无机械杂质。

（6）精密度：重复测定两个结果间的差数，不应超过0.025%。

4. SH/T 0322—1992(2004年确认)润滑脂机械杂质测定——有害粒子鉴定法

（1）方法概述：润滑脂有害粒子鉴定法采用划伤磨光的塑料表面的纹痕，估算润滑脂中的有害粒子，适用于润滑脂，也适用于不管什么颜色的润滑脂或加填料的润滑脂，或其他半固体、黏稠液体物质。参照采用美国试验与材料协会标准 ASTM D1404—83 润滑脂有害粒子测定法。

方法概要：将润滑脂放在两块洁净的经过高度磨光的塑料片之间，在一定压力下，使一块塑料片对于另一块旋转30°，当润滑脂中含有硬度大于塑料片的粒子，即在一块或两块塑料片上划出特殊的弧形纹痕，以纹痕总数来估计这类固体粒子的相对含量。

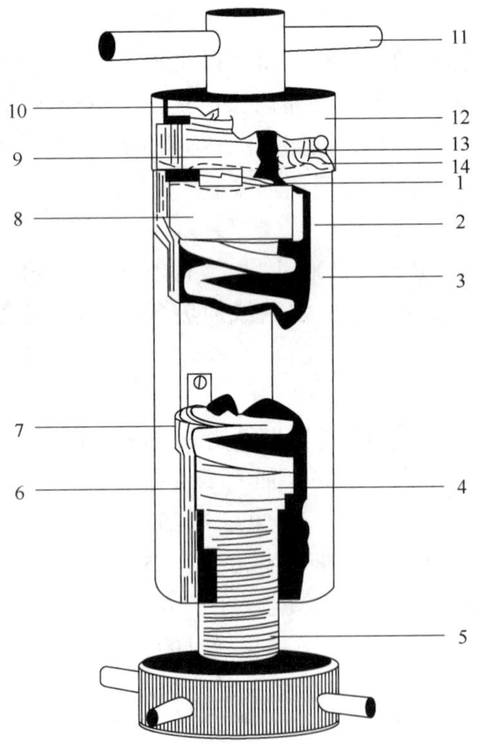

图6-59 钢制测定仪器

1—塑料片；2—平键；3—壳体；4—弹簧座；5—负荷螺丝；6—指针；7—弹簧；8—下夹具；9—上夹具；10—垫圈；11—手柄；12—顶盖；13—双头螺柱；14—蝶形螺母

（2）仪器、材料与试剂：钢制测定仪器（见图6-59）、塑料片（聚甲基丙烯酸甲酯制成，25mm×25mm×10mm，见图6-60）、石油醚（60~90℃，分析纯）。

（3）试验步骤：将仪器上弹簧完全放松，旋下四个顶盖的螺钉，自主体取下顶盖组（见图6-59），将塑料片嵌入上下夹具的正方形空穴内，塑料片包有保护纸，撕去朝外表面的保护纸，用细锉刀锉圆外表面周围棱边（因锐利棱边可能使相对的一块塑料片表面划出纹痕）。两个光滑表面上不应有纹痕和灰尘，用软刷或羚羊皮小心地除去任何灰尘粒子（为便于识别塑料片于表面编上号码，撕去背面的保护纸，并用过滤过的石油醚洗涤塑料片，擦洗塑料试验表面时应十分小心，避免引起纹痕）；用刮刀将试样的表面刮掉，然后在不靠近容器壁的至少三处，取约等量的试样，装在小烧杯中搅匀；称取0.05~0.1g试样放到底下一块塑料片表面上，安装顶盖组，旋转负荷螺丝，使压力达到约1.37MPa(14kgf/cm^2)，接着松开在顶盖组上制动带翼螺杆，旋转顶部的手柄到尽头(约30°)后放松负荷螺丝，降下压力，取下顶盖组，并从两个夹具上小心地卸下塑料片。经用石油醚洗净后观察。

图 6-60 表示不同纹痕的塑料片试验

(4) 报告：利用放大镜或投影观测器观察，记录两块塑料片上纹痕总数。所得纹痕数，划分为三个等级：

一级：少于10条纹痕；

二级：10~40条纹痕；

三级：40条以上纹痕。

5. SH/T 0330—1992(2004年确认)润滑脂机械杂质测定法——抽出法

(1) 方法概述：抽出法测定润滑脂机械杂质适用于测定润滑脂中不溶于乙醇-苯混合液及热蒸馏水中的物质的含量。

方法概要：用乙醇-苯混合液抽出润滑脂，用热蒸馏水处理滤器上的沉淀物并测定不溶解的残留物的质量。

(2) 仪器、材料与试剂：索氏抽取器(带有500mL的烧瓶)、支架(放置玻璃微孔滤器用，用玻璃或铝制成；支架总长须符合抽取器至磨口的长度)、瓷蒸发皿、刮刀、表面皿(直径125~175mm，依瓷蒸发皿的直径而定)、烧杯(300~500mL)、锥形烧瓶(250~500mL)、玻璃微孔滤器(坩埚式，孔径4.5~9μm，常压下硫酸钡不通过)、洗瓶(500~1000mL)、玻璃棒(长150~200mm，直径3~4mm，两端烧圆)、水浴或电热板、恒温箱、苯(分析纯)、95%乙醇(分析纯)。

(3) 试验步骤：用刮刀将试样表层刮掉。然后在试样中不靠近容器壁的至少三处，取约等量的试样放入瓷蒸发皿中，仔细混合并用表面皿盖好(润滑脂试样在混合后的总质量应不少于200g)；将索氏抽取器连接于烧瓶上，此烧瓶装在水浴或电热板上，并向其中注入乙醇-苯(体积比为1∶4)混合液，直至混合液由支管开始流向烧瓶为止，然后再加入为抽取器容积二分之一的混合液，并将其倒入烧瓶中；称取1.5~2.0g试样放入玻璃微孔滤器中(玻璃微孔滤器测试前用铬酸洗液泡洗、恒重，称取其质量精确至0.0002g)，将盛有称量好的试样的滤器放入支架中，再将支架与滤器一道垂直装入抽取器内，用热苯填充滤器，然后将冷凝器接于抽取器上，接冷却水随后再进行加热；烧瓶加热的强度，要使冷凝液由冷凝器流入滤器中的速度为3~5滴/s，抽取继续至少1.5h，至抽取器中的溶液由黄色变至无色为止；当溶剂自抽取器开始流入烧瓶时，停止加热，然后将冷凝器卸下，并小心由抽取器中取出支架与滤器；将滤器自支架取出，插入锥形烧瓶内或安在圆环上，下置烧杯，以使残留的溶剂流入烧瓶或烧杯中；除去溶剂后，将滤器放在支架上，用热95%乙醇先洗，再用热蒸馏水洗；将玻璃微孔滤器放入105~110℃的恒温干燥箱中，使其在此温度下留置2h，取出放入干燥器中至少冷却30min后称量，精确至0.0002g；再将滤器重新放入恒温箱中留置1h，冷却30min，并称量，恒重(两次连续称量间的差数不大于0.0004g为止)；取重复测定两个结果的算术平均值作为试样中的机械杂质含量。

(4) 计算：试样中的机械杂质含量 X 按式(6-50)计算：

$$X=\frac{m_1-m_2}{m_3}\times100 \tag{6-50}$$

式中 m_1——玻璃微孔滤器及残留物的质量，g；

m_2——玻璃微孔滤器的质量，g；

m_3——润滑脂试样质量，g。

(5) 精密度：重复测定两个结果间的差数，不应超过0.1%。

6. SH/T 0336—1994 润滑脂杂质含量测定法——显微镜法

(1) 方法概述：通过用显微镜观察润滑脂中的外来粒子(机械杂质)的尺寸和数量，从而得到润滑脂中机械杂质的构成情况。对于外来粒子(机械杂质)，在投射光下用显微镜观察润滑脂时，呈不透明和半透明纤维状的外来杂质，不是指制造时润滑脂的组分。SH/T 0336—1994 参照采用苏联国家标准 ГОСТ 9270—1986 润滑脂机械杂质测定法。

方法概要：将润滑脂涂在血球计数板上，用显微镜观察来测定外来粒子的尺寸和数量。

(2) 仪器、材料：显微镜(放大倍数约100倍，带有目镜测微尺)、血球计数板、纵横移动架、玻璃盖片。

(3) 试验步骤：用干净刮刀刮去试样的表层，取出一点试样放在血球计数板中间的平面上，并用玻璃盖片压紧，使其与两侧平面紧贴(试样应完全装满在玻璃盖片和血球计数板平面之间的空隙，多余的润滑脂试样被挤入沟槽内，不允许试样被挤到两侧平面上)；将装好试样的血球计数板与玻璃盖片放置在显微镜载物台上，在透射光下观察润滑脂，使粒子清晰可见；在面积为5mm×5mm的试样薄层中，测定外来粒子的最大尺寸以确定粒子大小分级，对于纤维状物质应取纤维直径，5mm×5mm的面积可由纵横移动架或刻在玻璃片上的正方形来确定；记录10~25μm、大于25~75μm、大于75~125μm和大于125μm四组尺寸级别(或按产品标准中规定的杂质尺寸级别)的不透明外来粒子和半透明纤维状外来粒子的数量。重复测定10次。

(4) 计算：每一尺寸级别的外来粒子数均以10次测定的算术平均值表示，每 $1cm^3$ 内每一尺寸级别的外来粒子含量 X(个/cm^3)按式(6-51)计算：

$$X=\frac{A\times400}{10} \tag{6-51}$$

式中 A——10次测定的粒子总数；

10——测定次数；

400——被测试样的体积(0.0025cm^3)换算到 $1cm^3$ 的系数。

7. SH/T 0327—1992(2004年确认)润滑脂灰分测定法

(1) 方法概述：润滑脂灰分是指润滑脂经燃烧和将固体残渣煅烧成灰，以质量百分数表示。测定润滑脂的灰分在实际使用中意义不大，但可以在一定程度上说明润滑脂成分的特性，对控制润滑脂的组分和制备工艺有一定的作用。试验方法为 SH/T 0327—1992(2004年确认)。

方法概要：用定量滤纸作引火芯，燃烧润滑脂试样，并将固体残渣在(800±20)℃煅烧成灰，以质量百分数表示。

(2) 仪器、材料与试剂：带盖的瓷坩埚(30mL)、干燥器、电热板、电炉或其他热源、烧杯(500mL)、高温电炉或坩埚炉[能在(600±20)℃及(800±20)℃恒温]、盐酸(化学纯)、硝酸铵(分析纯)、蒸馏水、定量滤纸(直径 9cm)。

(3) 试验步骤：用刮刀将试样的表层刮掉，然后在不靠近容器壁的至少三处取约等量的试样，装在小烧杯中搅匀，按灰分量的大小，在已恒重的坩埚内称取试样 2~5g，精确至 0.01g；然后取一张定量滤纸，叠成两折，卷成圆锥体；用剪刀把距尖端 5~10mm 的部分剪去，放入坩埚内，使圆锥体的滤纸将试样表面盖住，放到电炉或电热板上加热，待滤纸浸透试样后点火燃烧(燃烧时火焰的高度不应超过坩埚上边缘 10cm)；试样燃烧终了，火焰熄灭后将盛有炭化残渣的坩埚小心地移入(600±20)℃的高温电炉中，在此温度下至少保持 1.5h，至残渣完全成灰为止(如果炭化残渣难烧成灰时，则在坩埚冷却后滴入几滴硝酸铵溶液，使残渣浸湿，然后慢慢蒸发干，并继续煅烧)；残渣成灰后，取出放在空气中冷却 3min，再移入干燥器中，冷却 30~40min 后进行称量，精确至 0.0002g；再放入高温炉或坩埚炉内煅烧 15min；重复进行煅烧、冷却及称量，直至连续称量间的差数不大于 0.0004g 为止；取重复测定两个结果的算术平均值，作为测定的结果。

(4) 计算试样的灰分 X 按式(6-52)计算：

$$X=\frac{m_1-m_2}{m}\times100 \tag{6-52}$$

式中 m_1——试样灰分与滤纸灰分的质量，g；

m_2——滤纸灰分的质量，g；

m——润滑脂试样的质量，g。

(5) 精密度：重复测定两个结果间的差数，不应超过表 6-43 所给数值。

表 6-43 润滑脂灰分重复性范围

灰分/%	允许差数/%	灰分/%	允许差数/%
<0.1	0.02	>1.0~2.5	0.10
0.1~1.0	0.05	>2.5	0.15

8. SH/T 0319—1992 润滑脂皂分测定法

(1) 方法概述：润滑脂皂分是指润滑脂溶于苯后，用丙酮沉淀润滑脂苯溶液中的金属皂，然后用质量法测定皂的量。通过测定润滑脂的皂量可以了解皂基润滑脂的某些物理性质和稠化剂的含量。

方法概要：将润滑脂溶于苯中后，用丙酮沉淀润滑脂苯溶液中的皂，然后用重量法测定皂量。

(2) 仪器、材料与试剂：滴定管(50mL)、锥形烧瓶(125mL 或 150mL)、漏斗(60°角，直径 50~70mm)、洗瓶(250~500mL)、回流冷凝管、水浴或带有隐蔽炉丝的电炉、干燥箱或恒温箱(加热温度 100~105℃)、刮刀、玻璃棒(长 150~200mm，直径 3~4mm，两端烧圆)、干燥器、苯(分析纯)、丙酮(分析纯)及定量滤纸。

(3) 试验步骤：在清洁而干燥的 125mL 锥形烧瓶颈部，叠放一张滤纸，置于 100～105℃的烘箱中留置 1.5～2h，取出放在干燥器中冷却至室温，称取其质量，精确至 0.0002g，重复进行干燥、冷却及称量等操作，直至两次连续称量间的差数不大于 0.001g 为止；用刮刀将试样表面刮掉，然后在不靠近容器壁的至少三处取约等量的试样，一起放在瓷蒸发皿中，仔细调匀，再用表面皿盖好；称取润滑脂试样 1～2g，精确至 0.0002g，放入锥形烧瓶(拿出瓶中的滤纸并记下瓶号)内；向盛有试样的锥形烧瓶中加苯 5～10mL，然后装上回流冷凝管，在水浴上或在带隐蔽炉丝的电炉上稍热(不许苯沸腾)至全部溶解为止，再将溶液冷却至室温；用滴定管滴入丙酮 50mL 于试样苯的溶液中，旋转锥形烧瓶进行搅拌(此时不应使锥形烧瓶离开桌子)；将锥形烧瓶静置 1h 后，用丙酮浸湿滤纸(原在瓶内一起称重的)，用此滤纸滤去上层液体，然后用热丙酮洗涤瓶中和滤纸上的皂数次，至油完全去掉为止；洗涤完毕，将带皂的滤纸与带皂的锥形烧瓶一起置于 100～105℃的烘箱中留置 1.5～2h 后，取出放在干燥器中冷却到室温，然后称取其质量，精确至 0.0002g；重复进行干燥、冷却及称量等操作，直至两次连续称量间的差数不大于 0.001g 为止。取重复测定两个结果的算术平均值，作为试样的皂分含量。

(4) 计算：试样的皂分含量 X 按式(6-53)计算：

$$X=\frac{m_1-m_2}{m_3}\times 100-Y \tag{6-53}$$

式中 m_1——盛有析出的皂的锥形烧瓶及滤纸的质量，g；

m_2——清洁干燥的锥形烧瓶及滤纸的质量，g；

m_3——试样的质量，g；

Y——按 SH/T 0330—1992 测得的试样中机械杂质质量分数。

(5) 精密度：同一操作者重复测定的两个结果之差不应大于 1%。

9. SH/T 0596—1994 *润滑脂接触电阻测定法*

(1) 方法概要：将润滑脂试样涂在板状电极上，涂脂厚度为 0.2mm，使其与半球状电极接触，保证两极间承受(1.38±0.01)N 的力。用直流双臂电桥测定高温[(50±1)℃]、室温(15～30℃)、低温[(-25±2)℃]时的接点电阻，以涂脂前后接触电阻的差值作为润滑脂接触电阻值。

(2) 仪器、材料与试剂：润滑脂接触电阻测定仪(详见图 6-61、图 6-62)、直流双臂电桥(测定范围 0.0001～10Ω，灵敏度不低于 0.01mΩ)、制冷仪(制冷温度应低于-30℃，其冷室体积应大于直径 45mm，高 90mm)、恒温水浴(在 30～80℃间任一温度恒温，误差为±1℃)、砝码(100g)、半球状电极、板状电极、900 号金相砂纸、脱脂棉及 600 号水砂纸。

(3) 试验步骤：用金相砂纸将电极打磨干净，使其呈现均匀、光亮的金属光泽，用脱脂棉擦去铜屑，仪器、设备上的接线柱、线鼻等接触点用水砂纸打磨干净，并保证接触良好；电桥以双线连接法与电极连接；根据不同测试温度进行电阻测试。

① 室温条件下接触电阻的测定：室温控制在 15～30℃，将半球状电极接触在板状电极上，使其承受[包括砝码 100g 及托盘、连接杆、半球状电极和螺栓总质量为(140±1)g](1.38±0.01)N 的力，在电桥上读取 5 次数值，取其平均值为第 1 点接触电阻值；移动板状

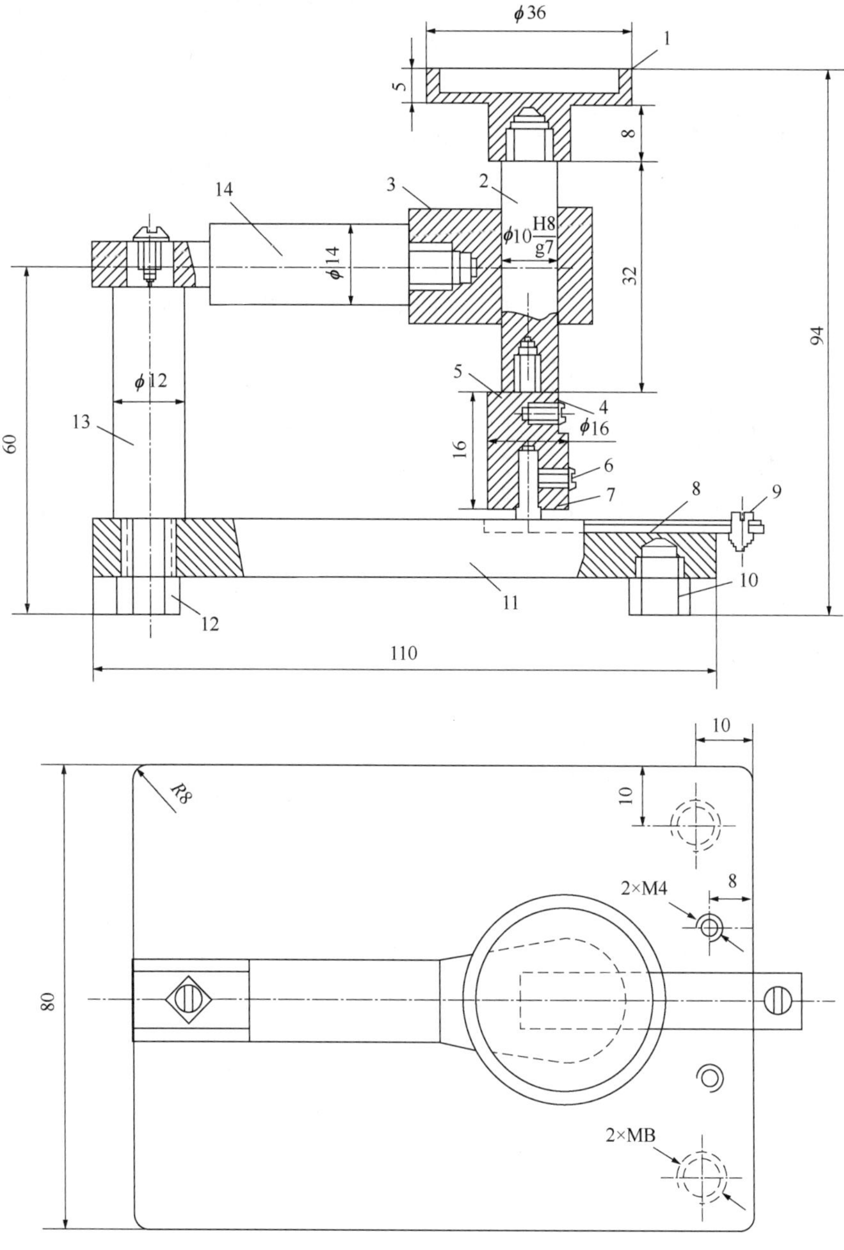

图 6-61 润滑脂接触电阻测定仪（常温）

1—托盘；2—尼龙连接杆；3—连接杆固定件；4—电极接线螺栓；5—黄铜连接杆；6—固定电极的螺栓；7—半球状电极；8—板状电极；9—电极接线螺栓；10—地脚螺栓；11—仪器底盘；12—地脚螺栓；13—支撑柱；14—连接杆

电极，改变半球状电极在板状电极上的位置，重复测定得第 2、3 点接触电阻值，取 3 个点接触电阻的平均值作为空白值(空白值试验每个点的 5 次读数与其算术平均值最大偏差不应超过 0. 03mΩ。3 个点电阻值最大偏差不应超过其算术平均值 0. 05mΩ)；在板状电极的凹槽中均匀地涂上待测润滑脂试样，用刮刀刮平，测定涂脂后的接触电阻值。

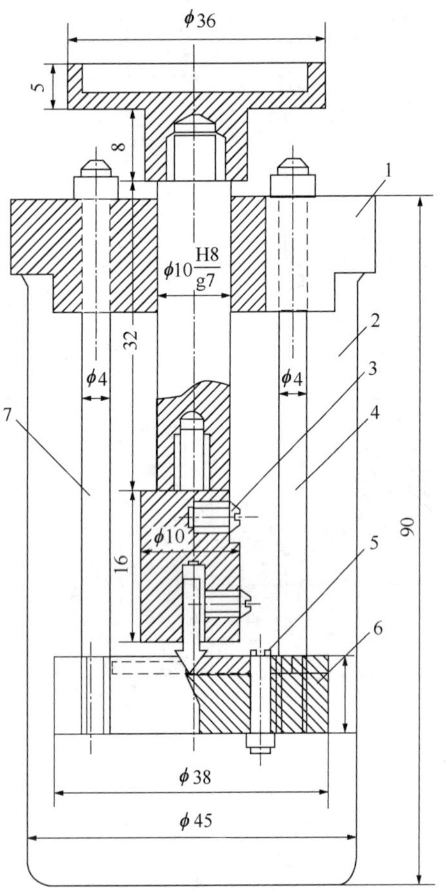

图 6-62　润滑脂接触电阻测定仪(50℃、-25℃)

1—铝盖；2—试验杯；3—电极连接螺栓；4—连接杆；5—电极接线螺栓；6—板状电极插件；7—连接杆

② 高温条件下接触电阻的测定：将试验仪器置于已调至试验温度(50±1)℃的恒温水浴中，恒温30min，测定高温时的接触电阻空白值，涂抹润滑脂后测定涂脂后的接触电阻。

③ 低温条件下接触电阻的测定：将试验仪器置于调至试验温度(-25±2)℃的制冷仪中恒温30min，然后测定低温时的接触电阻空白值，涂抹润滑脂后测定涂脂后的接触电阻。

测定的数据按照式(6-54)计算，然后取3次接触测定值的算术平均值作为测定结果，数字精确到0.01mΩ。

(4) 计算：润滑脂的接触电阻按式(6-54)的计算：

$$R=R_2-R_1 \qquad (6-54)$$

式中　R——润滑脂接触电阻值，mΩ；

R_1——不涂抹润滑脂接触电阻平均值(空白值)，mΩ；

R_2——涂抹润滑脂接触电阻平均值，mΩ。

二、润滑脂机械杂质、水分、游离酸碱、灰分、皂含量及电性能试验的应用

1. 机械杂质对润滑脂的使用极为重要。因为这些硬性杂质极易引起机件的磨损，要除去润滑脂中的杂质一般都很困难，它不像液体油，只要经过沉淀、过滤就可以除尽杂质。为此，在储存、运输和使用过程中，应严格注意杂质侵入润滑脂内。润滑脂中机械杂质超过一定量时，润滑脂应立即报废。

2. 极少量的游离碱对润滑脂质量影响不大，允许甚至必须含有少量的游离碱。润滑脂在长期储存中，因受氧化作用，某些烃类物质变质后成为有机酸，导致游离碱被中和而使其含量减少。所以一定量的游离碱的存在是必要的，能抑制润滑脂的氧化变质。但润滑脂中含有游离碱量过大时，润滑脂的胶体安定性和机械安全性都会受到影响，会产生分层、析油、损失润滑性能。润滑脂不允许有游离酸的存在，特别是低分子有机酸，会对金属产生腐蚀作用。润滑脂呈酸性时，会使脂骨架失效，脂发软变稀。

3. 润滑脂皂分的大小将影响润滑脂性能，皂分的大小，表现出润滑脂的软硬程度，只要在规定的范围内，则反映润滑脂稠度等级的变化，可适应不同工作条件的要求。但若超出允许的范围，过多或过少均不合适。皂分过大则润滑脂油量不足，使用时易产生硬块，出现干涸而使润滑脂失效导致出现设备润滑事故，严重的将导致润滑设备损坏；皂分过小，油量

大，润滑脂的骨架强度不够，导致机械安定性和胶体安定性差，易产生油皂分离和分油量过大，引发设备润滑不足。

4. 很多润滑脂被用于电器元件中，起导电或绝缘作用。润滑脂通常用于电器开关、滑线变阻、碳膜开关、音量调谐等部位，具有减少电极间的摩擦与磨损、防止电极接触部位因放电引起烧蚀、提高阻尼性、改善操作舒适度等作用。在旋转的电极等部位，润滑脂还具有导体的作用。润滑脂的电性能包括绝缘性和导电性。通常润滑脂的电性能用电阻率表示(单位 Ω · cm)，可以通过测量润滑脂体积电阻的方式得到其电阻率。

5. 组成分析和电性能测试项目的检验频次视情况而定，机械杂质(显微镜法)、游离酸和游离碱的测定(中间过程控制)项目应为出厂批次检验项目，其他的通常设为出厂周期检项目，如果原材料批次质量波动、产品配方或工艺发生变化，应加强测试。

第七章　试验方法的建立与应用

第一节　试验方法的建立

一、润滑油脂的标准与试验方法

产品标准规定产品应满足的性能要求以确保其适用性，完整的产品标准一般应包括产品分类、要求、试验方法、检验规则以及标志、包装、运输和储存等内容，至少应包括前四项内容，即产品分类、要求、试验方法、检验规则。对产品的技术要求进行试验、测定、检查的方法统称为试验方法，它是对具体产品的实际质量特性是否符合技术要求而进行检测的方法、程序和手段等所做的统一规定。试验所得的结果，用来作为评价产品质量、判定产品合格与否的依据。因此，产品标准明确了技术要求，而技术要求的准确保证源自试验方法的准确应用与操作，因而试验方法的准确应用与操作很重要。

（一）润滑油脂标准

1. 润滑油脂的国际标准及标准化组织

所谓国际标准通常指 ISO——国际标准化组织，但是在润滑油所指的"国际标准"中，往往更加规范，可以泛指国外先进标准，一般有这四个层次：

第一层次：国际标准化组织(ISO)等；

第二层次：广泛使用的各专业协会标准，如：API(美国石油协会)标准、SAE(美国汽车工程师协会)标准、ASTM(美国材料试验协会)标准、ACEA(欧洲汽车工程师协会)标准、ATIEL(欧洲润滑油工业技术协会)、ILSAC(国际润滑油标准委员会)规格、NLGI(美国润滑脂协会)规格、ELGI(欧洲润滑脂协会)规格、AGMA(美国齿轮制造商协会)标准等；

第三层次：发达国家标准，DIN(德国工业)标准、BS(英国国家)标准、NF(法国国家)标准、JIS(日本工业)标准等；

第四层次：世界知名的 OEM 制造商标准，如：GM(通用汽车公司)标准、MB(梅赛德斯·奔驰公司)标准、VW(大众汽车公司)标准、Cummins(康明斯公司)标准、DENISON(丹尼逊公司)标准、Flend(弗兰德公司)标准、SIEMENS(西门子公司)标准等。

国际上，润滑油脂的标准大都参照这些标准体系来制定。

车用润滑油主要有：SAE、API、ACEA、ILSAC、ASTM 规格标准和一些相关的 OEM 标准；

工业润滑油主要有：ISO、DIN、ASTM、AGMA、JIS、BS 和一些相关的 OEM 标准；

润滑脂主要有：NLGI、ELGI、ГОСТ、ASTM、DIN、JIS、BS、FS 及相关的 OEM 标准。

2. 我国的标准法规

2017 年 11 月 4 日第十二届全国人民代表大会常务委员会第三十次会议修订《中华人民

共和国标准化法》第二条和第二十一条规定：

“第二条　本法所称标准(含标准样品)，是指农业、工业、服务业以及社会事业等领域需要统一的技术要求。标准包括国家标准、行业标准、地方标准和团体标准、企业标准。国家标准分为强制性标准、推荐性标准，行业标准、地方标准是推荐性标准。强制性标准必须执行。国家鼓励采用推荐性标准。”

“第二十一条　推荐性国家标准、行业标准、地方标准、团体标准、企业标准的技术要求不得低于强制性国家标准的相关技术要求。国家鼓励社会团体、企业制定高于推荐性标准相关技术要求的团体标准、企业标准。”

3. 我国的润滑油脂标准

我国润滑油脂标准，分为：国家标准(GB、GB/T)、行业标准(行业拼音缩写如石化SH)、地方标准(DB)、团体标准(T/×××)、企业标准(QB)等。

根据《中华人民共和国标准化法》和《中华人民共和国产品质量法》，无论是哪一种润滑油脂产品，都必须有产品标准，如果有强制性国家标准(GB)，那么必须严格执行；如果有推荐性国家标准、行业标准、地方标准和团体标准的，可参照执行；如果这些标准都没有，那么必须制定企业标准。如果企业为了突出其产品的性能优越，增强其市场竞争力，即使有国家、行业等标准，也可制定高于国家、行业等标准的企业标准。

(1) 润滑油产品标准列举：GB 13895—2018 重负荷车辆齿轮油(GL-5)，该标准是国家强制性标准，标准包括以下部分：

前言

1　范围

2　规范性引用文件

3　产品品种和标记

3.1　产品品种

3.2　产品标记

4　要求和试验方法

5　检验规则

5.1　检验分类与检验项目

5.1.1　出厂检验

5.1.2　型式检验

5.2　组批

5.3　取样

5.4　判定规则

5.5　复验原则

6　标志、包装、运输和储存

各部分的具体内容请参阅 GB 13895—2018 重负荷车辆齿轮油(GL-5)。

(2) 润滑油标准的结构及内容范围：从 GB 13895—2018 可以看出，润滑油标准由以下部分构成及组成为：

A. 前言

——主要陈述本文件与其他文件的关系等信息，如：标准结构的说明，标准编制依据的起草规则的阐述，标准所代替的标准或文件的说明，与国际文件、国外文件关系的说明，有关专利的说明，归口和起草及起草人信息的说明，标准所代替标准的版本情况的说明等。

B. 范围

——范围应位于每项标准正文的起始位置，范围的内容分为两个方面：界定标准化对象和涉及的各个方面的内容，在特别需要时可补充陈述不涉及的标准化对象；给出标准中的规定的适用界限，在特别需要时可补充陈述不适用的界限。范围的陈述应简洁，以便能够作为标准的“内容提要”使用。

C. 规范性引用文件

——“规范性引用文件”是标准的规范性一般要素，如果标准中有规范性引用的文件，则应以“规范性引用文件”为标题单独设章，以便给出标准中规范性引用的文件清单。该章内容的表述形式由“引导语+文件清单”组成。

D. 产品品种和标记

——按照产品分类的相关标准，列出产品的类别、品种、质量等级、牌号。

E. 要求和试验方法

——该章节是产品标准的核心部分，它体现产品特性、保证其使用性能的可靠性，规定了确保其性能的量化技术指标和试验项目，如量化的理化性能、模拟试验性能、台架试验性能，特别是试验方法部分，成为保证其性能的关键；为了保证其有效性，每个试验方法都是特定的，有的会同时有几个方法，但会规定一个仲裁方法；每个试验方法都是标准化的、最新的有效版本，都有准确度、精密度要求。

F. 检验规则

——为了确保产品的质量，根据生产厂家的实际情况和试验项目的测试规律和规则，规定了产品的检测分类和检测项目(出厂检测项目和型式检验项目)、组批、取样、复验规则、判定规则。

G. 标志、包装、运输和储存

——根据相关规定和标准。

H. 有关说明事项(必要时)

I. 附录(必要时)

(二) 试验方法

1. 试验方法是产品标准的重要组成部分

产品标准包含性能要求和试验方法，通常在产品标准的第 4 部分清晰列明性能要求及指标，以及试验方法的标准号。测试产品的性能应按照产品标准列明的测试标准要求进行测试。试验方法的正确选用及操作很重要，因为不同的试验方法测试结果可比性会有不同，会直接影响油脂质量的正确判断。

试验主要指在研制过程或批产过程中，对完成的产品进行产品性能要求符合性验证，即通过试验检查实际完成的产品是否达到设定的参数，也可以说是对实物进行检测的一种方法。以产品性能与质量方面的检测、试验方法为对象而制定的标准称为检测试验方法标准。我们平时常说的试验方法，严格定义来讲，应是检测试验方法标准。

2. 试验方法列举

GB/T 3535—2006 石油产品倾点测定法包括以下部分：

前言
1 范围
2 术语和定义
3 方法概要
4 试剂与材料
5 仪器
6 试验步骤
7 结果表示
8 精密度
9 报告
附录 A
各部分的具体内容可参阅 GB/T 3535—2006 石油产品倾点测定法。

3. 试验方法的结构及组成

试验方法也是标准，方法标准与产品标准一样是企业技术标准的重要组成部分，是企业产品质量检验的依据。其结构与前面润滑油标准的结构相当，也包括：

A. 前言

——主要陈述本文件与其他文件的关系等信息，如：方法标准结构的说明、方法标准编制依据的起草规则的阐述、方法标准采用国外标准的说明，与国际文件、国外文件关系的说明，方法标准所采用的仪器设备、材料及操作方法的说明，方法标准的精密度及结果报告的说明；归口和起草单位、起草人等信息的说明，标准所代替标准的版本情况、附录文件说明等。

B. 方法标准名称

——采用三段式表达方式，命名规则为：试验方法标准的主要对象+方法所测定的内容+“测定法”或“评定法”。标准的主要对象是指此方法适用于哪类产品。方法所测定的内容为测定该检测产品的具体的成分或性能。如需特别指明具体试验方法，应将试验方法名称加括号并置于标准名称之后。例如：“润滑油轴承磨损性能试验方法(FE8 法)”。

C. 范围

——范围的内容分为两个方面：说明了是什么样的试验方法，如：“石油产品倾点测定法”，简述了方法各个方面的内容、过程、结果，如：采用的仪器设备、操作步骤、结果等。

D. 术语和定义

——根据实际情况，当试验方法标准中有术语需要定义时，才设置此章，其目的是给方法标准的使用者提供方便。出现以下情形时，需对术语给出定义：①现有的国家标准、行业标准中均未出现过此术语的定义，同时又确属于不易准确理解的术语，则需要定义有关概念予以明确，润滑油及添加剂相关术语词条可参考 GB/T 4016—2019 石油产品术语和 ASTM D4175 有关石油、石油产品和润滑剂的术语；②本标准术语所表达的概念与国家标准、行业标准中的同术语所表达的概念不同，在此试验方法标准中有特定的含义；③标准条文中 2 次以上用到的术语。如果在标准条文中只用到 1 次，则在条文中出现此术语处以括号进行解释即可。术语和定义的编排格式见 GB/T 1. 1—2020 标准化工作导则　第 1 部分：标准化文件的结构和起草规则。

E. 方法概要

——方法概要是对该试验方法的一个简明扼要的描述，如通过什么方法，采用什么仪器设备，检测什么指标。

F. 设备与仪器

——规定了试验方法采用的设备与仪器，包括型号规格、结构图形、材质、尺寸以及其他特别规定。有的试验项目可以选用多种仪器设备及试验方法。

G. 试剂与材料

——润滑油产品试验方法中涉及的试剂和材料比较多，可按气态、液态、固态顺序排列。气态按相对分子质量从小到大排序，液态试剂的编排要求参照 GB/T 20001. 4—2015 标准编写规则　第 4 部分：试验方法标准 A. 10 的规定执行。固态材料的编排顺序为：①金属材料；②有机高分子材料；③玻璃器皿；④其他材料。

对于台架试验方法标准，试剂和材料按以下顺序排列(可根据需要进行取舍)：①标准油；②标准燃料油；③试验油；④燃料油；⑤冷却液；⑥清洗材料；⑦密封材料；⑧其他。

H. 准备和校正

——内容主要是试验开始前的所有准备工作。

理化性能试验方法准备工作内容可能包含：①对试验环境的特殊要求，例如通风或是密闭环境；②标准溶液的配置与标定；③取样方法、样品储存条件；④油品的预处理，例如除水、除去机械杂质、预热等处理方法；⑤试验设备的组装及校验或试验器皿的清洗等。

仪器分析试验方法准备工作的内容可能包含：①空白溶液的配置；②标准溶液的配置或标准样品的制备；③工作曲线的制作；④试验设备或器皿的清洗及安装；⑤仪器的准备，如仪器的调节及校准等，设定适当的操作参数等。性能模拟试验方法准备工作的内容可能包含：①试验设备的安装；②试验设备的校验；③试验条件的说明；④试件或台架试验相关部件的清洗等。

台架试验方法准备工作的内容可能包含：①试验设备中有关零部件的清洗或试验系统的清洗；②试验设备的组装；③试验台架的标定；④试验条件；⑤试件或试验机有关部件的清洗。试验台架标定分为整机的标定和测量设备的标定，这两种标定根据实际需要采用。测量设备是对温度、压力、转速、流量、时间等参数进行测定的仪器或设备。整机标定应规定标定的周期、使用的标准油的名称以及明确哪些情况下必须进行的标定(例如新建立的试验台架及在更换重要组件时)、未满足标定要求时应该采取的措施；测量设备的标定除规定上述内容外，应明确具体的测量位置，必要时用图来表示。

需要校正的仪器、设备，需按规定校正的方法和标准进行校正。

I. 试验步骤

——试验步骤是试验方法标准较为重要的一章。其内容要求包括：①应对试验分析过程中所有试验步骤按照操作的先后顺序悉数列出；②各个步骤的表达应简明扼要、不易引起歧义；③如果试验步骤中存在安全隐患(如爆炸、着火、中毒等)，应设置警告，并将警告标示在“试验步骤”这一章的开始，同时在本章相应位置详细说明对此隐患采取的防护及预防措施。

对于理化性能试验、仪器分析试验和模拟性能试验类方法标准的试验步骤可能包含以下的内容：①润滑油产品从现场取样后，在实验室中制备试样的操作步骤。具体内容包括称量或量取试样的方法、试样量的称量范围、称量的准确程度等内容，必要时说明制备样品后的保存条件；②按试验过程的先后顺序分段叙述，必要时要说明仪器或设备的操作条件和各项参数；③需要进行空白试验，必须加以说明；④有典型谱图的应列出相关谱图。

对于台架试验方法标准的试验步骤可能包含的内容有：①试验油的清洁处理；②试验油添加；③试验系统空气的排除；④试验设备的启动、循环和停机程序；⑤取样程序；⑥详细说明试验过程各步骤的操作条件；⑦试验操作参数测量与记录；⑧相关计算；⑨终止试验及试验装置的拆除等。

J. 计算

——检测结果需要计算的，需列出计算的格式或方法。

K. 结果表示

——有的试验方法如台架试验，需要把试验结果列出。

L. 精密度及偏差

——规定了判断试验结果的可靠性(95%的置信水平)：重复性 r、再现性 R 的公式；规定了方法是否有偏差，偏差值大小。

M. 报告

——规定了试验报告包含以下方面的内容：

a. 被测产品的完整资料；

b. 使用的标准；

c. 使用的方法；

d. 结果，包括“结果计算”一章内容；

e. 与基本分析步骤的差异；

f. 观察到的异常现象；

g. 试验日期。

注：有的试验方法还有一些章节如：“意义用途”“告诫”“引用标准”“取样”等，看方法标准的实际情况，可以增加。

4. 注意不同试验方法的差异和关联性

我国相当一部分试验方法是等同、修改或非等效采用国际标准或国外先进标准，以润滑脂滴点测定方法为例，比较我国标准方法与国际标准方法在结构上的差别，见表 7-1。GB/T 4929—1985 是我国现行测试标准，等效采用 ISO 2176：1979。现在的等效采用这个提法已不使用，且 ISO 2176 现行版是 1995 版(2020 年修订)，标准更新滞后。

表 7-1　滴点 GB、ISO 和 IP 标准方法内容结构比较

方法号	GB/T 4929—1985	ISO 2176：1995	IP 396/14
方法名称	润滑脂滴点测定法	Petroleum products - Lubricating grease-Determination of dropping point	Determination of dropping point of lubricating grease-Automatic apparatus method

续表

方法号	GB/T 4929—1985	ISO 2176：1995	IP 396/14
方法内容结构	1. 方法概要 2. 仪器 3. 操作步骤 4. 精密度 5. 报告 附录	1. Scope 2. Definition 3. Apparatus 4. Procedure 5. Expression of results 6. Precision 7. Test report Annex A	1. Scope 2. Normative references 3. Terms and definitions 4. Principle 5. Apparatus 6. Procedure 7. Expression of results 8. Precision 9. Test report Summary of changes
备注	等效采用 ISO 2176：1979《润滑脂滴点测定法》		IP 396 是滴点自动测试方法，与 GB/T 4929 和 ISO 2176 方法的测试结果有很好的一致性；与 GB/T 3498 和 ASTM D2265 结果一致性较差

在此，有必要提及 GB/T 20000. 2—2009 标准化工作指南　第 2 部分：采用国际标准。为了发展对外贸易，我国尽量采用和使用国际标准，并且尽快废止与国际标准有冲突的国家标准和其他标准，但是由于国家安全、保护人身健康和安全、保护环境以及基本气候、地理或技术问题的原因，在任何情况下完全采用国际标准是不切合实际的。WTO/TBT 也承认这些是区域或国家标准与相应的国际标准存在差异的正当理由。因此在积极采用国际标准的同时需要根据上述正当理由考虑我国国情，但需注意不要任意扩大正当理由的范围。因此，为了对国家标准与相应的国际标准进行比较，迅速了解它们之间的关系，对它们的一致性程度进行标识十分重要。由于采用国际标准时情况各异，过分详细地划分一致性程度是不合理的，把一致性程度划分为三类已足够使用。

标准中规定一致性程度为三种(表 7-2)。

(1) 等同 identical 代号为 IDT。国家标准等同于国际标准，即在技术内容和文本结构完全相同。

(2) 修改 modified 代号为 MOD。国家标准修改于国际标准，即允许存在技术性差异，并对技术性差异进行清楚地标识和解释等。

(3) 非等效 not equivalent 代号为 NEQ。国家标准非等效于国际标准，即不属于采用国际标准。

表 7-2　一致性程度及代号

一致性程度	含　义	代号
等同 (identical)	国家标准“等同”于国际标准，即 a)国家标准与国际标准在技术内容和文本结构上完全相同，或者 b)国家标准与国际标准在技术内容上相同，但可以包含 GB/T 20000. 2—2009 标准 4. 2 中规定的小的编辑性修改。 “反之亦然原则”适用	IDT

续表

一致性程度	含　义	代号
修改 (modified)	国家标准“修改”了相应的国际标准，即允许国家与国际标准存在技术性差异，并对技术性差异进行清楚的标识和解释。国家标准在结构上与相应国际标准相同，但如不影响对两个标准的内容进行比较，允许改变文本结构。“修改”的标准还可包括“等同”条件下的编辑性修改的内容。 “反之亦然原则”不适用	MOD
非等效 (not equivalent)	国家标准“非等效”于国际标准，即国家标准与相应国际标准在技术内容和文本结构上不同，它们之间的差异也没有进行清楚的标识。 这种一致性程度不属于采用国际标准	NEQ

等同采用适用“反之亦然原则”，修改采用和非等效采用不适用这一原则，且非等效采用这种一致性程度不属于采用国际标准。“反之亦然原则”是指国际标准可以接受的内容在国家标准中也可以接受，反之，国家标准可以接受的内容在国际标准中也可以接受。因此，符合国家标准就意味着符合国际标准。

我们在读试验方法时，需要留意第一部分范围的内容，通常在这一部分会阐明方法适用的测试范围，例如 GB/T 3536—2008 石油产品　闪点和燃点的测定　克利夫兰开口杯法的“1 范围”，阐明了该标准适用于除燃料油以外的、开口杯闪点高于 79℃的石油产品，也就是说该方法不适用于测定燃料油且闪点低于等于 79℃的石油产品。

二、试验方法的建立

如前面所述，试验方法标准的正确应用关系到润滑油脂产品标准的应用与执行，那么如何将试验方法标准应用到自己企业的生产、科研、服务中，这就是下面要论述的——试验方法的建立，就是如何应用试验方法，而不是开发试验方法。

润滑剂应用广泛，根据应用的不同分为 18 个大组，每个大组又细分出琳琅满目的适应不同应用的产品，分别有不同性能要求。通过对产品性能的检测可检验产品质量是否合格并作为选油的依据。对有质量事故或质量投诉的油品进行检验，可判定选油是否合理，油品质量是否合格，使用保管是否恰当，从而区分是油品质量问题还是机械原因抑或是其他原因。因此测试方法的建立、测试、评定具有重要作用。

（一）建立试验方法项目的依据

1. 润滑油脂产品生产的需要

根据《中华人民共和国产品质量法》第二十六条第（三）项“符合在产品或者其包装上注明采用的产品标准，符合以产品说明、实物样品等方式表明的质量状况”。所有的产品必须有产品执行标准，且出厂产品性能必须符合声称采用的产品标准。

在润滑油产品标准中，有检验规则的章节，如：GB 13895—2018 重负荷车辆齿轮油（GL-5）中“5 检验规则”，产品检验分为出厂检验和型式检验。

出厂检验：对正式生产的产品在出厂时的最终检验，以评定产品是否符合技术要求，出厂检验需要每批产品出厂前都进行检验，检验合格方可出厂。出厂检验又分为批次出厂检验和周期性出厂检验，大部分“理化试验项目”和一些“模拟试验项目”都是批次出厂试验项目，每批出厂都必须检测；部分“理化试验项目”和“模拟试验项目”被列为周期性出厂检测项目，按标准规定的时间周期检测。

型式检验：如本章所附的 GB 13895—2018 重负荷车辆齿轮油(GL-5)标准中的“4 要求和试验方法”的表-1 所列试验项目都是型式检验项目；型式检验中除出厂检验项目外的项目(通常是“台架试验项目”试验周期较长的“模拟试验项目”)规定在新产品投产或鉴定时，或原材料、工艺发生较大变化影响产品质量，或出厂检验与上一次型式检验发生较大差异时才需要检测。

然而，润滑油生产企业根据产品标准要求，建立本企业所生产产品的全部检验项目是有困难的，因为一些测试模拟项目时间长、操作复杂，一些试验项目的仪器设备投资大，如：“发动机油的台架试验”，这些试验项目操作、评定要求高，投资费用大，且通常是型式检验项目，可由第三方专业检验机构来完成。

2. 产品研发、应用和售后服务的需要

有些试验方法，在某些产品技术指标试验项目中没有要求，但对产品的研发、配方筛选有参考意义，对售后也有较好的参考和判断价值，这也是企业需要根据自己的实力和工作深度来决策是否购置，如四球试验、成焦板试验、铁谱、PDSC 光谱、红外光谱等。

3. 第三方机构，服务社会企业的需要

现在，有的企业定位为服务社会的第三方检测机构，如原归属全国各省市政府市场监督部门下的质量检测机构，社会独立质量检测(包括外企)第三方机构企业，有的大型润滑油脂生产企业，它们的实验室也独立为第三方检测机构，这些检验机构获得了 CNAS 认证，所建立的试验项目主要考虑的是社会及行业的需要和企业发展的需要。

（二）建立试验方法的步骤

1. 确定需要建立的试验方法

润滑剂应用广泛，因而性能要求及测试项目多，目前几乎没有一个润滑剂工厂的实验室能覆盖润滑剂所有性能检验项目，且部分项目费用成本昂贵，因此有选择性地建立试验项目是一项重要的工作，首先需清晰地识别出哪些产品、哪些性能测试需要建立。

试验方法建立，一是按照产品标准指明的试验方法，二是实验室研发需要的方法。产品品质控制，必须严格按照产品标准规定的出厂检验项目优先建立，一些投资规模大、周期性检验的型式检验项目，可以暂缓或不建立；需要检验时选择外委第三方机构检验。

确定了需要建立的试验方法项目后，要认真学习试验方法及操作程序，做好相关准备工作。

2. 确定和购买仪器设备

购买适合试验方法的仪器设备和相关材料是成功建立试验方法的关键。关于仪器设备，可以购买国外品牌，也可以购买国内品牌，可以购买全自动、半自动或手动操作的。但是必须有个原则，就是购买可靠性、稳定性、性价比高的标准化产品。有的企业一味追求低价格是不可取的。以下有几点参考建议：

第一，购买自动化智能化程度高的知名品牌产品；目前有条件的实验室主动买手动检测设备仪器是较少的，手动设备仪器要求操作试验人员的技术技能水平较高，使用自动智能化的仪器设备，可以克服人员技能的操作误差，具有高效、快捷、准确度高的优点；自动化智能化仪器虽然投资较高，但是现在的人工费更高，省几个人，一两年就回本了；有的手工操作的试验，如一些较为复杂的滴定，现在很难找到熟练的操作技师了；有的企业连做手工闪点检测都误差很大，可见，选用自动化智能化检测仪器设备是重要的。有条件的企业，可引进一些国外知名品牌自动化智能化程度较高的先进仪器设备，特别是一些光谱仪器。

润滑油脂检测仪器设备自动化智能化是全球主要的发展趋势。

第二，国内近几年检测设备仪器已经有了较大的进步，也有了可靠性和稳定性较高的产品，与国外产品相比，有较高的性价比，目前国内检测仪器设备也逐渐自动化、智能化，国内许多大型生产企业、第三方检测机构，也趋于首选国内知名品牌的仪器设备。

第三，在确定购买仪器设备型号、厂商时，还要了解这种仪器设备在国内客户中的使用情况，了解该仪器设备使用的稳定性情况、厂商的服务情况、标准件、标准材料的配套情况；最后结合多种因素的权重，确定购买的厂商及型号规格。

3. 标准样品、标准物质、试验材料与试剂的配备

根据适用的试验方法标准，试验时须使用满足该方法规定的标准样品、标准物质、试验材料与试剂，这些都关系到方法检验的可靠性。

（1）标准样品与标准物质：

标准样品：是具有一种或多种足够均匀的和很好确定了的特性值的材料或物质；有证标准样品是具有一种或多种化学的、物理的、生物的、工程技术的或感官等性能特征，经过技术鉴定附有说明上述性能特征的证书，并经国家标准化管理机构批准的标准样品。

标准样品代号：GSB。

管理机构：全国标准样品技术委员会组织审核、国家技术监督局标准司发布。

用途：是为实施和制定标准的需要制定的，一般只在涉及标准的范围内使用，可以用来校准仪器、评价测量方法和给材料赋值，它是一种实物标准，不能用作计量传递。

标准物质：是具有一种或多种足够均匀并已经很好地确定其特征量值的物质或材料。标准物质的制备过程与标准样品基本相同，只是要求要高很多。

标准物代号：GBW 一级标准物、GBW(E)二级标准物。

管理机构：全国标准样物质技术委员会组织审核、国家技术监督局计量司发布。

用途：用于计量传递、校准仪器、评价测量方法或确定物料的量值；只要适宜可以代替标准样品在制定、实施标准中使用。

标准样品和标准物质的购买，应选用国家管理部门批准、颁布并授权生产的产品。应该收集有关标准样品和标准物质生产和经销单位的资料，进行必要的评估，制订出供应商名录，并经过审查和批准。采购申请应明确标准物质名称、等级、状态、数量、用途、浓度(或浓度范围)或标准值、基质、不确定度、计划使用时间(在什么日期前应到货)、保存条件等要求，必要时提供 CAS 号(有同分异构体或名称较多时)，若已知编号可告知采购人员，有必要时指定生产单位。

采购到货后，标准物质应验收并记录标准物质名称、标准物质编号、批次号、包装情况(是否完好)、标识(是否清晰)、证书、特性量值、不确定度、有效期、购入日期、购入数量、生产商、要求的储存环境、运输环境(必要时确认是否满足要求并记录)、验收人、验收日期、验收结论等。标准物质不需要技术验收。

标准物质的标识应包含标准物质编号(具有唯一性)、有效期。一次购买多支同一种标

准物质时，即便其标准物质号和批次号一样，也应给每一支标准物质唯一性编号。如果标准物质较小，可把标识贴在包装上。标准物质的编号规则中尽量可以体现标准物质的基本信息和购置验收日期，保证能快速溯源。通过 ISO 17034 认可的实验室生产的相应的标准物质可认为是能够溯源的(证书上有说明)。

标准物质台账可包含标准物质名称、标准物质号、批次号、生产单位、基质、标准值、不确定度、验收日期、有效日期、规格、储存条件要求、标准物质唯一性编号、放置位置、注意事项、核查频率等信息。

标准物质领用需写领用记录，记录内容包括领用人、日期、唯一性标识、领用量、用途等内容。优先使用离保质期近的。管制(剧毒)标准物质，需双锁双人管理，用量较少时不许整瓶领走，每次使用都要写领用记录。

标准物质需要期间核查。未开封：核查是否在有效期内，以及是否按照证书上所规定储存条件和环境要求等正确保存，外包装是否完好，颜色状态是否正常。若满足要求，不需要再采用其他方式进行期间核查。未开封的在使用前进行一次核查即可。已开封：对已开封的，实验室要确保其在有效期内使用，在证书要求的开瓶有效期内，至少进行一次期间核查。若在有效期内允许多次使用，要确保其使用及储存情况满足证书上规定的要求。必要时，根据其稳定特性、使用频率、储存条件变化、测量结果可信度等情况，按下列核查方式中的一种对其特性量值的稳定性进行核查：

① 检测足够稳定的、不确定度与被核查对象相近的实验室质控样品；

② 与上一级或不确定度相近的同级标准物质进行量值比对；

③ 送有资质的检测/校准机构确认；

④ 进行实验室间的量值比对；

⑤ 测试近期参加能力验证且结果满意的样品；

⑥ 采用质量控制图进行趋势检查等。

期间核查发现不合格的措施：在期间核查中发现不合格，须立即停止使用，并追溯对之前检测结果的影响。

标准物质使用注意事项：

① 遵守使用和储存说明。

② 应遵守证书上的有效期限，不应使用超过有效期的有证标准物质/标准样品。

③ 对于可多次使用的有证标准物质/标准样品，确保其包装的严密性、储存方式满足要求。某些情况下，有必要对剩余的部分重新包装，否则，给出的特性值可能无效，从而导致有证标准物质/标准样品无法使用或不可靠。用户应遵循生产者在这方面提供的使用说明。

④ 应按给出的最小取样量取样。小于最小取样量则没有代表性。

⑤ 对于可多次使用的有证标准物质/标准样品，使用前应再次混合均匀。否则，长此以往，剩余的有证标准物质/标准样品不再对已生产和定值的包装批有代表性，证书上给出的值和不确定度不再有效。

⑥ 标注“本标准物质开封后请一次使用完毕”的标准物质，不能倒出至其他包装中多次使用。

(2) 试验材料与试剂：

试验材料——要满足方法要求的规格、尺寸、纯度。

如：GB/T 5096—2017 石油产品铜片腐蚀试验法关于测试用铜片材质、尺寸规格、纯度规范的描述：

"5.3 铜片：纯度大于 99.9%的电解铜，符合 GB/T 5231—2012 中的 T2 铜可满足使用要求。宽为(12.5±2)mm，厚度为 1.5~3.0mm，长为(75±5)mm。铜片可重复使用，但当铜片表面出现点蚀或深的划痕，而又无法采用规定的打磨程序去除，或当铜片表面发生变形时，应丢弃此铜片。"

做密封材料适应性所采用的各种密封圈，防锈试验用的钢棒、钢片、其他有色金属材料等，不同材质的测试材料结果可能会产生较大的偏差和无可比性，甚至会对该批产品造成误判或漏判。表 7-3 是不同四球规格磨痕直径比对测试结果，可见不同标准规范的球对结果影响的差异。

表 7-3　不同四球规格磨痕直径比对测试结果

测试方法	测试球规范	样品 A 磨痕直径/mm （统一用 ASTM D2266 测试不同的方法号的球）	样品 B 磨痕直径/mm （统一用 ASTM D2266 测试不同的方法号的球）
ASTM D2266 ASTM D2596 ASTM D2783 ASTM D4172 ASTM D5183	Material：AISI E-52100 Hardness：64~66 Rc Surface Finish：Grade 25 EP Diameter：0.5in(12.7mm)	0.68	0.52
IP 239 IP 300 Procedure A and B	Material：carbon chromium steel in accordance with ISO 683—17：1999 Hardness：Rockwell C 63~66 Finish：Lap Diameter：0.5in(12.7mm)	0.40	0.55
SH/T 0204 SH/T 0202	Material：GCr15 Hardness：Rockwell C 64~66 Diameter：0.5in(12.7mm)	0.32	0.53

从比对结果看，使用不同规范的球有的结果差异比较大，有的结果相近，可见不同方法规范的球对磨损性能的区分性是不一样的，如果不按测试方法选用符合方法规范的球，那就会存在质量误判或漏判的风险。

试剂——必须严格选用试验方法所规定的标准试剂。

我国的试剂规格基本上按纯度(杂质含量的多少)划分，共有高纯、光谱纯、基准、分光纯、优级纯、分析纯和化学纯 7 种。国家和主管部门颁布质量指标的主要有优级纯、分析纯和化学纯 3 种。

优级纯(GR)，又称一级品或保证试剂，99.8%，这种试剂纯度高，杂质含量低，适合于重要精密的分析工作和科学研究工作，使用绿色瓶签。

分析纯(AR)，又称二级试剂，99.7%，略次于优级纯，适合于重要分析及一般研究工作，使用红色瓶签。

化学纯(CP)，又称三级试剂，≥99.5%，纯度与分析纯相差较大，适用于工矿、学校一般分析工作。使用蓝色(深蓝色)标签。

还有实验试剂(LR)，又称四级试剂。

除了上述四个级别外，目前市场上尚有基准试剂(PT)，专门作为基准物用，可直接配制标准溶液。

购买材料与试剂时，一定要按照方法上要求的材料和试剂标准进行采购、验收、使用、保管，不能用不同用途的材料替代。例如规定用分析纯的用实验试剂去替代等，做出来的数据就有偏差。标准溶液有的需要向专业供应商购买，若自己配制的要严格按照配制方法配制。

4. 计量器具检定、校准

试验方法上的计量器具必须检定、校准，才能进行有效的检测试验。特别是属于强制检定的，送有资质专门机构，检定合格后方能开展调试试验工作。

5. 仪器设备调试及相关人员训练

一般较为复杂仪器设备，厂商都会派技术人员到现场进行安装调试，并对相关操作人员进行培训；生产企业要认真做好仪器设备的安装调试配合工作和验收工作，并对相关操作人员的操作进行考核。

试验方法经过建立、测试后，需要起草作业指导书，必须有文字记载，不能停留在口头传递，并形成内部的标准，同时操作人员必须经过培训考核，符合要求才能上岗。

作业指导书是指为保证过程受控而制定的程序，是规定作业活动的途径、是标准方法的细化和具体的操作性文件。编写的目的及原则如下。

(1) 目的：使工作或作业活动有章可循，使工作(作业)安全风险评估和过程控制规范化，保证全过程的安全和质量；

对内、对外提供文件化的依据；

作为持续改进质量、环境和职业安全健康管理体系的基础和依据；

用作学习与培训教材，以提高人员素质和技术水平。

(2) 原则：

完整性。编制作业指导书应遵照现行国家、行业、企业颁布的标准，内容清楚、准确、完整，要保证对作业的全过程控制。

可操作性。一项作业编制一份作业指导书，注重策划和设计，体现对作业全过程控制，确定预计的结构和内在关系，做到“四化”“五有”，量化、细化、优化和标准化每项作业内容，作业有程序、安全有措施、质量有标准、结果有记录、考核有依据。

统一性。作业指导书应与质量管理体系、安全生产风险管理体系和企业标准体系相衔接。作业指导书常常放在质量管理体系的文件体系的第三层。

(3) 编写一般要求：作业指导书应准确完整，确保技术可靠和良好的可操作性。

主体部分为作业顺序(流程图)、作业步骤(操作过程和方法)及安全、项目、工艺要求及质量标准等相关要求。

应明确作业所形成的结果(质量)记录。

结构严谨、层次清晰、编号正确，语言应准确、清楚、简洁，避免模棱两可的措辞。

涉及安全、卫生、环境保护和技术方面的要求时，应明确具体的技术指标，且能检验、测量或验证。

(4) 内容：作业指导书名称及前言(起草人、批准人、生效日期、版本号等信息)、目的、范围、规范性引用文件、支持文件、角色职责、设备及主要试剂、材料、测试准备、测试步骤、结果报告(标准重复性和再现性)、操作注意事项(安全、质量、现场5S)。

日常工作中，作业指导书是质量和安全责任事故调查的基础文件之一。当发生质量和安全事故时，很多企业和组织的做法通常是首先调查操作者是否违规。在一个管理规范的企业，只要操作者按作业指导书的步骤及要求操作了，就不应该追究操作者的责任。这样，一方面让我们的管理者制定的规章、制度、标准更加贴近实际和现场；另一方面让我们的操作者清楚自己的责任。因此作业指导书应具有实用性、有效性、指导性、可操作性、及时性、执行性。

6. 开展测试应用、验收总结

仪器设备安装调试结束，要开展精密度的测试试验，达到精密度要求的重复性、再现性要求后，再与第三方实验室的数据对比，达到准确度要求后，撰写试验总结报告，相关专业人员、专家、厂商(必要时)参与评估验收。

最后，对新建立测试方法需要进行一个全面的评估，包括对试验方法的建立步骤逐一回顾过程、评估结果，好的做法是在测试方法建立之初就要有一个项目管理的意识，列出工作检查表，每个关键步骤的关键过程需要标明进展状态，效果达到的内容可标上“完成”，未完成的状态可设多个状态描述，如“未开始”“进展中”等。工作检查表的所有项都已经完成，才能说这个测试方法建立的工作形成了一个完整的闭环。

第二节 试验方法的应用

一、在产品研发过程中的应用

润滑油的配方是由基础油和不同添加剂组合而成，所需要的基础油和添加剂的品类、加入量，根据基础油、添加剂的性能和产品的性能要求，以及配方机理，通过试验方法的测试试验得到评价。企业从添加剂公司引进的复合剂配方，对其性能进行验证试验，通常较为复杂的模拟试验和台架试验一般不测试，添加剂公司在复合剂开发时已做评定。企业自己用单剂组合开发的配方，其开发周期较长，所有型式检验的试验项目都要进行，还要进行行车(使用)试验验证。可以看出，试验是润滑油产品研发的基本手段，没有试验就没有产品研发。在产品研发过程中，其试验流程为：实验室理化试验—模拟试验—台架试验—行车试验。试验方法的应用通常为：

1. 根据产品技术要求规定的试验方法进行测试

(1) 技术标准中的“理化试验”“模拟试验”“台架试验”。如本章第一节中列举GB 13895—2018重负荷车辆齿轮油(GL-5)中的理化试验有：黏度、黏度指数、倾点、闪点、水分、机械杂质、腐蚀、戊烷不溶物、硫，磷，氮，钙元素、硫酸灰分、储存稳定性试验等，模拟试验有：泡沫性、表观黏度、KRL剪切稳定性试验，这些试验在润滑油企业一般可以进行测试，有个别项目如元素、KRL剪切稳定性试验可能需要外委。这些试验项目都必须满足技术指标要求，但是，还不能证明产品符合性能要求，必须进行下一步的台架试验。

(2)“台架试验”“行车试验”。重负荷车辆齿轮油(GL-5)的台架试验是：锈蚀试验(CRC L-33-1)、承载能力试验(CRC L-37)、抗擦伤试验(CRC L-42)、热稳定性试验(CRC L-60-1)，这些试验是把车辆齿轮按标准要求搬到实验室进行强化条件试验，这些设备仪器投入成本高，人员要求素质高，国内中国石化北京石科院、中国石油的兰州技术中心具有这些检测设备和测试能力，这些试验有时要进行多次才能通过。

对于车用油，通过台架试验后，试验样品还需要选用几台车辆进行行车试验，行车结束，拆检齿轮评分。合格后方可作为定型的配方。

在台架试验、行车试验过程中，润滑油的理化性能变化的检测、金属元素及磨损颗粒状况的监测及配方评分也是非常重要的依据；这些需要产品标准规定的试验方法和一些补充的方法，如光谱、铁谱等。

2. 关于产品技术要求规定以外的试验方法的应用

一般情况下，不可以用产品标准没有且与实际应用工况相差较大的方法去检测评价产品，如抗氧化性能试验，不同应用的油品的氧化试验方法差异明显，仅我国润滑油脂的氧化测试项目就约达到40项，见表7-4，其试验温度、样品量、催化剂、压力、测试时间有很大不同。有的企业用SH/T 0193旋转氧弹试验方法来测定所有油品的抗氧化性能，其结果完全与实际不一致，这是十分错误的；SH/T 0193旋转氧弹试验方法仅适用于测定加抗氧剂的基础油和电器用油。还有，在筛选油品的抗磨性能时，不管什么油品，都用四球试验来评定，这也是不正确的，因为四球试验是钢-钢摩擦，低油温，对于非钢-钢摩擦，高油温的工况油品就没有意义了。

表7-4 我国润滑油脂氧化测试项目一览表

标准编号	标准名称
DL/T 1654—2016	磷酸酯抗燃油氧化安定性和腐蚀性试验方法
DL/T 1977—2019	矿物绝缘油氧化安定性的测定　压力差示扫描量热法
GB/T 1258—2006	加抑制剂矿物油氧化特性测定法
GB/T 12580—1990	加抑制剂矿物绝缘油氧化安定性测定法
GB/T 12581—2006	加抑制剂矿物油氧化特性测定法
NB/SH/T 0811—2010	未使用过的烃类绝缘油氧化安定性测定法
NB/SH/T 0832—2010	润滑油热表面氧化的测定　压力差示扫描量热法
NB/SH/T 0834—2010	发动机油适度高温活塞沉积物的测定　热氧化模拟试验法(TEOSTMHT)
NB/SH/T 0844—2010	涡轮机油腐蚀性和氧化安定性测定法
NB/SH/T 0904—2015	自动传动液氧化安定性测定法
NB/SH/T 0931—2016	在用石油基和烃基润滑油氧化状态监测　傅里叶变换红外光谱(FT-IR)趋势分析法
NB/SH/T 0976—2019	发动机油氧化安定性的测定　ROBO试验法
SH/T 0060—1991	防锈脂吸氧测定法(氧弹法)
SH/T 0074—1991	汽油机油薄层吸氧氧化安定性测定法
SH/T 0123—1993	极压润滑油氧化性能测定法
SH/T 0124—2000	含抗氧剂的汽轮机油氧化安定性测定法
SH/T 0193—2008	润滑油氧化安定性的测定　旋转氧弹法

续表

标准编号	标准名称
SH/T 0196—1992	润滑油抗氧化安定性测定法
SH/T 0206—1992	变压器油氧化安定性测定法
SH/T 0208—1992	航空液压油热氧化安定性及腐蚀测定法
SH/T 0219—1992	热处理油热氧化安定性测定法
SH/T 0259—1992	润滑油热氧化安定性测定法
SH/T 0264—1999	内燃机油高温氧化和轴瓦腐蚀评定法(皮特 W-1 法)
SH/T 0265—1992	内燃机油高温氧化和轴瓦腐蚀评定法(L-38 法)
SH/T 0295—1992	变压器油氧化初期挥发性水溶性酸测定法
SH/T 0299—1992	内燃机油氧化安定性测定法
SH/T 0325—1992	润滑脂氧化安定性测定法
NB/SH/T 0450—2019	合成油氧化腐蚀测定法
SH/T 0513—1992	汽油机油高温氧化和磨损评定法(MS 程序ⅢD 法)
SH/T 0520—1992	车辆齿轮油热氧化安定性评定法
SH/T 0645—1997	柴油机油清净性测定法(热管氧化法)
SH/T 0719—2002	润滑油氧化诱导期测定法(压力差示扫描量热法)
SH/T 0750—2005	发动机油高温氧化沉积物测定法(热氧化模拟试验法)
SH/T 0755—2005	手动变速箱油和后桥用油的热氧化安定性评定法(L-60-1 法)
SH/T 0758—2005	内燃机油高温氧化和抗磨损性能评定法(程序ⅢE 法)
SH/T 0783—2005	内燃机油高温氧化和抗磨损性能评定法(CEPT-Ⅲ法)
SH/T 0788—2006	内燃机油高温氧化和轴瓦腐蚀评定法(程序Ⅷ法)
SH/T 0790—2007	润滑脂氧化诱导期测定法(压力差示扫描量热法)

有些试验方法标准上没有，但大量实践证明与实际应用性能有一定关联的，在研发试验中也在探索应用，如：各种光谱仪(如 PDSC 试验仪)用在发动机油的氧化、硝化测试中；一些新型的摩擦磨损试验机的开发应用等。用与产品技术标准规定无关的试验方法测试，一定要用工况、摩擦状况、材质等相近的试验方法。

内燃机油成焦倾向试验仪(曲轴箱模拟试验仪)。该项目在内燃机油产品标准中没有要求，但该项目在不少实验室有测试，主要是在配方研发时模拟曲轴箱工作环境快速评定配方高温氧化、成焦倾向。事实上，该成焦倾向测试项目与台架及实际应用均没有关联，但作为评定添加剂和含添加剂内燃机油的热氧化，是配方小试工作中筛选清净分散剂、抗氧抗腐剂和油品复合配方的一种可选的模拟试验方法。

不断发展的涡轮发动机的工作条件更加苛刻，作为发动机“血液”的航空润滑油必然会承受到更高的热应力，因此必须要求润滑油具有更优异的高温性能。高温氧化测试、高温抗腐蚀测试、高温沉积模拟评定以及抗磨性、抗泡性等性能是关键测试，对于高温项目的测试可以加严来快速区分配方配伍性的性能，例如提高测试温度、加入催化金属片、延长高温评定时间等测试条件。加严筛选合适的配比后再按照要求做型式测试，全面评估研制的产品性能。不同油品需要的添加剂见表 7-5，可见在研发过程中，从配方所含的添加剂来看，可知配方有意图提高的某些性能，因此研发测试需要重点对这些性能考察评定。

表 7-5　不同油品需要的添加剂

油品	清净剂	分散剂	抗氧抗腐剂	抗氧剂	油性剂	极压抗磨剂	防锈防腐剂	VII	抗泡剂	降凝剂	乳化剂	破乳化剂	pH值剂	杀菌剂	耦合剂	光亮剂
内燃机油	√	√	√	√	√		√	√	√	√						
齿轮油	△			√	√	√	√	△	√	√		√				
液压油	△		√	√	√	√	√	△	√	√		√				
自动传动液	√	√		√	√	√	√	√	√	√						
金属加工液	△		△	△	√	△	√		√	△	△		△	△	△	
压缩机油	△			√	√	△	√	△	√	√		√				
汽轮机油				√	√	△	√		√	√		√				
轴承油			△	√	√	△	√		√	√		√				
热处理油				√			√		√	√						△
机床用油			△	√	√	△	√		√	√		√				

注：√表示通常加，△表示有的品牌号加。

3. 强化条件项目试验

在开展科研试验测试中，为了确保项目的可靠性保证，有时会将试验方法标准上的试验条件进行强化，例如润滑脂滚筒安定性测试 SH/T 0122—1992 标准的测试是：用 50g 试样，在室温(21~38℃)下，在滚筒试验机上工作 2h 后，测定试验前后润滑脂的工作锥入度。实际上这个测试条件相当温和，对于润滑脂的机械安定性性能的区分性不敏感，甚至结果还会误判。因此研发需要测试提高试验温度和滚筒试验时间。以下为 2 号极压锂基润滑脂研发测试的滚筒安定性的结果，从结果看，按照标准方法试验 A 样和 B 样的滚筒安定性性能没有区分性，在研发测试条件 100h、100℃下，滚筒安定性性能区分性明显，B 样品的滚筒安定性性能比 A 样品明显逊色(表 7-6)。

表 7-6　滚筒安定性标准测试与研发测试结果比较

样品编号	滚筒安定性 SH/T 0122—1992 标准测试 2h@ 室温	滚筒安定性研发测试 18h@ 65℃	滚筒安定性研发测试 100h@ 100℃
A	52	56	128
B	46	58	194

通过研发测试的强化试验条件，润滑脂滚筒安定性性能评定的可靠性得到较大提高。

二、原材料检测

生产润滑油脂的原材料，主要由基础油、添加剂以及润滑脂稠化剂如脂肪酸、碱类等组成。原材料检测的工作应包括检查原材料标准的更新及有效版本、原材料进厂质量检验报告单与标准指标对应检查，原材料采样、化验、记录结果台账、放行/拒收/让步接收。

润滑油脂生产设计的原材料有数百种之多，所以制定完善和科学的原材料标准体系是润滑油脂质量管理的重要基础工作。

原材料进厂后，首先要核实原材料名称、规格、等级、批次、生产日期、进厂数量和供方的质量检验报告单，然后进行取样、检验、数据记录、数据统计等工作。

取样时应注意样品的均匀性和代表性，由于原材料包装有袋装、桶装、IBC 罐装、ISO 散料罐装，原料状态又有固体粉末、膏状、液体之分，因而应根据原材料的具体情况，制定不同的取样方法，形成作业指导书。

润滑油脂企业的基础油、添加剂、包装物及其他辅助材料的进料验收标准，有部分没有国际、国家或行业标准，这些原材料多采用生产企业的企业标准，润滑油脂企业在采购原料的合同上必须加上质量标准和验收标准，且在原材料供应商交货时，必须附有原材料质量的检测报告；润滑油脂企业实验室抽样检测时，需将检测结果对照合同指标和对方的出厂化验报告结果进行验收。

（一）基础油质量指标

基础油是润滑油脂企业使用量最大、采购频率最多的原材料，通常按照基础油生产企业的企业标准进行检测验收，这里实验室可以先参考 API 1509 的基础油分类标准(见表 7-7)，再参考我国有影响力的基础油质量标准，主要是由中国石化、中国石油制定的基础油企业标准，如中国石油天然气股份公司企业标准 Q/SY 44—2009 通用润滑油基础油。

1. 基础油分类

从表 7-7 可以看出，基础油类别的鉴别，饱和烃的含量、硫含量、黏度指数的检测及数据很重要，不少润滑油脂企业没有检测硫和饱和烃含量的检测设备和方法，这些数据通常由供应商提供，必要时委托第三方专业机构检测。

表 7-7　API 1509 基础油分类标准

基础油	饱和烃/%	含硫量/%	黏度指数
Ⅰ类	<90	(和/或)>0.03	80≤VI<120
Ⅱ类	≥90	≤0.03	80≤VI<120
Ⅲ类	≥90	≤0.03	≥120
Ⅳ类	聚 α-烯烃(PAO)		
Ⅴ类	除Ⅰ类、Ⅱ类、Ⅲ类、Ⅳ类以外的其他基础油		

2. 中国石油 Q/SY 44—2009 通用润滑油基础油标准

(1) 基础油分类和黏度等级牌号划分见表 7-8、表 7-9。

表 7-8　基础油分类

项目	Ⅰ类		Ⅱ类		Ⅲ类
	MVI	HVI HVIS HVIW	HVIH	HVIP	VHVI
饱和烃/%	<90	<90	≥90	≥90	≥90
黏度指数 VI	80≤VI<95	95≤VI<120	80≤VI<110	110≤VI<120	≥120

表 7-9　基础油黏度等级牌号划分

Ⅰ类基础油黏度牌号												
黏度等级	150	200	300	400	500	600	650	750	90BS	120BS	150BS	
运动黏度(40℃)/(mm^2/s)	28.0~<34.0	35.0~<42.0	50.0~<62.0	74.0~<90.0	90.0~110	110.0~<120	120.0~<135	135~<160				
运动黏度(100℃)/(mm^2/s)									17.0~<22.0	22.0~<28.0	28.0~<34.0	
Ⅱ类、Ⅲ类基础油黏度牌号												
黏度等级	2	4	5	6	8	10	12	14	16	20	26	30
运动黏度(100℃)/(mm^2/s)	1.5~<2.5	3.5~<4.5	4.5~<5.5	5.5~<6.5	7.5~<9.0	9.0~<11.0	11.0~<13.0	13.0~<15.0	15.0~<17.0	17.0~<22.0	22.0~<28.0	28.0~<34.0

代号说明：
“VI”表示“黏度指数”；
“MVI”表示“中黏度指数Ⅰ类基础油”；
“HVI”表示“高黏度指数Ⅰ类基础油”；
“HVIS”表示“高黏度指数深度精制Ⅰ类基础油”；
“HVIW”表示“高黏度指数低凝Ⅰ类基础油”；
“HVIH”表示“高黏度指数加氢Ⅱ类基础油”；
“HVIP”表示“高黏度指数优质加氢Ⅱ类基础油”；
“VHVI”表示“很高黏度指数加氢Ⅲ类基础油”；
“BS”表示光亮油。

(2) 基础油技术标准。

① Ⅰ类基础油 MVI 基础油技术要求见表 7-10。

表 7-10　MVI 基础油技术要求

项目		150	300	400	500	600	750	90BS	120BS	150BS	试验方法
运动黏度/(mm^2/s)	40℃	28.0~<34.0	50.0~<62.0	74.0~<90.0	90.0~<110	110~<120	135~<160	报告	报告	报告	GB/T 265
	100℃	报告	报告	报告	报告	报告	报告	17.0~<22.0	22.0~<28.0	28.0~<34.0	
外观		透明	透明	透明	透明	透明	透明	透明	透明	透明	目测
色度/号　不大于		1.0	2.0	2.5	3.0	3.5	4.0	5.5	5.5	6.0	GB/T 6540
黏度指数　不小于		80	80	80	80	80	80	80	80	80	GB/T 1995
闪点(开口)/℃　不低于		170	200	210	215	220	225	240	255	270	GB/T 3536

续表

项目		150	300	400	500	600	750	90BS	120BS	150BS	试验方法
倾点/℃ 不高于		-12	-9	-9	-5	-5	-5	-5	-5	-5	GB/T 3535
酸值/[mg(KOH)/g] 不大于		0.05	0.05	0.05	0.05	0.05	0.05	0.10	0.10	0.10	GB/T 4945*，GB/T 7304
饱和烃/%		报告	报告	报告	报告	报告	报告	报告	报告	报告	SH/T 0607，SH/T 0753
残炭/% 不大于			0.02	0.03	0.03	0.035	0.04	0.50	0.50	0.50	GB/T 268，GB/T 17144*
密度(20℃)/(kg/m³)		报告	报告	报告	报告	报告	报告	报告	报告	报告	GB/T 1884，GB/T 1885，SH/T 0604
苯胺点/℃		报告	报告	报告	报告	报告	报告	报告	报告	报告	GB/T 262
硫含量/%		报告	报告	报告	报告	报告	报告	报告	报告	报告	GB/T 387，GB/T 17040，SH/T 0689，SH/T 0253
氮含量/%		报告	报告	报告	报告	报告	报告	报告	报告	报告	GB/T 9170，SH/T 0657
碱性氮/%		报告	报告	报告	报告	报告	报告	报告	报告	报告	SH/T 0162
抗乳化度/min	54℃(40-40-0) 不大于	10	15	15							GB/T 7305
	82℃(40-37-3) 不大于				10	10	15	15	15	15	
蒸发损失(Noack，250℃，1h)/% 不大于		23									SH/T 0059*，SH/T 0731
氧化安定性(旋转氧弹法，150℃)/min 不小于		200	200	200	200	200	200	200	130	130	SH/T 0193

注：* 为有争议时的仲裁方法。

② Ⅰ类基础油 HVI 基础油技术要求见表 7-11。

表 7-11　HVI 基础油技术要求

项目		HVI							试验方法
		150	200	400	500	650	90BS	120BS	
运动黏度/(mm²/s)	40℃	28.0~<34.0	35.0~<42.0	74.0~<90.0	90.0~<110	120~<135	报告	报告	GB/T 265
	100℃	报告	报告	报告	报告	报告	17.0~<22.0	22.0~<28.0	
外观		透明	透明	透明	透明	透明	透明	透明	目测
色度/号	不大于	1.5	2.0	3.0	3.5	4.5	4.5	4.5	GB/T 6540
黏度指数	不小于	100	98	95	95	95	95	95	GB/T 1995
闪点(开口)/℃	不低于	200	210	225	235	255	260	265	GB/T 3536
倾点/℃	不高于	-12	-9	-7	-7	-5	-5	-5	GB/T 3535
酸值/[mg(KOH)/g]	不大于	0.02	0.02	0.03	0.03	0.03	0.03	0.03	GB/T 4945*,GB/T 7304
饱和烃/%		报告	报告	报告	报告	报告	报告	报告	SH/T 0607,SH/T 0753
残炭/%	不大于	—	—	0.10	0.15	0.25	0.30	0.60	GB/T 268,GB/T 17144*
密度(20℃)/(kg/m³)		报告	报告	报告	报告	报告	报告	报告	GB/T 1884,GB/T 1885,SH/T 0604
苯胺点/℃		报告	报告	报告	报告	报告	报告	报告	GB/T 262
硫含量/%		报告	报告	报告	报告	报告	报告	报告	GB/T 387,GB/T 17040,SH/T 0689,SH/T 0253
氮含量/%		报告	报告	报告	报告	报告	报告	报告	GB/T 9170,SH/T 0657
碱性氮/%		报告	报告	报告	报告	报告	报告	报告	SH/T 0162
蒸发损失(Noack,250℃,1h)/%	不大于	20	15						SH/T 0059*,SH/T 0731
氧化安定性(旋转氧弹法,150℃)/min	不小于	200	200	190	170	150	150	150	SH/T 0193
低温动力黏度(-15℃)/(mPa·s)		报告							GB/T 6538

注：*为有争议时的仲裁方法。

③ Ⅰ类基础油 HVIS 基础油技术要求见表 7-12。

表 7-12　HVIS 基础油技术要求

项目		HVIS							试验方法
		150	200	400	500	650	120BS	150BS	
运动黏度/(mm^2/s)	40℃	28.0~<34.0	35.0~<42.0	74.0~<90.0	90.0~<110	120~<135	报告	报告	GB/T 265
	100℃	报告	报告	报告	报告	报告	22.0~<28.0	28.0~<34.0	
外观		透明	透明	透明	透明	透明	透明	透明	目测
色度/号	不大于	1.0	1.5	2.0	2.5	3.5	4.5	5.0	GB/T 6540
黏度指数	不小于	100	98	95	95	95	95	95	GB/T 1995
闪点(开口)/℃	不低于	200	210	225	235	255	290	300	GB/T 3536
倾点/℃	不高于	-15	-9	-9	-9	-7	-5	-5	GB/T 3535
酸值/[mg(KOH)/g]	不大于	0.02	0.02	0.03	0.03	0.03	0.03	0.03	GB/T 4945*，GB/T 7304
饱和烃/%		报告	报告	报告	报告	报告	报告	报告	SH/T 0607，SH/T 0753
残炭/%	不大于			0.10	0.15	0.25	0.50	0.60	GB/T 268，GB/T 17144*
密度(20℃)/(kg/m^3)		报告	报告	报告	报告	报告	报告	报告	GB/T 1884，GB/T 1885，SH/T 0604
苯胺点/℃		报告	报告	报告	报告	报告	报告	报告	GB/T 262
硫含量/%		报告	报告	报告	报告	报告	报告	报告	GB/T 387，GB/T 17040，SH/T 0689，SH/T 0253
氮含量/%		报告	报告	报告	报告	报告	报告	报告	GB/T 9170，SH/T 0657
碱性氮/%		报告	报告	报告	报告	报告	报告	报告	SH/T 0162
抗乳化度/min	54℃(40-40-0) 不大于	10	10	15					GB/T 7305
	82℃(40-37-3) 不大于				15	15	25	25	
蒸发损失(Noack，250℃，1h)，(质量分数)/%	不大于	20	15						SH/T 0059*，SH/T 0731
氧化安定性(旋转氧弹法，150℃)/min	不小于	200	200	200	200	200	180	180	SH/T 0193

注：*为有争议时的仲裁方法。

④ Ⅰ类基础油 HVIW 基础油技术要求见表 7-13。

表 7-13 HVIW 基础油技术要求

项目			HVIW						试验方法
			150	200	400	500	650	120BS	
运动黏度/(mm^2/s)	40℃		28.0~<34.0	35.0~<42.0	74.0~<90.0	90.0~<110	120~<135	报告	GB/T 265
	100℃		报告	报告	报告	报告	报告	22.0~<28.0	
外观			透明	透明	透明	透明	透明	透明	目测
色度/号		不大于	1.5	2.0	2.5	3.0	4.0	4.5	GB/T 6540
黏度指数		不小于	100	98	95	95	95	95	GB/T 1995
闪点(开口)/℃		不低于	200	210	225	235	255	290	GB/T 3536
倾点/℃		不高于	-16	-16	-12	-12	-12	-12	GB/T 3535
酸值/[mg(KOH)/g]		不大于	0.02	0.02	0.03	0.03	0.03	0.03	GB/T 4945*，GB/T 7304
饱和烃/%			报告	报告	报告	报告	报告		SH/T 0607，SH/T 0753
残炭/%		不大于			0.10	0.15	0.25	0.60	GB/T 268，GB/T 17144*
密度(20℃)/(kg/m^3)			报告	报告	报告	报告	报告	报告	GB/T 1884，GB/T 1885，SH/T 0604
苯胺点/℃			报告	报告	报告	报告	报告	报告	GB/T 262
硫含量/%			报告	报告	报告	报告	报告	报告	GB/T 387，GB/T 17040，SH/T 0689，SH/T 0253
氮含量/%			报告	报告	报告	报告	报告	报告	GB/T 9170，SH/T 0657
碱性氮/%			报告	报告	报告	报告	报告	报告	SH/T 0162
蒸发损失(Noack，250℃，1h)/%		不大于	17	13					SH/T 0059*，SH/T 0731
氧化安定性(旋转氧弹法，150℃)/min		不小于	200	200	200	180	180	150	SH/T 0193
低温动力黏度(-20℃)/(mPa·s)			报告	报告					GB/T 6538

注：*为有争议时的仲裁方法。

⑤ Ⅱ类基础油 HVIH 基础油技术要求见表 7-14。

表 7-14 HVIH 基础油技术要求

项目		HVIH											试验方法
		2	4	5	6	8	10	12	14	26	30		
										120BS	150BS	150BSM	
运动黏度/(mm^2/s)	40℃	报告	报告	报告	报告	报告	报告	报告	报告	报告	报告	报告	GB/T 265
	100℃	1.5~<2.5	3.5~<4.5	4.5~<5.5	5.5~<6.5	7.5~<9.0	9.0~<11.0	11.0~<13.0	13.0~<15.0	22.0~<28.0	28.0~<34.0	28.0~<34.0	
外观		透明	透明	透明	透明	透明	透明	透明	透明	透明	透明	透明	目测
色度/号	不大于	0.5	0.5	0.5	0.5	0.5	0.5	0.5	0.5	1.0	1.0	1.0	GB/T 6540
黏度指数	不小于	90	100	95	95	95	95	95	95	90	90	80	GB/T 1995
闪点(开口)/℃	不低于	140	180	200	210	220	220	235	255	260	270	270	GB/T 3536
倾点/℃	不高于	-25	-15	-15	-12	-12	-12	-12	-12	-9	-9	-9	GB/T 3535
酸值/[mg(KOH)/g]	不大于	0.01	0.01	0.01	0.01	0.01	0.01	0.01	0.01	0.02	0.02	0.02	GB/T4945 *,GB/T 7304
浊点/℃	不高于	-15	-10	-10	-10	-5	-5	-5	-5	报告	报告	报告	GB/T 6986
饱和烃/%	不小于	90	90	90	90	90	90	90	90	90	90	90	SH/T 0607,SH/T 0753
密度(20℃)/(kg/m^3)		报告	报告	报告	报告	报告	报告	报告	报告	报告	报告	报告	GB/T 1884,GB/T 1885,SH/T 0604
硫含量/%	不大于	50	50	50	50	50	50	50	50	50	50	50	GB/T 17040,SH/T 0689 *,SH/T 0253
蒸发损失(Noack,250℃,1h)/%	不大于		18	15	13								SH/T 0059 *,SH/T 0731
氧化安定性(旋转氧弹法,150℃)/min	不小于	250	250	250	250	250	250	250	250	250	250	250	SH/T 0193
抗乳化度/min	54℃(40-40-0) 不大于	10	10	10	10	10							GB/T 7305
	82℃(40-37-3) 不大于						15	15	25	25	25	25	
低温动力黏度/(mPa·s)	-25℃		报告										GB/T 6538
	-20℃			报告	报告								

注：*为有争议时的仲裁方法。

⑥ Ⅱ类基础油 HVIP 基础油技术要求见表 7-15。

表 7-15 HVIP 基础油技术要求

项目		HVIP								试验方法
		2	4	5	6	8	10	12	14	
运动黏度/(mm^2/s)	40℃	报告	报告	报告	报告	报告	报告	报告	报告	GB/T 265
	100℃	1.5~<2.5	3.5~<4.5	4.5~<5.5	5.5~<6.5	7.5~<9.0	9.0~<11.0	11.0~<13.0	13.0~<15.0	
外观		透明	透明	透明	透明	透明	透明	透明	透明	目测
色度/号	不大于	0.5	0.5	0.5	0.5	0.5	0.5	0.5	0.5	GB/T 6540
黏度指数	不小于	110	110	110	110	110	110	110	110	GB/T 1995
闪点(开口)/℃	不低于	140	200	205	210	220	230	230	240	GB/T 3536
倾点/℃	不高于	-30	-18	-18	-18	-15	-15	-15	-15	GB/T 3535
酸值/[mg(KOH)/g]	不大于	0.01	0.01	0.01	0.01	0.01	0.01	0.01	0.01	GB/T 4945*,GB/T 7304
浊点/℃	不高于	-20	-10	-10	-10	-5	-5	-5	-5	GB/T 6986
饱和烃/%	不小于	90	90	90	90	90	90	90	90	SH/T 0607,SH/T 0753
密度(20℃)/(kg/m^3)		报告	报告	报告	报告	报告	报告	报告	报告	GB/T 1884,GB/T 1885,SH/T 0604
硫含量/%	不大于	10	10	10	10	10	10	10	10	GB/T 17040,SH/T 0689*,SH/T 0253
蒸发损失(Noack,250℃,1h)/%	不大于		15	13	9					SH/T 0059*,SH/T 0731
氧化安定性(旋转氧弹法,150℃)/min	不小于	300	300	300	300	300	300	300	300	SH/T 0193
抗乳化度/min	54℃(40-40-0) 不大于	10	10	10	10	10				GB/T 7305
	82℃(40-37-3) 不大于						15	15	15	
低温动力黏度/(mPa·s)	-25℃		报告							GB/T 6538
	-20℃			报告	报告					

注:＊为有争议时的仲裁方法。

⑦ Ⅲ类基础油 VHVI 基础油技术要求见表 7-16。

表 7-16 VHVI 基础油技术要求

项目		VHVI									试验方法
		2	4	5	6	8	10	12	14	20 90BS	
运动黏度/(mm^2/s)	40℃	报告	报告	报告	报告	报告	报告	报告	报告	报告	GB/T 265
	100℃	1.5~<2.5	3.5~<4.5	4.5~<5.5	5.5~<6.5	7.5~<9.0	9.0~<11.0	11.0~<13.0	13.0~<15.0	17.0~<22.0	
外观		透明	透明	透明	透明	透明	透明	透明	透明	透明	目测
色度/号	不大于	0.5	0.5	0.5	0.5	0.5	0.5	0.5	0.5	1.0	GB/T 6540
黏度指数	不小于	120	120	120	120	120	120	120	120	120	GB/T 1995
闪点(开口)/℃	不低于	140	200	205	210	220	230	230	240	265	GB/T 3536
倾点/℃	不高于	-30	-18	-18	-18	-18	-18	-18	-18	-18	GB/T 3535
酸值/[mg(KOH)/g]	不大于	0.01	0.01	0.01	0.01	0.01	0.01	0.01	0.01	0.02	GB/T 4945*, GB/T 7304
浊点/℃	不高于	-20	-10	-10	-10	-5	-5	-5	-5	报告	GB/T 6986
饱和烃/%	不小于	90	90	90	90	90	90	90	90	90	SH/T 0607, SH/T 0753*
密度(20℃)/(kg/m^3)		报告	报告	报告	报告	报告	报告	报告	报告	报告	GB/T 1884, GB/T 1885, SH/T 0604
硫含量/%	不大于	10	10	10	10	10	10	10	10	10	GB/T 17040, SH/T 0689*, SH/T 0253
蒸发损失(Noack, 250℃, 1h)/%	不大于		15	13	9						SH/T 0059*, SH/T 0731
氧化安定性(旋转氧弹法, 150℃)/min	不小于	300	300	300	300	300	300	300	300	300	SH/T 0193
抗乳化度/min	54℃(40-40-0) 不大于	10	10	10	10	10					GB/T 7305
	82℃(40-37-3) 不大于						15	15	15	25	
低温动力黏度/(mPa·s)	-25℃		报告								GB/T 6538
	-20℃			报告	报告						

注：* 为有争议时的仲裁方法。

从表 7-8~表 7-16 的技术指标项目和数据中，润滑油脂企业在基础油采购进厂验收时，按照标准检测项目含有外观、色度、黏度、闪点、倾点、浊点、酸值、苯胺点、旋转氧弹、蒸发损失、抗乳化度、低温动力黏度等指标。通常饱和烃含量、硫含量、氮含量、碱性氮含量等测试数据需要厂家提供数据。

(二) 添加剂

润滑油添加剂分两种情况，一种是国内产的添加剂，这些添加剂原来主要以单剂为主，近年来也在满足调和厂的生产需求，不断开发复合添加剂，国内产的添加剂根据我国的法规，需有权威机构或企业公开发布系统发布添加剂执行标准；另一种是国外产的添加剂，这类添加剂基本上没有公开发布系统发布的执行标准，通常这种添加剂标准的来源是该添加剂公司。

我国国标和行业标准制定的添加剂标准不多，大部分添加剂企业制定企业标准，在企业标准信息公共服务平台可浏览和下载。表 7-17 和表 7-18 为国内某添加剂公司 RF1106 高碱值合成磺酸钙及 RF6062 CH-4/CI-4 级柴油机油复合剂的企业标准的技术指标。

表 7-17　RF1106 高碱值合成磺酸钙的企业标准

项　　目	质量要求	试验方法
外观	红棕色黏稠液体	目测
密度(20℃)/(kg/m^3)	1100~1150	GB/T 13377，ASTM D4052
运动黏度(100℃)/(mm^2/s)	25~60	GB/T 265，ASTM D445
闪点(开口)/℃	不小于 180	GB/T 3536，ASTM D92
总碱值/(mgKOH/g)	不小于 295	SH/T 0251，ASTM D2896
钙含量/%	不小于 11.5	GB/T 17476，SH/T 0270，SH/T 0297
硫含量/%	不小于 1.25	GB/T 17476，SH/T 0303，ASTM D1552
水分/%	不大于 0.2	GB/T 260，ASTM D95
机械杂质/%	不大于 0.1	GB/T 511

表 7-18　RF6062 CH-4/CI-4 级柴油机油复合剂

项　　目	质量要求	试验方法
外观	棕色黏稠液体	目测
密度(20℃)/(kg/m^3)	报告	GB/T 13377，ASTM D4052
运动黏度(100℃)/(mm^2/s)	报告	GB/T 265，ASTM D445
闪点(开口)/℃	不小于 180	GB/T 3536，ASTM D92
总碱值/(mgKOH/g)	不小于 115	SH/T 0251，ASTM D2896
氮含量/%	不小于 0.6	SH/T 0224，ASTM D3228
锌含量/%	不小于 1.5	GB/T 17476，ASTM D4951
钙含量/%	不小于 3.4	GB/T 17476，ASTM D4951
磷含量/%	不小于 1.2	GB/T 17476，ASTM D4951

添加剂进货时，按照添加剂公司的企业标准或协议标准进行验收，一是核对 COA 该批次的检验数据是否满足标准的性能要求，二是实验室实测数据是否满足标准的性能要求。如果有任何一个项目的结果超出性能指标，那就判定为不合格。

对于元素测定，用现代仪器测定的结果较传统的分析测试准确、快捷，如发射光谱，但由于购置仪器成本较高，因此，实验室可根据性价比考虑先不购置，委托第三方有资质的检验机构检验，积累一定数据后，进行统计分析，性能达标且稳定的话，可由批次检验控制变为定期检验控制。

（三）包装物

包装物质量管理也是润滑油脂生产企业必须重视关注的，近年来，因包装物质量问题导致的客户投诉、退货换货的情况增多。许多企业，包装物最大的问题是没有规范标准和检验方法，国内一些大型润滑油企业都会制定包装物的企业标准，如：中国石油天然气集团公司制定：Q/SY 1200.3—2010 石油化工产品包装规范 第三部分：润滑油、润滑脂企业标准。一个好的产品对包装应有严格的要求，企业应建立自己的包装物检验企业标准或内控标准。要对进厂的每一批、每一品种包装物按标准检验方法进行检验，抽检样本合格率一般控制不低于99%。若不符合要求时，应通知分供方，现场处理后，再按检验方法进行检验。下面是某企业包装物验收标准，供参考。

1. 瓦楞纸板的验收标准

（1）外观：要求版面印刷图文清晰，内容正确，方向及位置准确；表面清洁，不许有缺材、薄边现象，切边整齐，黏合牢固，其脱胶部分之和每平方米不大于20cm^2。一般都是进行实物检测。检验方法为：外观距产品0.5m处直接进行目测，如有脱胶部分用直尺或卷尺测量计算。

（2）厚度：纸板厚度一般在图纸中都会标识出来，保证每次来料进行抽检。常用到的四种瓦楞纸板 AB 楞在 7.5~8.6mm，BC 楞在 6.5~7.5mm，BE 楞在 3.6~5.0mm，B 楞在 2.5~3.2mm。检验方法：在四周距压痕线10cm外的部位取样，用0.01mm游标卡尺测量。

（3）尺寸：与一般的标准规范一致。检验方法：一般采用精度为1mm的钢卷尺或直尺测量。

（4）颜色与标志：标志、字体符合要求，颜色与封样一致；检验方法：通过留实物样，然后拿实物签样与来料样进行比对即可。

2. 瓦楞纸箱验收标准

（1）外观：要求箱体方正，表面无明显的损坏和污染，切断口表面裂损宽度不超过8mm。箱面印刷图字清晰，深浅一致，位置准确，符合封样要求，纸箱底内部摇盖的外侧印刷纸箱制造日期等。对角线长度差不大于6mm，两外摇盖之间的缝隙2~6mm。一般都是进行实物检测。检验方法为：外观距产品0.5m处直接进行目测，如有脱胶、切口损裂等部分用直尺或卷尺测量计算。

（2）厚度：纸板厚度一般在图纸中都会标识出来，保证每次来料进行抽检。常用到的四种瓦楞纸板 AB 楞在 7.5~8.6mm，BC 楞在 6.5~7.5mm，BE 楞在 3.6~5.0mm，B 楞在 2.5~3.2mm。检验方法：在四周距压痕线10cm外的部位取样，用0.01mm游标卡尺测量。

（3）尺寸：与一般的标准规范一致。检验方法：一般采用精度为1mm的钢卷尺或直尺测量，对于纸箱内径建议采用内径尺进行测量。

（4）颜色与标志：标志、字体符合要求，颜色与封样一致；检验方法：通过留实物样，然后拿实物签样与来料样进行比对即可。

（5）纸箱黏合质量：如果纸箱采用黏合工艺，则要求接头黏合搭接舌边宽度不小于30mm；接缝的黏合剂涂布均匀充分，面纸分离时接缝依然黏合不分，同时，也不应有多余的黏合剂溢出接缝。接头黏合处切口的宽度在4~8mm，箱内及箱与箱之间不得粘连。

(6) 纸箱钉合质量：如果纸箱采用黏合工艺，则要求钉合搭接舌宽为35~50mm，具体尺寸符合图纸要求即可。要求钉距≤75mm，钉距均匀，头尾钉距上下面压痕线一致，且≤20mm；钉合处应钉牢、钉透，不得有叠钉、缺钉、断钉、曲钉、不转角；如果是斜钉，要求与纸箱立边成45°角，箱钉应沿搭接部分中线钉合，偏斜要求≤5mm。

(7) 压痕线质量：瓦楞纸箱的压痕线如果是双压线型，那么单瓦楞纸箱压痕线宽度不大于12mm，双瓦楞纸箱压痕线宽度不大于17mm；折线居中，不得有破裂断线，箱壁没有多余的压痕线。

(8) 纸箱摇盖强度：瓦楞纸箱摇盖经开、合180°往复5次以上，箱面层和里层都不得有裂缝。纸箱自然成形后，摇盖错口≤5mm，剪刀差≤4mm。

3. 吹塑桶的验收标准

(1) 外观：要求吹塑桶表面光滑没有飞边、毛刺、气泡等；桶口平整，无塑化不良；无明显擦痕及条纹；黑点杂质1L桶不多于3个，4L以上桶不多于5个；桶内清洁，无水等杂质；液位线无色、半透明，清晰无杂质，正、直、宽窄均匀；融料线深浅及位置与封样一致；口盖配合完好。检验方法：外观距产品0.5m处直接进行目测，针对黑点杂质用游标卡尺测量计算。

(2) 壁厚：具体厚度要求需要看每个吹塑桶的图纸，按图纸要求壁厚检验。检验方法：用0.01mm游标卡尺测量。

(3) 单桶重量：具体单桶重量要求需要看每个吹塑桶的图形，按图纸要求测量重量。检验方法：要求使用精度不低于1g的通用衡器称量。

(4) 尺寸：具体尺寸要求需要看每个吹塑桶的图纸，按图纸要求测量尺寸。检验方法：一般采用精度为1mm卡尺及高度尺进行测量。

(5) 试漏：要求每个吹塑桶没有孔洞，没有气泡。检验方法：将桶向光线充足方向，从桶口向内目测，检查有无孔洞。

(6) 密封性测试：要求就是不泄漏。检验方法：在试样内注入公称容量的水并将盖密封，横置于平地(桶口近地面)，1h后加以检查。

4. 注塑桶的验收标准

(1) 外观：要求注塑桶内，外表面光滑、圆整、没有飞边。内部干净无水滴、无油污和灰尘。检验方法：外观距产品0.5m处直接进行目测，针对黑点杂质用游标卡尺测量计算。

(2) 壁厚：具体厚度要求需要看每个注塑桶的图纸，按图纸要求壁厚检验。同时要求壁厚均匀。检验方法：用0.01mm游标卡尺测量。

(3) 单桶重量：具体单桶重量要求需要看每个注塑桶的图形，按图纸要求测量重量。检验方法：要求使用精度不低于1g的通用衡器称量。

(4) 标志：要求每个标志与字体符合图纸要求，颜色要求与封样样品的颜色一致。检验方法：外观距产品0.5m处直接进行目测。

(5) 标签质量：部分注塑桶需要贴不干胶标签起到标识作用。要求标签在左右方向位于两桶耳的正中间，上下方向位于桶体锥度无变化的面上，尽量靠上。检验方法：外观距产品0.5m处直接进行目测，偏差需要使用精度为1mm的钢卷尺或直尺测量。

(6) 印刷图文质量：注塑桶一般采用脚印或丝印方式，其中提梁与桶体的印刷版面上下两角基本处于同一水平面上，高低间距小于4mm。印刷牢固清楚，主要部位无划伤和露白。

次要部位不大于 0.5mm×10mm 的划伤痕迹不多于 3 处，直径在 1~2mm 的露白不多于 3 处，没有直径大于 2mm 的露白，每 $2cm^2$ 上的直径在 0.5~1mm 的露白不多于 3 处。检验方法：外观距产品 0.5m 处直接进行目测，偏差需要使用精度为 1mm 的钢卷尺或直尺测量。

（7）性能检验：主要考虑两项性能检验，一个是印刷油墨附着力，另一个是跌落测试强度。印刷油墨附着力检验要求墨层脱落面积≤测试面积的 10%。检验方法：分为非型式检验和型式检验两种。非型式检验是将 $600^{\#}$ 3M 测试胶带贴在印刷层表面，粘贴面积应不小于 20cm×1.5cm，停留 20~50s 后，用手抓住胶带一端，在垂直方向（90°）迅速扯下胶带目测。非型式检验要求入厂检验时为必检项，抽检 3 只样品。型式检验是将桶浸泡在（20±5）℃水中，浸泡 10h 后取出，将桶晾干，用 $600^{\#}$的 3M 测试胶带贴在印刷层表面，粘贴面积应不小于 20cm×1.5cm，停留 20~50s 后，用手抓住胶带一端，在垂直方向（90°）迅速扯下胶带目测。型式检验要求入厂检验时每月做一次，抽检 3 只样品。跌落性能测试要求跌落高度为 1.5m，以倾斜 10°的角度跌落、垂直跌落和跌落高度为 1m 的侧面跌落。跌落测试结束后要求，注塑桶均不破损、不开裂、不蹦盖。检验方法：常温下，向桶内加入与公称容量相等量的清水，盖好盖，将每一个未经试验的试样做单项跌落试验，跌落高度为桶底部离坚硬地面距离 1.5m。要求每个月做一次，每个跌落方式均要求抽检 1 只样品进行测试。

5. 钢桶的验收标准

（1）外观：要求桶身桶顶均由整张钢板制成，不允许拼接。桶身直缝补焊不多于 2 处，焊疤表面平整，宽度不大于原焊缝的 1 倍，总长度不大于直缝长度的 10%，环筋顶部不允许补焊。外购钢桶，钢桶不允许有凹瘪现象。对于凹瘪不多于两处，每处面积不大于桶身面积的 0.5%或长度不大于 100mm 的钢桶按二级品处理。桶内洁净、无锈、无渣、无明显灰尘，1~3mm 杂质每桶不超过 3 个。封闭器外观型式统一，表面光滑清洁、平整，无裂纹、锈蚀、划痕、翘曲、毛边、毛刺等缺陷。检验方法：外观距产品 0.5m 处直接进行目测，针对凹瘪、焊缝等长度可以用精度为 1mm 的钢卷尺或直尺测量计算。对于桶内清洁度采用煤油清洗的方法进行检验，具体方法是将 3~4L 洁净的煤油倒入桶内，封好封闭器，分别沿桶横向、纵向轴心任意方向旋转桶体，洗遍桶内每个部位，然后将桶内煤油全部快速倒入洁净的容器内，检查煤油内的杂质情况，煤油内应无明显灰尘。长度在 1~3mm 的杂质，每桶不超过 3 个。

（2）壁厚：具体厚度要求需要看钢桶的图纸，按图纸要求检验壁厚，同时要求壁厚均匀。检验方法：用 0.01mm 游标卡尺测量。

（3）单桶重量：具体单桶重量要求需要看每个钢桶的图纸，按图纸要求测量重量。检验方法，要求使用精度不低于 1g 的通用衡器称量。

（4）标志与颜色：漆膜平整光滑，颜色均匀，无起皱和流淌等缺陷。桶体不允许有掉漆现象，对于环筋处掉漆不多于两处，每处不大于 30mm 长、5mm 宽的钢桶可以接收（桶底边缘除外）。如果桶身为两种颜色，环筋间和桶顶、桶底为同一种颜色，两端为其他颜色，色标见封样。两种颜色的分界线位于环筋正中。对于很小批量的桶，分界线无法位于环筋正中时，混色带不超过 5mm。

（5）密封质量：主要是针对桶口以及封闭器之间的装配质量。对于桶口封闭器配套齐全，装配后密封良好，保证互换。密封圈与封闭器配合紧密，无松动，无外溢且无断圈现象。检验方法：需要进行配合性实测，外观质量距产品 0.5m 处进行目测。

(6) 桶身型式：一般钢桶均具有两道环筋，详见钢桶图纸。检验方法：外观距产品0.5m处直接进行目测，针对两道环筋的间距可以使用精度为1mm的钢卷尺或直尺测量计算。

产品包装进场后，要对包装物的材质、结构尺寸、气密试验、跌落试验、码垛试验、提环(手柄)强度试验等项目进行检查验证。对于包装物的外观、重量、封口、标识、杂质等要进行重点检查。要求封口牢固、严密，外观要求光滑圆整，无锈蚀、无油污等，漆膜均匀，无皱纹，无毛刺，色泽均匀，无起皱、起泡等现象，图案文字清晰端正，套印准确，标识齐全、清晰、正确，桶内干净、无尘、无杂质。

现场使用时，还要对每一品种、每一批包装物，对印刷质量、标识、杂质、外观，按标准规定的检验方法检验。合格即可使用，若发现不合格数量较多或不合格程度严重，超出接收指标，要及时通告相关负责人做下一步处理/退货。

三、在产品生产过程中的应用

润滑油的生产主要分为三个阶段，第一阶段是调和过程，调和过程相对于其他石油化工的生产过程，润滑油的调配过程是简单的物理调和过程，没有化学反应；第二阶段，调和完成检验分析，计量验收入库；第三阶段，是灌装过程。如何把控这三个过程的质量，除了严格工艺条件控制外，就是检测试验方法质量控制手段。对于产品质量，这两个控制缺一不可，只有控制好了，才能确保每批次、每件产品出厂都是合格的，都是有质量保证的。

(一) 产品调和生产过程的关键指标控制

准确计量、按规定温度、快速均衡混合，使产品一次调成，这是调和阶段的工艺控制条件要求。在满足工艺控制条件下，为提高产品一次调成率，必须在调和完成后，先抽检几个关键指标进行检验，如发动机油：黏度、CCS、高温高剪切；工业润滑油：黏度、抗乳化、抗泡沫性等。这些关键项目检测如有不合格，生产工艺人员需进行调整，同时需查明原因制定预防措施，调整后再检测化验；如果合格，就可以转输送到成品储罐(若不需要转罐而是保留在调和罐以备灌装的，就少了转罐作业的工序)，在成品储罐里按采样标准采样。

(二) 在产品出厂检测中的应用

成品调和完成后，按照产品标准要求的检验规则，进行质量检验，符合产品质量标准和企业内控标准的，可以出具产品批次质量合格证书，并计量入库。

前文已详细介绍过产品标准的内容结构，并简要介绍过出厂检验和型式检验。在此，以产品标准 GB 11120—2011 涡轮机油再详细说明出厂检验和型式检验的区别，并以涡轮机油的检验项目为示例。

出厂检验分出厂批次检验和出厂周期检验。GB 11120—2011 涡轮机油标准的出厂批次检验项目包括：外观、色度、运动黏度、黏度指数、密度、闪点、酸值、水分、泡沫、空气释放值、抗乳化性、铜片腐蚀、液相锈蚀、旋转氧弹和清洁度。

在原材料、生产工艺没有发生可能影响产品质量的变化时，出厂周期检验项目包括：过滤性、承载能力和高温氧化安定性每年至少测定一次。公司没有建立测试项目的，需外委第三方有资质的机构检测。

（三）在产品包装过程中质量控制的应用

成品在成品罐中采样，进行出厂全分析检验合格后，计量入库，在产品罐里的产品已经是合格批次的产品，但是产品的出厂销售过程是以桶包装形式出厂的，灌装过程相对调和过程，是产品走向市场的最后生产阶段。产品灌装包装作业过程，很容易受到管线系统存油、阀门串油等系统污染影响；还受包装物的质量(包括包装物、防伪、喷码、净重等)等影响。如何保证灌装过程的产品质量，确保这一过程不受污染，这就需要做好灌装过程的质量控制。

因此对于大多数润滑油生产企业，这一段的生产控制尤为重要。灌装质量控制主要是对首件质量检验，在此对灌装首件质量控制进行阐述。

每班次开始生产的第一桶或第一托盘产品，也可延伸一批产品为首件产品。首件检验，指对每班次生产的首件产品进行检验，确认是否可继续灌装生产，以此作为判定整批产品合格的依据。首件检验可防止产品出现批量不合格，监控生产制造过程是否稳定可靠，首件检验结果报告单可作为批产品合格凭证，是控制产品质量的一种重要手段。

1. 首件质量管理基本原则

（1）首件质量等同批产品质量。企业可依据调和灌装工艺实际，制定相应扫顶线三级控制文件，以确保首件质量能代表储罐中油品质量。如：灌装前要根据工艺变更具体情况，制定具体管线处理方案、扫顶线方案。

（2）确定首件检验的时机。一般情况下，以下情形不需要进行首件检验：正常连续灌装期间中途短暂停机(不超过2h)，指灌装参数基本没有变化的情况，如班组用餐、交班、临时故障。

其他灌装参数可能发生变化的情况均需要进行首件分析，如：更换灌装品种；同品种但不同批次；同品种同批次停止灌装超过2h重新开始灌装；工艺条件变更(如工艺管线变更、切换罐操作等)及其他未包含情况。

（3）首件外观检验及标识。当油品外观出现异常(如颜色异常、水分、杂质、浑浊或乳化)时，应立即停止灌装并及时通知相关管理人员，待查明原因后再决定是否继续灌装。为监控灌装过程油品质量，除进行首件检验外，灌装操作人员应全过程观察灌装开始、中间、结束时油品外观及包装、标签、灌装容量是否符合规范，发现异常立即停止灌装并同时报告。

每批灌装的第一托盘产品需标识为“隔离待检”。经检验确认，以合格序号为分界线，前面的均按不合格品处置，后面的按合格品入库。

（4）不合格首件处置。出现首件不合格，除按照质量管理规定进行原因分析、解决问题、持续改进外，还应对不合格首件进行隔离、标识，按相应规定及时进行处置，如报废回调等。

2. 首件检验项目及取样规则

（1）首件检验项目确定。润滑油产品类别多，检验标准、检验项目纷繁复杂。首件检验项目不可能对所有检验项目进行全面分析，只能对影响产品性能、牌号特征等有代表性的关键性项目进行分析。分析项目原则上要方法客观、实用、简单，且方便与罐内产品性能指标进行比对，其中外观、黏度为必检项目，其他性能检测项目依据各自产品性能特点分别制定。例如：工业油品需要测试抗乳化性能，多级内燃机油需要测试低温动力黏度，有清洁度要求的产品需要测试清洁度项目等。

首件检验项目包括产品性能检验和外包装检验。外包装检验项目包括外包装的标识、喷码、防伪。首件除内在性能指标要合格外，对其净重也有相应要求，需要全线产品抽检复核。

（2）首件取样规则。应根据不同灌装线及工艺管线长短，结合顶线与否制定合适的取样桶数，同时对生产是否需要等首件检验结果给予明确规定。有清洁度要求的产品必须待首件清洁度检测结果合格后，方能继续进行灌装。为提高生产效率，如果首件检验结果不等待就继续灌装，应将具体情况明确规定；规定当发现上游操作可疑或有明显错误时，需等首件检验结果再灌装等情况。

3. 提高首件产品质量合格率措施

（1）制定过程绩效指标。绩效考核是为了提高人员的积极性和主动性，为企业创造更高的价值，促进目标实现。一般将灌装首件一次合格率作为首件过程绩效指标，企业根据实际产品质量趋势设定目标值，每月进行质量趋势统计分析。制定关键质量目标，如检验放行及时率，OTIF(保时保量完成订单)、RFT(一次调成率)等。通过对绩效指标、关键质量目标的监控，实现对灌装过程质量有效监控，同时作为后续持续改进工作的指导。

（2）应用在线清洁度监控仪。目前油品清洁度分析检测主要采用离线取样分析，离线取样环节存在二次污染，且检测时间长，有时需要等待首件检测结果后才能继续灌装，效率较低，在线清洁度分析仪器应运而生。

对于高清洁度润滑油产品，仅对首件或中件、末件进行清洁度检测，即使分析合格也难以表明该批产品清洁度全部符合要求。使用在线清洁度监控仪实时对高清洁度产品质量进行管理的意义重大，企业在灌装头前过滤器后安装在线清洁度监控仪，对灌装油品实施在线清洁度监测，出现波动及时报警，提高产品质量控制的有效性。

（3）实行管汇和球扫线。润滑油企业要生产高质量润滑油产品，最好是分类管理设专用管道。但分类过细其成本高且现场管理布局困难，采用管汇和球扫线系统可有效清扫管道，在一定程度上减少残留和污染，确保产品质量。通过 DCS 自动控制管汇能杜绝更换品种时的顶线混线现象，对提高首件一次质量合格率具有重要意义。

（4）应用在线 SPC 进行净重实时监控。SPC 作为质量改进的重要工具，适用于定量包装产品灌装生产线的监测。在线 SPC 可以对每件产品毛重、净重进行动态记录，对超范围的情况及时报警，已普遍被润滑油生产企业采用。通过应用 SPC 可协助管理者确定改进的地方和评价改进效果，以达到更稳定的状态和更高的合格率。

（5）重视极端情况出现的监控。实际生产中，当首件检验数据与罐样数据吻合时，表明整体生产过程质量稳定且受控。一般情况下，首件质量合格即代表该批次产品全部合格，但对于调和不均或管线串油等极端情况会出现误判。如当上游调和搅拌不均匀时，罐样取到了点样，点样黏度刚好合格，灌装时首件产品又正好是黏度处于中间的点样，这种情况虽是一种极端情况，但也需要引起高度重视。

在日常的工作中，我们应把质量管理的理念和方法运用到润滑油生产中的质量控制活动，如戴明循环法，注重生产现场质量波动情况分析，通过计划、执行、检查、处理几个阶段不断地发现问题，特别是关键问题，并加以解决；对润滑油生产中经常出现的问题我们可以设置质量控制点进行卓有成效的控制，提高润滑油生产的质量水平。

四、售后服务

对于润滑油行业来说，科技的发展使得润滑油产品趋于同质化。服务开始变成一个潜在的、主要的利润创造来源。服务的建立与服务项目的增加，既可以创造产品的差异性，也可以增加附加价值，从而提高产品的外在价值，丰富产品的内涵，使企业获得更强有利的竞争优势。

润滑油售后服务就是从客户的角度进行产品定位，更加注重产品在技术方面的应用，通过全方位的润滑专业服务，给客户提供所需的润滑解决方案。能够更多地给客户创造价值，有效地降低设备运行成本。

（1）润滑油的质量评定：有效可靠地分析评定新油及设备在用油的质量。

（2）设备润滑状态评价：发现在用油的劣化程度及污染原因，为设备提供合理润滑方式和换油周期；

（3）设备磨损故障诊断：通过对设备在用油中磨损金属颗粒的定量、定性分析，监测诊断设备主要摩擦副的磨损失效状态，预测设备的磨损情况，诊断故障部位、原因和程度，指导企业及时采取维修措施，保证设备安全运行。油液监测是对润滑油液或所润滑的设备状况进行评估，并提出维修建议的过程。进行油液监测无须对系统分解和拆卸，就可获知油品本身的性能和机械设备工况，并对机械设备进行故障监测、定位和预报，可减少维修时间和成本，提高设备的完好率。建立由润滑油理化性能分析、光谱分析、润滑油监测专家系统等组成的润滑油分析综合监测系统，通过对在用润滑油理化性能的测试和分析，用以检查所使用润滑油品种牌号是否正确；监测所用的润滑油性能是否已经下降而需要更换；并对一些简单的故障做出判断，从而达到监测润滑系统工作状况的目的。

润滑油监测的手段和内容：通过对油品的理化指标检验、污染度检测、光谱元素分析及铁谱磨粒分析等综合监测手段，监测润滑油的品质变化和润滑油中的磨粒的变化两个方面。

（一）油品稳定性和使用寿命跟踪——在用油监测

润滑油品质监测主要是监测在使用过程中润滑油品质的理化指标变化，另外可利用红外光谱监测技术监测润滑油劣化变质情况，通过对新油与运行油的红外光谱图差别来比较油液的污染及化学变化。通过光谱分析可以监测润滑油中添加剂成分及含量。

润滑油品质监测主要是：检测油品主要技术指标的变化状况，包括黏度、闪点、倾点、水分、酸碱值、机械杂质、防锈性、防腐性、抗泡性、空气释放性、抗乳化性、氧化安定性和水解安定性等。在用润滑油必须监测的技术指标，是根据油品的应用情况进行选择，通常选择的项目是黏度、闪点、水分、酸值、碱值、残炭等。通过检测这些指标的变化，可以确定：

1. 判断油品的质量稳定性

如：使用过程，各项理化指标变化不大，说明产品质量稳定，设备运转正常；若某项指标变化异常需要查找原因，是使用过程污染还是油品变坏？找出原因及时解决。如表 7-19 所示的现象和可能的原因，通过理化指标变化的现象，也可找到油品性能变化的原因。

表 7-19　理化指标变化的现象及原因

现象	产生的可能原因
闪点下降	燃油和水污染
黏度下降	燃油稀释，燃油喷油嘴故障或磨损
黏度上升	重质燃油污染，油品过度氧化
乳化	水污染，冷却水泄漏，曲轴箱呼吸不畅，离心净化器操作不当
不溶物上升	燃烧不良，过多窜气，外来污染，不适当净化，油品过度氧化
TBN 下降	燃烧不良，窜气、补油率低，柴油机温度低
TBN 上升	气缸油过多从密封的喷嘴渗漏，外来 TBN 高的油加入
酸值增加	产生窜气，补油率低，柴油机运转温度低，增压器密封处泄漏

2. 确定油品的换油期

大部分油品的换油周期根据测定在用油的黏度、闪点、水分、酸值、碱值、残炭、不溶物、金属磨粒等指标变化来确定，见一些国家标准、行业标准和企业标准(表 7-20，表 7-21)。

表 7-20　GB/T 7607—2010 柴油机油换油期指标的技术要求和试验方法

项　　目		换油指标				试验方法
		CC	CD、SF/CD	CF-4	CH-4	
运动黏度变化率(100℃)/%	超过	±25		±20		GB/T 11137 和本标准 3. 2
闪点(闭口)/℃	低于	130				GB/T 261
碱值下降率/%	大于	50①				SH/T 0251②、SH/T 0688 和本标准 3. 3
酸值增值/(mgKOH/g)	大于	2. 5				GB/T 7304
正戊烷不溶物质量分数/%	大于	2. 0				GB/T 8926 B 法
水分/%	大于	0. 20				GB/T 260
铁含量/(μg/g)	大于	200 100③	150 100③	150		SH/T 0077、GB/T 17476②、ASTM D6595
铜含量/(μg/g)	大于	—	—	50		GB/T 17476
铝含量/(μg/g)	大于	—	—	30		GB/T 17476
硅含量(增加值)/(μg/g)	大于	—	—	30		GB/T 17476

注：①采用同一检测方法。
②此方法为仲裁方法。
③适合于固定式柴油机。

表 7-21　SH/T 0599—2013　L-HM 液压油换油期技术指标和试验方法

项　　目		换油指标	试验方法
40℃运动黏度变化率/%	超过	±10	GB/T 265 及本标准 3. 2 条
水分(质量分数)/%	大于	0. 1	GB/T 260
色度增加/号	大于	2	GB/T 6540

续表

项目		换油指标	试验方法
酸值增加①/(mgKOH/g)	大于	0.3	GB/T 264、GB/T 7304
正戊烷不溶物②/%	大于	0.10	GB/T 8926 A 法
铜片腐蚀(100℃，3h)/级	大于	2a	GB/T 5096
泡沫特性(24℃)(泡沫倾向/泡沫稳定性)/(mL/mL)	大于	450/10	GB/T 12579
清洁度③	大于	-/18/15 或 NAS 9	GB/T 14039 或 NAS 1638

注：①结果有争议时以 GB/T 7304 为仲裁方法。

②允许采用 GB/T 511 方法，使用 60~90℃石油醚作溶剂，测定试样机械杂质。

③根据设备制造商的要求适当调整。

在使用过程中，当检测到油品指标超过换油期指标时，就应该更换。这是确定换油期的主要依据。

（二）在用油液中微粒监测——设备运行的稳定状况监控

润滑油中微粒监测技术包括颗粒计数、光谱分析、铁谱分析和磨屑分析。一般油液经过颗粒计数分析之后，根据颗粒大小与分布的数据，再选择采用光谱分析技术或铁谱分析技术，进一步对油中微粒元素进行定量分析。运行中的润滑油微粒的主要来源是机械磨损和污染，通过对油中微粒监测分析可以得到如下信息：

磨损微粒总量：通过它可以判断磨损处于什么阶段；

微粒尺寸：可以判断磨损的严重程度；

化学成分：可以判断磨损部件、故障的位置；

微粒形态：可以判断磨损类型，是疲劳磨损还是黏着磨损等。

磨损是相互接触的物体在外力作用下进行相对运动时，表层材料不断损伤的过程，它是伴随摩擦而产生的必然结果，是生产生活中普遍存在的现象，因此机械设备在运行过程中的磨损是不可避免的，但同时其所造成的危害和损失也是巨大的。

设备失效中约 80%是设备润滑故障导致部件异常磨损而引起；

柴油机中约 70%的故障是油品污染引起的，其中 50%是磨损造成的；

滚动轴承中约 40%的失效与损坏是润滑不当而导致的；

齿轮箱中约 50%的故障与齿轮的润滑不良和异常磨损有关；

液压系统中约 70%的故障来自液压介质的污染，导致液压元件的失效。

1. 设备油液监测主要技术

目前，设备油液监测技术主要有光谱分析、红外光谱分析、铁谱分析、颗粒计数和理化分析(表 7-22)。

(1) 光谱分析。光谱分析技术主要对润滑油中元素进行分析。光谱分析主要有原子吸收光谱技术、原子发射光谱技术和等离子体发射光谱技术。它们通过分析润滑油中元素含量的变化，判断油品添加剂元素及质量状况；通过油中的金属磨损微粒的材料成分和数量变化，了解机械设备摩擦副的磨损情况，以正确判断机械设备工作是否异常，预测发生故障的可能性，为设备检修提供科学依据。

(2) 红外光谱技术。红外光谱主要用于对有机化合物的基团结构进行分析。当不同波长的红外辐射依次照射润滑油试样时，某些波长的辐射将被样品选择吸收而减弱，形成红外吸收光谱。根据某些物质的特征吸收峰位置、数目以及相对强度，可以判断出润滑油样中存在的官能团，并确定其分子结构。利用红外光谱技术分析润滑油试样中有机化合物的基团结构，通过比较新、旧润滑油的红外吸收峰的位置与峰高，定性与定量地监测基础油与添加剂组分是否发生了化学变化以及变化的类型与程度；利用红外光谱润滑油分析软件可定量地测试在用润滑油的氧化值、硫化值、硝化值、积炭、水分、乙二醇和稀释度等参数。通过谱图分析，结合各参数值，可获得润滑油试样品质变化方面的信息。

(3) 铁谱技术。铁谱技术是利用高梯度的强磁场将润滑油中的机械磨损颗粒和污染杂质有序地分离出来，再借助显微镜对分离出的颗粒和杂质进行有关形貌、尺寸、密度、成分及分布的定性、定量观测，以判断机械设备的磨损状况，预报零部件的失效。铁谱技术弥补了发射光谱无法分析大尺寸和高含量金属元素的缺点。与发射光谱相比，铁谱可直接观测润滑油中金属颗粒的尺寸、几何形态、数量及分布状况等。将发射光谱和铁谱两种方法结合在一起，既可定性又可定量，既可监测小尺寸颗粒为主要特征的正常磨损状态，又可监测以大尺寸颗粒为主要特征的异常磨损状况，将工况监测水平推向一个新的高度。

(4) 颗粒计数技术。颗粒计数技术的原理是把润滑油样品内的颗粒进行粒度测量，并按预选的粒度范围进行计数，从而得到有关颗粒粒度分布的重要信息，在判断润滑油的污染程度方面非常有效。定量分析润滑油污染程度时可用颗粒计数技术，这种技术可精确测出单位体积润滑油中所含颗粒的准确值，适用于对清洁度要求较高的润滑油(如液压润滑油)的监测。

表 7-22　主要油液监测技术的比较

监测技术	定量	形态分析	成分分析	适用粒度范围/μm	速度	实验室条件	投资成本
理化分析	准	不可			一般	一般	低
光谱	准	不可	可	10^{-1}~1	快	高	高
铁谱	较准	可	可	1~10^{3}	直读式快分析一般	一般	一般
红外光谱	准	不可	可	分子级	较快	一般	高
颗粒计数	准	不可	不可	1~10^{3}	较快	一般	高

2. 监控结果分析及故障诊断

监控结果的分析是监控过程的关键一步。对每一组数据、每个现象都要做具体的分析。不同批次的油品和不同的设备，以及不同的工况条件，其结果是不一样的，必须参照新油的指标和厂家推荐的判别指标进行分析。对金属磨粒更应认真地分析，是油品质量问题引起磨损还是设备本身的材料、零部件的装配、操作条件的问题。总之，只有做到认真、明确判断结果、及时采取相应措施，才能达到监控的目的。

(1) 铁谱磨粒分析

根据铁谱磨粒照片，分析磨损设备部件(图 7-1~图 7-5)。

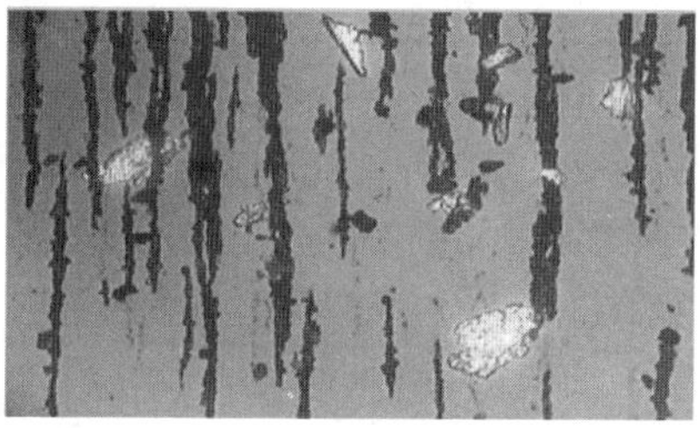

图 7-1 铝合金磨粒来源于大功率柴油机，属于黏着擦伤和疲劳剥落

图 7-2 磨粒为典型切削磨损颗粒，还有粉尘污染颗粒

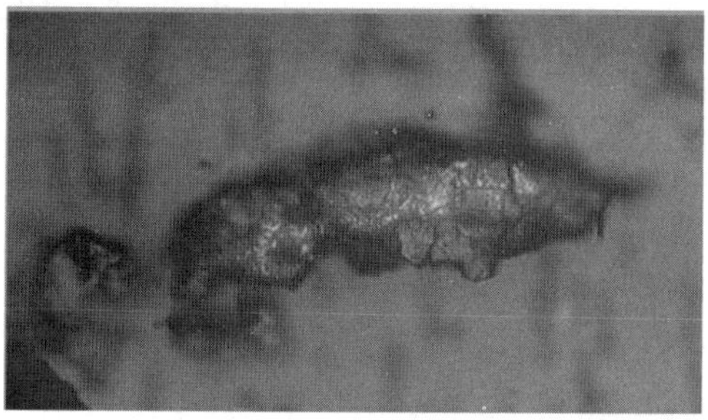

图 7-3 巴氏合金磨粒来源于滑动轴承的异常磨损，有明显的高温熔着痕迹

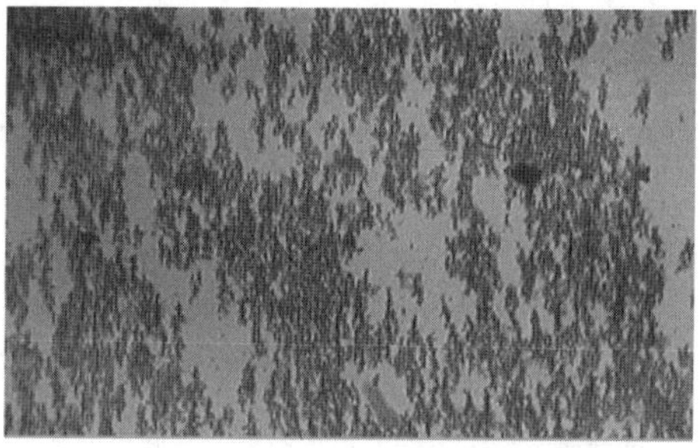

图 7-4 某柴油机中的腐蚀磨损颗粒，颗粒尺寸均小于 2μm

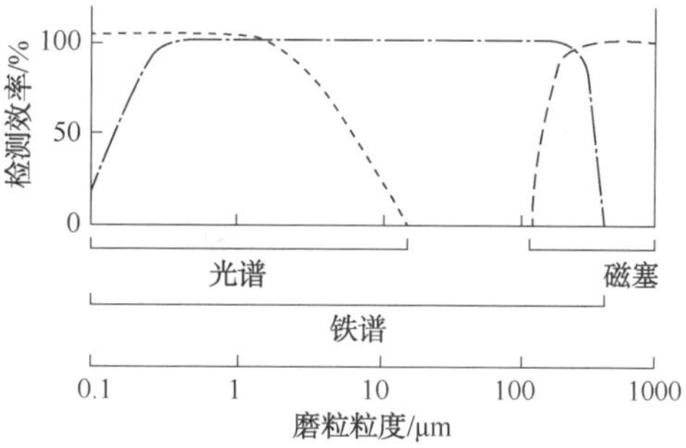

图 7-5 不同油液监测方法的检测效率受磨粒粒度的影响

（2）从光谱元素中，判断产生元素的原因（见表 7-23、表 7-24）。

表 7-23 在用油的元素来源

添加剂	用 途
磷、硫、氯	磷酸酯型基础油、极压剂、抗磨剂、ZDDP 等
钙、镁、锌	清净剂、ZDDP、防锈剂
钡、钠	防锈剂、抗乳剂等
硼、硅	无灰分散剂、减磨剂、抗泡剂等
钼	减磨剂
其他	与所用添加剂相关元素

续表

设备磨损	用途
铁	所有设备摩擦部位
铝	活塞、轴承、涡轮、泵等部件的磨损
铜	螺杆、轴承套、离合器等部件的磨损
铅	离合器、螺杆、轴承等部件的磨损
镍	合金材质部件的磨损
铬	合金材质部件的磨损
钒	合金材质部件的磨损
与摩擦部位相关的元素	合金材质部件的磨损

表 7-24　金属（非金属）元素含量上升原因

元素	原因
铁、铬含量上升	机械件磨损、腐蚀、磨料污染
铜含量上升	填料环磨损、机械件磨损、腐蚀、磨料污染
铅含量上升	轴瓦不良润滑，出现轴瓦部位金属和其他金属接触产生磨损
铝含量上升	机件磨损，当硅也上升时，可能由燃料催化剂引起
钠、镁含量上升	海水、冷却水污染
钒含量上升	重质燃料油燃烧产物窜入
硼含量上升	冷却水污染
镍含量上升	重质燃油、燃烧产物窜入
钛含量上升	机械件磨损，尤其是轴瓦

在润滑油售后服务中，设备故障诊断占有相当大的比例，设备状态监控、查找故障原因、给出维护建议或处理办法、合理判定责任等都涉及设备故障诊断方面的内容。快速准确地诊断设备故障，及时为用户解决现场应用问题，是润滑油企业的竞争优势。

3. 未来检测技术

随着现代科学技术的快速发展，将物联网及服务引入制造业正迎来第四次工业革命，促进了各行各业的创新发展，润滑油服务技术也进入创新数字化领域，利用信息平台、大数据分析，让客户的个性化定制需求得以满足。

润滑油监测技术将会利用信息融合技术，运维大数据助力再生产——大数据平台将每台设备实现全程互联，建立区域性、全国性甚至全球性油品检测和服务体系。让运维大数据助力优化初始设计。

综合利用油液分析、震动分析、无损监测等多种监测手段，并辅以网络、智能化等技术对润滑油及机械设备实施监测，监测仪器将更加智能化、自动化，检测用时更短，检测效果也将更为准确、全面。

第八章　实验室的建设与管理

第一节　实验室的设计与技术

GB/T 32146 检验检测实验室设计与建设技术要求　第 1 部分：通用要求明确检验检测实验室(平时我们简称实验室)的分类、设计思想、设计流程、规划设计、系统设计和深化设计要求。适用于新建、改建和扩建实验室的设计和建设。

实验室设计宜以安全、绿色、人性化、智能化、可持续性为前提，以满足实验室的主要功能及特殊要求为原则，构建规划合理、布局科学的实验室，从而降低运行风险，提高使用效率，减少能耗损失，满足检验检测工作要求。

一、实验室的分类及职责

有的润滑油厂将品质检验检测实验室和配方小试、售前售后服务测试分开为不同部门，有的润滑油厂则将这些合为一个部门。此章主要谈品质检验检测实验室。

润滑油工厂实验室主要担负原材料分析、生产过程中半成品、成品的控制分析、产品质量检验任务，并担负分析方法符合性检查及最新版本应用，所用标准溶液的配制、标定等工作任务。有的兼具质量部功能，如体系运行管理、合格产品放行、签发合格证等。

实验室是企业的质控部门，专业技术性强，是生产运行管理者的一双眼睛。所以实验室的管理应严谨、规范。标准化是实验室管理的一个方向和目标。只有实验室管理规范、有效，及时、准确地鉴别出原材料、中间品、成品和工艺状况是否异常，才能确保企业的稳定运行和效益。

为加强实验室管理、规范工作流程，明确检验人员职责，提高检验人员的检测技能及综合素质，满足检验室规定的能力要求，需制定日常管理制度及人员行为规范，明确人员职责。以下列举了一些通用职责、行为规范、现场卫生管理，通俗易懂，供参考。

（一）人员职责

（1）在各项检验中，应严肃认真，按照检验标准、操作规范等有关技术文件的规定，做出正确操作及判断。

（2）负责原材料进货检验、调配样品检验和灌装样品检验。

（3）真实地将检验结果记入产品质量检验台账。

（4）认真做好个人分管量具、仪器及检测设备的维护保养工作，确保量具仪器、检测设备等处于完好状态。

（5）负责提出或参与《质量事故报告》的调查。

（6）负责客户产品质量投诉的实验室测试。

（7）负责本部门区域内灭火器材的检查和状态标识。

（8）负责实验室所用化学品的管理、易制毒品的备案及管理。

（9）负责本部门运行过程中环境因素的识别，重要环境因素的判定和运行控制。

（10）及时准确检验，在任务完成的安排有冲突时，寻求上级轻重缓急的指示，按优先顺序检验，最大限度满足公司的业务利益最大化。

（11）积极参加全面质量管理学习，用全面质量管理的观点与方法搞好日常工作，积极参加QC小组和质量信得过班组的活动，为有关QC小组的成果进行必要的检验鉴定，评价QC小组的成果水平。

（12）应熟悉并了解与产品包装有密切关系的技术知识，把好产品包装质量关。

（13）负责实验室日常5S。检验过程中随时收拾清理物品器皿，保持工作场所整洁。

（二）行为规范

（1）检验人员进入实验室工作时，必须按照安全防护要求穿戴，头发不得过肩。

（2）工作期间不得浓妆艳抹，应妆饰得当，不可佩戴影响测试操作的首饰。

（3）个人卫生习惯良好，不在工作区内随地扔杂物。

（4）保持实验室肃静，工作时间不允许嬉戏打闹，大声喧哗，不得睡觉、聊天、看闲书，不得无故脱岗、窜岗，接私人电话不宜过长，以免影响工作，交接班时秩序井然。

（5）实验室不得饮食，不允许用检验用具、器皿盛放食品，不允许将私人物品存放在冰箱内及实验室内，不得用口尝味道的方法来鉴别未知物。

（6）当班人员及卫生责任区人员负责各自卫生区（包括桌面、地面、墙角、水池、窗台、仪器、容器、试剂架等），检验过程中随时收拾清理物品器皿，保持现场整洁。

（7）严禁“三违”，即违章指挥、违章操作、违反劳动纪律。

（三）现场卫生管理

（1）地面无污迹、杂物，墙壁无污迹，无乱写乱画，墙角、柜底无污垢、杂物。

（2）台面、地面、墙面污迹应立即擦拭干净，工作台物品摆放整齐，无试剂残液。

（3）水池内无残留药液、油污、玻璃碎渣及杂物；抹布、刷子等干净整齐摆放在固定位置；下水道通畅，地漏处无杂物，无异味，异臭。

（4）各种玻璃器皿表面洁净、无污迹，按要求整齐放在指定位置。

（5）试剂瓶标识清晰、无破损，大小适度、端正，填写规范；按大小高低有序排列，位置固定。

（6）检测仪器表面干净无污迹、无灰尘，标识清晰、无破损；仪器上不得摆放与工作无关的物品；设备内部保持干净无杂物；天平不可随意搬动，天平室随手关门。仪器按照要求填写使用记录。

（7）干燥器内物品摆放整齐，定期更换干燥剂、涂凡士林；冰箱、药品柜等物件摆放整齐，列有详细药品目录，柜的顶部不得摆放物品。

（8）工作台、电脑桌、办公桌上记录、物品摆放整齐，人离开即收起，不得无人时仍摊开；椅、凳用完及时归位。

（9）及时清倒垃圾，不得溢出，卫生用具放在指定位置，不得随意乱放。

（10）冰箱内的样品试剂分类存放，摆放整齐且有标识，不得存放私人物品。

(11) 药品柜内试剂按液体、固体及性质的不同分类存放，摆放整齐，标识清晰，无尘土。

(12) 工作台柜内杂物及时清理，要求干净整齐。

(13) 保持楼梯和通道畅行无阻。

二、实验室设计建设规划要求

根据实验任务需要，实验室有贵重的精密仪器和各种化学药品，其中包括易燃及腐蚀性等危险药品。另外，在操作中常产生有害的气体或蒸汽。因此，对实验室的房屋结构、环境、室内设施等有其特殊的要求，在筹建新实验室或改建原有实验室时都应考虑。

实验室用房大致分为三类：精密仪器实验室、化学分析实验室、辅助室(办公室、储藏室、气瓶室等)。

实验室要求远离灰尘、烟雾、噪声和震动源的环境中，因此实验室不应建在交通要道、锅炉房、机房及生产车间近旁(车间实验室除外)。为保持良好的气象条件，一般应为南北方向。

(一) 实验室的结构布局和功能

1. 精密仪器室

精密仪器室要求具有防火、防震、防电磁干扰、防噪声、防潮、防腐蚀、防尘、防有害气体侵入的功能，室温尽可能保持恒定。为保持一般仪器良好的使用性能，温度应在15～30℃，有条件的最好控制在18～25℃。湿度在60%～70%，需要恒温的仪器室可装双层门窗及空调装置。

仪器室可用水磨石地或防静电地板，不推荐使用地毯，因地毯易积聚灰尘，还会产生静电。大型精密仪器室的供电电压应稳定，一般允许电压波动范围为±10%。必要时要配备附属设备(如稳压电源等)。为保证供电不间断，可采用双电源供电。应设计有专用地线，接地电阻小于4Ω。

要用到高压钢瓶的仪器室，最好设在就近室外能建钢瓶室(方向朝北)的位置。室内要有良好的通风。

在设计专用的仪器分析室的同时，就近配套设计相应的化学处理室。这在保护仪器和加强管理上是非常必要的。

2. 化学分析室

在化学分析室中进行样品的化学处理和分析测定，工作中常使用一些小型的电器设备及各种化学试剂，如操作不慎也具有一定的危险性。针对这些使用特点，在化学分析室设计上应注意以下要求：

(1) 建筑要求。实验室的建筑应耐火或用不易燃烧的材料建成，隔断和顶棚也要考虑到防火性能。可采用水磨石地面，窗户要能防尘，室内采光要好。门应向外开，大实验室应设两个出口，以利于发生意外时人员的撤离。

(2) 供水。要保证必需的水压、水质和水量，以满足仪器设备正常运行的需要。室内总阀门应设在易操作的显著位置。下水道应考虑是否采用耐酸碱腐蚀的材料，地面应有地漏。

（3）通风设施。由于化验工作中常常产生有毒或易燃的气体，因此实验室要有良好的通风条件，通风设施一般有 3 种：

全室通风：采用排气扇或通风竖井，换气次数一般为 5 次/h。

局部排气罩：一般安装在大型仪器发生有害气体部位的上方。在产生有害气体的上方，设置局部排气罩以减少室内空气的污染。

通风柜：这是实验室常用的一种局部排风设备。内有加热源、水源、照明等装置。可采用防火防爆的金属材料制作通风柜，内涂防腐涂料，通风管道要能耐酸碱气体腐蚀。风机可安装在顶层机房内，并应有减少震动和噪声的装置，排气管应高于屋顶 2m。一台排风机连接一个通风柜较好，不同房间共用一个风机和通风管道易发生交叉污染。通风柜在室内的正确位置是放在空气流动较小的地方，或采用效果较好的狭缝式通风柜。通风柜台面高度 800mm，宽 750mm，柜内净高 1200~1500mm，操作口高度 800mm，柜长 1200~1800mm。条缝处风速 0.3~0.5m/s 视窗开启高度为 300~500mm。挡板后风道宽度等于缝宽 2 倍以上。

工作时间连续使用排风系统的实验室，应设置送风系统，送风量宜为排风量的 70%，并应根据工艺要求对送风进行空气净化处理。

间歇使用排风系统且排风量大于每小时换气两次的实验室应设置有组织的自然进风。

（4）供气与供电。有条件的实验室可安装管道煤气。实验室的电源分照明用电和设备用电。照明最好采用荧光灯。设备用电中，24h 运行的电器如冰箱单独供电，其余电器设备均由总开关控制，烘箱、高温炉等电热设备应有专用插座、开关及熔断器。在室内及走廊上安置应急灯，备夜间突然停电时使用。

（5）实验台主要由台面、台下的支架和临时储藏柜组成，为方便操作，台上可设置药品架，台的两端可安装水槽。实验台面一般宽 750mm，长根据房间尺寸，可为 1500~3000mm，高可为 800~950mm，台面的高度可根据该实验室所在区域人员身高操作的舒适高度选择，例如我国实验台的高度通常是 850mm，欧美国家实验台的高度通常是 920mm。台面常用耐蚀贴面理化板、耐蚀实心理化板、环氧树脂板或高温陶瓷板等制成。理想的台面应平整、不易碎裂、耐酸碱及溶剂腐蚀，耐热，不易碰碎玻璃器皿等。

化学分析室还可细分出高温实验室，高温实验室室内气温比常温稍高，室内有加热器，高温炉与恒温箱是常备设备，设在工作台上，特大型的恒温箱则须落地设置。环境要求、电路设计、水路设计、气路设计等与化学分析室类似，没有特别要求，通风设计需考虑好排风扇，以排出室内聚集的热量。

3. 辅助用室

药品储藏室：由于很多化学试剂属于易燃、易爆、有毒或腐蚀性物品，故不要购置过多。储藏室仅用于存放少量近期要用的化学药品，且要符合危险品存放安全要求。要具有防明火、防潮湿、防高温、防日光直射、防雷电的功能。药品储藏室房间应朝北、干燥、通风良好，顶棚应遮阳隔热，门窗应坚固，窗应为高窗，门窗应设遮阳板。门应朝外开。易燃液体储藏室室温一般不许超过 28℃，爆炸品不许超过 30℃。少量危险品可用铁板柜或水泥柜分类隔离储存。室内设排气降温风扇，采用防爆型照明灯，具备消防器材。

钢瓶室：易燃或助燃气体钢瓶要求安放在室外的钢瓶室内，钢瓶室要求远离热源、火源及可燃物仓库。钢瓶室要用非燃或难燃材料构造，墙壁用防爆墙，轻质顶盖，门朝外开。要避免阳光照射，并有良好的通风条件。钢瓶距明火热源 10m 以上，设有直立稳固的铁架用于放置钢瓶。

（二）实验室的照明设计

实验室照明对日常检验检测工作有重要影响，照明的合理设计对外观、颜色指示结果等判断的准确性有直接影响。我国制定了照明规范 GB 50033—2013 建筑采光设计标准、GB 50034—2013 建筑照明设计标准。

照明质量指标应包括合适的照度、照明的均匀度、恰当的亮度对比，眩光的控制、光源的显色性及频闪效应的消除、照明的稳定性等。

1. 照明方式和种类

（1）照明方式的确定应符合下列规定：

a. 工作场所应设置一般照明；

b. 当同一场所内的不同区域有不同照度要求时，应采用分区一般照明；

c. 对于作业面照度要求较高，只采用一般照明不合理的场所，宜采用混合照明；

d. 在一个工作场所内不应只采用局部照明；

e. 当需要提高特定区域或目标的照度时，宜采用重点照明。

（2）照明种类的确定应符合下列规定：

a. 室内工作及相关辅助场所，均应设置正常照明；

b. 当下列场所正常照明电源失效时，应设置应急照明；

c. 需确保正常工作或活动继续进行的场所，应设置备用照明；

d. 需确保处于潜在危险之中的人员安全的场所，应设置安全照明；

e. 需确保人员安全疏散的出口和通道，应设置疏散照明。

2. 照明光源选择

（1）光源颜色：实验室光源色温（K）为 3300~5300，色表特征为中间。长期工作或停留的房间或场所，照明光源的显色指数（Ra）不应小于 80。

（2）眩光限制：长期工作或停留的房间或场所，选用的直接型灯具的遮光角不应小于表 8-1 的规定。

表 8-1 直接型灯具的遮光角

光源平均亮度/（kcd/m^2）	遮光角/（°）	光源平均亮度/（kcd/m^2）	遮光角/（°）
1~20	10	50~500	20
20~50	15	≥500	30

防止或减少光幕反射和反射眩光应采用下列措施：

a. 应将灯具安装在不易形成眩光的区域内；

b. 可采用低光泽度的表面装饰材料；

c. 应限制灯具出光口表面发光亮度；

d. 墙面的平均照度不宜低于 50lx，顶棚的平均照度不宜低于 30lx。

3. 照明功率密度值

工业建筑非爆炸危险场所通用房间或场所照明功率密度限值应符合表 8-2 的规定。

表 8-2　工业建筑非爆炸危险场所通用

房间或场所		照度标准值/lx	照明功率密度限值/(W/m²)	
			现行值	目标值
检验	一般	300	≤9.0	≤8.0
	精细，有颜色要求	750	≤23.0	≤21.0

4. 照明标准值

工业建筑通用房间或场所照明标准值应符合表 8-3 规定。

表 8-3　工业建筑通用房间或场所照明标准值

房间或场所		参考平面及其高度	照度标准值/lx	统一眩光值(UGR)	照度均匀度(U_0)	显色指数(Ra)	备注
实验室	一般	0.75m 水平面	300	22	0.60	80	可另加局部照明
	精细	0.75m 水平面	300	19	0.60	80	
	精细，有颜色要求	0.75m 水平面	750	19	0.60	80	

5. 照明的稳定性

取决于照明电源电压的稳定性。另外在交流供电时，气体放电灯的光通量在一个电源周期内有两次为零，其闪烁频率为电源频率的两倍。用气体放电灯照明周期性运动的物体时，会造成错觉，降低视觉分辨能力，甚至发生事故，这种现象称为频闪效应。随着电子技术的飞速发展，以电子启动器为主的各种节能荧光灯已大量应用，不仅节约了电能，而且提高了发光效率，减少了频闪效应。

第二节　实验室的可靠性管理

一、人员技能要求与培训

质量检验工作在企业生产管理，尤其是在质量管理中是必不可少的重要环节，从原材料的购进、产品的设计到产品的生产及成品的出货，每一个环节都离不开质量检验员的鉴别、把关、报告和控制。质量管理的工作就是在质量检验的基础上逐步发展起来的。

(一) 质量检验人员的工作范围及职责

质量检验员在企业中的作用大致有以下几个方面：一是把关作用，在生产过程中，通过检验或测试，把住产品质量关；二是预防作用，在生产过程中，要求首件检验符合规范的要求，从而预防了批量产品质量问题的发生，通过巡回检验及时发现工序或工艺中的质量失控问题，从而预防发生大的质量事故，当终检发现质量缺陷时，及时采取措施，预防质量问题的再次发生；三是改进作用，通过对检验数据记录进行整理分析和评价，向有关主管及部门进行报告，将出现的问题进行分析，并不断改进，通过检验工作中获取生产过程的质量信息及实际生产中暴露出的设计上的问题，及时为产品设计的进一步改进提供切实的依据。帮助工艺部门对其工艺方案、工艺路线和工艺过程的质量保证能力进行审查、验证和改进。把在检验和试验中发现的原材料质量问题及时反馈给采购部门，帮助其对供应商的质量保证能力进行审查，并参加供应商的质量改进工作。质量检验员的工作内容主要有：

1. 设计部门的质量检验

主要是参与有关设计过程中涉及质量问题时对设计方案的讨论及检验。

2. 工艺部门的质量检验

通过对产品工艺过程的检验，保证各种工艺文件的正确、统一、完整和齐全。

3. 生产过程的质量检验

在整个生产过程中，对生产的各个环节进行检验，并配合各级管理人员找出质量问题产生的原因并采取具体的改进措施。

4. 进料原材料的检验

对企业进料进行适时检验以确保质量。

5. 试验品的检验

在新产品开发设计阶段，尤其在新产品的试制小批量生产过程中，质量检验员为了验证新产品是否达到预期效果，按照技术要求进行认真检验，以保证新产品的质量。

6. 设备的检验

产品质量的好坏，在某种意义上讲，直接取决于生产设备的精度和质量状况，因此必须搞好设备的质量管理。设备进厂验收、安装使用、维护保养、检验以及设备的改造等工作，都要做好。要保证经修复的设备均达到规定的质量标准，质量检验员必须认真按标准进行参考油测试，结果达到要求的设备方可投入使用。

（二）实验室人员的能力要求

1. 学历要求

从事检测活动的人员应具备相关专业大专以上学历。如果学历或专业不满足要求，应有相关检测经历。关键技术人员，如进行检测结果复核、检测方法验证或确认的人员，除满足上述学历外，还应有本专业领域的检测经历。

2. 实验室基础知识

熟悉本岗位安全操作规程；了解危险设备和区域及其安全防护的基本知识和注意事项；了解电气设备(动力及照明)的基本安全知识；了解生产中使用的有毒有害试剂或可能散发的有毒有害物质的安全防护基本知识；掌握实验室基础理论知识及常规操作技能。

3. 素质能力

（1）仪器设备操作能力确认：

实验室检测人员应熟悉仪器设备的组成以及仪器设备测定原理。实验室检测人员能熟练操作仪器设备操作软件并出具准确结果。实验室检测人员能对照设备操作维护规程对设备进行维护。

（2）标准掌握能力确认：

实验室检测人员熟悉标准方法测定原理，并根据标准实际操作中对检测结果有影响的关键控制点进行归纳，从而对检测细则进行补充、细化、完善。

对实验室使用试剂、标准物质品牌规格、试剂有效期等进行完善。

对测定程序进行细化。

计算公式符合实际，检测结果质量控制符合要求。

注意事项须注明对检测过程中对出具准确检测结果有影响的关键点如何控制。

(3) 测定数据处理能力确认：

检测人员具备实验过程独立操作的能力，同时人员比对测试结果符合标准要求。

实验室检测人员根据实测结果出具完整的原始记录。

实验室人员应严格执行内部控制计划和程序，包括规定限值。

实验室人员应具有在紧急情况下进行妥善处理和自我保护的技能：能及时发现、报告和正确处理本岗位异常现象和一般性的事故或事故隐患。

(4) 品德素质：

自觉遵守法律、法规和各项规章制度。

维护实验室测试权威的声誉。

有企业和个人事业共赢的理想与抱负。

有敬业精神和奉献精神。

严格遵守本行业的职业道德规范，办事客观公正，实事求是，能抵制来自外部的各种干预和压力。

(三) 实验室人员技能培训

(1) 确定培训内容应从工作需要出发，主要包括以下内容：

有关检测技术、产品标准、数据处理、测量不确定度评定和产品质量方面的法律、法规和政策文件方面的内容。

检测设备仪器的原理、结构、操作、维护及故障排除等技能。

质量手册、程序文件等管理体系文件方面的内容。

工作人员在能力、公正性、判断力以及工作诚实性方面的内容。

消防知识、机械操作安全、用电安全和防护、救护知识等方面的内容。

计算机应用、专业外语等方面的内容。

(2) 培训方式应根据内容、人数、效果、培训成本等综合因素，包括实验室自行组织培训班或研讨会、参加外单位培训班或研讨会、参观考察、个别辅导操作技能等。培训后将培训考核结果记录于个人学习档案中。

(3) 开展新的检测项目或由于标准修订增加新内容时，应及时编制相应的作业指导书，并对从事该检测项目的人员进行培训，经考核合格后方可开展检测工作。

(4) 新进实验室人员应接受上岗前培训，经考核合格后方可开展独立检测工作。

(5) 不定时地开展职业道德培训、考核。

二、检测实验室的质量控制与质量保证

随着科学技术的发展，检测技术发生了引人瞩目的变化，大多数的分析测试需要以专门的操作程序来完成，许多原先的人工操作现在已自动化。此外，很多测定，例如贸易、环境监测、临床化学等的测试，经常需要几个分析者或几个实验室、地区、全国甚至国际性协作

来完成。因此，对于测试结果的可靠性和可比性有更严格的要求。为了获得更准确可靠的、高质量的测试结果，必须对分析测试全过程的各个环节进行质量控制，采取有效的措施，使可能产生的误差降低到允许的范围内，以此来保证分析测试的质量。

（一）分析误差

由于测定用的仪器及本身精度的限制，试验方法的不完善，测试环境的变化等客观因素的影响，也由于测试人员的技术水平、经验等主观因素的影响，当我们对同一试样进行多次重复测定时，测定结果总是不能完全一致；如果取已知含量的试样进行测定，所得结果也不一定与已知值相重合。说明误差是经常性地存在的。误差常常会掩盖以至于歪曲客观事物的本来面貌。如果对误差的属性及其产生的原因没有正确的认识，就会妨碍我们正确地评价样品的客观质量，有时甚至会引导我们做出错误的结论。反之，如果分析工作者清楚地了解了误差的属性及其产生的原因，掌握实验数据的科学处理方法，就能通过对大量的实验数据进行科学的处理，去伪存真，从中引出符合客观实际的正确结论。因此，对于分析工作者来说，熟悉有关误差的基本理论，掌握实验数据的科学处理方法是十分必要的。

分析误差系指测定值与真值之间的差别。根据误差的性质，可将误差分为三类，即系统误差、随机误差(偶然误差)和过失误差。

1. *系统误差*

系统误差又称为恒定误差或可测误差，是在相同条件下，对一已知量的待测物进行多次测定，测定值总是向着一个方向，也就是说测定值总是高于真实值或总是低于真实值。误差的绝对值或正负符号保持恒定，但在改变条件时可按某一确定规律变化。实验条件一经确定，系统误差就获得了一个客观上的恒定值；若改变条件，则系统误差可随之变化。

在分析测试中，引起系统误差的原因是多方面的，对具体的分析方法和步骤的误差要做具体分析。但是，一般来说，系统误差来源于所使用的仪器和试剂、操作者个人的因素和方法本身的误差三个方面。

（1）仪器和试剂引起的误差。在容量分析中，如果使用未经校正的仪器，如容量瓶、滴定管和移液管等，就可能引入误差。

试剂和蒸馏水：使用不纯的试剂和蒸馏水可能引入被测成分或干扰物质。

（2）个人操作引起的误差。由于操作不当而引起的误差成为操作误差。例如，使用没有代表性的试样、试样消化不完全；在质量分析中，称重时未经彻底冷却、干燥器的干燥剂失效或称重时吸湿等；在容量分析中，滴定条件不当、标准溶液的体积没有进行温度的校正等。产生这类误差的原因主要是操作者对操作规程不够了解或执行不严格。这类误差的性质大多是物理的而不是化学的，它们之间是互不相关的。这类误差其数值的大小因人而异，但对于同一分析者来说则往往是基本恒定不变的。

还有一类误差，不同于操作误差而称为个人误差。产生个人误差的原因，一是个人观察判断能力的缺陷或不良的习惯，例如，有的人在进行滴定时不能判断指示剂刚好变色的终点而总是略超过终点；二是来个人的偏见或一种先入为主的成见，例如，当人们进行重复滴定时，总是想使第二份滴定与前一份的滴定结果相吻合，在判断终点和滴定管的读数时就不自觉地受这种先入为主的成见所支配，因而产生这种个人误差。

上述操作误差与个人误差，其数值可能因人而异，但对同一个操作者来说基本上是恒定的，因此，也可以称为个人误差。

(3) 方法误差。方法误差是由分析方法本身固有特性所引起的，是由分析系统的化学或物理化学性质所决定的，无论分析者操作如何熟练和小心，这种误差总是难免的。有些化学分析方法误差是比较严重的，采取适当的操作技术可以减少方法误差，在一定的条件下，这种误差的数值保持一定。

方法误差的来源有：

① 反应不能定量地完成或者有副反应。

② 干扰成分的存在。

③ 在质量分析中，灼烧沉淀时部分挥发损失或称量形式具有吸湿性等。

④ 在容量分析中，滴定终点与等当点不相符。

方法误差从性质上来说不同于操作误差，前者属于方法本身的固有特性，而后者则属于操作者处理不当。例如，在质量分析中，沉淀的溶解损失属于方法误差，但洗涤不当引起误差则属于操作误差。从数值上来说，方法误差并不因人而异，但操作误差却因人而异。

前面已经叙述过系统误差的来源，现在我们进一步讨论系统误差的性质。系统误差的性质可以归纳为如下三点：

一是系统误差会在多次测定中反复出现。如果所用的仪器不准或试剂不纯，只要仍使用同样的仪器和试剂，这种误差必然反复出现；方法误差和个人误差同样反复出现。

二是系统误差具有单向性。就是说，如果测定有系统误差，则所有的测定或者都偏高，或者都偏低。

三是系统误差的数值基本是恒定不变的。如果误差来源于某一个固定的原因，这个误差的数值自然是恒定的。

既然引起系统误差的原因是可以找到的，误差数值的大小又是可以检定出来的，所以系统误差是可以校正的。

2. 随机误差

随机误差是由于在测定过程中，一系列的有关因素微小的随机波动而形成的具有相互抵偿性的误差。它决定了测定结果的精密度。在一次测定中，随机误差的大小及其符号是无法预知的，没有任何规律性，但在多次测定中，随机误差的出现还是有规律的，它具有统计规律性。

由于随机误差有大有小，时正时负，随着测定次数的增加，正、负误差相互抵偿，误差平均值趋向于零。因此，多次测定平均值的随机误差比单次测定值的随机误差小。由于随机误差的形成取决于测定过程中一系列的随机因素，这些随机因素是测试者无法严格控制的，因此，随机误差一般是不可避免的，分析工作者可以设法将它大大减小，但不可能完全消除。随机误差在过去的分析化学文献中常称为“偶然误差”。“偶然误差”这一名词常给初学者以误会，以为“偶然误差”是偶然产生的误差。其实不然，随机误差并不是偶然产生的，而是必然产生的。因此建议分析工作者不要再用“偶然误差”一词而使用随机误差这一术语。

3. 过失误差

过失误差又称粗差。过失误差是指一种显然与事实不符的误差，没有一定的规律。这类误差是由于测试人员本身主观方面的原因而产生的差错。比如测试时，数字读错，结果计算错，单位换算错等。这种过失误差在测试中是不允许存在的。要求测试人员加强工作责任心，集中注意力，仔细认真地进行试验，严防粗枝大叶，否则会造成重大损失。

无论造成过失误差的具体原因如何，只要确知存在过失误差，就应将含有过失误差的测定值作为异常值从一组测定数据中舍弃。

根据前面所述的三种类型误差的性质，我们可以认为过失误差是应该而又能避免的，系统误差是可以检定和校正的，随机误差是可以控制的。只有校正了系统误差、控制了随机误差、避免了过失误差，测定的数据才是可靠的。

（二）试验方法的质量评价

对于一个检测实验室而言，其产品就是"检测报告"。检测结果质量如何，必须有一个质量评价方法。随着检测方法的不断更新，评价方法的标准也逐步建立和完善起来。这些评价标准主要是检出限、精密度、准确度和不确定度等，可以用数值来描述，称为分析质量评价参数。国家标准 GB/T 27417—2017 合格评定　化学分析方法确认和验证指南可作为参照依据之一。

1. 灵敏度

一个方法的灵敏度是指该方法对单位浓度或单位量的待测物质的变化所引起的响应值变化的程度。因此，它可以用仪器的响应值或其他指示量与对应的待测物质的浓度或量之比来描述。一个方法的灵敏度可因实验条件的变化而改变，在一定的实验条件下，灵敏度具有相对的稳定性。在实际工作中，灵敏度通常以标准曲线斜率表示，即通过标准曲线可以把仪器响应量与待测物质的浓度或量定量地联系起来。可用式(8-1)表示标准曲线的直线部分。

$$A = kc + a \tag{8-1}$$

式中　A——仪器的响应量；

c——待测物质的浓度；

a——标准曲线的截距；

k——方法的灵敏度，即标准曲线斜率；k 越大，方法灵敏度越高。

2. 检出限

检出限是指分析方法在适当的置信水平内，能从样品中检测被测组分的最小量或最小浓度，即判定样品中被测组分的最小量或最小浓度，即判定样品中被测组分的量或浓度确实高于空白中被测组分的最低量。

一般对检出限有几种规定方法，包括气相色谱、吸光光度和一般实验等方法。在这里主要介绍一般实验法。

当空白测定次数 $n>20$ 时，给出置信水平 95%，检出限为空白值正标准差的 4.6 倍。即

$$\text{检出限} = 4.6 \times S \tag{8-2}$$

式中　S——空白平行测定正标准差。

3. 精密度

精密度是指在一定条件下对同一被测物质多次测定的结果与平均值偏离的程度。精密度是反映随机误差大小的一个量，测定值越集中，测定精密度越高；反之，测定值越分散，测

定精密度越低。

精密度常用标准差(S)来表示，可利用贝塞尔公式进行计算，即：

$$S = \sqrt{\frac{\sum_{i=1}^{n} (x_i - \bar{x})^2}{n - 1}} \tag{8-3}$$

标准差对平均值的百分数，称为相对标准偏差，用 RSD 表示，即

$$RSD/\% = \frac{S}{x} \times 100 \tag{8-4}$$

式中 S——标准差；

x_i——各单次测定值；

$\bar{x}$——多次测定值的平均值；

n——测定次数。

为了满足某些特殊需求，引进下述三个精密度的专用术语。

(1) 平行性(replicability)：平行性系指在同一实验室中，当分析人员、分析设备和分析时间都相同时，用同一种分析方法对同一样品进行的双份或多份平行样测定结果之间的符合程度。

(2) 重复性(repeatability)：重复性系指在同一实验室中，当分析人员、分析设备和分析时间中至少有一样不相同时，用同一种分析方法对同一样品进行的两次或两次以上独立测定结果之间的符合程度。

(3) 再现性(reproducibility)：再现性系指在不同实验室(分析人员、分析设备，甚至分析时间都不相同)，用同一种分析方法对同一样品进行多次测定结果之间的符合程度。

故所谓的室内精密度即平行性和重复性的总合；而所谓的室间精密度即再现性。

(4) 在测定精密度时应注意的问题。

a. 分析结果的精密度与样品中待测物质的浓度水平有关。因此，必要时应取两个或两个以上的不同浓度水平的样品进行分析方法的精密度的检查。

b. 精密度可因与测定有关的实验条件的改变而有所变动。通常由一整批分析结果中得到的精密度往往高于分散在一段较长时间里的分析结果的精密度。因此，如有可能，最好将组成固定的样品分成若干批，然后分散在一段适当长的期间里进行分析。

c. 因为标准偏差的可靠程度受测量次数的影响，因此，在对标准偏差做估计时(如确定某种方法的精密度)，需要足够多的测量次数。

d. 在质量保证和质量控制中，经常用分析标准溶液的办法来了解分析方法的精密度，这与分析实际样品的精密度可能存在一定的差异。

e. 在使用试验结果的数据时，必须注意所使用的测试方法的精密度范围，如表 8-4 中引用两组四球机抗磨性能试验结果。表面看几种不同金属根的添加剂的抗磨性能似乎有差异，殊不知四球试验方法的精密度(重复性)为 0.12mm。这两组数据均在误差范围以内，也就是说没有差别，故使用数据时，必须注意方法的精密度范围。本书在介绍各种试验方法时也特别注意这点。

表 8-4 四球机抗磨性能试验结果

金属根 / 有机酸根	A	B	C	D	E
E	0.42	0.46	0.49	0.48	0.46
F	0.51	0.53	0.50	0.54	0.56

4. 准确度

准确度(accuracy)是指在一定条件下多次测定的平均值与真值相符合的程度。

真值(μ)：真值是客观存在的，但任何测量都存在误差，故真值只能逼近而不可测知，实际工作中，往往用“标准值”代替“真值”。标准值：采用多种可靠的分析方法、由具有丰富经验的分析人员经过反复多次测定得出的结果平均值。准确度是反映系统误差大小的一个量，误差越大，说明测定越不准确，即准确度低；反之，误差越小，说明测定越准确，即准确度高。准确度可以以绝对误差(一般情况称为误差)和相对误差表示。

绝对误差(E)：表示测量值与真值之差，简称误差。

相对误差(RE)：表示绝对误差与真实值之比，常用百分率表示。

$$\text{绝对误差}=\text{测量值}-\text{真值} \tag{8-5}$$

$$\text{相对误差}=\frac{\text{绝对误差}}{\text{真值}}\times 100\% \tag{8-6}$$

E 和 RE 都有正负之分。正值表示分析结果偏高，负值表示分析结果偏低。其中 RE 能反映误差在真实结果中所占的比例，这对于比较在各种情况下测定结果的准确度更为方便，所以分析结果的准确度用 RE 表示更具实际意义。

误差值有时是正值，有时是负值。真值虽然是客观存在的，但又是我们不能直接测定出来的。通常取一个试样进行若干次测定所得的数据总是参差不齐的，怎样从这些数据中选择最佳的数值呢？通常有两个数值可供选择，即平均值或中位值。

平均值是指将测定值的总和除以测定总次数所得的商。

$$\bar{x}=\frac{x_1+x_2+x_3+\cdots+x_n}{n}=\frac{\sum_{i=1}^{n} x_i}{n} \tag{8-7}$$

x_i 代表测定值，n 代表测定次数，$\bar{x}$代表平均值。

中位值是指将一系列测定数值按大小顺序排列时的中间值。若测定次数为偶次数，则中位值为正中两个值的平均值。中位值最大优点是求法简便而又直观。

中位数与两端的数据分布无关，只有在测定数据是正常地在两端均匀地分布的情况下，它才能代表这个系列测定的最佳值。

在理想情况下，如果数据两端均匀地分布，那么平均值与中位值是相符合的。但在一般情况下，特别是测定次数较少时，平均值与中位值不完全符合。

准确度和精密度的概念不同，准确度是测试结果对真实结果的接近程度，而精密度是重复测试结果之间吻合的接近程度。为使变异性最小，我们应希望测试方法尽可能具有重复性。因准确度差，会使测试有大的偏差，即使精密度高也无济于事。所以我们要求的是两者，而且两者之间确实也有联系，即精密度(可重复性)差会导致准确度降低。

5. 测量不确定度

检测实验室用测量结果来判定被测对象的质量，但测量数据的质量用什么来判定呢？最初是用测量误差。由于真值往往是不知道的，或者是很难知道的，所以测量误差也很难知道。测量误差的定义尽管是严格的、正确的、能反映测量的质量和水平，但可操作性不强。为了对测定结果的质量有一个定量的描述，以确定其可靠程度，需要引入测量不确定度的概念(uncertainty in measurement)。

(1) 测量不确定度定义：与测量结果相关联的参数，它表征了可以合理地赋予被测量的量值分散程度。“合理”意指应考虑到各种因素对测量的影响所做的修正，特别是测量应处于统计控制状态下。所谓统计控制状态就是一种随机控制状态，即处于重复性条件下或再现性条件下的测量状态。“赋予被测量的值”意指被测量的测量结果，它不是固有的，而是人们赋予的最佳估计值。“分散程度”意指该估计值的分散区间或分散程度，而被测量的量值分布的大部分可望含于此区间内。“相关联”意指测量不确定度是一个与测量结果“在一起”的参数，在测量结果完整的表示中应包含测量不确定度。此参数可以是诸如标准差或其倍数，或说明了置信概率的置信区间的半宽度。就是说，不确定度是和测量结果一起用来表明在给定条件下对被测量的值进行测量时，测量结果所可能出现的区间。例如，在25℃时，测得某溶液的 pH 值为 5.34±0.02，置信概率为 95%。也就是说，有 95%的把握认定：在25℃时，被测溶液的 pH 值在 5.32~5.36 范围内。

因此，测量结果的不确定度是测量值可靠性的定量描述。不确定度越小，测量结果可信赖程度越高；反之不确定度越大，测量结果可信赖程度越低。

(2) 测量不确定度的来源：产生测量过程中的随机效应及系统效应均会导致测量不确定度，数据处理中的数字修约也会导致不确定度。分析测试过程中导致不确定度的典型来源如下：

a. 取样和样品的保存，取样的代表性不够和测试样品在分析前存储时间及存储条件不当均会导致测量不确定度。

b. 仪器的影响，如测量仪器的计量性能(如灵敏度、稳定性、分辨力等)的局限性会导致测量不确定度。

c. 试剂纯度，测试过程中所用的试剂及实验用水纯度、用气纯度不符合要求也会引进一个不确定度分量。

d. 假设的化学反应定量关系，分析过程中偏离所预期的化学反应定量关系，或反应的不完全或副反应。

e. 测量条件的变化，测量过程中测量条件(如时间、温度、压力、湿度等)发生变化。比如测量时使用仪器的温度与校准仪器的温度不一致等。

f. 测量方法不理想。

g. 计算影响，引用的常数或参数不准确；选择校准模型，例如对曲线的响应用直线校准，导致较差的拟合；计算时数字的修约等，均会引入较大的不确定度。

h. 空白修正和测量标准赋值的不准确，空白修正的值和适宜性都会有不确定度，这点在痕量分析中尤为重要。

i. 操作人员的影响，操作人员可能总是将仪表或刻度的读数读高或读低；还可能对方法做出稍微不同的解释。这些都会引进一个不确定度分量。

j. 随机影响，在所有测量中都有随机影响产生的不确定度。

综上所述，测量不确定度的大小与使用的基准、测试水平、测试仪器的质量和运行状态等均有关系。

（3）测量不确定度的分类和评定。随着社会的进步、国际贸易的不断扩大和科学技术的发展，测量范围不断扩大，在国民经济的各个领域中进行着大量的测量工作。测量不确定度是对测量结果质量和水平的科学表达。通过测量不确定度可以分析影响测量结果的主要因素，从而提高测量结果的质量。通过评定测量不确定度还可以评价校准方法的合理性；评价各实验室间比对试验的结果；可以知道或给出结果判定的风险。

国际计量局等七个国际组织[国际计量局(BIPM)、国际电气技术委员会(IEC)、国际临床化学联合会(IFCC)、国际标准化组织(ISO)、国际纯化学和应用化学联合会(IUPAC)、国际纯物理和应用物理联合会(IUPAP)、国际法制计量组织(OIML)]于1993年制定了与其密切关系的国际指导性的测量不确定度表示指南ISO 1993(E)(简称GUM)，在全世界推行统一评定和表示测量不确定度的方法。2019年3月15日中国实验室国际认可委员会发布了CNAS-GL006：2019化学分析中不确定度的评估指南。该指南旨在为化学检测实验室进行不确定度评估提供指导，其内容等同采用EURACHEM与CITAC联合发布的指南文件分析测量中不确定度的量化(Quantifying Uncertainty in Analytical Measurement)第三版。在我国实施GUM，不仅是不同学科之间交往的需要，也是全球市场经济发展的需要。为此，近年来国际与国内的科技文献已广泛采用不确定度概念。

不确定度分为标准不确定度和扩展不确定度，根据不确定度评定方法的不同，标准不确定度(standard uncertainty)分为：用统计方法评定的不确定度(A类标准不确定度，type A standard uncertainty)和非统计方法评定的不确定度(B类标准不确定度，type B standard uncertainty)以及合成标准不确定度(combined standard uncertainty)。

A类标准不确定度通常被认为服从正态分布规律，因此可以像计算标准差那样来计算。

B类标准不确定度通常由评定者的实践经验和学识水平来估计。

合成标准不确定度用u_C表示，则：

$$u_C = \sqrt{u_A^2 + u_B^2} \tag{8-8}$$

扩展不确定度(expanded uncertainty)为了表示测量结果的置信区间，用一个包含因子k（多数情况下k为2~3)乘以合成不确定度，称为扩展不确定度。

一个分析结果允许有多大的不确定度，一般由测试的要求、试样中所含组分的情况、测试方法的准确度以及试样中预测组分的含量等因素决定的。不确定度的大小决定了测量结果的使用价值，成为表征测量的一个重要的质量指标。

（4）测量误差与测量不确定度。区分误差和不确定度很重要，因为误差定义为被测量的测定结果和真值之差。由于真值往往不知道，故误差是一个理想的概念，不可能被确切地知道。但不确定度是可以以一个区间的形式来表示，如果是为一个分析过程和所规定样品类型做评估时，可适用于其所描述的所有测量值。因此，测量误差与测量不确定度无论从定义、评定方法、合成方法、表达形式、分量的分类等方面均有区别。测量误差与测量不确定度之间存在的主要区别见表8-5。

表 8-5　测量误差和测量不确定度的对比

内　容	测量误差	测量不确定度
量的定义	测量结果减真值	测量结果的分散性、分布区间的半宽
与测量结果的关系	针对给定测量结果不同结果误差不同	合理赋予被测量的值均有相同不确定度。不同测量结果，不确定度可以相同
与测量条件的关系	与测量条件、方法、程序无关，只要测量结果不变，误差不变	条件、方法、程序改变时，测量不确定度必定改变而无论测量结果如何
表达形式	差值，有一个符号，正或负	标准偏差、标准偏差的几倍、置信区间的半宽，恒为正值
分量的分类	按出现于测量结果中的规律分为随机误差与系统误差	按评定的方法划分为 A 类和 B 类。都是标准不确定度
分量的合成方法	为各误差分量的代数和	各分量彼此独立时为方和根，必要时引入协方差
结果的修正	已知系统误差的估计值时，可以对测量结果进行修正，得到已修正的测量结果	不能用不确定度对结果进行修正，在已修正结果的不确定度中应考虑修正不完善引入的分量
置信概率	不存在	了解分布时可按置信概率给出置信区间
自由度	不存在	可作为不确定度评定是否可靠的指标

(三) 不合格品的管理及防止误判的措施

对质量的鉴别有两种标准：一种是符合性标准，即产品是否符合规定的技术标准。这种鉴别有明确的标准可以对照，是质量检验人员及机构的经常性工作。另一种是适用性标准，即产品是否符合用户要求。用户要求往往因人、因时、因地而异，较多个性而较少共性。因此，产品质量的符合性标准和适用性标准在本质上应该是一致的，但在现实生活中这两种标准未必总能合拍。一个完全符合质量标准的产品某些用户可能会觉得并不称心如意，而一个不完全符合质量标准的产品某些用户反而觉得其性能和质量正合心意。

不合格品的管理，不但包括对不合格品本身的管理，还包括对出现不合格品的生产过程管理。当出现不合格品，应立即查明原因，如果是生产过程失控造成，则在采取纠正措施前，应暂停生产，以避免产生更多的不合格品。根据产品和质量缺陷的性质，可能还需对已生产的批次产品进行复查全检，甚至对已出厂的质量缺陷产品进行召回。

对于不合格品本身，应根据不合格品管理程序及时进行标识、记录、评价、隔离和处置。

1. 检验误差的防止

在质量检验过程中，由于主客观因素的影响，检验员的检验误差是经常发生的。为确保产品质量，在质量检验工作中，应重视检查和分析检验员的检验误差，并针对存在的问题，采取有效的防止措施，提高检验员工作质量，把好产品质量关，降低废品损失，提高企业经济效益。

质量检验员检验误差防范的方法一般有以下几种：

(1) 重复检验。由检验员本人对自己检验过的产品按照检验操作程序再重复检验 1～2 次。

（2）循环检验。由另一名或多名检验员对同一批产品进行检验。

（3）复核检验。由技术水平较高的检验员复核已经检验过的合格品或不良品，以考核检验结果。

（4）改变检验条件。检验员采用某种检测方法检验后，再采用精度较高或可靠性更好的检测手段，重新检测。

（5）建立标准品。经常用标准品做比较，以便及时发现有缺陷的产品。

2. 技术性误差的防止

技术性误差是指由于检验员缺乏检验技能而造成的误差。造成技术误差的原因有以下几个方面：

（1）缺乏必要的技术知识、生产和加工工艺知识，对生产中易出现的重要问题不了解。

（2）检验技术不熟练。不能熟练地掌握经常使用的检测设备和测试工具。

（3）缺乏检验经验。

技术性误差的防止措施是：

按照检验员技术考核标准，选择适合检验工作的人员来担任检验员。

组织检验员技术业务学习，不断提高技术业务水平，使之胜任检验工作。

经常对检验员进行技术考核及工作质量考核，合格者才可以从事检验工作。

对身体情况与技术业务水平低的不宜做检验工作的专职检验员，可调离做其他工作。

经常总结与推广检验工作经验，提高检验人员的工作水平。对厂内出现的典型错检、漏检问题，组织检验人员进行讨论分析，找出产生的原因，提出防止再发生的措施。

3. 大意性误差的防止

由于检验员大意而造成的检验误差叫大意性误差。产生这种误差有以下原因：

（1）由于检验项目的精度要求高，检验员精神过于紧张。

（2）生产任务重、时间紧，车间或生产调度员催检时，检验员经验不多或责任心不强。

（3）检验员情绪不好。

（4）检验员在检验工作中抱着满不在乎的态度。

防止大意性误差，常采用以下一些措施：

（1）把复杂的检验内容化为简单的检验内容。

按照相关与检验的先后顺序把复杂的检验项目划分为若干个检验程序，每个程序的检验内容就较简单了，不会由于检验员手忙脚乱而造成检验误差。实践证明，对同一个检验员，检验的质量特性少，操作过程又简单时，发生大意性误差就较少；相反则大意性误差较多。

（2）采用不易出差错的检验方法。

（3）加强企业管理和实现均衡生产。

（4）采用自动化检验装置。

（5）采用标准件或标准样品。

（6）采用通用或专用量、检具。

（7）合理安排检验员的工作时间。

检验员连续工作时间过长会因疲劳而产生误检、错检。因此需要规定合理的间歇时间。

（8）保持检验工作场所的良好工作程序。

有些复杂的检验项目，需要在较安静的环境下检验，因此，保持工作场所良好的秩序是提高检验工作效率和防止检验误差的有效措施之一。

4. 明知性误差的防止

(1) 管理方面。企业要同时完成产量、质量、品种、交货期和利润等多项考核指标。当生产计划拖期或不能按时完成交货任务时，生产主管或生产部门往往突出完成产量任务，而不严格执行质量标准，个别检验人员看主管脸色行事，犯了明知故犯的错误。

有的企业把检验人员与车间生产工人的奖励捆在一起，车间完成产品质量指标有奖，检验人员也有奖；否则既扣生产车间的奖金，也扣检验员的奖励。因此，有的检验员为了得到奖励而放松了质量标准。

当检验员与车间或生产工人因产品质量问题而发生争执时，有关部门或主管没有支持检验员的正确意见，检验员无可奈何，尽管中间品或产品不合格，也只好当成合格品放过下道工序或出厂。

采取某些欺骗手段。在验收或产品质量检验中，有的企业在产品质量上弄虚作假，有的检验人员为了讨好主管或得到某些好处而参与弄虚作假活动。

(2) 检验人员方面，检验人员犯的明知故犯错误，原因是多方面的：

① 对产品质量重视不够，私自放宽标准。

② 怕得罪人。

③ 工作不负责任，漫不经心。

④ 在检验中，为减少检验工作量，未按照质量控制要求检验。

⑤ 不执行检验规程，私自减少操作步骤；对规定抽检的特殊技术要求，怕费事就不做检验。

⑥ 奖励办法不合理，影响检验员的工作情绪。

(3) 防止明知故犯性检验误差可采取以下措施：

① 企业各级主管增强质量意识，采取措施从管理上消除检验员明知故犯性误差。

② 建立与健全企业各类人员的质量责任制和相应的工作标准，明确各类人员的责任和权限。

③ 详细规定检验员的职责、权限。

④ 由经过培训的办事公正、坚持原则的人担任检验员。

⑤ 对质量检验员经常进行检验业务知识、工作能力及执行标准的考试或考核。考试或考核不合格者，及时调离检验工作岗位。

⑥ 制定合理的检验人员奖励标准。检验人员的奖励，主要以其工作量的大小，错、漏检情况等为依据。其奖励标准应不低于同工种工人平均奖励水平。

⑦ 发现检验员出现明知故犯性误差，应立即进行处理。

(四) 实验室的能力评价

实验室间比对的能力验证用于确定实验室对特定测试或测量的实施能力，并监测实验室的持续执行能力。参加者使用比对指定的方法，且该方法与参加者日常使用的一致，这样的比对才有验证效果。

实验室间比对的组织协调者应有文件化的准则来处理对能力评价可能不适合的检测结果。能力验证报告的内容应清晰和全面，并包括所有实验室结果分布的数据，以及参加者能力的说明。

(1) 参加实验室代码和检测结果;

(2) 统计数据和总览,包括参比值和可接受结果的范围;

(3) 用于确定参比值的程序;

(4) 参比值的溯源性和不确定度的细节;

(5) 其他参加实验室所用的检测方法/程序确定的参比值和总计统计量(若不同的实验室使用不同的方法);

(6) 对实验室能力的评价;

(7) 用于对数据做统计分析的程序;

(8) 适当时,提出解释统计分析的建议。

对于定期实施的一些计划,简单的报告可能已经足够,因此日常报告中可省去以上所列的部分内容,但在阶段性总结报告中和参加者有要求时报告应至少包含以上所列内容。

对于实验室能力验证结果未达到满意的参加者,应认真从人、机、料、法、环方面查找原因,建议使用8D问题解决方法,形成8D报告。

最早8D问题解决法分为8个步骤,但后来又加入了一个计划的步骤D0。8D问题解决法依照PDCA的循环,其做法如下:

D0:计划。针对要解决的问题,确认是否要用到8D问题解决法,并决定先决条件。

D1:组建负责解决问题的小组。问题的关联部门都是团队的成员之一。

D2:问题描述。问题的描述要说清楚,依照5W3H原则,何人(Who)、何物(What)、何地(Where)、何时(When)、为何(Why)、如何(How)、多少钱(How much)及多少数量(How many),并附加照片图示。

D3:短期应急措施。一般是先解决客户抱怨,维持客户正常生产为主。

D4:确定并核实根本原因,并且找到为何在问题发生后没有注意到有问题。所有的问题原因都需要经过确认或是证实,不只是单纯头脑风暴的结果。可以用五问法或是鱼骨图法多方面分析。

D5:选择长期纠正措施。针对以上原因纠正。

D6:实施长期纠正措施。执行以上措施。

D7:防止问题再发生采取的措施。必要的需要书面化、标准化。

D8:问题解决。一般是在适当的时间内追踪结果,确认所有行动都已完成。同时表扬小组成员的工作付出及所取得的成效。

三、实验室的规范化管理

(一) 设备仪器管理

实验室使用的仪器设备和药品试剂种类繁多,应由专人负责请领,采购、保管和维护,统一建账,账目清楚,做到名称、规格、数量、单价准确,根据特性维护、保管,并使设备经常处于完好备用状态。实验室的仪器设备的管理要求:

(1) 实验室仪器设备应建立仪器设备档案,有性能状态标识,按规定的化验项目定位摆放,做到仪器设备配套齐全,严禁挪作他用。

(2) 计量器具检定证书应妥善保管;低温温度计应存放在阴凉处或冰箱内;小件贵重仪

器要专柜加锁保管。

(3) 仪器设备应按说明书要求定期检修保养，仪器检修情况应记入仪器设备档案，并妥善保管。

(4) 仪器设备的技术性能无法修复时，可降级使用或办理报废手续。严禁擅自报废仪器。

(5) 精密仪器安放的房间应符合该仪器的要求，以确保仪器的精度及使用寿命。做好仪器室的防震、防尘、防腐蚀工作。

(6) 建立专人管理责任制，设备仪器的名称、规格、数量、单价、出厂、购置的年月、使用和维修情况都要登记准确。做到一机一档。大型精密仪器每台建立的技术档案中，内容包括：

① 仪器说明书、装箱单、零配件清单；

② 安装、调试、性能鉴定、验收记录；

③ 使用规程、保养维修规程；

④ 使用登记本、检修记录。

大型仪器使用、维修应由专人负责，使用维修人员经考核合格方可独立操作使用。如确需拆卸、改装应有一定的审批手续。

(二) 标准化管理

为促进技术进步、改进产品质量，我国于 1988 年颁布了《中华人民共和国标准化法》，我国的标准分为国家标准、行业标准、地方标准和企业标准。国家标准分为强制性标准和推荐性标准。强制性标准有药品标准、食品卫生标准、兽药标准、各项安全卫生标准、环境保护的污染物排放标准及国家需要控制的通用的试验、检验方法标准。对于强制性标准，任何单位和个人都必须严格执行，不符合标准的产品禁止生产、销售。

实验室的分析测试工作所涉及的标准可分为 3 类。

1. 综合标准

综合标准包括质量控制和技术管理标准。如：GB/T 1. 1—2020 标准化工作导则　第一部分：标准化文件的结构和编写规则；GB/T 6682—2008 分析实验室用水规格和试验方法；GB/T 27025—2019 检测和校准实验室能力的通用要求；GB/T 601—2016 化学试剂标准滴定溶液的制备等。

2. 产品标准

产品标准包括各种被分析的产品的技术条件、分级及质量指标。

3. 分析方法标准

这类标准有基础标准与通用方法。如化工产品的密度、相对密度测定通则，化工产品中水分含量的测定等及各种仪器分析法通则。更大量的是各种产品如钢铁、有色金属、水泥、各种无机及有机化工产品的分析方法。

我们国家鼓励采用国际标准和国外先进标准。国际标准化组织(ISO)及美国、日本、英国、德国等国都颁布很多标准分析方法，需要时可参考。

标准方法并不一定是技术上最先进、准确度最高的方法，而是在一定条件下简便易行，又具有一定可靠性、经济实用的成熟方法。

4. 标准的时效管理

随着技术的进步、产品的升级，试验方法标准和产品标准的发展总是落后于实际需要，各种标准每年都有一定的淘汰和更新时间，标准化组织每隔几年对已有的标准进行修订，颁布一些新的标准。因此使用标准方法时要注意是否已有新的标准替代了旧标准。

无论是实验室测试产品性能还是第三方专业检验机构检验，都应该关注测试方法标准的更新，及时了解更新后的标准与上一版标准的内容变化。除了 OEM 产品等客户指定的方法号及标准的年号外，在日常的检验中需确保使用的测试标准是最新有效版本，并及时执行新标准。

标准更新时起草单位也会考虑到方便使用者快速了解内容变化。我国国家标准会在前言列明新版与上一版相比主要技术变化。如 GB/T 11145—2014《润滑剂低温黏度的测定　勃罗克费尔特黏度计法》的前言列明了与上一版 1989 版相比主要技术变化。

该标准代替 GB/T 11145—1989 车辆流体润滑剂低温黏度测定法(勃罗克费尔特黏度计法)，与 GB/T 11145—1989 相比主要技术变化如下：

——本标准名称由《车辆流体润滑剂低温黏度测定法(勃罗克费尔特黏度计法)》修改为《润滑剂低温黏度的测定　勃罗克费尔特黏度计法》；

——方法 A 适用的黏度测试范围由"1000～1000000mPa・s"修改为"500～900000mPa・s(见第 1 章和 1989 版的第 1 章)"；

——方法 A 适用的温度范围由"-40～-5℃"修改为"在黏度计允许的低温范围内(见第 1 章和 1989 版的第 1 章)"；

——方法 A 增加了绝热的 4B2 号心轴、Tannas4 号玻璃复合心轴和碳质复合心轴 3 种心轴(见 5.2.2)；

——方法 A 增加了使用空气冷浴-恒温液体浴和程序降温液体浴的操作步骤(见 5.2.8、5.4.3b 和 5.4.3c)；

——方法 A 中使用的试管由"内径为 22～23mm，全长为 128～130mm，离底部 70mm 处有环状标线"修改为"玻璃试管，内径为 22.0～22.5mm，全长为(115±5)mm，有环状刻线"(见 5.2.3 和 1989 版 4.1.4)；

——方法 A 中试样准备要求由"50℃恒温水浴放置 0.5h"修改为"试管中黏度小的液体试样预热到(50±3)℃，恒温(30±5)min。对于试管中黏度大的液体试样预热到(90±3)℃，恒温(30±5)min"(见 5.4.2c 和 1989 版 7.3)；

——方法 A 统一测试时间限制，"黏度计心轴开始转动后，应在 60s 内完成测试(大于 150000mPa・s 的试样不超过 90s)"(见 5.4.5g)。

国外标准如 ASTM 标准，标准更新的主要技术变化通常不像我国的国家标准出现在前言而是出现在文末。ASTM D1401—18 Standard Test Method for Water Separability of Petroleum Oils and Synthetic Fluids 在标准文末列明与上一版 12 版的标准变化。

SUMMARY OF CHANGES

Subcommittee D02. C0 has identified the location of selected changes to this standard since the last issue（D 1401－12$^{\varepsilon 1}$）that may impact the use of this standard.（Approved March 1，2018.）

（1）Added new Terminology section；added Terminology D4175 to Referenced Documents.

(2) Revised subsection 11. 1. 3.

(3) Revised subsections within 11. 3, including adding new Note 3 and Note 5.

实验室的标准化管理有一项重要的任务就是要及时更新标准。要有专人负责，及时查阅标准文献，联系相关部门，获得新标准的信息和资料，及时跟进应用。

(三) 计量器具的校准

计量器具是指能用以直接或间接测出被测对象量值的装置、仪器仪表、量具。定期校验计量器具已纳入国家法规。我国计量法规定，对计量标准器具及用于贸易结算、安全防护、医疗卫生、环境监测方面的工作计量器具由计量部门进行强制检定，未按规定申请检定或检定不合格的不得使用。

例如，石油产品闪点测定所用的温度计属于强制检定，因该项目结果涉及安全使用用途；石油产品密度计属于强制检定，因该项目结果涉及灌装重量和体积的换算，属于贸易结算用途。

我们常说计量器具检定、标定、校准、校验，为了更好地规范计量器具的管理，对这几个概念需进行理解和区分。

检定：由法制计量部门或法定授权组织按照检定规程，通过实验，提供证明来确定测量器具的示值误差满足规定要求的活动。也就是说检定必须到有资格的计量部门或法定授权的单位进行。

根据我国现状，多数生产和服务组织都不具备检定资格，只有少数大型组织或专业计量检定部门才具备这种资格。

标定：是属于测量，对测试设备的准确度和精度进行复核，并及时对误差进行消除的动态过程。

校准：在规定条件下，为确定计量仪器或测量系统的示值，或实物量具或标准物质所代表的示值，分别采用精度较高的检定合格的校准设备和被计量设备对相同被测量物进行测试，得到被计量设备相对标准设备误差的一组操作，从而得到被计量设备的示值数据的修正值。

校验：在没有相关检定规程或校准规范时，按照组织自行编制的方法实施量值传递溯源的一种方式。主要用于专用计量器具或准确度相对较低的计量器具及试验的硬件或软件。

检定、校准、校验的一般使用选择方式：

(1) 属于国家强制检定的，送检定；

(2) 国家强制检定目录外，但有 JJG(计量检定规程)或 JJF(计量技术规范)的，送检定/校验，或企业具备标准设备、器具及校准方法，可进行自行校准；

(3) 无 JJG(计量检定规程)和 JJF(计量技术规范)的，自行校验。

应选购质量好的计量器具并定期校验，即使实验室最常遇到的玻璃量器，如滴定管、容量瓶等，也应如此。

(四) 实验室操作及测定规程

实验室操作的含义包括实验设备的清洁维护、玻璃仪器的清洗方法、各种合乎要求的操作等，对试剂、样品制备，通用仪器的操作与校准、测试数据处理、安全注意事项等应写成文，明确要求达到的目标。

1. 建立各种仪器设备的操作规程

为了确保各个项目、各个操作程序有依可循。比如，分析测定规程是在分析化学理论指导下，在测试方法的框架下，对人工操作经验进行总结并经过实践检验的实验操作。规范的化验操作是化验数据准确可靠的有力保证。

2. 提高实验室操作人员的技术素质

提高实验室操作人员的技术素质，必须做到：

一是加强理论学习，不断提高操作技能。化验操作程序是化验人员在理论和实践工作中总结出来的，如仅满足于操作步骤的熟练，最多只是一台化验的机器。只有充分了解掌握化验分析原理，知其然亦知其所以然，才能提高化验人员的化验水平，才能在操作的过程中及时发现问题、解决问题。应通过实验室每周的班组学习时间，采取集中阅读、讨论的方式，进行化验理论知识的学习，不断提高化验人员的理论知识。

二是注重日常的操作练习，在日常的检测当中，化验人员相互监督帮助，对不正确不规范的操作及时提出，及时改正，让每位化验员都能以化验操作标准进行操作。通过日常的练习学习，使化验人员在操作技能上相互帮助、你追我赶、精益求精，不断提高实验室的整体操作水平。

3. 加强现场管理

按照现场管理标准，应规范实验室物品、工器具、设备设施、仪器仪表的摆放、使用，强化现场环境卫生的管理。一是加大投入，不断改善硬件设施。二是认真落实现场管理标准。把所有工作区域分区划分到人头，每个人负责一片“责任田”，保证所负责区域的设施整洁、干净、无灰尘。真正做到门、窗、窗台、办公桌、操作台、设备及地面整洁、干净、明亮，物品摆放有序、定置管理。

（五）标准物质、试剂、样品的管理

1. 标准物质的管理

这里标准物质的管理包括实验室所用的标准物质、基准试剂、标准样品的管理。

（1）实验室管理人员对所购置标准物质的有效证明、品种、数量、有效期进行验收，验收合格者登记入库，对不合格的标准物质，采取退货或索赔措施，严禁不合格标准物质入库。

（2）标准物质应登记目录、专人管理。

（3）所有标准物质均应具有相应证书，实验室管理人员负责证书的管理工作。

（4）建立标准物质记录，包括名称、规格、特性值、有效期、证书及失效处理等。

（5）使用人应保证标准物质的完整无损，用后立即放回原处，并填写标准物质使用记录。

（6）标准物质使用前，必须检查其是否在合格或准用有效期内。

2. 试剂的管理

（1）化学试剂应有专人管理，库房要保持阴凉、干燥、整洁、通风。

（2）化学试剂应按特性分类存放。互相接触禁忌的化学试剂，不能存放一起。

（3）易挥发，易燃烧试剂必须密封存放在阴凉处，易吸水（如氯化钙等）和易失水（如硼砂等)试剂，必须密封存放。

(4) 怕光的试剂(如硝酸银等)要放棕色瓶内，密封存放于暗处。

(5) 剧毒化学试剂要锁入柜内，双人双锁，账料相符。

(6) 定期检查化学试剂，超期失效试剂要妥善处理，严禁乱倒乱放、污染环境。

3. 样品的管理

样品的代表性、有效性和完整性将直接影响检测结果的准确度，因此必须对样品的取样、储存、识别以及样品的处置等各个环节实施有效的控制，确保检验结果准确、可靠。

(1) 取样人员应根据取样频次到规定取样点按规定操作取样，应保证样品的代表性、有效性。贴好标签，标签信息包括样品名称、生产批号、采样点、采样顺序描述、采样人、采样时间、备注等。

(2) 实验室接收样品时应核对样品标签信息，立即看样品的外观、颜色等情况，登记样品。如有异常及时向上级管理者报告并与取样人员核实情况。必要时，需再次采样。

(3) 样品在不同的试验状态，或样品的接收、流转、储存、处置等阶段，应根据样品的不同特点和不同要求，做好标识的转移工作，以保持清晰的样品识别号，保证样品及分析结果的可追溯性。

(4) 实验室应有专门且适宜样品储存的场所，配备样品架。样品应分类存放，标识清楚。样品储存环境应安全、清洁干燥、无腐蚀。

(5) 应建立严格的储存样品管理制度。对在储存期的样品调出，要履行有关管理规定，否则严禁取出进行测试或做他用。因为储存样品在仲裁检验、监督抽查、客户申诉等方面的后续工作起到至关重要的作用。

(6) 储存样品的容器应密封，材料稳定不与样品发生反应，易于观察储存过程样品稳定性情况。

(7) 储存期到期的样品，在处置样品前先观察样品储存稳定性，包括外观(颜色是否异常、外观是否混浊、是否有沉淀析出等)、气味等。如有异常，及时上报并查找异常原因。

(六) 数据记录与报告管理

1. 实验室的数据记录

记录是为已完成的活动或达到的结果提供客观证据的文件。记录的作用主要是为检测工作的质量效用提供客观证据，为预防和纠错溯源提供依据。

(1) 记录的基本要求：

检测测试过程的基本步骤和依据；

参加检测人员的资格；

检测使用的仪器设备及场地；

检测实验环境条件；

检测分析的数据；

检测分析结果的判断；

检测实验的结论等。

(2) 记录种类：凡对检测工作质量和质量体系运行有效性有关的、需要证实的所有方面，都必须认真做好记录。与检测质量有关的记录分为技术记录和质量记录两类。

① 技术记录。技术记录是进行检测所得数据和信息的积累。包括检测过程的原始记录、导出数据(简称原始记录)、合同、任务单，以及与检测工作相关的技术方案、采样点设置图等说明资料。

② 质量记录。质量记录是客观反映质量或质量体系运行过程的信息载体，主要包括质量体系内审和质量管理评审的记录与报告、质量监督、仪器设备运行检查、仪器设备和计量标准档案、人员培训记录档案、申诉以及纠正措施或预防措施等。

(3) 记录管理：

所有的记录必须指定专人负责管理；

制订各类记录的保存期限；

涉及客户的记录应制定保密措施，以保护客户信息和所有权；

记录应保存在适宜的环境及设施中，有效防止污损、变质、虫蛀和丢失；

记录的维护管理、查阅或借阅应符合保护客户信息和所有权程序要求；

超过保管期限的记录，由管理人员造册，经批准后，按有关程序予以处理。

(4) 检测原始记录规范化：原始记录是编制检测报告的主要依据，也是必要和可能时再现试验的依据，因此必须记录完整、真实、清楚，对涂改应做出统一规定。原始记录除试验数据和观察记录外，还要对所用仪器设备、标准物质、环境条件、试验参数、样品编号及其状态、测试过程中的异常现象进行如实记录。

检测原始记录是检测工作活动轨迹的客观证据，是形成检测报告的原始凭证，因此必须规范化，原始记录信息要完整。

① 原始记录应包括以下内容：

检测的方法依据；

使用的仪器设备名称、型号及编号；

检测时的被测样品标识；

检测时的环境条件；

检测观察结果、数据及其计算；

检测人员和复核人员签字；

其他必要的说明。

② 原始记录填写人员应准确、规范、完整、客观地记录相关内容，不得使用铅笔书写。

③ 原始记录因笔误或计算错误需要更改时，应按规定的程序进行修改。如画去原数据，在其右上方写上正确数据，并有更改人的签章。

④ 正确使用法定计量单位。

⑤ 使用统一格式的原始记录。

2. 实验室的检测报告

检测报告是检测机构向客户提供的最终产品，也是检测机构工作质量的最终体现，因此检测机构应准确、清晰和客观报告进行的每一项检测结果。

(1) 检测报告基本要求：

检测报告的编制应符合国家有关法律法规及检测机构所建立的质量体系文件的规定；

报告中所使用的术语、定义应与现行有效的国家标准、技术规范一致；

使用法定计量单位；

检测数据的处理与表达方式应与现行有效的国家标准、技术规范一致；

负责人签名或加盖相关的印章；

若有分包项目应注明，必要时可详细说明。

(2) 检测报告内容。检测报告应包括以下信息：

① 标题；

② 检测机构名称、地址及联系电话；

③ 检测报告唯一性标识，报告总页数及页码；

④ 客户的相关信息；

⑤检测样品的描述说明和明确标识；

⑥ 检测样品的特性及状态；

⑦ 检测方法技术依据及说明；

⑧ 检测仪器设备及检测环境条件；

⑨ 检测的结果，并适当辅以表格或简图加以说明；

⑩ 报告批准(或经授权)人、审定人(适用时)、审核人、编制人的签字或等同的标识；

⑪ 报告的有效性声明；

⑫ 对估算的检测结果不确定度的说明(适用时)；

⑬ 特定方法、客户要求附加的信息(适用时)。

(3) 检测报告审核与签发。

① 报告审核：检测报告在签发前必须进行校对和审核。校对主要是对数据转移、计算处理及报告内容差漏进行校对；审核是对报告的完整性、项目的齐全性、依据的正确性以及结论的正确性进行审查，审查内容包括：

检测所依据的标准、方法、指导书的有效性；

检测所依据方法、仪器设备、环境条件选用、数据计算以及所有文字、符号、计量单位的正确性；

报告的检测结果与检测原始记录的一致性；

报告内容及其档案的完整性；

报告结论的正确性及报告编制的规范性。

② 报告签发：有关人员从报告编制、审核到发布或传递检测报告均应遵循保护客户信息和所有权程序的相关规定。

报告由检测机构的负责人或其授权签字人签发，对于授权签字人应满足以下要求：

相应授权签字领域的资格和经验；

参与监督日常报告产生的关键过程；

熟悉检测标准与检测程序(包括理论基础知识和技术领域的实际能力)；

能对检测结果进行科学的分析评价；

熟悉质量标准体系的知识；

熟悉实验室的有关要求；

参与实验室工作，熟悉实验室质量体系和业务工作的开展。

(4) 检测报告更改：检测报告的更改是指对检测机构已签发批准送达客户后，因出现下列原因之一需要对检测报告进行的更改或补充。

① 发现检测报告对应的检测仪器设备出现问题，且已影响到该检测报告所涉及的检测结果；

② 发现由于采用了不正确或不完善的检测方法，导致检测结果有误；

③ 发现出具的检测报告有其他错误；

④ 为满足客户的合理要求。

报告的更改可采用以下方式：

发布一个新的检测报告，以替代原检测报告。新报告应有新的编号，并标明替代的旧报告号；

以“报告的更改或补充的通知”的形式通知客户（尤其是采用电子传输时），应统一编制这种文件格式。

（5）检测报告结论评价用语模式的建立：

① 所检项目全部合格。

模式：该样品所检项目符合 GB×标准。

② 所检项目少数不合格。

模式：该样品所检项目中×不符合 GB×标准，其余项目合格。

③ 所检项目全部不合格。

模式：该样品所检项目不符合 GB×标准。

④ 所检项目少数合格。

模式：该样品所检项目中×符合 GB×标准，其余项目不合格。

⑤ 参照标准评价。

模式：参照 GB×标准，该样品所检项目……

四、实验室的安全管理

实验室是通过各类化学试剂及相关辅助电气设备实现和完成试验全过程的场所。检测实验室客观潜藏的危险性因素主要有：化学药品中毒、火灾、爆炸、触电、外伤、辐射等。因此实验室的工作人员必须有充分的安全意识、丰富的防护救护知识和实验室安全的责任感。

需制定实验室安全管理规范，明确实验室潜在的主要危险因素，培养良好的安全意识；掌握化学药品的安全储存方法，熟悉常用危险品的毒性及防护方法；掌握实验室防火、防爆、防触电、防外伤及相关急救知识；对实验室产生的废弃物进行适当处理，培养良好的职业道德和强烈的环保意识。

（一）化学药品的安全管理与使用

在使用化学药品之前，必须对其安全性能，如是否易燃易爆、是否有腐蚀性、是否有毒、是否有辐射性、是否有致癌性等有一个全面了解。这样在使用时才能有针对性地采取适当的安全防范措施，以免由于使用不当对实验室人员、设备、财产、声誉等造成危害和影响。

危险化学品的定义：具有毒害、腐蚀、爆炸、燃烧、助燃等性质，对人体、设施、环境具有危害的剧毒化学品和其他化学品。

危险化学品确定原则：根据化学品分类和标签系列国家标准，从化学品28类95个危险类别中，选取了其中危险性较大的81个类别作为危险化学品的确定原则。符合确定原则的化学品即为危险化学品，未列入《危险化学品目录》的化学品并不表明其不具有危险性。

1. SDS(化学品安全技术说明书)管理

GB/T 16483—2008 化学品安全技术说明书内容和项目顺序明确了化学品安全技术说明书(safety data sheet for chemical product，SDS)按照16部分提供化学品的信息，提供化学品(物质或混合物)在安全、健康和环境保护等方面的信息，推荐防护措施和紧急情况下的应对措施。在一些国家，化学品安全技术说明书又被称为物质安全技术说明书(material safety data sheet，MSDS)。检验人员使用化学品之前，必须经过SDS培训并需知晓该化学品的安全特性。

(1) SDS包含16部分的内容如下：

化学品及企业标识；危险性概述；成分/组成信息；急救措施；消防措施；泄漏应急处理；操作处置与储存；接触控制和个体防护；理化特性；稳定性和反应性；毒理学信息；生态学信息；废弃处置；运输信息；法规信息；其他信息。

(2) 润滑油企业对SDS管理简述如下：

① 新的原材料引进时，从供应商处取得SDS。要求供应商SDS更新时应及时提供。

② 新员工入职时应经过SDS通用知识的培训并确认其掌握。

③ 在接收和使用每一种新的物料之前，应看过SDS，了解危害特性，清楚储存、运输和操作使用过程安全要求。

④ 清楚危险化学品和危险货物的分类和标识标准，理解原料外包装上标识的含义。

2. GHS(化学品分类及标记全球协调制度)介绍

GB 13690—2009 危险品分类和危险性公示通则对应于联合国《化学品分类及标记全球协调制度》(GHS)第二修订版，与其一致性程度非等效，其有关技术内容与GHS一致。

《全球化学品统一分类和标签制度》(GHS)由国际劳工组织(ILO)、经济合作与发展组织(OECD)、联合国危险物品运输专家委员会(UNCETDG)联合制定，指导各国控制化学品危害和保护人类健康与环境的规范性文件，旨在统一各国化学品分类和标签制度。联合国经济和社会理事会的全球协调制度专家分委员会(SCEGHS)2003年发布第一版，以后每两年修订一次，GHS的目标是识别化学物质和混合物的危害与供应链中向下游传递这些危害信息，包括两个部分内容：一是分类制度，二是危害信息公示。

(1) GHS危害分类：按照《全球化学品统一分类和标签制度》(GHS)将化学品的危害大致分为3大类28项：

① 物理危害(如易燃液体、氧化性固体等16项)：爆炸物、易燃气体、易燃气溶胶、氧化性气体、压力下气体、易燃液体、易燃固体、自反应物质或混合物、自燃液体、自燃固体、自热物质和混合物、遇水放出易燃气体的物质或混合物、氧化性液体、氧化性固体、有机过氧化物、金属腐蚀剂。

② 健康危害(如急性毒性、皮肤腐蚀/刺激等10项)：急性毒性、皮肤腐蚀/刺激、严重眼损伤/眼刺激、呼吸或皮肤过敏、生殖细胞致突变性、致癌性、生殖毒性、特异性靶器官系统毒性——一次接触、特异性靶器官系统毒性——反复接触、吸入危险。

③ 环境危害(如，水、臭氧层等2项)：危害水生物、危害臭氧层。

（2）危害信息公示：GHS 制度采用两种方式公示化学品的危害信息：化学品安全技术说明书和安全标签（简称“一书一签”）。

① 安全标签。GHS 的标签包含以下几种要素：象形图、警示词、危险性说明、防范说明、产品标示、供应商标示等。安全标签编写需参考《化学品安全标签编写规定》（GB 15258—2009）。

② 化学品安全技术说明书（SDS）。SDS 包括 16 大项内容如前面所述。

SDS 编写需参考 GB/T 16483—2008 化学品安全技术说明书内容和项目顺序、GB/T 17519—2013 化学品安全技术说明书编写指南两项国家标准，GB/T 17519 对 SDS 中每一项信息的编写都做了指导并附有样例，标准最后附有查询资料的数据源链接。

③ GHS 警示词和象形图。

警示词：只标示两个中的一个：危险　警告。

象形图：共九个，以下为象形图的详细说明：

名称（符号）	腐蚀性	气体罐	骷髅
象形图	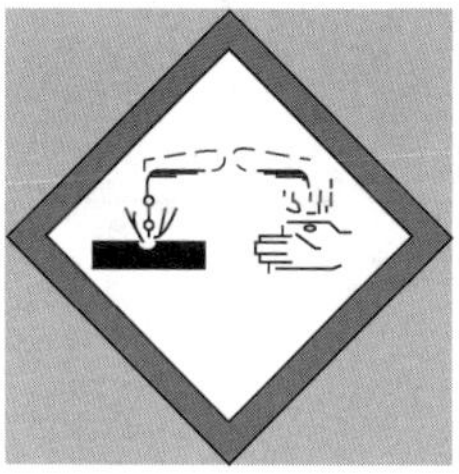	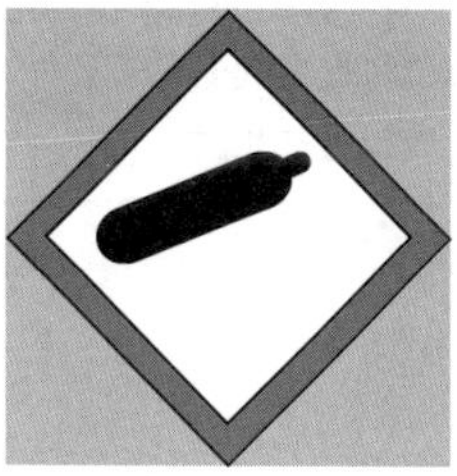	
使用这种图形表示的危害性类别	金属腐蚀物 皮肤腐蚀/刺激 对眼有严重的损伤、刺激性	压力下气体	急性毒性/剧毒
名称（符号）	感叹号	环境	健康危害
象形图			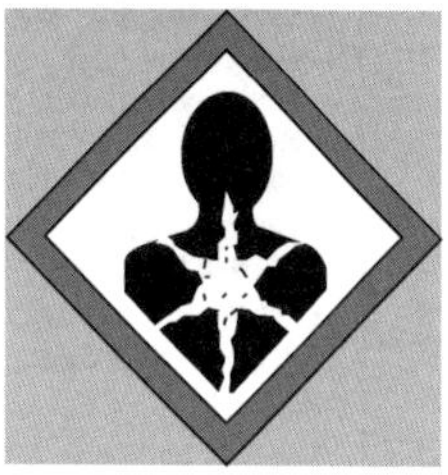
使用这种图形表示的危害性类别	急性毒性/剧毒 皮肤腐蚀性、刺激性 严重眼睛损伤/眼睛刺激性 引起皮肤过敏 对靶器官、全身有毒害性	对水生环境有害性	引起呼吸器官过敏 引起生殖细胞突变 致癌性 对生殖毒性 对靶器官、全身有毒害性 对吸入性呼吸器官有害

续表

名称(符号)	火焰	火焰包围圆环	引爆的炸弹
象形图			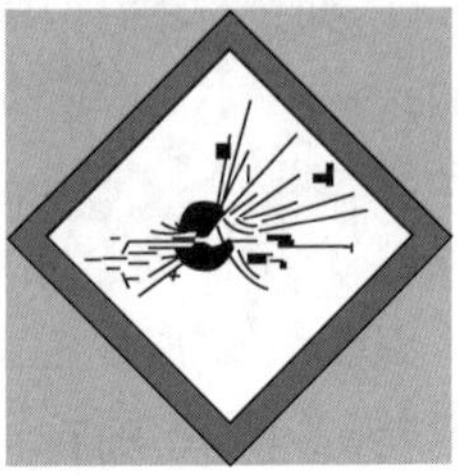
使用这种图形表示的危害性类别	可燃性气体、易燃性 易燃性压力下气体 易燃液体 易燃固体 自反应化学品 自燃液体和固体 自热化学品 遇水放出可燃性气体化学品 有机过氧化物	助燃性、氧化性气体类、氧化性液体、固体	火药类 自反应性化学品 有机过氧化物

（3）如何读懂 GHS 标签。

安全标签样例

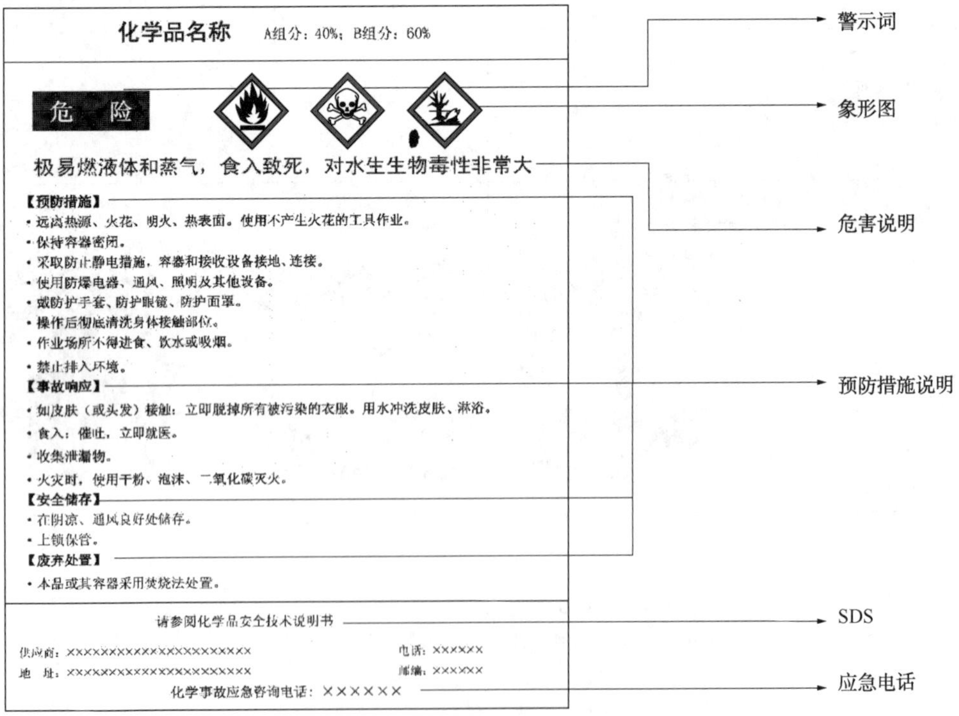

（二）有害化学物质的处理

实验室需要排放的废水、废气、废渣称为实验室“三废”。

由于各类实验室测定项目不同，产生的“三废”中所含化学物质的毒性不同，数量也有很大的差别。为了保证化验人员的健康及防止环境污染，实验室“三废”的排放应遵守我国环境保护法的有关规定。

1. 废气

我国国家标准 GB 16297—1996 大气污染物综合排放标准规定了 33 种大气污染物的排放限值，其指标体系为最高允许排放浓度、最高允许排放速率和无组织排放监控浓度限值。适用于污染源大气污染物排放管理，以及建设项目的环境影响评价、设计、环境保护设施竣工验收及其投产后的大气污染物排放管理。该标准设置下列三项指标：

（1）通过排气筒排放废气的最高允许排放浓度。

（2）通过排气筒排放的废气，按排气筒高度规定的最高允许排放速率。任何一个排气筒必须同时遵守上述两项指标，超过其中任何一项均为超标排放。

（3）以无组织方式排放的废气，规定无组织排放的监控点及相应的监控浓度限值。

无组织排放是指大气污染物不经过排气筒的无规则排放。低矮排气筒的排放属有组织排放，但在一定条件下也可造成与无组织排放相同的后果。

实验室废气处理方法初步来说是：产生少量(在最高允许排放浓度内)排放气体的实验应在通风橱内进行，通过排风排到室外(使排出气在外面大量空气中稀释)，避免污染室内空气。通风橱排气口应以保证对外排气不影响附近居民身心健康为原则，排气口朝向应避开居民点并有一定高度，使之易于扩散。

排放气体量大(超过最高允许排放浓度)的实验必须配置吸收或处理装置。如二氧化碳、氧化氮、二氧化硫、氯气、硫化氢、氟化氢等可用导管通入碱液中。

实验室废气处理主要方法：

（1）吸收法：指的是采用合适的液体作为吸收剂来处理废气，达到除去其中有毒害气体的目的的方法。一般分为物理吸收和化学吸收两种。比较常见的吸收溶液有水、酸性溶液、碱性溶液、有机溶液和氧化剂溶液。它们可以被用于净化含有酸雾、汞蒸气、各种有机蒸气和沥青烟等废气。

（2）固体吸附法：指的是先让废气与特定的固体吸收剂充分接触，通过固体吸收剂表面的吸附作用，使废气中含有的污染物质(或吸收质)被吸附从而达到分离的目的。此法一般适合用于对废气中含有的低浓度的污染物质的净化。常见的固体吸收剂有活性炭、新制取的木炭粉、硅藻土、分子筛等，视废气的性质选择。

（3）回流法：指的是对于易液化的气体，可以通过特定的装置使挥发的废气，在通过装置时可以在空气的冷却下液化为液体，再沿着长玻璃管的内壁回流到特定的反应装置中。

（4）燃烧法：指的是通过燃烧的方法来去除有毒害气体。这是一种有效的处理有机气体的方法，尤其适合处理排量大而浓度比较低的有机废气。

（5）颗粒物的捕集：指的是空气中去除或捕集那些以固态或液态形式存在于空气中的颗粒污染物，这个过程一般称为除尘。根据颗粒物的分离原理，除尘装置一般可以分为过滤式除尘器、机械式除尘器、湿式除尘器。此外，实验室在空气的净化方面也应该有所要求，主要表现在通风。

2. 废液

我国国家标准 GB 8978—1996 污水综合排放标准按照污水排放去向分年限规定了 69 种水污染物最高允许排放浓度及部分行业最高允许。

本标准将排放的污染物按其性质及控制方式分为两类。第一类污染物不分行业和污水排放方式，也不分受纳水体的功能类别一律在车间或车间处理设施排放口采样，其最高允许排放浓度必须达到本标准要求（表 8-6）。第二类污染物在排污单位排放口采样，其最高允许排放浓度必须达到本标准要求。

表 8-6　第一类污染物的最高允许排放浓度

污染物	最高允许排放浓度/(mg/L)	污染物	最高允许排放浓度/(mg/L)
总汞	0.05	总镍	1.0
烷基汞	不得检出	苯并芘	0.00003
总镉	0.1	总铍	0.005
总铬	1.5	总银	0.5
六价铬	0.5	总 α 放射性	1Bq/L
总砷	0.5	总 β 放射性	10Bq/L
总铅	1.0		

第二类污染物最高允许排放浓度主要从 pH 值、色度、悬浮物（SS）、五日生化需氧量（BOD_5）、化学需氧量、石油类等 26 项排放污染物规定了一级、二级、三级排放标准。

排入 GB 3838 Ⅲ类水域（划定的保护区和游泳区除外）和排入 GB 3097 中二类海域的污水，执行一级标准。

排入 GB 3838 Ⅳ类、Ⅴ类水域和排入 GB 3097 中三类海域的污水，执行二级标准。

排入设置二级污水处理厂的城镇排水系统的污水，执行三级标准。

实验室废液应交由有资质的机构（公司）收集处理。

3. 固体废物

废弃的有害固体药品严禁倒在生活垃圾处，必须经处理解毒后丢弃或找有处理资质的机构（公司）收集处理。处理方法可参阅有关废渣处理文献及法规。

（三）化学有害因素及中毒的救治

1. 化学有害因素

我国国家标准 GBZ 2.1 工作场所有害因素职业接触限值　第 1 部分：化学有害因素和 GBZ 2.2 工作场所有害因素职业接触限值　第 2 部分：物理因素，规定了工作场所职业接触化学有害因素和物理因素职业接触限值及卫生要求、检测评价及控制原则。

职业接触限值（occupational exposure limits；OELs）是指劳动者在职业活动过程中长期反复接触某种或多种职业性有害因素，不会引起绝大多数接触者不良健康效应的容许接触水平。化学有害因素的职业接触限值分为时间加权平均容许浓度、短时间接触容许浓度和最高容许浓度三类。

时间加权平均容许浓度（permissible concentration-time weighted average；PC-TWA）是指

以时间为权数规定的8h工作日、40h工作周的平均容许接触浓度。

短时间接触容许浓度(permissible concentration-short term exposure limit; PC-STEL)是指在实际测得的8h工作日、40h工作周平均接触浓度遵守PC-TWA的前提下，容许劳动者短时间(15min)接触的加权平均浓度。

最高容许浓度(maximum allowable concentration; MAC)是指在一个工作日内、任何时间、工作地点的化学有害因素均不应超过的浓度。

表8-7列出了工作场所空气中部分化学有害因素的职业接触限值，包含了以上三种浓度。工作场所空气中完整的化学有害因素的职业接触限值请参阅标准GBZ 2.1 工作场所有害因素职业接触限值　第1部分：化学有害因素。

表8-7　工作场所空气中化学有害因素的职业接触限值(部分示例)

序号	中文名	英文名	化学文摘号(CAS No.)	OELs/(mg/m^3)			备注
				MAC	PC-TWA	PC-STEL	
1	安妥	Antu	86-88-4		0.3		
2	氨	Ammonia	7664-41-7		20	30	
3	2-氨基吡啶	2-Aminopyridine	504-29-0		2		皮
4	氨基磺酸铵	Ammonium sulfonate	7773-06-0		6		
5	氨基氰	Cyanamide	420-04-2		2		
6	奥克托今	Octogen	2691-41-0		2	4	
7	巴豆醛	Crotonaldehyde	4170-30-3	12			
8	百草枯	Paraquat	4685-14-7		0.5		
9	百菌清	Chlorothalonil	1897-45-6	1			G2B，敏
10	钡及其可溶性化合物(按Ba计)	Barium and soluble compounds, as Ba	7440-39-3(Ba)		0.5	1.5	
11	倍硫磷	Fenthion	55-38-9		0.2	0.3	皮
12	苯	Benzene	71-43-2		6	10	皮，G1
13	苯胺	Aniline	62-53-3		3		皮

实验室接触化学有害因素造成中毒的可能发生在取样，管道破裂、阀门损坏等意外事故，样品溶解时通风不良。预防中毒的措施主要是：①改进实验设备与选择实验方法，尽量采用毒性低的代替毒性高的；②有符合要求的通风设施将有害气体排出；③消除二次污染源，即减少有害气体的逸出及有毒物质的洒落、泼溅；④选用必要的、合理的个人防护用具如防护眼镜、防护手套、防毒面具、防护服等。

2. 中毒症状与救治方法

化验人员应了解中毒侵入途径、症状和急救办法。在工作中贯彻预防为主的方针，减少化学有害因素引起的中毒事件。一旦发生中毒时能争分夺秒并正确地采取急救措施(这是关键)，力求在毒物被吸收以前实现抢救，直至医生到来。

实验室可能遇到的化学品千变万化，在使用前需对实验室所用到的化学品的SDS进行学习，在熟悉掌握了SDS的内容后并做好了预防、防范措施后再使用化学品。

用人单位应参照GBZ/T 225—2010 用人单位职业病防治指南的要求采取包括防尘、防毒等工程控制措施、工作场所有害因素监测、职业健康监护、职业病危害告知、职业卫生培训等技术及管理控制措施。

按照劳动者实际接触化学有害因素的水平可将劳动者的接触水平分为5级，与其对应的推荐的控制措施见表8-8。

表8-8 职业接触水平及其分类控制

接触等级	等级描述	推荐的控制措施
0(≤1% OEL)	基本无接触	不需采取行动
Ⅰ(>1%，≤10% OEL)	接触极低，根据已有信息无相关效应	一般危害告知，如标签、SDS等
Ⅱ(>10%，≤50% OEL)	有接触但无明显健康效应	一般危害告知，特殊危害告知，即针对具体因素的危害进行告知
Ⅲ(>50%，≤OEL)	显著接触，需采取行动限制活动	一般危害告知、特殊危害告知、职业卫生监测、职业健康监护、作业管理
Ⅳ(>OEL)	超过OELs	一般危害告知、特殊危害告知、职业卫生监测、职业健康监护、作业管理、个体防护用品和工程、工艺控制

注：作业管理包括对作业方法、作业时间等制定作业标准，使其标准化；改善作业方法；对作业人员进行指导培训以及改善作业条件或工作场所环境等。

工作场所化学物的职业病危害作业分级管理见GBZ/T 229.2。

（四）防火防爆

（1）实验室内应备有灭火用具，急救箱和个人防护器材。化验员要熟知这些器材的使用方法。

（2）禁止用火焰在煤气管道上寻找漏气的地方，应用肥皂水来检查漏气。

（3）操作、倾倒易燃液体时应远离火源，瓶塞开不开时，切忌用火加热或贸然敲打。

（4）加热易燃溶剂必须在水浴或严密的电热板上缓慢进行，严禁用火焰或电炉直接加热。

（5）点燃煤气灯时，必须先关闭风门，划着火柴，再开煤气，最后调节风量。停用时要先闭风，后闭煤气。不依次序，就有发生爆炸和火灾的危险。还要防止煤气灯内燃。

（6）使用酒精灯时，注意酒精切勿装满，应不超过容量的2/3，灯内酒精不足1/4容量时，应灭火后添加酒精。燃着的灯焰应用灯帽盖灭，不可用嘴吹灭，以防引起灯内酒精起燃。酒精灯应用火柴点燃，不应用另一正燃的酒精灯来点，以防失火。

（7）易爆炸类药品，如苦味酸、高氯酸、高氯酸盐、过氧化氢等应放在低温处保管，不应和其他易燃物放在一起。

（8）在蒸馏可燃物时，要时刻注意仪器和冷凝器的正常工作。如需往蒸馏器内补充液体，应先停止加热，放冷后再进行。

（9）易发生爆炸的操作不得对着人进行，必要时操作人员应戴面罩或使用防护挡板。

（10）身上或手上沾有易燃物时，应立即清洗干净，不得靠近灯火，以防着火。

（11）严禁可燃物与氧化剂一起研磨。工作中不要使用不知其成分的物质，因为反应时可能形成危险的产物(包括易燃、易爆或有毒产物)。

(12) 易燃液体的废液应设置专用储器收集，不得倒入下水道，以免引起燃爆事故。

(五) 灭火

一旦发生火灾，化验员要临危不惧，冷静沉着，及时采取灭火措施。若局部起火，应立即切断电源，并闭煤气等气路阀门，用湿抹布或石棉布覆盖熄灭。若火势较猛，应根据具体情况，用适当的灭火器进行灭火，并立即与有关部门联系，请求救援。

灭火器配置场所的火灾种类应根据该场所内的物质及其燃烧特性进行分类。

灭火器配置场所的火灾种类可划分为以下五类：

(1) A 类火灾：固体物质火灾。

(2) B 类火灾：液体火灾或可熔化固体物质火灾。

(3) C 类火灾：气体火灾。

(4) D 类火灾：金属火灾。

(5) E 类火灾(带电火灾)：物体带电燃烧的火灾。

工业建筑灭火器配置场所的危险等级，应根据其生产、使用、储存物品的火灾危险性，可燃物数量、火灾蔓延速度、扑救难易程度等因素，划分为以下三级：

严重危险级：火灾危险性大，可燃物多，起火后蔓延迅速，扑救困难，容易造成重大财产损失的场所；

中危险级：火灾危险性较大，可燃物较多，起火后蔓延较迅速，扑救较难的场所；

轻危险级：火灾危险性较小，可燃物较少，起火后蔓延较缓慢，扑救较易的场所。

A 类火灾场所应选择水型灭火器、磷酸铵盐干粉灭火器、泡沫灭火器或卤代烷灭火器。

B 类火灾场所应选择泡沫灭火器、碳酸氢钠干粉灭火器、磷酸铵盐干粉灭火器、二氧化碳灭火器、灭 B 类火灾的水型灭火器或卤代烷灭火器。极性溶剂的 B 类火灾场所应选择灭 B 类火灾的抗溶性灭火器。

C 类火灾场所应选择碳酸氢钠干粉灭火器、磷酸铵盐干粉灭火器、二氧化碳灭火器或卤代烷灭火器。

D 类火灾场所应选择扑灭金属火灾的专用灭火器。

E 类火灾场所应选择碳酸氢钠干粉灭火器、磷酸铵盐干粉灭火器、二氧化碳灭火器或卤代烷灭火器，但不得选用装有金属喇叭喷筒的二氧化碳灭火器。

实验室的火灾类型主要是 B 类、C 类、E 类，B 类、C 类火灾场所的灭火器最大保护距离见表 8-9。

表 8-9　B 类、C 类火灾场所的灭火器最大保护距离　m

危险等级	手提式灭火器	推车式灭火器
严重危险级	9	18
中危险级	12	24
轻危险级	15	30

通用于 B 类、C 类、E 类这三种火灾类型的灭火器有二氧化碳灭火器或卤代烷灭火器，同时考虑到非必要场所不应配置卤代烷灭火器，因此实验室优先配置二氧化碳灭火器。

衣服着火时应立即以毯子之类盖在着火者身上以熄灭烧着的衣服，不应慌张跑动，否则会加强气流流向燃烧着的衣服，使火焰加大。

实验室内的灭火器材要定期检查和更换药液，临用前需检查喷嘴是否畅通，如有阻塞，应用铁丝疏通，以免造成爆炸事故。

（六）气瓶的安全使用

使用气瓶应遵守下列规定：

（1）采购和使用有制造许可证的企业的合格产品，不使用超期未检的气瓶。

（2）使用者必须到已办理充装注册的单位或经销注册的单位购气。

（3）气瓶使用前应进行安全状况检查，对盛装气体进行确认，不符合安全技术要求的气瓶严禁入库和使用；使用时必须严格按照使用说明书的要求使用气瓶。

（4）气瓶的放置地点不得靠近热源和明火，应保证气瓶瓶体干燥。盛装易起聚合反应或分解反应的气体的气瓶，应避开放射性线源。

（5）气瓶立放时，应采取防止倾倒的措施。

（6）夏季应防止暴晒。

（7）严禁敲击、碰撞。搬运前要戴上安全帽，以防不慎摔断瓶嘴发生事故。

（8）严禁在气瓶上进行电子电焊引弧。

（9）严禁用温度超过40℃的热源对气瓶加热。

（10）瓶内气体不得用尽，必须留有剩余压力或重量，永久气体气瓶的剩余压力应不小于0.05MPa；液化气体气瓶应留有不少于0.5%~1.0%规定充装量的剩余气体。

（11）在可能造成回流的使用场合，使用设备上必须配置防止倒灌的装置，如单向阀、止回阀、缓冲罐等。

（12）液化石油气瓶用户及经销者，严禁将气瓶内的气体向其他气瓶倒装，严禁自行处理气瓶内的残液。

（13）气瓶投入使用后，不得对瓶体进行挖补、焊接修理。

（14）严禁擅自更改气瓶的钢印和颜色标记。

（15）高压气瓶的减压器要专用，安装时螺扣要上紧（应至少旋进7圈螺纹），不得漏气。开启高压气瓶时操作者应站在气瓶出口的侧面，动作要慢，以减少气流摩擦，防止产生静电。

（16）收货时必须检查气瓶外观和标志等。对盛装气体进行确认，并做好验收记录。对不符合下列要求之一的拒绝接收：

① 无充罐合格证的。

② 气瓶外观有缺陷或腐蚀、有机械性损伤和严重腐蚀的。

③ 不在有效的使用、检验周期内，无气瓶检验钢印和不能识别的气瓶。

④ 漆色及标志不明显的。

⑤ 安全附件不齐全完好的（包括专用爆破片、安全阀、易熔合金塞、瓶阀、瓶帽、防震阀、防震圈等）。

（七）一般安全守则

（1）分析人员必须认真学习分析规程和有关的安全技术规程，了解设备性能及操作中可能发生事故的原因，掌握预防处理事故的方法。

(2) 进行有危险性的工作，如危险物料的现场取样、易燃易爆物品的处理、焚烧废物等应有陪同，陪同者应处于能清楚看到工作地点的地方并观察操作的全过程。

(3) 玻璃管与胶管、胶塞等拆装时，应先用水润湿，手上垫棉布，以免玻璃管折断扎伤。

(4) 打开浓盐酸、浓硝酸、浓氨水试剂瓶塞时应在通风柜中进行，并穿戴好防酸碱的安全防护用品。

(5) 夏季打开易挥发溶剂瓶塞前，应先用冷水冷却，瓶口不要对准人。

(6) 实验室内每瓶试剂必须贴有明显的与内容物相符的标签，严禁将用完的原装试剂空瓶不更新标签而装入别种试剂。

(7) 不得离人的操作在操作中不得离开岗位，必须离开时要委托能负责任者看管。

(8) 实验室内禁止吸烟、进食，不能用实验器皿处理食物。离开实验室前用肥皂洗手。

(9) 工作时应穿工作服，长发要扎起。进行有危险性的工作要加戴防护用具。做实验时都应戴上防护眼镜。

(10) 每日工作完毕检查水、电、风、气、门、窗，进行卫生清洁、安全登记后锁门离开。

(八) 用电安全守则

(1) 不准使用绝缘损坏或者老化的线路及电气设备。室内不得有裸露的电线。保持电器及电线的干燥。

(2) 新购的电器使用前必须全面检查，防止因运输震动使接头连接松动，确认没问题并接好地线后方可使用。

(3) 使用烘箱和高温炉时，必须确认自动控温装置可靠。同时还需人工定时监测温度，以免温度过高。不得把含有大量易燃易爆溶剂的物品送入烘箱和高温炉加热。

(4) 电源或电器的保险丝烧断时，应先查明原因，排除故障后再按原负荷换上适宜的保险丝。

(5) 实验室内电气设备及线路设施必须严格按照安全用电规程和设备的要求实施，不许乱接、乱拉电线，墙上电源未经允许，不得拆装、改线。

(6) 在实验室同时使用多种电气设备时，其总用电量和分线用电量均应小于设计容量。连接在接线板上的用电总负荷不能超过接线板的最大容量。

(7) 实验室内应使用空气开关并配备必要的漏电保护器；电气设备和大型仪器须接地良好，对电线老化等隐患要定期检查并及时排除。

(8) 不得使用闸刀开关、木质配电板。

(9) 接线板不能直接放在地面，不能多个接线板串联。

(10) 实验室用电的注意事项：

① 实验前应检查用电设备，再接通电源；实验结束后，先关仪器设备，再关闭电源。

② 工作人员离开实验室或遇突然断电，应关闭电源。

③ 不得将供电线任意放在通道上，以免因绝缘破损造成短路。

④ 做完实验或离开实验室要及时断电，确保实验装置不带电。

第三节　实验室认证

一、实验室认可准则的变化及理解

（一）新版 GB/T 27025—2019《检测和校准实验室能力的通用要求》概述

GB/T 27025—2019(代替 GB/T 27025—2008)等同采用 ISO/IEC 17025 检测和校准实验室能力的通用要求，2019 年 12 月 10 日发布，等同采用 ISO/IEC 17025 2017 版。ISO/IEC 17025 检测和校准实验室能力的通用要求是实验室管理体系的国际标准。新版 ISO/IEC 17025：2017 于 2017 年 11 月 30 日正式发布。

GB/T 27025 标准适用于所有实验室，不论其人员数量的多少或检测和/或校准活动的大小。包含了检测和校准实验室希望证明其按质量体系运行、具有技术能力并能提供技术上有效结果的所有要求。寻求认可的检测和校准实验室都应按该准则建立质量、管理和技术体系并控制其运作。

考虑到国家标准 GB/T 27025—2019 以及中国合格评定国家认可委员会 2018《CNAS-CL01 检测和校准实验室能力认可准则》均等同采用 ISO/IEC 17025：2017，因此我们主要以 ISO/IEC 17025：2017 为基础来理解对测试和校准实验室能力进行认可的准则。

（二）ISO/IEC 17025：2017 修订的主要变化

此次 ISO/IEC 17025 修订在结构框架和公共要素上与 CASCO 的要求相统一，管理要求上与 ISO 9001：2015 相协调，采用新版的术语标准，引入了风险管理、判定规则、免责声明和信息管理系统等内容，在人员、设备、计量溯源性、结果报告、内部审核和管理评审等方面都有重要变化。

1. 结构框架和公共要素的统一

按照 ISO/CASCO 的要求，新版 ISO/IEC 17025 的结构框架必须满足“CASCO 决议 12/2002”的规定，相关表述必须满足 CASCO 内部文件 QS-CAS-PROC/33《ISO/CASCO 标准中的公共要素》的要求。修订后的 ISO/IEC 17025 结构和条款分布如下：

——1 范围

—— 2 规范性引用文件

—— 3 术语和定义

—— 4 通用要求

——4. 1 公正性

——4. 2 保密性

——5 结构要求

——6 资源要求

——6. 1 总则

——6. 2 人员

——6. 3 设施和环境条件

——6. 4 设备

——6.5 计量溯源性
——6.6 外部提供的产品和服务
——7 过程要求
——7.1 要求、标书和合同评审
——7.2 方法的选择、验证和确认
——7.3 抽样
——7.4 检测或校准物品的处置
——7.5 技术记录
——7.6 测量不确定度的评定
——7.7 结果有效性的保证
——7.8 结果的报告
——7.9 投诉
——7.10 不符合工作
——7.11 数据控制和信息管理
——8 管理要求
——8.1 方式
——8.2 管理体系文件（方式 A）
——8.3 管理体系文件的控制（方式 A）
——8.4 记录控制(方式 A)
——8.5 风险和机会的管理措施
——8.6 改进（方式 A）
——8.7 纠正措施（方式 A）
——8.8 内部审核(方式 A)
——8.9 管理评审(方式 A)
——附录 A（资料性附录）计量溯源性
——附录 B（资料性附录）管理体系方式
——参考文献

2. 标准的调整和变化

下面按 FDIS ISO/IEC 17025 的顺序介绍一些比较重要的变化，这些变化将是实验室修改管理体系文件必须关注的。

从技术要求上来看，FDIS ISO/IEC 17025：2017 基本采纳了 ISO/IEC 17025：2005 的内容，但考虑到实验室广泛使用信息管理系统，更多地采纳电子数据和电子报告，检测实验室评定测量不确定度的日益成熟等实验室在近十年来的新变化，起草小组对相关条款进行了调整，变化更加灵活，以适应实验室运作的不同情况。

（1）与 ISO 9001 关系的声明。

将 ISO/IEC 17025：2005 中第 1.6 条款中有关 ISO 9001 的声明，放入引言和附录 A 中。在引言中保留了“符合本文件的实验室通常也是按 ISO 9001 的原则运作”；考虑到 ISO 9001 已进行了修改，因此 CASCO 与 TC 176 再次进行了协商，此表述得到了 ISO/TC 176 的确认。

在附录 A 中保留了“实验室在符合 ISO 9001 要求的管理体系下运作，并不代表实验室能够产生技术有效的数据和结果。这可以通过符合 ISO/IEC 17025 第 4 节至第 7 节的要求来实现”。

（2）引入风险管理的要求。

如何将风险管理的理念和模式纳入 ISO/IEC 17025，是标准起草组重点考虑的因素。FDIS ISO/IEC 17025：2017 通过以下方式来明确风险管理要求：

在引言中声明：“本文件要求实验室策划和实施相应措施来应对识别出的风险和机会。识别风险和机会将提升质量管理体系的有效性、改进结果和防止负面效应。实验室负责决策对哪些风险和机会应采取措施。”

参照 ISO 9001：2015，在第 8 节增加一新的条款“8.5 风险和机会的管理措施”，将 ISO9001：2015 第 6.1 条款的相关要求纳入。

ISO/IEC 17025 本身在起草过程中，已充分纳入了风险管理的模式，比如设备校准、质量控制、人员培训和监督等均需要实验室根据自身的检测或校准活动范围、客户需求和测试技术的复杂性等进行风险分析，实施相应的管理。

对于实验室是否有必要单独建立风险管理体系，由实验室自己决定，ISO/IEC 17025：2017 标准本身并未要求，实验室只需要满足本标准即可。为此，标准起草小组决定在第 8.5 条款中加入注，以表明此立场。

（3）将“服务和供应品的采购”与“分包”合并。

参考 ISO 9001：2015，将 ISO/IEC 17025：2005 中的“4.5 检测和校准的分包”与“4.6 服务和供应品的采购”合并成一个条款，即“外部提供的产品和服务”。

此条款合并在讨论过程中争议很大，因实验室分包的事项可能很多，但在 ISO/IEC 17025：2005 中 4.5 重点突出对检测或校准活动分包的管理，4.6 服务和供应品的采购重点是实验室获得检测或校准活动所需的资源，界限相对较清楚，而且在 ISO/IEC 17025：2005 实施过程中，也没有很大的争议。如果将两个条款合并，是否能将要求表述清楚，有不确定性，而且标准的起草还需要考虑实验室的习惯。

另一种观点认为，不论是实验室自己使用的产品或服务，还是将检测或校准活动分包给另一个实验室，都是外部获得的产品或服务，可以合并成一个条款。

因此，起草小组暂时决定合并，然后征求 CASCO 成员的意见，看多数成员是否支持此条款合并。但对 CD1 稿的意见中，对此并没有很大的争议，因此在后续版本中继续保留此合并。在对 FDIS ISO/IEC 17025：2017 解读中，应将“从外部获得的实验室活动”理解为 ISO/IEC 17025：2005 中的分包。

（4）对抽样活动的讨论。

ISO/IEC 17025 是否适用于只进行抽样，而不从事任何检测或校准活动的机构，一直是标准修订过程中争论最大的问题，这里的抽样不仅是为检测或校准活动所进行的抽样，还包括为其他目的，如认证、检验或确认活动而进行的抽样。

就 ISO/IEC 17025 本身来讲，其预定的标准适用范围是从事检测或校准活动的实验室，抽样往往是检测或校准过程的一部分。如果抽样是为了进行后续的检测或校准，一个机构即使不进行后续的检测或校准活动，其适用性没有争议。但目前欧洲有些认可机构已用 ISO/IEC 17025 对单独从事抽样活动的机构进行认可，而且抽样并不局限于为检测或校准的目的，那么对于 ISO/IEC 17025 能否适用于这类机构，争议很大。

标准起草小组成员很多来自欧洲，他们大都支持可以适用，但也有很多成员认为 ISO/IEC 17025 是针对实验室的标准，其适用范围应仅限于检测或校准的相关活动，而且 CASCO 秘书处本身也认为 ISO/IEC 17025 应仅限于实验室。

经讨论，工作组决定将抽样限制为“与随后的检测或校准相关的抽样”。此外，为避免全文不断重复“检测、校准和抽样”的描述，在术语和定义条款中给出了实验室的定义，并在全文用“实验室活动”来取代“检测、校准和抽样”。在修订 ISO/IEC 17025 过程的各个版本征求意见和表决中，对“抽样”是否是独立的活动的争议从未中止过。

（5）实验室的活动范围。

FDIS ISO/IEC 17025：2017 明确要求实验室应以文件的形式明确界定其检测或校准活动范围，范围中不应包括从外部机构获得的检测或校准项目。提出这个要求的最根本原因是实验室所有管理活动均以其活动范围为基础，包括人员、设施和设备等，这是最基本的要求。

（6）通用要求。

第 4 条款中的通用要求泛指合格评定活动的通用要求，因此只包含了“公正性”和“保密性”要求。语言措辞全部来自 QS-CAS-PROC/33《ISO/CASCO 标准中的公共要素》中规定的强制要求，因此有些要求可能更适用于认证机构，不是实验室经常遇到的情况，比如委员会成员，因此在解读时，实验室只需分析自己的特定情况，相应制订要求，对于不适用的条款，可以不予规定。

（7）人员要求。

FDIS ISO/IEC 17025 对人员要求进行了适度的简化：

删除了对人员培训的具体要求，即取消了“实验室应有确定培训需求和提供人员培训的政策和程序。培训计划应与实验室当前和预期的任务相适应。应对这些培训活动的有效性进行评价”。只在明确每个岗位的能力和人员的通用要求中明确包含培训。

不再区别在培员工、长期雇佣人员或签约人员，全部纳入“人员”这一用词中。

删除了对特定领域人员资格以及“意见或解释”人员的注释；统一纳入“实验室应将每个影响实验室活动的岗位所需能力形成文件”，至于能力要求，实验室应根据人员所承担的工作来确定。如果相应的法律法规有特定要求，实验室应满足。但不需要在标准中为此做出说明。对做出“意见和解释”的人员要求，实验室应根据该活动所需要的经验、知识等做出相应规定。

对人员不再区分技术管理层和质量主管，以管理层取代“最高管理层”。

取消“关键指定关键管理人员的代理人”。

删除了对工作描述中应包含内容的注释。

（8）设备的校准。

对哪些设备需要校准，FDIS ISO/IEC 17025：2017 明确要求：

① 设备的准确度和（或）测量不确定度影响结果的有效性。

② 为建立结果的计量溯源性而需要进行校准。

第一条与 ISO/IEC 17025：2005 要求基本相同，也比较容易理解，但如何理解第二条呢？

因为对任何测试活动，计量溯源性是基本要求。对有些检测或校准活动，设备对结果的影响非常小，按第一条的规定，应该是不需要校准的，但最终结果是溯源至该设备的特性值，为确保结果的计量溯源性，必须对该设备的特性值进行校准。

（9）设备的期间核查。

FDIS ISO/IEC 17025：2017 将期间核查扩展至所有设备，实验室可能不仅对需要校准的设备进行期间核查，对其他设备也需要根据其稳定性进行定期核查。对于需要校准的设备，实验室应根据其稳定性和使用状况等因素来决定是否有必要进行期间核查。对于不需要校准的设备，FDIS ISO/IEC 17025：2017 要求在使用前验证其功能是否能够满足检测或校准方法的要求。除投入使用前需要验证外，在后续的使用过程中，实验室也需要根据使用情况和其稳定性确定是否有必要进行期间核查。实验室经过分析，确认需要进行期间核查的设备，应建立核查的方法并保留相关记录。

需要强调的是，并不是所有设备都需要期间核查，应根据检测或校准方法的要求、设备稳定性和使用状况等因素来确定。

（10）计量溯源性。

FDIS ISO/IEC 17025：2017 采用了新版计量术语中规定的"计量溯源性"取代"测量溯源性"。在 ISO/IEC 17025：2005 中，有较长的篇幅提出对测量溯源性的要求，并附有大量注解。考虑标准本身定位于对实验室能力的通用要求，因此起草小组决定删除大量的注解，在正文中只规定要求，解释内容尽量不出现。但在工作组草案征集意见的过程中，很多成员建议保留 ISO/IEC 17025：2005 中针对测量溯源性的注解，认为其对实验室理解和实施计量溯源性要求是很有帮助的。

为此，起草小组决定增加资料性附录，纳入实验室如何实现计量溯源性的指南。从文字表述上来看，FDIS ISO/IEC 17025：2017 对计量溯源性的要求从 ISO/IEC17025：2005 侧重于强调设备的校准，转为从结果的计量溯源性的角度提出要求，此描述方式的变化更为科学和严谨。并且，对计量溯源性的要求不再区分检测和校准活动，而是提出统一的要求，因此文本大量简化。从本质上看，对计量溯源性的要求，FDIS ISO/IEC 17025：2017 与 ISO/IEC 17025：2005 没有显著差异。

（11）分包的法律责任。

FDIS 删除了"实验室应就分包方的工作对客户负责，由客户或法定管理机构指定的分包方除外"。这是由于让实验室承担非自身活动的法律责任与有些国家的法律冲突，而且标准本身应尽量避免涉及合同法律责任的问题，因为不同的国家法律、法规可能有不同的规定。

（12）决定规则。

FDIS 增加了对"决定规则"的要求，也就是实验室在做与规范的符合性判断时，如何考虑测量不确定度，特别是结果的区间跨越了规定的限值，实验室如何做出"合格"或"不合格"的判断。

在合同评审阶段，实验室应将使用的决定规则与客户沟通，并在合同中予以明确。在结果的报告中应指明所使用的决定规则，以便报告或证书的任何使用方了解实验室做出符合性结论时如何考虑测量不确定度的，使结果更加科学和透明。

此条款对于实验室做出符合性声明提出了更严格的要求，可以料想这也是实验室在实施新版标准时遇到的难题，需要更多的研究和准备。

（13）对方法的偏离。

在标准征求意见的过程中，有的成员认为"与方法的偏离"和"对方法的改进"是一回事，需要进行方法确认，因此建议删除与方法偏离的有关条款。起草小组经过长时间的讨论确认，方法偏离是处理不能满足相关要求的一种特殊情况，是不得已而为之的情况，是负面的，因此此时需要做技术判断，获得批准才可发生。而方法改进是为使方法更有效而进行的一项积极的、正面的技术活动，为确保方法有效性而必须事先做好方法确认，这不是一种意外的情况。因此对两者的要求是不同的，应保留方法偏离的相关条款。

（14）免责声明。

在 FDIS ISO/IEC 17025：2017 中明确要求在以下情况下实验室应做出免责声明。

样品处置：当已知检测或校准物品偏离了规定的条件，客户依然要求进行检测或校准时，实验室应在报告中做出免责声明，指出结果可能受偏离的影响。

报告结果：当证书包含客户提供的数据时，应予明确标识。当客户提供的数据可能影响结果的有效性时，实验室应在报告中做出免责声明。

（15）测量不确定度评定。

测量不确定度评定要求的变化主要体现在以下几个方面：

首次提出在测量不确定度评定中应考虑“抽样”所引入的不确定度。

不再强调实验室应有测量不确定度评定的程序，直接要求实验室应评定测量不确定度，因每项检测或校准结果测量不确定度评定过程本身就是一个程序，没有程序实验室是无法评定测量不确定度的，因此删除了“程序”用词。

以“注”的形式说明如果对某一检测方法，实验室已经评定了测量不确定度，只要实验室能够证明对所有关键影响因素进行了控制，就没有必要再重新评定测量不确定度。

（16）报告和证书。

对报告和证书的要求有如下变化。

所有发出的报告或证书应作为技术记录保存。

报告中不需要报告客户的地址，只需要报告客户的联络信息。

报告批准人只要可以识别即可，不再要求职务、签字等。

报告中不但要有检测或校准的日期，还应有报告的签发日期。

实验室应对报告中的所有信息负责，如果数据是由客户提供的，必须明确标识。

明确要求校准证书必须给出测量不确定度，而不能仅仅是给出与计量规范的符合性。

对“意见和解释”明确要求应基于检测或校准结果。

对报告的修改必须标识修改了哪些内容。

做出符合性声明时，应明确符合性结论适用于哪些结果。

抽样信息还应包含“评定后续检测或校准测量不确定度的信息”。

删除了 ISO/IEC 17025：2005 中：

5.10.6　从分包方获得的检测和校准结果

5.10.7　结果的电子传送

5.10.8　报告和证书的格式

（17）投诉。

对投诉的处理要求变化较大，增加了很多要求，其内容等同采纳 QS-CAS-PROC/33《ISO/CASCO 标准中的公共要素》。对于投诉处理的独立性，FDIS ISO/IEC 17025：2017 给出了明确的要求，对规模较小的实验室，可能很难满足独立性的要求，特别是针对检测或校准活动技术内容相关的投诉，此时可以请外部人员予以帮助。

（18）信息管理系统。

对信息管理系统的要求主要来自 ISO/IEC 17025：2005，同时参考了 ISO 15189：2012，并强调实验室的信息管理系统应有功能记录系统故障以及应急纠正措施。

（19）管理要求的满足方式。

按照 ISO/CASCO 的要求，管理要求的内容必须等同采用 QS-CAS-PROC/33《ISO/CASCO 标准中的公共要素》给出的方式 a 与方式 b 的模式，如果不采用，必须向 ISO/CASCO/CPC 报告，并得到批准。ISO/IEC 17020：2012《合格评定　各类检验机构的运作要求》采用 CASCO 规定的方式 a 和方式 b，但在执行过程中引发了很大的争议。如果检验机构已建立了 ISO 9001 体系，并获得了认证，那么认可机构对管理要求是否还需要进行评审。为避免此问题，工作组在起草第 8 章“管理要求”内容时极为谨慎。为此工作组决定起草附录 B，重点解释方式 a 和方式 b 的关系。

（20）内部审核。

对内部审核的要求等同采用 ISO 9001：2015 第 9.2 条款，删除了以下内容：

内部审核应覆盖管理体系的全部要求，包括检测和(或)校准活动；

质量主管负责按照日程表的要求和管理层的需要策划和组织内部审核；

审核应由经过培训和具备资格的人员来执行，只要资源允许，审核人员应独立于被审核的活动；

内部审核的周期通常应当为一年。

（21）管理评审。

对管理评审的要求等同采用 ISO 9001：2015 第 9.3 条款，删除了对管理评审周期的建议，增加了管理评审输出应记录的内容。

（22）其他变化。

删除 ISO/IEC 17025：2005 中有关 ISO/IEC 17025 不是认证用的标准的陈述。CASCO 的政策是标准的用途应由市场来决定，而不是由标准来规定。在 ISO/IEC 17025：1999 首次引入此条款是因为当时对实验室能力的评价是认可和认证，很多标准使用者和市场有明显的混淆，因此在标准中做了特别说明。随着实验室认可近 20 年的发展，实验室认可的概念已被广泛认知，也不需要在标准中加以明示了。

删除了 ISO/IEC 17025：2005 中第 1.3 条款中有关“注”的说明，即取消了“本标准中的注是对正文的说明、举例和指导。它们既不包含要求，也不构成本标准的主体部分”。这是 ISO 制订标准的通用规则，无须在标准中进一步明示。

删除 ISO/IEC 17025：2005 第 1.5 条款“本标准不包含实验室运作中应符合的法规和安全要求”的陈述。因为本标准是针对实验室能力的通用要求，起草过程中不会考虑不同国家的法规和有关安全的特定要求，因此无须对此做出特殊声明。

删除了标准中“第一方、第二方和第三方实验室”提法，因标准的适用对象是任何实验室，没有必要提及第一方、第二方或第三方，而且对于第一方、第二方和第三方本身的定义是有争议的。检测机构标准 ISO/IEC 17020 中规定了 A、B 和 C 三种类型，在实施过程中经常产生争议，并容易让市场误解 A 类检验机构好于 C 类检验机构。对于检测和校准实验室，更关注的是其公正性的问题，因此不再纳入独立性相关的内容。

取消“当实验室不从事本标准所包括的一种或多种活动，例如抽样和新方法的设计(制定)时，可不采用本标准中相关条款的要求”，因为这是多余的陈述。

在合同评审的条款中，首次明确客户要求的偏离不应影响实验室的诚信或结果的有效性。

仍然采用“文件”与“记录”这两个词，而不采用ISO 9001：2015中的“文件化的信息”。

将质量控制划分为内部质量控制与外部质量控制，应分别策划并实施。

考虑实验室大量采用电子记录，因此简化对更改记录的要求，明确只要确保“更改记录”的可追溯性。

取消保留设备说明书的要求，因其作为外来文件应按“文件控制”要求进行管理。

二、新版标准发布后要做的工作

标准换版是正常的事，以ISO/IEC 17025：2017实施为例，简述新版标准化发布后要做的工作。标准的过渡转换期为发布之日起三年。自2018年9月1日起，实验室的复评审将全部按照新版标准ISO/IEC 17025：2017实施，扩项和监督评审实验室可选择是否按照新版标准要求评审，所有已通过CNAS认可的实验室必须在2020年11月底前完成新版标准的认可评审和认可证书的换版。因此实验室可根据自身情况制定标准换版评审的计划。标准换版后需要做哪些工作呢？接下来简单介绍：

（一）标准换版的主要工作点

1. 标准学习解读

可选择参加有资质的培训单位组织的新版标准培训班。

标准培训后也要自我消化理解，为方便文件的修改工作，在学习过程中需整理新旧版本标准的差异点。

2. 体系文件修改变更

根据实验室自身情况，可整体按照ISO/IEC 17025：2017标准要求全部修改，也可以部分修改。部分修改时需将新的要求加入体系文件中，新版标准中删除的要求如适用则在体系文件中可保留，也可以去除。

文件编制的工作量较大，关联性强，切忌照抄照搬，要量体裁衣。文件编制过程实际上也是规范流程的过程。

3. 培训考核

文件修改发布后，为便于文件的导入执行，需制定培训计划，质量负责人对工作流程中相关的部门人员进行管理体系文件的培训，学习ISO/IEC 17025：2017标准及认可准则，并对培训效果进行评价，保存相关记录。

4. 改版后文件运行

各工作岗位人员均需按照新版文件要求实施运行，规范填写相关记录，运行过程中发现的问题，相关人员应及时汇总并反馈质量负责人，以便及时修正文件或规范现有的做法，避免出现文件与实际运行不一致的现象。

5. 内部审核

改版后的文件运行一段时间后，实验室根据最近一次的复评审时间，制定内部审核计划。内审的目的是验证管理体系运作是否持续符合管理体系文件和认可准则的要求，改版文件是否有效地执行，执行过程中有无问题等。内审结果要上报管理层，并作为管理评审输入项。

6. 管理评审

管理评审通常每年一次，当有重大变更时可增加安排管理评审。目的是确保体系持续适用和有效，并进行必要的变更和改进。

（二）新版 ISO/IEC 17025 需要的文件

（1）实验室应规定符合本准则的实验室活动范围并制定成文件。

（2）6.2.2 实验室应将影响实验室活动结果的各职能的能力要求制定成文件，包括对教育、资格、培训、技术知识、技能和经验等要求。

（3）6.3.2 应将从事实验室活动所必需的设施及环境条件要求制定成文件。

（4）6.5.1 实验室应通过形成文件的不间断的校准链将测量结果与适当参考标准相关联，建立并保持测量结果的计量溯源性，其中每次校准对测量不确定度均有贡献。

（5）7.1.1 实验室应有要求、标书和合同评审程序。该程序应确保：明确规定要求，形成文件，并被理解；

（6）7.2.1.7 对实验室活动方法的偏离，应事先将该偏离形成文件，做技术判断，获得授权并被客户接受。

（7）7.8.6.1 当做出与规范或标准符合性声明时，实验室应考虑与所用判定规则相关的风险水平（如错误接受、错误拒绝以及统计假设），将所使用的判定规则制定成文件，并应用判定规则。

（8）7.8.7.1 当表述意见和解释时，实验室应确保只有授权人员才能发布相关意见和解释。实验室应将意见和解释的依据制定成文件。

（9）7.9.1 实验室应有制订成文件的过程来接收和评价投诉，并对投诉做出决定。

（10）7.11.2 用于收集、处理、记录、报告、存储或检索数据的实验室信息管理系统，在投入使用前应进行功能确认，包括实验室信息管理系统中界面的适当运行。当对管理系统的任何变更，包括修改实验室软件配置或现成的商业化软件，在实施前应被批准、形成文件并确认。

（11）A.2.1 建立计量溯源性需考虑并确保以下内容：

① 规定被测量（被测量的量）；

② 一个形成文件的不间断的校准链，可以溯源到声明的适当参考对象（适当参考对象包括国家标准或国际标准以及自然基准）；

（三）新版 ISO/IEC 17025 需要的记录

（1）6.2.5 实验室应有以下活动的程序，并保存相关记录：

① 确定能力要求；

② 人员选择；

③ 人员培训；

④ 人员监督；

⑤ 人员授权。

（2）6.3.3 当相关规范、方法或程序对环境条件有要求时，或环境条件影响结果的有效性时，实验室应监测、控制和记录环境条件。

（3）6.4.13 实验室应保存对实验室活动有影响的设备记录。适用时，记录应包括以下内容：

① 设备的识别，包括软件和固件版本；

② 制造商名称、型号、序列号或其他唯一性标识；

③ 设备符合规定要求的验证证据；

④ 当前的位置；

⑤ 校准日期、校准结果、设备调整、验收准则、下次校准的预定日期或校准周期；

⑥ 标准物质的文件、结果、验收准则、相关日期和有效期；

⑦ 与设备性能相关的维护计划和已进行的维护；

⑧ 设备的损坏、故障、改装或维修的详细信息。

（4）6.6.2 实验室应有以下活动的程序，并保存相关记录：

① 确定、审查和批准实验室对外部提供的产品和服务的要求；

② 确定评价、选择、监控表现和再次评价外部供应商的准则；

③ 在使用外部提供的产品和服务前，或直接提供给客户之前，应确保符合实验室规定的要求，或适用时满足本准则的相关要求；

④ 根据对外部供应商的评价、监控表现和再次评价的结果采取措施。

（5）7.1.8 实验室应保存评审记录，包括任何重大变化的评审记录。针对客户要求或实验室活动结果与客户的讨论，也应作为记录予以保存。

（6）7.2.1.5 实验室在引入方法前，应验证能够正确地运用该方法，以确保实现所需的方法性能。应保存验证记录。如果发布机构修订了方法，应在所需的程度上重新进行验证。

（7）7.2.2.4 实验室应保存以下方法确认记录：

① 使用的确认程序；

② 规定的要求；

③ 确定的方法性能特性；

④ 获得的结果；

⑤ 方法有效性声明，并详述与预期用途的适宜性。

（8）7.3.3 实验室应将抽样数据作为检测或校准工作记录的一部分予以保存。相关时，这些记录应包括以下信息：

① 所用的抽样方法；

② 抽样日期和时间；

③ 识别和描述样品的数据（如编号、数量和名称）；

④ 抽样人的识别；

⑤ 所用设备的识别；

⑥ 环境或运输条件；

⑦ 适当时，标识抽样位置的图示或其他等效方式；

⑧ 与抽样方法和抽样计划的偏离或增减。

（9）7.4.3 接收检测或校准物品时，应记录与规定条件的偏离。当对物品是否适于检测或校准有疑问，或当物品不符合所提供的描述时，实验室应在开始工作之前询问客户，以得到进一步的说明，并记录询问的结果。当客户知道偏离了规定条件仍要求进行检测或校准时，实验室应在报告中做出免责声明，并指出偏离可能影响的结果。

(10) 7.4.4 如物品需要在规定环境条件下储存时，应保持、监控和记录这些环境条件。

(11) 7.5.1 实验室应确保每一项实验室活动的技术记录包含结果、报告和足够的信息，以便在可能时识别影响测量结果及其测量不确定度的因素，并确保能在尽可能接近原条件的情况下重复该实验室活动。技术记录应包括每项实验室活动以及审查数据结果的日期和责任人。原始的观察结果、数据和计算应在观察或获得时予以记录，并应按特定任务予以识别。

(12) 7.5.2 实验室应确保技术记录的修改可以追溯到前一个版本或原始观察结果。应保存原始的以及修改后的数据和文档，包括修改的日期、标识修改的内容和负责修改的人员。

(13) 7.7.1 实验室应有监控结果有效性的程序。记录结果数据的方式应便于发现其发展趋势，如可行，应采用统计技术审查结果。

(14) 7.8.1.2 实验室应准确、清晰、明确和客观地出具结果，并且应包括客户同意的、解释结果所必需的以及所用方法要求的全部信息。实验室通常以报告的形式提供结果(例如检测报告、校准证书或抽样报告)。所有发出的报告应作为技术记录予以保存。

(15) 7.8.7.3 当以对话方式直接与客户沟通意见和解释时，应保存对话记录。

(16) 7.9.3 投诉处理过程应至少包括以下要素和方法：

① 对投诉的接收、确认、调查以及决定采取处理措施过程的说明；

② 跟踪并记录投诉，包括为解决投诉所采取的措施；

③ 确保采取适当的措施。

(17) 7.10.2 实验室应保存不符合工作和第 7.10.1 条款中 b)至 f)规定措施的记录。

(18) 7.11.2 用于收集、处理、记录、报告、存储或检索数据的实验室信息管理系统，在投入使用前应进行功能确认，包括实验室信息管理系统中界面的适当运行。

(19) 7.11.3 实验室信息管理系统应：

① 防止未经授权的访问；

② 安全保护以防止篡改和丢失；

③ 在符合系统供应商或实验室规定的环境中运行，或对于非计算机化的系统，提供保护人工记录和转录准确性的条件；

④ 以确保数据和信息完整性的方式进行维护；

⑤ 包括记录系统失效和适当的紧急措施及纠正措施。

(20) 8.4.1 实验室应建立和保存清晰的记录以证明满足本准则的要求。

(21) 8.4.2 实验室应对记录的标识、存储、保护、备份、归档、检索、保存期和处置实施所需的控制。实验室记录保存期限应符合合同义务。记录的调阅应符合保密承诺，记录应易于获得。

注：对技术记录的其他要求见第 7.5 条款。

(22) 8.6.2 实验室应向客户征求反馈，无论是正面的还是负面的。应分析和利用这些反馈，以改进管理体系、实验室活动和客户服务。

注：反馈的类型示例包括：客户满意度调查、与客户的沟通记录和共同评价报告。

(23) 8.7.3 实验室应保存记录，作为下列事项的证据：

① 不符合的性质、产生原因和后续所采取的措施;
② 纠正措施的结果。
(24) 8.8.2 实验室应:
① 考虑实验室活动的重要性、影响实验室的变化和以前审核的结果，策划、制定、实施和保持审核方案，审核方案包括频次、方法、职责、策划要求和报告;
② 规定每次审核的审核准则和范围;
③ 确保将审核结果报告给相关管理层;
④ 及时采取适当的纠正和纠正措施;
⑤ 保存记录，作为实施审核方案和审核结果的证据。
(25) 8.9.2 实验室应记录管理评审的输入。
(26) 8.9.3 管理评审的输出至少应记录与下列事项相关的决定和措施:
① 管理体系及其过程的有效性;
② 履行本准则要求相关的实验室活动的改进;
③ 提供所需的资源;
④ 所需的变更。

三、实验室申请 CNAS 认可流程

CNAS-GL001《实验室认可指南》对检测实验室、校准实验室、医学实验室、司法鉴定/法庭科学机构(以下统一简称为实验室)等开展认可活动的程序和要求的解释，供申请或已获 CNAS 认可的所有实验室参考使用。该指南对 CNAS 认可文件及认可流程进行了介绍。

(一) CNAS 认可文件介绍

(1) CNAS 公开发布的与认可工作有关的文件，包括:章程、工作规则、委员会认可规则、认可准则、认可指南、认可方案，以及认可说明、认可信息、技术报告等文件。

CNAS 与认可工作有关的文件会根据需要而制定，所有新制修订的文件及实施要求 CNAS 都会在网站(www.cnas.org.cn)上及时发布，实验室需要持续关注 CNAS 网站的相关信息。

(2) CNAS 认可规范文件包括:认可规则、认可准则、认可指南和认可方案，其中认可规则、认可准则、部分认可方案属于强制性要求类文件，认可指南属于非强制性要求文件，可供实验室参考。

① 认可规则(R 系列)是 CNAS 根据法规及国际组织等方面的要求制定的实施认可活动的政策和程序，包括通用规则(R)和专用规则(RL)类文件。认可规则是认可机构运作和认可对象获得与维持认可资格需要满足的强制性要求。实验室认可涉及的认可规则包括:

CNAS-R01《认可标识使用和认可状态声明规则》，是为保证 CNAS 认可标识、国际互认联合认可标识与认可证书的正确使用，防止误用或滥用标识和认可证书，以及错误声明认可状态，维护 CNAS 的信誉而制定。

CNAS-R02《公正性和保密规则》，是为确保认可工作的公正性，维护申请人和获准认可机构的信息保密权利而制定，适用于 CNAS 在认可工作中涉及的所有过程及活动。

CNAS-R03《申诉、投诉和争议处理规则》，是为确保申诉、投诉和争议处理工作的公正、有效，维护与认可工作有关各方的正当权益和 CNAS 的信誉而制定，适用于处理来自申

请认可或已获准认可的机构对 CNAS 的申诉以及任何组织或个人对 CNAS 提出的投诉和争议，也适用于向 CNAS 提出的针对申请认可或已获准认可的机构的投诉。

CNAS-RL01《实验室认可规则》，规定了 CNAS 实验室认可体系运作的程序和要求，包括认可条件、认可流程、申请受理要求、评审要求、对多检测/校准/鉴定场所实验室认可的特殊要求、变更要求、暂停、恢复、撤销、注销认可以及 CNAS 和实验室的权利和义务，是 CNAS 和检测实验室、校准实验室、医学实验室、司法鉴定/法庭科学机构等认可活动相关方应遵循的程序规则。

CNAS-RL02《能力验证规则》，是为了确保 CNAS 认可的有效性，保证 CNAS 认可质量，促进合格评定机构的能力建设而制定。该规则阐述了 CNAS 能力验证的政策和要求，包括 CNAS 对能力验证的组织、承认和结果利用的政策，以及合格评定机构参加能力验证的要求。

CNAS-RL03《实验室和检验机构认可收费管理规则》，是为了加强 CNAS 对实验室和检验机构等相关认可工作的收费管理，规范认可收费行为，保护认可双方的利益而制定。该规则阐述了收费原则与用途、收费项目与标准、收费要求等内容。

② 认可准则(C 系列)是 CNAS 为规范认可对象的合格评定活动制定的要求，是认可对象获得和维持认可资格需要满足的强制性要求，包括基本准则和专用准则。专用准则是 CNAS 制定的在特定领域或特定行业中实施相应准则的应用要求，如应用说明等。本指南适用的实验室认可依据的认可准则(CL)包括：

CNAS-CL01《检测和校准实验室能力认可准则》；

CNAS-CL01-G001《CNAS-CL01〈检测和校准实验室能力认可准则〉应用要求》，与 CNAS-CL01 同步应用；

CNAS-CL01-G002《测量结果的溯源性要求》；

CNAS-CL01-G003《测量不确定度的要求》；

CNAS-CL01-G004《内部校准要求》；

CNAS-CL01-A×××是 CL01 在特殊领域的应用说明；

CNAS-CL08-A×××是 CL08 在特殊领域的应用说明；

CNAS-CL02-A×××是 CL02 在特殊领域的应用说明。

③ 认可指南(G 系列)是 CNAS 为认可对象提供的，能够满足或达到认可规则、认可准则等要求的建议或指导性文件。实验室认可涉及的指南类文件编号为 CNAS-GL××。

④ 认可方案(S 系列)是 CNAS 根据法律法规或制度所有者等方的要求，对特定认可制度适用的认可规则、认可准则和认可指南的补充。实验室认可涉及的方案类文件编号为 CNAS-CL01-S××。

(3) 认可说明(E 系列)是 CNAS 在认可规范实施过程中，对特定要求的理解或对特定工作实施的进一步明确。实验室认可涉及的说明类文件编号为 CNAS-EL××。

(4) 技术报告(TR 系列)是 CNAS 发布的对有关合格评定机构的运作具有指导性的技术说明文件。实验室认可涉及的技术报告文件编号为 CNAS-TRL××。

(5) 认可信息类文件(A 系列)是 CNAS 发布的与认可有关的信息，包括：CNAS 简介、认可申请书、认可领域分类、相关机构分析等。实验室认可涉及的信息类文件编号为 CNAS-AL××。

（二）实验室认可流程

实验室若要获得 CNAS 认可，可通过到访、电话、传真以及其他电子通信方式等，向 CNAS 秘书处表达意向，获取相关帮助。相关联系方式可到 CNAS 网站（www.cnas.org.cn）查询。

实验室获得认可的一般流程见下图：

第一步：建立体系

（1）实验室若申请 CNAS 认可，首先要依据 CNAS 的认可准则，建立管理体系。

检测实验室、校准实验室适用 CNAS-CL01（等同采用 ISO/IEC 17025）《检测和校准实验室能力认可准则》；

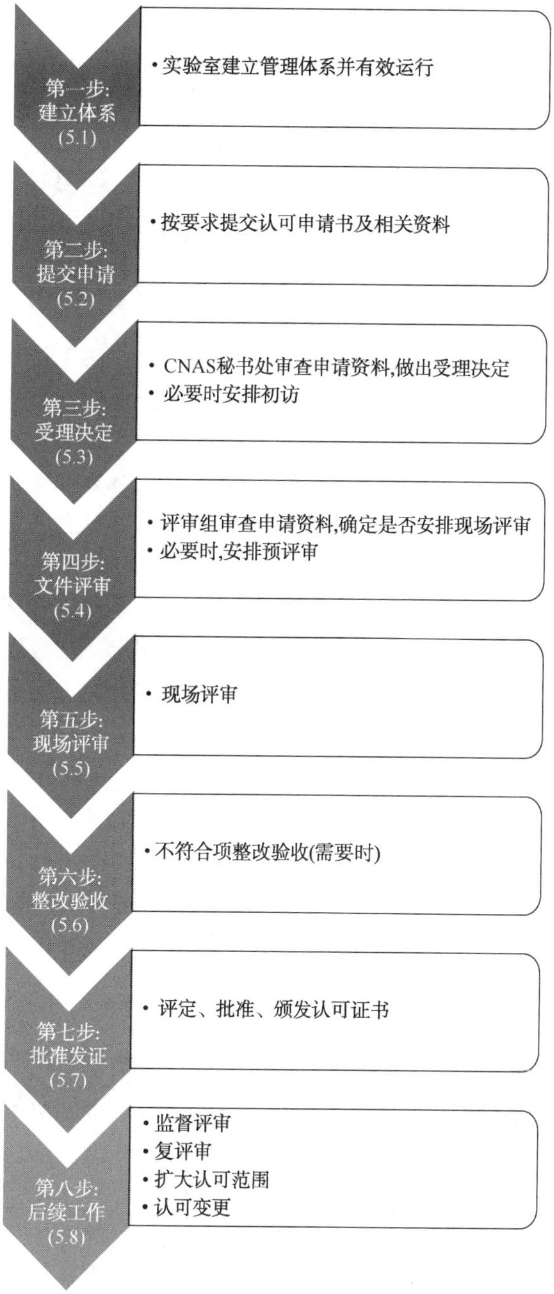

（2）实验室在建立管理体系时，除满足基本认可准则的要求外，还要根据所开展的检测/校准/鉴定活动的技术领域，同时满足 CNAS 基本认可准则在相关领域应用说明、相关认可要求的规定。

（3）实验室建立管理体系文件时，要注意：

① 管理体系文件要完整、系统、协调，能够服从或服务于实验室的政策和目标；组织结构描述清晰，内部职责分配合理；各种质量活动处于受控状态；管理体系能有效运行并进行自我完善；过程的质量监控基本完善，支持性服务要素基本有效。

② 管理体系文件要将认可准则及相关要求转化为适用于本实验室的规定，具有可操作性，各层次文件之间要求一致。

③ 当实验室为多场所，或开展检测/校准/鉴定活动的地点涉及非固定场所时，管理体系文件需要覆盖申请认可的所有场所和活动。多场所实验室各场所与总部的隶属关系及工作接口描述清晰，沟通渠道顺畅，各分场所实验室内部的组织机构（需要时）及人员职责明确。

（4）实验室的管理体系至少要正式、有效运行 6 个月后，进行覆盖管理体系全范围和全部要素的完整的内审和管理评审。

① 所谓正式运行，是指初次建立管理体系的实验室，一般要先进入试运行阶段，通过内审和管理评审，对管理体系进行调整

和改进，然后再正式运行。

② 所谓有效运行一般是指管理体系所涉及的要素都经过运行，且保留有相关记录。对于实验室不从事认可准则中的一种或多种活动时，如分包校准等，可按准则要求进行删减。

③ 实验室在策划内审时，要从机构设置、岗位职责入手，从风险控制的角度确定内审范围和频次，制定内审方案。内审“检查表”(或其他称谓)要记录相应客观证据并具可追溯性。

④ 内审和管理评审方案的建立和实施可参考以下文件：

CNAS-GL011《实验室和检验机构内部审核指南》；

CNAS-GL012《实验室和检验机构管理评审指南》。

第二步：提交申请

(1) 实验室所开展的任何活动，均要遵守国家的法律法规，并诚实守信。

(2) CNAS 实验室认可秉承自愿性、非歧视原则，实验室在自我评估满足认可条件后，向 CNAS 认可七处递交认可申请，签署《认可合同》，并交纳申请费。

具体费用及汇款账号见申请书中的“申请须知”。

(3)《认可合同》应由法定代表人或其授权人签署。由授权人签署时，其授权齐全，并随《认可合同》一同提交。

CNAS 认可条件：

① 具有明确的法律地位，具备承担法律责任的能力；

② 符合 CNAS 颁布的认可准则和相关要求；

③ 遵守 CNAS 认可规范文件的有关规定，履行相关义务。

a. 实验室是独立法人实体，或者是独立法人实体的一部分，经法人批准成立，法人实体能为申请人开展的活动承担相关的法律责任。

b. 实验室在建立和运行管理体系时，要满足基本准则和专用准则的要求。

c. 实验室在运行管理体系和开展相关活动时，要遵守 CNAS 认可规范文件中的要求，并履行 CNAS-RL01 第 11.2 条所述的相关义务。

d. 实验室可登录 CNAS 网站“www. cnas. org. cn/实验室/检验机构认可业务在线申请”系统填写认可申请(CNAS-AL01、CNAS-AL02)，并按申请书中的要求提供其他申请资料。

e. 如果实验室使用计算机系统管理体系文件，可直接从计算机中导出并提交，但需要包含审批人信息，相关审批手续在现场评审时核查。

f. 认可申请书中所要求提交的相关记录，实验室只需从存档文件中复印或扫描提交。对于手写记录，不能因为申请认可，而誊抄或录入计算机打印。

第三步：受理决定

(1) CNAS 秘书处收到实验室递交的申请资料并确认交纳申请费后，首先会确认申请资料的齐全性和完整性，然后再对申请资料进行初步审查，以确认是否满足 CNAS-RL01 第 6 条所述的申请受理要求，做出是否受理的决定。

(2) 对 CNAS-RL01 中部分受理要求的解释：

① 申请人具有明确的法律地位，其活动要符合国家法律法规的要求。

实验室是独立法人实体，或者是独立法人实体的一部分，经法人批准成立，法人实体能为申请人开展的活动承担相关的法律责任。实验室要在其营业执照许可经营的范围内开展工作。实验室在提交认可申请时需同时提交法人证书(或法人营业执照),对于非独立法人实验室,还需提供法人授权书和承担实验室相关法律责任的声明。

② 建立了符合认可要求的管理体系,且正式、有效运行6个月以上。

实验室建立的管理体系既要符合基本认可准则的要求,又要满足专用认可规则类文件、要求类文件及基本认可准则在专业领域应用说明的要求。实验室应该充分了解CNAS相关文件的要求。相关文件可从CNAS网站“www.cnas.org.cn/实验室认可/实验室认可文件及要求/认可规范”中下载查看。

③ 申请的技术能力满足CNAS-RL02《能力验证规则》的要求。

根据CNAS-RL02的规定:“只要存在可获得的能力验证,合格评定机构初次申请认可的每个子领域应至少参加过1次能力验证且获得满意结果(申请认可之日前3年内参加的能力验证有效)。”子领域的划分可从CNAS网站“www.cnas.org.cn(/实验室认可)/能力验证专栏/能力验证相关政策与资料”中下载相关文件查看。每个子领域能够提供的能力验证的相关信息,如项目/参数、实施机构、提供类型等,可从“www.cnas.org.cn(/实验室认可)/能力验证专栏/常见问题”中下载《检测领域能力验证开展情况参考信息》和/或《校准领域能力验证开展情况参考信息》查看。

参加能力验证但不能提供满意结果,或不满足CNAS-RL02《能力验证规则》要求的,将不受理该子领域的认可申请。

申请认可的项目如果不存在可获得的能力验证,实验室也要尽可能地与已获认可的实验室进行实验室间比对,以验证是否具备相应的检测/校准/鉴定能力。

④ 申请人具有开展申请范围内的检测/校准/鉴定活动所需的足够的资源。“足够的资源”是指有满足CNAS要求的人员、环境、设备设施等,实验室的人员数量、工作经验与实验室的工作量、所开展的活动相匹配。实验室的主要管理人员和所有从事检测或校准或鉴定活动的人员要与实验室或其所在法人机构有长期固定的劳动关系,不能在其他同类型实验室中从事同类的检测或校准或鉴定活动。实验室的检测/校准/鉴定环境能够持续满足相应检测/鉴定标准、校准规范的要求;实验室有充足的、与其所开展的业务、工作量相匹配的仪器设备和标准物质,且实验室对该仪器设备具有完全的使用权。

⑤ 使用的仪器设备的测量溯源性要能满足CNAS相关要求。

对于能够溯源至SI单位的仪器设备,实验室选择的校准机构要能够符合CNAS-CL01-G002《测量结果的溯源性要求》中的规定。

实验室需对实施内部校准的仪器设备和无法溯源至SI单位的仪器设备予以区分。对于实施内部校准的检测实验室,要符合CNAS-CL01-G004《内部校准要求》的规定;对于无法溯源至SI单位的,要满足CNAS-CL01《检测和校准实验室能力认可准则》的要求。

⑥ 申请认可的技术能力有相应的检测/校准/鉴定经历。

实验室申请认可的检测/校准/鉴定项目,均要有相应的检测/校准/鉴定经历,且是实验室经常开展的、成熟的、主要业务范围内的主要项目,不接受实验室只申请非主要业务的项目,例如生产企业的实验室不申请其生产的产品的检测,仅申请原材料(进货)检测或环保监测(如水质检测);也不允许实验室仅申请某一产品的非主要检测项目,例如某一产品的外观检测(目测)、标志检测等。

注:检测/校准/鉴定经历不要求一定是对外出具的检测/鉴定报告/校准证书。

不接受实验室仅申请抽样(采样)能力，抽样(采样)能力要与相应的检测能力同时申请认可。

不接受实验室仅申请判定标准，要与相应的检测能力(标准)同时申请认可。

对于已有现行有效标准方法的，针对该检测对象的仪器分析法通则标准不予认可。

对于未获批准的标准/规范(含标准报批稿)，不接受作为标准方法申请认可，实验室可以作业指导书(SOP)等非标方法形式申请认可，但要注意非标方法必须按照认可准则要求经过严格确认。

⑦ 申请人申请的检测/校准/鉴定能力，CNAS 具备开展认可的能力。

对于实验室申请的检测/校准/鉴定能力，CNAS 秘书处要从认可政策、评审员和技术专家资源、及时实施评审的能力等方面进行评估，只要不具备任何一方面能力，均不能受理实验室的认可申请。

(3) 当存在以下情况时，CNAS 秘书处会征得申请人同意后安排初访。

① 不能通过提供的文件资料确定申请人是否满足申请受理条件，例如从申请资料中不能初步确定实验室人员是否具备相应能力，或从申请资料中不能确定实验室是否具备相应的设备、设施；

② 不能通过提供的文件资料准确认定申请范围；

③ 不能确定申请人是否能在 3 个月内接受评审。

初访的人员一般为 CNAS 秘书处人员或 CNAS 秘书处指定的评审员，初访所产生的差旅、食宿费用由申请人承担。

(4) CNAS 秘书处在资料审查过程中(做出受理决定前)会将所发现的问题通知申请实验室，实验室要在 1 个月内书面回复 CNAS 秘书处，对所提问题进行澄清或采取的处理措施，在回复后的 2 个月内，其提交的整改资料，经审查能够满足受理要求。否则会导致不予受理其认可申请的后果。

注：实验室的整改有可能需要反复多次，因此实验室最好尽早提交整改材料。

(5) 由于申请人不符合申请受理条件，CNAS 秘书处业务处将向申请人发出不受理认可通知书。申请人对 CNAS 秘书处的不受理决定有异议，可于接到不受理通知后 10 个工作日内，向 CNAS 秘书处提出申诉，逾期则视同接受。

注：CNAS 对于申投诉的处理，可参看 CNAS-R03《申诉、投诉和争议处理规则》。

(6) 对于不予受理认可申请后，允许实验室再次提交认可申请的时间，在 CNAS-RL01《实验室认可规则》第 6.14 条有相应规定。

(7) 申请资料存在以下任何一种情况，会被认为实验室存在诚实性问题：

① 提供的申请资料自相矛盾，或与实际情况不符，例如申请并不具备的能力。

② 管理体系文件有明显抄袭痕迹，如体系文件中涉及了实验室并不从事的活动或不存在的部门。

③ 不同实验室提供的相关记录雷同，或同一实验室提供的不同时间的质量记录(如内审、管理评审记录)内容雷同。

④ 实验室质量记录在笔迹、内容等方面有明显造假痕迹。

⑤ 其他对实验室申请资料真实性有怀疑的情况。

第四步：文件评审

（1）CNAS 秘书处受理申请后，将安排评审组长对实验室的申请资料进行全面审查，是否能对实验室进行现场评审，取决于文件评审的结果。

（2）文件评审的内容包括：

——质量管理体系文件满足认可准则要求：完整、系统、协调，能够服从或服务于质量方针；组织结构描述清晰，内部职责分配合理；各种质量活动处于受控状态；质量管理体系能有效运行并进行自我完善；过程的质量控制基本完善，支持性服务要素基本有效。

——申请材料及技术性文件中申请能力范围的清晰、准确；人员和设备与申请能力范围的匹配；测量结果计量溯源的符合性；能力验证活动满足相关要求的情况；证书/报告的规范性等。

（3）在文件评审中，评审组长发现文件不符合要求时，CNAS 秘书处或评审组长会以书面方式通知实验室进行纠正，必要时采取纠正措施。

（4）评审组长进行资料审查后，会向 CNAS 秘书处提出以下建议中的一种：

① 实施预评审：见 5. 4. 5；

② 实施现场评审：文件审查符合要求，或文件资料中虽然存在的问题，但不会影响现场评审的实施时提出；

③ 暂缓实施现场评审：文件资料中存在较多的问题，直接会影响现场评审的实施时提出，在实验室采取有效纠正措施并纠正发现的主要问题后，方可安排现场评审；

④ 不实施现场评审：文件资料中存在较严重的问题，且无法在短期内解决时提出，或实验室的文件资料通过整改后仍存在较严重问题，或经多次修改仍不能达到要求时提出；

⑤ 资料审查符合要求，可对申请事项予以认可：只有在不涉及能力变化的变更和不涉及能力增加的扩大认可范围时提出。

（5）只有在通过审查申请资料，需要进一步了解以下情况时，评审组长与 CNAS 秘书处协商，并经实验室同意，才能安排预评审，由此产生的费用由实验室承担。

① 不能确定现场评审的有关事宜；

② 实验室申请认可的项目对环境设施有特殊要求；

③ 对大型、综合性、多场所或超小型实验室需要预先了解有关情况。

（6）预评审不是预先的评审，预评审只对资料审查中发现的需要澄清的问题进行核实或做进一步了解，对预评审中发现的问题，评审组长可告知实验室，但不能提供有关咨询。预评审的结果不作为评价实验室质量管理体系和技术能力的正式依据，也不能作为减少正式评审时间的理由。

第五步：现场评审

（1）现场评审在实验室申请认可的地点内进行，现场评审的具体日期由 CNAS 秘书处或委托评审组长与实验室协商确定，评审人日数则取决于实验室申请认可的能力范围，即申请认可的技术领域和申请项目数量。

注：评审人日数=评审人员数量×评审天数，CNAS 评审费按评审人日数收取，文件审查也折算人日数收取评审费，收费标准详见 CNAS-RL03《实验室和检验机构认可收费管理规则》。

（2）评审组的组建原则可参见 CNAS-RL01《实验室认可规则》第 5. 1. 4 条。评审组成员不能与申请人存在以下关系：

① 向申请人提供有损于认可过程和认可决定公正性的咨询；

② 评审组成员或其所在机构与申请人在过去、现在或可预见的将来有会影响评审过程和评审公正性的关系。

(3) 组建评审组后，由CNAS秘书处向实验室发出《现场评审计划征求意见表》征求实验室的意见，其内容包括评审组成员及其所服务的机构、现场评审时间、评审组的初步分工等。如果确有证据表明某个评审员或其所服务的机构存在影响评审公正性的行为时，实验室可拒绝其参与现场评审活动，CNAS秘书处会对评审组进行调整。

(4) 实验室确认《现场评审计划征求意见表》后，CNAS秘书处会向实验室和评审组正式发出现场评审通知，将评审目的、评审依据、评审时间、评审范围、评审组名单及联系方式等内容通知相关方。

注：本文中所述的“确认”，通过CNAS业务系统进行。

(5) CNAS秘书处出于以下目的，征得实验室同意后，会在评审组中安排观察员：

① 见证评审组现场评审活动；

② 征集申请人或评审组对评审管理工作的意见和建议；

③ 对有关现场评审活动中使用程序的适用性进行调查；

④ 指导评审组从事新开辟领域的评审工作；

⑤ 其他需要的情况。

(6) 评审组负责制订现场评审日程，于现场评审前通知实验室并征得实验室同意。

(7) 现场评审的开始以首次会议的召开为表征，首次会议由评审组长主持，评审组和实验室人员(可以是管理层人员，也可以是全体人员)参加。首次会议上评审组长将通告评审目的、范围，宣告评审要求，澄清被评审方的问题，确认评审日程，并与实验室确定陪同人员及必要的办公设施。

(8) 在现场评审期间，评审组每天会汇总评审情况，并将当天的评审情况通告实验室。现场评审结束前评审组会将现场评审的总体情况与实验室沟通，听取实验室的意见。

(9) 现场评审时，评审组会针对实验室申请认可的技术能力进行逐项确认，根据申请范围安排现场试验。安排现场试验时会考虑申请认可的所有项目/参数、仪器设备、检测/校准/鉴定方法、类型、试验人员、试验材料等。

(10) 对申请认可的检测/校准/鉴定能力，实验室都要进行方法验证或确认，即使使用相同的检测/校准/鉴定方法，但涉及的检测/鉴定对象、检测基质或校准的仪器设备等不同，也要针对其不同点进行验证或确认。

(11) 现场评审的要求可参见CNAS-RL01《实验室认可规则》第7条，对部分条款的理解如下：

① 关于现场安排测量审核。

测量审核是对一个参加者进行“一对一”能力评价的能力验证计划，现场评审时安排测量审核，主要出于以下目的：

a. 对申请/维持的技术能力进行确认；

b. 对不能满足CNAS-RL02《能力验证规则》的领域进行现场考核；

c. 对参加能力验证但未取得满意结果的项目/参数进行现场验证。

② 关于对授权签字人的考核。

CNAS要求实验室的授权签字人要明确其职权，对签发的报告/证书具有最终技术审查职责，对于不符合认可要求的结果和报告/证书具有否决权。因此授权签字人在其申请授权范围内要有相应技术工作经历，对于申请多技术领域的授权签字人，要满足各个领域的相应要求。如果实验室基于行业管理的规定，报告或证书必须由实验室负责人签发，而该负责人不具备授权签字人资格，那么CNAS认可的实验室授权签字人可以复核人(或其他称谓)的形式出现。

基本认可准则的相关应用说明中，对授权签字人的任职资格做了规定。授权签字人属于实验室关键岗位人员，同时要符合CNAS-RL01中第7.7条的要求。

③ 关于租/借用设备的要求。

如果使用租用设备进行检测或校准或鉴定活动并申请认可，CNAS要求实验室做到：

a. 租用设备的管理纳入实验室的管理体系。

b. 实验室必须能够完全支配使用，即：租用的设备要由实验室的人员进行操作；由实验室对租用的设备进行维护，并能控制其校准状态；实验室对租用设备的使用环境、设备的储存要能进行控制等。

c. 租用设备的使用权必须完全转移，并在申请人的设施中使用。

设备的租赁期限至少为2年。对于初次获得认可的机构，至少要能够保证实验室在获得认可证书后的2年内使用。

CNAS不允许同一台设备在同一时期由不同实验室租用而申请/获得认可。

CNAS不允许实验室使用借用设备申请/获得认可。

(12) 对于多场所实验室，现场评审必须覆盖到所有场所，即使分场所的技术能力与主场所完全相同。

(13) 现场评审以末次会议的结束而宣告结束。

(14) 现场评审结论仅是评审组向CNAS的推荐意见，根据CNAS-J01《中国合格评定国家认可委员会章程》，由评定委员会“做出有关是否批准、扩大、缩小、暂停、撤销认可资格的决定意见”。

(15) 现场评审后，实验室可登录CNAS网站服务专栏下载《实验室/检验机构评审人员评审现场状况调查表》，并于评审工作结束后5个工作日内，将填写完成的表格反馈至CNAS评审员处，对评审员现场评审表现作出评价。

第六步：整改验收

(1) 对于评审中发现的不符合，实验室要及时进行纠正，需要时采取纠正措施，一般情况下，CNAS要求实验室实施整改的期限是2个月。但对于监督评审(含监督+扩项评审)和复评审(含复评+扩项评审)时涉及技术能力的不符合，要求在1个月内完成整改。

注：如果CNAS评审与其他部门委托或安排的评审联合进行时，实验室的整改期限取最短期限。

(2) 在以下情况下，评审组会对不符合项的整改，考虑进行现场验证，一般情况下，现场验证由原评审组进行。

① 对于涉及影响结果的有效性和实验室诚信性的不符合项；

② 涉及环境设施不符合要求，并在短期内能够得到纠正的；

③ 涉及仪器设备故障，并在短期内能够得到纠正的；

④ 涉及人员能力，并在短期内能够得到纠正的；

⑤ 对整改材料仅进行书面审查不能确认其整改是否有效的。

(3) 对评审中发现不符合的整改，实验室不能仅进行纠正，要在纠正后，充分查找问题形成的原因，需要时制订有效的纠正措施，以免类似问题再次发生。对于不符合，仅进行纠正，无须采取纠正措施的情况很少发生。

(4) 评审组对实验室提交的书面整改材料不满意的，也可能再进行现场核查。

(5)评审组在现场评审结束时形成的评审结论或推荐意见，有可能根据实验室的整改情况而进行修改，但修改的内容会通报实验室。

第七步：批准发证

(1) 实验室通过了现场评审，并不等于获得了认可。根据 CNAS-J01《中国合格评定国家认可委员会章程》规定，由评定委员会做出批准认可的决定。

(2) 实验室整改完成后，将整改材料交评审组审查验收。通过验收后，评审组会将所有评审材料交回 CNAS 秘书处，秘书处审查符合要求后，提交评定委员会评定，并做出是否予以认可的评定结论。CNAS 秘书长或其授权人根据评定结论做出认可决定。

(3) CNAS 秘书处会向获准认可实验室颁发认可证书以及认可决定通知书，并在 CNAS 网站公布相关认可信息。实验室可在 CNAS 网站“获认可机构名录”中查询。

注：认可批准后，CNAS 将在网上预公布实验室获认可的范围，实验室如有异议可向专门信箱(scope@ cnas. org. cn)发送信息，由 CNAS 甄别处理。

(4) 目前 CNAS 实验室认可周期及认可证书有效期的规定见 CNAS-RL01《实验室认可规则》第 5. 1. 7 条。

第八步：后续工作

(1) 监督评审和复评审。

① 为了证实获准认可实验室在认可有效期内能够持续地符合认可要求，CNAS 会对获准认可实验室安排定期监督评审。一般情况下，在初次获得认可后的 1 年(12 个月)内会安排 1 次定期监督评审，并根据实验室的具体情况(可查看 CNAS-RL01《实验室认可规则》第 5. 3. 2 条)，安排不定期监督评审。

② 已获准认可的实验室在认可批准后的第 2 年(24 个月内)进行第 1 次复评审。复评审每 2 年 1 次，两次复评审的现场评审时间间隔不能超过 2 年(24 个月)。复评审范围涉及认可要求的全部内容、全部已获认可的技术能力。具体要求见 CNAS-RL01《实验室认可规则》第 5. 4 条。

③ 定期监督评审或复评审无须实验室申请，但必须进行现场评审，监督的重点是核查获准认可实验室管理体系的维持情况。定期监督评审或复评审的截止日期在 CNAS 秘书处向实验室发放的“认可决定通知书”中标明，实验室要予以关注。

④ 实验室无故不按期接受定期监督评审或复评审，将被暂停认可资格。

⑤ 如实验室确因特殊原因不能按期接受定期监督评审或复评审，则需向 CNAS 秘书处提交书面延期申请，说明延期原因及延期期限，经审批后方可延期。

一般情况下，延期不允许超过 2 个月。

⑥ 不定期监督评审根据具体情况安排现场评审或其他评审(如文件评审)。对于获认可在 6 年之内的实验室，由于实验室与认可相关的人员、方法、设备、环境设施等发生变化而

安排的不定期监督评审，如果这种变化导致实验室技术能力的变更或涉及的变更很多，则需要安排现场评审确认，反之可安排其他评审确认。

⑦ 当不定期监督评审与定期监督评审、复评审相距时间较近时，征得实验室同意后，可合并安排。

（2）扩大认可范围。

① 实验室获得认可后，可根据自身业务的需要，随时提出扩大认可范围申请，申请的程序和受理要求与初次申请相同，但在填写认可申请书时，可仅填写扩大认可范围的内容2。

② 扩大认可范围的相关要求请参见 CNAS-RL01《实验室认可规则》第5.2.1条。

③ 实验室扩大认可范围应该是有计划的活动，要对拟扩大的能力进行充分的验证并确认满足要求后，再提交扩大认可范围申请。

（3）认可变更。

① 实验室获得认可后，有可能会发生实验室名称、地址、组织机构、技术能力（如主要人员、认可方法、设备、环境等）等变化的情况，这些变化均要及时通报 CNAS 秘书处，具体要求可参见 CNAS-RL01《实验室认可规则》第9条。

② 变更发生后，实验室从 CNAS 网站下载并填写《变更申请书》，提交变更申请后，在 CNAS 秘书处确认变更前，实验室不能就变更后的内容使用认可标识。

注1：如果发生《变更申请书》未包括内容的变更，实验室可自行撰写变更申请。

注2：实验室要保证《变更申请书》所填写信息真实、准确，并承担由于信息提供虚假或不准确而造成的一切后果和责任。

注3：与扩项评审同时申请变更，只需填写相应申请书，不必再单独填写《变更申请书》。

③ 发生变更后，实验室要对变更后是否持续满足 CNAS 的认可要求进行确认。

④ 针对实验室的情况，对实验室提出的认可标准、授权签字人的变更，CNAS 秘书处采取不同的方式进行确认：

a. 获认可超过6年（含6年）的实验室，实施备案管理，即接到变更申请后，直接获得批准；如果实验室提出变更申请时，CNAS 秘书处已确定其监督、扩项或复评评审组的，则在完成现场评审等全部认可流程后予以批准。

b. 获认可不足6年的实验室，则需要通过不定期监督评审，对申请的变更事项予以确认。

⑤ 一般情况下，对于检测/校准/鉴定环境变化（指搬迁），需通过现场评审予以确认。

⑥ 根据实验室的意愿，CNAS 安排的变更确认也可与定期监督评审或复评审合并进行。

⑦ 在认可有效期内，实验室如要缩小认可范围或不再保留认可资格，要向 CNAS 秘书处提交书面申请，并明确缩小认可的范围。

⑧ 在认可有效期内，实验室如不能持续符合认可要求，CNAS 将对实验室采取暂停或撤销认可的处理，具体要求可参见 CNAS-RL01《实验室认可规则》第10条。被暂停认可后，实验室如要恢复认可，需书面提交恢复认可申请。暂停期内实验室如不能恢复认可（完成评审、批准环节），则将被撤销认可。

第四节　质量管理系统的建立与应用

全面质量管理的概念最早出现在美国通用电气公司质量总经理费根堡姆于 1961 年出版的《全面质量管理》一书中，之后在日本得到继承发扬。在总结各国质量管理理论和实践的基础上，以质量为中心，强调全员参与质量管理、全过程质量控制及采用多种质量方法。基于全面质量管理的理念和方法，国际标准化组织(ISO)于 1987 年发布了以 ISO 9001 为核心的系列标准，并通过认证手段迅速普及。ISO 9001 标准使全面质量管理更加系统化、体系化，成为各类企业组织实用的质量管理工具。

一、ISO 9001：2015 版标准的主要变化

2015 年 9 月，ISO 9001：2015 新版标准正式发布，新版体现了现代质量管理理论的发展成果，更加符合社会及企业自身需求。我国 GB/T 19001—2016 使用翻译法等同采用 ISO 9001：2015。ISO 9001 从 2008 版换版到 2015 版的截止日期是 2018 年 9 月 15 日。2015 版主要的变化是：

(1) 完全按照 SL 格式重新进行编排。SL 是 ISO 联合技术协调小组出具的一个有关管理体系标准的附件，提供了怎样编写管理体系标准的细节，为新的 ISO 管理体系标准制定和原有标准的修订提供了一个统一的结构和模式，同时也提供了一个统一的文本。SL 文本的统一体现了管理活动的一些通用理念，也构成本版 ISO 9001 标准变更的一些主要内容，如组织管理体系应考虑组织内外环境(条款 4.1)和相关方要求(条款 4.2)，管理活动通常由目标管理和风险管理两类方式组成(条款 6.1、条款 6.2)，领导作用(条款 5.1)等。

(2) 2015 版标准用“产品和服务”替代了 2008 版中的“产品”。变更原因是有很多服务业组织还没能真正理解，2008 版标准里面每当提到产品的时候，实际上也隐含了服务，但人们通常还是会想到有形产品，而没有想到无形服务。因此，2015 版标准决定用“产品和服务”替代原版标准里面的“产品”。

(3) 对最高管理者提出了更多的要求。这对于审核员来说影响不小。该变更基本是采用 SL 文本，也就是通用的最高管理者应起作用的概念。2015 版标准的要求更加具体，使本条款的可审核性更好，但应考虑证据的收集方式。总之，高级管理层的领导作用对于体系有效性是非常重要的。

(4) 2015 版标准用“外部提供的过程、产品和服务”替代 2008 版中的“采购”，包括外包过程。在 2008 版标准中，条款 4.1 体现了“外包过程”，条款 7.4 是关于“采购”，2015 版标准统一为“外部提供的过程、产品和服务”，总的目的就是确保对这些外部提供的过程、产品和服务加以控制，达到所需要的结果。2015 版标准条款 8.4 列举了所有的外部提供形式。

(5) 用“形成文件的信息”替代了“文件化的程序和记录”，目前来看，形成文件的信息很大程度上可能还是过去传统概念上的文件化的程序和文件化的记录，但是在当今信息化时代，应注意面对企业管理系统 IT 化和今后工厂智能化。

(6) 条款 4.1“理解组织及其环境”。组织和组织之间有很大不同，组织所处的内外部环境是其建立质量管理体系的出发点。组织可结合识别和评价这些因素，评价自己的质量管理体系是否适合于组织。

（7）条款4.2“理解相关方的需求和期望”。顾客还是首要相关方，但不是唯一相关方。为满足顾客要求，要理解相关方的要求和影响。

（8）强调“基于风险的思维”这一核心概念。识别风险并采取相应措施来消除风险、降低风险或者减缓风险的思想，贯穿在整个标准里。基于风险的思维到什么程度？取决于这个组织所处的环境。基于风险的分析应在两个层面上运行，一个层面就是组织层面，另一个层面就是组织内部的过程。2015版标准共40处出现“风险”一词，明确提出“基于风险的思维是实现质量管理体系有效性的基础”，引导企业将风险思维贯穿于PDCA全过程，根据内外部环境（如法律法规、客户需求、合作伙伴、内部人员设施等）变化，及时采取预防措施，包括进行各种形式的变革和创新，最大限度地降低不利影响，最大限度地利用出现的机遇。

（9）还有一个子条款是关于组织的知识。这个子条款是一个特别重要的要求，对转型升级时期的我国企业确有意义。

（10）还有一个新要求值得关注，即“改进产品和服务以满足要求并关注未来的需求和期望”。

（11）2015版标准对2008版标准中的一些要求进行删除：

① 去掉了“预防措施”这个术语。其实这个概念不仅依然存在，而且通过应对“风险”得到了加强。

② 去掉了针对“质量手册”和“管理者代表”的具体（规定性）要求。ISO 9001：2015标准给予组织更多的灵活性。有很多种方法可以做到质量手册过去所做的事情。管理者代表也是一样，要求对管理体系的实施和绩效进行报告，确定管理体系的职责和权限，至于是否非得专人或是大家一起来做，要取决于组织自己的决定。

除了上述主要变化外，还有一些内容也进行修订，需引起我们的关注。如“质量管理原则”，过程“输出”“绩效”等。

二、ISO 9000族标准的基本指导思想

ISO 9000族标准起源于科学的进步和技术的发展，高新技术的发展更有待于ISO 9000族标准的指导。成熟的ISO 9000族标准在科技领域的应用为科技的进步提供了无穷的动力。

一个组织所建立和实施的质量体系，应能满足组织规定的质量目标。确保影响产品质量的技术、管理和人的因素处于受控状态。无论是硬件、软件、流程性材料还是服务，所有的控制应针对减少、消除不合格，尤其是预防不合格。这是ISO 9000族的基本指导思想，具体地体现在以下方面。

（一）控制所有过程的质量

ISO 9000族标准是建立在“所有工作都是通过过程来完成的”这样一种认识基础上的。一个组织的质量管理就是通过对组织内各种过程进行管理来实现的，这是ISO 9000族关于质量管理的理论基础。当一个组织为了实施质量体系而进行质量体系策划时，首要的是结合本组织的具体情况确定应有哪些过程，然后分析每一个过程需要开展的质量活动，确定应采取的有效的控制措施和方法。

（二）控制过程的出发点是预防不合格

在产品生命周期的所有阶段，从最初的识别市场需求到最终满足要求的所有过程的控制

都体现了预防为主的思想。例如：

——控制市场调研和营销的质量，在准确地确定市场需求的基础上，开发新产品，防止盲目开发而造成不适合市场需要而滞销，浪费人力、物力。

——控制设计过程的质量。通过开展设计评审、设计验证、设计确认等活动，确保设计输出满足输入要求，确保产品符合使用者的需求。防止因设计质量问题，造成产品质量先天性的不合格和缺陷，或者给以后的过程造成损失。

——控制采购的质量。选择合格的供货单位并控制其供货质量，确保生产产品所需的原材料、外购件、协作件等符合规定的质量要求，防止使用不合格外购产品而影响成品质量。

——控制生产过程的质量。确定并执行适宜的生产方法，使用适宜的设备，保持设备正常工作能力和所需的工作环境，控制影响质量的参数和人员技能，确保制造符合设计规定的质量要求，防止不合格品的生产。

——控制检验和试验。按质量计划和形成文件的程序进行进货检验、过程检验和成品检验，确保产品质量符合要求，防止不合格的外购产品投入生产，防止将不合格的工序产品转入下道工序，防止将不合格的成品交付给顾客。

——控制搬运、储存、包装、防护和交付。在所有这些环节采取有效措施保护产品，防止损坏和变质。

——控制检验、测量和实验设备的质量，确保使用合格的检测手段进行检验和试验，确保检验和试验结果的有效性，防止因检测手段不合格造成对产品质量不正确的判定。

——控制文件和资料，确保所有的场所使用的文件和资料都是现行有效的，防止使用过时或作废的文件，造成产品或质量体系要素的不合格。

——纠正和预防措施。当发生不合格(包括产品的或质量体系的)或顾客投诉时，即应查明原因，针对原因采取纠正措施以防止问题的再发生。还应通过各种质量信息的分析，主动地发现潜在的问题，防止问题的出现，从而改进产品的质量。

——全员培训，对所有从事对质量有影响的工作人员进行培训，确保他们能胜任本岗位的工作，防止因知识或技能不足，造成产品或质量体系不合格。

(三) 质量管理的中心任务是建立并实施文件化的质量体系

质量管理是在整个质量体系中运作的，所以实施质量管理必须建立质量体系。ISO 9000族认为，质量体系是有影响的系统，具有很强的操作性和检查性。要求一个组织所建立的质量体系应形成文件并加以保持。

典型质量体系文件的构成分为三个层次，即质量手册、质量体系程序和其他质量文件。质量手册是按组织规定的质量方针和适用的 ISO 9000 族标准描述质量体系的文件。

质量手册可以包括质量体系程序，也可以指出质量体系程序在何处进行规定。质量体系程序是为了控制每个过程质量，对如何进行各项质量活动规定有效的措施和方法，是有关职能部门使用的文件。其他质量文件包括作业指导书、报告、表格等，是工作者使用的更加详细的作业文件。

对质量体系文件内容的基本要求是：该做的要写到，写到的要做到，做的结果要有记录，即写所需，做所写，记所做的九字真言。

(四) 持续的质量改进

质量改进是一个重要的质量体系要素，GB/T 19004—2020 质量管理　组织的质量　实现持续成功指南使用翻译法等同采用 ISO 9004：2018 质量管理　组织的质量　实现持续成功指南，该标准为组织提供了通过运用质量管理方法实现持续成功的指南，以帮助组织应对复杂的、严峻的和不断变化的环境。当实施质量体系时，组织的管理者应确保其质量体系能够推动和促进持续的质量改进。

质量改进包括产品质量改进和工作质量改进。争取使顾客满意和实现持续的质量改进应是组织各级管理者追求的永恒目标。没有质量改进的质量体系只能维持质量。质量改进旨在提高质量。质量改进通过改进过程来实现，是以追求更高的过程效益和效率为目标。

（五）一个有效的质量体系应满足顾客和组织内部双方的需要和利益

对顾客而言，需要组织能具备交付期望的质量，并能持续保持该质量的能力；对组织而言，在经营上以适宜的成本，达到并保持所期望的质量。既满足顾客的需要和期望，又保护组织的利益。

（六）定期评价质量体系

其目的是确保各项质量活动的实施及其结果符合计划安排，确保质量体系持续的适宜性和有效性。评价时，可对每一个被评价的过程提出如下三个基本问题：

（1）过程是否被确定？过程程序是否恰当地形成文件？

（2）过程是否被充分展开并按文件要求贯彻实施？

（3）在提供预期结果方面，过程是否有效？

（七）搞好质量管理关键在领导

组织的最高管理者在质量管理方面应做好下面四件事：

（1）确定质量方针。由负有执行职责的管理者规定质量方针，包括质量目标和对质量的承诺。

（2）确定各岗位的职责和权限。

（3）配备资源。包括财力、物力(其中包括人力)。

（4）负责管理评审。达到确保质量体系持续的适宜性和有效性。

三、ISO 9001 申请认证的基本要求

ISO 9001 申请认证的基本要求：

（1）组织应建立符合标准要求的文件化质量管理体系，在申请认证之前应完成内部审核和管理评审，并保证质量管理体系的有效、充分运行三个月以上；

（2）组织应向认证机构提供质量管理体系运行的充分信息，对于多现场应说明各现场的认证范围、地址及人员分布等情况，认证机构将以抽样的方式对多现场进行审核；

（3）没有完全纳入质量管理体系认证范围内的服务或活动的接口(如发生在同一现场)，应在拟认证的质量管理体系中予以说明；

（4）当决定认证的覆盖范围时，应考虑组织生产或经营许可证的范围以及相应资质证明；

（5）ISO 9001 标准允许对质量管理体系要求进行删减，但删减的原因必须清楚，只有当产品的性质、顾客或适应的法规要求不适宜采取该项体系要求时才可删减；删减的内容不能超出标准允许的删减范围；

(6) ISO 9001 审核是一项收集客观证据的符合性验证活动，为使审核顺利进行，组织应为认证机构开展认证审核、跟踪审核、监督审核、复审换证以及解决投诉等活动做出必要的安排，包括文件审核、现场审核、调阅相关记录和访问人员等各个方面。

① 必须具有营业执照，认证范围必须是经营范围内且符合现场审核实际情况；

② 组织机构代码证在有效期内、正常年检；

③ 国家法律法规要求的行业经营资质证书。

四、ISO 9000 质量管理体系认证程序

(一) 质量体系认证的申请

(1) 申请人提交一份正式的应由其授权代表签署的申请书。申请书或其附件可包括但不限于：

① 申请方简况，如组织的性质、名称、地址、法律地位以及有关人力和技术资源。

② 申请认证的覆盖的产品或服务范围。

③ 法人营业执照复印件，必要时提供资质证明、生产许可证复印件。

④ 最近一次国家产品质量监督检查情况。

⑤ 有关质量体系及活动的一般信息。

⑥ 申请人同意遵守认证要求，提供评价所需要的信息。

⑦ 对拟认证体系所适用的标准其他引用文件说明。

(2) 认证中心在收到申请方申请材料之日起，经合同评审以后 30 天内做出受理、不受理或改进后受理的决定，并通知委托方(受审核方)。以确保：

① 认证的各项要求规定明确，形成文件并得到理解；

② 认证中心与申请方之间在理解上的差异得到解决；

③ 对于申请方申请的认证范围、运作场所及一些特殊要求，如申请方使用的语言等，认证机构有能力实施认证；

④ 必要时认证中心要求受审核方补充材料和说明。

(3) 双方签订“质量体系认证合同”。

(4) 当某一特定的认证计划或认证要求需要做出解释时，由认证中心代表负责按认可机构承认的文件进行解释，并向有关方面发布。

(5) 对收到的信息将用于现场审核评定的准备。认证中心承诺保密并妥善保管。

(二) 现场审核前的准备

(1) 在现场审核前，申请方的 ISO 9000 标准建立的文件化质量体系运行时间应达到 3 个月，至少提前 2 个月向认证中心提交质量手册及所需相关文件。

(2) 认证中心准备组建审核组，指定专职审核员或审核组长。作为正式审核的一部分进行质量手册审查，审查以后填写《质量手册审查表》通知受审核方，并保存记录。

(3) 认证中心应准备在文件审查通过以后，与受审核方协商确定审核日期并考虑必要的管理安排。在初次审核前，受审核方应至少提供一次内部质量审核和管理评审的实施记录。

(4) 认证中心拟任命一个审核组，审核组长组成审核组代表认证中心实施现场审核。

① 审核组成员由国家注册审核员担任。

② 必要时聘请专业的技术专家协助审核。

(5) 由认证中心提前通知受审核方并征询受审核方对所指派审核员和专家是否有异议。如以上人员与受审核方可能发生利益冲突时，受审核方有权要求更换人员，但必须征得认证中心的同意。

(6) 认证中心正式任命审核组，编制审核计划，审核计划和日期应得到受审核方的同意，必要时在编制审核计划之前安排初访受审核方，察看现场，了解特殊要求。

(三) 现场审核

审核依据受审核方选定的认证标准，在合同确定的产品范围内审核受审核方的质量体系，主要程序为：

(1) 召开首次会议。

① 介绍审核组成员及分工。

② 明确审核目的、依据文件和范围。

③ 说明审核方式，确认审核计划及需要澄清的问题。

(2) 实施现场审核。

收集证据，对不符合项写出不符合报告单，对不符合项类型评价的原则是：

① 严重不符合项主要指：质量体系与约定的质量体系标准或文件的要求不符；造成系统性区域性严重失效的不符合或可造成严重后果的不符合，可直接导致产品质量不合格。

② 轻微的(或一般的)不符合项主要指：孤立的人为错误；文件偶尔未被遵守造成后果不严重，对系统不会产生重要影响的不符合等。

(3) 审核组编写审核报告做出审核结论，其审核结论有三种情况。

① 没有或仅有少量的一般不符合，可建议通过认证。

② 存在多个严重不符合，短期内不可能改正，则建议不予通过认证。

③ 存在个别严重不符合，短期内可能改正，则建议推迟通过认证。

(4) 向受审核方通报审核情况、结论。

(5) 召开末次会议，宣读审核报告，受审方对审核结果进行确认。

(6) 认证中心跟踪受审方对不符合项采取纠正措施的效果。

(四) 认证批准

(1) 认证中心对审核结论进行审定、批准自现场审核后一个月内最迟不超过二个月通知受审核方，并纳入认证后的监督管理。

(2) 认证中心负责认证合格后注册登记，颁发由认证中心总经理批准的认证证书，并在指定的出版物上公布质量体系认证注册单位名录。

公布和公告的范围包括：认证合格企业名单及相应信息(产品范围、质量保证模式标准、批准日期、证书编号等)。

(3) 对不能批准认证的企业，认证中心要给予正式通知，说明未能通过的理由，企业再次提出申请，至少需经 6 个月后才能受理。

(五) 认证范围的扩大、缩小和认证标准的变更

(1) 获证企业若需扩大或缩小体系认证范围，由获证方提出书面申请，提出扩大或缩小认证范围相应的质量手册，由合同管理部门审查接受后，需扩大认证范围的签订扩大认证范围合同，需缩小认证范围的办理原合同更改手续。现场审核时将负责审核扩大认证范围相关要素和部门、生产车间，具体实施按质量体系认证(审核)实施与控制程序进行。审核通过后，给予更换认证证书，证书内更改覆盖范围，注明换证日期，但证书有效期不变。

(2) 获证企业需变更体系认证标准时，须由获证方提出书面申请，并提供与认证标准相适应的质量手册。现场审核员审核认证标准变更的要素及相关部门，具体实施按质量体系认证(审核)实施与控制程序进行，审核通过后给予更换认证证书，更改认证标准，注明换证日期，但证书有效期不变。

五、ISO 9001 质量管理体系认证全过程介绍

对正在推行或准备推行 ISO 9001 认证的企业来说，这或许是一项"复杂"的工程。从制定推行计划到最后拿证，中间究竟有哪些流程，每个流程又要注意什么？以下是推行 ISO 9001 的 22 个步骤。

第 1 步　制定推行计划

推行计划一般包括以下内容：体系诊断(现状调查、识别)、成立 ISO 推行小组并组织相关培训、体系文件结构策划、质量手册编写、程序文件编写、三级文件编写、体系文件审查发布、体系文件宣传培训、系统试运行、内部审核员培训、第一次内审会议、管理审查会议、质量体系完善和改进、认证申请、现场审核、外审不合格项纠正、拿到证书。

第 2 步　成立 ISO 推行小组

确定小组人员及各成员的职能分工。

第 3 步　组织培训

对 ISO 小组的成员进行培训。通过培训宣传，让全公司上下都感受到推行 ISO 现在已经开始，形成一种氛围。同时让成员清楚 ISO 推行过程中应做哪些工作，每个人的工作内容，怎么配合总体进度，遇到问题通过什么途径解决等。

第 4 步　体系文件结构策划

策划内容包括：一是确定整个体系文件的编写计划及进度，二是确定质量管理体系文件内容(要编哪些程序，哪些规范，有什么表单等)。一般情况下，已经成立一段时间的公司，各类表单及流程都已经完善，收集起来即可。但如果是刚成立的公司则需全部整套文件进行编写，这样任务很重。

第 5 步　确定条款删减

删减的原则是：不能影响满足客户的要求和保证产品质量的责任。不能超出标准允许的范围。

第 6 步　确定文件编写格式

体系文件有几个方面需确定：

(1) 质量手册、程序文件封面；

(2) 质量手册、程序文件、规范(三级)的内页格式：包括表头样式、文件层次(目的、适用范围、定义、职责、程序、质量记录、相关文件、附录)、字体格式(包括字体大小、字体类型、行距、首行缩进等)；

(3) 程序文件修订页格式；

(4) 最好的方式是编写一份《体系文件编写导则》，规定好相关内容。

第 7 步　确立各过程的流程

收集前面所确定的程序文件和规范文件中涉及的“流程图”，并开会讨论各流程。因为，有些流程是与几个部门都相关的，如果不讨论清楚，后面就有可能出现各部门间相互矛盾，相互之间衔接不上。各流程由相关部门根据其实际运作情况绘制。

第 8 步　开始编写程序文件

程序文件编写可以统一由比较专业的人员编写或由 ISO 小组提供模板由各相关部门负责各自部门的程序文件编写。选择后者的好处是各部门自己做出来的文件，后续在运作过程中好执行，比较切合实际。各部门人员动员起来编写，速度当然也可以快些。

第 9 步　编写质量手册

质量手册的编写时机在不同的企业有不同的做法。一般的做法是先编程序文件，等差不多时再编写质量手册。因为程序文件没定下来，手册中有很多内容是不好确定的。

第 10 步　编写三级文件

三级文件包括规范文件、标准、机器操作指引、规程等。

第 11 步　编写、修改四级文件(表单)

对于与其他部门有关联的表单最好相互讨论后再定稿。

第 12 步　质量体系文件审查、发布

发布前应注意检查以下事项：

检查各文件的格式是否符合要求。

检查各文件的内容是否符合标准要求。

检查各文件之间是否冲突、关联内容是否衔接得上。

对应的表单及相关支撑性文件是否合理。

质量手册作为审查的重点。文件发布时严格按照文件管理程序进行管理。

第 13 步　体系文件宣传、培训并试运行

此次培训主要针对体系文件的内容进行。让各部门清楚了解质量管理体系对各活动的规范情况，各种流程具体怎么运作，特别是通用的程序，如：《纠正和预防措施程序》等。

第 14 步　ISO 9001 质量管理体系试运行

运行过程中各部门出现的问题要记录、汇总并定期开会讨论，决定是否修改文件或优化流程等。注意：体系试运作过程中出现的修改情况可能比较普遍。所以，在外审时可能会出现很多种不同格式的质量记录等，这是允许的，因为只是试运行。

第 15 步　内部审核培训

一般要求内审人员必须有内审证。全公司要有 2 名以上的人员有内审证。否则整个体系在外审时会认为是“严重不符合”而不被通过。当公司没有 2 名以上的人员有内审证时要及时处理，可以请教师来厂培训等。如果有 2 名以上人员有内审证，则在此次的内部审核培训时可由自己公司的人员主持，由此可减少公司开支。

第 16 步　第一次内部审核

内部审核要严格按照内部审核程序。具体内容及步骤如下：

(1) 编写年度内部审核计划；

(2) 编写当次内部审核计划；

(3) 分发当次内部审核计划到各相关部门(一般须提前一周时间)；

(4) 编写内部审核检查表；

(5) 实施内部审核(首次会议、现场审核、末次会议)；

(6) 填写内部审核不符合报告及内部审核分布表(包括条款及部门)；

(7) 内部审核结案报告。

第17步　管理评审活动实施

管理评审主要包括以下活动：年度管理评审计划(跟年度内部审核计划差不多，只是周期为一年一次，间隔不能大于12个月)、当次管理评审计划、管理评审会议通知单(在做管理评审前一周送达相关部门，以便于准备)、管理评审输入报告、各部门运作情况报告、各部门相关质量目标(包括分目标)达成情况统计、管理评审输出报告。

第18步　内部质量体系复审

复审：对内部质量体系审核、管理评审的审核。

第19步　认证申请

在质量体系完善和改进后，运行三个月即可提出认证申请，不同的认证公司有不同的认证申请格式，只要你选择好认证公司，后续的工作他们都会合理安排好。

第20步　接受外审(包括文件审核和现场审核)

文件审核一般较现场审核提前，就是把公司的质量管理体系文件给认证公司，提交其审核。现场审核前，认证公司会把相关的审核计划发到受审公司，受审公司做好外审准备工作，包括接待等。

第21步　现场审核的不符合项纠正

纠正必须包括：原因分析、纠正、纠正措施等。如果没有严重不符合项，一般情况下纠正的日期是1周到30天，即最快是7天后无问题即可拿证。

第22步　拿证

在认证后的4~6周，企业即可获得认证机构颁发的认证证书。

六、获得ISO 9001认证后如何深化质量管理

企业通过质量体系认证后，如何深化质量管理是企业面临的现实问题。贯标的工作是长期和没有终点的，取得证书，只说明组织现在有一定的保证能力。另外ISO 9000标准是起点标准，要达到高的质量管理水平，企业还需做大量的工作。如何在管理上、技术上、意识上贯彻体系的全面质量管理意识，创造出企业的组织文化，才能使ISO 9000标准在企业的生产经营中起到促进作用。

制订质量方针是一个增值机会。在标准中规定，组织的高层领导管理者应该制订质量方针和质量目标。组织的决策层如能以此为契机，将全体职工的认识和行为统一到实现组织的目标上来，增强组织生产经营的号召力、凝聚力和战斗力。鼓励全员参与，增强员工的参与意识，有利于了解相互间的关系。在这一点上，许多组织并没有引起足够重视，而往往是喊些空洞的口号，没有实际意义。内部质量审核和管理评审是一个组织自我完善的重要手段和改进机制。

统计技术具有重要的增值作用。统计技术在质量体系中的作用在于通过收集、分析和解释质量数据和信息，控制并优化质量过程，促进质量体系的有效运行。质量管理和质量活动处于受控状态。统计技术就是保证产品质量和质量活动处于受控状态的重要工具和方法。

质量管理体系强调员工操作“说、写、做”一致。文件化的质量管理体系使全部质量工作有可知性、可见性和可查性，通过培训使员工更理解质量的重要性及对其工作职责的要求。有利于明确组织内职责、权限、分工，增强工作责任感和对工作重要性的认识；避免推诿扯皮，流程清晰，减少管理复杂度。精简运营，减少浪费。

提高企业过程管理水平，可以证明组织质量管理能力，为顾客提供信任，向相关方证实其能力。ISO 9001 提供了过程管理、数据分析和持续改进等。企业提高产品和服务质量，有助于减少浪费和顾客投诉。

对于企业来说，获得体系认证不是目的，而是通过落实质量经营，真正达到管理活动的法治化和流程化要求，从而极大地提高工作效率和工作质量，提升产品和服务质量，提高经济效益和社会效益，使企业健康经营、可持续发展。

附　　录

附录1　我国润滑油脂产品标准汇总

标准编号	标准名称	发布部门	实施日期	状态
CGMA 1001. E01—2007	工业通用减速箱油品选用	中国齿轮专业协会	2008/1/31	现行
CGMA 3001. F01—2009	车辆驱动桥润滑油 技术条件	中国齿轮专业协会	2009/9/20	现行
CGMA 3001. G01—2009	车辆驱动桥润滑油市场准入条件	中国齿轮专业协会	2009/9/20	现行
DB13/T 1491—2011	高温润滑脂	河北省质量技术监督局	2011/12/30	现行
DB37/T 1487—2009	220合成酯型高温链条油	山东省质量技术监督局	2010/3/1	现行
DB37/T 1491—2009	合成酯型重负荷工业齿轮油	山东省质量技术监督局	2010/3/1	现行
DL/T 373—2019	电力复合脂技术条件	国家能源局	2020/5/1	现行
DL/T 1031—2006	运行中发电机用油质量标准	国家发展和改革委员会	2007/5/1	现行
DL/T 1094—2018	电力变压器用绝缘油选用导则	国家能源局	2018/7/1	现行
DL/T 1096—2018	变压器油中颗粒度限值	国家能源局	2018/7/1	现行
DL/T 1360—2014	大豆植物变压器油质量标准	国家能源局	2015/3/1	现行
DL/T 1811—2018	电力变压器用天然酯绝缘油选用导则	国家能源局	2018/7/1	现行
DL/T 1978—2019	电力用油颗粒污染度分级标准	国家能源局	2019/10/1	现行
DL/T 705—2021	运行中氢冷发电机用密封油质量	国家能源局	2021/7/1	现行
GB 11118. 1—2011	液压油(L-HL、L-HM、L-HV、L-HS、L-HG)	国家质量监督检验检疫总局 国家标准化管理委员会	2012/6/1	现行
GB 11120—2011	涡轮机油	国家质量监督检验检疫总局 国家标准化管理委员会	2012/6/1	现行
GB 11121—2006	汽油机油	国家质量监督检验检疫总局 国家标准化管理委员会	2007/1/1	现行
GB 11122—2006	柴油机油	国家质量监督检验检疫总局 国家标准化管理委员会	2007/1/1	现行
GB/T 12494—1990	食品机械专用白油	国家技术监督局	1991/7/10	现行
GB 12691—2021	空气压缩机油	国家技术监督局	2022/7/1	现行

续表

标准编号	标准名称	发布部门	实施日期	状态
GB 13895—2018	重负荷车辆齿轮油(GL-5)	国家市场监督管理总局 国家标准化管理委员会	2019/2/1	现行
GB 15179—1994	食品机械润滑脂	国家技术监督局	1995/6/1	现行
GB/T 14039—2002	液压传动 油液固体颗粒污染等级代号	国家质量监督检验检疫总局国家标准化管理委员会	2003/5/1	现行
GB/T 14906—2018	内燃机油黏度分类	国家市场监督管理总局国家标准化管理委员会	2019/7/1	现行
GB/T 16630—2012	冷冻机油	国家质量监督检验检疫总局国家标准化管理委员会	2013/3/1	现行
GB/T 17038—1997	内燃机车柴油机油	国家技术监督局	1998/4/1	现行
GB 20419—2006	农用柴油机油	国家质量监督检验检疫总局国家标准化管理委员会	2007/1/1	现行
GB/T 25348—2010	汽车节油产品使用技术条件	国家质量监督检验检疫总局国家标准化管理委员会	2011/3/1	现行
GB 2536—2011	电工流体变压器和开关用的未使用过的矿物绝缘油	国家质量监督检验检疫总局国家标准化管理委员会	2012/6/1	现行
GB/T 28767—2012	车辆齿轮油分类	国家质量监督检验检疫总局国家标准化管理委员会	2013/3/1	现行
GB/T 28772—2012	内燃机油分类	国家质量监督检验检疫总局国家标准化管理委员会	2013/3/1	现行
GB/T 28878. 2—2016	空间科学实验转动部件规范 第 2 部分：润滑设计要求	国家质量监督检验检疫总局国家标准化管理委员会	2016/11/1	现行
GB/T 28878. 4—2016	空间科学实验转动部件规范 第 4 部分：润滑油验收	国家质量监督检验检疫总局国家标准化管理委员会	2016/11/1	现行
GB/T 33540. 2—2017	风力发电机组专用润滑剂 第 2 部分：开式齿轮润滑脂	国家质量监督检验检疫总局国家标准化管理委员会	2017/10/1	现行
GB/T 33540. 3—2017	风力发电机组专用润滑剂 第 3 部分：变速箱齿轮油	国家质量监督检验检疫总局国家标准化管理委员会	2017/10/1	现行
GB/T 33540. 4—2017	风力发电机组专用润滑剂 第 4 部分：液压油	国家质量监督检验检疫总局国家标准化管理委员会	2017/10/1	现行
GB/T 33585—2017	复合磺酸钙基润滑脂	国家质量监督检验检疫总局国家标准化管理委员会	2017/12/1	现行
GB/T 34535—2017	润滑剂、工业用油和有关产品(L类)X组(润滑脂) 规范	国家质量监督检验检疫总局国家标准化管理委员会	2018/5/1	现行

续表

标准编号	标准名称	发布部门	实施日期	状态
GB/T 36990—2018	车用润滑脂分类	国家市场监督管理总局 国家标准化管理委员会	2019/7/1	现行
GB/T 38003. 1—2019	军民通用资源 分类与编码 第1部分：物资类 油品	国家市场监督管理总局 国家标准化管理委员会	2020/3/1	现行
GB/T 38049—2019	船用内燃机油	国家市场监督管理总局 国家标准化管理委员会	2020/5/1	现行
GB 439—1990	航空喷气机润滑油	国家技术监督局	1991/11/1	现行
GB 440—1977(1988)	20号航空润滑油	国家标准计量局	1978/1/1	现行
GB 443—1989	L-AN全损耗系统用油	国家技术监督局	1990/4/1	现行
GB 492—1989	钠基润滑脂	国家技术监督局	1990/4/1	现行
GB/T 491—2008	钙基润滑脂	国家质量监督检验检疫总局 国家标准化管理委员会	2008/12/1	现行
GB/T 498—2014	石油产品及润滑剂分类方法和类别的确定	国家质量监督检验检疫总局 国家标准化管理委员会	2014/6/1	现行
GB 5903—2011	工业闭式齿轮油	国家质量监督检验检疫总局 国家标准化管理委员会	2012/6/1	现行
GB/T 5671—2014	汽车通用锂基润滑脂	国家质量监督检验检疫总局 国家标准化管理委员会	2014/6/1	现行
GB/T 7323—2019	极压锂基润滑脂	国家市场监督管理总局 国家标准化管理委员会	2020/5/1	现行
GB/T 7324—2010	通用锂基润滑脂	国家质量监督检验检疫总局 国家标准化管理委员会	2010/12/1	现行
GB/T 8029—2010	柴油机喷油泵校泵油	国家质量监督检验检疫总局 国家标准化管理委员会	2010/12/1	现行
GB/T 17477—2012	汽车齿轮润滑剂黏度分类	国家质量监督检验检疫总局 国家标准化管理委员会	2013/3/1	现行
GB/T 20420—2006	润滑剂、工业用油和相关产品(L类)-E组(内燃机油)-二冲程汽油发动机油(EGB、EGC和EGD)	国家质量监督检验检疫总局 国家标准化管理委员会	2007/1/1	现行
GB/T 3141—1994	工业液体润滑剂 ISO 黏度分类	国家技术监督局	1995/6/1	现行
GB/T 33540. 1—2017	风力发电机组专用润滑剂 第1部分：轴承润滑脂	国家质量监督检验检疫总局 国家标准化管理委员会	2017/10/1	现行

续表

标准编号	标准名称	发布部门	实施日期	状态
GB/T 34535—2017	润滑剂、工业用油和有关产品(L类)X组(润滑脂) 规范	国家质量监督检验检疫总局 国家标准化管理委员会	2018/5/1	现行
GB/T 498—2014	石油产品及润滑剂 分类方法和类别的确定	国家质量监督检验检疫总局 国家标准化管理委员会	2014/6/1	现行
GB/T 7631. 1—2008	润滑剂、工业用油和有关产品(L类)的分类 第1部分：总分组	国家质量监督检验检疫总局 国家标准化管理委员会	2008/12/1	现行
GB/T 7631. 10—2013	润滑剂、工业用油和有关产品(L类)的分类 第10部分：T组(涡轮机)	国家质量监督检验检疫总局 国家标准化管理委员会	2014/5/1	现行
GB/T 7631. 11—2014	润滑剂、工业用油和有关产品(L类)的分类 第11部分：G组(导轨)	国家质量监督检验检疫总局 国家标准化管理委员会	2014/6/1	现行
GB/T 7631. 12—2014	润滑剂、工业用油和有关产品(L类)的分类 第12部分：Q组(有机热载体)	国家质量监督检验检疫总局 国家标准化管理委员会	2014/6/1	现行
GB/T 7631. 13—2012	润滑剂、工业用油和有关产品(L类)的分类 第13部分：A组(全损耗系统)	国家质量监督检验检疫总局 国家标准化管理委员会	2013/3/1	现行
GB/T 7631. 14—1998	润滑剂和有关产品(L类)的分类 第14部分：U组(热处理)	国家质量技术监督局	1999/2/1	现行
GB/T 7631. 15—1998	润滑剂和有关产品(L类)的分类 第15部分：N组(绝缘液体)	国家质量技术监督局	1999/2/1	现行
GB/T 7631. 16—1999	润滑剂和有关产品(L类)的分类 第16部分：P组(气动工具)	国家质量技术监督局	2000/6/1	现行
GB/T 7631. 17—2014	润滑剂、工业用油和相关产品(L类)的分类 第17部分：E组(内燃机油)	国家质量监督检验检疫总局 国家标准化管理委员会	2014/6/1	现行
GB/T 7631. 18—2017	润滑剂、工业用油和有关产品(L类)的分类 第18部分：Y组(其他应用)	国家质量监督检验检疫总局 国家标准化管理委员会	2018/5/1	现行
GB/T 7631. 2—2003	润滑剂、工业用油和相关产品(L类)的分类 第2部分：H组(液压系统)	国家质量监督检验检疫总局 国家标准化管理委员会	2003/10/1	现行

续表

标准编号	标准名称	发布部门	实施日期	状态
GB 7631.4—1989	润滑剂和有关产品(L类)分类 第4部分：F组(主轴、轴承和有关离合器)	中国石油化工总公司	1990/4/1	现行
GB 7631.5—1989	润滑剂和有关产品(L类)的分类 第5部分：M组(金属加工)	中国石油化工总公司	1990/4/1	现行
GB 7631.6—1989	润滑剂和有关产品(L类)的分类 第6部分：R组(暂时保护防腐蚀)	国家技术监督局	1990/4/1	现行
GB/T 7631.7—1995	润滑剂和有关产品(L类)的分类 第7部分：C组(齿轮)	国家技术监督局	1996/8/1	现行
GB 7631.8—1990	润滑剂和有关产品(L类)的分类 第8部分：X组(润滑脂)	国家技术监督局	1991/11/1	现行
GB/T 7631.9—2014	润滑剂、工业用油和有关产品(L类)的分类 第9部分：D组(压缩机)	国家质量监督检验检疫总局 国家标准化管理委员会	2014/6/1	现行
GB 7632—1987	机床用润滑剂的选用	国家标准局	1988/4/1	现行
HG/T 2366—2015	二甲基硅油	工业和信息化部	2015/10/1	现行
HG/T 2546—1993	导热油-400(联苯-联苯醚混合物)	化学工业部	1994/7/1	现行
HG/T 3504—2014	玻璃纤维润滑剂G	工业和信息化部	2015/4/1	现行
JB/T 12194—2015	液力传动油	工业和信息化部	2015/10/1	现行
JB/T 12671—2016	土方机械 液力传动油应用指南	机械工业出版社	2016/6/1	现行
JB/T 12672—2016	土方机械 液压油应用指南	工业和信息化部	2016/6/1	现行
JB/T 13026—2017	热处理用油基淬火介质	工业和信息化部	2017/7/1	现行
JB/T 4050.1—1999	气相防锈油 技术条件	全国金属与非金属覆盖层标准化技术委员会	2000/1/1	现行
JB/T 5477—1991	显微镜 荧光显微术用浸油	机械电子工业部	1992/7/1	现行
JB/T 7282—2016	拖拉机用润滑油品种、规格的选用	工业和信息化部	2016/9/1	现行
JB/T 9333—1999	显微镜光学显微术通用浸油	国家机械工业局	2000/1/1	现行
JG/T 430—2014	无粘结预应力筋用防腐润滑脂	住房和城乡建设部	2014/4/1	现行

续表

标准编号	标准名称	发布部门	实施日期	状态
JT/T 224—2008	中负荷车辆齿轮油	交通运输部	2008/11/1	现行
MH/T 0018—1999	民用航空油料信息分类与代码	中国民用航空总局	1999/6/1	现行
MH/T 6084—2012	航空燃气涡轮发动机润滑油技术规范	中国民用航空总局	2012/11/1	现行
MT/T 76—2011	液压支架用乳化油、浓缩油及其高含水液压液	国家安全生产监督管理总局	2012/5/1	现行
NB/SH/T 0006—2017	工业白油	国家能源局	2018/6/1	现行
NB/SH/T 0007—2015	化妆品级白油	国家能源局	2016/3/1	现行
NB/SH/T 0164—2019	石油及相关产品包装、储运及交货验收规则	国家能源局	2020/5/1	现行
NB/SH/T 0373—2013	铁道润滑脂(硬干油)	国家能源局	2013/10/1	现行
NB/SH/T 0383—2017	炮用润滑脂	国家能源局	2018/6/1	现行
NB/SH/T 0385—2017	3 号仪表润滑脂	国家能源局	2018/6/1	现行
NB/SH/T 0432—2013	润滑密封硅脂	国家能源局	2013/10/1	现行
NB/SH/T 0434—2013	4839 号抗化学润滑油	国家能源局	2013/10/1	现行
NB/SH/T 0437—2014	7007、7008 号通用航空润滑脂	国家能源局	2014/11/1	现行
NB/SH/T 0438—2014	7011 号低温极压脂	国家能源局	2014/11/1	现行
NB/SH/T 0448—2013	4802 号抗化学润滑油	国家能源局	2013/10/1	现行
NB/SH/T 0449—2013	7805 号抗化学密封脂	国家能源局	2013/10/1	现行
NB/SH/T 0454—2018	特种精密仪表油规范	国家能源局	2019/3/1	现行
NB/SH/T 0456—2014	特 7 号精密仪表脂	国家能源局	2014/11/1	现行
NB/SH/T 0459—2014	特 221 号润滑脂	国家能源局	2014/11/1	现行
NB/SH/T 0467—2010	合成工业齿轮油	国家能源局	2011/5/1	现行
NB/SH/T 0535—2019	极压复合锂基润滑脂	国家能源局	2020/5/1	现行
NB/SH/T 0587—2016	二硫化钼锂基润滑脂	国家能源局	2017/5/1	现行
NB/SH/T 0849—2010	汽车空调合成冷冻机油	国家能源局	2011/5/1	现行
NB/SH/T 0851—2010	精密机械和光学仪器用润滑脂	国家能源局	2011/5/1	现行
NB/SH/T 0913—2015	轻质白油	国家能源局	2016/3/1	现行

续表

标准编号	标准名称	发布部门	实施日期	状态
NB/SH/T 0914—2019	粗白油	国家能源局	2019/10/1	现行
NB/SH/T 0948—2017	轧辊轴承润滑脂	国家能源局	2018/6/1	现行
NB/SH/T 0949—2017	采棉机润滑脂	国家能源局	2018/6/1	现行
NB/SH/T 0985—2019	工程机械用润滑脂	国家能源局	2019/10/1	现行
QB/T 1328—2017	制革用矿物油合成加脂剂	工业和信息化部	2017/7/1	现行
QB/T 2766—2006	矿物油型造纸机循环润滑系统润滑油	国家发展和改革委员会	2006/12/1	现行
QB/T 2767—2006	合成型造纸机循环润滑系统润滑油	国家发展和改革委员会	2006/12/1	现行
QB/T 2768—2006	造纸机循环润滑系统冲洗油	国家发展和改革委员会	2006/12/1	现行
QC/T 29104—2013	专用汽车液压系统液压油固体颗粒污染度的限值	工业和信息化部	2014/3/1	现行
Q/CNPC 88—2003	钻井液用液体润滑剂技术要求	中国石油天然气集团公司	2003/7/1	现行
SH/T 0010—1990	热定型机润滑油	中国石油化工总公司	1992/4/1	现行
NB/SH/T 0011—2020	耐油密封润滑脂	国家能源局	2021/2/1	现行
SH/T 0113—1992	压延机用润滑脂	中国石油化工总公司	1992/5/20	现行
SH 0017—1990	轴承油	中国石油化工总公司	1992/4/1	现行
SH 0040—1991	超高压变压器油	中国石油化工总公司	1992/7/1	现行
SH/T 0094—1991	蜗轮蜗杆油	中国石油化工总公司	1992/12/1	现行
SH/T 0113—1992	压延机用润滑脂	中国石油化工总公司	1992/5/20	现行
SH/T 0138—1994	10 号仪表油	中国石油化工总公司	1995/7/1	现行
SH 0139—1995	车轴油	中国石油化工公司	1995/10/1	现行
SH/T 0358—1995	10 号航空液压油	中国石油化工总公司	1995/10/1	现行
SH/T 0361—1998	导轨油	中国石油化工总公司	1998/12/31	现行
SH/T 0362—1996	抗氨汽轮机油	中国石油化工公司总厂	1996/12/1	现行
SH/T 0368—1992	钙钠基润滑脂	中国石油化工总公司	1992/5/20	现行
SH/T 0369—1992	石墨钙基润滑脂	中国石油化工总公司	1992/5/20	现行
SH/T 0370—1995	复合钙基润滑脂	中国石油化工总公司	1995/12/1	现行
SH/T 0371—1992	铝基润滑脂	中国石油化工总公司	1992/5/20	现行
SH 0375—1992	2 号航空润滑脂	中国石油化工总公司	1992/5/20	现行
SH/T 0376—1992	4 号高温润滑脂(50 号高温润滑脂)	中国石油化工总公司	1992/5/20	现行
SH/T 0378—1992	复合铝基润滑脂	中国石油化工总公司	1992/5/20	现行
SH/T 0382—1992	精密机床主轴润滑脂	中国石油化工总公司	1992/5/20	现行
SH/T 0384—2005	弹药保护脂(弹保脂)	国家发展和改革委员会	2006/6/1	现行
SH/T 0390—1992	704 防锈油	中国石油化工总公司	1992/5/20	现行
SH 0391—1995	701 防锈添加剂(油溶性石油磺酸钡)	中国石油化工总公司	1995/10/1	现行
SH/T 0431—1992	7017—1 号高低温润滑脂	中国石油化工总公司	1992/5/20	现行

续表

标准编号	标准名称	发布部门	实施日期	状态
SH/T 0442—1992	7105 号光学仪器极压脂	中国石油化工总公司	1992/5/20	现行
SH/T 0443—1992	7106，7107 号光学仪器润滑脂	中国石油化工总公司	1992/5/20	现行
SH/T 0444—1992	7108 号光学仪器防尘脂	中国石油化工总公司	1992/5/20	现行
SH/T 0445—1992	7112 号宽温航空润滑脂	中国石油化工总公司	1992/5/20	现行
SH/T 0447—1992	7163 号专用阻尼脂	中国石油化工总公司	1992/11/9	现行
SH/T 0465—1992	4122 号高温仪表油	中国石油化工总公司	1992/5/20	现行
SH/T 0469—1994	7407 号齿轮润滑脂	中国石油化工总公司	1994/12/1	现行
SH/T 0528—1992	矿物油型真空泵油	中国石油化工总公司	1993/9/1	现行
SH/T 0534—1993	极压复合铝基润滑脂	中国石油化工总公司	1993/10/1	现行
NB/SH/T 0535—2019	极压复合锂基润滑脂	国家能源局	2020/5/1	现行
SH 0536—1993	膨润土润滑脂	国家技术监督局	1993/10/1	现行
SH/T 0537—1993	极压膨润土润滑脂	中国石油化工总公司	1993/10/1	现行
SH 0564—1993	热处理油	中国石油化工总公司	1994/5/1	现行
SH 0595—1994	7405 号高温高压螺纹密封脂	中国石油化工总公司	1994/10/1	现行
SH/T 0640—1997	电位器阻尼脂	中国石油化工总公司	1997/12/1	现行
SH/T 0676—2005	水冷二冲程汽油机油	国家发展和改革委员会	2005/9/1	现行
SH/T 0692—2000	防锈油	国家石油和化学工业局	2000/12/1	现行
SH/T 0601—1994	建筑机械用润滑剂的选用	中国石油化工总公司	1994/12/1	现行
SH/T 0665—1998	润滑剂和有关产品(L 类)—M 组(金属加工)—制定标准的导则	中国石油化工总公司	1998/12/31	现行
SH/T 0789—2007	极压聚脲润滑脂	国家发展和改革委员会	2008/1/1	现行
T/SHXH 06—2016	钻井液用液体润滑剂	克拉玛依市白碱滩区石油化工行业协会	2016/6/24	现行
SY/T 5198—2020	钻具螺纹脂	国家能源局	2021/2/1	现行
SY/T 5758—2018	钻井液用润滑剂 润滑小球	国家能源局	2019/3/1	现行
TB/T 2548—2011	铁道车辆滚动轴承润滑脂	铁道部	2011/11/1	现行
TB/T 2788—1997	机车车辆制动缸 89D 润滑脂	铁道部	1998/1/1	现行
TB/T 2955—1999	铁路机车轮对滚动轴承润滑脂	铁道部	1999/9/1	现行
TB/T 2956—2009	铁路内燃机车柴油机油	铁道部	2010/5/1	现行
TB/T 2957—1999	内燃机车液力传动油	铁道部	1999/9/1	现行
TB/T 2986—2000	铁路机车牵引电机悬挂抱轴瓦油	铁道部	2000/11/1	现行
TB/T 3257—2011	铁路机车空气压缩机油	铁道部	2011/10/1	现行
YB/T 4613—2017	钢丝绳用油脂	工业和信息化部	2018/1/1	现行
YB/T 4629—2017	冶金设备用液压油换油指南 L-HM 液压油	工业和信息化部	2018/1/1	现行

附录2　我国润滑油脂试验方法一览表

标准编号	标准名称	发布部门	实施日期	状态
DB34/T 2086—2014	润滑油中N-甲基吡咯烷酮含量测定方法 顶空气相色谱法	安徽省质量技术监督局	2014/5/10	现行
DB34/T 2087—2014	石油和石油产品酸值测定方法 电位滴定法	安徽省质量技术监督局	2014/5/10	现行
DB35/T 1586—2016	石油产品运动黏度全自动测定方法	福建省质量技术监督局	2016/9/28	现行
DL/T 1095—2018	变压器油带电度现场测试方法	国家能源局	2018/7/1	现行
DL/T 1204—2013	矿物绝缘油热膨胀系数测定法	国家能源局	2013/8/1	现行
DL/T 1206—2013	磷酸酯抗燃油氯含量的测定 高温燃烧微库仑法	国家能源局	2013/8/1	现行
DL/T 1301—2013	海底充油电缆直流耐压试验导则	国家能源局	2014/4/1	现行
DL/T 1354—2014	电力用油闭口闪点测定 微量常闭法	国家能源局	2015/3/1	现行
DL/T 1355—2014	变压器油中糠醛含量的测定 液相色谱法	国家能源局	2015/3/1	现行
DL/T 1420—2015	磷酸酯抗燃油水解安定性测定法	国家能源局	2015/9/1	现行
DL/T 1458—2015	矿物绝缘油中铜、铁、铝、锌金属含量的测定 原子吸收光谱法	国家能源局	2015/12/1	现行
DL/T 1459—2015	矿物绝缘油中金属钝化剂含量的测定 高效液相色谱法	国家能源局	2015/12/1	现行
DL/T 1460—2015	矿物绝缘油中腐蚀性硫的定量测试 铜粉腐蚀法	国家能源局	2015/12/1	现行
DL/T 1463—2015	变压器油中溶解气体组分含量分析用工作标准油的配制	国家能源局	2015/12/1	现行
DL/T 1550—2016	矿物绝缘油中金属铜、铁含量测定法 旋转圆盘电极发射光谱法	国家能源局	2016/6/1	现行
DL/T 1653—2016	磷酸酯抗燃油氯含量的测定 能量色散X射线荧光光谱法	国家能源局	2017/5/1	现行
DL/T 1654—2016	磷酸酯抗燃油氧化安定性和腐蚀性试验方法	国家能源局	2017/5/1	现行
DL/T 1694.4—2017	高压测试仪器及设备校准规范 第4部分：绝缘油耐压测试仪	国家能源局	2017/8/1	现行
DL/T 1705—2017	磷酸酯抗燃油闭口杯老化测定法	国家能源局	2017/12/1	现行
DL/T 1814—2018	油浸式电力变压器工厂试验油中溶解气体分析判断导则	国家能源局	2018/7/1	现行

续表

标准编号	标准名称	发布部门	实施日期	状态
DL/T 1824—2018	运行变压器油中丙酮含量的测量方法 顶空气相色谱法	国家能源局	2018/7/1	现行
DL/T 1836—2018	矿物绝缘油与变压器材料相容性测定方法	国家能源局	2018/7/1	现行
DL/T 1977—2019	矿物绝缘油氧化安定性的测定 差示扫描量热法	国家能源局	2019/10/1	现行
DL/T 1979—2019	电力用磷酸酯抗燃油中矿物油含量测定法	国家能源局	2019/10/1	现行
DL/T 1994—2019	电容型油纸绝缘设备介电响应试验导则	国家能源局	2019/10/1	现行
DL/T 263—2021	变压器油中金属元素的测定方法	国家能源局	2022/3/22	现行
DL/T 285—2012	矿物绝缘油腐蚀性硫检测法 裹绝缘纸铜扁线法	国家能源局	2012/3/1	现行
DL/T 385—2010	变压器油带电倾向性检测方法	国家能源局	2010/10/1	现行
DL/T 421—2009	电力用油体积电阻率测定法	国家能源局	2009/12/1	现行
DL/T 423—2009	绝缘油中含气量测定方法 真空压差法	国家能源局	2009/12/1	现行
DL/T 429. 1—2017	电力用油透明度测定法	国家能源局	2017/12/1	现行
DL/T 429. 2—2016	电力用油颜色测定法	国家能源局	2016/6/1	现行
DL/T 429. 6—2015	电力用油开口杯老化测定法	国家能源局	2015/12/1	现行
DL/T 429. 7—2017	电力用油油泥析出测定方法	国家能源局	2017/12/1	现行
DL/T 432—2018	电力用油中颗粒度测定方法	国家能源局	2018/7/1	现行
DL/T 433—2015	抗燃油中氯含量的测定 氧弹法	国家能源局	2015/9/1	现行
DL/T 449—2015	油浸纤维质绝缘材料含水量测定法	国家能源局	2015/12/1	现行
DL/T 703—2015	绝缘油中含气量的气相色谱测定法	国家能源局	2015/12/1	现行
DL/T 706—2017	电厂用抗燃油自燃点测定方法	国家能源局	2017/12/1	现行
DL/T 722—2014	变压器油中溶解气体分析和判断导则	国家能源局	2015/3/1	现行
DL/T 929—2018	矿物绝缘油、润滑油结构族组成的测定 红外光谱法	国家能源局	2018/7/1	现行
GB 11137—1989	深色石油产品运动黏度测定法(逆流法)和动力黏度计算法	国家技术监督局	1990/4/1	现行
GB 11142—1989	绝缘油在电场和电离作用下析气性测定法	中国石油化工总公司	1990/4/1	现行
GB 2541—1981	石油产品黏度指数算表	国家标准局	1981/7/1	现行
GB 7325—1987	润滑脂和润滑油蒸发损失测定法	国家标准局	1988/3/1	现行

续表

标准编号	标准名称	发布部门	实施日期	状态
GB 7326—1987	润滑脂铜片腐蚀试验法	国家标准局	1988/3/1	现行
GB/T 8022—2019	润滑油抗乳化性能测定法	国家市场监督管理总局	2020/5/1	现行
GB 8023—1987	液体石油产品黏度温度计算图	国家标准局	1988/5/1	现行
GB 8025—1987	石油蜡和石油脂微量硫测定法(微库仑法)	中国石油化工总公司	1988/5/1	现行
GB 9170—1988	润滑油及燃料油中总氮含量测定法(改进的克氏法)	中国石油化工总公司	1989/4/1	现行
GB 9171—1988	发动机油边界泵送温度测定法	国家标准局	1989/4/1	现行
GB 9932—1988	内燃机油性能评定法(开特皮勒1H2法)	中国石油化工总公司	1989/9/1	现行
GB 9933—1988	内燃机油性能评定法(开特皮勒1G2法)	中国石油化工总公司	1989/9/1	现行
GB/T 11132—2008	液体石油产品烃类的测定 荧光指示剂吸附法	国家质量监督检验检疫总局	2008/12/1	现行
GB/T 11133—2015	石油产品、润滑油和添加剂中水含量的测定 卡尔费休库仑滴定法	国家质量监督检验检疫总局	2016/6/1	现行
GB/T 11140—2008	石油产品硫含量的测定 波长色散X射线荧光光谱法	国家标准化管理委员会	2009/2/1	现行
GB/T 11143—2008	加抑制剂矿物油在水存在下防锈性能试验法	国家质量监督检验检疫总局	2008/9/1	现行
GB/T 11145—2014	润滑剂低温黏度的测定 勃罗克费尔特黏度计法	国家质量监督检验检疫总局	2014/6/1	现行
GB/T 12577—1990	冷冻机油絮凝点测定法	国家技术监督局	1991/10/1	现行
GB/T 12578—1990	润滑油流动性测定法(U形管法)	国家技术监督局	1991/10/1	现行
GB/T 12579—2002	润滑油泡沫特性测定法	国家质量监督检验检疫总局	2002/12/1	现行
GB/T 12580—1990	加抑制剂矿物绝缘油氧化安定性测定法	国家技术监督局	1991/10/1	现行
GB/T 12581—2006	加抑制剂矿物油氧化特性测定法	国家质量监督检验检疫总局	2007/1/1	现行
GB/T 12583—1998	润滑剂极压性能测定法(四球法)	国家质量技术监督局	1999/5/1	现行
GB/T 12709—1991	润滑油老化特性测定法(康氏残炭法)	国家技术监督局	1991/12/1	现行
GB/T 13377—2010	原油和液体或固体石油产品 密度或相对密度的测定 毛细管塞比重瓶和带刻度双毛细管比重瓶法	国家质量监督检验检疫总局	2011/5/1	现行
GB/T 13894—1992	石油和液体石油产品液位测量法(手工法)	国家技术监督局	1993/11/1	现行

续表

标准编号	标准名称	发布部门	实施日期	状态
GB/T 17040—2019	石油和石油产品中硫含量的测定 能量色散 X 射线荧光光谱法	国家市场监督管理总局	2019/10/1	现行
GB/T 17144—2021	石油产品残炭的测定 微量法	国家市场监督管理总局	2022/5/1	现行
GB/T 17282—2012	根据黏度测量值确定石油平均相对分子质量的方法	国家质量监督检验检疫总局	2013/7/1	现行
GB/T 17476—1998	使用过的润滑油中添加剂元素、磨损金属和污染物以及基础油中某些元素测定法(电感耦合等离子体发射光谱法)	国家质量技术监督局	1999/1/1	现行
GB/T 17484—1998	液压油液取样容器 净化方法的鉴定和控制	国家质量技术监督局	1999/8/1	现行
GB/T 17623—2017	绝缘油中溶解气体组分含量的气相色谱测定法	国家质量监督检验检疫总局	2017/12/1	现行
GB/T 17648—1998	绝缘液体 局部放电起始电压测定试验程序	国家质量技术监督局	1999/10/1	现行
GB/T 1884—2000	原油和液体石油产品密度实验室测定法(密度计法)	国家质量监督检验检疫总局	2000/7/1	现行
GB/T 1885—1998	石油计量表	国家质量技术监督局	1999/3/1	现行
GB/T 19779—2005	石油和液体石油产品油量计算 静态计量	国家质量监督检验检疫总局	2005/11/1	现行
GB/T 19936. 1—2005	齿轮 FZG 试验程序 第 1 部分:油品的相对胶合承载能力 FZG 试验方法 A/8. 3/90	国家质量监督检验检疫总局	2006/4/1	现行
GB/T 1995—1998	石油产品黏度指数计算法	国家质量技术监督局	1999/1/1	现行
GB/T 2013—2010	液体石油化工产品密度测定法	国家质量监督检验检疫总局	2011/5/1	现行
GB/T 21789—2008	石油产品和其他液体闪点的测定 阿贝尔闭口杯法	国家质量监督检验检疫总局	2008/9/1	现行
GB/T 21791—2008	石油产品自燃温度测定法	国家质量监督检验检疫总局	2008/9/1	现行
GB/T 2361—1992	防锈油脂湿热试验法	国家技术监督局	1992/12/1	现行
GB/T 23800—2009	有机热载体热稳定性测定法	国家质量监督检验检疫总局	2009/11/1	现行
GB/T 2433—2001	添加剂和含添加剂润滑油硫酸盐灰分测定法	国家质量监督检验检疫总局	2002/3/1	现行
GB 255—1977 (1988 年确认)	石油产品馏程测定法	国家标准计量局	1978/1/1	现行
GB/T 258—2016	轻质石油产品酸度测定法	国家质量监督检验检疫总局	2017/1/1	现行

续表

标准编号	标准名称	发布部门	实施日期	状态
GB 259—1988	石油产品水溶性酸及碱测定法	中国石油化工总公司	1989/3/1	现行
GB/T 25961—2010	电气绝缘油中腐蚀性硫的试验法	国家质量监督检验检疫总局	2011/5/1	现行
GB/T 25962—2010	高速条件下汽车轮毂轴承润滑脂漏失量测定法	国家质量监督检验检疫总局	2011/5/1	现行
GB/T 260—2016	石油产品水含量的测定 蒸馏法	国家质量监督检验检疫总局	2017/7/1	现行
GB/T 26105—2010	防锈油防锈性能试验多电极电化学法	国家质量监督检验检疫总局	2011/10/1	现行
GB/T 262—2010	石油产品和烃类溶剂苯胺点和混合苯胺点测定法	国家质量监督检验检疫总局	2011/5/1	现行
GB 264—1983（1991年确认）	石油产品酸值测定法	国家标准局	1983/12/1	现行
GB/T 265—1988	石油产品运动黏度测定法和动力黏度计算法	中国石油化工总公司	1989/4/1	现行
GB 266—1988	石油产品恩氏黏度测定法	中国石油化工总公司	1989/6/1	现行
GB 267—1988	石油产品闪点和燃点测定法(开口杯法)	中国石油化工总公司	1989/6/1	现行
GB/T 26736—2011	道路车辆 制动衬片 耐水、盐水、油和制动液性能试验方法	国家质量监督检验检疫总局	2012/3/1	现行
GB 268—1987	石油产品残炭测定法(康氏法)	中国石油化工总公司	1988/5/1	现行
GB/T 269—1991	润滑脂和石油脂锥入度测定法	国家技术监督局	1992/10/1	现行
GB/T 27613—2011	液压传动 液体污染 采用称重法测定颗粒污染度	国家质量监督检验检疫总局	2012/10/01	现行
GB/T 27847—2011	石油产品 闪点测定 阿贝尔-宾斯基闭口杯法	国家质量监督检验检疫总局	2012/8/1	现行
GB/T 27867—2011	石油液体管线自动取样法	国家质量监督检验检疫总局	2012/6/1	现行
GB/T 28552—2012	变压器油、汽轮机油酸值测定法(BTB法)	国家质量监督检验检疫总局	2012/11/1	现行
GB/T 28607—2012	标准弹性体材料与发动机油的相容性试验	国家质量监督检验检疫总局	2012/12/1	现行
GB/T 2951.21—2008	电缆和光缆绝缘和护套材料通用试验方法 第21部分：弹性体混合料专用试验方法 耐臭氧试验 热延伸试验 浸矿物油试验	国家质量监督检验检疫总局	2009/4/1	现行

续表

标准编号	标准名称	发布部门	实施日期	状态
GB/T 2951.51—2008	电缆和光缆绝缘和护套材料通用试验方法 第51部分：填充膏专用试验方法 滴点 油分离 低温脆性 总酸值 腐蚀性 23℃时的介电常数 23℃和100℃时的直流电阻率	国家质量监督检验检疫总局	2009/4/1	现行
GB/T 30515—2014	透明和不透明液体石油产品运动黏度测定法及动力黏度计算法	国家质量监督检验检疫总局	2014/6/1	现行
GB/T 30823—2014	测定工业淬火油冷却性能的镍合金探头试验方法	国家质量监督检验检疫总局	2014/12/31	现行
GB/T 3142—2019	润滑剂承载能力的测定 四球法	国家市场监督管理总局	2019/10/1	现行
GB/T 32508—2016	绝缘油中腐蚀性硫（二苄基二硫醚）定量检测方法	国家质量监督检验检疫总局	2016/9/1	现行
GB/T 34097—2017	石油产品光安定性测定法	国家质量监督检验检疫总局	2018/2/1	现行
GB/T 34100—2017	轻质烃及发动机燃料和其他油品中总硫含量的测定 紫外荧光法	国家质量监督检验检疫总局	2018/2/1	现行
GB/T 34580—2017	运行涡轮机油中不溶有色物质的测定方法 膜片比色法	国家质量监督检验检疫总局	2018/4/1	现行
GB/T 3498—2008	润滑脂宽温度范围滴点测定法	国家质量监督检验检疫总局	2008/12/1	现行
GB/T 3535—2006	石油产品倾点测定法	国家质量监督检验检疫总局	2006/10/1	现行
GB/T 3536—2008	石油产品闪点和燃点的测定 克利夫兰开口杯法	国家标准化管理委员会	2009/2/1	现行
GB/T 3554—2008	石油蜡含油量测定法	国家质量监督检验检疫总局	2008/10/1	现行
GB/T 3555—2022	石油产品赛波特颜色测定法（赛波特比色计法）	国家市场监督管理总局	2022/11/1	即将实施
GB/T 380—1977	石油产品硫含量测定法（燃灯法）	国家标准计量局	1977/10/1	现行
GB/T 38074—2019	手动变速箱润滑油摩擦磨损性能的测定 SRV试验机法	国家市场监督管理总局	2020/5/1	现行
GB/T 387—1990	深色石油产品硫含量测定法（管式炉法）	国家技术监督局	1991/10/1	现行
GB/T 388—1964（1990）	石油产品硫含量测定法（氧弹法）	国家科委标准局	1965/7/1	现行
GB/T 391—1977	发动机润滑油腐蚀度测定法	中国石油化工总公司	1978/1/1	现行
GB/T 392—1977（1990）	润滑脂压力分油测定法	国家标准计量局	1978/1/1	现行
GB/T 4756—2015	石油液体手工取样法	国家质量监督检验检疫总局	2016/6/1	现行

续表

标准编号	标准名称	发布部门	实施日期	状态
GB/T 4929—1985(1991)	润滑脂滴点测定法	国家标准局	1985/10/1	现行
GB/T 4945—2002	石油产品和润滑剂酸值和碱值测定法(颜色指示剂法)	国家质量监督检验检疫总局	2002/8/1	现行
GB/T 4985—2021	石油蜡针入度测定法	国家市场监督管理总局	2022/5/1	现行
GB/T 5018—2008	润滑脂防腐蚀性试验法	国家质量监督检验检疫总局	2008/9/1	现行
GB/T 507—2002	绝缘油击穿电压测定法	国家标准化管理委员会	2003/4/1	现行
GB 508—1985	石油产品灰分测定法	国家标准局	1986/1/1	现行
GB/T 5096—2017	石油产品铜片腐蚀试验法	国家质量监督检验检疫总局	2018/2/1	现行
GB/T 510—2018	石油产品凝点测定法	国家市场监督管理总局	2019/7/1	现行
GB/T 511—2010	石油和石油产品及添加剂机械杂质测定法	国家质量监督检验检疫总局	2010/12/1	现行
GB/T 512—1965(1990 年确认)	润滑脂水分测定法	国家科委标准局	1965/10/1	现行
GB/T 513—1977(1988 年确认)	润滑脂机械杂质测定法(酸分解法)	国家标准计量局	1977/7/1	现行
GB/T 514—2005	石油产品试验用玻璃液体温度计技术条件	国家质量监督检验检疫总局	2005/11/1	现行
GB/T 5822.2—2004	铁路内燃机车柴油机油石油醚不溶物测定方法	国家质量监督检验检疫总局	2004/12/1	现行
GB/T 6536—2010	石油产品常压蒸馏特性测定法	国家质量监督检验检疫总局	2011/5/1	现行
GB/T 6538—2010	发动机油表观黏度的测定 冷启动模拟机法	国家质量监督检验检疫总局	2010/12/1	现行
GB 6540—1986(1991 年确认)	石油产品颜色测定法	国家标准局	1987/6/1	现行
GB 6541—1986(1991 年确认)	石油产品油对水界面张力测定法(圆环法)	国家标准局	1987/6/1	现行
GB/T 6683—1997	石油产品试验方法精密度数据确定法	国家技术监督局	1998/4/1	现行
GB/T 6986—2014	石油产品浊点测定法	国家质量监督检验检疫总局	2014/6/1	现行
GB/T 7304—2014	石油产品酸值的测定 电位滴定法	国家质量监督检验检疫总局	2014/6/1	现行
GB/T 7305—2003	石油和合成液水分离性测定法	国家质量监督检验检疫总局	2003/9/1	现行
GB/T 7597—2007	电力用油(变压器油、汽轮机油)取样方法	国家质量监督检验检疫总局	2008/1/1	现行

续表

标准编号	标准名称	发布部门	实施日期	状态
GB/T 7598—2008	运行中变压器油水溶性酸测定法	国家质量监督检验检疫总局	2009/8/1	现行
GB/T 7600—2014	运行中变压器油和汽轮机油水分含量测定法(库仑法)	国家质量监督检验检疫总局	2015/4/1	现行
GB/T 7601—2008	运行中变压器油、汽轮机油水分测定法（气相色谱法）	国家质量监督检验检疫总局	2009/8/1	现行
GB/T 7602. 1—2008	变压器油、汽轮机油中 T501 抗氧化剂含量测定法 第 1 部分：分光光度法	国家质量监督检验检疫总局	2009/8/1	现行
GB/T 7602. 2—2008	变压器油、汽轮机油中 T501 抗氧化剂含量测定法 第 2 部分：液相色谱法	国家质量监督检验检疫总局	2009/10/1	现行
GB/T 7602. 3—2008	变压器油、汽轮机油中 T501 抗氧化剂含量测定法 第 3 部分：红外光谱法	国家质量监督检验检疫总局	2009/10/1	现行
GB/T 7602. 4—2017	变压器油、涡轮机油中 T501 抗氧化剂含量测定法 第 4 部分：气质联用法	国家质量监督检验检疫总局	2018/5/1	现行
GB/T 7603—2012	矿物绝缘油中芳碳含量测定法	国家质量监督检验检疫总局	2012/11/1	现行
GB/T 7605—2008	运行中汽轮机油破乳化度测定法	国家质量监督检验检疫总局	2009/8/1	现行
GB/T 8017—2012	石油产品蒸气压的测定 雷德法	国家质量监督检验检疫总局	2013/3/1	现行
GB/T 8021—2003	石油产品皂化值测定法	国家质量监督检验检疫总局	2003/9/1	现行
GB/T 8026—2014	石油蜡和石油脂滴熔点测定法	国家质量监督检验检疫总局	2014/6/1	现行
GB/T 8643—2021	含润滑剂金属粉末中润滑剂含量的测定 索格利特(Soxhlet)萃取法	国家市场监督管理总局	2022/7/1	现行
GB/T 8926—2012	在用的润滑油不溶物测定法	国家质量监督检验检疫总局	2013/3/1	现行
GB/T 8927—2008	石油和液体石油产品温度测量 手工法	国家质量监督检验检疫总局	2008/9/1	现行
GB/T 9168—1997	石油产品减压蒸馏测定法	国家技术监督局	1998/7/1	现行
HG/T 2363—1992	硅油运动黏度试验方法	化学工业部	1993/5/1	现行
HS/T 31—2010	石油润滑剂中矿物油含量的定量分析法	海关总署	2011/1/1	现行
HS/T 45—2014	石油润滑剂中矿物油含量的定量分析方法	海关总署	2014/12/1	现行

续表

标准编号	标准名称	发布部门	实施日期	状态
JB/T 10528—2005	防锈油防锈性能试验 多电极电化学法	国家发展和改革委员会	2006/1/1	现行
JB/T 10560—2017	滚动轴承防锈油、清洗剂清洁度及评定方法	工业和信息化部	2017/7/1	现行
JB/T 12895—2016	内燃机润滑油污染物颗粒分级和检测方法	工业和信息化部	2017/4/1	现行
JB/T 12920—2016	液压传动 液压油含水量检测方法	工业和信息化部	2017/4/1	现行
JB/T 13471—2018	无损检测 在线油液金属磨粒电磁监测方法	工业和信息化部	2018/12/1	现行
JB/T 3206—1999	防锈油脂加速凝露腐蚀试验方法	国家机械工业局	2000/1/1	现行
JB/T 4050. 2—1999	气相防锈油 试验方法	国家机械工业局	2000/1/1	现行
JB/T 4216—1999	防锈油膜抗热流失性 试验方法	国家机械工业局	2000/1/1	现行
JB/T 9591. 1—2015	燃气轮机油系统清洁度	工业和信息化部	2016/3/1	现行
JB/T 9591. 2—2015	燃气轮机油系统清洁度测试 取样	工业和信息化部	2016/3/1	现行
JB/T 9591. 3—2015	燃气轮机油系统清洁度测试 用显微镜计数法测定油液中固体颗粒污染度	工业和信息化部	2016/3/1	现行
JB/T 9737—2013	流动式起重机液压油固体颗粒污染等级、测量和选用	工业和信息化部	2013/9/1	现行
JG/T 5089—1997	油液中固体颗粒污染物的自动颗粒计数法	建设部	1999/4/1	现行
LY/T 2889—2017	林业机械 便携式油锯 锯链润滑油性能评估测试方法	国家林业局	2017/9/1	现行
MH/T 6093—2013	燃气涡轮发动机润滑油与弹性体相容性试验方法 重量法	中国民用航空局	2013/8/1	现行
NB/SH/T 0031—2013	柴油机活塞清净性评分方法	国家能源局	2013/10/1	现行
NB/SH/T 0059—2010	润滑油蒸发损失的测定 诺亚克法	国家能源局	2011/5/1	现行
NB/SH/T 0174—2015	石油产品和烃类溶剂中硫醇和其他硫化物的检验 博士试验法	国家能源局	2016/3/1	现行
NB/SH/T 0179—2013	轻质石油产品浊点和结晶点测定法	国家能源局	2013/10/1	现行
NB/SH/T 0189—2017	润滑油抗磨损性能的测定 四球法	国家能源局	2018/6/1	现行
NB/SH/T 0203—2014	润滑脂承载能力的测定 梯姆肯法	国家能源局	2014/11/1	现行
NB/SH/T 0306—2013	润滑油承载能力的评定 FZG 目测法	国家能源局	2013/10/1	现行
NB/SH/T 0324—2010	润滑脂分油的测定 锥网法	国家能源局	2011/5/1	现行
NB/SH/T 0399—2013	石油蜡过氧化值测定法	国家能源局	2013/10/1	现行
NB/SH/T 0401—2010	石油蜡黏点和结点测定法	国家能源局	2011/5/1	现行

续表

标准编号	标准名称	发布部门	实施日期	状态
NB/SH/T 0407—2013	石油蜡水溶性酸或碱试验法	国家能源局	2013/10/1	现行
NB/SH/T 0415—2013	石油产品紫外吸光度和吸光系数测定法	国家能源局	2013/10/1	现行
NB/SH/T 0474—2010	在用汽油机油中稀释汽油含量的测定 气相色谱法	国家能源局	2011/5/1	现行
NB/SH/T 0505—2017	含聚合物油剪切安定性的测定 超声波剪切法	国家能源局	2018/6/1	现行
NB/SH/T 0517—2014	车辆齿轮油防锈性能的评定 L-33-1 法	国家能源局	2014/11/1	现行
NB/SH/T 0518—2016	车辆齿轮油承载能力的评定 L-37 法	国家能源局	2017/5/1	现行
NB/SH/T 0556—2010	石油蜡溶剂抽出物测定法	国家能源局	2011/5/1	现行
NB/SH/T 0558—2016	石油馏分沸程分布的测定 气相色谱法	国家能源局	2017/5/1	现行
NB/SH/T 0562—2013	低温下发动机油屈服应力和表观黏度测定法	国家能源局	2013/10/1	现行
NB/SH/T 0656—2017	石油产品及润滑剂中碳、氢、氮的测定 元素分析仪法	国家能源局	2018/6/1	现行
NB/SH/T 0704—2010	石油和石油产品中氮含量的测定 舟进样化学发光法	国家能源局	2011/5/1	现行
NB/SH/T 0721—2016	润滑脂摩擦磨损性能的测定 高频线性振动试验机(SRV)法	国家能源局	2017/5/1	现行
NB/SH/T 0723—2014	柴油机油在 121℃ 下腐蚀性能评定法	国家能源局	2014/11/1	现行
NB/SH/T 0769—2019	石油产品、烃类及烃类-含氧化合物混合物蒸气压的测定 三级膨胀法	国家能源局	2020/5/1	现行
NB/SH/T 0802—2019	绝缘油中 2，6-二叔丁基对甲酚的测定 红外光谱法	国家能源局	2020/5/1	现行
NB/SH/T 0808—2010	在用柴油机油中稀释柴油含量测定法 气相色谱法	国家能源局	2010/10/1	现行
NB/SH/T 0811—2010	未使用过的烃类绝缘油氧化安定性测定法	国家能源局	2010/10/1	现行
NB/SH/T 0812—2010	矿物绝缘油中 2-糠醛及相关组分测定法	国家能源局	2010/10/1	现行
NB/SH/T 0822—2010	润滑油中磷、硫、钙和锌含量的测定 能量色散 X 射线荧光光谱法	国家能源局	2010/10/1	现行
NB/SH/T 0823—2010	润滑脂在稀释合成海水中防腐蚀性试验法	国家能源局	2010/10/1	现行

续表

标准编号	标准名称	发布部门	实施日期	状态
NB/SH/T 0824—2010	润滑油中添加剂元素含量的测定 电感耦合等离子体原子发射光谱法	国家能源局	2010/10/1	现行
NB/SH/T 0826—2010	发动机油挥发度的测定 毛细管气相色谱法	国家能源局	2010/10/1	现行
NB/SH/T 0829—2010	沸程范围 174～700℃石油馏分沸程分布的测定 气相色谱法	国家能源局	2010/10/1	现行
NB/SH/T 0830—2010	非石油基和石油基液压油磨损特性叶片泵测定法	国家能源局	2010/10/1	现行
NB/SH/T 0832—2010	润滑油热表面氧化的测定 压力差示扫描量热法	国家能源局	2010/10/1	现行
NB/SH/T 0834—2010	发动机油适度高温活塞沉积物的测定 热氧化模拟试验法(TEOSTM-HT)	国家能源局	2010/10/1	现行
NB/SH/T 0835—2010	石油馏分黏重常数(VGC)计算法	国家能源局	2010/10/1	现行
NB/SH/T 0836—2010	绝缘油酸值的测定 自动电位滴定法	国家能源局	2010/10/1	现行
NB/SH/T 0836.2—2022	绝缘油酸值的测定 第 2 部分：颜色指示剂法	国家能源局	2022/11/13	即将实施
NB/SH/T 0837—2010	矿物绝缘油低温运动黏度测定法	国家能源局	2010/10/1	现行
NB/SH/T 0838—2010	未使用过的润滑油基础油及无沥青质石油馏分中稠环芳烃(PCA)含量的测定 二甲基亚砜萃取折光指数法	国家能源局	2010/10/1	现行
NB/SH/T 0839—2010	汽车轮毂轴承润滑脂低温转矩测定法	国家能源局	2011/5/1	现行
NB/SH/T 0840—2010	四冲程摩托车汽油机油离合器摩擦特性试验方法	国家能源局	2011/5/1	现行
NB/SH/T 0844—2010	涡轮机油腐蚀性和氧化安定性测定法	国家能源局	2011/5/1	现行
NB/SH/T 0845—2010	传动润滑剂黏度剪切安定性的测定 圆锥滚子轴承试验机法	国家能源局	2011/5/1	现行
NB/SH/T 0846—2010	抗磨液压油高压柱塞泵试验法	国家能源局	2011/5/1	现行
NB/SH/T 0847—2010	极压润滑油摩擦磨损性能的测定 SRV 试验机法	国家能源局	2011/5/1	现行
NB/SH/T 0850—2010	精密机械和光学仪器润滑脂流散性测定法	国家能源局	2011/5/1	现行
NB/SH/T 0852—2010	在用油和含烟炱的发动机油在低温下的黏温关系测定法	国家能源局	2011/5/1	现行

续表

标准编号	标准名称	发布部门	实施日期	状态
NB/SH/T 0853—2010	在用润滑油状态监测法傅里叶变换红外(FT-IR)光谱趋势分析法	国家能源局	2011/5/1	现行
NB/SH/T 0854—2013	润滑脂对滚动轴承振动性能的影响测量方法	国家能源局	2013/10/1	现行
NB/SH/T 0856—2013	农用柴油机油高温清净性评定法	国家能源局	2013/10/1	现行
NB/SH/T 0857—2013	轻负荷直喷柴油发动机油环黏结及活塞清净性评定法	国家能源局	2013/10/1	现行
NB/SH/T 0858—2013	润滑脂低温锥入度测定法	国家能源局	2013/10/1	现行
NB/SH/T 0862—2013	用过发动机油低温下屈服应力和表观黏度测定法	国家能源局	2013/10/1	现行
NB/SH/T 0864—2013	润滑脂中金属元素的测定 电感耦合等离子体发射光谱法	国家能源局	2013/10/1	现行
NB/SH/T 0865—2013	在用润滑油中磨损金属和污染物元素测定 旋转圆盘电极原子发射光谱法	国家能源局	2013/10/1	现行
NB/SH/T 0867—2013	柴油机油烟炱含量的测定 热重分析法	国家能源局	2013/10/1	现行
NB/SH/T 0869—2013	润滑脂离心分油测定法	国家能源局	2013/10/1	现行
NB/SH/T 0870—2020	石油产品动力黏度和密度的测定及运动黏度的计算 斯塔宾格黏度计法	国家能源局	2021/2/1	现行
NB/SH/T 0872—2013	水存在下润滑脂剪切稳定性测定法 水稳定性试验	国家能源局	2013/10/1	现行
NB/SH/T 0874—2013	原油和液体石油产品 实验室密度测定 称量式数显液体密度计法	国家能源局	2013/10/1	现行
NB/SH/T 0876—2013	在用发动机油中微量乙二醇的测定 气相色谱法	国家能源局	2013/10/1	现行
NB/SH/T 0877—2014	润滑油橡胶相容性测定法	国家能源局	2014/11/1	现行
NB/SH/T 0880—2014	润滑油及添加剂中的钙、氯、铜、镁、磷、硫和锌含量的测定 波长色散X射线荧光光谱法	国家能源局	2014/11/1	现行
NB/SH/T 0882—2014	润滑油极压性能的测定 SRV试验机法	国家能源局	2014/11/1	现行
NB/SH/T 0884—2014	柴油机油性能的评定 康明斯ISM法	国家能源局	2014/11/1	现行
NB/SH/T 0885—2014	润滑油基础油中总芳烃和总饱和烃含量的测定 示差折光检测器高效液相色谱法	国家能源局	2014/11/1	现行
NB/SH/T 0886—2014	石油产品倾点的测定 自动倾斜法	国家能源局	2014/11/1	现行

续表

标准编号	标准名称	发布部门	实施日期	状态
NB/SH/T 0891—2014	在用发动机油中烟炱含量测定法 分光光度法	国家能源局	2014/11/1	现行
NB/SH/T 0893—2015	乘用车直喷柴油发动机油中温分散性评定法	国家能源局	2016/3/1	现行
NB/SH/T 0894—2015	含聚合物油超声波剪切安定性测定法	国家能源局	2016/3/1	现行
NB/SH/T 0896—2015	汽车发动机油性能的评定 程序ⅢG法	国家能源局	2016/3/1	现行
NB/SH/T 0897—2015	汽车发动机油性能的评定 程序ⅣA法	国家能源局	2016/3/1	现行
NB/SH/T 0898—2015	汽车发动机油低温油泥性能的评定 程序ⅤG法	国家能源局	2016/3/1	现行
NB/SH/T 0899—2015	汽车发动机油节能性能的评定 程序ⅥB法	国家能源局	2016/3/1	现行
NB/SH/T 0901—2015	矿物油玻璃化转变温度的测定 差示扫描量热法	国家能源局	2016/3/1	现行
NB/SH/T 0905—2015	石油产品颜色的测定 自动三刺激值法	国家能源局	2016/3/1	现行
NB/SH/T 0906—2015	发动机油热稳定性的测定 热管试验法	国家能源局	2016/3/1	现行
NB/SH/T 0907—2015	在用石油产品和烃基润滑油中磷酸盐(酯)抗磨剂状态监测试验法 傅里叶变换红外光谱法	国家能源局	2016/3/1	现行
NB/SH/T 0910—2015	无锌涡轮机油中受阻酚型抗氧剂含量测定法 线性扫描伏安法	国家能源局	2016/3/1	现行
NB/SH/T 0911—2015	在用油状态监测用傅里叶变换红外(FT-IR)光谱仪的设置和操作规程	国家能源局	2016/3/1	现行
NB/SH/T 0912—2015	发动机台架试验油100℃运动黏度测定法	国家能源局	2016/3/1	现行
NB/SH/T 0915—2015	轻质石油馏分中总活性硫值的测定 电位滴定法	国家能源局	2016/3/1	现行
NB/SH/T 0920—2016	高赫兹接触压力下润滑脂抗微动磨损能力的测定 高频线性振动试验机法	国家能源局	2017/5/1	现行
NB/SH/T 0922—2016	润滑油抗微点蚀性能的测定 FZG法	国家能源局	2017/5/1	现行
NB/SH/T 0923—2016	绝缘油中元素含量的测定 电感耦合等离子体原子发射光谱法	国家能源局	2017/5/1	现行

续表

标准编号	标准名称	发布部门	实施日期	状态
NB/SH/T 0924—2016	柴油机油抗磨损性能的评定 随动滚柱磨损(RFWT)法	国家能源局	2017/5/1	现行
NB/SH/T 0925—2016	手动变速箱油同步啮合耐久性的评定 FZG SSP-180 法	国家能源局	2017/5/1	现行
NB/SH/T 0926—2016	内燃机油节能性能的评定 程序ⅥD法	国家能源局	2017/5/1	现行
NB/SH/T 0929—2016	润滑油中氯元素含量的测定 电感耦合等离子体发射光谱法	国家能源局	2017/5/1	现行
NB/SH/T 0931—2016	在用石油基和烃基润滑油氧化状态监测 傅里叶变换红外光谱(FT-IR)趋势分析法	国家能源局	2017/5/1	现行
NB/SH/T 0933—2016	费托合成油中正构低碳酸含量的测定 液液萃取-离子色谱法	国家能源局	2017/5/1	现行
NB/SH/T 0935—2016	在用石油基和烃基润滑油磺化状态监测 傅里叶变换红外光谱(FT-IR)趋势分析法	国家能源局	2017/5/1	现行
NB/SH/T 0937—2016	冷冻机油耐氨性能测定法	国家能源局	2017/5/1	现行
NB/SH/T 0940—2016	使用特定的四合一试验仪分析在用润滑油的试验方法(原子发射光谱、红外光谱、黏度和激光颗粒计数器)	国家能源局	2017/5/1	现行
NB/SH/T 0944.1—2017	润滑剂抗磨损性能的测定 FE8 滚动轴承磨损试验机法 第1部分：润滑油	国家能源局	2018/6/1	现行
NB/SH/T 0944.2—2020	润滑剂抗磨损性能的测定 FE8 滚动轴承磨损试验机法 第2部分：润滑脂	国家能源局	2021/2/1	现行
NB/SH/T 0946—2017	多元醇酯和双酯燃气涡轮发动机润滑油总酸值测定 自动电位滴定法	国家能源局	2018/6/1	现行
NB/SH/T 0957—2017	发动机油对水和模拟 Ed85 燃料乳化能力的评价方法	国家能源局	2018/6/1	现行
NB/SH/T 0966—2017	白油中芳烃含量的测定 紫外分光光度法	国家能源局	2018/6/1	现行
NB/SH/T 0968—2017	无锌涡轮机油中受阻酚型和芳胺型抗氧剂含量测定 线性扫描伏安法	国家能源局	2018/6/1	现行
NB/SH/T 0974—2018	涡轮机油中芳胺型抗氧剂含量的测定 差分脉冲伏安法	国家能源局	2019/3/1	现行
NB/SH/T 0975—2018	在用涡轮机油中漆膜生成倾向值的测定 膜片比色法(MPC 法)	国家能源局	2019/3/31	现行

续表

标准编号	标准名称	发布部门	实施日期	状态
NB/SH/T 0976—2019	发动机油氧化安定性的测定 ROBO 试验法	国家能源局	2019/10/1	现行
NB/SH/T 0982—2019	润滑油金属清净剂浊度测定法	国家能源局	2019/10/1	现行
NB/SH/T 0983—2019	传动系统润滑油低温黏度的测定 恒剪切应力黏度计法	国家能源局	2019/10/1	现行
NB/SH/T 0995—2019	液体石蜡、白油溴指数的测定 电位滴定法	国家能源局	2020/5/1	现行
NB/SH/T 0996—2019	航空涡轮发动机润滑油相容性测定法	国家能源局	2020/5/1	现行
NB/SH/T 0997—2019	合成酯类润滑剂中一元酸组成测定 气相色谱法	国家能源局	2020/5/1	现行
NB/SH/T 0998—2019	在用石油基和烃基润滑油硝化状态监测 傅里叶变换红外光谱(FT-IR)趋势分析法	国家能源局	2020/5/1	现行
NB/SH/T 0999—2019	在用发动机油中烟炱含量的测定 傅里叶变换红外(FT-IR)光谱法	国家能源局	2020/5/1	现行
NB/T 10069—2018	煤基费托合成油、合成蜡铁含量的测定 电感耦合等离子体发射光谱法	国家能源局	2019/3/1	现行
NB/T 10070—2018	煤基费托合成油中正构醇的测定 气相色谱法	国家能源局	2019/3/1	现行
NB/T 10111—2018	风力发电机组润滑剂运行检测规程	国家能源局	2019/5/1	现行
NB/T 10255—2019	煤直接液化油中苯酚、甲酚及二甲酚的测定 气相色谱法	国家能源局	2020/5/1	现行
NB/T 42140—2017	绝缘液体 油浸纸和油浸纸板用卡尔费休自动电量滴定法测定水分	国家能源局	2018/3/1	现行
NB/T 51068—2017	煤矿在用设备齿轮油铁谱分析方法 旋转式铁谱法	国家能源局	2017/8/1	现行
NY/T 512—2002	润滑油质量快速检测方法	农业部	2002/2/1	现行
QC/T 29105. 1—1992	专用汽车液压系统液压油固体污染度测试方法 术语及其定义	中国汽车工业总公司	1993/1/1	现行
QC/T 29105. 2—1992	专用汽车液压系统液压油固体污染度测试方法 装置及装置的清洗	中国汽车工业总公司	1993/1/1	现行
QC/T 29105. 3—2013	专用汽车液压系统液压油固体颗粒污染度测试方法 取样	工业和信息化部	2014/3/1	现行
QC/T 29105. 4—1992	专用汽车液压系统液压油固体污染度测试方法 显微镜颗粒计数法	中国汽车工业总公司	1993/1/1	现行

续表

标准编号	标准名称	发布部门	实施日期	状态
SH/T 0018—2007	含添加剂石油蜡(热熔胶)表观黏度测定法	国家发展和改革委员会	2008/1/1	现行
SH/T 0019—1990	石油蜡和石油脂体积电阻率测定法	中国石油化工总公司	1992/4/1	现行
SH/T 0024—1990（2000年确认）	润滑油沉淀值测定法	中国石油化工总公司	1992/4/1	现行
SH/T 0025—1999	防锈油盐水浸渍试验法	国家石油和化学工业局	2000/5/1	现行
SH/T 0028—1990（2000年确认）	润滑油清净剂浊度测定法	中国石油化工总公司	1992/4/1	现行
SH/T 0030—1990	车辆齿轮油成沟点测定法	中国石油化工总公司	1992/4/1	现行
SH/T 0035—1990（2000年确认）	防锈油脂蒸发量测定法	中国石油化工总公司	1992/4/1	现行
SH/T 0036—1990（2000年确认）	防锈油水置换性试验法	中国石油化工总公司	1992/4/1	现行
SH/T 0037—1990（2000年确认）	齿轮油贮存溶解特性测定法	中国石油化工总公司	1992/4/1	现行
SH/T 0048—1991（2004年确认）	润滑脂相似黏度测定法	中国石油化工总公司	1992/7/1	现行
SH/T 0060—1991（2000年确认）	防锈脂吸氧测定法(氧弹法)	中国石油化工总公司	1992/7/1	现行
SH/T 0061—1991（2000年确认）	润滑油中镁含量测定法(原子吸收光谱法)	中国石油化工总公司	1992/7/1	现行
SH/T 0063—1991（2000年确认）	防锈油干燥性试验法	中国石油化工总公司	1992/7/1	现行
SH/T 0072—1991	液体润滑剂摩擦系数测定法(振子法)	中国石油化工总公司	1992/7/1	现行
SH/T 0074—1991	汽油机油薄层吸氧氧化安定性测定法	中国石油化工总公司	1992/7/1	现行
SH/T 0075—1991	CC级柴油机油高温清净性评定法(1135C2法)	中国石油化工总公司	1992/7/1	现行
SH/T 0076—1991（2000年确认）	润滑油中糠醛试验法	中国石油化工总公司	1992/12/1	现行
SH/T 0077—1991（2000年确认）	润滑油中铁含量测定法（原子吸收光谱法）	中国石油化工总公司	1992/12/1	现行
SH/T 0079—1991（2000年确认）	石油产品试验用试剂溶液配制方法	中国石油化工总公司	1992/12/1	现行
SH/T 0080—1991（2000年确认）	防锈油脂腐蚀性试验法	中国石油化工总公司	1992/12/1	现行

续表

标准编号	标准名称	发布部门	实施日期	状态
SH/T 0081—1991（2000年确认）	防锈油脂盐雾试验法	中国石油化工总公司	1992/12/1	现行
SH/T 0082—1991（2000年确认）	防锈油脂流下点试验法	中国石油化工总公司	1992/12/1	现行
SH/T 0083—1991（2000年确认）	防锈油耐候试验法	中国石油化工总公司	1992/12/1	现行
SH/T 0100—1991（1998年确认）	石油蜡固化点测定法	中国石油化工总公司	1992/12/1	现行
SH/T 0101—1991（1998年确认）	石油蜡和石油脂介电强度测定法	中国石油化工总公司	1992/12/1	现行
SH/T 0102—1992（2000年确认）	润滑油和液体燃料中铜含量测定法(原子吸收光谱法)	中国石油化工总公司	1993/1/1	现行
SH/T 0103—2007	含聚合物油剪切安定性的测定 柴油喷嘴法	国家发展和改革委员会	2008/1/1	现行
SH/T 0104—1992（2000年确认）	冷冻机油在致冷剂作用下的稳定性试验法(菲利普法)	中国石油化工总公司	1993/1/1	现行
SH/T 0105—1992（2000年确认）	溶剂稀释型防锈油油膜厚度测定法	中国石油化工总公司	1993/1/1	现行
SH/T 0106—1992（2000年确认）	防锈油人汗防蚀性试验法	中国石油化工总公司	1993/1/1	现行
SH/T 0107—1992	防锈油人汗洗净性试验法	中国石油化工总公司	1993/1/1	现行
SH/T 0109—2004	润滑脂抗水淋性能测定法	国家发展和改革委员会	2004/9/1	现行
SH/T 0120—1992	酚精制润滑油酚含量测定法	中国石油化工总公司	1992/5/20	现行
SH/T 0122—1992（2004年确认）	润滑脂滚筒安定性测定法	中国石油化工总公司	1992/5/20	现行
SH/T 0123—1993（2004年确认）	极压润滑油氧化性能测定法	中国石油化工总公司	1994/5/1	现行
SH/T 0124—2000	含抗氧剂的汽轮机油氧化安定性测定法	国家石油和化工工业局	2001/5/1	现行
SH/T 0129—1992	石油蜡和石油脂灼烧残渣试验法	中国石油化工总公司	1992/5/20	现行
SH/T 0130—1992	石油蜡砷限量试验法	中国石油化工总公司	1992/5/20	现行
SH/T 0131—1992（2004年确认）	石油蜡和石油脂硫酸盐灰分测定法	中国石油化工总公司	1992/5/20	现行
SH/T 0132—1992（2004年确认）	石油蜡冻凝点测定法	中国石油化工总公司	1992/5/20	现行
SH/T 0134—1992（2004年确认）	白色油固态石蜡试验法	中国石油化工总公司	1992/5/20	现行
SH/T 0136—1992	石油蜡硫化物试验法	中国石油化工总公司	1992/5/20	现行

续表

标准编号	标准名称	发布部门	实施日期	状态
SH/T 0160—1992	石油产品残炭测定法(兰氏法)	中国石油化工总公司	1992/5/20	现行
SH/T 0161—1992	石油产品中氯含量测定法(烧瓶燃烧法)	中国石油化工总公司	1992/5/20	现行
NB/SH/T 0162—2021	石油馏分中碱性氮含量的测定 颜色指示剂法	国家能源局	2022/5/16	现行
SH/T 0163—1992 (2000 年确认)	石油产品总酸值测定法(半微量颜色指示剂法)	中国石油化工总公司	1992/5/20	现行
SH/T 0165—1992 (2006 年确认)	高沸点范围石油产品高真空蒸馏测定法	中国石油化工总公司	1992/5/20	现行
SH/T 0168—1992 (2000 年确认)	石油产品色度测定法	中国石油化工总工公司	1992/5/20	现行
SH/T 0170—1992 (2000 年确认)	石油产品残炭测定法(电炉法)	中国石油化工总工公司	1992/5/20	现行
SH/T 0172—2001	石油产品硫含量测定法(高温法)	国家经济贸易委员会	2002/1/1	现行
SH/T 0187—1992	润滑油极压性能测定法(法莱克斯法)	中国石油化工总工公司	1992/5/20	现行
SH/T 0188—1992	润滑油磨损性能测定法(法莱克斯轴和 V 形块法)	中国石油化工总工公司	1992/5/20	现行
SH/T 0190—1992	液体润滑剂摩擦系数测定法(MM-200 法)	中国石油化工总公司	1992/5/20	现行
SH/T 0191—1992 (2000 年确认)	润滑油破乳化值测定法	中国石油化工总工公司	1992/5/20	现行
NB/SH/T 0193—2022	润滑油氧化安定性的测定 旋转氧弹法	国家能源局	2022/11/13	即将实施
SH/T 0196—1992	润滑油抗氧化安定性测定法	中国石油化工总公司	1992/5/20	现行
SH/T 0197—1992 (2004 年确认)	润滑油中铁含量测定法	中国石油化工总公司	1992/5/20	现行
SH/T 0200—1992	含聚合物润滑油剪切安定性测定法(齿轮机法)	中国石油化工总公司	1992/5/20	现行
SH/T 0201—1992	液体润滑剂摩擦系数测定法(法莱克斯销与 V 形块法)	中国石油化工总公司	1992/5/20	现行
SH/T 0202—1992	润滑脂极压性能测定法(四球机法)	中国石油化工总公司	1992/5/20	现行
SH/T 0204—1992 (2004 年确认)	润滑脂抗磨性能测定法(四球机法)	中国石油化工总公司	1992/5/20	现行
SH/T 0206—1992	变压器油氧化安定性测定法	中国石油化工总公司	1992/5/20	现行
SH/T 0208—1992 (2004 年确认)	航空液压油热氧化安定性及腐蚀测定法	中国石油化工总公司	1992/5/20	现行

续表

标准编号	标准名称	发布部门	实施日期	状态
SH/T 0209—1992（2004年确认）	液压油热稳定性测定法	中国石油化工总公司	1992/5/20	现行
NB/SH/T 0210—2022	液压油过滤性试验法	国家能源局	2022/11/13	即将实施
SH/T 0211—1998（2004年确认）	防锈油脂低温附着性试验法	中国石油化工总公司	1998/12/1	现行
SH/T 0212—1998（2004年确认）	防锈油脂除膜性试验法	中国石油化工总公司	1998/12/1	现行
SH/T 0214—1998（2004年确认）	防锈油脂分离安定性试验法	中国石油化工总公司	1998/12/1	现行
SH/T 0215—1999	防锈油脂沉淀值和磨损性测定法	国家石油和化学工业局	2000/5/1	现行
SH/T 0216—1999	防锈油喷雾性试验法	国家石油和化学工业局	2000/5/1	现行
SH/T 0217—1998（2004年确认）	防锈油脂试验试片锈蚀度试验法	中国石油化工总公司	1998/12/1	现行
SH/T 0219—1992（2004年确认）	热处理油热氧化安定性测定法	中国石油化工总公司	1992/5/20	现行
SH/T 0220—1992（2004年确认）	热处理油冷却性能测定法	中国石油化工总公司	1992/5/20	现行
SH/T 0224—1992（2004年确认）	石油添加剂中氮含量测定法（克氏法）	中国石油化工总公司	1992/5/20	现行
SH/T 0225—1992（2004年确认）	添加剂和含添加剂润滑油中钡含量测定法	中国石油化工总公司	1992/5/20	现行
SH/T 0226—1992（2004年确认）	添加剂和含添加剂润滑油中锌含量测定法	中国石油化工总公司	1992/5/20	现行
SH/T 0227—1992	添加剂中硼含量测定法	中国石油化工总公司	1992/5/20	现行
SH/T 0228—1992（2004年确认）	润滑油中钡、钙、锌含量测定法（原子吸收光谱法）	中国石油化工总公司	1992/5/20	现行
SH/T 0229—1992（2004年确认）	固体和半固体石油产品取样法	中国石油化工总公司	1992/5/20	现行
SH/T 0236—1992（2004年确认）	石油产品溴值测定法	中国石油化工总公司	1992/5/20	现行
SH/T 0246—1992（2004年确认）	轻质石油产品中水含量测定法（电量法）	中国石油化工总公司	1992/5/20	现行
NB/SH/T 0248—2019	柴油和民用取暖油冷滤点测定法	国家能源局	2020/5/1	现行
SH/T 0251—1993（2004年确认）	石油产品碱值测定法（高氯酸电位滴定法）	中国石油化工总公司	1994/5/1	现行
NB/SH/T 0253—2021	轻质石油产品中总硫含量测定法 电量法	国家能源局	2022/5/16	现行
SH/T 0255—1992（2004年确认）	添加剂和含添加剂润滑油水分测定法（电量法）	中国石油化工总公司	1992/5/20	现行

续表

标准编号	标准名称	发布部门	实施日期	状态
SH/T 0256—1992（2004年确认）	润滑油破乳化时间测定法	中国石油化工总公司	1992/5/20	现行
SH/T 0257—1992（2004年确认）	润滑油水分定性试验法	中国石油化工总公司	1992/5/20	现行
SH/T 0258—1992（2004年确认）	润滑油的颜色测定法	中国石油化工总公司	1992/5/20	现行
SH/T 0259—1992（2004年确认）	润滑油热氧化安定性测定法	中国石油化工总公司	1992/5/20	现行
SH/T 0264—1992	内燃机油高温氧化和轴瓦腐蚀评定法（皮特W-1法）	中国石油化工总公司	1992/5/20	现行
SH/T 0265—1992	内燃机油高温氧化和轴瓦腐蚀评定法（L-38法）	中国石油化工总公司	1992/5/20	现行
SH/T 0267—1992（2004年确认）	润滑油氢氧化钠抽出物的酸化试验法	中国石油化工总公司	1992/5/20	现行
SH/T 0268—1992（2004年确认）	电气用油介质损失角正切测定法	中国石油化工总公司	1992/5/20	现行
SH/T 0270—1992（2004年确认）	添加剂和含添加剂润滑油的钙含量测定法	中国石油化工总公司	1992/5/20	现行
SH/T 0293—1992（2004年确认）	真空油脂饱和蒸气压测定法	中国石油化工总公司	1992/5/20	现行
SH/T 0294—1992（2004年确认）	扩散泵油极限压强测定法	中国石油化工总公司	1992/5/20	现行
SH/T 0295—1992（2004年确认）	变压器油氧化初期挥发性水溶性酸测定法	中国石油化工总公司	1992/5/20	现行
SH/T 0296—1992（2004年确认）	添加剂和含添加剂润滑油的磷含量测定法（比色法）	中国石油化工总公司	1992/5/20	现行
SH/T 0297—1992（2004年确认）	添加剂中钙含量测定法	中国石油化工总公司	1992/5/20	现行
SH/T 0298—1992（2004年确认）	含防锈剂润滑油水溶性酸测定法（pH值法）	中国石油化工总公司	1992/5/20	现行
SH/T 0299—1992（2004年确认）	内燃机油氧化安定性测定法	中国石油化工总公司	1992/5/20	现行
SH/T 0300—1992	曲轴箱模拟试验法（QZX法）	中国石油化工总公司	1992/5/20	现行
SH/T 0301—1993（2004年确认）	液压液水解安定性测定法（玻璃瓶法）	中国石油化工总公司	1994/5/1	现行
SH/T 0302—1992	抗氨汽轮机油抗氨性能试验法	中国石油化工总公司	1992/5/20	现行
SH/T 0303—1992（2004年确认）	添加剂中硫含量测定法	中国石油化工总公司	1992/5/20	现行
SH/T 0304—1999	电气绝缘油腐蚀性硫试验法	国家石油和化学工业局	2000/5/1	现行
SH/T 0305—1993	石油产品密封适应性指数测定法	中国石油化工总公司	1994/5/1	现行

续表

标准编号	标准名称	发布部门	实施日期	状态
SH/T 0307—1992	石油基液压油磨损特性测定法(叶片泵法)	中国石油化工总公司	1992/5/20	现行
SH/T 0308—1992 (2004年确认)	润滑油空气释放值测定法	中国石油化工总公司	1992/5/20	现行
SH/T 0309—1992 (2004年确认)	含添加剂润滑油的钙、钡、锌含量测定法(络合滴定法)	中国石油化工总公司	1992/5/20	现行
SH/T 0311—1992 (2004年确认)	置换型防锈油人汗置换性能试验方法	中国石油化工总公司	1992/5/20	现行
SH/T 0319—1992	润滑脂皂分测定法	中国石油化工总公司	1992/5/20	现行
SH/T 0322—1992	润滑脂有害粒子鉴定法	中国石油化工总公司	1992/5/20	现行
SH/T 0323—1992 (2004年确认)	润滑脂强度极限测定法	中国石油化工总公司	1992/5/20	现行
SH/T 0325—1992 (2004年确认)	润滑脂氧化安定性测定法	中国石油化工总公司	1992/5/20	现行
SH/T 0326—1992 (2004年确认)	汽车轮轴承润滑脂漏失量测定法	中国石油化工总公司	1992/5/20	现行
SH/T 0327—1992 (2004年确认)	润滑脂灰分测定法	中国石油化工总公司	1992/5/20	现行
SH/T 0329—1992 (2004年确认)	润滑脂游离碱和游离有机酸测定法	中国石油化工总公司	1992/5/20	现行
SH/T 0330—1992 (2004年确认)	润滑脂机械杂质测定法(抽出法)	中国石油化工总公司	1992/5/20	现行
SH/T 0331—1992 (2004年确认)	润滑脂腐蚀试验法	中国石油化工总公司	1992/5/20	现行
SH/T 0335—1992 (2004年确认)	润滑脂化学安定性测定法	中国石油化工总公司	1992/5/20	现行
SH/T 0336—1994 (2004年确认)	润滑脂杂质含量测定法(显微镜法)	中国石油化工总公司	1994/10/1	现行
SH/T 0337—1992 (2004年确认)	润滑脂蒸发度测定法	中国石油化工总公司	1992/5/20	现行
SH/T 0338—1992 (2004年确认)	滚珠轴承润滑脂低温转矩测定法	中国石油化工总公司	1992/5/20	现行
SH/T 0398—2007	石油蜡和石油脂分子量测定法	国家发展和改革委员会	2008/1/1	现行
SH/T 0412—1992	液体石蜡及其原料油中正构烷烃含量测定法(色谱法)	中国石油化工总公司	1992/5/20	现行
SH/T 0414—2004	石油蜡嗅味试验法	国家发展和改革委员会	2004/9/1	现行
SH/T 0427—1992 (2004年确认)	润滑脂齿轮磨损测定法	中国石油化工总公司	1992/5/20	现行
SH/T 0428—2008	高温下润滑脂在球轴承中的寿命测定法	国家发展和改革委员会	2008/10/1	现行

续表

标准编号	标准名称	发布部门	实施日期	状态
SH/T 0429—2007	润滑脂和液体润滑剂与橡胶相容性测定法	国家质量监督检验检疫总局	2008/1/1	现行
SH/T 0436—1992	航空用合成润滑油与橡胶相容性测定法	中国石油化工总公司	1992/5/20	现行
NB/SH/T 0450—2019	合成油氧化腐蚀测定法	国家能源局	2020/5/1	现行
SH/T 0451—1992	液体润滑剂贮存安定性试验法	中国石油化工总公司	1992/5/20	现行
SH/T 0452—1992（2004 年确认）	润滑脂贮存安定性试验法	中国石油化工总公司	1992/5/20	现行
SH/T 0453—1992（2004 年确认）	润滑脂抗水和抗水-乙醇（1：1）溶液性能试验法	中国石油化工总公司	1992/5/20	现行
SH/T 0472—1992	合成航空润滑油中微量金属含量测定法（原子吸收法）	中国石油化工总公司	1992/5/20	现行
SH/T 0473—1992	使用过的润滑油沉淀物含量测定法（离心分离法）	中国石油化工总公司	1992/5/20	现行
SH/T 0510—1992（2006 年确认）	汽油机油清净性评分方法	中国石油化工总公司	1993/7/1	现行
SH/T 0512—1992（2006 年确认）	汽油机油低温锈蚀评定法（MS 程序ⅡD 法）	中国石油化工总公司	1993/7/1	现行
SH/T 0513—1992（2006 年确认）	汽油机油高温氧化和磨损评定法（MS 程序ⅢD 法）	中国石油化工总公司	1993/7/1	现行
SH/T 0514—1992（2006 年确认）	汽油机油低温沉积物评定法（MS 程序ⅤD 法）	中国石油化工总公司	1993/7/1	现行
SH/T 0519—1992（2006 年确认）	车辆齿轮油抗擦伤性能评定法（L-42 法）	中国石油化工总公司	1993/7/1	现行
SH/T 0520—1992	车辆齿轮油热氧化安定性评定法	中国石油化工总公司	1993/7/1	现行
SH/T 0532—1992	润滑油抗擦伤能力测定法（梯姆肯法）	中国石油化工总公司	1992/5/20	现行
SH/T 0533—1993（2004 年确认）	防锈油脂防锈试验试片锈蚀评定方法	中国石油化工总公司	1993/1/8	现行
SH/T 0560—1993（2004 年确认）	润滑油热安定性试验法	中国石油化工总公司	1994/5/1	现行
SH/T 0565—2008	加抑制剂矿物油的油泥和腐蚀趋势测定法	国家发展和改革委员会	2008/10/1	现行
SH/T 0566—1993（2004 年确认）	润滑油黏度指数改进剂增稠能力测定法	中国石油化工总公司	1994/5/1	现行
SH/T 0568—1993（2004 年确认）	油包水型乳化液贮存稳定性测定法（烘箱法）	中国石油化工总公司	1994/5/1	现行
SH/T 0569—1993（2004 年确认）	油包水型乳化液稳定性测定法（低温-室温循环法）	中国石油化工总公司	1994/5/1	现行
SH/T 0573—1993（2003 年确认）	在用润滑油磨损颗粒试验法（分析式铁谱法）	中国石油化工总公司	1994/5/1	现行

续表

标准编号	标准名称	发布部门	实施日期	状态
SH/T 0575—1993	L-ERB 二冲程汽油机油评定法	中国石油化工总公司	1994/5/1	现行
SH/T 0576—1993	L-ERC 二冲程汽油机油评定法	中国石油化工总公司	1994/5/1	现行
SH/T 0577—1993	铁路柴油机油高温摩擦磨损性能测定法(青铜-钢法)	中国石油化工总公司	1994/5/1	现行
SH/T 0580—1994(2004 年确认)	乳化液中油含量测定法	中国石油化工总公司	1994/10/1	现行
SH/T 0582—1994(2004 年确认)	润滑油和添加剂中钠含量测定法(原子吸收光谱法)	中国石油化工总公司	1994/10/1	现行
SH/T 0584—1994(2004 年确认)	防锈油脂包装贮存试验法(百叶箱法)	中国石油化工总公司	1994/10/1	现行
SH/T 0589—1994	石油蜡转变温度测定法(差示扫描量热法)	中国石油化工总公司	1994/10/1	现行
SH/T 0596—1994	润滑脂接触电阻测定法	中国石油化工总公司	1994/12/1	现行
SH/T 0604—2000	原油和石油产品密度测定法(U 形振动管法)	国家石油和化学工业局	2001/1/1	现行
SH/T 0605—2008	润滑油及添加剂中钼含量的测定原子吸收光谱法	国家发展和改革委员会	2008/10/1	现行
NB/SH/T 0606—2019	中间馏分烃类组成测定法 质谱法	国家能源局	2019/10/1	现行
SH/T 0607—1994(2004 年确认)	橡胶填充油、工艺油及石油衍生油族组成测定法(白土-硅胶吸附色谱法)	中国石油化工总公司	1995/7/1	现行
SH/T 0617—1995(2004 年确认)	润滑油中铅含量测定法(原子吸收光谱法)	中国石油化工总公司	1995/10/1	现行
SH/T 0618—1995(2004 年确认)	高剪切条件下的润滑油动力黏度测定法(雷范费尔特法)	中国石油化工总公司	1995/10/1	现行
SH/T 0619—1995(2004 年确认)	船用油水分离性测定法	中国石油化工总公司	1995/10/1	现行
SH/T 0630—1996(2004 年确认)	石油产品溴价、溴指数测定法(电量法)	中国石油化工总公司	1996/12/1	现行
SH/T 0631—1996(2004 年确认)	润滑油和添加剂中钡、钙、磷、硫和锌测定法(X 射线荧光光谱法)	中国石油化工总公司	1996/12/1	现行
SH/T 0633—1996	水冷二冲程汽油机油锈蚀测定法	中国石油化工总公司	1996/12/1	现行
SH/T 0634—1996	水冷二冲程汽油机油滤清器堵塞倾向测定法	中国石油化工总公司	1996/12/1	现行
SH/T 0635—1996	液体石油产品采样法(半自动法)	中国石油化工总公司	1996/12/1	现行
SH/T 0638—1996	微晶蜡含油量测定法(体积法)	中国石油化工总公司	1997/7/1	现行
SH/T 0642—1997(2004 年确认)	液体石油和石油化工产品自燃点测定法	中国石油化工总公司	1997/12/1	现行
SH/T 0643—1997	润滑脂抗水喷雾性测定法	中国石油化工总公司	1997/12/1	现行
SH/T 0644—1997(2004 年确认)	航空液压油低温稳定性试验法	中国石油化工总公司	1997/12/1	现行

续表

标准编号	标准名称	发布部门	实施日期	状态
SH/T 0645—1997	柴油机油清净性测定法(热管氧化法)	中国石油化工总公司	1997/12/1	现行
SH/T 0646—1997	风冷二冲程汽油机油排气烟度评定法	中国石油化工总公司	1997/12/1	现行
SH/T 0647—1997	水冷二冲程汽油机油早燃倾向评定法	中国石油化工总公司	1997/12/1	现行
SH/T 0648—1997	水冷二冲程汽油机油——清净性及一般性能评定法	中国石油化工总公司	1997/12/1	现行
SH/T 0649—1997(2004年确认)	船用润滑油腐蚀试验法	中国石油化工总公司	1998/7/1	现行
SH/T 0650—1997(2004年确认)	金属保护剂防锈性能试验法(潮湿箱法)	中国石油化工总公司	1998/7/1	现行
NB/SH/T 0653—2021	石油蜡正构烷烃和非正构烷烃碳数分布的测定 气相色谱法	国家能源局	2022/5/16	现行
SH/T 0657—2007	液态石油烃中痕量氮的测定 氧化燃烧和化学发光法	国家发展和改革委员会	2008/1/1	现行
SH/T 0660—1998(2004年确认)	气相防锈油试验方法	中国石油化工总公司	1998/12/1	现行
SH/T 0661—1998	润滑脂宽温度范围蒸发损失测定法	中国石油化工总公司	1998/12/1	现行
SH/T 0662—1998(2004年确认)	矿物油的紫外吸光度测定法	中国石油化工总公司	1998/12/1	现行
SH/T 0667—1998	风冷二冲程汽油机油清净性评定法	中国石油化工集团公司	1999/4/1	现行
SH/T 0668—1998	风冷二冲程汽油机油润滑性评定法	中国石油化工集团公司	1999/4/1	现行
SH/T 0669—1998	风冷二冲程汽油机油排气系统堵塞评定法	中国石油化工集团公司	1999/4/1	现行
SH/T 0670—1998	水冷二冲程汽油机油润滑性评定法	中国石油化工集团公司	1999/4/1	现行
SH/T 0671—1998	二冲和汽油机油流动性及其与汽油混溶性测定法	中国石油化工集团公司	1999/4/1	现行
SH/T 0672—1998(2006年确认)	汽油机油低沉积物性能评定法(CEPT-V法)	中国石油化工集团公司	1999/4/1	现行
SH/T 0681—1999	润滑脂表观黏度测定法	国家石油和化学工业局	2000/4/1	现行
SH/T 0682—1999	润滑脂在贮存期间分油量测定法	国家石油和化学工业局	2000/4/1	现行
SH/T 0688—2000	石油产品和润滑剂碱值测定法(电位滴定法)	国家石油和化学工业局	2000/12/1	现行
SH/T 0689—2000	轻质烃及发动机燃料和其他油品的总硫含量测定法(紫外荧光法)	国家石油和化学工业局	2000/12/1	现行
SH/T 0691—2000	润滑剂的合成橡胶溶胀性测定法	国家石油和化学工业局	2000/12/1	现行

续表

标准编号	标准名称	发布部门	实施日期	状态
SH/T 0695—2000	发动机油挥发度测定法(气相色谱法)	国家石油和化学工业局	2001/1/1	现行
SH/T 0697—2000	水冷二冲程汽油机油互溶性测定法	国家石油和化学工业局	2001/5/1	现行
SH/T 0698—2000	在制冷剂系统中冷冻机油的化学稳定性试验法(密封玻璃管法)	国家石油和化学工业局	2001/5/1	现行
SH/T 0699—2000	冷冻机油与制冷剂相溶性试验法	国家石油和化学工业局	2001/5/1	现行
SH/T 0700—2000	润滑脂防锈性测定法	国家石油和化学工业局	2001/5/1	现行
NB/SH/T 0703—2020	润滑油在高温高剪切速率条件下表观黏度的测定 多重毛细管黏度计法	国家能源局	2021/2/1	现行
SH/T 0708—2001	水冷二冲程汽油机油清净性及一般性能评定法(OMC 70HP)	国家经济贸易委员会	2002/1/1	现行
SH/T 0709—2001	水冷二冲程汽油机油清净性及一般性能评定法(Mercury 15HP)	国家经济贸易委员会	2002/1/1	现行
SH/T 0710—2001	风冷二冲程汽油机油清净性评定法(EGD)	国家经济贸易委员会	2002/1/1	现行
SH/T 0716—2002	润滑脂抗微动磨损性能测定法	国家石油和化学工业局	2002/7/1	现行
SH/T 0719—2002	润滑油氧化诱导期测定法(压力差示扫描量热法)	国家石油和化学工业局	2002/7/1	现行
SH/T 0722—2002	润滑油高温泡沫特性测定法	国家经济贸易委员会	2002/7/1	现行
SH/T 0725—2002	石油基绝缘油碳型组成计算法	国家经济贸易委员会	2003/5/1	现行
SH/T 0729—2004	石油馏分的碳分布和结构族组成计算方法(n-d-M 法)	国家发展和改革委员会	2004/9/1	现行
SH/T 0730—2004	石油馏分分子量估算法(黏度测量法)	国家发展和改革委员会	2004/9/1	现行
SH/T 0731—2004	润滑油蒸发损失测定法(热重诺亚克法)	国家发展和改革委员会	2004/9/1	现行
SH/T 0732—2004	润滑油低温低剪切速率下黏度与温度关系测定法(温度扫描法)	国家发展和改革委员会	2004/9/1	现行
SH/T 0749—2004	润滑油及添加剂中添加素含量测定法(电感耦合等离子体发射光谱法)	国家发展和改革委员会	2004/9/1	现行
SH/T 0750—2005	发动机油高温氧化沉积物测定法(热氧化模拟试验法)	国家发展和改革委员会	2005/9/1	现行
SH/T 0753—2005	润滑油基础油化学族组成测定法	国家发展和改革委员会	2005/9/1	现行
SH/T 0754—2005	柴油机油在 135℃ 下腐蚀性能评定法	国家发展和改革委员会	2005/9/1	现行
SH/T 0755—2005	手动变速箱油和后桥用油的热氧化安定性评定法(L-60-1 法)	国家发展和改革委员会	2005/9/1	现行
SH/T 0756—2005	手动变速箱油热安定性评定法(循环耐久试验法)	国家发展和改革委员会	2005/9/1	现行

续表

标准编号	标准名称	发布部门	实施日期	状态
SH/T 0757—2005	内燃机油节能性能评定法(程序Ⅵ法)	国家发展和改革委员会	2005/9/1	现行
SH/T 0758—2005	内燃机油高温氧化和抗磨损性能评定法(程序ⅢE 法)	国家发展和改革委员会	2005/9/1	现行
SH/T 0759—2005	内燃机油低温油泥和抗磨损性能评定法(程序ⅤE 法)	国家发展和改革委员会	2005/9/1	现行
SH/T 0760—2005	柴油机油性能评定法(MACK T-8 法)	国家发展和改革委员会	2005/9/1	现行
SH/T 0761—2005	柴油机油性能评定法(MACK T-9 法)	国家发展和改革委员会	2005/9/1	现行
SH/T 0762—2005	润滑油摩擦系数测定法(四球法)	国家发展和改革委员会	2005/9/1	现行
SH/T 0763—2005	汽油机油防锈性评定法(BRT 法)	国家发展和改革委员会	2005/9/1	现行
SH/T 0764—2005	柴油机喷嘴结焦试验方法(XUD-9 法)	国家发展和改革委员会	2005/9/1	现行
NB/SH/T 0765—2021	柴油润滑性的评定 高频往复式试验机法	国家能源局	2022/5/16	现行
NB/SH/T 0769—2019	石油产品、烃类及烃类-含氧化合物混合物蒸气压的测定 三级膨胀法	国家能源局	2020/5/1	现行
SH/T 0771—2005	石油产品倾点测定法(自动压力脉冲法)	国家发展和改革委员会	2006/1/1	现行
SH/T 0772—2005	发动机油过滤性能测定法(经水和干冰处理及短时间加热)	国家发展和改革委员会	2006/1/1	现行
SH/T 0773—2005	汽车轮毂轴承润滑脂寿命特性测定法	国家发展和改革委员会	2006/1/1	现行
SH/T 0782—2005	柴油机油性能评定法(开特皮勒 1K/1N 法)	国家发展和改革委员会	2006/6/1	现行
SH/T 0783—2005	内燃机油高温氧化和抗磨损性能评定法(CEPT-Ⅲ法)	国家发展和改革委员会	2006/6/1	现行
SH/T 0784—2006	润滑脂极压性能测定法(高频线性振动试验机法)	国家发展和改革委员会	2006/11/1	现行
SH/T 0786—2006	柴油机油清静性评定法(开特皮勒 1M-PC 法)	国家发展和改革委员会	2006/11/1	现行
SH/T 0787—2006	石油基液压油高压叶片泵磨损特性测定法	国家发展和改革委员会	2006/11/1	现行
SH/T 0788—2006	内燃机油高温氧化和轴瓦腐蚀评定法(程序Ⅷ法)	国家发展和改革委员会	2006/11/1	现行
SH/T 0790—2007	润滑脂氧化诱导期测定法(压力差示扫描量热法)	国家发展和改革委员会	2008/1/1	现行
SH/T 0791—2007	发动机油过滤性能测定法(经水处理及长时间加热)	国家质量监督检验检疫总局	2008/1/1	现行

续表

标准编号	标准名称	发布部门	实施日期	状态
SH/T 0792—2007	电器绝缘油中2,6-二叔丁基对甲酚和2,6-二叔丁基苯酚含量测定法(红外吸收光谱法)	国家质量监督检验检疫总局	2008/1/1	现行
SH/T 0793—2007	烃类油品中芳碳含量测定法(高分辨核磁共振法)	国家质量监督检验检疫总局	2008/1/1	现行
SH/T 0794—2007	石油产品蒸气压的测定 微量法	国家质量监督检验检疫总局	2008/1/1	现行
SH/T 0801—2007	发动机油均匀性和混合性测定法	国家质量监督检验检疫总局	2008/1/1	现行
NB/SH/T 0802—2019	绝缘油中2,6-二叔丁基对甲酚的测定 红外光谱法	国家能源局	2020/5/1	现行
SH/T 0803—2007	绝缘油中多氯联苯污染物的测定 毛细管气相色谱法	国家质量监督检验检疫总局	2008/1/1	现行
SH/T 0804—2007	电器绝缘油腐蚀性硫试验 银片试验法	国家发展和改革委员会	2008/1/1	现行
SH/T 0805—2008	润滑油过滤性测定法	国家发展和改革委员会	2008/10/1	现行
NB/SH/T 0806—2022	中间馏分芳烃含量的测定 示差折光检测器高效液相色谱法	国家能源局	2022/11/13	即将实施
SH/T 0827—2010	轻质石油馏分中含硫化合物的测定 气相色谱和硫选择性检测器法	国家能源局	2010/10/1	现行
SN/T 0826—1999	进出口石油及液体石油产品取样法(手工取样)	国家出入境检验检疫局	2000/5/1	现行
SN/T 0975—2020	进出口石油及液体石油产品取样法(自动取样)	海关总署	2021/3/1	现行
SN/T 1792—2014	电气绝缘油中多氯联苯含量的测定 气相色谱法	国家质量监督检验检疫总局	2014/8/1	现行
SN/T 1877.3—2007	矿物油中多环芳烃的测定方法	国家质量监督检验检疫总局	2007/10/16	现行
SN/T 2201—2008	食品接触材料 辅助材料 油墨中多环芳烃的测定 气相色谱-质谱联用法	国家质量监督检验检疫总局	2009/6/1	现行
SN/T 2380—2009	石油产品中芳烃含量的测定 高效液相色谱法	国家质量监督检验检疫总局	2010/3/16	现行
SN/T 2997—2011	石油产品灰分测定 微波灰化法	国家质量监督检验检疫总局	2012/4/1	现行
SN/T 2998—2011	石油及产品中水分测定 卡式炉法	国家质量监督检验检疫总局	2012/4/1	现行
SN/T 3017—2011	石油产品倾点试验方法 自动气压法	国家质量监督检验检疫总局	2012/4/1	现行
SN/T 3104—2012	进出口润滑油、润滑脂检验规程	国家质量监督检验检疫总局	2012/11/16	现行

续表

标准编号	标准名称	发布部门	实施日期	状态
SN/T 3605—2013	液体石油产品汞含量的测定 直接进样法	国家质量监督检验检疫总局	2014/3/1	现行
SN/T 3694.3—2014	进出口工业品中全氟烷基化合物测定 第3部分：润滑剂 色谱-串联质谱法	国家质量监督检验检疫总局	2014/8/1	现行
SN/T 3712—2013	石油产品硫含量测定 偏振X-射线荧光光谱法	国家质量监督检验检疫总局	2014/6/1	现行
SN/T 3812—2014	石油产品水含量的测定 卡尔费休库仑滴定法	国家质量监督检验检疫总局	2014/8/1	现行
SN/T 4109—2015	进出口船运石油及石油产品检验规程	国家质量监督检验检疫总局	2015/9/1	现行
SN/T 4368—2015	工业润滑油残留原始抗氧化剂含量的测定 线性扫描伏安法	国家质量监督检验检疫总局	2016/7/1	现行
SN/T 4431—2016	原油和石油产品API重度的测定 液体比重计法	国家质量监督检验检疫总局	2016/10/1	现行
SN/T 4432—2016	原油和液态石油产品的密度、相对密度和API重度测定 温度比重计法	国家质量监督检验检疫总局	2016/10/1	现行
SN/T 4570—2016	石油及石油产品中氯和溴含量的测定 波长色散X荧光光谱法	国家质量监督检验检疫总局	2017/3/1	现行
SN/T 4759—2017	进口食品级润滑油(脂)中锑、砷、镉、铅、汞、硒元素的测定方法 电感耦合等离子体质谱(ICP-MS)法	国家质量监督检验检疫总局	2017/12/1	现行
SN/T 4939—2017	进出口岸罐贮存石油及石油产品检验规程	国家质量监督检验检疫总局	2018/6/1	现行
SN/T 4943—2017	食品级润滑油(脂)中多环芳烃的测定 气相色谱-质谱联用法	国家质量监督检验检疫总局	2018/6/1	现行
SN/T 5031—2017	石油产品颜色的测定 自动三色激励法	国家质量监督检验检疫总局	2018/7/1	现行
SN/T 5032—2017	石油产品中氯离子的测定 离子色谱法	国家质量监督检验检疫总局	2018/7/1	现行
SY/T 6094—94	钻井液用润滑剂评价程序	中国石油天然气总公司	1995/7/1	现行
T/CEC 125—2016	矿物绝缘油中总腐蚀性硫含量检测方法	中国电力企业联合会	2017/1/1	现行
T/CEC 127—2016	变压器油、涡轮机油运动黏度测定法 胡隆黏度计法	中国电力企业联合会	2017/1/1	现行
T/CEC 218—2019	磷酸酯抗燃油中活性氯含量的测定 自动电位滴定法	中国电力企业联合会	2019/7/1	现行
TB/T 2545—1995	铁路内燃机车柴油机油换油指标总碱值和pH值测定方法(电位差法)	铁道部	1996/7/1	现行

附录3 我国润滑油润滑脂试验方法采标情况汇总表

标准编号	标准名称	采标情况
DL/T 1204—2013	矿物绝缘油热膨胀系数测定法	ASTM D1903—08
DL/T 1420—2015	磷酸酯抗燃油水解安定性测定法	DIN EN14833：2005，MOD
DL/T 1550—2016	矿物绝缘油中金属铜、铁含量测定法 旋转圆盘电极发射光谱法	ASTM D6728—11，MOD
DL/T 1654—2016	磷酸酯抗燃油氧化安定性和腐蚀性试验方法	BS EN 14832：2005，MOD
DL/T 1836—2018	矿物绝缘油与变压器材料相容性测定方法	ASTM D3455—11，MOD
DL/T 1977—2019	矿物绝缘油氧化安定性的测定 差示扫描量热法	IEC/TR 62036：2007
DL/T 285—2012	矿物绝缘油腐蚀性硫检测法 裹绝缘纸铜扁线法	IEC 62535：2008，MOD
GB 11137—1989	深色石油产品运动黏度测定法(逆流法)和动力黏度计算法	≈ASTM D445—86
GB 11142—1989	绝缘油在电场和电离作用下析气性测定法	≈ASTM D2300—81
GB 259—1988	石油产品水溶性酸及碱测定法	≈ГОСТ 6307—75
GB 264—1983	石油产品酸值测定法	≈ASTM D974
GB 266—1988	石油产品恩氏黏度测定法	≈ГОСТ 6258—52
GB 267—1988	石油产品闪点与燃点测定法（开口杯法）	≈ГОСТ 4333
GB 268—1987	石油产品残炭测定法(康氏法)	≈ISO 6615：83
GB 508—1985	石油产品灰分测定法	≈ISO 6245：82
GB 6540—1986	石油产品颜色测定法	=ASTM D1500—82
GB 6541—1986	石油产品油对水界面张力测定法(圆环法)	= ISO 6295：83
GB 7325—1987	润滑脂和润滑油蒸发损失测定法	eqv ASTM D972—81
GB 7326—1987	润滑脂铜片腐蚀试验法	eqv ASTM D4048—81
GB 8022—1987	润滑油抗乳化性能测定法	≈ASTM D2711—79
GB 8023—1987	液体石油产品黏度温度计算图	≈ASTM D341—77
GB 9170—1988	润滑油及燃料油中总氮含量测定法(改进的克氏法)	= ASTM D3228—83
GB 9171—1988	发动机油边界泵送温度测定法	=ASTM D3829—79
GB 9932—1988	内燃机油性能评定法(开特皮勒 1H2 法)	≈ASTM STP 509A/2—86
GB 9933—1988	内燃机油性能评定法(开特皮勒 1G2 法)	≈ASTM STP 509A/1—86
GB/T 11132—2008	液体石油产品烃类的测定 荧光指示剂吸附法	MOD ASTM D1319—03
GB/T 11133—2015	石油产品、润滑油和添加剂中水含量的测定 卡尔费休库仑滴定法	ASTM D6304—07
GB/T 11140—2008	石油产品硫含量的测定 波长色散 X 射线荧光光谱法	MOD ASTM D2622—07
GB/T 11143—2008	加抑制剂矿物油在水存在下防锈性能试验法	MOD ASTM D665—03
GB/T 11145—2014	润滑剂低温黏度的测定 勃罗克费尔特黏度计法	ASTM D2983—09 MOD
GB/T 12577—1990	冷冻机油絮凝点测定法	≈DIN 51351—82
GB/T 12578—1990	润滑油流动性测定法(U 形管法)	≈DIN 51568—74
GB/T 12579—2002	润滑油泡沫特性测定法	eqv ISO 6247：1998
GB/T 12580—1990	加抑制剂矿物绝缘油氧化安定性测定法	=IEC 474—74

续表

标准编号	标准名称	采标情况
GB/T 12581—2006	加抑制剂矿物油氧化特性测定法	MOD ASTM D943—04a
GB/T 12583—1998	润滑剂极压性能测定法(四球法)	= ASTM D2783—88(93)
GB/T 12709—1991	润滑油老化特性测定法(康氏残炭法)	= DIN 51352—1985
GB/T 13377—2010	原油和液体或固体石油产品　密度或相对密度的测定　毛细管塞比重瓶和带刻度双毛细管比重瓶法	ISO 3838：2004，MOD
GB/T 13894—1992	石油和液体石油产品液位测量法（手工法）	API 2545-65—1981，REF
GB/T 17144—1997	石油产品残炭测定法(微量法)	eqv ISO 10370：1993
GB/T 17282—2012	根据黏度测量值确定石油平均相对分子质量的方法	ASTM D2502—04(2009) MOD
GB/T 17476—1998	使用过的润滑油中添加剂元素、磨损金属和污染物以及基础油中某些元素测定法(电感耦合等离子体发射光谱法)	= ASTM D5185—95
GB/T 17484—1998	液压油液取样容器 净化方法的鉴定和控制	idt ISO 3722：1976
GB/T 17648—1998	绝缘液体 局部放电起始电压测定 试验程序	eqv IEC 1294：1993
GB/T 1884—2000	原油和液体石油产品密度实验室测定法(密度计法)	eqv ISO 3675：1998
GB/T 1885—1998	石油计量表	eqv ISO 91—2：1991
GB/T 19779—2005	石油和液体石油产品油量计算 静态计量	MOD API MPMS 12—1
GB/T 19936. 1—2005	齿轮 FZG 试验程序 第 1 部分：油品的相对胶合承载能力 FZG 试验方法 A/8. 3/90	ISO 14635—1：2000，IDT
GB/T 1995—1998	石油产品黏度指数计算法	=ASTM D2270—93
GB/T 2013—2010	液体石油化工产品密度测定法	ASTM D891—95，NEQ
GB/T 21789—2008	石油产品和其他液体闪点的测定 阿贝尔闭口杯法	IDT ISO 13736：1997
GB/T 21791—2008	石油产品自燃温度测定法	IDT DIN 51794—2003
GB/T 2361—1992	防锈油脂湿热试验法	≈JIS K2246—89
GB/T 23800—2009	有机热载体热稳定性测定法	MOD DIN 51528—1998
GB/T 2433—2001	添加剂和含添加剂润滑油硫酸盐灰分测定法	eqv ISO 3987：1994
GB/T 25961—2010	电气绝缘油中腐蚀性硫的试验法	ASTM D1275—06，MOD
GB/T 25962—2010	高速条件下汽车轮毂轴承润滑脂漏失量测定法	ASTM D4290—07，MOD
GB/T 262—2010	石油产品和烃类溶剂苯胺点和混合苯胺点测定法	ISO 2977：1997，MOD
GB/T 26736—2011	道路车辆 制动衬片 耐水、盐水、油和制动液性能试验方法	ISO 6314：1980 IDT
GB/T 269—1991	润滑脂和石油脂锥入度测定法	=ISO 2137：1985
GB/T 27847—2011	石油产品 闪点测定 阿贝尔-宾斯基闭口杯法	NF M 07—036：1984 IDT
GB/T 27867—2011	石油液体管线自动取样法	ISO 3171：1988 IDT
GB/T 2951. 21—2008	电缆和光缆绝缘和护套材料通用试验方法 第 21 部分：弹性体混合料专用试验方法 耐臭氧试验 热延伸试验 浸矿物油试验	IDT IEC 60811—2—1：2001
GB/T 2951. 51—2008	电缆和光缆绝缘和护套材料通用试验方法 第 51 部分：填充膏专用试验方法 滴点 油分离 低温脆性 总酸值 腐蚀性 23℃时的介电常数 23℃和 100℃时的直流电阻率	IDT IEC 60811—5—1：1990
GB/T 30515—2014	透明和不透明液体石油产品运动黏度测定法及动力黏度计算法	ISO 3104：1994 MOD

续表

标准编号	标准名称	采标情况
GB/T 30823—2014	测定工业淬火油冷却性能的镍合金探头试验方法	ISO 9950 : 1995
GB/T 32508—2016	绝缘油中腐蚀性硫(二苄基二硫醚)定量检测方法	IEC 62697—1 : 2012 MOD
GB/T 3498—2008	润滑脂宽温度范围滴点测定法	MOD ISO 6299 : 1998
GB/T 3535—2006	石油产品倾点测定法	ISO 3016 : 1994
GB/T 3536—2008	石油产品闪点和燃点的测定 克利夫兰开口杯法	MOD ISO 2592 : 2000
GB/T 3554—2008	石油蜡含油量测定法	MOD ASTM D721—06
GB/T 3555—1992	石油产品赛波特颜色测定法(赛波特比色计法)	= ASTM D156—87
GB/T 387—1990	深色石油产品硫含量测定法(管式炉法)	≈ГОСТ 1437—75
GB/T 4756—2015	石油液体手工取样法	ISO 3170 : 2004 MOD
GB/T 4929—1985	润滑脂滴点测定法	=ISO/DP 2176—79
GB/T 4945—2002	石油产品和润滑剂酸值和碱值测定法(颜色指示剂法)	ASTM D974—97, MOD
GB/T 4985—2010	石油蜡针入度测定法	MOD ASTM D 1321—04
GB/T 5018—2008	润滑脂防腐蚀性试验法	MOD ASTM D1743—05a
GB/T 507—2002	绝缘油 击穿电压测定法	eqv IEC 156 : 1995
GB/T 511—2010	石油和石油产品及添加剂机械杂质测定法	MOD ГОСТ 6370—1983(1997)
GB/T 6536—2010	石油产品常压蒸馏特性测定法	ASTM D86—07a, MOD
GB/T 6538—2010	发动机油表观黏度的测定 冷启动模拟机法	ASTM D5293—04, MOD
GB/T 6683—1997	石油产品试验方法精密度数据确定法	≠ISO 4259 : 92
GB/T 6986—2014	石油产品浊点测定法	ASTM D2500—11 MOD
GB/T 7305—2003	石油和合成液水分离性测定法	ASTM D1401—98, MOD
GB/T 8017—2012	石油产品蒸气压的测定 雷德法	ASTM D323—08 MOD
GB/T 8021—2003	石油产品皂化值测定法	ASTM D94—00, MOD
GB/T 8026—2014	石油蜡和石油脂滴熔点测定法	ASTM D 127—08
GB/T 8643—2002	含润滑剂金属粉末中润滑剂含量的测定 修正的索格利特(Soxhlet)萃取法	ISO 13944 : 1996 €
GB/T 8926—2012	在用的润滑油不溶物测定法	ASTM D893—05(2010) MOD
GB/T 8927—2008	石油和液体石油产品温度测量 手工法	ISO 4268 : 2000 MOD
GB/T 9168—1997	石油产品减压蒸馏测定法	ASTM D1160—95
JG/T 5089—1997	油液中固体颗粒污染物的自动颗粒计数法	ISO 5884 : 87 MOD
LY/T 2889—2017	林业机械 便携式油锯锯链润滑油性能评估测试方法	ISO/TS 19858 : 2015 IDT
NB/SH/T 0059—2010	润滑油蒸发损失的测定 诺亚克法	MOD ASTM D5800—08
NB/SH/T 0174—2015	石油产品和烃类溶剂中硫醇和其他硫化物的检验 博士试验法	ISO 5275 : 2003, MOD
NB/SH/T 0179—2013	轻质石油产品浊点和结晶点测定法	ГОСТ 5066—91 MOD
NB/SH/T 0189—2017	润滑油抗磨损性能的测定 四球法	ASTM D4172—94(2016), MOD
NB/SH/T 0203—2014	润滑脂承载能力的测定 梯姆肯法	ASTM D2509—03(2008), MOD
NB/SH/T 0306—2013	润滑油承载能力的评定 FZG 目测法	ASTM D5182—97(2008)MOD
NB/SH/T 0324—2010	润滑脂分油的测定锥网法	MOD ASTM D6184—98(2005)
NB/SH/T 0399—2013	石油蜡过氧化值测定法	ASTM D1832—04 MOD

续表

标准编号	标准名称	采标情况
NB/SH/T 0401—2010	石油蜡黏点和结点测定法	MOD ASTM D1465—04
NB/SH/T 0407—2013	石油蜡水溶性酸或碱试验法	JIS K2252—1998 MOD
NB/SH/T 0415—2013	石油产品紫外吸光度和吸光系数测定法	ASTM D2008—09 MOD
NB/SH/T 0450—2019	合成油氧化腐蚀测定法	ASTM D2008—09 MOD
NB/SH/T 0474—2010	在用汽油机油中稀释汽油含量的测定 气相色谱法	MOD ASTM D3525—04
NB/SH/T 0517—2014	车辆齿轮油防锈性能的评定 L-33-1 法	ASTM D7038—10，MOD
NB/SH/T 0518—2016	车辆齿轮油承载能力的评定 L-37 法	ASTM D6121—14，MOD
NB/SH/T 0556—2010	石油蜡溶剂抽出物测定法	MOD ASTM D3235—06
NB/SH/T 0558—2016	石油馏分沸程分布的测定 气相色谱法	ASTM D2887—15ε1，MOD
NB/SH/T 0562—2013	低温下发动机油屈服应力和表现黏度测定法	ASTM D4684—08 MOD
NB/SH/T 0656—2017	石油产品及润滑剂中碳、氢、氮的测定元素分析仪法	ASTM D5291—10(2015)，MOD
NB/SH/T 0704—2010	石油和石油产品中氮含量的测定舟进样化学发光法	MOD ASTM D5762—09
NB/SH/T 0721—2016	润滑脂摩擦磨损性能的测定 高频线性振动试验机(SRV)法	ASTM D5707—11(E)，MOD
NB/SH/T 0723—2014	柴油机油在 121℃下腐蚀性能评定法	ASTM D5968—06，MOD
NB/SH/T 0769—2019	石油产品、烃类及烃类-含氧化合物混合物蒸气压的测定 三级膨胀法	ASTM D6378—10(2016)
NB/SH/T 0802—2019	绝缘油中 2,6-二叔丁基对甲酚的测定 红外光谱法	IEC 60666—2010
NB/SH/T 0808—2010	在用柴油机油中稀释柴油含量测定法 气相色谱法	MOD ASTM D3524—04
NB/SH/T 0811—2010	未使用过的烃类绝缘油氧化安定性测定法	MOD IEC 61125：1992
NB/SH/T 0812—2010	矿物绝缘油中 2-糠醛及相关组分测定法	MOD IEC 61198：1993
NB/SH/T 0822—2010	润滑油中磷、硫、钙和锌含量的测定 能量色散 X 射线荧光光谱法	MOD ASTM D6481—99
NB/SH/T 0823—2010	润滑脂在稀释合成海水中防腐蚀性试验法	MOD ASTM D5969—05∈2
NB/SH/T 0824—2010	润滑油中添加剂元素含量的测定 电感耦合等离子体原子发射光谱法	MOD ASTM D4951—06
NB/SH/T 0826—2010	发动机油挥发度的测定 毛细管气相色谱法	MOD ASTM D6417—03
NB/SH/T 0829—2010	沸程范围 174~700℃石油馏分沸程分布的测定 气相色谱法	MOD ASTM D6352—04∈1
NB/SH/T 0830—2010	非石油基和石油基液压油磨损特性叶片泵测定法	MOD ASTM D7043—04a
NB/SH/T 0832—2010	润滑油热表面氧化的测定 压力差示扫描量热法	MOD CEC L-85-T-99
NB/SH/T 0834—2010	发动机油适度高温活塞沉积物的测定 热氧化模拟试验法(TEOSTMHT)	MOD ASTM D7097—06a
NB/SH/T 0835—2010	石油馏分黏重常数(VGC)计算法	MOD ASTM D2501—91
NB/SH/T 0836—2010	绝缘油酸值的测定 自动电位滴定法	MOD IEC 62021—1：2003
NB/SH/T 0837—2010	矿物绝缘油低温运动黏度测定法	MOD IEC 61868：1998
NB/SH/T 0838—2010	未使用过的润滑油基础油及无沥青质石油馏分中稠环芳烃(PCA)含量的测定 二甲基亚砜萃取折光指数法	MOD IP 346/96
NB/SH/T 0839—2010	汽车轮毂轴承润滑脂低温转矩测定法	MOD ASTM D4693—07

续表

标准编号	标准名称	采标情况
NB/SH/T 0840—2010	四冲程摩托车汽油机油离合器摩擦特性试验方法	MOD JASO T904：2006
NB/SH/T 0844—2010	涡轮机油腐蚀性和氧化安定性测定法	MOD ASTM D4636—99(2004)ε1
NB/SH/T 0845—2010	传动润滑剂黏度剪切安定性的测定 圆锥滚子轴承试验机法	MOD CEC L-45-99(2008)
NB/SH/T 0847—2010	极压润滑油摩擦磨损性能的测定 SRV 试验机法	MOD ASTM D6425—05
NB/SH/T 0850—2010	精密机械和光学仪器润滑脂流散性测定法	MOD DIN 58397. 2—83
NB/SH/T 0852—2010	在用油和含烟炱的发动机油在低温下的黏温关系测定法	MOD ASTM D7110—05a
NB/SH/T 0853—2010	在用润滑油状态监测法傅里叶变换红外(FT-IR)光谱趋势分析法	MOD ASTM E2414—04
NB/SH/T 0854—2013	润滑脂对滚动轴承振动性能的影响测量方法	NEQ ANSI/AFBMA Std. 13—1987(1993)
NB/SH/T 0857—2013	轻负荷直喷柴油发动机油环黏结及活塞清净性评定法	CECL-78-99(第9版)MOD
NB/SH/T 0858—2013	润滑脂低温锥入度测定法	ISO 13737：2004 MOD
NB/SH/T 0862—2013	用过发动机油低温下屈服应力和表观黏度测定法	ASTM D6896—03(2007) MOD
NB/SH/T 0864—2013	润滑脂中金属元素的测定 电感耦合等离子体发射光谱法	ASTM D7303—06 MOD
NB/SH/T 0865—2013	在用润滑油中磨损金属和污染物元素测定 旋转圆盘电极原子发射光谱法	ASTM D6595—00(2005)MOD
NB/SH/T 0867—2013	柴油机油烟炱含量的测定 热重分析法	ASTM D5967—10a MOD
NB/SH/T 0869—2013	润滑脂离心分油测定法	ASTM D4425—09 MOD
NB/SH/T 0870—2013	石油产品的动力黏度和密度的测定及运动黏度的计算 斯塔宾格黏度计法	ASTM D7042—11 MOD
NB/SH/T 0872—2013	水存在下润滑脂剪切稳定性测定法 水稳定性试验	ASTM D7342—07 MOD
NB/SH/T 0876—2013	在用发动机油中微量乙二醇的测定 气相色谱法	ASTM D4291—04(2009) NEQ
NB/SH/T 0877—2014	润滑油橡胶相容性测定法	CEC L-39-T-96(2011), MOD
NB/SH/T 0880—2014	润滑油及添加剂中的钙、氯、铜、镁、磷、硫和锌含量的测定 波长色散X射线荧光光谱法	ASTM D6433—04(2010), MOD
NB/SH/T 0882—2014	润滑油极压性能的测定 SRV 试验机法	ASTM D7421—11, MOD
NB/SH/T 0884—2014	柴油机油性能的评定 康明斯 ISM 法	ASTM D7468—11, MOD
NB/SH/T 0885—2014	润滑油基础油中总芳烃和总饱和烃含量的测定 示差折光检测器高效液相色谱法	ASTM D7419—07, MOD
NB/SH/T 0886—2014	石油产品倾点的测定 自动倾斜法	ASTM D5950—12, MOD
NB/SH/T 0891—2014	在用发动机油中烟炱含量测定法 分光光度法	CEC L-82-97, MOD
NB/SH/T 0893—2015	乘用车直喷柴油发动机油中温分散性评定法	CEC L—93—2004, MOD
NB/SH/T 0894—2015	含聚合物油超声波剪切安定性测定法	ASTM D2603—01(2013), MOD
NB/SH/T 0896—2015	汽车发动机油性能的评定 程序ⅢG 法	ASTM D7320—12a, MOD
NB/SH/T 0897—2015	汽车发动机油性能的评定 程序ⅣA 法	ASTM D6891—13, MOD
NB/SH/T 0898—2015	汽车发动机油低温油泥性能的评定 程序ⅤG 法	ASTM D6593—13a, MOD
NB/SH/T 0899—2015	汽车发动机油节能性能的评定 程序ⅥB 法	ASTM D6837—13, MOD
NB/SH/T 0901—2015	矿物油玻璃化转变温度的测定 差示扫描量热法	ASTM E1356—08, MOD

续表

标准编号	标准名称	采标情况
NB/SH/T 0905—2015	石油产品颜色的测定 自动三刺激值法	ASTM D6045—12，MOD
NB/SH/T 0906—2015	发动机油热稳定性的测定 热管试验法	JPI-5S-55-1999，MOD
NB/SH/T 0907—2015	在用石油产品和烃基润滑油中磷酸盐(酯)抗磨剂状态监测试验法 傅里叶变换红外光谱法	ASTM D7412—09，MOD
NB/SH/T 0910—2015	无锌涡轮机油中受阻酚型抗氧剂含量测定法 线性扫描伏安法	ASTM D6810—13，MOD
NB/SH/T 0911—2015	在用油状态监测用傅里叶变换红外(FT-IR)光谱仪的设置和操作规程	ASTM D7418—12，MOD
NB/SH/T 0912—2015	发动机台架试验油 100℃运动黏度测定法	CEC L-83-97，MOD
NB/SH/T 0920—2016	高赫兹接触压力下润滑脂抗微动磨损能力的测定 高频线性振动试验机法	ASTM D7594—11，MOD
NB/SH/T 0922—2016	润滑油抗微点蚀性能的测定 FZG 法	FVA 54 Ⅰ-Ⅵ，MOD
NB/SH/T 0923—2016	绝缘油中元素含量的测定 电感耦合等离子体原子发射光谱法	ASTM D7151—13，MOD
NB/SH/T 0924—2016	柴油机油抗磨损性能的评定 随动滚柱磨损(RFWT)法	ASTM D5966—13，MOD
NB/SH/T 0925—2016	手动变速箱油同步啮合耐久性的评定 FZG SSP-180 法	CEC L-66-99(2014)，MOD
NB/SH/T 0926—2016	内燃机油节能性能的评定 程序ⅥD 法	ASTM D7589—15a，MOD
NB/SH/T 0931—2016	在用石油基和烃基润滑油氧化状态监测 傅里叶变换红外光谱(FT-IR)趋势分析法	ASTM D7414—09，MOD
NB/SH/T 0935—2016	在用石油基和烃基润滑油磺化状态监测 傅里叶变换红外光谱(FT-IR)趋势分析法	ASTM D7415—09，MOD
NB/SH/T 0937—2016	冷冻机油耐氨性能测定法	DIN 51538：1998，MOD
NB/SH/T 0940—2016	使用特定的四合一试验仪分析在用润滑油的试验方法(原子发射光谱、红外光谱、黏度和激光颗粒计数器)	ASTM D7417—10，MOD
NB/SH/T 0944. 1—2017	润滑剂抗磨损性能的测定 FE8 滚动轴承磨损试验机法 第 1 部分：润滑油	DIN 51819—1、DIN 51819—3，MOD
NB/SH/T 0946—2017	多元醇酯和双酯燃气涡轮发动机润滑油总酸值测定 自动电位滴定法	SAE ARP 5088B—2014，MOD
NB/SH/T 0957—2017	发动机油对水和模拟 Ed85 燃料乳化能力的评价方法	ASTM D7563—10(2016)，MOD
NB/SH/T 0968—2017	无锌涡轮机油中受阻酚型和芳胺型抗氧剂含量测定 线性扫描伏安法	ASTM D6971—09(2014)，MOD
NB/SH/T 0975—2018	在用涡轮机油中漆膜生成倾向值的测定 膜片比色法(MPC 法)	ASTM D7843—16
NB/SH/T 0976—2019	发动机油氧化安定性的测定 ROBO 试验法	ASTM D7528—17
NB/SH/T 0983—2019	传动系统润滑油低温黏度的测定 恒剪切应力黏度计法	ASTM D6821—18
NB/T 42140—2017	绝缘液体　油浸纸和油浸纸板用卡尔费休自动电量滴定法测定水分	IEC 60814：1997，MOD
SH/T 0018—2007	含添加剂石油蜡(热熔胶)表观黏度测定法	ASTM D2699—06 MOD
SH/T 0019—1990	石油蜡和石油脂体积电阻率测定法	参照 IEC 247—78 IEC 93—80
SH/T 0024—1990	润滑油沉淀值测定法	参照 ASTM D91—87

续表

标准编号	标准名称	采标情况
SH/T 0025—1999	防锈油盐水浸渍试验法	等效 JIS K2246—1994
SH/T 0030—1990	车辆齿轮油成沟点测定法	FTMS 791B 3456. 1 MOD
SH/T 0035—1990	防锈油脂蒸发量测定法	参照 JIS K2246—1989
SH/T 0036—1990	防锈油水置换性试验法	参照 JIS K2246—1989
SH/T 0037—1990	齿轮油储存溶解特性测定法	参照 FTM 791 b3440
SH/T 0048—1991	润滑脂相似黏度测定法	ГОСТ 7163—63 NEQ
SH/T 0060—1991	防锈脂吸氧测定法(氧弹法)	参照 JIS K2246—1989
SH/T 0061—1991	润滑油中镁含量测定法(原子吸收光谱法)	参照 DIN 51431 T1—86
SH/T 0063—1991	防锈油干燥性试验法	参照 JIS K2246—1989
SH/T 0074—1991	汽油机油薄层吸氧氧化安定性测定法	ASTM D4742—88 NEQ
SH/T 0077—1991	润滑油中铁含量测定法(原子吸收光谱法)	参照 DIN 51397 T1T2—80
SH/T 0080—1991	防锈油脂腐蚀性试验法	参照 JIS K2246—1989
SH/T 0081—1991	防锈油脂盐雾试验法	参照 JIS K2246—1989
SH/T 0082—1991	防锈油脂流下点试验法	参照 JIS K2246—1989
SH/T 0083—1991	防锈油耐候试验法	参照 JIS K2246—1989
SH/T 0100—1991	石油蜡固化点测定法	参照 ASTM D3944—80(85)
SH/T 0101—1991	石油蜡和石油脂介电强度测定法	参照 IEC 243—761156—63
SH/T 0103—2007	含聚合物油剪切安定性的测定 柴油喷嘴法	ASTM D6278—02 MOD
SH/T 0109—2004	润滑脂抗水淋性能测定法	ISO 11009 : 2000, MOD
SH/T 0120—1992	酚精制润滑油酚含量测定法	ГОСТ 1057—59 NEQ
SH/T 0122—1992	润滑脂滚筒安定性测定法	ASTM D183. 1—88 NEQ
SH/T 0123—1993	极压润滑油氧化性能测定法	ASTM D2893—88 NEQ
SH/T 0124—2000	含抗氧剂的汽轮机油氧化安定性测定法	IP 280—1996 MOD
SH/T 0132—1992	石油蜡冻凝点测定法	ISO 2207—80 MOD
SH/T 0160—1992	石油产品残炭测定法(兰氏法)	ISO 4262—78 NEQ
SH/T 0170—1992(2000)	石油产品残炭测定法(电炉法)	ГОСТ 8852—74, NEQ
SH/T 0172—2001	石油产品硫含量测定法(高温法)	ASTM D1552—95 MOD
SH/T 0187—1992	润滑油极压性能测定法(法莱克斯法)	ASTM D3233—73(78) MOD
SH/T 0188—1992	润滑油磨损性能测定法(法莱克斯轴和 V 形块法)	ASTM D2670—81 MOD
SH/T 0191—1992(2000)	润滑油破乳化值测定法	BS 2000 Part 19—1982, IDT
SH/T 0193—2008	润滑油氧化安定性的测定 旋转氧弹法	ASTM D2272—02 MOD
SH/T 0196—1992	润滑油抗氧化安定性测定法	ГОСТ 981—52 NEQ
SH/T 0200—1992	含聚合物润滑油剪切安定性测定法(齿轮机法)	IP 351—81 NEQ
SH/T 0202—1992	润滑脂极压性能测定法(四球机法)	ASTM D2596—82 NEQ

续表

标准编号	标准名称	采标情况
SH/T 0204—1992	润滑脂抗磨性能测定法(四球机法)	ASTM D2266—67 C81 NEQ
SH/T 0206—1992	变压器油氧化安定性测定法	IEC 74—63(74) NEQ
SH/T 0208—1992	航空液压油热氧化安定性及腐蚀测定法	ГОСТ 20944—75 NEQ
SH/T 0211—1998	防锈油脂低温附着性试验法	JIS K2246—94 MOD
SH/T 0212—1998	防锈油脂除膜性试验法	JIS K2246—94 MOD
SH/T 0214—1998	防锈油脂分离安定性试验法	JIS K2246—94 MOD
SH/T 0215—1999	防锈油脂沉淀值和磨损性测定法	等效 JIS K2246—1994
SH/T 0216—1999	防锈油喷雾性试验法	等效 JIS K2246—1994
SH/T 0217—1998	防锈油脂试验试片锈蚀度试验法	JIS K2246—94 MOD
SH/T 0219—1992	热处理油热氧化安定性测定法	JIS K2242—80 部分 NEQ
SH/T 0220—1992	热处理油冷却性能测定法	JIS K2242—80 部分 NEQ
SH/T 0225—1992	添加剂和含添加剂润滑油中钡含量测定法	ГОСТ 13538—68 部分 NEQ
SH/T 0226—1992	添加剂和含添加剂润滑油中锌含量测定法	部分 NEQ IP 117/53
SH/T 0228—1992	润滑油中钡、钙、锌含量测定法(原子吸收光谱法)	DIN 51391—81(TI) NEQ
SH/T 0229—1992	固体和半固体石油产品取样法	ГОСТ 2517—69 部分 NEQ
SH/T 0248—2006	柴油和民用取暖油冷滤点测定法	IP 309—1999 MOD
SH/T 0251—1993	石油产品碱值测定法(高氯酸电位滴定法)	ASTM D2896—88 NEQ
SH/T 0253—1992	轻质石油产品中总硫含量测定法(电量法)	ASTM D3120—82 NEQ
SH/T 0257—1992	润滑油水分定性试验法	ГОСТ 1547—42 NEQ
SH/T 0258—1992	润滑油的颜色测定法	ГОСТ 2667—52 NEQ
SH/T 0264—1992	内燃机油高温氧化和轴瓦腐蚀评定法(皮特 W-1 法)	CECL-02A-78 NEQ
SH/T 0265—1992	内燃机油高温氧化和轴瓦腐蚀评定法(L-38 法)	FED 3405.2(L-38) NEQ
SH/T 0304—1999	电气绝缘油腐蚀性硫试验法	等效 ISO 5662：1997
SH/T 0305—1993	石油产品密封适应性指数测定法	IP 278/72(88) NEQ
SH/T 0308—1992	润滑油空气释放值测定法	ASTM D3427—75 NEQ
SH/T 0322—1992	润滑脂有害粒子鉴定法	ASTM D1404—83 NEQ
SH/T 0325—1992	润滑脂氧化安定性测定法	ASTM D942—78(84) NEQ
SH/T 0326—1992	汽车轮轴承润滑脂漏失量测定法	ASTM D1263—86 NEQ
SH/T 0336—1994	润滑脂杂质含量测定法(显微镜法)	非等效 ГОСТ 9270—86
SH/T 0338—1992	滚珠轴承润滑脂低温转矩测定法	ASTM D1478—80 NEQ

续表

标准编号	标准名称	采标情况
SH/T 0398—2007	石油蜡和石油脂相对质子质量测定法	美国食品化学法典 FCC V—2002 中《平均相对质子质量测定法》MOD
SH/T 0414—2004	石油蜡嗅味试验法	ASTM D1883—87(1999) IDT
SH/T 0427—1992	润滑脂齿轮磨损测定法	FS 791 B335.2 NEQ
SH/T 0428—2008	高温下润滑脂在球轴承中的寿命测定法	ASTM D3336—05ε1 MOD
SH/T 0429—2007	润滑脂和液体润滑剂与橡胶相容性测定法	ASTM D4289—03 NEQ
SH/T 0451—1992	液体润滑剂储存安定性试验法	FS 791 C3465.1—86 IDT
SH/T 0452—1992	润滑脂储存安定性试验法	FS 791 C3467.1—86 MOD
SH/T 0453—1992	润滑脂抗水和抗水-乙醇(1：1)溶液性能试验法	FS 791 C5415—86 IDT
SH/T 0520—1992	车辆齿轮油热氧化安定性评定法	FS 791B 2504 MOD
SH/T 0560—1993	润滑油热安定性试验法	JIS K2540—1989 NEQ
SH/T 0565—2008	加抑制剂矿物油的油泥和腐蚀趋势测定法	ASTM D4310—06b MOD
SH/T 0568—1993	油包水型乳化液储存稳定性测定法(烘箱法)	ASTM D3707—89 NEQ
SH/T 0569—1993	油包水型乳化液稳定性测定法(低温-室温循环法)	ASTM D3709—89 NEQ
SH/T 0575—1993	L-ERB 二冲程汽油机油评定法	CEC L-21-T-1977 NEQ
SH/T 0576—1993	L-ERC 二冲程汽油机油评定法	ASTM D03—85 NEQ
SH/T 0584—1994	防锈油脂包装贮存试验法(百叶箱法)	非等效 JIS K2246—1989
SH/T 0589—1994	石油蜡转变温度测定法(差示扫描量热法)	非等效 ASTM D4419—84
SH/T 0604—2000	原油和石油产品密度测定法(U 形振动管法)	eqv ISO 12185：1996
SH/T 0607—1994	橡胶填充油、工艺油及石油衍生油族组成测定法(白土-硅胶吸附色谱法)	ASTM D2007—91 MOD
SH/T 0617—1995	润滑油中铅含量测定法(原子吸收光谱法)	DIN 51827—1989 NEQ
SH/T 0618—1995	高剪切条件下的润滑油动力黏度测定法(雷范费尔特法)	CECL-36-T-84 MOD
SH/T 0619—1995	船用油水分离性测定法	NEQ 英国国防标准 91—22/第二版附录 B《乳化液的分离和有水存在时油品添加剂的稳定性的测定方法》中乳化液的分离部分
SH/T 0631—1996	润滑油和添加剂中钡、钙、磷、硫和锌测定法(X 射线荧光光谱法)	ASTM D4927—93 MOD
SH/T 0633—1996	水冷二冲程汽油机油锈蚀测定法	IDT 美国船舶制造商协会(简称 NMMA)《TC-WⅡ锈蚀试验》方法

续表

标准编号	标准名称	采标情况
SH/T 0634—1996	水冷二冲程汽油机油滤清器堵塞倾向测定法	IDT 美国船舶制造商协会（简称 NMMA）《TC-W Ⅱ 滤清器堵塞试验方法》
SH/T 0638—1996	微晶蜡含油量测定法（体积法）	非等效 ISO 2908：1974
SH/T 0642—1997	液体石油和石油化工产品自燃点测定法	ASTM E659—78(89) NEQ
SH/T 0643—1997	润滑脂抗水喷雾性测定法	EQV ASTM D4049—93
SH/T 0644—1997	航空液压油低温稳定性试验法	FED-STD-791C-3459.1-86 NEQ
SH/T 0646—1997	风冷二冲程汽油机油排气烟度评定法	JASO M342—92 MOD
SH/T 0647—1997	水冷二冲程汽油机油早燃倾向评定法	ASTM D4858—92 MOD
SH/T 0648—1997	水冷二冲程汽油机油——清净性及一般性能评定法	NMMA-9-88 MOD
SH/T 0650—1997	金属保护剂防锈性能试验法（潮湿箱法）	ASTM D1748—83(93) MOD
SH/T 0653—1998	石油蜡正构烷烃和非正构烷烃碳数分布测定法（气相色谱法）	等同 ASTM D5442—93
SH/T 0657—2007	液态石油烃中痕量氮的测定 氧化燃烧和化学发光法	ASTM D4629—02 MOD
SH/T 0660—1998	气相防锈油试验方法	JIS K2246—94 MOD
SH/T 0661—1998	润滑脂宽温度范围蒸发损失测定法	等效 ASTM D2595—96
SH/T 0662—1998	矿物油的紫外吸光度测定法	FDA—21CFR178·3620 (96)(b)、(c)MOD
SH/T 0667—1998	风冷二冲程汽油机油清净性评定法	JASO M341—92 MOD
SH/T 0668—1998	风冷二冲程汽油机油润滑性评定法	JASO M340—1992 MOD
SH/T 0669—1998	风冷二冲程汽油机油排气系统堵塞评定法	JASO M343—1992 MOD
SH/T 0670—1998	水冷二冲程汽油机油润滑性评定法	ASTM D4863—95 MOD
SH/T 0671—1998	二冲和汽油机油流动性及其与汽油混溶性测定法	ASTM D4682—87 MOD
SH/T 0681—1999	润滑脂表观黏度测定法	等效 ASTM D1092—93
SH/T 0682—1999	润滑脂在储存期间分油量测定法	等效 ASTM D1742—94
SH/T 0688—2000	石油产品和润滑剂碱值测定法（电位滴定法）	ASTM D4739—96 MOD
SH/T 0689—2000	轻质烃及发动机燃料和其他油品的总硫含量测定法（紫外荧光法）	ASTM D5453—93 MOD
SH/T 0691—2000	润滑剂的合成橡胶溶胀性测定法	FS 791C 3603.5(1986)MOD
SH/T 0695—2000	发动机油挥发度测定法（气相色谱法）	ASTM D5480—95 MOD
SH/T 0697—2000	水冷二冲程汽油机油互溶性测定法	等同 NMMA

续表

标准编号	标准名称	采标情况
SH/T 0698—2000	在制冷剂系统中冷冻机油的化学稳定性试验法（密封玻璃管法）	ASHRAE 97—1983 MOD
SH/T 0699—2000	冷冻机油与制冷剂相溶性试验法	JIS K2211—1992 MOD
SH/T 0700—2000	润滑脂防锈性测定法	ISO 11007：1997 MOD
SH/T 0703—2001	润滑油在高温高剪切速率条件下表观黏度测定法	ASTM D5481—96 MOD
SH/T 0708—2001	水冷二冲程汽油机油清净性及一般性能评定法（OMC 70HP）	NMMA OMC 70HP MOD CRC No. 19 ≠
SH/T 0709—2001	水冷二冲程汽油机油清净性及一般性能评定法（Mercury 15HP）	NMMA MERCURY 15HP MOD CRC No. 19 ≠
SH/T 0710—2001	风冷二冲程汽油机油清净性评定法（EGD）	CEC L-58-X-1994 MOD
SH/T 0716—2002	润滑脂抗微动磨损性能测定法	ASTM D4170—97 MOD
SH/T 0719—2002	润滑油氧化诱导期测定法（压力差示扫描量热法）	ASTM D6186—98 MOD
SH/T 0722—2002	润滑油高温泡沫特性测定法	ASTM D6082—00 MOD
SH/T 0725—2002	石油基绝缘油碳型组成计算法	ASTM D2140—97 MOD
SH/T 0729—2004	石油馏分的碳分布和结构族组成计算方法（*n-d-M* 法）	ASTM D3238—95（2000），MOD
SH/T 0730—2004	石油馏分相对质子质量估算法（黏度测量法）	ASTM D2502—92（1996），MOD
SH/T 0731—2004	润滑油蒸发损失测定法（热重诺亚克法）	ASTM D6375—99a，MOD
SH/T 0732—2004	润滑油低温低剪切速率下黏度与温度关系测定法（温度扫描法）	ASTM D5133—99，MOD
SH/T 0750—2005	发动机油高温氧化沉积物测定法（热氧化模拟试验法）	MOD ASTMD 6335—98
SH/T 0754—2005	柴油机油在 135℃下腐蚀性能评定法	MOD ASTM D6594—00
SH/T 0755—2005	手动变速箱油和后桥用油的热氧化安定性评定法（L-60-1 法）	MOD ASTM D5704—00
SH/T 0756—2005	手动变速箱油热安定性评定法（循环耐久试验法）	MOD ASTM D5579—01
SH/T 0758—2005	内燃机油高温氧化和抗磨损性能评定法（程序ⅢE 法）	MOD ASTM D5533—98
SH/T 0759—2005	内燃机油低温油泥和抗磨损性能评定法（程序ⅤE 法）	MOD ASTM D5302—00
SH/T 0760—2005	柴油机油性能评定法（MACK T-8 法）	MOD ASTM D5967—99
SH/T 0761—2005	柴油机油性能评定法（MACK T-9 法）	MOD ASTM D6483—03
SH/T 0762—2005	润滑油摩擦系数测定法（四球法）	MOD ASTMD 5183—99（1999）
SH/T 0763—2005	汽油机油防锈性评定法（BRT 法）	MOD ASTM D6557—00
SH/T 0764—2005	柴油机喷嘴结焦试验方法（XUD-9 法）	MOD CEC F-23-A-01

续表

标准编号	标准名称	采标情况
SH/T 0765—2005	柴油润滑性评定法(高频往复试验机法)	MOD ISO 12156—1：1997
SH/T 0769—2005	石油产品、烃类及烃类-含氧化合物混合物蒸气压测定法(三级膨胀法)	MOD ASTM D6378—99ε1
SH/T 0771—2005	石油产品倾点测定法(自动压力脉冲法)	MOD ASTM D5949—01
SH/T 0772—2005	发动机油过滤性能测定法(经水和干冰处理及短时间加热)	MOD ASTM D6795—02
SH/T 0773—2005	汽车轮毂轴承润滑脂寿命特性测定法	MOD ASTM D3527—02
SH/T 0782—2005	柴油机油性能评定法(开特皮勒 1K/1N 法)	ASTM D6750—02 MOD
SH/T 0784—2006	润滑脂极压性能测定法(高频线性振动试验机法)	ASTM D5706—97(2002) MOD
SH/T 0786—2006	柴油机油清静性评定法(开特皮勒 1M-PC 法)	ASTM D6618—04 MOD
SH/T 0787—2006	石油基液压油高压叶片泵磨损特性测定法	ASTM D6973—05 MOD
SH/T 0788—2006	内燃机油高温氧化和轴瓦腐蚀评定法(程序Ⅷ法)	ASTM D6709—04 MOD
SH/T 0790—2007	润滑脂氧化诱导期测定法(压力差示扫描量热法)	ASTM D5483—02 MOD
SH/T 0791—2007	发动机油过滤性能测定法(经水处理及长时间加热)	ASTM D6794—02 MOD
SH/T 0792—2007	电器绝缘油中 2,6-二叔丁基对甲酚和 2,6-二叔丁基苯酚含量测定法(红外吸收光谱法)	ASTM D2668—02 MOD
SH/T 0793—2007	烃类油品中芳碳含量测定法(高分辨核磁共振法)	ASTM D5292—99(04) MOD
SH/T 0794—2007	石油产品蒸气压的测定 微量法	ASTM D5191—04a MOD
SH/T 0801—2007	发动机油均匀性和混合性测定法	ASTM D6922—03 MOD
SH/T 0802—2007	绝缘油中 2,6-二叔丁基对甲酚测定法	IEC 60666：1979 MOD
SH/T 0803—2007	绝缘油中多氯联苯污染物的测定 毛细管气相色谱法	IEC 61619：1997 MOD
SH/T 0804—2007	电器绝缘油腐蚀性硫试验 银片试验法	DIN 51353—1985 MOD
SH/T 0805—2008	润滑油过滤性测定法	ISO 13357—2：2005; ISO 13357—1：2002 MOD
SH/T 0827—2010	轻质石油馏分中含硫化合物的测定 气相色谱和硫选择性检测器法	NEQ ASTM D5623—94 (2004 年确认) ∈1
SN/T 0826—1999	进出口石油及液体石油产品取样法(手工取样)	ASTM D4057—95 NEQ
SN/T 0975—2000	进出口石油及液体石油产品取样法(自动取样)	ASTM D4177—95 IDT
SN/T 2380—2009	石油产品中芳烃含量的测定 高效液相色谱法	ASTM D6591—06; ASTM D6379—04, MOD
TB/T 2545—1995	铁路内燃机车柴油机油换油指标总碱值和 pH 值测定方法(电位差法)	ASTM D664 NEQ JIS K2502 NEQ IP 177

附录4　我国润滑剂、工业用油和相关产品(L类)的分类(第2、5~12、14、16、17部分)

1. 润滑剂、工业用油和相关产品(L类)的分类　第2部分：H组(液压系统)GB/T 7631.2—2003

表1　液压液的分类

组别符号	应用范围	特殊应用	更具体应用	组成和特性	产品符号ISO-L	典型应用	备注
H	液压系统	流体静压系统		无抑制剂的精制矿油	HH		
				精制矿油，并改善其防锈和抗氧性	HL		
				HL油，并改善其抗磨性	HM	有高负荷部件的一般液压系统	
				HL油，并改善其黏温性	HR		
				HM油，并改善其黏温性	HV	建筑与船舶设备	
				无特定难燃性的合成液	HS		特殊性能
			用于要求使用环境可接受液压液的场合	甘油三酸酯	HETG	一般液压系统(可移动式)	每个品种的基础液的最小含量应不少于70%(质量分数)
				聚乙二醇	HEPG		
				合成酯	HEES		
				聚α-烯烃和相关烃类产品	HEPR		
			液压导轨系统	HM油，并具有抗黏-滑性	HG	液压和滑动轴承导轨润滑系统合用的机床在低速下使振动或间断滑动(黏-滑)减为最小	这种液体具有多种用途，但并非在所有液压应用中皆有效
			用于使用难燃液压液的场合	水包油型乳化液	HFAE		通常含水量大于80%(质量分数)
				化学水溶液	HFAS		通常含水量大于80%(质量分数)
				油包水乳化液	HFB		
				含聚合物水溶液*	HFC		通常含水量大于35%(质量分数)
				磷酸酯无水合成液*	HFDR		
				其他成分的无水合成液	HFDU		
		流体动力系统	自动传动系统		HA		与这些应用有关的分类尚未进行详细的研究，以后可以增加
			耦合器和变矩器		HN		

注：*这类液体也可以满足HE品种规定的生物降解性和毒性要求。

2. 润滑剂和有关产品(L类)的分类　第5部分：M组(金属加工)GB/T 7631.5—1989(2004)

表2　金属加工分类

类别符号	总应用	特殊用途	更具体应用	产品类型和(或)最终使用要求	符号	应用实例	备注
M	金属加工	用于切削、研磨或放电等金属除去工艺；用于冲压、深拉、压延、强力旋压、拉拔、冷锻和热锻、挤压、模压、冷轧等金属成型工艺	首先要求润滑性的加工工艺	具有抗腐蚀性的液体	MHA	见附录A表	使用这些未经稀释液体具有抗氧性，在特殊成型加工中可加入填充剂
				具有减摩性的MHA型液体	MHB		
				具有极压性(EP)无化学活性的MHA型液体	MHC		
				具有极压性(EP)有化学活性的MHA型液体	MHD		
				具有极压性(EP)无化学活性的MHB型液体	MHE		
				具有极压性(EP)有化学活性的MHB型液体	MHF		
				用于单独使用或用MHA液体稀释的脂、膏和蜡	MHG		对于特殊用途可以加入填充剂
				皂、粉末、固体润滑剂等或其他混合物	MHH		使用此类产品不需要稀释
		用于切削、研磨等金属除去工艺；用于冲压、深拉、压延、旋压、线材拉拔、冷锻和热锻、挤压、模压等金属成型工艺	首先要求冷却性的加工工艺	与水混合的浓缩物，具有防锈性乳化液	MAA		
				具有减摩性的MAA型浓缩物	MAB		
				具有极压性(EP)的MAA型浓缩物	MAC		
				具有极压性(EP)的MAB型浓缩物	MAD		
				与水混合的浓缩物，具有防锈性半透明乳化液(微乳化液)	MAE		使用时，这类乳化液会变成不透明
				具有减摩性和(或)极压性(EP)的MAE型浓缩物	MAF		
				与水混合的浓缩物，具有防锈性透明溶液	MAG		对于特殊用途可以加填充剂
				具有减摩性和(或)极压性(EP)的MHG型浓缩物	MAH		
				润滑脂和膏与水的混合物	MAI		

附录 A　按使用范围的 M 组产品品种分类表(参考件)

表 A1 中列出按金属加工液主要组别提出一般的、不很详细的应用示例。专业用户可参考此表得到通常应用的主要产品总体情况。本表可以为按使用范围的规范基础。

表 A1　按使用范围的 M 组产品品种分类表

加工工艺 品种	切削	研磨	电火花加工	变薄拉伸旋压	挤压	拔丝	锻造模压	轧制
L-MHA	○		○					○
L-MHB	○			○	○	○	○	○
L-MHC	○	○		○		●	●	
L-MHD	○			○				
L-MHE	○	○		○	○			
L-MHF	○	○		○				
L-MHG				○		○		
L-MHH						○		
L-MAA	○			○				●
L-MAB	○			○		○	●	○
L-MAC	○			●		●		
L-MAD	○			○	○			
L-MAE	○	●						
L-MAF	○	●						
L-MAG	●	○		●			○	○
L-MAH	○	○					○	
L-MAI				○		○		

注：○为主要使用，●为可能使用。

附录 B　按性质和特性的 M 组产品品种分类表(参考件)

为了对金属加工液的实际使用提供帮助，表 B1 和表 B2 列出纯油和水溶液分类的概要说明，并对上述两种产品性质和特性进行比较。

表 B1　按性质和特性的 M 组产品品种分类表第 1 部分：纯油

	符号	产品类型和主要性质					
		精制矿物油①	其他	减摩性	EP②(cna)③	EP②(ca)④	备注
纯油	L-MHA	○					
	L-MHB	○		○			
	L-MHC	○			○		
	L-MHD	○				○	
	L-MHE	○		○	○		
	L-MHF	○		○		○	
	L-MHG		○				润滑脂
	L-MHH		○				皂

注：① 或合成液。
② EP：极压性。
③ cna：无化学活性。
④ ca：有化学活性。

表 B2　按性质和特性的 M 组产品品种分类表第 2 部分：水溶液

	符号	产品类型和主要性质						
		乳化液	微乳化液	溶液	其他	减摩性	EP①	备注
水溶液	L-MAA	○						
	L-MAB	○				○		
	L-MAC	○						
	L-MAD	○				○		
	L-MAE		○					
	L-MAF		○			○和(或)○		
	L-MAG			○				
	L-MAH			○		○和(或)○		
	L-MAI							润滑脂膏

注：①EP：极压性。

3. 润滑剂和有关产品(L 类)的分类　第 6 部分：R 组(暂时保护防腐蚀)(GB/T 7631.6—1989)

表 3　暂时保护防腐蚀产品分类

组别符号	总应用	特殊应用	具体应用	膜的特性和状态	产品符号 L-	典型应用	备注
R	暂时保护防腐蚀	主要用于裸露金属的保护	缓和工作条件(见附录 A)	具有薄防护膜的水置换性液体	RA	工序间机加工和磨削的零件	用合适的溶剂或水基清洗剂去除(也可不去除)
				具有薄油膜的水稀释型液体	RB		
				具有水置换性的 RB 产品	RBB		
				未稀释液体	RC		
				具有水置换性的 RC 产品	RCC		
			较苛刻工作条件(见附录 A)	未稀释液体	RD	薄钢板、钢板 金属零件 钢管、钢棒、钢丝 铸件、内加工或完全拆卸的机械零件 螺母、螺栓、螺杆 薄钢板	用合适的溶剂和/或水基清洗剂去除
				具有水置换性的 RD 产品	RDD		
				具有油或脂状膜的溶剂稀释型液体	RE		
				具有水置换性的 RE 产品	REE		
				具有蜡至干膜的溶剂稀释型液体	RF	完全拆卸的机械零件 薄铝板	用合适的溶剂和/或水基清洗剂去除
				具有水置换性的 RF 产品	RFF		
				具有沥青膜的溶剂稀释型液体	RG	重负荷机械管轴	用合适的溶剂和机械力去除
				具有蜡至脂状膜的溶剂或水稀释型液体	RH	管线和机械零件	用合适的溶剂或水基清洗剂去除
				具有可剥性膜的水稀释型液体	RP	薄铝板 薄不锈钢板	剥离或用合适的溶剂或水基溶液去除
				熔化使用的塑性化合物	RT	机加工和磨削的零件 小型脆性工具	撕除
				热或冷涂的软或厚的石油脂	RK	轴承 机械零件	用合适的溶剂或简单的擦掉去除

续表

组别符号	总应用	特殊应用	具体应用	膜的特性和状态	产品符号 L-	典型应用	备注
R	暂时保护防腐蚀	主要用于有涂层金属的防护	所有条件	未稀释液体	RL	镀层薄钢板(镀锡板除外) 薄镀锌板 发动机和武器的装配件	剥离或用合适的溶剂或水基溶液去除
				具有蜡至干膜的溶剂和/或水稀释型液体	RM	上漆表面 车身 镀层薄钢板	

A1　缓和工作条件

储存期少于4个月，零件不能暴露于反复凝露的湿度条件下(仓库或房间温度易发生变化)，也不能暴露于特殊的腐蚀条件下(酸或碱蒸气、烟雾等)；

在密闭干燥条件下零件的短期运输(例如密封包装、密封容器或密闭式车辆)。

A2　较苛刻工作条件

除缓和工作条件(A1)外的所有情况。

4. 润滑剂和有关产品(L类)的分类　第7部分：C组(齿轮)GB/T 7631.7—1995

表4　工业齿轮润滑剂的分类

组别符号	应用范围	特殊应用	更具体应用	组成和特性	品种代号 L-	典型应用	备注
C	齿轮	闭式齿轮	连续润滑(用飞溅循环或喷射)	精制矿油，并具有抗氧、抗腐蚀(黑色和有色金属)和抗泡性	CKB	在轻负荷下运转的齿轮	见附录
				CKB油，并提高其极压和抗磨性	CKC	保持在正常或中等恒定油温和重负荷下运转的齿轮	
				CKC油，并提高其热/氧化安定性，能使用于较高的温度	CKD	在高的恒定油温和重负荷下运转的齿轮	
				CKB油，并具有低的摩擦系数	CKE	在高摩擦下运转的齿轮(蜗轮)	
				在极低和极高温度条件下使用具有抗氧、抗摩擦和抗腐蚀(黑色和有色金属)性的润滑剂	CKS	在更低、低的或更高的恒定流体温度和轻负荷下运转的齿轮	本品种各种性能较高，可以是合成基或含合成基油，对原用矿油型润滑油的设备在改用本产品时应做相容性试验。见附录
				用于极低和极高温度和重负荷下的CKS型润滑剂	CKT	在更低的、低的或更高的恒定流体温度和重负荷下运转的齿轮	
			连续飞溅润滑	具有极压和抗磨性的润滑脂	CKG*	在轻负荷下运转的齿轮	见附录

续表

组别符号	应用范围	特殊应用	更具体应用	组成和特性	品种代号L-	典型应用	备注
C	齿轮	装有安全挡板的开式齿轮	间断或浸渍或机械应用	通常具有抗腐蚀性的沥青产品	CKH	在中等环境温度和通常在轻负荷下运转的圆柱形齿轮或伞齿轮	1) AB 油（见 GB/T 7631.13）可以用于 CKJ 润滑剂相同的应用场合 2) 为使用方便，这些产品可加入挥发性稀释剂后使用，此时产品的标记为 L-CKH/DIL 或 L-DKJ/DIL 3) 见附录
				CKH 型产品，并提高其极压和抗磨性	CKJ		
				具有改善极压、抗磨、抗腐蚀和热稳定性的润滑脂	CKL①	在高的或更高的环境温度和重负荷下运转的圆柱形齿轮或伞齿轮	见附录
			间断应用	为允许在极限负荷条件下使用的、改善抗擦伤性的产品和具有抗腐蚀性的产品	CKM	偶然在特殊重负荷下运转的齿轮	产品不能喷射

注：①这些应用可涉及某些润滑脂，根据 GB/T 7631.8，由供应者提供合适的润滑脂品种标准。

附录：指导工业齿轮润滑剂选用的主要参数（参考件）

附录介绍了在选用工业齿轮润滑剂时可作参考用的两个参数，即油的恒定温度或环境温度和齿轮的操作条件（负荷水平和滑动速度），这些参数仅可作为选用润滑剂的指南。

- 油的恒定温度或环境温度

  更低温——<-34℃；

  低　温——-34～-16℃；

  正常温——-16～70℃；

  中等温——70～100℃；

  高　温——100～120℃；

  更高温——>120℃。

- 齿轮的操作条件

轻负荷——当齿轮具有接触压力通常小于 500MPa（$500N/mm^2$）和具有在齿面上的最大滑动速率（V_g）通常小于 1/3 的在运转节圆柱上齿节速率（V）时，该齿轮的负荷水平通常称为“轻负荷”。

重负荷——当齿轮具有接触压力通常大于 500MPa（$500N/mm^2$）和具有在齿面上的 V_g 可能大于 1/3 的在运转节圆柱上齿节速率（V）时，该齿轮的负荷水平通常称为“重负荷”。

5. 润滑剂和有关产品(L 类)的分类　第 8 部分：X 组(润滑脂) GB/T 7631.8—1990 (2004)

表 5-1　润滑脂标记的字母顺序

L	X(字母 1)	字母 2	字母 3	字母 4	字母 5	稠度等级
润滑剂类	润滑脂组别	最低温度	最高温度	水污染(抗水性、防锈性)	极压性	稠度号

表 5-2　X 组(润滑脂)的分类

<table>
<tr><th rowspan="3">代号字母(字母 1)</th><th rowspan="3">总的用途</th><th colspan="9">使用要求</th><th rowspan="3">标记</th><th rowspan="3">备注</th></tr>
<tr><th colspan="4">操作温度</th><th rowspan="2">水污染③</th><th rowspan="2">字母 4</th><th rowspan="2">负荷 EP</th><th rowspan="2">字母 5</th><th rowspan="2">稠度</th></tr>
<tr><th>最低温度①/℃</th><th>字母 2</th><th>最高温度②/℃</th><th>字母 3</th></tr>
<tr><td>X</td><td>用润滑脂的场合</td><td>0
-20
-30
-40
<-40</td><td>A
B
C
D
E</td><td>60
90
120
140
160
180
>180</td><td>A
B
C
D
E
F
G</td><td>在水污染的条件下，润滑脂的润滑性、抗水性和防锈性</td><td>A
B
C
D
E
F
G
H
I</td><td>在高负荷或低负荷下，表示润滑脂的润滑性和极压性，用 A 表示非极压型脂；用 B 表示极压型脂</td><td>A
B</td><td>可选用如下稠度号：000
00
0
1
2
3
4
5
6</td><td>一种润滑脂的标记是由代号字母 X 与其他 4 个字母及稠度等级号联系在一起来标记的</td><td>包含在这个分类体系范围里的所有润滑脂彼此相容是不可能的。而且由于缺乏相容性，可能导致润滑脂性能水平的剧烈降低，因此，在允许不同的润滑脂相接触之前，应和产销部门协商</td></tr>
</table>

注：① 设备启动或运转时，或者泵送润滑脂时，所经历的最低温度。

② 在使用时，被润滑的部件的最高温度。

③ 水污染的确定见表 5-3。

表 5-3　字母 4(水污染)的确定

环境条件①	防锈性②	字母 4
L	L	A
L	M	B
L	H	C
M	L	D
M	M	E
M	H	F
H	L	G
H	M	H
H	H	I

注：① L 表示干燥环境；M 表示静态潮湿环境；H 表示水洗。

② L 表示不防锈；M 表示淡水存在下的防锈性；H 表示盐水存在下的防锈性。

6. 润滑剂和有关产品(L类)的分类　第9部分：D组(压缩机)GB/T 7631.9—2014

表6-1　空气压缩机润滑剂分类

组别符号	应用范围	特殊应用	更具体应用	产品类型和(或)组性能要求	产品符号ISO-L	典型应用	备注
D	空气压缩机	压缩腔室有油润滑的容积型空气压缩机	往复的十字头和筒状活塞或滴油回转(滑片)式压缩机	通常为深度精制的矿物油，半合成或全合成液	DAA	普通负荷	见附录
				通常为特殊配制的半合成或全合成液，特殊配制的深度精制的矿物油	DAB	苛刻负荷	
			喷油回转(滑片和螺杆)式压缩机	矿物油，深度精制的矿物油	DAG	润滑剂更换周期≤2000h	
				通常为特殊配制的深度精制的矿物油或半合成液	DAH	2000h<润滑剂更换周期≤4000h	
				通常为特殊配制的半合成或全合成液	DAJ	润滑剂更换周期>4000h	
		压缩腔室无油润滑的容积型空气压缩机	液环式压缩机，喷水滑片和螺杆式压缩机，无油润滑往复式压缩机，无油润滑回转式压缩机				润滑剂用于齿轮、轴承和运动部件
		速度型压缩机	离心式和轴流式透平压缩机				润滑剂用于轴承和齿轮
	真空泵	压缩腔室有油润滑的容积型真空泵	往复式、滴油回转式、喷油回转式(滑片和螺杆)真空泵		DVA	低真空，用于无腐蚀性气体	低真空为$10^{-1}\sim10^{2}$ kPa
					DVB	低真空，用于有腐蚀性气体	
			油封式(回转滑片和回转柱塞)真空泵		DVC	中真空，用于无腐蚀性气体	中真空为$10^{-1}\sim10^{-4}$ kPa
					DVD	中真空，用于有腐蚀性气体	
					DVE	高真空，用于无腐蚀性气体	高真空为$10^{-8}\sim10^{-4}$ kPa
					DVF	高真空，用于有腐蚀性气体	

表 6-2 气体压缩机润滑剂分类

组别符号	应用范围	特殊应用	更具体应用	产品类型和(或)组性能要求	产品符号 ISO-L	典型应用	备注
D	气体压缩机	容积型往复式和回转式压缩机，用于除制冷循环或热泵循环或空气压缩机以外的所有气体压缩机	不与深度精制矿物油发生化学反应或不会使矿物油的黏度降低到不能使用程度的气体	深度精制矿物油	DGA	$<10^4$ kPa 压力下的 N_2、H_2、NH_3、Ar、CO_2，任何压力下的 He、SO_2、H_2S，$<10^3$ kPa 压力下的 CO	氨会与某些润滑油中所含的添加剂反应
			用于 DGA 油的气体，但含有湿气或凝缩物	特定矿物油	DGB	$<10^4$ kPa 压力下的 N_2、H_2、NH_3、Ar、CO_2	氨会与某些润滑油中所含的添加剂反应
			在矿物油中有高的溶解度而降低其黏度的气体	通常为合成液	DGC①	任何压力下的烃类，$>10^4$ kPa 压力下的 NH_3、CO_2	氨会与某些润滑油中所含的添加剂反应
			与矿物油发生化学反应的气体	通常为合成液	DGD①	任何压力下的 HCl、Cl_2、O_2 和富氧空气，$>10^3$ kPa 压力下的 CO	对于 O_2 和富氧空气应禁止使用矿物油，只有少数合成液是合适的
			非常干燥的惰性气体或还原气体(露点-40℃)	通常为合成液	DGE①	$>10^4$ kPa 压力下的 N_2、H_2、Ar	这些气体使润滑困难，应特殊考虑

①用户在选用 DGC、DGD 和 DGE 三种合成液时应注意，由于牌号相同的产品可以有不同的化学组成，因此在未向供应商(或设备制造商)咨询前不得混用。

表 6-3 制冷压缩机润滑剂分类

组别符号	应用范围	制冷剂	润滑剂类别	部分润滑剂类型(典型-非包含)	产品符号 ISO-L	典型应用	备注
D	制冷压缩机	氨(NH_3)	不互溶	深度精制的矿物油(环烷基或石蜡基)，烷基苯，聚 α 烯烃	DRA	工业用和商业用制冷	开启式或半封闭式压缩机的满液式蒸发器
			互溶	聚(亚烷基)二醇	DRB	工业用和商业用制冷	直接膨胀式蒸发器；聚(亚烷基)二醇用于开启式压缩机或工厂组装装置

续表

组别符号	应用范围	制冷剂	润滑剂类别	部分润滑剂类型（典型-非包含）	产品符号ISO-L	典型应用	备注
D	制冷压缩机	氢氟烃（HFC）	不互溶	深度精制的矿物油（环烷基或石蜡基），烷基苯，聚α-烯烃	DRC	家用制冷，民用和商用空调、热泵，公交空调系统	适用于小型封闭式循环系统
			互溶	多元醇酯，聚乙烯醚，聚（亚烷基）二醇	DRD	车用空调，家用制冷，民用和商用空调、热泵，商用制冷包括运输制冷	
		氯氟烃（CFC）氢氯氟烃（HCFC）	互溶	深度精制的矿物油（环烷基或石蜡基），烷基苯，多元醇酯，聚乙烯醚	DRE	车用空调，家用制冷，民用和商用空调、热泵，商用制冷包括运输制冷	制冷剂中含氯有利于润滑
		二氧化碳（CO_2）	互溶	深度精制的矿物油（环烷基或石蜡基），烷基苯，聚（亚烷基）二醇，多元醇酯，聚乙烯醚	DRF	车用空调，家用制冷，民用和商用空调、热泵，	聚（亚烷基）二醇用于开启式车用空调压缩机
		烃类（HC）	互溶	深度精制的矿物油（环烷基或石蜡基），烷基苯，聚α-烯烃，聚（亚烷基）二醇，多元醇酯，聚乙烯醚	DRG	工业制冷，家用制冷，民用和商用空调、热泵	典型应用是工厂组装低负载装置

表 6-3 仅适用于润滑剂与制冷剂接触的系统。此外，也存在食品与润滑剂偶然接触的可能性，此种润滑剂应遵守 GB 23820 的有关规定。

附录 （资料性附录）有关压缩机负荷的信息

（一）有油润滑的往复式和滴油回转式空气压缩机

往复式和滴油回转式空气压缩机的负荷分为普通负荷和苛刻负荷（见表 6-1-1），取决于许多参数，例如：

- 压缩机设计：冷却方式、压缩级数、滑片速度、润滑油停留时间等；
- 环境条件：吸入空气温度、冷却剂温度、起催化作用的尘埃或气体的存在等；
- 操作条件：连续或间断运转、排气系统布置、维护保养、换油期等。

首要的准则是防止在高温空气排放系统中有过量的润滑油残留或结焦，使空气压缩机有满意可靠的运行。

表 6-1-1　有油润滑的往复式和滴油回转式空气压缩机

负荷	产品代号(ISO-L)	工作循环	操作条件		
			排气温度①/℃	压力差②,④/MPa	排气压力③,④/MPa
普通⑤	DAA	间断或连续运转	≤165	≤2.5	≤7.0
苛刻⑥	DAB	间断或连续运转	>165	>2.5	>7.0

注：① 气缸排气阀的最高温度。
② 气缸吸气阀和排气阀的最高压力差。
③ 气缸排气阀的最高压力。
④ 1MPa = 10bar。
⑤ 所有使用条件满足时采用。
⑥ 其中任何一项使用条件满足或所有条件都满足时采用。

(二) 喷油回转式空气压缩机

除了空气/润滑剂的温度不超过 100℃ 的连续式或接近连续式操作外，喷油回转式空气压缩机的工作循环(见表 6-1-2)都被视为苛刻工况。在某些操作条件下，为保证压缩机的轴承、空气/润滑剂分离器和/或润滑剂循环过滤系统正常工作而使用的高黏度润滑剂可能导致压缩机启动困难。因为润滑剂还有冷却功能，压缩机从无载荷到部分载荷再到满载荷的工作循环中，润滑剂要承受苛刻的剪切、热和氧化作用，所以润滑剂的黏度、水分离性能、与结构材料的相容性等性能需要满足喷油回转式空气压缩机最低使用性能规格标准。然而，抗老化是最重要的指标。

- 压缩机设计：排气压力和压力比、压缩级数、油循环率、油分离系统等；
- 环境条件：吸入空气温度和湿度、污染物(尘埃或气体)的存在等；
- 操作条件：连续或间断运转、维护保养、换油期、排气温度等。

当出现下列情况时，推荐使用最苛刻负荷用油：

——空气相对湿度较高(>80%)；

——循环油量低；

——润滑剂在室温和<100℃之间进行日常循环的间断运转，会促进油箱中凝缩物的积累，并加速轴承和转子的磨损。

表 6-1-2　喷油回转式空气压缩机

负荷	产品代号(ISO-L)	工作循环	操作条件
普通	DAG	接近连续或连续运转	在任何一级的排气阀上空气/润滑剂的最高温度≤100℃
苛刻	DAH	间断运转	油箱中润滑剂日常循环温度从室温～<100℃，或在任何一级的排气阀上空气/润滑剂的最高温度>100℃
		连续运转	在任何一级的排气阀上空气/润滑剂的最高温度>100℃

7. 润滑剂和有关产品(L类)的分类　第10部分：T组(涡轮机)GB/T 7631.10—2013

表7　润滑剂、工业用油和有关产品(L类)-T组(涡轮机)分类

组别符号	一般应用	特殊应用	更具体应用	产品类型和/或性能要求	符号ISO-L	典型应用	备注
T	涡轮机	蒸气	一般用途	具有防锈和抗氧化性的深度精制的石油基润滑油	TSA	不需要润滑剂具有抗燃性的发电、工业驱动装置和相配套的控制机构和不需改善齿轮承载能力的船舶驱动装置	
			齿轮连接到负荷	具有防锈、抗氧化性和高承载能力的深度精制的石油基润滑油	TSE	需要润滑剂改善齿轮承载能力的发电、工业驱动装置、船舶齿轮装置及其相配套的控制系统	
			抗燃	磷酸酯基润滑剂	TSD	要求润滑剂具有抗燃性的发电、工业驱动装置及其相配套的控制装置	
		燃气直接驱动，或通过齿轮驱动	一般用途	具有防锈和抗氧化性的深度精制的石油基润滑油	TGA	不需要润滑剂抗燃性的发电、工业驱动装置和相配套的控制机构和不需要改善齿轮承载能力的船舶驱动装置	
			高温使用	具有防锈和抗氧化性的深度精制的石油基润滑油	TGB	要求润滑剂具有抗高温性的发电、工业驱动装置和相配套的控制系统	
			特殊用途	聚α-烯烃和相关烃类的合成液	TGCH	要求润滑剂具有特殊性能(增强的氧化安定性，低温性能)的发电、工业驱动装置和相配套的控制系统	
				合成酯基润滑剂	TGCE	要求润滑剂具有特殊性能(增强的氧化安定性，低温性能)的发电、工业驱动装置和相配套的控制系统	这些液体可能具有一些环境可接受的特征
			抗燃	磷酸酯基润滑剂	TGD	要求润滑剂具有抗燃性的发电、工业驱动装置及其相配套的控制装置	
			高承载能力	具有防锈、抗氧化性和高承载能力的深度精制的石油基润滑油	TGE	需要润滑剂改善齿轮承载能力的发电、工业驱动装置、船舶齿轮装置及其相配套的控制系统	
			高温使用高承载能力	具有防锈、抗氧化性和高承载能力的深度精制的石油基润滑油	TGF	要求润滑剂具有抗高温和承载性能的发电、工业驱动装置和相配套的控制系统	

续表

组别符号	一般应用	特殊应用	更具体应用	产品类型和/或性能要求	符号ISO-L	典型应用	备注
T	涡轮机	具有公共润滑系统，单轴连接循环涡轮机	高温使用	具有防锈和抗氧化性的深度精制的石油基或合成基润滑油	TGSB	不需要润滑剂抗燃性的发电和控制系统	
			高温使用和高承载能力	具有高承载能力、防锈和抗氧化性的深度精制的石油基或合成基润滑油	TGSE	不需要润滑剂抗燃性，但需要改善齿轮承载能力的发电和控制系统	
		控制系统	抗燃	磷酸酯控制液	TCD	润滑剂和抗燃液分别(独立)供给的蒸汽、燃气、水力涡轮机控制装置	
		水力涡轮机	一般用途	具有防锈和抗氧化的深度精制的石油基润滑油	THA	具有液压系统的水力涡轮机	
			特殊用途	聚α-烯烃和相关烃类的合成液	THCH	需要润滑剂具有排水毒性低和环境保护性能的水力涡轮机	
				合成酯型的合成液	THCE	需要润滑剂具有排水毒性低和环境保护性能的水力涡轮机	
			高承载能力	具有抗摩擦和/或承载能力的防锈和抗氧化性的深度精制的石油基润滑油	THE	没有液压系统的水力涡轮机	

8. 润滑剂和有关产品(L类)的分类　第11部分：G组(导轨)GB/T 7631.11—2014

表8　润滑剂、工业用油和有关产品(L类)-G组(导轨)分类

组别符号	应用范围	特殊应用	更具体应用	产品类型和/或性能要求	产品代号(L-)	典型应用	备注
G	导轨	润滑	两个接触表面是金属的导轨系统润滑	精制矿油，并改善其抗磨性、抗腐蚀性、黏性和抗黏-滑性	GA	机床的润滑部位包括普通导轨、螺母螺杆系统、球形螺母螺杆系统、普通轴承。润滑油应具有抗黏-滑性和减摩特性	L-GA油可以由具有相同黏度等级的L-HG[a]油代替，需要满足抗黏-滑性的要求

续表

组别符号	应用范围	特殊应用	更具体应用	产品类型和/或性能要求	产品代号(L-)	典型应用	备注
G	导轨	润滑	两个接触表面之一是非金属材料(聚合物、树脂)组成的导轨系统润滑	精制矿油，并改善其抗磨性、抗腐蚀性、黏性和抗黏-滑性以及含水液体的分离特性	GB	机床的润滑部位包括对水基切削液的污染具有敏感性的非金属材料的普通导轨、螺母螺杆系统、球形螺母螺杆系统、普通轴承。润滑油应具有抗黏-滑性和减摩特性	在含水冷却介质存在的情况下，应考虑非金属滑动材料与导轨润滑剂之间的相容性
			两个接触表面是金属的导轨系统润滑	合成润滑剂，并改善其抗磨性、抗腐蚀性以及防止滑动器不连续或间断运动(黏-滑)特性	GS	机床的润滑部位包括普通导轨、螺母螺杆系统、球形螺母螺杆系统、普通轴承。润滑油应具有抗黏-滑性、减摩特性与冷却介质相容性	应考虑导轨润滑剂与含水冷却介质之间的相容性；导轨润滑剂污染了冷却介质后，对冷却介质特性影响是最小的(导轨润滑剂是可乳化或可溶解的)

9. 润滑剂和有关产品（L 类）的分类　第 12 部分：Q 组（有机热载体）GB/T 7631.12—2014

表 9　润滑剂、工业用油和有关产品(L 类)Q 组(有机热载体)分类

组别符号	应用范围	特殊应用使用温度范围	更具体应用	产品类型和/或性能要求	产品代号(L-)	典型应用	备注
Q	传热	最高允许使用温度≤250℃	敞开式系统	具有氧化安定性的精制矿物油或合成液	QA	用于加热机械零件或电子元件的敞开式油槽	对特殊应用场合，包括系统、操作环境和液体本身，应考虑着火的危险性。 1. 带有有机热载体加热系统的装置，应配上有效的膨胀槽、排气孔和过滤系统。 2. 加热食品的热交换装置中，使用有机热载体应符合国家卫生和安全
		最高允许使用温度≤300℃	带有或不带有强制循环的开式系统和闭式系统	具有热稳定性的精制矿物油或合成液	QB	——有机热载体加热系统； ——闭式循环油浴	
		最高允许使用温度>300℃并≤320℃	带有强制循环的闭式系统	具有热稳定性的精制矿物油或合成液	QC	有机热载体加热系统	
		最高允许使用温度>320℃	带有强制循环的闭式系统	具有特殊高热稳定性的合成液	QD	有机热载体加热系统	
		最高允许使用温度及最低使用温度>-60℃并≤320℃	带有强制循环的闭式冷却系统或冷却/加热系统	具有在低温时低黏度和热稳定性的精制矿物油或合成液	QE	有机热载体冷却系统或冷却/加热系统	

注：在最低使用温度下产品的运动黏度不应大于 $12mm^2/s$。

10. 润滑剂和有关产品(L类)的分类　第14部分：U组(热处理)GB/T 7631.14—1998

表10　润滑剂、工业用油和有关产品(L类)U组(热处理)分类

代号字母	应用范围	特殊用途	更具体应用	产品类型和性能要求	代号(L-)	备注
U	热处理	热处理	冷淬火 θ≤80℃	普通淬火油	UHA	某些油品易用水冲洗，由于在配方中加入破乳化剂而具有此特性，这类油称为“可洗油”。此特性是由最终用户要求，由供应商规定
				快速淬火油	UHB	
			低热淬火 80℃<θ≤130℃	普通淬火油	UHC	
				快速淬火油	UHD	
			热淬火 130℃<θ≤200℃	普通淬火油	UHE	
				快速淬火油	UHF	
			高淬火 200℃<θ≤310℃	普通淬火油	UHG	
				快速淬火油	UHH	
			真空淬火		UHV	
			其他		UHK	
		热处理水基液	表面淬火	水	UAA	
				慢速水基淬火液	UAB	
				快速水基淬火液	UAC	
			整体淬火	水	UAA	
				慢速水基淬火液	UAD	
				快速水基淬火液	UAE	
			其他		UAK	
		热处理熔融盐	150℃<θ<500℃	熔融盐 150℃<θ<500℃	USA	
			500℃≤θ<700℃	熔融盐 500℃≤θ<700℃	USB	
			其他		USK	
		热处理气体		空气	UGA	
				中性气体	UGB	
				还原气体	UGC	
				氧化气体	UGD	
		流化床			UF	
		其他			UK	

注：θ表示在淬火时的液体的温度。

11. 润滑剂和有关产品（L 类）的分类　第 16 部分：P 组（气动工具）GB/T 7631.16—1999

表 11　润滑剂、工业用油和有关产品(L 类)P 组(气动工具)分类

组别符号	应用范围	特殊用途	更具体应用	产品类型	代号(L-)	典型应用
P	气动工具和机械	冲击式气动工具	自动或手动润滑	无抑制剂的直馏矿物油	PAA	压缩空气中无冷凝物条件下使用的轻型气动工具
				具有抗腐蚀性和抗磨性的矿物油	PAB	压缩空气中有冷凝物条件下使用的重型气动工具
				具有抗腐蚀、抗磨、抗泡沫及乳化性能的矿物油	PAC	压缩空气中有冷凝物，以及在延长使用周期的条件下使用的中型到重型气动工具
				合成基润滑剂	PAD	尤其在零度以下室外使用的气动工具
			润滑脂润滑	半流体润滑脂	PAE	用于特殊使用条件，例如减少油雾排出
		回转式气动工具和气动机械	自动或手动润滑	无抑制剂的直馏矿物油	PBA	压缩空气中无冷凝物条件下使用的轻型气动工具
				具有抗腐蚀性的矿物油	PBB	压缩空气中有冷凝物条件下使用的轻型到中型气动工具
				具有抗腐蚀、抗磨、抗泡沫及乳化性能的矿物油	PBC	压缩空气中有冷凝物，以及在延长使用周期的条件下使用的中型到重型气动工具
				合成基润滑剂	PBD	特殊应用场合

12. 润滑剂和有关产品（L 类）的分类　第 17 部分：E 组（内燃机油）GB/T 7631.17—2014

表 12　润滑剂、工业用油和有关产品(L 类)E 组(内燃机油)分类

陆用小型汽油发动机润滑油分类

组别符号	应用范围	特殊应用	更具体应用	组成和特性	产品代号(L-)	典型应用	备注
E	内燃式发动机	火花点燃式汽油机	二冲程汽油机	由润滑油基础油和清净剂、分散剂及抑制剂组成，具有润滑性和清净性	EGB	对防止排气系统沉积物的形成及降低排烟水平无要求的一般性能发动机	

续表

<table>
<tr><th>组别符号</th><th>应用范围</th><th>特殊应用</th><th>更具体应用</th><th>组成和特性</th><th>产品代号(L-)</th><th>典型应用</th><th>备注</th></tr>
<tr><td rowspan="4">E</td><td rowspan="4">内燃式发动机</td><td rowspan="4">火花点燃式汽油机</td><td rowspan="2">二冲程</td><td>由润滑油基础油和清净剂、分散剂及抑制剂组成，具有润滑性和较高的清净性。加入的合成液可减少排烟并抑制引起动力降低的排气系统沉积物</td><td>EGC</td><td>对防止排气系统沉积物的形成有要求的一般性能发动机，这种发动机可通过降低排烟水平而获益</td><td></td></tr>
<tr><td>由润滑油基础油和清净剂、分散剂及抑制剂组成，具有润滑性和更高的清净性。加入的合成液可减少排烟并抑制引起动力降低的排气系统沉积物。良好的清净性可防止在苛刻条件下活塞环的黏结</td><td>EGD</td><td>对防止排气系统沉积物的形成有要求的一般性能发动机，这种发动机可通过降低排烟水平而获益。这些发动机也可从使用具有更高清净性的润滑剂中获益</td><td></td></tr>
<tr><td rowspan="2">四冲程</td><td>由润滑油基础油和清净剂、分散剂及抑制剂组成，具有润滑性、磨损保护、氧化控制和清净性。可以使用或可以不使用黏度指数改进剂。目前一般不使用润滑摩擦改进剂</td><td>EMA/EMA1/EMA2</td><td>拥有一个共用机油箱，包括发动机和动力传动系统、启动器、变速器(箱)部件的一般性能发动机。这些发动机和动力传动系统、启动器、变速器(箱)等部件的设计要求使用具有相对高摩擦系数的润滑剂</td><td></td></tr>
<tr><td>由润滑油基础油和清净剂、分散剂及抑制剂组成，具有润滑性、磨损保护、氧化控制和清净性。可以使用或可以不使用黏度指数改进剂。可以使用润滑摩擦改进剂以降低和/或改进油品的摩擦特性</td><td>EMB</td><td>拥有一个共用机油箱，包括发动机和动力传动系统、启动器、变速器(箱)部件的一般性能发动机。这些发动机和动力传动系统、启动器、变速器(箱)等部件的设计要求使用具有相对低摩擦系数的润滑剂</td><td></td></tr>
</table>

附录5　工业液体润滑剂　ISO黏度分类

工业液体润滑剂　ISO黏度分类GB/T 3141—1994(2004年确认)

表1　ISO运动黏度分类[①]

<table>
<tr><th rowspan="2">ISO黏度等级</th><th rowspan="2">中间点运动黏度(40℃)/(mm^2/s)</th><th colspan="2">运动黏度范围(40℃)/(mm^2/s)</th></tr>
<tr><th>最小</th><th>最大</th></tr>
<tr><td>2</td><td>2.2</td><td>1.98</td><td>2.42</td></tr>
<tr><td>3</td><td>3.2</td><td>2.88</td><td>3.52</td></tr>
</table>

续表

ISO 黏度等级	中间点运动黏度(40℃)/(mm^2/s)	运动黏度范围(40℃)/(mm^2/s)	
		最小	最大
5	4.6	4.14	5.06
7	6.8	6.12	7.48
10	10	9	11
15	15	13.5	16.5
22	22	19.8	24.2
32	32	28.8	35.2
46	46	41.4	50.6
68	68	61.2	74.8
100	100	90	110
150	150	135	165
220	220	198	242
320	320	288	352
460	460	414	506
680	680	612	748
1000	1000	900	1100
1500	1500	1350	1650
2200	2200	1980	2420
3200	3200	2880	3520

注：①对于某些40℃运动黏度等级大于3200mm^2/s的产品，如某些含聚合物或沥青的润滑剂，可以参照本分类表中的黏度等级设计，只要把运动黏度测定温度由40℃改为100℃，并在黏度等级后加后缀符号“H”即可。如黏度等级为15H，则表示该黏度等级是采用100℃运动黏度确定的，它在100℃时的运动黏度范围为13.5~16.5mm^2/s。

附录6　常见缩写中英文对照表

A

AAMA：American Automobile Manufacturers Association 美国汽车制造商协会

ACEA：The European Automobile Manufacturers Association 欧洲汽车制造商协会(前身为CCMC-Committee of Common Market Automobile Constructors 欧洲共同市场汽车制造商协会)

ACS：American Chemical Society 美国化学学会

AGMA：American Gear Manufacturers Association 美国齿轮制造商协会

AHEM：Association of Hydraulic Equipment Manufacturers 液压设备制造商协会

ALTENER：Alternative Energy Programmed of the European Commission 欧洲委员会代用能源计划

ANSI：American National Standards Institute 美国国家标准学会

APE：Association of Petroleum Engineers(USA)美国石油工程师协会

API：American Petroleum Institute 美国石油学会

ASME：American Society of Mechanical Engineers 美国机械工程师学会

ASTM：American Society for Testing and Materials 美国材料与试验协会

（前身为 IATM-International Association for Testing Materials 国际材料协会）

ATC：Technical Committee of Petroleum Additive Manufacturers in Europe 欧洲石油添加剂制造商技术委员会

ATF：Automatic Transmission Fluid 自动传动液

ATIEL：Association Technique de l" Industrie Européenne des Lubrifiants 欧洲润滑油工业技术协会

B

BOI：Base Oil Interchanger 基础油互换

BP：British Petroleum Corporation 英国石油公司

BRT：Ball Rust Test 球锈蚀试验

BSI：British Standards Institution 英国标准协会

C

CARB：California Air Resources Board 加州空气资源局

CCD：Combustion Chamber Deposit 燃烧室沉积

CCS：Cold Cranking Simulator 冷启动模拟器

CCMC：Comité des Constructeurs du Marché Commun 欧洲共同市场汽车制造商协会（ACEA 前身）

CEC：The Coordinating European Council 欧洲协调委员会

Co-coordinating European Council for the Development of Performance Tests for Transportation Fuels, Lubricants & Other Fluids 运输用燃料、润滑油及其他流体性能测试开发欧洲协调委员会

CEC-EFTC：CEC Engine Fuels Technical Committee 欧洲发动机燃料技术委员会

CEC-ELTC：CEC Engine Lubricants Technical Committee 欧洲发动机润滑油技术委员会

CEC-TLTC：CEC Transmission Lubricants Technical Committee 欧洲传动润滑油技术委员会

CEN：Comité Européen de Normalisation 欧洲标准化委员会

CEFIC：European Chemical Industry Council 欧洲化学工业委员会

CHEMCHINA：China National Chemical Corporation 中国化工集团公司

CIMAC：International Council on Combustion Engines 内燃机国际委员会

CMA：Chemical Manufacturers Association（USA）美国化学品制造商协会

CNG：Compressed Natural Gas 压缩天然气

CNOOC：China National Offshore Oil Corporation 中国海洋石油总公司

CNPC：China National Petroleum Corporation 中国石油天然气集团公司

CRTV：Commercial Road Transport Vehicle 公路商用运输车辆

D

DEO：Diesel Engine Oil 柴油发动机油

DEOP：Diesel Engine Oil Advisory Panel（API/EMA）柴油发动机顾问小组（API/EMA）

DI：Detergent Inhibitor 清净分散抗氧复合剂

DI：Direct Injection 直喷

DIN：Deutsches Institut für Normung e. V. 德国标准化学会

DOT：Department of Transport 美国运输部

DPF：Diesel Particulate Filter 柴油微粒过滤器

E

EEB：European Environmental Bureau 欧洲环境署

EEC：European Economic Community 欧洲经济共同体

EELQMS：European Engine Lubricants Quality Management System 欧洲发动机润滑油质量管理系统

EEV：Enhanced Environmentally Friendly Vehicles and Engines 强化的欧洲环境友好车辆和发动机

EFI：Electronic Fuel Injection 电子燃油喷射

EFTC：Engine Fuels Technical Committee（of CEC）发动机燃料技术委员会（属 CEC）

EGR：Exhaust Gas recycling 废气循环

EHD：Elasto hydrodynamic Lubrication 流体弹性动力润滑

ELTC：Engine Lubricants Technical Committee（of CEC）发动机润滑油技术委员会（属 CEC）

EMA：Engine Manufacturers Association（USA）美国发动机制造商协会

ENGVA：European Natural Gas Vehicle Association 欧洲天然气车辆协会

EOLCS：Engine Oil Licensing and Certification System（of API）发动机油润滑油登记及认证系统分类系统（属 API）

EPA：Environmental Protection Agency（USA）美国环保局

EPEFE：European Programmed on Emissions, Fuels & Engine Technologies 欧洲排放、燃料及发动机技术计划

ESCS：Engine Service Classification System（API）发动机服务分类系统（API）

EU：European Union 欧盟

EUI：Electronic Unit Injector 电子单元喷射

F

FAME：Fatty Acid Methyl Ester 脂肪酸甲酯

FEO：Fuel Economy Oil 节能油

FTP：Federal Test Procedure（USA）联邦试验程序（美国）

FWD：Front Wheel Drive 前轮驱动

G

GB：Guo Biao(中文拼音)中国国家标准

GDI：Gasoline Direct Injection Engine 汽油直喷发动机

GEPE：Groupe des Experts pour la Pollution et l" Energie (Group of Experts for Pollution & Energy) 污染及能源专家组

H

HD：Heavy Duty (vehicle or lubricant)重负荷车辆或润滑油

HDDEO：Heavy Duty Diesel Engine Oil 重负荷柴油机油

HSDI：High Speed Direct Injection (diesel engine)高速直喷(柴油发动机)

HTHS：High Temperature High Shear (viscosity)高温高剪切(黏度)

HVI：High Viscosity Index 高黏度指数

I

IChemE：Institute of Chemical Engineers (UK)化学工程师学会(英国)

ICOMIA：International Council of Marine Industries Association 国际船舶工业协会理事会

IDI：Indirect Injection 间接喷射

IEA：International Energy Agency 国际能源署

IGL：Investigation Group Lubricants (of CEC)润滑剂调查小组(属 CEC)

ILMA：Independent Lubricant Manufacturers Association (USA)美国独立润滑剂制造商协会

ILSAC：International Lubricant Standardization and Approval Committee 国际润滑剂标准化和批准委员会

LNG：Liquefied Natural Gas 液化天然气

IP：Institute of Petroleum (UK)英国石油学会

ISO：International Standards Organization 国际标准化组织

J

JALOS：Japanese Lubricating Oil Society 日本润滑油协会

JAMA：Japan Automobile Manufacturers Association 日本汽车制造商协会

JARI：Japan Automobile Research Institute 日本汽车研究学会

JASO：Japanese Automobile Standards Organization 日本汽车标准组织

JAST：Japan Society of Tribologists 日本摩擦学者协会

JIS：Japanese Industrial Standards 日本工业标准

JSAE：Society of Automotive Engineers (Japan)日本汽车工程师学会

K

KV：Kinematic Viscosity 运动黏度

L

LCV：Light Commercial Vehicle 轻型商用车
LEV：Low Emissions Vehicle 低排放车
LMOA：Locomotive Maintenance Officers Association 美国机车保养员协会
LOFI：Lubricant Oil Flow Improver 润滑油流动改进剂
LPG：Liquefied Petroleum Gas 液化石油气
LSADO：Low Sulphur Automotive Diesel Oil 低硫汽车柴油

M

MIL：Military Specification（USA）美国军用规格
MON：Motor Octane Number 马达法（发动机）辛烷值
MRV：Mini Rotary Viscometer 微型旋转黏度计
MTAC：Multiple Test Acceptance Criteria 多次试验评分标准
MTF：Manual Transmission Fluid 手动传动液
MVEG：Motor Vehicle Emissions Group（of the European Commission）发动机车辆排放小组（属欧洲委员会）

N

NLGI：National Lubricating Grease Institute（USA）美国润滑脂学会
NMMA：National Marine Manufacturers Association（USA）美国船舶制造商协会
NF：Norme française（French National Standards）法国国家标准
NOX：Nitrous Oxides 氮氧化物
NPRA：National Petroleum Refiners Association（USA）美国石油炼制商协会

O

OCP：Olefin Co-Polymer 烯烃共聚物
ODI：Oil Drain Interval 换油期
OEM：Original Equipment Manufacturer 设备原制造商
OPEST：Oil Protection and Emission System Test 油品保护及排放系统试验

P

PAJ：Petroleum Association of Japan 日本石油协会
PC-API：Categories for Diesel Engines API 柴油发动机油分类
PCMO：Passenger Car Motor Oil 轿车发动机油
PCD：Passenger Car Diesel 轿车柴油
PCV：Passenger Car Vehicle 乘用车
PFI：Port Fuel Injection 喷嘴燃油喷射
PIB：Polyisobutylene 聚异丁烯

PM：Particulate Matter 颗粒物

PM10：Particulate matter with particle size below 10 microns 小于 10μm 的颗粒物

PPD：Pour Point Depressant 降凝剂

PTF：Power Transmission Fluid 动力传动液

R

RIPP：Sinopec Research Institute of Petroleum Processing 中国石化石油化工科学研究院

RON：Research Octane Number 研究法辛烷值

S

SAE：Society of Automotive Engineers（USA）美国汽车工程师学会

SAPS：Sulphated Ash，Phosphorus，Sulphur 硫酸盐灰分，磷，硫

SCR：Selective Catalytic Reduction 选择性催化还原

SHPD：Super High Performance Diesel（oil）超高性能柴油机油

SINOPEC：China Petrochemical Corporation 中国石油化工集团公司

SIP：Styrene Isoprene Co-Polymers 苯乙烯-异戊二烯共聚物

SMM&T：Society of Motor Manufacturers & Traders Ltd（UK）英国发动机制造商和贸易商协会

SSI：Shear Stability Index 剪切稳定性指数

STLE：Society of Tribologists and Lubrication Engineers 摩擦学者和润滑工程师学会

STUO：Super Tractor Universal Oil 拖拉机超级通用油

SwRI：Southwest Research Institute 美国西南研究院

T

TAN：Total Acid Number 总酸值

TBN：Total Base Number 总碱值

TISI：Thai Industrial Standards Institute 泰国工业标准学会

TLEV：Transitional Low Emissions Vehicle 过渡性低排放车辆

TWC：Three Way Catalyst 三效催化剂

U

UCC：Union Carbide Corporation 美国联合碳化物公司

UEIL：European Union of Independent Lubricant Manufacturers 欧洲独立润滑剂制造商联合会

UHVI：Ultra High Viscosity Index 超高黏度指数

UK -PIA：United Kingdom Petroleum Industry Association 英国石油工业协会

ULEV：Ultra-Low Emissions Vehicle 超低排放汽车

UOP：Universal Oil Products Company 美国环球油品公司

V

VGO：Vacuum Gas Oil 减压馏分油
VHVI：Very High Viscosity Index 很高黏度指数
VII：Viscosity Index Improver 黏度指数改进剂
VM：Viscosity Modifier 黏度改进剂

Z

ZDDP：Zinc Dialkyl Dithiophosphates 二烷基二硫代磷酸锌
ZEV：Zero Emissions Vehicle 零排放车辆

参 考 文 献

[1] 中国标准出版社，中国石油化工集团公司科技部编．石油和石油产品试验方法国家标准汇编 2016(上)[M]．北京：中国标准出版社，2016.

[2] 中国标准出版社，中国石油化工集团公司科技部编．石油和石油产品试验方法国家标准汇编 2016(中)[M]北京：中国标准出版社，2016.

[3] 中国标准出版社，中国石油化工集团公司科技部编．石油和石油产品试验方法国家标准汇编 2016(下)[M]．北京：中国标准出版社，2016.

[4] 中国石油化工集团公司科技部编．石油和石油产品试验方法行业标准汇编 2016(第一分册)[M]．北京：中国石化出版社，2017.

[5] 中国石油化工集团公司科技部编．石油和石油产品试验方法行业标准汇编 2016(第二分册)[M]．北京：中国石化出版社，2017.

[6] 中国石油化工集团公司科技部编．石油和石油产品试验方法行业标准汇编 2016(第三分册)[M]．北京：中国石化出版社，2017.

[7] 中国石油化工集团公司科技部编．石油和石油产品试验方法行业标准汇编 2016(第四分册)[M]．北京：中国石化出版社，2017.

[8] 中国石油化工集团公司科技部编．石油和石油产品试验方法行业标准汇编 2016(第五分册)[M]．北京：中国石化出版社，2017.

[9] 颜志光．润滑剂性能测试技术手册[M]．北京：中国石化出版社，2000.

[10] 于兵，宋桂春．润滑油及添加剂碱值测定方法探讨[J]．石油商技，26(S)：238-241.

[11] 张俊彦，刘维民，薛群基．Penn State 润滑油微氧化试验方法的研究进展[J]．润滑与密封，1999，24(4)：52-56.

[12] 雷爱莲，李彤，颉敏杰，郭铁燕．内燃机油锈蚀保护性能试验方法(BRT 法)研究[J]．润滑油，2003，18(3)：47-49.

[13] 鱼鲲，李云鹏．基础油性能对齿轮油的影响[J]．石化技术，2011，18(4)：5-8.

[14] 沈佳伟，蒋海珍，李久盛．钢球硬度对四球摩擦磨损试验结果的影响[J]．材料保护，2018(1)：101-104.

[15] 宋世远，范新华，刘书君，蒲改霞．试验参数对四球试验结果的影响[J]．润滑油，1995(2)：37，44-46.

[16] 颉敏杰，朱文静，蒲晓琴，李彤，夏群英．影响四球机试验结果的主要因素探讨[J]．石油商技，2010(1)：81-83.

[17] 丁娟红，周立珍．润滑油四球磨损试验结果准确性影响因素考察[J]．石油商技，2017(4)：78-81.

[18] 宋世远，范新华，刘书君，蒲改霞．ⅢD 抗磨试验结果与四球试验的相关性初探[J]．润滑油，1995(1)：34-35，50.

[19] 一坪化工厂．四球试验与齿轮试验的关系研究[J]．润滑与密封，1979(2)：10-17.

[20] 颉敏杰，彭琼．四球磨损试验与 Vickes 泵试验结果的相关性研究//摩擦材料与减磨耐磨技术论文专辑[C]．江苏，1997.

[21] 钱善华，蔡亚平，陈旭亮．齿轮油 GL-5 润滑及压力性能的试验研究[J]．润滑与密封，2014，39(3)：48-51：95.

[22] 田高友，褚小立，易如娟，等编著．润滑油中红外光谱分析技术[M]．北京 化学工业出版社，2014.

[23] 周亚斌，马国梁，张继勇．在用润滑油中元素光谱分析方法对比研究[J]．润滑油，2017(1)：33-35.

[24] 魏泰，耿珊，张岩．润滑油元素分析[J]．甘肃科技，2019，35(7)：25-27，32.

[25] 谭碧纾，周亚斌，蔡继元，等．润滑油产品标准编写过程中若干问题的探讨[J]. 石油工业技术监督，2013，29(3)：30-32.
[26] 杨俊杰，周洪澍．设备润滑技术与管理[M]．北京：中国计划出版社，2008.
[27] 周洪澍，李南．浅谈油液监测及其应用[J]．国际石油经济，2006(8)：59-60.
[28] 郭国进．润滑油产品包装首件质量管理探讨[J]．石油工业技术监督，2019，35(1)：5-7.
[29] 杨士钊，胡建强，郭力，等．润滑油监测技术的发展方向[J]．合成润滑材料，2011，38(3)：18-21.
[30] 王先会．润滑油脂生产技术[M]．北京：中国石化出版社，2009.
[31] 宋世远，等．油料模拟台架[M]．北京：中国石化出版社，2001.
[32] 郑发正．润滑剂性质与应用[M]．北京：中国石化出版社，2006.
[33] 高嘉斌．润滑油包装材料的抽检及验收标准[J]．上海包装，2016(6)：49-51.
[34] 杨剑．检测实验室管理[M]．北京：中国轻工业出版社，2012.
[35] 王祥，等．石油产品化验仪器使用与维护[M]．北京：中国石化出版社，2006.
[36] 文锋．如何做好质量检验员[M]．广东：广东经济出版社，2012.
[37] 朱焕勤，等．油料化验员读本[M]．北京：中国石化出版社，2007.
[38] 尹志奇，朱颜．ISO/IEC 17025：2017 对实验室认证活动的影响[J]. 安全与电磁兼容，2018(1)：52，71.
[39] 中国化学会．第四次全国有机微量和痕迹分析学术论文集[C]. 1992.
[40] 王禹平，杨谅孚．极谱法测定氯离子新体系的研究[J]. 分析化学，1991，19(6)：663-665.
[41] 张子清，王家琴．用铁粉作阻氮剂微库仑法测定 *N-N* 化合物中氮含量[J] 分析化学，1991，19(2)：188-190.
[42] 陆婉珍，汪燮卿编著．近代物理分析方法及其在石油工业中的应用[M]．北京：烃加工出版社，1990.
[43] 宋世远，陈召宝．四球机及其应用[M]. 北京：中国石化出版社，2016.
[44] ACEA European oil Sequences 2016.
[45] ILSAC GF-5 Standard for Passenger Car Engine oils.
[46] API 1509, Engine oil Licensing and Certification System 17th Edition.
[47] Engine oil Licensing and Certification System API 1509 18th Edition.
[48] 国家安全生产监督管理总局，国家安全生产监督管理总局化学品登记中心．危险化学品目录使用手册[M]. 北京：化学工业出版社，2017.
[49] 朱延彬．润滑脂技术大全[M]．北京：中国石化出版社，2015.